Düll | Düll-Wunder – Die Moose Mitteleuropas

Ruprecht Düll (†)
Barbara Düll-Wunder

Die Moose Mitteleuropas

Bestimmung und Beschreibung
der wichtigsten Arten

3. Auflage

Quelle & Meyer Verlag Wiebelsheim

Dr. Barbara Düll-Wunder
Funkenstr. 13
53902 Bad Münstereifel
barbara.duellwunder@gmail.com

Bibliografische Information der Deutschen Nationalbibliothek
Die Deutsche Nationalbibliothek verzeichnet diese Publikation in der Deutschen Nationalbibliografie; detaillierte bibliografische Daten sind im Internet über http://dnb.d-nb.de abrufbar.

Die Vorauflagen erschienen unter dem Titel „Moose einfach und sicher bestimmen".

3., komplett erneuerte Auflage

www.quelle-meyer.de

Umschlagabbildungen: Ruprecht Düll
Druck und Verarbeitung: Print Consult GmbH
Printed in Europe/Imprimé en Europe
ISBN 978-3-494-01847-8

FSC www.fsc.org MIX Papier Fördert gute Waldnutzung FSC® C084279

Inhaltsverzeichnis

Kurzbiographie und Vita

Barbara Düll-Wunder
Tochter des Erstautors. Geboren am 09.01.1967 in Essen. Verheiratet mit dem Dipl.-Biologen und Botaniker Dr. rer. nat. Jörg Wunder. 3 Kinder. Studium der Botanik an den Universitäten Düsseldorf und Bonn. Diplom mit einer pflanzensoziologischen Arbeit über das Fischbachtal bei Birresborn in der Eifel bei Prof. Dr. W. Schumacher in Bonn. Mitarbeit an der Punktkartenflora der Sprosspflanzen Nordrhein-Westfalens. Promotion bei Prof Dr. H. Sukopp/Berlin mit einer pflanzengeographischen Arbeit über die nördliche Eifel und ihre Randgebiete. Grundlage waren neben umfangreichen eigenen Kartierungen auch die ihres Vaters. Mit Vater und Mutter zahlreiche Exkursionen im In- und Ausland. Dabei auch Erwerb weitreichender Kenntnisse zur Moosflora. Während eines mehrjährigen Aufenthalts in Südtirol freie Mitarbeiterin am Naturmuseum in Bozen sowie u. a. die für Moose zuständige Mitarbeiterin am „Schlern-Projekt". Publikation 2007. Durchführung von botanischen Exkursionen für den NABU des Kreises Euskirchen. Tätigkeit als Biologie- und Chemielehrerin am St. Michael-Gymnasium in Bad Münstereifel.

Ruprecht (Peter, Georg) Düll
Geboren am 18.02.1931 in Weimar/Thür., gestorben am 07.06.2014 in Bad Münstereifel. Seit 1969 verheiratet mit der Diplom-Biologin Irene Hermanns. Von 1950 bis1955 Studium der Biologie in Jena, Hauptfach Botanik. Bereits als Student als Hilfsassistent und Leiter von Exkursionen, Seminaren und Feldkursen tätig. Diplom bei Prof. Dr. O. Schwarz mit einer taxonomisch-pflanzengeographischen Arbeit über „die Gattung *Sorbus* in Thüringen". Von 1955 bis1958 wiss. Assistent am Botanischen Institut der Landwirtschaftlichen Fakultät der Humboldt-Universität in Berlin. Dissertation zum Thema „Ursachen der Rieselmüdigkeit" mit erster Nutzung der „Ökologischen Zeigerarten" Ellenbergs. Im Juli 1958 Flucht in den Westen. Wiss. Assistent an den Botanischen Instituten in Tübingen, Heidelberg und Oldenburg. Zwischendurch 3 Schuljahre am Kant-Gymnasium in Karlsruhe. Ab 1971 Lehrstuhlinhaber für Botanik und ihre Didaktik an der späteren Mercator-Universität in Duisburg. Dort erfolgreiche Gründung eines Moosforschungszentrums. 1987 Schließung des Faches Biologie und Weiterarbeit als Privatforscher. Zahlreiche weitere Arbeiten, auch Bücher.

sei auch dem Tübinger Studienfreund des Erstautors, Prof. Dr. W. GRÜNINGER, für Mitteilung von Korrekturen. Für die 3. Auflage gilt ein besonderer Dank der Zweitautorin an Prof. Dr. W. MEYER für ein erneutes Korrekturlesen.

Die Nomenklatur wurde weitgehend – wenn es auch manchmal lästig ist – der in der „Referenzliste der Moose Deutschlands" empfohlenen angepasst. Zur Erleichterung wurden die verworfenen Namen jeweils als Synonym angeführt. In der 3. Auflage wurde die Nomenklatur weitgehend der Nomenklatur der „Checkliste der Moose Deutschlands" angepasst.

Wir alle wünschen, dass dieses neu gestaltete Buch den Moosen und der Mooskunde nicht nur viele neue Freunde schaffen, sondern auch Argumente für die Erhaltung unserer Mitwelt liefern wird. Moose und ihre Lebensweise zu kennen bedeutet auch mehr Wahrnehmung und damit mehr Freude an unserer Mitwelt. Schon lange vor unserer Zeit hat FRANCIS BACON eine solche Sicht unserer Welt in seinem „Avancement of learning" 1605 besonders schön formuliert:

„Denn alle Kenntnis und alles Erstaunen ist schon von sich aus ein Vergnügen".

In der 3. Auflage wurden die abgebildeten Tafeln korrigiert, die im Text vorkommenden Zeichnungen beschriftet.

Ein besonderer Dank der Zweitautorin geht an ihre Mutter, IRENE DÜLL, die sie bei der Durchsicht und Korrektur maßgeblich unterstützt hat. Ihr sei hiermit herzlich gedankt.

Barbara Düll-Wunder

Einführung

Diese Einführung ist ein sehr persönliches Plädoyer des Erstautors für die Moose. Deshalb hat seine Tochter, Zweitautorin dieses Buches, sich entschlossen, die „Ich-Form“ beizubehalten.

Ein persönliches Wort

Die Vermittlung persönlicher Erfahrungen kann der Zuwendung zu einem Sachgebiet immer von Nutzen sein. Auch stellt man sich die Frage, was hat den Autor veranlasst, sich mit so einem unüblichen Wissensgebiet wie der Mooskunde zu befassen? Darum sei dem Erstautor erlaubt, eine kurze Darstellung seiner „Bryohistorie“ vorzutragen.

Mein Vater war ein Naturfreund und Wanderer. Schon deshalb interessierte mich alles, was da wächst und kreucht und fleucht. Die ideale Voraussetzung, um ein „Vollbiologe“ zu werden. Darum ergriff ich gern die Gelegenheit, auch die Moose kennenzulernen. Bis dahin kannte ich nur 3 verschiedene Moose. Das Frauenhaar (auf Wunsch der Biologielehrerin nach einer Abbildung im „Schmeil“ aus dem Webicht besorgt), das Weißmoos als Beiwerk für Spiellandschaften und schließlich das Torfmoos, als „Edelweißmoos“ von der Großmutter gezeigt.

Den ersten umfassenderen Kontakt zu den Moosen hatte ich dann an der Universität Jena. Dort begann ich 1950 mein Studium, allerdings erst einmal als stud. päd. (Hauptfach Biologie). Seitdem sind nunmehr 55 Jahre vergangen, dass ich im Wintersemester 1950/51 einen Moosbestimmungskurs an der Universität Jena belegte. Mein etwas älterer Freund und Kommilitone Kurt Gliemeroth, der mir in dieser Zeit mein erster guter Lehrer war, hatte mir diese Veranstaltung wärmstens empfohlen. Dieser Mooskurs war auch der letzte, den der weltbekannte Bryologe Prof. Dr. Theodor Herzog noch veranstalten konnte. Leider erlernte man dabei nur das Bestimmen der Moose. Den ersehnten Erwerb von Artenkenntnis brachte erst das nächste Wintersemester, die Teilnahme an Herzog's „Moosexkursionen um Jena“. Es war die letzte seiner offiziellen Veranstaltungen. Er war ein sehr liebenswürdiger Lehrer und so wagte ich es nach meiner Umschreibung auf die Mathematisch-Naturwissenschaftliche Fakultät, ihn um persönliche Förderung meiner Mooskenntnis zu bitten. Diesem Wunsch kam er nur zu gerne nach. Er organisierte die Ausleihe eines Kursmikroskops und ich durfte Proben nachbestimmen. Leider lehnte er, wenn auch mit Bedauern, die Vergabe einer Diplom-Arbeit aus gesundheitlichen Gründen ab. Nur einmal ist er seinem Vorsatz untreu geworden, nämlich bei dem inzwischen durch Kinderlähmung für immer an den Rollstuhl gefesselten Riclef Grolle.

Denke ich zurück an Herzog's Studierstube im Institut für Allgemeine Botanik, so glaube ich sofort, den spezifischen Duft seines Herbars wahrzunehmen. Als persönliche Erinnerung besitze ich immer noch ein paar Exkursionsbilder von ihm. Dazu seine „Geographie der Moose“, natürlich mit Widmung, und einige Moosbelege. Durch ihn angeregt, wurden die ersten 3 Hefte der Neuauflage der „Lebermoose“ Karl Müller's erworben. Ein versuchter Verkauf misslang zu meinem Glück, denn inzwischen sind gerade diese ersten Hefte eine bibliophile Rarität. Riclef war immer ein fairer Freund, bedachte mich aber auch gern mit gut gemeinten Ratschlägen. Unvergesslich ist mir seine Mahnung: „Überlass die floristische Forschung den Lehrern und Pfarrern“. Es gab und gibt wichtige Gründe, dass ich ihm nicht zustimmen konnte. Für die nichtprofessionellen Moosfreunde sind Moose zuerst ein Vergnügen, natürlich verstärkt durch das Wissen, etwas mehr als der nur „Höhere Pflanzen-“kundige „Normalflorist“ zu sehen und zu kennen. Trotzdem sind sie für die „Professionellen“ eine unverzichtbare Hilfe. Über freundliche Kontakte geben sie ihre Kenntnisse gewöhnlich gerne preis, wenn nicht über Publikationen, dann doch oft über persönliche Mitteilung.

Aus angeblicher Geldnot wird die Spezielle Botanik in ganz Europa reduziert bis eliminiert. Feldbotaniker haben kaum Berufschancen. Wichtiges Wissen verkommt, lobenswerte Traditionen werden beendet. Dank der Ignoranz der DFG wie auch vieler botanischer Hochschulvertreter – nicht nur in Deutschland – dominieren inzwischen tüchtige Dilettanten (oder Pensionäre) Wissensgebiete wie die bryologische Feldforschung. Die Mehrzahl der „FRITZ KOPPE-Preisträger" gehört zu dieser Kategorie. Zusammenfassende Übersichten oder gar Bestimmungsbücher zu erarbeiten und zu veröffentlichen, ist jedoch im Allgemeinen nicht ihr Ding. Umgekehrt leidet die „Mooskultur" vieler Länder darunter, dass Moosforschung dort fast ausschließlich von professionellen Bryologen und im Labor oder im Herbar betrieben wird. Eine entsprechend untergeordnete Rolle spielt eine solide Gelände- bzw. überhaupt Artenkenntnis, sie bildet eher die Ausnahme. Ein Antrag auf Unterstützung eines deutschen „Moosforschungszentrums" wurde 1990 mit dem Argument „Alles fließt jetzt in die Neuen Bundesländer" aus finanziellen Gründen von der DFG abgelehnt. Diese Chance, in der bryologischen Forschung an der Weltspitze zu bleiben, wurde vertan. Unersetzliche Vorkommen und auch Arten von Moosen sind seitdem verschwunden. Das betrübt umso mehr, als sowohl in Großbritannien durch JOHN RAY, IN ITALIEN DURCH MICHELI, wie in Deutschland durch DILLEN, RUPP und HEDWIG die wissenschaftliche Bryologie nicht nur begründet, sondern auch lange in hervorragender Weise vorangebracht wurde – heutzutage wird sie in allen drei Ländern nur noch als „Orchideenfach" betrachtet. Trotzdem wird auch der professionelle Bryologe als Artenkenner gebraucht. Über den besseren Zugang zur Fachliteratur wie auch zu neuen Methoden und Ressourcen, kann er leicht neue Wege finden, die dem Hobby-Bryologen nur schwer zugänglich sind.

Zurück zu meinen persönlichen Erfahrungen. Meine ersten Moosbücher waren die Bestimmungstafeln HERZOG's (1929 & 1953) wie auch die Moosflora von H. GAMS (1950). Letztere seinerzeit das einzige sogar in Ostdeutschland erhältliche Moos-Bestimmungsbuch. Mein erstes allein gesammeltes und dann bestimmtes Moos war eine *Neckera crispa vom Nordhang des Jenzig* bei Jena. Eine spätere Ausgabe des GAMS (1957) ENTHÄLT INZWISCHEN TAUSENDE PERSÖNLICHE ANMERKUNGEN, MEIST AUS DEM GELIEHENEN LIMPRICHT entnommen.

Apropos, der „LIMPRICHT" WIE AUCH MÜLLER's Lebermoose gehören für mich zu den bedeutendsten Moosbüchern, die je geschaffen wurden. Schon als wissenschaftlicher Assistent an der Humboldt-Universität in Berlin (1955 – 1958) und besonders seit meiner Tübinger Zeit (ab 1958) war ich von der Bedeutung der genauen Kenntnis der Standortsverhältnisse für die Erkennung der Moose im Gelände überzeugt. In Tübingen wurde ich über BERTSCH's Moosflora (von Württemberg; 1949) aufs Neue für die Bryologie begeistert. Hier besuchte mich zu gemeinsamen Exkursionen auch erstmals TED WALLACE, ein exzellenter englischer Bryologe (zeitweilig auch Präsident der BBS). Im Nachhinein einer meiner wichtigsten Lehrmeister. Vor allem verdanke ich ihm den regelmäßigen Lupengebrauch, unumgänglich für die Erlangung einer fundierten Geländekenntnis. Ted's permanentes „take the lens" ist mir unvergesslich.

Am allerwichtigsten für meine Weiterentwicklung als Bryologe war natürlich – wie für viele andere auch – DR. FRITZ KOPPE. ZU SEINER ZEIT WURDE ER – NACH LEOPOLD LOESKE und neben seinem Bruder KARL KOPPE – als der umfassendste kontinentale Mooskenner, auch der Alpenmoose, neidlos anerkannt. Nach 1950 erforschte FRITZ KOPPE auf mehreren Exkursionen auch die Moose Mallorcas, Südspaniens sowie der Atlantischen Inseln. Er war ein äußerst liebenswürdiger und hilfsbereiter Mensch. Trotz aller haupt- und nebenberuflichen Auslastung als Autor sehr zahlreicher, hoch geachteter Veröffentlichungen hat er sich viel Zeit genommen, alle ihm zugesandten Proben zu bestimmen. Diese Hilfen, insbesondere auch die Kommentare zu seinen Revisionen, haben die Mooskenntnis im Lande wesentlich gefördert und in jedem Falle auch mein eigenes bryologisches Wissen außerordentlich erweitert. Schließlich hat er mir mit der Überlassung seines gesamten bryologischen Nachlasses noch einen letzten, besonders großen Dienst erwiesen.

Als Folge der unsinnigen Auflösung des Faches Biologie in Duisburg musste das DÜLL-KOPPE'sche Privatherbar (DUIS) zwischenzeitlich auch privat untergebracht werden. Eine Weitergabe an ein großes Herbar bot sich an. Nach dem Vermächtnis FRITZ KOPPES sollten seine Aufsammlungen später nur einem solchen Herbar zugeführt werden, in dem auch ein hauptamtlicher Bryologe tätig war. So gingen, natürlich kostenlos, als Erstes die Lebermoose nach Berlin-Dahlem, wo man die Sammlung bei PROF. DR. SCHULTZE-MOTEL in guten Händen glaubte. Gravierende Einschränkungen durch den neuen Chef des Hauses, PROF. DR. GREUTER, wie z. B. die Abschaffung der Abteilungsleiterstellen, führten schließlich zum vorzeitigen Ausscheiden unseres Freundes und darüber hinaus zur Eliminierung der Stelle eines Bryologen. Damit war die testamentarische Voraussetzung für ein Verbleiben bzw. weitere Überlassung des Koppe-Herbars an Berlin entfallen.

Prof. Dr. VOLKMAR WIRTH warb dann um den Kauf des KOPPE-Herbars durch das Naturkunde-Museum in Stuttgart-Ludwigsburg. DR. NEBEL kümmerte sich in Aussicht auf eine Anstellung als Bryologe erfolgreich um die Finanzierung dieser Aktion. Von diesen Geldern wurde die FRITZ-KOPPE-Stiftung zur Förderung der Mooskunde errichtet. Mit den Zinsen aus dem Stiftungsfond, der aus meiner Erbschaft erwachsen war, sollten wichtige Moos-Forschungsprojekte finanziert werden. Das hätte die Bryologie besonders jungen Leuten näher bringen können. Leider schien aber nur eine *nachherige* Preisverleihung für bereits erbrachte bryologische Leistungen möglich. Wie zu erwarten, haben nur wenige der Preisträger weitere Arbeiten mit dem Preisgeld finanziert.

Über meine weiteren bryologischen Aktivitäten geben meine zahlreichen Publikationen Auskunft. Sie erreichten während meiner 25 Jahre an der jetzigen Mercator-Universität Duisburg mit der Errichtung eines bryologischen Forschungsschwerpunktes mit Unterstützung meiner Frau IRENE DÜLL wie des Mitarbeiters DR. J. P. FRAHM ihren Höhepunkt. Natürlich habe ich nach meiner Emeritierung als Lehrstuhlinhaber (1996) auch an Moosen und über Moose weiter geforscht. Zu Moosthemen gibt es seitdem mehr als 10 weitere Publikationen. Umfangreiche Studien im Gebiet der griechischen Ägäis stehen vor der Veröffentlichung. Eine Moosflora des Ahrtals sowie die Südtirols, unterstützt durch Tochter BARBARA DÜLL-WUNDER, sind abgeschlossen.

Charakteristika, Lebenszyklus und Biologie der Moose

Moose gehören mit den Sprosspflanzen zu den Landpflanzen. Nicht nur wegen ihres niedrigen Wuchses – das größte, heimische Moos, *Polytrichum commune*, erreicht kaum 75 cm Höhe –, sondern auch wegen ihres vergleichsweise primitiven Aufbaus werden sie zu den „niederen" Pflanzen gezählt. Pro Moosart zählt man selten mehr als 15 (selten bis 30) verschiedene Zelltypen. Blütenpflanzen können oft über 60 unterschiedliche Typen aufweisen.

Moose sind Sporenpflanzen. Sie besitzen im Gegensatz zu den Blütenpflanzen einen auffallenden heteromorphen (verschiedengestaltigen), heterophasischen Generationswechsel. Die Geschlechtsgeneration zeichnet sich durch einfache (= haploide), die Sporengeneration durch doppelte (= diploide) Chromosomensätze aus. Im Vergleich zu den Sprosspflanzen ist die vom Wasserhaushalt gewöhnlich sehr abhängige Geschlechtspflanze (der Gametophyt) des Mooses gut entwickelt, d. h. meist reich gegliedert und gewöhnlich auch beblättert. Blättchen, Stämmchen und Rhizoiden der Moose sind denen der „höheren" (diploiden) Pflanzen nicht vergleichbar, also nicht homolog. Die grüne, uns als „Moos" bekannte Pflanze enthält

Vorwort

Dieses Buch hat – soweit uns bekannt – weltweit nur ein einziges Werk (allerdings nur mit Einschränkung) als „Vorgänger". Gemeint ist A. J. GROUT's „Mosses with hand-lens and microscope" (1903), hervorgegangen aus seinem Buch „Mosses with a hand-lens". Eine für die damalige Zeit lobenswerte Einführung in die Welt der Laubmoose. Fast ausschließlich illustriert mit den vorzüglichen Bildern aus W. P. Schimper's „Synopsis muscorum" (1860). Seine beschreibenden Texte sind zwar für eine erste Einordnung hilfreich, ansonsten kann auf den Gebrauch eines Mikroskops, was Grout auch einräumt, jedoch kaum verzichtet werden. Weitere Angaben, so zur Standortökologie, Verbreitung etc. fehlen.

Der entscheidende Anstoß für die Erarbeitung des „Exkursionstaschenbuchs" war ein Treffen mit E. VERNON WATSON, dem Autor einer vorzüglichen Einführung in die Welt der britischen Moose (2nd ed. 1968). Er war an einer deutschsprachigen Übersetzung sehr interessiert. Leider zeigten zwei große deutsche Botanik-Verlage auf Anfrage kein Interesse („es gibt genügend deutsche Moosbücher"). Dies motivierte den Erstautor, ein Moosbuch zur Lupenbestimmung selbst zu erarbeiten – das „Exkursionstaschenbuch der Moose", welches seine ersten fünf Auflagen im IDH-Verlag, Bad Münstereifel erfuhr. Im Jahr 2008 übernahm der Quelle & Meyer Verlag, Wiebelsheim das Moosbuch unter Abänderung des Titels.

Zum Inhalt des Buches. Im Allgemeinen Teil hilft dem Leser wieder eine Fülle wichtiger methodischer Hinweise bei der Beschäftigung mit Moosen. Hinzu kommen Kapitel über unbedingt Wissenswertes über die Moose überhaupt. Informationen, die man in vergleichbaren Werken gewöhnlich vermisst.

Im Speziellen Teil wird eine Auswahl der wichtigsten mitteleuropäischen Moose nach Lupen-, wie auch nach Standortsmerkmalen gebracht. Sie werden so charakterisiert, dass eine Erkennung dieser Arten im Allgemeinen auch ohne Mikroskop möglich ist. Anmerkungen zur Herkunft der wissenschaftlichen Namen, zur Entdeckung und Erstbeschreibung, zum etwaigen Nutzen und zu bemerkenswerten ökologischen Einpassungen der Arten werden gegeben. Die ausführlichen Angaben zur Standortökologie, zum ökologischen Zeigerwert, zur Empfindlichkeit gegenüber Luftverschmutzung sowie auch zur Höhen- und Flächenverbreitung sind ebenfalls umfangreicher als in den meisten gängigen Werken. Neu sind u. a. die Angaben zur Höhenverbreitung und dazu wurden die Standortsbeschreibungen, wie auch die Bestimmungsschlüssel, völlig neu bearbeitet.

In der 2. Auflage wurden wieder zahlreiche weitere Arten, es sind insgesamt 69, ausführlicher behandelt, d. h. als „Hauptarten" beschrieben. Von z. Zt. insgesamt ca. 1000 aus Deutschland bekannten Moosen wurden 282 Arten (davon 88 Lebermoose und 194 Laubmoose) ausführlich behandelt. Ebenso findet der Benutzer dazu eine ganze Reihe neuer „Nebenarten". Insgesamt also etwa die Hälfte der deutschen Moose. Alle übrigen deutschen Moose sind entweder im Allgemeinen selten bis sehr selten und kommen höchstens im höheren Gebirge häufiger bzw. im Gelände vor und sind oft auch mikroskopisch nicht sicher zu erkennen. Zur genaueren Verbreitung vgl. „Deutschlands Moose" (Bd. 1.: DÜLL & MEINUNGER 1989 und Bd. 2. & 3.: DÜLL 1994) und natürlich den Verbreitungsatlas von L. MEINUNGER & W. SCHRÖDER sowie die Bildtafeln von M. LÜTH.

Durch das freundliche Entgegenkommen des Quelle & Meyer Verlages können die meisten Arten auch farbig illustriert werden. Die Fotos wurden in der 3. Auflage verbessert und auch deutlich größer abgebildet. Allerdings wäre die Bebilderung ohne die großzügige Hilfe einiger Moosfreunde, insbesondere durch GOTTFRIED SCHWAB und DR. GÜNTER REBING weniger attraktiv geworden. Letzterer und IRENE DÜLL, FRAU DES ERSTAUTORS, haben sich auch mit Fleiß dem Korrekturlesen gewidmet. Dafür allen unser herzliches Dankeschön. Dank

in sogenannten „Blüten" die Geschlechtsorgane. Die andere, nicht ganz richtig als „ungeschlechtlich" bezeichnete „Sporenpflanzengeneration", der Sporophyt, (sie entspricht z. B. der großen, Sporen produzierenden Wurmfarnpflanze) ist bei den Moosen relativ klein und stets ohne Blätter. Die Sporenpflanze ist nur wenige mm bis cm hoch und sitzt bei den Laub- und Horn-Lebermoosen als Halbparasit der autotrophen Geschlechtsgeneration auf. Bei Lebermoosen ernährt sie sich vorwiegend parasitisch. Die Laubmoos-Sporophyten (= Sporogone) haben bis kurz vor der Reife grüne Kapseln und beziehen höchstens einen Teil der Assimilate vom „Wirt". Wasser und Nährsalze werden über das Haustorium aufgenommen und (falls vorhanden) durch einen Stiel (= Seta) mit Leitungselementen in die sich ausdifferenzierende Kapsel geleitet. In der Kapsel entstehen über eine Reifungsteilung aus den Sporenmutterzellen die haploiden Sporen. Diese können an einem geeigneten Standort zu einem Vorkeim (Protonema) aus grünem Chloronema, später gefolgt von hellerem Caulonema, auskeimen. Das Chloronema zeichnet sich durch unregelmäßige Verzweigung und farblose Zellwände aus. Das Caulonema ist dagegen regelmäßig verzweigt und hat bräunliche Zellwände. Nur an ihm bilden sich die Knospen. Bei Buxbaumia ist der Gametophyt nur noch rudimentär entwickelt und allein der um 1(– 2) mm große, mykotrophe Sporophyt ist gut sichtbar. Fast alle Laub- und einige Lebermoose haben einen fädigen Vorkeim. Abweichend sind die der Andreaeales, der Sphagnales und der Tetraphidales. Am Vorkeim entwickeln sich kleine Knospen, aus denen die eigentliche Moospflanze heranwächst.

Über Verzweigung und Sprossung können jetzt die verschiedenen „Wuchsformen" entstehen: laubige Lager und Decken (so bei *Marchantia*), bis um 1 cm hohe Kurzrasen (z. B. *Dicranella*), größere Hochrasen (z. B. *Dicranum scoparium*), Polster (z. B. *Grimmia*), Bäumchenrasen (z. B. *Eurhynchium*), Decken (z. B. *Hypnum*) und andere. Kurzlebige Moose wachsen meist in lockeren, unscheinbaren Herden (z. B. *Pseudephemerum*), andere Pioniermoose, z. B. an Wegrainen, überdauern auch als Protonema-Moose. Entsprechend der Überdauerungsart kann man Lebensformen (vgl. R. Düll 1968 – 1976) sowie andererseits auch Besiedlungstypen („life strategies" bei During 1979) unterscheiden, so z. B. die „Kolonisten" auf Brachland. Berechnet man die prozentualen Anteile der einzelnen Typen für ein bestimmtes Biotop, so erhält man ein Lebensformen- bzw. Besiedlungstypen-Spektrum, mit dessen Hilfe man Standorte sehr gut charakterisieren kann, was u. a. M. Boecker (1993) mit seiner Bearbeitung bewiesen hat. So herrschen z. B. an sonnig-trockenen Felsen Polstermoose und auf dem Waldboden Deckenmoose und Bäumchenrasen vor. Der nebelreiche, tropische und subtropische Bergwald wird durch epiphytische „Hängemoose" charakterisiert.

Neben den sichtbaren morphologischen Eigentümlichkeiten haben natürlich auch die Moose ökophysiologische Merkmale. Entscheidende Vorbedingungen für das Vorkommen an den oft ausgefallenen (Nischen-) Standorten sind z. B. Austrocknungsresistenz, Ausnutzungsfähigkeit geringster Nährsalzkonzentrationen (z. B. bei Torfmoosen) oder die Eigenschaft, optimale Photosynthese gerade bei niedrigeren Temperaturen zu erbringen.

Entsprechend ihrer Konkurrenzschwäche gegenüber den „großen" Pflanzen besiedelt die Mehrzahl der Moose meist solche Standorte, die von diesen gewöhnlich gemieden werden. Dort können sie dann, wie in der nordischen Tundra, in der von Sprosspflanzen fast freien Antarktis wie auch an Borke und Gestein streckenweise dominieren.

Mehr als 95 % der Moose zeichnen sich durch eine Gliederung in Stamm und Blättchen aus. Letztere sind meist einschichtig. Vielschichtige und z. T. auch komplizierter gebaute Blattbildungen haben z. B. *Polytrichum* und *Leucobryum*. Laubblättern von Sprosspflanzen analog sind die Lager der *Marchantia*-Verwandten. Die Blattform ist neben Blattstellung, Wuchsform, Beastung und Sporogon das wichtigste makroskopische Bestimmungs-

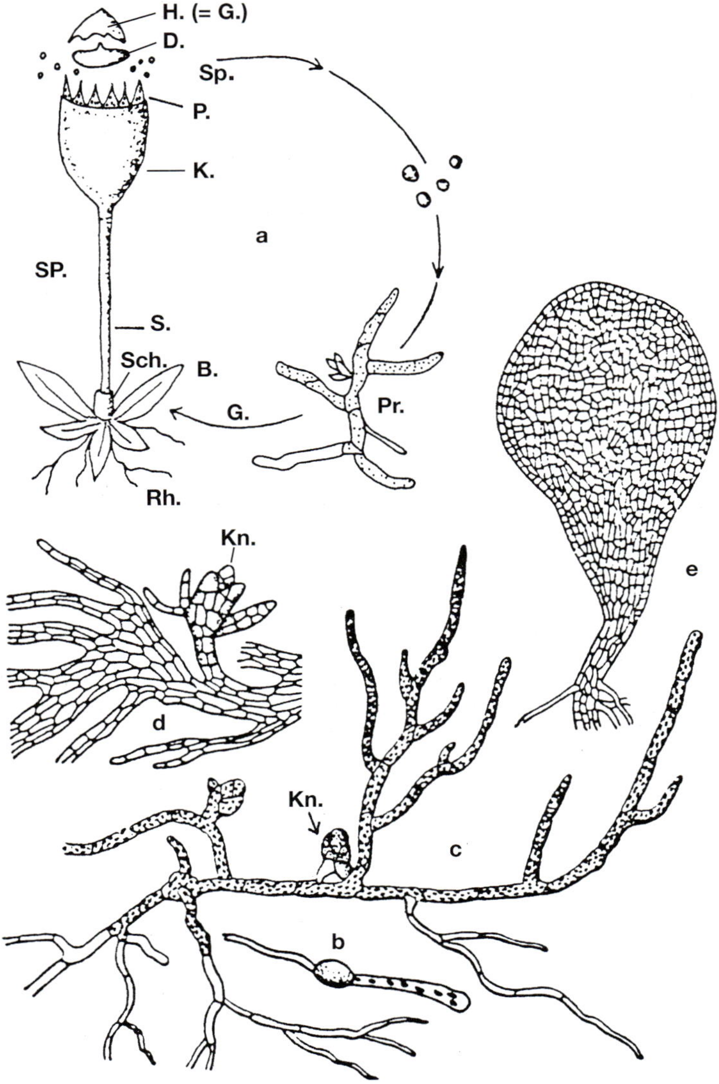

Tafel 1: a. Lebenszyklus eines Laubmooses: G. Gametophyt: b. Blättchen, Pr. fädiges Protonema, Rh. Rhizoiden, Sch. Scheidchen. SP. Sporophyt: D. Deckel, K. Kapsel (Urne), P. Peristom, S. Seta, Sp. Sporen. H. Haube (gehört zum Gametophyten).
b–e: Laubmoos-Protonema: b–c **Bryum:** b. keimende Spore, c. entwickeltes Fadenprotonema mit Kn. Knospe. d. **Andreaea**-Protonema mit Knospe (nach Kuhn). e. **Tetraphis**-Vorkeim (b, c, e aus Melnichuk)

merkmal. Für die mikroskopische Erkennung sind Blattrandtypen, die verschiedenen Zelltypen usw. von Bedeutung. Zumindest bei fast allen aufrechten Laubmoosen (Akrokarpe) wird die Blattfläche durch eine Rippe gestützt. Besonders bei Moosen des flutenden Wassers (z. B. *Cinclidotus*) wie auch bei relativ großzelligen und bei Trockenheit entsprechend stark schrumpfenden Feuchtmoosen (z. B. *Mnium*) wird der Blattrand durch einen Saum verfestigt. Um- oder Einrollung des Blattrandes und Längsfaltigkeit (wie bei *Homalothecium*) haben ebenfalls stützende Funktion (vgl. Dachrinnen und Wellblechdach) und variieren entsprechend bei abweichenden Umweltbedingungen. Die Länge und Qualität von Blattspitzen, -fransen, -zähnen und -mamillen stehen in Beziehung zur Luftfeuchtigkeit. An zu trockenen Standorten können sie schlechter ausgebildet sein. Papillen und Glashaare scheinen in erster Linie dem Lichtschutz des empfindlichen Chlorophylls zu dienen, außerdem sind die letzteren u. a. Kondensationspunkte. Die Glashaarlänge kann z. B. bei *Tortula*-Arten je nach Lichtsumme ganz auffällig variieren!

Dem widerspricht nicht, dass gerade manche typischen Steppen- und Wüstenmoose (z. B. auch *Tortula*-Arten) glatte Blätter und keine Glashaare haben. Sie nutzen wie Wüstenflechten die nächtliche Taufeuchte und oft dazu die Exposition zur aufgehenden Sonne (eine Idee, die mir unser Freund Dan Norris vermittelte), um in der für niedere Pflanzen idealen Morgenkühle ihre kurze, tägliche Photosynthese zu betreiben. Mit steigender Sonne trocknen sie ebenso schnell aus, wie sie befeuchtet werden. Die für austrocknungsresistente (poikilohydrische) Pflanzen so nachteilige Zeitspanne des zwar noch etwas feuchten, aber nur noch zur Atmung fähigen Pflanzenkörpers ist hier relativ kurz. Es bedarf also keiner besonderen Anpassungen. Moose südseitiger Biotope wie auch viele Nebelmoose sind hingegen durch auffällige Papillen auch äußerlich angepasst. Diese dienen als Lichtschutz (s. o.) und fördern (u. a. wegen der Oberflächenvergrößerung) sowohl schnelle Wasseraufnahme wie auch rasche Austrocknung. Die rapide Durchfeuchtung papillöser Blätter scheint nur – abgesehen bei niedriger Wasserdampfkapazität – eine Nebenerscheinung ihrer eigentlichen Funktion zu sein. In der Ausnutzung selbst kleinster Wasserangebote sind manche Moose Meister. So hat man z. B. bei *Tortula* selbst bei nur 30 % Luftfeuchtigkeit noch eine Wasseraufnahme nachweisen können. Umgekehrt sind vertrocknete Moose dauerfeuchter Standorte oft schwer benetzbar. Nur ein starker Regenguss wird einer vertrockneten Feuchtpflanze so viel Wasser spenden können, dass die Photosynthese mehr einbringt als die relativ lange Atmungsperiode wieder wegnimmt. Außerdem behindert ein Wasserfilm die CO_2-Aufnahme.

Die Moose haben – im Gegensatz zu den Sprosspflanzen – meist nur eine äußere Wasserleitung. Man nennt sie dann „ektohydrisch". Das Wasser wird kapillar zwischen Blättern, Rhizoiden o. Ä. am Stängel hochgeleitet. Dasselbe geschieht bei gefalteten, rinnigen oder papillösen Blättern sowie in den kapillaren Räumen zwischen Blattscheiden und Stamm (vgl. *Polytrichum*). Große Moose wie *Polytrichum*- oder die *Mnium*-Arten sind z. T. endohydrisch, d. h. sie haben auch eine innere Leitung, allerdings meist nur für Assimilate. Zu einem Übergangstyp gehören z. B. erdbewohnende Bryum-Arten. Sie sind mixohydrisch. Wie die endohydrischen Moose haben sie eine geförderte Wasseraufnahme durch die „Würzelchen" (Rhizoiden).

Einen Sonderfall stellen auch die *Marchantia*-Verwandten dar. Ihre Zäpfchen-Rhizoiden dienen ebenfalls der Wasseraufnahme. Sonst sind die Rhizoiden vor allem nur Haftorgane. Biologisch interessante Anpassungen sind auch die Faltblätter der *Fissidens*-Arten und vieler beblätterter Lebermoose, z. B. bei *Scapania*. Sie verzögern über Wasserhaltung die Austrocknung. Ähnliche Funktionen erfüllen die „Wassertaschen" z. B. bei *Lejeunea* und *Frullania*. Wichtiger sind sie für winzige Kommensalen, die in ihnen leben und deren Exkremente das Moos düngen.

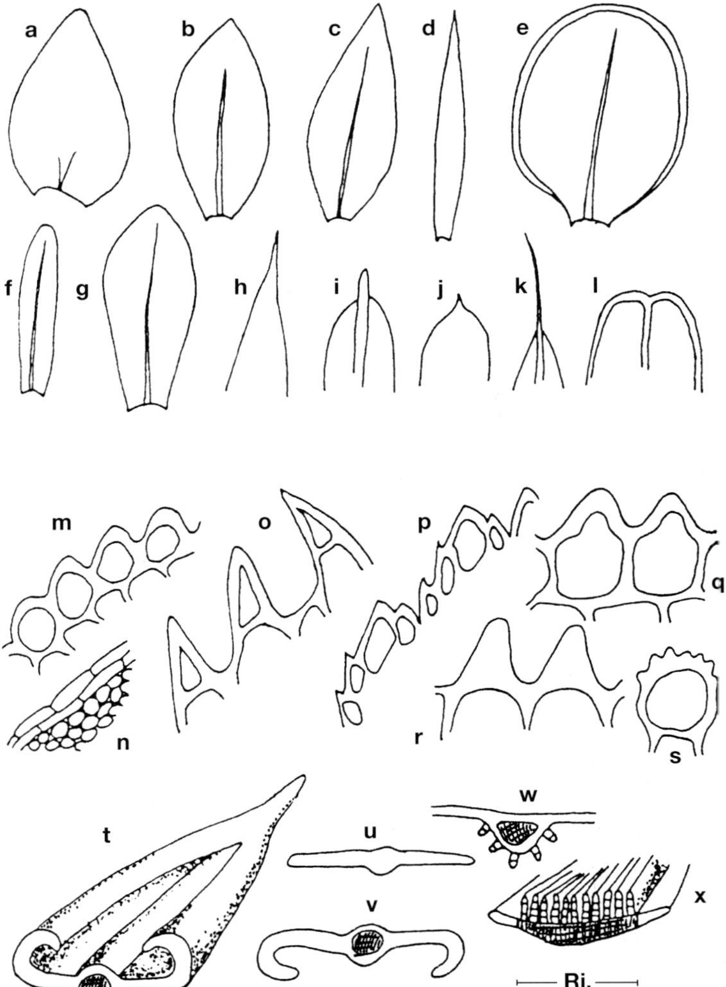

Tafel 2: Blattformen der Laubmoose: a. eiförmig (-stumpflich), mit Doppelrippe, b. elliptisch (-zugespitzt), c. breitlanzettlich, d. lineal-lanzettlich, e. kreisförmig, gesäumt, abgerundet, f. zungenförmig, stumpf, g. spatelförmig, stumpf, h. fein zugespitzt, i. oben abgerundet, mit austretender Rippe (mucronat), j. kurz bespitzt, k. Rippe als Haar austretend, l. Spitze ausgerandet.
Blattrand- und Oberflächenformen: m. Rand (durch vorspringende Zellen) crenuliert/gekerbt, n. Rand mit Saumzellen, o. scharf gezähnt, p. grob gezähnt, q. Blattzellen mamillös, r. Blattzellen papillös, s. warzige Endzelle.
Blattränder: t. Spitze kahnförmig, eingerollt, u. flachrandig, v. umgerollt.
Blattrippe mit Lamellen: w. auf dem Rücken, x. bauchseitig.

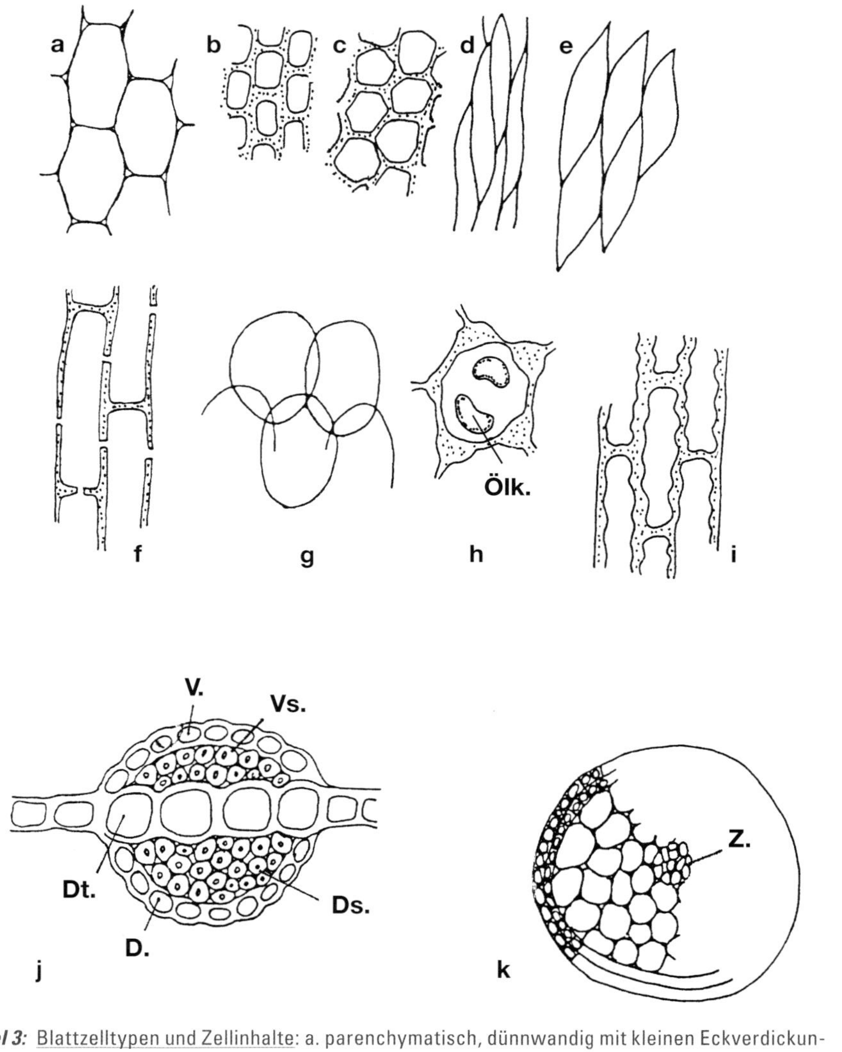

Tafel 3: Blattzelltypen und Zellinhalte: a. parenchymatisch, dünnwandig mit kleinen Eckverdickungen, b. parenchymatisch, kleinzellig, dickwandig, c. isodiametrisch, derbwandig, d. schmal prosenchymatisch (bis linealisch), e. weit prosenchymatisch, f. Zellwände porös (= getüpfelt), g. lockerzelliger Blattflügel, h. isodiametrische Zellen mit knotigen Eckverdickungen und großen Ölkörpern, i. langgestreckte Zellen mit buchtigen Wänden.
j. Blattrippen-Querschnitt: L. Lamina-Zellen, V. ventrale (bauchseitige) und D. dorsale (rückenseitige) Rinden-Zellen, Vs. ventrale, Ds. dorsale Stereiden, Dt. Deuter. k. Stengelquerschnitt: Z. Zentralstrang. (j. und k. nach Melnichuk).

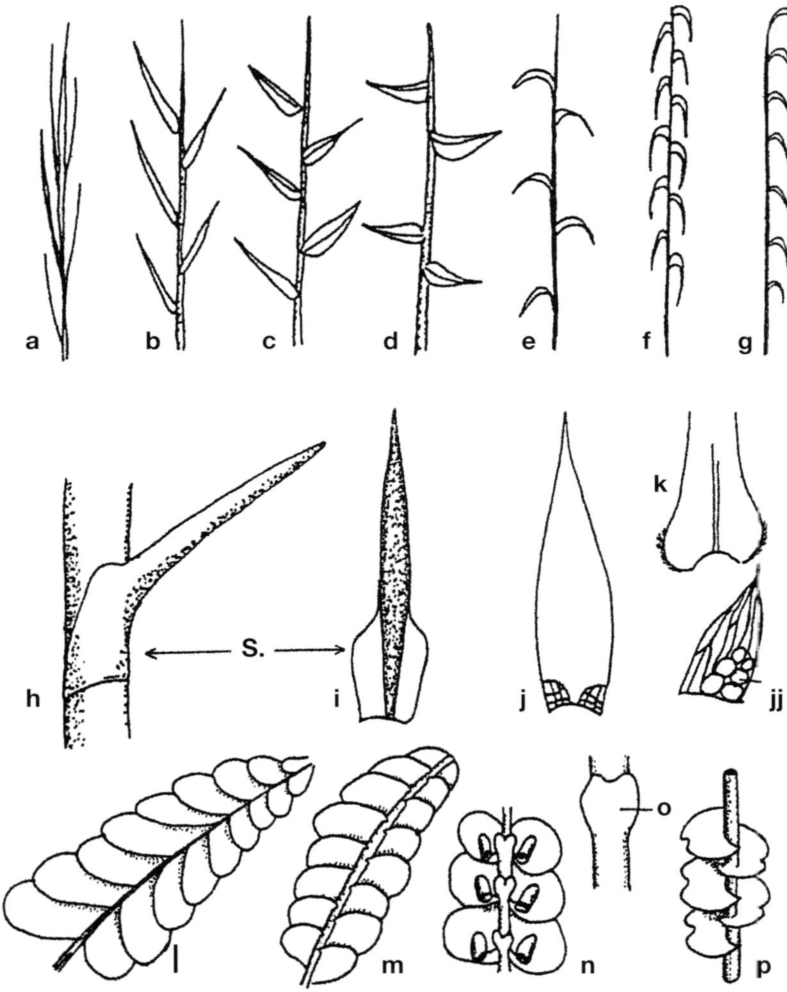

Tafel 4: Blattstellung bei Laubmoosen: a. steif aufrecht (fast anliegend), b. spitzwinklig aufrecht, c. aufrecht abstehend, d. abstehend, e. zurückgekrümmt, f. sichelig zurückgekrümmt, g. einseitswendig-sichelig. Blattbau: h., i. Blatt scheidig: S. Blattscheide, i. Rippe die ganze Blattbreite einnehmend, j. Blatt ohne Rippe, mit Blattflügeln, jj. Blattflügel gut differenziert, k. Blattohren gezähnelt.
Blattstellung bei Lebermoosen: (von oben gesehen) l. unter-, m. oberschlächtig, p. querinseriert, Blattbau: n. (von unten) mit Wassersäcken und Unterblättern, d. h. scheinbar 5-reihig, o. Form eines Unterblattes (Amphigastrium)

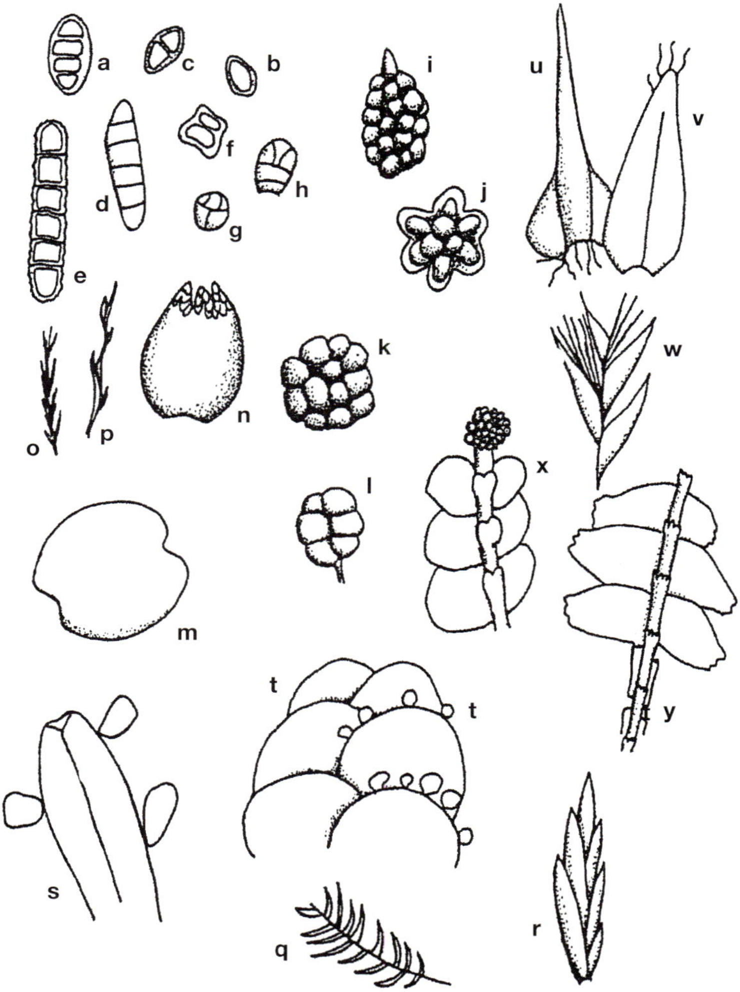

Tafel 5: Brutkörper und Brutorgane bei Moosen: Gemmen: a **Zygodon baumgartneri**, b. **Scapania aspera**, c. **S. nemorea**, f. **Tritomaria exsecta**, g. **Didymodon rigidulus**, h. **Syntrichia papillosa**. Brutfäden: d. **Plagiothecium**, e. **Bryum subelegans**. Zitronenförmige und maulbeerartige Brutkörper: i. **Barbula crocea** sowie j. **Grimmia hartmanii** & k. **Bryum rubens**, l. **Blasia**. Brutscheibchen: m. **Marchantia**, t. **Radula** (randbürtig). Brutknospen: n. **Bryum bicolor**. Brutsprosse: achselbürtig: o. **Pseudotaxiphyllum elegans** & p. **Pohlia proligera**; am Spross: s. **Metzgeria furcata**. q. **Platygyrium repens**, r. **Campylopus flexuosus**, Bruchblätter: u. **C. pyriformis** (mit Rhizoidenansatz), v. **Calliergon stramineum** (apikale Rhizoiden), y. **Bazzania flaccida**.(unten Blattreste), Endständiges Brutköpfchen: x. **Calypogeia**.

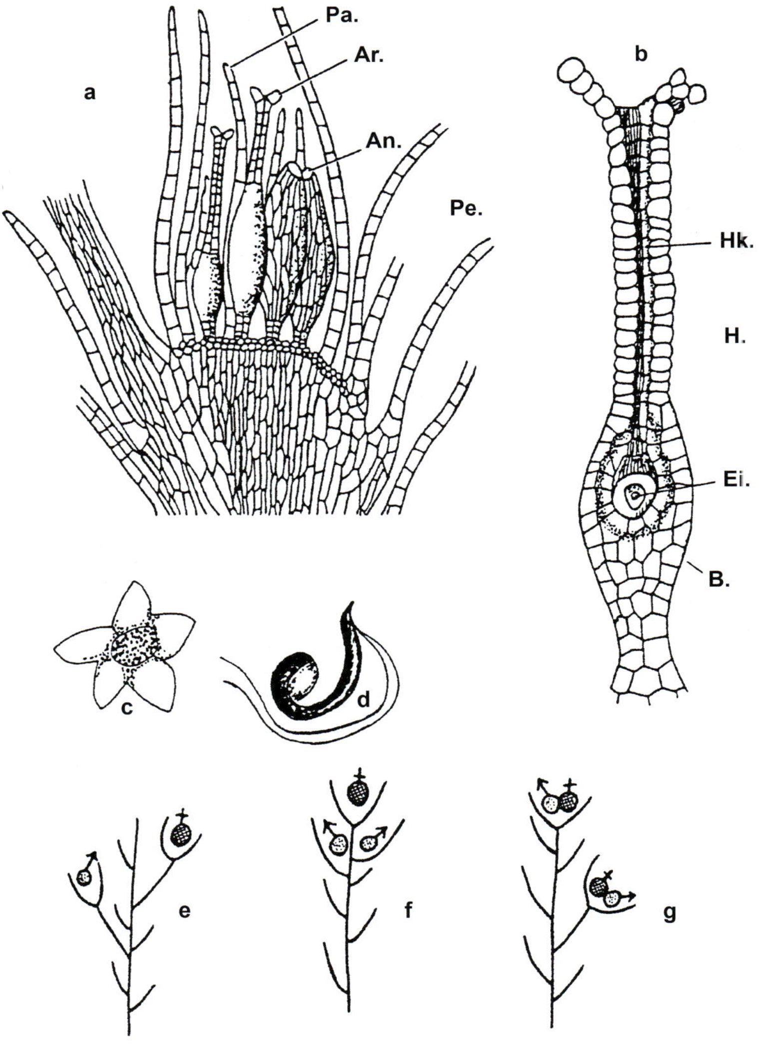

Tafel 6: Gametangien und Gametangienstände bei **Bryum pseudotriquetrum** var. **bimum** (aus Melnichuk): a.: Pa. Paraphysen (Safthaare), Ar. Archegonium (weibliches Gametangium), An. Antheridium (männliches Gametangium), Pe. Perichaetialblätter längs. b. Archegonium geöffnet: Hk. Halskanal, H. Archegoniumhals, B. Archegoniumbauch, Ei. Eizelle. c. „Moosblüte" (Antheridienstand, schematisch), d. zweigeißeliges Spermatozoid (schematisch).
Geschlechtsverteilung einhäusiger Moose (schematisch): e. autözisch, f. parözisch, g. synözisch (zwittrig).

Ein besonderes Kapitel verdienen die vielfältigen Brutorgane zur vegetativen Vermehrung des Gametophyten (Eine ausführliche Darstellung bringen R. E. LONGTON & R. SCHUSTER (1983)). Ein- und wenigzellige Brutkörper (Gemmen), die die Sporen an Größe oft kaum übertreffen und entsprechend leicht verweht werden, kommen vor allem bei vielen beblätterten Lebermoosen vor. Größere, vielzellige Brutkörper haben z. B. einige heimische, akrokarpe Laubmoose und *Marchantia*. Besondere Brutbehälter besitzen letztere und *Tetraphis*. Beide produzieren außerdem auch reichlich Sporen. Aber insbesondere bei zweihäusigen Arten ersetzt oft die ungeschlechtliche die Sporenvermehrung. Solche Moose sind im Anpassungsprozess benachteiligt.

Von einigen zweihäusigen Moosen wurden noch nie Sporophyten gefunden, so von *Cinclidotus danubicus* und bestimmten Reliktarten. Bei anderen sind sie sehr selten, so bei *Syntrichia papillosa* (nur in Australien mit Sporogonen) oder *Rhytidium*. Solche Arten erfreuen meist durch klare Merkmalsabgrenzungen, da Genaustausch ausgeschlossen ist.

Von Bastarden wird bei Moosen gewöhnlich kaum gesprochen. Bekannte Beispiele sind Kreuzungen aus auffällig verschiedenen Eltern, so z. B. zwischen *Pogonatum nanum* und *P. aloides* oder zwischen *Funaria hygrometrica* und *Physcomitrium*. BURGEFF hielt auch *Marchantia polymorpha* für eine hybridogene Sippe.

Sicher werden Bastarde bei Moosen leicht übersehen, und eventuell verdankt z. B. eine so formenreiche Gattung wie *Bryum* allein der häufigen Mischung der gern zusammen wachsenden, oft befruchtungsfähigen Arten ihre Vielfalt.

Die Geschlechtsorgane der Moose sind, wie bei den Farnen, winzige Archegonien (weiblich) und Antheridien (männlich). Es sind Behälter mit einer einzellschichtigen Wand, die eine Eizelle bzw. zahlreiche Samenzellen enthalten. Diese Organe sind (außer bei den Horn-Lebermoosen) frei. Zwischen den Geschlechtsorganen befinden sich oft sterile Fäden (Paraphysen). Die Archegonien sind meist in Hüllblättern verborgen, die bei den Laubmoosen meist wenig differenziert sind, bei den beblätterten Lebermoosen aber oft auffällige Hüllkelche (Perianthien) darstellen. „Moosblüten" kommen nur bei spiralig beblätterten akrokarpen Moosen vor, so z. B. bei *Polytrichum* und *Mnium*. Hier sind die Antheridienstände von auffälligen, kronblattartigen Hüllblättern umgeben, die bei Nässe oft kleine Wasserschüsseln darstellen, in die Spermazellen entlassen werden. Durch herumspritzende Regentropfen können diese bis zu 10 cm weit verbreitet werden. Bei den meisten Moosen kann nur die Eizelle eines einzigen Archegoniums pro Gametangium befruchtet werden. Werden aber mehrere Sporogone an der Spitze der Pflanze, z. B. von *Plagiomnium undulatum*, entwickelt, so ist das ein Zeichen dafür, dass hier auch Schwesterarchegonien potent geblieben sind.

Bei der Bestimmung der Moose ist es grundsätzlich wichtig, die Geschlechterverteilung zu kennen. Bei den zweihäusigen (diözischen) Moosen befinden sich weibliche und männliche Organe auf verschiedenen Pflanzen. Bei den einhäusigen (monözischen) gibt es verschiedene Möglichkeiten: autözisch, parözisch oder synözisch.

Je nach Lebensform entwickelt sich aus der befruchteten Eizelle (Zygote) innerhalb weniger Wochen bis üblicherweise einiger Monate die Sporenpflanze, zuerst als stabförmiges, später im Bereich des Sporenbehälters als verdicktes Gebilde. Die Archegonwand wächst mit dem sich streckenden Sporophyten mit, reißt aber schließlich am Grunde ab und bildet zuletzt die charakteristische, gipfelständige Haube (= Kalyptra). *Funaria* bietet das recht typische Beispiel für einen Laubmoossporophyten. Der Fuß (das Haustorium) ist in die Spitze des Stängels eingesenkt und wird von der Blattrosette umgeben. Eine lange, zur Reife hygroskopisch (in charakteristischer Weise nach links oder rechts) drehbare Seta bildet den Stiel der gipfelständigen Sporenkapsel. Sie besteht aus einer Wand mit echten, ± regelbaren Spaltöffnungen (wie sie ähnlich auch bei

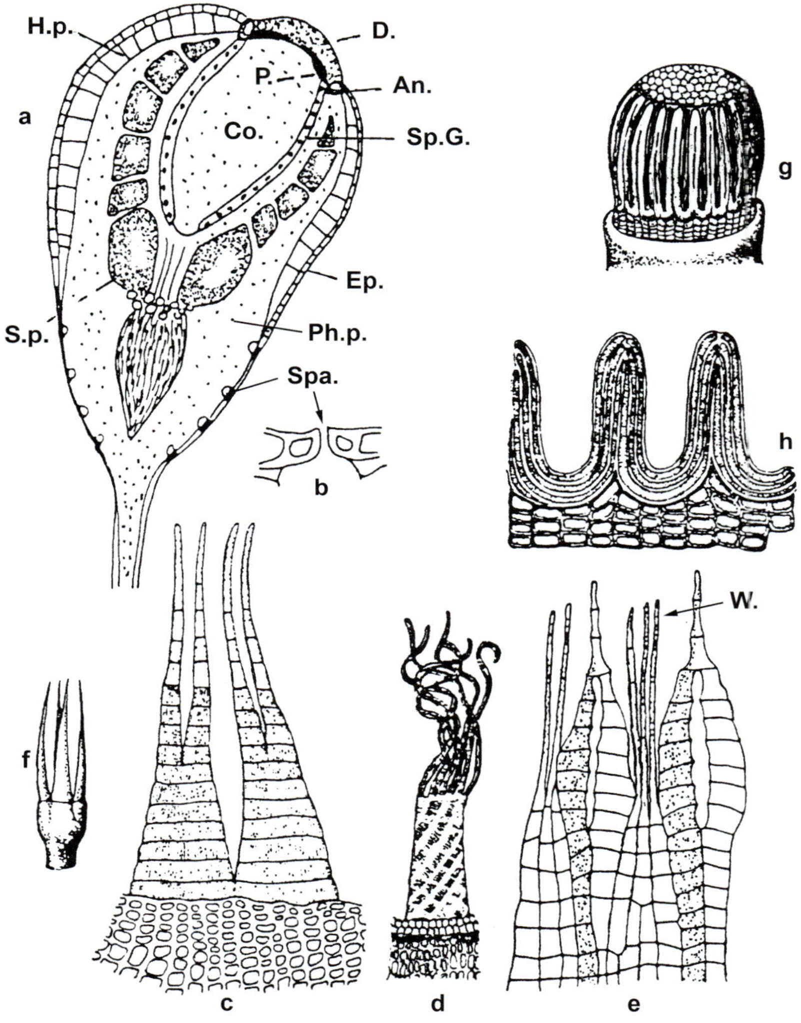

Tafel 7: **Funaria hygrometrica**: a. Längsschnitt einer fast reifen Kapsel: An. Anulus, Co. Kolumella, Ep. Epidermis, D. Deckel, H.p. wasserhelles Gewebe, P. Peristom, Ph.p. Photosynthesegewebe, S.p. Interzellularräume (= Luftkammern: grau) des Schwammparenchyms, umhüllt von H.p., Spa. Spaltöffnungen im unteren Teil am Kapselhals, Sp.G. sporogenes Gewebe, produziert die Sporen und umhüllt mantelförmig die Kolumella (nach Haberlandt, schematisch). b. Stomium quer. Peristomtypen: c. einfaches (haplolepides) Peristom: **Dicranella**, d. dsgl. mit Basilarmembran: **Syntrichia**, e. doppeltes Peristom, mit W. Wimpern: **Bryum**, f. **Tetraphis**, g. Peristom mit Abschlussmembran: **Pogonatum**, h. Peristomzähne, vergrößert (aus Melnichuk).

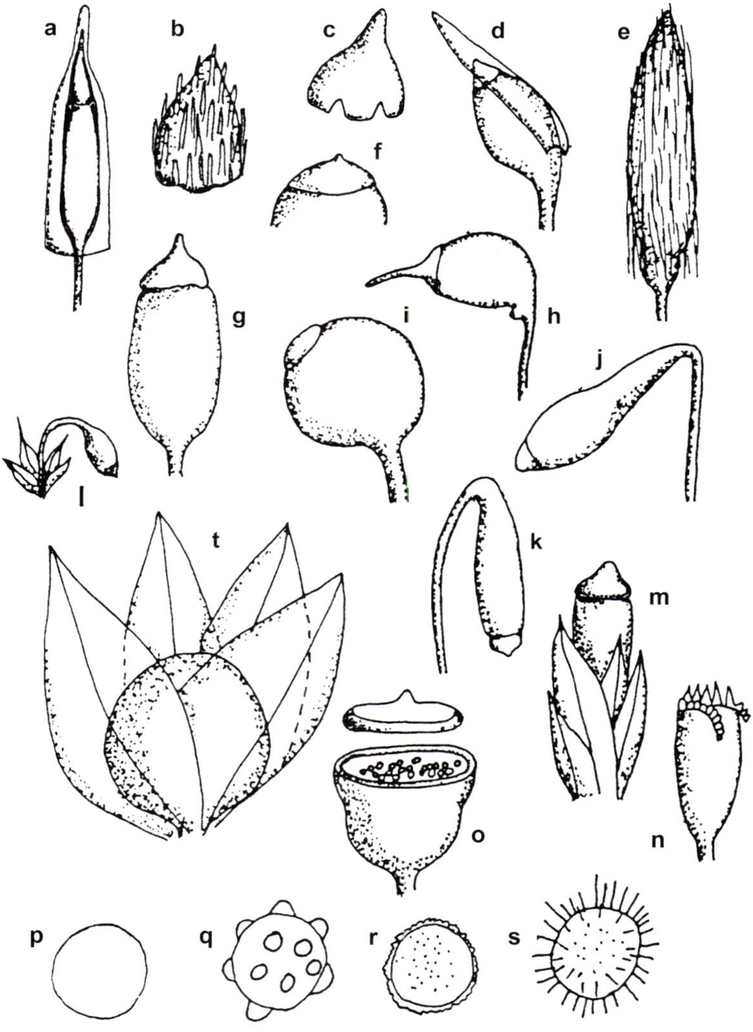

Tafel 8: Haubenformen: a. geschnäbelt, kahl, schlank-glockenförmig, b., e. behaart, glockig, c. mützenförmig, d. kappenförmig Deckelformen: a. langkegelig, d. spitzkegelig, h. lang und g. kurz geschnäbelt, i., j. abgerundet, f., k. abgerundet/kurz bespitzt, m. stumpfkegelig. Kapselformen: a. schlank und g. kurz zylindrisch, aufrecht, d. elliptisch, geneigt, h. hochrückig, waagerecht, kropfig, i. kugelig, wenig geneigt, o. topfförmig, nacktmündig, t. kugelig, kleistokarp (= verborgen), Seten/Kapselstellungen etc.: l. Seta gekrümmt, j., k. Seta oben abgeknickt, bei j. Kapsel abwärts geneigt, mit verjüngtem Hals, k. hängend, m. eingesenkt, n. mit A. = Anulus, sich ablösend. Sporen: p. glatt, q. grobwarzig, r. feinpapillös, s. stachelig.

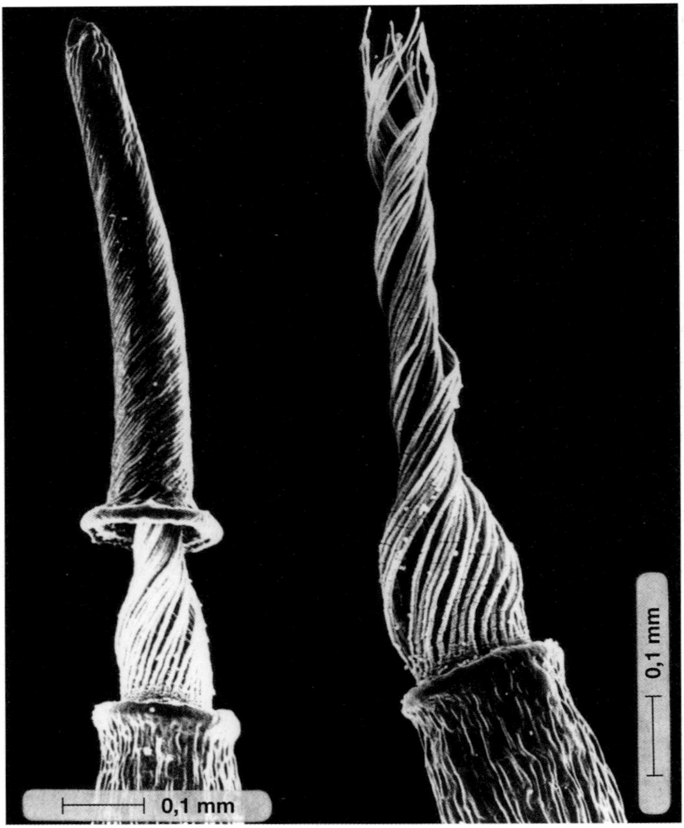

a. b.

Tafel 9: Tortella tortuosa: a. Kapsel mit einfachem Peristom, während der Entdeckelung. B. vergrößert. REM-Aufnahmen von R. MAY-Bonn.

Sprosspflanzen vorkommen) und einer Kutikula, die dem Gametophyten (mit Ausnahme bei *Marchantia*-Verwandten) fehlt. Die unreife Kapsel wird durch einen Deckel abgeschlossen, der oft mit Hilfe eines Ringes (Anulus) bei der Reife abgesprengt wird. Die Kapsel und der Deckel können sehr verschieden geformt sein. Geneigte Kapseln haben zuweilen einen „Kropf". Basal kann ein ± langer oder dicker „Hals" (Apophyse) ausgebildet sein. Unter der Epidermis liegt ein einem Schwammparenchym analoges Assimilationsgewebe. Den Innenraum füllt ein großer Sporensack aus. In ihm entstehen an einem zentralen Zylinder (der Kolumella) die zahlreichen Sporen. Die Mündung der entdeckelten Kapsel wird in der Regel von einem Zahnkranz (Peristom) umgeben. Er kann einfach oder doppelt ausgebildet sein und reguliert die Sporenausstreuung. Die Zähne reagieren meist auf Austrocknung und Befeuchtung (hygroskopisch) mit Bewegung. Die inzwischen ebenfalls abgestorbenen Kapselwandzellen schrumpfen bei Austrocknung und damit auch der ganze Sporenbehälter. Dadurch werden die Sporen herausgedrückt. Für Moose mit Windverbreitung scheint die Verlängerung der Ausstreuzeit ökologisch bedeutungsvoll zu sein, anders lässt sich die Vielfalt gerade der (auch für den Taxonomen bedeutsamen) Peristomstrukturen nicht erklären.

Wenn man bei Moosen fälschlicherweise von Früchten und Samen spricht, meint man tatsächlich Sporenbehälter bzw. die (meist einzelligen) Sporen. Echte Samen haben nur die Samenpflanzen, Früchte allein die Bedecktsamer. Sporen und die verschiedenen Brutorgane sorgen bei den Moosen wie Samen und Früchte für die Erhaltung und Ausbreitung der Art. Man nennt sie deshalb Verbreitungseinheiten (= Diasporen). Sie werden hauptsächlich durch den Wind (anemochor) verbreitet. Die meisten Sporen sind nur 10 – 20 µm groß. Ihre Oberflächen sind unterschiedlich strukturiert. Besonders Erd- und Pioniermoose brauchen offenbar große Nährstoffreserven (Fette, Öle), ihre Sporen sind oft über 40 µm groß und werden von Tieren und Menschen zusammen mit Erde verschleppt (z. B. *Pottia*-Arten mit Nutzpflanzen bis Australien). Bei uns verdankt das Lebermoos *Lunularia* seine Ausbreitung dem Gartenbau. Bei den „Düngermoosen" (z. B. *Splachnum*) übertragen Dung- und Aasfliegen die Sporen. Bei den flachen Brutkörpern von *Marchantia* dürfte „Wasserhaftverbreitung" durch Mensch und Tier öfter vorkommen. Bei Alpenmoosen kann man beobachten, dass manche Charakterarten der Hochlagen oft nur entlang der Bergbäche und -flüsse wachsen. Deshalb kann man annehmen, dass nicht wenige Arten auch mit dem Wasser und z. B. Treibholz verbreitet werden. Nach unseren heutigen Kenntnissen sind eine ganze Reihe uns bekannter Moose weltweit (kosmopolitisch) verbreitet. Nur ausnahmsweise, wie z. B. bei *Distichium capillaceum* oder *Sanionia uncinata* kann man einigermaßen sicher sein, dass sie ohne Mithilfe des Menschen mit dem Wind verbreitet wurden. Die meisten übrigen Kosmopoliten, so *Marchantia polymorpha* und *Funaria hygrometrica*, verdanken, genau wie der bekannte Breitwegerich, ihre weltweite Verbreitung dem Menschen. Sie sind „Kulturfolger" geworden. Experimentelle Untersuchungen durch VAN ZANTEN (1981) haben bewiesen, dass nur weitverbreitete Moose kälte-, strahlungs- und austrocknungsresistente Sporen produzieren, die den notwendigen Flug in großen Höhen auch überstehen können. Die aus der Sinkgeschwindigkeit kleiner Sporen errechneten Flugweiten von Tausenden von Kilometern (von hier über die USA bis nach Japan!) scheinen meist rein theoretisch zu sein.

Alle Laubmoose mit vorherrschender Windverbreitung zeichnen sich durch spezielle Ausstreuungsvorrichtungen an den Sporenkapseln aus. Lebermoose haben hygroskopisch bewegliche, sterile Zellen, die Elateren. Sie lockern oder streuen auch, wie bei *Frullania*, die Sporen aus. Hygroskopische Bewegungen führen normalerweise die Laubmoose mit ihren spitzen Peristomzähnen aus. Andere Typen sind z. B. durch *Buxbaumia*, *Diphyscium* und die Polytrichaceen vertreten (vgl. dort). Bei *Sphagnum* explodieren die von der Sonne erwärmten Kapseln, während sie beim „Klaffmoos“ *Andreaea* einfach ausgeblasen werden. Sicher nur bei Sturm und starkem Wind, werden vor allem trockene Teile und auch ganze Stängel vieler Moose verbreitet. Dieses trockene Material kann, mit den Aufwinden hochgetragen, z. B. gut an den feuchten Ästen der Bergwälder hängenbleiben. Vielleicht ist dies eine wesentliche Ursache für den relativen Moosreichtum der Bergwälder und anderer dauerfeuchter Vegetation.

Kurze Stammesgeschichte der Moose

Die Horn-Lebermoose, die Echten Lebermoose und die Laubmoose stellen nach neueren Erkenntnissen drei getrennte Parallelentwicklungen am Stammbaum der Moose dar. Die Horn-Lebermoose (Anthocerotae) sind zweifellos die ursprünglichsten und repräsentieren wohl die ältesten, heute noch lebenden Landpflanzen. *Anthoceros*-verdächtige Sporen (*Ambitisporites*) sind schon aus dem Silur bekannt. Die Auffindung 380 Millionen alter Gametophyten moosähnlicher Pflanzen (*Sciadophyton, Lyonophyton*) hat REMY (1982) publiziert. Sichere Nachweise gibt es erst aus der Kreide. Der Sporophyt ähnelt sehr primitiven Nacktfarnen (Rhyniales), unter denen *Horneophyton* aus dem Devon wohl zu den nächsten Verwandten gehört. Dadurch, dass das Sporogon langlebig und mit Spaltöffnungen ausgestattet ist, stehen die Horn-Lebermoose den Laubmoosen nahe. Andererseits scheint der zarte Thallus auf Verwandtschaft zu den Lebermoosen hinzuweisen. Eingesenkte Geschlechtsorgane haben unter den Moosen nur sie mit den Farnen gemeinsam. Das älteste z. Zt. bekannte Lebermoos ist *Pallaviciniites devonicus* aus dem oberen Devon. Das älteste bisher entdeckte Laubmoos ist *Muscites plumatus* aus dem unteren Karbon. Wegen ihrer Kleinheit und zarten Struktur sind Moose aus älteren Schichten noch wenig bekannt. Häufiger werden sie erst in den Ablagerungen des Perms und der Kreide. Lebermoose, die auch heute noch vorkommen, finden sich im tertiären Bernstein. Das zeigt, dass unsere Braunkohlenwälder von einer jetzt auf die Subtropen und Tropen beschränkten Moosflora besiedelt waren.

Die wichtigsten Hinweise auf Entwicklung, Herkunft und Ausbreitung liefern uns pflanzengeographische Tatsachen. Näheres hierzu bei TH. HERZOG (1926), WATSON (1971) und R. SCHUSTER (1983).

Auf eine systematische Übersicht der behandelten Arten wurde in dieser Auflage verzichtet, da die Bezeichnungen der großen Gruppen (Abteilung, Klassen und Unterklassen) je nach Autor einem dauernden Wechsel unterworfen sind. Auch werden die hier behandelten Moose ohnehin in systematischer Reihenfolge mit Angabe ihrer Familienzugehörigkeit gebracht. Eine systematische Gliederung der Moose findet man z. B. bei WIRTH, DÜLL & CASPARI (2019).

Nomenklatur und systematische Klassifizierung nach GROLLE (Lebermoose 1983), KOPERSKI et al. (2000) und BRESINSKY (Laubmoose 1991).

Methodische Anleitung zum Kennenlernen von Moosen

Wer sich für Moose interessiert, sollte zunächst versuchen, an Exkursionen mit einem didaktisch begabten Kenner teilzunehmen bzw. einen der angebotenen Kurse besuchen. Die leicht erkennbaren Moose werden hier gezeigt und auch die wichtigsten Erkennungsmerkmale genannt.

Man benötigt für die Exkursionen neben einer guten Einschlaglupe (8- bis 12-fach) eventuell eine feine (Uhrmacher-)Pinzette und vor allem Papiertüten. Am besten geeignet sind Falttüten, am besten aus Packpapier, die auch wiederverwendet werden können. Jedes Moos wird einzeln verpackt und die Tüte sofort mit Namen, Fundort (hier würde die Fundort-Nr. im Notizbuch genügen) und -datum versehen. Ein Wasserfläschchen kann für trockene Moose im Gelände ebenso wichtig sein wie ein „Trockenmäppchen“ aus Filzpapier zum

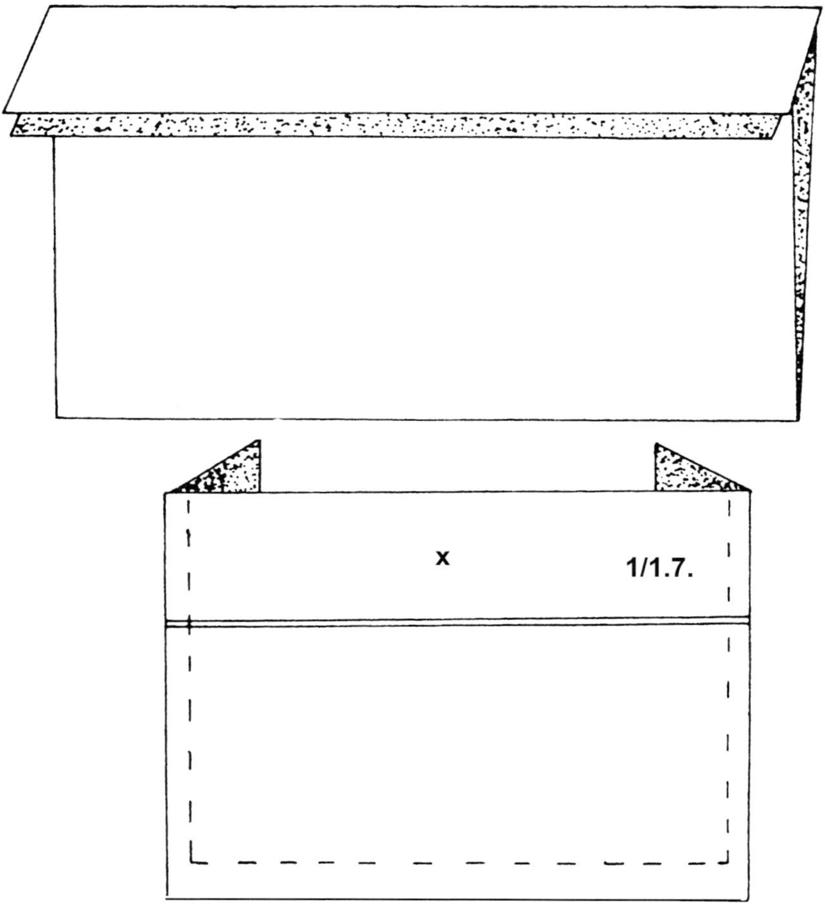

Tafel 10: Herstellung einer Falttüte

raschen Trocknen feuchter, trocken besser zu erkennender Moose. Schließlich ist ein handliches Notizbuch sehr wichtig. Hier werden das Fundgebiet (möglichst mit Angabe des Messtischblattes und des Quadranten), das Sammeldatum und die am Fundort beobachteten Moose notiert. So lernt man ganz nebenbei viel über die typische Vergesellschaftung der Arten, was beim Wiedererkennen eine große Hilfe sein kann. Außerdem werden die wichtigsten Wuchsverhältnisse mit aufgezeichnet, so z. B. (wenn möglich) Meereshöhe, Exposition, Geologie, Beschattungsgrad, Feuchtigkeit und die genaue Unterlage, ob auf morschem Holz, Borke, Waldboden oder an Gestein (Kalk, Silikat) usw. Werden verschiedene Substrate bzw. Standorte an einem Fundort untersucht, empfiehlt es sich sehr, getrennte Listen anzufertigen.

Notizen zur Begleitvegetation umfassen z. B. Angaben wie „Schluchtwald", „artenarmer Buchenhochwald", „artenreicher Parkrasen" usw. oder auch möglichst vollständige Listen der Begleitarten. Diese Daten sind auch für die Ausfertigung eines guten Belegzettels nötig.

Wie prägt man sich die Moose am besten ein? Man legt ein Merkmals-Notizbuch an, in dem die wichtigsten Merkmale der neu kennengelernten Arten notiert werden. Besonders wertvoll sind die Merkmale, die der sicheren Unterscheidung von ähnlichen Moosen dienen. Die alphabetische Anordnung der Arten in einem kleinen Ringbuch erleichtert die „Nachfrage". Ständige Wiederholung ist die „Mutter der Artenkenntnis".

Gleichzeitig sollte man sich ein kleines Taschenherbar anlegen. Es ist nicht nur viel billiger, sondern auch brauchbarer als ein Moosbilderbuch. Man kann ein solches auch auf wertvolle Weise ergänzen. Am besten kombiniert man das Taschenherbar mit dem Merkmalsnotizbuch. Hierzu werden pro Art einige Moospflanzen schwach gepresst oder aus einem Polster wird eine dünne Scheibe abgeschnitten. Von stark schrumpfenden Moosen, z. B. *Mnium*-Arten, werden einige Stängel auch scharf gepresst. Die Musterbelege sollten möglichst reife Sporogone besitzen, bzw. bei Lebermoosen Perianthien tragen. Variiert eine Art sehr, wie z. B. *Hypnum cupressiforme*, so sollte das Muster mehrere Formen enthalten. Gut getrocknet, werden die Musterproben aufgeklebt oder mit selbstklebender Folie überzogen. Ein geschickt angefertigtes Taschenmoosherbar wird nicht nur dem Sammler gefallen, sondern auch andere Naturfreunde für die Moose begeistern können. Kennt man ein Moos ganz sicher, sollte man es der Übersichtlichkeit wegen im Taschenherbar gegen noch ungenügend bekannte Arten austauschen.

Für zu Hause legt man sich in jedem Fall ein gut beschriftetes Musterherbar an. Dieses kann außer den selbst gesammelten noch eingetauschte, vom Fachmann (!) überprüfte Belege enthalten. Die Moose werden getrocknet, z. T. auch schwach gepresst und in frische Falttüten, am besten von Postkartenformat, verpackt. Eine lesbare Beschriftung (s. Muster) sollte eine weitere Verwendung für die Wissenschaft sicherstellen. Auf Exkursionen mit Mooskennern kann man ziemlich schnell eine artenreiche Vergleichssammlung zusammentragen. Unsicheres Material zur Überprüfung mitzubringen, ist ebenfalls möglich (Aber nur gut beschriftete Belege haben Aussicht auf Nachbestimmung!). In Mitteleuropa werden außerdem jährlich mehrere Bestimmungskurse angeboten, die helfen, das eigene Wissen zu erweitern. Dringt man weiter in die Bryologie ein, wird auch ein Belegherbar nötig werden. Es spart viel Zeit, wenn man dann bei mehreren Belegen pro Fundstelle die Belegzettel vervielfältigt und nur noch die Moosnamen und das Substrat einzutragen braucht. Auf diese Weise erhält man bei reicheren Aufsammlungen auch leicht Duplikate. Bei Nutzung eines Computers wird das aufwändige Procedere der Beschriftung natürlich noch weiter vereinfacht. Dies sollte aber keinesfalls zur Plünderung seltener Vorkommen verleiten. Die verpackten, frischen Moose transportiert man am besten im Plastikbeutel. Dort halten sie sich länger frisch. Viele feuchte Moose schimmeln erst bei größerer Hitze. Bryum-Arten und einige Feuchtmoose vergeilen gern. Die lichtliebenden Fels- und Borkenmoose sind an regelmäßige Austrocknung angepasst und können schon nach wenigen Tagen verderben. Alle trockenen Moose sind unbeschränkt haltbar.

Herstellung einer Falttüte: Ein gefaltetes DIN A5-Blatt wird im obersten Teil nach <u>vorn</u> geknickt. Dann wird ein etwa gleich breiter Randteil links und rechts nach <u>hinten</u> gefaltet. Setzt man die so entstandene Falttüte unter starken Druck, so erhält man einen stabilen Papierbehälter (= Konvolut), der sich nur bei Überfüllung von allein öffnet. Abschließend wird der Belegzettel auf die obere Lasche geklebt (x). Bei Tauschmaterial nur dahinter stecken!

<u>Muster eines Belegzettels</u>

Flora von Bayern

Hypnum cupressiforme Hedw. C.spg.

Maingebiet: Krs. Kitzingen: 6227/2
„Eselsmühle“ nahe Rüdenhausen,
Roterde. Ca. 265 m s.m. An Weidenborke.
1. – leg./dt. R. Düll 07.07. 1977

Zusammengepresste Mischrasen sollten vor dem Trocknen auseinander sortiert werden. Das spart später viel Mühe! Auch sollten die Belege möglichst von Substratresten befreit werden. Bei beblätterten Lebermoosen müssen baldmöglichst Form und Größe der Ölkörper festgestellt werden. Sie verschwinden i. d. R. sehr schnell, sind aber als Bestimmungshilfe oft unverzichtbar. Die meisten Moose lassen sich mehr oder weniger schnell wieder mit Wasser aufweichen. Gibt man etwas Pril o. Ä. ins Aufweichwasser, so kann man z. B. auch alle Marchantiales wieder leicht „wie neu“ bekommen.

Will man sich in die Moose einarbeiten, so ist es ratsam, mit einem sehr kleinen, durch seinen Moosreichtum bekannten Gebiet zu beginnen. Wenn möglich, sollte dieses in der engeren Nachbarschaft liegen, aber es kann auch ein Urlaubsgebiet sein, das man täglich in aller Ruhe durchforschen kann (diesen wichtigen Tipp verdankt der Erstautor dem großen Didaktiker Karl Bertsch (1949)). Als erstes muss der Blick geschult werden. Man versucht, eine größere Zahl unterschiedlicher und möglichst auffallender Formen (wenn möglich mit reifen Sporenkapseln) zu sammeln. Hat man erst einmal 20 – 30 verschiedene Moose, so kann man sich in der Bestimmung üben. Was nicht sicher bestimmt werden kann, wird für später aufgehoben. Man übt die Wiedererkennung der erlernten Arten und hält gleichzeitig nach neuen Formen Ausschau, die man wiederum zu bestimmen versucht. Bald wird im gewählten, engen Bezirk nur noch wenig Neues zu finden sein. Jetzt sollte man sein Forschungsgebiet auf das Doppelte erweitern usw. Bei dieser Einarbeitung können Listen von Moosen der wichtigsten Biotope eine große Hilfe sein. Denn die Zahl der möglichen Arten, z. B. einer Feuchtwiese oder eines moosreichen Trockenrasens, ist ziemlich begrenzt und dadurch leicht erfassbar. Besonders für den Pflanzensoziologen ist es hilfreich zu wissen, welche leicht kenntlichen Arten in einem bestimmten Biotop zu erwarten sind.

Gute Artenkenner sind in der Regel „Sehmenschen“, d. h. sie können sich Formen- und Farbunterschiede so gut einprägen, dass eine sichere Wiedererkennung möglich wird. Wenn aber jemand trotz guter Veranlagung und jahrelangen Bemühens keine fundierten Geländekenntnisse erlangen konnte, so liegt es häufig einfach daran, dass die Aufsammlungen nicht sofort bestimmt werden. Die Assoziationen während der Aufsammlung tragen bei einer erneuten Exkursion wesentlich zum Wiedererkennen bei. Werden die Arten aber nicht gleich bestimmt, scheidet der Wiederholungseffekt aus. Um interessantere Moose zu finden, muss man auch deren Geländemerkmale kennen, u. a., um Bekanntes von möglichem Neuem zu trennen. So lernt man auch etwas über die Ökologie der Arten. Schließlich sammelt man Erfahrungen, was an einem bestimmten Standort erwartet werden kann. Gute Bryologen

können bis zu 80 % der Arten in einem ihnen gut bekannten Gebiet bereits mit bloßem Auge oder der Lupe erkennen. Das erspart viel Arbeit am Mikroskop und ist eine Voraussetzung für die optimale Erfassung der Arten eines Gebietes. Für kritische Arten und in unbekannten Gegenden ist auch für den erfahrenen Bryologen ein Taschenherbar der zu erwartenden, noch ungenügend bekannten Arten sehr nützlich.
Zur bryofloristischen Arbeit noch einige kurze Bemerkungen: Von jeder Exkursion sollte man, falls nicht schon ein ausführliches Notizbuch vorliegt, einen kurzen Bericht abfassen. Die Benutzung von Strichlisten erleichtert eine solche Dokumentation sehr. Sie sollte bereits die wichtigsten oder wenn man will, auch alle bekannten Moose des Untersuchungsgebietes enthalten. Es muss dann – außer dem Fundort und der Messtischblattnummer usw. – nur noch die Häufigkeit, das Substrat und das Vorkommen von Sporogonen eingetragen werden. Belegte Arten – und der Anfänger sollte möglichst alles belegen – sollten gekennzeichnet werden. Nach Möglichkeit muss auch etwas Platz für ökologische Eintragungen, z. B. auf welchem Substrat gefunden u. Ä., zur Verfügung stehen.

Nachfolgend als Beispiel der Kopf einer in Nordrhein-Westfalen gebräuchlicher Strichliste:

> Mooskartierung NRW Tk. 4504/2 Bearbeiter R. Düll
>
> St.O. (die Zahlen bezeichnen die Flächenanteile. 1: fragmentarisch. 2: mittelmäßig. 3: großflächig.).
> Wald 3 Sümpfe/Moore 1
> Wiesen 2 Fließgewässer 1
> Felsen/Mauern 1 Ruderal-/Segetalveg. 2
> Höhenstufen: planar
> Geologie/Boden: Pleistozän. Kalk: – kalkarm: ±
> Weitere Arten:
>
> Artenlisten: ...

Die Geländelisten enthalten in alphabetischer Reihenfolge, Leber- und Laubmoose getrennt, aus Platzgründen nur die wichtigsten Arten. Man kann weiterhin eine Kartei oder ein Ringbuch für alle Arten des Gebietes anlegen und hier die bekannten Fundstellen eintragen. Bei häufigen Arten genügen Rasterkarten, in die die Fundpunkte eingetragen werden. Muster sind für verschiedene Bundesländer bzw. die Bundesrepublik zu bekommen.

Die Mikroskopische Bestimmung der Moose

Wer in die Mooskunde weiter eindringen will, muss sich auch um eine mikroskopische Bestimmung bemühen. Bei der Anschaffung eines Mikroskops sollte man sich von einem seriösen Fachmann beraten lassen. Sogenannte Schülermikroskope sind im Allgemeinen nicht brauchbar. Wer es sich leisten kann, sollte sich eine der teuren Stereolupen anschaffen. Für einfachere Präparationen reicht aber auch eine billigere Standlupe mit 10- oder 20-facher Vergrößerung. Unverzichtbar für die mikroskopische Bestimmung ist ein Okularmikrometer, da Größenangaben von Zellen usw. oft zu den wichtigsten Merkmalen gehören. Wenn man Millimeterpapier auf Diafilm photographiert und diesen auf ein rundes Glasplättchen klebt, kann man sich das selber basteln. Zum Eichen kann man wieder Millimeterpapier benutzen. Für makroskopische Messungen benötigt man ein kleines, durchsichtiges Lineal, möglichst mit einer 0,5 mm-Einteilung. Weiterhin braucht man neben den üblichen Mikroskopier-Utensilien vor allem eine gute, feinspitzige (Uhrmacher-) Pinzette. Zur Einbettung der Moose eignet sich z. B. Glyzeringelatine von MERCK (Darmstadt) sehr gut. Man kann die kleinen Klümpchen bereits mit einem Gasfeuerzeug zum Schmelzen bringen. Störende Sporenmengen vertreibt man mit einem Tropfen Alkohol aus dem Wasserpräparat. Moose, wie z. B. Mnium-Blätter, die in Glyzeringelatine schrumpfen, muss man mehrmals erwärmen oder vorher in Glyzerin legen, damit sie sich „normalisieren", d. h. vor

A

B

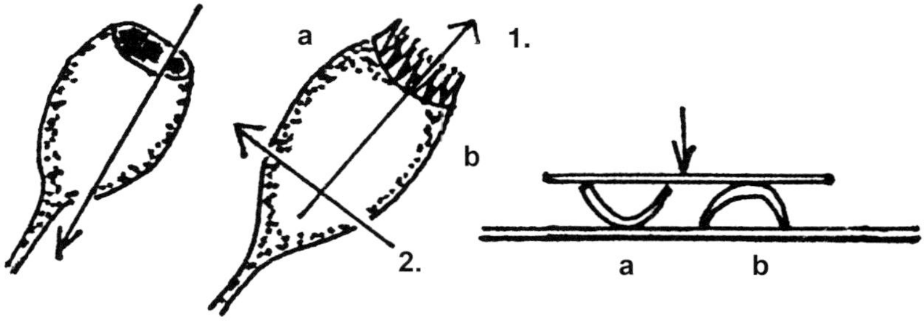

Tafel 11: A. Abbildung eines Mikropräparates mit Beschriftung sowie B. Längs- und Querschnitt einer Mooskapsel nebst Anordnung auf dem Objektträger (a = Innen-, b = Außenseite nach oben).

der Einbettung wieder ganz glätten. Gegen das Eintrocknen der Wasserpräparate hilft ein winziger Tropfen Glyzerin. Solche „vorläufigen" Präparate kann man in flache Präparatemappen legen. Für Dauerpräparate aus Glyzeringelatine braucht man Kästen, die man wie Bücher senkrecht ins Regal stellen kann. In 10 Kästen (für je 100 Präparate) könnte man – falls nicht auch Varietäten gesammelt werden – sämtliche deutschen Moose unterbringen. Für die zugehörigen Papiertütenbelege bräuchte man höchstens 50 Schuhkartons. Vergleicht man diesen Platzverbrauch mit dem eines Blütenpflanzenherbars, so ist er minimal.

Ein gutes Mikropräparat muss alle für die Bestimmung wichtigen Charaktere und die Variabilität des Mooses zeigen. Darum sollten möglichst eine größere Anzahl vollständiger, ausgestreckter Blätter und eventuell – z. B. bei Polytrichum – auch Blattquerschnitte im Präparat enthalten sein. Geknickte Blätter (bei Pottiaceen möglichst mit Rücken- und Bauchansicht) können bei papillösen Moosen nützlich sein, Stängelstücke bei solchen mit Paraphyllien, besonderen Rhizoiden usw. Brutkörper dürfen nicht fehlen. Kapseln, Seten und Sporen müssen nur dann im Präparat sein, wenn sie für die Bestimmung wichtig sind. Dann sollten die Kapseln längs und dickere auch quer geteilt werden. Die beiden oberen Hälften (s. T. 11: B) müssen im Präparat mit den Peristomzähnen einmal von innen und einmal von außen sichtbar sein. Das Präparat wird mit einem kleinen Etikett so beschriftet, dass man den zugehörigen Beleg leicht wiederfinden kann (s. T. 11: A). Selbstverständlich sollte ein Vergleichspräparat immer nur von einem sicher bestimmten Beleg angefertigt werden.

Um überhaupt ordentlich bestimmen zu können, ist die Kenntnis des Aussehens der wichtigsten Merkmale wie das Wissen um ihre Bezeichnung unbedingt erforderlich. Die betreffenden Illustrationen findet man auf Tafel 2 – 8.

Leider wird immer wieder behauptet, dass man selbst mit kleinen Taschenbüchern Moose sicher bestimmen kann. Das ist schlicht falsch. Selbst mit so vorzüglichen Werken wie dem „Karl Müller" oder dem „Smith" (Smith, A. J. L. 2004) kommt man bei schwierigeren Arten nicht ohne Vergleichsmaterial aus. Eine gute Vergleichspräparate- und Herbarsammlung ist unverzichtbar. Besonders am Anfang sollte man nach jeder Buchbestimmung mit den Musterstücken vergleichen. Ist das nicht möglich, sollte man bei Fachleuten um Nachbestimmung bzw. um Vergleichsmaterial (-ausleihe) bitten. Da man hier Extraarbeit zumutet, sollte man den Koryphäen die Arbeit möglichst erleichtern. So z. B. auf die Weise, dass man gute Dubletten zum Behalt und dazu eine Kopie aller Herbarzettel der übersandten Belege beifügt (man kann diese auch durchnummerieren, sodass der Revisor nur noch die Nummern mit den Revisionen mitteilen muss. Rückporto beizulegen ist durchaus erwünscht). Wenn die Duplikate beim Überprüfer verbleiben, erspart es eine aufwendige Rücksendung. Insgesamt sind Kontakte zu Gleichgesinnten nötig. Man kann solche Adressen z. B. über die BLAM (= Bryologisch-Lichenologische Arbeitsgemeinschaft für Mitteleuropa; s. auch Internet) erhalten. Diese Arbeitsgemeinschaft gibt es seit den siebziger Jahren. Sie wurde u. a. von Fritz Koppe und Wolfram Schultze-Motel begründet. Durch die BLAM werden jährlich auch Exkursionen angeboten.

Gesamtverbreitung und Arealtypen

Entsprechend den speziellen Umweltbeziehungen hat jedes Moos sein spezifisches Verbreitungsgebiet (= Areal). Da die Sporenpflanzen mit Sicherheit viel älter als die Blütenpflanzen sind und außerdem mit den Sporen wenigstens zum Teil weitaus flugfähigere Verbreitungsmittel besitzen, haben sie auch größere Areale. Die in Baden-Württemberg 1994 bekannten 576 Laub- und 206 Lebermoose gehören nach Berechnungen des Erstautors (Düll 1969) z. B. zu folgenden Verbreitungstypen:

kosmopolitische Arten:	5 %
holarktische Arten	52 %
europäisch-amerikanische Arten:	20 %
eurasiatische und eurosibirische Arten:	10 %
europäische Arten:	13 %

Man erkennt, dass die Hälfte aller heimischen Moose über die ganze Nordhalbkugel verbreitet ist. Angaben zu den einzelnen Arealtypen der deutschen Moose finden sich bei DÜLL & MEINUNGER (1989) sowie in DÜLL (1994).

Die Arealtypen geben die klimatisch bedingte Verbreitung der Moose wieder. Man kann die Verbreitung der Moose aber auch nach ihrem klimatischen Verbreitungsschwerpunkt von Nord nach Süd, d. h. im Gefälle von der Arktis bis in die Tropen, wie auch in ihrem Ozeanitätsgefälle vom Atlantik zu den kontinentalen Steppen Osteuropas gliedern.

Als arktisch bezeichnen wir Moose mit einem Verbreitungsschwerpunkt unter den klimatischen Bedingungen der baumfreien Arktis. Ähnliche Bedingungen wie am Nordpol herrschen auch oberhalb der Baumgrenze in den Alpen. Dort wachsende Arten werden als alpin bezeichnet.

Boreale Arten haben ihre Hauptverbreitung im nordhemisphärischen Nadelwaldgebiet. Im Prinzip herrschen ähnliche, wenn auch weniger drastische Bedingungen als im arktisch-alpinen Bereich. In den Hochgebirgen gleichen die subalpinen Arten in ihren Ansprüchen den borealen.

Temperate Arten haben ihre Hauptverbreitung im klimatisch gemäßigten Mitteleuropa.

Kontinental verbreitete Moose wachsen hauptsächlich in den sommerheißen und trockenen Steppen Osteuropas mit kalten Wintern.

Mediterrane Arten gedeihen vorzüglich im Mittelmeerraum. Sie haben dort ihre Hauptverbreitung.

Ozeanisch verbreitete Arten bevorzugen küstennahe Gebiete.

Tropische Moose sind zumindest z. T. in den Tropen der ganzen Welt zu finden. Sie fehlen in Mitteleuropa.

Die vertikale, d. h. die Höhenverbreitung der Moose.

Für alle Arten wird die bekannte Höhengrenze angegeben. Bezweifelte Angaben sollten an Hand von Belegen überprüft, neue, abweichende Grenzwerte mitgeteilt oder veröffentlicht werden. Entsprechend ihrem Hauptvorkommen in den verschiedenen Höhenstufen von der Ebene bis ins Gebirge unterscheidet man folgende Typen:

Planar: in der Ebene vorkommend, bzw. auf unterste Lagen beschränkt.

Collin: in der Hügelstufe. Etwa bis ca. 300 m, aber schon im Voralpengebiet wesentlich höher.

Montan: in der Bergstufe, meist über 500 m, bis zur Waldgrenze.

Subalpin: in der subalpinen, sogenannten Krummholzstufe, ab 900 – ca. 1250 m.

Alpin: meist erst über 1400 m vorkommend; Region der alpinen Matten.

Nival: höchste, fast pflanzenlose Bereiche der Alpen; über 2500 m oder höher.

Die Standortökologie der Moose

Im Kapitel zur Biologie der Moose wurde bereits auf die durch den Bau bedingten ökologischen Eigenheiten der Moose eingegangen. Desgleichen finden sich zahlreiche Hinweise bei der Besprechung der aufgeführten Arten.

Auch Moose haben mehr oder weniger charakteristische Standortansprüche und sind entsprechend steno- bis euryök. Naturgemäß haben die Arten mit einer großen ökologischen Amplitude im Allgemeinen auch eine weite Verbreitung, denn sie können an recht unterschiedlichen Standorten wachsen. Typische Beispiele wären *Hypnum cupressiforme* und *Ceratodon purpureus*, die auf Erde, Gestein oder auch Borke gedeihen und vom Säuregrad des Substrates ziemlich unabhängig sind. Höhere Ansprüche haben Moose wie etwa *Dicranum scoparium* oder *Calliergonella*. Ersteres besiedelt vor allem kalkfreies und nicht zu trockenes, letzteres basenreicheres, länger feuchtes Substrat. Darüber hinaus sind die Ansprüche gering und auch sein Vorkommen entsprechend häufig. *Tortula muralis* wächst nur auf wenigstens schwach kalkhaltigem Gestein und *Marchantia polymorpha* ist an ausreichende Stickstoff- und Wasserversorgung gebunden. Hier zeigt sich eine weitere Einengung des

Vorkommens. Schließlich werden die Biotop-Ansprüche so spezifisch, dass sie nur noch an wenigen Standorten realisiert werden können. Das sind dann wirklich seltene und – mangels geeigneter Substrate (z. B. für Dungmoose wie *Splachnum*) – auf weiten Strecken fehlende Arten. Schließlich gibt es noch die sogenannten „Reliktmoose“. Das sind vermutlich Überbleibsel aus Perioden andersartigen Großklimas, die sich nur an Plätzen mit durchgehend ähnlichem Kleinklima, so z. B. gewisse „Glazialrelikte“ nur in Schneetälchen der alpinen Stufe oder ohne Konkurrenz wuchskräftigerer Arten, so z. B. manche *Grimmien* nur an bestimmtem Felsgestein, haben halten können.

Moose sind im Allgemeinen konkurrenzschwach. Deshalb beanspruchen sie immer Konkurrenzfreiheit von anderen wüchsigeren Arten, besonders von Sprosspflanzen. Im Wettbewerb untereinander haben sie sehr unterschiedliche Chancen. Hierzu ein Beispiel: ein genügend feuchter, nicht zu schattiger Felsblock wird zuerst von akrokarpen Moosen besiedelt. In ihrem Schutz siedeln sich wiederum oft Astmoose an. Mit ihren Zweigen „überkriechen“ sie die Erstbesiedler, z. B. Polstermoose, die schließlich infolge Beschattung zugrunde gehen. Wer von beiden sich hält, bestimmen Licht- und Wasserhaushalt und die Nährsalzzufuhr, z. B. aus düngerhaltigem Staub. Ein „Allerweltsmoos“ wie *Hypnum cupressiforme* wird durch solchen Staub gefördert. Unter ungestörten Verhältnissen siegreiche Akrokarpe, wie z. B. *Andreaea*, werden verdrängt, weil *Hypnum* im Gegensatz zu *Andreaea* befähigt ist, die „Düngung“ voll auszunutzen. Auf diese Weise fallen gerade kleinere Moose nicht direkt der Luftverschmutzung zum Opfer, sondern indirekt über die Verschiebung der Konkurrenzverhältnisse. Entsprechend beweisen Begasungsversuche von Monokulturen zum Nachweis von Immissionsschäden – möglichst bei gleichbleibender Temperatur – nur wenig.

Photosynthese erfordert nicht nur ausreichend Licht, sondern auch eine optimale Durchfeuchtung des Mooses. Damit bestimmt die Wasserversorgung ganz entscheidend den Wuchsort einer Art. Abnehmende Lichtintensität erfordert längere Assimilationszeiten. So kann schwache Belichtung durch bessere Wasserversorgung kompensiert werden (oder umgekehrt). Die Atmung geht mit abnehmender Temperatur zurück. Weil also an einem kühleren Standort weniger veratmet wird und so der Kompensationspunkt bei der Photosynthese schneller erreicht wird, kommt das Moos dort mit weniger Wasser und Licht aus. Umgekehrt ist es einleuchtend, dass das trocken-warme Klima der Städte „moosfeindlich“ sein muss, verdoppelt sich doch der Energieverbrauch bereits bei einer Temperaturerhöhung von 10 auf 20 °C. Moosreichtum in Parks und Gärten ist deshalb ein guter Indikator für naturnähere Klimaverhältnisse: für ausgeglichenere Luftfeuchtigkeit, weniger Staub und damit gesündere Luft. Mehr Feuchte bedingt zudem niedrigere Temperaturen durch Verdunstungskälte.

Wie bei den übrigen Pflanzen ist der Baustoffhaushalt der Moose auch von der Nährstoffversorgung abhängig. Nährsalzreichere, d. h. basenreichere Standorte werden von den meisten Moosen bevorzugt besiedelt. Nur wenige konkurrenzschwache, weil potentiell wenig wuchsfähige Arten können sich auf ganz armen Substraten halten. Ändert sich der Nährstoffhaushalt, z. B. durch Überdüngung, werden sie durch nährstoffliebende, wüchsigere Moose verdrängt. Kalkmoose sind häufig nicht auf kalkhaltige Standorte beschränkt, werden aber auf kalkfreien von kalkfeindlichen Arten verdrängt. Umgekehrt wirkt Kalziumkarbonat (nicht aber das Kalziumsulfat, der Gips!) auf die kalkmeidenden Moose im Allgemeinen als Gift. Auch Schwermetall-Ionen können giftig sein. Es gibt aber auch typische Schwermetallzeiger unter den Moosen, beispielsweise die „Kupfermoose“, wie *Mielichhoferia*. Sie scheinen gegenüber dem Metall unempfindlich zu sein. Die „Ruderalmoose“ als Besiedler stark menschlich beeinflusster Standorte sind meist auch „stickstoffertragende“ Arten, so z. B. *Marchantia*, *Funaria hygrometrica* und *Brachythecium rutabulum*. Sie vertragen nicht nur höhere Salzkonzentrationen, sondern sie sind an derartigen Standorten anderen weniger nährstoffliebenden Moosen als Konkurrenten überlegen. Die genannten und einige andere typische Arten der städtischen Moosflora kann man auch als Hemerophile, d. h. unter stärkerem, menschlichem Einfluss geförderte oder mindestens resistente Arten verschiedenen Grades klassifizieren und den solchen Einflüssen gegenüber empfindlich reagierenden Arten, den Hemerophoben, gegenüberstellen. Auf diese Weise kann man über eine zahlenmäßige Auswertung jeden beliebigen Biotop mit einem „Hemerobiegrad" benoten. Dieser kann z. B. für die Ausweisung der Naturnähe und damit der Schutzwürdigkeit eines Standortes verwendet werden.

Moose als Bioindikatoren

Moose als Zeiger für Luftverschmutzung (= Air-Pollution) bzw. Luftreinheit (= Air-Purity). So gibt es ausgesprochen unempfindliche Arten, wie z. B. *Bryum argenteum, B. bicolor agg., Ceratodon* und *Marchantia*, wie auch sehr empfindliche Moose, so besonders die meisten epiphytischen wie auch viele der gesteinsbewohnenden Moose, so z. B. die *Frullania*- und *Orthotrichum*-Arten und *Antitrichia*. Weil jedes Moos auf Luftverschmutzung verschieden empfindlich reagiert, kann es deshalb einem bestimmten Luftreinheits-Wert (AP-Wert) – in Anlehnung an F. Leblanc & D. N. Rao (1966) – zugeordnet werden. Wertet man die AP-Werte aller an einem Standort bzw. einem kartierten Gebiet vorkommenden Moose (unter Berücksichtigung der Menge ihres Vorkommens) statistisch aus, so erhält man eine zahlenmäßige und damit praktikable Aussage über den Grad der Luftreinheit bzw. -verschmutzung. Genügend Sachkenntnis vorausgesetzt, kann man einen solchen Umweltkataster leichter und billiger erhalten als über den Einsatz teurer und nur beschränkt einsetzbarer, technischer Messinstrumente. Solch ein Umweltkataster bietet außerdem den Vorzug, dass eine Pflanze das gesamte zeitliche und faktorelle Spektrum des betreffenden Standorts erfasst. Dieses Verfahren wurde so erstmalig im Industriegebiet von Rhein und Ruhr angewandt (Düll, R. 1974). Eine Auswertung bringt auch die Arbeit von R. Düll & I. Düll (1977). Inzwischen gibt es zum Thema „Moose als Bioindikatoren" eine umfangreiche Literatur. Als biologisches Messgerät bietet sich das „Bryometer" (Taoda, H. 1973) an.

Die ökologischen Zeigerwerte (nach Ellenberg)

Moose können ebenso wie Flechten oder Sprosspflanzen als wertvolle Bioindikatoren dienen. Die Reaktion der Pflanzen und damit auch der Moose zu einigen wichtigen Standortfaktoren kann in bestimmten Zahlenwerten, den sogenannten ökologischen Zeigerwerten, ausgedrückt werden. Dazu im Folgenden eine Übersicht (s. Düll, R. 1991, z. T. abgeändert).

Der Nutzen ihrer Anwendung bedarf keiner weiteren Diskussion. Das zeigt u. a. die gründliche Bearbeitung der Moosflora des Langfigtals durch M. Boecker (1993) und wird u. a. auch durch J. Werner (1998) in seiner Publikation bestätigt.

Arten, die keinem bestimmten Qualitätswert zugeordnet werden konnten, erhielten einen „0-Wert". So bekamen z. B. Moose, die sowohl noch aus höchsten Lagen, wie auch aus der Ebene und dem Mittelmeerraum angegeben werden, den Wert T = x. Solche ökologisch kaum einzuordnenden Sippen sind z. T. „Ruderalmoose", zum anderen ± kosmopolitisch verbreitete Arten. Möglicherweise handelt es sich besonders bei letzteren um verschiedene ökologische bzw. genetische Typen.

L = Lichtzahl

Maßgebend ist für alle Arten die relative Beleuchtungsstärke (r. B.), die an ihrem Wuchsort zur Zeit der vollen Belaubung der sommergrünen Pflanzen herrscht.

1. *Tiefschattenpflanze*, noch bei weniger als 1 %, selten bei mehr als 30 % r. B. vorkommend. Vorwiegend in Höhlen und Halbhöhlen.
2. zwischen 1 und 3 stehend, d. h. nur an Schatt-Standorten.

3. *Schattenpflanzen*, meist bei weniger als 5 % r. B., doch auch an helleren Stellen.
4. zwischen 3 und 5 stehend.
5. *Halbschattenpflanze*, nur selten im vollen Licht, aber auch im Schatten.
6. zwischen 5 und 7 stehend.
7. *Halblichtpflanze*, meist im vollen, indirekten Licht, aber auch noch im Schatten vorkommend.
8. *Lichtpflanze*, nur ausnahmsweise bei weniger als 40 % r. B., vorwiegend an sonnigen Stellen.
9. *Volllichtpflanze*, nur an voll bestrahlten Plätzen, nur selten bei weniger als 50 % r. B.

T = Temperaturzahl

Vorkommen im Wärmegefälle von der mediterranen zur arktischen Zone bzw. von Tieflagen zur alpinen Stufe (n. B. = nördlicher Breite).

1. *Kältezeiger*, nur in hohen Gebirgslagen oder im boreal-arktischen Bereich. Nach Norden meist bis Svalbard (ca. 80° n. B.). Hauptverbreitung in Nordeuropa und kaum bis in die obere Bergstufe herabsteigend.
2. zwischen 1 und 3 stehend (viele alpine Arten). Im Norden oft nur bis 70° n. B. Vorwiegend obere montane und subalpine Stufe.
3. *Kühlezeiger*, vorwiegend in hochmontanen, seltener auch subalpinen Lagen oder temperat-boreal. Nach Norden bis ca. 65° (selten bis 70°) n. B.
4. zwischen 3 und 5 stehend (besonders montane Arten, nur bis in die obere montane Stufe). Nach Norden bis 60° (selten bis 65°) n. B.
5. *Mäßigwärmezeiger*, von tiefen bis in höher montane Lagen, Schwergewicht in submontan-temperaten Bereichen. Im Norden nur selten bis 60° n. B.
6. zwischen 5 und 7 stehend. Oft höchstens bis untere montane Stufe. Kaum über 55° n. B. verbreitet.
7. *Wärmezeiger*, wenn im nördlichen Mitteleuropa, dann nur in Tieflagen. Nach Norden meist nur bis ca. 55 ° n. B. und vorwiegend auf Ebene und Hügelstufe beschränkt.
8. wischen 7 und 9 stehend, meist mit submediterranem Schwergewicht. In Mitteleuropa nur in wärmeren Lagen.
9. *extreme Wärmezeiger*, vom Mediterrangebiet nur ausnahmsweise als Relikt auf wärmste Plätze Mitteleuropas übergreifend.

K = Kontinentalitätszahl

Vorkommen im Kontinentalitätsgefälle von der Atlantikküste bis ins innere Eurasiens, besonders im Hinblick auf die Temperaturschwankungen

1. *euozeanisch*, nur im westlichen, süd- bzw. nordwestlichen Mitteleuropa mit wenigen Vorposten.
2. *ozeanisch*, mit Schwergewicht im Westen einschließlich des westlichen Mitteleuropa. Den östlichen Nachbarländern meist schon fehlend.
3. zwischen 2 und 4 stehend (d. h. mit zerstreuten bis vereinzelten Vorkommen in weiten Teilen Mitteleuropas).
4. *subozeanisch*, mit Schwergewicht in Mitteleuropa, nach Osten ausgreifend. Hierher auch submediterran-ozeanische Arten.
5. *intermediär*, d. h. temperat bzw. schwach subozeanisch bis schwach subkontinental bzw. submediterran und subboreal.
6. *subkontinental*, mit Schwergewicht im östlichen Mittel- und angrenzenden Osteuropa, sowie alle borealen, subarktischen und arktischen Arten.
7. zwischen 6 und 8 stehend, d. h. Arten, die im eigentlichen Westeuropa (Großbritannien, Irland, Westfrankreich) fehlen oder sehr selten sind.
8. *kontinental*, nur an Sonderstandorten von Osten nach Mitteleuropa übergreifend.
9. *eukontinental*, im eigentlichen Mitteleuropa fehlend.

F = Feuchtezahl

Vorkommen im Gefälle der Bodenfeuchtigkeit vom flachgründig-trockenen Felshang bis zum Sumpfboden sowie vom seichten bis zum tiefen Wasser.

1. *Starktrockniszeiger,* an oftmals austrocknenden Stellen lebensfähig und auf trockene Substrate beschränkt, z. B. an sonnigen Felsen.
2. zwischen 1 und 3 stehend, d. h. vorwiegend an Trockenstandorten.
3. *Trockniszeiger,* auf trockenen Böden häufiger vorkommend und zumindest an ziemlich trockenen Stellen.
4. zwischen 3 und 5 stehend, mäßig frische bis länger trockenfallende Plätze. Hierher gehören besonders an Tau- und Nebelfeuchte angepasste Moose.
5. *Frischezeiger,* Schwergewicht des Vorkommens auf mittelfeuchten Böden. Auf nassen sowie auf öfters austrocknenden Böden fehlende Arten, die luftfeuchte Lagen und frühjahrsfeuchte Standorte bevorzugen.
6. zwischen 5 und 7 stehend, mäßig, aber dauerfeuchte Stellen besiedelnd.
7. *Feuchtezeiger,* Schwergewicht auf gut durchfeuchteten bis vernässten Standorten.
8. zwischen 7 und 9 stehend.
9. an dauernd nassen bzw. besprühten Plätzen im Nahbereich von Gewässern und Wasserfällen sowie regelmäßig überflutete oder auch untergetauchte bzw. schwimmende Moose.

R = Reaktionszahl

Vorkommen im Gefälle der Bodenreaktion und des Kalkgehaltes

1. *Starksäurezeiger,* niemals auf schwachsauren bis alkalischen Substraten, d. h. auf Rohhumus und kalkfreies, mineralisches Substrat sowie z. B. Fichtenborke beschränkt.
2. zwischen 1 und 3 stehend, d. h. vorwiegend auf sehr saurem Substrat.
3. *Säurezeiger,* Schwergewicht auf sauren Böden und nur an nährstoffarmen Standorten.
4. zwischen 3 und 5 stehend
5. *Mäßigsäurezeiger,* auf sauren bis neutralen, nährstoffreicheren, aber kalkarmen Standorten.
6. zwischen 5 und 7 stehend, d. h. basiphytische, meist kalkholde Arten.
7. *Schwachsäure- bis Schwachbasenzeiger,* niemals auf stärker sauren Substraten, kalkhold.
8. zwischen 7 und 9 stehend.
9. *Basen- und Kalkzeiger,* stets auf kalkreichen Böden, kalkstet.

N = Stickstoffzahl

Die Stickstoffzahl soll einmal den Gehalt des Substrats an Stickstoffverbinden (Nitrat, Ammonium = NV) angeben, gibt aber gleichzeitig eine Aussage zum Reichtum an Mineralien im Substrat. D. h. solche NV-Pflanzen sind in der Regel auch gegen höhere Konzentrationen anderer Salze, z. B. Kochsalz (NaCl), ± resistent (Die Angabe von Stickstoffwerten soll wegen noch unzureichender Kenntnisse nicht gemacht werden).

Die obigen ökologischen Zeigerwerte können zur Charakterisierung eines bestimmten Untersuchungsgebietes oder auch zur Kennzeichnung von Moosgesellschaften verwendet werden. Will man z. B. ein Untersuchungsgebiet beschreiben, zählt man die entsprechenden Werte von T, L usw. der vorkommenden Arten zusammen und bildet das Mittel. Dabei ist zu beachten, dass man nicht den arithmetischen Mittelwert errechnet, sondern den tatsächlichen Wert in der Mitte, den sogenannten Median. Dazu werden alle Zeigerwerte für sich numerisch geordnet und der Wert in der Mitte dieser Zahlenreihe abgelesen. So stellt man sicher, dass ein abweichender Wert, d. h. ein im Vergleich zu niedriger oder zu hoher, ein sogenannter Ausreißer, das Ergebnis nicht verfälscht. Der erhaltene Median-Wert muss anschließend mit Fachkenntnis interpretiert werden. Gleichartig arbeitet man bei der Beschreibung von Gesellschaften. Die in einer Aufnahme vorkommenden Arten erhalten ihren ökologischen Zeigerwert und der Median wird festgestellt. Zur Kennzeichnung der Gesellschaft sollten möglichst viele Aufnahmen herangezogen werden, d. h. die Anzahl der Stichproben sollte groß sein. Aus den Medianwerten der einzelnen Aufnahmen wird der sogenannte Vertrauensbereich der Grundgesamtheit, womit hier eine Gruppe von Aufnahmen gemeint ist, ermittelt, der dann zur Charakterisierung der Gesellschaft interpretiert wird. Zur Berechnung dieser Werte muss man sich mit den Grundlagen der Statistik vertraut machen.

Bryogeographie und Mooskartierung

Die Moosfloristik befasst sich mit der Aufsammlung von Einzeldaten zum Vorkommen der Moose. Sie werden in Moosfloren zusammengefasst. Für Deutschland liegen zahlreiche Veröffentlichungen zur Verbreitung der Moose vor. So wurden für die meisten Bundesländer, Österreich und die Schweiz vollständige Übersichten erarbeitet. Für das Gebiet der ehemaligen DDR liegt für die Zeit nach 1944 eine Bibliographie vor (C. BERG 1989). Jeder, der ein bestimmtes Gebiet erforschen möchte, sollte sich zuerst um die betreffende Literatur bemühen. Eine entsprechende Kartei erleichtert nicht nur die Bestimmung, sondern verschafft auch Erfolgserlebnisse bei der Entdeckung bisher übersehener Vorkommen und Arten und gibt Hinweise auf noch zu wenig erforschte Bereiche. Endergebnis jeder wissenschaftlichen Durchforschung sollte heute die Anfertigung von Rasterkarten sein. Bei der Kartierung auf Messtischblattbasis (1:25000) bedeutet ein Punkt, dass auf einer Grundfeldfläche von ca. 130 km^2 wenigstens ein Vorkommen bekannt ist. Aus praktischen Gründen wird man das Rasternetz der Größe des Untersuchungsgebietes anpassen. So wurde und wird das Rheinland auf Quadrantenbasis (ein Grundfeld = ca. 30 km^2) kartiert. Für kleinere Gebiete, wie das Ruhrgebiet und den Ahreifel-Raum, erfolgt die Erfassung der Moosflora auf Kleinquadranten-Basis (je Grundfeld ca. 8 km^2). E. SAUER, R. MUES und Mitarbeite r arbeiteten im Saargebiet sogar mit Minutenfeldern, was naturgemäß einen noch größeren Aufwand erfordert. Über den heutigen Stand kann man sich unter www.moose-deutschland.de im Internet informieren.

Als Folge der immer mehr zutage tretenden Schäden sowohl durch Immissionen aller Art sowie durch diverse Entwässerungsmaßnahmen, ist sowohl die Zahl wie die Masse einer Vielzahl von Moosen im Rückgang. Die „Roten Listen“ (vgl. z. B. LUDWIG et al. 1996) beweisen dies. Die Erfassung der noch vorhandenen Fundstellen wird deshalb immer dringender! Forschungsgelder sollten also wesentlich mehr als bisher die Kartierung fördern. Inzwischen sind beim Verfasser bis zu seinem Tod über 100.000 Daten zusammengekommen (davon über die Hälfte aus Nordrhein-Westfalen und Rheinland-Pfalz). Umfangreiche Kartierungen wurden inzwischen besonders von L. MEINUNGER und W. SCHRÖDER durchgeführt. Der daraus mit Hilfe der Mitarbeiter entstandene Bundesatlas ist 2007 erschienen.

Die Synökologie der Moose

Die Synökologie befasst sich mit dem gemeinsamen Vorkommen der Arten. Es erscheint logisch, dass Moose mit gleichen oder zumindest ähnlichen Standortansprüchen ähnliche oder gleiche Biotope besiedeln. Moosgesellschaften (vielleicht besser „Moosvereine“ oder „Synusien“) sind in Mitteleuropa in großer Zahl beschrieben worden. Alle häufigeren Arten können in dieses pflanzensoziologische System eingeordnet werden. Praktischer erscheint allerdings die Aufstellung „Ökologischer Artengruppen“ (vgl. z. B. DÜLL-HERMANNS 1972), wie sie z. B. die Forstleute schon frühzeitig in der Praxis angewendet haben. Eine Übersicht über deutsche Moosassoziationen hat MARSTALLER (1993) publiziert.

Im Folgenden soll eine grobe Übersicht über die Vergesellschaftung der hier behandelten wichtigeren Moose gegeben werden.

Charaktermoose der wichtigsten Moos-Biotope

Erklärung der (nur in dieser Übersicht) benutzten Abkürzungen:

(G): Gebirgsart, (Al): nur im höheren Mittelgebirge und in den Alpen, (L): Lichtmoos, (F): Feuchtezeiger, (T): Trockenzeiger.

Ein * erhalten solche Arten, die ihre Hauptverbreitung in anderen Biotopen bzw. auf anderen Substraten haben.

Waldmoose

1. Waldbodenbewohner
   a. kalk- oder zumindest nährstoffliebende Arten:
   Plagiochila asplenioides und *Chiloscyphus pallescens* (F), *Fissidens taxifolius, Rhodobryum, Plagiomnium undulatum* (F), *Thamnobryum alopecurum* (F, nur in Auen), *Thuidium tamariscinum* (F), *T. delicatulum* (L), *Cirriphyllum piliferum, Eurhynchium striatum, E. angustirete, E. hians, E. schleicheri.*
   Diese Arten scheinen auch für Auwälder charakteristisch.
   b. kalkmeidende Erdmoose, z. T. auch auf morschem Holz (x), oft in Nadelwäldern und -forsten:
   Lophocolea bidentata var. *rivularis, Bazzania trilobata* (x), *Atrichum undulatum* (F), *Polytrichum formosum* (x), *Fissidens bryoides, Dicranum scoparium* (x), *D. majus* (F), *Campylopus flexuosus* (x), *Dicranella heteromalla* (x), *Leucobryum glaucum* (x), *Pohlia nutans* (x), *Mnium hornum* (F), *Plagiomnium affine, Eurhynchium praelongum* (F), *Scleropodium purum,* diverse *Plagiothecium*-Arten (x), besonders *P. undulatum; Hypnum jutlandicum* (x), *Hylocomium splendens, Ptilium und Pleurozium.*
   c. in Bruchwäldern und an ähnlichen, oft vernässten oder beschatteten Standorten:
   Pellia epiphylla, Trichocolea (± G), Sphagnum palustre, S. squarrosum, S. subsecundum agg., S. fimbriatum, S. capillifolium (L), S. girgensohnii, Climacium, Calliergonella, Calliergon cordifolium, Hookeria (± G), Plagiothecium denticulatum var. *undulatum, P. denticulatum (x).* *
2. An (meist längerfristig feuchtem) morschem Holz (vgl. auch 1. b)
   a. allgemein verbreitete Arten:
   Lophocolea heterophylla, Cephalozia bicuspidata, Lepidozia reptans, Tetraphis, Dicranum flagellare, D. montanum, D. tauricum, Campylopus, Dicranoweisia cirrata, Ceratodon purpureus, Orthodontium, Bryum subelegans, Rhizomnium punctatum, Aulacomnium androgynum, Amblystegium serpens* var. *juratzkanum, A. riparium (F), Sanionia uncinata, Brachythecium rutabulum, B. velutinum, Plagiothecium spec., Pseudotaxiphyllum elegans, Herzogiella seligeri, Platygyrium, Hypnum cupressiforme.*
   b. vor allem im Gebirge oder nur dort:
   Riccardia palmata, R. latifrons, Lophozia, Tritomaria exsecta, T. exsectiformis, Jungermannia leiantha, Jamesoniella autumnalis, Cephalozia lunulifolia, Nowellia, Scapania nemorea, Ptilidium pulcherrimum, Blepharostoma, Buxbaumia viridis, Dicranum fuscescens, Dicranodontium denudatum.
3. An erdigen Wegböschungen, am Rande von Wegen und auf ungepflegten Waldwegen usw.
   a. auf kalk- oder zumindest nährstoffreichem Untergrund:
   Pellia endiviifolia, Aneura (F), *Leiocolea alpestris* (F), *Lophocolea minor, L. bidentata, Scapania aspera* (G), *Saelania* (Al), *Dicranella schreberiana*, D. varia*, Distichium capillaceum, Tortella inclinata*, T. tortuosa, Didymodon fallax*, D. ferrugineus** (F), *D. vinealis var. flaccida, Barbula, Bryoerythrophyllum, Tortula subulata mit var. angustata, T. ruralis*, Pohlia wahlenbergii* (F), *Fissidens dubius, F. taxifolius* u. a., *Dicranella varia, D. schreberiana* (F), *Ditrichum flexicaule, D. pallidum, Mnium marginatum, M. stellare, Campylium stellare var. protensum* (F), *Bryum barnesii*, B. pseudotriquetrum** (F), *Calliergonella* (F), *Cratoneuron filicinum*, Cirriphyllum piliferum, Eurhynchium hians, E. schleicheri, Homalothecium lutescens, Plagiothecium cavifolium, Taxiphyllum, Entodon concinnus, Hypnum lindbergii* (G), *Rhytidiadelphus triquetrus und Rhytidium rugosum.*
   b. an kalkfreien Plätzen:
   Pellia epiphylla, Blasia (F), *Fossombronia wondraczekii** (F), *Lophozia bicrenata* (T), *L. ventricosa* u. a., *Jungermannia gracillima, Nardia* (F), *Diplophyllum albicans,*

D. obtusifolium (F), *Scapania nemorea, S. irrigua* (F), *Cephalozia bicuspidata, Cephaloziella, Lepidozia reptans, Bazzania trilobata, Kurzia sylvatica*, Calypogeia, Blepharostoma, Diphyscium* (G), *Buxbaumia aphylla, Atrichum, Oligotrichum* (± G), *Pogonatum, Polytrichum commune* (F), *P. formosum, P. juniperinum, P. piliferum, P. alpinum* (Al), *Fissidens bryoides, Dicranum scoparium, Dicranella heteromalla* u. a., *Ditrichum heteromallum, D. tenuifolium* (= Trichodon; F), *Pleuridium* (F), *Racomitrium elongatum** (T), *Pseudephemerum* (F), *Ephemerum* (F), *Pohlia nutans, P. cruda, P. annotina* agg., *Mnium hornum, Plagiomnium affine, Philonotis* (F), *Bartramia pomiformis, B. ithyphylla, Plagiothecium, Brachythecium albicans** (T), *B. rutabulum, Pseudotaxiphyllum elegans, Hypnum jutlandicum, Hylocomium splendens, Scleropodium purum, Pleurozium, Rhytidiadelphus loreus und R. squarrosus.*

4. An Laubholz (und Tannen-) Borke
   a. an Waldbäumen in Kalkgebieten und über nährstoffreichen Böden:
   Metzgeria furcata, Radula, Porella, Frullania, Lejeunea cavifolia (F), *Microlejeunea. ulicina* (F), *Dicranum viride, Bryum subelegans, Orthotrichum lyellii, Ulota, Zygodon* (L), *Leucodon** (L), *Antitrichia, Neckera, Homalia* (F, basal), *Pseudoleskeella nervosa* (G), *Pterigynandrum* (G), *Anomodon* (± basal), *Amblystegium serpens, A. subtile* (G), *Isothecium alopecuroides, Homalothecium sericeum** (L), *Brachythecium populeum* (basal), *Pylaisia** und *Hypnum cupressiforme.*
   b. an Waldbäumen mit saurer Borke, besonders außerhalb der Kalkgebiete:
   Lophocolea heterophylla, Ptilidium pulcherrimum, Tetraphis (F), *Dicranum montanum, D. tauricum, D. scoparium*, Paraleucobryum* (G), *Dicranoweisia cirrata, Ceratodon, Lescuraea mutabilis* (Al), *Sanionia uncinata, Isothecium myosuroides, Brachythecium plumosum* (F), *Platygyrium, Hypnum cupressiforme.*
   c. an Feldbäumen mit basenreicher Borke, z. T. durch Düngeranflug (besonders an Straßenbäumen) gefördert:
   Radula complanata, Frullania dilatata, Syntrichia papillosa, S. ruralis u. a., *Orthotrichum affine, O. diaphanum, O. obtusifolium* u. a., *Leucodon, Pylaisia, Leskea polycarpa*, Homalothecium sericeum, Hypnum cupressiforme.*
5. An Ufern von Fließgewässern, besonders in Wäldern
   a. auf nährstoffreichem bzw. kalkreichem Gestein:
   Conocephalum, Pellia endiviifolia, Chiloscyphus pallescens, Fissidens crassipes, Bryoerythrophyllum recurvirostre, Syntrichia latifolia, Cinclidotus, Plagiomnium rostratum, Mnium marginatum, Thamnobryum alopecurum, Leskea polycarpa, Hygroamblystegium tenax, Cratoneuron filicinum, Hygrohypnum luridum, Rhynchostegium murale.*
   b. an kalkfreien, nährstoffarmen Gewässern:
   Pellia epiphylla, Riccardia chamaedryfolia, Marsupella emarginata, Chiloscyphus polyanthos, Scapania undulata, Octodiceras, Schistidium rivulare, Racomitrium aciculare, Mnium hornum, Fontinalis squamosa, Heterocladium heteropterum, Hygrohypnum ochraceum, Isothecium myosuroides, Brachythecium plumosum.
   c. lediglich nährstoffzeigende, vom pH-Wert weitgehend unabhängige Arten sind u. a.:
   Lunularia, Marchantia polymorpha, Fontinalis antipyretica, Amblystegium riparium, Brachythecium rivulare und Platyhypnidium riparioides.
6. An lichten bis schattigeren, meist ± feuchten, z. T. erdigen Felsen oder Gestein in Wäldern (nur oder vorwiegend = „!“)
   a. kalkzeigende und z. T. nur basiphytische (nährstoffliebende) Moose (mit *x* = potentielle Mauermoose; „!“ = kalkstet):
   Conocephalum (x), Preissia (x), Metzgeria (x), Apometzgeria (!), Leiocolea alpestris

(= Lophozia collaris; !) u. a., Tritomaria quinquedentata, Jungermannia atrovirens (!), Chiloscyphus pallescens, Lophocolea minor (x), Plagiochila porelloides (x), Scapania aequiloba (!), S. aspera (!), Radula, Porella, Lejeunea cavifolia, Cololejeunea (!), Fissidens adianthoides (F), F. dubius (x), F. gracilifolius (= minutulus) (!), Distichium capillaceum (x,!), Ditrichum flexicaule, Encalypta streptocarpa (x), Tortella tortuosa (x,!), Didymodon ferrugineus (x), D. rigidulus (x), D. tophaceus (F, !), D. vinealis var. *flaccida (x), Bryoerythrophyllum recurvirostre (x), Schistidium apocarpum (x), S. strictum (!), Bryum capillare (x), B. pseudotriquetrum (F, x), Mnium marginatum (x), M. stellare (x), Plagiomnium rostratum (x), P. cuspidatum (x), Plagiopus (!), Neckera complanata (x), N. crispa (!), N. besseri, Homalia (x), Thamnobryum (x), Anomodon attenuatus (x), A. longifolius und A. viticulosus (x), Thuidium philibertii (x), T. recognitum, T. delicatulum (x), Cratoneuron filicinum (F), Palustriella (F,!;), Campylium calcareum (x), C. halleri (Al, !), Hygrohypnum luridum (x), Isothecium alopecuroides, I. striatulum (!), Brachythecium glareosum (x), B. populeum (x), Eurhynchium crassinervium (x), Cirriphyllum tommasinii (!), Eurhynchium pulchellum, Rhynchostegium confertum (x), R. murale (x), R. rotundifolium (x), Entodon schleicheri (!), Orthothecium intricatum (!), O. rufescens (F, !), Taxiphyllum (x) und Ctenidium.*

b. kalkholde Moose an schattigen Mauern (zuzüglich der unter „6a" mit (x) bezeichneten):
Tortula muralis (besonders var. *aestiva), T. subulata, Syntrichia latifolia* u. a., *Bryum caespiticium, B. pallescens, Leptobryum, Orthotrichum obtusifolium, O. affine, Zygodon, Leskea polycarpa und Brachythecium salebrosum.*

c. kalkmeidende Silikatgesteinsmoose:
Ptilidium, Barbilophozia, Anastrophyllum (= Sphenolobus), Lophozia ventricosa u. a., *Tritomaria, Gymnocolea, Jungermannia leiantha* u. a., *Jamesoniella autumnalis, Mylia taylori, Marsupella, Diplophyllum, Scapania nemorea, Lepidozia, Bazzania, Kurzia sylvativa, Blepharostoma, Frullania, Dicranum scoparium, D. fuscescens, D. montanum, Paraleucobryum, Dicranodontium, Dicranoweisia cirrata, Cynodontium, Oreoweissia bruntonii, Dicranella heteromalla* fo., *Leucobryum juniperoideum, Encalypta ciliata, Grimmia hartmanii, G. trichophylla* agg., *Racomitrium aciculare*, Bartramia, Aulacomnium androgynum, Isothecium myosuroides, Herzogiella*, Pseudotaxiphyllum elegans*, Plagiothecium laetum* u. a., *Hypnum cupressiforme, Rhytidiadelphus loreus, Hylocomium.*
Dsgl., aber auch in ± tiefschattigen Höhlungen:
Calypogeia, Tetraphis, Tetrodontium, Fissidens bryoides, Schistostega* und *Pseudotaxiphyllum elegans.*

Moose des offenen Geländes

1. An sonnigem (oft etwas erdbedecktem) Gestein und oft auch an Mauern (potentielle Mauermoose: „*x*")
   a. kalk- oder zumindest basenhold:
   Barbula, Didymodon (z. B. *D. vinealis var. flaccida (x), Tortella inclinata & T. tortuosa (x), Tortula muralis (x), Syntrichia ruralis* (und andere haartragende Arten), *Pterygoneurum, Aloina, Pottia lanceolata* u. a., *Encalypta vulgaris, Grimmia pulvinata (x), G. orbicularis, Schistidium apocarpum (x), Orthotrichum anomalum (x), O. cupulatum, O. diaphanum (x)* u .a., *Leucodon, Ptychodium plicatum, Pseudoleskea incurvata, Pseudoleskeella catenulata, (P. nervosa), Homalothecium sericeum (x), (H. lutescens), Hypnum cupressiforme var. lacunosum (x)*
   b. an kalkfreiem, ± trockenem, aber z. T. nährstoffreichem Gestein:
   Ptilidium ciliare und *P. pulcherrimum* (Blockhalden), *Andreaea, Dicranoweisia crispula* (± Al), *Cynodontium, Ceratodon, Grimmia laevigata, G. trichophylla* u. a.,

Racomitrium (haartragende Arten), *Bryum argenteum* z. B. (s. oben), *Hedwigia, Pterogonium, Lescuraea, Pterigynandrum, Brachythecium populeum, Hypnum cupressiforme* fo.

2. An nassem Gestein, z. T. auch an Wasserfällen
   a. kalkholde, meist auch Kalktuff bewohnende und bildende Moose:
   Jungermannia atrovirens, Pellia endiviifolia, Aneura, Conocephalum, Marchantia, Preissia, Fissidens crassipes, F. adianthoides, Didymodon tophaceus, Eucladium, Philonotis calcarea, Thamnobryum, Cratoneuron filicinum, Palustriella commutata, Platyhypnidium riparioides, Orthothecium rufescens (Al), Bryum pseudotriquetrum.*
   b. kalkmeidende, aber z. T. nährstoffliebende Arten:
   Pellia epiphylla, Metzgeria conjugata, Jungermannia, z. B. *J. pumila, Chiloscyphus polyanthos, Scapania undulata, Porella cordaeana, Lejeunea cavifolia, Amphidium mougeotii, Racomitrium aciculare, Bryum alpinum, Rhizomnium punctatum, Philonotis fontana*, Heterocladium heteropterum, Hygroamblystegium, Hygrohypnum, Brachythecium populeum, B. rivulare.*
3. Trockenrasen: Standorte im Winter ausapernd; z. T. in lichte Eichenwälder vordringende Arten.
   a. an kalk- oder mindestens basenreichen Standorten:
   Ditrichum flexicaule (besonders fo. *densum*), *Encalypta vulgaris, Tortella inclinata, T. fragilis*, T. bambergeri, Pleurochaete, Didymodon fallax* u. a., *Pseudocrossidium hornschuchianum, Barbula spec., Weissia longifolia, Aloina, Pterygoneurum, Phascum, Pottia lanceolata u. a., Syntrichia ruralis* u. a., *Racomitrium canescens s. str.*, Thuidium abietinum, T. delicatulum*, Campylium chrysophyllum, Homalothecium lutescens, Rhynchostegium megapolitanum*, Entodon concinnus, Rhytidium* und *Hypnum cupressiforme* var. *lacunosum.*
   (Bei Eutrophierung und Vergrasung dringen oft *Scleropodium purum* und *Rhytidiadelphus triquetrus* ein: Sukzession.)
   b. an kalkfreien, ärmsten Standorten:
   Lophozia bicrenata, Cephaloziella, Polytrichum piliferum, P. juniperinum, Campylopus pyriformis fo. *muelleri, C. introflexus, Dicranum scoparium* fo., *Ceratodon, Racomitrium elongatum, Pohlia nutans* fo. *saltans, Brachythecium albicans, Pleurozium*, Hypnum cupressiforme* fo. und *H. jutlandicum.*
4. Mesophile (mäßig feuchte) Wiesen, Weiden und Rasen
   Lophocolea bidentata, Atrichum undulatum, Polytrichum formosum (r), *Fissidens taxifolius*, Plagiomnium affine, P. cuspidatum* (sekundär!), *P. undulatum* (F), *Climacium* (F), *Calliergonella* (F), *Brachythecium rutabulum, B. albicans, Cirriphyllum piliferum, Scleropodium purum, Eurhynchium hians, E. praelongum* (F), *Rhytidiadelphus squarrosus* (F).
   Artenreichere, weil kaum gedüngte, gleichmäßig feuchte und extensiv genutzte Parkrasen weisen nicht selten alle genannten Arten auf. Hinzu kommen auf kleinen Erdblößen (z. B. vorjährigen Maulwurfshügeln) noch zahlreiche, oft interessantere Erdmoose.
5. Nasswiesen, Sümpfe und Moore
   a. an eutrophen, z. T. ± kalkreichen Standorten, besonders in Kalkflachmooren:
   Marchantia polymorpha (= var. *aquatica), Aneura pinquis, Pellia endiviifolia*, Leiocolea, Fissidens adianthoides, F. osmundoides, Dicranum bonjeanii, Bryum pseudotriquetrum, Aulacomnium palustre*, Philonotis calcarea, Meesia triquetra, Paludella, Helodium, Cratoneuron, Campylium stellatum, Scorpidium, Drepanocladus aduncus, Calliergonella*, Calliergon giganteum, Tomenthypnum nitens, Brachythecium rivulare, Plagiothecium denticulatum und* var. *undulatum** sowie *Hypnum lindbergii.*

b. an oligotrophen, kalkfreien Standorten, besonders in Torfmooren:
Riccardia-A. (außer *R. palmata), Pellia epiphylla, Fossombronia foveolata, Gymnocolea, Cladopodiella, Barbilophozia kunzeana, Nardia geoscyphus, Mylia anomala, Cephalozia connivens* z. B., *Kurzia, Calypogeia neesiana* u. a. *Sphagnum*-Arten: in Hochmooren: *S. magellanicum, S. papillosum, S. imbricatum, S. rubellum, S. fallax* und *S. cuspidatum* sowie *Polytrichum strictum* und *Dicranum bergeri;* in Heidemooren u. ä. *Sphagum compactum;* in Wiesen *S. teres* und *Polytrichum comune & P. longisetum, Dicranum scoparium* fo. *paludosum, Campylopus, Dicranella cerviculata, Splachnum ampullaceum, Aulacomnium palustre, Warnstorfia (=Drepanocladus) fluitans, Sanionia uncinata*, Calliergon cordifolium, C. stramineum.*
In sauren Quellmooren der Gebirge finden sich besonders:
Scapania-Arten, *Dicranella palustris*, verschiedene, auffällige *Bryum*-Arten, z. B. *B. schleicheri, Philonotis fontana, P. seriata, Pohlia wahlenbergii* var. *glaciale* und *Rhizomnium-Arten*

6. Offenerdige, grundfeuchte, meist nährstoffreichere Standorte auf Äckern, Brachland, Wegen und Wegsäumen, waldfreien Böschungen sowie auf Erdblößen (z. B. Maulwurfshügeln) in Wiesen
   a. in Kalkgebieten (z. T. auch auf ± entkalktem Löss):
   Lunularia (F), *Aneura* (F), *Lophocolea bidentata* (F), *Fissidens taxifolius* u. a., *Dicranella schreberiana* (F), *D. varia* (F), *Pottia lanceolata, Barbula unguiculata* u. a., *Didymodon fallax* u. a., *Phascum, Acaulon, Weissia controversa, W. longifolia, Pterygoneurum, Aloina rigida* u. a., *Funaria, Bryum argenteum, B. bicolor, B. rubens* u. a., *Pohlia wahlenbergii* (F), *Cratoneuron filicinum* (F), *Calliergonella* (F), *Drepanocladus aduncus* (F), *Eurhynchium hians, Brachythecium rutabulum, Hypnum lindbergii* (F).
   b. an kalkfreien, meist feuchten Plätzen:
   Anthoceros, Marchantia polymorpha subsp. *ruderalis*, Riccia sorocarpa, R. glauca* u. a., *Blasia, Fossombronia wondraczekii* u. a., *Jungermannia gracillima, Scapania irrigua* u. a., *Oligotrichum, Fissidens bryoides, F. exilis, Dicranella staphylina, D. rufescens, D. heteromalla*, Ceratodon, Ditrichum tenuifolium, Pleuridium, Pseudephemerum, Pottia truncata, P. intermedia, Acaulon muticum, Funaria, Physcomitrella, Physcomitrium, Ephemerum serratum* u. a., *Bryum argenteum, B. rubens* u .a., *Eurhynchium praelongum, Brachythecium albicans* u. a., *Hypnum jutlandicum.*

Die Bedeutung der Moose für ihren Lebensraum und ihre Mitlebewesen

Die Moose können unter den Bedingungen eines kühlfeuchten Klimas, besonders wenn sie als stattliche Arten oder in Massenvegetation auftreten, das Gesicht und den Haushalt vieler Lebensräume wesentlich mitbestimmen. Unter weniger optimalen Verhältnissen besiedeln Moose „ökologische Nischen“ aller Art, d. h. in unseren Breiten in der Regel Standorte, die von Sprosspflanzen nicht oder zumindest noch nicht besiedelt worden sind.

Das sind z. B. Fels- und Borken-Standorte, fast nährstofffreie oder auch offenerdige und regelmäßig (z. B. durch Ackerbau) gestörte Substrate. Moose treten an Erdböschungen und nach Bodenabtrag als Erstbesiedler und damit Bodenfestiger auf. Durch mehr oder weniger dichte Abdeckung des Waldbodens verhindern oder vermindern sie nicht nur Erosion, sondern vermögen mit ihrer durch die Beblätterung rauen Oberfläche auch noch totes, organisches Material anzusammeln. Sie behindern und verhindern damit die Austrocknung und damit u. a. auch landzerstörende Erosion.

Wesentlich und allgemein bekannt ist die Fähigkeit der Moose, Wasser zu speichern und während der niederschlagsarmen Zeiten allmählich wieder abzugeben. Sie fördern dadurch über den Ausgleich des Wasserhaushaltes die

Vielfalt, d. h. die relative Diversität der dort lebenden Flora und Fauna. Es kommt durch ihre Anwesenheit nicht so oft zu Überschwemmungen, andererseits können sich Dürreperioden weniger lang und gravierend auswirken. Häufig können Moose das 5-fache, manche Torfmoose bis über das 15-fache ihres Trockengewichtes aufnehmen. Moore, wie auch die tiefen, oft geschlossenen Moosbestände der Bergwälder und der dortigen Blockhalden, sind eine wesentliche Voraussetzung dafür, dass Quellen auch während längerer Trockenzeiten weitersprudeln. Moose sind deshalb unverzichtbare Wasserspeicher. Unsere meisten Gehölze sind Dunkelkeimer und ihre die Keimung der Samen hemmenden Stoffe werden im feuchten Substrat abgebaut. Gelangen Samen und Früchte in die Nischen in und zwischen den Moosbeständen, so haben sie immer bessere Keimbedingungen als auf einem nackten Waldboden. Moose haben deshalb als Keimbett eine nicht zu unterschätzende Bedeutung.

Obwohl die Nettophotosyntheseleistungen der Moose und auch der Flechten keinerlei Vergleich mit denen der Sprosspflanzen aushalten, so würden doch recht beachtliche Sauerstoffmengen nicht freigesetzt werden, wenn die Tundren, schattigen Waldböden, Borken und Felslandschaften frei von Kryptogamen wären. Zudem filtern die Moose beachtliche Mengen an verschiedenartigsten Stäuben aus der Luft. Vor allem würden ohne sie große Mengen wertvoller Stäube des Kulturlandes im Meer verschwinden.

Zum Abschluss die wohl wichtigste Funktion der Moose im Naturhaushalt: sie sind Lebensraum für zahllose Klein- und Kleinstlebewesen. Untersucht man größere Moosbestände, so entdeckt man cm-große Larven von Schnaken, Schmetterlingen und Käfern. Auch Spinnen, Milben und andere kleine Gliedertiere sowie Schnecken und Würmer sind je nach Unterlage in verschiedenster Zahl und Vielfalt auf diesen Lebensraum angewiesen. Noch stattlicher sind die Mengen mikroskopisch kleiner „Infusorien“, die im feuchten Moosrasen die kapillar mit Wasser erfüllten Hohlräume besiedeln, aber Trockenzeiten als Ruhestadien überdauern. Frische oder genügend lange eingeweichte, trocken gesammelte Moosrasen enthalten immer eine reiche Fauna, so dass man sich leicht von der Bedeutung dieses Lebensraumes überzeugen kann. Packt man einen frischen Moosbestand in ein größeres Gefäß und setzt ihn den wärmenden Strahlen einer Lampe aus, so wird man schnell die Fülle der dort versteckten Lebewesen zu Gesicht bekommen.

In an Sprosspflanzen armen Gegenden werden Moose ausnahmsweise von Säugern gefressen. So können Lemminge in der Tundra bis zu 40 % ihrer Nahrung aus Moosen decken. Ansonsten ist die Zahl der Moosfresser gering. Am häufigsten beobachtet man die dicken Larven der Kohlschnaken (*Tipuliden*) oder örtlich auch öfter polyphage Schmetterlingsraupen, z. B. der Scheinzygäne (*Amata phegea*). Schließlich scheinen besonders Nacktschnecken (*Arion* etc.) vor allem die nährstoffreichen grünen Sporenkapseln der Laubmoose als Leckerbissen zu schätzen.

Vom direkten Nutzen der Moose

Natürlich wird man immer wieder nach dem Nutzen der Moose für uns Menschen gefragt. Häufig ist damit gemeint, wie man mit Moosen Geld verdienen kann. Obwohl dem Naturfreund der ganz bedeutende, indirekte Nutzen der Moose sehr wohl bekannt ist und mehr am Herzen liegt, soll hier kurz auf dieses Thema eingegangen werden (vgl. ANDO & MATSUO 1984 und die Angaben bei den einzelnen Arten).

Torfmoose „produzieren“ den Torf. Sie und viele andere große Arten dienten früher zum Verstopfen der Hausritzen, als Füllmittel für Matratzen, Verpackungsmaterial usw. *Sphagnum* und *Polytrichum* enthalten z. B. auch antiseptische Stoffe. *Conocephalum*, das „Lebermoos“, galt früher als Leberheilmittel. Aus *Frullania* stellt man ein Parfüm und in Japan auch ein Antikrebsmittel her; andererseits kann *F. dilatata* im Mittelmeergebiet eine Hautallergie verursachen.

Größere Moose hatten auch im Volksglauben ihre Bedeutung. *Fontinalis*, ans Haus gehängt, sollte vor Feuer, *Polytrichum* vor bösen Geistern schützen.

Nicht zu unterschätzen ist die wichtige Funktion der Moose, durch ihre maximale Oberfläche gefährliche Feinstäube zu binden. Diese können in unseren Lungen durch die Gefäßwände hindurch diffundieren und damit den Kreislauf belasten. Der Staub schädigt unsere Lungen nicht nur mechanisch, sondern ist auch Mikrobenträger. Die mindere Qualität unserer Stadtluft, besonders zur Winterszeit, ist ein viel diskutiertes Problem. Zur Förderung der urbanen Moosflora bieten sich mehrere Lösungen an, so z. B. **„Moosdächer“**. Besonders Flachdächer können mit einem aus geeigneten Moosen hergestellten Zellbrei – das wären vor allem trockenresistente Pottiaceen und Grimmiaceen – besprüht werden. Die Entwicklung zu Moosrasen wird durch Überziehen mit einer Plastikhaut gefördert. Die Anlage sollte in der kühlen und möglichst niederschlagsreichen Jahreszeit durchgeführt werden. Im Internet wird dieser Service bereits angeboten. „Moosdächer“ nehmen Teile der Niederschläge auf und geben sie allmählich ab. Sie tragen dadurch nicht nur zur Abkühlung, sondern auch zum Entstauben der Stadtluft bei (s. o.). Die gleichen Vorteile bieten Moose auf Mauern, schon deshalb sollten diese nicht gereinigt werden. Es ist barer Unsinn, dass Moose Mauerputz angreifen, genauso wie sie angeblich das Eindringen von „Ungeziefer“ in unsere Wohnräume fördern sollen. Im Moose lebende Gliederfüßler sind Feuchtlufttiere. Beispielsweise die zu Unrecht so gefürchteten, aber harmlosen Spinnen (sie fangen auch Fliegen!). Sie fühlen sich nur in luftfeuchten Räumen, die nicht regelmäßig gelüftet werden, wohl. Letztlich leistet sich unsere Gesellschaft, wenn sie so mit ihren Mitlebewesen umgeht, einen Bärendienst. Nicht zu Unrecht heißt es: „Ohne Moos nichts los“. Konkret bedeutet dies hier u. a. weniger Vogelvielfalt und mehr Staub in zu trockener Stadtluft zum Schaden unser aller Gesundheit.

Natürlich 23 Töpfe nach der Aussaat mit einer dünnen, sterilen Sandschicht, so hat das „lästige Moos“ zu wenig Nahrung und – falls es wegen Überdüngung doch noch zum Wachstum kommt – können die frischen Moospflanzen leicht abgenommen werden. Es geht also ohne „Chemie“.

Viele Menschen praktizieren an von der Zivilisation geschaffenen Plätzen die „Saubermann-Ideologie“. Sie wollen den „sauberen und gepflegten Garten“ in der Art einer Wohnstube. Vor allem ein psychologisch-soziologisches Problem, denn nicht Gepflanztes und Gesätes ist leider für viele nur „Unkraut“. Selbstverständlich geht man gegen dieses vermeintliche Übel und ebenso natürlich mit dem Einsatz aller Mittel an, die einem „modernen“ Menschen zur Verfügung stehen. Dabei ist gerade auch der moosreiche Rasen, wie alle anderen „bemoosten“ Substrate, idealer Lebensraum zahlreicher Kleintiere. Diese sind im Nahrungskreislauf letztlich wichtige Nahrung für die so geliebte Vogelwelt. Auf die chemischen „Mooskiller“ kann auch verzichtet werden. In einer zweischürigen Mahdwiese wird man nur kümmerlichen Mooswuchs entdecken. Erst der Mensch schafft für die „störenden“ Gartenmoose *Brachythecium rutabulum* und *Eurhynchium hians* ideale Lebensbedingungen. Er sorgt im Gartenrasen für reichlich Licht, übermäßig Dünger und üppige Wasserversorgung (durch damit vergeudetes Trink- und Grundwasser). Es bleibt für diejenigen, die auf einen „reinen“ Rasen nicht verzichten wollen, nur die Harke.

Moose finden ihre wichtigste Nutzanwendung heute, wie schon seit längerer Zeit die Flechten, als Bioindikatoren für Luftverschmutzung wie auch für den Nachweis von Schadstoffanreicherungen. Hierzu gibt es inzwischen umfangreiche Literatur. Man geht davon aus, dass Niedere Pflanzen alle Stoffe direkt, ohne Filterung aufnehmen und deshalb empfindlicher reagieren müssen als die immer durch eine Kutikula geschützten Sprosspflanzen; *Marchantia* scheint hierfür ein gutes Beispiel zu sein. Die Empfindlichkeit eines Mooses hängt von verschiedenen Faktoren ab, so z. B. von der Benetzbarkeit, vom Konkurrenzverhalten der Begleitmoose, von inneren physiologischen Eigenheiten, von der Abnahme der Sporogonbildung und bei kalkholden Moosen vom Kalkgehalt des Substrates und der damit verbundenen Pufferwirkung. Im Zentrum ihres Verbreitungsgebietes wird u. a. der ständige Nachschub an Diasporen den Rückgang einer Art verlangsamen und so maskieren. Am Rande ihres Areals ist jede Pflanze schon dadurch potentiell gefährdet, weil die Zahl der Ökotypen vom Verbreitungszentrum aus exponentiell abnimmt. Mittlere Luftverschmutzungen werden sich erst nach längeren Einwirkungszeiten durch den Rückgang bekannt empfindlicher Arten zu erkennen geben. Erkenntnisse aus z. B. verschiedenen Klimaräumen oder -lagen im Areal sind schwer vergleichbar. Man kann aber die Abnahme bestimmter Arten, z. B. der meisten Epiphyten, für viele heute noch bryofloristisch relativ gesund erscheinende Gebiete Deutschlands durch Ausdehnung von Siedlungen, Flug- und Autoverkehr voraussehen.

Bioindikatoren für Gewässergüte. Wie alle Wasserpflanzen liefern auch Moose klare Aussagen zur Gewässerqualität. So verträgt *Fontinalis antipyretica* zwar ziemlich erhebliche allgemeine Verschmutzungen (also z. B. Anreicherungen mit Düngestoffen), aber z. B. keine phenolischen Verbindungen, wie sie uns die Industrie z. B. in reichem Maße im Rhein bescherte. Hingegen scheint z. B. *Amblystegium riparium* gegen Solches völlig immun zu sein. Sehr empfindlich gegen alle Verunreinigungen sind dagegen z. B. *Fontinalis squamosa* und Ufermoose der Gattungen *Racomitrium*, *Pachyfissidens* und fast alle *Cinclidotus*-Arten. Entsprechende Untersuchungen hat u. a. K. van de Weyer durchgeführt und mit anderen (K. VAN DE WEYER et al. 1990) zusammengestellt.

Darüber hinaus kann man über Verbreitungskarten des ehemaligen und heutigen Vorkommens von Feuchtarten, wie z. B. von Torfmoosen (*Sphagnum*), sehr gut die zunehmende Austrocknung unserer Landschaft demonstrieren. Der enorme Rückgang zahlreicher, früher häufiger Ackermoose weist auf die hochgradige Verseuchung der Ackerböden durch Herbizide und Nitrate hin. Moosproben früherer Jahrzehnte oder gar aus dem vorigen Jahrhundert enthalten diese Stoffe noch nicht oder in viel geringerem Maße (vgl. MUHLE 1984).

Schließlich gibt die chemische Analyse der Moose genaue Hinweise auf den Eintrag von Schwermetall-, Schwefel- und Stickstoffverbindungen. Eine Zusammenstellung der Literatur zum Thema „Moose und Schwermetalle" liefert z. B. MASCHKE (1981). Zu den neuesten Untersuchungen gehören u. a. die von A. SOLGA (z. B. 2004).

Die Bemühungen um eine bessere Reinhaltung der Luft haben sich bereits bewährt. Die Bestätigung solcher Erkenntnisse setzt allerdings eine flächendeckende Kenntnis der Moosverbreitung voraus. Jedenfalls sollten offensichtlich bedrohte Moose und Moosgemeinschaften, ehe es zu spät ist, unverzüglich und gründlich kartiert werden. Hierfür sind Rote Listen auf der Basis von Verbreitungskarten (DÜLL, R. 1980 sowie DÜLL, R., F. KOPPE & R. MAY 1996) unumgänglich, wie sie überhaupt erstmalig in NRW geschaffen wurden (DÜLL, R. & F. KOPPE 1978, DÜLL, R. 1987).

Auch deshalb müsste es auch bei pflanzensoziologischen Aufnahmen selbstverständlich sein, Moose und Flechten zu berücksichtigen. Es ist daher dringend erforderlich, den Nachwuchs an Mooskennern zu fördern und die dafür nötigen finanziellen Mittel zur Verfügung zu stellen. Für Bestimmung und Überprüfung schwieriger Arten benötigen wir z. B. für Arbeiten an den Landesanstalten für Ökologie sowie für Examensarbeiten und insbesondere für Anfänger dringend einen Bestimmungsdienst.

Schutzwürdigkeit und Rückgang der Moose

Das Leuchtmoos *Schistostega*, ironischerweise eine kaum gefährdete Art, war über lange Zeit als einziges Moos geschützt. Inzwischen ist nach dem Washingtoner Artenschutzabkommen die Einfuhr einiger großer Moose, z. B. *Sphagnum*, *Dicranum* und *Pleurozium* verboten, wohl um den Handel als Verpackungsmaterial zu unterbinden. Artenschutz per Gesetz würde aber andererseits durch Verbot jeglicher Aufsammlungen zum Stillstand der Moosforschung führen. Rücksichtsvolles Sammeln, d. h. nie die Entnahme ganzer Bestände, ist aber in jedem Falle angesagt.

Eine Fülle verschiedenster Moose ist durch Veränderung ihrer Umwelt und andere menschliche Einflüsse, z. B. Luftverschmutzung, bedroht. Nicht wenige unserer seltensten Arten scheinen durch Sammler ausgerottet oder gefährlich dezimiert worden zu sein. Man vergleiche z. B. die Riesenbelege des verschollenen *Thuidium minutulum* in den Herbarien. Auch regelmäßige Studentenexkursionen, z. B. ins Feldberggebiet, können zur Verarmung beitragen.

Viele Moose werden in zu großen Mengen (20 Stängel könnten immer genügen!) und oft völlig sinnlos aufgenommen und wieder weggeworfen. Das ist schlechter Umgang mit der Natur! Man muss begreifen, dass hier ganz unnötig Lebensräume und natürlich auch Lebewesen vernichtet werden. Moose sollten nach Betrachtung wieder zurückgepflanzt werden. Rücksichtsvolle Aufsammlungen sind bei Erstnachweisen bemerkenswerter Arten, oder wenn im Gelände keine sichere Ansprache möglich ist, leider unumgänglich. Deshalb ist der richtige Gebrauch der Lupe ein wesentlicher Beitrag zum Naturschutz. Bei jeder Belegentnahme sollte strikt auf die Erhaltung des Vorkommens geachtet werden. Auch die didaktisch sehr wertvollen „Moosausstellungen" sollten sich auf wirklich wichtige, gut kenntliche, möglichst nicht gerade seltene Arten beschränken. Eine weitere Nutzung der Ausstellungsstücke, z. B. als Kurs- oder als Tauschmaterial für Anfänger, sollte möglich sein.

Zahlreiche Arten sind in den letzten Jahrzehnten nicht mehr gefunden worden. Es ist aber zu hoffen, dass wenigstens diese oder jene Art wiederentdeckt wird.

Von besonderem Interesse sind die heute ± seltenen, aber früher häufigen und mindestens nicht raren Moose. Ihr Rückgang oder gar Aussterben werden vor allem der Entwässerung der Feuchtbiotope, der zunehmenden Luftverschmutzung und nicht zuletzt den Folgen moderner Land- und Forstwirtschaft zugeschrieben. Die größte Dezimierung zeigen die Moosfloren der industrienahen Gebiete und des flachen Landes. So sind dort besonders viele baum- und felsbewohnende Moose und die Arten der Sumpfwiesen oft schon auf weiten Strecken inzwischen verschwunden. Als Beispiele seien *Frullania*-, *Racomitrium*- und *Orthotrichum*-Arten, *Leucodon*, *Aulacomnium palustre* und *Sphagnum*-Arten herausgegriffen. Die Punktkarten z. B. der Moosflora des Rheinlandes (DÜLL 1980) sprechen hier eine eindeutige Sprache. Die „Rote Liste" der Moose (u. a. z. B. DÜLL 1987) bezeugt einen erheblichen Rückgang der Moose in Nordrhein-Westfalen. Fast 50% der Arten sind hier inzwischen verschollen oder mindestens sehr gefährdet. Mit entsprechend kaum 20% sind z. B. in Baden-Württemberg die Verhältnisse viel günstiger. In Nordbayern und in Teilen von Hessen scheinen viele Moose in eklatantem Rückgang zu sein. Nur im Alpenbereich ist ein Rückgang noch kaum nachweisbar, aber sicher schon im Gange, wie die Verarmung der Moosflora in den Ortsbereichen zeigt.

Abgesehen von den nötigen Maßnahmen zu rücksichtsvollerer Sammeltätigkeit scheint ein allgemeiner Artenschutz der Moose nicht sinnvoll. So ist manche im nördlichen Deutschland unbedingt schützenswerte Art, z. B. *Leucodon*, in Süddeutschland noch in Menge und ohne Schaden für ihren Bestand zu sammeln. Auf solche noch reichen Gebiete sollten sich Lehrexkursionen beschränken. Letztlich können wir den Reichtum der Moosflora vor allem dadurch fördern, dass wir uns für den Mitweltschutz in allen Bereichen, insbesondere für die Erhaltung wertvoller Biotope, einsetzen.

Bemerkungen zur Geschichte der Moosforschung

Die Mooskunde wird von ihren Erforschern als „Bryologie" bezeichnet und Moosforscher nennen sich Bryologen. Namengebend war die Moosgattung *Bryum*, das *Birnmoos*. Dieser Name stammt aus dem Griechischen und wurde von LINNÉ (1753) wie auch von HEDWIG (1801) übernommen. THEOPHRAST, der große Alt-Botaniker Griechenlands, beschrieb unter „bryón“ allerdings gar kein Moos, wie bereits NEES im 1. Teil seiner Bryologia Germanica 1823 überzeugend dargelegt hat. Die dort wiedergegebene Beschreibung aus THEOPHRAST bezieht sich eindeutig auf eine grüne Meeresalge, *Ulva lactuca*, bekannt unter dem Namen Meersalat.

Noch bis ins späte Mittelalter gibt es keine klare Trennung zwischen Algen, Moosen und Flechten, ja selbst von den Bärlappgewächsen. Leider ist es eine traurige Tatsache, dass diese Unterschiede bis heute sowohl vielen Biologielehrern als auch einigen Biologen nicht ganz klar sind. Wegen ihres beschränkten Nutzens genossen Moose lange Zeit nur geringe Aufmerksamkeit. Eine erste schöne Abbildung, nämlich von *Marchantia*, bringt LEONHARD FUCHS in seinem Nieuw Kreuterbuch 1443. Er zeigt auch erstmals *Polytrichum*. BRUNFELS bildet 1537 ein der *Funaria* ähnliches Moos ab. Bei TRAGUS (1532) findet man wieder *Polytrichum* sowie ein *Sphagnum* ähnelndes Moos. JOHANNES THAL (1588) bringt in seiner „Hercynia“ *Sphagnum palustre* und eine zweite Art. Und so kümmert die Bryologie weiter bis endlich vier große Botaniker in ihren Werken mit der Beschreibung von je weit über 100 Moos-Arten die wissenschaftliche Bryologie begründen. Es sind zwei Deutsche, ehemalige Studienkommilitonen, DILLEN, genannt DILLENIUS und RUPP, genannt RUPPIUS, die ihre Lokalfloren zeitgleich im Jahre 1718 publizieren, der Engländer JOHN RAY (ab 1667; 1724 schon 170 Arten) und der Florentiner MICHELI (1723); sein Tafelwerk „Genera Plantarum“ beschreibt auch schon viele Moose). 1753 werden alle die bis dahin bekannten Moose zusammenfassend von dem Schweden LINNÉ in seinen Species Plantarum beschrieben. Im nachfolgenden haben sich u. a. besonders der Engländer JAMES J. DICKSON (1738 – 1822) und in außerordentlicher Weise der aus Siebenbürgen stammende J. HEDWIG (1730 – 1799) durch sein posthum erschienenes Grundlagenwerk „Species muscorum ...“ hervorgetan. Von weiteren hervorragenden Forschern sollen NEES, CARL MÜLLER-HALENSIS, W. P. SCHIMPER, K. LIMPRICHT und KARL MÜLLER-Freiburg und nicht zuletzt auch TH. HERZOG genannt werden. Sie alle haben diesen Forschungszweig in bedeutender Weise vorangebracht. Die obigen Daten nach KURT WEIN (1931). Er hat die ältere Geschichte der Moosforschung in vorbildlicher Weise zusammengetragen. Über die Biographien der Bryologen unterrichten ausführlich die reich bebilderten Werke von J. P. FRAHM & J. EGGERS (2001) sowie der zugehörige Nachtrag von JENS EGGERS (2005).

Abkürzungen und Erklärung der Fachausdrücke

agg.: Aggregat, Zusammenfassung nächst verwandter, schwer unterscheidbarer Sippen zu sogenannten Sammelarten (Komplexarten).

akrogyn: Lebermoos mit am Gametophyten endständigen Archegonien bzw. Sporogonen: alle beblätterten Lebermoose.

akrokarp: gipfelkapselig. Sporogon an der Spitze der aufrechten, unverzweigten Laubmoospflanze, z. B. *Funaria*, oder am Gipfel kurzer Hauptäste, z. B. *Schistidium*.

Akrokarpe, Akrokarpi: Moose mit diesen (s. o.) Merkmalen.

Airpollution: International übliche Bezeichnung für Luftverschmutzung (bes. durch Schwefeldioxid verursacht).

alpisch: Arten mit Hauptverbreitung in den Alpen.

Amphigastrium: Unterblatt. Auf der Stängelunterseite befindliche, kleinere, meist anders gestaltete Blättchen bei Lebermoosen (T. 4 o, n).

anakrogyn: mit nicht endständigen, d. h. hinter der Spitze auf der Oberseite der Thalli entspringenden Sporogonen, z. B. *Pellia* (T. 16 c).

Anulus: Ring. An der Mündung vieler Laubmooskapseln sorgt ein Ring aus bes. differenzierten, quellbaren Zellen für das Abwerfen des Deckels (T. 8 n), so z. B. bei *Aloina rigida*.

Antheridium: männliches Geschlechtsorgan (T. 6 a: An), das die Schwärmerzellen enthält

(T. 6 d). Bei den Laubmoosen oft freiliegend und in größerer Zahl in bes., von sternförmig angeordneten, vergrößerten Blättern umgebenen Antheridienständen untergebracht (T. 6 c).

Apophyse: Hals, das ist der vergrößerte, basale Teil der Laubmooskapsel (T. 8 j); extrem ausgebildet bei *Splachnum*.

Archegoniophor: Träger der Archegonien bei Marchantialen, z. B. *Conocephalum* (T. 12 e).

Archegonium: weibliches Geschlechtsorgan, das die Eizelle enthält (T. 6 a: Ar, b; vgl. auch Perichaetium).

Areal: Verbreitungsgebiet einer Sippe.

Assimilationslamellen: Photosynthese-Organe aus mehrere Zellen hohen Zellreihen z. B. auf der Oberseite der oft stark verbreiterten Rippe mancher Laubmoose, z. B. bei *Polytrichum* (T. 2 x).

Atemhöhlen: Luftkammern, d. h. durch Seitenwände abgegrenzte Hohlräume im Thallus, z. B. von *Marchantia* (T. 13 e). Sie enthalten oft ein bes. Assimilationsparenchym und besitzen in der Deckwand immer eine Atemöffnung (T. 13 f, ff).

Atemöffnung: Atempore. Bei den Laubmoossporenkapseln begrenzt regelbar.

atlantisch: atlantische Arten haben ihre Hauptverbreitung im küstennahen Gebiet

aufrecht abstehend: in schrägem Winkel (ca. 45°).

autözisch: einhäusig, d. h. männliche und weibliche Gametangien zwar auf der gleichen Pflanze, aber an getrennten Ästen (T. 6 e).

azidophytisch = azidophil: säureliebende Arten, die bevorzugt Substrate mit einem pH-Wert unter 7 besiedeln.

Basilarmembran: über den Kapselmund emporgehobene, erweiterte Basis des Peristoms, z. B. bei *Tortula subulata* (T. 7 d).

basiphytisch = basiphil: basenliebend. Bevorzugt auf Substraten mit einem pH-Wert über 7.

Bauchblatt: vgl. Amphigastrium.

Bauchschuppen: lanzettliche, hyaline oder oft ± rot gefärbte Anhängsel auf der Bauchseite von Marchantialen-Thalli, z. B. bei *Ricciocarpos* (T. 14 b).

Bioindikatoren: ökologische Zeigerarten

Biotop: Lebensraum.

Blattflügel: deutlich durch Form (meist vergrößerte, quadratische oder aufgeblasene Blattzellen mit oft verdickten Wänden (Blattflügelzellen)) und öfter auch durch andere Färbung abgegrenzte Zellgruppen beiderseits der Rippe an der Blattbasis (T. 4 jj, j). Gelegentlich als Blattband herablaufend, z. B. bei *Plagiothecium denticulatum* (T. 62 hx).

Blattöhrchen: s. Öhrchen.

Blattscheide: (bei Laubmoosen) der von der Lamina deutlich abgesetzte, verbreiterte und oft wasserhelle Basalteil eines Blattes, er dient sowohl als Bewegungsmechanismus wie auch der kapillaren Wasserleitung, so z. B. bei *Polytrichum* (T. 4 i, h).

Brutäste: Zweige, deren Seitenblätter verkümmert sind (T. 5 o, p, s, r), z. B. bei *Pseudotaxiphyllum elegans*.

Brutbecher: schüsselförmige Brutkörperbehälter, so bei *Marchantia (T. 13 a* – c) und *Tetraphis*.

Brutblatt: leicht abbrechende Blätter (oder Blattteile, dann Bruchblätter!), die sich bewurzeln und dadurch der vegetativen Vermehrung dienen (T. 5 u, v), z. B. bei *Dicranodontium*.

Brutfäden: einzellreihige, mehrzellige Bruchstücke aus dem Rhizoidenfilz, seltener an Blättern (T. 5 e), z. B. bei *Bryum subelegans* und *Encalypta streptocarpa*.

Brutköpfchen: köpfchenförmige Brutkörpergebilde am Ende von Haupt- und Seitenzweigen, z. B. bei *Calypogeia* (T. 5 x) und bei *Aulacomnium*.

Brutkörper: ein- oder mehrzellige Gebilde an Blättern, Stängeln oder Rhizoiden, die der ungeschlechtlichen Vermehrung dienen (T. 5 a – m).

Brutsprosse: abbrechende Seitentriebe mit ± reduzierten Blättern; vgl. Brutäste.

Bryometer: Gerät zum Nachweis der Luftverschmutzung mittels eines submers kultivierten Mooses, z. B. von *Marchantia*.

Bulbillen: blattachselständige, knöllchen- oder zwiebelförmige Kurztriebe = Brutkörper (T. 5 n), z. B. bei *Pohlia annotina* und *Bryum bicolor*.

calciphytisch = calciphil: kalkliebende, d. h. kalkverträgliche Arten. Kalkhold, wenn Kalkstandorte bevorzugend. Kalkstet, wenn fast ausschließlich an Kalkstandorten.
c.spg.: mit Sporogon.
Caulonema: Folgestadium des Chloronemas, an dem sich dann die Knospen entwickeln.
Chlorocyten: Grünzellen, Chloroplasten enthaltende Zellen, z. B. bei Torfmoosen (s. *Sphagnum*, T. 25).
Chloronema: Primärstadium des Protonemas.
Cilien: Wimpern, fädige Fortsätze des inneren Peristoms (T. 7 e), z. B. bei *Bryum*.
crenuliert: Blattrand durch bauchige oder eckige, vorspringende Zellwände gekerbt (T. 2 m).

dealpin: mit Hauptverbreitung in den Alpen, aber auch noch im Mittelgebirge.
Deckel: Kapseldeckel, fällt bei den stegokarpen Moosen zur Sporenreife ab. Deckelformen vgl. T. 8 a – m.
Deuter: weitlumige Zellen in der Rippe der Laubmoose (T. 3 j: Dt)
diplolepid: doppelreihiges Peristom (T. 7 e).
diözisch: zweihäusig, es gibt männliche und weibliche Pflanzen.
doppeltes Peristom: diplolepid

einfaches Peristom: haplolepid
E.-: Ost-
Elateren: Schleuderfäden, meist verstärkte, sterile Zellen zwischen den Sporen der Lebermoose. Ihre hygroskopischen Bewegungen dienen der Ausstreuung (T. 12 b, 16 a).
Endostom: inneres Peristom (bei Diplolepiden) (T. 7 e).
ephemer: kurzlebige, sich in der feuchteren Jahreszeit entwickelnde sogenannte „Einjährige Moose", z. B. *Ephemerum*.
epibryisch: auf (anderen) Moosen wachsend.
Epiphyten: Überpflanzen, an Borke wachsende Pflanzen.
euryök: sind Lebewesen mit wenig spezifischen Ansprüchen (Gegensatz stenök).
eurytherm: wenig spezifische Ansprüche gegenüber der Temperatur.
eutroph: nährstoffreich.
Eutrophierung: Vorgang der Nährstoffanreicherung.
Exostom: das äußere Peristom der Diplolepiden.

Flagellen: dünne, kleinblättrige Seitensprosse, die als Brutsprosse dienen (T. 5 o, p).
fo.: forma, Form. Durch meist nur ein, jedoch erbliches Merkmal abweichende Sippe.
Fundort: topographisch definierter Fundplatz.

Gametangium: Gameten produzierendes Geschlechtsorgan.
Gametophyt: die grüne, Gametangien bildende, haploide Moospflanze, d. h. die geschlechtliche Generation.
„geflügelte" Rippe: mit rückenständigen Lamellen (T. 2 w), bzw. bauchseitig (T. 2 x).
geschlechtliche Generation: Gametophyt.
Gemmen: Brutkörper (ein-, seltener zweizellig) (T. 5 b, c, 17 e).
getuschter Blattrand: d. h. er erscheint wegen der verdickten Wände der Randzellen heller, z. B. bei *Fissidens dubius* (T. 30 j).
gipfelfrüchtig (besser gipfelkapslig): akrokarp.
Glashaar: die meist farblose, seltener braune, haarförmig verlängerte Blattspitze (T. 2 k).
Grünzellen: Chlorocyten.
Grundhaut: Basilarmembran (T. 7 d).

Halbringfasern: die (spiraligen) Aussteifungen der Hyalocyten der Torfmoose (s. *Sphagnum*, T. 25).
haplolepid: einfaches Peristom (T. 7 c).
Haube: Kalyptra.
Haustorium: Sporophytenfuß (s. dort).
hemerophil, hemerophytisch: Arten die vornehmlich im menschlichen Einflussbereich wachsen. Gegensatz: hemerophob, d. h. menschlichen Einfluss meidend.
heterophasisch: geschlechtliche Generation haploid, die ungeschlechtliche diploid.
homoiohydrisch: gleichfeucht. Blattzellen nicht austrocknungsfähig.
Hüllblätter: Perichaetialblätter.
Hüllkelch: Perianth.

hyalin: durchsichtig, wasserhell.
Hyalocyten: wasserhelle, ausgewachsen abgestorbene Zellen mit Poren der Torfmoose (*Sphagnum*, T. 25) und bei *Leucobryum*.
Hyalodermis: Rindenschicht des Stängels aus dünnwandigen, meist vergrößerten, lebenden Zellen.
hybridogen: aus einer Kreuzung entstanden.
Hydroiden: Wasserleitungszellen im Zentralstrang von Laubmoosstängeln, z. B. bei *Polytrichum* (T. 29 c: H).
hydrophytisch = hydrophil: nässeliebend.
hygrophytisch = hygrophil: feuchtigkeitsliebend.
hygroskopisch: Feuchtigkeit aufsaugend und dann z. B. bestimmte Bewegungen ausführend.
Hypophyse: Apophyse.

isodiametrisch = gleichseitig: Gemeint sind (parenchymatische) quadratische oder sechskantige Zellen.
Kalyptra: Haube, aus dem oberen Archegoniumbauch und dem -hals hervorgehend, bes. die junge Kapsel umhüllend und später abfallend. Kalyptraformen s. T. 8 a – e.
kleistokarp: geschlossen„früchtig" (besser -kapslig), Kapsel ohne abfallenden Deckel. Die Sporen werden durch Zerfall der Kapselwand frei (T. 8 t); s. *Phascum* (T. 36 p).
Kolumella: Säulchen im Zentrum der Laubmooskapsel (T. 7 a: Co), bei manchen Arten den Deckel emporhebend.
kosmopolitisch: weltweit verbreitet.
Kropf: kropfartige Vorwölbung zwischen Kapselhals und Setaansatz (T. 8 h), so bei *Dicranella cerviculata*.
kryptopor: Spaltöffnungen der Kapsel eingesenkt, z. B. bei *Orthotrichum anomalum* (T. 47 m).
Lager: Thallus, laubiger Vegetationskörper, so bei *Pellia* oder *Marchantia*.
Lamina: Blattspreite, Blattfläche.
laubig: thallos.
Leptoiden: Assimilate leitende Zellen im Zentralstrang, z. B. bei *Polytrichum* (T. 29 c: L).
locus classicus (l. cl.): der Ort an dem eine Sippe entdeckt und belegt (also als Herbarbeleg oder Nasspräparat konserviert) und erstmals gültig beschrieben wurde.

Makronemata: dickere Rhizoiden, die axillär am Blattansatz entspringen, z. B. bei *Rhizomnium*.
Mamillen: hohle, papillenartige Auswölbungen der Zellen. Typisch für viele Feuchtmoose, z. B. *Bartramia*.
mamillös: mit Mamillen (T. 2 q).
Marsupium: Fruchtsack. Beutelförmige, im Substrat versenkte, bauchseitige Ausbuchtung der Stängel mancher Lebermoose, die Archegon und Sporogon verbirgt, z. B. bei *Marsupella*.
mediterran: mittelmeerisch verbreitete Arten, Verbreitungsschwerpunkt im Mittelmeerraum.
mesophytisch = mesophil: in Bezug auf den Wasserhaushalt mittleren Ansprüchen angepasst.
mesotroph: an mittlere Nährstoffversorgung angepasst.
Mikronemata: zarte, zwischen den Blättchen am Stängel stehende Rhizoiden (Gegensatz Makronemata).
mod. = Modifikation: durch Umweltfaktoren bedingte, im Gegensatz zur forma nicht erbliche Abänderung.
monözisch: einhäusig = männliche und weibliche Organe auf einer Pflanze (T. 6 e – g).
montan: Hauptverbreitung im Gebirge.
Moosballen: (vom Wild losgelöste) kleinere Moospolster, die auch unterseits ergrünen. Oft bei *Leucobryum*, seltener bei anderen Laubmoosen, z. B. *Tortella inclinata*, zu beobachten.
mucronat: Blätter mit aufgesetzter Spitze (T. 2 i).
mykotroph: mit Pilzen zusammenlebend.

N.-: Nord-
nacktmündige Kapsel: ohne Peristom, z. B. *Pottia truncata* (T. 8 o).
NE.-: Nordost-
neutrophytisch = neutrophil: auf neutralem Substrat.
nitrophytisch = nitrophil: gedüngte, bzw. an Stickstoffverbindungen reiche Standorte besiedelnd.
NW.-: Nordwest-

Oberblätter = Flankenblätter: die in 2 Reihen stehenden, großen, seitenständigen Blätter der beblätterten Lebermoose (T. 4 l – n).
Oberlappen: in der Aufsicht sichtbarer Lappen der scharf gekielten, zweilappigen Blätter gewisser Lebermoose, z. B. bei *Scapania* (T. 21 g, i, j).
oberschlächtig: beblätterte Lebermoose mit in Aufsicht sichtbarem Blattoberrand (T. 4 m, 24).
Öhrchen: haben Blättchen mit abgerundeten, basalen Blattecken (T. 4 k).
ökologischer Zeigerwert: Messwert für Umweltfaktoren wie Temperatur etc. (s. die Übersicht S. 35).
Ölkörper: stark lichtbrechende Zelleinschlüsse (aus Terpenen), regelmäßig bei Lebermoosen vorkommend (T. 3 h).
oligotroph: nährstoffarm, Standorte mit geringem Nährsalzgehalt.
ozeanisch: vor allem küstennahe Gebiete besiedelnd – im Klimabereich der Meere verbreitet – Subozeanische Arten haben dort zumindest ihre Hauptverbreitung.
Ozellen: auffällig vergrößerte und ± abweichend gefärbte Zellen, z. B. in den Blättern von *Frullania tamarisci.*

p.p. = pro parte: zum Teil
Papillen: warzige, oben verdickte oder ganz massive Aufsätze von den Zellen, besonders typisch für Pottiaceen (T. 2 r, s, T. 2 A). Matte, nicht glänzende Blätter können sowohl auf dem Vorhandensein papillöser, wie auch mamillöser Zellen beruhen.
papillös: mit Papillen besetzt
Paraphyllien: „Nebenblätter" der Moose = grüne, meist pfriemliche oder auch fädig verzweigte Gebilde zwischen den normalen Blättern oder besonders am Grunde dieser, z. B. bei *Thuidium.*
Paraphysen = Safthaare: wasserreiche Zellen oder Zellfäden zwischen den Gametangien (T. 6 a).
parenchymatisches Blattzellnetz: Blattzellen rechteckig, quadratisch oder isodiametrisch, kurz bis lang gestreckt, mit waagerechten Querwänden (T. 3 a – c), so z. B. bei Mniaceen und allen Lebermoosen.
parözisch: männliche und weibliche Gametangien übereinander am gleichen Ast (T. 6 f).
Peinomorphose: Hungermorphose, d. h. durch Nährstoffmangel bedingte Kümmerformen.
Perianth: Hüllkelch, aus 3 verwachsenen Blättern entstandene kelchartige Hülle der weiblichen Gametangien bei den Jungermanniales (T. 15 h & i, 18 a & e).
Perichaetialblätter: abweichend gestaltete Hochblätter, die als Perichaetium Gametangien oder Sporogon einhüllen (T. 6 e: Pe) oder z. B. bei *Brachythecium rutabulum* (T. 58 a) an der Sporogonbasis.
Perichaetium: Hüllkelch der Moose. Bei thallosen Lebermoosen auch eine Thalluswucherung, die Gametangien bzw. die jungen Sporogone schützt, z. B. bei *Pellia.*
Peristom: Zahnbesatz an der Kapselmündung bei Laubmoosen aus (4), 16, 32 oder 64 Zähnen (T. 7 c).
phaneropor: Stomata in gleicher Höhe mit der Epidermis der Mooskapsel, nicht eingesenkt, z. B. bei *Funaria* (T. 7 a: Spa) und auch bei *Orthotrichum affine* (T. 47 k).
pleurokarp: seitenkapslig = Sporogon seitenständig bzw. am Ende kurzer Seitenzweige. Gametophyt meist niederliegend und verzweigt, z. B. *Brachythecium* (T. 58), aber auch *Sphagnum.*
Pleurokarpe, Pleurokarpi: Moose mit den vorigen Merkmalen.
poikilohydrisch: fast völlige Austrocknung überlebend. Lufttrockene Moose dieses Typs können oft mehrere Monate (bis Jahre) überdauern.
prosenchymatisches Blattzellnetz: Blattzellen mit spitzen Enden, ineinander verzahnt, 1:3 bis lineal oder wurmförmig (T. 3 e / d), so bei den Bryaceen und den Hypnaceen.
Protonema: Vorkeim. Bei den Laubmoosen ein algenartiges Vorstadium des beblätterten Gametophyten. Nur *Andreaea, Tetraphis, Sphagnum* (vgl. T. 1 d, e) und alle Lebermoose haben ± blattartige Vorkeime.
Pseudoparaphyllien: falsche Nebenblätter. Viel kleinere, meist ± lanzettliche Blättchen

am Grunde von jungen Seitenästen oder deren Anlagen, z. B. bei *Hypnum*.
pseudophaneropor: anscheinend phaneropor, aber Stomata deutlich eingesenkt, z. B. bei *Orthotrichum pallens*.
Pseudopodium: Scheinfuß bzw. -seta, dem Gametophyten zugehöriger, kurzstieliger Kapselfuß, bei *Andreaea* (T. 27) und *Sphagnum* (T. 25 f).

relative Diversität: relative Artenvielfalt. Die Artenzahlen werden mit denen des gleichen Vegetationstyps anderer Orte verglichen.
Relikt, reliktische Verbreitung: Überbleibsel von Taxa aus ehemals reicheren Vorkommen.
Resorptionsfurche der Torfmoose: im Blattquerschnitt sichtbare Rinne an der Kantenseite der Blattrandzellen.
Retortenzellen: flaschenförmige Zellen in der Astrinde mancher *Sphagnum*-Arten (T. 25 i, j).
Rhizoiden: Wurzelhaare der Moose, farblos oder gefärbt, aber nie grün. Bei Lebermoosen einzellig, bei Laubmoosen mehrzellig, mit schrägen Querwänden.
Rhizoidgemmen: an Rhizoiden entwickelte Brutkörper, z. B. bei *Bryum rubens* (T. 5 k).
Ring: Anulus.
„Rote Listen": Aufzählung verschollener und gefährdeter Arten.
Rote-Liste-Art: gefährdete Art.
ruderal: an gestörten Standorten, z. B. auf Wegen und Ödland wachsend.

S.-: Süd-
Sammelart: Aggregat.
Scheidchen: s. Vaginula.
scheidige Blätter: s. Blattscheide.
Schließzellen: s. Stomata.
Schnabel: Kapseldeckel lang zugespitzt (T. 8 g, h).
Schopfblätter: vergrößerte Blätter an der Spitze der Stängel, z. B. bei *Rhodobryum* (T. 44 k).
SE.-: Südost-
Seitenblätter: vgl. Oberblätter.
Seitenfrüchtler = Seitenkapslige = Pleurokarpe: Die Sporogone entspringen nie dem Gipfel des Hauptstängels.
Sekundärstandorte: s. ruderal.
Seta: Kapselstiel, gerade oder gekrümmt (T. 8 l).
Seten: Mehrzahl von Seta.
Sippe: systematische Einheit beliebiger Ranghöhe (= Taxon), z. B. Art oder Varietät.
s.l.: sensu lato = im weiteren Sinne.
s.str.: sensu stricto = im engeren Sinne.
Spaltöffnungen: s. Stomata.
sparrig: abstehend beblättert (T. 4 d).
Spermatozoiden: Schwärmzellen (T. 6 d). Begeißelte, männliche Gameten.
Species: Art. Durch mehrere erbliche Merkmale sowie ein eigenes Areal von nächstverwandten Arten unterschieden.
Sporen: bei Moosen Meiosporen (Entstehung an die Meiose = Reifungsteilung gebunden). Strukturen s. T. 8 p – s.
Sporenpflanze: Sporophyt.
Sporogon = Sporophyt: Die blattlose, Sporen (in Kapseln) produzierende, dem Gametophyten aufsitzende, diploide Generation der Moospflanze. Die Kapsel kann ± verborgen (T. 8 t), ± eingesenkt (T. 8 m) oder auf langer Seta emporgehoben sein (T. 1 a: S, 8 k, j). Bei Laubmoosen hemiparasitisch und bei Lebermoosen holoparasitisch.
Sporogonfuß = Haustorium: Verbindungsstück zwischen Sporogon und grüner Moospflanze, in die Stängelspitze des Gametophyten (im Scheidchen: T. 1 a: sch) eingesenkt.
Sporophyt: Sporogon = Sporengeneration.
Standort: Wuchsort (Biotop).
stegokarp: Kapsel mit sich ablösendem Deckel (T. 8 a – o).
stenök: sind Lebewesen mit engen, streng angepassten Umweltansprüchen.
stenotherm: Lebewesen mit engen Umweltansprüchen bezüglich der Temperatur.
Stereiden: Faserzellen, dickwandige, englumige Zellen in der Rippe der Laubmoose (T. 3 j: Vs u. Ds). Über den Deutern liegende werden als ventrale, darunter befindliche als dorsale Stereiden bezeichnet.
Stolonen: Ausläufer. Kriechsprosse mit reduzierten Blättern, z. B. bei *Climacium* (T. 49 j).
Stomata: Spaltöffnungen aus 1 – 2 Schließzellen, kommen nur an den ausdauernden Sporenkapseln, bes. im unteren Teil, vor (T. 7 a: Spa, b).

sub-: fast, unter-, z. B. submediterran = fast mediterran verbreitet.
subg. = subgenus: Untergattung.
submers: untergetaucht im Wasser lebend.
subsp. = subspecies: Unterart. Von der Art durch wenige, erbliche Merkmale unterschieden, jedoch mit zwar eigenem, aber sich mit dem der benachbarten subsp. überlappendem Areal.
Substrat = Unterlage: Die Nährsalze und eventuell Wasser liefernde Substanz (Erde, Borke usw.), auf der die Moospflanze aufsitzt.
SW.-: Südwest-
synözisch = zwittrig: männliche und weibliche Gametangien zusammen im selben Perichaetium bzw. Perianth (T. 6 a, g).
Synonym: anderer, ungültiger Name z. B. für ein Moos (hier in Klammern hinter dem an erster Stelle stehenden z. Zt. gültigen Namen).

T.: Tafel.
Taxon = Taxonym: Sippe. Kann sowohl eine Varietät, wie auch eine andere Rangstufe sein. Taxonomischen Wert haben nur solche Sippen die neben eigenem Erbgut auch ein eigenes Areal bzw. eigene Autökologie aufweisen.
Tetraden: Sporentetraden (Vierergruppen), z. B. bei *Anthoceros.*
Thallus: Lager, nicht in Stängel und Blätter gegliederter Pflanzenkörper (= thallos), z. B. *Conocephalum* (T. 12 e, d).
Typus: der Originalbeleg, nach dem die Sippe (z. B. die Art) beschrieben wurde. Eine erneute Typisierung wird notwendig wenn – nachdem ein Originaltypus (d. h. der dem Autor/Erstbeschreiber vorgelegene Herbarbeleg) unauffindbar oder zweifelhafter Natur ist – ein neuer, mit der Beschreibung der Sippe übereinstimmender, möglichst dem „locus classicus" (s. o.) entstammender Beleg als (Neo-)Typus geschaffen werden muss. Diese Typisierung wird durch die Publikation in einer anerkannten Fachzeitschrift gültig.

Übergipflung: der Seitenast überholt den Hauptstängel im Wachstum.
ungegliederter Thallus bei Lebermoosen: die Luftkammern usw. fehlen, z. B. *Pellia* (T. 16 b).
Unterart: Subspecies.
Unterblatt: Amphigastrium.
Untergattung: Subgenus.
Unterlage: Substrat.
Unterlappen: der dem Substrat zugewandte Lappen scharf gekielter Blätter mancher Lebermoose, z. B. bei *Radula, Lejeunea* und *Frullania* (T. 4 n).
unterschlächtig: wenn bei zweizeilig beblätterten Lebermoosen in Aufsicht der Blattunterrand sichtbar ist (T. 4 l, T. 22 a).
Urne: Sporenkapsel, Sporenbehälter.

Vaginula: Scheidchen, meist kurze, zylindrische Hülle um den Sporogonfuß. Sie entsteht aus der Basis der Archegonhülle (T. 1 a: Sch).
Var. = Varietät: erbliche Abweichung, die sich von der Unterart (s. dort) dadurch unterscheidet, dass sie nur über ein oder sehr wenige eigene Merkmale verfügt und z. T. durch Übergänge mit ähnlichen Varietäten verbunden ist. Viele so bezeichnete Abänderungen sind wohl nur Modifikationen ohne erblich zu sein, deshalb ganz ohne taxonomischen Wert.
Vorkeim: Protonema.

W.-: West-
Wassersäcke und -taschen: kommen bei einigen beblätterten Lebermoosen vor. Sie sind Umwandlungen der Unterlappen, vgl. *Lejeunea* und *Frullania* (T. 4 n, 24 a).
Wasserzellen: Hyalocyten.

Xerophytisch = xerophil: trockenheitsliebend.
Xerophyten: an ± längere Trockenperioden bzw. arides Klima angepasste Pflanzen.

Zäpfchenrhizoiden: Rhizoidentyp der Marchantiales, der sich durch innenseitige Papillen auszeichnet (T. 13 g).
Zentralstrang: zentraler Zellstrang im Stämmchen von Laubmoosen und wenigen Lebermoosen, bestehend aus Hydroiden, z. T. auch noch aus Leptoiden.

Bestimmungsschlüssel nach Lupenmerkmalen für die im speziellen Teil behandelten Moose

Wichtiger Hinweis für die Bestimmung:
Es wurde soweit wie möglich versucht, andere, hier nicht beschriebene Moose bei der Bestimmung auszuschließen. Zum Teil werden sie vereinzelt im Bestimmungsschlüssel im Zusammenhang mit anderen Arten genannt, aber nicht selber verschlüsselt. Man erkennt dies an dem Zusatz „nur hier". Die genannten Merkmale beziehen sich vorwiegend auf frische Pflanzen. Auf jeden Fall sollte die Bestimmung anhand der ausführlichen Beschreibung im Speziellen Teil und der Abbildungen überprüft werden. Sehr wichtig ist insbesondere bei der Lupenerkennung die Berücksichtigung der Standortmerkmale, wie auch – bei seltenen oder nur lokal vorkommenden Arten – die Verbreitung des Mooses.

Bestimmungsschlüssel: Übersicht

Bryopsida

1. Pflanze laubig bis bandförmig (= thallos), nicht oder undeutlich beblättert, meist niederliegend, auch im Querschnitt grün. Oft gabelig verzweigt und meist der Unterlage anliegend, seltener kreisförmig. Habituell ähnliche Flechten sind unterseits oder zumindest im Querschnitt (gebrochen) weiß. .... **I. Thallose Lebermoose** (inkl. .... Horn-Lebermoose) S. 55

1.* Pflanze deutlich beblättert, niederliegend bis aufrecht. Sporensäcke bzw. -behälter reif nie im Mooskörper verborgen.......... 2.

2. Blätter kurzzellig, immer einschichtig, rippenlos (Ausnahme Diplophyllum albicans), breit angewachsen, einfach oder geteilt, oft abgerundet. Pflanzen (2 mm –)5 – 20 (– 50) mm groß. Stängel einfach oder gabelig, selten fiederig verzweigt, 2-, 3- oder (scheinbar) 5-zeilig beblättert. Wenn 3-zeilig, Blätter unterschiedlich groß (anisophyll). Sporogone kurzlebig, aus einer sich klappig öffnenden Kapsel und einer durchsichtigen, dünnen Seta bestehend, oft lange in einer Hülle (Perianth) verborgen. Vorwiegend an dauerfeuchten bis nassen Standorten. .... **II. Beblätterte Lebermoose** .... **(Jungermaniales)** S. ##

2.* Blätter kurz- oder langzellig, oft mit deutlicher Rippe, manchmal doppel-zellschichtig. Blätter mit verjüngtem Grund ansitzend, immer einfach, nie anisophyll, meist (bis lang) gespitzt oder auch in ein Blatthaar endend. Stängel einfach, gabelig oder fiederig verzweigt, winzig bis um 5 cm groß oder auch länger (bis um 50 cm). Sporogone ausdauernd, auf festen Stielen (Seten) bis sitzend, meist mit Deckel. Auch oft an trockeneren, auch sonnigen Standorten. .... **III. Laubmoose (Bryatae)** S. ##

I. Thallose Lebermoose (inkl. Horn-Lebermoose)

I.A. Sporogone ausdauernd, ungestielt, grasartig dünn, zylindrisch, einer verdickten Basis entspringend. Die Kapseln sind 1 (– 2) mm dick und bis 2 (maximal 7) cm lang. Grün, von der Spitze her reifend (schwarz werdend) und 2-klappig spreizend. Die Sporogonepidermis mit Spaltöffnungen (wie bei den meisten Laubmoosen). Sporenreife ab Spätsommer. In Mitteleuropa immer gemischtgeschlechtig. Geschlechtsorgane verborgen, in den Thallus eingesenkt. Thalli ± kreisförmig, mit zerteiltem Rand, denen gewisser ungegliederter Lebermoose ähnelnd, jedoch nie bandförmig. Bewohner grundfeuchter bis nasser Standorte. ...... **Anthocerophyta** .... (Horn-Lebermoose) I.A. S.

I.B. Mit auffallenden, ausdauernden, meist gestielten sporangienartigen Bildungen, die jedoch die eigentlichen Sporenbehälter verbergen. Diese sind nur um 1 mm groß (oder kleiner), sackförmig und ungestielt. Sie sind – wie die Geschlechtsorgane – in den Thallus eingesenkt. Aus den Trägern der Archegonien entwickeln sich nach der Befruchtung „Sporogonstände". Thalli ± fleischig, meist durch Luftkammern deutlich wabenartig gefeldert. Die zellenähnlichen Felder haben in der Mitte meist einen hellen Punkt (die Atemöffnung). Die Thallus-Unterseite ± von häutigen, weißlichen, rotvioletten bis schwärzlichen Bauchschuppen besetzt. Die Hafthaare sind z. T. Zäpfchenrhizoide und diese nur mikroskopisch erkennbar. (Farbe und Größe – wenn nicht anders angegeben – auf frische Pflanzen bezogen; trockenes Material kann mit verdünnten Detergenzien (z. B. Geschirrspülmittel) aufgeweicht werden).

I.B.1. **Marchantiales** (Gegliederte (gekammerte) thallose Lebermoose).......... I.B.1. S.

I.B.1*. Thallus weder gekammert noch zellenartig gefeldert. Ohne Zäpfchenrhizoiden und Bauchschuppen. Thalli oft relativ dünn (bis einzellschichtig) und oft zart gebaut. Von kaum 1 cm bis über 5 cm Größe. Sporogon wie bei den *Jungermaniales* (s. o.), meist auch lange in einem Hüllkelch verborgen (vgl. *Riccia*). Vorwiegend an ausreichend feuchten, dauerfeuchten oder nassen Standorten.

I.B.2. **Metzgeriales** (= Anakrogynae, ungegliederte thallose Lebermoose) .... I.B.2. S.

I.A. Horn-Lebermoose – *Anthocerotae / Anthocerophyta*

1. Thallus frischgrün, zerschlitzt, mit Schleimhöhlen und durch die darin lebenden *Nostoc*-Kolonien dunkel punktiert. Sporen schwarzbraun. Kalkmeidend und wohl überdüngungsfeindlich. .... **Anthoceros** .... (Echte Horn-Lebermoose) S. 121

2. Thalli dicklich, 1 – 2 cm breit, mit ± glatter Oberfläche und meist kurzlebig. Sporogone 1 – 3 cm lang. Auf Wegen, Böschungen und auch Äckern. Die mehrjährige, früher als Art gesehene, nässeliebende *Anthoceros husnotii*-Ausbildung kann bis 7 cm große Thalli und bis 7 cm lange Sporenkapseln entwickeln. Vor allem im westlichen, niederschlagsreicheren Klima. Selten. .... **Anthoceros** .... **punctatus** S. 121

2*. Thalli unter 1 cm breit, mit lamellenförmigen Auswüchsen auf der Oberfläche, heller grün und dünner als der vorige Typ. Oft nur für eine Form der vorigen gehalten, jedoch u. a. kurzlebig und ein typisches Ackermoos, meist mit Riccien. Ziemlich verbreitet. ..**Anthoceros agrestis** (= A. crispulus) S. 121

1*. Thallus dunkelgrün, etwas fleischig, mit abgerundeten Lappen und ohne Schleimhöhlen und deshalb nicht punktiert. Sporen goldgelb. Kalkhold. Auf Äckern, inzwischen oft ziemlich selten. Eher noch auf Waldwegen o. Ä. In Mitteleuropa nur das gemischtgeschlechtige ...**Phaeoceros carolinianus**. .... S. 123

(Der vorigen Art ähnlich ist eine 3. Gattung. Sie ist bei uns durch **Notothylas orbicularis** (S. 123) vertreten. Eine sehr seltene Art nährstoffreicher, lehmig-toniger Äcker. Der kaum 5 mm breite Thallus wird von liegenden, den Lagerrand kaum überragenden, wurstförmigen, eingehüllten Sporogonen belegt).

I.B.1. Gegliederte (gekammerte) thallose Lebermoose – *Marchantiales*

1. Deutlich gefeldert. Meist (3 –) 5 – 10 mm breit und (1 –) 2 – 5 cm lang. Archegonien und Sporenbehälter sind in besonderen Ausstülpungen der Thalli untergebracht (verborgen!). Diese „Sporogonstände" sind meist gestielt; die Sporogonhüllen öffnen sich nach unten. Im Gegensatz dazu sind die

männlichen Sexualorgane punktförmig auf der Oberseite besonderer Antheridienstände untergebracht. Diese scheibenförmigen Gebilde können dem Thallus aufsitzen oder auch gestielt sein. *Marchantia* und Verwandte. An trocken-sonnigen wie auch an nassen Standorten. 1* nach 9*.

2. Thalli (1 –) 2 bis über 5 cm groß; auf der Fläche fast immer mit 2 (– 3) mm breiten Brutbehältern. Ohne süßlich-aromatischen Geruch. Nährstoffliebende Arten feuchter bis nasser, oft ruderaler Standorte. Zweihäusig.

3. Brutbehälter mondförmig. Lager hell- bis gelblichgün, schwach glänzend, randlich oft ausgebleicht. Meist unter 5 cm groß. Bei uns immer steril. Vor allem in unteren Lagen. An Parkwegen, auf Gartenbeeten und in Gewächshäusern. Besonders in Westdeutschland auch an Ufern von Fließgewässern. .... **Lunularia cruciata** S. 127

3*. Brutbehälter becherförmig, mit gezähntem Rand. Thalli dunkelgrün, oft in ausgedehnten Decken. Öfter mit gestielten Geschlechts- bzw. Sporogonständen. Weibliche sternförmig und männliche scheibenförmig. Allgemein verbreitet. An ähnlichen Standorten wie vorige Art, aber auch auf überdüngten Äckern und feuchten Brandplätzen (hier mit *Funaria hygrometrica*). .... **Marchantia- ...... polymorpha** subsp. **ruderalis** S. 130 (ähnlich, aber ohne Brutbecher und hell blaugrün ist die kürzer gelappte, vor allem alpin verbreitete subsp. *montivagans* (= var. alpestris)).

2*. Thalli ohne Brutkörperbehälter. Unterseits oft rotviolett bis schwärzlich.

4. Sporogonbehälter muschelförmig-zweiklappig, am Ende der linealischen, auch gegabelten, oberseits dunkelgrünen, am Rande schwärzlichen Thalli. Diese 3 – 4 mm breit und meist nicht über 2 cm lang. Seltener Xerophyt wärmster Lagen. Kalkmeidend. Auf Erde, an Mauern und vor allem in Nischen. .... **Targionia hypophylla** S. 124

4*. Sporogonbehälter immer gestielt. (Thalli unterseits grünlich (so 5 & 5*) oder meist rot oder rotbraun (5**).)

5. Thalli bandförmig, bis maximal 2 cm breit und um 10 cm lang, auch ausgedehnte Bestände bildend. Beiderseits frischgrün. Angenehm süßlich-aromatisch duftend. Atemöffnungen winzig, nicht emporgehoben. Männliche Gametangienstände dunkler, ca. 5 mm breit, den Thalli aufsitzend. Weibliche stumpf-kegelförmig, ca. 3 mm hoch, auf bis 5 cm langen Stielen. Im Bergland verbreitet, sonst selten. An meist nassen Standorten, an überrieselten Felsen, Fließgewässerufern und ähnlichen Plätzen, aber z. B. auch in Blockhalden und eingeschleppt in Gewächshäusern.... **Conocephalum conicum** S. 126

5*. Ähnlich, aber duftlos, dunkelgrün und gewöhnlich durch einen schwarzen Mittelstreif der Thalli sowie tonnenförmige Atemöffnungen ausgezeichnet. Ein häufigeres Sumpfmoos..... **Marchantia polymorpha** subsp. .... **polymorpha** S. 131

5**. Kleinere, oft nur bis 5 mm breite, meist viel seltenere Moose. Sporogonstände – außer bei *Athalamya* – am Thallusende. Atemöffnungen nur mit starker Lupe sichtbar.

6. Thalli trocken oder zerrieben stark nach Kiefernharz (Terpentin) duftend, nur 2 – 3 mm breit, unterseits rotviolett. Habituell einer Targionia ähnliches Moos. Antheridienstände scheibenförmig, sitzend. Weibliche Gametangien- (Sporogon-)stände am Stielgrund bärtig. Auf basen- oder kalkreicher Erde sonniger Trockenrasen. In wärmsten Lagen des Hügel- und Berglandes. Meist selten. .... **Mannia fragrans** S. 125

6*. Thalli nicht auffallend duftend, breiter.

7. Thalli unterseits rotviolett, bis 10 mm breit, ohne hervorragende Bauchschuppen. Oft mit den halbkugeligen bis quadratischen, nicht tief gelappten Sporangienköpfen. Antheridienstände kurz gestielt oder sitzend (gemischtgeschlechtig).

8. Auch mit *Conocephalum* leicht zu verwechseln, aber kleiner. Thalli unterseits und oft auch am Rande rotviolett, mit tonnenförmigen Atemöffnungen. Männliche Gametangienstände auf kurzen, weibliche auf 5 –10 cm langen Stielen. Sporangienköpfe

halbkugelig bis quadratisch, um 3 – 5 mm breit, am Grunde kahl. Träger mit zwei Rhizoidrinnen. Ein feuchtigkeitabhängiges, kalkstetes und entsprechend mindestens in den höheren Kalkgebirgen (Alpen) verbreitetes Moos. Zuweilen an feuchten Mauern eingeschleppt. .... **Preissia quadrata** S. 132

8*. Ähnlich der vorigen, aber Atemöffnungen linsenförmig aufgewölbt und Sporensackstände auf kürzerem, am Grunde bärtigem Stiel mit nur einer Rhizoidrinne. Antheridienstände auf der Thallusmitte sitzend. Mehr wärmeertragend, an trockeneren, basischen bis kalkhaltigen Gebirgsstandorten. Auf Erde oder erdigen Felsen. Bei uns meist selten. .... **Reboulia hemisphaerica** S. 125

7*. Thalli bis um 5 mm breit, unterseits nicht rotviolett, aber am Rande oft weißlich. Bauchschuppen wasserhell. Weibliche Köpfchen 3- – 5-teilig. Träger mit einer oder ohne Rhizoidrinne. Antheridien in der mittigen Thallusrinne eingesenkt.

9. Thallus glatt, gelb- bis olivgrün, randlich bleich oder auch purpurn. Bauchschuppen großzellig, den Rand überragend. Die weiblichen Gametangienträger aus der Thallusmitte entspringend, basal schuppig, ohne Rhizoidrinne. Zweihäusig. Selten in Trockenrasen des Hügel- und Berglandes (bis 2700 m). .... **Athalamya hyalina** S. 129

9*. Thallus blaugrün, Atemräume mit aufgewölbten Atemöffnungen. Bauchschuppen den Rand nicht überragend. Träger des weiblichen Köpfchens mit einer Rhizoidrinne am Thallusende. Gemischtgeschlechtig. Auf feuchtem Humus der alpinen Kalkgebirge relativ häufig. Tiefstvorkommen bei 650 m, aber meist erst ab 1500 m. .... **Sauteria alpina** S. 130

1*. Felderung meist unscheinbar, kaum mit der Lupe zu erkennen, desgleichen die Atemöffnungen. Thalli kleiner oder zumindest schmaler. Sporogone im liegenden, fleischigen Thallus verborgen, meist einhäusig.

10. Landbewohner, auch auf Schlamm. Thallus ohne Atemöffnungen, kahl oder mit randlicher Behaarung.

11. Nur 0,5 (– 1) cm breite, meist nur um 1 (– 2) mm dicke, kurz lineale, keilförmige bis breit obovate, selten über 10 mm lange, kahle oder am Rande behaarte Thalli. Meist kurzlebig sowie gemischtgeschlechtig und meist mit Sporogonen (s. aber 13*). Landbewohnende Riccia-Arten an meist helleren bis sonnigeren, erdigen Plätzen. Oft nährstoff- oder kalkliebend. .... **Riccia**

12. Thalli graugrün glitzernd, bis über 1 cm breit, durch Kammerung oberseits durch Einbruch der Atemhöhlen wabig, halbkreis- bis kreisförmig. Auf Schlamm trockenfallender Ufer, Teiche und Gräben. Nährstoffliebend. Oft in großen Herden. Zumindest in den größeren Stromtälern verbreitet. .. **Riccia cavernosa** .... (= R. crystallina agg.) S. 134

12*. Thalli nicht gekammert, oberseits ± glatt. Meist an trockeneren Standorten.

13. Thalli kurzlebig, kahl, blaugrün, ungeflügelt, gabelig und auch halbe Rosetten bildend. Diese dann 6 – 15 mm lang und bis 8 mm breit. Ihre Äste bis 1 mm breit, länglich, vorn eiförmig und mittig mit flacher Rinne, meist nur doppelt so breit wie hoch, mit scharfem Rand. Auf verschiedensten offenerdigen Plätzen, besonders an Sekundärstandorten, wie auch auf Wegen und überdüngten Äckern. Unsere häufigste und am weitesten verbreitete Art, in den Alpen bis über 2000 m. .... **Riccia sorocarpa** .... (vgl. dort auch *R. glauca*) S. 136

13*. Thalli ausdauernd, samtig blaugrau, am Rande geflügelt, herzförmig, mit rundlichen Lappen, um 1 cm breit, mit überstehenden, weißlichen Bauchschuppen. Dazu kommen auch Borstenhaare vor. Öfter in dichten Beständen. Zweihäusig. In Trockenrasen wärmster Lagen, meist auf Silikatgestein oder Sand. Bei uns z. B. im südlichen Rheingebiet, aber auch im Thüringer Trockengebiet, im Südharz und noch in Brandenburg, aber immer selten. Häufiger z. B. in den Tälern der Südalpen. .. **Riccia ciliifera** S. 137

11*. Meist größer als ähnliche Riccien, dunkelgrün, etwa 1,0 x 0,5 cm groß, Thalli einfach oder gegabelt-keilförmig. Bauchschuppen weißlich, lang-dreieckig, den Vorderrand überragend (die ähnliche *Riccia ciliifera* ist u. a. durch ihre samtige Oberfläche zu unterscheiden). Ausgezeichnet durch deutlich sternförmige Atemöffnungen. Getrenntgeschlechtig. Eine seltene Art der Trockenrasen wärmster Lagen (z. B. in Südtirol). Wohl kalkmeidend. . .**Oxymitra incrassata** S. 132

10*. Wasser- und Schlammbewohner mit Luftkammern (Querschnitt!) und deshalb deutlicher gefeldert, kahl.

14. Thalli bandförmig und/oder gegabelt, kaum 1 mm breit, aber bis um 1 – 2 cm lang. Untergetaucht. Auch in nährstoffarmen Gewässern tieferer Lagen. Zerstreut.
...... **Riccia fluitans agg.** S. 134 (vgl. auch
...... *R. rhenana* und *R. canaliculata*) S. 135

14*. Auf dem Wasser schwimmende, einfach- oder gegabelt-herzförmige, bis 10 mm breite Thalli. Unterseits mit einem dichten Besatz langer, heller, gezähnter, bandförmiger (nervenloser), im Wasser herabhängender, bis 1 cm langer Bauchschuppen. Nährstoffliebende Art stehender Gewässer wärmerer Lagen. Als einziges Moos mit Wasserlinsen auf dem Wasser schwimmend.
.... **Ricciocarpus natans** S. 133

Alle wasserbewohnenden Arten bilden auch (kleinere!) Landformen.

I.B.2. Ungegliederte thallose Lebermoose – *Metzgeriales* (= Anakrogynae)

1. Thallus bleich, sonst ähnlich *Aneura*. Ein Pilzparasit, verborgen unter Deckenmoosen in Wäldern wie zwischen Torfmoos in Mooren und an anmoorigen Plätzen. Kalkmeidend. Anscheinend sehr selten, aber vielleicht nur oft übersehen.
.... **Cryptothallus mirabilis** S. 143

1*. Thallus hell- bis dunkelgrün. Nicht unter/zwischen Moosen verborgen.

2. Thallusrand blattartig eingeschnitten (einer kleinen *Lophocolea* ähnlich). Um 1 – 2 cm lang und 2 – 3 mm breit. Die genannten Arten mit violettem Rhizoidenfilz und gemischtgeschlechtig, ab Spätsommer meist mit Sporenkapseln (und nur so sicher bestimmbar). Immer auf dauerfeuchten, offenen Standorten. .. **Fossombronia** S. 148 ff.

3. Nur in Torfmooren und auf Torfböden. Kalkfeindlich. (Mikroskop: Sporen gefeldert, mit schmalem Saum).
.... **Fossombronia foveolata** S. 149

3*. Auf oft anlehmiger Erde lichter bis sonniger Standorte, besonders auf Äckern und vernässten Wegen sowie an Böschungen u. Ä. ziemlich verbreitet, aber selten über 1000 m. **Fossombronia wondraczekii** S. 148
.... (*F. pusilla* ist nur mikroskopisch zu
.... unterscheiden, aber auch viel seltener)

2*. Thallusrand nicht aus blattähnlichen Lappen oder mit anderer Merkmalskombination.

4. Thallus in gelbgrünen, zarten, ca. 5 – 10 mm breiten Rosetten. Fast ganz von zahlreichen, blasig-birnförmigen Perianthien überdeckt. Die schwarz- oder rotbraunen Sporen(-tetraden) treten erst nach der Zerstörung der Hüllen aus. Kurzlebig. Zweihäusig, aber in Mischrasen. Vorwiegend auf Löss, an grundfeuchten Böschungen und auf Äckern, dort meist neben *Riccien*. Selten. Nach Norden bis zum Main und nahe Duisburg.
.... **Sphaerocarpus** S. 123 ff.

4*. Thallus meist größer, nie fast ganz von den Perianthien verdeckt. Oft ausdauernd.

5. Thalli 1 – 2 cm groß, ± kreisförmig, gelbgrün, ± kraus, mit gelapptem Rand, durchscheinend, mit dunklen Punkten. Oft mit um 2 mm hohen „Brutflaschen“ (goldgelbe Brutkörper) und auch Brutschuppen. Auf kalkfreien, nährstoffreicheren, vernässten Böden (vgl. *Anthoceros*). .... **Blasia pusilla** S. 148

5*. Thalli laubig-bandförmig, nicht oder gabelig geteilt, (0,3) bis um 1 cm breit, oft länger und derber, nie mit dunklen Punkten oder Brutflaschen. Auf verschiedensten Substraten.

6. Thallus mit z. T. undeutlicher, aber oft bauchseitig vorgewölbter Mittelrippe. Oft in ausgedehnten Decken. (6* nach 11*)

7. Kräftigere Moose. Thalli etwa 5 – 10 mm breit und bis über 5 cm lang. Immer an feuchten bis nassen Standorten.

8\. Thalli etwas fleischig, aber mit durchscheinendem Rand, bis um 10 mm breit und etwa (1 –) 2 – 3 (– 5) cm lang, grün oder rotbraun überlaufen. Thallusrandzellen meist schon mit der Lupe erkennbar. Perichaetien dem Thallus aufsitzend. Antheridien längs der Rippe im Thallus versenkt (punktförmig). Kapsel kugelig, reif auf einem bis über 5 cm langen, glasklaren Stiel aus der Thallusmitte. Oft an schattigen, immer aber an dauerfeuchten bis nassen Standorten.
.... **Pellia** S. 144 ff.

9\. Thalli grün, an sonnigen Standorten bräunlich überlaufen. Gemischtgeschlechtig. Sporogone im Frühjahr häufig, aus der Achsel einer taschenartigen Schuppe (Perichaetiumrest!) entspringend. Kalkmeidend.
.... **Pellia epiphylla** S. 144

9*. Ähnlich, aber angenehm duftend, mit geschlossener Hülle und zweihäusig, vor allem im Bergland, aber höchstens zerstreut.
.... **Pellia neesiana** S. 146

9**. Thalli immer dunkelgrün, öfter am Rand mit geweihartigen Brutsprösschen oder ganz in solche zerteilt (mod. *furcicera*), nicht zu verwechseln mit ähnlicher *Riccardia*. Das Perichaetium bildet eine geschlossene Hülle. Zweihäusig. ..... **Pellia endiviifolia** S. 146

8*. Thalli meist nur bis 5 mm breit, einschichtig und leuchtend grün (nie bräunlich). Ansonsten einer *Pellia* am ähnlichsten. Von dieser auch unterschieden durch längliche Kapseln und das Perichaetium, das von einem Kranz zerschlitzter Hüllblätter umgeben ist. Sporen klein. Meist seltene Arten.

10\. Thallus hellgrün, meist nicht gegabelt, 4 – 5 mm breit und 2 – 4 cm lang, mit welligem Rand. Getrenntgeschlechtig. Vor allem in Torfmooren, neben *Sphagnen*. Früher häufiger in Norddeutschland, heute selten, sehr selten im Süden. . . **Pallavicinia lyellii** S. 147

10*. Thallus gelb- bis tiefgrün, gegabelt. Ähnelt *Pellia endiviifolia*, aber nie mit Brutästen und mehrschichtigem Lager sowie frisch sehr unangenehm riechend. Mit haarförmigen Unterblättern und männliche Pflanzen auf der Mittelrippe dicht kleinschuppig. Einoder zweihäusig. An vernässten bis nassen Plätzen, z. B. auch an Wegböschungen. Im Flachland und in unteren Gebirgslagen meist sehr selten, aber häufiger in den Kalkalpen. Kalkstet. ...... **Moerckia hibernica** S. 147
(Die kalkmeidende, immer zweihäusige *Moerckia blyttii* zeichnet sich durch wellige, aufgebogene Thallusränder aus. Dazu ist die Oberseite der Thalli längs der Rippe immer mit zahlreichen krausen Blättchen besetzt. Selten in Quellsümpfen der höheren Mittelgebirge und der Alpen.)

7*. Thalli meist unter 1 mm (selten bis fast 2 mm) breit. Meist zierliche, sterile Moose.

11\. Thalli kahl oder am Rand etwas kurzhaarig, saft- bis gelbgrün, z. T. mit sich randlich abschnürenden Brutsprossen. Meist unter 1 mm breit, in 1 cm bis handtellergroßen sehr flachen Decken. Mit borstiger Haube (Kalyptra). Auf basenreicher, oft kalkhaltiger Unterlage auf Gestein oder Borke, niemals im Sumpf und selten auf Erde.
.... **Metzgeria** S. 138 ff.

12\. Thalli völlig flach, mit ± länglichen Brutsprossen (fo. *ulvula*) oder ohne. Winzig und unverzweigt oder gabelig und bis fast 1 mm breit und über 10 mm lang. Einzeln oder in Decken. Getrenntgeschlechtig, selten mit Sporogonen. Weit verbreitet in Wäldern, auf nährstoffreicherem Gestein und Laubholzborke, kalkhold. . . **Metzgeria furcata** S. 138

12*. Thalli mit meist deutlich umgebogenem Rand.

13\. Thalli bis 2 mm breit und 2 – 3 cm lang, am Rande kurzhaarig. Gemischtgeschlechtig. An nassem, basenreichem Gestein und feuchtschattigen Böschungen, auch auf Kalk. Im Gebirge ziemlich verbreitet, aber in der Ebene fast fehlend. .... **Metzgeria conjugata**
.... (inkl. *M. simplex*) S. 140

13*. Thalli ähnlich *M. furcata*, aber mit bis auf die Rippe verschmälerten, vom Substrat abstehenden Brutästen, an deren Ende die breit eiförmigen Brutkörper sitzen. An Laubholz- und Tannenborke. Gebirgsart. Nach Norden bis in die Eifel.
.... **Metzgeria consanguinea** S. 140

Im Gelände täuschend ähnlich ist *Metzgeria fruticulosa*. Diese hat eine weitere Verbreitung und kam zumindest früher auch in der nordwestdeutschen Ebene öfter vor. Sie unterscheidet sich vor allem dadurch, dass sich die abgestorbene Pflanze blau färbt.

11*. Thallus dicht kurzhaarig und deshalb graugrün (trocken auch grau), ohne Brutsprosse, bis 1,5 mm breit und 2 – 3 cm lang, oft in großen Rasen und Polstern. Den anderen *Metzgerien* nur wenig ähnlich. Sporogone unbekannt. Nur im Gebirge und kalkhold. An Kalkfelsen und basen- bzw. kalkreicher Laubholzborke in luftfeuchter Lage. Meist über anderen Moosen. In den Kalkgebirgen ziemlich verbreitet, sonst selten und in der Ebene fehlend.
.... **Apometzgeria pubescens** S. 141

6.* Thallus ohne Mittelrippe, meist kleiner. Perianth und Sporogon randständig.

14. Thallus dunkelgrün, fettglänzend, oft ungeteilt, fleischig/flachrinnig, 2 – 10 mm breit und bis ca. 2 cm lang. Getrenntgeschlechtig. Kalkhold. An meist hellen, nassen bis quelligen Standorten, oft zwischen Laubmoosen. Kalkhold und auch auf Tuff. Im Bergland verbreitet und noch bis 2500 m. Seltener in der Ebene. .... **Aneura pinguis** S. 143

14*. Thallus meist dunkelgrün bis bräunlich, seltener auch hellgrün, zierlich und dünn, mit unter 1 mm (selten bis 2 mm) breiten, 5 – 10 (– 30) mm langen, meist linealischen Lappen, meist verzweigt, gabelig oder auch fiederig. Völlig kahl. Zuweilen auch ausgedehntere Decken bildend. An nassen oder zumindest luftfeuchten Standorten. Meist kalkmeidend und nie an Borke.
.... **Riccardia** S. 141 ff.
(Nur *Pellia endiviifolia* mod. *furcigera* könnte zu Verwechslungen führen, ist aber auf kalkhaltige Böden beschränkt).

15. Thallus am Rand durchscheinend. Auch bräunlich, trocken schwarz. Regelmäßig doppelt oder 3-fach gefiedert. Die Lappen kaum 0,5 mm breit, 5 bis über 20 mm lang. Gemischtgeschlechtig. An vernässten Standorten, auf Wegen, aber auch an überrieselten Felsen und in Quellmooren. Nährstoffliebend. Im Bergland zerstreut und selten in der Ebene....... **Riccardia multifida** S. 141

15*. Thallus bis zum Rand mehrschichtig und deshalb nicht durchscheinend, höchstens undeutlich fiederig.

16. Thalli saftgrün, unregelmäßig gefiedert, die Thalli bis 3 cm lang, mit bis 2 mm breiten Lappen. Submers auf Bachgestein. Landformen auf vernässter Erde, z. B. Wegen, sind zarter und von Kümmerformen der vorigen Art schwer zu unterscheiden. Sehr zerstreut bis selten. ..... **Riccardia chamaedryfolia** .... S. 142

16*. Thalli handförmig geteilt, meist unter 1 cm lang. Öfter mit Brutkörpern. Auf Rohhumus und kalkmeidend.

17. Thallus hellgrün, dem Substrat anliegend, mit zungenförmigen, an der Spitze eingekerbten Lappen. Gemischtgeschlechtig. Öfter mit Perichaetien. Auf feuchtem Torf und morschem Holz zerstreut.
.... **Riccardia latifrons** S. 143

17*. Thallus dunkelgrün, vom Substrat abstehend, mit linealischen, nur 0,2 – 0,3 mm breiten Lappen. Auf morschem Holz, besonders Nadelholzstümpfen. Höhere Mittelgebirge und Alpen ziemlich häufig, aber nördlich der Mittelgebirge fehlend.
.... **Riccardia palmata** S. 142

II. Beblätterte Lebermoose – *Jungermaniales (Acrogynae)*

1. Seitenblätter nicht ganz voneinander getrennt. Sporogone hinter dem Thallusscheitel angelegt. Vgl. bei I.B.2.
.... **Fossombronia** S. 148 ff.

1*. Seitenblätter völlig voneinander getrennt. Sporogone endständig (akrogyn).

2. Blätter gefranst bis tief zerteilt oder ganz in haarförmige Zipfel aufgeteilt.

3. Pflanzen 1– 3 mm breit, zierlich bis kräftig (dann bis über 2 – 3 cm lang), oft braungrün bis braunrot. Blattlappen gefranzt. Kalkmeidend. An armen trockeneren Standorten.
.... **Ptilidium** S. 198

3*. Blätter ± völlig in haarförmige Zipfel zerteilt, nie rötlich. An feuchten bis nassen Standorten.

4. Pflanzen nur wenige mm lang, meist unter 0,5 mm breit, unregelmäßig verzweigt. (Blattzipfel 1-zellreihig). Kalkfeindlich. Nie in Sümpfen. .... **Blepharostoma** S. 150 .... (vgl. auch *Kurzia*).

4*. Pflanzen kräftig, bis um 5 cm lang (auch in ausgedehnten Decken), fiederig, filzig erscheinend. Basiphytisch. An dauernassen Standorten. **Trichocolea tomentella** S. 151

2*. Blätter ungeteilt bis gelappt, nie wie vorige.

5. Blätter ± längs inseriert, ober- oder unterschlächtig. Ungeteilt oder 2-lappig bzw. – 21* – bis mehrlappig (5* nach 47*).

6. Blätter ungeteilt (nur bei *Calypogeia* und *Nardia geoscyphus* kommen ± kurz 2-lappige Blätter vor), nicht gefaltet, d. h. ohne Unter- oder Oberlappen oder Ähnlichem. Breit elliptisch/eiförmig bis kreisförmig (6* nach 17*).

7. Blätter oberschlächtig, Stängel meist um 1 cm lang und 2 – 3 mm breit. Vorwiegend auf nackter Erde. Kalkmeidend. Unterblatt meist 2-lappig. Öfter mit gelblichen Brutkörperhäufchen an der Stängelspitze. Kalkmeidend. An frischen, meist schattigen, kalkfreien Standorten auf Erde, Humus und morschem Holz. ..... **Calypogeia** S. 157 ff.

8. Seitenblätter kurz zweizipfelig oder mit kleiner Einkerbung an der Blattspitze. Unterblätter bis 3/4 geteilt. Vorwiegend in den unteren Lagen und meist auf Erde.

9. Oberflächlich einer *Lophocolea* ähnlich. Eine westliche Art und in Westdeutschland nicht selten. .... **Calypogeia arguta** S. 159

9*. Habituell ähnlich ist die folgende Art, aber oft heller grün. In unteren Lagen oft verbreitet, aber im höheren Gebirge meist ganz fehlend. .... **Calypogeia fissa** S. 157 (Ähnlich ist *C. sphagnicola*, ein selteneres Moormoos: S. 157.)

8*. Seitenblätter immer abgerundet und Unterblätter nicht oder wenig eingeschnitten.

10. Unterblätter fast kreisrund. Vorwiegend auf morschem Holz. Vor allem im Bergland. Ziemlich selten. **Calypogeia neesiana** S. 157 (Ähnlich ist die ebenfalls seltenere *C. integristipula*; ihre Unterblätter nehmen eine Mittelstellung zwischen dieser und der folgenden Art ein.)

10*. Unterblätter bis 1/2 eingeschnitten.

11. Pflanze oder zumindest die Kapselstiele mit bläulichem Schimmer (mit blauen Ölkörpern). Seitenblätter breiter als lang. Unterblätter etwa stängelbreit. Vor allem im höheren Gebirge. In tieferen Lagen meist selten. ....**Calypogeia azurea** S. 157 .... (= C. trichomanes p.p.)

11*. Pflanze grün, nie bläulich. Seitenblätter so breit wie lang, aber Unterblätter mindestens doppelt so breit wie der Stängel. Unsere häufigste *Calypogeia*. Meist auf Erde, aber auch auf Rohhumus u. Ä. .... **Calypogeia muelleriana** S. 158 (Ähnlich aber kaum 5 mm lang und nur auf morschem Holz in Bergwäldern ist die seltene *C. suecica*.)

7*. Blatter meist deutlich unterschlächtig (wenn nicht eindeutig vgl. aber 5* nach 47*).

12. Mit kleinen, geteilten Unterblättern. Blätter ganzrandig. Feucht- und Wassermoose von ca. 1 cm Länge. ..... **Chiloscyphus** S. 191 ff. Ähnlich ist die feucht stark duftende *Lophocolea heterophylla*.

13. Nur untergetaucht und am Ufer von Gewässern findet sich an kalkarmen Steinen und Baumwurzeln die grüne .... **Chiloscyphus polyanthos** S. 187

13*. An ähnlichen, aber basen- bis kalkreichen Standorten, wie auch auf Böden feuchter Auwälder und an Kalkgestein wächst die an Land bleichgrüne .... **Chiloscyphus pallescens** S. 191

12*. Ohne deutliche Unterblätter.

14. Mit (meist) auffällig gewölbten, gezähnten, asymmetrischen, auf dem Stängel deutlich herablaufenden (breiteiförmigen) Blättern. Pflanzen mindestens 2, oft bis über 5 cm lang. Sehr selten mit Perianthien. Öfter auch in größeren Decken. Am Boden reicherer, frischer Laubwälder ziemlich verbreitet. .... **Plagiochila asplenioides** S. 195 – Als **Plagiochila porelloides** bestimmt man

höchstens 1 – 2 cm lange, meist ganzrandige Pflanzen mit oft nicht gewölbten Blättern. Auf basen- und kalkhaltigem Gestein (oder selten auch auf Borke). Weiter verbreitet als die obige Art (S. 196).

14*. Blätter flach, immer ganzrandig. Nur um oder unter 1 cm große Pflanzen, nur selten auf Erde und fast nur im Gebirge.

15. Oliv- oder braungrüne, niederliegende Pflanzen. Seitenblätter nicht deutlich herablaufend, elliptisch bis abgerundet-rechteckig und die Endblättchen zusammengeneigt (wie betende Hände). Perianthien frei.

16. An feuchtschattigem Kalk- oder kalkhaltigem Gestein der Gebirge. Zerstreut. Fehlt im Flachland. Gemischtgeschlechtig und mit abgeflachtem Perianth (im Zweifelsfall mit Kümmerformen von *Plagiochila* vergleichen). **Pedinophyllum interruptum** S. 197

16*. An kalkfreiem Gestein, Rohhumus und morschem Holz. Stängel 1 – 2 cm lang. Getrenntgeschlechtig. Perianth walzlich und oben kantig. Sehr zerstreut im Gebirge und selten in der Ebene.
.... **Jamesoniella autumnalis** S. 170

15*. Pflanzen nicht oliv- oder bräunlich grün. Blätter (außer bei 18.) nie abgerundet-rechteckig, sondern abgerundet-herzförmig, kreisförmig oder breitelliptisch. Perianth zur Hälfte aus den Blättern herausragend und oben meist faltig (bei Arten der Untergattung Plectocolea ganz eingesenkt). Hygrophytisch. Zweihäusig. ...... **Jungermannia** S. 166 ff.

17. Kalkmeidende Arten.

18. Meist mit den am Stängelende sitzenden, glatten, walzlichen, oben gestutzten Perianthien. Seitenblätter waagerecht abstehend, dicht gestellt. Meist auf feuchtem, morschem Holz, seltener an feuchtem Sandstein. Kalkmeidend. Im höheren Gebirge ziemlich verbreitet, sonst selten.
.... **Jungermannia leiantha** S. 166

18*. Perianthien länglich-elliptisch bis birnförmig, an der Spitze gefaltet. Seitenblätter oft fast quer gestellt, abgerundet herzförmig, kreisförmig oder breitelliptisch. Nicht auf morschem Holz und kaum auf Sandstein.

19. Seitenblätter kreisrund, halb stängelumfassend.

20. Zumindest die Blätter unter dem Perianth mit deutlichem, aus verstärkten Zellen gebildetem Saum. Die grünen bis rötlich-braunen, niederliegenden, kaum 5 mm langen Stängel mit zahlreichen kleinblättrigen Trieben (Blätter kaum 0,5 mm). Getrenntgeschlechtig, aber öfter mit Perianthien. Auf offenerdigen, vernässten Plätzen auf Waldwegen, an Böschungen etc. Sehr vielgestaltig, in den unteren Lagen der Silikatgebirge wie in der Ebene, ziemlich verbreitet.
.... **Jungermannia gracillima** S. 167

20*. Seitenblätter immer ungesäumt, bis 1 mm groß. Stängel 1 – 2 cm lang, unterseits mit auch rötlichem Rhizoidenfilz, grün bis dunkelgrün. Im Frühjahr oft reichlich sporulierend. Vor allem an quelligen Orten und überrieseltem Gestein. Nur in den höheren Silikatgebirgen häufiger und der Ebene fehlend. . . **Jungermannia sphaerocarpa** S. 168 (Die ähnliche *Jungermannia* obovata ist frisch am Karottengeruch zu unterscheiden S. 168).

19*. Seitenblätter abgerundet-3-eckig-herzförmig. Stängel meist nur um 5 mm lang. Mittelgebirgsmoos auf feuchtem bis vernässtem Gestein, seltener auf Erde.
.... **Jungermannia pumila** S. 167 (Ähnlich ist die kalkstete *Jungermannia atrovirens*, diese ist aber gemischtgeschlechtig (stets mit Perianthien!) und seltener.)

17*. Calciphytisch. Getrenntgeschlechtig. Blattschnitt und Größe wie bei Jungermannia pumila. Stängel hell- bis dunkelgrün, meist nur bis 10(– 15) mm lang. Auf feuchtschattigem bis vernässtem, kalkhaltigem Substrat. Alpen und Mittelgebirge nicht selten, nördlich fehlend. Oft mit *Mesoptychia collaris*.
.... **Jungermannia atrovirens** S. 166

6*. Seitenblätter ± tief geteilt, unter- oder oberschlächtig.

21. Seitenblätter zweilappig (seltener quer inseriert). (21* nach 33*)

22. Seitenblätter mit fast immer ungleichen Lappen. (22* nach 23*)

23\. Seitenblätter scharf gefaltet oder stark gekrümmt, dadurch nur anscheinend einfach, meist mit ungleich großen Ober- oder Unterlappen. (23* nach 32*)

24\. Seitenblätter oberschlächtig, mit <u>unterseits</u> verborgenem, kleinerem oder sackförmigem Unterlappen, meist (außer bei *Radula* und *Cololejeunea*) mit Unterblättern. Gewöhnlich an Felsen oder Borke. (24* nach 29*)

25\. Blätter ohne Unterblätter, mit angedrückten, spitzen, kleinen Unterlappen. Pflanzen dem Substrat anliegend, 1 – 2 cm lang, gelbgrün. Oft mit endständigem, plattem Perianth. Blattrand oft mit Brutkörpern. ...... **Radula** S. 197 f.

25*. Blätter (außer bei der winzigen *Cololejeunea*) mit Unterblättern.

26\. Kräftige, meist über 2 (bis über 5) cm lange, mindestens 5 mm breite, ± regelmäßig gefiederte, dunkel- bis braungrüne Pflanzen in ± ausgedehnten Decken. Unterlappen nicht angedrückt, aber abgerundet. Perianthien selten. .... **Porella** S. 200 ff.

26*. Pflanzen zierlicher, meist kleiner, kaum über 1 mm breit. Kleinere Rasen (dann dem Substrat angedrückt) bis lockere, größere Decken bildend. Unterseitige Blattlappen als kleine Taschen oder in Sackform. Unterblätter fast immer 2-lappig.

27\. Pflanzen dunkelgrün bis rotbraun oder schwärzlich. Oft über 5 mm (bis 5 cm) lang, ± gefiedert. Unterseits mit Wassersäcken (oder freiem Läppchen). Wie *Porella* meist an auch zeitweise austrocknenden Substraten. .... **Frullania** S. 202 ff.

27*. Pflanzen hellgrün, meist zierlicher, oft unter 5 mm lang, mit kleinen, am Unterrand angewachsenen Wassertaschen. Mindestens Feuchtluftpflanzen: *Lejeuneaceae*.

28\. Meist an feuchten bis nassen Felsen, aber auch an Borke in luftfeuchter Lage. Pflanzen bis 5 mm, maximal bis 10 mm groß und öfter in ausgedehnten (bis handgroßen) Decken. .... **Lejeunea** S. 206 ff.

28*. Desgleichen, aber mit bloßem Auge kaum erkennbare, winzige Pflanzen.

29\. Um 2 mm lang. Nie mit Perianthien. Fast nur an glatter Borke luftfeuchter Lagen, auch über anderen Moosen, insbesondere in Bachtälern. Nur in West- und Süddeutschland. .... **Microlejeunea ulicina** S. 207

29*. Perianthien häufig. Mattgrün (papillös!), meist auf *Neckera crispa* oder *Thamnobryum* auf ± dauerfeuchtem, schattigem Gestein. Kleine grüne Häufchen bildend oder als Einzelpflanzen. (Gegenüber *Lejeunea*: Seitenblätter zugespitzt). Mit blasigen Unterblatttaschen (und ohne Unterblätter). Kalkgebirgsmoos. Selten auch auf kalkhaltigem Gestein. .... **Cololejeunea** S. 208 ff.

24*. Seitenblätter unterschlächtig, seltener ± quer inseriert. Blattlappen ziemlich ungleich.

30\. Blattlappen lanzettlich, stark gekrümmt und bauchig. Blätter bis 1 mm lang. Lichtformen rotbraun. Auf glattem, morschem Holz, selten an feuchtem Sandstein. .... **Nowellia curvifolia** S. 162

30*. Blattlappen weder stark gekrümmt, noch scharf gefaltet. Blätter mit großem Haupt- und einem kleineren Nebenlappen sowie ohne Unterblätter. Brutkörper der Lappenspitzen rotbraun. An dauerfeuchten Standorten. Kalkmeidend. ...... **Tritomaria** S. 179 ff. (30** nach 31*.)

31\. Pflanzen meist 2 – 3 (– 4) cm lang und 3 – 5 mm breit, frischgrün, oft in größeren, bis handgroßen Decken. Lappen bespitzt (habituell oft sehr ähnlich *Barbilophozia hatcheri* (s. dort), die aber ± symmetrisch gelappt ist!). Meist an Felsen reicheren Gesteins nicht selten. In den Alpen bis über 3000 m steigend. In Ebenen selten. .... **Tritomaria quinquedentata** S. 179

31*. Winzige, braungrüne, meist kaum 5(– 10) mm lange Pflanzen in kleinen Rasen. Blattspitzen immer reichlich mit Brutkörpern. (Ähnliche *Lophozien* haben symmetrische Blätter.) An nährstoffarmem Gestein, morschem Holz oder selten auf Erde. Im Gebirge ziemlich verbreitet. .... **Tritomaria exsecta** agg. S. 180 (*T. exectiformis* ist häufiger und kommt auch in der Ebene vor, ist jedoch nur mikroskopisch zu unterscheiden.)

30**. Seitenblätter meist scharf gefaltet. Von den zwei ungleichen Lappen erscheint der obere als (oft) kleineres, „aufgelegtes Blatt" (von oben scheinbar 4-zeilig beblättert). Unterblätter fehlen. Oft mit Brutkörperhaufen an den Lappenenden.

32. Blattlappen etwa so lang wie breit, meist eckig. Brutkörper gelb oder rotbraun. Um (0,5 –) 1 – 2 (– 5) cm große Erd- und Felsmoose sowie an morschem Holz. Zuweilen calciphytisch. .... **Scapania** S. 188 ff. An Kalk wachsen **Scapania aspera** (und **Scapania aequiloba**), an Silikatgestein **Scapania nemorea** und **Scapania compacta** (S. 190) und in Bächen **Scapania undulata** (S. 189). Auch an dauerfeuchte Standorte gebunden sind die kleinen **Scapania curta**-Verwandten. Die Bestimmung der letzteren, wie der übrigen, meist seltenen Arten sollte man den Spezialisten überlassen. Gute Belege – möglichst mit Perianthien – wären dann gewünscht.

32*. Blätter mit ± schmalen, zungenförmigen, (längeren als breiten), spitzen oder abgerundeten, größeren Unter- und ähnlichen, aber kürzeren, Oberlappen. Brutkörper gelb. Kalkmeidend. Nie an morschem Holz.
.... **Diplophyllum** S. 186 ff. (Ähnliches *Fissidens* hat immer eine echte, kräftige Rippe.)

23*. Seitenblätter flach bis rechtwinklig (nicht scharf) geknickt, mit ungleichen Lappen.
.... **Tritomaria** (vgl. S. 179)

22*. Seitenblätter meist mit ± gleichgroßen Lappen, unterschlächtig (bis quer inseriert), weniger scharf gefaltet. Z. T. mit unscheinbaren Unterblättern. 2- bis 4-lappig (wenn lang gewimpert oder fein zerteilt siehe 2.).

33. Blätter flach oder ± schwach gekielt, spitzlappig. Blattlappen einwärts gebogen oder gerade (oder ein Lappen bauchig). (33* nach 42**.)

34. Größere (außer 35.), meist über 0,5 – 3 cm lange, gelbgrüne Pflanzen mit zweiteiligen Unterblättern und aufgeweicht typischem, „stickigem" Geruch. . .**Lophocolea** S. 192 ff.

35. Mit randständigen Brutkörpern, kleiner (selten über 5 mm) und kalkhold (alle übrigen Lophocoleen sind kalkmeidend und deutlich größer!). An Gestein, auf Erde und seltener an Borke. .... **Lophocolea minor** S. 195

35*. Meist ohne Brutkörper (selten bei fo. *gemmifera*) und mit z. T. abgerundeten Blättern, oft mit Perianthien. Thalli um 1 cm lang (oder länger). Vor allem und sehr häufig auf morschem Holz.
.... **Lophocolea heterophylla** S. 194

35**. Nie mit Brutkörpern. Bleichgrüne bis gelbliche, ca. 2 – 5 cm lange Pflanzen und nur die hellgrüne var. *rivularis* (= L. cuspidata) mit Perianthien. Besonders an Böschungen, oft zwischen anderen Moosen. Sehr verbreitet bis in mittlere Gebirgslagen.
.... **Lophocolea bidentata** S. 192

34*. Meist nicht über 5 mm lange, grüne oder auch rötliche Pflanzen ohne (oder mit sehr unscheinbaren) Unterblättern.

36. Seitenblätter auf der Stängeloberseite längs, unterseits aber quer angewachsen, oval, sehr kurz eingeschnitten, mit umgebogenem Hinterrand.
.... **Anastrepta orcadensis** S. 170

36*. Seitenblätter tiefer eingeschnitten, deutlich 2-lappig. Lappen meist spitz (wenn stumpflich siehe 26* und 33*).

37. Gewöhnlich mit Brutkörperhaufen an den Blattspitzen. Kalkmeidend.
.... **Lophozia** S. 177 ff.

38. Blattlappen meist deutlich gezähnt. Pflanzen blaugrün. ...... **Lophozia incisa** S. 178

38*. Seitenblätter mit ganzrandigen Lappen, nie blaugrün.

39. Brutkörper gelb.
.... **Lophozia ventricosa** S. 177

39*. Brutkörper rotbraun. Perianthien oval.

40. Gerieben nach Harz duftend. Perianthien reichlich, mit wimperig gezähnter Mündung. Ebene bis Gebirge. In Trockenrasen: „Heidemoos". .... **Lophozia bicrenata** S. 177

40*. Duftlos. Perianthienmündung nur gezähnt. Meist ziemlich verbreitete, jedoch ± feuchtigkeitsabhängige Arten. Ebene bis Gebirge, zerstreut: **Lophoziopsis excisa** S. 175, dsgl. **Lophozia sudetica** s. S. 179, hauptsächlich in den höheren Gebirgen und sonst selten. Die Blätter seicht ausgerandet., dsgl. **Lophoziopsis longidens** s. S. 179, Blattlappen lanzettlich bis 1/2 so lang wie das Blatt.

37*. Brutkörperhaufen an den Blattenden fehlend. Lappen auch stumpflich (oder abgerundet).

41. Kalkstete Moose ohne Brutkörper. Frisch z. T. würzig duftend. **Mesoptychia collaris** .... (= Lophozia collaris) S. 176

41*. Wie die *Lophozia*-Verwandten, aber meist viel zierlicher (Stängel meist kaum über 3 mm), mit oft einwärts gebogenen Blattzipfeln. Blätter längs oder bis fast quer angewachsen, immer weit unter 1 mm lang. Brutkörper selten oder fehlend.

42. Durch Wachsausscheidung graue Überzüge bildend auf nackter Erde in Schneetälchen der Alpen über 2000 m. Die winzigen Pflanzen sind dachziegelig beblättert, mit gleichgroßen Unterblättern, niederliegend. Gemischtgeschlechtig. Ohne Brutkörper. Bodenvag. .... **Anthelia juratzkana** S. 165 (Viel seltener, in 1 – 3 mm hohen oder höheren, blassgrünen Polsterrasen sowie in Felsnischen vorkommend ist **Anthelia julacea.** S. 165)

42*. Meist hellgrüne, nie graue und nie in Schneetälchen vorkommende Arten. An feuchtschattigen, kalkfreien Standorten oder wenn besonnt auf nassen Plätzen. Brutkörper selten. Pflanzen oft mit dem typisch 3-kantigen Perianth. Kümmerformen können *Cephaloziella*-Arten ähneln, haben aber ± größere Zellen. Fast immer kalkmeidend. . ... **Cephalozia** S. 159 ff.

42**. Ähnlich ist *Cephaloziella*, aber meist dunkelgrün und noch kleiner, nur 2 – 3 mm lang. Auch an besonnten, lange trockenen Plätzen und dann schwärzlich. Blätter unter 0,5 mm lang. Rasen wie aus winzigen Perlen bestehend, oft auch zwischen *Grimmia*-Arten u. Ä. Perianthien selten (wenn mit, dann die selteneren, nur mikroskopisch bestimmbaren Verwandten). Meist auf Erde an sonnigen Plätzen, so an Böschungen und in Trockenrasen. Verbreitet, aber leicht zu übersehen. Kalkresistente Arten sind sehr selten. **Cephaloziella** S. 164.
Häufiger ist fast nur **Cephaloziella divaricata**. Meist ohne Perianthien, jedoch mit kümmerlichen Unterblättern. In luftfeuchter Lage zuweilen auch an Borke.

33*. Blätter stumpflappig (vgl. auch *Marsupella*, aber dort, wenn tieflappig, Lappen spitz!). Kalkmeidend. Pflanzen bis 1 cm groß, grün bis schwärzlich, sich allein seitlich verzweigend! Perianthien birnförmig und leicht abbrechend (dadurch vegetative Vermehrung!). Auf feuchtem Moorboden und in luftfeuchter Lage auch an anderen kalkfreien, feuchteren Standorten, z. B. an Felsen und Borke. Ähnliche *Lophozia obtusa* ist sehr selten und kräftiger gebaut.
.... **Gymnocolea inflata** S. 162
(*Cladopodiella fluitans* ist täuschend ähnlich, unterscheidet sich aber durch reichliche bauchabwärts gerichtete (= ventrale) Verzweigung. Außerdem ist sie eine ziemlich seltene, allein auf sehr nasse, oligotrophe Moore und deren Schlenken beschränkte Art. Hauptverbreitung in der Ebene. Im höheren Gebirge selten. S. 160 (Bei stumpflichen Blattlappen vgl. auch *Lophocolea heterophylla* (35*.) und wenn auf Kalk *Mesoptychia* (41.).)

21*. Blätter mehrlappig oder zumindest mit grob gezähnter Spitze, unter- oder oberschlächtig.

43. Pflanzen unterschlächtig (bis fast quer) beblättert, tief 3- bis 4-lappig, 1 – 3 cm (oder länger, selten kleiner) groß. Lappen etwa gleichgroß. Oft mit Unterblättern. Brutkörper, wenn vorhanden, rotbraun. Kümmerformen sind 2-lappig. . . **Barbilophozia** S. 172 ff.

44. Lappen nicht bespitzt und Unterblätter meist fehlend. Braungrüne, ziemlich häufige Art, auch an öfter austrocknenden Standorten. .... **Barbilophozia barbata** S. 172

44*. Lappen mit Unterblättern und meist deutlich (durch 1 – 2 lange Zellen) bespitzt und kräftiger als vorige, fast nur im höheren Gebirge. ...... **Barbilophozia hatcheri** S. 173

(Kräftiger, gewellt, mit kleineren Seitenlappen und noch seltener ist **Barbilophozia lycopodioides**.)

44**. Ähnlich kleineren Formen der vorigen, aber meist mit aufrechten, stabförmigen Brutsprossen.
.... **Barbilophozia attenuata**. S. 173

43*. Pflanzen oberschlächtig, mit ± tief eingekerbten Blattspitzen und mit Unterblättern. Blätter oft abwärts gebogen.

45. Meist gelbgrüne, zierliche bis winzige, selten bis 2 mm breite, ± deutlich gefiederte Pflanzen mit gelappten Unterblättern.

46. Pflanze 1 - 2 mm breit. Blätter bis zu 1/3 tief gelappt. Häufiges Waldmoos.
.... **Lepidozia reptans**. S. 154
(Unsere zweite Art, *Lepidozia pinnata*, ist ein äußerst seltenes atlantisches Moos.)

46*. Winzige, unter 0,5 mm breite, kaum 1 cm lange Einzelpflanzen zwischen *Sphagnen* oder in Rasen auf feuchtem Rohhumus oder Torf und an feuchtem Sandstein. Ziemlich selten. Blätter über die Hälfte in zwei Zellen breite Läppchen zerteilt.....**Kurzia** S. 153 f.

45*. Pflanzen oft viel größer (wenn kleiner, ohne gelappte Unterblätter), gabelig verzweigt................ **Bazzania** S. 155 ff.

47. Meist große, dunkelgrüne, kräftige (bis über 5 cm lange und 2 - 4 mm breite), gabelig verzweigte Pflanzen in ± ausgedehnten Decken. Vorwiegend auf humosem Waldboden, insbesondere in Nadelwäldern (z. T. mit Aufforstungen verschleppt), wie auch an trocken-schattigen Silikatfelsen. Zerstreut bis verbreitet. ...**Bazzania trilobata** S. 155

47*. Kleinere, höchstens 2 mm breite, seltenere Moose. Vorwiegend an Silikatgestein und Borke. In der Ebene fehlend. Blätter fast dreieckig, etwas eingebogen. Stängel bis um 2 (- 3) cm lang. **Bazzania tricrenata** S. 156.
(**Bazzania flaccida** ist noch zierlicher (Stängel kaum 1 cm) und hat mehr zungenförmige, relativ längere Blätter.)

5*. Blätter schräg bis ± <u>quer inseriert</u> (selten schwach unterschlächtig; vgl. auch *Jungermannia sphaerocarpa*!). Alle kalkmeidend.

48. Blätter abgerundet kreisförmig (vgl. aber *Nardia geoscypha*). Mit lanzettlichen, abstehenden Unterblättern. Pflanzen oft über 1 cm groß. (48* nach 49*).

49. Pflanzen durchscheinend hellgrün, bzw. an sonnigen Standorten rötlich, Stängel (0,5 -) 1 - 2 cm lang, selten länger. Blätter ± kreisrund, ohne Brutkörper. Hüllkelche mit den Hüllblättern verwachsen, eingesenkt. Vorwiegend auf feuchtem (auch humusreichem) Mineralboden........... **Nardia** (vgl. auch .... *Jungermannia gracillima*) S. 169 ff.

50. Oft in größeren, ausgedehnten Rasen. Kräftigere Stängel aufrecht, bis 2 (- 4) cm hoch. Seitenblätter meist kreisrund. Getrenntgeschlechtig, aber öfter reich sporulierend. In den Alpen (- 2640 m) und im Mittelgebirge (bis ins Vorland) an dauerfeuchten, offenen Plätzen verbreitet, besonders an Wegen und deren Böschungen... **Nardia scalaris** S. 169

50*. Etwas kleiner - Stängel bis 1 cm - und u. a. durch ± tief ausgerandete, kaum quer stehende Seitenblätter sowie Gemischtgeschlechtigkeit unterschieden. Eine auch in der Ebene nicht seltene Art. Dazu in den Alpen bis 2500 m. **Nardia geoscyphus** S. 169

49*. Pflanzen trüb dunkelgrün, bräunlich, meist kräftiger. Blätter abgerundet 4-eckig (oder 3-eckig), oft mit Brutkörpern an der Spitze. Perianth frei. Auf feuchtem bis nassem Rohhumus, morschem Holz, Torf oder zwischen *Sphagnum*. Ähnlich und an den gleichen Standorten kommt *Odontoschisma sphagni* vor (*O. denudatum* hingegen neben *Mylia taylori*, vor allem in höheren Lagen).
.... **Mylia** S. 180 f.

48*. Blätter wenigstens schwach gelappt, ohne Unterblätter. Vorwiegend in den höheren Gebirgen und immer an Silikatgestein (auch in der Ebene und auf Erde nur *Marsupella funckii*).

51. Triebe ± wurmförmig, mit dicht stehenden bis angepressten Blättern. Stängel aufrecht in dichten Polsterrasen. Nie mit Brutkörpern. Die Archegonien von einer mehrschichtigen Hülle umgeben, einem Marsupium. (51* nach 54*).

52. Dunkelgrüne, an sonnigen Plätzen schwärzliche Moose. Kalkmeidende Silikatmoose. Oft längere Austrocknung ertragend. Blätter locker bis dichter inseriert. (Zellnetz mit knotigen Eckverdickungen. Je Zelle meist zwei große, wurstförmige Ölkörper.) Blätter schräg abstehend, ± gekielt. Die unten behandelten, weniger seltenen Arten getrenntgeschlechtig. .... **Marsupella** S. 184 ff.

53. Blätter wenig eingeschnitten (emarginat), mit z. T. stumpflichen Lappen. Polsterrasen 0,5 – 2 (– 5) cm hoch. Mittelgebirge und Alpen zerstreut. Sehr selten in der Ebene.
.... **Marsupella emarginata** S. 184
An Fließgewässern kommt auf überspültem Felsgestein die kräftigere (sie soll bis 10 cm lange Stängel entwickeln!), viel seltenere var. **aquatica** vor. In den Mittelgebirgen (meist über 500 m) nach Norden bis ins Sauerland und die Rhön. Auch in den Alpen.

53*. Weiter verbreitet und auch in der Ebene (früher) zerstreut ist
.... **Marsupella funckii.** S. 184
Sie wächst öfter in ausgedehnten Rasen, ihre Stängel werden aber höchstens 1 cm lang. Die feucht sparrig abstehenden Blätter bis zur Hälfte eingeschnitten, mit spitzen Lappen. An Silikatgestein, wie auch öfter auf sandig-kiesigem Boden, so auf naturnahen Wegen. Die meisten übrigen Arten sind auf höhere Gebirge beschränkt und auch für Bryologen oft schwer bestimmbar. Alle Vorkommen (aber zurückhaltend!) zu belegen!

52*. Nie schwarze, zumindest feucht meist graugrüne oder bräunliche Pflanzen, aber sonst ähnlich voriger Art. Jedoch Stängel keulenförmig, mit dicht anliegender, geschlossener Beblätterung. In 2 bis 50 mm hohen Polsterrasen. Meist an sonnigem Silikatgestein der oberen Bergstufe der Mittelgebirge. In den Alpen meist nur subalpin. Im höheren Mittelgebirge selten, aber zerstreut in den Alpen.. ..... **Gymnomitrion** S. 183 f.

54. Mit zylindrischen, bis 3 cm langen, feucht lichtgrünen Trieben und bis 1/3 tief eingeschnittenen Blättern. In den Hochlagen der höheren Mittelgebirge und in den Alpen (dort bis 3400 m).
...... **Gymnomitrion concinnatum** S. 183

54*. Mit seitlich zusammengepressten (bandförmigen), 1 – 3 (– 4) cm langen Trieben. Blätter schwach ausgerandet, ganzrandig. Alpenmoos und dort bis 3739 m gefunden (und damit unser höchststeigendes Lebermoos!). Bei uns selten und allein in Bayern.
.... **Gymnomitrion coralloides** S. 183

51*. Stängel dunkelgrün bis rotbraun, regelmäßig locker beblättert, 5 – 10 mm lang. Oft in größeren, bis über handgroßen Decken. Blätter 2-lappig, kahnförmig, unter 1 mm groß. Lappen durch rotbraune Brutkörperbildung zuweilen gezähnt. An Silikatgestein in offenen bis sonnigen Blockhalden in den Silikatgebirgen, bis in die alpine Stufe.
.... **Anastrophyllum minutum** S. 171

III. Laubmoose (*Musci / Bryophyta*)

1. Bestimmungsschlüssel für Laubmoose mit Sporenkapseln

1. Sporogone fast immer am Gipfel aufrechter Hauptstängel, seltener auch unterhalb dieser entspringend, d. h. übergipfelt, so z. B. bei *Sphagnum* (S. 206 ff.), *Fissidens* p.p. (S. 235 ff.), *Octodiceras* (S. 239), *Racomitrium* (S. 302 ff.), gewissen *Schistidium*-Arten (S. 300 ff.), *Bartramia* (S. 339 ff.) und den *Orthotrichaceen* (S. 344 ff.). Kapseln gestielt oder ungestielt, mit oder ohne Öffnungsmechanismus. Vorwiegend mit einfachem Peristom. Die beblätterten Stängel fast immer aufrecht wachsend (vgl. aber *Anomodon* S. 377 ff.). Blätter meist mit deutlicher Rippe. Polster, Rasen oder Herden bildend.
.... **A. Akrokarpe** – Aufrechte,
.... gipfelfrüchtige Laubmoose. S. 71

1*. Sporogone seitenständig oder am Gipfel kurzer Seitenäste (so bei *Sphagnum*, vgl. S. 206 ff.). Hauptstängel niederliegend und ± reich verzweigt. Seitenzweige aufrecht oder dem Substrat angedrückt. Spiralig beblättert, Triebe stielrund oder abgeflacht

(jedoch nie echt zweizeilig). Blattrippe oft fehlend. Kapsel meist auf längerer Seta emporgehoben, oft geneigt, aber nie hängend oder ohne Öffnungsmechanismus (kleistokarp). Meist mit doppeltem und nur selten ohne Peristom.
.... **B. Pleurokarpe** – Niederliegende, ... seitenfrüchtige Laubmoose. S. 85

A. Für aufrechte (akrokarpe) Laubmoose

1. Kapsel ohne Öffnungsmechanismus, reif unregelmäßig aufplatzend und zerfallend, meist sehr kurz gestielt und öfter (lange) in den Hüllblättern verborgen. Immer kurzlebige Arten an offenerdigen (Pionier-)Standorten. Meist nährstoffliebend und oft in Herden. **Kleistokarpe**. (1*. nach 8*)
2. Die um 3 – 4 mm lange, etwa 1 cm lang gestielte Kapsel platzt seitlich auf. Pflanze blattlos. .... **Buxbaumia viridis** S. 226
2*. Pflanzen beblättert. Seta ± fehlend oder vorhanden.
3. Seta vorhanden.
4. Seta gerade, ± in den Blättern verborgen. Ca. 5 mm großes Herdenmoos in Weinbergen und an Wegsäumen. Kalkhold. Kapseln größer als bei *P. intermedia*.
.... **Pottia bryoides S.**
4*. Seta gekrümmt, mit winziger, oft dem Substrat anliegender Kapsel. Erdige Böschungen und in Trockenrasen, auf Löss und in Kalkgebieten. .. **Microbryum curvicollum** S. 297
3*. Seta ± fehlend oder sehr kurz. Kapseln oft in den einhüllenden Blättern verborgen. Blätter lanzettlich bis lineal. Gewöhnlich an offenerdigen Pionierstandorten.
5. Pflanzen knospig.
6. Blätter trocken straff. Hell- bis bleichgrün, bis um 5 mm groß, Hüllblätter mit kurzer Granne, später etwas spreizend und dadurch die Kapsel z. T. sichtbar. Kalkhold. Häufig.
.... **Phascum cuspidatum** S. 295
6*. Kaum 2 mm groß, ohne Granne, bräunlichgrün, Kapsel immer eingeschlossen. Basiphytisch. Zerstreut.
.... **Acaulon muticum** S. 296
5*. Pflanzen nicht knospig.
7. Pflanzen bis 3 – 4 mm breit. Blätter matt grün, trocken kraus, zu wenigen. Kalkhold, auch in Trockenrasen.
.... **Weissia longifolia** S. 287
7*. Blätter glänzend, trocken nicht kraus. Kalkmeidend.
8. Pflanzen in Herden, 2 mm oder kleiner. An dauerfeuchten, kalkarmen Pionierstandorten, vor allem der Tieflagen.
9. Blätter ± spreizend, rosettig, grob gesägt, rippenlos bis 2 mm. Kapseln ± sitzend. Protonemamoos (oft nur die Kapselhülle aus dem dunkelgrünen, algenartigen Vorkeim emporragend).
.... **Ephemerum serratum** agg. S. 330
9*. Nicht rosettig, Blätter aufrecht abstehend, oben fein gesägt, gerippt. Kapseln übergipfelt, kurz gestielt.
.... **Pseudephemerum nitidum** S. 279
8*. Pflanzen meist dichtrasig (ähnlich steriler *Dicranella heteromalla*), etwas schopfig, 3 – 5 mm hoch. Blätter aus scheidigem Blattgrund borstlich. Kapseln endständig, kurz gestielt. Auf trockenfallenden Magerstandorten, besonders an Waldwegböschungen.
.... **Pleuridium** S. 277
1*. Kapsel mit Öffnungsmechanismus. Meist langlebige Arten. **Stegokarpe**.
10. Kapsel bis 2 mm groß, feucht elliptisch. Bei Trockenheit durch vier breite, klaffende Längsspalten geöffnet und dann von kugeligem Umriss. Durch eine kurze (falsche) Seta wenig über die Hüllblätter emporgehoben. Nur an kalkfreiem Silikatgestein. Pölsterchen oft schwärzlich. .. **Andreaea** S. 221 ff.
10*. Die Kapsel öffnet sich an der Spitze, niemals durch Längsspalten.
11. Kapseln meist um 3 mm hoch, mit kegeliger, düsenartiger Öffnung.
12. Blattlos, mit rauer, bis 1 cm langer Seta. Die 3 – 5 mm große, dicke Kapsel öffnet sich an der kegelig verjüngten Spitze (vgl. *Buxbaumia viridis* S. 226). Das Peristom ist zu einer Röhre verwachsen. Kalkmeidend und nie an Gestein oder Borke.
.... **Buxbaumia aphylla** S. 225

12*. Von begrannten Hüllblättern umgebene, sitzende, hellbraune Kapsel.
.... **Diphyscium** S. 224 f.

11*. Kapsel anders, mit weiter Öffnung und zur Reife abfallendem Deckel (nur bei *Hymenostylium* an einem Stielchen bleibend). Meist mit Peristom (Zahnkranz der Öffnung).

12. Kapselmündung ohne (oder nur mit verkümmerten) Peristomzähnen. (12* nach 21**)

13. Blätter rippenlos. (13* nach 14*)

14. Spiralig beblätterte Moose.

15. Kräftige, aufrechte, spiralig beblätterte Moose, einige in bis über 10 cm tiefen (lebenden) Rasen. Blätter etwas hohl, ohne Rippe, durch Grün- und Wasserzellen unter der Lupe mit netziger Struktur. Grün (trocken weißlich), braun oder dunkelrot. Kalkmeidend und nässeliebend. Kapsel auf kurzer, falscher Seta (= Pseudopodium), erst kugelig, nach dem Abwerfen des linsenförmigen Deckels länglich, 1 – 2 mm groß, auf den büschelig angeordneten Seitenästen an der Spitze der Pflanze, wenig emporgehoben.
.... **Sphagnum** S. 209

15*. Kaum 2 cm hohe, spiralig beblätterte Stängel, meist niederliegend, in trocken graugrünen Decken. Blätter meist in ein Glashaar endend. Kapsel seitlich, zwischen den gefransten Hüllblättern ± verborgen. Auf trockenem, meist besonntem Silikatgestein. In der Ebene selten. .. **Hedwigia ciliata** S. 377 (Habituell ähnlich ist *Braunia alopecura*, aber immer ohne Glashaar sowie mit länglicher Kapsel auf kurzer Seta. Nur in den Südalpen, selten.)

14*. Pflanzen (meist) 2-zeilig beblättert, in Herden, nur 5 mm hoch, bläulichgrün. Kapsel winzig, fast kugelig. In kaum 3 mm hohen Räschen, besonders in Höhlungen. Auf kalkfreier, feuchter Erde im Bergland.
.... **Schistostega pennata** S. 333

13*. Blätter mit Rippe. Mit anderer Merkmalskombination.

16. Die Kapseln von Blättern umhüllt. Seta verkümmert. Felsmoose der Gebirge.

17. Blätter schmal linealisch, feucht abgebogen, glänzend. Die (sehr seltenen) Kapseln kurz gestielt. Polsterrasen oder Polster bis über 5 cm groß, an dauerfeuchtem bis überrieseltem, basenreichem Felsgestein. In den Silikatgebirgen verbreitet.
.... **Amphidium mougeotii** S. 268

17*. Blätter lanzettlich, mit gezähntem Glashaar. Kalkhold. Sehr selten in kontinentalen Trockenrasen und auf Löss.
.... **Pterygoneurum subsessile** S. 301 (Wenn die Blätter schmal-lanzettlich und mit kurzem, glattem Glashaar sowie auf trockenbesonntem Silikatgestein der Hügelstufe: *Schistidium flaccidum*. Die ähnliche *Grimmia anodon* dagegen vor allem im höheren Kalkgebirge.)

16*. Kapseln deutlich gestielt (Seta mindestens dreimal länger als die Kapsel). Kalyptra kahl.

18. Pflanzen kaum 2 mm hoch, Blätter linealanzettlich. Leicht zu übersehendes kalkholdes Gebirgsmoos. Nur an vollschattigem Gestein sowie Höhlenmoos.
.... **Seligeria donniana** (nur hier)

18*. Etwas größere, meist 3 – 5 mm hohe, kurzlebige Herdenmoose. Blätter breiter. An offenen, meist sonnigen Plätzen.

19. Haube kappenförmig. Blätter breitlanzettlich, matt, kleinzellig und mit kurzer oder als Haar austretender Rippe. Kapseln krugförmig oder kurz zylindrisch. Deckel kurz geschnäbelt.

20. Blätter flach, oft mit umgebogenem Rand (kleinzellig). Auf grundfeuchten Standorten verbreitet...... **Pottia truncata**, S. 297 und
.... **Pottia intermedia** S. 298

20*. Ähnlich, aber Blätter hohl und in ein glattes Haar endend. Rippe oberseits von Lamellen bedeckt. Kalkholde, kaum 5 mm hohe Herdenmoose auf Erde trockener Standorte. .... **Pterygoneurum ovatum** S. 300

19*. Kapseln ähnlich, aber mit zumindest anfangs glockiger, später aufreißender Haube. Blätter flach, lanzettlich, glänzend-durchscheinend oder, wenn matt, basal wasserhell.

21. Haube nicht geschnäbelt und Kapsel ± kurz zylindrisch. Deckel bespitzt. Blätter glänzend durchscheinend, flachrandig, mit

lockerem Zellnetz. Kalkmeidend. Meist auf Schlamm oder zumindest dauerfeuchten Böden. . . **Physcomitrium pyriforme** S. 326

21*. Ähnlich der vorigen, aber zu unterscheiden durch kümmerliches Peristom und abgerundeten Deckel. An gleichen Standorten, aber seltener. . . **Enthostodon fascicularis** S. 327

21**. Haube geschnäbelt, auch die vollreife, zylindrische Kapsel ganz einhüllend. Seta rot. Blätter kleinzellig, mattgrün. Langlebig. An erdigen, sonnigen Felsen, auf Mauern, in Felsspalten und Trockenrasen. Kalkhold. .... **Encalyptaceae** S. 282 (Die habituell ähnliche, aber kalkmeidende, seltenere *Encalypta ciliata* (S. 84) ist unterschieden durch eine am Unterrand gefranste Haube, gelbe Seta und Peristom.)

12*. Kapselmündung mit Peristomzähnen.

22. Kapsel aufrecht-zylindrisch, mit nur vier Peristomzähnen, 2 – 3 mm lang, auf glatter Seta. Blätter glatt, breitlanzettlich oder eiförmig. Kalkmeidend, meist auf feuchtem, morschem Holz. **Tetraphis pellucida** S. 239

22*. Kapsel mit mehr als 4 Peristomzähnen, oft nicht aufrecht lang-zylindrisch.

23. Kapsel mit Abschlussmembran, befestigt auf dem Ende von 32 oder 64 abgerundeten, glatten, unbeweglichen Peristomzähnen. Kapsel auch unreif meist länglich (Ausnahme *Pogonatum nanum*), Seta meist lang, derb. Blätter ausgebreitet zumindest oben gezähnt, immer mit schmaler bis breiter Rippe. Diese mit ± zahlreichen Lamellen. Kalkmeidend. .... **Polytrichaceae** S. 226

24. Blätter ± durchscheinend, nicht scheidig, glänzend. Rasen hell- oder gelblich-grün. Trocken kraus. Kapsel ± zylindrisch, stielrund. Haube kahl, kappenförmig. An offenerdigen Standorten auf feuchten bis vernässten, ± anlehmigen Böden.

25. Blätter flach, z. T. gewellt. Kapsel schlank zylindrisch, glänzend, etwas gekrümmt, maximal 10 mm lang. Rasen 0,5 – 7 cm hoch. Blätter meist mindestens 5 mm lang, mit relativ schmaler Rippe und geraden Lamellen. Trocken kraus. Deckel geschnäbelt. .... **Atrichum** S. 226 ff.

25*. Blätter glänzend dunkelgrün, oben rinnig, fast stumpflich. Die relativ schmale Rippe mit wellenförmigen, gezähnten Lamellen. Haube mit wenigen Haaren. Kapsel kurz zylindrisch. Besonders auf und an feuchteren Wegen. Vorwiegend im Gebirge. .... **Oligotrichum hercynicum** S. 229

25**. Mit stielrunden Kapseln, aber Hauben behaart und Blätter nie durchscheinend. Siehe *Pogonatum* S. 230 ff.

24*. Blätter nicht durchscheinend mit wasserheller Scheide, flach und nie gewellt. Rippe viel breiter als hoch, durch die zahlreichen Lamellen nie heller grün. Hauben ± glockig, nie kahl. Männliche Pflanzen am Gipfel mit schüsselförmigen Antheridienbehältern.

26. Kapsel kurz zylindrisch bis fast kugelig, nie kantig. Haube weißlich behaart. Pflanzen oft in Herden, mit ausdauerndem, dunkelgrünem Protonema. Blätter dunkel- oder graugrün, trocken verbogen bis kraus. Pflanzen oft nur rosettig, meist bis 1 cm groß und dunkelgrün (*P. aloides* und *P. nanum*) oder mit bis zu 5 cm großen Stängeln und bläulichgrün (*P. urnigerum*), sowie trocken nur verbogen. Pionier- und Erdmoose oft trockener Standorte, besonders an Waldböschungen. .... **Pogonatum** S. 230 ff.

26*. Kapsel reif (außer bei *Polytrichastrum alpinum*) kantig. Haube meist gelblich behaart. Pflanzen selten unter 2 cm, oft über 10 cm hoch. Meist in dichten Hochrasen. Blätter immer dunkelgrün, trocken meist anliegend, oben verbogen. Blattrippe kurz oder auch als Haar austretend. Kapsel mit kurzem Hals. An ziemlich trockenen bis nassen Plätzen. Humose Standorte bevorzugend. .... **Polytrichum** S. 233

23*. Kapsel mit 16 oder 32 freien, oft papillosen, meist spitzen Zähnen – ausnahmsweise gitterförmig (nur bei *Cinclidotus* S. 309 und *Fontinalis* S. 379) oder mit Abschlussmembran (*Weissia* p.p. S. 288). Peristom selten verkümmert (z. B. bei *Coscinodon* und *Weissia controversa* S. 288). Seta meist über dreimal länger als die Kapsel. Bei Echten Laubmoosen sind Lamellen tragende Blätter selten und höchstens 3 mm lang (vgl. *Pterygoneurum* u. Ä. S. 301). Echte stegokarpe Laubmoose **Bryales** p. p.

27. Blätter in ein chlorophyllfreies „Glashaar" auslaufend oder wenigstens mit Glashaarspitze (vgl. auch *Polytrichum piliferum*). Nicht weißliche Haarspitzen zeichnen die *Bryum*-Arten aus (s. dort, S. 317 ff.). (27* nach 28*)

28. Stängel unverzweigt, aufrecht. Polster (oder Polsterrasen) bildend. (28* nach 31*)

29. Schwärzliche, trocken durch ± lange Haare graue bis weißliche Polster und Polsterrasen an – meist besonntem – Gestein aller Art (kalkmeidend bis kalkstet).

30. Blätter (1 –) 2 – 5 mm, nie abgerundet, meist glatt, glänzend und dunkelgrün. Trocken selten gedreht. Kapseln meist elliptisch, meist mit kurzer (auch gekrümmter) Seta. Haube kappenförmig. Peristom gerade. Stängel gewöhnlich dicht stehend. Blätter lanzettlich bis lineal-lanzettlich.
.... **Grimmia** S. 312 ff.

30*. Ähnlich, aber durch glockige Haube, gitterförmiges Peristom (z. T. fast sitzende Kapseln) sowie längsfaltige, meist unter 2 mm lange Blätter zu unterscheiden, ist das im Silikatgebirge nicht seltene
.... **Coscinodon cribrosus** (nur hier).

29*. Trocken grau- bis braungrüne, frisch nie dunkelgrüne Polster und Polsterrasen an basen- bis kalkreichem Gestein.

31. Kleinere Polster, Blätter lanzettlich, in eine kurze Glasspitze verjüngt. Glashaar oft erst mit der Lupe sichtbar. Mit Brutkörpern und häufig mit Sporogonen. Hauben glockig. An Borke oder Mauern häufig.
.... **Orthotrichum diaphanum** S. 371

31*. Oft langhaarige Polster und Polsterrasen. Blatthaar meist einer abgerundeten Blattspitze entspringend. Blätter kaum glänzend, locker stehend, trocken gedreht, feucht ± abstehend (bis zurückgekrümmt). Kapseln auf langer Seta, zylindrisch, mit gedrehtem Peristom, auf einer Basalmembran. An sonnigen Plätzen verbreitet auf Gestein sowie öfters auch an Borke und auch auf Erde.
.. **Syntrichia ruralis** und Verwandte S. 305
(Wenn ohne Basalmembran und nur an Gestein siehe **Tortula** S. 302 f.)

28*. Stängel ± verzweigt, (mikroskopisch durch gewellte Zellwände ausgezeichnet). Gelb- bis schwarzgrüne Decken oder – dann *Grimmia* ähnliche – Polsterrasen. Haube gelappt. Kapseln länglich, immer gerade und auf langer Seta, mit fadenförmigen Peristomzähnen. Kalkmeidend. Gewöhnlich auf besonntem Gestein, die gelb- bzw. hellgrünen Arten aber oft auch auf Erde; *Racomitrium canescens* auch neutrophytisch.
.... **Racomitrium**. S. 319 ff.

27*. Blätter weder in ein Glashaar auslaufend noch mit Glashaarspitze, höchstens mit austretender Rippe oder oben in eine lange (nie weiße) Pfrieme ausgezogen.

32. Pflanzen zweizeilig, in Rasen oder Herden, von 1 – 2 mm bis um 5 cm Größe. Kapseln und Peristom ähnlich dem der *Dicranaceen*. Bodenvag, auf Erde wie Gestein. Auch untergetaucht. .... **Fissidens** S. 242 ff.
(Wenn ohne Rippe, vgl. auch *Schistostega* und beblätterte Lebermoose.)

32*. Ähnlich aber zumindest zeitweise submers. Kapseln kurzstielig. Peristom gestutzt. Blätter lineal-lanzettlich, an 2 – 3 cm langen Zweigen. Basiphytisches Wassermoos. An Flussufern und (zumindest früher) in Brunnen. .... **Octodiceras fontanum** S. 247

32**. Pflanzen spiralig beblättert, oft rosettig, z. T. viel größer. Blätter mit Rippe.

33. Blätter linealisch, aus einer schmal gesäumten, dicken Rippe bestehend. Feucht grüne, trocken weißliche Polster oder Polsterrasen bildend, vor allem in Wäldern. Sehr selten mit Sporogonen. ... **Leucobryum** S. 280 ff.

33*. Pflanzen trocken nie weißlich. Oft auch auf Kalkböden.

34. Hauben glockig.

35. Hauben immer glatt und kahl, viel länger als die Kapseln und lang geschnäbelt. In Trockenrasen und an Gestein. Meist kalkhold.
.... **Encalypta** S. 282

35*. Hauben wenig länger als breit, glatt oder faltig, meist behaart, kurzglockig.
.... **Orthotrichaceae**. S. 368 ff.

36. Hauben glatt oder faltig, undeutlich bis dicht behaart, so lang wie die Kapseln oder kürzer als diese. Blätter lanzettlich (selten mit Blatthaar: Orthotrichum diaphanum oder abgerundet: Orthotrichum obtusifolium). In kleinen Pölsterchen oder Polsterrasen an Borke und Gestein, besonders in nebelhäufigen Lagen. ...... **Orthotrichum** S. 368 ff.

37. Kapseln sehr kurz gestielt, wenig aus den Hüllblättern herausragend. Seta verborgen. Z. B. unsere häufigste Art an Borke, *Orthotrichum affine* sowie an Kalkgestein öfter *Orthotrichum cupulatum*, beide mit ± fast kahler Haube. Dicht behaarte Hauben und auch reif glatte Kapseln hat das außer im Alpenbereich selten gewordene Borkenmoos .... **Orthotrichum striatum** S. 369

37*. Kapseln gestielt und reif emporgehoben, an Gestein verbreitet, kalkhold, mit kaum behaarter Haube: **Orthotrichum anomalum** (S. 370). Meist selten geworden, mit stark behaarter Haube, sind das Silikatfelsmoos **Orthotrichum rupestre** (S. 371) (zuweilen auch an Borke) sowie das Borkenmoos **Orthotrichum speciosum** S. 369. (*Orthotrichum lyellii* und *Orthotrichum obtusifolium* haben immer reichlich Brutkörper, aber nur selten Kapseln (S. 372 und S. 371)).

36*. Dicht behaarte Hauben von Kapsellänge haben unsere beiden häufigeren, durch trocken krause Blätter ausgezeichneten Borkenbewohner der Gattung . **Ulota** S. 373 ff. (*Ulota phyllantha*, ein atlantisches Moos an Borke und Gestein, vor allem der Küsten, zeichnet sich durch auffällige, braune Brutkörper an den Blattspitzen aus – dafür fehlen hier Sporogone. Eine seltene Art auf Silikatgestein der Mittelgebirge ist **Ulota hutchinsiae** S. 374, ihre Blätter sind trocken nur verbogen.)

34*. Hauben kappenförmig, kahl, selten gewimpert.

38. In und an Gewässern, besonders an Ufergestein. Dunkel- bis schwarzgrüne, meist kräftigere Polster oder Polsterrasen.

39. Meist dunkelgrüne Polsterrasen mit 5 (maximal 10 cm) langen Stängeln. Blätter eiförmig-lanzettlich (bis oval), mit ± deutlichem Saum. Kapsel eingesenkt, ± kugelig, mit lanzettlichem, roten Peristom. Seta um 1 mm. Kalkmeidend. . . **Schistidium rivulare** S. 319 (Wie vorige, aber Kapseln länglich (bis 1 : 2), oft mit rotem Deckel und meist wenigstens an der Spitze der Stängel mit kurzem Glashaar. Auch an trockeneren Mauern, nicht kalkmeidend. Formen von **Schistidium apocarpum** S. 317).

39*. Gewöhnlich polsterig, aber meist nicht über 2 cm hoch. Blätter stumpflich bis abgerundet, trocken anliegend, (Zellnetz mit gewellten Zellwänden). Die langgestielten Kapseln nicht selten. Peristom fädlich. **Racomitrium aciculare** mit zungenförmigen, an der Spitze gezähnelten und *Racomitrium aquaticum* mit allmählich verjüngten Blättern. Kalkmeidend, in den Silikatgebirgen zerstreut, auch an überrieseltem Fels. Erstere auch selten in der Ebene.
.... **Racomitrium aciculare** S. 323

39**. Polsterige bis gabelig verzweigte, mindestens kalkholde Pflanzen. Blätter lanzettlich bis elliptisch-lanzettlich. Pflanzen mindestens 1 cm (bis über 5 cm) groß. Blätter mit dickem, deutlichem Randwulst, trocken straff anliegend bis stark verdreht. Kapseln mit fädlichem oder Gitterperistom, eingesenkt oder auf einer Seta emporgehoben. An Ufergestein, in Brunnen u. Ä. weit verbreitet. .... **Cinclidotus** S. 309 ff.

40. Blätter linealisch-lanzettlich, etwas sichelförmig. Pflanzen bis über 20 cm lang, gabelig verzweigt, meist flutend. Seltene Gebirgsart. .... **Cinclidotus aquaticus** S. 311

40*. Blätter gerade, lanzettlich zugespitzt, papillös, trocken stark schrumpfend bis kraus. Kapseln eingesenkt. Auch an Bächen und nassem Fels. Ebene bis Mittelgebirge.
.... **Cinclidotus fontinaloides** S. 310

40**. Blätter gerade, abgerundet (bespitzt), glatt und trocken anliegend. Seta 3 – 6 mm. Vorwiegend an größeren Flüssen. Häufig in Rhein und Mosel.
.... **Cinclidotus riparius** S. 310

38*. Gewöhnlich nicht in oder direkt am Ufer von Gewässern (vgl. aber unter Pleurokarpe).

41. Seta gebogen. (41* nach 47*)

42. Kapsel birnförmig, ca. 3 mm lang. Grün auf kurvig gebogener, oft bis um 5 cm langer Seta an der auch sonst noch völlig grünen Pflanze. ..... **Funaria hygrometrica** S. 324

42*. Kapsel an relativ kurzer, gekrümmter Seta, nie birnförmig. Meist (außer *Seligeria*) mindestens um 1 cm hoch.

43. Kapsel kugelig (geöffnet verlängert), aus den 2 bis über 5 cm langen Stängeln seitlich herausragend. Blätter unbenetzbar, borstlich verjüngt. Kalkmeidendes Gebirgsfelsmoos. .... **Bartramia halleriana** S. 369

43*. Kapsel (an meist unter 5 mm langer Seta) ± elliptisch und hochrückig, kaum über 3 mm lang, meist kleiner.

44. Nur 1 – 2 (– 3) mm große Pflanzen. Blätter meist unter 1 mm, mit dünner Rippe und ohne Blatthaar. In Herden an basen- oder kalkreichem Gestein der Gebirge. Selten bis zerstreut. *Seligeria campylopoda* und *Seligeria recurvata* (nur hier).

44*. Blätter meist 2 mm oder länger. Mit anderen Merkmalskombinationen.

45. Pflanzen schwarz-, dunkel- oder graugrün. Blätter in ein Glashaar endend, dadurch trocken auch weißlich oder mit Grauschimmer. Kapsel mit der Mündung ± abwärts zeigend.

46. Blätter ohne Haar um 2 (selten bis 4) mm lang, lanzettlich, mit dünner Rippe. Haube kahl. Gesteinsmoose. ..... **Grimmia** S. 312

46*. Blätter mit dicker (fast blattbreiter) Rippe, ohne Haar 3 – 4 mm lang. Haube bewimpert. Pflanzen mit Brutpflanzen. An sonnig-trockenen, kalkfreien Standorten: meist auf Rohhumus, seltener morschem Holz, (nur) nördlich der Alpen eingeschleppt, z. T. verbreitet aber nur mikroskopisch zu unterscheiden: **Campylopus introflexus** sowie an trockenem Fels der Südalpen nicht selten: . ... **Campylopus pilifer** S. 258/259

45*. Blätter lineal-lanzettlich, pfriemlich auslaufend, ohne Glashaar, mit dicker, 2/3 der Blattbreite einnehmender Rippe, oft ± einseitswendig, 3 – 4 (– 5) mm lang. Kapseln wie vor. Immer kalkmeidend. Kräftige, dichte Moosrasen.

47. Haube bewimpert. Pflanzen meist schwarz- bis dunkelgrün, mit schlanken Brutpflanzen, -knospen oder Bruchblättern. Ziemlich trockenresistent. Meist auf Rohhumus oder humosem Sand. Weit, auch in der Ebene, verbreitete Arten. ...**Campylopus** S. 256 ff.

47*. Haube kahl. Ähnlich *Campylopus*, aber Blätter in eine ziemlich glatte Pfrieme endend und fast immer mit den sich von unten her lösenden Bruchblättern (sie zeigen sich u. a., wenn man das feuchte Moos über die Hand zieht). Vor allem auf feuchtem, morschem Holz in Bergwäldern. ...... **Dicranodontium denudatum** S. 259 (*Paraleucobryum* ähnelt steril den beiden vorigen Moosen, hat aber eine gerade Seta und ist habituell eher *Dicranum scoparium* sehr ähnlich, jedoch trocken (grau-)grün und gegenüber diesem mit feineren Blättern. An Gestein und Borke.)

41*. Seta gerade. Kapsel aufrecht bis hängend, länglich-elliptisch bis zylindrisch, meist viel kürzer als die lange, gerade Seta. Haube kappenförmig.

48. Kapsel aufrecht, mit gut entwickeltem, einfachem Peristom, auf mehrfach längerer, gerader Seta. (48* nach 72*)

49. Kapsel mit deutlich dickerem Hals (2- – 3-mal so breit wie diese), relativ kurz, aber oft 5 – 10 cm langer Seta. Blätter durchscheinend, etwas hohl, oben gesägt, eiförmig-lanzettlich. In Sümpfen und feuchten Wiesen auf meist verrottetem Dung. Heute in der Ebene meist fehlend. .... **Splachnum** S. 331 ff.

49*. Kapsel aufrecht, schlank zylindrisch, ohne besondere Halsbildung. Pflanzen nie auf verrottetem Dung. (Wenn kugelig, vgl. Bartramiaceae S. 362)

50. Blätter zweizeilig.

51. Blätter scheidig, dadurch mit kleinem, übergebogenem Blatt. Auf feuchter Erde in Herden. .... **Fissidens**, z. B. .... **Fissidens bryoides** S. 244

51*. Blätter borstlich, basal weißscheidig. Räschen habituell steriler *Dicranella heteromalla* ähnelnd. Calciphytisch, vor allem im Kalkgebirge, aber auch auf Kalkmörtel. .... **Distichium capillaceum** S. 276
50*. Blätter spiralig.
52. Kapsel um 5 mm, Peristom gedreht.
53. Blätter lineal-lanzettlich, feucht wellig oder an der Spitze kahnförmig. Oft brüchig. Polsterrasen mit feucht verbogenen, trocken krausen, 3 – 10 mm langen Blättern. Die wasserhelle Basis am Blattrand hochziehend, scharf abgesetzt. In der Ebene sehr selten (meist an Mauern). Kalkmoose. .... **Tortella** S. 285 (In Südtirol wächst außerdem die ähnliche *Tortella nitida*, eine südliche Art mit oft unscharf abgesetztem Basissaum und flachen, brüchigen, breitspitzigen Blättern.)
53*. Blätter ± zungenförmig, breit zugespitzt bis abgerundet. Rippe in der Spitze endend oder kurz austretend (einige Arten mit austretendem Blatthaar).
54. Die Peristomzähne einer Basilarmembran aufsitzend. Blätter 3 – 5 mm lang. Z. T. kräftige, bis um 5 cm hohe Stängel entwickelnd. Auf Erde, Gestein oder Borke. .... **Syntrichia** S. 305 ff.
54*. Peristom (außer bei *Tortula subulata*) ohne Basilarmembran. Oft nur aus einer Rosette bestehende, kaum 5 mm hohe Moose. Nur ausnahmsweise an Borke. **Tortula** S. 302 f.
52*. Kapsel mit Peristom gewöhnlich ± gerade aufrecht.
55. Haube geschnäbelt, glockenförmig, kahl. Kapseln um 3 mm. Auf Erde oder Gestein, außer *E. ciliata* calcipytisch. .... **Encalypta** S. 282 ff.
55*. Haube kappenförmig.
56. Meist kalkmeidende (außer *Ditrichum flexicaule*) Silikatgesteinsmoose, vorwiegend im Gebirge (Ausnahme *Dicranoweisia cirrata*). Kapseln 3 mm lang oder kürzer. (56* nach 59*)
57. Blätter in ein Glashaar verjüngt, trocken anliegend. Kapseln kaum länger als 1:3. Kalkmeidend.
58. Kapsel meist um 3 mm lang, ± zylindrisch. Pflanzen oft grau- bis schwärzlich-grün, ± verzweigt (gabelig oder mit kurzen Fiederästen). Oft in über 5 cm großen, ausgedehnten Rasen, aber auch polsterförmig. Blätter trocken verbogen, ± flach (Blattzellen mit buchtigen Wänden). An sehr trocken-sonnigen Standorten. Meist Gesteinsmoose, aber auch in Trockenrasen. ... **Racomitrium** S. 319 ff.
58*. Ein bis mehrere cm große, grau schimmernde Polster an basenreichem, sonnigem Silikatgestein in wärmster Lage. Blätter etwas hohl. .... **Grimmia laevigata** S. 313
57*. Blätter ohne Glashaar.
59. Blätter ± glänzend, nicht brüchig, Blätter (1,5–) 2 – 4 mm lang, flach (basal durchscheinend), lineal-lanzettlich bis pfriemlich, trocken kraus. Kapseln elliptisch bis kurz zylindrisch. Kapsel 1,5 bis ca. 3 mm lang. (59* nach 62*)
60. Blätter aus flachem, lanzettlichem Grund linealisch verjüngt, oben gezähnt. Polster oder Polsterrasen an Gestein. Kapseln elliptisch, 1,5 – 2 mm lang. Peristomzähne lanzettlich. Seta 7 – 10 mm lang.
61. Blätter 3 – 4 mm lang (mit verstärktem Rand). Peristomzähne lanzettlich, gestreift. Kapsel trocken gefurcht, mit sich ablösendem Ring. .... **Cynodontium polycarpum** S. 267
61*. Ähnlich, aber Blätter nur bis 3 mm lang, Rand einschichtig, Kapsel und Peristom glatt, kümmerlich, ohne Ring. Im niederen Silikatgebirge, vor allem in warmen Flusstälern Westdeutschlands ziemlich verbreitet. .... **Cynodontium bruntonii** .... (= Oreoweisia br.) S. 268
60*. Blätter wie vorige, aber noch mehr verjüngt, glattrandig, 2 – 3 mm lang. Kapseln trocken glatt, (1 –) 1,5 mm und Seta (2 –) 3 – 4 mm. Peristomzähne kümmerlich. An Borke und Gestein.
62. Mit glatten, 2 (– 3) mm langen Blättern (mit Brutkörpern). Kapseln schlank elliptisch, 1,5 mm lang. Polster an Borke, weniger an Silikatgestein. Auch in der Ebene vorkommend. .... **Dicranoweissia cirrata** S. 260

62*. Kapseln elliptisch, Blätter 3 – 4 mm lang (ohne Brutkörper). Polster vorwiegend an Silikatgestein. Häufiger im höheren Gebirge, besonders in den Alpen.
.... **Dicranoweissia crispula** S. 261

59*. Blätter pfriemlich auslaufend, ± einseitswendig, trocken meist verbogen. Rasen um 3 mm hoch oder höher. Peristom mit gerade-aufrechten Zähnen. Kalkmeidende Erdmoose.................. **Ditrichum** S. 273
(Nur **Ditrichum flexicaule** ist kalkstet und auch an Gestein. Allseits sparrig abstehende Blätter hat das winzige, kaum 2 mm hohe Herdenmoos **Ditrichum tenuifolium** (= Trichodon cylindricus)................S. 263

56*. Kalkholde bis -stete Arten. Feucht mattgrün. Meist auf Erde sowie auch an Beton oder Mörtelmauern.

63. Blätter linealisch, rinnig. Kapsel nur 1 (– 2) mm lang, Peristom kümmerlich bis fehlend.................. **Weissia** S. 287 f.

63*. Blätter nicht rinnig.

64. Blätter meist pfriemlich bis schmal-lanzettlich. Einzelpflanzen unter 5 mm breit. (64* nach 66*)

65. Blätter meist pfriemlich endend, trocken verdreht bis fast kraus. Peristomzähne gerade oder gedreht. An Gestein und auf Erde.
.... **Didymodon** S. 289 ff.

65*. Blätter schmal-lanzettlich bis lineal-lanzettlich, allmählich bis breit zugespitzt.

66. Matt gelb- oder hellgrün. Kurzrasen bis 0,5, selten bis 2 cm Höhe. Peristom gedreht.

67. Auf Erde, besonders an Wegen.
.... **Barbula** S. 293 ff.

67*. Eine ehemalige, ebenso gefärbte *Barbula* und mit der vorigen öfter vergesellschaftet, ist das ruderal inzwischen ziemlich häufige **Pseudocrossidium hornschuchianum** (S. 293). Die Art unterscheidet sich durch spitzwinklig aufrecht-abstehende, im Umriss spitzdreieckige Blätter mit kurz austretender Rippe und bis zur Spitze umgerolltem Rand.

66*. Oft matt bläulichgrüne, seltener hellgrüne, 1 – 2 cm hohe Polster oder Polsterrasen. Alte Stängelteile und Blätter (innen im Rasen) oft rostrot. Kapsel meist länglich-elliptisch, bis um 3 mm lang. Peristom gerade oder wenig gedreht. Blätter meist unter 3 mm lang, breitlanzettlich zugespitzt. Oft an feuchtem Gestein, seltener auf Erde und Borke.
.... **Bryoerythrophyllum** S. 294 f.

64*. Blätter lanzettlich bis breitlanzettlich oder zungenförmig, ± breit zugespitzt, meist an sonnigen Standorten.

68. Kleine Moose, mit Sporogonen um 1 cm hoch, in Herden auf offenerdigen Plätzen.

69. Blätter in kleinen Rosetten, ± durchscheinend, Rand nicht oder wenig umgebogen. Kapsel länglich-eiförmig, mit verkümmertem Peristom. Kurzlebig. Auf ± feuchter, basenreicher Erde, oft ruderal.

70. Deckel ± abgerundet. Blattrand gezähnt. Zellnetz locker.
.... **Enthostodon fascicularis** S. 327

70*. Deckel gespitzt bis kurz geschnäbelt. Kapsel ± gestreckt. Blätter ganzrandig. Zellnetz dichter. ....**Pottia intermedia** S. 298

69*. Peristom gut entwickelt. Blätter bis 3 mm lang. Kalkhold. Vorwiegend auf Erde.

71. Blattrand breit eingebogen, die durch Wucherungen (= Lamellen) bedeckte Rippe verdeckend, glänzend. Die 2 – 3 mm breiten Rosetten in Herden. Sie ähneln einer winzigen *Aloe*. Auf lehmiger und toniger Erde sonniger Standorte. .... **Aloina** S. 301 ff.

71*. Blattrand flach oder umgebogen bzw. umgerollt.

68*. Meist in dichten Kurzrasen.

72. Ähnlich 70*, aber größer und nur auf Kalkböden. Blätter lanzettlich, mit umgerolltem Rand, stachelspitzig. Gut entwickelte, lanzettliche Peristomzähne. Kurzlebiges Erdmoos............ **Pottia lanceolata** S. 298

72*. Meist kleiner und langlebig. Peristom mit fädlichen Zähnen. In gelbgrünen, dichten Rasen auf Erde und kalkhaltigem Gestein.
.... **Barbula** S. 293 f.

48*. Kapsel fast aufrecht bis hängend. Seta oft viel länger als die Kapsel.

73. Kapsel fast aufrecht bis geneigt. (73* nach 90*)

74. Kapsel etwas geneigt und asymmetrisch, jung ± kugelig, entleert kugelig-elliptisch, Peristom doppelt. Deckel kegelig.
75. Blätter hell- bis ± blaugrün, unbenetzbar.
76. Blätter öfter etwas einseitswendig. Kleinere oder größere dichte Rasen. Stängel rot, (0,5 –) 1 – 5 cm hoch. In Sümpfen und an vernässten, offenerdigen Plätzen, meist auf Erde, aber auch an überrieseltem, zumindest dauerfeuchtem Gestein.
.... **Philonotis** S. 364 ff.
76*. Blätter immer gerade, frisch an der Stängelspitze sternförmig. Polsterrasen von meist über 1 bis 5 cm Höhe an Gestein (oder an Böschungen). An kalkfreien, ± schattig-feuchten Standorten. Nie an vernässten Plätzen. In der Ebene selten.
.... **Bartramia pomiformis** und
.... **Bartramia ithyphylla** S. 362
75*. Feucht Blätter dunkelgrün, etwas glänzend. Pflanzen in Polstern. Sonst ähnlich *Bartramia pomiformis*. Kalkstetes Gesteinsmoos der Gebirge Mittel- und Süddeutschlands, sonst sehr selten.
.... **Plagiopus oederianus** S. 363
74*. Kapsel schräg aufwärts gerichtet bis waagerecht, 2 bis um 5 mm lang, immer länger als breit. Blätter meist ohne Wachsüberzug, benetzbar. Deckel z. T. geschnäbelt.
77. Kapsel etwas geneigt bis waagerecht. Peristom doppelt. Deckel kegelig.
78. Kapsel schlank keulenförmig, ± waagerecht, auf gekrümmter Seta. Blätter breit eiförmig, hohl, feucht wie trocken anliegend. Dadurch die bis fast 2 mm dicken Stängel wurmförmig, silbrig-grün. Zellnetz locker. An feuchtem Gestein fast nur der höheren Gebirge und Alpen. Kalkstet... Plagiobryum zierii S. 348
(Ähnliche Arten haben eiförmig-lanzettliche Blätter und abweichende Kapseln, so *Anomobryum* (S. 349), eine kalkmeidende Gebirgsart überrieselter Substrate. *Bryum argenteum* und das grüne *Bryum bicolor* (S. 340) sind Ruderalmoose, sie haben außerdem hängende Kapseln. Vgl. dazu auch bei *Pohlia*, s. u.)
78*. Blätter schmal lanzettlich bis fast kreisförmig, weder angedrückt beblättert (außer **Pohlia nutans** mod. **saltans**), noch borstlich auslaufend. .... Vgl. **Pohlia** S. 345 ff.
77*. Kapseldeckel geschnäbelt.
79. Kapsel ± zylindrisch. Deckel kurz geschnäbelt.
80. Benetzbare, matt gelb- bis braungrüne, am Stängel filzige, mamillöse Moose mit braunem Wurzelfilz. Blätter gerade. Z. T. mit Bruttrieben (mit endständigen Brutkörpergruppen). .... **Aulacomnium** S. 360
80*. Kapsel lang zylindrisch, unreif auffallend hellgrün, reif hellbraun. Blätter aus lanzettlichem Grund borstlich bis lineal zugespitzt. Pflanzen bis um 1 cm groß, in *Dicranella heteromalla* ähnlichen, dichten Rasen (aber mit prosenchymatischen Zellen). Auf feuchtem morschem Holz und Rohhumus. In der Ebene und dem niederen Bergland verbreitet.
.... **Orthodontium lineare** S. 343
79*. Kapseln meist hochrückig, nur bis 2 – 3 mal länger als breit. Deckel oft lang geschnäbelt. Zellnetz parenchymatisch oder isodiametrisch.
81. Blätter 2-zeilig. Mindestens kalkhold.
82. Blätter ± lanzettlich, geflügelt, d. h. mit kleinerem, aufliegendem Lappen (Dorsalflügel). 2 – 3 bis 20 mm hohe Erd- oder Gesteinsmoose (auch an Ufern).
.... **Fissidens taxifolius** etc. S. 243
82*. Blätter weißscheidig, borstlich auslaufend. Kalkholdes Moos auf Erde und Gestein feuchter Standorte im höheren Gebirge (sonst nur verschleppt an Mauern). Oft mit Sporogonen. **Distichium inclinatum** S. 276
(Das ähnliche *D. capillaceum* hat überreif auch manchmal geneigte, aber zylindrische, nie hochrückige Kapseln.)
81*. Blätter spiralig, gerade bis stark einseitswendig.
83. Blätter mit einer meist nur bis ein Drittel der Blattbreite einnehmenden Rippe (selten mehr). (83* nach 88*)
84. Blätter sparrig abstehend. Größere, hellgrüne, 1 bis mehrere cm tiefe Rasen in Sumpfwiesen, an quelligen Orten. Meist seltene Arten.

85\. Blätter schmal dreieckig, sparrig abstehend. In kalkfreien Sümpfen. Fast nur noch im Bergland, aber in höheren Gebirgen noch ziemlich verbreitet.
.... **Dicranella palustris** S. 265 (**Dicranella schreberiana** var. **robusta** ist ähnlich, aber nur bis 1 cm hoch und nie an quelligen Standorten.)

85*. Blätter in drei Zeilen, lanzettlich. Seta sehr lang. Jetzt nur noch selten im Alpenvorland und den Alpen. ... **Meesia triquetra** S. 361

85**. Blätter breit dreieckig. In Nasswiesen und Quellmooren. Ziemlich selten in Nordostdeutschland, selten in den Alpen.
.... **Paludella squarrosa** S. 361

84*. Blätter aufrecht abstehend bis ± stark einseitswendig.

86\. Blätter deutlich bis stark einseitswendig (seltener anders, s. 87* SG. *Anisothecium*), trocken kaum verbogen, seltener kraus, feucht und trocken grün. Kaum über 0,5 bis um 1 cm hohe Pflanzen. (86* nach 89*)

87\. Niedrige, bis um 1 cm hohe Rasen oder Herden auf trockeneren bis grundfeuchten, kalkarmen Böden, z. T. auch auf morschem Holz, Rohhumus oder Fels. Blätter und Kapsel um 3 mm lang oder kürzer, kaum länger als 1:3.
.... **Dicranella**, z. B. **D. heteromalla** S. 263

87*. Moose feuchter Standorte, meist kaum 5 mm hoch, braun- oder dunkelgrün. Blätter schwach einseitswendig, aufrecht oder sparrig abstehend. Kurzlebige, hell- bis braungrüne Pioniermoose auf feuchter, nährstoffreicherer Erde, oft mit rotem Stängel, in ± lockeren Herden. Blätter lineal-lanzettlich, unter 1 mm lang. .... (SG. *Anisothecium* (hierzu **Dicranella varia** und **D. schreberiana** (S. 264; kalkhold), **D. rufescens** und **D. staphylina** (oft ruderal) S. 265.)

87**. Im Bau ähnlich, aber gewöhnlich über 2 cm groß, Blätter oft bis 5 mm lang und Kapseln schlanker, mindestens 3 mm lang. Rippe dünn (nur bei *Dicranum fulvum* ausnahmsweise 1/3 der Blattbreite erreichend). Blätter aus elliptisch-lanzettlichem Grund in eine borstliche bis linealische Spitze auslaufend.

88\. Trocken nicht oder kaum verformt, mit glatten Blättern (*Dicranum scoparium* etc.) oder Blätter querwellig, **Dicranum polysetum** etc. (S. 251). Außer *Dicranum muhlenbeckii* kalkmeidend. Oft auf Rohhumus sowie auf Erde über und an Fels, an Borke usw.
.... **Dicranum scoparium** etc. S. 248

88*. Immer borstlich verjüngte Blätter haben die nicht glänzenden, dunkelgrünen, trocken krausen Arten **Dicranum flagellare**, **Dicranum montanum** und **Dicranum viride**; **Dicranum tauricum** hat steife, aber wie die vorige, brüchige Blätter. ... S. 253/254 f.

83*. Rippe über die Hälfte der Blattbreite.

89\. Blätter grün, trocken graugrün, einseitswendig. *Dicranum scoparium* sehr ähnlich. Jedoch u. a. in dichten Polsterrasen, an trockenerem Gestein und Borke. Vorwiegend im Gebirge. .... **Paraleucobryum** S. 255 f.

89*. Pflanzen trocken in weißlich-grünen, oft über 5 cm tiefen und über 10 cm breiten Polstern oder flachen Polsterrasen. Blätter nicht durchscheinend, vorn kahnförmig, linealisch verjüngt, kaum gekrümmt. Feuchtigkeitsliebende Moose, meist auf Rohhumus, am Boden oder auf Silikatgestein in Wäldern. .... **Leucobryum** S. 280 ff.

86*. Blätter aufrecht abstehend, nie einseitswendig, unter 1 cm lang, spiralig, lanzettlich bis lineal-lanzettlich, feucht glänzend. Trocken verbogen bis kraus. Kapsel kropfig, trocken längs gefurcht (vgl. auch *Dicranella*).

90\. Blätter um 2 mm lang, gerade, schmal-lanzettlich (an der Spitze oft gezähnelt). Deckel kegelig. Seta rot. Sehr häufig, auf allen Unterlagen. Im Kalkgebirge seltener.
.... **Ceratodon purpureus** S. 271 f.

90*. Blätter etwas länger, feucht verbogen, aus eiförmigem Grund lineal-lanzettlich. Deckel geschnäbelt. (Polsterrasen etwas *Tortella tortuosa* ähnelnd, aber kalkmeidend.) Silikatgesteinsmoos. In der Ebene sehr selten.
.... **Cynodontium polycarpum var.**
.... **strumiferum** S. 267

73*. Kapsel am Gipfel der Seta ± (zumindest grün) hängend, mit doppeltem Peristom.

91. Blätter borstlich auslaufend, feucht aufrecht abstehend. Pflanzen bis um 1 cm groß, in *Dicranella heteromalla* ähnlichen Rasen. Kapsel kurz birnförmig. Violette Rhizoiden und Brutkörper. An nährstoff- und kalkreichen, feuchten Standorten, in Blumentöpfen. .... **Leptobryum pyriforme** S. 342

91*. Blätter nie borstlich auslaufend bzw. borstlich verjüngt.

92. Blätter immer ungesäumt, weder mit austretender Rippe noch mit Blatthaar. (92* nach 96**)

93. Pflanzen z. B. *Polytrichastrum formosum* vegetativ habituell sehr ähnlich (ohne Lamellen auf der Rippe), dunkelgrün, in 5 – 8 cm tiefen Rasen. Blätter zweischichtig, schmallanzettlich, mit gut entwickelter, wasserheller Scheide, oben eingebogen und ± grob gezähnt. Rippe nie austretend. (Zellnetz parenchymatisch.) Mit kurzen Kapseln. Meist an schattig-feuchten Plätzen. Gebirgsarten, insbesondere der Alpen (nur hier). .... **Timmia**

93*. Kapseln meist zylindrisch. Blätter ± flachrandig. Moose mit anderer Kombination der Merkmale, oft unter 1 cm, selten über 2 cm groß.

94. Seten zu mehreren. Blätter elliptisch-lanzettlich, zumindest oben einfach gezähnt. Gestielte Rosetten mit bis über 5 mm großen Blättern. Rippe vor der Spitze endend oder kurz austretend. Sporogone selten. (Zellnetz locker prosenchymatisch.) Feuchte bevorzugende Waldmoose, meist auf reicheren Böden der Gebirge. **Rhodobryum** S. 350 f. (Bei *Mniaceen* kommen z. T. auch mehrere Seten vor, jedoch sind die Zellen dort parenchymatisch oder isodiametrisch.)

94*. Nur eine Seta je Stängel. Blätter ± lanzettlich, höchstens oben undeutlich gezähnt.

95. Kapsel zu 1/3 bis zur Hälfte aus dem verjüngten Hals (Apophyse) bestehend, kurz birnförmig bis ± zylindrisch. .... **Pohlia** .... (besonders die Untergattung. .... *Mniobryum*) S. 347/348 ff.

95*. Kapsel ohne deutlichen Hals, ± zylindrisch.

96. Kapsel 3 – 4 mm lang. Blätter meist breitlanzettlich und unter 3 mm lang, grün bis dunkelgrün. Kalkmeidend, auf armen Substraten verbreitet und oft mit Sporogonen. .... **Pohlia nutans** S. 345

96*. Wenn mit bläulichgrünen Blättern, engzellig und trocken glänzend. Gebirgsmoos höherer Lagen, sonst sehr selten. .... **Pohlia cruda** S. 346

96**. Mit axillären Brutknospen .... **Pohlia annotina** agg. S. 347 .... und **Anomobryum** S. 349

92*. Blätter oft ± deutlich gesäumt, meist eiförmig-lanzettlich oder spatelförmig, nicht oder schwach gezähnt. Häufig mit austretender Rippe oder Blatthaar (Zellen prosenchymatisch). Pflanzen zuweilen rot überlaufen. Stängel oft knospenförmig oder stielrund, nie zweizeilig beblättert. Oft über 1 cm, zuweilen auch bis über 5 cm hohe Arten. Seten immer einzeln. .... **Bryum** S. 336 ff.

Typisch für nasse bis sumpfige Plätze:

Kräftige, bis über 5 cm große Arten: **Bryum pseudotriquetrum**, **B. schleicheri** (Hochgebirge) S. 338

Mittelgroße, meist nicht über 2 cm große Arten mit anliegenden Blättern: **Bryum alpinum**, **B. mildeanum** und **B. gemmiparum** (an Ufern): S. 336

Kleinere, unter 1 cm hohe Rasen und Polsterrasen an trockeneren, offenerdigen Plätzen (meist ruderal): **Bryum argenteum**, **B. bicolor**, **B. caespiticeum**, **B. pallescens**: S. 340/341.

92**. Rippe höchstens undeutlich austretend, Blätter nie in ein Blatthaar endend oder rot überlaufen. Zuweilen zweizeilig. Zellnetz quadratisch bis rechteckig. Blätter elliptisch-lanzettlich bis fast kreisförmig. An trockeneren bis nassen Plätzen.

97. Blätter ungesäumt, meist gezähnt, mit vor der Spitze endender Rippe, oval, um 2 mm lang, spiralig (oder im Schatten zweizeilig) an 1 – 2 cm langen Stängeln. Kalkhold, aber auch auf Humus. ... **Mnium stellare** S. 352

97*. Blätter deutlich (durch langgestreckte Randzellen) gesäumt. (Zellnetz locker.) Kleinere bis kräftige Pflanzen.

98. Pflanzen braungrün, Blätter ganzrandig, breit elliptisch, in meist nur 1 – 2 cm breiten Rosetten. Stängel braun-filzig. Feuchtmoose. **Rhizomnium** S. 152

98*. Pflanzen licht- bis dunkelgrün.

99. Pflanzen dunkelgrün. Blätter deutlich gezähnt (mit Doppelzähnen), lanzettlich, bis 7 mm lang, meist spiralig an geneigten, 1 – 3 cm langen Trieben. Sterile Triebe waagerecht. Nur die männlichen Pflanzen aufrecht, mit gipfelständigen, sternförmig-rosettigen Blättern. Waldmoose. . . . . **Mnium** S. 351 ff.

99*. Pflanzen meist lichtgrün. Blätter meist deutlich (einfach) gezähnt, breitelliptisch oder breitlanzettlich, wenn gewellt, auch zungenförmig, um 5 mm lang oder länger. Zellen oft auffallend groß (bis 0,07 mm lang), mit der Lupe gut sichtbar. Die sterilen Triebe horizontal ausgerichtet, ± 2-zeilig beblättert. Feuchtmoose auf Erde (auch über Fels) in Wäldern, Wiesen und Sümpfen. . . . . **Plagiomnium** S. 354 – 356 ff.

B. Schlüssel für niederliegende (pleurokarpe) Laubmoose

1. Kapseln eingesenkt oder die Seta nur wenig aus den Hüllblättern herausragend. Pflanzen spiralig beblättert. (1* nach 5*)

2. Pflanzen mit 3-zeiliger Beblätterung, reich gabelig verzweigt, kräftig, mindestens 5 – 10 cm lang, aber auch viel länger. Blätter ohne Rippe, gefaltet oder hohl. Kapseln sitzend, eingesenkt, ziemlich selten. Untergetaucht und zeitweise überspült am Ufer von Gewässern. . . . . **Fontinalis** S. 379 ff.

2*. Pflanzen nie 3-zeilig beblättert und oft kleiner.

3. Pflanzen abgeflacht (aber nie echt zweizeilig!), ± verzweigt, wenige cm bis über 10 cm groß. Blätter deutlich gewellt, ohne Rippe. Haube kappenförmig. Fast nur an Borke und jetzt wohl nur noch im Gebirge (sehr selten). . . . . **Neckera pennata** S. 388 (Zierlicher und die kurze Seta aus den Hüllblättern herausragend: **Neckera pumila** S. 388)

3*. Pflanzen spiralig beblättert, nicht verflacht.

4. Meist kleinere Polster oder Polsterrasen an Borke und Gestein. Haube glockig, ± behaart. Blätter mit Rippe, trocken meist anliegend. Haube zuweilen auch (fast) kahl. Kapseln eingesenkt bis deutlich gestielt. . . . . **Orthotrichum** S. 368 ff.

4*. Blätter mit oder ohne Rippe.

5. Hellgrüne, trocken graugrüne Polsterrasen an meist sonnigen Felsen und Felsblöcken. Blätter hohl, rippenlos, aber meist mit Glashaar. Hüllblätter gefranst. Im Silikatgebirge verbreitet, aber in der Ebene inzwischen selten. . . . . **Hedwigia** S. 377 f. (Habituell ähnlich ist *Braunia* aber immer ohne Glashaar sowie mit länglicher Kapsel auf kurzer Seta. Nur in den Südalpen, selten.)

5*. Habituell ähnlich, aber mit kräftiger Rippe und ohne Glashaar. Stängel vom Substrat gebogen abstehend (ähnliches *Orthotrichum affine* hat vom Substrat aufrecht abstehende Stängel!). Meist mit Kapseln. Vorwiegend an Borke der unteren, wärmeren Lagen. Selten an Gestein. (nur hier) **Cryphaea heteromalla**

1*. Seta lang gestielt.

6. Stängel, Zweige und die etwas glänzenden Moosdecken abgeflacht beblättert (6* nach 15*).

7. Zweige 1 – 2 cm lang, etwa 3 mm breit. Blätter 4-zeilig (dachrinnenförmig), zungenförmig, mit undeutlicher Rippe, oben abgerundet, aber mit undeutlichem Spitzchen. Zellnetz undeutlich. Kapseln häufig, aufrecht. Kalkhold. Waldmoos feuchterer Lagen. Besonders an Baumbasen entlang von Fließgewässern, wie auch an Gestein. Ziemlich verbreitet. . . . . **Homalia trichomanoides** S. 391

7*. Ähnlich vorigem, aber kräftiger, Blätter unbespitzt und Zweige über 5 mm breit, rippenlos und Zellnetz locker (Lupe!). Seta kurz, Kapsel horizontal. Basiphytisch. Auf feuchten bis nassen Böden. In der Ebene sehr selten. . . . . . . **Hookeria lucens** S. 395

7**. Pflanzen anders. Blätter 6- oder mehrzeilig, ± spitz zulaufend, meist ohne Rippe (außer bei 8, 13* und *Neckera menziesii*).

8. (2 –) 3 bis über 5 cm hohe, in einer Ebene verzweigte, braungrüne Bäumchen auf 1 – 5 cm langen, schwärzlichen, beschuppten Stielen. Blätter mit Rippe und oben gezähnt. Seten büschelig. Kapsel geneigt. Kalkhold. An Ufergestein und anderen sehr luftfeuchten Standorten in Wäldern. .... **Thamnobryum alopecurum** S. 392

8*. Nicht bäumchenförmig, meist in ± dichten, dem Substrat angedrückten Decken. Seten einzeln.

9. Zweige 5 – 10 (– um 20 mm) lang, glänzend frisch- bis hellgrün, abgeflacht, in kleinen Decken. Deckel geschnäbelt, aber selten mit Sporogonen.

10. Grün, frisch nach Gurken riechend, meist an Gestein, kalkhold. (Blätter breit gespitzt, an der Spitze gezähnt, kurzzellig.) Fehlt in Norddeutschland. .... **Taxiphyllum wissgrillii** S. 467

10*. Pflanzen ohne Gurkengeruch, fast immer mit zahlreichen, stabförmigen Brutsprösschen aus den Blattachseln, zuweilen ganz davon bedeckt. Blätter allmählich verjüngt. ...... **Pseudotaxiphyllum elegans** S. 466

10**. Weder mit auffälligen Brutsprösschen, noch mit Gurkengeruch. Sonst ähnlich, aber Zweige kaum 10 mm lang (Blätter ganzrandig, mit wenigzelligen Brutkörpern). Kalkmeidend. Auf morschem Holz und an Baumbasen feuchter Lagen, besonders an Erlen in Erlenbrüchen. Vor allem in der Ebene Nord- und Westdeutschlands, sonst selten oder fehlend. .... **Plagiothecium latebricolum** S. 467

9*. Meist viel kräftiger und gewöhnlich über 1 cm lang.

11. Kräftigere, meist 3, oft bis 10 cm große und dann ± fiederige Pflanzen mit meist gespitzten, (außer bei der sehr seltenen *Neckera menziesii* S. 389) rippenlosen, glatten oder querwelligen Blättern. Kapsel aufrecht, ± selten, meist gestielt. Kalkhold. An Borke und Gestein in den Gebirgen. In der Ebene jetzt meist selten. .... **Neckera** S. 386 ff.

11*. Moose anders, selten an Borke. Blätter ± ganzrandig. Öfter auch mit Kapseln.

12. Kräftiges, dunkelgrünes, an *Hypnum cupressiforme* erinnerndes, aber durch ± gerade Blätter und aufrechte Kapseln (häufig!) unterschiedenes Moos auf Blockhalden im Kalkgebirge und auf vulkanischem Gestein (selten auf feuchtem Beton). Stängel um 5 cm lang. Blätter ohne Rippe. In Mittel- und Westdeutschland sehr selten. .... **Entodon schleicheri** S. 457

12*. Meist kleiner, oft hellgrün, an anderen Standorten und kalkmeidend.

13. Vorwiegend auf Waldboden, kalkmeidend. Blätter oft asymmetrisch. Rippe fehlend oder kurz, gabelig.

14. Blätter wellig, Pflanzen mit Stängel 2 – 3 (– 5) cm lang, in oft ausgedehnten Decken. Auf Rohhumus, vor allem in Nadelwäldern und -forsten (verschleppt). Ziemlich verbreitet. Im Silikatgebirge oft häufig. .... **Plagiothecium undulatum** S. 465 (Ähnlich, aber kleiner und zudem ein Sumpfmoos nährstoffreicherer Standorte ist **Plagiothecium denticulatum** var. **undulatum** (= P. ruthei) S. 425.)

14*. Blätter glatt und Stängel meist nur um 1 cm lang, auch trocken kaum verbogen. Kalkmeidende, ziemlich verbreitete (nur mikroskopisch sicher zu bestimmende) Wald- und Gebüschmoose. Ziemlich häufig, mit (geneigter) Kapsel sind **Plagiothecium denticulatum** S. 461 und **Plagiothecium laetum** var. **secundum** S. 462. Oder Kapsel aufrecht bei **Plagiothecium laetum** S. 425 und **Plagiothecium cavifolium** S. 462. Letztere mit halbhohlen Blättern, Stängel kaum abgeflacht. Eine basiphytische Art (auch auf Humus über Kalk), vor allem im Bergland.

13*. Meist an (und auf Steinen) in und an Gewässern. Blätter symmetrisch, mit deutlicher Rippe. Kapsel geneigt. Formenreich. Nährstoffliebend.

15. Blätter ganzrandig, schmal-lanzettlich, allmählich zugespitzt, zuweilen 2-zeilig erscheinend. Deckel kegelig. An feuchtem bis nassem Gestein und morschem Holz, auch

außerhalb der Gewässer. Vor allem in der Ebene. .... **Leptodictyum riparium** S. 423 (Wenn auf überspültem Gestein (und Wurzeln) vorkommend und Blätter kleiner und stumpflich, mit ± verdickter Rippe vgl. *Hygroamblystegium* (S. 393) und *Cratoneuron filicinum* var. *fallax*.)

15*. Blätter oben gezähnt, elliptisch-breitlanzettlich. Stängel wenig abgeflacht. Deckel geschnäbelt. Kalkholdes Ufer- und Fließgewässermoos, vor allem im Gebirge. Auch an überrieseltem Fels (Tuffbildner). .... **Platyhypnidium riparioides** S. 482

6*. Stängel und Zweige nicht deutlich abgeflacht beblättert.

16. Kapsel aufrecht, kurz bis lang zylindrisch. (16* nach 43*)

17. Pölsterchen oder Polsterrasen (nur 18 zuweilen auch in Decken). An Borke oder Gestein. (17* nach 19*)

18. Grau- bis schwärzlich-grün, meist mit Glashaaren (und immer mit buchtigen Wänden, zumindest bei den basalen Zellen). Haube kahl. In Polsterrasen oder Decken. Kalkmeidend, lichtliebend. Meist an Gestein. Seltener auf Sand- und Skelettboden (oder Rohhumus). **Racomitrium** S. 319 ff. (Schattenformen und feuchtigkeitsliebende Arten haben kein Glashaar, z. B. *Racomitrium aciculare* (S. 323); vgl. dazu auch **Cinclidotus** S. 310.)

18*. Ohne Glashaare.

19. Haube wenig bis dicht behaart, glockig. Meist rundliche, kleine Polster (oder Polsterrasen).

20. Seltener bis über 10 cm breite Polster, meist dunkel- oder braungrün. Blätter feucht gerade, trocken anliegend. Bei wenigen (sehr seltenen) Arten trocken kraus. Kapsel elliptisch, mit abgerundeter, seltener etwas verjüngter Basis, sitzend, seltener gestielt. Haube glockig, meist schwach behaart. .... **Orthotrichum** S. 368 ff.

20*. Meist um ein, selten bis 5 cm große, dunkle grüne Polster. Blätter feucht verbogen, trocken ± kraus. Kapsel gestielt, ± in den Stiel verjüngt, mit dicht behaarter Glockenhaube. An meist glatter Laubholzborke luftfeuchter Lagen. (*Ulota hutchinsiae* hat trocken straffe Blätter, ist ± selten und wächst an lichtem Silikatgestein). .. **Ulota bruchii** und **U. crispa** S. 374/373 f.

19*. Haube kappenförmig, kahl. Kleinere, frischgrüne Polsterrasen mit trocken anliegenden (etwas einseitswendigen), spitzen, kaum 2 mm langen Blättern (reichlich Brutkörper). Sporogone bei uns meist fehlend. Kalkhold. An Borke und feuchtem Gestein (Mauern). ... **Zygodon viridissimus** S. 375

17*. Astmoose. In Decken oder Bäumchenrasen, zumindest trocken glänzend, kaum schrumpfend. Pflanzen oft ± reich verzweigt.

21. Blätter feucht und trocken ± angedrückt. (21* nach 27*)

22. Pflanzen 2 – 5 cm hoch, mit bäumchenartigen (aus Kriechstängeln entspringenden), aufrechten Seitenzweigen (einer kleinen Palme ähnlich). Sporogone selten, aber zu vielen. Seta glatt. In feuchten Wiesen und Wäldern auf Erde an feuchten Wegrändern. Seltener auch auf erdigen Mauern. .... **Climacium dendroides** (vgl. auch .... *Thamnobryum* S. 392) S. 381

22*. Moose nicht bäumchenförmig.

23. Blätter meist mit deutlicher Rippe. Deckel (außer bei 25*) kegelig. (23* nach 25*)

24. Seta warzig. Meist kräftige Astmoose. Blätter ± längsfaltig. Blätter schmal-lanzettlich, allmählich in eine lange Spitze ausgezogen, auch trocken wenig abstehend, oft goldbraun. Kalkhold. Lichtliebend und trockenresistent. Auf Erde und Gestein (auch Mauern), seltener an Borke.. **Homalothecium** S. 436

24*. Seta glatt. Blätter auch feucht ± angedrückt, eiförmig-lanzettlich. Stängel stielrund, wurmförmig. Meist kräftige Moose.

25. Blätter glatt, hohl, eiförmig oder eiförmig-lanzettlich. Deckel kegelig.

26. Blätter 2 – 3 mm lang, kurz gespitzt, wenig gesägt. Pflanzen bis um 5 cm lang, mit schräg abstehenden Zweigen, diese (1 –) 2 – 3 mm dick. Häufig mit Kapseln. Meist in größeren, grünen Bäumchenrasen. Basiphytisch. An Gestein und Baumbasen in

Wäldern, seltener auf Erde. Besonders in Kalkgebieten.
.... **Isothecium alopecuroides** S. 434

26*. Pflanzen ähnlich, aber in allen Teilen zierlicher, mit langspitzigen, grob gezähnten Blättern. Seltener mit Kapseln. Kalkmeidend. Ziemlich verbreitet an Gestein und Borke.
.... **Isothecium myosuroides** S. 435

25*. Blätter schwach faltig, sonst sehr ähnlich der vorigen, aber außerdem unterschieden durch geschnäbelte Deckel und alleiniges Vorkommen im Kalkgebirge.
.... **Plasteurhynchium striatulum**
.... (= *Eurhynchium str.*) S. 436

23*. Blätter ohne oder mit undeutlicher Rippe. Blätter auch feucht angedrückt.

27. Zierlichere Moose, Zweige ± fadenförmig und meist unter 1 mm dick. Blätter eiförmig, 1 mm lang oder kleiner, hohl. Gewöhnlich an Gestein und Borke.

28. Feucht grün und trocken graugrün. Stängel um 1 cm lang. Fast nur epiphytisch, der Borke dicht anliegend. Jetzt fast nur im höheren Gebirge. **Pterigynandrum filiforme** S. 403

28*. Stängel blaugrün, trocken silberweiß, meist kürzer. Blätter breit dreieckig-oval, um 0,6 mm. Auf erdigem Gestein. Nur im höheren Kalkgebirge bzw. den Alpen. Selten tiefer. .... **Myurella julacea** S. 396

27*. Pflanzen kräftiger, (1 –) 2 – 3 mm dick, glänzend, Decken lockerer. Blätter um 1,2 mm lang. Vorwiegend auf Silikatgestein, besonders auf Blöcken. Vor allem in den höheren Gebirgen Süddeutschlands und den Alpen. Blätter eiförmig, ganzrandig, einer *Pseudoleskea* (und auch *Pterogonium*, s. unten, Nr. 30.) ähnlich, aber Blätter hohl und rippenlos. .... **Pterigynandrum filiforme**
.... var. **majus** S. 404

21*. Blätter feucht schräg aufrecht (oder mehr) abstehend, aber trocken angedrückt und Stängel wurmförmig (21** nach 42*).

29. Blätter mit ± deutlicher Rippe (29* nach 39*).

30. Blätter nur mit Doppelrippe, etwas hohl, spitz eiförmig und oben gezähnt. Stängel um 1 (– 2) cm lang, die fingerförmig inserierten Zweige trocken gekrümmt, stumpflich, ± glänzend. Basiphytisch. Meist an trockenen Felsen, seltener an Baumwurzeln. Wärmeliebende Art der Tieflagen, fast nur in Westdeutschland. .. **Pterogonium gracile** S. 385

30*. Mit Hauptrippe und basal entspringenden („Springbrunnen"-artigen) Rippen. Stängel 3 – 5 cm lang oder länger, trocken Blätter angedrückt. Ein kräftiges, fiederig verzweigtes oft ausgedehnte Decken bildendes Moos mit geraden, trocken etwas struppigen Trieben. Stängel feucht rot durchscheinend. An der Blattspitze mit einem kurzen Haar mit zurückgebogenen Zähnen. Blätter mit umgebogenem Blattrand. In nebelreicher Südlage, besonders in Blockmeeren. Heute fast nur noch im Gebirge, aber auch dort – außer in den Alpen – nur siedlungsfern und nur noch selten an Borke.
.... **Antitrichia curtipendula** S. 384
(**Antitrichia californica** ist eine südliche Art, die sich durch eine einfache Rippe unterscheidet. Nach Norden vereinzelt bis in die Südalpen.)

30**. Mit einfacher Rippe.

31. Moose mit Paraphyllien und entsprechend ± filzigem Stängel (Blätter abschaben! Paraphyllien haben auch einige rippenlose Pleurokarpe, z. B. das 33. etwas ähnliche *Hylocomium pyrenaicum*). Fast nur im höheren Gebirge und vor allem in der subalpinen und alpinen Region, auf Gestein offener Triften (*Lescuraea mutabilis* an Borke). (31* nach 32*)

32. Blätter längsfaltig, elliptisch-lanzettlich, gerade und lang gespitzt. (32* nach 34*)

33. Gelb- bis braungrün, etwas glänzend. Habituell *Homalothecium lutescens* sehr ähnlich. Blätter um 2 mm lang. Unregelmäßig oder unverzweigte, meist kräftige, bis um 5 cm lange Stängel. Meist steril. Im höheren Kalkgebirge. ..... **Ptychodium plicatum** S. 399
(Ebenfalls habituell ähnlich ist das rippenlose, ebenfalls tieffaltige, alpine **Orthothecium chryseum**.)

33*. Dunkelgrüne, an besonnten Standorten meist braungrüne Pflanzen in oft über handgroßen Decken, mit ca. 1,2 – 1,5 (– 2) mm langen Blättern.

34. In bis über handgroßen, dem Substrat angedrückten Decken aus ± fiedrigen Zweigen. Auf Borke im höheren Gebirge, besonders im Krummholz. **Lescuraea mutabilis** S. 400

34*. Sehr ähnlich der vorigen, aber u. a. unterschieden durch aufsteigende Beastung und Vorkommen auf sonnigen Silikatgesteins-Blöcken. Selten in Bayern, aber verbreitet in den Zentralalpen.
.... **Lescuraea saxicola** S. 402

32*. Blätter eiförmig, breit gespitzt, etwas einseitswendig. Auf meist sonnigem Kalk- bzw. kalk- oder basenreichem Gestein, vor allem Felsblöcken. Nur in den Alpen und im höheren Mittelgebirge. Der häufigste Vertreter der Gattung. . **Pseudoleskea incurvata** S. 402

31*. Stängel kahl und glatt. Trocken matt-grün, bräunlich bis schwärzlich, nicht glänzend, wenig verzweigt.

35. Zierliche, fädliche (mit unter 1 mm dicken Stängeln), unregelmäßig verzweigte, deckenbildende, dem Substrat angedrückte Moose auf Borke und Gestein. Blätter winzig, um 0,7 mm lang, gerade. (35* nach 37*)

36. Blätter ganz glatt. Pflanze feucht grün, trocken durch die Haarspitzen der grob gezähnten Blätter graugrün, glänzend. Stängel in kleinen Decken. Kapseln ca. 1 mm hoch, z. T. häufig, topfförmig, auf 3 mm langer Seta. Kalkmeidende, nur südlich der Alpen und an deren Fuß häufigere (sonst sehr seltene) Borken- und Felsmoose. . . . **Fabronia** S. 397

36*. Blätter warzig, ganzrandig. Trockene Pflanzen dunkel- bis schwarzgrün, kaum glänzend. Kalkhold und meist an hellen, vorwiegend auch sonnigen Standorten. Meist ohne die (nie topfförmigen) Kapseln.

37. Decken nie mit Brutsprossen. Blätter breiteiförmig, ± in eine Spitze ausgezogen. An meist besonntem Kalkgestein oder an Mauern und Dächern.

38. Rippe bis Blattmitte (Zellen länglich, derbwandig). Meist viel zierlicher als *Pseudoleskea* (s. dort). Kaum an Mauern. Fehlt in der Ebene. **Pseudoleskeella catenulata** S. 404

38*. Habituell ähnlich, aber nur mikroskopisch sicher zu unterscheiden (Zellen isodiametrisch, dünnwandig und Rippe z. T. fehlend). Im Tiefland ökologisch gut charakterisiert: auf Dächern und an Mauern, so z. B. im Oberrheingebiet und in Südtirol. Beheimatet in den Hochalpen und hier an gleichen Standorten wie die vorige.
.... **Pseudoleskeella tectorum** S. 405

37*. Decken häufig mit den aufrechten Brutsprossen (*Platygyrium* ist rippenlos!). Sonst den vorigen Arten sehr ähnlich, unterscheidet sich aber auch durch die eiförmig-lanzettlichen Blätter mit langer Rippe. Vorwiegend an Borke, aber in den Alpen auch oft an Gestein. In den höheren Gebirgen, vor allem in den Alpen, verbreitet. Sonst selten und ausgestorben.
.... **Pseudoleskeella nervosa** S. 405

35*. Kräftige, bis über 2 cm lange Moose mit 1 – 1,5 (–2) mm dicken Stängeln.

39. Moose trocken glanzlos (mikroskopisch glatt oder schwach papillös). (39* nach 41**)

40. Moose trocken matt bis schwach glänzend, meist olivgrüne, wenn gut entwickelt, fiederig verzweigte, 1 – 2 cm große Pflanzen mit etwas einseitswendigen, nur um 0,7 mm langen Blättern. Oft reichlich mit Sporogonen. Basiphytisch. Vor allem in Flusstälern an Borke und Ufergestein (auch zeitweise submers), seltener außerhalb. Ebene bis untere Gebirgslagen. **Leskea polycarpa** S. 398

40*. Moose trocken völlig glanzlos, dunkel-, gelb- oder hellgrün. (Mikroskopisch dicht papillös!). An basen- bis kalkreichen Standorten, an Gestein, wie an Borke (selten auf Erde). Vorwiegend an schattig-trockenen Plätzen. Zumindest im Kalkgebirge sehr verbreitet. Selten mit Kapseln.
.... **Anomodon** S. 406 f.

41. Mittelgroß und ähnlich 40 ± fiederig verzweigt, aber Blätter ca. 1,2 mm lang, breit zugespitzt (mit aufgesetztem Spitzchen). Besonders in Kalkgebieten.
.... **Anomodon attenuatus** S. 406 (Kümmerlichen Formen dieser Art gleicht *Haplohymenium triste*, eine sehr seltene Art

der Südalpen. Sie ist ziemlich brüchig, hat zungenförmige, trocken angedrückte Blätter (und der Blattrand ist crenuliert).)

41*. Eine zierliche Kümmerform der vorigen ähnliche Art, aber mit lanzettlichen, fein zugespitzten, nur ca. 1 mm langen Blättern. Vorwiegend an schattigem, mindest kalkhaltigem Gestein (selten an Borke).
.... **Anomodon longifolius** S. 406

41**. Blätter aus eiförmigem Grund schmal zungenförmig und 2 – 2,5 mm lang. Ein robustes Moos in dichten, oft über 5 cm hohen Rasen mit dicht stehenden, aufrechten Äster und deshalb eine akrokarpe Art vortäuschend.
.... **Anomodon viticulosus** S. 407
(**Anomodon rugelii** (ähnlich der vorigen, aber mit doppelschichtiger Lamina) und **Anomodon rostratus** (ähnlich 41*, aber mit Haarspitze) sind sehr seltene Gebirgsarten; nur hier.)

39*. Blätter nicht papillös, glatt, trocken glänzend.

29*. Blätter ohne Rippe (vgl. auch oben *Pseudoleskeella tectorum*).

42. Stängel unter 1 mm dick, unregelmäßig verzweigt, in kleinen grünen Decken. Kapseln oft häufig, ca. 1 mm hoch, schlank, aufrecht. Seta ca. 6 mm. Kalkhold. Nur noch in Süd- und Südwestdeutschland verbreitet, sonst selten. Meist an Borke.
.... **Amblystegium subtile** S. 421
(Ganz ähnlich, aber mit geneigten Kapseln ist das Kalkgesteinsmoos **Amblystegium confervoides** S. 392.)

42*. Zweige dunkelgrün, trocken (1 –) 2 bis über 3 cm lang. Zweige aufwärts gekrümmt, spitzlich, bis 2 mm dick. Blätter längsfaltig, ganzrandig, länglich-lanzettlich. Öfter mit den struppigen „Brutblattzweigen". Kapseln selten. An Laubholzborke, kalkreichem oder basischem Gestein. In Süddeutschland auch häufig an Alleebäumen. In Norddeutschland inzwischen insgesamt selten. Kalkhold.
.... **Leucodon sciuroides** S. 352
(*Leucodon* habituell ähnliches *Pterogonium* unterscheidet sich bereits durch gestutzte Astenden und büscheligen Wuchs. Wie hier sind auch bei *Cryphaea heteromalla* die Blätter hohl und nicht faltig. Die Zweige trocken grau, gekrümmt vom Substrat abstehend. Blätter spitzlich, mit Rippe. Kapseln sitzend. An Laubbäumen (selten Gestein) in tieferen Lagen, zuweilen an Mauern. Selten.)

21**. Blätter auch trocken nicht anliegend.

43. Blätter nicht faltig, bürstenartig abstehend bis angedrückt. An Borke oder morschem Holz, selten an Gestein. Kapseln zylindrisch aufrecht. Ziemlich verbreitete Arten, besonders an Borke.

44. Grünes bis oft goldgrünes, Formen von *Hypnum cupressiforme* oder einem kümmerlichen *Homalothecium* ähnliches Borkenmoos. Oft an Apfelbäumen und Weiden (selten auch Kalkgestein), mit geraden, 1 – 1,5 mm langen, bürstenartig abstehenden Blättern. Brutsprosse fehlen, aber Sporogone häufig.
.... **Pylaisia polyantha** S. 470

44*. Gewöhnlich braune oder braungrüne, dem Substrat angedrückte Decken mit meist zahlreichen, aufrechten, struppigen Brutsprösschen. Sporogone selten. An morschem Holz und saurer Borke, besonders Eichen und Buchen, aber auch an Weiden. Selten an Silikatgestein.
.... **Platygyrium repens** S. 471

43*. Blätter faltig. Bräunlichgrüne bis rötliche, metallisch glänzende Kalkgebirgspflanzen auf feuchtem Kalkgestein. Vor allem im höheren Gebirge und den Alpen. Den Tieflagen fehlend. Blätter ohne Blattflügel (das kleinere *Orthothecium intricatum* hat keine längsfaltigen Blätter), um 3 mm lang. Sporogone selten. ... **Orthothecium rufescens** S. 458

16*. Kapsel geneigt bis waagerecht, oft gekrümmt. Immer auf langer Seta.

45. Seta warzig. Blätter gewöhnlich mit deutlicher Rippe. Meist kräftige Astmoose. (45* nach 51*)

46. Deckel kegelig. (46* nach 53*)

47. Blätter ± längsfaltig (schwach bei 46*). Unregelmäßig beastete, meist kräftigere, bis über 10 cm lange, reich verzweigte (über 1 mm dicke) Moose. (47* nach 49*)

48. Blätter schmal-lanzettlich, allmählich in eine lange Spitze ausgezogen, tief längsfaltig, trocken auch wenig abstehend, oft goldbraun. (Kapsel bei var. *fallax* ± aufrecht). Kalkhold. Lichtliebend und trockenresistent. Auf Erde und Gestein (auch Mauern), seltener an Borke.
.... **Homalothecium lutescens** S. 437

48*. Blätter nur schwach längsfaltig, eiförmig-lanzettlich bis schmal lanzettlich, oft deutlich hohl. Grüne bis goldgrüne, weit verbreitete Moose. Blätter wenig oder nicht gezähnt, fein gespitzt. Stammblätter eiförmig-lanzettlich, bis über 3 mm lang.

49. Blätter nicht herablaufend. Oft mit Kapseln und vorwiegend auf Erde, Gestein und morschem Holz, seltener auf Borke. Häufiges Moos nährstoffreicher Standorte, besonders der Ruderalvegetation (auch in Mahdwiesen). ... **Brachythecium rutabulum** S. 439

49*. Blätter am Stängel deutlich herablaufend (Blattflügel aus scharf abgegrenzten wasserhellen Zellen). Meist steril. Im Fließwasserbereich verbreitet und in Sumpfwiesen.
.... **Brachythecium rivulare** S. 440

47*. Blätter <u>nicht</u> faltig.

50. Seta meist warzig. Kleinere Moose mit glatten, oft kaum 1 mm langen, kaum langspitzigen Blättern. An ziemlich trockenen, schattigen Plätzen.

51. Goldgrün, mit etwas gekrümmten, abstehenden Blättern. Vorwiegend auf nicht zu nährstoffarmer Erde, häufig in Wäldern. Seta rau. .... **Brachythecium velutinum** S. 441

51*. Wie vorige, aber Seta glatt. Seltene südliche Sippe. .....**Brachythecium velutinum** .... var. **salicinum** S. 443

50*. Seta nur oben rau.

52*. Ähnlich, aber meist braungrün, mit trocken straff anliegend Blättern (Rippe oft bis Spitze). Ein basiphytisches Gesteinsmoos trockener Lagen.
.... **Brachythecium populeum** S. 443

52*. Kalkmeidendes Feuchtmoos, meist an Bachgestein, aber in luftfeuchter Lage auch z. B. an Borke vorkommend. Blätter wenig größer, 1,5 mm, etwas hohl und wie bei *Brachythecium velutinum* etwas einseitswendig. Rippe bis etwa zur Mitte. Seta nur oben rau. ... **Brachythecium plumosum** S. 440

45*. Seta glatt. Blätter auch feucht ± angedrückt, eiförmig-lanzettlich. Stängel stielrund, wurmförmig. Meist (außer *Brachythecium albicans*) kräftige Moose.

53. Blätter meist mit deutlicher bis kräftiger Rippe. (53* nach 54*)

54. Unregelmäßig beastet. Blätter gut gerippt, fein zugespitzt, deutlich bis stark längsfaltig. (54* nach 57*)

55. Kräftige Moose, mit 2 (– 3) mm dicken Stängeln. Blätter (2 –) 3 – 4 mm. Seta glatt.

56. Sumpfmoos mit braunem Stängelfilz. Blätter schmal-lanzettlich, allmählich in eine lange Spitze ausgezogen, bis 4 mm lang, tief längsfaltig, trocken auch wenig abstehend. Aufrecht stehende Stängel in dichten Rasen oder zwischen anderen Moosen.
.... **Tomenthypnum** S. 438

56*. Auf Erde und Gestein, nie in Sümpfen. Blätter plötzlich in ein hyalines Haar verjüngt, maximal 4 mm lang. Außer mit *Cirriphyllum tommasinii* auch mit bleichem *Brachythecium rutabulum* zu verwechseln. Auf feuchtschattigem, meist kalkhaltigem Substrat. Zerstreut.
.... **Brachythecium glareosum** S. 445

55*. Blätter allmählich in eine dünne Spitze ausgezogen, kleiner, nur bis 3 mm lang. Stängel 1 – 2 mm dick.

57. Blätter bis 3 mm, z. T. etwas gekrümmt. Basiphytisch, bodenvag, trockenresistenter. Mehr ruderal verbreitet.
.... **Brachythecium salebrosum** S. 443

57*. Blätter etwas hohl und wenig faltig, Haarspitze kurz. Zweige wurmförmig, meist niederliegend, dichtrasig, meist um 2 cm lang, trocken gelbgrün. Oft in größeren Decken. Kalkmeidendes, meist steriles Moos sonnigtrockener Plätze. So besonders an sandigen Wegsäumen und in Heiden verbreitet. Auch auf Mauern.
.... **Brachythecium albicans** S. 445

54* Stängel grün, einfach und regelmäßig fiederig, bis über 5 cm lang. Blätter ± hohl und

glatt bis kaum faltig, ± ganzrandig, ohne Haarspitze sowie die Rippe schwach entwickelt. Kapseln sehr selten. Häufiges, dem Substrat locker aufliegendes Deckenmoos. Neutrophytisch. Auf humosen Böden, an grasigen Böschungen usw. An Sekundärstandorten.
.... **Scleropodium purum** S. 446

53*. Habituell ähnlich **Scleropodium**, aber unterschieden durch einen rotbraun durchscheinenden Stängel und rippenlose, abgerundete Blätter ist **Pleurozium** S. 484.

46*. Deckel geschnäbelt.

58. Deckel lang geschnäbelt. Blätter mit Rippe. (58* nach 67*)

59. Blätter mit (z. T. schwacher) Rippe. Winzige Moose mit lineal-lanzettlichen, in eine feine Spitze verlängerten, kaum angedrückten, nur etwa 0,7 mm langen, ± ganzrandigen Blättern. Kapsel geneigt, kurz oval (ca. 1 mm) auf 6 – 7 mm langer, glatter Seta. An Kalkgestein, besonders auch Kalkmörtel trockener Mauernischen, seltener auf Erde. Vor allem in Süddeutschland.
.... **Rhynchostegiella tenella** S. 451
(Leicht mit Kümmerformen von *Homalothecium sericeum* (S. 403) zu verwechseln.)

59*. Blätter nie alle lineal-lanzettlich, größer, gezähnt.

60. Blätter feucht ± anliegend. Größere, oft kräftige Moose. Pflanzen mit ± hohlen, bis 2 mm langen, glatten Blättern, auch feucht anliegend. Kapseln ± waagerecht. (60* nach 63*)

61. Blätter plötzlich in ein langes Haar verjüngt. Seta rau. Stängelgipfel mit mehreren pinselförmigen, spreizenden Haaren.
.... **Cirriphyllum** S. 448 ff.

62. Einfach gefiedert. Habituell *Scleropodium purum* ähnlich. Nährstoffliebend. Nicht selten an Wegböschungen, in Parkwiesen u. Ä. ...... **Cirriphyllum piliferum** S. 448

62*. Büschelig verzweigt ist hingegen das für beschattete Kalkblockhalden typische Gebirgsmoos **Cirriphyllum tommasinii**. S. 449 (Wenn kaum verzweigte Moose unter 1 mm dicke, wurmförmige Stängel haben, wären auch *Myurella* (fast nur im Hochgebirge; S. 396) und *Pterigynandrum* (S. 403) zu vergleichen.)

61*. Mittelgroße, um 1 – 2 cm lange, niederliegende, haftende Moose. Mit viel kleineren und bis 2 mm langen, spitzen bis abgerundeten Blättern.

63. Blätter eiförmig, meist abgerundet, Rippe manchmal fehlend (dann mit *Hygrohypnum* (S. 428) vergleichen). Stängel grün, ± abgeflacht-wurmförmig, 1 – 2 cm lang, wenig verzweigt, dem Substrat angedrückt. Seta glatt. Häufig. An feuchtem Kalkgestein sowie Mauern verbreitet.
.... **Rhynchostegium murale** S. 450

63*. Blätter eiförmig bis breitlanzettlich, spitz, wenig hohl. Pflanzen z. T. braungrün, in meist bis zu handtellergroßen Decken. Basiphytisch. In Westdeutschland nicht selten. Gesteinsmoos, besonders an Mauern und Bachsteinen.
...... **Rhynchostegium confertum** S. 450

60*. Blätter aufrecht abstehend. Seta meist warzig-rau (außer 66*).

64. Wenigstens die Stängelblätter ± faltig, um 2 mm lang. Pflanzen in ± deutlichen Bäumchenrasen oder Decken. Kräftige, 1 – 5 cm lange, ± fiederige Pflanzen in größeren Beständen auf reicheren, feuchteren Waldböden..... **Eurhynchium striatum** agg. S. 453
(Sehr ähnlich, aber ohne Rippe und meist auf Gestein in Blockhalden, in der Ebene sehr selten. .. **Hylocomium brevirostre** S. 486)

64*. Blätter glatt. Stängelblätter bis 1,5 mm. Astblätter oft nur 0,5 mm lang.

65. Zweige ± deutlich fiederig, mit glatten, dreieckigen Stängelblättern. Astblätter viel kleiner, lanzettlich.

66. Stängel um 3 – 4 cm lang. Stängelblätter um 1,5 mm, feinspitzig. Kalkmeidend, auf feuchten Böden. Meist häufig, aber den Alpen wohl fehlend.
.... **Eurhynchium praelongum** S. 454

66*. Kleiner und zierlich. Stängelblätter um 1 mm lang. Astblätter mit stumpflicher Spitze. Seta glatt. Nur im Gebirge öfter. Formenreich.
..... **Eurhynchiastrum pulchellum** S. 454

65*. Stängel- und Astblätter gleich. Unregelmäßig verzweigt. Kräftigere, 2 – 3 cm lange Stängel. Stängelblätter um 1 mm lang.

67. Matt schmutziggrüne Moose. Astblätter mit gerader Spitze. Nährstoffliebend. Vor allem an lichten, ruderalen Plätzen.
.... **Eurhynchium hians** S. 456
(Ähnlich, aber in allen Teilen kleiner ist **Eurhynchium pumilum**, eine wärmeliebende Art, vor allem auf Löß- und Kalkböden (nur hier)).

67*. Grüne, schwachglänzende, ähnliche Moose. Astblätter mit gedrehter Spitze. Calciphytisch. . **Eurhynchium schleicheri** S. 457

58*. Deckel kurz geschnäbelt. Blätter nicht deutlich hohl, schräg oder aufrecht abstehend.

68. Blätter ohne Rippe. Blätter nicht faltig. (68* nach 71*)

69. Blätter ± sichelig, auch länger und lang zugespitzt.

70. Meist kräftige, 2 – 3 mm breite und bis über 5 cm lange, oft etwas gefiederte Moose. Stängel nie rotbraun. An Borke, morschem Holz und Gestein oder auf Erde (dazu vgl. *Hypnum cupressiforme*, *Hypnum jutlandicum* und *Hypnum lindbergii*). **Hypnum** S. 472 ff.

70*. Zierliche, kaum 1 cm lange Stängel und mit unter 0,5 mm langen Blättern haben Kalkgesteinsarten wie **Hypnum recurvatum** und **Hypnum sauteri** mit stark sicheligen sowie *Homomallium incurvatum* mit kaum gekrümmten Blättern. .... S. 475

69*. Stängel nur bis um 1 cm lang, lockerer beblättert, kaum verflacht. Blätter eiförmig zugespitzt, etwas hohl, mit kurzer, unscheinbarer Rippe. Auf reicheren Waldböden oft in ausgedehnten Beständen, besonders an Böschungen. Vor allem im Bergland.
.... **Plagiothecium cavifolium** S. 462

69**. Blätter gerade (vgl. aber auch *Hypnum cupressiforme* S. 473).

71. Pflanzen doppelt gefiedert, trocken etwas glänzend, mit rotbraunem Stängel. Zweige oft über 5 cm lang, Etagen bildend. Blätter anliegend. Auf Humus in Wäldern.
.... **Hylocomium splendens** S. 485

71*. Blätter trocken und feucht ± schräg abstehend, selten ± hohl, immer lanzettlich, fein zugespitzt.

68*. Wenigstens die Stängelblätter ± faltig, Pflanzen ± büschelig verzweigt, in ± deutlichen Bäumchenrasen oder Decken. Meist auf Gestein in Blockhalden, in der Ebene sehr selten.
.... **Hylocomium brevirostre** S. 486
(Ähnlich, (aber mit gerippten Stängelblättern,) ist **Eurhynchium striatum** S. 453.)

Weitere, gewöhnlich nur sterile Arten sind im folgenden Bestimmungsschlüssel für Laubmoose ohne Sporogone verarbeitet.

2. Bestimmungsschlüssel für Laubmoose ohne Sporenkapseln

A. Für aufrechte (akrokarpe) Laubmoose

1. Trocken weißliche, aber feucht hellgrüne, sonst auch braune, gelbliche oder rote Polster oder -rasen. Pflanzen kräftig, meist über 5 cm lang und über 1 cm breit (Blätter mit chlorophyllhaltigen Grünzellen und mit Wasserzellen mit Poren). Immer kalkmeidend. Auf vernässten, rohhumusreichen Böden.

2. Pflanzen einfach oder gabelig verzweigt, in kleineren bis über 30 cm breiten, dichten Polstern oder auch als Polsterrasen in Wäldern, Heiden oder Mooren. Blätter mit sehr breiter (Wasserzellen enthaltender) Rippe und schmaler, durchscheinender, ± kapuzenförmiger Lamina, mindestens 3 – 5 mm lang, schmal-lanzettlich verjüngt. Pflanzen grün bzw. weißlich-grün. Auf feuchtem Rohhumus, Torf, an Silikatgestein oder auch an Baumbasen. .... **Leucobryum** S. 280 ff.

2*. Pflanzen an offenen Plätzen oft rot überlaufen, bräunlich oder gelbgrün. Im Schatten feucht grün, trocken weißlich bzw. farbig. Stängel mit kurzen bis sehr kurzen Kopfästen (oft edelweißähnliche Köpfchen bildend) und dünneren, verkürzten, büscheligen Seitenästen. Blätter unter 2 mm lang, hohl, durchscheinend, rippenlos, die Grünzellen ein deutliches Netzwerk bildend. Auf

Feuchtstandorten in nassen Wäldern, auf Rohhumus und besonders in Mooren (auch submers), seltener über Rohhumus auf Gestein. .... **Sphagnum** S. 209 ff.

1*. Pflanzen mit anderer Merkmalskombination. Nie mit besonderen Wasserzellen.

3. Blätter echt und streng zweizeilig. (3* nach 7*)

4. Blätter ohne Rippe, spitz, nicht bis zum Stängel eingeschnitten. Hell matt-bläulichgrüne, nur um 3 mm hohe Rasen. Im Tiefschatten oft mit smaragdgrün reflektierendem Vorkeim. Kalkmeidend. Fehlt in der Ebene. In Höhlungen, unter Baumwurzeln und an anderen feuchten, geschützten Standorten in Wäldern und Blockhalden.
.... **Schistostega pennata** S. 333
(Echt zweizeilig sind auch die beblätterten Lebermoose (siehe S. 55), diese haben aber nie einfache und zugleich spitze Blätter.)

4*. Blätter mit deutlicher Rippe.

5. Blätter (bis 3-mal so lang wie breit) mit Rippe und aufliegendem kleinen Lappen (Flügel) von 1/3 – 2/3 der Blattlänge. Meist 2 bis über 20 mm große, gelblich- bis dunkelgrüne Rasen auf Erde oder Gestein (meist zumindest basiphytisch), auch submers.
.... **Fissidens** S. 242 ff.

5* Ähnlich ist ein Wassermoos mit linealischen Blättern und nur 1/3 so langen Flügellappen. .... **Octodiceras** S. 247

5**. Blätter nie mit solchen Flügellappen.

6. Blätter borstlich, mit weißer Blattscheide (Blatt abtrennen!). ..... **Distichium** S. 276

6*. Blätter breiter, lanzettlich bis länglich-lanzettlich, gezähnt, meist gesäumt, 2 – 5 mm lange Schattenform von
.... **Mnium** spec. S. 351 ff.

6**. Blätter elliptisch oder elliptisch-lanzettlich, gesäumt. Feuchtmoose.

7. Pflanzen braungrün. Blätter ± abgerundet, ganzrandig. .... **Rhizomnium** S. 352

7*. Pflanzen frisch- bis dunkelgrün. Blätter meist zugespitzt, ± deutlich gezähnt. Stängel oft nackt. .... **Plagiomnium** S. 354 ff.

3*. Blätter spiralig 3- bis vielzeilig. Stängel bzw. Zweige rundum bis abgeflacht, höchstens scheinbar 2-zeilig beblättert.

8. Pflanzen 3-zeilig beblättert. Kalkstet.

9. Sumpfmoos in 1 – 3 cm hohen Rasen. Stängel frischgrün, sparrig beblättert, aufrecht. Sehr selten. .... **Meesia triquetra** S. 361

9*. Feuchtmoos tiefschattiger Kalkfelsen. Pflanzen in Herden, nur wenige mm hoch. Selten im Mittelgebirge, zerstreut in den Alpen. *Seligeria trifaria* agg. (nur hier).

8*. Stängel rundum mehrzeilig beblättert. Blätter nie echt zweizeilig.

10. Blattrippe mit oberseitigen (mit der Lupe als feine Längsstreifung sichtbaren) Lamellen. (10* nach 20*)

11. Winzige, etwa 2 – 4 mm breite Rosetten. Kalkholde Herdenmoose offenerdiger Plätze. Rippe kaum verbreitert, mit niedrigen Lamellen oder Zellfäden.

12. Kaum über 2 mm breite Rosetten. Blätter schalenförmig, mit Glashaar, oben mit wenigen, niedrigen Lamellen. Meist mit Kapseln. An sonnig-trockenen Standorten.
.... **Pterygoneurum** S. 300 f.

12*. Blätter mit eingebogenem Rand, die 2 – 4 mm breiten Rosetten dunkelgrün, glänzend, einer kleinen *Aloe* ähnlich. Auf der oben breiteren Rippe dicht mit aufrechten Zellfäden besetzt (Querschnitt!). Z. T. steril. Trockenere bis feuchtere Standorte.
.... **Aloina** S. 301 ff.

11*. Moose immer viel größer, mindestens 3 – 5 mm, meist aber 1 cm oder viel höher. Rippe z. T. die ganze Blattbreite einnehmend. Blätter feucht ± abstehend bis schräg aufrecht. Kalkmeidend.

13. Blätter glänzend dunkelgrün, oben rinnig, fast stumpflich. Die Rippe mit wellenförmigen Lamellen und der Blattrand feucht oben eingebogen. Blätter trocken verbogen. Pflanzen in bis fast 5 mm breiten Rosetten, in niedrigen Rasen oder Herden, meist kaum 1 cm hoch. Besonders auf und an feuchteren Wegen. Vorwiegend im Gebirge. In der Ebene selten. .. **Oligotrichum hercynicum** S. 229

13*. Ähnlich, aber u. a. durch gerade Lamellen unterschieden, ist **Polytrichum sexangulare (S. 229)**, ein Charaktermoos alpiner Quellfluren.

13**. Mit anderer Merkmalskombination (immer mit geraden Lamellen).

14. Blätter mit durchscheinender, flachrandiger, oft welliger Lamina, mit gezähntem Rand. Rippe ± dünn (höchstens 1/3 der Blattbreite), mit wenige Zellen hohen Lamellen-Streifen. Blätter trocken ± kraus. . . . **Atrichum** S. 225 Wellige Blätter hat das sehr häufige **Atrichum undulatum.** Glattblättrig sind die kleineren und seltenen Arten **A. angustatum** und **A. tenellum**. . . . . S. 227 ff.

14*. Blätter derb, fleischig, nicht durchscheinend, mit Scheidenteil. Rippe fast die ganze Blattbreite einnehmend, es verbleibt nur ein schmaler Lamina-Rand.

15. Blätter feucht flach, nicht glänzend, gezähnelt, Rippe höchstens kurz austretend. (15* nach 18**)

16. Rosetten niedrig, matt dunkelgrün, meist kaum 1 cm hoch. In Herden oder lockeren Rasen. Mit lang ausdauerndem dunkelgrünem Vorkeim-Teppich. Nur auf offenerdigen, wenig feuchten Magerstandorten, besonders an Waldböschungen.
. . . . **Pogonatum aloides** und
. . . . **Pogonatum nanum** S. 230/231 f.

16*. Meist kräftige, gewöhnlich über (1 –) 2 cm (bis über 10 cm) hohe Moose. Besonders in Wäldern (vgl. aber 21).

17. Blätter feucht graugrün, z. T. gabelig verzweigt, ca. 1 – 5 cm hoch. Auf anlehmigen Mineralböden offener Standorte, z. B. auf Wegen. Im Silikatgebirge verbreitet, seltener in der Ebene. **Pogonatum urnigerum** S. 231

17*. Blätter feucht matt dunkelgrün, außer als Jugendform mindestens 2, häufig bis 10 cm und höher. Nie gabelig verzweigt. Besonders auf Rohhumus, auch über Gestein und auf morschem Holz.

18. Stängel unten etwas filzig. Habitus „mehr grob". (Lamellenendzellen abgerundet.) Oft bis 10 cm hohes, häufiges Waldmoos feuchter bis ziemlich trockener Lagen.
. . . . **Polytrichastrum formosum** S. 235

18*. Stängel auch unten kahl. Bis über 30 cm hohe Rasen von „graziler Erscheinung". Mit schmaleren, waagerecht abstehenden bis zurück gebogenen, um 1 cm langen Blättern. In Sümpfen, Flachmooren und Nasswiesen. Oft noch ziemlich verbreitet.
. . . . **Polytrichum commune** agg. S. 236

18**. Von ähnlicher Erscheinung (aber Lamellenendzellen abgerundet), Blätter etwas kürzer. Mit walzlichen Kapseln. An feuchten Waldböschungen und in Blockhalden. Die Art ist in den höheren Mittelgebirgen selten, aber ziemlich verbreitet in den Alpen. . . . . .
Polytrichastrum alpinum S. 233

15*. Blätter glänzend (blau-)grün, durch die auch feucht relativ breit eingebogenen Blattspeitenränder anscheinend ganzrandig. Rippe als gezähnter, roter Stachel oder weißes Haar austretend.

19. Rippe als langes, meist weißes Glashaar aus der stumpflichen Blattspitze austretend. An sonnigen Plätzen auf Mineralböden, z. B. in Sandheiden. **Polytrichum piliferum** S. 237

19*. Rippe als gezähnter, roter Stachel austretend. Blätter allmählich verjüngt.

20. Blätter spreizend, um 1 cm lang. An sonnigen Plätzen auf Mineralböden.
. . . . **Polytrichum juniperinum** S. 238
Beide vorgenannten Arten sind außerhalb der Kalkgebiete ziemlich häufig.

20*. Ähnlich der vorigen, aber ausgezeichnet durch Stängelfilz und kürzere, um 5 mm lange, spitzwinklig inserierte Blätter. Seltener. Nur in Mooren, besonders auf trockenfallendem, sowie auf alpinem Humus.
Polytrichum strictum S. 238

10*. Blattrippe oberseits ohne Lamellen (nicht gestreift). Akro- und pleurokarpe Moose. Pflanzen spiralig mehrzeilig beblättert.

21. Pflanzen vegetativ habituell in *Polytrichastrum formosum* ähnlichen Beständen. Blätter auch scheidig, grob gezähnt, aber ohne Lamellen auf der Rippe. Gebirgsarten, insbesondere der Alpen. Meist an schattig-feuchten Plätzen. . . . . . **Timmia** (nur hier + S. 93)

21*. Moose gewöhnlich von ganz anderer Erscheinung als die vorigen Arten.

22. Moose mit auffälligen Brutorganen und (bereits mit der Lupe erkennbaren) Brutkörpern. (22* nach 36*)

23. Am Ende aufrechter Triebe mit sitzenden oder gestielten Brutköpfchen bzw. Brutbechern. (23* nach 27*)
24. Blätter mit winzigen Glashaarspitzen. Stängelspitzen mit rotbraunen Brutkörperhäufchen (Lupe!) aus maulbeerartigen Brutkörpern. Auf Silikatfelsblöcken, besonders vulkanischem Gestein in Bergwäldern. .... **Grimmia hartmanii** S. 316
24*. Blätter ohne Glashaarspitzen. Brutköpfchen an 0,5 – 1 cm langen Trieben mit gelbgrünen oder grünlichen Brutkörpern.
25. Akrokarpe Moose. Brutkörper an der Spitze aufrechter Stängel.
26. Zumindest an den Stängelspitzen matt (Blattzellen mamillös!), hellgrün, angetrocknet oft gelbgrün. Blätter ± lanzettlich. In dichten Rasen oder Polstern. Auf morschem Holz, seltener an Silikatgestein usw. .... **Aulacomnium androgynum** S. 360 (Das meist über 2 cm hohe, viel kräftigere Sumpfmoos *Aulacomnium palustre* entwickelt teilweise seitliche Brutzweige.)
26*. Pflanzen ähnlich, aber dunkelgrün, schwach glänzend. Die bis 1 cm hohen, lockeren Rasen innen oft bräunlich. Blätter eiförmig zugespitzt. Oft mit Brutbechern aus schüsselförmig angeordneten Blättern, seltener nur Brutköpfchen. Auf ähnlichen Substraten, aber nie auf Sumpfboden. .... **Tetraphis pellucida** S. 239
25*. Astmoose: bräunlichgrüne, kleinere Arten. Die gerade-aufrechten kleinen Brutsprosse, an deren Ende winzige Brutblättchen sitzen, entspringen dem Rücken der niederliegenden Zweige.
27. Blätter etwas glänzend. Habituell einem kleinen *Hypnum cupressiforme* ähnlich. An saurer Borke, seltener an Silikatgestein, ziemlich verbreitet. ... **Platygyrium** S. 471
27*. Glanzloses Moos. Habituell einem *Amblystegium* ähnelnd. Jetzt wohl nur noch im Gebirge und dort in höheren Lagen nicht selten, an Borke und auch an Kalkstein. .... **Pseudoleskeella nervosa** S. 405
23*. Brutkörper nicht zu endständigen Köpfchen angehäuft.
28. Ein- bis mehrzellige Brutkörper (wenn vielzellige Blatt- oder Stängelteile, s. 28* nach 32*).
29. Niedrige (kaum 1 – 2 cm hohe) herdenbildende, in Rasen oder Polsterrasen wachsende Erdbewohner, seltener. (29* nach 30*)
30. Auch oder nur mit unterirdischen Brutknöllchen (Rhizoidgemmen). Kaum über 1 cm hohe Moose, fast nur auf Erde.
31. Blätter lineal bis pfriemlich. Knöllchen winzig, wie die Rhizoiden lila. *Dicranella heteromalla*-ähnliche Rasen bildend. .... **Leptobryum** S. 342
31*. Blätter breitlanzettlich. Mit himbeerartigen, bis über 0,2 mm großen, roten Brutkörpern (Lupe!), sowohl in den Blattachseln der bis um 1 cm hohen Pflanzen, wie an den Rhizoiden. Blätter breit-lanzettlich, grün bis braungrün. Auf feuchten Wegen und anderen ruderalen Standorten. .... **Bryum rubens** S. 341 (Weitere Verwandte (*Bryum erythrocarpum* agg.) entwickeln nur Rhizoidgemmen.)
30*. Brutorgane nur an oberirdischen Organen. Mit anderen und anders inserierten, kleinen Brutkörpern. Moose mit Büscheln von Brutfäden oder fädigen Brutsprossen auch in den Blattachseln. Moose verschiedener Substrate. An Borke und auf Rohhumus **Bryum subelegans** S. 337, nur auf dauerfeuchter Erde z. T. bei **Pohlia annotina** agg. S. 347, an morschem Holz **Dicranum flagellare** (S. 254), auf magerem Waldboden **Pseudotaxiphyllum elegans** (S. 466) sowie an (meist) kalkhaltigem Gestein und auf Erde **Encalypta streptocarpa** (S. 282).
29*. Nicht erdbewohnende Arten. Meist Brutkörper wenigzellig, an den Blättern gebildet. Moose in meist kleinen Polstern oder Polsterrasen, an Borke, seltener an Gestein.
32. Die kleinen Brutkörper sind mindestens mit der Lupe gut sichtbar.
33. Ein bis über 3 cm große, rasig wachsende (trocken *Leucodon* ähnliche) Pflanzen. An den bis um 5 mm langen Blättern wenigzellige, aber gut sichtbare, längliche Brutkörper. Die Blätter wirken durch den Brutfä-

denbesatz oft wie rostig behaart. An Borke ziemlich verbreitet, aber in der Ebene meist selten. .... **Orthotrichum lyellii** S. 372

33*. Pflanzen feucht in kleinen Rosetten (2 – 4 mm breit). Polster an freistehenden Laubbäumen (selten auch Gestein). Blätter mit eingebogenem Rand, kurzer Haarspitze und auf der Rippe der bis um 5 mm langen Blätter ein reicher Besatz kugeliger Brutkörper, der dort eine schwammige Masse bildet. .... **Syntrichia papillosa** S. 309. Auf der Blattfläche zerstreute Brutkörper hat hingegen die breitblättrige .... **Syntrichia latifolia** S. 307.

32*. Blätter ohne auffällige Brutorgane, bzw. mit nur mikroskopisch sichtbaren ein- oder wenigzelligen Brutkörpern ausgestattet sind z. B. **Dicranoweissia cirrata** S. 260, **Didymodon rigidulus** S. 290, **Grimmia trichophylla** S. 314, sowie einige Arten der Gattung **Orthotrichum** S. 368 und alle **Zygodon**-Arten S. 375.

28*. Moose mit vegetativer Ausbreitung durch abfallende Stängel- und Blattteile.

34. Mit axillären Brutknospen oder -knöllchen (vgl. auch 23*).

35. Mit axillären, winzigen, ± kugeligen Brutknospen. Aus den Blattachseln ± anliegender Blätter der bis über 0,5 cm hohen Stängel hervorquellend. So bei **Anomobryum concinnatum** S. 349 (auch an nassem Gestein), **Bryum bicolor** agg., **Bryum gemmiparum** und **Bryum argenteum** fo. S. 339/340 (sowie *Pohlia bulbifera und Pohlia filum*).

35*. Pflanzen mit in den Blattachseln gebildeten, herausfallenden, kurzblättrigen schlanken Brutknospen (besser -zweigen). Fast immer auf Rohhumus und morschem Holz. Vgl. **Campylopus flexuosus** und **Campylopus introflexus** S. 256/259, **Dicranum scoparium** S. 248, **Leucobryum** S. 280 ff. sowie auch **Pohlia nutans** fo. **saltans** S. 345 und **Pohlia annotina** agg. S. 347 sowie **Pseudotaxiphyllum elegans** S. 466. Deren „mod. *nana*" könnte man auch für eine Akrokarpe halten.

34*. Pflanzen mit brüchigen Blättern oder Blattspitzen und abbrechenden Brutblättern.

36. Leicht abfallende Brutblätter haben die dickrippigen, einseitswendig beblätterten, kalkmeidenden, 0,5 bis mehrere cm hohen, Rohhumus, morsches Holz und Silikatgestein bewohnenden Moose **Dicranodontium denudatum** S. 259, **Campylopus fragilis** und **C. pyriformis** S. 257 sowie **Dicranum montanum** S. 254.

36*. Durch leicht ab- und zerbrechende Blätter bzw. Blattspitzen sind u. a. **Dicranum tauricum, D. viride** und **D. montanum** S. 253/254 f., **Didymodon sinuosus**, **Tortella fragilis** (vgl. Smith) sowie **Oxystegus cylindricus** S. 287 und nicht selten auch **Tortella tortuosa** (fo. *fragilifolia*) ausgezeichnet (S. 285).

22*. Gewöhnlich ganz ohne Brutkörperbildungen.

37. Blätter wenigstens feucht abstehend, selten auch zurückgebogen. Glashaare fehlend. (37* nach 47*)

38. Die Stängelblätter auch trocken abstehend bis zurückgebogen.

39. Bis über 2 cm hohe, basi- bis calciphytische, seltene Sumpfmoose: Siehe **Paludella** (mit fast dreieckigen Blättern, S. 338) und **Meesia triquetra** (Blätter lanzettlich, S. 361).

39*. Bis kaum 3 mm hohe, winzige, einzeln bis in lockeren Räschen wachsende Erdmoose mit (rau) borstlichen, trocken wenig verbogenen Blättern. Sporogone selten. Feuchteliebendes Ruderalmoos. .... **Ditrichum tenuifolium** .... (= Trichodon t.)S. 275

38*. Die Stängelblätter nur feucht sparrig abstehend bis zurückgebogen.

40. Moose in Polstern oder Rasen (Blätter glatt oder papillös) (40* nach 45*).

41. Kräftige Moose in (1 –) 2 cm bis um 5 cm tiefen Rasen oder Polstern. Blätter fast immer undurchsichtig. An nassen Standorten (41* nach 44*).

42. Kalkmeidende Arten, fast nur im Gebirge.

43. Ein oft üppiges Sumpfmoos in 2 cm bis über 5 cm tiefen, glänzend-hellgrünen Rasen. Blätter lanzettlich. In kalten Quellmooren und Sümpfen der Silikatgebirge. Selten in der Ebene. .... **Dicranella palustris** S. 265

43*. Polstermoos aus 2 – 3 mm breiten, dunkelgrünen (abgestorben gelbbraunen) Pflanzen mit feucht glänzenden, gekrümmten (ganzrandigen, fein-papillösen) Blättern. Oft mehr als handgroße (auch ausgedehnte), 2 – 10 cm tiefe Polster an dauerfeuchten, oft überrieselten, basenreichen Silikatfelsen bildend. In den Silikatgebirgen ziemlich verbreitet. .... **Amphidium mougeotii** S. 268

42*. Calciphytisch. Blätter nicht glänzend.

44. Blätter lineal-lanzettlich. Habituell, wie auch seine rein alpinen Verwandten, *Amphidium* ähnlich, aber in hellgrünen Polstern und nur mikroskopisch sicher zu erkennen. Eine seltene, kalkholde Art der höheren Mittelgebirge und Alpen. .... **Anoectangium aestivum** S. 269

44*. Blätter eiförmig-lanzettlich bis zungenförmig, trüb grün. In viel kleineren Kurzrasen oder Polsterrasen. An meist nassen Standorten, auch auf Erde. *Didymodon tophaceus* und *D. spadiceus*: S. 288

41*. Moose an trockenen bis feuchten Plätzen. Wenn kalkmeidend nicht an nassem Gestein. Weniger kräftige, um 1 cm hohe polsterige Arten mit 3 – 5 mm langen Blättern.

45. Erd- und Mauermoose, meist mit Kapseln. Blätter ± spitz. An trockenen Plätzen.

46. Stachelspitzige, 6 – 7 mm lange Blätter hat das kalkholde Waldbodenmoos .... **Tortula subulata** S. 305

46*. Durch kaum bespitzte, oben dickrippige, nur 2 mm lange, trocken gedrehte Blätter ist *Tortula atrovirens*, ein Mauermoos der westdeutschen Weinbaugebiete, ausgezeichnet. (nur hier)

45*. Blätter z. T. stumpflich. Feuchtmoos. .... **Didymodon tophaceus** S. 288

40*. Herdenmoose oder auch als Kurzrasen. Selten über 10 mm hoch, ziemlich verbreitet.

47. Blätter spitz (selten stumpflich) und ± kalkholde Arten an offenerdigen Standorten, so z. B. auf Wegen.

48. Auf feuchten, erdigen, auch kalkarmen, oft ruderalen Plätzen. Blätter glatt, lineallanzettlich (das ähnliche *Ditrichum cylindricum* hat Borstblätter) und trocken kraus. .... **Dicranella schreberiana** S. 264 (Etwas ähnlich ist auch *Dichodontium*. Seine Arten haben aber breitere, kräftig gezähnte (mamillose) Blätter und wachsen fast nur an überrieseltem Ufergestein. In süddeutschen Gebirgen verbreitet, sonst selten.)

48*. Längerfristig trockene, kalkhaltige Standorte besiedeln die **Didymodon**-Arten (S. 289). Blätter grün bis bräunlich, feucht abstehend bis kurvig und lanzettlich-spitz (papillös), trocken angedrückt. Bei **Didymodon vinealis** var. **flaccida** sind die abstehenden Blätter kraus. S. 290.

47*. Blätter zungenförmig, feucht hell- bis dunkelgrün, trocken bräunlich, in niedrigen, 3 – 4 mm breiten Rosetten. An offenen, kalkfreien Böschungen (besonders in Laubwäldern), öfter mit *Pogonatum aloides*. In der Ebene sehr selten. .... **Diphyscium foliosum** S. 224

37*. Blätter feucht nicht sparrig abstehend, auch anliegend.

50. Blätter feucht immer (außer z. T. bei 69 – 69**) ± schräg abstehend bis höchstens trocken anliegend (50* nach 79*)

51. Blätter meist gerade (51* nach 72**).

52. Blätter in ein kurzes bis längeres Glashaar auslaufend. (52* nach 54**; vgl. auch 80*)

53. Feucht dunkelgrüne Büschel bis ausgedehnte Rasen. Blätter lineal-borstlich, steif aufrecht. Auf Sanddünen, in steinigen Trockenrasen (seltener auf morschem Holz). In Nord- und Westdeutschland inzwischen ziemlich verbreitet. .... **Campylopus introflexus** S. 258 (In den Südalpen ist (die nur mikroskopisch über Blattquerschnitte zu unterscheidende) **Campylopus pilifer** ziemlich verbreitet. In Norddeutschland kommt sehr selten das sehr kurzhaarige *Campylopus brevipilus* vor.)

53*. Pflanzen auch anders gefärbt. Blätter nicht lineal-borstlich. Nie auf Rohhumus.

54. Blätter meist mit längerem Glashaar, flach, ein- oder umgerollt, (1 –) 2 – 5 mm lang. Trocken an sonnigen Plätzen gewöhnlich grauhaarige Polster mit anliegenden Blättern bildend. Feucht dunkler grün bis schwärzlich, ± glänzend. .... **Grimmia** S. 312 ff.

54*. Ähnlich, aber durch längsfaltige, meist unter 2 mm lange Blätter zu unterscheiden. Im Silikatgebirge nicht selten.
.... **Coscinodon cribrosus S. ?**

54**. In ein bis um 2 cm hohen, feucht dunkelgrünen Polsterrasen oder polsterig. Trocken schwarzgrün bis schwärzlich, mit anliegenden Blättern. Glashaare meist kurz, z. T. nur an den Blättern der Zweigspitzen bzw. Perichaetien oder auch fehlend.
.... **Schistidium** S. 317 ff.

52*. Blätter ohne Glashaar oder wasserhelle Spitze (vgl. aber 82*).

55. Blätter lang pfriemlich auslaufend. Immer aufrechte Moose. Trocken anliegend, verbogen oder kraus. (55* nach 58**)

56. Blätter gerade bis wenig einseitswendig, trocken kaum verbogen, feucht und trocken grün (z. T. mit Zähnen in der Blattspitze). Meist auf Erde.

57. Wenige mm bis um 5 cm hohe Moose mit bis über 1 cm langen Blättern und wellenförmig verbogenem (flexuosem) Stängel. Kalkstetes Moos in Trockenrasen, wie an feuchten und schattigen Felsen. In den Kalkgebirgen verbreitet (ähnlich *Distichium* S. 264).
.... **Ditrichum flexicaule** agg. S. 273

57*. Kalkmeidende, meist kaum bis 5 mm hohe Arten, auch im Flachland (z. B. **Ditrichum pusillum**, wie im Gebirge. Dort z. B. **Ditrichum heteromallum** S. 274 ziemlich verbreitet. Öfter mit zylindrischen Bruttrieben).

56*. Blätter feucht kaum einseitswendig, aber trocken kraus, in meist kleineren, 1 - 2 cm hohen Polstern an Borke, wie auch an morschem Holz oder Silikatgestein.

58. Polster etwas glänzend (Blätter glatt, mit Brutkörpern). Häufiges Borken- (und selteneres Silikatgesteins-) Moos (in den Alpen ist die ähnliche (ohne Brutkörper und glatte Blätter) *D. crispula* an Silikatgestein verbreitet, seltener an Borke).
.... **Dicranoweisia cirrata** S. 260

58*. Polster matt hellgrün und oft dicht mit stäbchenförmigen Brutblättern (fo. *pulvinata*) besetzt. Verbreitet an morschem Holz und saurer Borke.
.... **Dicranum montanum** S. 254

58**. Habituell ähnlich sind zwei *Bryaceen* (mit rhomischen Zellen). Einmal ein mit violetten Rhizoiden und auf Kalktuff, nassen Wegen, Schlamm und besonders an vulkanischem Gestein sowie auch in Blumentöpfen wachsendes Moos, **Leptobryum pyriforme** (S. 342), wie auch eine weitere, auf morsches Holz, Rohhumus und Baumbasen beschränkte Art, **Orthodontium lineare** (S. 343).

55*. Blätter nie zum größeren Teil borstenförmig.

59. Blätter lanzettlich bis lineal-lanzettlich (59* nach 85*).

60. Blätter mit einer Rippe, die etwa 2/3 der Blattbreite einnimmt (noch breitere Rippen kommen bei *Leucobryum* (s. u.) und den *Polytrichum*-Arten vor), lineal-lanzettlich, oft ± einseitswendig. In dichten Rasen oder Polstern. Kalkmeidend. (60* nach 63*)

61. Dunkelgrüne bis schwärzliche, meist reichlich braunfilzige Moose. Blätter pfriemlich auslaufend. Häufig mit schlanken Brutknospen oder in Büscheln inserierten Bruchblättern. Vorzüglich auf Rohhumus und morschem Holz in Wäldern und Heiden.
.... **Campylopus** S. 256

62. Mit gelbgrünen, unten aufgeblasenen Brutblättern. Typisches Heidemoos.
.... **Campylopus pyriformis** S. 257

62*. Gipfelständige Brutblattbüschel hat die meist Silikatfels besiedelnde, seltenere **Campylopus fragilis** S. 257.

62**. Spreizende Brutsprösschen zeichnen das kleine und seltene *Campylopus subulatus* aus, das man am ehesten auf steinigen Wegen Westdeutschlands findet. Das häufige **Campylopus flexuosus** (S. 256) entwickelt hingegen schlanke Brutsprössschen. . . . .S. 256

61*. Nur mit (vom unteren Stängel abfallenden) Brutblättern, sonst einem *Campylopus* sehr ähnlich. Kein Bodenmoos und ohne Wurzelfilz. Vor allem im Gebirge und vorzüglich auf morschem Holz feuchter Lagen. ...... **Dicranodontium denudatum** S. 259

61**. Nie in schwarzgrünen, dichten Rasen. Selten mit Brutsprösschen. Auch an Gestein (und Borke).

63. Grüne, trocken graugrüne Polster. Blätter kaum verbogen, einseitswendig, in eine borstliche Spitze auslaufend. *Dicranum scoparium* sehr ähnelnd, jedoch u. a. auch mit schmaleren Blättern. Auf Felsblöcken und Borke im Silikatgebirge ziemlich verbreitet. Trockenresistent. ...... **Paraleucobryum longifolium** S. 255

63*. Pflanzen trocken in weißlich-grünen, oft über 5 cm tiefen und über 10 cm breiten Polstern oder flachen Polsterrasen. Blätter nicht durchscheinend, vorn kahnförmig, linealisch verjüngt, meist gerade, vorwiegend aus der Rippe bestehend. Kalkmeidend. Feuchtigkeitsliebende Moose, meist auf Rohhumus, am Boden oder auf feuchtem Silikatgestein in Wäldern. .... **Leucobryum** S. 280 ff.

60*. Blätter mit dünner Rippe (mit weniger als 1/3 der Blattbreite).

64. Polster oder Polsterrasen, 1 – 5 cm hoch. (64* nach 68**)

65. Niedrige bis üppige Bestände von (1 –) 2 – 5 cm Höhe, mit bis um 5 mm langen, trocken ± krausen Blättern. Auf Gestein oder Erde. (65* nach 67**)

66. Hell mattgrüne bis bläulichgrüne, schwer benetzbare Polster mit flachen, linealischen, zugespitzten Blättern. An kalkfreiem Silikatgestein (seltener auf Erde) in Wäldern (z. T. noch in der alpinen Stufe). In der Ebene selten. .... **Bartramia** S. 362

66*. Bestände hell- oder dunkelgrün. In den Kalkgebirgen oft verbreitet.

67. Habituell sehr ähnlich, aber dunkelgrün und glänzend. Kalkgebirgsmoos, besonders der Alpen. ...... **Plagiopus oederianus** S. 363

67*. Hellgrüne (selten etwas bräunliche) Polster und Polsterrasen. Blätter um 3 – 5 mm, lanzettlich bis lineal-lanzettlich und fein zugespitzt, mit wasserhellem Grund. Blätter bei *Tortella tortuosa* querwellig, sonst glatt. Auf kalkhaltigem Gestein oder Erde im Gebirge. In der Ebene fast nur verschleppt. .... **Tortella** S. 285 ff.

67**. Ähnlich der vorigen, aber lockere, leicht zerfallende Rasen aus 1 – 2 cm langen, gelb- bis graugrünen Stängeln. Blätter feucht sternförmig abstehend, nie wellig (mikroskopisch durch gezähnte Blattspitze unterschieden). Basiphytisch. In lückigen Trockenrasen. Südliche Art der Hügelstufe der Stromtäler. .... **Pleurochaete squarrosa** S. 286 (Vgl. auch das basiphytische, brüchig flachblättrige Silikatgebirgsmoos *Oxystegus* S. 274.)

65*. Polster u. Ä. kleiner und niedriger, meist um 1 – 2 cm tief. Blätter nur bis um 3 mm lang, trocken anliegend oder kraus, dunkel-, seltener auch gelbgrün. Meist an luftfeuchten bzw. nebelreichen, aber zeitweise trockeneren Standorten, an Fels sowie auch an Borke.

68. An Borke, seltener auch Gestein. Blätter feucht meist dunkelgrün, gerade, trocken (meist) straff anliegend, zuweilen stumpflich. .... **Orthotrichum** S. 368 ff.

68*. Wie vor, aber Stängel (gelb)grün, kaum 3 mm hoch, Polster auch tiefer. Blätter etwas gebogen, immer spitz (und mit länglichen Brutkörpern). .... **Zygodon** S. 375

68**. Ähnlich *Orthotrichum*, aber Blätter trocken kraus, ± glänzend. Fast nur an Waldgehölzen mit glatter Borke. (*Ulota hutchinsiae* ist ein seltenes Gesteinsmoos mit trocken anliegenden Blättern.) ..... **Ulota** S. 373 ff.

64*. Meist ziemlich niedrige, oft weniger als 5 mm hohe, seltener bis 2 cm tiefe Polsterrasen- oder Kurzrasen-Moose auf unterschiedlichen Substraten.

69. Kalkmeidende Arten.

70. Pflanzen frisch und trocken glänzend, Blätter um 2 mm lang, lanzettlich, mit umgebogenem Rand (glatt, Zellen dünnwandig). Rasen grün oder – an sonnigen Plätzen – auch rotbraun. Trocken verbogen bis kraus. .... **Ceratodon purpureus** S. 271

70*. Pflanzen nie glänzend, matt hellgrün bis braungrün, meist mit gestielten Brutköpfchen. Blätter lanzettlich, trocken anliegend (meist papillös). Auf morschem Holz, seltener auf Erde und kalkfreiem Gestein. .... **Aulacomnium androgynum** S. 360

69*. Mindest kalkholde Moose.

71. Hellgrüne, bis über 1 cm tiefe Polsterrasen (mit zitronenförmigen Brutkörpern) an nassem Kalkgestein der höheren Gebirge. .... **Barbula crocea** S. 293

71*. Auf trockenen Substraten, z. T. bis in die Ebene.

72. Ein bis über 2 cm tiefe, oft etwas bläulich-hellgrüne, dichte Rasen (meist nicht auf Erde), mit innen rot verfärbten, alten Blättern. Meist an schattigen Mauern und Kalkgestein, aber auch z. B. an Auwald-Borke. .... **Bryoerythrophyllum** S. 294

72*. Kleine Erdmoose in hell- oder gelbgrünen Rasen oder Polsterrasen. Besonders an Wegen, Böschungen und in Trockenrasen, aber auch an kalkhaltigem Gestein (z. T. auch an Borke). Blätter feucht abstehend, trocken straff anliegend bis gedreht oder etwas kraus. .... **Barbula** agg. S. 291 ff. (Wenn die Blätter schmal-dreieckig, spitz und am Rand umgerollt vgl. **Pseudocrossidium** S. 293 f.)

72**. Gewöhnlich dunkel- oder bräunlichgrün. Blätter feucht oft ± gekrümmt (bis zurückgebogen), trocken anliegend, verbogen bis kraus. .... **Didymodon** S. 289 ff. (*Didymodon tophaceus* wächst auch auf feuchter Erde oder Kalktuff.)

51*. Blätter meist gebogen bis stark einseitswenig.

73. Blätter aus lanzettlichem Grund borstlich bis lineal zugespitzt, mit einer meist nur bis ein Drittel der Blattbreite einnehmenden Rippe. (73* nach 74*)

74. Niedrige, bis um 1 cm hohe Rasen oder Herden auf dem Boden. *Dicranella heteromalla* auch auf morschem Holz oder Fels. Blätter um 3 mm lang oder kürzer, kaum länger als 1:3. **Dicranella** (Nur *Dicranella palustris* S. 265 wächst in (kalkfreien) Sümpfen und ist eine viel üppigere Art.) S. 263 ff. (74* nach 75*) (Habituell ähnlich *Dicranella heteromalla*, aber Blätter zweizeilig: siehe beim Kalkmoos **Distichium** S. 276.)

75. Blätter schwach bis deutlich einseitswendig, trocken nicht kraus, z. T. im ganzen oberen Teil gezähnt, ca. 3 – 5 mm lang. Die dichten Rasen meist nicht über 5 mm hoch. (75* nach 77*)

76. Blätter scheidig und auch an trockeneren und schattigen Plätzen, auf Rohhumus kalkfreier Erde wächst häufig **Dicranella heteromalla** S. 263.
(In den höheren Mittelgebirgen und Alpen ist die steril kaum zu unterscheidende *D. subulata* verbreitet S. 265).

76*. Blätter nicht scheidig.

77. Kurzlebige, braungrüne Pionier-Moose. Blätter oft nur schwach einseitswendig, unter 1 mm lang. Moose trockenerer bis feuchter Standorte. Pflanzen in oft kaum 1 cm hohen Rasen oder ± lockeren Herden, braun- oder dunkelgrün. Ziemlich häufig. Nicht seltene Besiedler offenerdiger, heller, grundfeuchter, lehmiger bis toniger Plätze. **Dicranella varia** (früher *Anisothecium*) und Verwandte: S. 264

78. Blätter lineal-lanzettlich, nur Spitze gezähnt. Auf feuchter, nährstoffreicherer Erde. Oft mit rotem Stängel, öfter mit Sporogonen. Kalkhold ist **Dicranella varia** sowie kalkmeidend **Dicranella rufescens** S. 265 (Steril ähnlich, aber Blätter relativ kurz, ab der Mitte gezähnt. Nässezeiger. **Pseudephemerum** S. 279.)

78*. Blätter borstlich auslaufend. Steril habituell *Dicranella heteromalla* ähnlich, aber meist schon mit den basal erweiterten Hüllblättern. Kalkmeidend. Besiedler feuchterer Erdblößen, auch Torf. **Pleuridium** (S. 277 f.)

77*. Meist langlebige, dunkelgrüne, kräftigere Moose mit borstlichen, (1 –) 2 mm langen höchstens an der Spitze gezähnelten Blättern, auf kalkarmen Böden. .... **Ditrichum** S. 273

(Wenn mit ± geschlängeltem Stängel und auf Kalksubstraten, besonders im Bergland: **Ditrichum flexicaule (S. ?)**)

75*. Blätter nur schräg aufrecht, fast immer steril. Auf Äckern, ruderalen Flächen und Gewässerufern verbreitet ist die bodenvage **Dicranella staphylina** S. 265.

74*. Wuchs ähnlich *Dicranella*, aber gewöhnlich viel größer, über 2 cm groß, Blätter oft bis 5 mm lang. Rippe nur ausnahmsweise (so bei *Dicranum fulvum*) 1/3 der Blattbreite erreichend. Blätter aus elliptisch-lanzettlichem Grund in eine borstliche bis linealische Spitze auslaufend. Trocken unverformt bis kraus. Außer *Dicranum muhlenbeckii* kalkmeidend. Oft auf Rohhumus sowie auf Erde über und an Fels, an Borke usf. **Dicranum** S. 249 ff. (Immer borstlich verjüngte Blätter haben die nicht glänzenden, trocken krausen *Dicranum flagellare, Dicranum montanum* und *Dicranum viride*.)

73*. Blätter lanzettlich, selten unter 1 mm, oft aber deutlich länger. Moose dauerfeuchter bis sumpfiger Standorte.

79. Häufig mit rotem Stängel. Pflanzen matt hell- oder bläulichgrün, 0,5 bis um 5 cm hoch. Blätter höchstens 3 mm lang. Unterhalb der „Blüten"stände oft mehrere wirtelig angeordnete, ± spreizende, kurze Seitentriebe. Meist kalkmeidend (nur *Philonotis calcarea* ist kalkhold). .... **Philonotis** S. 364 ff.

79*. Blätter um 5 mm lang, glänzend. Pflanzen meist über 2 cm hoch. .... **Dicranum bonjeanii** S. 252

50*. Blätter feucht oder mindestens trocken anliegend.

80. Blätter auch feucht angedrückt anliegend. Stängel wurmförmig, 1 – 2 mm dick. Ohne Glashaar.

81. Stängel silbrig-grün. Blätter breit eiförmig.

82. An feuchtem Gestein höherer Gebirge. Kalkstet ist **Plagiobryum zierii** (S. 348), das ähnliche **Anomobryum** (S. 349) jedoch kalkmeidend (und auch auf Erde).

82*. Ein häufiges, nährstoffliebendes Ruderalmoos auf Erde und Gestein, selbst in Pflasterritzen, ist .... **Bryum argenteum** S. 340

81*. Stängel dunkelgrün. Moose offenerdiger Standorte. Mit eiförmig-lanzettlichen Blättern: **Bryum bicolor** S. 340. Neben wurmförmigen Trieben meist auch mit normalen, elliptisch-lanzettlichen Blättern: vgl. **Ditrichum** (S. 273 ff.) und **Pohlia** (S. 345 ff.).

80*. Blätter nur trocken anliegend, verbogen oder selten auch gedreht. Moose mit Glashaar oder in eine längere Haarspitze endend (vgl. auch 52).

83. Hellgrüne kalkholde, herdenbildende Erdmoose mit kaum über 3 mm breiten Rosetten. Rippe oberseits mit Lamellen. .... **Pterygoneurum** S. 306 f.

83*. Polster- oder Polsterrasenmoose.

84. Pflanzen trocken matt, im Schatten z. T. ohne Glashaar, grau- bis schwarzgrün. Blätter mit Rippe, ± flach. In Polstern oder dem Substrat anliegenden Decken. Lichtliebende Moose an trockenen, fast immer kalkfreien Standorten auf Gestein, nur die Sippen von *Racomitrium canescens* agg. wachsen meist auf Erde. (Arten an nassem Gestein und feuchtschattigen Stellen sind immer dunkel- bis schwarzgrün und haben stumpfliche Blätter ohne Glashaar.) Fast alle *Racomitrium*-Arten sind nur mikroskopisch sicher zu unterscheiden. ... **Racomitrium** S. 322 ff.

84*. Moose in grünen bis schwärzlichen Polstern oder Polsterrasen. Blätter 2 – 3 mm lang. Fast ausschließlich auf Gestein.

85. Blätter lanzettlich, allmählich in ein ± kurzes Glashaar auslaufend (an Schatten- und Feuchtstandorten oft fehlend). Pflanzen mit trocken straff anliegenden Blättern. Meist kalkhold. Keine Polster bildend. .... **Schistidium** S. 317 f.

85*. Dichte Polster (seltener auch Polsterrasen) auf Silikat- und Kalkgestein. (Nur *Grimmia pulvinata* kann im Kalkgebirge ausnahmsweise auch an Borke wachsen.) **Grimmia** S. 312 ff.

59*. Blätter (breitlanzettlich) elliptisch-lanzettlich bis fast kreisförmig, ± rosettig angeordnet.

86. Blätter durchscheinend, z. T. gesäumt (vgl. aber auch **Tortula** S. 302 f.). Feuchtigkeitsliebende Arten. (86* nach 90*)

87. Blätter (2) bis über 3 mm lang. Rosetten über 0,5, meist über 1 cm breit. Immer langlebige Moose und Blätter nie in ein Haar auslaufend. Meist in Wäldern und Wiesen, auch in Sümpfen.

88. Blätter spatelförmig, breit zugespitzt, gezähnt und ungesäumt. Die 1 – 2 cm breiten, gestielten Rosetten oft in größeren Rasen. Nährstoffliebendes Moos feuchterer, meist schattiger Standorte. **Rhodobryum** S. 328 f.

88*. Blätter breitlanzettlich bis elliptisch, gesäumt, Pflanze meist um 1, selten bis 2 cm breit (nur die Stängel mit den männlichen Geschlechtsorganen als Rosette endend). Vgl. **Mnium** S. 351 ff. und **Plagiomnium** S. 354 ff. (gezähnt) sowie **Rhizomnium** (ganzrandig) S. 352.

87*. Pflanzen und Blätter meist kleiner. Rosetten kaum über 0,5 cm breit. Blätter öfter ohne Saum. Meist nährstoffliebende, oft kurzlebige und ± ruderale Arten.

89. Moose mit breitlanzettlichen bis eiförmigen oder spatelförmigen, zugespitzten, z. T. haarförmig verlängerten Blättern. Rosetten oft knospig, ältere Pflanzen auch ± gestielt. Blätter oft ± deutlich gesäumt. Oft ausdauernd und auch an weniger feuchten (selten nassen) Standorten. . . . . . . **Bryum** S. 339 ff. (*Pohlia*-Arten können als Jungpflanzen rosettig sein, haben aber relativ längere, nie gesäumte und nie in ein Haar auslaufende Blätter.)

89*. Immer kurzlebige Arten, stickstoff- und mineralreicher Standorte.

90. Blätter ± spatelförmig, kaum über 2 mm lang, aber sonst ähnlich wie vorige, höchstens mit kurzer haarförmiger Spitze. Falls mit Saum, ist dieser mit der Lupe nicht sichtbar. Rosetten nie gestielt. Kurzlebige Tiefland-Arten auf längerfristig feuchten, offenerdigen Standorten: **Funariaceae** S. 324 ff. (Vgl. **Funaria hygrometrica**, **Entosthodon fascicularis** und **Physcomitrium pyriforme.**)

90*. Auf verrottetem Dung (auch Tierleichen) an oft vernässten Standorten (jetzt in der Ebene ± fehlend). Blätter oft größer. **Splachnum** (und verwandte Splachnaceen) S. 312 ff.

86*. Blätter kleinzellig, dadurch fast immer undurchsichtig, stattdessen trübgrün, nie in ein Haar auslaufend. Selten (außer bei **Cinclidotus** und **Tortula**) ohne deutlichen Saum. Rippen ± dünn (außer bei *Tortula atrovirens* (nur hier) und z. T. bei *Aloina*: S. 301).

91. Fast immer kalkholde Arten. Blätter spitz bis stumpflich, z. T. mit kurz austretender Rippe. Erdbodenmoose. (91* nach 96*)

92. Meist in Herden. Kleinzellige, meist trockenresistente, niedrige akrokarpe Moose mit höchstens 3 mm breiten Rosetten.

93. Blattrand breit eingebogen, Blätter stumpflich, trocken eingekrümmt. Rosetten *Aloe*-artig, ± glänzend: vgl. **Aloina** S. 301 ff.

93*. Blattrand meist flach oder ± weit herauf umgebogen bis umgerollt. Rippe kurz (stachelspitzig) austretend. Andere Pottiaceen, wie **Pottia** S. 297 f., **Barbula unguiculata** S. 297 und **Phascum** S. 295 f. Vgl. auch **Tortula**, diese aber oft mit Glashaar. . . . . S. 302 f.

92*. Oft in dichten Polstern oder Polsterrasen mit trocken ± gedrehten Blättern.

94. Blätter meist um 3 mm (seltener länger). Blätter breitlanzettlich oder zungenförmig, oben eiförmig bis abgerundet. Vorwiegend in niedrigen, meist über 3 bis 5 mm breiten Rosetten. Blätter gewöhnlich mit deutlicher, wasserheller Basis. Meist auf Gestein oder Borke.

95. Blätter ± flachrandig, 3 – 4 mm, breit zugespitzt (z. T. mit stachelspitzig austretender Rippe), oft etwas wellig und trocken graugrün. Gesteinsmoose. (Nur *Encalypta ciliata* ist kalkmeidend.) . . . . . **Encalypta** S. 282 ff.

95*. Blätter zumindest unten meist mit deutlich umgebogenem Rand, Blätter trocken gedreht, um 3 mm lang. Stängel nackt. Polster oder Polsterrasen. Meist auf Gestein und Borke. Vgl. **Syntrichia** (S. 305), z. B. Blätter 3 – 5 mm, frisch gelb- bis hellgrün, trocken blaugrün. Rippe nicht austretend. An Borke oder Gestein, meist in Fließwassernähe. Vor allem in Tieflagen.
. . . . **Syntrichia latifolia** S. 307

94*. Blätter mit kurz austretender Rippe. Vorzüglich auf Gestein oder auch Erde. Frisch grün. Oft kleiner und niedriger, **Tortula** S. 302

96. Blätter etwa 2 – 3 mm, Blattrand undeutlich gesäumt. An schattigen Mauern und Kalkgestein. Nicht selten (mit *Barbula unguiculata* vergleichen).
.... **Tortula muralis** var. **aestiva** S. 302

96*. Blätter oft um 5 mm, mit ± lanzettlicher Spitze und gesäumt (mit Lupe kaum sichtbar). An Waldböschungen, vor allem auf Erde, seltener über Gestein.
.... **Tortula subulata** S. 305

91*. Polster und Polsterrasen. Stängel meist viel kürzer, Blätter trocken nicht gedreht und nie weißlichgrün (vgl. aber *Bryum argenteum* S. 340). Oft kalkmeidend.

97. Dunkel- bis schwärzlichgrüne, seltener bräunliche, (0,5 –) 1 – 2 cm hohe Gesteinsmoose. Blätter trocken fast immer (s. aber 104*) straff anliegend. (97* nach 103*)

98. An zumindest zeitweise nassen Standorten.

99. Fast nur im Uferbereich von Fließgewässern.

100. Kalkmeidend und ohne mit der Lupe erkennbarem Saum, Blätter breitlanzettlich, trocken ± straff anliegend. Vgl. **Orthotrichum cupulatum** var. **riparium** S. 379, **Racomitrium aciculare** S. 323 oder **Schistidium rivulare** S. 301.

100*. Kalkhold, mit deutlichem, wulstigem Saum, Blätter breitlanzettlich bis zungenförmig, anliegend (nur bei *Cinclidotus fontinaloides* verbogen)... **Cinclidotus** S. 309 ff.

99*. Auf meist überrieseltem Kalktuff. Hell- bis bläulichgrüne Polster mit starren, lineal-lanzettlichen, lang zugespitzten Blättern. Vor allem im Kalkgebirge und dort nicht selten. (Mikroskopisch mit wasserheller Basis und Zähnchen an deren Ansatz.)
.... **Eucladium verticillatum** S. 288
(Oft mit *Didymodon tophaceus*: in bräunlich oder dunkelgrünen Polstern.)

98*. Auf trockenem, oft kalkfreiem Gestein.

101. Moose absolut kalkmeidend. Trocken straff anliegend.

102. Rotbraune bis schwärzliche Polster. Blätter kaum 1 mm, ± lanzettlich bis breit lanzettlich, mit oder ohne Rippe (so die häufigere **Andreaea rupestris**). An kalkfreiem, meist sonnigem Gestein, fast nur im Gebirge, vor allem in den Alpen. ... **Andreaea** S. 221 ff.

102*. Blätter ± lanzettlich, etwas länger. (Oft mit Glasspitzchen: Lupe!)

103. Dunkelgrün oder schwärzlich und auch in Tieflagen. Kaum ruderal. Schattenformen von**Racomitrium heterostichum** agg. S. 328

103*. Auch heller grün. Oft auf Mauern.
.... **Schistidium apocarpum** S. 317

97*. An Borke und Gestein.. **Orthotrichum** S. 368 ff.

101*. Moose mindestens z. T. kalkhold.

104. Nie schwarzgrün. Häufig grüne bis dunkelgrüne Polster und Polsterrrasen von 0,5 bis über 3 cm Tiefe. Blätter meist 1 – 3 mm lang, ganzrandig, trocken verbogen bis selten auch kraus, lineal-lanzettlich. Auf verschiedenen Substraten, aber kaum auf Erde. Häufig kalkmeidende Gesteinsmoose.

105. In offenen, trockenen Silikatgesteins-Blockhalden Süddeutschlands und der Südalpen. Inzwischen meist selten (Blätter mikroskopisch mit hyalinem Randzellband an der Basis). .... **Ulota hutchinsiae** S. 374

105*. Mehr oder weniger hellgrün, an Borke und zuweilen auch auf Kalkgestein und Mauern. Zerstreut. .... **Zygodon** S. 375 und
.... **Orthotrichum obtusifolium** S. 373

104*. Blätter trocken kraus, glatt oder mamillös (nur mikroskopisch und mit Kapsel sicher zu bestimmen: s. dort). Silikatgesteinsmoose.

106. Blätter mamillös, Blattspitze gezähnelt. An trockenerem bis schattig-feuchtem Gestein der Silikat-Mittelgebirge und Alpen. In der Ebene sehr selten (wenn Blätter abstehend, fast glatt und kaum 2 mm lang, vgl. **Amphidium** S. 268 ff.)..... **Cynodontium** S. 267 f.

106*. Mit etwas kürzeren Blättern (und sonst nur durch die glatten Kapseln) unterschieden. Jedoch nur auf sonnig-trockenem Fels der wärmeren Lagen der Hügelstufe Westdeutschlands und dort oft ziemlich verbreitet. ...... **Cynodontium bruntonii** S. 268
(Habituell sind auch kleinere, schrumpfblättrige, schwach glänzende **Dicranum**-Arten,

wie z. B. **Dicranum montanum** S. 254 und **Dicranoweisia** S. 260 ff. ähnlich. Diese kommen jedoch auch an morschem Holz und in der Ebene vor.)

106**. Trocken schwach glänzende Borkenmoose. Pflanzen grün oder hellgrün (seltener bräunlich). Ein bis selten über 3 cm breite und tiefe Pölsterchen an Waldbäumen feuchterer Lagen, vor allem im Mittelgebirge. . . . . **Ulota bruchii** und **Ulota crispa** (weitere Arten sind sehr selten) S. 373 ff.

B. Für niederliegende (pleurokarpe) Laubmoose

1. Pflanzen 3-zeilig beblättert. Kräftige Wassermoose von oft 10 cm (bis um 1 m) Länge. Verzweigt, niederliegend (am Ufer) oder flutend. Blätter ohne Rippe, dem Stängel anliegend, mit gekieltem (oder abgerundetem) Rücken. . . . . **Fontinalis** S. 379 ff.

1*. Vielzeilig beblättert

2. Stängel und Zweige ± stark und deutlich abgeflacht bzw. zusammengedrückt, glänzend. Meist glänzend und trocken nicht schrumpfend (2* nach 17**).

3. Stängel niedergedrückt, mit ± abwärts gebogenen Blattspitzen. Rippenlos.

4. Zierliche bis kräftige Moose. Pflanzen glänzend. Nie mit Brutsprossen. Auf verschiedensten Substraten. . . . . **Hypnum** S. 473 ff.

4*. Pflanzen dem Substrat angedrückt, ähnlich, aber immer bräunlich, fast geradblättrig. Zweige um 1 mm breit, meist mit den aufrechten Brutsprossen. Kalkmeidend. An morschem Holz und saurer Borke (selten an Silikatgestein). Verbreitet. . . . . **Platygyrium repens** S. 471

3*. Blätter gerade. Schatten- und oft Feuchtmoose. Stängel und Zweige stark abgeplattet. Oberflächlich betrachtet zweizeilig erscheinend (3** nach 16**).

5. Blätter oft nur schwach, aber deutlich gerippt. Kalkhold.

6. Zweige und Stängel abgeplattet, in ± angedrückten Rasen oder Decken. Blätter mit Rippe. Kräftigeres Moos mit filzigem Stängel und gespitzten, gewellten Blättern. Seltenes Mittelgebirgsmoos meist schattiger Felsen. Blätter gerippt, ± fiederig verzweigt. Zweige meist 2 – 5 cm lang. . . . . **Neckera menziesii** S. 389

6*. Stängel glatt.

7. Zweige ganz abgeplattet, aber dachrinnenförmig, etwa scharfkantig. Gesteins- und Borkenmoose. Pflanzen 1 – 2 cm lang, etwa 3 mm breit, in flachen, glänzenden Decken. Blätter 4-zeilig angeordnet, zungenförmig, oben abgerundet, aber kurz bespitzt. Zellnetz undeutlich. Waldmoos feuchterer Lagen. Besonders an Baumbasen entlang von Fließgewässern wie auch an Gestein. Ziemlich verbreitet. . . . . **Homalia trichomanoides** S. 391

7*. Bäumchenrasen. (2 –) 3 bis über 5 cm hohe, in einer Ebene verzweigte (Etagen bildende), braungrüne „Bäumchenkronen" auf 1 – 5 cm langen, schwärzlichen, beschuppten Stielen. Blätter nicht abgerundet, oben gezähnt. An Ufergestein und anderen sehr luftfeuchten Standorten in Wäldern. . . . . . . **Thamnobryum alopecurum** S. 392

5*. Rippenlos oder Rippe nur kurz-gabelig. Nie bäumchenförmig, meist als ± dichte, dem Substrat angedrückte, vielzeilige Deckenmoose. Mit oder ohne besondere Brutorgane.

8. Vorwiegend kräftigere Moose. Blätter (1 –) 2 bis ca. 5 mm lang. Auf basen- oder kalkreichem Gestein oder Borke. (8* nach 9*)

9. Stängel deutlich gefiedert. An länger trockenen, aber genügend luftfeuchten Plätzen. (9* nach 12*)

10. Blätter spitz oder stumpflich, nie abgerundet.

11. Gewöhnlich 3, aber oft bis 10 cm große und dann ± fiederige Pflanzen, mit 2 – 4 mm breiten Zweigen. Mit gespitzten, glatten oder gewellten Blättern. Nie direkt an Ufergestein. In der Ebene selten. . . . . **Alleniella complanata** etc. S. 386

11*. Kräftiges, um 5 cm langes, verzweigtes, dunkelgrünes, an *Hypnum cupressiforme* erinnerndes, aber bereits durch ± gerade Blätter und den Standort unterschiedenes Moos.

Auf Kalk und basenreichem Gestein feuchter Blockhalden, besonders im Kalkgebirge (selten auf feuchtem Beton). Verbreitet auf der Alb und in den Südalpen, aber in Mittel- und Westdeutschland sehr selten.
.... **Entodon schleicheri** S. 458

10*. Blätter abgerundet und 2 – 3 mm lang.

12. Stängel auch trocken ganz abgeplattet. Oft mit fädlichen Brutsprossen (wie sie auch die bespitzt-blättrige *N. complanata* entwickelt). An schattig-trockenen Felsen und in luftfeuchter Lage auch an Borke. Selten im östlichen Deutschland. Ziemlich häufig südlich der Alpen, so in Südtirol.
.... **Alleniella besseri** S. 387

12*. Stängel trocken schneckenförmig eingerollt und (nur) dann ein sehr charakteristisches Moos. Eine atlantisch-mediterrane Art, die nach Norden bis zu den Niederlanden und Großbritanniensowie bis in die Südalpen vorkommt. Standorte wie bei voriger.
.... **Leptodon** S. 389

9*. Stängel nicht gefiedert, feuchteliebend. Auf nasser Erde oder überrieseltem, erdigem Fels. Ähnlich *Homalia*, aber kräftiger, Blätter abgerundet und Zweige über 5 mm breit und Zellnetz locker, durchscheinend (Lupe!). Basiphytisch. An schattigen Plätzen, fast nur im Gebirge. In der Ebene sehr selten.
.... **Hookeria lucens** S. 395

8*. Pflanzen anders, oft nur aus Seitenzweigen bestehend (nie fiederig). Blätter ± spitz zulaufend, Rippe höchstens schwach entwickelt. *Plagiothecium* s. l.

13. Die den kriechenden Stängeln entspringenden Zweige nur 5 – 10 (bis um 20 mm) lang.

14. Die glänzenden, frisch- bis hellgrünen, platt abgeflachten Zweige in kleinen Decken, feucht nach Gurken riechend. Meist an Gestein, kalkhold. (Blätter breit gespitzt, an der Spitze gezähnt, kurzzellig.) Fehlt in Norddeutschland. . **Taxiphyllum wissgrillii** S. 467

14*. Wie vorige, aber ohne Gurkengeruch und immer kalkmeidend. (Blattspitze langzellig.)

15. Mit allmählich verjüngten Blättern. Fast immer in den Blattachseln mit zahlreichen, stabförmigen Brutsprösschen, zuweilen ganz davon bedeckt (fo. *nana*) (Blätter oben fein gezähnt). Charakterart nährstoffarmer, länger trockener Waldböschungen. Oft häufig. .... **Pseudotaxiphyllum elegans** (=Isopterygium el.) S. 466

15*. Weder mit auffälligen Brutsprösschen, noch mit Gurkengeruch. Sonst ähnlich, aber Zweige kaum 10 mm lang (Blätter ganzrandig, mit wenigzelligen Brutkörpern). Auf morschem Holz und an Baumbasen feuchter Lagen, besonders in Erlenbrüchen. Vor allem in der Ebene Nord- und Westdeutschlands, sonst selten oder fehlend.
...... **Plagiothecium latebricolum** S. 467

13*. Meist viel kräftiger und die Zweige gewöhnlich über 1 cm lang. Blätter oft asymmetrisch, herablaufend, ± ganzrandig. Rippe öfter kurz, gabelig. Zuweilen mit einzellreihigen Brutfäden. Kalkmeidend. Vorwiegend auf Waldboden, besonders auf Rohhumus sowie auch an Baumbasen und morschem Holz. .... **Plagiothecium** S. 461

16. Blätter wellig, Pflanzen hellgrün, Zweige 2 – 3 (– 5) cm lang, in oft ausgedehnten Decken. Auf Rohhumus, vor allem in Nadelwäldern und -forsten (verschleppt). Ziemlich verbreitet. Im Silikatgebirge oft häufig.
.... **Plagiothecium undulatum** S. 465

16*. Ähnlich, aber kleiner und zudem ein Sumpfmoos nährstoffreicherer Standorte ist **Plagiothecium denticulatum** var. **undulatum** (= P. ruthei) .... S. 461

16**. Blätter glatt und Zweige meist nur um 1 cm lang, auch trocken kaum verbogen. Kalkmeidende, ziemlich verbreitete (nur mikroskopisch sicher zu bestimmende) Wald- und Gebüschmoose. Ziemlich häufig mit (geneigter) Kapsel sind **Plagiothecium denticulatum** und **Plagiothecium laetum** var. **secundum**. Oder Kapsel aufrecht bei **Plagiothecium laetum** und **Plagiothecium cavifolium**. Letztere mit hohlen Blättern, Stängel kaum abgeflacht. Eine basiphytische Art (auch auf Humus über Kalk).

3**. Zweige nur ± zusammengedrückt, nie „dachrinnenförmig“. Moose ohne erkennbare Brutorgane. Blätter symmetrisch, nie kurz bespitzt. Formenreich. Blattrippe bis über die Mitte. Nie bäumchenförmig. Öfter an Ufer- und Bachgestein. Nährstoffliebend.

17. Blätter ganzrandig, schmal-lanzettlich, allmählich zugespitzt, zuweilen 2-zeilig erscheinend. Zweige meist nur bis 2 cm lang. An feuchtem bis nassem Gestein und morschem Holz, auch außerhalb der Gewässer. Vor allem in der Ebene.
.... **Leptodictyum riparium** S. 423

17*. Blätter oben gezähnt, elliptisch-breitlanzettlich, breit zugespitzt. Pflanzen unregelmäßig verzweigt, noch kräftiger, mindestens mehrere cm lang, wenn submers im Wasser oft über 20 cm große Moose. Stängel wenig abgeflacht (bei fo. *atlantica* sogar zylindrisch). Kalkholdes Ufer- und Fließgewässermoos, vor allem im Gebirge. Auch an überrieseltem Fels (Tuffbildner). In der Ebene oft selten.
.... **Platyhypnidium riparioides** S. 452

17**. Vgl. z. B. auch **Plagiothecium cavifolium** S. 462 und **Rhynchostegium** ..... S. 450 f.

2*. Beblätterung der Zweige und Stängel nicht abgeflacht, rundum abstehend oder deutlich einseitswendig oder auch anliegend beblättert.

18. Mit gut erkennbaren Brutorganen (wenn Zweige abgeplattet s. oben, 4* & 15).

19. Alle Zweige dem Substrat ± anliegend, abgeflacht. Pflanzen hellgrün, glänzend. Blätter 1 – 2 mm lang. Kalkmeidend. Die Decken auf offenen Waldböden.
.. Vgl. **Pseudotaxiphyllum elegans** S. 466

19*. Pflanzen oft bräunlich bis schwärzlichgrün, mit 2 – 3 mm hohen, durch Brutblätter struppigen, aufrechten Brutästen. Blätter trocken ± anliegend, feucht schräg abstehend, wenig einseitswendig.

20. Zierliches, unregelmäßig verzweigtes, nicht glänzendes Moos. Blätter gerade, mit Rippe. In dichten Decken an Borke und Kalkgestein der Gebirge. In der Ebene heute fehlend.
.... **Pseudoleskeella nervosa** S. 405

20*. Trocken aufwärts gekrümmte, bis 3 cm lange Zweige. In lockeren Rasen an Borke freistehender Laubbäume und kalk- sowie basenreichem Gestein. Blätter längsfaltig, ohne Rippe. Öfter mit kurzen, struppigen Brutzweigen. .. **Leucodon sciuroides** S. 382

18*. Gewöhnlich ohne Brutorgane.

21. Blätter ± abstehend (21* nach 39**).

22. Zumindest die Stängelblätter feucht und trocken sparrig abstehend (22* nach 26*).

23. Alle Blätter (auch trocken) abstehend.

24. Blätter ± dreieckig und lang zugespitzt, ganz oder fast ganzrandig, mit oder ohne Rippe. Erdmoose, seltener auf Gestein. Kalkhold. .... **Campylium** S. 417 ff.

25. Zierliche, feucht kaum 1 mm breite Zweige und etwa 1 mm lange Blätter. **Campylidium calcareum** und das Alpenmoos **Campylium halleri**. .... S. 418
(Ähnlich der ersteren ist feuchtes **Ambystegium serpens** var. **juratzkanum** S. 420, aber mit mehr gezähnten, lanzettlichen Blättern. Seitenastloses **Eurhynchium praelongum** S. 454 wird durch gezähnte Stängelblätter unterschieden; beide haben Blätter mit Rippe.)

25*. Kräftiger entwickelt (Blätter bis 1,5 mm) ist das Trockenrasenmoos **Campylium chrysophyllum** (S. 417) und noch größer die Varietäten des Feuchtmooses **Campylium stellatum** (Blätter um 2 mm). .... S. 419

24*. Kräftigere, oft ausgedehnte Rasen oder deckenbildende Moose mit aufrechten, dichtrasig stehenden, bis über 10 cm hohen Ästen oder auch liegenden und dann unregelmäßig fiederigen, bis über 20 cm langen Zweigen. Rippe fehlend. Auf Erde, Humus oder über Gestein.
.... **Rhytidiadelphus** S. 480 ff.

23*. Nur die Stängelblätter ± sparrig abstehend. Niederliegende, 2 – 5 cm lange, ± regelmäßig einfach gefiederte Astmoose.

26. Stängelblätter um 1 mm, glatt, mit Rippe. Auf feuchterer Erde (oder Gestein) verbreitet (eine ähnliche Gebirgsart ist *Brachythecium starkei*).
.... **Eurhynchium praelongum** S. 454

26*. Kräftige, habituell *Eurhynchium striatum* ähnliches, fast nur im Bergland vorkommendes Moos mit tieffaltigen, aber rippenlosen Blättern. .. **Hylocomium brevirostre** S. 486

22*. Blätter feucht ± schräg aufwärts abstehend (bis horizontal) oder auch abwärts gebogen (falkat).
27. Blätter aufrecht abstehend (27* nach 31*).
28. Bäumchenrasen bildende Moose mit gerippten, breit zugespitzten Blättern, kräftige Waldbodenpflanzen mit länglich- bis breit dreieckigen Blättern.
.... **Eurhynchium striatum** agg. S. 453 (Bäumchenrasen bilden auch andere **Eurhynchium**- sowie **Isothecium**-Arten S. 434 ff.)
28*. Unregelmäßig verzweigte, z. T. nur undeutlich beastete, deckenbildende Moose. (28** nach 29**)
29. Ohne Rippe. Pflanzen gerötet, glänzend. Im höheren Mittelgebirge und Kalkalpen, sonst sehr selten.
30. Zweige gerade. Kupferrotes (selten dunkelgrünes), glänzendes, aus über 3 cm langen Zweigen zusammengesetzte Decken bildendes Moos mit lineal-lanzettlichen, um 3 mm langen, längsfaltigen Blattern (ohne Blattflügel). Auf vernässtem Kalkgestein, fast nur in den Alpen. **Orthothecium rufescens** S. 458
30*. Viel kleiner und nur mit bis 2 mm langen, faltenlosen Blättern ist **Orthothecium intricatum**. Es kommt an feucht-schattigen Felsen zerstreut auch in den Kalkmittelgebirgen vor.
29*. Mit Rippe. Zierliche, dem Substrat angedrückte Arten mit kaum 3 cm erreichenden Stängeln. Blätter lanzettlich bis breit-lanzettlich, nicht faltig. Ziemlich häufige Arten auf Erde oder Gestein. Rasen dunkelgrün und Blätter ganz gerade (Rippe bis in die Spitze). **Brachythecium populeum** (S. 443) sowie Rasen heller grün und Astblätter etwas einseitswendig, mit kürzerer Rippe.
.... **Brachythecium velutinum** S. 441 (Weitere zierliche *Brachythecium*-Arten sind selten und haben meist dreieckige Stängelblätter.)
29**. In schmutziggrünen Decken an Ruderalplätzen, auf Wegen und Brachland. Nährstoffzeiger. Häufig.
.... **Eurhynchium hians** S. 456
(*Eurhynchium speciosum* unterscheidet sich durch Einhäusigkeit sowie trocken durch Goldglanz. Es kommt vor allem in feuchten Auen vor. **Eurhynchium schleicheri** ist hingegen ein Kalkmoos (unterschieden durch gedrehte Astblattspitzen).)
28**. Hauptzweige regelmäßig gefiedert. Stängelblätter breiter. Pflanzen schwach glänzend.
31. Stängel 2 – 3 (– 4) cm lang, durch um 1 mm breite oder schmalere Seitenzweige gefiedert. Blätter glatt, spitz, gezähnt, mit Rippe. Stängelblätter sparrig, flach. Kalkmeidende Feucht-Moose.
.... **Eurhynchium praelongum** S. 454
31*. Stängel 1 – 2 cm lang, Astblätter kleiner, stumpflich! Beim habituell z. T. etwas ähnlichen **Eurhynchiastrum pulchellum**: Ein basiphytisches Gebirgsmoos. Oft selten (S. 419).
27*. Blätter einseitswendig, schwach sichelig bis kreisförmig gekrümmt.
32. Stängel undeutlich gefiedert oder unregelmäßig verzweigt. (32* nach 35**)
33. Zweige ± deutlich abgeflacht. Seitenzweige oft 2 mm breit, aber auch viel schmaler. Blätter mit ± herabgebogener Spitze. Blätter immer ohne Rippe, kaum 2 mm lang oder kleiner. Pflanze ± glänzend. Auf unterschiedlichen Substraten....... **Hypnum** S. 473 ff.
33*. Blätter mit Rippe. Meist kräftige Moose.
34. An trockeneren Standorten. Blätter längs- und querfaltig. Blätter etwas einseitswendig, mit dünner Rippe. Meist goldbraune bis gelbgrüne, Hasenpfoten ähnliche, um 3 mm dicke, bis um 5 cm lange, oft unverzweigte Stängel. Basiphytisch, oft auch in Kalktrockenrasen und Kiefernwäldern. Im Bergland verbreitet, sonst meist fehlend. Fast nie mit Kapseln. ..... **Rhytidium rugosum** S. 479
34* Feuchtmoose, z. T. auch submers. Nur in Sümpfen, Mooren und Nasswiesen. Blätter meist über 2 mm, mit großen Blattflügeln.
35. Sumpfmoose. Blätter glatt (längsfaltige Arten selten), immer spitz und mit Rippe, gewöhnlich bis kreisförmig sichelig (bei Wasserformen aber auch gerade). Pflanzen oft

glänzend. Stängel nackt. Kalkstete bis kalkmeidende Arten. . . . . . **Drepanocladus** agg. . . . . (inkl. **Warnstorfia & Scorpidium** . . . . **cossonii**) S. 425 ff.

35*. Ohne Rippe. Blätter bis 3 mm lang. Seltene Kalksumpf-Art.
. . . . **Scorpidium scorpioides** S. 429

35**. Auf kalkhaltigem, feuchtem Gestein (**Hygrohypnum luridum**) bzw. in und am Ufer von Fließgewässern und in Quellsümpfen. Blätter einseitswendig bis sichelförmig gekrümmt, eiförmig-bespitzt bis kreisförmig, oft mit stumpflicher Spitze. Gewöhnlich mit Rippe. In der Ebene meist selten.
. . . . **Hygrohypnum** S. 428
(Anmerkung: Kümmerformen der nachfolgenden fiederigen Moose können ebenfalls nur unregelmäßig beastet sein.)

32*. Hauptzweige als gut ausgebildete, einfache „Fiedern“.

36. Moose immer mit Rippe und Paraphyllien. (36* nach 38*)

37. Blätter glatt, 1 (– 2) mm lang. Moose nasser bis sumpfiger (mindestens feuchter) Standorte. Z. T. auch submers. Nie an Borke, immer mit Rippe, Stängelblätter glatt. Pflanze glanzlos. Stängel mit Paraphyllien. Auf feuchten bis nassen, meist kalkhaltigen Substraten (auch Kalktuff).
. . . . **Cratoneuron filicinum** S. 414

37*. Zumindest die Stammblätter längsfaltig.

38. Oft kräftigere Moose, trocken z. T. glänzend. Immer reichlich mit Paraphyllien. Sumpfmoose und Kalktuffbildner.
. . . . **Palustriella** S. 416

38*. Kräftige, ± glänzende, *Hypnum cupressiforme* ähnliche bis sehr zierliche Moose. Blätter fast kreisförmig, meist über 3 mm lang. Meist auf morschem Holz und Borke und kalkfreiem Gestein feuchter Wälder, vor allem im Gebirge (dort auch in Sümpfen).
. . . . **Sanionia uncinata** S. 424

36*. Blätter ohne oder nur mit Doppelrippe. Diese im Umriss verkehrt-eiförmig, zugespitzt. Stängel durch nur 1 mm breite oder schmalere Seitenzweige ganz dicht fiederig. Astblätter stark gekrümmt.

39. Die Fiedern meist nur um 2 cm lang, Decken und angedrückte Überzüge bildend. Im Licht gewachsen oft goldgrün. Blätter fast glatt. Auf Kalksubstrat (var. **molluscum**) oder auf nassem, mindest basischem Gestein (var. **robustum**). Der norddeutschen Ebene meist fehlend. . . **Ctenidium molluscum** S. 475 ff. (Zuweilen mit *Brachythecium velutinum* verwechselt (s. S. 408)).

39* Nur in den Hochalpen kommt zudem die seltene Kalkart **Ctenidium procerrimum** vor. Es sind braungrüne, glänzende, eher an ein kräftiges *Hypnum* erinnernde Decken aus bis zu 10 cm langen Fiedern. Kapseln unbekannt. . . . . .S. 476

39**. Fiedern 2 bis über 5 cm lang, in dichten, hellgrünen Rasen aufrecht beieinander stehend (!). Die Blätter stark faltig. Rohhumusbesiedler. Fast nur in Nadelwäldern und auf Silikat-Blockhalden. Öfter in großen, prächtigen Beständen, hellgrün. Heimat im höheren Mittelgebirge wie in den Alpen. Sonst wohl nur verschleppt.
. . . . **Ptilium crista-castrensis** S. 478

21*. Blätter feucht oder mindestens trocken wenigstens zum Teil anliegend.

40. Blätter immer, d. h. feucht und trocken dem Stängel oder den Zweigen angedrückt. (40* nach 60*)

41. Blätter lang zugespitzt (jedoch ohne Glashaarspitze), zumindest Stängelblätter mit kurzer Haarspitze.

42. Blätter ± hohl, außer *Cirriphyllum piliferum* unregelmäßig beastet. (42* nach 47*)

43. Pflanzen wenigstens trocken glänzend. Blätter mit Rippe, in ein hyalines Haar verjüngt oder mindestens langspitzig, ± hohl. Meist über 3 cm lange, häufigere, auch kalkholde Deckenmoose (43* nach 46*).

44. Regelmäßig und dicht gefiedert. Blätter hohl, nicht faltig. Habituell *Scleropodium purum* ähnlich. **Cirriphyllum piliferum** S. 448. Mehr dem folgenden ähnlich, ist das für beschattete Kalkblockhalden typische Gebirgsmoos **Cirriphyllum tommasinii** S. 449.

44*. Blätter kurz oder plötzlich, seltener allmählich zugespitzt, ± faltig und unregelmäßig beastet sind ähnlich kräftige **Brachythecium**-Arten (s. S. 440 ff.). So z. B. das gelb- bis dunkelgrüne **Brachythecium rutabulum**, ein häufiges Ruderalmoos, aber auch an nährstoffreichen, trockeneren Plätzen in Wäldern. Ähnlich ist **Brachythecium rivulare**, oft hellgrün, unterschieden durch breit herablaufende Blätter. Auch sehr formenreich: anliegend bis fast sparrig beblättert. Meist steril! An nassen Standorten aller Art, besonders an Ufern. Nur in der Ebene seltener.

(Ebenfalls öfter findet sich *B. plumosum* an Flussufern und benachbarter Borke. Die typische Ausbildung ist an den deutlich einseitswendigen Blättern zu erkennen. Sonst ähnlich der vorigen.)

44**. Bei kleineren *Brachythecium*-Arten mit um nur 1 mm langen Blättern sind diese weder langspitzig noch faltig.

41*. Blätter, spitzlich bis abgerundet, glatt. Kräftige Moose. Äste meist um 2 mm dick.

45. Blätter stumpflich. Nur in Sümpfen. Blätter eiförmig bis länglich-eiförmig stumpflich, nicht faltig und fest angedrückt, mit dünner Rippe. Meist 3 bis über 10 cm lange, hellgrüne Astmoose. An nassen kalkfreien Standorten in Sümpfen und Mooren (außer *C. giganteum*)........... **Calliergon** S. 429
(Stumpfliche Blätter hat z. T. auch **Rhynchostegium murale** S. 450.)

45*. Habituell etwas *Brachythecium rutabulum* ähnelnd, frisch mit Gurkengeruch. Blätter eiförmig, hohl, kurz bespitzt und mit dicker Rippe. Wärmeliebende, kalkholde Art schattiger, ± feuchter Plätze in Wäldern. In der Ebene meist selten.
.... **Cirriphyllum crassinervium** S. 449

43*. Blätter rippenlos sowie weder fein zugespitzt, noch faltig. Meist zierliche Moose.

46. Trocken graugrünes, glänzendes, meist sehr zierliches, der Borke anliegendes, fadenförmiges (Zweige stielrund), ± verzweigtes Moos der Bergwälder. Wenn an (kalkfreiem!) Gestein, kräftiger (= var. *majus*) und den folgenden ähnlich, Blätter eiförmig, hohl.
.... **Pterigynandrum filiforme** S. 403
(Die var. **majus** ist viel kräftiger und ähnelt den *Lescuraea*- und *Pseudoleskea*-Arten, diese unterscheiden sich aber durch eine deutliche Rippe und feucht spreizende Blätter.)

46*. Ähnlich der vorigen, aber trocken silberweiß. Nur im höheren Kalkgebirge auf Gestein und Erde vorkommend..... **Myurella** S. 396

42*. Blätter nicht hohl, linealisch-lanzettlich, allmählich zugespitzt.

47. Moose unregelmäßig beastet (47* nach 50*).

48. Dünne Decken zierlich-fadenförmiger, unregelmäßig verzweigter Moose mit kaum 1 mm dicken Zweigen und unter 1 mm langen, fein gezähnten Blättern.

49. Glanzlos dunkelgrüne, kalkmeidende, auch verzweigte Moose mit rings gezähnten Blättern. Zweige etwas abgeplattet. Paraphyllien kaum zu finden. An feuchten bis nassen, oft tiefschattigen Standorten der Silikatgebirge verbreitet.
..... **Heterocladium heteropterum** S. 412

49*. Habituell ähnlich, aber durch feucht abstehende, breit herzförmige Stängelblätter und angedrückte Blätter der stielrunden Äste unterschieden. Dazu anderes Vorkommen: an lichten, im Winter ausapernden Standorten der höheren Mittelgebirge und Alpen.
.... **Heterocladium dimorphum** S. 413
(Das ähnliche, aber auf kalkreiche Standorte (oder Borke) beschränkte *Anomodon longifolius* (S. 406) hat eine gut ausgebildete Rippe.)

48*. Meist kräftige, oft bräunliche, glänzende, um 5 cm lange Moose mit 3 – 5 mm langen, gerippten, ± tieffaltigen Blättern.

50. Stängel zwischen den Blättern ohne Paraphyllienfilz.

51. Kleineres (um 3 cm langes) Kalkgesteinsmoos, die Blätter unter 3 mm. Einem *Isothecium myosuroides* ganz ähnlich (dort glatte Blätter!), aber im Gegensatz dazu ein Kalkgesteinsmoos.
..... **Plasteurhynchium striatulum** S. 436

51*. Sumpfmoos ähnlich *Homalothecium lutescens*, aber außerdem mit dunkelbraunem Wurzelfilz der Stängel. Blätter um 5 mm. Früher verbreitet.
.... **Tomenthypnum nitens** S. 438

50*. Kräftiges, *Homalothecium lutescens* ähnliches, kaum glänzendes Moos, aber u. a. mit filzigem Stängel. Blätter mit Rippe. In Kalktrockenrasen höherer Gebirge (selten auf der Alb, häufiger in den Kalkalpen).
.... (vgl. auch *Lescuraea*)
.... **Ptychodium plicatum** S. 399

47*. Zweige fiederig beastet.

52. Zweige einfach fiederig beastet (52* nach 57*).

53. Pflanzen mattgrün, seltener bräunlich. Kräftige, immer regelmäßig dicht gefiederte Pflanzen. Blätter trocken anliegend. Stängel filzig. Kalkhold. In Trockenrasen, auf Mauerkronen, an Wegsäumen.
.... **Thuidium abietinum** S. 411

53*. Pflanzen ± glänzend, Stängel kahl, z. T. bis 10 cm erreichend. Blätter auch feucht ± angedrückt, ± hohl, trocken wenig verändert.

54. Blätter der Zweigspitze so angedrückt, dass diese spießförmig erscheinen. Darunter ± abstehend beblättert. Blätter stumpfspitzig, ohne Rippe. Pflanzen meist kleiner, an sonnigen Plätzen z. T. bräunlich. Häufiges, nährstoffliebendes Moos in Sümpfen und auf anderen feuchten Plätzen, besonders Wegen. .. **Calliergonella cuspidata** S. 432

54*. Alle Teile gleichartig beblättert, Zweigspitzen stumpflich. Nicht in Sümpfen, z. T. in Trockenrasen.

55. Blätter mit Rippe, hellgrüne Moose.

56. Blätter plötzlich in ein kleines Haar verjüngt. Die Haare der Zweigspitze pinselförmig. Habitus ähnlich folgender Art, aber immer lichtgrün. ± Kalkhold. In feuchteren Wäldern und Wiesen und deren Säumen.
.... **Cirriphyllum piliferum** S. 448

56*. Blätter plötzlich zugespitzt, ohne Haar (schwach faltig). Stängel grün. Basi- und ± neutrophil. Meist bodendeckend in trockeneren (besonders Nadel-) Wäldern, grasigen Säumen in Wiesen und Rasen.
.... **Scleropodium purum** S. 446

55*. Blätter ohne Rippe, stumpflich.

57. Stängel goldbraun bis schmutziggrün beblättert. An trockeneren Standorten.

58. Häufiges Moos auf kalkfreien Mager-Standorten. Pflanze dunkel- oder braungrün. Stängel rotbraun durchscheinend, glänzend. In Heiden Magerrasen und armen Nadelforsten gemein. **Pleurozium schreberi** S. 484

58*. Habituell sehr ähnlich, aber ein Hochgebirgs-Moos (Schwarzwaldgipfel und Alpen) mit filzigem Stängel (Blätter abschaben!).
.... **Hylocomium pyrenaicum** S. 486

58**. In kalk- (oder zumindest basen-) reichen, lichten Trockenrasen sowie oft an Wegsäumen und zuweilen auf Mauerkronen. Pflanzen meist goldbraun (im Schatten grün). Vor allem im Gebirge.
.... **Entodon concinnus** S. 457

57*. Pflanzen hellgrün, meist über 5 cm lang, Blätter mit Rippe. Zweigenden stumpflich. In Kalksümpfen oder -tümpeln (zeitweise untergetaucht). Meist ziemlich selten.
.... **Calliergon giganteum** S. 431

52*. Zweige mit 2- – 3-fach gefiedertem, meist über 3 cm langem, ± filzigem Stängel.

59. Pflanzen etwas glänzend (Blattzellen glatt), mit rötlichem, etwas filzigem Stängel. Zweige oft deutliche, horizontale Ebenen bildend, die auf dem Rücken des vorderen Teiles der vorjährigen Fiedern entspringen. Blätter rippenlos. Neutrophiles, feuchtigkeitsliebendes Waldboden- und Blockhaldenmoos sowie an grasigen Böschungen. Im Gebirge häufig, aber in der Ebene oft selten. .... **Hylocomium splendens** S. 485
(Nur im höheren Mittelgebirge und Alpen sowie nur 1- – 2-fach gefiedert: *H. umbratum* S. 446.)

59*. Pflanzen matt hell- bis gelbgrün (Blattzellen papillös) mit nicht rötlichem, dicht filzigem Stängel. Blätter mit Rippe. In trockeneren Wiesen, an Wegsäumen, auf Waldboden und in Blockhalden. Z. T. kalkhold.
.... **Thuidium** S. 408 ff.

40*. Blätter nur trocken anliegend, feucht ± abstehend.

60. Zumindest die Stängelblätter mit kurzer Glashaarspitze. (60* nach 63*)

61. Fast immer mit Glashaar, dieses z. T. bis halb so lang wie die Blätter. Pflanzen z. T.

besonders *Racomitrium canescens* (S. 302) ähnlich, aber hell- bis graugrün und Blätter hohl, rippenlos. An sonnigem Silikatgestein. .... **Hedwigia** S. 377 (Habituell sehr ähnlich, aber ohne Glashaar, ist eine sehr seltene, nur in den Südalpen vorkommende Art, *Braunia alopecura* (nur hier).)

61*. Pflanzen grün bis dunkelgrün, deutlich verzweigt. Mit Rippe.

62. Pflanzen 3 – 6 mm lang, doppelt gefiedert, nur Stammblätter der Stängelenden mit kurzer Haarspitze. **Thuidium philibertii** S. 411

62*. Sehr seltene, unter 2 cm lange Arten mit hyalinen Blattspitzen.

63. Blätter dunkelgrün, ganzrandig, (papillös) unter 2 cm lang. Nur in Südbayern. .... **Anomodon rostratus** S. 407

63*. Pflanzen kaum 1 cm lang, trocken graugrün. Blätter grob gezähnt, mit haarförmiger Spitze. Südliche Art. .. Vgl. **Fabronia** S. 397

60*. Pflanzen ebenfalls mit trocken angedrückten Blättern, aber nie in eine Glashaarspitze auslaufend und auch sonst anders.

64. Unregelmäßig verzweigte, z. T. nur undeutlich beastete Moose, in Rasen, Decken und Filzen. Seitenzweige gegenüber dem kriechenden Hauptstängel überbetont. Mit oder ohne Rippe (64* nach 75*).

65. Dünne Decken zierlich-fadenförmiger, unregelmäßig verzweigter Moose. Stängel mit kaum über 1 cm langen, meist um 1 mm dicken Zweigen und unter 1 mm langen, fein gezähnten, gerippten oder rippenlosen elliptisch-lanzettlichen bis lanzettlichen Blättern. (65* nach 67*)

66. Pflanzen glanzlos (papillös), bräunlich-grün. An Borke, Kalkgestein oder Mauern. Vor allem im Gebirge, an lange trockenen Standorten. .... **Pseudoleskeella** S. 404 f.

66*. Pflanzen grün, trocken etwas glänzend. (Blätter glattzellig.)

67. An Borke und Gestein an nährstoffreicheren und mehr feuchten Standorten. Oft weit verbreitet. .... **Amblystegium** S. 420 ff.

67*. Einer zwergigen Ausgabe von *Eurhynchium hians* gleichend. Kalkhold und trockenresistenter. Auf Gestein und Erde, besonders Löß. Vor allem in wärmeren Lagen Westdeutschlands. ...... **Eurhynchium pumilum** S. 94

65*. Pflanzen immer kräftiger. Blätter 1 – 2,5 (– 3) mm.

68. Trocken glanzlose (papillöse), nie faltige Moose. An Gestein, weniger an Borke. Immer mit Rippe (68* nach 69**).

69. Trocken grüne, gelbgrüne bis bräunliche Moose trocken-schattiger Plätze. In der Ebene meist selten oder fehlend. Kalkhold. .... **Anomodon** S. 406 f. (69* nach 71*)

70. Zweige senkrecht vom Substrat abstehend (Hauptstängel kriechend), rasig, meist 2 – 3 cm groß. Blätter bis fast 3 mm, plötzlich lang ausgezogen, stumpflich. An trocken-schattigem, meist kalkhaltigem Gestein und an Borke. .... **Anomodon viticulosus** S. 407 (**Anomodon rugelii** hat zungenförmige, auch feucht – außer entlang der Rippe – undurchsichtige, kürzere Blätter. Eine seltene Art der Mittelgebirge und Alpen. Oft auf vulkanischem Gestein (S. 408)).

70*. Kleinere und niederliegende Moose. Blätter bis 1,5 mm, spitz bis gespitzt.

71. Zweige öfter gefiedert und Blättchen 1 (– 1,5) mm, bespitzt. Im Bergland nicht selten. ....**Anomodon attenuatus** S. 406

71*. Zierliche Moose mit um 1 mm dicken Zweigen und 1 mm langen, lanzettlich zugespitzten Blättchen. Schattige Felsen und Höhlungen. Oft selten. .... **Anomodon longifolius** S. 406

69*. Hochgebirgsmoos. Im Mittelgebirge selten. Trocken matt dunkelgrüne bis bräunliche, oft größere Decken auf Gestein im höheren Gebirge. Blätter eiförmig, breit gespitzt, ca. 1 – 1,5 mm lang, etwas einseitswendig. Auf meist sonnigem kalk- oder basenreichem Gestein. Nur in den Alpen und im höheren Mittelgebirge. Die einzige häufigere Art der Gattung ist .... **Pseudoleskea incurvata** S. 402. (Alle anderen *Pseudoleskea*-Arten sind kalkmeidend und oft selten (Mikroskop!).)

69**. Tieflagenmoos, selten in höheren Lagen. Gewöhnlich olivgrüne, wenn gut entwickelt, fiederig verzweigte, 1 – 2 cm große, dem Substrat angedrückte Zweige mit etwas einseitswendigen, nur um 0,7 (– 1) mm langen, spitzen Blättern. Meist in Ufernähe, an Gestein und Borke (auch zeitweise submers). .... **Leskea polycarpa** S. 398

68*. Zumindest trocken etwas glänzende Moose. Gesteins- und Borkenmoose (mikroskopisch glatt oder schwach papillös).

72. Blätter breit-eiförmig (oben gezähnt), glatt, etwas hohl, nur mit Doppelrippe. Zweige gekrümmt, stumpflich, in Büscheln. In warmen Stromtälern und Lagen Westdeutschlands nicht selten. Vor allem an Gestein. .... **Pterogonium gracile** S. 385

72*. Blätter lanzettlich, lang gespitzt, faltig, mit oder ohne Rippe.

73. Blätter ohne Rippe, bis 2,5 mm lang. Zweige dunkelgrün bis schwärzlich, gekrümmt, spitzlich, bis 2 mm dick, trocken gegen das Substrat gebogen und 2 – 3 cm lang, oft ausgedehnte Rasen an sonnigem (Kalk-)Fels oder Borke bildend. Öfter mit struppigen Brutblattzweigen. Kalkhold. An Borke und Gestein lichter bis sonniger Standorte. .... **Leucodon sciuroides** S. 382

73*. Blätter mit Rippe.

74. *Leucodon* habituell ähnlich, aber unterschieden durch nicht längsfaltige Blätter ist die ziemlich seltene, aber meist sporulierende, trocken graugrüne *Cryphaea heteromalla*. Eine wärmeliebende Art der Tieflagen. Sie wächst meist an Laubholzborke, selten Gestein.

74*. Trocken goldgrüne bis bräunliche, weit verbreitete, meist kräftige, um 5 cm lange Moose mit um 3 mm langen, gerippten, tieffaltigen Blättern. Stängel zwischen den Blättern ohne Paraphyllienfilz. Häufige, trockenheitsresistente Trockenrasen- und Mauermoose. Zuweilen an Borke. .... **Homalothecium** S. 436

74**. Dunkelgrüne, an besonnten Standorten meist braungrüne Pflanzen in oft über handgroßen Decken, mit 1,2 – 2 mm langen, längsfaltigen Blättern. Stängel mit Paraphyllien. Nur im höheren Gebirge und vor allem in der subalpinen und alpinen Region.

75. Blätter um 1,5 mm lang. Pflanzen in bis über handgroßen, dem Substrat angedrückten Decken aus ± fiedrigen Zweigen. Auf Borke im höheren Gebirge, besonders im Krummholz. .... **Lescuraea mutabilis** S. 400 (Verwechslungen sind mit *Anomodon attenuatus* (S. 377) möglich.)

75*. Sehr ähnlich der vorigen. Unterschieden u. a. durch aufsteigende Beastung und Vorkommen auf sonnigen Silikatgesteins-Blöcken. Selten in Bayern, aber verbreitet in den Zentralalpen ist **Lescuraea saxicola**. S. 402

64*. Gleich- bzw. regelmäßig beastete (wenigstens mit dem Hauptstamm niederliegende), nicht gefiederte Moose.

76. Moose bäumchenförmig, 2 bis über 5 cm hoch. Blätter mit Rippe. Moose mit Fiederzweigen, vgl. oben unter 47*.

77. Seitenzweige 2. Ordnung in einer Ebene angeordnet (Pflanze wedelartig), abgeflacht. Die Stämmchen dem Kriechstängel entspringend, in lockeren Beständen. An feuchtem bis nassem, kalkhaltigem Gestein. Seltener am Boden von Auwäldern. .... **Thamnobryum alopecurum** S. 392

77*. Seitenzweige in verschiedenen Ebenen, d. h. in verschiedene Richtungen weisend. Nicht abgeflacht beblättert, einer winzigen Palme ähnlich. Meist auf feuchter Erde in Wiesen, an grasigen Wegsäumen und seltener in vernässten Laubgehölzen. Zuweilen auf Erde über Gestein (Mauerkronen). .... **Climacium dendroides** S. 381

76*. Die geneigten oder aufrechten, ± bäumchenförmig verzweigten, aufrechten Zweige in dichteren, sogenannten „Bäumchenrasen“. ... Siehe bei **Eurhynchium** (S. 454 ff.) .... und **Isothecium** (S. 434 ff.).

ANMERKUNG: Auf S. 55 wurde bereits darauf hingewiesen: Sollte man das Moos nicht sicher bestimmen können, so führt der Vergleich der Abbildungen doch noch zu einem glücklichen Ende. Auch die Nachschau in den Artenlisten der entsprechenden Moos-Biotope (s. S. 34 ff.) kann schließlich zum Ziel führen. In jedem Falle sollte auch die ausführliche, insbesondere die ökologische und die Verbreitung betreffende, Beschreibung gründlich studiert werden. Dies gilt besonders dann, wenn man eine „seltene" Art bestimmt zu haben glaubt. Kurzlebige und deshalb meist nur mit Kapseln vorkommende (und bestimmbare) Arten wurden im Schlüssel der vegetativen (Gametophyten-) Merkmale z. T. weggelassen. Umgekehrt erscheinen sehr selten sporulierende Arten nicht im Sporophytenschlüssel.

Eine Reihe von Laubmoosen (ausgenommen kurzlebige Arten), die ohne Sporogone bzw. Brutorgane nicht oder nur unsicher mit der Lupe, d. h. bestenfalls mikroskopisch unterschieden werden können, sind entsprechend gekennzeichnet.

Schließlich und endlich ist ein gut sortiertes Vergleichsherbar (wenigstens als Präparatesammlung) für die Bestätigung einer Bestimmung in jedem Falle nützlich und auf Dauer unverzichtbar. Es sollte, wenn möglich, bei Laubmoosen immer auch Sporogone oder wenigstens die typischen Brutorgane enthalten, bei den Lebermoosen auch die Perianthien oder Sporangienträger.

Natürlich muss „Bestimmen" wie jede Methode erlernt werden. Der ideale Weg ist „learning by doing". In unserem Falle besteht die beste Methode darin, sicher bestimmte Arten selbst nachzubestimmen. Hierbei erlernt und übt man wichtige Fachbezeichnungen und bemerkt, wenn man nicht sicher das Ziel (den richtigen Namen) erreicht, wo man einen Fehler gemacht hat (z. B. die Rippe übersehen).

Spezieller Teil

Lebermoose

Anthocerotaceae – ANTHOCEROTHALES, Kl. ANTHOCEROTAE

Anthoceros agrestis PATON

(= *A. punctatus* var. *crispulus*)

Acker- oder Krauses Horn-Lebermoos

(T. 12 a, b)
Name: Von griechisch anthos = Blüte und keras = Horn. Wegen der hornähnlichen Sporogone.
Erstbeschreibung: Die Gattung wird erstmalig von PIETRO A. MICHELI (1729) beschrieben. Dieses Taxon hat NEES 1838 unterschieden, es wurde aber erst durch PATON gültig beschrieben.
Bau: Dunkelgrüne, dünne, krause und zerschlitzte, ± kreisrunde, ca. 1 – 2 cm breite Thalli mit kleinen, blattartigen Wucherungen auf der Oberseite sowie (s. u.) anfangs grasartigem Sporogon. Schwärzliche Punkte im durchscheinenden Thallus sind Symbionten, d. h. in kleinen Schleimhöhlen sitzende Blaualgen (*Nostoc*). Sie binden Luftstickstoff und versorgen damit das Moos. Einhäusig. Sporogone ca. 1 – 2 cm lang, borstliche Schoten, die in einem länglich ausgestülpten Becher eingesenkt sind. Sie sind zuerst grün – haben reguläre Spaltöffnungen – und werden mit der Reife von der Spitze her schwarz, wobei die beiden Sporogonklappen aufspreizen. (Sporen igelstachelig, schwarz, Elateren wurstförmig).
Vorkommen: Ebene bis untere Gebirgslagen nicht selten (bis 700/800 m).
Ökologie: Auf oft sonnigen, vernässten bis dauerfeuchten Pionierstandorten auf Herbstäckern, an lehmigen Böschungen, vernässten Waldwegen usw. Meist zusammen mit *Riccia*-Arten, z. B. *Riccia glauca*. In Mitteleuropa außerhalb der Kalkgebiete ziemlich verbreitet, aber durch modernen Ackerbau sehr im Rückgang.
T 5, L 9, F 7, R 4, K 5.
Besonderes: Die *Anthocerotales* sind wahrscheinlich die ältesten noch lebenden Landpflanzen, nächst verwandt den z. T. habituell ähnlichen Nacktfarnen (*Psilophyta*). Im Thallus ähneln sie echten Lebermoosen (den *Metzgeriales*), haben aber nur einen plattenförmigen Chloroplasten je Zelle. Die relativ langlebigen, mit echten Stomata ausgestatteten Sporogone deuten gleichzeitig auf eine Verwandtschaft zu den Laubmoosen hin.
Ähnliche Arten: Sterile Pflanzen ähneln *Blasia* (vgl. dort).
Verwandt ist das seltenere ***Anthoceros punctatus*** LINNAEUS, das Punktierte Hornlebermoos, erstmalig von LINNAEUS 1753 beschrieben. Unterschieden durch das Fehlen der Thallussprossungen und entsprechend glatte, öfter auch viel größere (bis 5 cm breite) Thalli. Sporogone 1 – 3 (– 7) cm lang. Vorkommen: in ganz Mitteleuropa, von der Ebene bis ca. 600 m. Höhere Angaben sind zweifelhaft. Ökologie: ähnlich voriger, aber insbesondere an Grabenböschungen, aber kaum auf Äckern. – **T 6, L 7, F 8, R 4, K 3.**

Anthoceros agrestis

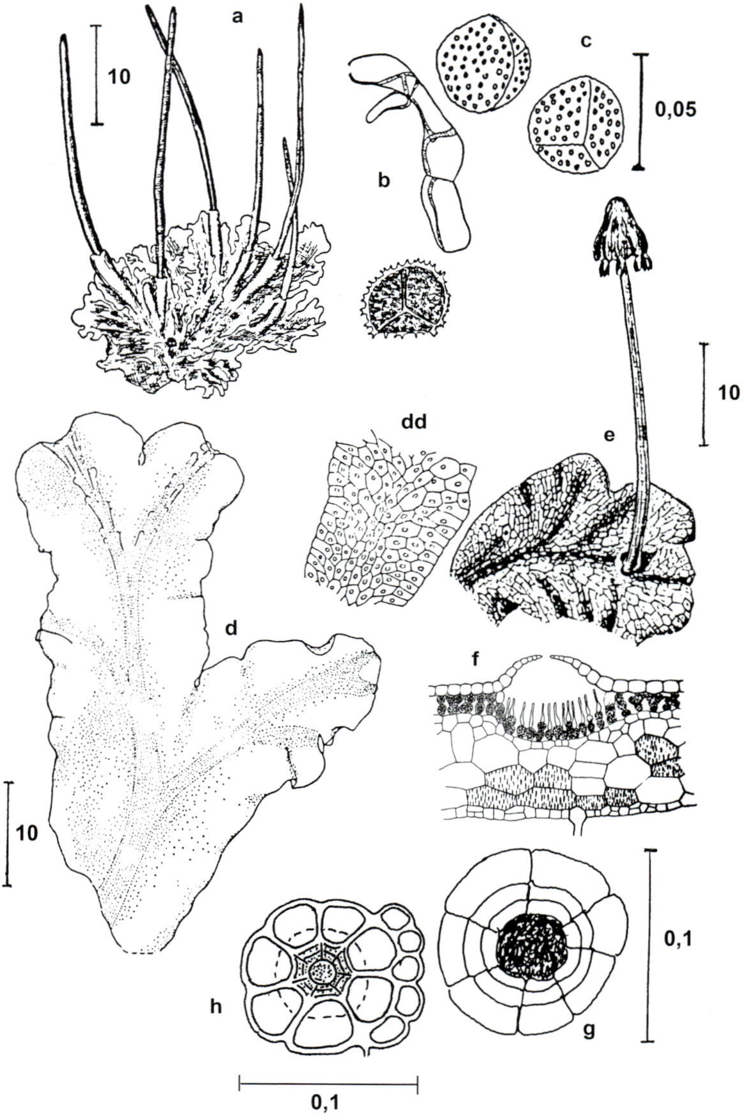

Tafel 12: ***Anthoceros agrestis:*** a. Habitus c.spg., b. Elater und Spore. ***Phaeoceros carolinianus:*** c. Sporen. ***Conocephalum conicum:*** d. Thallus, dd. Felderung vergr., e. Thallusstück c.spg., f. Atemöffnung und Thallusschnitt seitlich, g. von oben. ***Reboulia:*** h. Atempore, Aufsicht. – (a., b., e aus K. Müller, d., dd. aus Shlyakov). Alle Maße (wie bei allen folgenden Tafeln) in mm.

Phaeoceros carolinianus (MICHAUX) PROSKAUER

(= *P. laevis subsp. carolinianus* = *Anthoceros carolinianus*)

Braunhorn-Lebermoos

Name: Zusammengesetzt aus griechisch phaiós = dunkel, bräunlich und keras = Horn.
Erstbeschreibung: Die Stammart wurde erstmalig von LINNAEUS 1753 als *Anthoceros laevis* beschrieben, die obige jedoch erst 1803 durch MICHAUX in Nordamerika unterschieden.
Bau: Thallus dunkelgrün, etwas fleischig, mit abgerundeten Lappen und ohne Schleimhöhlen und deshalb nicht punktiert. Sporen goldgelb. In Mitteleuropa nur die gemischtgeschlechtige Sippe. *Phaeoceros laevis* ist zweihäusig und eine südliche Art.
Vorkommen: Tieflagenmoos. Von der Ebene bis ca. 800 m im Schwarzwald. Inzwischen oft selten.
Ökologie: Auf auch besonnten, dauerfeuchten bis vernässten, ± lehmigen, basenreichen, aber oft kalkarmen Böden, auf Brach- und Stoppeläckern, an Grabenböschungen.
T 4, L 7, F 7, R 5, K 5.
(Der vorigen Art **ähnlich** ist eine 3. Gattung. Sie ist bei uns durch ***Notothylas orbicularis*** (SCHWEINITZ) SULLIVANT, dem Rucksack-Lebermoos, vertreten. Eine sehr seltene Art nährstoffreicher, lehmig-toniger Äcker. Der kaum 5 mm breite Thallus wird von liegenden, den Lagerrand kaum überragenden, wurstförmigen, eingehüllten Sporogonen belegt).

Phaeoceros carolinianus

Sphaerocarpaceae – Sphaerocarpales, Kl. Marchantiophyta

Sphaerocarpus michelii BELLARDI
(= *S. terrestris*)

Micheli's Kugelfrucht-Lebermoos

Name: Von griechisch sphairos und karpos = Kugelfrucht. Benannt zu Ehren von P. A. MICHELI (1679 – 1737), Professor in Florenz. Er war nicht nur der erste bedeutende Botaniker Italiens, sondern auch der Begründer der Lebermoosforschung überhaupt.
Erstbeschreibung: Durch PIETRO A. MICHELI (1729).
Bau: Thallus in gelbgrünen, zarten, ca. 5 – 10 mm breiten Rosetten. Fast ganz von zahlreichen, blasig-birnförmigen Perianthien überdeckt. Die schwarz- oder rotbraunen Sporen(-tetraden) treten erst nach der Zerstörung der Hüllen aus. Kurzlebig. Zweihäusig, aber in Mischrasen. (Sporen feinstachlig.)
Vorkommen: Ein wärmeliebendes Tieflagenmoos mit Hauptverbreitung in Südeuropa. Bei uns nur auf Kulturland in Südwestdeutschland (bis ca. 350 m).
Ökologie: Auch auf besonntem, winter-/frühjahrsfeuchtem, kalkarmem, aber basen- bzw. nährstoffreichem, offenerdigem Substrat, auf entkalktem Löss und Lehm. Auch in Wein- und Obstgärten (im Süden vor allem in Olivenhainen).
T 8, L 7, F 6, R 5, K 4.
Verwandte Arten: ***Sphaerocarpus texanus*** AUSTIN (= *S. europaeus*), Texanisches Kugelfrucht-Lebermoos. Bau: nur durch glatte Sporen unterschieden. Verbreitung: kommt in Deutschland noch bis nahe Duisburg vor. Immer selten und auf ähnlichen Standorten im Kulturland. In Bayern noch bei 435 m. Ökologie: zuweilen auch an Waldwegböschungen. – **T 7, L 7, F 6, R 6, K 4.**

Sphaerocarpus michelii

Targioniaceae – Marchantiales, Kl. Marchantiophyta

Targionia hypophylla Linnaeus
Targioni-Lebermoos, Muschelklappen-Lebermoos

Name: Zu Ehren von Cypr. Ant. Targioni, Doktor der Medizin in Florenz.
Erstbeschreibung: So benannt und erstmalig beschrieben von Pietro A. Micheli (1729).
Bau: Sporogonbehälter muschelförmig-zweiklappig, am Ende der linealischen, auch gegabelten, oberseits dunkelgrünen, am Rande schwärzlichen Thalli. Diese 3 – 4 mm breit und meist nicht über 2 cm lang, fast geruchlos. Eingetrocknet nur noch als schwarze Streifen sichtbar.
Vorkommen: Fast weltweit verbreitet. Seltener Xerophyt wärmster Lagen der Hügelstufe (fast nur in Stromtälern) West- und Südwestdeutschlands. Bis kaum über 200 m (in Südtirol noch bei über 400 m). Im Mittelmeerraum häufig.
Ökologie: Auf meist beschattetem, langfristig trockenem, kalkarmem, aber basenreicherem, offenerdigem Substrat, in erdigen Spalten von Schichtmauern und Felsen, in lückigen, absonnigen Trockenrasen und auch über Felsen und Mauern, oft mit *Anacolea levisphaera*.
T 7, L 6, F 4, R 5, K 3.

Targionia hypophylla

Aytoniaceae

Reboulia hemisphaerica (LINNAEUS) RADDI
Reboul-Lebermoos

Name: Benannt zu Ehren von EUGEN DE REBOUL, geboren in Aix (Provence), später in Florenz, schrieb 1822 und 1838 zwei Arbeiten über Tulpen.
Erstbeschreibung: Durch LINNAEUS 1753.
Bau: Ähnlich Preissia, aber Atemöffnungen linsenförmig aufgewölbt (T. 12 h) und Sporensackstände auf kürzerem, am Grunde bärtigem Stiel mit nur einer Rhizoidrinne. Antheridienstände auf der Thallusmitte sitzend, am Rand schuppig.
Vorkommen: (Ebene sehr selten in Kalksümpfen). Selten, aber bis ins höhere Gebirge (in Bayern bis 2260 m). Mehr wärmeliebend als *Preissia*. Wie *Targionia* weltweit verbreitet.
Ökologie: Auf feuchteren (bis nassen), sonnigen bis beschatteten, immer basen- oder auch kalkreichen Standorten, an erdigen Felsen und Mauern, oft in Nischen. Im Mediterrangebiet nicht selten auch an Sekundärstandorten.
T 4, L 7, F 7, R 7, K 4.

Reboulia hemisphaerica

Mannia fragrans (Balbis) Frye & Clark
(= *Grimaldia fr.*)

Duftendes Steppen- oder -Grimaldi-Lebermoos

Name: Nach Corda (1829). Genaust schreibt, dass die Benennung vom Vergleich mit der ebenfalls duftenden Mannaflechte (*Lecanora* esculenta) ausgeht. Das Synonym zu Ehren des italienischen Physikers Francesco M. Grimaldi in Bologna (1618 – 1663).
Erstbeschreibung: Als *Marchantia angustifolia* durch Necker 1771. Gültiger Name durch Balbis 1804.
Bau: Thalli zerrieben stark nach Kiefernharz (Terpentin) duftend, 1 – 2 cm lang und ca. 2 – 3 mm breit, schmal bandförmig, meist zahlreich nebeneinander, dem Substrat angedrückt. Frisch oberseits glänzend-dunkelgrün und (durch die Atemöffnungen) fein punktiert. Die unterseits durch Bauchschuppen rot- bis schwarzbraunen Lager sind trocken nach oben umgebogen. Die scheibenförmigen, männlichen Geschlechtsstände sitzen dem Thallus auf, während die breitkegeligen, oben langbärtigen, weiblichen lang gestielt sind.
Vorkommen: Meist seltenes Gebirgsmoos wärmster unterer Lagen West- und Mitteldeutschlands. In Bayern bis 700 und im Ötztal noch bei 750 m.
Ökologie: In der Hügelstufe über basen- oder kalkreichem Gestein auf Erde in lückigen Trockenrasen. Gefährdet durch Verbuschung der Trockenrasen. Die Art sollte möglichst nicht mehr gesammelt werden. Öfter mit *Riccia ciliifera* und *Pleurochaete* wachsend.
T 6, L 8, F 2, R 5, K 7.

Mannia fragrans

Besonderes: Neben der Abgabe von Dämpfen ätherischen Öls (Geruch!) sind die derbe Gewebestruktur (durch reduzierte Luftkammern), der beiderseitige Glanz der Thalli, wie auch die Fähigkeit zu längerer Austrocknung (poikilohydrisch) als charakteristische Standortanpassungen zu werten.
Ähnliche Arten sind noch seltener und riechen nie nach Terpentin.

Conocephalaceae

Conocephalum conicum (LINNAEUS) DUMORTIER
(= *Fegatella conica*)

Kegelkopf-Lebermoos, Echtes Lebermoos

(T. 12 d-g)
Namen: Von griechisch cono = kegelförmig und kephale = Kopf. *Fegatella* von italienisch fegate = Leber (CORDA 1829). Bei THAL (1588) wohl erwähnt (vgl. jedoch bei *Marchantia*, denn von dieser wohl nicht unterschieden).
Erstbeschreibung: Erstmals sicher bei MICHELI (1729) als *Hepatica* eindeutig beschrieben sowie von LINNAEUS 1753. Den Namen *Conocephalus* gebraucht erstmals NECKER (1771).
Bau: Thallus meist saftig grün, mit süßlichem Terpentingeruch, bandförmig, mit unterseiti-

Conocephalum conicum

gem Rhizoidenfilz und Zäpfchenrhizoiden fest haftend. Thallus (0,5) 1 – 1,5 (– 2) cm breit und (3) 5 bis über 10 cm lang, oft dichte Decken bildend. Durch die um 1 mm langen Luftkammern zellnetzartig gefeldert. Der zentrale Punkt in den Luftkammern ist die aufgewölbte Atemöffnung. Brutbecher fehlen! Zweihäusig. Männliche Gametangienstände dick scheibenförmig, um 5 mm breit, dunkel, dem Thallus(ende) aufsitzend. Weibliche Gametangienstände stumpfkegelförmig, 3 – 5 mm hoch, erst dem Thallus aufsitzend, gegen die Reife auf langen, durchscheinenden Trägern emporgehoben und dann die Sporogone als Säckchen enthaltend.
Vorkommen: Gebirgsmoos (Ebene selten, oft nur verschleppt). In Bayern bis 1340 m und 2210 m, in der Schweiz bis 2450 m angegeben.
Ökologie: Auf feuchtem bis benässtem, kalk- oder mindestens basenreichem Gestein und lehmigem Boden besonders an Ufern und in Schluchtwäldern, in Blockhalden, Höhlungen u. ä., auch sekundär an Wasserburgen u. ä. Im Bergland auf reicherem Gestein verbreitet und in verschiedenen Formen.
Bemerkenswert sind die Untersuchungen von Szweykowsky, der in Polen gezeigt hat, dass im zentralen Verbreitungsgebiet bis zu 10 verschiedene Öko- (und Geno-)typen an einem längeren Fließgewässer vorkommen können, aber an der Grenze des Vorkommens nur noch ein einziger Typ übrig bleibt. Das führt zu einer plausiblen Erklärung der Anfälligkeit seltener Arten am Rande ihres natürlichen Vorkommens.
T 3, L 7, F 7, R 7, K 6.
Besonderes: Im Mittelalter wegen einer gewissen Ähnlichkeit mit Leberlappen eine bekannte Heilpflanze gegen Leberleiden („signatura rerum"), woraus schließlich der Name Lebermoos für alle Verwandten hergeleitet wurde.
Ähnliche Arten durch den spezifischen Geruch und fehlende Brutbecher von allen ähnlichen Arten unterschieden.

Lunulariaceae

Lunularia cruciata (Linnaeus) Dumortier
(= *L. vulgaris*)
Mondbecher-Lebermoos

(T. 13 a)
Name: Von lateinisch lunula = das Möndchen, wegen der Brutbecherform.
Erstbeschreibung: Erstbeschreiber und Entdecker ist wieder P. A. Micheli (1729).
Bau: Thallus beiderseits hellgrün, schwach glänzend, durch um 0,5 mm lange Luftkammern kleinzellig gefeldert (zentraler Punkt = Atemöffnung). Durch Rhizoiden am Substrat haftend. Brutkörper in einmaligen, halbmond-förmigen Gebilden der Thallusmitte. Zweihäusig. In Mitteleuropa keine Geschlechtsorgane beobachtet.
Vorkommen: Um 1830 mit Topfpflanzen aus Süd- und Westeuropa in Gewächshäusern des Rheingebietes eingebürgert (Neubürger = Neophyt). Eines der wenigen nachweisbar durch den Menschen eingebürgerten Moose. Kulturfolger. Auch heute noch vor allem an Sekundärstandorten. Tieflagenmoos. In Bayern inzwischen bis über 500 m und in Salzburg noch bei 600 m. Subtropisch und bipolar verbreitet (weltweit verschleppt).
Ökologie: Besonders auf Friedhöfen, Gartenland und in Parks auf reichen, feuchteren, meist neutralen Böden in geschützter Lage verwildert. In strengen Wintern zurückfrierend. Im subozeanischen Rheinland aber seit über 100 Jahren besonders an Bachufern fest eingebürgert und verbreitet. Inzwischen (infolge der Klimaerwärmung oder durch genetische Anpassung?) auch in anderen Teilen Mitteleuropas, z. B. im Jura und in Brandenburg eingebürgert.

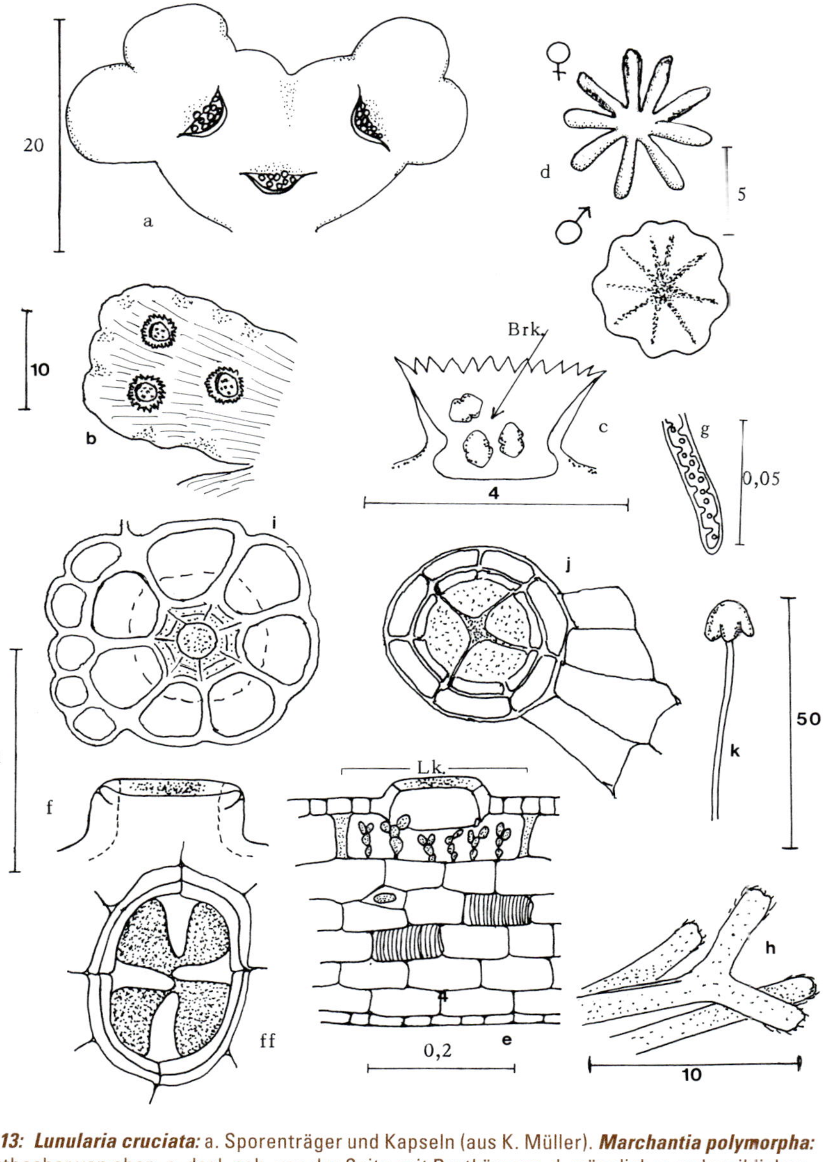

Tafel 13: ***Lunularia cruciata:*** a. Sporenträger und Kapseln (aus K. Müller). ***Marchantia polymorpha:*** b. Brutbecher von oben, c. dsgl. nah, von der Seite, mit Brutkörpern, d. männlicher und weiblicher Gametangienstand von oben, e. Thallus quer, mit LK. = Luftkammer, f. Atemöffnung von der Seite, ff. von oben, g. Zäpfchenrhizoid. ***Preissia quadrata:*** h. Atemöffnung.

Lunularia cruciata

T 8, L 7, F 6, R 6, K 4.
Bemerkenswert: Diese Art, wie auch andere thallöse Lebermoose, eignen sich vorzüglich zur Kultur. In Blumentöpfen oder an lichten, dauerfeuchten Plätzen im Freiland, besonders an absonnigen Stellen in Steingärten und an Mauern, wachsen alle, wenn sie von höheren Pflanzen freigehalten werden, meist problemlos.

Cleveaceae

Athalamya hyalina (SOMMERFELD) HATTORI *var. hyalina*

(= *Clevea hyalina*)

Cleve-Lebermoos

Name: Von griechisch thálomos = Fruchtboden, Gemach und a = Verneinung. Frei übersetzt „ungekammert".
Erstbeschreibung: Erste Unterscheidung durch den Schweden SOMMERFELD (1826), allerdings fälschlich als *Marchantia cruciata* (= *Lunularia*).
Bau: Thalli bis um 5 mm breit, glatt, gelb- bis olivgrün, unterseits nicht rotviolett, aber am Rande oft weißlich oder auch purpurn. Bauchschuppen großzellig, wasserhell, den Rand überragend. Zweihäusig. Weibliche Köpfchen 3 – 5-teilig. Antheridien in der mittigen Thallusrinne eingesenkt. Die weiblichen aus der Thallusmitte, die Träger basal schuppig.
Vorkommen: Gebirgsmoos. In Deutschland im Hügelland bei ca. 200 –380 m am Harz und im Frankenjura (so auch im Wallis, in Südtirol etc.) sowie bemerkenswerterweise mit einem zweiten Areal im Hochgebirge, so bei 1600 – 2260 bis 2360 m in den Bayerischen Alpen. Aus der Schweiz noch bis 2700 m angegeben.

Athalamya hyalina

Sauteria alpina

Ökologie: Auf sonnig-trockenen, humusreichen Böden über Gips oder Kalk, Dolomit und selten über Gneis.
T 0, L 9, F 2, R 7, K 7.
Verwandte Art ist ***Sauteria alpina*** (NEES) NEES, Sauters Lebermoos. Name zu Ehren des Salzburger Arztes ANTON ELEUTHERIUS SAUTER (1800 – 1881), einem berühmten Alpenbotaniker, Flechten- und Moosforscher. Bau: von *Athalamya* unterschieden durch blaugrüne Thalli mit aufgewölbten Atemräumen. Bauchschuppen den Rand nicht überragend. Gemischtgeschlechtig, der weibliche Träger mit einer Rhizoidrinne. Vorkommen: Hochgebirgsmoos (in Bayern von 900 – 2000 m, selten darunter, aber übrige Alpen bis 2500 m). Ökologie: auf oft schattig-feuchtem, neutralem bis schwach basischem Alpenhumus über Kalkgestein, besonders in Felsklüften. – **T 1, L 5, F 6, R 6, K 7.**

Marchantiaceae

Marchantia polymorpha LINNAEUS subsp. *ruderalis* BISCHLER

(= *M. polymorpha* var. *polym.* auct.)

Gewöhnliches Brunnenlebermoos

(T. 13 b-g)
Name: Von dem französischen Botaniker MARCHANT 1713 benannt zu Ehren seines Vaters, NICOLAS MARCHANT, Gartendirektor in Blois, gestorben 1678.
Erstbeschreibung: Erstmals 1543 im „New Kreuterbuch" des Tübinger Professors FUCHS beschrieben und abgebildet. Bei THAL (1588) erwähnt und zu den Flechten gerechnet: „Lichen, Hepatica officinarum (Leberkraut der Apotheken), auf Steinen in Quellbächen und anderswo an feuchten Stellen" (hier werden aber *Marchantia polymorpha* und *Conocephalum conicum* nicht unterschieden).
Bau: Thallus dunkelgrün, öfter mit schwärzlicher Mittellinie, bandförmig, ca. 1 – 2 cm breit und 5 – 10 cm lang, unterseits mit Rhizoidenfilz (es sind Zäpfchenrhizoiden) fest am Substrat haftend. Oberseite zellenartig gefeldert (Luftkammern). Der zentrale, kleine Ring ist die niedrige, schornsteinartige Atemöffnung. Zweihäusig, aber beide Geschlechter oft zusammen wachsend. Weibliche Gametangien- (spätere Sporangien-)stände – auf 2 – 6 cm hohen Trägern emporgehoben, sternförmig, ca. 9-strahlig. Männliche Gametangienstände ebenfalls (meist kürzer) gestielt, scheibenförmig und gekerbt. Antheridien eingesenkt. Elateren mit Spiralwindungen.
Die subsp. **ruderalis**, (die ehemals als die typische Unterart angesehen wurde), ist gekennzeichnet durch reichliche Ausbildung am Rand gezähnter, ca. 2 – 3 mm breiter „Brutbecher". Sie unterscheiden dieses Moos von allen ähnlichen Gattungen. Die Brutkörper sind scheibenförmig und fast 1 mm groß. Kümmerformen haben oft nur 5 mm große Thalli mit einem oder keinem Brutbecher.
Vorkommen: Wohl durch Verschleppung inzwischen weltweit verbreitet und bei uns häufig von der Ebene bis in mittlere Gebirgslagen (bis etwa 1000 m, aber im Pitztal noch bei 2300 m). Sonst in dieser Höhe durch die subsp. **montivagans** vertreten.
Ökologie: Auf dauerfeuchten, sehr nährstoff-(besonders nitrat-)reichen, meist ruderalen Standorten. Auch oft auf Maisäckern und besonders typisch auf älteren Brandflächen, z. B. in Wäldern. Häufig.
T x, L 8, F 6 (7), R 5, K 5.
Besonderes: Der Thallus stellt – wie bei den vorigen – eine Analogie zum Blatt der Blü-

Marchantia polymorpha

Marchantia polymorpha ssp. *ruderalis*

tenpflanzen dar. Durch die für die meisten Marchantialen typische Kutikula ist das Moos gegen Immissionen anscheinend widerstandsfähig. Unter Wasser wird diese Schutzschicht jedoch nicht ausgebildet und die Art wird entsprechend empfindlich. Leitet man durch einen geeigneten Glasbehälter mit *Marchantia*-Unterwasserkulturen Immissionsgase, z. B. Schwefeldioxid, so kann man über Vergleichsexperimente am Grad der Schädigung die Menge des einwirkenden Stoffes abschätzen. Der japanische Bryologe TAODA hat 1973 ein solches Gerät zur Bestimmung der Luftverschmutzung vorgestellt und „Bryometer“ genannt.

Ein lästiges „Unkraut“ auf Blumentöpfen. Nitrophil, daher auf Maisäckern etc. Überdüngungszeiger, also ein geeigneter Bioindikator.
Historie: Im Kräuterbuch des LEONHARD FUCHS wird die Art Brunnen- und Steinleberkraut genannt. Er gibt eine gute Beschreibung, wie auch ganz richtig das Vorkommen, die „statt seiner wachsung“ an. Zu „krafft und würckung“ schreibt er: „Das brunnenleberkraut grün zerstossen und über die Wunden gelegt stellet das blut/und lescht alle unnatürliche hitz. Es heylt auch diser gestalt zerstossen und angestrichen die flechten. Mit honig vermischt und angestrichen/treibt es die bösen farb denen so die

Marchantia polymorpha ssp. *polymorpha*

geelsucht gehabt haben. Inn wein gesotten und im mund gehalten/stillt es den hauptfluß der stats herab in den hals fellt. Es vertreibt auch allerlei mäler des leibs angestrichen". Also u. a. empfohlen als blutstillendes, desinfizierendes und Lebermittel.

Man unterscheidet außer der bekannten, ruderalen Subspecies, noch 2 weitere Unterarten: Die subsp. **polymorpha** (= var. *aquatica* NEES) hat keine Brutbecher. Thalli dunkelgrün. mit einem deutlichen, schwärzlichen Mittelstreifen. Vorkommen: Ebene bis mittlere, selten obere Gebirgslagen (hier von subsp. *montivagans* vertreten). Ökologie: Sie wächst auf nährstoffreichen, auch kalkhaltigen Sumpfböden, z. B. an Wasserläufen und in Sumpfwiesen. Sie repräsentiert wahrscheinlich die Stammform. – **T 2, L 8, F 8, R 5, K 5.**

Subsp. **montivagans** BISCHLER & BOISSELIER (= *M. polymorpha* var. *alpestris*). Bau: Thalli hell blaugrün, kurzlappiger. Vorkommen: meist ein Hochgebirgsmoos (in Dänemark in der Ebe-

Marchantia polymorpha ssp. *montivagans* weiblich

ne, sonst selten ab 550 m, in Bayern ab 865 m (Rhön) und von 1100 – 2200 m; in Nordtirol bis 2400 m). Ökologie: auf beschatteten bis besonnten, nassen, oft kalkhaltigen, nährstoffreicheren, erdigen Standorten, insbesondere an Quellhängen und in Flachmooren, zuweilen mit. *Pohlia wahlenbergii* var. *glaciale*. – **T 2, L 0, F 7, R 8, K 4.**

Preissia quadrata (SCOPOLI) NEES
(= *P. commutata*)

Preiss-Lebermoos

Name: Benannt zu Ehren von BALTHASAR PREISS, gebürtig aus Bruchsal (geb. 1765), gestorben als Regimentsarzt 1850 in Prag.
Erstbeschreibung: Durch den Entdecker J. A. SCOPOLI 1772 in seiner Flora Carniolica.
Bau: Thallus sehr ähnlich einem kleineren *Conocephalum*, aber mit purpurroten Bauchschuppen und schornsteinförmigen Atemöffnungen (T. 13 h). Außerdem männliche Geschlechtsstände auf 1 – 2 cm langem Stiel und Sporenkapselstände halbkugelig-quadratisch. Gemischtgeschlechtig und deshalb öfter c.spg.
Vorkommen: Ebene bis ins Hochgebirge, aber erst in Süddeutschland häufiger und verbreitet in den Kalkalpen (in Bayern bis 1500 m, Zentralalpen noch bis 2450 m).
Ökologie: Auf sonnigem bis tiefschattigem, dauerfeuchtem bis nassem, oft kalkreichem Substrat, auf Kalkgestein (auch Kalktuff und Dolomit), seltener auf Schlamm sowie auf ± torfhaltigem Substrat und an Mauern.
T 2, L x, F 7, R 9, K 6.
Ähnliche Arten: *Conocephalum* und *Marchantia* sowie *Reboulia hemisphaerica*. Vgl. dort.

Preissia quadrata

Oxymitraceae

Oxymitra incrassata (Brotero) Sergio & Sim-Sim
(= *O. hibernica*)

Spitzmützen-Lebermoos

Name: Von griechisch oxýs = scharf, spitz und mitra = Mütze, wegen der konischen Hülle um die Archegonien.

Erstbeschreibung: 1804 durch den Portugiesen F. A. Brotero (1744 – 1828) sowie nochmals u. a. durch den Italiener G. Raddi 1818.

Bau: Meist größer als ähnliche Riccien, dunkelgrün, etwa 10 x 5 mm groß, einfach oder gegabelt-keilförmig. Bauchschuppen weißlich, lang-dreieckig, den Vorderrand überragend (die ähnliche R. ciliifera ist u. a. durch ihre samtige Oberfläche zu unterscheiden). Ausgezeichnet durch deutlich sternförmige Atemöffnungen. Getrenntgeschlechtig.

Vorkommen: Seltene südliche Art. Deshalb Tieflagenmoos im südlichsten Bereich und einmal an der Oder bei Bellinchen (aber möglicherweise nur eingeschleppt). Ebene (einmal) bis Hügelstufe, z. B. bei 280 m in Niederösterreich, bei ca. 400 m um Meran.

Ökologie: Auf sonnig-trockenen, offenerdigen, basenreichen Böden oder erdigen Felsen, oft in Lavagesteinsgebieten und auch auf Salzböden sowie auf Humus über Kalkgestein, in lückigen Trockenrasen und Felsfluren, wie auch an Böschungen.

T 8, L 9, F 1, R 6, K 7.

Oxymitra incrassata

Ricciaceae

Ricciocarpos natans (LINNAEUS) CORDA

(= *Riccia natans*)

Schwimmendes Wasser-Sternlebermoos

(T. 14 a, b)

Name: Zusammengesetzt aus *Riccia*, dem Stern-Lebermoos und griechisch carpos = Frucht.

Erstbeschreibung: 1759 durch LINNÉ

Bau: Thallus der Schwimmform dreieckig-herzförmig oder durch unvollendete Teilung doppelt-herzförmig, 5 – 10 mm breit, frischgrün, unterseits dicht mit bandförmigen, linealischen Bauchschuppen besetzt. Die Bauchschuppen zellig, gezähnt, wie Wurzeln im Wasser hängend. Als Landform in bis über 2 cm großen Rosetten mit kurzen Bauchschuppen. Thalli innen locker gekammert, daher auch die Oberseite gefeldert (Luftkammern!). Sporenkapseln im Thallus eingeschlossen, sehr selten (einhäusig!).

Vorkommen: Zerstreut bis selten in wärmeren Lagen. Selten bis in die untere Bergstufe (bis um 800 m).

Ökologie: In offenen Wasserlinsengesellschaften stehender, ± eutropher, aber unverschmutzter Gewässer. So besonders in Altwässern der größeren Stromtäler. Mit dem Austrocknen der Gewässer auf dem Schlamm weiterwachsend. Gefährdet durch Gewässerverschmutzung und insbesondere durch Entwässerungsmaßnahmen allgemein im Rückgang.

Ricciocarpos natans

Ausbreitung durch Wasserhaftung (Adhäsion) an Wasservögeln. Verbreitungstyp „Wasserhafter" bzw. ornithochor. Im Raum Bozen soll die Verbreitung vorwiegend durch Schwäne erfolgen. Entsprechend dürften am Niederrhein Graugänse als Verbreiter in Betracht kommen. **T 6, L 9, F 9(8), R 6, K 5 .**

Besonderes: Bemerkenswerte Analogie zu den ebenfalls extrem angepassten Wasserlinsen (*Lemna* usw.). Als einziger (Oberflächen-) „Schwimmer" unter den Moosen unverwechselbar.

Ähnliche Arten: Auf Schlamm wachsende Landformen können *Riccia*-Arten vortäuschen. *Ricciocarpos* unterscheidet sich sofort durch die großen, gezähnten Bauchschuppen.

Riccia cavernosa HOFFMANN
(= *R. crystallina* AUCT. GERM.)

Grubiges Sternmoos

Name: Benannt zu Ehren des italienischen Senators RICCI, einem Förderer der Botanik.

Erstbeschreibung: 1795 durch G. F. HOFFMANN (1761 – 1826).

Bau: Der fleischige, relativ große (meist 1 – 2 cm breite), halbkreis- oder kreisförmige, grün glitzernde Thallus ist innen gekammert und deshalb später durch Einbruch der Höhlungen grubig gefeldert. Gemischtgeschlechtig und deshalb meist c.spg.

Vorkommen: Tieflagenmoos. Hauptverbreitung in der Ebene, dazu meist selten bis in die untere montane Stufe, so in Süddeutschland bis maximal 700 m.

Riccia cavernosa

Ökologie: Auf nährstoffreichem, oft auch besonntem Uferschlamm und nassen Äckern, besonders im Überschwemmungsbereich größerer Flüsse und an Talsperren.

T 6, L 9, F 8, R 6, K 5.
Ähnliche Arten: in Mitteleuropa ein einmaliger Typ. Im Süden meist durch *R. crystallina* LINNÉ ersetzt.

Riccia fluitans LINNAEUS *agg.*
(= *Ricciella fl.*)

Untergetauchtes Sternlebermoos, Klein-St.

(T. 14 c, d)
Name: *Ricciella* = Verkleinerungsform von *Riccia*.
Erstbeschreibung 1753 durch LINNÉ.
Bau: Thallus der Schwimmform hellgrün, in unter 1 mm breite, bis 2 cm lange, linealische Teile gabelig zerteilt, ohne Rhizoiden, untergetaucht und oft schwammige Massenvegetation bildend. Auf trockenfallendem Teichschlamm die wesentlich kleinere, aber breitlappigere Landform. Thallus deutlich gekammert. Zweihäusig. Sporogone äußerst selten (in Deutschland nicht gefunden).
Vorkommen: Tieflagenmoos (in Süddeutschland selten noch bis 665 m!, meist aber unter 350 m). Zerstreut bis selten.
Ökologie: Vorwiegend submers in kalkfreien, z. T. nährstoffreicheren, stehenden Gewässern, so in anmoorigen, auch periodisch trockenfallenden Tümpeln und Gräben, auch in beschatteter Lage, die Landform auf Schlammböden. Wahrscheinlich nicht nur in Aquarien bedeutsam für die Laichablage und den Schutz der Jungfische. Öfter als Aquarienpflanze kultiviert (z. B. zum Schutze des Laichs).

Riccia fluitans

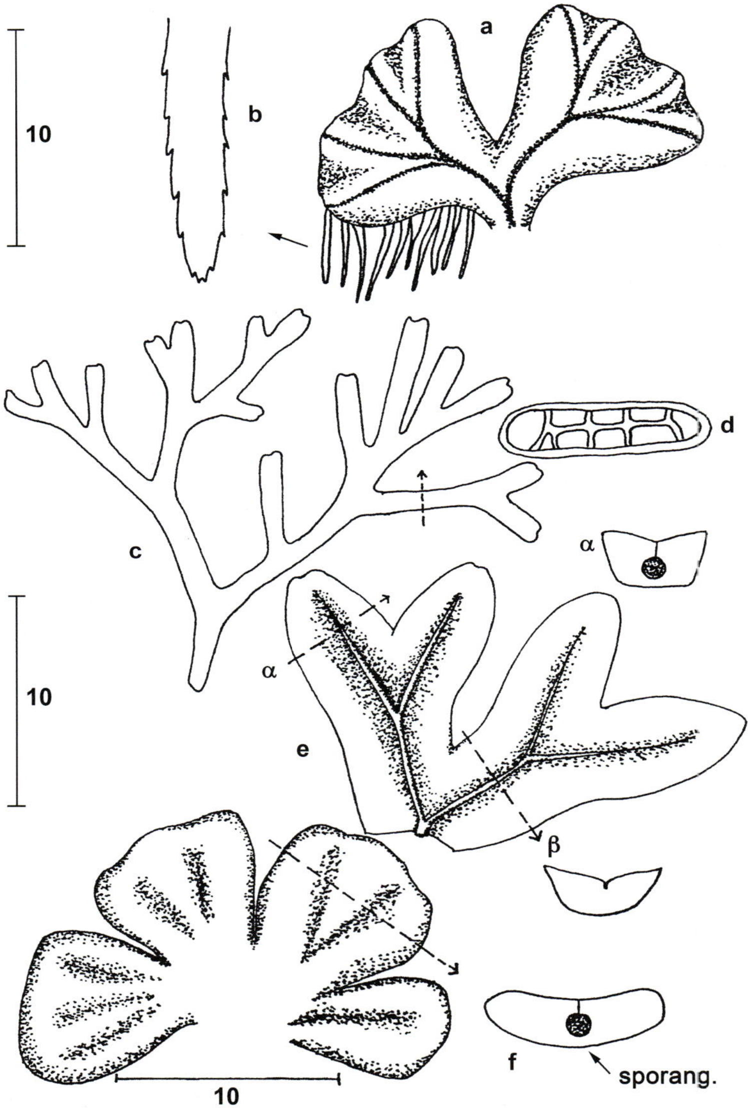

Tafel 14: ***Ricciocarpos natans:*** a. Habitus, mit Bauchschuppen, b. Bauchschuppen vergr. ***Riccia fluitans:*** c.Habitus und d. Thallus quer, vergr. ***R. sorocarpa:*** e. Habitus und Thallus quer (alpha und beta). ***R. glauca:*** f. Habitus und dsgl.

T 6, L x, F 9(8), R 4, K 5.
Besonderes: Kann über 1/2 Jahr Austrocknung gut überstehen (poikilohydrisch!) und treibt dann, bewässert, bereits nach 1 – 2 Wochen wieder aus. Amphibische Pflanze! Bemerkenswerte Variabilität in Anpassung an das jeweilige Wasserangebot.
Ähnliche Arten sind nur als Landform (mikroskopisch z. B. durch Kammergröße, möglichst mit Bestimmung der Chromosomenzahl) sicher zu unterscheiden. Kultur, auch aus jüngerem Herbarmaterial, ist einfach. ***Riccia rhenana*** LORBEER. Bau: mit größeren Kammern. Vorkommen: Tieflagenmoos, vorzüglich in der Ebene (meist unter 200 m, aber in Bayern bis 635 m), submers in reicheren, nährstoffreicheren, auch kalkhaltigen, stehenden Gewässern, die Landform auf Uferschlamm, z. B. von Altrheinarmen. – **T 6, L 7, F 9(8), R 6, K 5.**

Riccia sorocarpa BISCHOFF var. *sorocarpa*
Staubfrüchtiges Sternlebermoos

(T. 14 e)
Erstbeschreibung: Sicher erst 1835 durch G. W. BISCHOFF (1797 – 1854), Botanikprofessor zu Heidelberg.
Bau: Thalli keilförmig, etwas gabelig 1- oder mehrfach geteilt, bis halbe Rosetten bildend, ca. 6 – 15 mm lang, 4 – 6(– 8) mm breit, stumpf bläulichgrün. Thallus oberseits ± flach, mit längs verlaufender Rinne in der Mitte, (zweite Zellschicht von oben mit verdickten Wänden), quer wenig breiter als hoch, mit scharfkantigem Rand. Einhäusig. Erwachsene Pflanzen meist mit den im Thallus eingeschlossenen, kugeligen, reichsporigen Sporogonen.
Vorkommen: Unsere häufigste *Riccia* und entsprechend mit großer ökologischer Amplitude.

Riccia sorocarpa

Ebene bis untere Gebirgslagen (in Süddeutschland nur bis 700 m gefunden, aber in den Alpen selten noch bis über 2000 m (verschleppt?)).
Ökologie: Sonnige bis lichte, grund- oder auch wechselfeuchte, basen- und nährstoffreiche, z. T. kalkhaltige Pionierstandorte besiedelnd. Auf Herbstäckern sehr verbreitet, auch an erdigen Böschungen und in Trockenrasen (dort eventuell auch ausdauernd). Auf überdüngten, gespritzten Äckern oft die einzige überlebende *Riccia*.
T x, L 9, F 5, R 5, K 5.
Ähnliche Arten: Charakteristisch ist der scharfkantige Rand, der anderen mitteleuropäischen Riccien fehlt. Verbreitet ist auch ***Riccia glauca*** LINNAEUS, Blaugrünes Sternlebermoos. Erstbeschreibung: 1753 durch LINNAEUS. (T. 14 f). Bau: Es hat einen relativ breiten (1:2), flachen, abgerundeten Thallus und bildet oft über 1 cm große Rosetten. Vorkommen: Ebene bis untere Gebirgslagen (in Süddeutschland bis etwa 800 m, in Nordtirol bis 1000 m). Ökologie: wächst auf offenerdigen, oft sonnigen, bis vernässten, kalkarmen, aber nährstoffreicheren, ± lehmigen Böden, auf Äckern, nassen Wegen, Teichschlamm usw. – **T 5, L 8, F 6, R 5, K 5.**

Riccia glauca

Riccia ciliifera LINK EX LINDENBERG
(= *R. bischoffii*)

Wimpertragendes Sternlebermoos

Erstbeschreibung: 1829 durch H. F. LINK (1767 – 1851).
Bau: Thalli ausdauernd, samtig blaugrau, am Rande geflügelt, herzförmig, mit rundlichen Lappen, um bis 1 cm breit, mit überstehenden, weißlichen Bauchschuppen. Dazu kommen auch Borstenhaare vor. Öfter in dichten Beständen. Zweihäusig.
Vorkommen: Im Hügelland, besonders der großen Stromtäler (einmal in der Ebene), meist selten und zu schützen! In Südwestdeutschland ab ca. 150 m bis ca. 400 m, in Südtirol bis ca. 700 m. Häufiger in den Tälern der Südalpen. (Maximal in den französischen Alpen noch bei 1770 m).
Ökologie: Auf sonnigen, sommertrockenen, basenreichen Standorten über Silikatgestein und auf Skelettböden, sowie auf Humus über Kalk und auf sandigen Böden, in lückigen Trockenrasen (Xerobrometen) wärmster Lagen oft mit. *R. sorocarpa, Mannia fragrans* und *Pleurochaete squarrosa*.
T 6, L 9, F 2, R 5, K 8.

Riccia ciliifera

Metzgeriaceae

Metzgeria furcata (LINNAEUS) DUMORTIER, Gabeliges Igelhaubenmoos

(= incl. var. *ulvula* (NEES)) GOTTSCHE et al.

T. 15 a, b

Name: Von RADDI benannt nach einem Freund, J. B. METZGER, einem Kupferstecher aus Staufen in Baden.

Erstbeschreibung: 1753 durch LINNAEUS.

Bau: Thalli gabelig verzweigt, flachrandig, blass- oder hellgrün, 1-schichtig, im durchscheinenden Licht zellige Zweige, 5 – 20 mm lang und ca. 0,3 – 1 mm breit, bandförmig, mit Mittelrippe. Unterseits auf der Rippe, z. T. auch an den Randzellen, mit kurzen Haaren. Einzeln am Substrat haftend oder auch flache, kleine (bis über 5 cm breite) Decken entwickelnd. Zweihäusig und deshalb nur selten mit den behaarten, kugeligen, weiblichen Geschlechtsästen. Häufig ist auch die fo. **ulvula** (wahrscheinlich nur eine Hungerform), mit schwächeren, den Hauptästen entspringenden Brutzweigen (Tafel 15 c). Unsere beiden anderen, meist seltenen Brutast-Metzgerien haben an der Spitze verjüngte, horizontal abstehende Brutzweige.

Vorkommen: Ebene bis Baumgrenze (in Bayern bis 1460 m, im Unterengadin angeblich bis 3000 m). In milden, nicht zu trockenen Lagen in Europa weit verbreitet und häufig. In der Ebene Rückgang durch Luftverschmutzung.

Ökologie: Auf kalk- oder mindestens basenreichem Substrat in Wäldern an Laubholzborke, besonders Baumbasen und -wurzeln, sowie an Gestein (besonders Kalk, Basalt u. ä.) und schattigen Mauern. Sonst besonders im Kalkgebirge, aber auch in Auwäldern usw.

T 3, L 5, F 4, R 6, K 5.

Metzgeria furcata

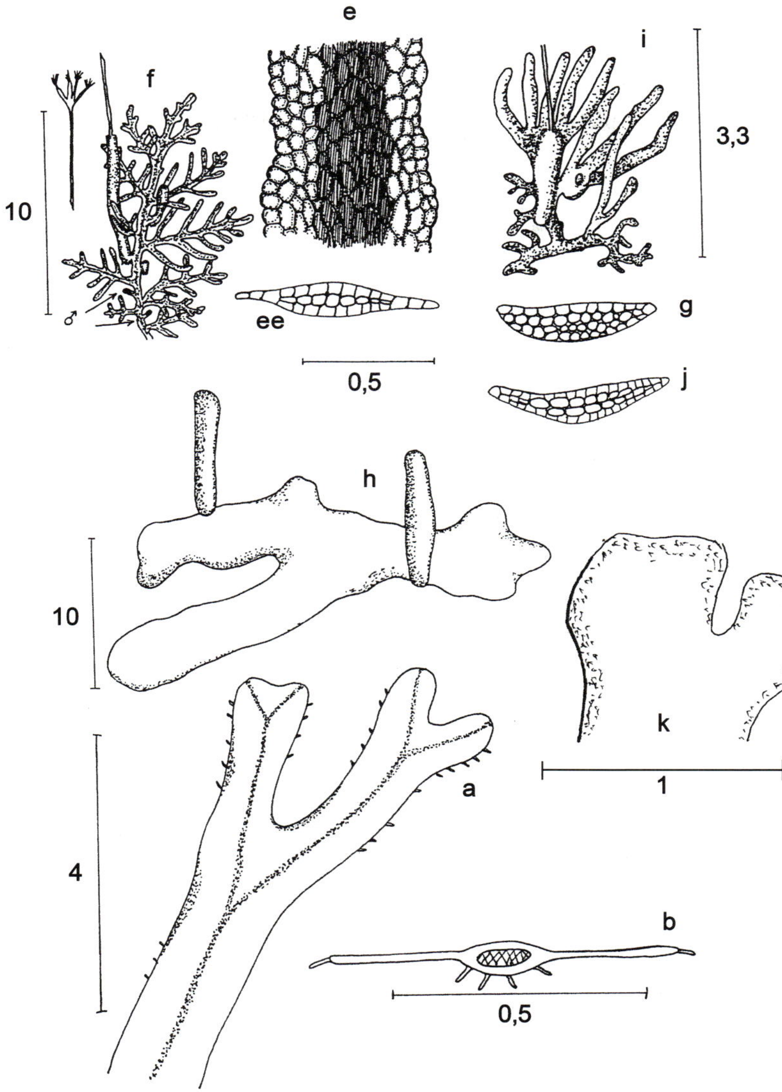

Tafel 15:* *Metzgeria furcata: a. Habitus, b. Thallus quer. ***Riccardia multifida:*** ee. Thallus quer, f. Habitus c.spg. (Seta mit Kapsel und Elateren) und e. Abschnitt, vergr. ***R. chamaedryfolia:*** g. Thallus quer. ***Aneura pinguis:*** h. Habitus. R. palmata: i. Habitus c.per., j. Thallus quer, vergr. ***R. latifrons:*** k. Thallusspitze – (e., f. und i. nach K. Müller)

Besonderes: Im botanischen Praktikum sehr beliebt für die Demonstration zweischneidiger Scheitelzellen!

Ähnliche Arten: Alle übrigen heimischen Verwandten haben einen umgebogenen Thallusrand (s. u.). Andere, etwas ähnliche Lebermoose haben keine Rippe!

Metzgeria conjugata LINDBERG *subsp. conjugata*
Gepaartes oder Joch-Igelhauben-Lebermoos

Erstbeschreibung: 1875 durch den Schweden S. J. LINDBERG.
Bau: Thalli bis 2 mm breit und 2 – 3 cm lang, am Rande kurzhaarig. Gemischtgeschlechtig. An nassem, basenreichem Gestein und feuchtschattigen Böschungen, auch auf Kalk.
Vorkommen: Gebirgsmoos (Ebene sehr selten, sonst ab ca. 150 m in Westdeutschland und bis

Metzgeria conjugata

1200 m in Bayern, im Pitztal noch bei 1600 m, in den italienischen Dolomiten bis 2100 m!).
Ökologie: Auf meist schattigeren, dauerfeuchten bis überrieselten, basenreicheren, aber meist kalkärmeren Silikatfelsen, besonders nahe Fließgewässern und Wasserfällen, selten auf Humus über Kalk und epiphytisch. Solche Funde wohl meist zur subsp. **simplex** (K. Mueller Frib.) Schuster gehörig, die sich außer durch den Standort mikroskopisch durch kleinere Zellen und genetisch unterscheidet.
T 4, L 4, F 7, R 5, K 4.

Metzgeria fruticulosa (Dickson) Evans
Brutasttragendes Igelhauben-Lebermoos

Erstbeschreibung: 1785 durch den schottischen Botaniker J. J. Dickson.
Bau: *M. furcata* gleichend, aber die Thalli am Rande umgebogen, vorn bis auf die Rippe verschmälert und vom Substrat abstehend. An diesen Brutästen sitzen die breit eiförmigen Brutkörper. Die getrocknete Pflanze verfärbt sich nach Wochen im Herbar stahlblau.

Metzgeria fruticulosa

Vorkommen: Gebirgsmoos (Ebene selten, in Bayern bis 1470 m!, in Nordtirol bis 930 m!).
Ökologie: An lichten, auch frei stehenden, glattrin igen Laubbäumen in luftfeuchter Lage niederschlagsreicherer Gebiete, so an *Fagus, Acer, Fraxinus* u. ä. sowie auch an *Abies*. Selten auch auf Silikatfelsen. u. a.mit *Microlejeunea* und *Ulota*.
T 5, L 5, F 5, R 5, K 2.
Ahnliche Arten: Im Gelände täuschend ähnlich ist ***Metzgeria consanguinea*** Schiffner (= M. temperata KUWAHARA). Diese Art hat eine weitere Verbreitung und kam zumindest früher auch in der nordwestdeutschen Ebene öfters vor. Sie unterscheidet sich vor allem dadurch, dass sich die abgestorbene Pflanze später nicht blau färbt. Vorkommen: ein subozeanisches Gebirgsmoos der unteren Lagen (ab ca. 160 m!, in Bayern bis 950 m). Nach Norden bis in die Eifel. Ökologie: ähnlich der vorigen Art. – **T 5, L 5, F 5, R, K 2.**

Apometzgeria pubescens (SCHRANK) KUWAHARA
(= *Metzgeria pu.*)
Samtiges Igelhauben-Lebermoos

Name: Zusammengesetzt aus griechisch apo = getrennt, weg von, und *Metzgeria*. Soll die Eigenständigkeit der Sippe unterstreichen.
Erstbeschreibung: 1792 durch FRANZ PAULA VON SCHRANK (1747 – 1835) aus Salzburg, Botanikprofessor in München.
Bau: Thallus dicht kurzhaarig und deshalb graugrün (trocken auch grau), ohne Brutsprosse, bis 0,5 mm breit und 2 – 3 cm lang, oft in großen Rasen und Polstern. Den anderen Metzgerien nur wenig ähnlich. Sporogone und Brutkörper unbekannt.

Apometzgeria pubescens

Vorkommen: In den Kalkgebirgen ziemlich verbreitet, sonst selten (bei uns selten ab ca. 150 – 400 m). In Bayern bis 1700 m und z. B. in der Steiermark noch bei 2860 m. Ein Reliktmoos.
Ökologie: An Kalkfelsen und basen- bzw. kalkreicher Laubholzborke in luftfeuchter Lage. Meist über anderen Moosen. Sie bildet an Kalkfelsen bis über handgroße Decken oder wächst auch einzeln über Laubmoosen. Der dichte Besatz mit Safthaaren führt (über Oberflächenvergrößerung) zu erhöhter Wasserabgabe, was folglich die Nährstoffaufnahme fördert, jedoch bei Trockenheit auch zu rascherer Trockenlegung und dadurch zur Verkürzung der Atmungsperiode führt.
T 3, L 4, F 6, R 8, K 6.

Aneuraceae

Riccardia multifida (LINNAEUS) S. F. GRAY
(= *Aneura multifida*)

Vielspaltiges oder Fiederiges Ohnnerv-Lebermoos

(T. 15 e, ee, f)
Name: Benannt nach dem Florentiner V. RICCARDI, einem Sponsor von MICHELIS Tafelwerk „Genera Plantarum“, das auch schon viele Moose beschreibt.
Erstbeschreibung: 1762 durch LINNAEUS.
Bau: Thalli bräunlich oder dunkelgrün, 1 – 2(– 3) cm lang, ein- bis zweifach (meist) regelmäßig gefiedert, mit nervenlosen, bandförmigen, ca. 0,5 mm breiten. Ästen. Thallus mehrschichtig, aber mit einzellschichtigem Rand, dieser durchscheinend. Einhäusig, Elateren an der Spitze der 4 Kapselklappen sitzend.
Vorkommen: Ebene bis mittlere Gebirgslagen (in Bayern bis 1800 m). Ziemlich verbreitet.
Ökologie: An nassen bis quelligen, ± lichten, basenreicheren bis kalkhaltigen Standorten. Gern in Quellmooren, in nassen, ehemaligen

Riccardia multifida

Tongruben u. ä., sowie auch auf grasigen, vernässten Wegen.
T 4, L 7, F 8, R 4, K 5.
Besonderes: Die völlig undifferenzierten Thalli der Aneuraceen stellen den primitivsten Thallustyp aller lebenden Lebermoose dar.
Ähnliche Arten: ***Riccardia chamaedryfolia*** (WITHERING) GROLLE (= *R. sinuata*), das Bach-Ohnnerv-Lebermoos (T. 15 g). Den dunkelgrünen, trocken schwärzlichen, weniger regelmäßig fiederigen Thalli fehlt der durchscheinende Rand. Vorkommen: Ebene bis in mittlere Gebirgslagen (Zentralalpen bis um 1600 m). Ökologie: wächst submers auf Steinen klarer, kalkfreier Bergbäche und in Quellfluren. Seltener auf nasser Erde, z. B. mit *Pellia epiphylla* (hier z. T. mit Kümmerformen von *R. multifida* verwechselt). – **T 4, L ?5, F 8, R 3, K 4.**

Riccardia palmata (HEDWIG) CARRUTHER
Handförmiges Ohnnerv-Lebermoos

(T. 15 i, j)
Erstbeschreibung: 1784 durch HEDWIG.
Bau: Die nur bis 5 mm langen dunkelgrünen Thalli sind bis zum Rande mehrschichtig, nur bis 5 mm lang und handförmig zerteilt (mit linealischen Lappen). Die Lager bilden dachziegelig angeordnete, rasige Bestände.
Vorkommen: Gebirgsmoos. In der norddeutschen Ebene sehr selten, über der Baumgrenze anscheinend fehlend (in Bayern bis 1800 m), besonders in Süd- und Mitteldeutschland vorkommend.
Ökologie: Kalkmeidend. Auf schattig-feuchtem, morschem Holz. Thalli schmal handförmig zerteilt, nur um 5 mm lang, dunkelgrün.
T 3, L 4, F 6, R 1, K 4.
Ähnliche Arten: Die oft häufigere ***Riccardia latifrons*** (LINDBERG) LINDBERG, das Breitlappige Ohnnerv-Lebermoos (T. 15 k), kommt außerdem auf feuchtem Torf vor, sonst Vorkommen wie bei voriger Art. Bau: Sie unterscheidet sich durch gestutzte, breitere und unregelmäßiger eingeschnittene, meist dem Substrat anhaftende „Finger"-Lappen. – **T 3, L 4, F 6, R 1, K 6.**

Riccardia palmata

Riccardia latifrons

Aneura pinguis (Linnaeus) S. F. Gray

(= *Riccardia pi.*, incl. fo. angustior (Hooker) K. Mueller Frib.)

Großes oder Fettglänzendes Ohnnerv-Lebermoos

(T. 15 h)
Name: Von griechisch neuron = Nerv, die Verneinungsform.
Erstbeschreibung: 1753 durch Linnaeus.
Bau: Diese Art von der habituell wie ökologisch sehr ähnlichen *Pellia endiviifolia* durch den flaschengrünen, fettig glänzenden, fleischigeren, nervenlosen Thallus, dem immer Brutäste fehlen, sowie randständige Kelche unterschieden. Thallus oft ungeteilt, flachrinnig, 2 – 10 mm breit und bis ca. 2 cm lang. Getrenntgeschlechtlich.
Vorkommen: Ebene bis Baumgrenze (darüber und in der Ebene meist selten, in Bayern bis 1900 m, am Ortler-Gebiet noch bei 2500 m angegeben). Meist zerstreut, insbesondere in Kalkgebieten im Bergland verbreitet.
Ökologie: Auf oft sonnigem, vernässtem bis überrieseltem, mineralischem bis ± torfhaltigem, basen- bis kalkreichem Substrat, auf Silikatgestein, Molasse, Kalk, Kalktuff und auf lehmig/tonigen oder mergeligen Böden, an Wegen und Böschungen, in Nasswiesen, Quellmooren und an nassen Felsen.

Aneura pinguis

T x, L 8, F 8, R 7, K 5.
Nächst verwandte Art ist ***Cryptothallus mirabilis*** von MALMBORG – Pilzparasitisches Ohnnerv-Lebermoos. Name: von griechisch kryptos = verborgen und thallos = Laub, wegen seines Wuchsortes. Es wurde erst 1932 durch den Schweden von MALMBORG entdeckt. Bau: Die chlorophyllfreien Thalli sind ebenso geformt wie die von *Aneura*. Das einzige bisher bekannte holoparasitisch (nicht saprophytisch) lebende Lebermoos. Allein die Sporogone durchstoßen die sie bedeckenden Moose. Vorkommen: Tieflagenmoos. Ebene, bis in untere Gebirgslagen vor allem in Mooren und Nadelwäldern Nord- und Westeuropas (in Deutschland einmal an der Müritz in Mecklenburg). Ökologie: Die Art wächst subterrestrisch an dauerfeuchten bis nassen, nährstoffreicheren, aber kalkfreien Plätzen parasitisch (auf Kosten des in der Pflanze wachsenden Pilzes) unter anderen Moosen, so unter *Hylocomium splendens*, *Pleurozium*, *Mnium* agg., *Sphagnum* spec. und im Murmansker Gebiet auch unter *Pellia epiphylla*. – **T 3, L 0, F 7, R 2, K 5.** – Symbiose mit Pilzen ist insbesondere bei allen Torf und Humus bewohnenden Lebermoosen anzutreffen, es sind Hemiparasiten.

Blasia pusilla

reicheren, lehmig/tonigen und sandigen Böden, z. B. öfter auf Lavagrus, so auf Wegen, an Böschungen, Grabenwänden und Brachäckern. **T 3, L 8, F 8, R 5, K 6.**

Besonderes: Die Art trägt über ihre Stickstoffsymbiose mit der Blaualge *Nostoc* zur Anreicherung ihrer Standorte mit Stickstoffverbindungen bei. Der Nutzen für die Art wird bestritten. Ein Schulbuchmoos.

Codoniaceae

Fossombronia wondraczekii (Corda) Dumortier
(= *F. cristata*)

Kamm-Zipfel-Lebermoos

(T. 16 j)
Name: Von Raddi benannt nach dem Italiener Cavalliere Vittorio Fossombroni, auch toskanischer Finanzminister, einem Förderer der Botanik.
Erstbeschreibung: Erstmals von der *Jungermannia pusilla* des Linnaeus (1753) unterschieden durch A. K. J. Corda 1830.
Bau: Thallus hellgrün (alt bleichend), gabelig, in niederliegenden, wenige Zentimeter großen Rasen. Blätter oberschlächtig, etwas gelappt und unregelmäßig, nicht völlig bis zum Stängel geteilt. Rhizoiden ausnahmsweise violett! Pflanzen um 1 cm lang, an *Lophocolea* erinnernd (aber Standort unterschiedlich). Einhäusig. Kapsel kugelig, lange halb im etwas krausen Perichaetium verborgen, zur Reife auf einer bis zu 1 cm langen, glasklaren Seta, Kapsel unregelmäßig zerfallend. (Sporen um 40 µm, mit 30 – 40 Zähnen). Nur Pflanzen mit Sporen sicher bestimmbar! Herbst bis Frühjahr mit Sporogonen.

Fossombronia wondraczekii

Fossombronia pusilla

Vorkommen: Tieflagenmoos (über 300 – 400 m, aus dem Allgäu noch bis 950 m angegeben, in der Westschweiz noch bis 1200 m). Ebene bis in untere montane Lagen.
Ökologie: Dauerfeuchte bis vernässte, basenreichere, aber kalkfreie, lehmige bis anlehmige, meist lichte Standorte auf Herbstäckern, vernässten Wegen, lückigen, grasigen Rainen, zerstreut vorkommend, durch „Kulturmaßnahmen" im Rückgang oder auch selten. Mit *Anthoceros agrestis*, *Pseudephemerum* u. ä.
T 5, L 8, F 7, R 4, K 5.

Besonderes: Stammesgeschichtlich interessantes, zu den Beblätterten Lebermoosen hinleitendes „anakrogynes" Lebermoos (Sporogon hinter dem Sprossgipfel!).
Nah verwandte Arten: Die übrigen heimischen Arten sind meist selten, so ***Fossombronia pusilla*** (LINNAEUS) NEES, das Zwerg-Zipfel-Lebermoos (T. 16 h, i), (mit bis 20 Zähnchen an den Sporen). Ökologie: An Standorten wie vorige Art. Vorkommen: wärmeliebender, mit mehr südlicher Verbreitung. Im Gebirge bis 900 m, im Schweizer Jura sogar bis 1200 m. – **T 7, L 7, F 7, R 4, K 4.**

Fossombronia foveolata LINDBERG

(= *F. dumortieri*)

Kleingrubiges oder Moor-Zipfel-Lebermoos

(T. 16 l)
Erstbeschreibung: Durch J. W. P. HÜBENER 1837.
Bau: Habituell wie die vorigen Arten. Sichere anatomische Unterscheidung nur mit Hilfe der Sporen (Lamellensaum!).
Vorkommen: Ebene bis mittlere Gebirgslagen an geeigneten Standorten zerstreut (im Schwarzwald bis 1100 m und in Bayern bei 1600 m angegeben).
Ökologie: Auf auch sonnigem, vernässtem, humusreichem, kalkfreiem Substrat, auf Moorböden, an Wegsäumen in Feuchtheiden. Seltener auf kalkfreien, nährstoffarmen Schlammböden an Teichufern.
T 3, L 8, F 8, R 1, K 3.

Fossombronia foveolata

Ord. JUNGERMANNIALES – Beblätterte oder Jungerman-Lebermoose

Pseudolepicoleaceae

Blepharostoma trichophyllum (LINNAEUS) DUMORTIER subsp. *trichophyllum* Haarblatt-Lebermoos

Name: Zusammengesetzt aus griechisch blepharon = Augenwimper und stoma = Mündung, wegen der bewimperten Perianthmündung.
Erstbeschreibung: 1753 durch LINNÉ.
Bau: Blätter ± völlig in haarförmige Zipfel zerteilt, nie rötlich. In dichten, meist gelbgrünen, wenige cm (bis über handteller-)großen, wenige mm hohen Filzen aus reich verzweigten bis fast 1 cm langen, aber nur 0,5 mm dicken Zweigen oder häufig auch zwischen anderen Moosen. Blätter schräg abstehend bis spreizend, völlig in meist 3 – 4 haarförmige (einzellreihige) Fäden zerteilt. Brutkörper nicht selten (Mikroskop!). Zweihäusig. Öfter mit Sporogonen.
Vorkommen: Ebene (selten). Im Gebirge bis zur Baumgrenze vor allem in Süddeutschland verbreitet (selten darüber und noch bis 2350 m, Zentralalpen bis 2600 m (– 3500 m) angegeben).
Ökologie: Auf meist schattig-feuchten, kalkarmen Standorten, auf morschem Holz und Humus sowie auf Gestein über kalkfreiem, mineralischem Substrat, selten auf Erde. Nie in Sümpfen. Poikilohydrisch.
T 3, L 5, F 6, R 3, K 6.

Blepharostoma trichophyllum

Besonderes: Der Gametophyt ist wieder zu einer z. T. fadenalgenartigen Pflanze zurückentwickelt.
Ähnliche Arten: Die Größe und die in haarförmige Abschnitte zerteilten Blätter unterscheiden diese Art von fast allen übrigen Lebermoosen. Vom Anfänger wird das Moos eher für ein zierliches, pleurokarpes Laubmoos, z. B. eine zierliche *Amblystegium*-Verwandte, gehalten. Zu verwechseln ist die Art mit *Kurzia*, die aber mindestens am Blattgrund 2-reihige (Mikroskop!) Blattabschnitte und dichter gedrängte, oft etwas eingebogene Blätter hat.

Trichocoleaceae

Trichocolea tomentella (Ehrhart) Dumortier
Haarkelch-Lebermoos

(T. 17 a)
Name: Von griechisch thrix, trichos = Haar und koleos = Hülle. Bezieht sich auf das behaarte Perianth (-Kelch).
Erstbeschreibung: 1785 durch Fr. Ehrhart.
Bau: Reingrüne bis (in der Sonne) gelbgrüne, oft ausgedehnte Decken aus meist 3 – 5 cm langen, doppelt gefiederten, ca. 2 cm breiten Zweigen von samtigem Aussehen. Das rührt daher, dass die unterschlächtigen Blätter wie die Unterblätter bis zum Grund in 4 wenige Zellen breite Lappen zerteilt sind. Brutkörper sind unbekannt. Zweihäusig. Sehr selten mit Sporogonen, ohne Hüllkelch (der Name bezieht sich auf die haarförmig zerteilten Hüllblätter!).
Vorkommen: Gebirgsmoos (Ebene und über der Waldgrenze selten, in Bayern bis 1600 und

Trichocolea tomentella

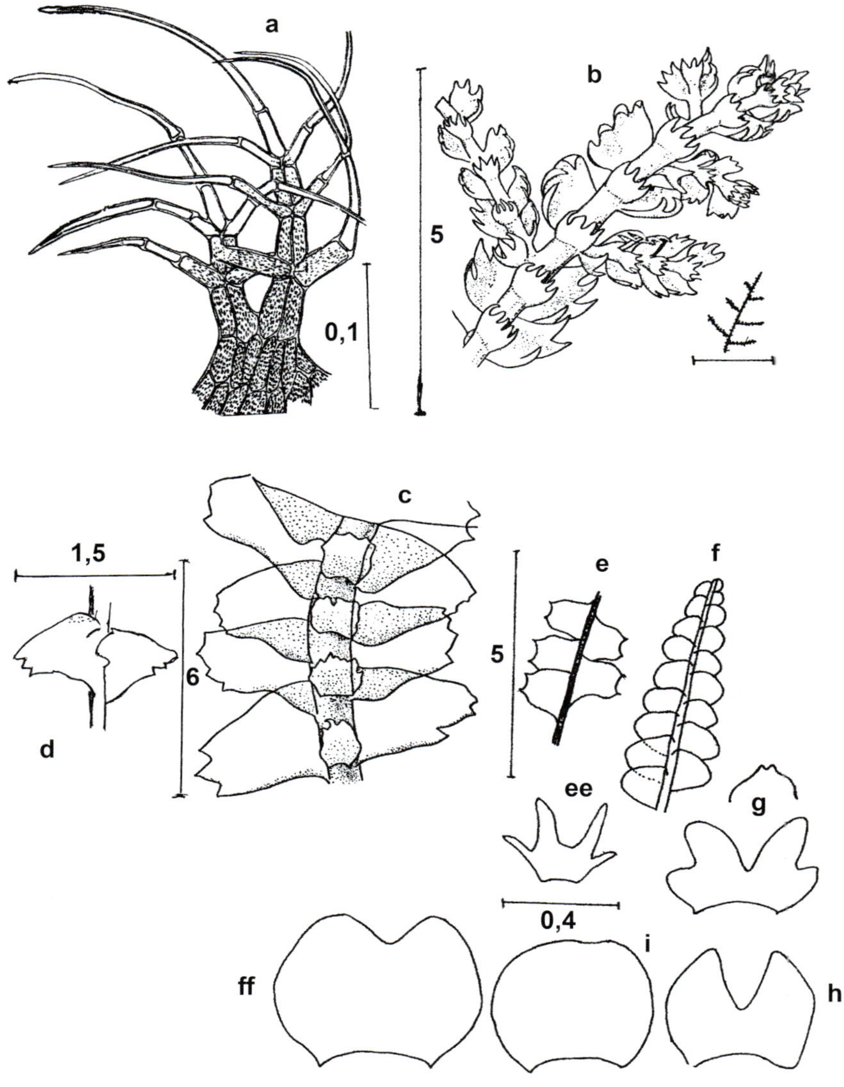

Tafel 17: Trichocolea: a. Blatt. ***Lepidozia reptans:*** b. Habitus. ***Bazzania trilobata:*** c. Stängel. ***B. tricrenata:*** d. Blätter. ***Calypogeia arguta:*** e. Stängelabschnitt, ee. Unterblatt. ***C. muelleriana:*** f. Stängel, ff. Unterblatt. ***C. fissa:*** g. Unterblatt. ***C. azurea:*** h. Unterblatt. ***C. neesiana:*** i. Unterblatt. b. und c. Ansicht ventral. f dorsal (oberschlächtig). (a. Original Herzog und d. Original Janzen)

1700 m, in Nordtirol nur bis ca. 1000 m sowie in den übrigen Alpen selten bis 1600 m).
Ökologie: In – außer im höheren Gebirge – meist beschatteten, basenreichen, meist schwach sauren, seltener kalkhaltigen, dauerfeuchten (-nassen) Erlenbrüchern und Quellhanggesellschaften, nach Entwässerungen oft noch lange zwischen anderen Moosen an den Bachufern. Meist mit *Thuidium tamariscinum* und *Pellia*-Arten vergesellschaftet und wegen einer gewissen Ähnlichkeit mit der ersteren Art leicht zu übersehen. Durch Entwässerungsmaßnahmen und Aufforstung mit Nadelhölzern in den Mittelgebirgen und vor allem im Flachland oft im Rückgang oder schon ausgerottet. Im Alpenbereich noch häufiger.
T 4, L 6, F 8, R 6, K 4.
Besonderes: Wohl unser schönstes Lebermoos. Einziger Vertreter einer vorwiegend tropischen Gattung und damit sicherlich „lebendes Fossil" einer üppigen voreiszeitlichen Moosvegetation.
Ähnliche Arten: kaum mit einem heimischen Moos zu verwechseln. Etwas ähnlich ist nur üppiges *Ptilidium ciliare*, das aber nur gewimperte, oft bräunliche Blätter besitzt und kein Feuchtmoos ist.

Lepidoziaceae

Kurzia pauciflora (DICKSON) GROLLE
(= Telaranea p. = Microlepidozia setacea auct.)
Moor-Kleinschuppenmoos

Name: Zu Ehren von WILHELM SULPIZ KURZ (1834 – 1878).
Erstbeschreibung: Durch G. H. WEBER 1778 in seiner Flora von Göttingen, aber erst durch J. J. DICKSON klar unterschieden
Bau: Winzige, unter 0,5 mm breite, kaum 1 cm lange Einzelpflanzen zwischen *Sphagnum* oder in Räschen auf feuchtem Rohhumus oder Torf und an feuchtem Sandstein. Blätter über die Hälfte in zwei Zellen breite Läppchen zerteilt, ähnlich *Lepidozia*, aber kleiner (papillös) und gegenüber *Blepharostoma* durch wenigstens am Blattgrund 2-reihige Blattabschnitte unterschieden. Perianthien lang gewimpert. Getrenntgeschlechtig. Abgesehen vom andersartigen Standort ist die Art nur mikroskopisch zu unterscheiden (Kutikula meist papillös).
Vorkommen: Ebene bis Baumgrenze (selten höher, in Bayern bis 1750 m, sonst bis maximal 2000 m angegeben). Meist selten.
Ökologie: Wie alle Verwandten kalkmeidend, auf bis sonnigen, nassen, kalkfreien, torfigen Standorten in Hoch- und Zwischenmooren, meist zerstreut zwischen Torfmoosen. Man findet das Moos oft nur, wenn man Torfmoospflanzen herauszupft und mit der Lupe auf Lebermoose absucht. Zuweilen in reinen Rasen. Die geschwollenen, keulenförmigen Rhizoid-Enden sind mit dem Myzelium eines saprophytisch lebenden Pilzes (endotrophe Mykorrhiza) angefüllt. Zweifellos verbessert der Pilz – durch Aufschluss organischer Substanz – die Ernährung des Mooses auf dem so nährstoffarmen Torfsubstrat.
T 2, L 9, F 8, R 1, K 4.
Ähnliche Arten: ***Kurzia sylvatica*** (EVANS) GROLLE (= Microlepidozia sy.), das Wald-Kleinschuppenmoos, ähnelt einer winzigen *Lepidozia reptans*. Das stark duftende Moos zeichnet sich durch ungewimperte Perianthmündungen aus. Vorkommen: Es wächst in dichten Räschen vor allem im Nordwesten Deutschlands von der Ebene bis in mittlere Gebirgslagen (bis 1800 m). Im höheren Gebirge (noch bis 2550 m) wird es von der ähnlichen ***Kurzia trichoclados*** (K. MUELLER-FRIB.) GROLLE abgelöst. Ökologie: besonders auf feuchtem Sand und Humus an Waldböschungen. – **T 5, L 5, F 6, R 2, K 3.**

Kurzia pauciflora

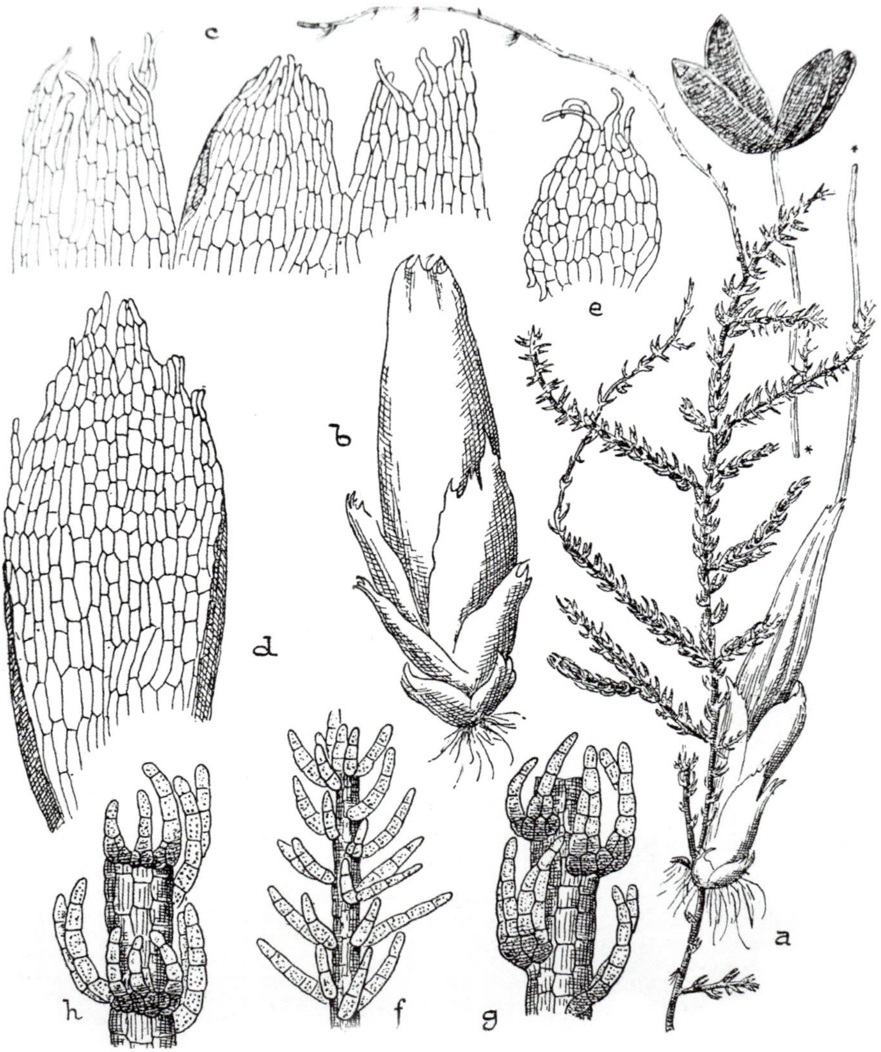

Kurzia trichoclados: a. Pflanze mit Sporogon, b. Perianth mit Hüllblättern von vorn, c. Perianthmündung, d. oberstes, e. unterstes Hüllblatt, f. Zweigspitze, g. Stängelstück von der Vorderseite, h. von der Rückseite

Lepidozia reptans (LINNAEUS) DUMORTIER
Kriechendes Schuppenzweig-Lebermoos

(T. 17 b)
Name: Zusammengesetzt aus griechisch lepis = Schuppe und ozos = Zweig.
Erstbeschreibung: 1753 durch LINNAEUS.
Bau: Hellgrün, seltener bräunlich. In dichten, ausgedehnten, bis über 10 cm großen Decken. Pflanzen meist regelmäßig gefiedert, dem Substrat anliegend und 1 – 2 cm lang, 2 – 3 mm breit. Kümmerformen untypisch, kurzrasig (Mikroskop!). Blätter oberschlächtig, 3 – 4-lappig (bis zur Hälfte oder einem Drittel geteilt), breit eiförmig, angebogen. Unterblätter 4-teilig. Einhäusig. Öfter mit Sporogonen.
Vorkommen: Ebene bis Baumgrenze (darüber selten, aber in Bayern noch bis 1800m, selten bis 2000 m).
Ökologie: Auf meist beschatteten, feuchteren, meist humusreichen, kalkfreien Substraten, vor allem auf morschem Holz, dazu auf Silikatgestein und Torf und (als Kümmerform) in Höhlungen und auf Borke in luftfeuchter Lage. Häufiges Moos kalkarmer Gebiete. In der Ebene und den Kalkgebieten fast nur auf morschem Holz.
T 3, L 4, F 5, R 2, K 5.
Ähnliche Arten: Von *Bazzania* durch die fiederige Verzweigung unterschieden. *Blepharostoma* (T. 22 g) hat haarförmig zerteilte Blätter. Alle sonst irgendwie ähnlichen Moose haben unterschlächtige oder ungeteilte bzw. gefranste Blätter.

Lepidozia reptans

Bazzaniaceae

Bazzania trilobata (Linnaeus) S. F. Gray

(= *Mastigobryum trilobatum*, incl. var. *depauperata* (K. Mueller Frib.) Grolle)

Dreilappiges Peitschen-Lebermoos

(T. 17 c)

Name: Zu Ehren des italienischen Professors der Anatomie, Matheus Bazzani, Stifter zu Michelis Tafelwerk Nova plantarum genera.

Erstbeschreibung: 1753 durch Linnaeus.

Bau: Dunkel- bis schwarzgrüne, 2 bis über 5 cm lange und 2 – 4 mm breite, gabelig verzweigte Pflanzen in oft üppigen bis 5 cm tiefen Hochrasen oder Decken, auch in größerer Ausdehnung. Normal 3 – 5 (– 20) cm lang und ca. 0,5 cm breit (die fo. **depauperata** K. Mueller-Frib. ist nur 1 – 2 mm breit und viel kleiner). Charakteristisch sind die über 5 cm langen, peitschenförmigen Flagellen an der Stängelunterseite. Blätter oberschlächtig, dicht dachziegelig, unregelmäßig eiförmig, an der Spitze mit drei kurzen Zähnen. Unterblätter groß, 4-lappig. Pflanzen je nach Standort sehr variabel. Zweihäusig. Sporogone sehr selten.

Vorkommen: Ebene (meist selten, verschleppt?) bis zur Baumgrenze (in Süddeutschland bis 1450m und in der Schweiz noch bis 1600 m). In Süddeutschland – außerhalb der Kalkgebiete – oft verbreitet. Sonst streckenweise selten.

Ökologie: Auf feucht-schattigem (die fo. *depauperata* an trockeneren, schattigeren Plätzen), kalkfreiem, nährstoffarmem Rohhumus, so auch selten über Kalkgestein, in Tieflagen nur in feuchter Nordlage, besonders an Felsklippen,in Bergwäldern. Typisches Waldbodenmoos, aber auch an morschem Holz, oft mit *Sphagnum palustre, S. quinquefarium* und *Plagiothecium undulatum*. Vielerorts, besonders

Bazzania trilobata

in den Laubwaldgebieten, als Waldbodenmoos wahrscheinlich erst mit Nadelwald-Aufforstung eingeschleppt. Poikilohydrisch.

T 4, L 5, F 6, R 2, K 6.

Besonderes: Wie die meisten beblätterten Lebermoose hat die Gattung ihre Hauptverbreitung in den Tropen. Schulbuchmoos.

Ähnliche Arten: Kümmerformen (fo. *depauperata*) können leicht mit unseren beiden anderen, viel zierlicheren *Bazzania*-Arten verwechselt werden. Diese fehlen aber in der Ebene und kommen fast nur in Süddeutschland vor.

Bazzania tricrenata (Wahlenberg) Lindberg
Dreikerbiges Peitschenmoos

(T. 17 d)

Erstbeschreibung und Entdeckung durch Schleicher in der Schweiz (1805). Wissenschaftlich anerkannt wurde die Pflanze aber erst von Wahlenberg.

Bau: Blätter fast dreieckig, bis 2 mm lang, trocken hohl. Um 2 (– 3) cm lange Stängel.

Vorkommen: Gebirgsmoos vor allem höherer Lagen. Im Schwarzwald schon bei 280 und 510 m, aber in Bayern erst ab 710 m (bis 1900m), in Kärnten bis 2300 m und noch von 3000 m angegeben.

Ökologie: Auf schattigeren, feuchten, nackten oder humusbedeckten, kalkfreien Silikatfelsen, in den Kalkalpen auch auf Humus. Besonders in Blockhalden.

T 2, L 5, F 6, R 5, K 6.

Verwandte Arten: ***Bazzania flaccida*** (Dumortier) Grolle (= *B. denudata* auct. eur.), Abblätterndes Peitschen-Lebermoos. Erstmals 1831 durch den Belgier B. C. J. Dumor-

Bazzania tricrenata

Bazzania flaccida

TIER unterschieden. Bau: kleinere, flache, dunkelgrüne, höchstens 2 mm breite Moose. Blätter etwas eingebogen. Stängel kaum 1 cm lang, noch zierlicher als bei der folgenden Art. Dazu sind die Blätter mehr zungenförmig und relativ länger. Vorkommen: Gebirgsmoos (in Südwestdeutschland ab 280 m!, in Bayern zwischen 450 bis 1950 m, in den Südalpen noch bis 2300 m). Ökologie: auf feucht-schattigem bis lichtem, kalkfreiem Silikatgestein, häufig über Sandstein sowie an Borke. Oft in Blockhalden. – **T 4, L 4, F 6, R 2, K 7.**

Calypogeiaceae

Calypogeia azurea STOTLER & CROTZ

(= *C. trichomanis auct.*)

Streifenfarnähnliches Bartkelch-Lebermoos

Erstbeschreibung: (als Sammelart *Mnium trichomanis*) 1753 durch LINNAEUS. Typisiert durch die US-Amerikaner STOTLER & CROTZ.

Bau: Einzige heimische Art mit blau (-grauen) Ölkörpern in den Zellen. Die Seta erscheint deshalb blau, und auch die Zweige sind deutlich blaugrün (mikroskopische Kontrolle!). Die Unterblätter sind tief eingeschnitten, haben aber keinen Randhöcker (T. 17 h) und die Seitenblätter keine Endkerbe.

Vorkommen: Gebirgsmoos (Ebene sehr selten). In Bayern noch bis 2000 m, in Silikatgebirgen besonders Süddeutschlands ziemlich verbreitet.

Ökologie: An feuchtlehmigen oder -sandigen Böschungen auf offenerdigen, lichten bis schattigen, kalkfreien, oft basenreicheren, lehmigen und sandig-lehmigen, aber auch auf humusreichen Standorten, besonders an Waldböschungen, seltener an morschem Holz.

T 3, L 4, F 6, R 3, K 6.

Ähnliche Arten: ***Calypogeia fissa*** (LINNAEUS) RADDI, das Eingeschnittene Bartkelch-Lebermoos (T. 17e). Erstbeschreibung: 1753 als *Mni-*

um fissum durch LINNAEUS. Bau: durch an der Spitze eingekerbte Seitenblätter sowie durch tief eingeschnittene, mit je einem randlichen Höcker versehene Unterblätter charakterisiert. Vorkommen: eine mediterran-ozeanische Art der Tieflagen und dort oft die häufigste *Calypogeia*. Ebene bis untere Gebirgslagen (nur im Schwarzwald noch bis 1250 m). Ökologie: auf

Calypogeia azurea

Calypogeia fissa

lichteren bis tiefschattigen, feuchteren, kalkfreien, lehmigen und lehmig-sandigen Standorten, insbesondere an Waldwegböschungen.
T 4, L 4, F 5, R 3, K 4.
Calypogeia sphagnicola (ARNELL & J. PERSSON) WARNSTORF & LOESKE, das Torfmoos-Bartkelch-Lebermoos, zeichnet sich außer durch das alleinige Vorkommen in *Sphagnum*-Mooren durch weit herablaufende Seitenblätter ohne Spitzenkerbe aus. Sonst ähnlich der vorigen Art. Ziemlich selten in der Ebene, bis zu 1700 m in Bayern. – **T 3, L 8, F 8, R 2, K 4.**
C. suecica (ARNELL & PERSSON) K. MUELLER FRIB., das Schwedische Bartkelch-Lebermoos. Bau: Unterblätter ähnlich *C. azurea*. Unsere kleinste und wohl seltenste Art, kommt fast nur im höheren Gebirge vor. Ökologie: bei uns nur auf feuchtem, morschem Holz. (Ausnahmsweise auch auf Torf). Vergesellschaftet mit *Cephalozia lunulifolia* und *Nowellia*. – **T 3, L 4, F 6, R 2, K 4.**

Calypogeia muelleriana (SCHIFFNER) K. MUELLER-FRIB.
Müller's Bartkelch-Lebermoos

(T. 17 f, ff)
Name: Zu Ehren von KARL MÜLLER.HAL. (1818 – 1899), einem der berühmtesten Bryologen.
Erstbeschreibung: Erstmalig von K. MUELLER-FRIB. als *C. trichomanis* var. *erecta* von *C. trichomanis* auct. unterschieden.
Bau: Stängel dem Substrat angedrückt, hell- bis blassgrün, 1 – 2 cm lang und 2 – 3 mm breit, zu bis dezimetergroßen, flachen Decken vereint. Blätter oberschlächtig, oval, eiförmig-abgerundet. Stängel unterseits mit reichlich Rhizoiden. Unterblätter querbreit, etwa 2mal so breit wie der Stängel, wenig eingeschnitten. Pflanzen oft mit gelbgrünen, wenig gestielten, endständigen Brutköpfchen. Einhäusig. Öfter mit Sporogonen, Kapsel länglich-elliptisch.
Vorkommen: Ebene bis in mittlere Gebirgslagen (im Schwarzwald noch bis 1380 m sowie in

Calypogeia muelleriana

Salzburg noch bei 2250 m). Im Gebirge wohl unsere häufigste *Calypogeia*.

Ökologie: Besonders in Wäldern auf feucht-lehmiger Erde und auf vernässtem Rohhumus, kalkmeidend. Vor allem Pioniermoos offener Böschungen usw. Der wasserabstoßende Wachsüberzug verhindert kurzfristige Befeuchtungen und damit unnötige Atmungsverluste. Dazu könnte er auch gegen Immissionen schützen, da alle Calypogeien relativ toxitolerant zu sein scheinen.

T 3, L 5, F 5, R 3, K 6.

Ähnliche Arten: Alle *Calypogeia*-Arten sind durch oberschlächtige Blätter und deutliche Unterblätter gut charakterisiert (vgl. T. 17). Sie wachsen fast nie auf Borke und fehlen an Kalkstandorten. ***Calypogeia neesiana*** (C. MASSALONGO & CARESTIA) K. MUELLER FRIB., das Nees'sche Bartkelch-Lebermoos, hat große, breit-kreisförmige, nicht oder kaum ausgerandete Unterblätter (17 i). Ziemlich verbreitet bis ins höhere Gebirge (in der Ebene, wie über der Baumgrenze meist selten, in Bayern bis ca. 1800 m). Ökologie: auf lichten bis schattigen, dauerfeuchten, kalkfreien, humusreichen Böden, auf Torf und morschem Holz, wie auch an Silikatgestein. Auf Moorboden und morschem Holz. – **T 3, L 5, F 6, R 1, K 6.** Ähnlich ist auch ***Calypogeia integristipula*** STEPHANI, mit kaum ausgerandeten, breiten Unterblättern. Öfter als die vorige,an ähnlichen Standorten. – **T 3, L 4, F 6, R 2, K 5.**

Calypogeia suecica (ARNELL & J. PERSSON) K. MUELLER-FRIB. ist die kleinste *Calypogeia* und allgemein ein sehr seltenes Gebirgsmoos auf feuchtem, morschem Holz, ausnahmsweise auch auf Torf. Vergesellschaftet mit *Cephalozia lunulifolia* und *Nowellia*. – **T 3, L 4, F 6, R 2, K 4.**

Calypogeia arguta NEES & MONTAGNE
Zweizipfeliges Bartkelch-Lebermoos

Calypogeia arguta

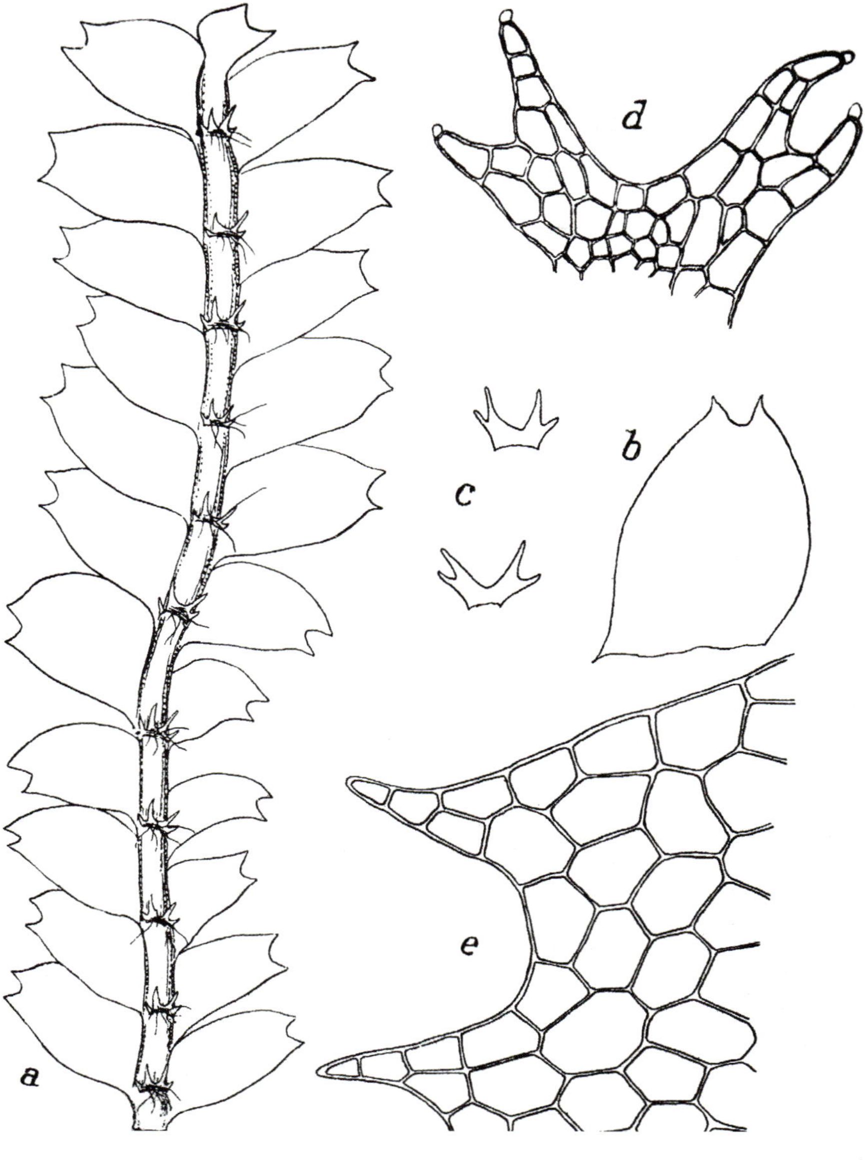

Calypogeia arguta: a. Pflanze von der Unterseite, b. einzelnes Blatt, c. Unterblätter, d. Unterblatt mit Zellnetz, e. Zellnetz der Blattzipfel.

(T. 17 e)
Erstbeschreibung: Erstnachweis durch MONTAGNE in NEES 1838.
Bau: Oberflächlich einer *Lophocolea* ähnlich, besonders die Unterblätter (T. 17 ee), aber unterschieden durch hellgrüne endständige Brutköpfchen, oberschlächtige Blätter und den Standort.
Vorkommen: Tieflagenmoos milder Klimalagen. Selten bis 480 und 600 m in der Eifel, in Südwestdeutschland einmal bis 620 m sowie im Tessin bis 1000 m angegeben.
Ökologie: Auf meist beschatteten, grundfeuchten, basenreicheren, lehmig-sandigen, seltener humusreichen Standorten, besonders an Graben- und Wegböschungen, oft mit *C. fissa* und *Fissidens*-Arten.
T 6, L 3, F 6, R 5(6), K 3.

Cephaloziaceae

Cephalozia bicuspidata (LINNAEUS) DUMORTIER var. *bicuspidata* (incl. *mod. conferta*)
Zweispitziges Kopfspross-Lebermoos

(T. 18 a, aa)
Name: Zusammengesetzt aus griechisch kephale = Kopf, Haupt und ozos = Zweig, wegen der kopfförmig angeschwollenen Archegonienstände.
Erstbeschreibung: 1753 durch LINNAEUS.
Bau: In 1 mm hohen, dichten, hell- bis dunkelgrünen, in der Sonne auch bräunlichen, oft ausgedehnten Rasen. Zweige um 2 – 5 mm lang und um 1 mm breit, durchscheinend. Blätter

Cephalozia bicuspidata

unter 1 mm breit, eiförmig bis fast kreisförmig, oft bis zur Mitte in 2 breitlanzettliche Lappen geteilt, fast quer angewachsen, seltener ausgebreitet. Winzige Kümmerformen – z. B. auf trockeneren Baumstümpfen – zeichnen sich meist durch Brutsprösschen (mit gelblich-grünen Brutkörpern) aus und sind nur durch ein größeres Zellnetz (Mikroskop!) von winzigen *Cephaloziellen* zu unterscheiden. Unterblätter fehlen. Einhäusig. Häufig mit Perianthien. Hüllkelche bis 3 mm lang, länglich zylindrisch, deutlich stumpf 3-kantig, mit gezähnelter Mündung.

Vorkommen: Von der Ebene bis ins höhere Gebirge verbreitet (in Bayern bis 1880 m, maximal bis 2600 m).

Ökologie: Wie alle Cephalozien kalkmeidend. Auf feuchterer, nährstoffarmer Erde an Böschungen, Waldwegsäumen, in Heiden. In feuchteren Wäldern gern auf morschem Holz (wenn trockener die kleine Modifikation *conferta*), seltener an Gestein.

T x, L 5, F 5, R 3, K 5.

Cephalozia connivens (DICKSON) LINDBERG
(= *C. compacta*)

Moor-Kopfspross-Lebermoos

(T. 18 b)

Erstbeschreibung: Durch J. J. DICKSON 1801.

Bau: Mit am Stängel herablaufenden Blättern und zusammengeneigten, weniger tief eingeschnittenen Blattlappen. Die Blattzellen sind auffallend groß und mit der Lupe gut sichtbar. Der an der Mündung gewimperte Hüllkelch charakterisiert die Art.

Cephalozia connivens

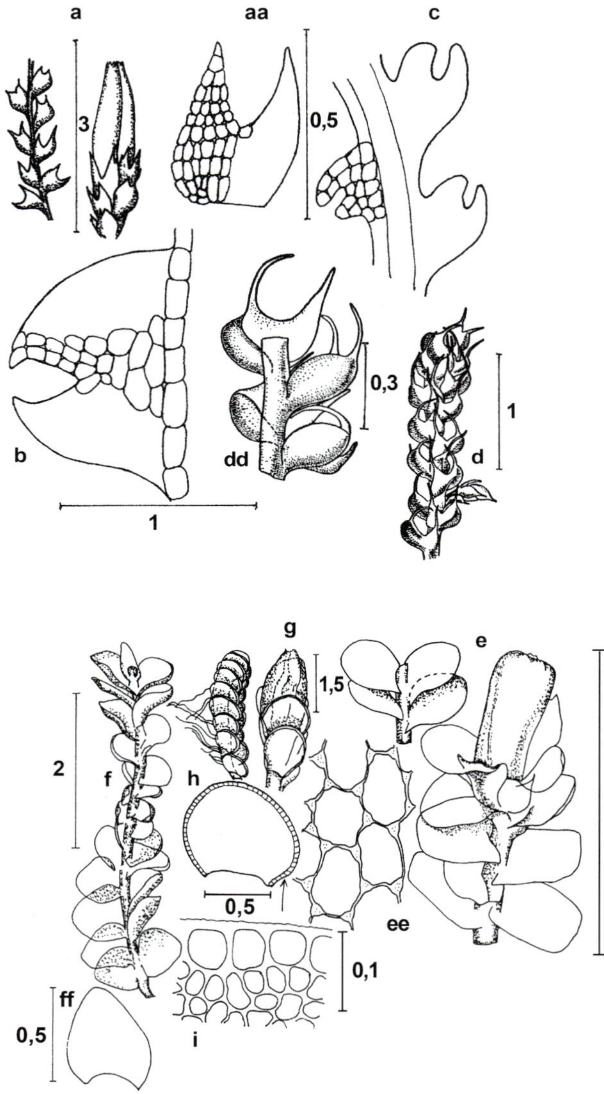

Tafel 18:* *Cephalozia bicuspidata: a. Habitus und Perianth, aa. Blatt. ***C. connivens:*** b. Blatt. ***C. lunulifolia:*** c. Habitus. d. Habitus. ***Nowellia curvifolia:*** d. Habitus, dd. Habitus nah. ***Jungermannia leiantha:*** e. Habitus c.per., ee. Zellnetz, vergr. ***J. atrovirens:*** f. Habitus. ff. Blatt. ***J. gracillima:*** g. Habitus c.per., h. Blatt, vergr. i. Randsaum, stark vergr. (e.– i aus Shlyakov). Alle Ansichten dorsal.

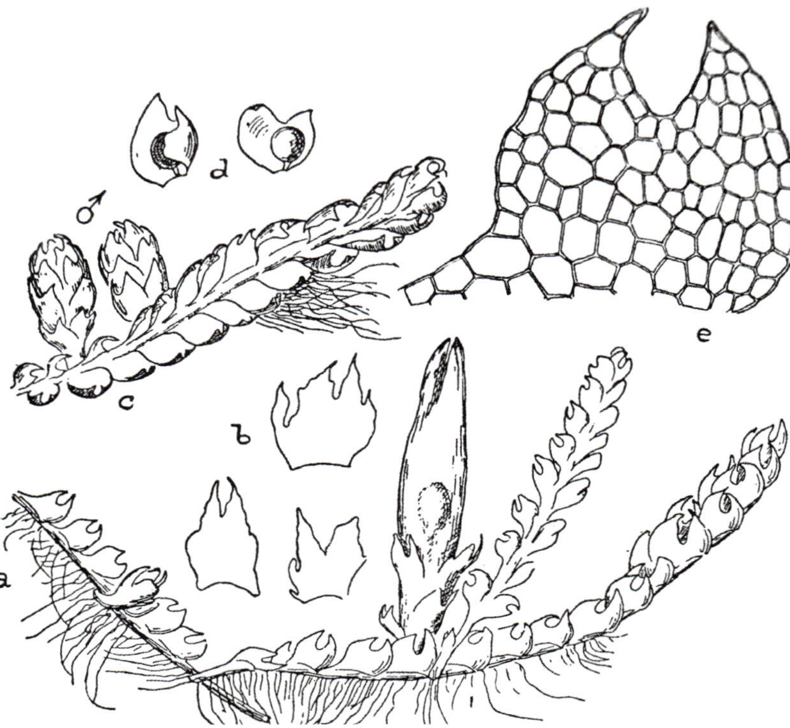

Cephalozia lunulifolia: a. Pflanze mit Perianth, b. Hüllblätter, c. Stängelstück mit 2 männlichen Ästen, d. 2 Hüllblätter, männliche Gametangien, e. Stängelblatt.

Vorkommen: Ebene bis höhere Gebirgslagen (in Bayern bis 1442 m und in Nordtirol bis 1600 m, angeblich noch bei 2000 m).
Ökologie: Ein Charaktermoos oligotropher Moore, auf sonnigen bis schattigen Standorten, ± vernässtem, kalkfreiem, nacktem Torf und zwischen Torfmoosen, seltener auch auf morschem Holz. Vor allem an Sauergras-Bulten und zerstreut zwischen *Sphagnum*.
T 3, L x, F 7, R 1, K 4.
Ähnliche Arten: Weniger häufig sind die ganz kleinen, meist unter 5 mm langen Arten. So ***Cephalozia lunulifolia*** (DUMORTIER) DUMORTIER (= *C. media*), das Mittlere Kopfspross-Lebermoos (T. 18 c). Erstbeschreibung 1835 durch den Belgier DUMORTIER. Gegenüber der vorigen mit nur gekerbter Perianthmündung. Vorkommen: oft im Gebirge, so in Süddeutschland und den Alpen. Weitere kleine Arten sind meist sehr selten. Ökologie: an feuchteren Silikatfelsen und besonders auf morschem Holz (dort oft mit *Nowellia* vergesellschaftet). – **T 3, L 5, F 6, R 2, K 6.**
Auch diese Gattung gehört zu den „schwierigen“, nur mit dem Lebermooswerk KARL MÜLLER's sicher bestimmbaren Moosen (immer belegen). Außer im höheren Gebirge sind die meisten Arten selten bis sehr selten und nur die oben genannten sind mit Übung leicht erkennbar.

Cladopodiella fluitans (NEES) H. BUCH

(= *Cephalozia fl.*)

Flutendes Moorkopfspross-Lebermoos oder Flutendes Zweigfüßchen

Cladopodiella fluitans

Name: Zusammengesetzt aus dem Diminutiv von Cladopus, von griechisch klados = Zweig und pus, podos = Fuß, weil die Zweige fußwärts (unterseits) entspringen.

Erstbeschreibung: Durch NEES VON ESENBECK 1823.

Bau: Die Art ist täuschend ähnlich der *Gymnocolea*, unterscheidet sich aber durch reichliche, bauchseitige (ventrale) Verzweigung (sowie den Stängelquerschnitt mit nur gleichartigen Zellen und die 10 Ölkörper je Zelle).

Vorkommen: Eine ziemlich seltene Art mit Hauptverbreitung in der Ebene. Im höheren Gebirge selten (in Bayern bis 1350 m und nur im Tessin noch bei 2000 m).

Ökologie: Wächst ausschließlich auf oligotrophen Moorböden meist sonniger Lagen. Oft zwischen anderen Moosen, in und an Schlenken in Hoch- und Zwischenmooren.

T 2, L 9, F 8, R 1, K 3.

Cladopodiella fluitans: a. Pflanze mit Perianth, b. Stängelstück, c. Blatt, d. Blattzellnetz, e. Hüllblätter, f. Perianthmündung, g. männliches Gametangium, h. Hüllblatt.

Nowellia curvifolia (Dickson) Mitten
Krummblatt-Lebermoos

(T. 18 d, dd)
Name: Benannt nach dem Botaniker John Nowell aus Yorkshire.
Erstbeschreibung: Durch Dickson 1790.
Bau: Ein an lichten Standorten rotbraun verfärbtes, unverwechselbares, der *Cephalozia bicuspidata* verwandtes und ähnliches Moos. Im Gegensatz zu dieser Art ist der eine Blattlappen einem Wassersack ähnlich ausgehöhlt und kennzeichnet die Art so aufs Beste.
Vorkommen: Ein über die ganze Nordhemisphäre verbreitetes Moos. Von der Ebene (nur verschleppt?) bis zur Baumgrenze meist zerstreut (in Süddeutschland bis 1300 m, in den Zentralalpen mit der höher gelegenen Waldgrenze noch bis 1600 m).
Ökologie: Auf feucht-schattigem bis wenig besonntem, morschem, glattem Nadelholz, selten auf Laubholz, ausnahmsweise auch auf kalkfreiem, basenarmem Silikatgestein oder Torf. Oft mit *Cephalozia lunulifolia* und *Riccardia latifrons*. Mit der Ausweitung der Nadelholzkulturen weithin verschleppt, auch in die ursprünglichen Laubwaldgebiete. Die „Wassersäcke" werden von Infusorien besiedelt, über deren Exkremente zusätzliche Sticksoffversorgung erfolgt.
T 4, L 5, F 6, R 1, K 4.

Nowellia curvifolia

Odontoschismaceae

Odontoschisma sphagni (DICKSON) DUMORTIER
Torfmoos-Schlitzkelch-Lebermoos

Odontoschisma sphagni

Odontoschisma denudatum

Odontoschisma sphagni: a. Pflanze mit Perianth, b. Hüllblatt zu weiblichem Gametangium, c. Zellnetz am Blattrand, d. Stängelstück mit 2 männlichen Gametangien, e. Hüllblatt von männlichem Gametangium, f. Unterblatt vom männlichen Ast

Name: Zusammengesetzt aus griechisch odus, odontus = Zahn und schisma = Spaltung, wegen der zerschlitzten Perianthmündung.
Erstbeschreibung: Durch J. J. DICKSON 1785.
Bau: Ähnlich *Calypogeia*, unterscheidet sich aber außer durch Unterschlächtigkeit u. a. durch Stolonenbildung (und mikroskopisch durch Saumzellen). Unterblätter fehlen dieser Art.
Vorkommen: Ebene bis mittlere Gebirgslagen, darüber selten, in Südwestdeutschland bis 1300 m. Höhere Angaben dürften meist zu *O. macounii* gehören.
Ökologie: Auf auch sonnigem, meist nassem, torfigem Substrat, gewöhnlich zwischen Torfmoosen in Zwischen- und Hochmooren vor allem der Ebene.
T 2, L 9, F 7, R 1, K 4.
Ähnlich ist ***Odontoschisma denudatum*** (MARTIUS) DUMORTIER, das Entblößte Schlitzkelch-Lebermoos. Bau: Es zeichnet sich durch endständige Brutkörperhäufchen und kleine Unterblätter aus. Vorkommen: Ebene (seltener) bis mittlere Gebirgslagen (nur in den Zentralalpen noch von 2350 m angegeben). Ökologie: auf schattig-feuchter, humoser, kalkfreier Unterlage, besonders auf morschem Holz, wie auch auf nacktem Rohhumus und mineralischem Substrat, so an Sandstein. – **T 4, L 5 F 6, R 1, K 4.**

Cephaloziellaceae

Cephaloziella divaricata (SMITH) SCHIFFNER var. *divaricata*

(= *C. starkei*)

Spreizblättriges Kleinkopfspross-Lebermoos

Cephaloziella divaricata

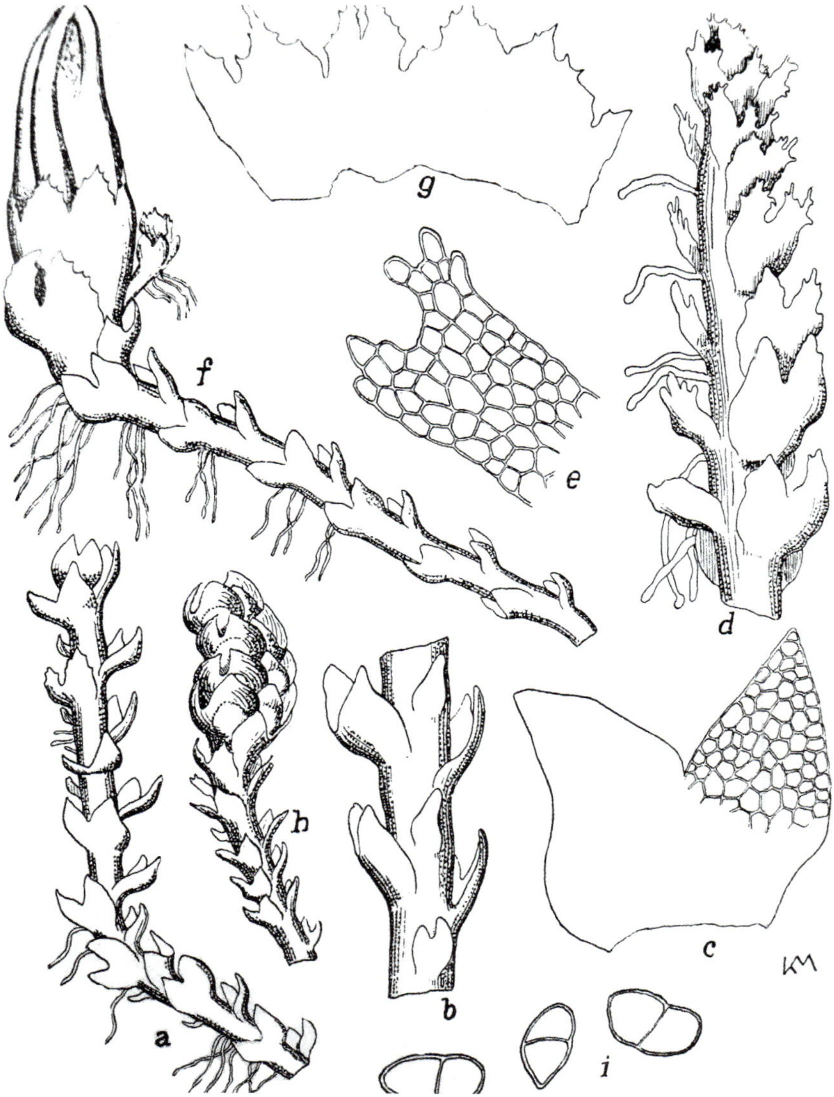

Cephaloziella divaricata: Stängel, b. Stängel von unten, c. Blatt mit Zellnetz, d. Stängelendung mit Brutkörpern, e. Blattende mit Brutkörperbildung, f. Pflanze mit Perianth, g. Hüllblatt von weiblichem Gametangium, ausgebreitet

Name: Verkleinerungsform von *Cephalozia* (der Gattung mit den meist größeren Arten!).
Erstbeschreibung: Durch J. SMITH 1800 aus Großbritannien.
Bau: Die Arten dieser Gattung ähneln winzigen Cephalozien. Sie gehören zu unseren kleinsten Lebermoosen überhaupt. Die unregelmäßig verzweigten, haarfeinen, meist schwärzlichen oder dunkelgrünen, unter 1 mm breiten, locker beblätterten Stängelchen bilden dichte bis locker netzige Deckchen von 1 cm bis Handflächengröße. Die tief zweilappigen, auch mit der Lupe kaum erkennbaren, ungezähnten Blättchen sind (mikroskopisch) durch unter 20 µm große Blattzellen ausgezeichnet. Mit winzigen Unterblättern (auch an sterilen Sprossen). An den Zweigenden oft (kopfförmige!) Brutkörperbildungen. Weil zweihäusig, nur selten mit den kurzwalzlichen Perianthien, umgeben von vergrößerten Hüllblättern.
Vorkommen: Ebene bis mittlere Gebirgslagen, meist nicht selten, aber leicht zu übersehen, in Bayern selten bis 1175 m und in den Zentralalpen angeblich noch bei 2400 m.
Ökologie: In reinen Rasen oder zwischen anderen Moosen, z. B. *Polytrichum piliferum*, in meist kalkfreien, sonnigen Trockenrasen, aber auch hin und wieder an Borke oder selten auf morschem Holz. Sehr widerstandsfähig, auch gegen Luftverschmutzung und längere Austrocknung (poikilohydrisch!). Die schwärzliche Färbung dient, wie bei Kryptogamen üblich, als Lichtschutz für das Chlorophyll.
T x, L 9, F 2, R 4, K 5.
Für die übrigen, oft sehr seltenen Arten gilt auch hier das bei *Scapania* Gesagte. Im Allgemeinen ist nur Material mit Hüllkelchen einwandfrei bestimmbar.

Antheliaceae

Anthelia juratzkana (LIMPRICHT) TREVISAN
(= *A. julacea* subsp. *jur.*)

Graues Schneetälchen-Lebermoos

Name: Von griechisch anthelion = das Blütchen, wegen der Kleinheit (?) oder eher wegen der grauen Überflüge, die an „Schwefelblüte" erinnern.
Erstbeschreibung: Durch LIMPRICHT 1876.
Bau: Durch Wachsausscheidung graue Überzüge auf nackter Erde in Schneetälchen der Alpen über 2000 m bildend. Die winzigen Pflänzchen dachziegelig beblättert, mit gleichgroßen Unterblättern, niederliegend. Gemischtgeschlechtig. Ohne Brutkörper.
Vorkommen: Bipolar verbreitetes, arktisch-alpines Moos. Hochalpenmoos (in Bayern zwischen 800 bis 2200 m, in den Zentralalpen noch bis 3200 m angegeben).
Ökologie: Bodenvag. Auf meist lichtem, vernässtem Kalk-und Silikatgestein und auf Skelettböden. Bemerkenswert ist der für *Anthelia* typische Wachsüberzug, der bei Trockenlage zur Lichtreflexion beiträgt, bei der Wiederbefeuchtung diese verzögert, was die Atmungsverluste verringert. Diese sind bei Arten kalter Standorte aber ohnehin herabgesetzt.
T 1, L 9, F 7, R 0, K 6.
Besonderes: Die Natur des grauen Überzugs erfährt zweierlei Deutung. Nach S. HUNECK sind es Wachsfäden einer Diterpen-Verbindung. Nach RIEDL liegt eine symbiontische Mikrobiocoenose vor, bestehend aus einer Blaualge (*Gloeocapsa montana*) und Pilzfäden.
Eine ähnliche Art ist ***Anthelia julacea*** (LINNAEUS) DUMORTIER, das Kätzchenartige Schneetälchen-Lebermoos. Erstbeschreibung: durch LINNAEUS 1753. Bau: anatomisch wie vorige, aber getrenntgeschlechtig, in aufrechten, bis 4 cm hohen Polsterrasen (mit derbwandigen Zellen).

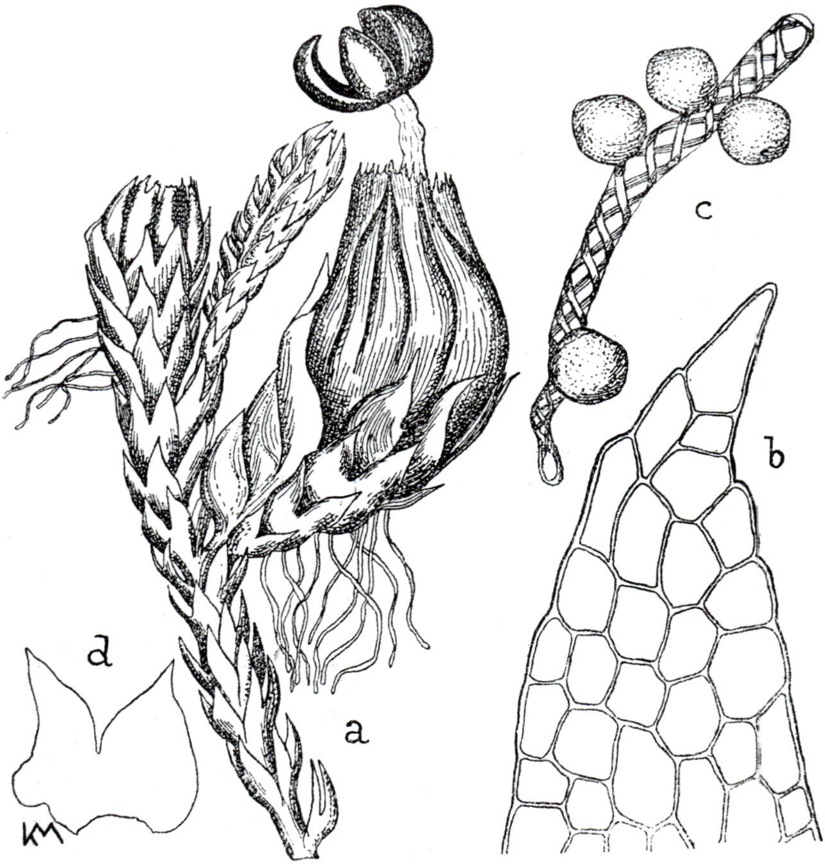

Anthelia juratzkana: a. Pflanze mit Perianth und Sporogonbildung, b. Blattzipfel, c. Elatere mit Sporen, d. Hüllblatt von männlichem Gametangium.

Anthelia juratzkana

Vorkommen: nur holarktisch verbreitet. Ein viel selteneres Hochgebirgsmoos (dazu bei nur ca. 1400 m reliktisch auf dem Krkonosce (Riesengebirge), sonst meist über 2000 m und in den Zentralalpen bis 3400 m). Ökologie: in 1 – 3 cm hohen, blassgrünen Polsterrasen sowie in Felsnischen vorkommend. – **T 1, L 6, F 8, R ?0, K 6.**

Jungermanniaceae

Jungermannia leiantha GROLLE
(= *J. lanceolata* LINNAEUS p.p.)

Lanzettliches Jungerman-Lebermoos

(T. 18 e)
Name: Benannt und erstmals als Gattung unterschieden durch HEINRICH BERNHARD RUPP in seiner Flora Jenensis (1718), zu Ehren von LUDWIG JUNGERMAN (geb. 1572 in Leipzig, gest. 1653), Lehrer der Botanik in Gießen und Altdorf und Begründer der dortigen Botanischen Gärten.
Erstbeschreibung: 1753 durch LINNAEUS (auch noch als Sammelart *Jg. lanceolata*).

Bau: Flache, größere Decken aus mehrfach verzweigten, 1 – 2 cm langen, um 3 mm breiten Pflanzen. Blätter unterschlächtig abgerundet-rechteckig. Ohne Unterblätter (Blattzellen mit Eckverdickungen, 40 – 50 mµ lang mit länglichen Wärzchen und 8 – 10 (– 14) µm großen Ölkörpern je Zelle (T. 18 ee). Einhäusig. Meist mit den charakteristischen walzenförmigen, glatten, oben abgestutzten Hüllkelchen (mit diesen von allen steril ähnlichen Arten unterschieden).

Jungermannia leiantha

Vorkommen: Nicht seltenes Gebirgsmoos – in der Ebene und über 1000 m selten. In Süddeutschland bis 1450 m, in den Zentralalpen bis über 2000 m.
Ökologie: Auf meist feucht-schattigen, kalkfreien Standorten auf morschem Holz, wie (in Westdeutschland) auf Silikatgestein (besonders Sandstein), aber selten auf Erde und Rohhumus.
T 3, L 4, F 6, R 1, K ?.

Ähnliche Arten: Steril sehr ähnlich ist *Pedinophyllum*, ein Kalkgebirgsmoos, und die kalkmeidende *Jamesoniella autumnalis* (vgl. dort). Die *Jungermannia*-Arten der wieder eingezogenen Gattungen *Plectocolea* und *Solenostoma* haben ± zugespitzte, oben meist faltige (bei ersteren halb eingesenkte) Hüllkelche. Sie sind nur z. T. und nur mit Übung im Gelände zu erkennen.

Jungermannia atrovirens DUMORTIER
(= *Solenostoma triste* = *J. riparia*)
Grünes Jungerman-Lebermoos

(T. 18 f) – Trocken
Erstbeschreibung: 1831 durch den Apotheker J. C. SCHLEICHER bei dem Belgier B. C. J. DUMORTIER.
Bau: Die Blätter sind abgerundet 3-eckig (T. 18 ff), die Pflanzen winzig, meist unter 1 mm breit und bis über 1 cm lang. Getrenntgeschlechtig. Perianthien keulenförmig, gegen die Spitze gefaltet.

Vorkommen: Gebirgsmoos (in der Ebene sehr selten, einmal in Mecklenburg). Vor allem in Süddeutschland nicht selten (ab 155 – 1750/2200 m, in der Steiermark bis 2600 m).
Ökologie: Auf meist schattig-feuchtem, auch überrieseltem, immer kalkhaltigem Substrat an Kalk- und Molassefelsen, an Ufergestein und Quellen, seltener auch submers und an kalkhaltigen Silikatfelsen.

Jungermannia atrovirens

T 3, L 5, F 7, R 8, K 5.
Ähnliche Arten: Sehr ähnlich, aber meist mit Perianthien und nur an kalkarmen Gesteinen kommt die viel seltenere folgende Art vor: ***Jungermannia pumila*** WITHERING (= *Solenostoma pumilum*) – das Niedere Jungerman-Lebermoos. Von der vorigen Art unterschieden durch Gemischtgeschlechtigkeit (stets mit Perianthien!, sowie mit warziger statt glatter Kutikula). Meist auf dauerfeuchtem bis vernässtem, lichtem bis schattigem Silikatgestein, besonders Sandstein. Fast nur im Gebirge, ab 120 – 1250 m. – **T 3, L 4, F 8, R 3, K 4.**

Jungermannia gracillima SMITH (= *Solenostoma crenulata*) Gesäumtes Jungerman-Lebermoos

(T. 18 g)
Erstbeschreibung: 1805 durch SMITH.
Bau: Niedrige, meist hellgrüne, seltener rotbraune Decken. Die Pflanzen sind oft winzig (und unter 1 mm breit), sowie entfernt beblättert und dann oberflächlich einer *Cephalozia* ähnlich oder auch bis 1 cm groß und dann einer *Nardia* gleichend, aber oft mit (nicht eingesenkten) Perianthien. Die etwa kreisrunden Blättchen der Stängelspitzen sind oft durch vergrößerte Zellen gesäumt und dann unverwechselbar.
Vorkommen: Ebene bis in mittlere Gebirgslagen nicht selten (darüber meist fehlend, in Süddeutschland bis 1465 m!).
Ökologie: Auf auch sonnigen, nassen, kalkfreien, wohl reicheren, sandigen bis lehmigen Böden, besonders auf und an Waldwegen, an offenerdigen Böschungen, seltener auf übererdetem Silikatgestein.
T 4, L 8, F 7, R 3, K 5.

Jungermannia gracillima

Jungermannia sphaerocarpa HOOKER
(= *Solenostoma sphaerocarpum*)

Kugelfrüchtiges Knospen- oder Jungerman-Lebermoos

Erstbeschreibung: 1816 durch W. J. HOOKER.
Bau: Seitenblätter kreisrund, halb stängelumfassend, immer ungesäumt, bis 1 mm groß. Ohne Unterblätter. Stängel ein bis zwei cm lang, unterseits mit zuweilen rötlichem Rhizoidenfilz und 1 – 2 cm lang, grün bis dunkelgrün. Perianthien oben faltig, zugespitzt, emporgehoben. Einhäusig. Im Frühjahr oft reichlich sporulierend.
Vorkommen: Gebirgsmoos (selten tiefer, aber ab ca. 75 m bis 2000 m in Bayern und bis 2600 m in den Zentralalpen). In Süddeutschland außerhalb der Kalkalpen ziemlich verbreitet. Nur in den höheren Silikatgebirgen häufiger, der Ebene fehlend.
Ökologie: Auf nassem bis überspültem, auch besonntem, kalkfreiem Silikatgestein, aber auch auf kiesigen Silikatböden in Quellmooren und an Wasserfällen. Kalkmeidend.
T 3, L ?0, F 8, R 2, K 6.

Ähnliche Arten: ***Jungermannia obovata*** NEES (= *Plectocolea o.*), Verkehrteiförmiges Jungerman-Lebermoos. Wächst an ähnlichen Standorten wie die vorige Art, ist aber frisch – wenn Hüllkelche fehlen – am Karottengeruch zu erkennen. Ein Gebirgsmoos der Alpen und Mittelgebirge. – **T 2, L ?0, F 8, R 5, K 6.** ***Jungermannia hyalina*** LYELL (= *Plectocolea h.*), Durchscheinendes Jungerman-Lebermoos. Bau: von J. sphaerocarpa. als Subgenus *Plectocolea* durch die zwischen den Hüllblättern eingesenkten Kelche sowie Zweihäusigkeit und den Standort unterschieden. Vorkommen: Gebirgsmoos (selten in der norddeutschen Ebene, wie auch über der Baumgrenze, in Bayern bis 1000 m und bis 1540 m, aber unbestätigt. Zerstreut bis selten. Ökologie: auf lichtem, seltener sonnigem, feuchtem bis nassem, kalkfreiem, lehmigem Substrat, aber auch auf Silikat- und vulkanischem Gestein (nie in Quellfluren). – **T 3 (?0), L 7, F 7, R 5, K 5.**

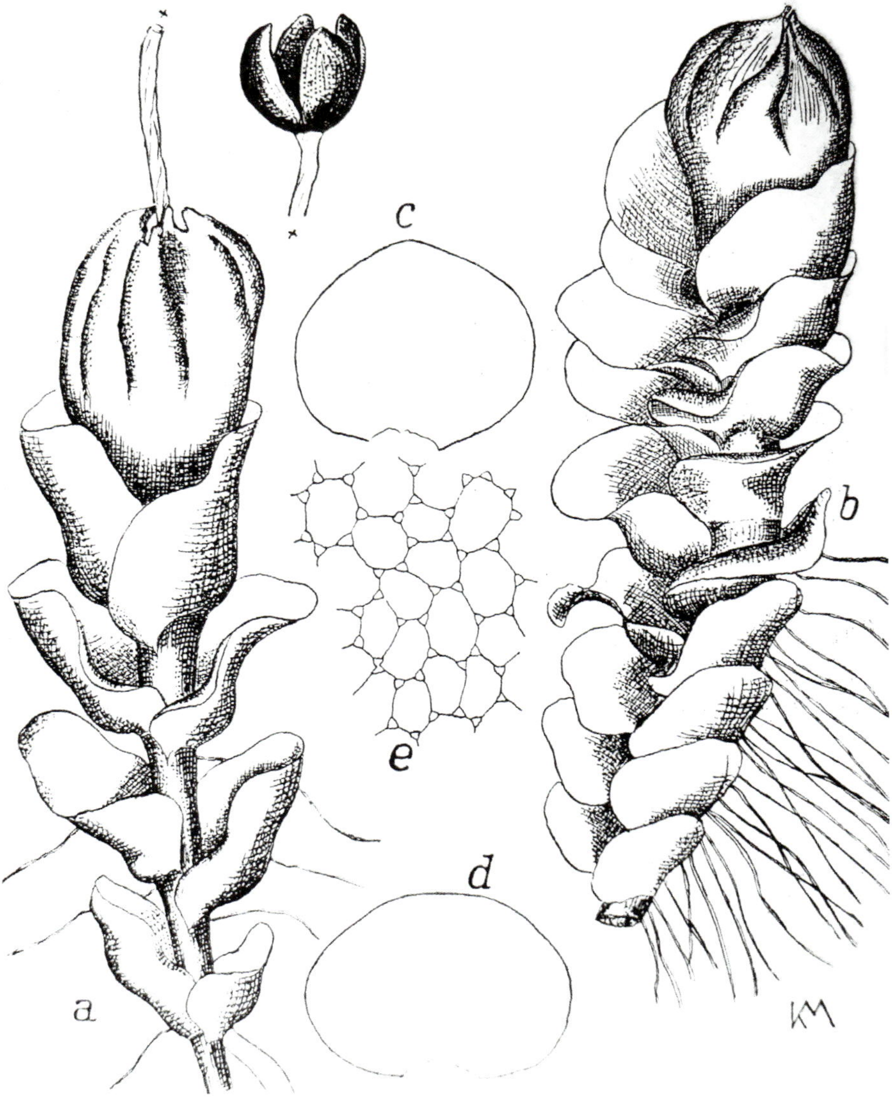

Jungermannia sphaerocarpa: a. Pflanze mit Sporogon, b. Pflanze mit Perianth, c. und d. Blätter, e. Zellnetz aus der Blattmitte

Jungermannia sphaerocarpa

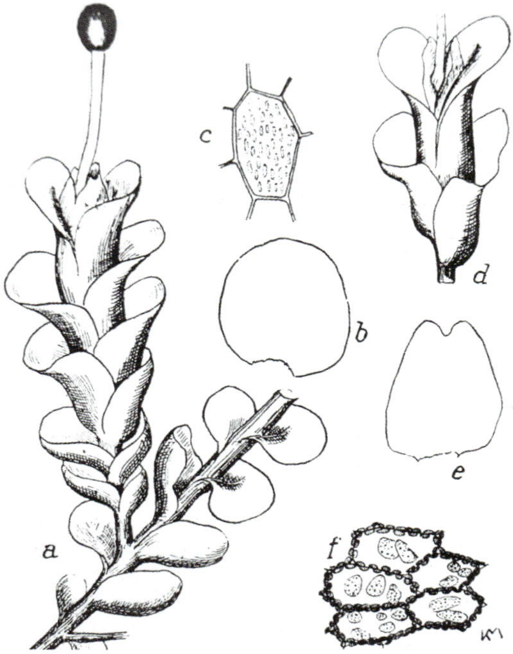

Jungermannia obovata: *a. Pflanze mit Sporogon, b. und e. Blätter (e. Varietät), c. Zelle mit Kutikula, d. Hüllblätter von männlichem Gametangium und Perianth, f. Zellen mit Ölkörpern*

Nardia scalaris (SCHRADER) S. F. GRAY

(= *Alicularia s.*)

Treppenförmiges Flügel-Lebermoos

(T. 19 a, b)
Name: Benannt nach dem Italiener und Abt STANISLAUS NARDI, einem der Sponsoren für MICHELIS „Genera Plantarum".
Erstbeschreibung: 1797 durch H. A. SCHRADER.
Bau: In dichten hell-, braungrünen (besonnt roten) Rasen aus meist 1 – 2 cm hohen, um 1 – 2 mm breiten, aufrechten, seltener niederliegenden Pflanzen. Die quer bis schräg inserierten Blätter sind treppenartig und regelmäßig angeordnet. Blätter kreisförmig-querbreit (je Zelle 2 – 3 große, klare Ölkörper, deutliche Eckverdickungen, Blattzellen 30 x 40 µm groß). Unterblätter lanzettlich, ± abstehend, im Rhizoidenfilz. Ohne Brutkörper. Zweihäusig. Hüllkelch konisch, glatt, in den Hüllbechern verborgen. Sporogone im Frühjahr häufig.

Vorkommen: Gebirgsmoos. Ebene oft sehr selten, in der Hügelstufe bis über die Baumgrenze, in Bayern bis 1882 m, in den Zentralalpen bis 2640 m. In den Silikatgebirgen eines der häufigsten Lebermoose.
Ökologie: Auf offenerdigem, auch sonnigem, oft vernässtem, kalkfreiem, sandigem oder lehmig-sandigem Substrat, im Gebirge auch an Silikatgestein. Vorzugsweise an Waldwegen und -böschungen. Pioniermoos. Dazu auf erdigem Gestein (nie auf Holz).
T 3, L 8, F 6, R 4, K 5.
Ähnliche Arten: Auch im Tiefland nicht selten ist ***Nardia geoscyphus*** (DE NOTARIS) LINDBERG, Erdkelch-Flügel-Lebermoos, (T. 19c, d). Etwas kleiner – Stängel bis 1 cm – und u. a. durch die ± tief ausgerandeten, kaum quer stehenden

Nardia scalaris

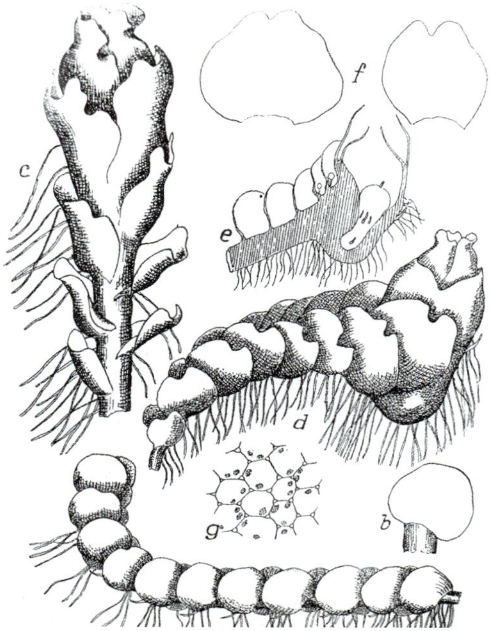

Nardia geoscyphus: a. Habitus, b. Blatt, c. Pflanze mit weiblichem Gametangium, d. Pflanze mit weiblichem Gametangium, niederliegend, e. Längsschnitt durch Pflanze mit weiblichem Gametangium, in den Blattachseln männliche Gametangien (schematisch), f. Hüllblätter, g. Zellnetz mit Ölkörpern

Nardia compressa

Seitenblätter sowie Gemischtgeschlechtigkeit unterschieden. (Ölkörper trüb). Vorkommen: in der Ebene öfter als vorige Art, dazu auch bis ins höhere Gebirge (in Bayern bis 1620 m und Zentralalpen bis 2500 m). Ökologie: ähnlich voriger Art. – **T 2, L 8, F 6, R 2, K 6.** ***Nardia compressa*** (HOOKER) S. F. GRAY, das Bach-Flügel-Lebermoos, ähnelt kräftiger *N. scalaris*, wächst aber in kalkfreien, klaren Bergbächen auf Gestein. Westeifel, Ardennen und im Hunsrück, sowie in den Zentralalpen. – **T 3, L 0, F 9, R 2, K 3.**

Alle *Nardia*-Arten sind nur mikroskopisch durch die angegebenen Merkmale klar von ähnlichen Moosen, besonders von *Jungermannia* und *Mylia*, zu trennen und deshalb immer zu belegen. Mit einiger Übung sind sie jedoch auch im Gelände zu erkennen.

Jamesoniella autumnalis (DE CANDOLLE) STEPHANI
Jamesons Herbst-Lebermoos

Name: Diminutiv nach der Farngattung Jamesonia (diese benannt zu Ehren von WILLIAM JAMESON, Quito, Ekuador).

Erstbeschreibung: 1815 durch DE CANDOLLE.

Bau: Habituell täuschend ähnlich dem kalksteten *Pedinophyllum*. Oliv- oder braungrüne, niederliegende Pflanzen. Stängel 1 – 2 cm lang. Getrenntgeschlechtig. Perianth walzlich und oben kantig. Seitenblätter nicht weit herablaufend, elliptisch bis abgerundet-rechteckig, die Endblättchen zusammengeneigt wie betende Hände. Perianthien frei (sicher nur mikrosko-

Jamesoniella autumnalis

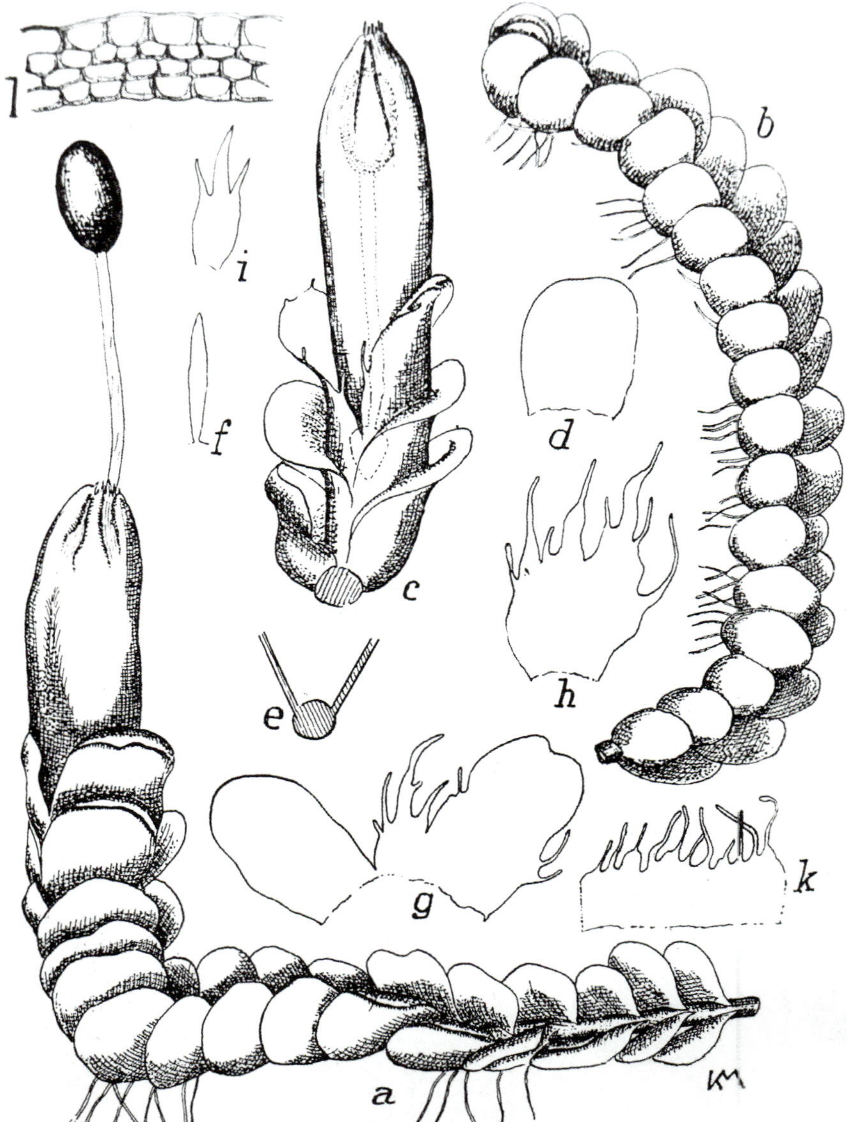

Jamesoniella autumnalis: a. Pflanze mit Sporogon, b. Stängelstück von der Seite, c. Perianth mit Hüllblättern, d. Stängelblatt, e. Stängel quer, f. Unterblatt, g. Hüllblätter, h. Hüllunterblatt, ausgebreitet, i. Hüllunterblatt, k. Stück der Perianthmündung, l. Kapselwand quer

pisch – z. B. durch die flachwarzigen, wenig eckverdickten Blattzellen – zu unterscheiden).
Vorkommen: Gebirgsmoos, in der Ebene selten, z. B. in Bayern nur bis 1470 m, d. h. im höheren Alpenbereich fehlend.
Ökologie: Nur auf kalkfreiem Silikatgestein oder auch auf Erde darüber oder morschem Holz und Borke (basal). Sehr zerstreut im Gebirge und selten in der Ebene.
T 4, L 6, F 4, R 1, K 5.
Ähnlich, aber auch im Gebirge sehr selten, ist ***Jamesoniella undulifolia*** (NEES) K. MUELLER FRIB. Vorkommen in ± nassen Torfmooren, z. B. zwischen *Sphagnum capillifolium* und *Aulacomnium palustre*. – **T 4, L 8, F 7, R 1, K 3.**

Anastrepta orcadensis (HOOKER) SCHIFFNER
Orkney-Lebermoos

Anastrepta orcadensis

Name: Von griechisch anastreptos = umgekehrt, wegen der zurückgebogenen, hinteren Blattränder.
Erstbeschreibung: 1813 durch W. J. HOOKER.
Bau: Meist nicht über 5 mm lange, grüne oder auch rötliche Pflanzen ohne (oder mit sehr unscheinbaren) Unterblättern. Seitenblätter auf der Stängeloberseite längs, unterseits aber quer angewachsen, oval, sehr kurz eingeschnitten, mit umgebogenem Hinterrand.

Vorkommen: Gebirgsmoos. Ab ca. 600 m im Schwarzwald, bis 1800, selten bis 2100 m(– 2600 m).
Ökologie: Auf meist beschattetem, kalkfreiem (bis neutralem), feuchtem Rohhumus, vor allem über Silikatgestein. In Nadelwäldern, an Felsen und in Blockhalden.
T 3, L 5, F 6, R 5, K 3.

Anastrophyllum minutum (SCHREBER) SCHUSTER var. ***minutum***

(= *Sphenolobus minutus*)

Kleines Keillappen- oder Ohnstern-Lebermoos

Anastrophyllum minutum

Name: Zusammengesetzt aus griechisch ánastros = sternenlos und phyllon = Blatt. Bezug unklar.
Erstbeschreibung: Entdeckt durch den Österreicher H. J. N. VON CRANTZ (1722 – 1799), Botanikprofessor in Wien. Veröffentlichung der Art 1790 durch J. J. DICKSON.
Bau: Die feinen, braunen oder braungrünen Stängelchen sind meist kaum 1 mm breit, oft unverzweigt und etwa 1 – 2 cm lang. Öfter kriechen die Stängelchen zwischen anderen Moosen, aber es kommen auch niederliegende Decken oder bis über handgroße Pölsterchen aus aufrechten Stängeln vor. Die winzigen, spitz zweilappigen Blättchen sind kahnförmig gefaltet und reiten am Stängel. Wenn die rotbraunen Brutkörper entwickelt sind, erscheinen die Lappenränder gezähnelt. Getrenntgeschlechtig.
Vorkommen: Gebirgsmoos, sehr selten in der Ebene. In den Mittelgebirgen oft verbreitet. In Blockhalden selten schon ab 230 m, meist aber erst über 800 m bis 1500 m (selten bis 1990 m, in den Ostalpen bis 3200 m).
Ökologie: Auf meist lichtem, seltener sonnigem, öfter und länger feuchtem, kalkfreiem Silikatgestein (selten auch Gips), oft zwischen anderen Moosen. Auf Rohhumus und morschem Holz, (in den Alpen auch über Kalk) besonders in Blockhalden.
T 2, L 7, F 5, R 3, K 6.
Ähnliche und **Verwandte Arten:** *Marsupella*-Arten zeichnen sich meist durch schwärzliche Farbe und stumpflappige Blättchen aus und entwickeln nie Brutkörper (immer mit zwei wurstförmigen Ölkörpern je Zelle). *Cephalozia*-Arten haben nie gekielte Blätter und sind meist hellgrün. *Lophozia*- und *Scapania*-Arten sind meist größer. ***Anastrophyllum saxicola*** (SCHRADER) SCHUSTER (= *Sphenolobus saxicolus*). – Stein-Keillappen-Lebermoos. Bau: größer und eher einer *Barbilophozia* ähnlich. Vorkommen: ein sehr seltenes Silikat-Gebirgsmoos, sowie ein typisches Reliktmoos, ohne Brutkörper und selten mit Sporogonen. Ökologie: in Silikatgebirgs-Blockhalden. – **T 3, L 8, F 5, R 3, K 6.**

Anastrophyllum saxicola

Barbilophozia barbata (SCHMIDEL) LOESKE
(= *Lophozia ba.*)

Bärtiges Bartspitzkelch-Lebermoos

(T. 19 a)
Name: Zusammengesetzt aus lateinisch barbatus = bärtig und Lophozia (s. dort).
Erstbeschreibung: 1760 durch K. C. SCHMIDEL.
Bau: Braune, an schatttigem Standort olivgrüne, flache, oft ausgedehnte Decken. Stängel oft verzweigt, meist 2 – 4 cm lang und 2 – 3 mm breit. Blätter unterschlächtig, quadratisch, mit meist 4 dreieckigen, ziemlich gleichartigen, spitzlichen Lappen und etwas wellig. Unterblätter (meist) fehlend, ohne Blattwimpern. Zweihäusig. Kelch groß, keulenförmig, oben tief 3-faltig.
Vorkommen: In der Ebene meist selten, höher ziemlich verbreitet bis in mittlere Gebirgslagen (selten über 700 m, maximal kaum über 1700m).
Ökologie: Auf lichten, selten sonnigen, bis schattigen, trockeneren (wohl tau- und nebelhäufigen), meist kalkarmen Standorten auf Silikat-, aber auch auf mildem Humus über Kalkgestein und häufiger auch auf Basalt u. ä., seltener an Böschungen auf Erde und Humus, an Blockmauern sowie Baumwurzeln.
T 3, L 8, F 4, R 5, K 6.
Ähnliche Arten (siehe unten) vorwiegend in höheren Lagen der Gebirge und meist an feuchteren Plätzen und oft hellgrün. *Tritomaria quinquedentata* ist deutlich unregelmäßig gelappt.

Barbilophozia barbata

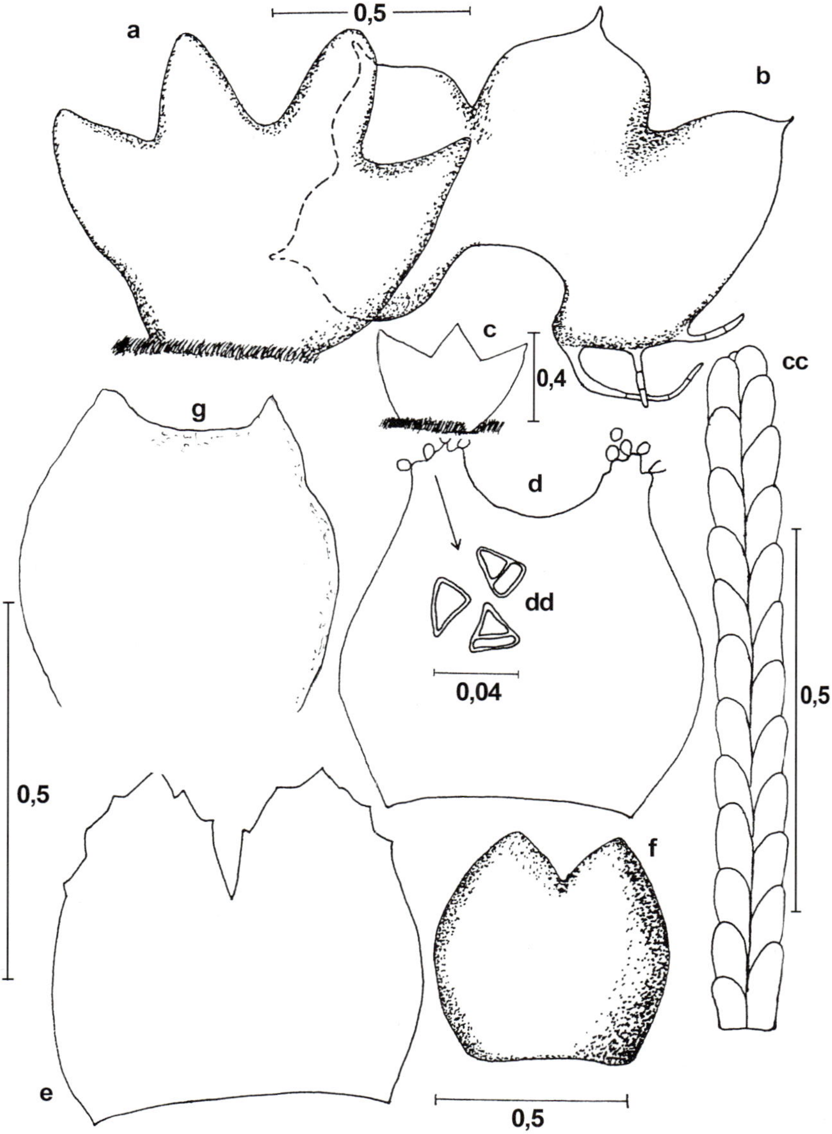

Tafel 19: Barbilophozia barbata: a. Blatt. ***B. attenuata:*** c. Blatt, cc. Brutspross. ***B. lycopodioides:*** b. Blatt (mit basalen Wimpern). ***Lophozia ventricosa:*** d. Blatt mit Brutkörpern, dd. Brutkörper vergr. ***L. incisa:*** e. Blatt. ***L. bicrenata:*** f. Blatt. ***L. sudetica:*** g. Blatt.

Barbilophozia attenuata (MARTIUS) LOESKE

(= *B. gracilis*)

Zierliches Bart-Spitzkelchmoos

(T. 19 c)

Erstbeschreibung: Durch J. C. SCHLEICHER (1804) sowie 1817 durch C. F. P. VON MARTIUS.

Bau: Eine durch ihre aufrechten Brutsprosse gut kenntliche Art, zeichnet sich aus durch aufrechte, wegen der hier anliegenden Blätter glatte, wurmförmige, 2 – 4 mm lange Brutsprosse, die an der Spitze rotbraune Brutkörper entwickeln (T. 19 cc). Blätter 3-zipflig.

Vorkommen: In der Ebene ziemlich selten. Ziemlich verbreitet im Gebirge bis in höhere Lagen (in Bayern bis 1382 m, angeblich bis ca. 1800 m). In den Zentralalpen bis 3400 m.

Ökologie: Auf lichten bis beschatteten, feuchten, kalkfreien, humosen Standorten, meist über Silikatgestein. In Blockhalden sowie an Felsen, seltener an morschem Holz und auf Rohhumusboden.

T 3, L 7, F 6, R 2, K 5.

Ähnliche Arten: *Anastrophyllum minutum* kann ähnlich aussehen, aber die Stängelchen sind nie so dicht beblättert wie die Brutäste der obigen Art. Außerdem entwickeln sich die Brutkörper dort an den Blattlappen.

Barbilophozia attenuata

Barbilophozia hatcheri (A. Evans) Loeske var. *hatcheri*
Hatchers Bartspitzkelch-Lebermoos

Erstbeschreibung: 1808 durch den Nordamerikaner A. W. Evans.
Bau: Habitus wie *B. lycopodioides*, aber meist kleiner, kleinere Randlappen und nur mit 2 – 3 Zilien. Unterblätter oder Blattlappen mit aufgesetzten Spitzchen. Diese und die Zilien langzellig.
Vorkommen: Gebirgsmoos (Ebene sehr selten). Selten ab 280 m, im Mittelgebirge öfter von ca. 500 bis 800 m. In den Alpen bis 1520 m (Bayern) und maximal bis 2350 m.

Ökologie: Auf lichten bis beschatteten, dauerfeuchten, kalkfreien, humosen Standorten über Silikatgestein, besonders in Blockhalden. Selten auf sandig-humosem oder erdigem Substrat.
T 2, L 6, F 6, R 2, K 6.
Ähnlich aber größer, mit 3 – 4 Zilien und auch seltener sowie beschränkt auf Hochgebirge und Alpen ist z. B. ***Barbilophozia lycopodioides*** (Wallroth) Loeske, das Bärlappartige Bartspitzkelch-Lebermoos. – T 19 d. – Ökologie: – **T 2, L 9, F 8, R 2, K 6.**

Barbilophozia hatcheri

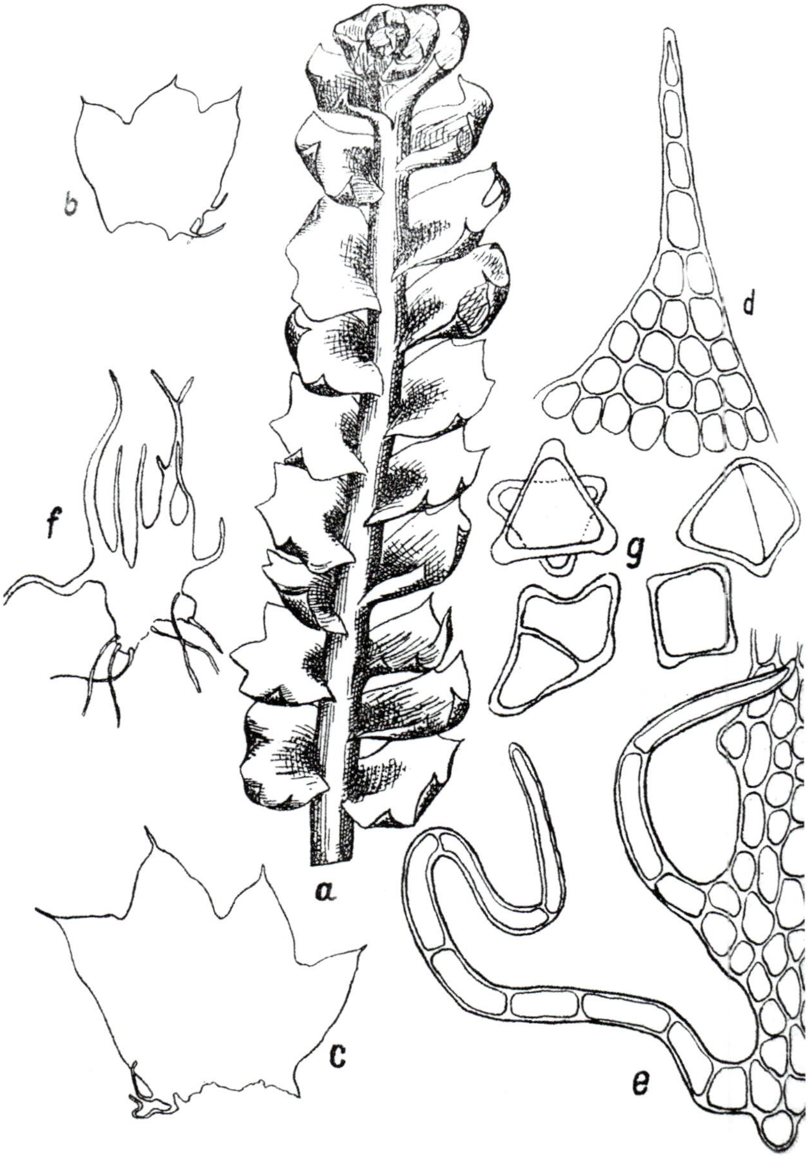

Barbilophozia hatcheri: a. Stängel, b., c. Blätter, d. Blattzipfel, e. Zilien des hinteren Blattrandes, f. Unterblatt, g. Brutkörper

Gymnocolea inflata (HUDSON) DUMORTIER
Aufgeblasenes Nacktkelch-Lebermoos

Name: Zusammengesetzt aus griechisch gymnos = nackt und koleus = Hülle, bezieht sich auf das herausragende Perianth.
Erstbeschreibung: 1772 durch den Engländer W. HUDSON.
Bau: Oliv- bis braungrüne, in der Sonne auch schwärzliche, wenige mm bis 1 cm (selten größere), 1 – 2 mm breite Pflanzen in ± lockeren Rasen. Stängel ± aufrecht mit fast quer stehenden, eiförmig bis länglichen, stumpf-2-lappigen Blättern. Brutkörper fehlen. (Blattzellen glatt, ca. 20 x 30 µm groß, Stängel mit kleineren bauchseitigen und viel größeren dorsalen Zellen). Verzweigung seitlich und bauchseitig. Zweihäusig. Sporogone sehr selten, aber häufig mit den leicht abbrechenden Hüllkelchen (= vegetative Vermehrung!). Perianth glatt, länglich-birnförmig. Diese bemerkenswerte Form der vegetativen Vermehrung durch Bruch-Kelche scheint einmalig zu sein.
Vorkommen: Ebene bis ins höhere Gebirge (in Bayern bis ca. 1600 m, Zentralalpen bis 1720 m und bis 2500 m).
Ökologie: Auf sonnigen bis schattigen, nassen bis mindestens luftfeuchten, kalkfreien Standorten, vor allem in Torfmooren zwischen Torfmoosen und in Schlenken, aber auch an humos-sandigen Böschungen in Kiefernwäldern, zuweilen auch an Silikatfelsen oder sogar an Borke.

Gymnocolea inflata

Gymnocolea inflata: a. Pflanzen mit Perianthien, b. Stängelstück mit Blatt und Unterblatt, c., d. Blätter, e. Unterblatt, f. Zellnetz, g. abgefallenes Perianth mit Adventivsprossen, h. Stängel

T 2, L x, F 8, R 1, K 3.
Ähnliche und **Verwandte Arten:** ***Gymnocolea acutiloba*** (SCHIFFNER) K. MUELLER FRIB. (= *G. inflata* var. *a.*). Vorkommen: ein seltenes Alpenmoos. Ökologie: auf feuchtem, zumindest lichtem, kalkfreiem Silikatgestein (u. a. Schiefer), sowie auf Abraum von Kupferbergwerken. Bioindikator: Kupfermoos!

T ?2, L ?6, F 6, R ?5, K 6.
Einer *Gymnocolea* täuschend ähnlich sieht die ebenfalls stumpflappige, ziemlich seltene *Cladopodiella fluitans*. Ebenfalls stumpflappige Blätter hat ***Lophozia obtusa*** (LINDBERG) EVANS. Dort sind die Pflanzen größer und nur seitlich verzweigt. Sie wächst nie in Mooren und an Borke. Vgl. dazu auch *Marsupella*.

Mesoptychia collaris L. SÖDERSTRÖM & VANA

(= *Lophozia collaris* = *Leiocolea alpestris*)

Kalk-Spitzkelch-Lebermoos

Name: Zusammengesetzt aus griechisch leios = glatt und koleos = Hülle, wegen des völlig glatten Perianths.

Erstbeschreibung: Als *Jungermannia bantriensis* durch W. J. HOOKER (1813).

Mesoptychia collaris

Bau: Kleine, bis 10 mm lange, 1 – 2 mm breite, grüne, niederliegende Pflanzen in lockeren Rasen. Oft würzig duftend. Blätter unterschlächtig, ± tief in zwei spitzliche, immer brutkörperlose Lappen geteilt. Unterblätter klein, im Rhizoidenfilz versteckt. Kleinere Formen können nur mikroskopisch sicher bestimmt werden. Zweihäusig. Kelche walzlich bis birnförmig, an der Mündung gewimpert.
Vorkommen: Gebirgsmoos, von der Hügelstufe bis gegen die Baumgrenze, in Süddeutschland bis 1100 m, angeblich bis 2000 m. In den Zentralalpen bis 2150 m (angegeben bis 3100 m).
Ökologie: Kalkmoos feuchter, oft schattiger Standorte auf Erde oder Gestein. Auf oft beschattetem, dauerfeuchtem, kalkreichem Gestein und kalkhaltiger Erde, besonders auch auf Löss, an Böschungen, erdigen Felsen und auf Kalkwegen auch verschleppt. In den Kalkgebieten häufig bis ziemlich verbreitet, auf Erde in Felsspalten, auf Mauern usw. Bisher wurde die kräftigere *L. bantriensis* (HOOKER) STEPHANI als eigene Art aufgefasst. Diese Form wächst in kalkhaltigen Mooren und an nassem Gestein und wird in allen Teilen größer. So z. B. Stängel bis um 2 cm lang. Ökologische Zeigerwerte in Klammern.
T 3 (2), L 6 (7), F 6 (7), R (8) 9, K 6.
Ähnlich ist die immer kleinere ***Mesoptychia badensis*** (Gottsche ex Rabenh.) L. Söderström & Vana (= Leiocolea b. (GOTTSCHE) JOERGENSEN). Da auch bei *Mesoptychia collaris* gleichgroße Kümmerformen vorkommen, nur mikroskopisch zu unterscheiden (z. B. durch größere Zellen). Vorkommen: Gebirgsmoos. Ebene sehr selten, in Bayern bis um 1400 m, über der Baumgrenze selten, jedoch noch bei 2000 m und 2200 m. Ökologie: auf schattigem bis sonnigem, feuchtem bis nassem, immer kalkreichem Substrat an Gestein, besonders Kalktuff, aber auch oft auf Lössböden und anderem kalkreichen Substrat. – **T 3, L 0, F 7, R 9, K 6.** Weitere Arten sind selten, so ***Leiocolea heterocolpos*** (THEDENIUS) HOWE, die Brutsprosse hat. Große Verwandte sind sehr seltene Feuchtmoose in Sümpfen usw. Normale *L. alpestris* ist *Lophocolea minor* am ähnlichsten, unterscheidet sich aber immer durch Brutkörper („zerfressener" Blattrand) und Unterblätter, sowie den Geruch.

Lophozia ventricosa (DICKSON) DUMORTIER
Bauchiges Spitzkelch-Lebermoos

(T. 19 d)
Name: Von griechisch lophos = Spitze, wegen der (gegen *Jungermannia*) in spitze Lappen geteilten Blätter.
Erstbeschreibung: Durch J. DICKSON 1790.
Bau: Hell- bis dunkelgrüne, flache, ± ausgedehnte Rasen aus um 1 cm langen und 1 – 2 mm breiten Pflanzen. Blätter unterschlächtig, 2-zipflig, Zipfel spitz-lanzettlich, meist mit einem Häufchen gelbgrüner Brutkörper (T. 19 dd). Zweige niederliegend, durch Rhizoiden verhaftet oder (dichtrasig) auch ± aufrecht. Unterblätter fehlen.
Vorkommen: In Mitteleuropa in den Silikatgebirgen allgemein verbreitet, in der Ebene selten. Oft zwischen anderen kalkmeidenden Moosen. Gebirgsmoos. Sonst schon ab ca. 200 m nicht selten bis zur Baumgrenze. In den Alpen angeblich bis 1900 m (Bayern), in Nordtirol bis 1750 m nachgewiesen!
Ökologie: Kalkmeidendes, feuchtigkeits- und schattenliebendes Moos an Silikatgestein, auf Humus oder kalkfreiem Mineralboden, sowie an morschem Holz, besonders in Nadelwäldern.
T 3, L 5, F 6, R 3, K 6.
Ähnliche Arten: Wenngleich häufig und in guter Ausbildung typisch, sollte wegen des insgesamt schwierigen Formenkreises jeder *Lophozia*-Fund belegt und frisch mikroskopiert werden (Ölkörper ohne zentrale Ölkugel, bei

Lophozia ventricosa

der var. *silvicola* (H. Buch) E. W. Jones hingegen mit Ölkugel!). Andere Lophozien haben oft rotbraune Brutkörper (s. u.). Die Arten der Gattung *Leiocolea* wachsen nur an kalkhaltigem Standort! Ähnliche Arten anderer Gattungen haben Unterblätter. Andere ähnliche Arten kommen meist nur im Gebirge vor und sind meist selten. Sie sind kleiner oder haben quersitzende bzw. weniger tief eingeschnittene Blätter. Sie können meist nur mikroskopisch (möglichst mit noch erhaltenen Ölkörpern!) unterschieden werden.

Lophozia bicrenata (Schmidel) Dumortier
(= *Isopaches bicrenatus*)

Zweikerbiges oder Terpentin-Spitzkelch-Lebermoos

(T. 19 f)
Erstbeschreibung: Durch K. C. Schmidel (1797) aus Göttingen.
Bau: In meist bräunlichgrünen, kleinen Decken, ähnlich kümmerlicher *Barbilophozia barbata* oder *L. ventricosa*. Zwischen den Daumennägeln zerquetscht, ist es von allen ähnlichen Arten sofort an dem angenehmen Terpentingeruch zu unterscheiden. Die Abgabe von ätherischen Öldämpfen bei Besonnung ist eine analoge (parallele) Erscheinung, die wir schon bei *Mannia fragrans* als Trockenheitsanpassung (Glashauseffekt!) kennengelernt haben. Perianthien sind häufig, wie auch braune Brutkörper an den Blattzipfeln.

Vorkommen: Ebene bis obere Gebirgslagen (über der Baumgrenze selten, in Bayern bis 1600 m und 1900 m, Zentralalpen bis 2350 m angegeben).

Ökologie: Auf oft sonnigen und länger trockenen, kalkfreien, sandig/lehmigen Böden, selten auf Erde über kalkarmem Gestein, insbesondere in Heiden und an Böschungen von Kiefernwäldern. Dort ziemlich verbreitet.

T ?x, L 8, F 3, R 2, K 4.

Ähnliche Arten: Im Gelände oft nur durch den fehlenden Terpentingeruch zu unterscheiden ist die im Silikatgebirge nicht seltene ***Lophoziopsis excisa*** (DICKSON) KONSTANT. & VILNET (= ***Lophozia e.***), das Ausgeschnittene Spitzkelch-Lebermoos. Vorkommen: Ebene bis in höhere Gebirgslagen (bis 1600 m, selten höher). Ökologie: auf lichten, zumindest zeitweise feuchten, kalkarmen sandig/lehmigen Böden, auch auf Erde über Silikatgestein an Böschungen, in Felsspalten u. ä. Zuweilen an Sekundär-Standorten. – **T 3, L 8, F 5, R 5, K 6.**

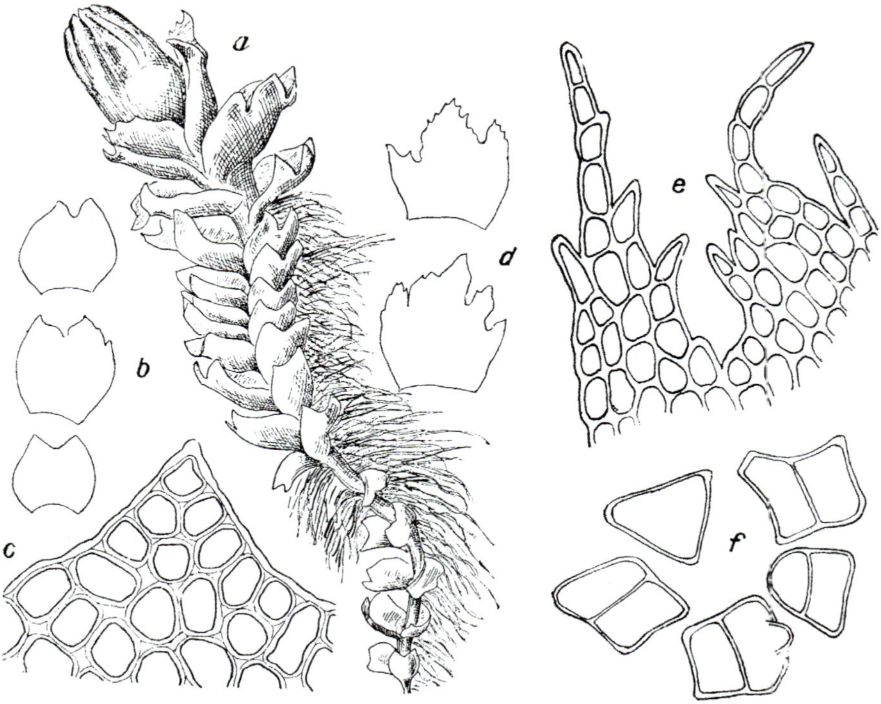

Lophozia bicrenata: Pflanze mit Perianth, b. Blätter, c. Zellnetz im Blattzipfel, d. Hüllblätter

Lophozia incisa (SCHRADER) DUMORTIER subsp. *Incisa*
Eingeschnittenes Spitzkelch-Lebermoos

(T. 19 e)
Erstbeschreibung: Durch H. A. SCHRADER 1796
Bau: Auffallend und von allen ähnlichen Arten (außerhalb der alpinen Stufe) durch die blaugrüne Färbung und oft salatkopfartiges Aussehen der meist nur 0,5 cm langen Zweige unterschieden. Die welligen Blätter sind meist gezähnt, die Brutkörper grün.
Vorkommen: Verbreitetes Gebirgsmoos (in der norddeutsche Ebene selten, wie auch in unteren Lagen der Gebirge, in Bayern bis ca. 2000 m, sonst noch bis 2450 m).
Ökologie: Auf meist feucht-schattigen bis lichten, quelligen, immer kalkfreien Substraten, auf Silikatgestein in kühl-feuchten Blockhalden, kiesigem bis lehmigem Boden sowie auf Rohhumus und morschem Holz (hier auch im Kalkgebirge) vor allem in Nadelwäldern.
T 2, L 6, F 6, R 2, K 6.
Ähnliche Arten: Weitere, im Silikatgebirge häufigere *Lophozia*-Arten, aber mit rotbraunen Brutkörpern, sind ***Lophoziopsis longidens*** (LINDBERG)KONST. & VILNET (= ***Lophozia l.***) das Langlappen-Spitzkelch-Lebermoos, ausgezeichnet durch lange, lanzettliche Blattzipfel, Ökologie: in Blockhalden und auf morschem Holz. – **T 3, L 7, F 6, R 2, K 6** sowie ***Lophozia sudetica*** (HUEBENER) GROLLE (= *L. alpestris* auct.), das Mittelgebirgs-Spitzkelch-Lebermoos (T. 19 g). Bau: ausgezeichnet durch bogenförmig ausgerandete Blätter. Verbreitung und Ökologie ähnlich, aber oft an auch sonnigen Plätzen. Selten in der Ebene. – **T 3, L 9, F 7, R 2, K 6.**

Lophozia incisa

Lophozia sudetica

Tritomaria quinquedentata (HUDSON) BUCH var. *quinquedentata* Großes oder Fünfzähniges Dreilappspitzkelch-Lebermoos

(T. 20 b,c)
Name: Von tritomus = 3mal geschnitten, wegen der dreilappigen Blätter.
Erstbeschreibung: Durch den Engländer W. HUDSON 1762.
Bau: Dichte, manchmal ausgedehnte, grüne Decken aus meist niederliegenden, unterseits reichfilzigen, um 2 – 3 cm langen und 2 – 3 mm breiten Zweigen. Blätter unterschlächtig, ziemlich schräg inseriert, längswellig, breit-eiförmig, ungleich 3-lappig (damit von anderen mitteleuropäischen Lophoziaceen geschieden). Lappen spitz, hinterer groß, davor zwei kleinere. Unterblätter, Brutkörper fehlen. Selten mit Perianthien. Zweihäusig.
Vorkommen: Gebirgsmoos (selten ab 105 bis 200 m, meist höher: in Bayern bis 1800 m und in Tirol noch bei 2600 m (angeblich bis 3400 m). Meist zerstreut, nur im Hochgebirge ziemlich häufig.
Ökologie: Auf meist beschattetem, feuchterem, basenreichem Silikatgestein, seltener anderswo.
T 2, L 6, F 6, R 5, K 6.
Ähnliche Arten: Im Gelände mit *Barbilophozia lycopodioides* zu verwechseln, dieses Lebermoos hat jedoch symmetrisch gelappte Blätter.

Tritomaria quinquedentata

Tritomaria exsectiformis (Breidler) Loeske subsp. *exsectiformis*
Gezähntes Dreilappspitzkelch-Lebermoos

Erstbeschreibung und Unterscheidung durch den Österreicher J. Breidler 1894.
Bau: Meist um 5 – 10 mm groß, wächst in ± aufrechten Rasen, hat eingebogene Blätter mit nur einem kleinen Lappen. Immer mit den blattspitzenständigen, rotbraunen Brutkörpern. (Von folgender Art nur durch die Größe sowie mikroskopisch zu unterscheiden. Zellen größer, ca. 20 µm, mit eckigen Brutkörpern.
Vorkommen: In mittleren Gebirgslagen zerstreut, Ebene und über der Waldgrenze selten, aber auch in Norddeutschland vorkommend. In Bayern bis 1860 m und in Salzburg bis 2200 m.
Ökologie: Auf beschattetem bis lichtem, feuchterem, kalkfreiem, erdigem oder humusreichem Substrat über Silikatgestein und auf morschem Holz, z. B. an Waldwegböschungen und in Blockhalden, sowie an Felswänden.
T 3, L 6, F 6, R 2, K 6.
Ähnliche Arten: *Tritomaria exsecta* (Schrader) Loeske, das Ausgeschnittene Dreilappspitzkelch-Lebermoos (T. 20 a, aa). Bau: ganz ähnlich, aber kleiner (nur 3 – 5 mm groß). (Brutkörper elliptisch und Blattzellen um 10 µm). Vorkommen: fast nur im Gebirge, aber erst in Süddeutschland und den Alpen öfter (bis etwa 3000 m angegeben). Ökologie: wächst an ähnlichen Plätzen wie die vorige Art. – **T 3, L 5, F 6, R 1, K 5.**

Tritomaria exsectiformis: a. Habitus, b. Blätter, c. Battspitze mit Brutkörpern, d. Brutkörper

Tritomaria exsectiformis

Tritomaria exsecta

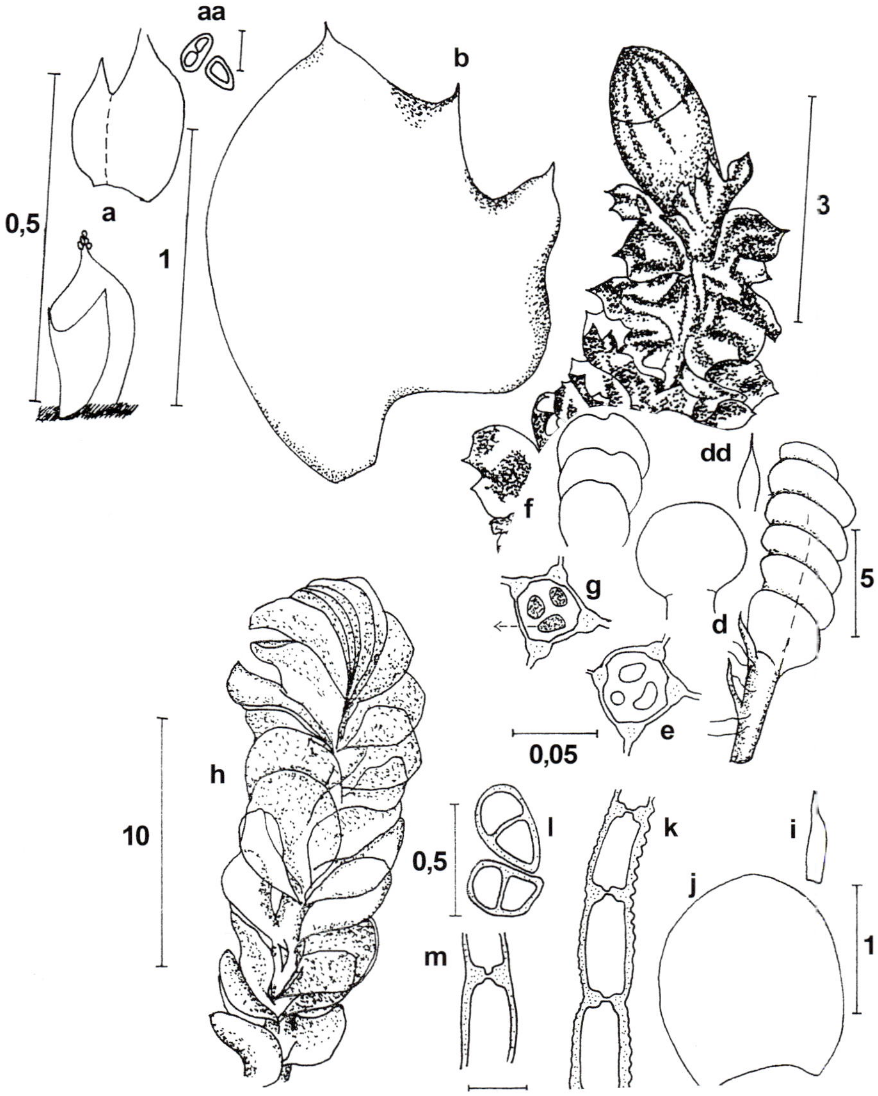

Tafel 20: Tritomaria exsecta: a. Blätter, Brutkörper, ***T. quinquedentata:*** b. Blatt, c. Habitus, mit Perianth. ***Nardia scalaris:*** d. Habitus und Blatt, dd. Unterblatt, e. Blattzelle mit Ölkörpern. ***N. geoscypha:*** f. Blätter,g. Zelle, vergrößert. ***Mylia taylori:*** h. Habitus, i. Unterblatt, j. Blatt, k. Kutikula, l. Brutkörper, vergrößert. ***M. anomala:*** m. Kutikula (alle Ansichten dorsal und nach SHLYAKOV).

Mylia anomala (Hooker) S. F. Gray
(= *Leptoscyphus a.*)
Unechtes Dünnkelch-Lebermoos

(T. 20 m)
Mylioideae, früher Plagiochilaceae
Name: Von S. F. Gray benannt nach dem holländischen Arzt Wilhelm Mylius, ebenfalls ein Sponsor von Michelis „Genera Plantarum".
Erstbeschreibung: Durch W. J. Hooker 1813.
Bau: Blätter länglich-kreisförmig, glatt, mit Brutkörpern an den Blattspitzen, bis elliptisch-lanzettlich, dicht aufeinander gepackt („geschichtet"). Mit lanzettlichen Unterblättern. Die sehr großen 70 µm-0,1mm langen (glatten) Zellen sind mit der Lupe gut erkennbar. Pflanzen meist 1 – 2 cm lang und 2 – 3 mm breit, grün bis braun. in kleinen Decken oder zwischen Torfmoosen.
Vorkommen: Ebene bis ins höhere Gebirge (in Bayern bis 1300 m und 1990 m).
Ökologie: Auf sonnigen, nassen, kalkfreien Unterlagen, vor allem zwischen Torfmoosen über Torf, wie auch (in niederschlagsreichen Gebieten) auf vernässtem Rohhumus (Waldtorf). Bei allen torfbewohnenden Lebermoosen wurden saprophytische Pilze als Partner nachgewiesen, hier z. B. in den keulig angeschwollenen Rhizoidspitzen (endotrophe Mykorrhiza). Gefährdet durch Rückgang der Moore.
Ähnliche Arten: ***Odontoschisma sphagni*** unterscheidet sich u. a. durch Stolonenbildung und (mikroskopisch) durch Saumzellen. *Nardia* entwickelt keine Brutkörper und wächst nicht in Mooren oder auf morschem Holz. – **T 2, L 8, F 8, R 1, K 6.**

Mylia anomala

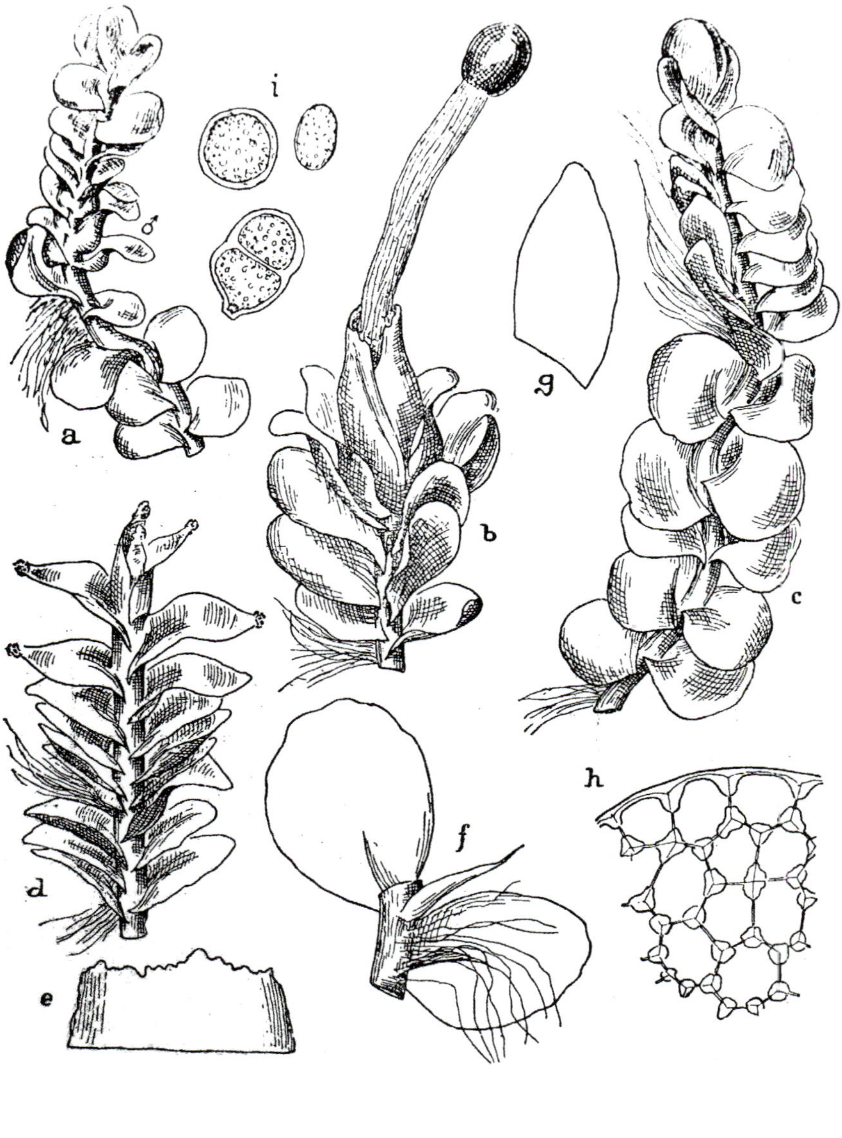

Mylia anomala: a. Pflanze mit männlichen Gametangien, b. mit Sporogon, c. Habitus, d. mit Brutkörpern, e. Stück der Perianthmündung, f. 2 Stängel- und 1 Unterblatt, g. Blatt, h. Zellnetz am Blattrand, i. Brutkörper.

Mylia taylorii (HOOKER) S. F. GRAY

(= *Leptoscyphus taylorii*)

Großes oder Taylor's Dünnkelch-Lebermoos

(T. 20 h-l).

Name: Entdeckt durch W. J. HOOKER (1785 – 1865), der das Moos zu Ehren des sich um die Mooskunde Irlands verdient gemachten T. TAYLOR (1775 – 1848) benannte.

Bau: Wie vorige Art, aber in allen Teilen größer. Ihre saftigen, samtigen, oft üppigen Polsterrasen sind bis über 20 cm breit und matthellgrün, wenn besonnt, rotbraun überlaufen. Stängel 3 (– 4) mm breit. (Die Blätter sind feinwarzig!).

Vorkommen: In West- und Norddeutschland fehlend. Ein atlantisch-dealpin verbreitetes Gebirgsmoos (sehr selten in der Hügelstufe). Ab 500 m, meist aber erst über 800 m (in Bayern bis etwa zur Baumgrenze, etwa bis 2000 m).

Ökologie: In den Alpen häufig auf morschem Holz oder über Rohhumus auf meist beschattetem, feuchtem, kalkfreiem Silikatgestein, in Wäldern und Blockhalden. Selten auch auf Torf.
T 2, L 7, F 6, R 1, K 3.

Mylia taylorii

Gymnomitriaceae

Gymnomitrion concinnatum (LIGHTFOOT) CORDA
Zierliches Nackthauben-Lebermoos

Name: Von griechisch gymnos = nackt und mitra = Mütze (Haube), wegen des fehlenden Perianths.
Erstbeschreibung durch den Geistlichen und Verfasser einer schottischen Flora, JOHN LIGHTFOOT 1777.
Bau: Im Gegensatz zu *Marsupella* nie schwarz, zumindest feucht meist grau- oder bräunlich, aber sonst dieser ähnlich, jedoch Stängel keulenförmig, mit dicht anliegender, geschlossener Beblätterung. In 2 bis 50 mm hohen Polsterrasen mit zylindrischen, bis 3 cm langen, feucht grünlichen Trieben und bis zu einem Drittel tief eingeschnittenen Blättern.
Vorkommen: Ein subarktisch-alpin verbreitetes, also eines der während der Eiszeit in die Arktis gelangten Moose. Heute selten in der höheren Bergstufe der Mittelgebirge (und ab 450 m im Bayerischen Wald, sonst ab 700 m). Von der subalpinen Stufe an zerstreut in den Alpen, unter 800 m selten, maximal bis 3400 m gefunden.
Ökologie: Auf trockenerem, lichtem bis beschattetem, kalkarmem Silikatgestein niederschlagsreicherer Gebiete, seltener auch auf Felsschutt und Erde.
T 2, L 6, F 5, R 2, K 6.
Verwandte Arten: ***Gymnomitrion corallioides*** NEES, Korallenartiges Nackthauben-Lebermoos. Bau: wie vorige Art, aber mit seitlich zusammengepressten (bandförmigen), 1 – 3(– 4) cm langen Trieben. Blätter schwach ausgerandet, ganzrandig. Vorkommen: Alpenmoos ab 1900 m. Mit dem Fund an der „Weißkugel" – bei 3739 m – das höchststeigende Lebermoos Europas. Bei uns selten und nur in

Gymnomitrion concinnatum

Gymnomitrion corallioides

Bayern. Ausnahmsweise in den „Eislöchern" bei Eppan in Südtirol noch bei nur 550 m. Ökologie: auf lichtem bis sonnigem, länger austrocknendem, kalkarmem Silikatgestein, wie auch auf Gesteinsschutt und in Felsspalten. Wie sein Höchstvorkommen beweist, durch seine anatomische Ausstattung den sehr widrigen Klimaverhältnissen des Hochgebirges bestens angepasst. – **T 1, L 7, F 5, R 2, K 6.**

Marsupella emarginata (EHRHART) DUMORTIER var. *emarginata* Randloses Geldbeutel-Lebermoos

(T. 21 a)

Name: Benannt nach dem Vorkommen eines Marsupiums (s. u.) Von griechisch marsipos bzw. lateinisch marsupium = Beutel, Sack.

Erstbeschreibung: Durch den Apotheker und Botaniker F. EHRHART (1742 – 1795) Ende des 18. Jahrhunderts im Harz für die Wissenschaft entdeckt und 1788 publiziert.

Bau: Die meist dunkel- bis schwarzgrünen Stängel in 0,5 – 2 (– 5 cm) hohen Polsterrasen. Trocken wurmförmig, feucht 1 – 2 mm breit und 1 – 2 cm lang. Sie zeichnen sich durch quer inserierte, wenig bis tief 2-lappige Blätter mit z. T. stumpflichen Lappen aus (mikroskopisch durch die fast immer wurstförmigen, dauerhaften 2 Ölkörper in den oft eckverdickten Zellen gekennzeichnet). Brutkörper fehlen der ganzen Familie. Ihre Arten sind außerdem durch eingesenkte Hüllkelche (Marsupien) – auch eine Trockenanpassung – charakterisiert.

Vorkommen: Gebirgsmoos (in der Ebene und Hügelstufe sehr selten). In Bayern von 875 bis 1700 m und in den übrigen Alpen maximal bis 2600 m.

Ökologie: Alle Arten der Familie kalkmeidend und fast nur felsbewohnend. Auf meist schat-

Marsupella emarginata

tigem bis lichtem, feuchtem bis nassem, mineralischem Substrat, meist an Fließgewässern in der Spritzwasserzone, seltener außerhalb in luftfeuchter Lage, besonders in Blockhalden. Kaum erdbewohnend. Im Silikatgebirge ziemlich verbreitet.
T 3, L 6, F 8, R 2, K 5.

Ähnliche und **Verwandte Arten:** vgl. unter *Gymnocolea* die viel seltenere var. ***aquatica*** (LINDENBERG) DUMORTIER (= *M. aquatica*), in allen Teilen größer und kräftiger (Stängel bis 10 cm lang). Ökologie: in Fließgewässern, an Wasserfällen (und Quellfluren). Sie wird vielfach nur für eine Modifikation angesehen. – **T 3, L ?7, F 9, R 2, K 3.**

Marsupella funckii (WEBER & MOHR) DUMORTIER var. *funckii*
Funck's Geldbeutel-Lebermoos

(T. 21 b.)
Name und **Erstbeschreibung:** Von WEBER & MOHR 1807 zu Ehren des Apothekers H. C. FUNCK (1771 – 1839) aus Gefrees im Fichtelgebirge beschrieben. Als einer der Ersten bereiste FUNCK auch die Alpen.
Bau: Gewöhnlich in allen Teilen kleiner und viel zierlicher (unter 1 mm breit) als die vorige Art. Die Stängel werden höchstens 1 cm lang. Sie kann ausgedehnte Rasen bilden. Die Blätter stehen feucht sparrig ab, sind um 0,6 mm breit und sind durch spitze, bis zur Hälfte eingeschnittene Lappen ausgezeichnet.
Vorkommen: Die einzige weniger seltene, allerdings sehr im Rückgang befindliche *Marsupella*. Von der Ebene – dort heute selten – bis ins Hochgebirge (in Bayern bis 2200 m, in Zentralalpen bis 3200 m).
Ökologie: Mit breiter ökologischer Amplitude (dadurch auffallend weit verbreitet). Sie wächst

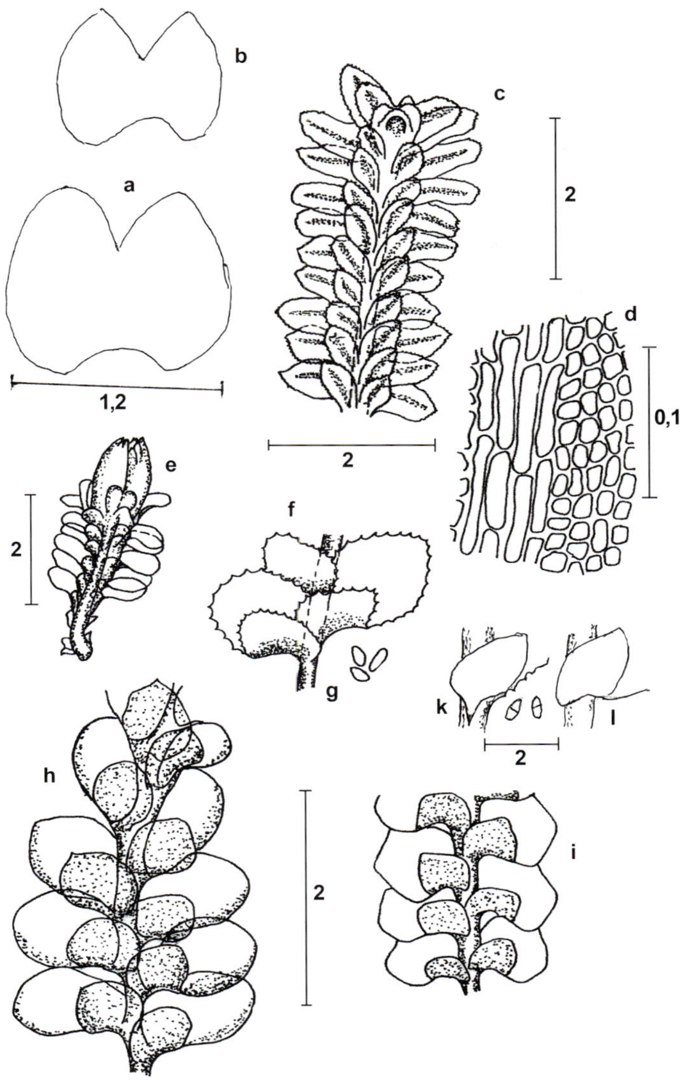

Tafel 21: Blätter: ***Marsupella emarginata:*** a. ***M. funckii:*** b. ***Diplophyllum albicans:*** c. Habitus, d. Ausschnitt mit ÑRippenteilì. ***D. obtusifolium:*** e. Habitus mit Perianth. ***Scapania nemorea:*** f. Stängelausschnitt, g. Brutkörper, vergrößert. ***S. undulata:*** h. Habitus. ***S. irrigua:*** i. Stängelabschnitt. – (alle nach SHLYAKOV, i., j. abgeändert). Oberlappenansatz von ***Scapania aspera:*** k. und l. ***S. aequiloba. Alle Ansichten dorsal.***

Marsupella funckii

außer auf Silikatgestein der Gebirge z. B. auch auf ungepflegten, sandigen oder steinigen Heidewegen und -flächen, auf oft sonnigem, offenerdigem, kalkfreiem, grundfeuchtem (aber auch länger trockenem), auch verfestigtem, erdigem Substrat. In Kalkgebieten kann sie auf ausgewaschenen Böden existieren.

T 3, L 8, F 4, R 2, K 5.

Verwandte Arten: Die meisten übrigen Arten sind auf höhere Gebirge beschränkt und auch für Bryologen oft schwer bestimmbar. Alle Vorkommen wären (in wenigen Exemplaren!) zu belegen.

Scapaniaceae

Diplophyllum albicans (Linnaeus) Dumortier
Geripptes, Weißliches Doppelblatt-Lebermoos

(T. 21 c, d)

Name: Gebildet aus griechisch diploos = doppelt und phyllon = Blatt.

Erstbeschreibung: 1753 durch Linnaeus.

Bau: Kleinere bis ausgedehnte, grüne bis bräunliche, meist angedrückte Rasen. Zweige bis über 1 cm lang und 3 mm breit, sowie dicht 2-zeilig beblättert. Blätter um 2 mm lang, gekielt tief zweilappig: mit schmalen, zungenförmigen, (länger als breiten), spitzen oder abgerundeten, größeren Unter- und ähnlichen, aber kürzeren Oberlappen. Trocken eingekrümmt. Brutkörper gelb. Das einzige beblätterte Lebermoos, das sich durch eine rippenartige Bildung auszeichnet (starke Lupenvergrößerung!). Diese Scheinrippe wird durch Reihen verlängerter Zellen gebildet. Unterblätter fehlen Die gelbgrünen Brutkörper an der Spitze des großen Unterlappens. Zweihäusig. Hüllkelch eiförmig, wenig zusammengedrückt, oben tief 5-faltig.

Vorkommen: Ebene bis höhere Gebirgslagen (z. T. in der Ebene sowie über der Baumgrenze

Diplophyllum albicans

selten, in Bayern bis 1530 m, Zentralalpen bis 2600 m angegeben).
Ökologie: Wald- und Heidemoos auf beschatteten, trockeneren, aber luftfeuchten, kalkfreien und meist nährstoffarmen, mineralischen Standorten, an erdigen Böschungen, in Höhlungen und auf feuchterem Silikatgestein.

T x, L 4, F 4, R 2, K 4.
Ähnliche Arten: das Laubmoos *Fissidens* mit echter, in der Spitze endender oder austretender Rippe (ohne Kelche, aber öfter mit derben Sporogonen).

Diplophyllum obtusifolium (HOOKER) DUMORTIER
Stumpfblättriges Doppelblatt-Lebermoos

(T. 21 e)
Erstbeschreibung: Durch W. J. HOOKER 1813.
Bau: Im Licht immer hellbraune, meist nur wenige cm breite Räschen bildend. Blättchen ganzrandig, rechteckig-abgerundet, rippenlos. Weil einhäusig, meist mit den kurz walzlichen, endständigen Perianthien.

Vorkommen: Ebene bis höhere Gebirgslagen ziemlich verbreitet (wie vorige Art, in Süddeutschland bis 1400m, in den Zentralalpen noch bis 2650 m).
Ökologie: Auf lichten bis schattigen, grundfeuchten, kalkfreien, nährstoffärmeren, offenerdigen, sandigen bis lehmigen Pionierstand-

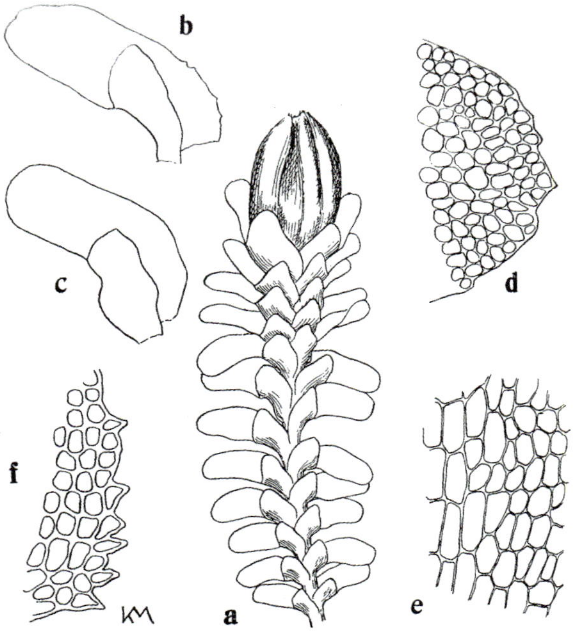

Diplophyllum obtusifolium: a. Pflanze mit Perianth, b., c. Hüllblätter, d. Zellen in der Blattspitze, e. Zellen in der Blattmitte, f. am hinteren Blattrand

orten an Waldböschungen und in Heiden. Oft mit *Ditrichum heteromallum*.
T 4, L 6, F 6, R 2, K 4.
Verwandte Arten: ***Diplophyllum taxifolium*** (WAHLENBERG) DUMORTIER ***var. taxifolium***, das Eibenblättrige Doppelblatt-Lebermoos. Bau: Blätter ungerippt, papillös und deshalb matt hellgrün. Vorkommen: nur in den Hochlagen höherer Silikatgebirge, aber nur selten in den deutschen Mittelgebirgen (ab 800 – 900 m) und Alpen (in den Südalpen noch bis um 3000 m). Ökologie: an ähnlichen, aber etwas feuchteren und schattigeren Standorten als *D. albicans*, besonders in Höhlungen an Böschungen. – **T 1, L 4, F 6, R 2, K 6.**

Scapania nemorea (LINNAEUS) GROLLE
(= *S. nemorosa*)
Hain-Spaten-Lebermoos

(T. 21 f)
Name: Von griechisch skapanion = Spaten, wegen der Gestalt des Perianths.
Erstbeschreibung: 1753 durch LINNAEUS.

Bau: Dunkelgrüne bis bräunliche, angedrückte, 1 cm bis über handtellergroße Rasen. Zweige 1 – 2 cm lang und um 4 mm breit, mit oft braunem Stängel. Blattlappen scharf gezähnt,

Scapania nemorea

breit eiförmig, abgerundet oder spitzlich, etwas gewölbt, mit ± rechteckigem, angedrücktem, 1/2 – 1/3 so großen Oberlappen. Keine Unterblätter. An den Blattspitzen der Stängelenden meist reichlich rotbraune (einzellige!, ovale) Brutkörper. Zweihäusig. Hüllkelch groß, herausragend, zusammengedrückt.
Vorkommen: Ebene bis mittlere Gebirgslagen ziemlich verbreitet (selten über der Baumgrenze, in Bayern bis 1385 m, in Tirol bis 1710 m).
Ökologie: Auf feuchtschattigem, kalkfreiem Silikatgestein, Erde und an morschem Holz in lichteren Wäldern (auch über Kalk). An Felsblöcken in Blockhalden, an Waldwegböschungen und zuweilen auch auf steinigen Waldwegen. An ähnlichen, aber meist feuchteren Standorten als *Diplophyllum albicans*.
T 4, L 4, F 5, R 2, K 5.
Ähnliche Arten: sind neben *Diplophyllum* (dort sind die Blattlappen schmaler und die Perianthien fast walzlich) die in Mitteleuropa sehr seltene *Douinia ovata* (DICKSON) BUCH., eine Silikatgestein und Borke besiedelnde, kleinere Art und und die in Kalkgebieten auf Gestein vorkommende folgende, täuschend ähnliche Art.

Scapania aspera BERNET & BERNET
Raues Spaten-Lebermoos

(T. 21 i)
Erstbeschreibung: 1888 durch den Schweizer Hepatikologen H. BERNET (und seinen Bruder?).
Bau: Wächst auch in bis handgroßen Decken. Mikroskopisch ist diese kalkstete Art durch 2-zellige Brutkörper und herablaufende Oberlappen zu unterscheiden. Daneben kommen auch fast ganzrandige Formen vor.
Vorkommen: Gebirgsmoos, dort ziemlich verbreitet (Hügelstufe selten, in Bayern Bergstufe bis subalpin (– 2100 m)).
Ökologie: Auf ± feuchtem (auch zeitweise trockenem), lichtem bis beschattetem Kalkgestein und Kalkskelettböden, seltener an kalkhaltigem Silikatgestein. In Blockhalden, an Felsen, wie an Böschungen in Hangwäldern.

Scapania aspera

Scapania aequiloba

T 3, L 5, F 5, R 9, K 4.
Ähnliche (häufigere) Arten: Täuschend ähnlich kann ***Scapania aequiloba*** (SCHWAEGRICHEN) DUMORTIER, das Gleichlappige Spaten-Lebermoos, sein. Es kommt an ähnlichen Standorten vor allem in den Kalkalpen (bis 2300 m) vor und vertritt dort oft die vorige Art. In lichten Buchen- und Hangwäldern, z. B. mit *Apometzgeria* und *Pedinophyllum*. Zum Unterschied sind die Blattlappen meist ganzrandig und oft fast gleichgroß und mit deutlich abstehenden, nicht herablaufenden Oberlappen. – **T 2, L 5, F 6, R 8, K 6.**

Scapania undulata (LINNAEUS) DUMORTIER
Gewelltes Spaten-Lebermoos

(T. 21 i)
Erstbeschreibung: 1753 durch LINNAEUS.
Bau: Unsere größte, zuweilen prächtig rot gefärbte *Scapania*. Sie entwickelt bis 5 cm lange Zweige, deren untere Blätter allerdings oft vom Fließwasser zerstört sind. An dauernassen Standorten und submers sind die Blätter ganzrandig, in den Spritzzonen auch gezähnt („*S. dentata*"). Die Lappen sind – im Gegensatz z. B. zu *S. nemorea* – oft fast gleichgroß.
Vorkommen: Verbreitetes Gebirgsmoos (in der Ebene, wie über der Waldgrenze selten, in Süddeutschland bis 1700 m, im Ötztal bis 2520 m).
Ökologie: Auf besonntem bis beschattetem, überspültem oder nur besprühtem („S. dentata"), kalkfreiem, öfter auch basenhaltigem Silikatgestein. Besonders an Bachsteinen und Uferfelsen sowie Baumwurzeln, seltener auch in Quellfluren. Zeiger unverschmutzter Bäche.
T 3, L x, F 9(8), R 2, K 5.

Scapania undulata

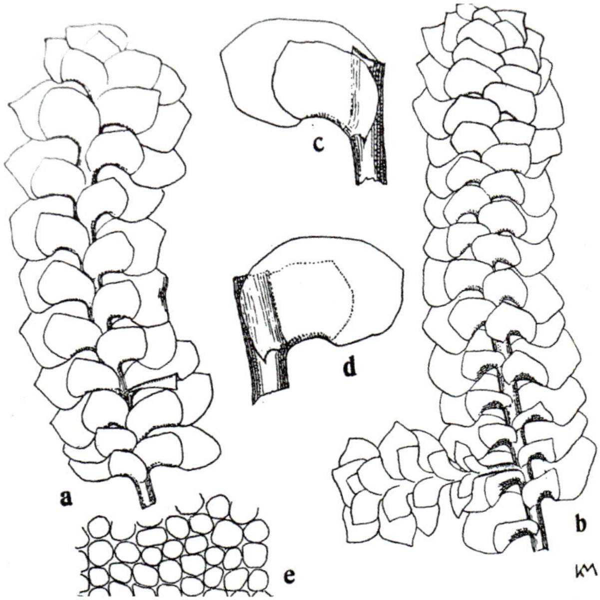

Scapania irrigua: a. b. Habitus, c. Blatt von der Ober-, d. von der Unterseite, e. Zellnetz zum Blattrand hin

Ähnliche Arten: Vor allem im Alpenbereich und den höheren Mittelgebirgen kommen weitere Sumpf-Arten vor, die aber – wie viele Scapanien – zu den schwierigeren Arten gehören und oft auch selten sind. Immer zu belegen mit gut entwickeltem Material, möglichst mit Perianthien. An dauerfeuchten bis vernässten Plätzen finden sich öfter die hellgrünen, durch hellgrüne Brutkörper ausgezeichneten Arten des Formenkreises von ***Scapania curta*** (MARTIUS) DUMORTIER, insbesondere ***Scapania irrigua*** (NEES) DUMORTIER, das Sumpf-Spaten-Lebermoos (T. 21 j). Bau: Letztere ist etwas kleiner als *S. nemorea*, d. h. die Stängel sind kaum 1 cm lang. Die hellgrünen, meist nur wenige cm breiten Deckchen bestehen aus Stängeln mit fast ganzrandigen, am Lappenansatz konkaven Blättern. Vorkommen: Ebene (selten) bis in höhere Gebirgslagen. Ökologie: auch auf besonnten Waldwegen, wie in Nasswiesen. – **T 3, L 8, F 7, R 4, K 6.**

Scapania compacta (ROTH) DUMORTIER
Dichtblättriges Spaten-Lebermoos

Erstbeschreibung: 1800 durch A. W. ROTH.
Bau: Meist kräftige, oft gerötete bis gelbbraune Pflanzen mit schwarzem Stängel, etwa gleich großen, fast ganzrandigen Blättern ohne stängelübergreifendem (zuweilen abstehendem Ober-)Lappen. Brutkörper nicht in Häufchen.
Vorkommen: Eine atlantisch-mediterrane Art. Von der Ebene bis in untere Gebirgslagen (im

Scapania compacta

Schwarzwald bis 880 m). Häufiger in Silikatgebirgen des Mittelmeerraumes.
Ökologie: Auf längerfristig oder regelmäßig feuchtem, lichtem, seltener besonntem, kalkfreiem Silikatgestein (Gneis, Granit), sowie auf erdigem Substrat (Sand, Heideböden) und selten auch auf morschem Holz. An Felshängen, in Heiden und auch an Böschungen von Kiefernwäldern. Poikilohydrisch. Insgesamt im Rückgang und besonders in der Ebene sehr gefährdet.
T 6, L 7, F 5, R 2, K 4.

Geocalycaceae (bisher Lophocoleaceae)

Chiloscyphus polyanthos (LINNAEUS) CORDA (incl. fo. *rivularis*)
Vielblütiges Lippenbecher-Lebermoos

Name: Zusammengesetzt aus griechisch cheilos = Mündung und skyphos = Kelch, wegen der gelappten Perianthmündung.
Erstbeschreibung: 1753 durch LINNAEUS.
Bau: Pflanzen oft einer *Plagiochila porelloides* habituell ähnlich, ± dunkelgrün, unregelmäßig gabelig verzweigt, 1 – 2 cm lang und unterschlächtig beblättert. Am Stängel kleine, 2-zipfelige Unterblätter. Blätter bis 2 mm lang, schräg ansitzend, gebogen (ähnlich *Plagiochila*), rechteckig, abgerundet (oder sehr schwach abgerundet 2-lappig: fo. **heterophylloides**). Pflanzen meist in flachen Decken bis zu dm-großer Ausdehnung. (Blattzellen nur um 35 µm groß). Einhäusig. Sporogone nicht selten. Kapsel eiförmig, Perianthien kelchförmig.
Vorkommen: In der Ebene (meist selten) zerstreut bis mittlere Gebirgslagen (in Bayern bis 1440 m).

Chiloscyphus polyanthos

Chiloscyphus pallescens

Ökologie: An sonnigen, wie schattigen, aber meist überspülten bis submersen, kalkfreien und oft basenarmen Standorten in Fließgewässern (fo. *rivularis*), im Uferbereich auch auf erdigem oder mineralischem Substrat, Wurzeln und Holz. Submers oder an besprühten Steinen (seltener Erde) in Bächen kalkarmer Gebiete. Oft neben *Scapania undulata*. Vor allem in den Silikatgebirgen ziemlich verbreitet bis häufig, in Kalkgebieten fehlend.
T 4, L x, F 9, R 5, K 6.
Ähnliche Arten (s. auch oben) haben nicht die Kombination Unterschlächtigkeit mit immer vorhandenen (aber nicht immer gut sichtbaren) 2-zipfeligen Unterblättern, so auch *Pedinophyllum*. Verwandte: Oft wird von der obigen Art noch ***Chiloscyphus pallescens*** (HOFFMANN) DUMORTIER (= *C. polyanthos* var. *pallescens*, incl. fo. *fragilis* und fo. *fontana*), das Bleiche Lippenbecher-Lebermoos, unterschieden. Neben den größeren Blattzellen (45 – 60 µm) unterscheidet es sich durch das Vorkommen von der Ebene bis ins höhere Gebirge (in Bayern bis 1600 m, in Nordtirol bis 1800 m), sowie die Ökologie: Sie wächst außer auf überspültem, kalk- oder basenreichem, mineralischem und erdigem Substrat in Fließgewässern auch auf lehmig-feuchten Böden von Auwäldern sowie zuweilen in Moortümpeln (var. *fontana* und *fragilis*). Habituell unterscheidet sie sich außerhalb der Moore durch die hellgrüne Farbe. – **T 3, L 5, F 8, R 7/2, K 6.**

Lophocolea bidentata (LINNAEUS) DUMORTIER (incl. L. *cuspidata*)
Zweizähniges Kammkelch-Lebermoos

(T. 22 a, b)
Name: Zusammengesetzt aus griechisch lophos = Hahnenkamm und koleos = Hülle, hier Perianth, weil dessen Mündung grob gezähnt ist.
Erstbeschreibung: 1753 durch LINNAEUS.
Bau: Bleich- bis hellgrün. Besonders getrocknet mit unangenehmem („± modrigem") „Lophocoleen"-Geruch (s. *L. heterophylla*). Meist zwischen kräftigeren Laubmoosen, als var. *rivularis* (= L. cuspidata) auch in bis über 10 cm breiten, dem Substrat anliegenden Decken. Stängel maximal 3 cm lang und bis 3(4) mm breit, ± durchscheinend. Blätter 2-zeilig, meist undeutlich unterschlächtig, alle immer fein 2-spitzig. Unterblätter 2-spitzig und mit 2 seitlichen Zähnchen. Zellnetz deutlich. Zweihäusig. Nie mit Brutkörpern. Perianthien nur bei der einhäusigen var. *rivularis*.
Vorkommen: Ebene bis mittlere Gebirgslagen (darüber selten und nur in der var. *rivularis* vertreten, in Bayern bis 1000 m und 1250 m). In Mitteleuropa sehr verbreitet.
Ökologie: Auf meist kalkarmem, aber nährstoffreicherem, feuchterem Substrat, in Parkrasen und an grasigen, oft lehmigen Böschungen besonders der Wege. Vorzüglich an menschlich beeinflussten Standorten. In luftfeuchter Lage auch schon epiphyll beobachtet. Oft zwischen großen Astmoosen, wie *Scleropodium* und *Rhytidiadelphus squarrosus*. (z. B. auch in Parks).
T 3, L 7, F 6, R 5, K 5.
Besonderes: Zur Demonstration des Typs der „beblätterten Lebermoose" wegen der Größe, den deutlichen Unterblättern, wie auch der relativen Häufigkeit sehr geeignet. Ein Schulbuchmoos!
Ähnliche Arten: bereits durch die zweizipflig-zweizähnigen Unterblätter von allen anderen ähnlichen Lebermoosen unterschieden. Nur die – allerdings kleineren – Jugendformen. von *L. heterophylla* können zu Verwechslungen führen. Var. ***rivularis*** (RADDI) SCHIFFNER wurde früher als eigene Art, (= L. cuspidata (NEES) LIMPRICHT) geführt. Sie ist hell- (nicht gelb-) grün und wächst in geschlossenen Rasen. We-

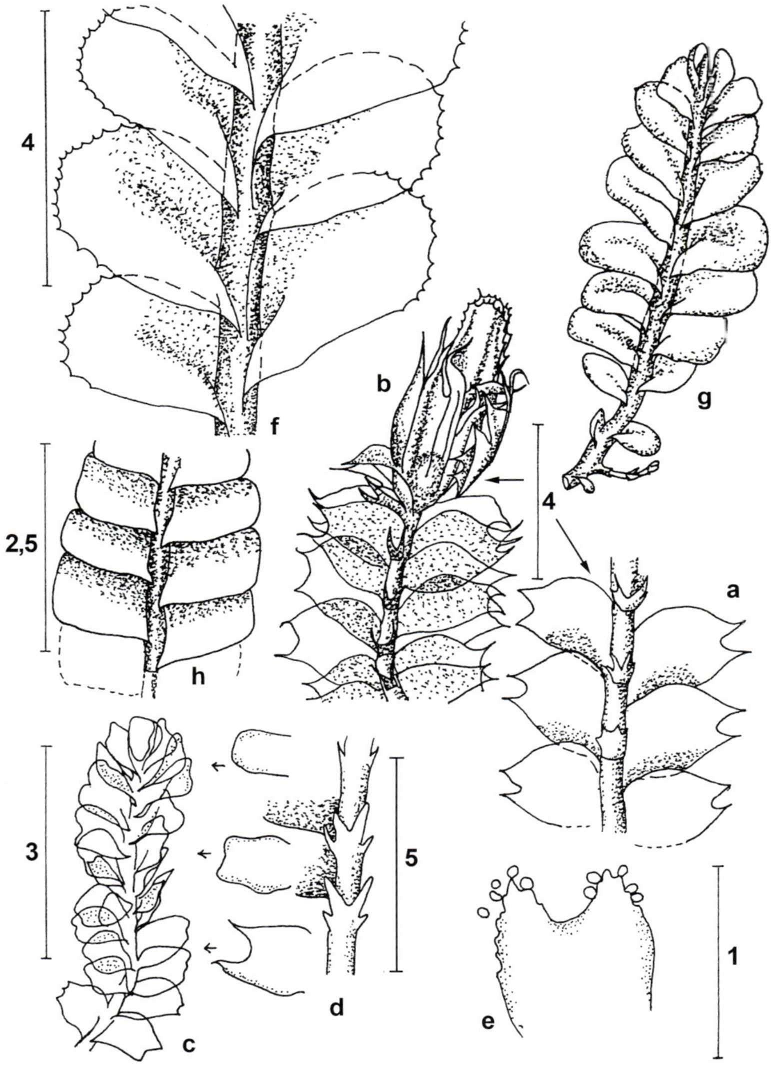

Tafel 22:* *Lophocolea bidentata: a. Stängelausschnitt, b. Stängelspitze mit Perianth. ***L. heterophylla:*** c. Habitus, d. Stängel von unten: Unterblätter und Blattformen. ***L. minor:*** e. Blatt mit Brutkörpern. ***Plagiochila asplenioides:*** f. beblätterter Stängelausschnitt. ***P. porelloides:*** g. Habitus. ***Pedinophyllum interruptum:*** h. Stängelausschnitt. (alle nach SHLYAKOV). Ventral gesehen sind a, b und d. Alle übrigen in dorsaler Sicht.

gen Zwittrigkeit trägt sie häufig Perianthien und Sporogone. Vorkommen: in den höheren Gebirgen noch bis 1750 m, maximal 2000 m. Ziemlich verbreitet vor allem in feuchten Fichtenforsten, besonders auf Rohhumus und auf vernässtem, morschem Holz.

Lophocolea bidentata

Lophocolea bidentata

Lophocolea heterophylla (SCHRADER) DUMORTIER
Verschiedenblättriges Kammkelch-Lebermoos

(T. 22 c, d)

Erstbeschreibung: Erst 1803 durch H. A. SCHRADER.

Bau: Hell- bis dunkler grün, mit charakteristischem „Lophocoleen"-Geruch (s. o.). Decken bis 10 cm und größer, dem Substrat anliegend. Stängel um 1 cm lang und etwa 2 mm breit. Blätter zweizeilig, unterschlächtig. Mit unscheinbaren Unterblättern. Jüngere Blätter der Stängelspitze abgerundet-viereckig, ältere zweizipfelig. In jungen Decken oft nur zweizipfelige Blätter. Zuweilen (besonders an Borke) mit randständigen, gelben Brutkörpern (ähnlich *L. minor* s. u.). Einhäusig. Perianthien häufig, um 2 mm hoch, aufrecht, oft auf den Decken dichte „Rasen" bildend. Im Frühjahr regelmäßig sporulierend. Die Seta glasklar, 1 – 3 mm lang und hinfällig. Kapsel kugelig, schwarz, 4-klappig aufspringend und dann eine Wolle aus Sporen und Elateren für die Windausbreitung ausschüttend.

Vorkommen: Ebene bis zur Baumgrenze (über 800 m selten, in Bayern bis 1380 m und in Niederösterreich noch bei 1600 m beobachtet). In Mitteleuropa streckenweise – besonders nahe der Städte und Industriegebiete und in Forsten – das häufigste beblätterte Lebermoos.

Ökologie: Auf meist beschattetem, trockenerem, morschem Holz und an Baumbasen sowie auch an Borke. Seltener an kalkfreiem Silikatgestein oder auf Erde. Wohl ein Beispiel für „chemische Kriegführung" unter Moosen. Ein inzwischen erforschter „Duftstoff", den das Moos aussendet, könnte eventuell konkurrierende Arten verdrängen. Dafür scheinen zumindest die oft ausgedehnten, reinen Rasen ohne Begleitarten zu sprechen.

Lophocolea heterophylla

T 3, L 4, F 4, R 3, K 5.
Besonderes: Zur Demonstration des Jungermanniales-Sporogons (sowie freier Elateren) am besten geeignet. Ohne Hinsehen am Geruch zu erkennen! Ein Schulbuchmoos.
Ähnliche Arten: Zweilappige Blättchen haben die immer kleineren, dafür aber an den Blattspitzen (!) oft durch Brutkörperhäufchen gekennzeichneten und unterblattlosen *Lophozia*-Arten. Die an den Blatträndern Brutkörper produzierende fo. ***propagulifera*** FELD (= fo. *gemmifera*) ist viel größer als die folgende Art. Sie wächst in Tieflagen an nährstoffarmer Borke und hat offensichtlich ein mehr atlantisches Verbreitungsgebiet. Möglicherweise dort nicht selten.

Lophocolea minor NEES
(= *Chiloscyphus minor* (NEES) ENGEL & SCHUSTER)
Kleines oder Brutkörper-Kammkelch-Lebermoos

(T. 22 e)
Erstbeschreibung: 1836 durch NEES VON ESENBECK
Bau: Immer stark „duftend", in meist wenige cm messenden Deckchen, viel kleiner (3 – 4 mm lang) und nie mit Perianthien. Die Blattränder durch reichliche Brutkörperbildung gewöhnlich wie zerfressen erscheinend.
Vorkommen: Ebene bis ins höhere Gebirge (in Bayern bis 1160 m, in den Zentralalpen bis 2100 m heraufsteigend).
Ökologie: Auf gewöhnlich feuchterem und beschattetem, mindestens basenreichem, meist kalkhaltigem Gestein (z. B. auf Lava), wie auch auf erdigem Substrat, an kalkführenden Mauern und in Überschwemmungsbereichen auch epiphytisch an Baumbasen.
T 3, L 6, F 5, R 8, K 7.
Ähnliche Arten: Habituell ähnlich, aber ohne den spezifischen „Lophocoleen-Duft, ist die brutkörperlose Mesoptychia *collaris (Nees) L. Söderström & Vana (= Lophozia c.)*, eine kalkstete Art.

Lophocolea minor

Plagiochilaceae

Plagiochila asplenioides (LINNAEUS) DUMORTIER
(= *P. major*)

Großes Schiefmund-Lebermoos

(T. 22 f)

Name: Zusammengesetzt aus plagios = schief und cheilos = Lippe, Rand. Die Perianthmündung ist schief.

Erstbeschreibung: 1753 durch LINNAEUS.

Bau: Frisch- bis dunkler grün. In üppigen bis über 20 cm breiten und bis über 5 cm tiefen Decken oder Hochrasen sowie zwischen großen Astmoosen. Pflanzen bis über 5 cm lang und ca. 1 cm breit, einem kleinen Streifenfarn (*Asplenium*, Name!) ähnelnd. Die asymmetrischen Seitenblätter sind charakteristisch quer eingebogen (und dadurch konvex), breit elliptisch, meist gezähnt, unterschlächtig. Keine (oder winzige) Unterblätter und ohne Brutkörper. Zweihäusig. Perianthien sehr selten, bis 1 cm groß, flachgedrückt. In allen Teilen zwar viel kleiner – aber noch bis 2 cm lang und etwas gezähnt – ist die fo. *minor* (= var. humilis).

Vorkommen: In der Ebene heute oft selten. Verbreitet bis häufig im Gebirge bis zur Baumgrenze (in Bayern angeblich noch bis 2350 m, nur in den Julischen Alpen noch bis 2050 m beobachtet). Wird über der Waldstufe vorwiegend von *P. porelloides* vertreten.

Ökologie: Auf meist beschattetem, frischem und humosem, basenreicherem, erdigem Substrat. Insbesondere am Boden und an Böschun-

Plagiochila asplenioides

... fo. humilis

... fo. major

Plagiochila porelloides

gen reicherer Laubwälder. Meist zusammen mit *Eurhynchium striatum* sowie oft mit *Thuidium tamariscinum* und *Rhodobryum roseum*. Bei stärkerer Luftverschmutzung sowie durch Grundwasserabsenkung örtlich im Rückgang.

T 4, L 4, F 6, R 6, K 5.

Besonderes: Stattlichstes der heimischen, beblätterten Lebermoose, an die prächtigen Verwandten der Tropen erinnernd, wo die Gattung mit über 1200 (!) Arten vertreten ist. Schulbuchmoos.

Ähnliche Arten: *Chiloscyphus* (aber mit Unterblättern!). Von der fo. *minor* der obigen Art sind gewisse Formen von ***Plagiochila porelloides*** TORREY, dem Kleinen Schiefmund-Lebermoos, nur durch folgende Merkmale zu unterscheiden. Dieses Moos ist durch Kleinheit – Stängel meist kaum 1 cm lang, – immer völlig ganzrandige Blättchen sowie die abweichende Ökologie unterschieden: nur an meist beschattetem, feuchtem oder mindestens luftfeuchtem, kalk- und basenreichem Gestein (selten an Borke oder gar auf Erde). – **T 3, L 6, F 5, R 7, K 5.** Vorkommen: in der Ebene oft selten, jedoch im Gebirge ein ziemlich häufiges, höher steigendes Moos (bis über 2000 m) als *P. asplenioides*. Im Gegensatz zu dieser Art mit wesentlich weiterem Areal und entsprechend größerer ökologischer Amplitude.

Pedinophyllum interruptum (NEES) KAALAS
Unterbrochenes Flachblatt-Lebermoos

(T. 22 h)

Name: Von griechisch pedinos = flach und phyllon = Blatt, weil die Blattfläche im Gegensatz zu *Plagiochila* flach ist.

Erstbeschreibung: 1833 durch NEES VON ESENBECK.

Bau: Oliv- oder braungrüne, niederliegende, um 1 cm lange, zweizeilig flachblättrige Pflan-

Pedinophyllum interruptum

zen. Seitenblätter nicht weit herablaufend, immer ganzrandig, elliptisch bis abgerundet-rechteckig und die Endblättchen zusammengeneigt (wie betende Hände, vgl. *Plagiochila porelloides*). Perianthien frei., aber selten.
Vorkommen: Gebirgsmoos (im Rheinland ab ca. 80 m), in Bayern bis 1960 m und sonst noch bis 2200 m. Im Kalkgebirge ziemlich verbreitet.
Ökologie: Auf schattig-feuchtem Kalk- und kalkhaltigem Gestein, besonders an Steilwänden in Hang- und Schluchtwäldern, wie auch in Höhlungen, auch auf Molasse, Dolomit u. ä., oft mit *Apometzgeria*, *Orthothecium intricatum* und *Plagiopus oederiana*.
T 3, L 3, F 6, R 9, K 4.

Radulaceae

Radula complanata (Linnaeus) Dumortier
Abgeflachtes Kratz-Lebermoos

(T. 23 a)
Name: Von lateinisch radula = Kratzeisen, wegen der flachgedrückten, an der Mündung etwas umgebogenen Perianthgestalt.
Erstbeschreibung: 1753 durch Linnaeus.
Bau: Hell- bis gelblichgrüne, etwas glänzende, dem Substrat angedrückte, um 1 cm lange und 2 mm breite Einzelpflanzen in bis handtellergroßen Decken, aus denen häufig die Perianthien herausragen. Blätter oberschlächtig, dicht schuppig anliegend, mit breit-ovalen Ober- und viel kleineren, gespitzten, trapezförmigen Unterlappen. Ohne Unterblätter! Öfter mit gelblichen, scheibenförmigen Brutkörpern (Wasserhaftverbreitung!), die die Blattränder wie angefressen erscheinen lassen. (Blattzellen mit großen Ölkörpern). Einhäusig. Meist mit dem blattartig abgeflachten, endständigen

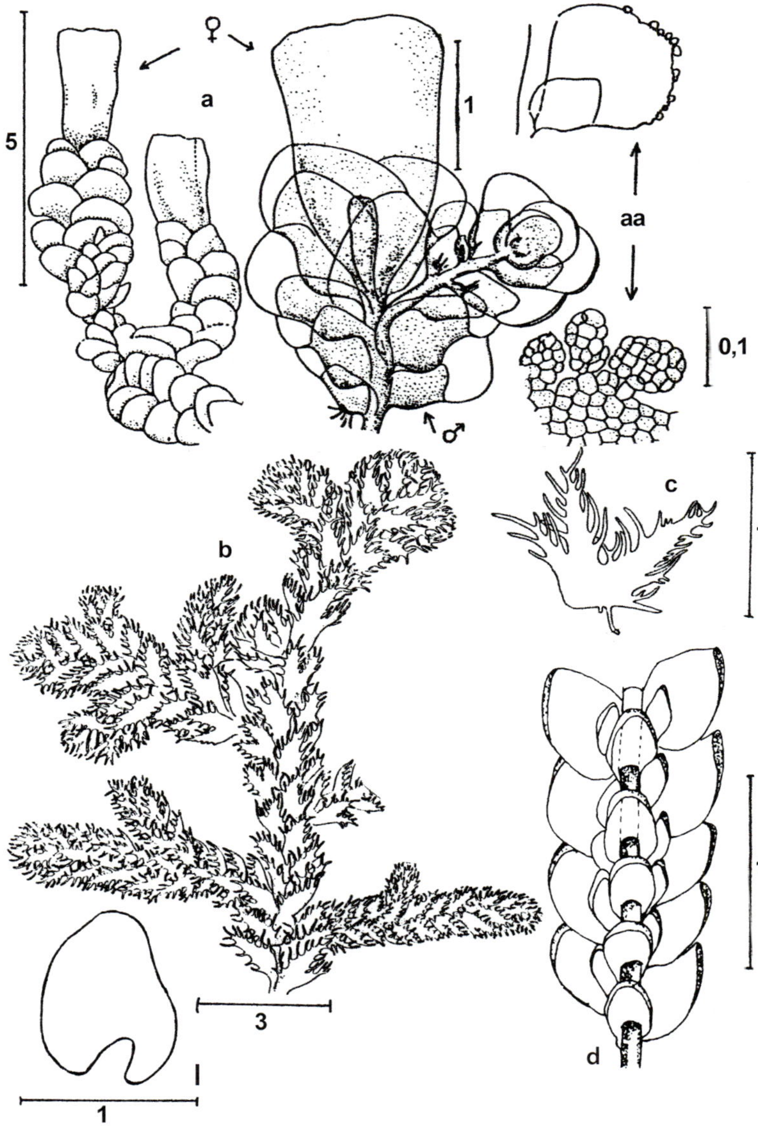

Tafel 23: ***Radula complanata:*** a. Habitus mit Perianth und Zweig nah mit Gametangien, vergr., aa. Blatt und Brutkörper vergr. ***Ptilidium ciliare:*** b. Stängel. ***P. pulcherrimum:*** c. Blatt. ***Porella platyphylla:*** d. Zweig von unten. e. Seitenblatt. (a. aus Shlyakov).

Hüllkelch und den direkt darunterstehenden, ausgesackten Hüllblättern der männlichen Geschlechtsorgane: parözisch.

Vorkommen: Ehemals allgemein von der Ebene bis zur Waldgrenze verbreitet. Nur im Hochgebirge selten (in Bayern bis 1700 m, in Nordtirol noch über 2350 m).

Ökologie: Relativ trockenheitsresistenter Epiphyt. Vor allem an Laubbäumen und nur in zu trockenen Lagen und über nährstoffarmem Untergrund selten. Heute nur noch in Süd- und Südwestdeutschland häufig, sonst in weiten Gebieten, besonders in der Ebene, durch Luftverschmutzung verschwunden oder nur noch an feuchteren, reicheren Felsen und Kalkmörtelmauern erhalten.

T 3, L 7, F 5, R 7, K 5.

Besonderes: Wie bei den folgenden Arten (vgl. besonders *Frullania dilatata*!) leben in den Unterlappennischen Kleinlebewesen. Die Pflanze enthält einen hellgelben, wasserlöslichen Farbstoff (ein Flavon).

Verwandte Arten: Unsere zweite Art, ***Radula lindenbergiana*** GOTTSCHE EX C. HARTMAN, ist ziemlich selten und auf das Bergland beschränkt. Sie produziert aus den Blattachseln schlanke, männliche Äste. Vorkommen: Gebirgsmoos, insbesondere der Kalkgebiete, unter 500 m selten, in Bayern bis 1960 m, sonst noch bis 2600 m. Ökologie: an auch beschatteten, feuchten bis nassen, basenreichen Silikatfelsen und oft an Laubholzborke in ausreichend luftfeuchter Lage. – **T 2, L 7, F 5, R 6, K 4.**

Ähnliche Arten: Die kleinere, aber sonst ähnliche *Lejeunea cavifolia* wächst an feuchteren Standorten und hat, ebenso wie die meist größere *Porella*, deutliche Unterblätter.

Radula complanata

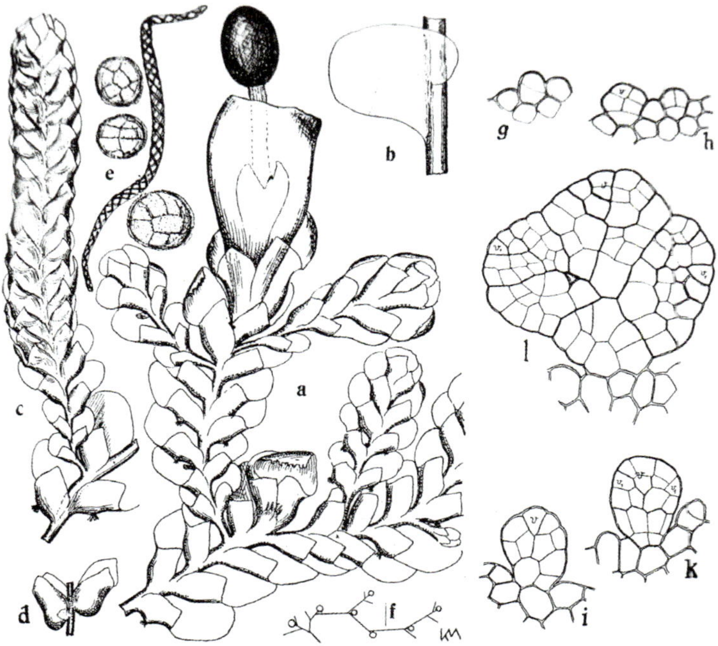

Radula lindenbergiana: a. Pflanze mit Sporogon, b. Blatt von der Oberseite, c. männliches Gametangium, d. Hüllblätter, e. Sporen und Elateren, f. Verzweigungsschema der männlichen Pflanze, g.-l. Bildung von Brutkörpern

Ptilidiaceae

Ptilidium ciliare (LINNAEUS) HAMPE
Großes oder Sand-Federchen-Lebermoos

(T. 23 b)

Name: Von griechisch Ptilidion = Federchen.

Erstbeschreibung: 1753 durch LINNAEUS.

Bau: Eines unserer schönsten Moose. Pflanzen in oft ausgedehnten, bis meterbreiten, flachen Decken. Fiederig verzweigt, meist braungrün bis kupferfarben, im Schatten reingrün, dichten, samtigen Federn gleichend. Zweige (ohne Fiedern) 2 mm breit. Die ganzen Fiederzweige sind 2 – 5 cm lang. Blättchen um 2 mm lang, 2-lappig (zu ca. 1/3 geteilt), oberschlächtig und am Rand dicht gewimpert (Wimpern basal oft 2 Zellen. breit, kürzer als die Lappen breit, diese 15 – 20 Zellen breit). Zweihäusig. Selten sporulierend.

Vorkommen: Ebene bis mittlere Gebirgslagen (über der Baumgrenze selten, in Bayern bis 1800 m, in Tirol bis 2240 m). In Mitteleuropa ziemlich verbreitet, aber im Rückgang.

Ökologie: Charakteristisches Bodenmoos der Heidevegetation von kargen Kiefernwäldern, insbesondere über Sanddünen. Gern auch auf

Ptilidium ciliare

Ptilidium pulcherrimum

Silikatgestein in Blockhalden. Kalkmeidend. Kaum auf morschem Holz oder gar Borke. Poikilohydrisch.

T 3, L 8, F 4, R 2, K 6.

Besonderes: H. BUCH berichtete 1922 „Über Kutikula bewohnende Mikroorganismen der Lebermoose". Er vermutete zusätzlichen Stickstoffgewinn durch stickstoffautotrophe Bakterien und hat dies detailliert bei dieser Art nachgewiesen. Zweifellos eine nützliche Anpassung an die oft außerordentlich mageren Standorte dieser Art, ebenso wie die Zerteilung der Blätter zur Tauaufnahme.

Weitere Arten: ***Ptilidium pulcherrimum*** (WEBER) VAINIO, das Zierliche Federchen-Lebermoos. Bau: in allen Teilen kleiner, und die Zweige sind (ohne Fiedern) kaum 1 mm breit. (Blätter tiefer und schmaler zweilappig. Lappen 4 – 10 Zellen breit, Wimpern bis Lappenbreite). An Borke oberflächlich auch *Frullania* ähnlich, aber mit gewimperten Blättern! Sporogone sind nicht selten. Vorkommen: von der Ebene bis zur Baumgrenze (darüber selten: in Bayern bis 1900 m, im Pitztal bis 1480 m, sonst noch bis 2000 m gefunden). Allgemein häufiger als *P. ciliare*. – Ökologie: Es wächst hauptsächlich an saurer Borke (besonders Birken, Eichen, Erlen) in luftfeuchter Lage, oft auch auf liegenden Baumstämmen, sowie an Silikatgestein, sehr selten auf Erde. – **T 3, L 7, F 5, R 2, K 6.**

Porellaceae

Porella platyphylla (LINNAEUS) LINDBERG

(= *Madotheca p.* = (Schiffner) C. Jensen)

Breitblättriges Kahlfrucht-Lebermoos

Name und **Erstbeschreibung:** 1741 durch DILLENIUS. Verkleinerungsform von griechisch porós = Durchgang (die Stängel wirken durch die Unterlappen der Seitenblätter von unten her wie durchlöchert).

Bau: Dunkelgrüne, meist 3 – 5 cm lange, ein- bis mehrfach gefiederte, flach anliegende, ± abstehende Zweige in oft ausgedehnten Decken. Ganze Zweige um 2 cm breit, Hauptstängel um 2 mm breit, feucht etwas gewölbt, trocken abgeflacht. Blätter oberschlächtig, 1 – 2 mm groß, Oberlappen (länglich-)oval, abgerundet, den Stängel umfassend, ganzrandig (Blattzellen der Blattmitte um 25 µm groß, mit schwachen Eckverdickungen). Von unten gesehen, anscheinend 5-reihig beblättert. Unterlappen schmaler als die Unterblätter, spitzlich-eiförmig, mit z. T. umgebogenem Rand. Unterblätter mit umgebogenem Rand, breit abgerundet, ganzrandig, 2 – 3 mal breiter als der Stängel, herablaufend. Ungeschlechtliche Vermehrung durch Brutblätter. Zweihäusig. Hüllkelche ziemlich selten.

Vorkommen: Ebene (selten, verschleppt?, in Bayern bis 1200 – 1500 m, in Steiermark angeblich bis 2000 m). Im Kalkgebirge ziemlich häufig, sonst zerstreut.

Ökologie: An relativ trockenen Standorten vor allem in den Kalkgebieten und im Bereich basenreicher Substrate häufig auf Gestein, an Mauern, Baumwurzeln und besonders auch an Laubholzborke (oft mit *Anomodon*-Arten und anderen basiphytischen Moosen). Das früher als *P. baueri* abgetrennte Taxon ist die üppigere Form feuchterer Standorte der Gebirge. Durch Luftverschmutzung außerhalb Süd- und Südwestdeutschlands in starkem Rückgang und besonders in den Ebenen oft schon ausgerottet.

T 3, L 5, F 4, R 7, K 5.

Besonderes: Eines unserer größten Lebermoose und ziemlich trockenresistent.

Ähnliche Arten: von *Frullania* durch die Größe und niemals sackförmige Unterlappen unterschieden. *Radula* ist gelbgrün, nicht fiederig verzweigt, und außerdem fehlen dort die Unterblätter. ***Porella cordaeana*** (HUEBENER) MOORE

(= *Madotheca rivularis*), das Bach-Kahlfrucht-Lebermoos, ist seltener und unterscheidet sich meist durch zierlicheren Wuchs, vor allem aber durch die herablaufenden Unterlappen, die nur wenig breiter sind als der Stängel. Vorkommen: ein gewöhnlich zerstreut verbreitetes Gebirgsmoos (in Bayern bis 1900 m, angeblich bis 2600 m), aber sehr selten in der Ebene. Ökologie: an basen- bis kalkreichem Gestein, an nassen Felsen und Ufern. Im subozeanischen Klima in luftfeuchter Lage jedoch sogar an Borke. Dies hat öfter dazu geführt, dass Vorkommen außerhalb der Gewässer häufig für *P. platyphylla* gehalten wurden und *P. cordaeana* vielerorts lange übersehen wurde. – **T 2, L 5, F 6, R 6, K 5.**

Porella platyphylla

Porella cordeana

Porella arboris-vitae (Withering) Grolle
(= ***Madotheca laevigata***)

Glattes Kahlfrucht- oder Pfeffer-Lebermoos

Bau: Trocken auffallend glänzend sowie weniger stark schrumpfend und von mehr regelmäßigem Wuchs. Unsere einzige *Porella* mit gezähnten Unterlappen. Wer noch unsicher ist, braucht nur ein Stückchen zu kauen: nur dieses Lebermoos schmeckt pfefferartig scharf und ist etwas giftig. Sporogone sind unbekannt.
Vorkommen: Eine fast reine Gebirgsart mit reliktischer Verbreitung unterer und mittlerer Lagen (ab ca. 160 m bis in Bayern 1400 m, in den Alpen angeblich noch bis 2000 m).
Ökologie: Sowohl an Kalk-, wie an basenreichem Grundgebirgsgestein in luftfeuchter, schattiger Lage. Selten an Borke, morschem Holz oder auf erdigem Substrat.
T 4, L 5, F 4, R 7, K 5.
Besonderes: Der scharf schmeckende Stoff ist derselbe, der im Wasserpfeffer (*Persicaria hydropiper*) vorkommt.

Porella arboris-vitae

Frullaniaceae

Frullania dilatata (Linnaeus) Dumortier

Breites Wassersack-Lebermoos (incl. fo. anomala)

Name: Durch den erfolgreichen italienischen Moosforscher Raddi zu Ehren von Leonardo Frullani, einem gebefreudigen Schatzmeister der Toskana, benannt.
Erstbeschreibung: 1753 durch Linnaeus.
Bau: Matte, braunrote bis schwärzliche oder (im Schatten) schmutzig-olivgrüne, dem Substrat meist dicht anliegende, oft geschlossene

Frullania dilatata

Decken von wenigen cm bis dm Größe. Zweige etwa 1 cm lang und unter 1 mm breit. Blätter oberschlächtig, oval, etwas hohl, ganzrandig und abgerundet, mit mindestens einem halb so großen, helmförmigen (d. h. kaum längeren als breiten), kurz gestielten Unterlappen. An trockenen Standorten sind die Unterlappen zuweilen evolut, d. h. flach: fo. **anomala** CORBIERE. Unterblätter wenig breiter als der Stängel, 2-lappig. Außenrand mit je einem Zahn, flach. (Mikroskop: Blattzellen mit deutlichen Eckverdickungen). Perianthien durch Brutkörper unregelmäßig warzig. Zweihäusig, aber oft männliche und weibliche Rasen nebeneinander. Perianthien an den weiblichen Rasen immer vorhanden und so zumindest vegetative Vermehrung garantiert. Die vollreifen Kapseln springen bei trockenem Wetter auf und „schaufeln" dabei die Sporen mit Hilfe der an den Klappenspitzen sitzenden Elaterenbüschel heraus.

Vorkommen: Zumindest ehemals ursprünglich in ganz Europa weit verbreitet, von der Ebene bis ins höhere Gebirge (in Süddeutschland – wenn auch selten – bis über die Waldgrenze, bis 1800 m aufsteigend, nach K. MUELLER in den Alpen noch bei 2300 m am Arollo-Pass).

Ökologie: In Gebieten reicherer oder kalkhaltiger Böden in lichter bis sonniger, besonders in luftfeuchter oder nebelhäufiger Lage an Feld-, Straßen-, Ufer- und Waldbäumen. Vorwiegend an Laubhölzern mit reicherer, mindestens neutraler Borke (so z. B. an *Acer*, *Fraxinus* und *Malus*). An Nadelholz meist nur selten. Auch auf basenreicherem, mineralischem Substrat an Silikatgestein, aber selten auf Kalk und sehr selten auf Erde. Vor allem zusammen mit den ebenfalls poikilohydren *Orthotrichum*-Arten. Da auch poikilohydre Arten zumindest regelmäßiger Taufeuchte bedürfen, überstehen auch sie kaum echte längere Trockenzeiten. Bis vor wenigen Jahren durch Luftverschmutzung in weiten Teilen der Ebene sowie in Mittel- und Westdeutschland z. T. völlig ausgerottet. Durch Verbesserung der Filteranlagen der Kohlekraftwerke usw. inzwischen wieder in Ausbreitung.

Reichere Vorkommen zeigen – zumindest bei Vorkommen an Borke – jedenfalls relativ hohe Luftreinheit an. Ursache scheint auch bei diesem basenliebenden Moos die durch den „sauren Regen" bewirkte Auswaschung der Mineralien, besonders des Kalkes, aus den oberen Substratschichten zu sein. Nährstoffreichere Borke wird bevorzugt. Zweifellos eine schwach hemerophile Art, denn vor Einführung der Steinkohleheizung wurde sie sogar öfter an Bäumen im Inneren der Städte und in wenig belasteten Gebieten an jedem Straßenbaum (besonders Ahornen und Eschen) beobachtet.
T 3, L 8, F 4, R 6, K 5.

Besonderes: Wegen ihrer leichten Kenntlichkeit und ursprünglich sehr weiter Verbreitung sehr gut geeignet als Bioindikator zur Emmissionskartierung.

Dadurch, dass *Frullania* in Südeuropa noch ein sehr häufiger Borkenbesiedler ist, kann sie z. B. bei der Olivenernte zu einer Hautallergie (Dermatitis) führen. In Japan versucht man, aus *Frullania*-Material ein Mittel gegen Krebs zu entwickeln (ASAKAWA, mündlich).

Bemerkenswert ist die offensichtliche Symbiose mit Infusorien. Enzystierte Rädertierchen (z. B. *Callidina symbiotica*) überdauern in den Wassersäcken die Trockenperioden. In aufgeweichten Pflanzen erwachen die Tierchen langsam wieder zum Leben. Sie strecken die Räderarme hinaus und strudeln Bakterien u. ä. in sich hinein. Ihre Exkremente düngen das Moos und fördern so sicher das Fortleben am relativ armen Epiphytenstandort. Vielleicht konnte sich deshalb gerade *Frullania* mit fast 1000, heute meist in den Tropen verbreiteten Arten zu einer der artenreichsten Lebermoosgattungen entwickeln. Fossil findet sich die Gattung schon im tertiären, vor Millionen Jahren entstandenen Bernstein.

Ähnliche Arten: ***Frullania jackii*** GOTTSCHE, Jack's Wassersack-Lebermoos. Bau: Die Art ist sofort an den fast kreisförmigen Unterblättern zu erkennen. Es sind aus Europa weder Sporogone noch Brutkörper bekannt. Vorkommen: Diese seltene Art ist ein reines Gebirgs- und Reliktmoos. Selten schon bei 500 m, öfter erst ab 1000 m. Obergrenzen in Bayern bei 1300 m, in

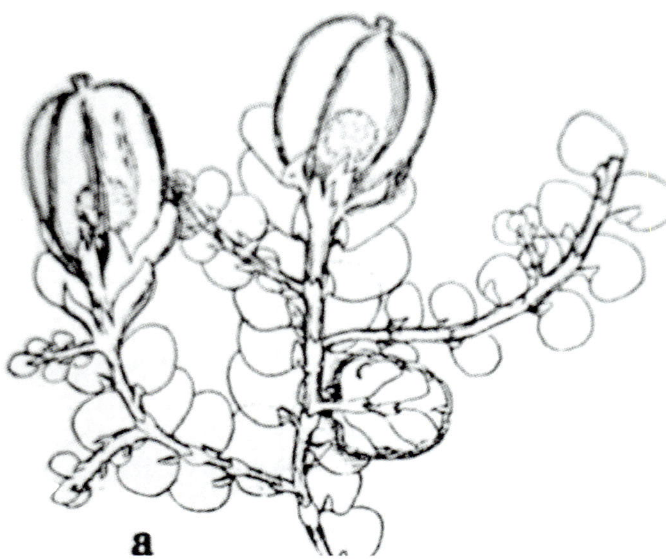

Frullania inflata: a. Pflanze mit Perianthien

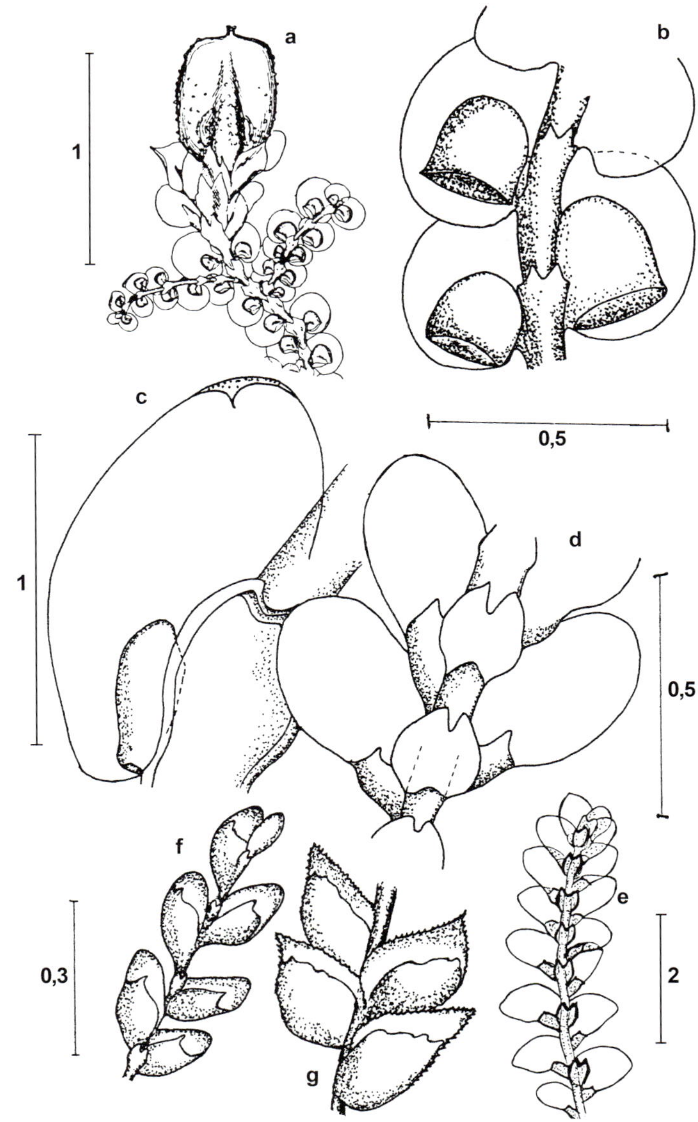

Tafel 24: Frullania dilatata: a. Zweig mit Perianth, b. Zweig nah. ***F. tamarisci:*** c. Seitenblatt mit Wassersack und Unterblatt. ***Lejeunea cavifolia:*** Zweig nah, e. Habitus. ***Microlejeunea ulicina:*** f. Stängel. ***Cololejeunea calcarea:*** g. Zweig. Alle ventral, d.h. von unten gesehen.

Tirol noch bis 2400 m. Nur in den Alpen ziemlich verbreitet. Ökologie: auf schattigen, reicheren Silikatfelsen in luftfeuchter Lage, zerstreut auf Kalk- oder kalkhaltigem Gestein, dazu auch an glatter Borke. – **T 4, L 7, F 4, R 6, K 7.** Neben dieser Art gehört die folgende zur gleichen Gruppe: ***Frullania inflata*** GOTTSCHE, das Aufgeblasene Wassersack-Lebermoos, das erstmals 1845 beschrieben wurde. Bau: ohne Wassersäcke (Unterlappen „evolut"). Zwittrig. Perianthien glatt, aufgeblasen (inflat). Vorkommen: eine europäisch-nordamerikanische Art. Bei uns ein alpisches Relikt, bzw. eine submediterrane Gebirgsart der Südalpen, die nur um Meran sowie bei Znaim in Mähren bekannt ist. Ökologie: Sie wächst auf sonnig-trockenem, seltener beschattetem, basenreichem, aber wohl kalkarmem Silikatgestein, auch in Weinbergen auf Schichtmauern. – **T 8, L 7, F 4, R 4, K 7.**

Frullania tamarisci (LINNAEUS) DUMORTIER subsp. ***tamarisci***
Tamarisken-Wassersack-Lebermoos

Erstbeschreibung 1753 durch LINNAEUS.
Bau: Decken meist braunrot und trocken deutlich glänzend, wenige cm bis 0,5 m Breite und bis 10 cm Tiefe erreichend. Auch die Zweige häufig viel größer, oft über 2 cm lang und gut entwickelt sehr regelmäßig gefiedert. Es hat längliche, etwa doppelt so lange wie breite Wassersäckchen und kurz bespitzte Seitenblätter (mit dunkelbraunen Ozellenreihen). Die ziemlich seltenen Perianthien sind glatt!

Frullania tamarisci

Frullania tamarisci

Frullania fragilifolia

Vorkommen: Ebene selten. Im Gebirge öfter ziemlich verbreitet (in höheren Lagen selten: in Bayern bis 1755 m, in den Zentralalpen vereinzelt bis 2500 m).
Ökologie: Auf trockeneren, kalkarmen, aber basenreicheren Standorten in luftfeuchter oder nebelhäufiger Lage, auf Silikatgestein, auch auf Humus bzw. Moosen über Kalkgestein und an Borke. Öfter in Blockhalden. Die an sonnigeren Plätzen (wie auch bei anderen Frullanien) entwickelte braunrote Färbung kann, wie die trocken glänzende Oberfläche (Reflexion!), als Lichtschutz für das empfindliche Chlorophyll gedeutet werden. Empfindlich gegen Luftverschmutzung.
T 3, L 7, F 4, R 5, K 4.

Ähnliche Arten haben keine bespitzten Seitenblätter, so ***Frullania fragilifolia*** (TAYLOR) GOTTSCHE, das Bruchblättrige Wassersack-Lebermoos. Bau: ähnelt kleinen Formen von *F. tamarisci*, ist aber (wegen der abbrechenden Blätter) an den oft unten nackten, älteren Zweigen auch im Gelände zu erkennen. Vorkommen: Ebene selten, bis mittlere Gebirgslagen zerstreut (in Bayern bis 1250 m). Den Kalkgebieten meist fehlend. Ökologie: an kalkfreien Felsen und Borke, aber noch mehr an höhere Luftfeuchtigkeit angepasst. – **T 4, L 7, F 5, R 4, K 4.**
Frullania microphylla (GOTTSCHE) PEARSON. Diese ebenfalls sehr zierliche, nur atlantisch verbreitete (bei uns bruchblattlose) Art wurde nur früher einmal in der Eifel gefunden.

Lejeuneaceae

Lejeunea cavifolia (EHRHART) LINDBERG var. *cavifolia* (incl. var. *loitlesbergeri* SCHIFFNER)
Hohlblättriges Lappen-Lebermoos

Lejeunea cavifolia

(T. 24 d, e)
Name: Zu Ehren des belgischen Arztes und Botanikers LUDWIG S. LEJEUNE (1779 – 1858).
Erstbeschreibung: 1780 durch F. EHRHART.
Bau: Matt gelb- oder mindestens hellgrüne, kleine, ein bis wenige cm breite, dem Substrat anliegende Decken aus um nur 0,5 mm breiten und 3 – 5 mm langen Zweigen. Blätter oberschlächtig, mit wenig hohlem bis flachem, breitelliptischem Oberlappen und angewachsenem, etwas bauchigem, taschenförmigem Unterlappen. (Mikroskop: Ölkörper sehr klein, zu 30 – 70 je Zelle, bald nach Trocknung zerstört). Unterblätter 2-lappig, breit eiförmig bis fast kreisrund, bis 3 mal so breit wie der Stängel. Einhäusig. Häufig mit den eiförmigen Perianthien (mit 5 breiten Flügelfalten).
Vorkommen: Ebene selten. Zerstreut bis zur Baumgrenze (in Bayern noch selten bis 1780 m, am Ortler in Südttirol nach K. MUELLER noch bis 2500 m, die var. *loitlesbergeri* nur in wärmeren Tieflagen).
Ökologie: Auf meist beschattetem, dauerfeuchtem bis nassem, zumindest basen-, oft kalkhaltigem Substrat, auf Silikat-, seltener auch Kalkgestein (hier über anderen Moosen). In luftfeuchter Lage an Borke. In Bachnähe, in Schluchten und nahe Wasserfällen. Durch Luftverschmutzung und wohl noch mehr durch Entwässerung oft im Rückgang.
T 3, L 5, F 6, R 6, K 4.
Besonderes: In den „Wassertaschen“ ebenfalls häufig symbiotisch lebende Rädertierchen und ähnliche Einzeller. Hauptverbreitung der Lejeuneaceen in den Tropen, in Europa vor allem im milden, ozeanischen Klima. Arten-und gattungsreichste Gruppe der beblätterten Lebermoose.
Ähnliche Arten: *Frullania* und *Radula* (vgl. dort). Unsere zweite Art, ***Lejeunea lamacerina*** (STEPHANI) SCHIFFNER, kommt sehr selten und nur im Schwarzwald vor.

Microlejeunea ulicina (TAYOR) EVANS subsp. *ulicina*
(= *Lejeunea ul.* subsp. *ulicina*)
Zwerg-Lappen-Lebermoos

(T. 24 f)
Name: Aus griechisch mikros = klein, winzig und *Lejeunea*, eine winzige Variante dieser Gattung.
Bau: Neben *Cephaloziella* und *Cololejeunea* eines unserer kleinsten Lebermoose. Einer winzigen *Lejeunea cavifolia* ähnelnd, aber durch die nur um 1 mm langen und 0,2 mm breiten, perlschnurartigen Stängel gut unterschieden. An den Substraten oft erst beim Absuchen mit der Lupe aufzufinden (Mikroskopisch: gegenüber folgenden Art mit Unterblättern und glatten Zellen). Von dieser Art sind weder Sporogone noch Brutkörper bekannt und darum als ein echtes Relikt zu betrachten! Ausbreitung wohl als ganze Pflanze, d. h. abgerissen, durch Tiere oder auch vom Wind verbreitet.
Vorkommen: Im ozeanisch getönten Klima West- und Süddeutschlands und dort stellenweise nicht rar. Ebene bis mittlere Gebirgslagen (meist unter 800 m, in Süddeutschland vereinzelt bis 1000 m).
Ökologie: An glatter Borke, besonders von Buchen, Erlen und Tannen, insbesondere in der Nähe von Bachufern an luftfeuchten Waldstandorten. Sehr selten auch auf bemoosten Felsblöcken. Oft über anderen Moosen, z. B. *Lophocolea heterophylla* oder *Dicranum montanum*. Öfter mit *Metzgeria fruticulosa* agg. Durch Luftverschmutzung an der Nordgrenze der Verbreitung (im Kölner Raum und Westfalen) anscheinend verschwunden.
T 5, L 5, F 5, R 3, K 3.
Ähnliche Arten: bei uns lediglich oberflächlich mit an Borke wachsender *Cephaloziella* oder Kümmerformen von *Lepidozia* zu verwechseln.

Microlejeunea ulicina

Cololejeunea calcarea (Libert) Schiffner
Echtes Kalk-Lebermoos

(T. 24 g)

Name: Zusammengesetzt aus griechisch kolos = verstümmelt und *Lejeunea*, wegen der fehlenden Unterblätter.

Erstbeschreibung: Dieser Winzling wurde durch die scharfäugige Belgierin Libert (1782 – 1865), der ersten Bryologin, im Warchetal entdeckt.

Bau: Hellgrüne, krustige, eher einer Alge oder Krustenflechte ähnelnde Bestände aus 1 – 2 mm langen Stängelchen. Im Gegensatz zu *Lejeunea* sind die Blättchen spitz (gute Lupe!) und Unterblätter fehlen (nur im Mikroskop zu sehen!). Unsere einzige Lebermoosgattung mit grobmamillöser Oberfläche. Die Wasersäcke sind jedoch ganz glatt (!). Die sackförmigen Perianthien und auch Sporogone sind häufig.

Vorkommen: In Westdeutschland selten auch in der Hügelstufe. In den Kalkgebirgen und insbesonders in den Alpen nicht selten – falls man es denn nicht übersieht! In Bayern bis 1600 m und in geschützter Lage z. B. in Kärnten noch bis 1900 m.

Ökologie: In feuchteren, schattigen Lagen, meist in Schluchten und Hangwäldern, z. B. mit *Phyllitis* und *Lunaria rediviva*, sowie seltener auch epiphytisch und auf Mauern. Es findet sich dort an dauerfeuchten, seltener überrieselten Felsen (auch kalkhaltigem Silikatgestein) und gewöhnlich epibryisch auf Laubmoosen, besonders *Thamnobryum* und *Neckera crispa*. Geeignete Standorte am besten mit der Lupe absuchen! **T 3, L 4, F 7, R 9, K 4.**

Verwandte Arten: **Cololejeunea rosettiana** (SMITH) SPRUCE – Rosetti's Kalk-Lebermoos. Diese mehr wärmeliebende Art kommt bei uns auch etwa im Verbreitungsgebiet der vorigen Art, aber viel seltener vor. (Nur mikroskopisch zu unterscheiden: hier sind die am Rand gezähnelten Unterlappen auch mamillös (Mamillen von oben als Punkte sichtbar!)). – **T 6, L 4, F 6, R 9, K 5.** Weitere Lejeuneaceen kommen – als bryologische Kostbarkeiten der atlantischen Bereiche – in Mitteleuropa nur außerhalb Deutschlands vor.

Cololejeunea calcarea

Laubmoose

Klasse BRYATAE (= BRYOPSIDA = Musci)

Sphagnaceae

Sphagnum – Bleich- oder Torfmoos

(T. 25 I etc.)

Name: Griechisch sphágnos ist nach Genaust sowohl bei Theophrast, wie bei Dioskorides ein herabhängendes Baummoos, also eher eine Flechte. Lateinisch sphagnos ist nach Plinius Secundus „eine wohlriechende Sippe der Moose". In den Kräuterbüchern wird *Sphagnum palustre* (als *Muscus terrestris vulgaris*) erstmals bei Lobelius (1576) mit einem guten Bild dargestellt. Wohl die erste akzeptable Abbildung eines Laubmooses. Wissenschaftlicher **Erstnachweis** der Gattung in Dillenius (1741), der erstmals ein Moos namens *Sphagnum palustre molle deflexum, squamis cymbiformibus* aus der Flora von Gießen beschreibt, dazu allerdings auch noch ganz andere Laubmoose zu *Sphagnum* stellt. Also eine altbekannte (weil nützliche, s. u.), leicht kenntliche Gattung. Außer dem Weißmoos (*Leucobryum*) gibt es bei uns kein Moos, das neben chlorophyllhaltigen (sogenannten Grünzellen) leere, mit durchlöcherten Wänden versehene, durchsichtige, größere Wasserzellen besitzt. Lufttrockene *Sphagnen* können mit Hilfe ihrer Wasserzellen das 15 – 30fache ihres Trockengewichtes an Wasser aufnehmen. Dadurch, dass es nur langsam wieder abgegeben wird, verbessert sich der Wasserhaushalt der Landschaft! Die Grünzellen bilden ein, bei der *Sphagnum palustre*-Verwandtschaft mit der Lupe sichtbares Netzwerk, in dessen Maschen je eine Wasserzelle sitzt. (Bei *Leucobryum* gibt es kein Netzwerk. Das habituell ähnliche *S. compactum* unterscheidet sich durch kurzästige Stängel und nervlose Blätter). Ökologisch besonders bemerkenswert ist die Fähigkeit, Mineral-Ionen selbst bei geringstem Vorhandensein aus der Nährsalzlösung zu entnehmen. Dies geht über „Wasserstoff-Ionen-Austausch". Das Moos liefert H-Ionen und erhält dafür Metallionen. Natürlich führt das zur weiteren Versauerung der Gewässer. Umgekehrt kann man auf diese Weise natürliches Wasser in nahezu steriles Wasser überführen.

Bei *Sphagnum* endet der mit büscheligen Seitenästen beastete, im lebenden Teil meist über 5 cm lange Stängel in einem, dem Edelweiß (*Leontopodium*) ähnlichen „Köpfchen". Dieses wiederum besteht aus einer Rosette sich gegen die Mitte meist verkürzender und schließlich im Zentrum knospenförmiger Ästchen. Alle Arten haben eine ausgezeichnete „äußere Wasserleitung" durch eine porenreiche Stängelrinde oder (so bei Section *Sphagnum*) besondere „Flaschenzellen". Torfmoose können vielfarbig (grün, gelbgrün, braun, rot oder rotviolett) sein. Trocken werden die grünen Arten (wegen der jetzt luftgefüllten Wasserzellen!) bleich.

Die einem kurzen (zum Gametophyten gehörigen) Stielchen, dem „Pseudopodium", aufsitzenden kugeligen bis kugelig-elliptischen Kapseln entspringen zu mehreren dem „Köpfchen". Der uhrglasartige Deckel wird bei Erwärmung explosionsartig abgesprengt und die Sporen werden mindestens 10 cm hoch herausgeschleudert. Ein Peristom fehlt. Die entleerte Kapsel ist länglich. Torfmoose bewohnen nur kalkfreie Feuchtstandorte!

Der **Nutzen** der Torfmoose ist vielfältig. Wegen der Saugfähigkeit und des Gehaltes an Antibiotika waren sie in den nordischen Ländern allgemein als Babywindeln beliebt. Im 1. Weltkrieg wurden, weil Baumwolle knapp war, Millionen Wundtampons mit *Sphagnum* gefüllt. Sie waren besser als die üblichen Tampons. Die Ritzen von Holzbauten verstopfte

man mit Torfmoos. Aus *Sphagnum* entsteht der Torf, früher ein wichtiges Brennmaterial. Heute leider auch für Düngetorf sowie für Isolierplatten u. ä. verwandt. Umweltbewusste Bürger sollten keinen Düngetorf kaufen. Sie würden zur weiteren Vernichtung der Moore beitragen und von einer Anwendung im Garten ist (außer bei *Ericaceen*) wegen der zusätzlichen Versauerung des Bodens ohnehin abzuraten. Als Ersatz bieten sich umweltfreundlicher Rindenmulch und hauseigene Kompostierung an. Durch den Abbau großer Moorgebiete und deren Entwässerung wurde der Wasserhaushalt ganzer Landschaften entscheidend verändert. Hoch- und Niedrigwasserstände häufen sich!
Alle Torfmoose sind durch das Washingtoner Artenschutzabkommen voll geschützt, weshalb auch ihre Einfuhr in die Bundesrepublik verboten ist.
Die mitteleuropäischen *Sphagnen* lassen sich in sechs Sektionen einteilen, die habituell meist gut zu unterscheiden sind:

1. Sektion **Sphagnum** (= Palustria) (T. 25 a – d, g, 26 a, b)
Astblätter ± oval (1 – 2 mm breit), hohl, stumpf(-kappenförmig). Stammblätter groß, Pflanzen verschiedenfarbig. Stämmchen dunkel, von einer leicht abschabbaren, grauen Rindenschicht bedeckt. Pflanzen kräftig, alle Arten 2-häusig.

2. Sect. **Rigida** (= Compacta) (T. 26 d)
Astblätter ähnlich denen von Sektion 1, aber mit schmaler Spitze und Stammblätter sehr klein, Äste sehr dick, kurz, dicht stehend, kein „Edelweiß"-Habitus! Durch dichten, aber flachen Polsterwuchs *Leucobryum*-ähnlich. Endknospe fehlend. Stämmchen braun. Pflanzen nie weinrot. Besonders in Feuchtheiden.

3. Sektion **Subsecunda** (T. 26 e – g)
Schopfäste und Astblätter sind häufig etwas einseitswendig. Astblätter relativ breit, breitspitzig, hohl. Pflanzen mittelgroß, aber oft viel zierlicher als bei Sektion *Sphagnum*. Nie weinrot, aber oft typisch gelbrot. Nasse Wälder und Wiesen, Flachmoore.

4. Sektion **Squarrosa** (T. 25 f, 26 h, i)
Grün, im Licht braun. Schopfäste ± gerade, herabhängende Äste dem Stängel anliegend. Endknospe groß, zwiebelförmig. Astblätter aus breiter Basis schmalspitzig, Spitze bei Schattenformen plötzlich nach außen gebogen. Pflanzen trocken ± glänzend (z. B. gegenüber sparrig-blättrigem *S. palustre*). Nasse Wälder, Nasswiesen.

5. Sektion **Acutifolia** (T. 25 a, b, 26 j – n)
Stämmchen und Blätter oft mit rotem Anthocyan. Schopfäste meist gerade, zugespitzt. Je Seitenast-Büschel meist 3(– 4) Äste. Astblätter lanzettlich, höchstens 2 mm lang, trocken meist gerade vorwärts gerichtet, meist zierlicher als bei Sektion 3. Öfter einhäusig.

6. Sektion **Cuspidata** (T. 25 h – k, 26 o, p)
Bleiche bis höchstens braune, nie rote Arten, Stamm selten braun. Endknospen meist unscheinbar. Meist 3 – 5 Äste im Büschel. Astblätter meist schmal-lanzettlich und zugespitzt (bei Wasserformen auch über 2 mm lang, lineal-lanzettlich). Bei einigen häufigen Arten trocken glänzend und unregelmäßig querwellig (E. Sauer, persönliche Mitteilung). Vor allem in nassen Mooren.

Literatur: Einen empfehlenswerten, makroskopischen Bestimmungsschlüssel speziell der mitteleuropäischen Torfmoose – dem wir hier folgen – hat Gerhard Ludwig (2. Aufl. Bonn 1982) zusammengestellt.

Sphagnum palustre LINNAEUS.

(= *S. cymbifolium*)

Sumpf-Bleichmoos

(T. 25 a, c, g)

Name: Erklärung siehe oben.

Erstbeschreibung: Die wissenschaftlich voll anerkannte Erstbeschreibung bei LINNÉ (1753) sowie schon durch DILLENIUS (1741) bzw. noch früher eine erste gute Abbildung bei LOBELIUS (1576) unter dem Namen *Muscus terrestris palustris*.

Bau: Sektion *Sphagnum*. Feucht hellgrün bis gelbbraun gescheckt, trocken matt-bläulichgrün. Äste relativ kurz und ± zugespitzt bis stumpflich. (Grünzellen in Aufsicht nur an den Blattunterseiten sichtbar, im Querschnitt schmal dreieckig: T. 25 c). Stängelblätter ca. 2 mm lang. Die fo. *squarrosula* wird gern mit (dem trocken glänzenden) *S. squarrosum* verwechselt (s. dort).

Verbreitung: Meist die häufigste Art. Ebene bis Baumgrenze (aber ab 800 m meist selten, bis 1820 m (angeblich bis 2200 m) und aus Osttirol noch bis 2150 m notiert).

Ökologie: Auf sonnigem bis schattigem, mindestens dauerfeuchtem, kalkfreiem, nährstoffärmerem Torf und Rohhumus in Sumpfwiesen und vernässten Wäldern und Forsten, an Moor- und Grabenrändern, seltener in Mooren.

T 4, L 7, F 6, R 2, K 5.

Besonderes: Schulbuchmoos. Wegen der Häufigkeit und relativen Großblättrigkeit besonders für Praktika geeignet (für Wasserspeicherungsversuche immer wieder verwendbar).

Ähnliche Arten: Ausschließlich in oligotrophen Mooren wächst ***Sphagnum magellanicum*** BRIDEL (= S. medium), das Mittlere Bleichmoos (T. 26 b). Bau: Es unterscheidet sich an sonnigen Standorten durch die charakteristische rotviolette Färbung der Membran durch Sphagnorubin. (Grünzellen von den Wasserzellen beidsei-

Sphagnum palustre

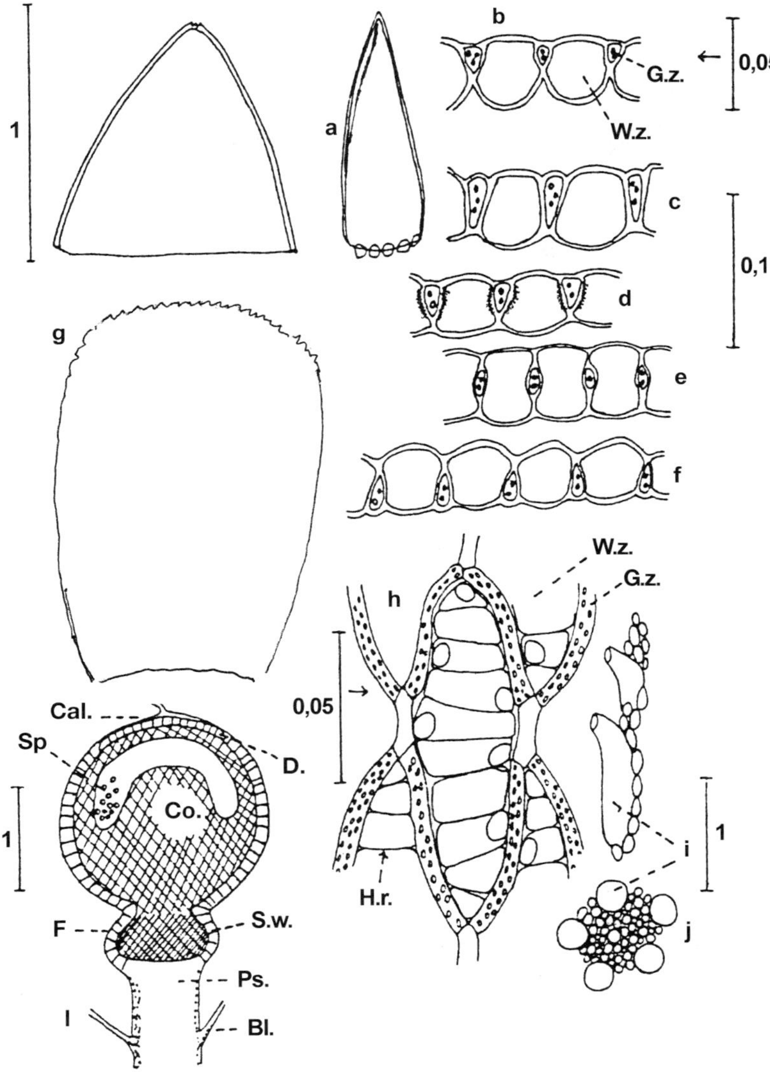

Tafel 25: ***Sphagnum capillifolium:*** a. Stängel- und Astblatt. b. Blatt quer (G.z. = Grünzellen, W.z. = Wasserzellen). ***S. palustre:*** c. Blatt quer, g. Blatt. ***S. papillosum:*** d. Blatt quer. ***S. magellanicum:*** e. dsgl. ***S. squarrosum:*** f. dsgl. ***S. cuspidatum:*** h. Zellen, i.: Retortenzellen, j. Stängel quer, k. Blatt quer. ***S. spec.:*** l. Sporogon, Längsschnitt (Cal.: calyptra, D.: Deckel, Sp. Sporensack, Co.: Columella, F.: Sporogonfuß, S.w. Sporogonwand, Ps.: Pseudopodium (nach Parihar). Bl. Blattansatz.

Sphagnum magellanicum

tig eingeschlossen: T. 25 e.) Stängelblätter ca. 2 mm lang. Verbreitung: Es hat eine vorwiegend nordische Verbreitung, Ebene bis Gebirge (aber in der subalpinen Stufe selten, in Süddeutschland bis 1100 und 1700 m sowie in Nordtirol bis 1350 und 2050 m, in Osttirol angeblich bis 2500 – 3100 m (unwahrscheinlich)). Ökologie: Hochmoor-Bultmoos! Auf gewöhnlich sonnigem, auch weniger nassem, kalkfreiem Torf, insbesondere auf Bulten in Hoch- und Zwischenmooren. Kennart des Sphagnetum medii. – **T 3, L 9, F 6, R 1, K 6.**

Sphagnum papillosum LINDBERG
Warziges Bleichmoos

(T. 26 a)

Erstbeschreibung: Bei C. J. LINDBERG in SCHIMPER (1872) nach Belegen von *S. immersum* BREUTEL (leg. 1832 in der Wetterau).

Bau: Sektion *Sphagnum*. Zweige meist blassgelblich bis braun. Gipfeläste auffallend kurz und stumpf, mit dicht anliegenden Blättern. (Die Außenwände der Wasserzellen sind papillös: mikroskopisch bereits in der Blatt-Aufsicht zu erkennen: T. 25 d). Stängelblätter ca. 2 mm lang.

Verbreitung: Tieflagenart mit westlicher Verbreitung, selten bis in mittlere Gebirgslagen (in Bayern bis 1600 m, in den übrigen Alpen angeblich bis 2200 m).

Ökologie: Auf meist offenen, sonnigen, nassen oder auch zeitweilig trockeneren, torfreichen Standorten in Hoch- und Zwischenmooren, besonders am Rande von Schlenken, seltener auf Nasswiesen und im Moorwald. Oft mit *S. magellanicum*. Dieses und *S. papillosum*

Sphagnum papillosum

sind wichtige Bultbildner der Zwischen- und Hochmoore, d. h., sie können dank ihrer bedeutenden Wasserhaltefähigkeit über den Wasserspiegel hinauswachsen und ermöglichen so – bei ausreichend hohem Niederschlag – den Aufbau von Hochmooren. Besonders die Arten der oligotrophen Moore sind in Mitteleuropa in starkem Rückgang begriffen, gebietsweise sogar verschwunden.

T 2, L 9, F 7, R 1, K 4.

Ähnliche Arten: Das seltene atlantische **Sphagnum imbricatum** HORNSCHUCH, das Kamm-Bleichmoos (T. 26 c), hat den Habitus eines locker- und kurzästigen, braun überlaufenen *S. palustre* (und breit dreieckige, anscheinend kurzstachelige Grünzellen). Blätter 1 – 1,5 mm lang. Ökologie: in Mooren und Moorwäldern – **T 3, L 6, F 7, R 1, K 4.**

Sphagnum compactum LAMARCK & DE CANDOLLE

(= *S. rigidum*)

Dichtes Bleichmoos

(T. 26 d)

Erstbeschreibung: Bei LAMARCK und DECANDOLLE 1805.

Bau: Gehört zur Sektion *Rigida*, vgl. deshalb die dortige Beschreibung. In charakteristischen, oft ausgedehnten, niedrigen, dichten, bläulich- bis gelblichgrünen oder bräunlichen Polsterrasen, die habituell eher einem *Leucobryum* ähneln, aber über die durchscheinenden Blättchen sofort zu unterscheiden sind. Astblätter 2 mm lang, Stängelblätter viel kürzer.

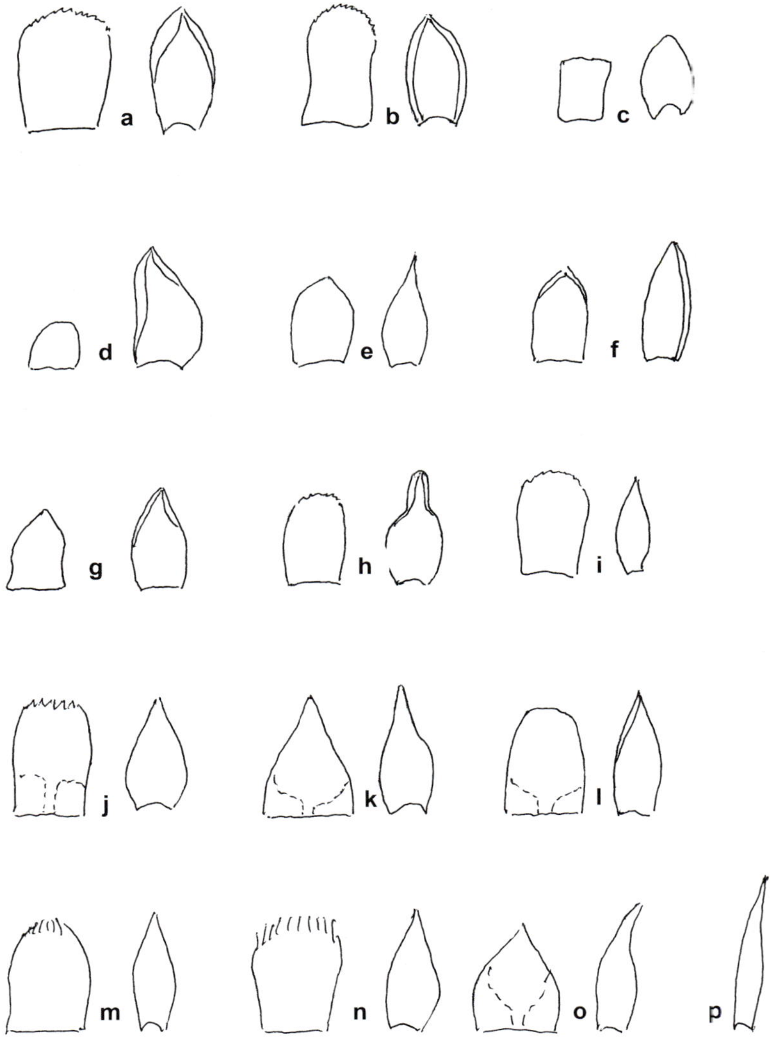

Tafel 26: ***Sphagnum papillosum:*** a. Stängel- und Astblatt. ***S. magellanicum:*** b. dsgl., ***S. imbricatum:*** c. dsgl., ***S. compactum:*** d. dsgl., ***S. subsecundum:*** e. dsgl., ***S. denticulatum:*** f. dsgl., ***S. denticulatum*** var. ***inundatum:*** g. dsgl., ***S. squarrosum:*** h. dsgl., S. teres. i. dsgl., ***S. russowiii:*** j. dsgl., ***S. subnitens:*** k. dsgl., ***S. rubellum:*** l. dsgl., ***S. girgensohnii:*** m. dsgl., ***S. fimbriatum:*** n. dsgl., ***S. fallax:*** o. dsgl., ***S. cuspidatum:*** p Astblatt (Alle nach G. Ludwig (1987) vergrößert. Die meisten der abgebildeten Blätter sind um 1 – 2 mm lang – genauere Angaben im Artentext!)

Sphagnum compactum

Verbreitung: Von der Ebene bis ins Hochgebirge (selten in der alpinen Stufe, in Bayern bis 1400 m, in Nordtirol noch bis 2500 m und in den Südalpen bis 2730 m gefunden und damit das höchststeigende Torfmoos).
Ökologie: Die Art ist streng oligotroph und wächst auf sonnigen, offenen, langfristig vernässten Standorten auf ± torfhaltigem Substrat in Hoch- und Zwischenmooren sowie besonders in Heidemooren und Feuchtheiden. Durch Entwässerung allgemein im Rückgang. Früher außerhalb der Kalkgebiete verbreitet und häufig.
T 3, L 8, F 7, R 2, K 6.

Sphagnum subsecundum NEES (s.str., excl. var. *inundatum* etc.!) Einseitswendiges Bleichmoos

(T. 26 e)
Erstbeschreibung: Durch NEES VON ESENBECK 1819, entdeckt durch DR. SCHNIZLEIN bei Feuchtwangen in Franken.
Bau: Mit den Merkmalen der Sektion *Subsecunda* (vgl. oben). Artmerkmal sind die zungenförmigen, relativ kleinen (0,4 bis 0,9 mm großen) Stängelblätter. Pflanzen klein bis mittelgroß, hell- bis dunkelbraun. Eine schwierige, weil entsprechend der unterschiedlichen Nässe und Lichtverhältnisse der Standorte – die Arten wachsen nicht selten auch untergetaucht

Sphagnum subsecundum

Sphagnum auriculatum

in Moortümpeln, Gräben u. ä. – sehr variable Verwandtschaft. Die verschiedenen bei uns bekannten Arten und Varietäten werden, z. B. in Nordamerika, zu einer Art zusammengefasst. Trotzdem unterscheiden sie sich in Mitteleuropa im Allgemeinen recht gut in Ökologie und Verbreitung und sollten zumindest als Varietäten anerkannt werden. Eine sichere Bestimmung kann nur mikroskopisch erfolgen.
Verbreitung: Gebirgsmoos (Ebene wie auch über der Waldgrenze selten, in Bayern bis 1300 und 1600 m, in Nordtirol bis 2465 m und 2560/2650 m (Angaben von F. Koppe) und aus der Bernina/Schweiz bis 2300 m angegeben, gehört zu den höchststeigenden Torfmoosen).
Ökologie: Auf sonnigen bis beschatteten, nassen, mesotrophen (basenreichen) Mineralböden, so in Flach-, Heide- und Waldmooren. Manche Formen dringen bis in fast neutrale pH-Bereiche vor. Weit verbreitet, besonders in nassen Wäldern, Wiesen und Quellmooren.
T 2, L 6, F 7, R 3, K 6.
Verwandte Arten: Häufigste Art dieses Verwandtschaftskreises ist ***Sphagnum auriculatum* Schimper (= *S. denticulatum*** var. ***denticulatum*** = S. rufescens Nees & Hornschuch etc.), das Gezähnelte Bleichmoos (T. 26 f). Bau: von voriger Art unterschieden durch eiförmige, 1,3 – 2(– 2,7) mm große Stängel- sowie bis über 2,5 mm lange Astblätter (die var. ***inundatum*** (Russow) Karttunen (T. 26 g) hat zungenförmige, leicht zugespitzte, kürzere Ast- und Stängelblätter (0,9 – 1,3 mm lang)). Verbreitung: von der Ebene bis in mittlere Gebirgslagen (aus dem Schwarzwald bis 1400 m angegeben und in Nordtirol selten bis über 2000 m). Ökologie: auf oft beschatteten, kalkfreien Mineralböden und seltener auf ± torfhaltigem Substrat an ähnlichen Standorten wie obige Art, sowie oft an Sekundärstandorten, z. B. auch submers in Waldgräben, auf vernässten Waldwegen und in Fichtenforsten. – **T 3, L 7, F 8, R 4, K 4.**

Sphagnum squarrosum Crome
Sparriges Bleichmoos

(T. 25 f, 26 h)
Erstbeschreibung: Durch den Franzosen Ch. Persoon (1800), aber der Typusbeleg durch Crome (1803).
Bau: Mit den Merkmalen der Sektion *Squarrosa* (s. oben). Prächtiges, feucht saftiggrünes, trocken ± glänzendes, in oft ausgedehnten, ziemlich lockeren Rasen wachsendes Moos. Meist von zierlicherem Bau als *S. palustre* (dieses trocken matt). Auch Lichtformen sonniger Standorte haben mindestens an basalen Ästen die charakteristischen, breit-lanzettlichen, sparrig abstehenden Blätter. Stängelblätter bis 2 mm lang. Die spitz zwiebelförmige Endknospe unterscheidet die Art von ähnlichen Schattenformen des *S. compactum*. Da einhäusig, öfter mit Sporogonen!
Verbreitung: Ebene bis ins höhere Gebirge (in Bayern bis 1700 m und in Nordtirol bis ca. 1800 m).
Ökologie: Auf meist beschattetem, nassem, kalkfreiem, schwach saurem bis fast neutralem, meist erdigem Substrat. Vor allem in nassen Erlenbrüchern, im Verlandungsgebiet nährstoffärmerer Gewässer. Im Vergleich zu anderen *Sphagnen* noch an relativ eutrophen Standorten, deshalb nicht in oligotrophen Mooren. In Mitteleuropa weit verbreitet und oft ziemlich häufig. (Jedoch oft mit *S. palustre* fo. *squarrosula* verwechselt.)
T x, L 5, F 7, R 3, K 5.
Ähnliche Arten: Nahe verwandt ist ***Sphagnum teres*** (Schimper) Aongstroem, das Länglichrunde Bleichmoos (T. 25 i). Bau: z. B. von ähnlichem *S. fallax* u. ä. Arten durch Endknospe, dunklen Stängel und steifliche, kurzwalzliche Äste zu unterscheiden. Gewöhnlich bräunlich gefärbt, Äste zu 4 bis 5 und Astblätter meist anliegend, plötzlich in eine kurze Spitze verjüngt. Zweihäusig. Verbreitung: Ebene bis untere, sel-

Sphagnum squarrosum

Sphagnum teres

ten mittlere Gebirgslagen (in Süddeutschland noch bis um 1350 m, in Nordtirol bis 2200 m angegeben). Ökologie: insbesondere in vernässten Wiesen und Großseggengesellschaften, seltener (und dann grün und schwer von voriger zu unterscheiden, aber zierlicher!) in lichten Moorwäldern, auf basenreichem Untergrund (aber kalkfrei). An Lichtformen fehlen oft die sparrigen Astblätter, ± sparrig abstehende, feine Blattspitzen finden sich jedoch zumindest an den unteren Ästen. Früher häufig, aber durch Umwandlung der Feuchtwiesen jetzt meist in starkem Rückgang. – **T 0, L 9, F 7, R 3, K 6.**

Sphagnum capillifolium (EHRHART) HEDWIG var. *capillifolium*

(= *S. acutifolium* = *S. nemoreum*)

Spitzblättriges Bleichmoos

(T. 25 a, b)

Erstbeschreibungen: Bei DILLENIUS (1741), bei SCOPOLI (1772) und dann bei EHRHART (1780).

Bau: Mit den Merkmalen der Sektion *Acutifolia*. Stammblätter lang-dreieckig. Schopf oft halbkugelig, mit bis zu 50 Ästen! Frischgrüne bis – an sonnigen Stellen – rotfleckige Äste und deutlich rotem Schopf. Relativ kräftige bis niedrig-polsterförmige, aber klein bleibende Art (vgl. die Sektions-Merkmale!). Äste oft gescheckt. Sehr vielgestaltiges Moos. Wenn typisch, an den halbkugelig gewölbten Schöpfen, zusammengesetzt aus über 50 kurzen Gipfelästchen, gut kenntlich.

Sphagnum capillifolium

Sphagnum russowii

Sphagnum rubellum

Verbreitung: Ebene bis zur Baumgrenze (bis über 1800 m, selten in Tirol noch bis 2650 m). Damit nach *S. compactum* das höchststeigende Torfmoos).
Ökologie: Auf lichten bis sonnigen, ± vernässten Standorten über Silikatgestein, wie auf kalkfreiem erdigem und ± torfhaltigem Substrat, insbesondere in Wäldern, aber auch in kalkfreien Mooren und Nasswiesen. Mesotroph. Weit verbreitet und häufig.
T 3, L ?x, F 7, R 2, K 5.
Ähnliche Arten: besonders mit ***Sphagnum russowii*** WARNSTORF (= S. robustum), Russow's Bleichmoos (T. 26 j), das sich durch einen regelmäßig 5-strahligen Schopf auszeichnet, und ähnlichen „bunten" Arten zu verwechseln. Ziemlich verbreitet ist auch das oben meist blau- oder purpurrote Feder-Bleichmoos, ***Sphagnum subnitens*** RUSSOW & WARNSTORF (= S. plumulosum) (T. 26 k). Bau: Es unterscheidet sich von allen mitteleuropäischen Verwandten durch einen eigentümlichen, schwach metallischen Glanz. Die einhäusige Art produziert häufig Sporogone. Astblätter bis 2,5 mm lang. Verbreitung: zerstreut von der Ebene bis in mittlere Gebirgslagen (selten noch bis 2250 m). Ökologie: an ähnlichen Standorten wie *S. capillifolium*, aber auch auf schwach saurem, torfreichem Substrat, vor allem in Flach- und Zwischenmooren. – **T 4, L 8, F 7, R 3, K 4.**
Sphagnum rubellum WILSON (= S. capillifolium var. tenellum), das Rötliche Bleichmoos (T. 26 l) unterscheidet sich von *S. capillifolium* durch zungenförmige Stammblätter mit parallelen Rändern sowie im Licht gleichmäßig rotviolette Färbung, bis 2 mm lang. Verbreitung: Ebene bis mittlere Gebirgslagen (seltener auch höher, so in Nordtirol noch bis 2100 m). Ökologie: an sonnigen, dauernassen, sauren Standorten auf Torf in Hoch- und Zwischenmooren, meist mit *S. magellanicum*. – **T 3, L 9, F 7, R 1, K 5.**

Sphagnum fimbriatum WILSON
Gewimpertes Bleichmoos

(T. 26 n)
Erstbeschreibung: Durch WILSON (1847) und dann von W. P. SCHIMPER 1848 für Deutschland nachgewiesen.
Bau: Feucht immer in reingrünen Hochrasen. Charakteristisch ist die vergrößerte Endknospe, die sich aus breit gefransten, verkehrteiförmigen Blättchen zusammensetzt (Knospe herausquetschen und verbleibende Hüllblätter mit der Lupe betrachten!). Stängelblätter um 1,3 mm lang. Kapsel 1,5 mm hoch.
Verbreitung: Ebene bis in untere Gebirgslagen ziemlich verbreitet. In Nord- und Westdeutschland inzwischen oft noch die häufigste Art. Meist nur unter der Nadelwaldstufe bis etwa 700 – 800 m, ausnahmsweise in Bayern bis 1700 m, aber im eigentlichen Alpengebiet fehlend.
Ökologie: An beschatteten, nassen, kalkfreien, ± nährstoffarmen und torfhaltigen Standorten, insbesondere in Wald- und Zwischenmooren, besonders in Erlenbrüchern sowie an Ufern und Moorrändern.
T 3, L 5, F 7, R 2(?3), K 6.
Ähnlich ist ***Sphagnum girgensohnii*** RUSSOW, Girgensohns Bleichmoos (T. 26 m). Unterschieden durch eine kleinere Endknospe und breiteiförmige, nur an der Spitze gefranste End(-knospen)blätter. Stängelblätter bis 1,2 mm, Astblätter bis 2 mm lang. Verbreitung: Hauptverbreitung in Gebirgswäldern und dort meist zerstreut (Ebene selten, in Bayern bis 1800 m und aus der Schweiz bis 2400 m angegeben und so eines der höchststeigenden Torfmoose). Ökologie: an dauerfeuchten, schattigen bis nassen, stark sauren Standorten, vorwiegend auf Rohhumus in Nadelwäldern sowie im Krummholz, seltener auch in Zwischenmooren. – **T 2, L 4, F 7(8) R 1, K 6.**

Sphagnum fimbriatum

Sphagnum girgensohnii

Sphagnum fallax (KLINGGRAEF) KLINGGRAEF

(= *S. mucronatum* = *S. recurvum auct.*)

Gekrümmtes Bleichmoos

(T. 26 o)

Erstbeschreibung: Durch H. VON KLINGGRAEF 1872 aus Westpreußen (als Varietät von *Sphagnum cuspidatum*).

Bau: Mitglied der Sektion *Cuspidata*, ausgezeichnet durch lange bis linealische, trocken querwellige Blätter. Ausgedehnte, tiefe, grüne, im Licht öfter bräunliche (nie gerötete) Rasen bildend. Stängelblätter dreieckig-spitz, bis 1,1 mm lang. Astblätter flach, bis 1,3 mm lang, meist in deutlichen, geraden Reihen, trocken charakteristisch (spiralig) verbogen und so von allen anderen *Sphagnen* (außer *S. flexuosum* DOZY & MOLKENBUER, aber mit stumpfen Stängelblättern) unterschieden (im Gelände feuchte Stängel in der Tasche trocknen!).

Verbreitung: Von der Ebene bis um die Baumgrenze, meist zerstreut (selten höher, so in Bayern bis 1680 m und auch in Nordtirol nur bis 2000 m angegeben).

Ökologie: Auf oft auch sonnigen, dauernassen, oligotrophen, torfhaltigen Standorten in diversen Mooren und Brüchen (auch submers), oft untermischt mit *Calliergon stramineum* und neben *Polytrichum commune* agg. Nur selten in Erlenbrüchern. Als Ufermoos das verwandte *S. cuspidatum* ablösend.

T 3, L 7, F 7, R 2, K 6.

Ähnlich und nahe verwandt ist ***Sphagnum cuspidatum*** EHRHART (T. 25 h – k, T. 26 p), das Spieß-Bleichmoos. Bau: Bei dieser Art sind das von Länge und Schlaffheit der geraden Astblätter herrührende „durchnässte" Aussehen sowie ihre linealische, gerade, relativ lange (bis ca. 2 mm) Form und die kürzeren und viel länger als breiten Stängelblätter charakteristisch. Untergetauchte Pflanzen gleichen einer Flaumfeder und ähneln deshalb nicht mehr einem gewöhnlichen Torfmoos. Verbreitung: ähnlich obiger, aber höchstens bis 1400 m, angeblich sogar 2100 m. Ökologie: an den nassesten Stellen oligotropher Moore, insbesondere in Schlenken und Moorgräben. – **T 3, L 9, F 8, R 1, K 6.**

Die übrigen Arten der Sektion *Cuspidata* sind oft selten und dem Anfänger zur Bestimmung kaum zu empfehlen.

Sphagnum fallax

Sphagnum cuspidatum

Andreaeaceae

Andreaea rupestris Hedwig var. ***rupestris***

(= *A. petrophila*)

Fels- oder Ohnnerv-Klaffmoos

(T. 27 a – c)
Name: Von EHRHART zu Ehren des Apothekers J. G. R. ANDREAE (1724 – 1793) in Hannover benannt. Auch bei LINNÉ – wegen des Kapselbaus (s. u.) – immer noch den Lebermoosen zugeordnet.
Erstbeschreibung: Durch den Göttinger Professor G. H. WEBER (1778) als *Jungermannia alpina*, der das Moos im Harz gesammelt hatte. EHRHART hat die Art dann 1784, als *Andreaea petrophila*, erneut beschrieben. Die ersten Arten der Gattung werden bereits durch DILLENIUS in seiner „Historia muscorum" (1741) gebracht, so z. B. als *„Lichenastrum alpinum, atro-rubens, teres, calycibus squamosis"*.
Bau: 0,5 – 1 cm hohe, schwärzlich-grüne bis rotbraune Pölsterchen. Die Blättchen den Stängeln trocken anliegend, feucht aber spreizend bis zurückgebogen, oval- bis breit-lanzettlich, etwas hohl, stumpflich zugespitzt, ohne Rippe, 1(– 2) mm lang. Einhäusig. Sporogone (im Sommer) häufig. Auf setaartigem, kurzem Stielchen (Pseudopodium) emporgehoben. Feucht gespitzt-elliptisch, geschlossen. Trocken sprei-

Andreaea rupestris

Andreaea rothii

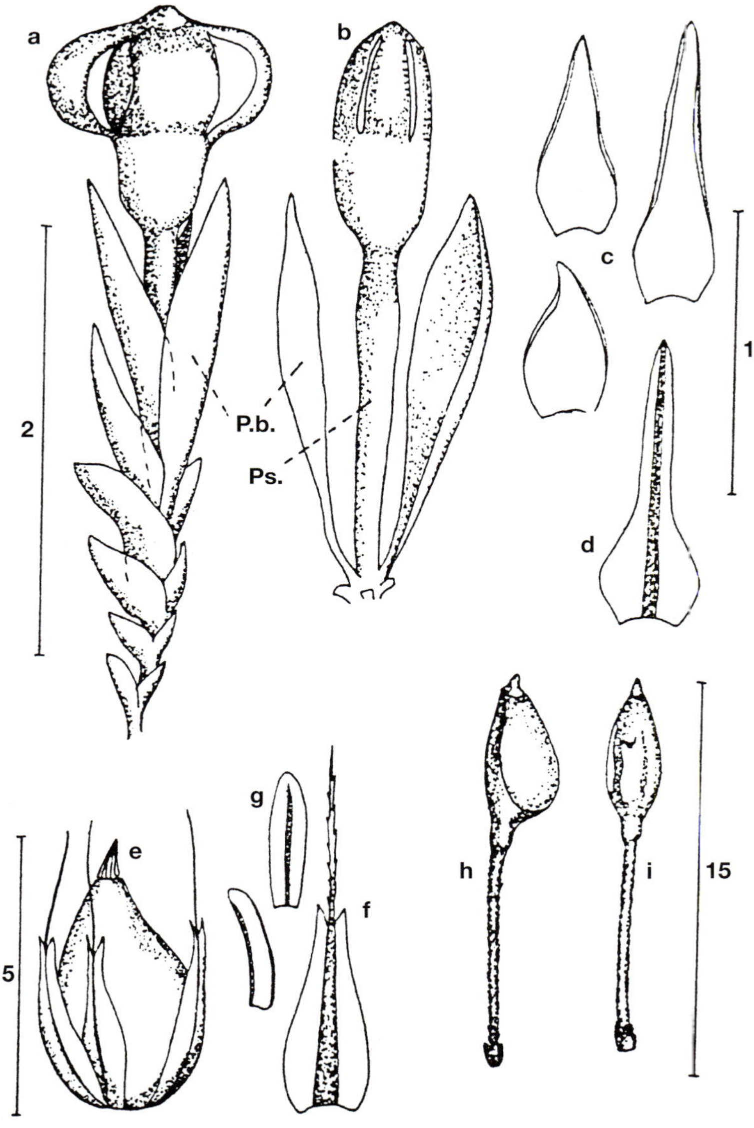

Tafel 27: ***Andreaea rupestris:*** a. Habitus c.spg. (trocken), b. Sporogon (feucht): Ps. Pseudopodium, P.c. Perichaetialblätter, c. Blatt. ***A. rothii:*** d. Blatt. ***Diphyscium foliosum:*** e. Habitus c.spg., f. Perichaetialblatt, g. normale Blätter. ***Buxbaumia aphylla:*** h. Sporogon. ***B. viridis:*** i. Sporogon.

zend, im Umriss kugelig, mit 4 breiten Spalten. Durch diese Kapsel unterscheiden sich *Andreaea*-Arten von allen anderen Moosen.

Verbreitung: Ebene bis alpine Stufe (bis 2600 m und fast 3145 m in Tirol). Nur in den höheren Mittelgebirgen und den Silikatgesteins-Alpen noch sehr verbreitet.

Ökologie: Fast nur an sonnigen, trockenen, regelmäßig nebel- und taufeuchten Silikatfelsen und besonders an Felsblöcken. Ausgesprochen poikilohydrisch. Kalkmeidend. Durch Luftverschmutzung, Aufforstung der Blockhalden (mit Nadelholz), wie auch – in der norddeutschen Ebene – durch Zerschlagung der Findlinge usw. oft sehr im Rückgang oder gar verschwunden. **T 2, L 8, F 2, R 1, K 6.**

Besonderes: Sehr ursprünglicher Typ, ähnlich wie die *Sphagnen*, sowohl Laub- wie auch Lebermoosen nahestehend. Sekundäre Anpassung: poikilohydrisch, d. h. zu längerfristiger Austrocknung befähigt.

Ähnliche Arten gleichen haarlosen *Grimmien* oder kümmerlichen *Dicranaceen*, aber diese haben alle eine Blattrippe bzw. normale Kapseln und oft gut entwickelte Seten. Schwärzlich bis rotbraun und immer mit Blattrippe ausgestattet ist ***Andreaea rothii*** Weber & Mohr subsp. ***rothii*** (T. 27 d), Geripptes Klappmoos (T. 27 d), eine meist viel seltenere Art als *A. rupestre*. Bau: Die Blätter sind schmal-lanzettlich und schwach gekrümmt. Die Rippe endet vor der Spitze. Verbreitung: Ebene bis Gebirge, fast nur außeralpin (selten bis 1500 m). Ökologie: besiedelt meist feuchtere Standorte, vorzugsweise an schwach basischem Gestein. **– T 3, L 6, F 4, R 2, K 2.** Noch seltener ist die subsp. ***falcata*** (Schimper) Lindberg (= A. huntii). Bau: Sie unterscheidet sich durch die austretende Rippe. Verbreitung: eine subozeanisch-montane Art der Hochgebirge, dazu aber auch reliktisch bei nur 300 m in der Westeifel. Ökologie: Sie wächst an lichtem, trockenerem Silikatgestein – **T 3, L 7, F 2, R 1, K 3.**

Buxbaumiaceae

Diphyscium foliosum (Hedwig) Mohr

(= *D. sessile*)

Beblättertes Blasen- oder Blasebalgmoos

(T. 27 e – g)

Name: Der von Ehrhart 1788 gewählte Name bezieht sich auf die Kapselform und leitet sich ab von lateinisch di = zwei und griechisch physkion, Diminutiv von physke = Bauch, Magen.

Erstbeschreibung: Der berühmte Botaniker Haller hat die Art 1739 erstmals als *Sphagnum acaulon maximum, foliis in centro ciliaribus* ganz treffend beschrieben und Dillenius hat den Namen 1741 übernommen. Schmidel (1758) nannte sie *Buxbaumia sessilis*, also die „Sitzende“, Hedwig hingegen *foliosum*, die Beblätterte, jeweils zum Unterschied von der damals einzig bekannten *Buxbaumia*, *B. aphylla*.

Bau: Protonema-Moos. Beblätterte Pflanzen in dichten Herden oder auch einzeln, braungrüne bis dunkelbraune, niedrige Rosetten aus schmal-lanzettlichen, meist abgerundeten, mehrschichtigen, gerippten Blättern von ca. 2 mm Länge, zweihäusig, aber ziemlich oft (Frühling bis Herbst) mit Sporogonen. Kapsel sehr charakteristisch: reif hellbraun, bauchig, ca. 3 mm lang, geneigt, asymmetrisch, mit aufgesetzter kegelförmiger Peristomhaut, die sich oben öffnet. Bei Druck auf den dünnwandigen Kapselrücken werden die Sporen blasebalgartig (bis über 5 cm weit) ausgestoßen! Kurz gestielt und von lang begrannten Perichaetialblättern eingehüllt, die lange erhalten bleiben und auch die unreife, noch zylindrische Kapsel umhüllen.

Verbreitung: Im Gebirge meist zerstreut, aber in der Ebene sehr selten (in Bayern bis 2080 m und in den Zentralalpen bis 2550 m, 2600 und 2700 m).

Diphyscium foliosum

Ökologie: An offenen, moosarmen, ausreichend grundfeuchten, kalkfreien Pionierstandorten, besonders auf anlehmigen oder mergeligen Böden. In Laubwäldern, vor allem an Böschungen und vorwiegend in Südexposition. In den Alpen auch im gehölzfreien Bereich. Besonders hier oft steril und dann zuweilen für eine *Pottiacee* gehalten. Anscheinend im Rückgang, denn schon bei geringerer Luftverschmutzung nur noch steril vorkommend.
T 3, L 7, F 4, R 4, K 4.

Besonderes: Neben *Buxbaumia aphylla* unser einziges Moos mit einem solchen Blasebalgmechanismus. Der Sporophyt ist höher entwickelt als die Blätter, evolutionsbiologisch ein Übergang zu den blattlosen Buxbaumien.
Ähnliche Arten: Steriles *Pogonatum* hat spitzere Blätter sowie Blattlamellen. *Pottiaceen* sind meist zumindest kalkhold. Außerdem sind stumpfblättrige Moose in Mitteleuropa sehr selten. Mit Kapseln (oder Perichaetialblättern) unverwechselbar!

Buxbaumia aphylla HEDWIG
Sand- oder Blattloses Koboldmoos, Pferdehuf-Moos

(T. 27 h)

Name: So von SCHMIDEL zu Ehren von J. C. BUXBAUM (1694 – 1730), Botanikprofessor in Petersburg, benannt. Einen bemerkenswerten Namen gab FABRICIUS (1714 – 1747), Botaniker in Helmstedt: Hippopodium, zu deutsch Pferdefuß! Und auch der von DE BEAUVERD 1805 gewählte Name Saccophorum = Sackträger, entbehrt nicht einiger Poesie. HEDWIG hat dann schließlich den SCHMIDEL'schen Namen übernommen.

Erstbeschreibung: Das seltsame Moos wurde von J. C. BUXBAUM vor 1730 an den Ufern der Wolga bei Astrachan entdeckt. Er wollte das Moos bereits zu Ehren seines Vaters benennen. LIMPRICHT bemerkt dazu: „... doch hielt ihn die Furcht vor zweideutigen Bemerkungen davon ab."

Bau: Ein kurzlebiges Moos (Bryotherophyt). Das Sporogon besteht aus einer (wenig) schräg aufrechten, breiteiförmigen, ca. 2 – 3 mm langen, oberseits abgeflachten (scharfrandigen!), glänzenden, anfangs grünen, später rotbraun überlaufenen Kapsel und einer dicken, etwa 1 cm langen, papillösen, rotbraunen Seta. Letztere entspringt einem verdickten Fuß mit leicht zu übersehenden, nervenlosen, gewimperten Perichaetialblättern („blattlos"). Ohne Parasitismus auf humusbewohnenden Pilzen wäre das Moos nicht lebensfähig. Die Pflanze wird vom Laien gewöhnlich für einen Kleinpilz gehalten.

Verbreitung: Moos vorwiegend tieferer Lagen (in Süddeutschland bis 750 m, in den Alpen der Steiermark bis 1600 m). Früher zerstreut.

Ökologie: Vereinzelt oder auch in großen Herden aus bis über 50 Sporenpflanzen. Ausgesprochenes Protonema-Moos. Wächst an lichten, ausreichend grundfeuchten, oft sandigen, aber immer rohhumusreichen, moosarmen

Buxbaumia aphylla

Buxbaumia viridis

Pionierstandorten an Böschungen, Wegsäumen usf. z. B. in Gesellschaft von *Ditrichum heteromallum* und *Dicranella*. Allgemein im Rückgang und selten. Alle Vorkommen sollten geschont und lieber nur fotografiert werden. Rückgang wahrscheinlich durch die Schädigung des ernährenden Pilzes verursacht.

T 3, L 7, F 5, R 2(1), K 6.

Besonderes: Phylogenetisch eine bemerkenswerte Parallelentwicklung (Analogie) zu den „Höheren Pflanzen", deren Gametophyt ebenfalls extrem reduziert ist (vgl. oben).

Verwandte Arten: ***Buxbaumia viridis*** (LAMARCK & DE CANDOLLE) BRIDEL EX MOUGEOT & NESTLER (= B. indusiata), das Grüne Koboldmoos (T. 27 i). Unsere zweite europäische Art. Es wurde erst fast ein Jahrhundert später von A. P. DE CANDOLLE 1809 am Pilatus in der Schweiz entdeckt und erstmals von MOUGEOT in der „Flore de France" als Varietät der vorigen unterschieden. Bau: Kapsel zylindrisch, lange grün, reif hellbraun. Sie öffnet sich durch die sich abrollende Wand. Verbreitung: Gebirgsmoos, in der Ebene selten, meist unter der Waldgrenze, aber im Allgäu noch bei 1750 m, übrige Zentralalpen nur bis 1530 m. Ökologie: an feuchtem, morschem Holz der Bergwälder, besonders auch in Höhlungen von Baumstümpfen, selten auf ehemaligen Brandstellen und Rohhumus. Fast nur in Süddeutschland. In den höheren Mittelgebirgen und Alpen nicht selten. Sonst meist ausgestorben. – **T 4, L 2, F 6, R 5, K 6.**

Polytrichaceae

Atrichum undulatum (HEDWIG) P. DE BEAUVERD var. *undulatum*

(= *Catharinea undulata*)

Wellenblättriges oder Gewelltes Katharinenmoos

(T. 28 a – f)

Name: Aus griechisch a = Verneinung und trichos = Haar. Wegen der im Gegensatz zu *Polytrichum* kahlen Kalyptra. Lange gebräuchlich war der Name *Catharinea*. Diesen Namen gab EHRHART 1780 der Gattung zu Ehren der deutschstämmigen Zarin Katharina von Russland.

Erstbeschreibung: Erstnachweis durch DILLENIUS 1718.

Bau: Protonemamoos. Hellgrüne (manchmal etwas gebräunte), jung oder an trockenen Plätzen niedrige, sonst bis 7 cm hohe Rasen. Blätter ca. 1 cm lang, länglich-lanzettlich, spitz, basal breit ansitzend, gewellt, gesäumt, unterseits und am Rand gezähnt, durchscheinend. Mit Lamellen auf der relativ dünnen Rippe. Trocken kraus. (Meist) einhäusig. Haube kahl, lang kappenförmig (seitlich offen). Sporogone besonders im Winter. Seten einzeln, ca. (2 –)3 – 4 cm lang, reif rotbraun. Deckel lang geschnäbelt. Peristom aus 32 stumpflichen Zähnen. Diese sind an der Spitze mit der einem Trommelfell ähnlichen Membran, die die Kapsel verschließt, verwachsen. Die Sporen gelangen erst nur durch die Schlitze zwischen den Zähnen ins Freie, aber die Membran verwittert bald. (Die var. **minus** (HEDWIG) PARIS ist kleiner und hat im Vergleich dazu viel kürzere Kapseln).

Verbreitung: Ebene bis in die subalpine Stufe (in Bayern bis 1000 und 1723 m, in Tirol bis 1650 und 1900 m, übrige Alpen angeblich bis ca. 2200 m).

Ökologie: An offenerdigen, wenigstens anlehmigen, feuchteren, basenreicheren, aber kalkarmen Pionierstandorten in Wäldern, an Böschungen, im Kurzrasen von Parks, Weiden usf. In luftverschmutzten Bereichen wohl erst durch die Auslese resistenter Ökotypen angepasst und in Parks u. ä. vorhanden. Außerhalb

Atrichum undulatum

Atrichum angustatum

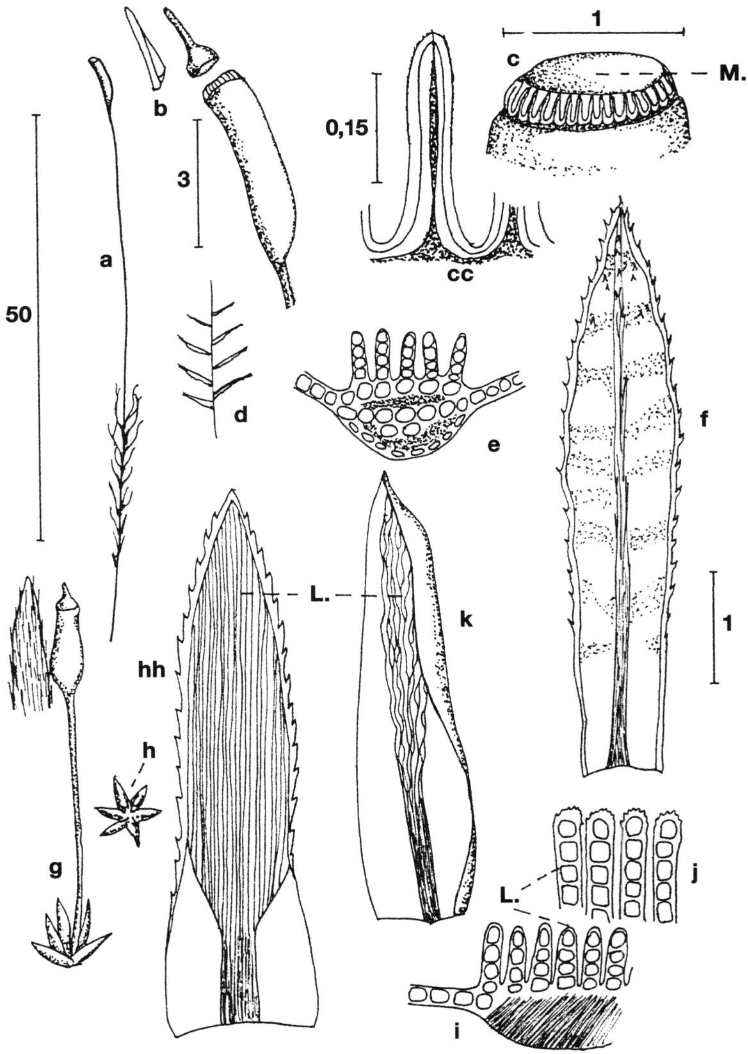

Tafel 28: Atrichum undulatum: a. trockener Stängel, b. Kapsel mit Deckel und Haube, c. Peristom: M. Membran, cc. Peristomzahn, vergrößert, d. Stängel feucht, schematisch, e. Rippe quer, vergr., f. Blatt, feucht. ***Pogonatum aloides:*** g. Pflanzen mit Sporogon, h. Rosettchen, hh. Blatt, i. Rippe mit L. Lamellen (Teilansicht quer). ***P. urnigerum:*** j. Blattlamellen quer, k. Blatt. ***Oligotrichum hercynicum:*** l. feuchtes Blatt in Aufsicht: L. Lamellen.

der Industriegebiete empfindlich, denn Parallelkulturen von Rasen aus relativ sauberen Gebieten zeigten dort wesentlich höhere Schäden.
T x, L 6, F 6, R 4, K 5.
Besonderes: Schulbuchmoos. Durch regelmäßige Sporogonbildung wurden in Industriegebieten offensichtlich resistente Chromosomen-Rassen ausgelesen.
Ähnliche und **verwandte Arten**: Gut entwickelt und mit Sporogonen nur vom Anfänger zu verwechseln und dann am ehesten mit *Mnium hornum* (Rippe glatt, nie kraus) oder *Plagiomnium undulatum* (dort Blätter abgerundet), evtl. auch mit *Polytrichum* (hier aber Blätter dunkelgrün, undurchsichtig, trocken angedrückt). Jugend- und Kümmerformen werden gern für die (zweihäusigen!) ziemlich seltenen, meist viel kleineren, glattblättrigen Verwandten ***Atrichum angustatum*** (Bridel) Bruch & Schimper oder ***Atrichum tenellum*** (Roehling) Bruch & Schimper gehalten. Verbreitung: Beide sind Tieflagenmoose, selten über 300 m, Höchstvorkommen im Gebirge um 900 m. Erstere kommt als wärmeliebende Art in den Südalpen zerstreut und auch in höheren Lagen vor. – **T 5, L 6, F 6, R 4, K5.** – Letztere wächst nur auf nassen Böden, vor allem auch auf Teichschlamm. Eine subboreale Art. – **T 3, L 6, F 6, R 4, K 5.**

Oligotrichum hercynicum (Hedwig) Lamarck & De Candolle
(= *O. incurvum*)

Wenig- oder Armhaarmoos

Oligotrichum hercynicum

Name: Von griechisch oligos = wenig und trichos = Haar.
Erstbeschreibung: Erstnachweis durch den Engländer W. HUDSON 1775. EHRHART beschrieb sie 1787 als *Catharinea hercynica* aus dem Harz.
Bau: Hell- bis dunkelgrüne, glänzende, 1 – 2 (selten – 5) cm hohe Kurzrasen oder Herden auf anlehmigen, kalkfreien Böden. Blätter schmallanzettlich, 3 – 4 mm lang, mit kappenförmiger Spitze und vor allem trocken eingekrümmt. Rippe relativ dünn, mit zahlreichen, grobgesägten, geschlängelten Lamellen. Sporogone zerstreut (Frühjahr), Seta bis 3 cm lang, gelb. Kapsel kurz zylindrisch, fast aufrecht, 2 – 3 mm lang. Haube nur mit wenigen Haaren.
Verbreitung: Zerstreut bis verbreitet. Gebirgsmoos (aber auch in der norddeutschen Ebene, wahrscheinlich verschleppt (!), im westdeutschen Mittelgebirge schon ab 150 m, dagegen liegt die untere Höhengrenze in Süddeutschland viel höher (Höchstverbreitung in Bayern bei 2000 m, aus den Zentralalpen selten noch bis 3000 m angegeben)).
Ökologie: An meist sonnigen und dauerfeuchten, immer kalkfreien Standorten auf sandigen, sandig/tonigen und kiesigen Böden, an Böschungen und auf unbefestigten, vernässten Waldwegen sowie im Hochgebirge in Sumpfwiesen, Quellmooren u. ä. (hier oft nahe dem ähnlichen *Polytrichum sexangulare*).
T 5, L 7, F 4, R 2, K 6.
Ähnliche Arten: Habituell sehr ähnlich ist ***Polytrichum sexangulare*** (FLOERKE) BRIDEL (= P. norvegicum), das Sechsreihige Frauenhaar. Bau: Es unterscheidet sich außer durch eine dichthaarige Haube auch durch die viel breitere Rippe, sehr schmale Lamina sowie gerade und glatte Lamellen. Verbreitung: alpine Art. In Bayern vereinzelt ab 950 m, höher häufiger, bis 2200 m. In Nordtirol bis 3200 m und bei 3739 m auf der Weißkugel im Ötztal (REISIGL & PITSCHMANN), eines der höchststeigenden Moose. Ökologie: ein nässeliebendes, kalkfeindliches Schneebodenmoos.
T 1, L 9, F 7, R 1, K 6.

Polytrichum sexangulare

Pogonatum aloides (Hedwig) P. Beauverd var. *aloides* (inkl. var. x minimum (Crome) Molendo)

Aloeähnliches Filzmützenmoos

(T. 28 g – i)

Name: Von griechisch pogon = Bart, weil die Haubenhaare bartähnlich herabhängen.

Erstbeschreibung und **Erstnachweis:** Durch Dillenius 1741.

Bau: Typisches Protonemamoos. Das ausdauernde, dunkelgrüne, dichtfilzige Protonema ist an ungünstigen Standorten oder mit einzelnen Pflanzen oft allein entwickelt. Es hat zweifellos erosionshemmende Wirkung. Pflanzen oft 0,5, selten bis über 1 cm hoch, stumpf-dunkelgrüne *Aloe*-ähnliche, um 1 cm breite Rosettchen bildend. Vereinzelt, in lockeren Herden bis Kurzrasen. Blätter derb, etwa 3 – 4 mm lang, bis zur

Pogonatum aloides

verbreiterten, hyalinen Blattscheide (ca. 1/3 – 1/4 Blattlänge) gezähnt. Blätter (gegen *Polytrichum*) relativ kurz, etwas stumpflich, ohne austretende Rippe. Blätter trocken verbogen-eingekrümmt. Zweihäusig. Sporogone im Winter. Seta 1 – 2 cm, rotbraun, Kapsel aufrecht, kurz zylindrisch, rund, hellbraun, (2)3 – 4 mm lang und stark mamillös, 32 Peristomzähne. Kapsel durch eine Membran verschlossen. Mit weißfilziger Haube.

Verbreitung: Von der Ebene bis gegen die Waldgrenze (subalpine Stufe selten, in Bayern bis 1550 m und in Nordtirol noch bis 2350 m und darüber). Außerhalb der Kalkgebiete verbreitet bis zur subalpinen Stufe.

Ökologie: Pioniermoos offenerdiger, noch moosfreier, wechselfeuchter, zumindest lichter, immer kalkfreier, meist sandig-lehmiger Standorte. Besonders an Wald- und Heidewegböschungen sowie oft auf Windwurf-Wurzel-

Pogonatum nanum

tellern. Die dunkelgrünen Protonemaüberzüge befestigen die Bodenoberfläche und wirken, wie auch viele andere Pioniermoose, erosionshemmend.

T 3, L 4, F 6, R 3, K 5.

Besonderes: Empfehlenswert für Protonemastudien. Zuweilen kommen Bastarde mit *P. nanum* (s. u.) vor. Sie zeigen deutlich, dass die weibliche Pflanze die Größe des zeitweise parasitierenden Sporophyten bestimmt!

Ähnliche Arten: ***Pogonatum nanum*** (HEDWIG) P. BEAUVERD, das Kleine Filzmützenmoos, ist viel seltener und mehr wärmeliebend, deshalb kaum bis 800 m aufsteigend. Bau: Es erreicht kaum 1 cm Höhe, die Blätter sind nur oberhalb der Laminamitte gezähnt. Die Kapsel kugelig bis kugelig-oval und entdeckelt krugförmig-weitmündig. Ökologie: wie bei obiger Art, aber mehr in Südlage. – **T 5, L 7, F 4, R 2, K 4.**

Pogonatum urnigerum
(HEDWIG) P. BEAUVERD var. *urnigerum*
Urnentragendes oder Großes Filzmützenmoos

(T. 28 j)

Erstbeschreibung: Durch DILLENIUS 1741.

Bau: Es ähnelt in Wuchs und Größe *Polytrichum formosum*, unterscheidet sich aber durch die wegen eines Wachsüberzuges hell-blaugrüne Färbung, die büscheligen Stämmchen, gröber gezähnte Blätter sowie die im Herbst und Winter häufig vorhandenen, mamillösen, hellen, kurz zylindrischen, wurstförmigen Kapseln und warzigen Lamellenendzellen. (Im Mikroskop erscheinen die Lamellenendzellen oben verdickt und rau.)

Verbreitung: Verbreitetes Gebirgsmoos (in der Ebene selten, in Süddeutschland bis

Pogonatum urnigerum

Polytrichum alpinum

fast 2400 m, in Nordtirol, z. B. im Ötztal, bis 2600 m).

Ökologie: Im Silikatgebirge auf oft sonnigen, aber länger grundfeuchten, kalkfreien, nährstoffarmen Standorten auf ± reinen Mineralböden. Oft auf steinigen Waldwegen, an Böschungen und in aufgelassenen Steinbrüchen. Die Blattmorphologie (s. o.) ist ausgesprochen xeromorph. Kondenswasser zeigt sich nach taufeuchten Nächten. Die Rasen sind dann – wie auch bei verwandten *Polytrichen* – mit Wassertröpfchen übersät, die zentripetal abgeleitet werden. Im Mikroskop kann man sehen, dass die Lamellenendzellen oben verdickt sind.

T 2, L 8, F 6, R 2, K 6.

Ähnliche Arten: **Polytrichum alpinum** HEDWIG, das Alpen-Frauenhaar. Bau: durch die glatten Kapseln der vorigen ähnlich, aber durch dunkelgrüne, eher denen von *Polytrichum commune* gleichende Blätter unterschieden. Ökologie: an ähnlichen Standorten, sowie in lückigen Bergwiesen und in feuchten Berg-Nadelwäldern – aber nur in den höheren Silikatgebirgen, besonders häufig in den Alpen (bis in die alpine Stufe). – **T 1, L 7, F 6, R 2, K 6.** Bemerkenswerterweise gehört diese Art zu den vier erstbeschriebenen *Polytrichen*, nämlich bei DILLENIUS 1741 in seiner „Historia muscorum“.

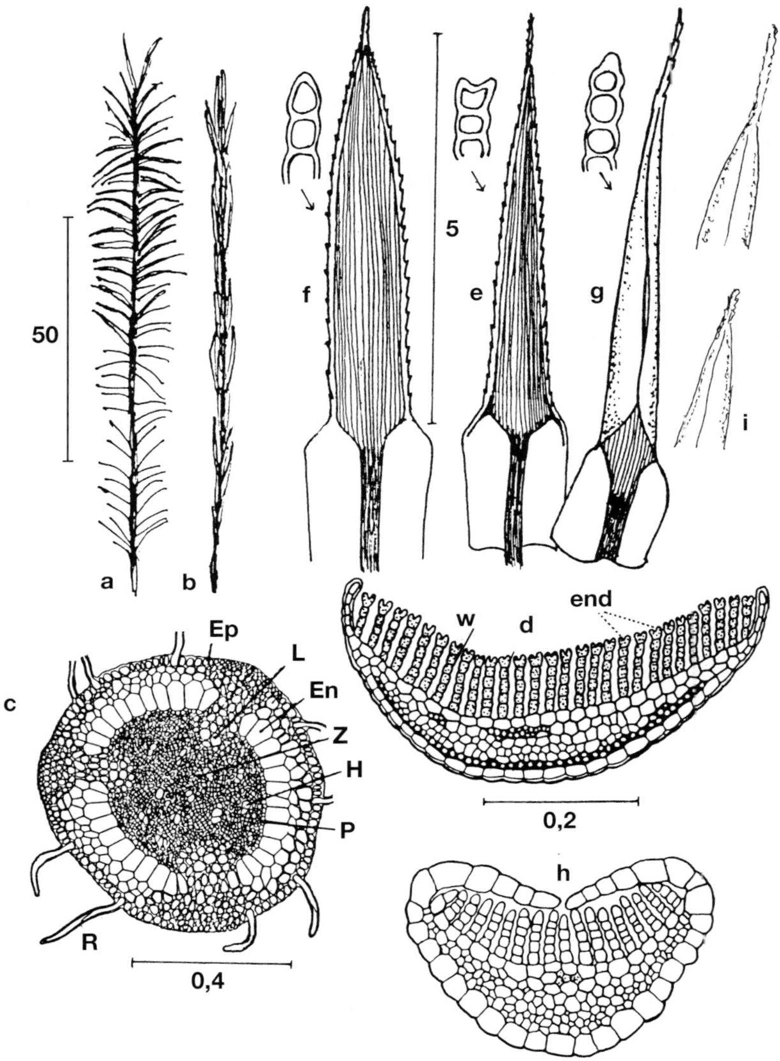

Tafel 29: Polytrichum commune: Habitus: a. feucht, b. trocken (nach HERZOG), c. Stängel quer: Ep. Epidermis, En. Endodermis, L. Leptoiden, H. Hydroi den, Z. Zentralstrang, R. Rhizoiden (nach Melnichuk), d. Blatt quer, mit Lamellen (nach PARIHAR), e. Blatt und Lamellenendzelle. ***P. formosum:*** f. Blatt und Lamellenendzelle. ***P. piliferum:*** g. Blatt und Lamellenendzelle, h. Blatt quer (aus GOEBEL). ***P. juniperinum:*** i. Blatt

Polytrichum
Frauenhaar- oder Bürstenmoos, Widertonmoos

(T. 29, T. 30)

Name: Von griechisch polys = viel und thrix, Genitiv von trichos = Haar.

Erstbeschreibung: Erstmals – sogar mit Kapseln – abgebildet im Kräuterbuch des LEONHARD FUCHS (1543) sowie, wenn auch schlecht, in dem des LOBELIUS (1576). LEONHARD FUCHS (1543) nennt es „Goldfarbem Widerthon".

Bau: Meist stattliche, dunkelgrüne Moose in ausgedehnten Rasen oder Herden (Protonemamoos). Stängel auch mit innerer Leitung, also mixohydrisch (vorwiegend Assimilate), äußere Wasserleitung über die kapillaren Räume zwischen den gut entwickelten (durchscheinenden, chlorophylllosen) Blattscheiden und dem Stängel. Quellungsvorgänge in den Blattscheiden führen (auch an den abgestorbenen Pflanzen) zu typischen Blattbewegungen. Blätter trocken rinnig eingerollt, ± verbogen und meist dem Stängel anliegend, feucht abspreizend. Die dicke Rippe ist stark verbreitert und u. a. ein ± chlorophyllfreies Nährstoff- und Wasserspeicherorgan. Sie trägt zahlreiche Reihen chlorophyllreicher, durch einen feinen Wachsüberzug wasserabstoßender Lamellen. Dadurch kann in den Lamellenzwischenräumen Luft frei zirkulieren und damit das CO_2 ungehindert in dieses, dem Palisadenparenchym der Blütenpflanzen analoge Gewebe eintreten. Die Zellen der Lamellenoberkante bieten wichtige Bestimmungsmerkmale. (Blätter abschaben und Querschnitt anfertigen). Das Protonema ist kurzlebig. Zweihäusig. Sporogone sind meist nicht selten (Sommer). Kapsel mit kurzem Hals (Apophyse) und 64 (!) stumpfen Peristomzähnen, deren Spitzen die trommelfellartige Membran halten. Die Sporen werden vom Wind ausgeblasen. Haube dicht- und langhaarig (selten weiß). Männliche Pflanzen sind durch oft abweichend gefärbte, gipfelständige „Antheridien-Schüsselchen" ausgezeichnet, in denen sich Regenwasser hält. Die kleinen Kügelchen am Grunde sind die männlichen Geschlechtszellenbehälter. Reif platzen diese Antheridien. Ihre Spermazellen entlassen die Spermatozoiden, diese schwimmen in den „Schüsselchen" und werden mit überfließendem Regenwasser herausgespült oder mit aufprallenden Regentropfen weit verspritzt! Die Befruchtungswahrscheinlichkeit wird mit dem Verspritzen wesentlich erhöht. Die „Schüsselchen" werden später durchwachsen, wodurch das Moos einen stockwerkartigen Aufbau erhält: jede Etage entspricht einem Jahr.

Nutzen und **Mythos:** Frauenhaar-Arten sind, wie die Torfmoose, dem Menschen schon seit alters her von direktem Nutzen gewesen. Man stellte aus ihnen z. B. dauerhafte Bürsten und kleine Hausbesen her. Subfossil hat man in Duisburg auch Girlanden (Glücksbringer) gefunden. Im Aberglauben als „Widertonmoos" bedeutungsvoll zur Abwehr böser Geister (Widerton = wider das Antun!), wohl wegen der Ähnlichkeit mit dem ähnlich gebrauchten „Schlangenmoos" (*Lycopodium*). Der eigentliche Grund ist aber ein ganz praktischer: So schreibt auch LIMPRICHT, dass man mit *Polytrichum* die Ritzen in den Häuserwänden verstopft hat, damit keine bösen Geister „hereinschlüpfen können" (d. h. eigentlich zur Vermeidung von Rheuma erzeugendem Zug!). Da Frauenhaar-Arten pflegeleicht sind, spielen sie in japanischen „Moosgärten" eine besonders wichtige Rolle, am beliebtesten scheint dort *P. juniperinum* zu sein. Der wohl älteste bildliche Nachweis einer *Polytrichum*-Art findet sich im Kräuterbuch des LEONHARD FUCHS (1543) unter Cap. CCXLI. Er nennt es das „groß gulden widerthon" und nach seiner Bemerkung zu schließen, dass der Stängel behaart sei, meint er wohl *P. formosum*, die um Tübingen wohl auch damals häufigste Art. Er schreibt dazu u. a. „ist on zweifel das Polytrichon Apuleij. Würdt in den Apoteken nit gebraucht". Trotzdem gibt er Merkmale der „krafft" und „würekung" an, so sei die Pflanze gut gegen Haarausfall (!), aber auch z. B. als harntreibendes Mittel zu gebrauchen. Zum Schluss heißt es „Man treibt sonst vil abentheur mit diesem Widerthon/das lassen wir als narrenwerck und Teufels gespenst faren". Die ersten zwei Polytrichen, *P. commune* sowie *P. juniperinum*, bringt DILLENIUS 1718 in seiner „Flora von Gießen". Zwei weitere, *P. alpinum* und *P. piliferum*, erscheinen erstmals in seiner „Historia muscorum" (1741). Die übrigen heimischen Arten werden dann aber erst zwischen 1798 bis 1800 unterschieden.

Polytrichum formosum HEDWIG
(= *P. attenuatum*)

Schönes oder Wald-Frauenhaar, Wald-Bürstenmoos

(T. 29 f, 30 e, f)

Name: Lateinisch formosus = das Schöne.

Erstbeschreibung und **Erstnachweis:** Durch den Nordamerikaner MENZIES 1798 als *Polytrichum attenuatum*. Gültig ist aber erst der HEDWIG'sche Name. Jedoch wahrscheinlich schon in LEONHARD FUCHS (1543) abgebildet.

Bau: Dichte, meist um 5 (– 10) cm hohe, mattdunkelgrüne Rasen bildend. Blätter flachrandig, meist stumpfwinklig abstehend, aus plötzlich verjüngter Blattscheide schmal-lanzettlich. Rand gezähnt (Lamellen im Querschnitt mit abgerundeter Endzelle). Rippe kurz austretend. Stängel im unteren Teil behaart. Sporogone reif

Polytrichum formosum

hellbraun, vierkantig. Haube die ganze Kapsel einhüllend. Seta oben gelblich, unten rotbraun (vgl. auch die Gattungsbeschreibung).
Verbreitung: Ebene bis mittlere Gebirgslagen. In Deutschland die häufigste Art, aber kaum über der Waldgrenze (in Bayern bis 1100 m beobachtet, aber angeblich noch bis 2420 m. In Tirol vereinzelt bis 1720 und 1970 m belegt).
Ökologie: Auf oft beschatteten, länger austrocknenden, kalkfreien, immer humusreichen, nährstoffarmen Plätzen auf Sand, wie Skelettböden, Torf, über Felsen etc. In Wäldern wie in Heiden und auch an morschem Holz. Zuweilen in Parks eingeschleppt und auf Friedhöfen gepflanzt.
T 3, L 7, F 5, R 2, K 5.
Besonderes: vgl. auch die Gattungsbeschreibung.
Verwechslungen sind mit *Polytrichum commune*, *P. longisetum* und *P. alpinum* möglich. Um bei sterilem Material sicher zu gehen, muss im Zweifelsfall geschnitten und mikroskopiert werden.

Polytrichum commune HEDWIG (inkl. var. humile SWARTZ, excl. var. *perigoniale & uliginosum*)
Echtes oder Gewöhnliches Frauenhaar bzw. Widertonmoos, Widertodt usf.

(T. 29 a – e, 30 a – d)
Erstbeschreibung: Mögliche Erstbeschreibung dieser Art schon bei JOHN RAY, jedenfalls aber auch durch DILLENIUS (1718) in seiner „Flora von Gießen" als *Polytrichum vulgare et majus, capsula quadrangulari*.
Bau: Dieses Moos wird meist über 10 cm hoch und ist mit einer Maximalgröße der lebenden Stängel von bis zu 0,75 m (F. NEU, im Herbar) das größte heimische Moos. Im Allgemeinen unterscheidet es sich von *P. formosum* durch den unten nackten Stängel, schmalere, weniger plötzlich aus der Scheide verjüngte, insgesamt zierlicher wirkende (schmalere), feucht ± sparrig abstehende Blätter sowie eine ganz rote Seta. (Im Zweifelsfalle Lamina schneiden: Endzellen hier eingebuchtet, bei *P. formosum* eiförmig!).
Verbreitung: Ziemlich verbreitet, aber durch Entwässerung überall im Rückgang. Ebene bis mittlere Gebirgslagen (über der Baumgrenze meist fehlend, in Bayern bis 1740 m, Kärnten bis 1800 m, in Tirol angeblich bis 2780 m (sicher Verwechslung mit *P. alpinum*)).
Ökologie: Auf auch sonnigen, nassen oder zumindest dauerfeuchten (so var. *humile*: in Osttirol nach GANDER bei 2090 m), kalkfreien Standorten auf Rohhumus bzw. Torf in sumpfigen Wäldern, auf Sumpfwiesen und in Flachmooren, oft mit *Sphagnum*. Kalkmeidend. Vorzüglich an quelligen Plätzen, an Waldbächen und anderen dauernassen Standorten.
T 2, L 6, F 7, R 2, K 5.
Ähnliche Arten: Als var. ***uliginosum*** WALLROTH werden üppige Formen mit feucht bogig zurückgekrümmten und auch trocken nicht ganz anliegenden Blättern sowie fast schüsselförmigen Endzellen unterschieden. Ökologie: bevorzugt anscheinend mehr nasse Standorte. – **T 2, L 7, F 8, R 1, K 6.** Die var. ***perigoniale*** (MICHAUX) HAMPE wächst in Feuchtheiden u. ä. und hat unten etwas filzige, nur wenige cm hohe Stängel, z. T. abgeflachte Endzellen und die Perichaetialblätter sind dünnhäutig und lang begrannt. Ökologie: bevorzugt anscheinend etwas trockenere Standorte. – **T 2, L 8, F 6, R 1, K 6.** Beide Varietäten wurden bisher oft übersehen, haben aber wahrscheinlich Artwert. Sichere Unterscheidung nur mikroskopisch über Blattquerschnitte.
Bemerkenswert ist u. a., dass B. FEIGE et al. (1990) feststellten, dass Pflanzen dieser Art sogar noch in einer Entfernung von 5 km vom Reaktor Tschernobyl zwischen 7000 und

Polytrichum commune

Polytrichum longisetum

48000 Bq pro kg DW (zugehörige Erdproben zwischen 15000 und 249000 Bq/m²) abgaben. **Polytrichum longisetum** SWARTZ EX BRIDEL (= P. gracile), das Zierliche Frauenhaar. Bau: Die Blätter haben eine relativ schmalere Rippe. Die Haube bedeckt nur zur Hälfte die reife Kapsel. Verbreitung: von der Ebene bis zur Baumgrenze (in Bayern bis 2015 m, sonst noch 2160 m). Ökologie: ein typischer Torfbewohner der Moore und Moorwälder, besonders auf torfigen Blößen. – **T 2, L 8, F 7, R 2, K 6.**

Zu *Polytrichum alpinum* HEDWIG vgl. oben bei *Pogonatum urnigerum*.

Polytrichum piliferum HEDWIG

(= *P. pilosum*, inkl. var. *hoppei* (HORNSCHUCH) RABENHORST)

Haartragendes Frauenhaar

(T. 29 g, h)

Erstbeschreibung: Bei DILLENIUS (1741) in seiner „Historia muscorum".

Bau: Pflanzen meist 1 – 2 (selten – 5) cm groß, in Rasen oder Herden, blau-grün, etwas glänzend. Trocken bräunlich, durch dann anliegende Blätter schmal schopfig, in einen weißen Haarpinsel gipfelnd. Blätter meist um 5 mm, mit eingeschlagener (die Lamellen ± verdeckender), durchscheinender Lamina, ganzrandig. Das Blatthaar je nach Trockenheit der Standorte bis blattlang. Hauben gelbbraun. Die attraktiven Antheridienschüsselchen ähneln durch die rotbraune (Wärmeschutz?) Farbe kleinen Blüten.

Polytrichum piliferum

Verbreitung: Ebene bis ins Hochgebirge, außer in Kalkgebieten allgemein verbreitet. In Bayern bis 2100 m und in den Zentralalpen (Reisigl & Pitschmann) im Ötztal, wohl die Alpenform var. *hoppei*, neben *P. sexangulare*, bis 3739 m, eines der höchststeigenden Moose überhaupt (nur *Grimmia*-Arten wurden noch höher gesammelt!). In der Kaschmir-Region/Indien sogar noch in 4800 m Höhe gefunden.

Ökologie: Auf meist sonnig-trockenen, aber oft nebel- oder tauhäufigen, kalkfreien, nährstoffarmen, z. T. humosen Standorten auf erdigem Substrat über kalkfreiem Silikatgestein und auf Sand. Charaktermoos der Wanderdünen (Befestiger!). Die Blattmorphologie (s. o.) nimmt (biotechnologisch gesehen) das Glashaus vorweg. Durch diese Anpassung werden Photosynthesephasen verlängert und die schädigende Wirkung der Einstrahlung auf das Chlorophyll gemindert. Das Glashaar zerstreut sowohl Licht, wie es auch der Kondensationsbildung dient: nach taufeuchten Nächten sind die Rasen mit Wassertröpfchen übersät. Im Mikroskop kann man sehen, dass die Lamellenendzellen, analog der Kakteenkutikula, oben stark verdickt sind.

T x, L 9, F 2, R 2, K 5.

Besonderes: Höchster Anpassungsstand an trocken-sonnige Standortverhältnisse bei den Polytrichaceen. Insgesamt aber kaum eine Xero-, sondern eher eine Photo- und Peinomorphose.

Polytrichum juniperinum Hedwig
Heide-Frauenhaar

Polytrichum juniperinum

(T. 29 i)
Erstnachweis und **Erstbeschreibung:** Durch DILLENIUS (1718) bei Gießen und beschrieben als *Polytrichum montanum et minus, capsula quadrangulari.*
Bau: Es unterscheidet sich von der vorigen Art durch schmalere Laminaränder, breitere aber mehr allmählich zugespitzte und bis zu 1 cm lange Blätter mit rötlichem, nur kurz austretendem Haar. Die Pflanzen sind meist um 2 cm, zuweilen aber auch über 7 cm hoch. Sporogone sind nicht häufig. Die Hauben sind weiß.
Verbreitung: Wie die vorige Art ebenfalls weltweit verbreitet, ebenso in tropischen Gebirgen, wie auch bis in die Hochalpen (in Bayern bis 2373 m, in Tirol 3150 m und in der Kaschmir-Region/Indien noch bis 4800 m).
Ökologie: An ähnlichen, oft aber nicht so extrem trockenen Standorten wie die vorige Art, öfter, z. B. auf Bahngelände, auch verschleppt. Die xeromorphe Ausbildung der glänzenden Blätter scheint nicht nur einen ausgezeichneten Schutz gegen die UV-Strahlung im Hochgebirge, sondern ebenso gegen die Säurewirkungen des SO_2-Einflusses zu bewirken. Das Moos ist entsprechend auch gegen stärkere Luftverschmutzung resistent. Meist mit *Ceratodon purpureus zusammen vorkommend.*
T 2, L 8, F 4, R 3, K 5.
Verwandte Arten: ***Polytrichum strictum*** MENZIES EX BRIDEL (= P. alpestre), Steifes Frauenhaar; Bau: Der untere Stängelteil ist dicht weißfilzig und die Pflanzen meist über 5, zuweilen bis 20 cm hoch, aber schlanker, weil kurzblättriger. Blätter auch feucht ± aufrecht, mit gänzlich abdeckenden Laminarändern. Haube gelblich. Verbreitung: in den meisten oligotrophen Mooren Mitteleuropas, besonders der Gebirge (noch bis 2500 m). Ökologie: im Hochgebirge („*P. juniperinum* var. *alpestris*") auch auf nassem, alpinem Torf sowie seltener auch auf Rohhumus. Aufgrund der verbesserten, äußeren Wasserleitung durch den Stängelfilz besiedelt dieses Taxon wechselfeuchte Standorte. Es bildet bis 0,5 m hohe Bulten. Dadurch gilt es auch als Austrocknungszeiger. – **T 2, L 8, F 6, R 1, K 6.**

Polytrichum strictum

Tetraphidaceae

Tetraphis pellucida HEDWIG
(= *Georgia pellucida*)

Durchscheinendes Georgsmoos

(T. 30 g, h)
Name: Von griechisch tetra = vier und raphis = Nadel. Der Name *Georgia* wurde 1780 diesem Moos von EHRHART verliehen, sein Dankeschön für seine Anstellung durch Georg III. von England und Braunschweig, als des Königs Botaniker in seinem Garten in Herrenhausen. Möglicherweise das einzige Moos, das zu Ehren eines Königs benannt wurde (s. aber *Atrichum*). Übrigens noch heute eine sehr sehenswerte Anlage! Tatsächlich aber wieder einmal zuerst durch DILLENIUS (1741) der Wissenschaft bekannt gemacht. Den Name *Mnium pellucidum* erhielt die Art von LINNAEUS, wegen der (im Gegensatz zu denen von *Aulacomnium androgynum*, s. u.) durchscheinenden Blätter.

Erstbeschreibung und **Erstnachweis:** Durch J. CHR. BUXBAUM, publiziert in seiner „Flora halensis“ 1722.

Bau: Grüne, schwach glänzende, kaum 1 cm hohe Kurzrasen, an Fels und morschem Holz. Oft zahlreiche, blattartige (ca. 0,5 mm große), nervlose Gebilde (die zuerst reine Rasen bilden!), die verflachte Anhängsel des auch hier fädigen Protonemas sind. Ausgewachsene Pflanzen aufrecht, mit breit-lanzettlichen bis eiförmig-gespitzten, glatten Blättern. Rippe vor der Spitze endend. Blätter trocken nur verbogen. Typisch sind die 1 (– 2) mm breiten, endständigen Brutschüsselchen, in denen zahlreiche, scheibenförmige Brutkörper produziert werden. An ungünstigen Standorten werden

Tetraphis pellucida

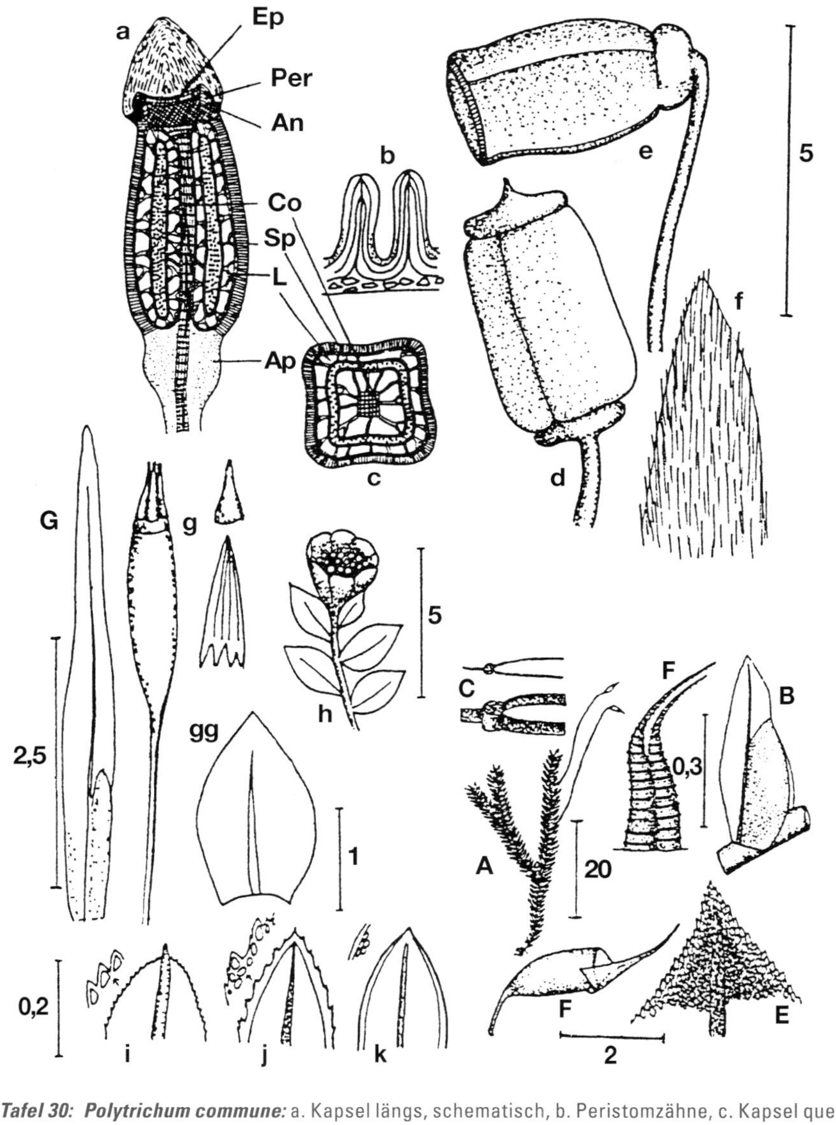

Tafel 30: ***Polytrichum commune:*** a. Kapsel längs, schematisch, b. Peristomzähne, c. Kapsel quer: Ep. Epiphragma, Per. Peristom, An. Anulus, Co. Kolumella, Sp. Sporensack, L. Luftraum, Ap. Apophyse (aus PARIHAR), d. Kapsel. ***P. formosum:*** e. Kapsel, f. Haube. ***Tetraphis pellucida:*** g. Kapsel mit Deckel und Haube, gg. Blatt, h. Stängel mit Brutbecher. ***Fissidens taxifolius:*** i. Blattspitze (und Randzellen). ***F. dubius*** (= F. cristatus): j. dsgl. ***F. bryoides:*** k. dsgl. ***F. adianthoides:*** A. Habitus, B. Blatt, C. Blatt quer, D. Blattspitze, E. Kapsel, F. Peristom zahn (aus HUSNOT). ***Octodiceras fontanum:*** G. Blatt.

nur nackte Brutköpfchen ausgebildet. Solche Pflanzen ähneln dann *Aulacomnium androgynum*, das aber mamillöse, frisch hellgrüne, schmalere Blätter besitzt (und nur sehr selten sporuliert!). Einhäusig. Sporogone fehlen nur bei stärkerer Luftverschmutzung. Kapsel schlank-zylindrisch, ca. 2 mm lang, mit nur 4, steif aufrechten Peristomzähnen von etwa halber Kapsellänge. Haube mützenförmig, gelappt.
Verbreitung: In Mitteleuropa außerhalb der trockeneren Gebiete verbreitet. Ebene bis Hochgebirge, aber über der Baumgrenze selten (in Bayern bis 1624 m, in Tirol in Nischen bis 2365 m beobachtet).
Ökologie: Auf schattig-feuchten, kalkfreien Substraten, besonders in luftfeuchter Lage und dort auch bis über 1 m an Borke aufsteigend, meist an morschem Holz, seltener auf Torf und feuchtem Silikatgestein. Vor allem in feuchteren Wäldern, z. B. Erlenbrüchen.
T 3, L 3, F 6, R 2, K 5.
Besonderes: Eigene, den POLYTRICHALES nahestehende Ordnung. Neben vegetativer genauso auch Vermehrung über Sporen. Vgl. auch unter „Name".
Ähnliche Arten: Von allen übrigen Laubmoosen haben allein die *Tetrodontium*-Arten ebenfalls nur vier Peristomzähne. Bau: Es sind winzige, wenig beblätterte, vom Substrat abstehende Herdenmoose mit um 5 mm langer Seta. Verbreitung: ziemlich selten auf Silikatgestein der niederschlagsreicheren Mittelgebirge und Alpen. So kommt ***Tetrodontium brownianum*** (DICKSON) SCHWAEGRICHEN in Süddeutschland bis ca. 1000 m vor. Höher steigt das verwandte ***Tetrodontium repandum*** (FUNCK) SCHWAEGRICHEN. Ökologie: Die Arten wachsen besonders an der Unterseite tiefschattiger, feuchter Sandsteinfelsen. Artunterscheidung nur mikroskopisch sicher.

Fissidentaceae – Spaltzahnmoose

Fissidens adianthoides HEDWIG
Haarfarnähnliches Spaltzahnmoos

(T. 30 I)
Name: Von lateinisch fissus = gespalten und dens = Zahn.
Erstbeschreibung: Dieses schöne Moos wurde von DILLENIUS bei Gießen (1718) zuerst erkannt und 1741 neu benannt. Bei JOHN RAY (1724) als *Hypnum erectum filicifolium ramosum, pinnulis acutis* beschrieben. *Hypnum adianthoides* heißt die Art schließlich bei LINNÉ (1753). *Hypnum* wiederum wegen der Verzweigung, wie auch wegen des häufigeren Niederliegens der Stängel.
Taxonomie und **Bau** der Familie: Sie ist einmalig. Ihre am Stängel reitenden Blätter unterscheiden sich von denen aller Moose durch einen Dorsal-(= Rücken-)flügel. Die untere Hälfte der Blattscheidenseite überdeckt die in einen Flügel verlängerte andere Seite (Abb.!). Blätter immer 2-zeilig und (gegenüber Lebermoosen!) mit einer bis zur Spitze reichenden Rippe. Sporogone mit glatter Seta, wie auch die Kapseln ganz ähnlich denen der *Dicranaceen*. Bei uns neben *Fissidens* nur noch *Octodiceras fontanum* (s. unten).
Bau: Unsere größte heimische Art. Zweige (2 –)3 – 5(– 6) cm lang, reich beblättert. Sie wächst in aufrechten bis niedergedrückten, grünen Rasen aus ± zahlreichen Ästen. Blätter zungenförmig-lanzettlich, um 5 mm lang, spitz oder stumpflich (am Rand wenig heller), oben unregelmäßig, grob gesägt. Rippe ± in der Spitze endend, nie austretend. Blattzellen 14 – 18 µm breit. Ein- oder zweihäusig. Sporogone nicht selten, in der Mitte der Zweige entspringend. Kapsel geneigt.
Verbreitung: Zerstreut von der Ebene bis ins Hochgebirge (in Bayern 1950 m und noch bis 2470 m in den Rhätischen Alpen). In der Ebene

Fissidens adianthoides

Fissidens dubius

Fissidens cristatus

jetzt selten, aber im Gebirge z. T. noch ziemlich verbreitet.
Ökologie: Moos basen- bis kalkreicher, nasser, auch sonniger Standorte an Felsen, auch so an Wasserfällen, in Quellfluren und Sumpfwiesen. Durch Entwässerungsmaßnahmen allgemein im Rückgang.
T 3, L x, F 8, R 7, K 5.
Ähnliche Arten: Sehr ähnlich ist ***Fissidens dubius*** P. BEAUVERD (= *F. cristatus*), das Kamm-Spaltzahnmoos (T. 30 j). Bau: Es ist um 2 cm groß (hat kleinere, 8 – 12 µm breite Zellen und auffallend aufgehellte („getuschte") Ränder). Bei der Trockenform tritt die Rippe kurz aus (fo. *mucronata*). Fast nur mit *F. taxifolius* zu verwechseln (vgl. dort). Verbreitung: im Kalkgebirge allgemein verbreitet (maximal bis 2600 m), in der Ebene selten und an Gemäuer nur verschleppt. Ökologie: Es wächst an Gestein und an steinigen oder Lössböschungen in Laubwäldern, aber auch an Kalkmörtelmauern, Beton sowie auf Erde in lückigen Trockenrasen (oder auch Borke). Nie an dauernassen Stellen. – **T 4, L x, F 4, R 8, K 5.**

Fissidens taxifolius HEDWIG subsp. ***taxifolius***
Eibenblättriges Spaltzahnmoos

(T. 30 i)
Erstbeschreibung: Erstmals von DILLENIUS bei Gießen erkannt und in JOHN RAY (1724) publiziert.
Bau: Dichte, meist dunkler grüne (abtrocknend hellgrüne), aus mehr abstehend beblätterten, meist nur 1 cm langen Zweigen bestehenden Rasen (vgl. auch bei *Fissidens dubius*). Blätter 1 – 2 mm lang, aus breiter Basis ± lanzettlich, breit zugespitzt, mit kurz austretender Rippe (ungesäumt, crenuliert, mit dunklen Rhizoid-

Fissidens taxifolius

gemmen; Mikroskop!). Einhäusig. Im Winter öfter mit Sporogonen. Kapsel meist geneigt, dunkelbraun, elliptisch. Seta scheinbar am Grunde der Zweige entspringend.

Verbreitung: Oft verbreitet, von der Ebene bis in mittlere Gebirgslagen (im höheren Gebirge fehlend; in Süddeutschland bis 1050 m, in Tirol bis 1550 m (höhere Angaben wohl zu *F. osmundoides* gehörend)).

Ökologie: Charaktermoos reicherer, oft kalkhaltiger, anlehmiger bis toniger, frischer bis feuchter Laubwaldböden und -böschungen. Seltener an feuchtem Gestein oder Mauern (sehr selten an Borke). Öfter auf Waldwegen. In allen typischen Auwäldern, aber auch in Parks.

T 4, L 5, F 6, R 7, K 5.

Ähnliche Arten: Zum Unterschied gegenüber *F. dubius*: Dieses ist meist größer, vorwiegend Gesteinsmoos und hat meist eine vor der Spitze endende Rippe und spitzwinklig abstehende Blätter. Die Sporogone entspringen in der Zweigmitte (die Blattzähne bestehen aus 2 – 3 Zellen). Bei dem sehr ähnlichen ***Fissidens osmundoides*** Hedwig, dem Königsfarnähnlichen Spaltzahnmoos, endet die Rippe immer vor der Spitze. Verbreitung: ein subarktisch-subalpines Moos. In der Ebene wohl ausgestorben, selten im Mittelgebirge, aber in den Alpen noch zerstreut (bis fast 2500 m). Ökologie: immer an nassen Standorten, besonders an überrieseltem Fels, im Sprühbereich von Wasserfällen, wie auf anmoorigen Böden. – **T 2, L x, F 8, R 5, K 6.** Kümmerformen von *F. taxifolius* werden öfter für ***Fissidens exilis*** Hedwig gehalten, dieses wächst an ähnlichen Standorten, ist aber viel seltener und nur bis 3 mm groß und besitzt meist Sporogone (mit aufrechten! Kapseln). – **T 5, L 4, F 6, R 5, K 5.**

Fissidens bryoides HEDWIG var. *bryoides*
(= *F. decumbens* = *F. inconstans* = *F. procumbens*)

Birnmoosähnliches Spaltzahnmoos

(T. 30 k)
Erstbeschreibung: Erstmals von DILLENIUS 1718 bei Gießen angegeben und beschrieben.
Bau: Lockere Herden bis dichte, meist unter 1 cm hohe, heller grüne Räschen. Blätter elliptisch bis länglich-lanzettlich, zugespitzt, um 1 mm lang, gesäumt (Saum einreihig). Rippe bis in die Spitze. Zweige mit 5 – 10 spitzwinklig abstehenden Blattpaaren. Einhäusig und Sporogone entsprechend häufig, endständig. Kapseln aufrecht, länglich-elliptisch, auf endständiger Seta, mit rotem Deckel (Winter, Frühjahr).
Verbreitung: Ziemlich verbreitet in der Ebene bis in die untere Bergstufe (in Süddeutschland selten bis 1450 m und in Nordtirol bis 1500 m, angeblich noch bis 2470 m).
Ökologie: Offene, dauerfeuchte bis frische, anlehmige bis tonige, kalkfreie, basenreichere Erdstandorte besiedelnd, besonders in Pioniergesellschaften an Böschungen, Laubwaldblößen, Gräben usw., schwacher Säurezeiger.
T x, L 4, F 5, R 6, K 5.
Ähnliche Arten: Nahe Verwandte lassen sich nur mit reifen Sporogonen unterscheiden und sind auch mit dem Mikroskop z. T. schwer bestimmbar. Aufrechte Kapseln hat (außer *F. exiguus*) nur *F. bryoides* und nur dieses ist allgemein verbreitet. ***Fissidens incurvus*** STARKE EX ROEHLING: Bau: wie obige Art, aber mit geneigten Kapseln. Verbreitung: eine seltenere Art. Tieflagenmoos (im Gebirge selten, bis ca. 800 m). Ökologie: nur auf reicheren, ± kalkhaltigen, anlehmigen oder mergeligen Böden. – **T 5, L 4, F 6, R 8, K 5.**

Fissidens bryoides

Fissidens crassipes Wilson ex Bruch & Schimper subsp. *crassipes*

(= *F. crassipes* var. *rufipes* = *F. mildeanus*)

Wasser-Spaltzahnmoos

Erstnachweis und **Erstbeschreibung:** Durch A. Braun im großen Brunnen in Durlach in Baden. Gültig beschrieben zuerst durch F. Wilson 1855.
Bau: Ähnlich der vorigen Art, aber mit – hier 2 – 3-reihigem – Saum und kräftiger, meist um 1 cm lang (Blattzellen größer, bis 18 µm breit). Seta gelblich.
Verbreitung: Tieflagenmoos, nicht selten in den großen Flusstälern, selten im Gebirge (in Süddeutschland nur bis 750 m, in Nordtirol bis 900 m).
Ökologie: Auf zumindest zeitweise überspültem, kalkhaltigem Ufergestein, wie auch in Brunnen.
T 5, L 6, F 8, R 8, K 3.
Ähnliche Arten: ***Fissidens rufulus*** Bruch & Schimper (= F. ventricosus), das Rotbraune Spaltzahnmoos. Bau: Saum derber (Blattzellen kleiner) und Seta purpurn. Verbreitung: seltener als vorige, aber höher steigend, von der Hügel- bis mittlere Bergstufe (bis 1200 m in Bayern). Ökologie: an hellen, meist überspülten, kalkhaltigen bis kalkärmeren Standorten auf Kalkgestein oder kalkhaltigem Silikatgestein, vor allem an Flussufern. – **T 6, L 7, F 9, R 8, K 3. Ähnliche** wasserbewohnende Arten sind sehr selten.

Fissidens crassipes

Fissidens pusillus (Wilson) Milde

(= *F. minutulus* subsp. *pusillus* = *F. viridulus* var. *pusillus*)

Kleines Spaltzahnmoos

Erstnachweis und **Erstbeschreibung:** Als *Bryum viridulum* durch J. J. Dickson 1785. Gültige Beschreibung aber erst 1855 durch F. Wilson als *F. viridulus* var. *pusillus*.

Bau: Eines unserer kleinsten, zuweilen nur durch die oft zahlreichen winzigen, bis 2 mm hohen Sporogone auffallendes Laubmoos, nicht selten lockere Herden bildend. Meist 2 – 3 mm hohe Stängel mit nur 3 – 4(– 5) Blattpaaren (Blätter ganzrandig). Oft mit Sporogonen.

Verbreitung: Ein Gebirgsmoos unterer Lagen (in der Ebene selten, verschleppt?). In Süddeutschland bis 900 m, selten bis 1300 (und 1520) m.

Fissidens pusillus

Ökologie: Erstbesiedler an schattigen, nackten, dauerfeuchten bis überrieselten (dort „var. irriguus"), kalkarmen, aber wohl basenreichen Plätzen, besonders auf Sandstein und oft in Gewässernähe oder z. B. in Brunnentrögen.
T 4, L 3, F 6(7), R 6, K 5.
Ähnliche Arten: ***Fissidens gracilifolius*** BRUGGEMAN-NANNENGA & NYHOLM (= F. minutulus = F. viridulus var. tenuifolius), Kleines Kalk-Spaltzahnmoos. Bau: täuschend ähnlich der vorigen (aber Blätter schärfer gespitzt, gezähnelt), jedoch kalkstet. Verbreitung: zerstreut im Kalkgebirge bis in mittlere Lagen (in der Ebene nur verschleppt). In Süddeutschland bis 1070 m, angeblich auch noch bei 1710 m, im übrigen Alpenbereich meist fehlend. Ökologie: Es besiedelt schattig-dauerfeuchtes Kalkgestein und Kalkmauern, sehr selten auf Löss. Oft mit *Seligeria*-Arten. – **T 4, L 3, F 6 (7), R 6, K 5.**

Fissidens gracilifolius

Octodiceras fontanum (Bach-Pylaei) Lindberg
(= *O. julianum* = *Fissidens fontanus*)
Achtgabelzahnmoos

(T. 30 G)
Name: Aus griechisch octó = acht, dis = zwei, doppelt und keras = Horn zusammengesetzt, jedoch beruht der Name auf einem Irrtum!
Erstnachweis und **Erstbeschreibung:** Durch P. A. Micheli 1728 als *Muscus pinnatus aquaticus* in Italien (aus Florenz?).
Bau: Die dem Substrat meist dachziegelig angedrückten, 2 – 3 cm langen Zweige sind durch zahlreiche Blattpaare locker bestückt. Im Gegensatz zu *Fissidens* sind die ebenfalls „reitenden“ Blättchen in linealische, ganzrandige Flügel (mit stumpflicher Spitze) verlängert. Die öfter (durch Schwebeteilchen) stark verschmutzten Rasen sind leicht zu übersehen. Sporenkapseln schlank, sehr klein, auf kurzer Seta, von Hüllblättern fast verborgen, zur Reife abbrechend und auf dem Wasser schwimmend. Obwohl einhäusig, nur selten sporulierend beobachtet.
Verbreitung: Tieflagenmoos. In Süddeutschland nur bis 460 m gefunden. War früher fast nur aus Brunnenbecken Süddeutschlands bekannt, wo es durch „Säuberungsmaßnahmen“ fast verschwunden ist. Dafür scheint sich die Art in den Tieflagen immer mehr auf Steinen und an Mauern weniger verschmutzter Flüsse (besonders an Wehren) auszubreiten.

Octodiceras fontanum

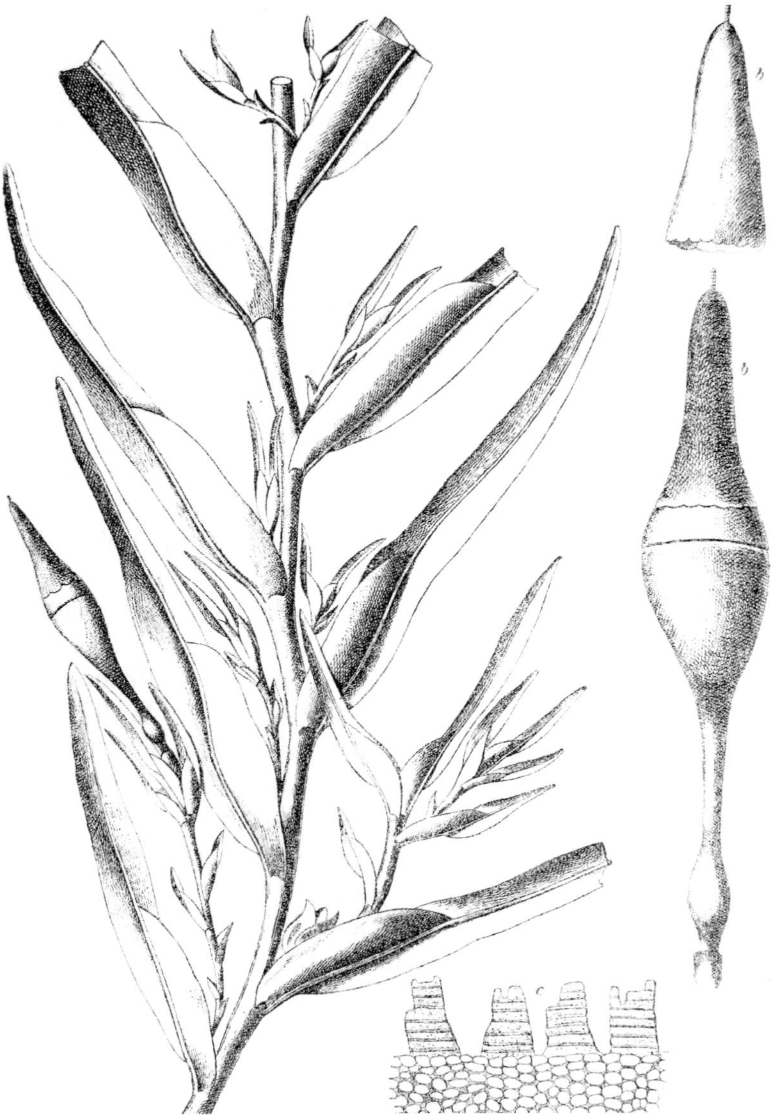

Octodiceras fontanum: Habitus, Sporogon und Haube, Peristomzähne

Fissidens fontanus

Ökologie: An lichten bis schattigen, nährstoffreicheren Standorten, auch im Brackwasser. Submers in stehenden (in Gusseisen- und Betonbecken von Brunnen) und fließenden Gewässern, vor allem in größeren Flüssen. Sowohl unter als auch über der Normalwasserlinie, d. h. zeitweilige Austrocknung ertragend, oft mit *Amblystegium riparium*.

T 6, L 7, F 9 (8), R 4, K 5.

Bemerkenswert: In Nordamerika an drei verschiedenen Süßwassermuschel-Arten gefunden (NEUMANN). Außerdem im Salzwasser des Meereslittorals an Tang und Schwämmen beobachtet! Die Ausbreitung erfolgt nautohydrochor durch die leicht abbrechenden Sporogone, wie natürlich auch vegetativ.

Dicranaceae: Unterfamilie Dicranoideae – Zweizahnmoose

Dicranum scoparium HEDWIG Besenförmiges Gabelzahnmoos

(T. 31 a – d)

Name: Von griechisch dicranon = zweizinkige Gabel, was sich auf die Doppelzähne des Peristoms bezieht.

Erstbeschreibung: Durch DILLENIUS 1718 in der „Flora von Gießen".

Bau: Dichte, zwischen 1 bis über 5 cm hohe, meist glänzende, hell- bis frischgrüne, auch trocken kaum geschrumpfte Hochrasen. Stängel oft filzig, Blätter meist gebogen (seltener auch gerade) und einseitswendig (wie ein Handfeger). Die um 1 cm langen Blätter aus eiförmigem Grund lanzettlich, lang zugespitzt, oben (und meist auch am Rücken) gezähnt, außer an Feuchtstandorten (= fo. *paludosa*) nicht gewellt und mit kurz austretender Rippe. Wie alle Arten mit deutlichen Blattflügelzellen (Blattzellen weit herauf linealisch). Trocken wenig verbogen. Zweihäusig. Sporogone einzeln mit schräg aufrechten Kapseln, diese durch ein Peristom aus 16 Paarzähnen ausgezeichnet. Pseudomonözisch durch „Zwergmännchen“: die winzigen männlichen Pflanzen entwickeln sich auf den Blättern der weiblichen Pflanzen!

Verbreitung: Ebene bis ins höhere Gebirge (bis um 1400 und 2200 m in Bayern, in Nordtirol noch bei 2300 m sowie von 2800 und 3000 m (STOLZ) angegeben).

Ökologie: An sonnigen wie schattigen, lang austrocknenden bis dauerfeuchten, immer kalkarmen Standorten, über Silikatgestein, wie auch erdigem Substrat (Sand, Lehm, Rohumus, Torf), an morschem Holz und seltener auch an (saurer!) Borke. Bei hoher Luftfeuchtigkeit auch an Borke wachsend. Die sehr unterschiedliche Größe der Pflanzen gibt gute Hinweise auf die Wasser- und Nährstoffversorgung der Standorte und erlaubt begrenzt auch Rückschlüsse auf die durch „sauren Regen“ bedingte Versauerung der Böden. Der dadurch bewirkte sinkende pH-Wert führt mit dem Rückgang der Bakterienaktivitäten auch zu geringerem Aufschluss der Nährstoffe im Boden, also zu schlechterem Wachstum der Moose. Wie einige andere Verwandte zeichnet sich die zweihäusige Pflanze durch das Vorkommen von Zwergmännchen im Wurzelfilz der weiblichen Pflanzen aus. Noch am einfachsten findet man sie an Pflanzen mit jungen Sporogonen! Zeiger stärkerer Luftverschmutzung: Da Transplantationsversuche in Gebieten hoher Emmisionsbelastung auf eine hohe Widerstandsfähigkeit der sterilen Rasen hinweisen, muss der Rückgang andere Ursachen haben. Eine Ursache dürften Konkurrenz-

Dicranum scoparium

probleme sein. So hat in SO_2- und NO-belasteten Kiefernwäldern des Niederrheingebietes z. B. auch *Scleropodium purum* gegenüber *Pleurozium* stark zugenommen. Zudem wird die, z. B. am Niederrhein und seinen Randgebieten, im sauren Milieu behinderte Wanderung der Spermien ursächlich für die unterbleibende Sporogonbildung sein und damit ebenfalls zum großflächigen Rückgang (bis Aussterben) dieses „Kolonisten" beitragen. Schließlich könnte das von E. HEGEWALD beobachtete, bei einem pH-Wert unter 4 ausbleibende Protonemawachstum auch eine Wiederansiedlung in stark belasteten Gebieten verhindern.

T x (4), L 5, F 4 (5), R 4, K 5.

Besonderes: Schulbuchmoos. Zwergmännchen (s. o.). Viele *Dicranaceen* und auch die meisten *Dicranum*-Arten gehören zu den schwer kenntlichen Moosen. Gut entwickelt (und v. a. mit Sporogonen) ist diese Art aber, besonders trocken, unverwechselbar. Die Ein- und Ausfuhr aller *Dicranum*-Arten wurde inzwischen unverständlicherweise durch das Washingtoner Artenschutzabkommen verboten.

Ähnliche Arten: Ganz ähnlich, aber meist größer ist ***Dicranum majus*** SMITH, das Große Gabelzahnmoos (T. 30 e). Bau: Pflanze mit 2 – 5 Sporogonen und mit kleineren Kapseln. Die Blätter sind hier länger zugespitzt, an der Spitze ± borstlich (der Rippenquerschnitt abgerundet, mit zwei Reihen großer Zellen). Verbreitung: Ebene bis Baumgrenze (bis 1200 und 1500 m in Süddeutschland, in Nordtirol bis 1740 m angegeben). Im südlichen Deutschland nur im Gebirge, z. T. zerstreut. Ökologie: an feucht-schattigen bis lichten, kalkarmen Standorten auf meist humusreichen Böden in Laub- und Nadelwäldern, besonders an absonnigen Hängen und Böschungen, in den Hochlagen auch in grasigen Triften. – **T 3, L 5, F 6, R ?3, K 6.**

Dicranum majus

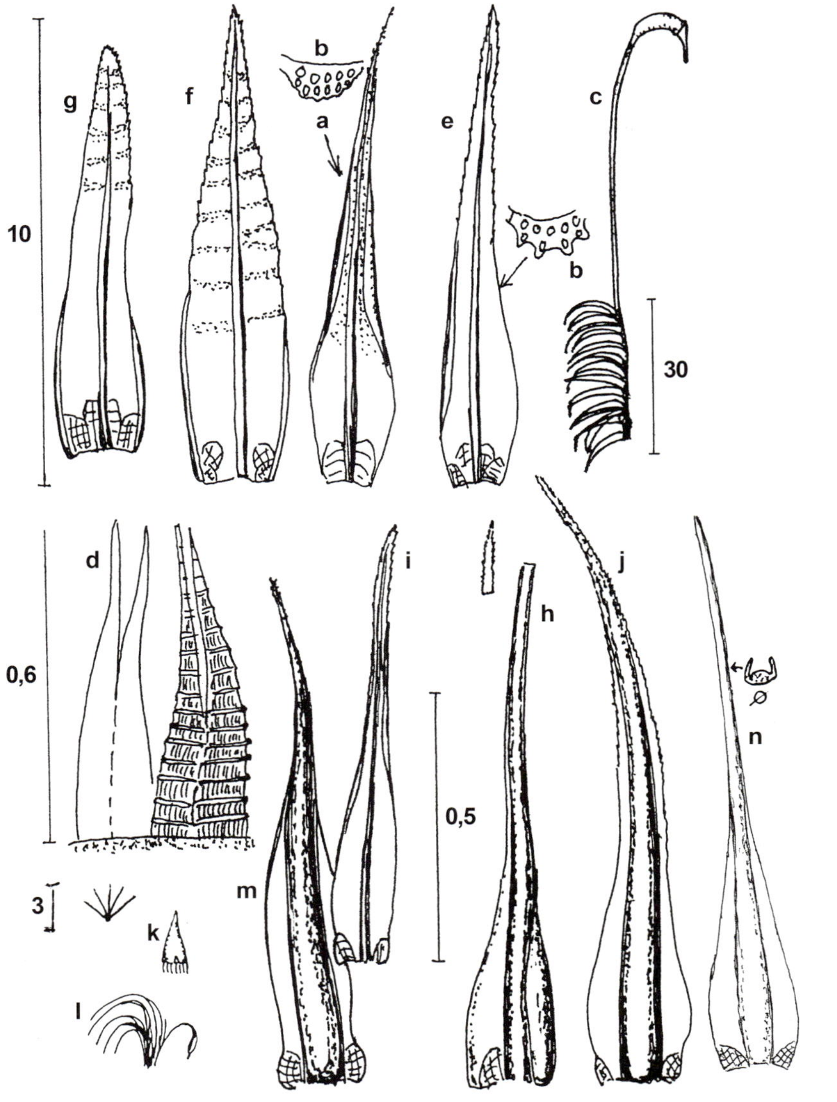

Tafel 31: ***Dicranum scoparium:*** a. Blatt, b. Blatt quer, c. Habitus, d. zwei Peristomzähne (einer strukturiert). ***D. majus:*** e. Blatt und b. Blatt quer. ***D. polysetum:*** f. Blatt. ***D. bergeri:*** g. Blatt. ***D. viride:*** h. Blatt mit Bruchspitze. ***D. montanum:*** i. Blatt. ***Paraleucobryum longifolium:*** j. Blatt. ***Campylopus flexuosus:*** k. Haube. ***C. pyriformis:*** l Brutspross. ***Dicranodontium denudatum:*** m. Blatt

Dicranum fuscescens var. *fuscescens* SMITH agg., Braunrotes Gabelzahnmoos. Bau: im Gegensatz zu den vorigen trocken stark verbogen (im oberen Blatt mit kurzen, unregelmäßigen Zellen). Verbreitung: Gebirgsmoos, in der Ebene selten (in Bayern bis fast 2000 m und in Tirol sogar bis 2700 m). Ökologie: vor allem in Bergwäldern auf Rohhumus und morschem Holz sowie an Silikatgestein. Besonders in Nadelwäldern und in Blockhalden. – **T 2, L 7, F 6, R 2, K 6.** Das äußerst ähnliche ***Dicranum muehlenbeckii*** BRUCH & SCHIMPER, Muehlenbeck'sches Gabelzahnmoos, kommt nur auf Kalkböden vor, z. B. auf der Schwäbischen Alb. – **T 3, L 8, F 4, R 8, K 7.**

Dicranum polysetum SWARTZ
(= *D. rugosum* = *D. undulatum* WEBER & MOHR, non SCHRADER)

Gewelltes Gabelzahnmoos

Dicranum polysetum

(T. 31 f)
Erstbeschreibung: Durch H. G. Weber 1778, von ihm im Harz entdeckt und unterschieden. Aus heutiger Sicht aber erst durch O. Swartz (1801) gültig beschrieben.
Bau: Ähnlich *D. scoparium*, aber Pflanzen kräftiger, mit dichtem, weißlichem Stängelfilz und abstehenden, stark gewellten, kaum einseitwendigen Blättern.
Verbreitung: Ebene bis mittlere Gebirgslagen (in Bayern noch bei 1720 m und 2200 m).
Ökologie: An lichten, oft länger trockenen Plätzen auf Sand oder Skelettböden (auch Kalk) über meist reicherem Humus am Boden von Nadelwäldern (Zeiger ursprünglicher Kiefernwälder). Selten in Eichenwäldern und dort meist an Waldwegböschungen. Der dichte Rhizoidenfilz der Stängel dient der kapillaren Wasserleitung und damit der Verlängerung der Photosyntheseperioden.
T 3, L 6, F 4, R 5, K 6.
Ähnliche Arten: Ebenfalls gewellte, ± gerade Blätter haben auch die folgenden Arten.

Dicranum spurium Hedwig
Falsches Gewelltes Gabelzahnmoos

Erstbeschreibung: Durch J. F. Gmelin 1791, wahrscheinlich aus der Umgebung Tübingens, wo es der Erstautor noch 1959 sogar mit Sporogonen fand.
Bau: Blätter feucht stark gewellt, relativ kürzer als bei *D. polysetum*. Das einzige *Dicranum* mit trocken gedreht-schopfigen Blättern. Zweihäusig, aber mit Zwergmännchen. Selten mit Sporogonen.
Verbreitung: Vor allem in der Ebene und im niederen Bergland verbreitet bis zerstreut. Inzwischen, wahrscheinlich durch Förderung der Konkurrenten (insbesondere *D. scoparium*), bei stärkerer Luftverschmutzung sehr selten geworden oder auch verschwunden (in Süddeutschland unter 800 m, aus den Alpen bis 1000 m angegeben).

Dicranum spurium

Ökologie: An lichten bis sonnigen, länger trockenen, kalkfreien, nährstoffarmen Standorten auf Sand- und auf Skelettböden, selten auf Torf. Charakterart ärmster Eichen- und Kiefernwälder (und -forsten).
T 3, L 7, F 2, R 2, K 6.
Ähnliche Arten: ***Dicranum bergeri*** BLANDOW EX HOPPE (= D. affine) (T. 31 g), das Hochmoor-Gabelzahnmoos. Erstbeschreibung als *D. undulatum* durch SCHRADER 1794. Bau: habituell ähnlich *D. polysetum*, aber trocken schopfig anliegende Blätter (mikroskopisch: Blattzellen oben kurz, unregelmäßig). Verbreitung: von der Ebene bis über die Baumgrenze (bis 1600 m in Bayern und aus den übrigen Alpen bis 2800 m angegeben). Es ist (außer in Süddeutschland) durch Austrocknung und Abbau der Moore oft sehr selten. Ökologie: Es wächst nur in sonnig gelegenen, oligotrophen Hochmooren und ist dadurch meist schon standörtlich sicher von *D. polysetum* zu trennen. Besonders auf Torf zeitweise austrocknender Bulten, meist mit *Sphagnum magellanicum*. Der starke Wurzelfilz dient in Trockenzeiten der kapillaren Wasserleitung. – **T 2, L 9, F 6, R 1, K 6.** ***Dicranum bonjeanii*** DE NOTARIS (= D. palustre nach KOPERSKI et al.), Sumpf-Gabelzahnmoos. Bau: Die ± sicheligen Blätter sind meist ganzrandig und die Rippe ganz glatt. Damit unterscheiden sie sich von wellblättrigen Formen des *D. scoparium*. Verbreitung: zerstreut im ganzen Gebiet, aber vielerorts im starken Rückgang begriffen. Ebene bis mittlere Gebirgslagen (selten über der Baumgrenze: in Bayern bis 1000 und 1600 m, in Tirol bis 1750 und 2280 bis 2340 m). Ökologie: an meist sonnigen, gewöhnlich nassen, kalk- oder mindestens basenreichen Standorten auf ± torfhaltigem Substrat in Flachmooren, reicheren Moorwäldern und Nasswiesen, zuweilen auch auf kalkhaltiger Erde in wechselfeuchten Mesobrometen! – **T 3, L 8, F 7(6), R 7, K 6.**

Dicranum bergeri

Dicranum tauricum SAPJEGIN
(= *D. strictum* = *Orthodicranum tauricum*)
Steifes Gabelzahnmoos

Erstbeschreibung: Durch den Russen SAPJEGIN (1911). **Entdecker** ist jedoch CH. SCHLEICHER, der die Art im Kanton Waadt/Schweiz schon vor 1806 sammelte.
Bau: Dunkelgrüne, flache, aber dichte, ausgedehnte, meist um 1 cm hohe Polsterrasen bildend. Blätter trocken und feucht steif aufrecht, trocken wenig verbogen. Blattspitzen bei der zartesten Berührung abbrechend („Tupftest"!, Blätter der vegetativen Vermehrung dienend). (Blattzellen weit herauf verlängert, erst oben ± quadratisch.) Zweihäusig. Sporogone sind sehr selten.
Verbreitung: Moos der tieferen Lagen (selten über 600 m, ausnahmsweise bei 960 m).
Ökologie: In ausreichend luftfeuchten Wäldern an Borke und vor allem auf Baumstümpfen von Laubhölzern, liegenden, alten Baumstämmen und hier bis dm^2 große Decken bildend. Früher sehr selten, aber inzwischen durch sekundäre Ausbreitung besonders in Gebieten stärkerer Luftverschmutzung häufiger. Ersetzt dort z. T. *D. montanum* und *D. scoparium*. Ausbreitung meist vegetativ mit Hilfe der brüchigen Blätter, Wind- und Wasserhaftausbreitung! Sporogone sehr selten. Im westlichen Deutschland oft ziemlich verbreitet.
T 3, L 4, F 4, R 3, K 6.
Ähnliche Arten: ***Dicranum viride*** (SULLIVAN & LESQUEREUX) LINDBERG, Dunkelgrünes Gabelzahnmoos. (T. 31 h). Bau: ähnlich und ebenfalls durch brüchige, aber trocken krause Blätter unterschieden. Verbreitung: ziemlich verbreitet im südlichen Deutschland, aber meist unter 600 m, selten bis 930 m (im Alpenbereich bis 1200 m). Ökologie: auf Laubholzborke luftfeuchter Wälder über kalkhaltigen Böden, z. B. in Auwäldern – **T 5, L 5, F 5, R 7, K 7.**

Dicranum tauricum

Dicranum montanum HEDWIG
(= *Orthodicranum montanum*)
Berg-Gabelzahnmoos

(T. 31 i)
Erstbeschreibung: Durch HEDWIG 1801, wahrscheinlich nach Belegen von J. CH. STARKE (leg. 1797).
Bau: Trocken meist matt hellgrüne, sehr krausblättrige Pölsterchen ab 1 cm Größe bis Decken von mehr als Handgröße bildend. Blättchen fast gerade, borstlich-lanzettlich (mikroskopisch stark papillos), meist 2 – 3, seltener bis über 5 mm lang. Feucht von ähnlichen Arten habituell kaum zu unterscheiden, außer in der Kümmer- und Bruchblattform fo. *pulvinatum*. Zweihäusig und selten mit Sporogonen.
Verbreitung: Ebene bis mittlere Gebirgslagen oft verbreitet (bis etwa 1000 m, darüber selten, aus Bayern bis 1950 m angegeben und in den Südalpen am Schlern noch bis 1900 m).
Ökologie: An saurer Borke an lichten Plätzen in ausreichend luftfeuchter Lage über kalkfreien Böden sowie an morschem Holz und seltener auch an Silikatgestein. Krustenartige Kümmerformen zeigen relative Lufttrockenheit an. Selten mit Sporogonen, vorwiegend vegetative Ausbreitung durch Bruchblätter.
T 3, L 6, F 5, R 2, K 6.
Ähnliche Arten: ***Dicranum flagellare*** HEDWIG (= Orthodicranum fl.). Bau: Die trocken (durch fast glatte Blätter) schwach glänzenden Polsterrasen sind nur im Sommer, zur Zeit der Ausbildung der zahlreichen, ca. 3 mm langen, axillären, schlanken (glatten) Brutsprösschen leicht zu unterscheiden. Öfter mit *Campylopus flexuosus* verwechselt, das sich jedoch durch dickrippige Blätter und braunen Haarfilz unterscheidet. Verbreitung: ziemlich zerstreut, besonders in den Tieflagen, aber in Bayern bis 1620 m und aus Tirol bis 1920 m angegeben. Ökologie: an feuchterem morschem Holz, seltener an Silikatgestein. – **T 4, L 6, F 5, R 2, K 6.** Habituell ähnlich ist auch *Dicranoweisia*. Diese unterscheidet sich außer durch deutlichen Glanz auch der trockenen Pölsterchen vor allem durch das häufige Vorkommen von Sporogonen (und mikroskopisch: mit mehrzelligen Brutkörpern). Irgendwie zweifelhafte *Dicranum*-Formen sollten immer mikroskopisch nachbestimmt werden.

Dicranum montanum

Dicranum flagellare

Paraleucobryum longifolium (Hedwig) Loeske
(= *Dicranum longifolium*, inkl. var. *subalpinum* (Milde) Demaret)

Langblättriges Weißgabelzahnmoos

(T. 31 j)

Name: Zusammengesetzt aus griechisch para = neben, wider und *Leucobryum* = Weißmoos, wegen der ähnlichen Blattstruktur.

Erstbeschreibung: 1786 durch Fr. Ehrhart. Er hatte sie in der Zeit, als er in Uppsala als Apothekergehilfe arbeitete, dort 1774 entdeckt.

Bau: Dichte, trocken graugrüne, 1,5 – 3(– 5) cm hohe, oft dm^2-große Polsterrasen. Ähnlich *Dicranum scoparium*, aber durch schmalere, mehr borstliche Blätter und die breite, dicke Rippe (Blätter feucht undurchsichtig!) unterschieden. Blätter sichelig gebogen, 1 cm lang oder kürzer. Zweihäusig. Ziemlich selten mit Sporogonen. Kapsel aufrecht, um 3 mm lang.

Verbreitung: In den Silikatgebirgen ziemlich verbreitet (über Kalk seltener, noch weniger in der Ebene, z. B. an erratischen Blöcken). In Bayern bis fast 2000 m, aus den Zentralalpen bis 2530 m angegeben.

Ökologie: Kalkmeidend, aber wohl basiphil. An Silikatgestein trocken-schattiger Blöcke und Felsen, besonders in Blockhalden in Laubwäldern und auch an Borke (sogar in Kalkgebirgen), jedoch nur in kaum belasteten Lagen, da empfindlich gegen Luftverunreinigung. Die var.

Paraleucobryum longifolium

subalpinum ist wahrscheinlich nur eine Form offener, sonnig-trockener Standorte. Zuweilen mit abbrechenden Trieben.

T 3, L 4(– 6) F 4(5), R 1, K 6.

Besonderes: Im Blattbau eine Analogie zu *Leucobryum*. Auch hier gibt es neben Grünzellen (= Chlorocyten) noch wasserspeichernde, größere, farblose Rippenzellen.

Ähnliche und **Verwandte Arten:** Sehr ähnlich können auch Formen von *Dicranodontium* und evtl. kräftiges *Campylopus* sein. Beide produzieren jedoch in der Regel Bruchblätter oder Bruchsprosse und zeichnen sich durch jung gekrümmte Seten aus (und die Laminazellen sind ± trapezförmig). ***Paraleucobryum sauteri*** (BRUCH & SCHIMPER) LOESKE, Sauters Weißgabelzahnmoos. Bau: ganz ähnlich, aber vorwiegend auf Laubholzborke beschränkt (und nur mikroskopisch sicher zu unterscheiden: mit je 20 – 25 randlichen Lamina-Zellreihen, gegen nur 10 Reihen bei *P. longifolium*). Verbreitung: im höheren Gebirge Südwestdeutschlands und der Alpen. In Bayern ab ca. 500 – 1550 m, in Tirol bis 2100 m. Ökologie: ähnlich voriger Art, aber anspruchsvoller: **T 3, L 4, F 5, R 2, K 7.** ***Paraleucobryum enerve*** (THEDENIUS) LOESKE (= Dicranum albicans), Weißliches Weißgabelzahnmoos. Bau: ähnlich, aber trocken weißlich. Verbreitung: eine arktisch-alpine, auf die Alpen beschränkte Art (zwischen etwa 1600 bis ca. 2500 m, selten bis über 3000 m). Ökologie: kalkfeindlich, an Silikatgestein (oder auf Rohhumus). – **T 1, L 9, F 7(?8), R 2, K 6.**

Campylopus flexuosus (Hedwig) Bridel var. *flexuosus*

(= *C. paradoxus*)

Bogiges Krummstielmoos

(T. 31 k – m)

Name: Von griechisch campylos = gekrümmt und pous = Fuß, bezieht sich auf die Seta.

Erstbeschreibung: Erstmals von Dillenius in seiner Flora von Gießen (1718) beschrieben.

Bau: Dunkel- bis schwarzgrüne, reichlich wurzelfilzige, dichte, (0,5 –) 1 bis 5 cm (selten höhere) Polsterrasen, auf denen (zumindest nach Darüberstreichen) etwa 0,5 cm lange, hellere Brutsprösschen liegen. Blätter borstlich aus eiförmigem Grund, oben flach, trocken angepresst, verbogen, feucht ± aufrecht, gerade oder auch einseitswendig. Rippe sehr dick, deshalb Blätter nicht durchscheinend. (Deutliche, blasige Blattflügel). Die mindestens 5 – 10 mm langen Stängel mit ± dichtem, braunem Wurzelfilz. Alle Arten zweihäusig. Sporogone zerstreut, klein, mit relativ kurzer, jung bogig ins Polster gekrümmter Seta, reif aufrecht. Haube gewimpert.

Verbreitung: Ebene bis Gebirge. Im westlichen Deutschland meist ziemlich verbreitet, sonst seltener (in Süddeutschland ausnahmsweise, im Allgäu bis 1350 m, im Ötztal bis über 1200 m, höhere Angaben sind sicher Verwechslungen).

Ökologie: Wie diese sind alle Arten kalkmeidend und vorwiegend im milden, feuchten, (ozeanischen) Klima verbreitet. *C. flexuosus* wächst meist an halbschattigen, länger grundfeuchten Plätzen auf kalkfreiem, nährstoffarmem, erdigem Substrat, insbesondere Rohhumus und humosem Sand- oder Skelettboden u. ä., sowie an feuchterem Silikatgestein. In Wäldern Störungszeiger. Besonders in Nadelforsten. Wegen des nötigen Pilzsymbionten oft zusammen mit anderen *Campylopus*-Arten.

T 4, L 7, F 6, R 1, K 3.

Besonderes: Hauptverbreitung in den Tropen. Eine sehr artenreiche Gattung, mit ca. 200 Ar-

Campylopus flexuosus

Campylopus pyriformis

ten eine der größten der Laubmoose. Für diese Art und das Moor-Krummstielmoos nimmt J. P. FRAHM, der Monograph der Gattung, eine Einbürgerung seit dem Mittelalter an. Im Gegensatz zu den Verfassern lehnt er diese Ansicht später ab.

Ähnliche Arten: **Campylopus pyriformis** (SCHULTZ) BRIDEL (= C. turfaceus), Moor-Krummstielmoos. Bau: unterscheidet sich meist durch niedrigeren Wuchs, hellgrüne Farbe und die sternförmig spreizenden Brutsprösschen (T. 31 l). Daneben kommen oft Rasen der kleineren und immer hellgrünen Kümmerform vor, der mod. *muelleri*. Diese sind öfter völlig in die am Grund blasig erweiterten Bruchblätter aufgelöst. Verbreitung: vor allem in der Ebene, seltener im höheren Silikatgebirge (bis 1100 und 1900 m). Ökologie: in Moor- und Heidegebieten weit verbreitet. Es wächst mehr an lichten, trockeneren Standorten, vorwiegend auf torfigem Sand, aber auch an Wegböschungen und auf morschem Holz. Ebenfalls Störungszeiger, besonders bei Massenverbreitung. – **T 4, L 8, F 5, R 1, K 3.** Mit dieser Art wurde öfter das viel seltenere **Campylopus fragilis** (BRIDEL) BRUCH & SCHIMPER, das Bruchblättrige Krummstielmoos, verwechselt. Bau: Es unterscheidet sich aber von allen unseren Arten durch die nur am Stängelgipfel produzierten, am Grunde nicht erweiterten Brutblättchen und das vorwiegende Vorkommen an meist sonnig-trockenem Silikatgestein in niederen Lagen der Gebirge. – **T 4, L 7, F 5(6), R 2, K 3.** – Weitere haarlose *Campylopus*-Arten sind meist sehr selten und oft auf die Alpen beschränkt.

Campylopus introflexus (HEDWIG) BRIDEL
(= *C. polytrichoides auct.*, non De Notaris)
Haartragendes Krummstielmoos

Erstbeschreibung: Erstmals von HEDWIG 1801 beschrieben.

Bau: Es ist leicht an den hyalinen Haarspitzen zu erkennen. In Feuchtperioden gewachsene Pflanzen haben oft nur an basalen, älteren Blättern Glashaarspitzen aus trockeneren Perioden (an den neuen Trieben jedoch z. T. erst im Mikroskop sichtbar). An Trockenstandorten hat

die Art durch die (hier öfter horizontal abstehenden) Haare einen typisch grauen Anflug, so dass sie oft eher mit *Polytrichum piliferum* verwechselt wird (so vom deutschen Erstfinder). Zweihäusig, aber zerstreut mit Sporogonen. Immer mit Brutsprösschen, die – wohl auch mit Hilfe der Haarspitzen – aufs Beste der vegetativen Ausbreitung (s. u.) dienen.
Verbreitung: Erst in jüngerer Zeit eingeschlepptes und vor allem in den Tieflagen rapide in Ausbreitung befindliches Moos. Erstfunde in Europa in Sussex (1941) und in Irland (1942). In Deutschland erstmals durch H. D. KLEIN bei Münster in Westfalen (det. F. NEU) 1967 gefunden. Bald danach vom Verfasser bei Oldenburg als *C. brevipilus* gesammelt und von E. C. WALLACE revidiert. Meist nur unter 500 m, aber in den Vogesen schon bis 800 m (FRAHM).
Ökologie: Auf trockenen, armen Silikat- und Rohhumusböden in meist sonniger Lage, so besonders auf Binnendünen und in lichten Eichenwäldern, in Nadelforsten sowie trockenen Mooren. Zuweilen auf morschem Holz.
T 6, L 8, F 2, R 2, K 3.
Besonderes: *C. introflexus* ist mit Sicherheit erst in jüngster Zeit auf der Südhemisphäre beheimatet(!), bei uns über die Niederlande etwa seit 1950 eingewandert. Es breitet sich vor allem mit Hilfe von Brutsprossen rasant aus, aber auch Sporogone sind inzwischen nicht selten. Um 1970 in Westfalen entdeckt, sind inzwischen schon hunderte von Fundorten aus fast ganz Deutschland bekannt. So besonders in Westdeutschland, wo die Art, z. B. in der Ahreifel, über 50mal gefunden wurde.
Ähnliche Arten: In Deutschland fast nur das auf die nordwestdeutsche Ebene beschränkte und auch dort seltene ***Campylopus brevipilus*** BRUCH & SCHIMPER mit meist kaum sichtbarer Haarspitze. – **T 6, L8, F 6, R 1, K 2.** – Wie die folgende Art oberflächlich nur mit *Polytrichum piliferum* zu verwechseln, das sich jedoch außer durch gerade Seten durch die hellen, eingebogenen Blattränder unterscheidet. Statt *C. introflexus* ist in den Südalpen ***Campylopus pilifer*** BRIDEL (= C. polytrichoides), das Südliche Haartragende Krummstielmoos, bis ca. 600 m ziemlich verbreitet. Bau: nur mikroskopisch

Campylopus introflexus

zu unterscheiden. Verbreitung: eine subtropische, in Mexiko noch bis 3000 m aufsteigende Art. Ökologie: auf sonnig-trockenem, kalkfreiem Silikatgestein und Skelettböden in Fels- und lückigen Trockenrasengesellschaften. – **T 8, L 9, F 2, R 1, K 3.** Ebenfalls dort ist auch noch das sehr seltene, immer kurzhaarige ***Campylopus oerstedianus*** (MUELLER HAL.) MITTEN (= C. mildei) zu finden. – **T 9, L ?8, F ?2, R 2, K3.**

Dicranodontium denudatum (BRIDEL) E. BRITTON

(= *D. longirostre,* inkl. var. *alpinum* (SCHIMPER) HAGEN: wohl nur eine Kümmerform)

Abblätterndes Zweizinkenmoos

(T. 31 m)

Name: Zusammengesetzt aus *Dicranum* und – abgeleitet von lateinisch dens = Zahn – dontium.

Erstbeschreibung: Erstmals als *Dicranum flexuosum* (p. p.) von BRIDEL 1798 beschrieben. Vom Pfarrer IGNAZ SELIGER 1797 am Glatzer Schneeberg für die Wissenschaft entdeckt.

Bau: Oberflächlich *Dicranum scoparium* oder einem *Campylopus* ähnliche, dunkelgrüne Polsterrasen, aber mit feineren, in einer Borste endenden, dickrippigen Blättern (mit glatter Rippe). Es hat feine, unten nicht verdickte Bruchblätter. Man kann diese am besten auf die Weise nachweisen, dass man die feuchten Pflanzen über die Hand streift: die Bruchblätter bleiben haften! Wie *Campylopus* hat die Gattung jung gebogene Seten, unterscheidet sich aber durch die hier kahle, ungewimperte Haube.

Dicranodontium denudatum

Verbreitung: Vor allem in Süddeutschland und den Alpen ziemlich verbreitetes Gebirgsmoos niederschlagsreicherer Lagen. Selten in der Ebene, meist über 500 m (die var. alpinum meist über 800 m). In Bayern bis 1850 m, in Nordtirol bis 1850 m und auch noch von 2100 m aus der Schweiz angegeben.
Ökologie: Kalkmeidend. Nur in feuchten Gebirgswäldern und besonders in den Alpen verbreitet auf morschem Holz und Silikatgestein. In der Ebene sehr selten. An morschem Nadelholz auch im Kalkgebirge.
T 3, L 4 (? 5), F 6 – 7, R 2, K 6.

Ähnliche Arten: Unsere zweite Art, ***Dicranodontium asperulum*** (MITTEN) BROTHERUS (= D. aristatum), das Rauborstige Zweizinkenmoos, ist sehr selten und wurde nur in Ostbayern und im Elbsandsteingebirge gefunden. Im Hochgebirge ab ca. 1000 bis 1300 (– 2470) m. Bau: nur mikroskopisch zu unterscheiden: durch oben stachlig-papillösen Rippenrücken. Ökologie: an Fels, auch auf Sandstein, aber selten auf Erde. – **T 2, L 2, F 7, R 1, K 3.** Das mit *Dicranodontium* öfter verwechselte *Campylopus pyriformis* ist gewöhnlich kleiner, hellgrün und hat andere Bruchblättchen.

Dicranoweisia cirrata (HEDWIG) LINDBERG EX MILDE
Lockiges Gabelzahnperlmoos

(T. 32 a)
Name: Zusammengesetzt aus *Dicranum* und *Weisia*, Namen zweier ähnlicher Gattungen.

Erstnachweis und **Erstbeschreibung:** Durch DILLENIUS in seiner Flora von Gießen (1718) beschrieben. 1741 nannte er die Art Bryum cirra-

Dicranoweisia cirrata

tum et stellatum, tenuioribus foliis, die Vorlage für den heutigen Artnamen, den dann sowohl LINNÉ 1753, *Mnium cirratum*, wie auch HEDWIG 1801, *Weisia cirrata*, übernommen haben.

Bau: Um 1 cm hohe, 2 bis viele cm breite, dichte, trocken ± glänzende, krause, grüne Pölsterchen. Sehr ähnlich dem matt und öfter heller grünen *Dicranum montanum*, aber häufig mit Sporogonen. (Mikroskop: Blätter glatt, immer mit länglichen, mehrzelligen Brutkörpern: T. 32 b). Blätter frisch etwas verbogen, lineal-lanzettlich. Einhäusig. Sporogone auf aufrechter, um 0,5 cm langer, gelber Seta. Kapsel glatt, aufrecht, elliptisch-zylindrisch, unter 2 mm lang, gelblich. Peristomzähne kurz, fast einfach.

Verbreitung: Ebene bis untere Bergstufe (selten bis 700 m, meist aber unter 600 m. Außerhalb Mitteleuropas auch höher, so auf Kreta bis 1300 m, auf Teneriffa bis 1500 m und in der Kaschmir-Region/Indien bis 3700 m).

Ökologie: An ± saurer Laub- und seltener Nadelholzborke, auch auf morschem Holz an lichten bis sonnigen, ausreichend luft- und nebelfeuchten, nährstoffreicheren Plätzen. Weniger auch an Silikatgestein. Früher auf Strohdächern. In luftfeuchter Lage besonders in Westdeutschland verbreitet. Wohl in ziemlicher Ausbreitung, besonders in Gebieten mit mittlerer Luftverschmutzung. Offensichtlich reagiert das Moos einerseits auf den zunehmenden Nährstoffeintrag durch die Überdüngung und Versauerung der Landschaft sowie auch positiv auf den Ausfall wichtiger akrokarper Konkurrenten (z. B. der *Syntrichia*-Arten). An Borke typischer Störungszeiger.

T 6, L 7, F 5, R 5, K 4.

Ähnliche Arten: ***Dicranoweisia crispula*** (HEDWIG) LINDBERG EX MILDE var. ***crispula*****,** Krauses Gabelzahnperlmoos. Verbreitung: fast nur im höheren Silikatgebirge (vor allem in den Alpen, in Bayern noch bei 3460 m und bis 3800 m,

Dicranoweisia crispula

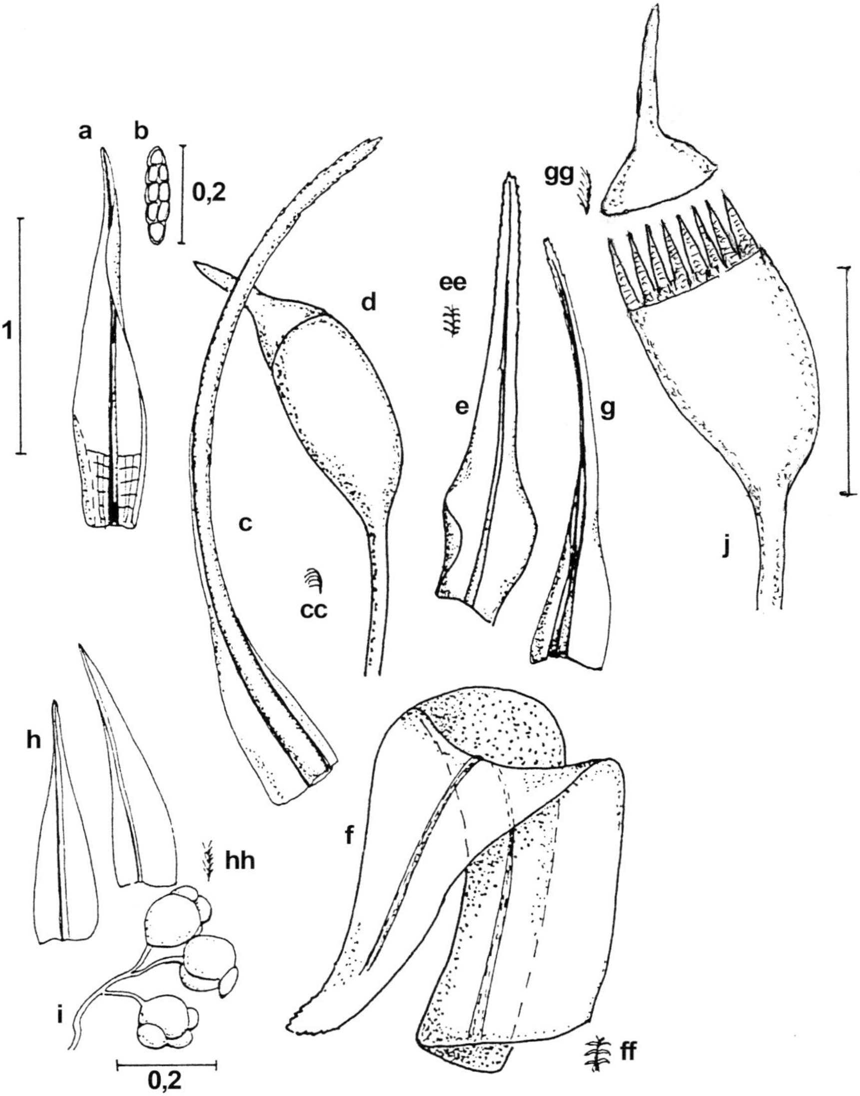

Tafel 32: ***Dicranoweisia cirrata:*** a. Blatt, b. Brutkörper. ***Dicranella heteromalla:*** c. Blatt. d. Kapsel mit Deckel. ***D. schreberiana:*** e. Blatt. ***D. palustris:*** f. Blatt. ***D. varia:*** g. Blatt. ***D. staphylina:*** h. Blatt. i. Rhizoidbrutkörper. ***D. subulata:*** j. Deckel und Kapsel. – cc, ee, gg, hh: Habitus der obigen Arten (schematisch) mit Blattstellung in natürlicher Größe.

nur gewisse *Grimmia*-Arten (s. dort) steigen höher). Dort häufig, aber außerhalb der Alpen sehr selten. Ökologie: auf sonnig-trockenem Gestein in nebel- und taureicher Lage. Zuweilen auch an Borke. Beide Arten schließen sich fast immer ökologisch und geographisch aus. Kapseln nur ca. 1 mm lang. (Blätter flachrandig, mit etwas papillöser, oben zweischichtiger Lamina, dickwandigen (Leiter-)Zellen und ohne Brutkörper!). – **T 1 (2), L 8, F 4, R 4, K 6.** Ähnliche Gebirgsmoose sind seltener, haben z. B. kropfige, geneigte oder auch faltige Kapseln. Die glattkapselige *Oreoweisia bruntoni* wächst nie auf morschem Holz. Habituell ähnlich ist auch *Orthodontium lineare*, das aber längere, jung geneigte Kapseln hat. Zu *Dicranella*, vgl. unten.

Dicranella heteromalla (Hedwig) Schimper var. *heteromalla* Einseitswendiges Kleingabelzahnmoos

(T. 32 c, cc, d)
Name: Verkleinerungsform von *Dicranum*.
Erstnachweis und **Erstbeschreibung:** Als *Bryum heteromallum* durch Dillenius 1741.
Bau: Meist dunkelgrüne, seidig glänzende, dichte, 0,5 – 1 cm hohe, ausgedehnte Rasen (selten kleine Polster) bildend. Blätter meist deutlich einseitswendig, aus eiförmigem Grund allmählich in eine lange, (gezähnte) Borste ausgezogen, um 5 mm lang. (Ohne Blattflügel, mit kräftiger Rippe). Pflanzen trocken unverändert. Sozusagen ein *Dicranum scoparium* im Kleinformat! Zweihäusig. Häufig mit Sporogonen. Seta aufrecht, gelb (im Alter z. T. rötlich), bis über 1 cm

Dicranella heteromalla

lang. Kapsel um 2 mm lang, elliptisch-hochrückig, geneigt, entleert meist glatt. Deckel geschnäbelt, rot (Sporogone im Winter und Frühling).

Verbreitung: Moos der Ebene und dort außerhalb der Kalkgebiete eines der häufigsten Moose bis in untere Gebirgslagen (im Alpenbereich selten und dort in höheren Lagen gewöhnlich von *D. subulata* abgelöst, in Bayern angeblich noch bis ca. 1700 m, in Nordtirol noch bei 1600 m).

Ökologie: Pioniermoos auf kalkfreien, armen, oft trockeneren Sand- und Lehmböden sowie Rohhumus, auf Silikatgestein und morschem Holz, seltener an Baumbasen. An hellen bis schattigen Waldstandorten, an Wegböschungen wie auf flachem Boden (in kaum erkennbaren Formen auch in Höhlen). Als Erosionsbehinderer ein wichtiges Pioniermoos

T 4, L 5, F 4, R 2, K 5.

Ähnliche und **verwandte Arten:** ***Dicranella cerviculata***, (HEDWIG) SCHIMPER, das Torf-Kleingabelzahnmoos, hat ebenfalls gelbe Seten. Bau: unverwechselbar durch kropfige, kleinere (um 1 mm lange) Kapseln. Verbreitung: Ebene bis Hochgebirge (in Bayern bis über 1350 m sowie in Nordtirol bis 2700 m). Ökologie: an auch sonnigen, wechselfeuchten Plätzen. Ziemlich verbreitet auf nacktem Torf sowie seltener auch an anderen Rohhumusstandorten. – **T 3, L 8, F 6, R 1, K 6.** ***Dicranella subulata*** (HEDWIG) SCHIMPER, Borstenblättriges Kleingabelzahnmoos (T. 32 j). Bau: mit roter Seta. Die Kapsel ist wie bei *D. heteromalla* geneigt, aber relativ kurz und dick sowie entleert deutlich längsfaltig. Verbreitung: ziemlich selten, vorwiegend im höheren Gebirge (in Bayern 1690 m, in Nordtirol ab 1200 m bis 3000 m). Ökologie: auf grundfeuchten, anlehmigen bis sandigen, wie auch humosen Böden – **T 2, L 6, F 5, R 2, K 6.** ***Dicranella schreberiana*** (HEDWIG) HILFERS EX CRUM & ANDERSON var. **schreberiana** (= Anisothecium schreberianum) – Schrebers Kleingabelzahnmoos (T. 32 e)

Name und **Erstbeschreibung:** Von HEDWIG (1801) zu Ehren des Entdeckers der Art (der sie *Bryum crispum* nannte) JOHANN CHRISTIAN DANIEL SCHREBER, Botaniker in Leipzig, benannt.

Dicranella cerviculata

Dicranella subulata

Dicranella schreberiana

Bau: Gelbgrüne, niedrige, meist unter 5 mm hohe, ± lockere und ausgedehnte Kurzrasen. Blätter frisch sparrig abstehend, aus breitem Grund in eine stumpfliche, linealische (meist gezähnte) Spitze verjüngt. Trocken kraus (oft mit mehrzelligen Rhizoidknöllchen). Zweihäusig, aber im Herbst und Winter nicht selten mit Sporogonen. Seta rot, unter 1 cm lang, Kapsel geneigt, dick-elliptisch, um 1 mm groß, hochrückig, glatt. Deckel höchstens kurzschnäbelig.
Verbreitung: Von der Ebene bis in mittlere Gebirgslagen (kaum höher, so in Bayern bis 1300 m, nach GAMS in den Alpen bis 1600 m).
Ökologie: Pioniermoos offenerdiger, basen- bis kalkreicher, ± dauerfeuchter Standorte auf Waldwegen, an Böschungen, auf Brachäckern usf. Auf reicheren Böden allgemein verbreitet, aber oft übersehen. Öfter mit *Dicranella varia* und *Pellia endiviifolia*. Pioniermoos und wichtiger Bodenfestiger.
T 3, L 9, F 7, R 7, K 6.
Ähnliche Arten: Die var. ***robusta*** (BRAITHWAITE) CRUM & ANDERSON ist wesentlich kräftiger und ähnelt Kümmerformen von *Dicranella palustris*, ist aber kalkhold und kein Quellmoos. ***Dicranella varia*** (HEDWIG) SCHIMPER var. ***varia*** (= Anisothecium rubrum), Rotes Kleingabelzahnmoos (T. 32 g). Bau: Hier sind die (braun-) grünen Blätter schwach, aber deutlich einseitswendig, nie sparrig oder trocken steif aufrecht. Sporogone ähnlich wie bei *D. schreberiana*. Verbreitung: Ebene bis mittlere Gebirgslagen (in Bayern sicher nur bis 830 m, in Tirol bis 1620 m). Ökologie: besonders in Kalkgebieten an ähnlichen Standorten wie vorige Art verbreitet, jedoch häufiger. – **T x, L 8, F 7, R 8, K 5.** Ähnlich, aber ± kalkmeidend ist ***Dicranella rufescens*** (DICKSON) SCHIMPER (= Anisothecium r.), das Rötliche Kleingabelzahnmoos. Bau: mit aufrechten, länglich elliptischen Kapseln. Verbreitung: in der Ebene selten, von der Hügelstufe bis in die untere Bergstufe, kaum über 900 m, in Bayern bis 1310 m. Ökologie: besonders an feuchten Wegböschungen und vernässten Wegrändern nicht selten. – **T 4, L 7, F 7, R 4, K 5.** Beiden Arten gleichend, aber fast immer steril, ist das erst vor einigen Jahren erkannte Acker-Kleingabelzahnmoos, ***Dicranella staphylina*** WHITEHOUSE (= Anisothecium s.) (T. 32 h). Bau: Die hellgrünen, bis um 5 mm hohen Pflanzen wachsen in ± dichten Herden (und sind im Herbst durch charakteristische Rhizoidbrutkörper gekennzeichnet: T. 32 i). Die lineal-lanzettlichen, ganzrandigen Blättchen stehen schräg aufrecht, nicht einseitswendig. Oft erinnert die Pflanze auch an *Ceratodon*, das aber u. a. durch lanzettliche Blätter unterschieden ist. Verbreitung: erst vor wenigen Jahrzehnten von dem Briten WHITEHOUSE erkannt und unterschieden, aber auch schon in Belegen aus dem 19. Jh. vorhanden. Tieflagenmoos (in Bayern bis 650 m, im Schwarzwald bis 1000 m). Anscheinend verbreitet, aber meist übersehen. Ökologie: auf anlehmigen, kalkfreien Böden, besonders auf Brachland und auf Herbstäckern, wie auch auf Uferschlamm, nährstoffliebend. – **T 5, L 8, F 7, R 5, K 3.** – Drei weitere *Dicranella*-Arten sind bei uns sehr selten.

Dicranella palustris (DICKSON) CRUNDWELL EX E. WARBURG

(= *Anisothecium palustre = Diobelon squarrosum*)

Sparriges oder Quell-Kleingabelzahnmoos

(T. 32 f)
Erstnachweis und **Erstbeschreibung:** Als *Bryum erectis, capitulis brevibus, foliis reflexis* durch DILLENIUS in JOHN RAY's „Synopsis" (1724).
Bau: Hellgrüne, ausgedehnte, meist 2 – 5(– 10) cm hohe Rasen. Trocken schwach glänzend. Blätter feucht oblong-lanzettlich, allmählich in eine stumpfe, (crenulierte) Spitze verjüngt, die wenig längere Lamina aus der Scheide sparrig abgeknickt. (Braune Rhizoidgemmen). Zweihäusig. Sehr selten mit Sporogonen (Herbst bis Frühjahr).

Dicranella palustris

Verbreitung: Früher sehr verbreitetes Silikatgebirgsmoos, jedoch in der Ebene selten oder ausgestorben (sonst ab 340 m, in Bayern bis 2000 m, in Nordtirol bis 2600 m).
Ökologie: In meist lichten bis sonnigen, kalkfreien, wohl auch nährstoffarmen Quellfluren oder auf überrieseltem, dauernassem Silikat(-lehm-)boden und auch in Gräben, oft mit *Philonotis fontana* oder im Hochgebirge auch mit *Philonotis seriata* und *Bryum schleicheri*. Stenotherme Art (Quellwasser meist mit nur 8 °C durchschnittlicher Jahrestemperatur). An wärmeren Standorten verschwindet die Art. (Hier sei angemerkt, dass eine große Zahl, vielleicht sogar die überwiegende Mehrheit der Gebirgsmoose bei Temperaturen unter 10 °C offensichtlich eine günstigere Nettoproduktion in der Photosynthese erreicht. Sie sind „kältefreundlich". Zu erklären ist das wohl vor allem damit, dass es im kühlen Klima zu geringeren nächtlichen Atmungsverlusten kommt). Durch Entwässerung, Quellfassung usf. oft sehr im Rückgang oder verschwunden.
T 2, L 8, F 8, R 2, K 6.
Ähnliche Arten: *Dicranella schreberiana* var. *robusta* (s. o.) kann für Kümmerformen dieser Art gehalten werden. Habituell ähnlich sind manche *Tortula*-Arten (die aber meist ein Blatthaar besitzen), evtl. auch ähnlich ist *Dichodontium* – jedoch durch mamillöse, deutlich gezähnte Blätter unterschieden. Weitere, etwas ähnliche Arten in Kalksümpfen sind sehr selten (vgl. *Paludella* und *Meesia triquetra*).

Cynodontium polycarpon (Hedwig) Schimper var. ***polycarpon***
Vielfrüchtiges Hundszahnmoos

Name: Von griechisch kyon, kynos = Hund und odous = Zahn. Bezieht sich auf das Peristom.
Erstbeschreibung: Wurde von Fr. Ehrhart am Brocken entdeckt und 1786 als Exsikkat ausgegeben.
Bau: Grüne, *Dicranoweisia*-ähnliche, meist 1,5 – 2 cm hohe Polster oder Polsterrasen. Blätter trocken kraus, feucht aufrecht abstehend, schmal lanzettlich, oft verbogen (Mikroskop: Blätter um 5 mm lang, in eine grob-mamillöse,

gezähnte Pfrieme auslaufend, mit undeutlich doppelschichtigem, umgebogenem Rand, ohne Blattflügel). Einhäusig. Häufig mit Sporogonen (Frühsommer). Seta lang, gelblich. Kapsel entleert gefurcht, mit kurzem Hals, länglich elliptisch, aufrecht, um 2 mm lang (und mit großzelligem, sich ablösendem Ring (Anulus)). (Peristom feinstreifig). Deckel geschnäbelt, der Rand gekerbt.

Verbreitung: Selten in der Ebene und verbreitet im Gebirge. Bis 1700 m auf Silikatgestein in Bayern (außerdem belegt bis 2200 m (F. Koppe) in Osttirol, angeblich bis 3260 m in der Schweiz).

Ökologie: Wie alle Gattungsmitglieder kalkfeindlich. Moose trockenen, lichten bis schattigen Silikatgesteins der Gebirge und dort oft verbreitet (an erratischen Blöcken auch selten in der Ebene). Rückgang durch Luftverschmutzung (weniger Sporogone!) sowie durch Aufforstung der Blockhalden mit Nadelhölzern usf. **T 2, L 6, F 4, R 2, K 6.**

Ähnliche Arten: Nah verwandt und ähnlich verbreitet ist die var. ***strumiferum*** (Hedwig) Schimper (= C. strumiferum) (T. 33 a, b). Bau: nur unterschieden durch geneigte, kropfige Kapseln. Verbreitung: Gebirgsmoos (Ebene selten, bis 1800 m in Bayern, noch bis 2400 m aus der Schweiz angegeben). Ökologie: Besiedler sonniger, kalkfreier Silikatfelsen (auch Vulkangestein) sowie selten auch auf erratischen Blöcken in Norddeutschland. – **T 3, L 9, F 3, R 2, K 6.**

Cynodontium fallax Limpricht, das Trügerische Hundszahnmoos. Zu unterscheiden durch den Bau: Kapselring nicht ablösend und Deckelrand glatt. Blätter mehr lanzettlich, nicht pfriemlich endend (stärker mamillös). Verbreitung: Hochgebirgsmoos (im Riesengebirge, in Nordtirol ab 1000 und 1230 m bis 1880 und 2530 m zu bestätigen). Ökologie: ähnlich den vorigen Arten, aber an mehr feuchtschattigem Gestein, besonders in Blockhalden. – **T 1, L 5, F 6, R 2, K 6.**

Die übrigen mitteleuropäischen *Cynodontium*-Arten sind sehr selten und meist auf die Alpen beschränkt. Sie haben keinen großzelligen Anulus und nie glatte Kapseln. Verwechslungen kommen mit *Amphidium mougeotii* (fast immer steril, Blätter ganzrandig), *Oncophorus* (Hochalpenarten mit gekrümmter Kapsel) und *Oreoweisia* vor (vgl. unten).

Cynodontium polycarpon

Cynodontium bruntonii (Sm.) Bruch & Schimp.

(= *Oreoweisia bruntonii*)

Bergweisie, Glattkapseliges Hundszahnmoos

(T. 33 c)
Name: Von griechisch oros, oreos = Berg und *Weisia*, wegen der Ähnlichkeit.
Erstbeschreibung: In Smith & Sowerby, „English Botany" (1812).

Bau: Habitus und Blätter ähnlich denen der vorigen Art, aber nur um 3 mm lang (mikroskopisch weniger mamillös und mit einschichtigem Blattrand). Die aufrechten, auch trocken fast glatten Kapseln und ein kürzeres, goldgelbes,

Cynodontium bruntonii

Cynodontium bruntonii

glattes Peristom unterscheiden die Gattung eindeutig von *Cynodontium* (im engeren Sinne).
Verbreitung: Besonders in wärmeren Tallagen der westdeutschen Silikatgebirge, ab der collinen Stufe (ab 100 – 200 m), höchste (vereinzelte!) Verbreitung bei 1200 m in Süddeutschland und in Tirol bis 1500 m sowie angeblich noch höher (s. u.).
Ökologie: Auf sonnigem bis lichtem, kalkfreiem, ± basenreichem Silikatgestein warmer bis wärmster Lagen, z. B. in Nachbarschaft zu *Pterogonium* und *Grimmia laevigata*.
T ?, L ?, F ?, R ?, K ?

Amphidium mougeotii (Bruch & Schimper) Schimper
Bandmoos

(T. 33 d, e)
Name: Nach Nees ein griechischer, nicht gut zu erklärender Name (!). Nach Genaust etymologisch wahrscheinlich von griechisch amphidia = Binde oder Band abzuleiten. Einleuchtender wäre von Amphore, wegen der krugförmigen Kapseln.
Erstbeschreibung: Die Art ist erst durch Schimper (in der „Bryologia europaea") – als *Zygodon mougeotii* – bekannt geworden. Das nächstverwandte, wegen der häufig verkommenden Kapseln viel besser auch im Gelände kenntliche *Amphidium lapponicum* (Hedwig) Schimper wurde hingegen erstmals bereits 1792 durch Hedwig beschrieben.
Bau: Die oft ausgedehnten (bis meterbreiten und meist 2 – 3 cm tiefen) Polsterrasen sind grün, etwas glänzend, innen gelbgrün. Die lineal-lanzettlichen, ganz- und flachrandigen, etwas gebogenen, abstehenden Blätter (Mikroskop!) sind durch längliche, niedrige Warzen charakterisiert. Die peristomlosen Sporogone mit der doppelt kapsellangen Seta sind sehr selten.
Verbreitung: Gebirgsmoos (ab ca. 100 bis 1400 m, in Nordtirol bis 2850 m und aus Osttirol sogar bis 2920 m angegeben). Auf basenreichem (auch kalkhaltigem?), nassem Silikatgestein der Gebirge. Auch noch an Straßenfelsen.
Ökologie: An lichteren bis schattigen, dauerfeuchten bis nassen, basenreichen (aber meist kalkarmen) Silikatfelsen ziemlich verbreitet. Fehlt der Ebene.
T 3, L 4, F 7, R 6, K 4.
Ähnliche und **Verwandte Arten:** Nur im höheren Gebirge, besonders in den Alpen kommt das einhäusige, öfter sporulierende

Amphidium mougeotii

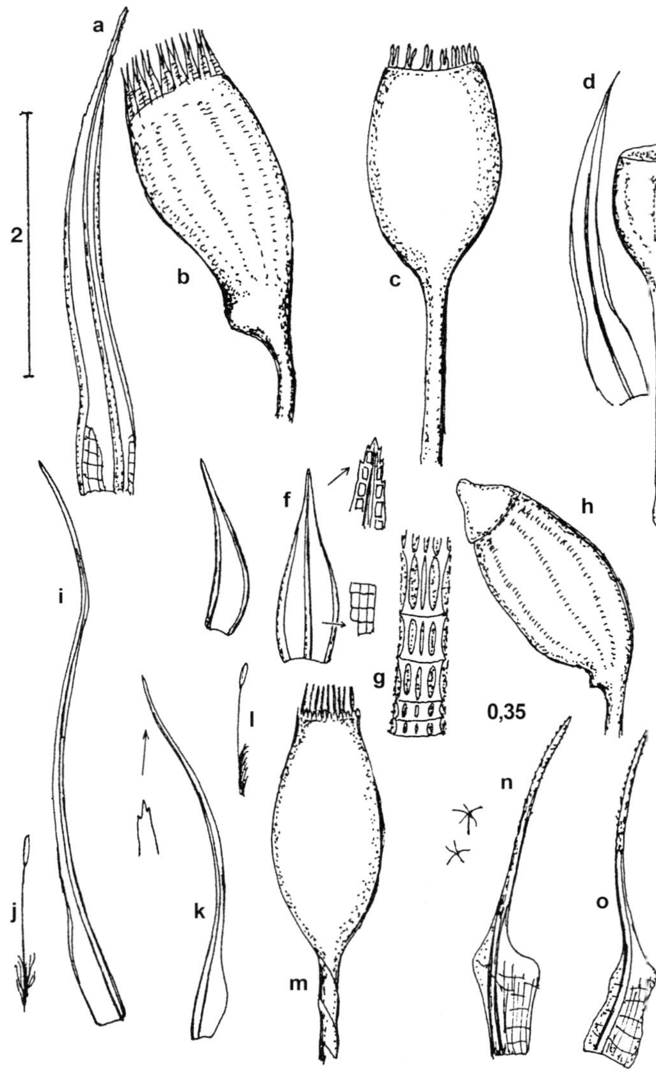

Tafel 33: Cynodontium polycarpum var. ***strumiferum:*** a. Blatt, b. Kapsel mit Kropf. ***Oreoweissia bruntonii:*** c. Kapsel. ***Amphidium mougeotii:*** d. Blatt, e. Sporogon. ***Ceratodon purpureus:*** f. Blatt und Blattspitze, g. Peristom (Ausschnitt), h. Kapsel mit Deckel. ***Ditrichum flexicaule:*** i. Blatt, j. Habitus (1 : 1). ***D. heteromallum:*** k. Blatt und Blattspitze, l. Habitus, m. Kapsel. ***D. cylindricum:*** n. Habitus (2 : 1), o. Blätter.

Amphidium lapponicum (HEDWIG) SCHIMPER vor. An ähnlichen nassen Standorten wächst auch ***Anoectangium aestivum*** (HEDWIG) MITTEN var. ***aestivum*** (= Anoectangium compactum), das Urnenmoos, in hellgrünen Polstern. Jedoch sind die Blätter weder glänzend, noch zurückgebogen. Verbreitung: fast ausschließlich ein Alpenmoos. (Reliktvorkommen bei nur ca. 600 m im Schwarzwald, sonst im Alpenbereich ab ca. 800 bis 2700 m in Tirol). Ökologie: an basen- bis kalkreichem Silikat- und seltener auch an Kalkgestein. – **T 2, L 5, F 7, R 6, K 5.**

Anoectangium aestivum

Amphidium lapponicum

Unterfamilie Ditrichaceae – Haarzahnmoose

Ceratodon purpureus (HEDWIG) BRIDEL var. ***purpureus*** **Gemeines Hornzahnmoos**

(T. 33 f – h) (früher Ditrichaceae)
Name: Von griechisch keras = Horn und odon, odous = Zahn, wegen der trocken einem Widderhorn ähnlichen, eingekrümmten Peristomzähne.
Erstbeschreibung: 1718 durch DILLENIUS in der „Flora von Gießen".
Bau: Grüne, dichte, um 1 cm hohe, etwas glänzende, hell- bis dunkelgrüne, kleine Polster bis ausgedehnte Kurzrasen. Blätter um 2 mm lang, eiförmig-lanzettlich, (Spitze oft mit einzelnen Zähnen, Rippe in der Spitze endend oder an trockenen Standorten kurz austretend (= fo. *mucronata*)). Blattrand umgebogen, unter der Lupe wulstig und oft heller erscheinend! Blätter feucht aufrecht abstehend, trocken an der Stängelbasis angedrückt, oben verdreht bis kraus (wie eine *Barbula* s. l.). (Mikroskop: Zellen ganz glatt, dünnwandig, bis zum Grund ± gleichartig). Zweihäusig, aber trotzdem im Frühjahr nicht selten mit Sporogonen und dann fast unverwechselbar: Seta rot, 1(– 1,5) cm lang. Kapsel rotbraun, länglich-elliptisch, um 2 mm lang, meist wenig geneigt, entleert ± längsfaltig, mit Kropf. Deckel konisch. Besonders die jungen Seten geben den Rasen oft einen charakteristischen, roten Anflug.
Verbreitung: Von der Ebene bis zu den Alpengipfeln (eines unserer höchststeigenden akrokarpen Moose: in Bayern bis 2600 m, am Linkerskopf gefunden. In den nordtiroler Al-

Ceratodon purpureus

pen bis 2910 m und aus den Hohen Tauern bis 3000 m angegeben).
Ökologie: Vorwiegend an trockeneren, sonnigen oder zumindest lichten Standorten auf ärmeren bis eutrophierten Böden. Überwiegend auf Silikatböden und -gestein, aber oft auch in Massenvegetation auf Dächern, Mauern, an Wegen und auf Ödland. Außerdem nicht selten auf trockenerem morschem Holz und an Borke. Sehr vielgestaltig. Eines unserer häufigsten Moose. Kosmopolit und Kulturfolger, deshalb besonders im Siedlungsbereich, vor allem auf Ödland, aber auch in Dachrinnen, auf Dächern, Müll und schwermetallreichem Substrat. Störungszeiger. Ein außerordentlich anpassungsfähiges und entsprechend vielgestaltiges Moos, das sich nicht nur für die Begrünung von Dächern eignet. An unwirtlichen Plätzen ein wichtiger Lebensraum für Kleintiere, so auf Mauern und Dächern.
Besonderes: Im Falle einer totalen, atomaren Katastrophe gibt man diesem Moos die besten Überlebenschancen, viel bessere als irgendeiner anderen gleichartigen oder höher entwickelten Pflanze.
Ähnliche Arten: Um *Ceratodon* ohne die typischen Kapseln zu erkennen, erfordert es einiger Erfahrung. Deshalb sollte man sich – wie zumindest auch bei anderen schwierigen Moosen – eine Mikropräparate-Sammlung der verschiedensten Formen anlegen. Nur so kann man verdächtige Belege über den Vergleich leicht bestimmen. Besonders oft werden glattzellige *Didymodon*-Arten sowie *Dicranoweisia* mit *Ceratodon purpureus* verwechselt. Erstere haben u. a. dickwandigere Zellen, bei *Dicranoweisia cirrata* finden sich immer mehrzellige, längliche (nicht fadenförmige!) Brutkörper. Im Gelände können Formen der außerhalb der Kalkgebiete häufigen *Pohlia nutans* ähnlich aussehen. Deren Blätter sind aber flachrandig und breiter gespitzt (anfeuchten!) und außerdem trocken nie kraus. Sehr selten kommt ***Ceratodon conicus*** (HAMPE) LINDBERG (= C. purpureus var. conicus = C. purpureus subsp. stenocarpus), das Kegelige Hornzahnmoos, in Nord- und Westdeutschland an Mauern vor, eine ozeanisch-mediterrane, kalkholde Art. Man unterscheidet sie nur mikroskopisch an der ziemlich lang (!) austretenden Rippe. Ökologie: **T 3, L 9, F 5, R 6, K 3.**

Saelania glaucescens (HEDWIG) BROTHERUS

(= *S. caesia*)

Blaumoos

Name: Zu Ehren des finnischen Botanikers ANDERS THIODOLF SAELAN.
Erstbeschreibung: Wahrscheinlich erstmals durch den Franzosen D. VILLARS (1789) als *Bryum caesium* beschrieben, mit Sicherheit aber durch HEDWIG 1792.
Bau: *Ceratodon*-ähnliche, niedrige Rasen, charakterisiert durch den unter europäischen Laubmoosen einmaligen und deshalb besonders auffallenden, grauen, spinnwebartigen (?) (Wachs)-überzug. Die dadurch blaugrünen, schwer benetzbaren Blätter gleichen im Bau denen von *Ceratodon*, sind aber ± weit herab gezähnt. Autözisch. Die Sporogone tragen auf einer bis um 1 cm hohen, meist gelblichen Seta schlanke, ± aufrechte Kapseln. Im Gegensatz zu denen von *Ceratodon* sind sie auch nicht kropfig.
Verbreitung: Öfter im Alpenbereich, besonders in den Südalpen. Sonst sehr selten. Hochgebirgsmoos (und nur ausnahmsweise auch unter 600 m gefunden, in Bayern bis 2315 m und in Tirol bei 2470 m, sowie aus Salzburg noch bei 2650 m angegeben).
Ökologie: Auf schattigem, erdigem, basen- oder auch kalkreichem Substrat luftfeuchter Standorte, z. B. über Kalkgestein, Basalt und Porphyr. An Waldwegböschungen, in Felsnischen und Mauerritzen, selten auch auf Torf gefunden. Durch den spinnwebigen Überzug erscheinen die Pflanzen blaugrün, sie sind un-

Saelania glaucescens

benetzbar, d. h. die Wasseraufnahme erfolgt anscheinend allein über die Rhizoiden direkt aus dem Boden.

T 0, L 4, F 4, R 6, K 6.

Besonderes: Der Amerikaner WILLIAM WEBER vermutet in dem spinnwebartigen Überzug eine ähnliche Symbiose wie bei *Anthelia juratzkana*.

Ditrichum flexicaule (SCHWAEGRICHEN) HAMPE var. *flexicaule*

(= *fo. densa*)

Verbogenstängeliges Doppelhaarzahnmoos

(T. 33 i, j) (früher Ditrichaceae)

Name: Zusammengesetzt aus griechisch dis = doppelt und thrix = Haar.

Erstbeschreibung: Erstmals durch den deutschen Apotheker und Botaniker J. C. SCHLEICHER 1807 beschrieben.

Bau: Dunkelgrüne, glänzende, je nach Licht- und Feuchtigkeitsverhältnissen zwischen 3 mm bis 1 – 2 cm hohe, dichte Rasen oder Räschen. Höhere (bis maximal 5 cm) Rasen gehören zur var. **sterile** (DE NOTARIIS) LIMPRICHT (= D. crispatissimum). Stängel im unteren Teil dicht wurzelfilzig, Blätter mit kräftiger Rippe, spiralig ansitzend, aus lanzettlichem Grund lang borstlich ausgezogen, (fast ganzrandig), oft verbogen. An den Triebspitzen etwas einseitswendig, oft geschlängelt. Zweihäusig. Sporogone selten, aufrecht. Peristomzähne fädlich.

Verbreitung: Verbreitetes Kalkgebirgsmoos. In der Ebene selten (in Bayern bis 2600 m, in Tirol bis fast 3000 m, aus den übrigen Alpen noch bis 3600 m angegeben).

Ökologie: Auf Kalk und kalkhaltigem Gestein sowie erdigem Substrat. Vor allem die

Ditrichum flexicaule

var. *sterile* ist Charakterart nordexponierter Kalktrockenrasen, aber auch an schattigen Kalkfelsen. Dagegen kommt die var. *flexicaule* (deren Kümmerform die „fo. densa" ist) auch in sonnig-trockener Lage vor. Seltener auch über basenreichem Gestein und noch weniger in wechselfeuchten Kalkflachmooren oder verschleppt an Kalkgesteinswegen.
T 0(2), L 6, F 5, R 9, K 6.

Ähnliche Arten: von ähnlichen *Dicranaceen*, z. B. feinblättrigem *Dicranum* oder *Campylopus* durch den geschlängelten Stängel, (fehlende Blattflügel und andere mikroskopische Merkmale) sowie den Standort unterschieden. *Distichium* hat zweizeilig angeordnete, an der Basis weiß glänzende Blätter und sporuliert häufig. Alle anderen *Ditrichum*-Arten sind kalkmeidend.

Ditrichum heteromallum (HEDWIG) E. BRITTON
(= *D. homomallum*)

Einseitswendiges Doppelhaarzahnmoos

(T. 33 k – m)
Erstnachweis und **Erstbeschreibung:** 1787 durch HEDWIG für die Wissenschaft beschrieben. Er hatte die Art bereits 1774 bei Chemnitz entdeckt.
Bau: Die Art ist habituell *Dicranella heteromalla* sehr ähnlich (Blattspitze mit wenigen Zähnchen), aber durch die fast immer vorhandenen, aufrechten, länglich-zylindrischen Kapseln auf roter Seta gut unterschieden. Verwandte Arten sind selten oder meist steril.
Verbreitung: Ebene bis ins höhere Gebirge (in der Ebene seltener und ebenso über 1200 m, in den bayrischen Alpen bis 1835 m und in Nordtirol noch bei 2600 m).
Ökologie: Vor allem in feuchteren Lagen der Silikatgebirge auf lehmigen oder sandigen (auch humosen), kalkfreien Böden an offenerdigen,

Ditrichum heteromallum

lichten, feuchteren Standorten. Insbesondere an Waldwegböschungen niederschlagsreicherer Lagen ziemlich verbreitet und oft mit *Diplophyllum obtusifolium* vergesellschaftet. In der Ebene selten.

T 3, L 6, F 6, R 3, K 6.

Verwandte: ***Ditrichum pallidum*** (HEDWIG) HAMPE var. ***pallidum*** (= inkl. var. x knappii (JURATZKA) ROTH: nicht erwähnt in KOPERSKI et al.), das Bleichsetige Doppelhaarzahnmoos, ist ähnlich. Bau: von voriger unterschieden durch gelbe Seten, die im selben Rasen oft unterschiedlich lang sind, und durch ihre Wärmeansprüche. Verbreitung: ziemlich selten. Moos der tieferen und wärmeren Lagen (in Bayern bis 790 m und am Feldberg noch bei ca. 1300 m). Ökologie: auf wärmeren, basenreichen, offenerdigen, meist anlehmigen Laubwaldstandorten. Durch Luftverschmutzung oft gefährdet. – **T 6, L 6, F 5, R 5, K 7.** – Diese Art wurde als erstes *Ditrichum* bereits von DILLENIUS 1741 beschrieben.

Ditrichum pallidum

Ditrichum cylindricum (HEDWIG) GROUT var. ***cylindricum***

(= *D. tenuifolium* = *Trichodon cylindricus*),

Sparriges Haarzahnmoos

(T. 33 n, o)
Erstnachweis und **Erstbeschreibung:** Durch H. A. SCHRADER bei Ilfeld im Harz (publiziert 1799), verdienter Botaniker und Professor in Göttingen. Dieses Moos wurde, weil meist steril, in den Niederlanden erst nach 1970 aufgefunden, nachdem holländische Bryologen das Moos auf einer deutsch-holländischen Exkursion im Bergischen Land kennengelernt hatten – die Folge freundlicher Nachbarschaft!
Bau: Durch sparrig abstehende und aus scheidigem Grund in eine Borste verjüngte (papillöse) Blätter erscheinen die Pflänzchen sternförmig. Trotz ihrer Winzigkeit, sie sind nur um 2 mm groß, gut charakterisiert. Sie wachsen in lockeren Herden oder einzeln zwischen anderen kurzlebigen Moosen. Vermehrung über Rhizoidknöllchen. Sporogone sehr selten, länglich zylindrisch, aufrecht.
Verbreitung: Von der Ebene bis ins Hochgebirge: in Süddeutschland bis 1400 m, in Osttirol noch bei 2200 m (auf Teneriffa sogar bis 3600 m). Im Hochgebirge öfter auch mit Sporogonen.
Ökologie: Besonders auf grundfeuchten, lichten bis sonnigen, oft nährstoffreicheren, kalkarmen Ruderalstandorten und Äckern, wie auch an Waldwegen. Störungszeiger. Außerhalb der

Ditrichum cylindricum

Kalkgebiete ziemlich verbreitet, aber oft übersehen. Z. B. mit *Pseudephemerum* und *Pottia truncata*.
T 3, L 8, F 6, R 4, K 5.

Ähnliche Arten: Verwechslungen sind vor allem mit Jugendformen von *Dicranella heteromalla*, und *Pleuridium*, sowie mit *Dicranella schreberiana*, (trocken kraus, mit flach-linealischer Blattspitze) möglich.

Distichium capillaceum (HEDWIG) BRUCH & SCHIMPER
(= *D. montanum*)

Haarblättriges oder Berg-Zweizeilmoos

(T. 34 a, aa).
Name: Von griechisch dis = doppelt und stichos = Reihe.
Erstbeschreibung: Erstmals durch LAMARCK in der „Flore de France" 1778 als *Bryum montanum* beschrieben.

Bau: Grüne bis dunkelgrüne, etwas glänzende, dichte, 1 – 3 cm hohe (selten höhere), *Dicranella heteromalla*-ähnelnde dichte Kurzrasen oder Pölsterchen. Einzelpflanzen 2-zeilig beblättert. Blätter 1 – 2 mm lang, mit weiß glänzender, wasserheller Scheide und borstlicher, trocken etwas verbogener Spreite. Autözisch und deshalb häufig mit Sporogonen (Sommer). Kapsel länglich-elliptisch, ca. 1 mm lang und aufrecht (Achtung: alte Kapseln können geneigt erscheinen!).

Verbreitung: Eine weltweit gefundene Art, wozu sicher ihr einmaliger Bau und auch ihre Hauptverbreitung in höheren Gebirgen beigetragen haben mag. In Deutschland außerhalb der Alpen ziemlich selten, dort aber auf Kalk recht häufig. In der Ebene verschleppt, vorwiegend in höheren Lagen und bis fast 3000 m in Bayern sowie bis 3700 m in der Schweiz (dort oft in der Modifikation *compacta*). Eines der höchststeigenden akrokarpen Moose. Am Kilimandscharo sogar bis 3900 m nachgewiesen.

Ökologie: Vorwiegend an feucht-schattigen Kalkfelsen, aber auch an lichten bis sonnigen, selten auch tiefschattigen, immer grundfeuchten, vorwiegend kalkreichen Standorten (besonders auf Dolomit, Molasse und Kalktuff), an kalkhaltigem Lavagestein sowie auf erdigem Substrat, vor allem Löß. Ein Pioniermoos offener Höhenstandorte. Öfter an geeigneten Sekundärstandorten, so an Bachbrücken und Unterführungen, an Kalk- und Mörtelmauern. **T 3, L 4, F 5, R 8, K 6.**

Ähnliche Arten: Verwandt ist ***Distichium inclinatum*** (HEDWIG) BRUCH & SCHIMPER, das Geneigtkapslige Zweizahnmoos (T. 34 b). Bau: unterschieden durch die geneigten, hochrückigen Kapseln. Die Gattung ist durch die 2-zeilig-borstlichen Blätter zumindest in Mitteleuropa einmalig. Die Zweizeiligkeit erkennt man oft erst, wenn man einzelne Pflanzen aus dem Polster isoliert! Verbreitung: nur in den Kalkalpen zerstreut, sonst sehr selten (in Bayern bis 1850 m, nach GAMS angeblich noch bis 3800 m, zu bestätigen!). Vereinzelt verschleppt an feuchten Mauern (ab 200 m). – **T 1, L 5, F 6, R 9, K 6.**

Distichium capillaceum

Pleuridium acuminatum LINDBERG
(= *P. subulatum*)
Zugespitztblättriges Seitenköpfchenmoos

(T. 34 f)
Name: Von griechisch pleura = Seite, wegen der seitenständigen Sporenkapseln.
Erstnachweis und **Erstbeschreibung:** Bereits von DILLENIUS entdeckt und 1718 erstmals beschrieben. Wieder einmal ein Beweis seines ausgezeichneten Beobachtungsvermögens!
Bau: Niedrige, um 3 – 5 mm hohe, grüne bis hellgrüne, kurzlebige Herden oder Kurzrasen aus schopfig beblätterten Pflänzchen. Obere Blätter allmählich borstlich zugespitzt (besonders die Perichaetialblätter!), etwas einseitswendig und ± sparrig abstehend. Habitus ähnlich einer kümmerlichen *Dicranella heteromalla*, aber meist schon durch die, allerdings von den Hüllblättern überragten, Kapseln und die schopfige Beblätterung (auch jung) gut unterschieden. Haube kappenförmig. Antheridien einzeln und nackt in den Schopfblättern. Einhäusig und deshalb meist mit den hellgrünen, reif hellbraunen, geschlossen bleibenden (kleistokarpen!), fast sitzenden Sporogonen (Frühjahr, Sommer). Kapsel aufrecht, hellbraun, eiförmig-zugespitzt.
Verbreitung: Meist zerstreut von der Ebene bis in mittlere Gebirgslagen, darüber selten (in Süddeutschland bis etwa 1000 m, aber auf La Palma noch bei 1480 m).
Ökologie: Auf offenerdigen, lichten, seltener sonnigen, winter- und frühjahrsfeuchten, kalkarmen Plätzen, auf anlehmigen bis tonigen, auch humusreichen Böden. Oft an Wegen, selten auf Teichuferschlamm.
T 5, L 7, F 5, R 4, K 4.
Ähnliche Arten: Das nächst verwandte ***Pleuridium subulatum*** (HEDWIG) RABENHORST (= P. alternifolium), das Pfriemblättrige Seitenköpfchenmoos (T. 34 c – e). Erstmals 1785 von dem Engländer DICKSON von der obigen Art unterschieden. Bau: Zum Unterschied verjüngt

Pleuridium acuminatum

Pleuridium subulatum

Pleuridium palustre

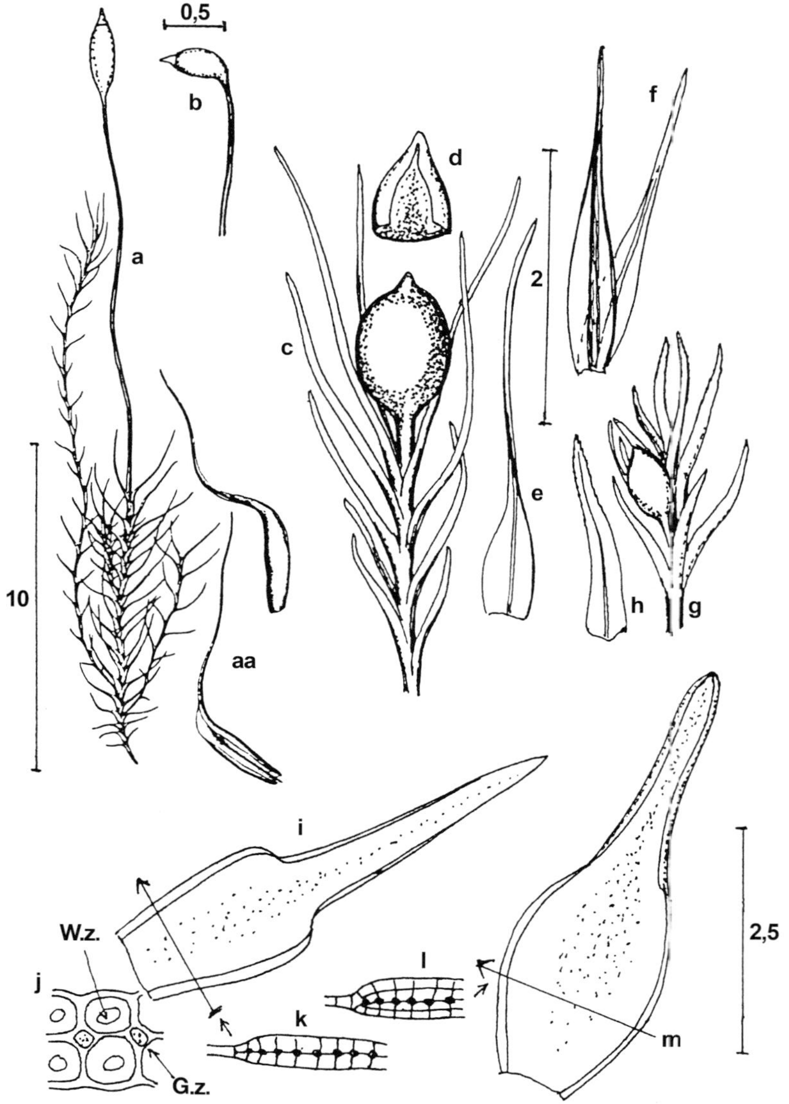

Tafel 34: Distichium capillaceum: a. Habitus, aa. Blatt (aus SCHIMPER). ***D. inclinatum:*** b. Sporogon. ***Pleuridium subulatum:*** c. Habitus, d. Haube, e. Blatt. ***P. acuminatum:*** f. Blatt. ***Pseudephemerum nitidum:*** g. Habitus, h. Blatt. ***Leucobryum juniperoideum:*** i. Blatt, j. Blatt quer: G. z. Grünzellen, W. z. Wasserzellen, k. Blatt quer im basalen Bereich. ***L. glaucum:*** l. dsgl., m. Blatt.

sich hier die Blattscheide der oberen Blättchen plötzlich in eine lange Borste. Die männlichen Blüten bilden eine endständige Knospe. Verbreitung: wie bei voriger Art, schon ab 400 – 500 m (in den Voralpen maximal bis ca. 1500 m). Ökologie: auf bis nassen, auch überschwemmten, humosen, selten auch torfigen Plätzen. – **T 3, L 7, F 7, R 4, K 4.** ***Pleuridium palustre*** (BRUCH & SCHIMPER) BRUCH & SCHIMPER (= Sporledera palustris), das Sumpf-Seitenköpfchenmoos, unterscheidet sich u. a. durch die mützenförmige Haube und ist ein ziemlich seltenes, bis etwa 800 m gefundenes Herden- und Pioniermoos an dauernassen Plätzen, z. B. in Gräben und Fahrrinnen. Ökologie: **T 6, L 7, F 7, R 5, K 7.**

Pseudephemerum nitidum (HEDWIG) REIMERS

(= Pleuridium nitidum)

Schein-Tagmoos

(T. 34 g, h)

Name: Zusammengesetzt aus griechisch pseudos = falsch und dem Moosnamen (des z. T. ähnlichen) *Ephemerum*.

Erstnachweis und **Erstbeschreibung:** Von HEDWIG bei Chemnitz für die Bryologie entdeckt und 1787 als *Phascum axillare* erstmals beschrieben.

Bau: Vom Anfänger mit den vorigen Arten zu verwechseln, aber noch zierlicher (oft nur 2 mm hoch), die Stängel in fünf und mehr Etagen beblättert. Die Blätter (unter dem Mikroskop) linealisch, nicht borstlich. Zwittrig. Ab Spätsommer bis ins späte Frühjahr fast immer mit den glänzenden, etwas gestielten Kapseln. Man entdeckt die Art am ehesten, wenn man feuchte, noch kaum von Moosen besiedelte Erdbrocken aus den Fahrspuren der Waldwege aufnimmt und mit der Lupe absucht.

Verbreitung: Ebene bis mittlere Gebirgslagen (meist nur bis 600, seltener bis 780 m (in Bayern auch einmal bei 1245 m)).

Pseudephemerum nitidum

Ökologie: Als zerstreute Einzelpflanzen, wie auch in dichten Herden besonders auf vernässten, noch offenerdigen Waldwegen, auf Teichschlamm und vernässten Brachäckern. Kalkmeidend. Nicht selten, aber wegen der Winzigkeit im Gelände schwer erkennbar. Deshalb erst vor nicht langer Zeit, trotz der bereits guten Erforschung des Landes, von Dr. RISSE zu Ende des vorigen Jahrhunderts für Japan entdeckt.

T 5, L 6, F 7, R 3, K 4.

Ähnliche Arten: Vgl. auch die nahe verwandten *Pleuridium*-Arten. Sterile *Dicranella varia*-Belege sind nur mikroskopisch (durch die nicht oder kaum gezähnten Blätter) zu unterscheiden.

Leucobryaceae – Weißmoosgewächse

Leucobryum glaucum (HEDWIG) AONGSTROEM
Gemeines Weißmoos, „Polsterkissen-Moos“

(T. 34 l, m)

Name: Er setzt sich zusammen aus griechisch leucos = weiß und bryon = Moos, also eine Übersetzung des bekannten Volksnamens. Die heutige wissenschaftliche Bezeichnung verdankt dieses Moos dem Apotheker und weltweit aktiven Bryologen und Botaniker ERNST GEORG LUDWIG HAMPE (1795 – 1880), u. a. auch Autor einer „FLORA HERCYNICA“.

Erstnachweise und **Erstbeschreibung:** Die Art gehört zu den am frühesten bekannten Moosen. Sie wurde bereits im Jahre 1696 durch den Engländer JOHN RAY in seiner umfassenden Synopsis als *Muscus montanus albidus fragilis*

Leucobryum glaucum

beschrieben. DILLENIUS (1718) nennt es *Bryum trichodes erectis capitulis, albidum fragile.* LINNÉ (1753) tauft das Moos *Bryum glaucum*, HEDWIG (1801) bezeichnet es schließlich – wegen der gleichartigen Kapseln – als *Dicranum glaucum.*

Bau: Hellgrüne, trocken weißliche, dicke, wurmförmige, anliegend beblätterte, im unteren Teil abgestorbene Sprosse. Diese bilden meist halbkugelige, oft um 10 cm hohe – aber auch viel höhere – Polster, können aber auch ausgedehntere, dichte Polsterrasen bilden. Blätter aus flachem Grund eiförmig bis lanzettlich, allmählich in eine etwas kürzere, rinnig-hohle Spitze verschmälert, ganzrandig, trocken starr. Die 5 – 10 mm langen Blätter bestehen hauptsächlich aus der dicken, breiten und mehrschichtigen Rippe, der die eigentliche, einschichtige Lamina als schmaler, seitlicher Flügel ansitzt. Die Rippe setzt sich zusammen aus einer zentralen Schicht kleiner Grünzellen, die meist von mehreren Wasserzellenschichten eingehüllt wird. Eine bemerkenswerte Analogie zu *Sphagnum*, u. a. auch wegen der durchlöcherten Wände der Wasserzellen! Zweihäusig. Ausbildung von Zwergmännchen, die sich in den Blattachseln der weiblichen Pflanzen verbergen (ähnlich wie bei *Dicranum scoparium*). Sporogone werden nur sehr selten beobachtet, sie ähneln denen einer *Dicranella heteromalla* (bzw. *Dicranum*). Die Kapsel gekrümmt, jedoch deutlich längsfaltig. Der Deckel ist lang geschnäbelt. Ausbreitung meist vegetativ, durch Ablösen und Zerbrechen der Polster, was schon in den ersten Phrasen* sowohl des JOHN RAY, wie des DILLENIUS ausgedrückt wird. (*Als „Phrasen" bezeichnete man die lateinischen, aus oft vielen Wörtern bestehenden Kurzbeschreibungen der Gewächse, die aus praktischen Gründen durch die binäre, d. h. allein auf je einem Gattungs- und Artnamen aufbauende Nomenklatur LINNÉ's ersetzt wurden).

Verbreitung: Von der Ebene bis in mittlere Gebirgslagen und nur selten bis in die subalpine Stufe (so aus Bayern und Tirol noch bis über

Leucobryum juniperoideum

2050 m angegeben). Außer in Kalkgebieten ziemlich verbreitet, jedoch örtlich im Rückgang.
Ökologie: Schattenverträglich. Vor allem am Boden und auf morschem Holz in feuchten Fichtenforsten und -wäldern, Erlenbrüchern und anderen, zumindest sporadisch vernässten Waldgesellschaften sowie auch in Mooren u. ä. Kalkmeidend. Gewöhnlich über Rohhumus, aber auch Steinschutt, jedoch selten an feuchten Felsen. Kahlfrostempfindlich. Allgemein verbreitet. Für den Forstmann als Rohhumusbildner öfter schädlich, aber andererseits, ähnlich *Sphagnum*, ein wichtiger Wasserspeicher, wie auch Lebensraum für Kleintiere.
T 3, L 5, F 7, R 1, K 4.
Besonderes: In Süddeutschland, wie auch in der Eifel für Weihnachtskrippen und für Totenkränze verwendet. Bildet, wie nur wenige Moose, auch „Moosballen" aus. Das heißt, vom Wild losgetretene Polster begrünen sich – umgedreht – auch auf der Unterseite. Ein Schulbuchmoos. Für Wasserspeicherversuche, ähnlich wie *Sphagnum*, geeignet, speichert jedoch nur bis zum 8-fachen seines Trockengewichtes an Wasser. Deshalb in den USA von Witzbolden als „Schwiegermutter-Moos" benutzt: Während eines Waldspaziergangs empfiehlt man der Schwiegermutter eine Ruhepause auf dem schwellenden, oft auch gut durchfeuchteten Moospolster. (Umso bemerkenswerter, dass ausgerechnet diese Art in Deutschland zum „Moos des Jahres 2007" ernannt worden ist). – Eine tropische Gattung mit über 100 Arten. Unsere wenigen Arten können als Relikt gedeutet werden.
Ähnliche und **Verwandte Arten:** Verwechslungen sind bei oberflächlicher Betrachtung mit *Sphagnum compactum* (Blätter dort durchscheinend netzig) möglich. Ähnliche *Dicranaceen* haben nie rinnig (-röhrige) Blattspitzen. Zu achten ist auf unsere zweite, viel seltenere Art, ***Leucobryum juniperoideum*** (BRIDEL) MUELLER hal. (= L. albidum auct. eur.), das Schmalblättrige Weißmoos (T. 34 i – k). Bau: Die Blätter haben eine relativ kürzere Basis und sind so mehr linealisch, dazu trocken ± verbogen und deutlicher gekrümmt (mikroskopisch durch die nur etwa 10 Reihen Lamina(-rand)zellen zu unterscheiden, *L. glaucum* hat eine nur 6 – 9 Zellen breite Lamina). Verbreitung: Gebirgsmoos (maximal bis 1600 m). In der Ebene sehr selten. Ökologie: Es kommt hauptsächlich an Felsen, seltener auch auf Moortorf oder Baumstümpfen vor. – **T 4, L 7, F 6, R 2, K 3.**

Encalyptaceae – Glockenhutmoose

Encalypta streptocarpa HEDWIG
(= *E. contorta*)
Gedrehtfrüchtiges Glockenhutmoos

(T. 35 g – i)
Name: Von griechisch enkalyptos = bedeckt. Das bezieht sich auf die die ganze Kapsel einhüllende Haube.
Erstnachweis und **Erstbeschreibung:** Durch DILLENIUS 1741.
Bau: Feucht mattgrüne bis gelbgrüne, trocken etwas bläulichgrüne, dichte Polsterrasen von 0,5 – über 2 cm Höhe. Stängel unten mit braunem Wurzelfilz und in den Achseln der oberen Blätter mit zahlreichen, warzigen Brutfäden (T. 35 e, f). Blätter 0,5(– 1) cm lang, feucht abstehend, trocken verbogen bis gedreht (unten anliegend), lanzettlich-zungenförmig, im oberen Teil am breitesten, ± breit zugespitzt und Rippe rau, vor oder in der Spitze endend. Zweihäusig. Sporogone meist selten (fast nur im Gebirge). Kapsel schlank-zylindrisch, trocken gedreht, von der schlanken, kahlen, glockenförmigen, 1 cm langen Haube eingehüllt.
Verbreitung: Gebirgsmoos (in der Ebene nur verschleppt, an feuchtem Kalkgemäuer bzw.

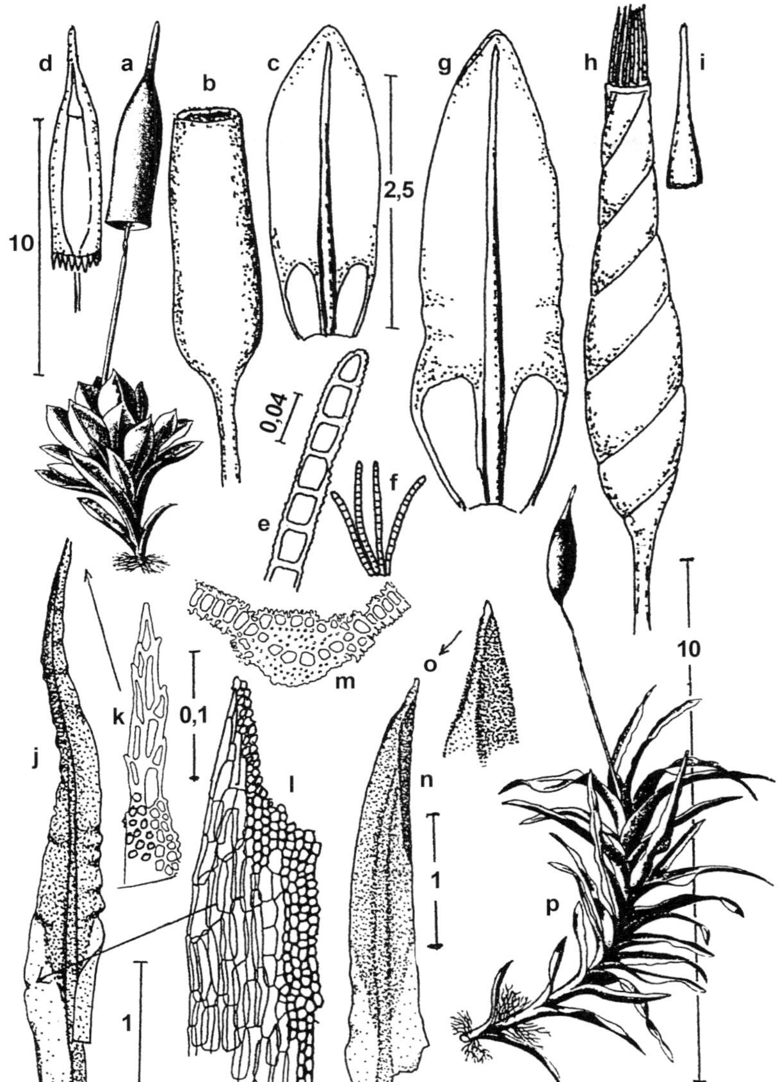

Tafel 35: ***Encalypta vulgaris:*** a. Habitus (aus Limpricht), b. Kapsel, c. Blatt. ***E. ciliata:*** d. Haube mit Kapsel. ***E. streptocarpa:*** e., f. Brutkörper, g. Blatt, h. Kapsel, i. Deckel. ***Tortella tortuosa:*** j. Blatt, k. Blattspitze, l. Blattbasis, m. Rippe quer. ***T. inclinata:*** n. Blatt, o. Blattspitze (alle R. May). Oxystegus tenuirostris: p. Habitus c.spg. (aus Limpricht)

Encalypta streptocarpa

Mörtel), in Süddeutschland bis 2240 m, aus der Schweiz sogar bis 2570 m angegeben. Im Gebirge eines der häufigen Kalkmoose.

Ökologie: Besonders an lichtem oder schattig-feuchtem Kalkgestein in Bergwäldern, an Kalkmauern u. ä., seltener an offenen, kalkhaltigen, erdigen Böschungen.

T 0(3), L 5, F 5, R 7, K 5.

Ähnliche Arten: Sehr ähnlich, aber kleiner ist die kalkholde, bei uns fast immer sterile *Syntrichia latifolia* (Mikroskop: reichlich rundliche Brutkörper): meist in kleinen Polstern an Uferbaumborke, aber auch an Beton. Meist mit Sporogonen findet man *Tortula subulata*, Sporogone mit kappenförmiger Haube und glatter Kapsel. Blätter etwa breit-lanzettlich, mit deutlich austretender Rippe. Besonders an Böschungen der Laubwälder auf ± lehmigen Böden ziemlich verbreitet.

Encalypta vulgaris Hedwig (excl. var.)
Gewöhnliches Glockenhutmoos

(T. 35 a – c)

Erstbeschreibung: Bei Gießen durch Dillenius 1718.

Bau: Die kleinen, meist in lockeren Herden wachsenden Rosetten sind nur um 0,5 cm breit. Häufig sind auch die um 1 cm hohen, glatten, peristomlosen Kapseln mit den typischen, aber nur 5 mm langen (unten ganzrandigen) „Glockenhüten" (= Hauben) ausgebildet. Blattrippe sehr kurz austretend.

Verbreitung: Ebene früher selten, heute meist verschwunden. Im Gebirge ziemlich verbreitet bis ins Hochgebirge (aber über 1000 m selten, in Bayern bis 1810 m angegeben, in Tirol bis 1900 m und in den Hohen Tauern angeblich bis 2550 m).

Encalypta vulgaris

Ökologie: In felsigen Trockenrasen und Felsspalten auf Kalk- oder basenreichem Gestein, an oft sonnigen, nicht zu trockenen Standorten, wie auf Mauern, Löss, Kalkmergel und Skelettböden, auch an Böschungen und in lückigen, steinigen Trockenrasen.
T 5(0), L 9, F 4, R 8, K 5.
Ähnlich, aber eine kalkmeidende Art ist ***Encalypta ciliata*** HEDWIG (T. 35 d), das Gefranste Glockenhutmoos. Bau: unterschieden durch (anfangs eingebogenen) gefransten Unterrand der Haube, mit Peristom. Die Blätter sind bespitzt. Verbreitung: weltweit verbreitetes, aber bei uns heute oft selteneres Moos. Gebirgsmoos. In der Ebene auf Mauern (verschleppt), vorwiegend unter der Waldgrenze, aber in Bayern noch bis 2470 m und in Tirol bis 2300 m (– 2651 m?). Am Kilimandscharo bei 3900 m. Ökologie: ein Silikatgesteinsmoos feuchter, lichter Felsen sowie an Böschungen. – **T 3, L 5, F 6, R 5, K 6.**
Beide Arten sind infolge der Luftverschmutzung insbesondere im Flachland und in Westdeutschland verschwunden oder mindestens selten geworden. Weitere Arten sind fast ausschließlich auf die Alpen beschränkt und auch dort meist sehr selten.

Pottiaceae: *Unterfamilie Trichostomaceae* – Haarzahnmoose

Tortella tortuosa (HEDWIG) LIMPRICHT var. *tortuosa* (inkl. var. fragilifolia (Juratzka) LIMPRICHT) Gewelltes oder Gekräuseltes Spiralzahnmoos

(T. 35 j – m)

Name: *Tortella* ist der Diminutiv von lat. tortua, tortus = Windung. Der relativ seltene Fall (wie bei *Tortula*), dass ein wissenschaftlicher Gattungsname wirklich lateinischen Ursprungs ist. Sowohl der Gattungs- wie der Artname, haben die gleiche Bedeutung.

Erstnachweis und **Erstbeschreibung:** Wiederum durch DILLENIUS (1741).

Bau: Hell- bis gelblichgrüne, dichte, bis 2 cm hohe (selten höhere) Polsterrasen. Blätter schmal-lanzettlich, allmählich in eine lange, flache Spitze (mit kurz austretender Rippe) ausgezogen, um 1 cm lang, flachrandig und feucht abstehend, meist verbogen und querwellig. Trocken kraus, durch den unteren Rippenrücken etwas glänzend. Blätter basal mit charakteristischer, durchscheinender, sich am Rand hochziehender, (scharf abgesetzter) Blattbasis. An trockeneren Standorten sind die Blätter von Hungerformen häufig sehr brüchig und kleiner (mod. *fragilifolia*). (An Südhängen

Tortella tortuosa

kann auch die nur mit Hilfe des Mikroskops sicher zu unterscheidende *Tortella bambergeri* (SCHIMPER) BROTHERUS vorkommen). Zweihäusig. Sporogone ziemlich selten, meist nur im Gebirge (Sommer). Seta lang, Kapsel schlank, Peristom lang, gedreht.

Verbreitung: In der Ebene selten und meist nur verschleppt, sonst ein in Kalkgebirgen meist verbreitetes, häufiges Moos. Bis ins höhere Gebirge, so in Bayern bis 1600 m und – wohl selten – z. B. aus Tirol noch bis fast 3000 m sowie in der Schweiz bis 3400 m angegeben.

Ökologie: An feuchtem Kalk- oder kalkhaltigem Silikatgestein allgemein verbreitet, besonders in schattiger Lage, desgleichen auch an Mauern in luftfeuchter Lage. Seltener (meist als Kümmerform) auf Skelettböden in Trockenrasen, dazu in Kalksümpfen und im Überschwemmungsbereich kalkführender Fließgewässer sowie auch epiphytisch. Oft mit *Encalypta streptocarpa* und *Ctenidium molluscum*.

T 0, L 5, F 5, R 8, K 6.

Ähnliche Arten: Nicht selten ist ***Tortella inclinata*** (HEDWIG f.) LIMPRICHT, das Gekieltblättrige Spiralzahnmoos (T. 35 n, o). Erstbeschreibung: durch BRIDEL (1798), aber erste wissenschaftlich korrekte Beschreibung durch den Sohn HEDWIGS, seinem Nachfolger als Professor in Leipzig. Er überlebte den Vater nur wenige Jahre und starb bereits mit 34 Jahren (1806). Bau: unterschieden durch die kahnförmige Spitze der starr-geraden, nicht gewellten Blätter. Verbreitung: in der Ebene selten und meist nur verschleppt. In den Kalkgebirgen zerstreut bis ins höhere Gebirge (bis etwa 1700 m in Bayern und Nordtirol, höhere Angaben gehören wahrscheinlich zu *Tortella densa*). Ökologie: in kalkreichen Trockenrasen und besonders in ehemaligen Steinbrüchen und auf Flußschottern sowie verschleppt an Bahngleisen, Kalksteinwegen, Mauern u. ä. – **T 3, L 9, F 2, R 8, K 5.** Die übrigen *Tortella*-Arten sind meist selten. Wenig häufiger sind die folgenden zwei, durch Bruchblätter (vgl. aber mod. *fragilifolia*!) ausge-

Tortella inclinata

zeichnete Arten. *Tortella fragilis* (DRUMMOND) LIMPRICHT, das Bruchblättrige Spiralzahnmoos, ist eine vorwiegend alpine Art, ausgezeichnet durch einen gipfelständigen Brutblattschopf. Ein verbreitetes Mittelmeermoos ist *Tortella nitida* (LINDBERG) BROTHERUS, das Glanzrippige Spiralzahnmoos. Es dringt nach Norden bis Südtirol vor. Seinen nicht gewellten Blättern fehlt meist das herauflaufende hyaline Band aus der Basis.

Pleurochaete squarrosa (BRIDEL) LINDBERG
Steppen-Spiralzahnmoos

Name: Zusammengesetzt aus griechisch pleuros = seitlich und chaite = Borste. Wegen der seitlich inserierten Seta.
Erstnachweis und **Erstbeschreibung:** Relativ spät, nämlich erst durch BRIDEL 1826, wohl weil die Art *Tortella tortuosa* sehr ähnelt und fast nur steril vorkommt.
Bau: Die geraden, nicht gewellten Blättchen stehen feucht sparrig ab und sind oben sternförmig angeordnet. Sonst ähneln sie im Bau denen von *Tortella tortuosa* (sind jedoch an der Spitze etwas gezähnelt). Trocken bilden die wurmförmigen Stängel lockere, bis ca. 2 cm hohe Rasen (nie Polster!). Zweihäusig. Sporophyt seitlich inseriert, aber in Mitteleuropa noch nicht nachgewiesen.
Verbreitung: Fast nur in der Hügelstufe (das Vorkommen bei Bellinchen/Oder dürfte eingeschleppt sein). Die höchsten Vorkommen sowohl in der Eifel wie in Bayern und Südtirol um 400 m, jedoch auf Kreta bei 860 m und in Kenia bei 2500 m. Insbesondere in den größe-

Pleurochaete squarrosa

ren Stromtälern Mitteleuropas. Bei uns eine Charakterart der (auch ehemaligen) Weinanbaugebiete. Deshalb wäre, schon wegen der Sterilität, eine Einschleppung mit dem Weinbau nicht auszuschließen.
Ökologie: Auf offenerdigen, sonnig-trockenen, wohl nebelhäufigeren Standorten. Charakterart basen- oder zumindest kalkreicher, lückiger Trockenrasen wärmster Lagen.
T 8, L 9, F 2, R 6, K 5.
Ähnliche Arten: Bei anderen, nahe verwandten Gattungen fehlt die charakteristische Blattscheide. Den Tortellen ähnlich ist auch ***Oxystegus tenuirostris*** (HOOKER & TAYLOR) A. J. E. SMITH (= O. cylindricus), das Spitzdeckelmoos (T. 35 p). Bau: Die wasserhellen Zellen der Blattscheide sind gegen die grünen nicht scharf abgesetzt. Die Sporogone sind kleiner und meist selten. Verbreitung: im Bergland zerstreut bis selten, zuweilen bis fast 2000 m (Ebene sehr selten und verschollen). Ökologie: basiphil, kalkmeidend und feuchteres Gestein bevorzugend. – **T 3, L 4, F 6, R 5, K 4.**

Weissia longifolia MITTEN var. ***longifolia***
(= *Astomum crispum*)

Haftdeckelmoos

Weissia longifolia

Weissia controversa

(T. 37 a).

Name: Benannt zu Ehren des Göttinger Botanikers FRIEDRICH WILHELM WEISS.

Erstnachweis und **Erstbeschreibung:** Dieser Art – als *Phascum crispum* – durch HEDWIG 1782, der die Art 1771 bei Chemnitz entdeckte.

Bau: Ein kleistokarpes, kurzlebiges, selten über 5 mm hohes Moos. Die Blätter sind rosettig und oben schopfig angeordnet. Sie sind 2 – 3 mm lang, lineal-lanzettlich (vorn ± rinnig), feucht aufrecht-abstehend, aber trocken kraus. Einhäusig. Die kugelig-elliptische, (durch den sitzenbleibenden Deckel kurz gespitzte) Kapsel ist anfangs im Blattschopf verborgen, aber bald frei. Seta fast von Kapsellänge.

T 5, L 8, F 5, R 7, K 5.

Verbreitung: Zumindest in Kalkgebieten nicht selten, von der Ebene bis untere, selten mittlere Gebirgslagen (bis 920 m im Jura und in Nordtirol bis 900 m).

Ökologie: Auf offenerdigem, oft sonnigem, wechselfeuchtem, kalk- oder zumindest basenreichem erdigem Substrat, in lückigen Rasen, auf Brachen und Kalkäckern.

Ähnliche Arten: Kleistokarpe haben andere Blätter. Die übrigen „Geschlossenfrüchtigen" sind meist selten und leicht zu übersehende, offenerdige Standorte besiedelnde Arten, die oft – als Frühjahrs- und Herbst-Annuelle – nur außerhalb der Vegetationsperiode entwickelt sind. Zu den **Verwandten Arten**, bei denen sich ein Deckel ablöst (= stegokarp), gehört ***Weissia controversa*** HEDWIG (= W. viridula, incl. var. crispa), das Grüne Perlmoos. Bau: Wie seine stegokarpen Verwandten zeichnet sich auch diese Art durch ebenfalls trocken krause, linealische, meist rinnige Blätter aus. (Rippe um 0,05 mm dick). Einhäusig. Das Peristom der glatten, gestielten Kapsel ist verkümmert. Fast alle Verwandten sind steril, auch mit dem Mikroskop, kaum bestimmbar.

Eucladium verticillatum (BRIDEL) BRUCH & SCHIMPER
Kalktuffmoos, Schönastmoos

Name: Von griechisch eu = schön und clados = Ast, wegen der meist auffälligen gabeligen Verzweigung.

Erstbeschreibung: Wieder durch DILLENIUS (allerdings unter zwei Namen) in der „Historia muscorum" 1741.

Bau: Bildet dichte, kalkinkrustierte, schwach blaugrüne, innen gelbliche Polsterrasen von einigen cm Tiefe. Die aufrecht abstehenden, linealischen, 2 – 3 mm langen, spitzen Blätter haben eine durchscheinende Basis (sowie am Unterrand kleine Zähnchen). Einhäusig, aber meist selten mit Sporogonen. Kapsel gestielt, mit Peristom. Deckel dünn geschnäbelt.

Verbreitung: Gebirgsmoos, Ebene selten, und möglicherweise nur verschleppt, an nassen Mauern. In Süddeutschland bis 1030 m, in Tirol angeblich sogar bis 1200 und 1560 m.

Ökologie: An sonnigen bis schattigen, meist überrieselten, kalkreichen Standorten auf Kalktuff, Kalkgestein und Mauern (selten auf Erde). Oft neben *Didymodon tophaceus* und *Palustriella commutata* ein wichtiger Kalktuffbildner. Dies geschieht folgendermaßen: Das im Wasser gelöste, chemisch labile Kalziumbikarbonat ($Ca(HCO_3)_2$) fällt bereits bei Druck (Tropfenfall!) und bei stärkerer Erwärmung als ± unlösliches Kalziumkarbonat ($CaCO_3$) aus. Desgleichen auch bei Entzug von einem Molekül Kohlendioxid (CO_2) durch Photosynthese betreibende Pflanzen, z. B. Moosen. Über die Ablagerung von Kalziumkarbonatkristallen kommt es, je nach Klima (im warmen Klima natürlich mehr und schneller!), zur Kalktuffbildung. Am Nohner Wasserfall (Eifel) wurde innerhalb von etwa 100 Jahren ein über 10 m hoher Kalktufffels gebildet!

T 7, L 5, F 7, R 9, K 5.

Eucladium verticillatum

Didymodon fallax (Hedwig) Zander var. *fallax*
Täuschendes Bärtchenmoos oder Doppelzahn-Moos

(T. 36 a, b)
Name: Zusammengesetzt aus griechisch didymos = doppelt und odous = Zahn.
Erstnachweis und **Erstbeschreibung:** Durch Dillenius bei Gießen (1718).
Bau: Meist bräunliche (oder bräunlichgrüne), ca. 1 cm hohe Herden oder Kurzrasen. Bei Befeuchtung sofort benetzbar. Blätter 1 – 2 mm lang, lanzettlich, feucht abstehend, gerade oder etwas gekrümmt, mit der oberen Hälfte horizontal abstehend, trocken verbogen und angedrückt, dann die Stängel „drahtig" (papillös). Zweihäusig. Sporogone nur gelegentlich (Winter, Frühjahr). Seta rötlichbraun, um oder über 5 mm, Kapsel meist schmal-elliptisch, aufrecht.
Verbreitung: Ebene bis in die Hochlagen (bis 2300 m in Bayern, in den Anden noch bis 4000 m).
Ökologie: Auf kalkhaltigen Böden besonders an Wegrändern, in Trockenrasen und an Böschungen in meist sonniger, nicht zu trockener Lage, wie auch an Gestein. In Kalkgebirgen verbreitet, sonst oft nur verschleppt, vor allem mit dem Kalkschotter auf Wegen.
T 0, L 8, F 2, R 7, K 6.
Ähnliche Arten: Oft größer ist ***Didymodon ferrugineus*** (Bescherelle) M. O. Hill var. ***ferrugineus*** (= Barbula reflexa), das Sichelblättrige Bärtchenmoos (T. 36 c). Bau: ausgezeichnet durch feucht halbkreisförmig zurück gebogene Blätter. Verbreitung: Ebene selten (verschleppt?). Im Kalkgebirge ziemlich verbreitet bis 2200 m (Zentralalpen angeblich bis 3600 m). Ökologie: an mehr feuchten Standorten der Kalkgebiete, auf steinigen Böden oder an Mauern. Auf mit Kalkstein befestigten Wegen auch verschleppt. – **T 4, L 7, F 5, R 8, K 6.**
Ähnliche Arten: Am ehesten zu verwechseln mit Formen von ***Didymodon vinealis*** (Bridel) Zander var. ***flaccida*** (Bruch & Schimper) Zan-

Didymodon fallax

Didymodon ferrugineus

Didymodon vinealis

Didymodon rigidulus

DER (= Barbula cylindrica), Zylinderkapsliges Bärtchenmoos. Bau: Blätter lineal-lanzettlich, trocken kraus. Sporogone sind sehr selten. Verbreitung: ziemlich häufig in wärmeren Lagen (bis um 700 m), aber früher allgemein übersehen. Oft an ähnlichen Standorten wie *D. fallax*. – **T 5, L 7, F 5, R 7, K 4.** ***Didymodon rigidulus*** HEDWIG subsp. ***rigidulus*** (= Barbula rigida), das Steife Bärtchenmoos (T. 36 d, e). Bau: in dichten, dunkelgrünen (innen ausgebleichten) Polsterrasen um 1 cm Höhe, Blätter feucht steif, ± abstehend-aufrecht, trocken kraus, 2 – 3 mm lang, aus eiförmigem Grund in eine borstenförmige (stumpfliche) Spitze verjüngt. (Oft mit reichlich kugeligen, rötlichen Brutkörpern: T. 36 e). Sporogone sind nicht selten. Verbreitung: verbreitet, wahrscheinlich die häufigste Art der Gattung. Vor allem an Sekundärstandorten von der Ebene bis ins Hochgebirge (in Bayern bis 2600 m). Ökologie: besonders an feuchteren, beschatteten Kalkmörtelmauern, aber auch an Kalkgestein. – **T 3, L 5, F 4, R 7, K 5.** Die übrigen mitteleuropäischen *Didymodon*-Arten sind im Gelände kaum sicher zu unterscheiden, und auch die mikroskopische Bestimmung erfordert Erfahrung und sicher bestimmtes Vergleichsmaterial.

Barbula unguiculata HEDWIG
Bespitztblättriges Bärtchenmoos

(T. 36 k)
Name: Von lat. barbula = Bärtchen (auf das gedrehte Peristom bezogen).
Erstnachweis und **Erstbeschreibung:** Wiederum durch DILLENIUS bei Gießen (1718).
Bau: Lockerrasig, trocken gedreht. Gegenüber *B. convoluta* ist diese Art ausgewachsen (!) kräftiger, die beblätterten Stängel bis 1 cm hoch. Blätter 2 – 3 mm lang, nie wellig, ± zungenförmig, aufrecht-abstehend, mit mindestens unten umgebogenem Blattrand, trocken gedreht. Die Rippe tritt (außer bei der mod. *obtusa*) als kurzer Stachel aus. Zweihäusig, aber öfter mit Sporogonen. Die zylindrische Kapsel um 3 mm lang, die Seten rot.
Verbreitung: Ubiquist, verbreitet von der Ebene bis in die Alpen (in Bayern bis 2100 m und in Tirol bis 2281 m, aber kaum höher).
Ökologie: Auf meist sonnigen und wechselfeuchten, kalk- oder basenreichen Böden auf Wegen, Mauern, an Böschungen oder auch auf Erde über Gestein, vor allem an ruderalen Plätzen.
T 0(?3), L 7, F 2, R 7 ,K5.
Ähnliche und **Verwandte Arten:** Jugendformen können mit *Barbula convoluta* verwechselt werden (s. u.). Zuweilen ist auch *Tortula muralis* var. *aestiva* ähnlich, hat aber u. a. einen bis zur Blattspitze umgerollten sowie helleren (getuschten) Blattrand und ist meist ein Gesteinsmoos. *Trichostomum brachydontium* BRUCH ist in Mitteleuropa selten, fast flachrandig und hat größere Zellen. *Tortula atrovirens* fruchtet meist und hat eine verdickte Rippe. ***Barbula convoluta*** HEDWIG var. ***convoluta*** (= Streblotrichum convolutum, inkl. fo. uliginosa MOENKEMEYER), Rollblättriges Bärtchenmoos (T. 36 g – j). Erstbeschreibung: 1762 durch W. HUDSON in England. Bau: dichte, matt gelbgrüne, wenige mm hohe Kurzrasen von 1 cm Durchmesser bis zu größerer Ausdehnung. Pflanzen winzig, mit oft unter 1 mm großen, aufrecht-abstehenden bis spreizenden, zungenförmigen, undurchsichtigen, flachrandigen (wenig gewellten), breit zugespitzten Blättern (Rippe nicht austretend, dafür (Mikroskop!) die Blätter mit hyaliner Endzelle), diese trocken gedreht (nach Anfeuchtung – mit etwas Übung – gut erkennbar). Zweihäusig. Sporogone entsprechend nicht häufig, mit bis um 10 mm langer, gelber Seta und aufrechter, länglicher Kapsel. Vermehrung und Ausbreitung wohl überwiegend durch abbrechende Pflanzen und Blätter (Trittverbreitung über Wasserhaftung bzw. mit Erde). Verbreitung: von der Ebene bis ins Hochgebirge (bis um 2000 m in Bayern und Tirol, in den übrigen Alpen bis 2400 m). Ökologie: ursprünglich ein Moos kalk- oder zumindest basenreicher Trockenrasen und sonnigen, erdigen Gesteins. An Mauern und besonders in städtischen Bereichen oft ein gemeines Ruderalmoos gepflasterter Wege, auf Ödland sowie öfter auf Brandplätzen, jedoch leicht zu übersehen. Verträgt auch noch größte Luftverschmutzung. – **T 6, L 9, F 4, R 6, K 5.** – Eine üppige Form feuchterer, meist absonniger Standorte ist die fo. ***uliginosa*** MOENKEMEYER. Sie wird über 5 mm hoch, hat um 3 mm lange und deutlich gewellte Blätter. ***Barbula crocea*** (BRIDEL) WEBER & MOHR (= B. paludosa), das Sumpf-Bärtchenmoos. Bau: *Barbula unguiculata* ähnelnd, aber in dichten Polstern, ohne austretende Rippe und immer axillär mit den unter 1 mm langen, schwärzlichen, zitronenförmigen Brutkörpern. Verbreitung: ein Moos der Kalkalpen (zwischen ca. 500 bis über 2300 und bis 2700 m), mit Reliktverbreitung in tieferen Lagen. Ökologie: auf sickerfeuchtem Kalkgestein und zuweilen in Kalkflachmooren. – **T 2, L 4, F 7, R 9, K 3.** Mit den ruderalen Barbuleen öfter vergesellschaftet findet sich häufig ***Pseudocrossidium hornschuchianum*** (SCHULTZ) ZANDER (= Barbula hornschuchiana) (T. 36 l). Bau: Pflanzen und Blätter ähneln oberflächlich der *Barbula convoluta*, aber die Blätter spitzwinklig aufrecht-abstehend, im Umriss spitzdreieckig (in die spitze, kurz austretende Rippe

Barbula unguiculata

Barbula convoluta

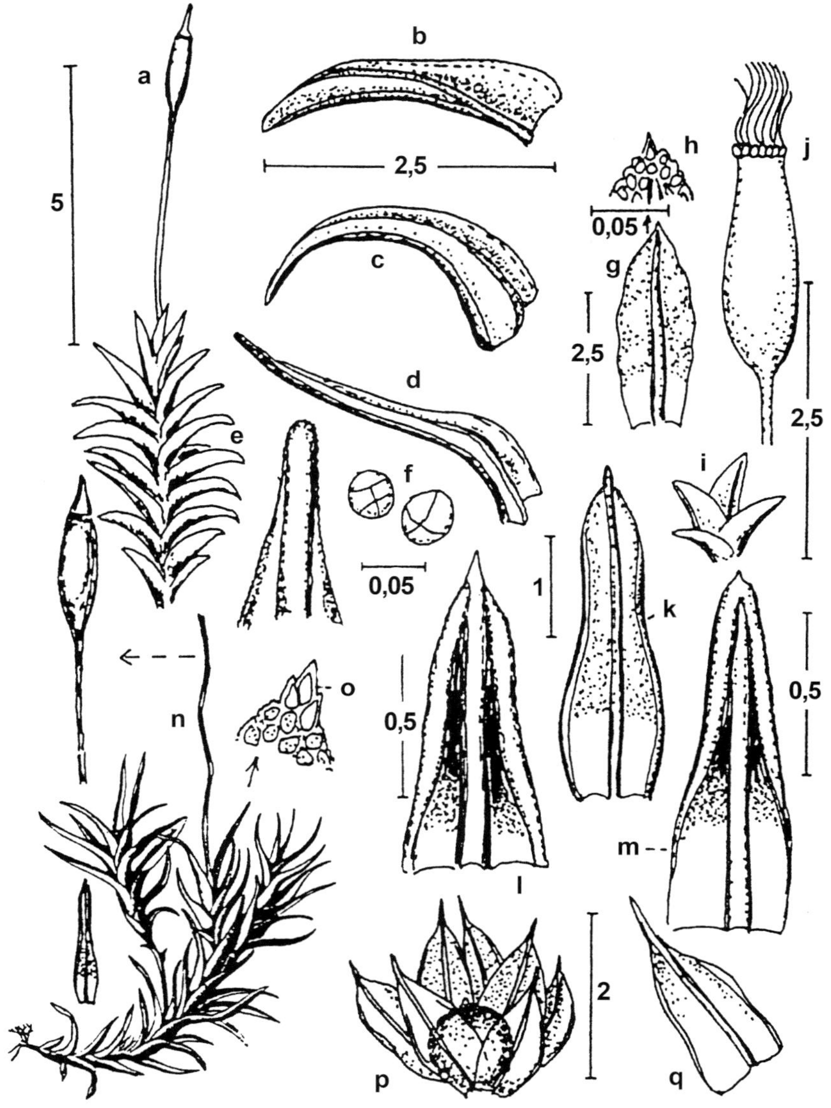

Tafel 36: ***Didymodon fallax:*** a. Habitus c.spg. b. Blatt. ***D. ferrugineus:*** c. Blatt. ***D. rigidulus:*** d. Blatt, e. Blattspitze, f. Brutkörper. ***Barbula convoluta:*** g. Blatt, h. Blattspitze, i. Habitus, j. Kapsel mit Peristom. ***B. unguiculata:*** k. Blatt von unten. ***Barbula agg.: Pseudocrossidium hornschuchianum:*** l. dsgl. ***Ps. revolutum:*** m. dsgl. ***Bryoerythrophyllum recurvirostre:*** n. Habitus, o. Blattspitze (n. nach Schimper). ***Phascum cuspidatum:*** p. Habitus c.spg., q. Blatt von unten

endend) und mit bis zur Spitze umgerolltem Rand. Verbreitung: z. T. ziemlich verbreitet, von der Ebene bis in untere, seltener höhere Gebirgslagen (bis um 900 m (verschleppt?)). Ökologie: auf sonnig-trockenen, kalk- oder basen- und nährstoffreichen Plätzen (wie als seltenes Trockenrasenmoos) findet sich dieses inzwischen auf Wegen, Parkplätzen und anderen Ödflächen allgemein verbreitete Moos. – **T 5, L 9, F 2, R 7, K 4.** – Dem ähnlichen, aber seltenen ***P. revolutum*** (BRIDEL) ZANDER fehlt die aufgesetzte Blattspitze (T. 36 m).

Bryoerythrophyllum recurvirostrum (HEDWIG) P. C. CHEN var. ***recurvirostrum***

(= *Erythrophyllum rubellum*)

Gemeines Rotblattmoos

(T. 36 n, o)
Name: Zusammengesetzt aus griechisch bryon (*Bryum*), erythros = rot und phyllos = Blatt, wegen der rot werdenden Blätter.
Erstbeschreibung: 1787 durch HEDWIG, aus der Gegend um Chemnitz.
Bau: Grüne, angetrocknet matt hell(-blau)-grüne, dichte, oft handgroße Kurzrasen (auch polsterig) mit auffallend rostfarbenen alten Blättern am Grund der meist 1 – 3 cm hohen Stängel (Pflänzchen herausziehen!). Blätter bis schmal lanzettlich, aber breit zugespitzt, frisch ± abstehend, mit umgerolltem Rand (Blattzellen papillös, basal hyalin, oft rötlich, an den Blattspitzen immer mit 1 – 3 vergrößerten, glatten Endzellen, bei der Feuchtform (fo. *intermedia*) oft auch ein bis mehrere unregelmäßige Zähne), trocken verdreht. Einhäusig. Meist mit Sporogonen. Seta dunkelrot, Kapsel aufrecht,

Bryoerythrophyllum recurvirostrum

kurz zylindrisch, ca. 2(– 3) mm lang. Peristomzähne fadenförmig, aufrecht. Deckel konisch.
Verbreitung: Gebirgsmoos (in der Ebene nur verschleppt, in Süddeutschland bis 1950 m und in Nordtirol bis 2250 m sowie bis 3200 m („fo. brevifolia"), in den übrigen Alpen angeblich bis 3650 m, in Mexiko bis 3850 m sowie aus Kaschmir noch von 5330 m angegeben).
Ökologie: Kalkhold. An nicht zu trockenen bis feuchten, meist beschatteten Felsen, Steinen und besonders an Mauern. Gern im Überschwemmungsbereich kalkführender Fließgewässer und dort oft auch an Borke. In den Kalkgebieten häufig, sonst fast nur an älterem Gemäuer.
T 3, L 5, F 5, R 7, K 5.

Ähnliche Arten: Die übrigen *Bryoerythrophyllum*-Arten Mitteleuropas sind – mit Ausnahme des immer sterilen *Bryoerythrophyllum ferruginascens* (Stirton) Giacomini (mikroskopisch erkenntlich an den zinnoberroten Rhizoidknöllchen) meist sehr seltene Alpenmoose. Die meisten *Pottiaceen* der *Barbula*-Verwandtschaft bereiten Bestimmungsschwierigkeiten. Sie sollten immer belegt werden. Die hier angeführten Arten sind die recht gut erkennbaren, wenn man alle Merkmale berücksichtigt. Von Moosen anderer Familien wird vor allem *Ceratodon* immer wieder für eine *Barbula*-Verwandte gehalten. Dieses Moos unterscheidet sich aber durch die glatten, dünnwandigen, durchgehend quadratischen Zellen und die oft gezähnelte Spitze (vgl. oben!).

Unterfamilie Pottioideae – Pottia-Verwandte

Phascum cuspidatum Hedwig var. ***cuspidatum***

(= *Tortula acaulon* = *Ph. acaulon* var. *elongatum*)

Gespitztes Glanzmoos

(T. 36 p, q)
Name: Theophrast beschreibt *phascon* als ein langes, haariges Baummoos, also eher eine Flechte (Limpricht vermutet *Usnea*). Genaust (2005) hält eine mögliche Ableitung des Namens – sicher in Unkenntnis des Mooses – von griechisch phainein = „sichtbar machen" für möglich. Den altgriechischen Namen hat Linné (1753) in Unkenntnis seiner wahren Zugehörigkeit übernommen und erst J. C. Schreber hat seine wahre Bedeutung erkannt: griechisch a= Verneinung von kaulon = Stängel. Wegen der sitzenden Kapseln.
Erstbeschreibung: Bei Dillenius 1741 als *„Sphagnum acaulon bulbiforme majus (und minus)"*.
Bau: Einzeln oder in kleineren Herden, hell- bis gelblichgrün. Pflanzen (1)2 – 4 mm groß, knospenförmig. Blätter trocken verbogen, anliegend, feucht, die unteren aufrecht abstehend, die oberen, besonders die Perichätialblätter, vergrößert. Blätter (oben papillös bis fast glatt), eiförmig-lanzettlich, um 3 mm lang, zugespitzt, mit gerader, ± lang austretender Rippe (bei var. *piliferum* (Hedwig) Hooker & Taylor (= Phascum piliferum) haarförmig und bis über 1 mm lang, ein Taxon sonnig-trockener Standorte). Einhäusig. Fast immer mit den im Blattschopf eingeschlossenen, sehr (bis 0,5 mm langen) kurzstieligen, reif braunen, glänzenden, um 1 mm großen, zugespitzten, deckellosen Kapseln (Name!). Das Beispiel eines kleistokarpen Mooses. Vollreif sterben die Blätter langsam ab und legen die Kapsel frei, die dann verwittert und die großen (warzigen) Sporen entlässt.
Verbreitung: Ebene bis untere Gebirgslagen (im Jura vereinzelt bis 900 m und in Tirol noch bis 1700 m verschleppt (?)).
Ökologie: Auf offenerdigen, oft sonnigen, winterfeuchten, kalk- oder zumindest basenreichen, grundfeuchten bis trockeneren Äckern noch allgemein verbreitet, aber durch Über-

Phascum cuspidatum

Acaulon muticum

düngung im Rückgang. Auch auf Brachland, an Böschungen und auf Mauerkronen.

T 4, L 8, F 4, R 6, K 5.

Besonderes: Die Überdauerungs(-lebens)-Strategie der Art besteht darin, dass ihre relativ großen (meist über 30 µm) und deshalb nährstoffreichen Sporen anscheinend viele Jahre im Boden überdauern können. Bei Freilegung des Bodens durch Ackern, nach Wühltätigkeit von Säugern oder Erosion ans Licht gebracht, können sie sich bei ausreichender Feuchtigkeit schnell entwickeln und bald auch Sporogone bilden. Im Aussehen gleich, aber gewöhnlich steril und durch einen hakenförmig abgebogenen Blattstachel ist P. leptophyllum Mueller-hal. (= Tortula rhizophylla) unterschieden. Ein selteneres Moos warmer, offenerdiger Lagen, das vor wenigen Jahren vom Verf. erstmals für Deutschland im Ahrtal und Stromberggebiet gefunden wurde. Inzwischen noch vielfach nachgewiesen (Meinunger 2007).

Ähnliche Arten: ***Acaulon muticum*** (Hedwig) Mueller-hal., das Knospenmoos, ist seltener als die vorige Art. Diese wurde schon 1770 durch J. C. Schreber bekannt. Bau: Es ist durch die nicht austretende Rippe und die auch reif knospenförmig eingeschlossene, nicht zugespitzte Kapsel von Kümmerformen des *P. cuspidatum* gut unterschieden. Außerdem wird es höchstens 2 mm groß, hat hohle, (glatte) Blätter und wächst meist in vereinzelten Pflanzen, selten in dichteren Herden. Verbreitung: zerstreut. Tieflagenmoos (in Bayern bis 680 m, angeblich auch höher). Ökologie: Es findet sich auf kalkarmen, meist basenreichen, krumenfeuchten Böden, z. B. auf Lehmäckern, Wegen und offenerdigen Böschungen. – **T 5, L 9, F 7, R 5, K 5.**

Microbryum curvicollum (Hedwig) R. H. Zander

(= *Phascum curvicolle*)

Herabgebogenes Glanzmoos

Microbryum curvicolle

Microbryum curvicollum

Name: Microbryum = kleines Bryum. Phascum s. bei P. cuspidatum.
Erstbeschreibung: Im Jahre 1791 sowohl durch GMELIN wie durch EHRHART, der die winzige Art schon 1781 bei Hannover entdeckte.
Bau: Ein kurzlebiges, etwa 1 mm großes Moos. Blätter rosettig, lineal-lanzettlich, zugespitzt. Es wächst in kleinen Herden und ist an der gekrümmten Seta und der dem Boden ± aufliegenden, glänzend braunen Kapsel leicht erkennbar.
Verbreitung: Tieflagenmoos. Auf kalkhaltigen Böden von der Ebene (selten) bis in die Hügelstufe. Dort nicht selten. Ausnahmsweise in den Alpen noch bei 1500 m.
Ökologie: Auf sonnigen, winterfeuchten, meist kalkreichen Plätzen auf erdigem Substrat, z. B. auch Löss, an offenerdigen Wegböschungen, in lückigen Trockenrasen, auf übererdeten Mauern, Brachäckern u. ä. Oft mit *Pterygoneurum ovatum*, *Pottia starckeana* u. ä.
T 6, L 8, F5, R 8, K 5.

Pottia truncata (HEDWIG) BRUCH. & SCHIMPER
(= *P. truncatula*)

Abgestutztes Pottmoos

(T. 37 b)
Name: Von EHRHART 1787 JOHANN FRIEDRICH POTT (1738 – 1803), Botanik- und Medizin-Professor in Braunschweig, gewidmet.
Erstnachweis und **Erstbeschreibung:** Wie bei *Pottia intermedia*, bereits durch DILLENIUS bei Gießen (1718).
Bau: In niedrigen, meist nur 2 – 3 cm breiten Herden oder lockeren Kurzrasen. Pflanzen glänzend, 2 – 3(– 4) mm hoch, rosettig beblättert. Blätter breit-lanzettlich, flachrandig, mit langem, stachelig austretendem Nerv (Blattzellen glatt). Einhäusig. Sporogone häufig übers ganze Jahr, besonders im Herbst. Kapsel topfförmig,

Pottia truncata

Pottia intermedia

Pottia bryoides

etwa so lang wie breit, mit weiter Mündung, ohne Peristom. Deckel kurz geschnäbelt (Sporen papillös).

Verbreitung: Besonders in den tieferen Lagen meist verbreitet. Ebene bis mittlere Gebirgslagen (selten über 800 m, in Bayern angeblich noch bei 1480 m).

Ökologie: Auf lang vernässten, oft dauerfeuchten, meist ± lehmigen, kalkfreien Böden an offenerdigen Standorten aller Art in Mitteleuropa.

T 4, L 7, F 7, R 5 (4), K 5.

Besonderes: Überdauerungs-Strategie bei allen Pottien ähnlich wie bei *Phascum*. Stammesgeschichtlich bemerkenswert ist die von *Pottia lanceolata* (s. u.) mit gut entwickeltem Peristom über die peristomlose *Pottia truncata* und *Pottia bryoides* mit kurz gestielten, kleistokarpen Kapseln bis zu den ungestielten, kleistokarpen *Phascum*-Arten zu beobachtende Reduktion der Öffnungsmechanismen. Was nicht mehr benötigt wird, verschwindet allmählich!

Ähnliche Art: ***Pottia intermedia*** (TURNER) FUERNROHR (= P. truncata var. major), das Mittlere Pottmoos (T. 37 c) war bereits DILLENIUS von Gießen bekannt. Bau: mittelgroß (um 3 – 5 mm). Die Kapseln sind hier länglich (bis 1 : 2) und geöffnet nicht weitmündig. Zuweilen mit Peristomresten. Verbreitung: wie vorige Art, in Bayern bis 900 m, einzeln bis 1450 m. Ökologie: an reicheren, aber sonst ähnlichen Standorten wie die vorige Art. – **T 5, L 7, F 6, R 6, K 5.**

Pottia lanceolata (HEDWIG) MUELLER HAL. (inkl. var. leucodonta)
Lanzettblättriges Pottmoos

Pottia lanceolata

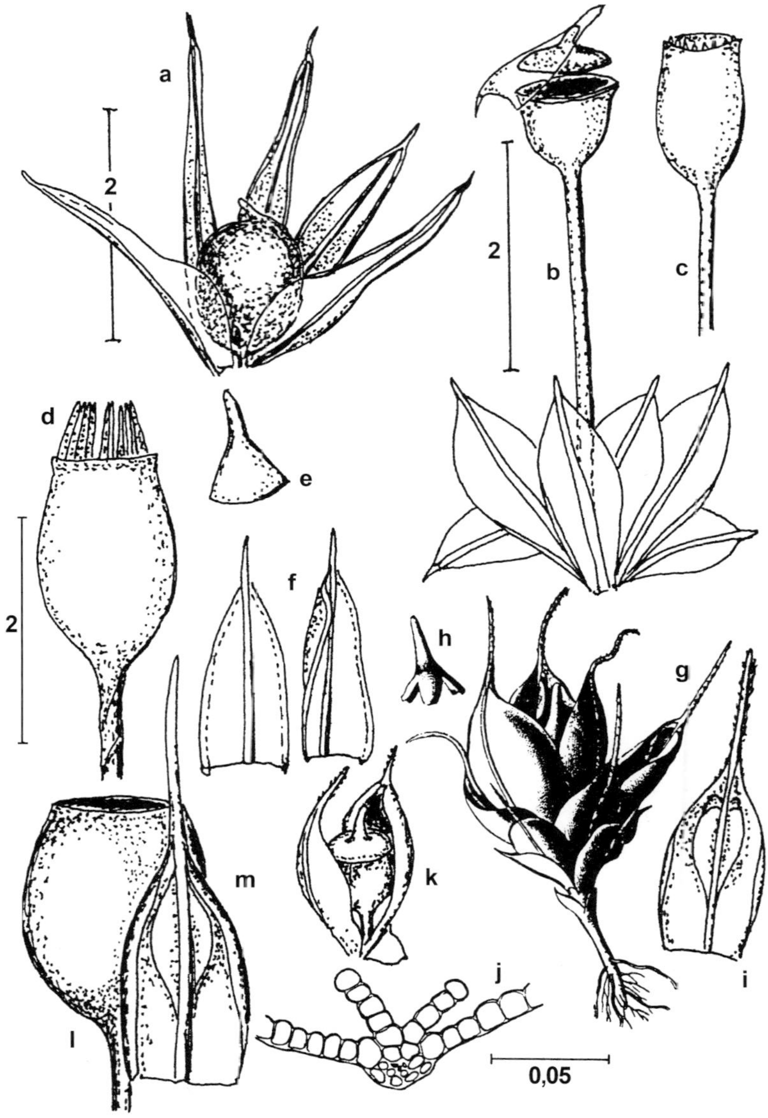

Tafel 37:* *Weissia longifolia: a. Habitus c.spg. ***Pottia truncata:*** b. Habitus c.spg. mit Haube und Deckel. ***P. intermedia:*** c. Kapsel. ***P. lanceolata:*** d. Kapsel, e. Deckel, f. Blatt. ***Pterygoneurum subsessile:*** g. Habitus, h. Haube, i. Blatt, j. Blattrippe quer, k. Sporogon (nach LIMPRICHT). ***P. ovatum:*** l. Kapsel, m. Blatt

(T. 37 d – f)
Erstbeschreibung: 1777 durch den Arzt und Privatgelehrten JOHANN ADAM POLLICH (1741 – 1780) in seiner „Flora der Pfalz".
Bau: *Pottia intermedia* ganz ähnlich, bis 6 mm hoch, aber oft mit etwas kräftigerer Kapsel. Diese mit gut ausgebildetem Peristom. Wie bei dieser mit (hier stark) umgebogenem Blattrand und Rippe stachelspitzig austretend.
Verbreitung: Ebene bis untere, selten mittlere Gebirgslagen (in Süddeutschland vereinzelt bis 1000 m (im Jura angegeben), höchste Angabe aus Chur/Schweiz, mit 1230 m).
Ökologie: An offenerdigen Standorten, z. B. an Wegböschungen, Trockenrasen und beerdeten Mauerkronen. Auf kalkreichen Böden meist ziemlich verbreitet.
T 5, L 8, F 6 (5), R 8, K 5.
Ähnliche Arten: Unsere übrigen Pottien sind meist sehr selten, haben igelstachelige Sporen, stumpfliche Deckel, gesägte Blätter oder andere bei den oben gebrachten Arten nicht vorkommende Merkmale.

Pterygoneurum ovatum (HEDWIG) DIXON

(= P. cavifolium = P. pusillum)

Eiförmiges Flügelnervmoos

(T. 37 l, m)
Name: Zusammengesetzt aus griechisch pteron, pterygo = Flügel und neuron = Nerv, Blattrippe. Bezieht sich auf die „geflügelte" Rippe.
Erstnachweis und **Erstbeschreibung:** Durch HEDWIG 1782. Er entdeckte die Art auf Lehmmauern bei Leipzig.
Bau: Kurzlebiges Erdmoos in wenigen cm breiten Herden oder kleinen Pölsterchen und Kurzrasen. Pflanzen rosettig beblättert, 2 – 3 mm groß, braun-grün. Blätter hohl, eiförmig oder verkehrt-eiförmig, ganzrandig, oben abgerundet, mit ± langem, glattem Glashaar. Die Rippe im oberen Blattteil auf der Oberseite mit flügelartigen Lamellen. Blätter trocken anliegend, feucht aufrecht-abstehend. Einhäusig. Im Herbst und Winter reichlich sporulierend. Seta ziemlich kurz (– 5 mm). Kapsel eiförmig bis länglich-eiförmig, peristomlos (Sporen 24 µm und größer).
Verbreitung: Ebene und untere Gebirgslagen (selten darüber, in Süddeutschland nur im Jura bis 910 m, in Tirol in der mod. *incanum* bis 2750 m). Früher ziemlich allgemein verbreitet. Inzwischen durch Vernichtung der Standorte und wahrscheinlich auch durch Luftverschmutzung, Überdüngung usf. oft im Rückgang bis ausgerottet. Jetzt nur noch in den Kalkgebieten Mittel- und Süddeutschlands verbreitet.
Ökologie: Auf kalk- oder zumindest basenreichen Böden und erdigem Gestein in meist sonniger Lage in Trockenrasen, auf Mauerkronen, an Wegsäumen, Ödland u. ä.
T 5, L 9, F 3, R 7, K 5.
Besonderes: Mit auffallenden, denen bei *Polytrichum* analogen Lamellenbildungen auf der Rippe. Diese verlängern möglicherweise die Photosynthese, indem sich die durchscheinenden Blattränder beim Eintrocknen zuerst über die Lamellen krümmen und diese damit kurzfristig schützen. Zudem könnten sie kapillarer Wasserhaltung dienen.
Ähnliche Arten: ***Pterygoneurum subsessile*** (BRIDEL) JURATZKA (T. 37 g – k), das Sitzende Flügelnervmoos. Bau: Es unterscheidet sich durch von den Blättern locker eingehüllte Kapseln sowie gezähnte Blatthaare. Verbreitung: eine viel seltenere, kontinentale Art, die am Rhein ihre Westgrenze findet. Ein Tieflagenmoos wärmster Lagen (in Süddeutschland bis 400 m sowie in den trockensten Alpentälern noch bis ca. 600 m). Ökologie: ähnlich voriger Art. – **T 7, L 9, F 3, R 7, K 8.**

Pterygoneurum ovatum

Pterygoneurum subsessile

Aloina rigida (HEDWIG) LIMPRICHT
Steifes Aloemoos

(Ähnlich Abb. T. 38 a – c)

Name: Von Aloe abgeleitet. Die Rosetten aller Arten erscheinen uns bei oberflächlicher Betrachtung als Miniform derselben. Bei genauerer Untersuchung zeigt sich allerdings, dass die Blätter keineswegs sukkulent sind.

Erstbeschreibung: Als *Bryum stellatum* durch J. C. SCHREBER 1771. Er entdeckte die Art ebenfalls auf Lehmmauern bei Leipzig.

Bau: Kurzlebiges Pioniermoos. Die 2 – 4 mm breiten, dunkelgrünen, glänzenden Rosettchen wachsen in lockeren Herden. Die Blätter sind 4 – 6mal so lang wie breit, kurz bespitzt und der Blattrand, auch der frischen Pflanze, ist breit eingebogen. Die dicke Rippe ist mit fädigen, oft verzweigten, grünen Wucherungen dicht besetzt. Zweihäusig, aber trotzdem (im Frühjahr) oft mit Sporogonen. Die aufrechten Kapseln zylindrisch, ca. 2,5 mm lang, mit abrollendem Ring (Anulus) und das der Mündung direkt aufsitzende Peristom 2 – 3mal gewunden. Kalyptra bis Kapselmitte.

Verbreitung: Von der Ebene bis in die Bergstufe (in Süddeutschland bis 700 und (verschleppt?) bis 1040 m, in den Osttiroler Alpen bis 1600 m (nach GAMS sogar bis 2600 m)). Bis in die Mittelgebirge zerstreut bis ziemlich verbreitet, aber in der Ebene selten.

Ökologie: Pioniermoos lichter Standorte, an offenerdigen Plätzen auf wechselfeuchten, feuchtlehmigen, kalkhaltigen oder mindestens basenreichen Böden an Böschungen und auch auf Mauern und in Felsspalten

T 4, L 7, F 5, R 6, K 5.

Besonderes: Auch *Aloina* zeigt eine bemerkenswerte xerophytische Anpassung, vergleichbar mit der bei *Pterygoneurum* (s. dort).

Verwandte Arten: Zwei weitere, etwas seltenere Arten ähnlicher Standorte haben einen bleibenden Ring und ein kaum gedrehtes Pe-

Aloina rigida

Aloina aloides

Aloina ambigua

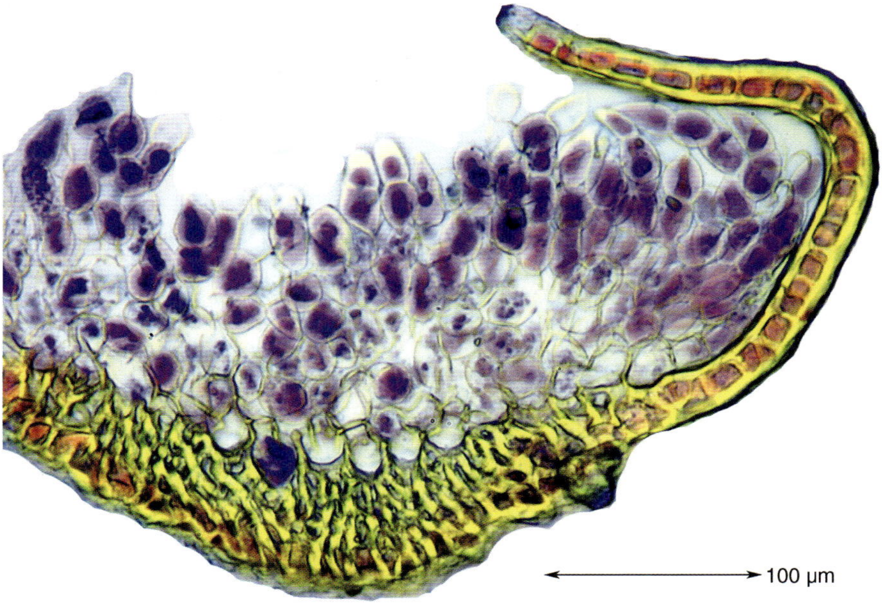

Aloina ambigua

ristom. ***Aloina aloides*** (SCHULTZ) KINDBERG, Aloeähnliches Aloemoos. Bau: unterschieden durch eine geneigte Kapsel (und größere Sporen). Ökologie: eine submediterrane, reine Kalkart. – **T 6, L 7, F 4, R 9, K 5.** ***Aloina ambigua*** (BRUCH & SCHIMPER) LIMPRICHT, Zweifelhaftes Aloemoos (T. 38 a-c). Bau: Habitus wie bei den vorigen, aber die Kapseln unterscheiden sich durch Ausbildung eines niedrigen Tubus und die Kalyptra bedeckt nur den Deckel. Verbreitung: ebenfalls weniger häufig, aber auch auf kalkarmen Tonböden vorkommend. – **T 6, L 7, F 4 (5), R 8, K 5.**

Tortula muralis HEDWIG var. ***muralis*** (inkl. fo. incana (BRUCH & SCHIMPER) SAPEHIN etc.) Mauer-Moos, Mauer-Drehzahnmoos

(T. 38 d – f)

Name: Abzuleiten von lateinisch tortus = gedreht, was sich sowohl auf das Peristom wie auf die Blätter vieler Arten bezieht.

Erstbeschreibung: Schon durch DILLENIUS 1718 von Gießen.

Bau: In matt hellgrünen, flachen, um 1,5 cm hohen, meist ausgedehnten, zuweilen polsterartigen Kurzrasen. Pflanzen frisch rosettig beblättert. Blätter trocken gedreht, graugrün, (von Haaren) grau schimmernd, zungenförmig, 2 – 4 mm lang, mit nach den Lichtverhältnissen

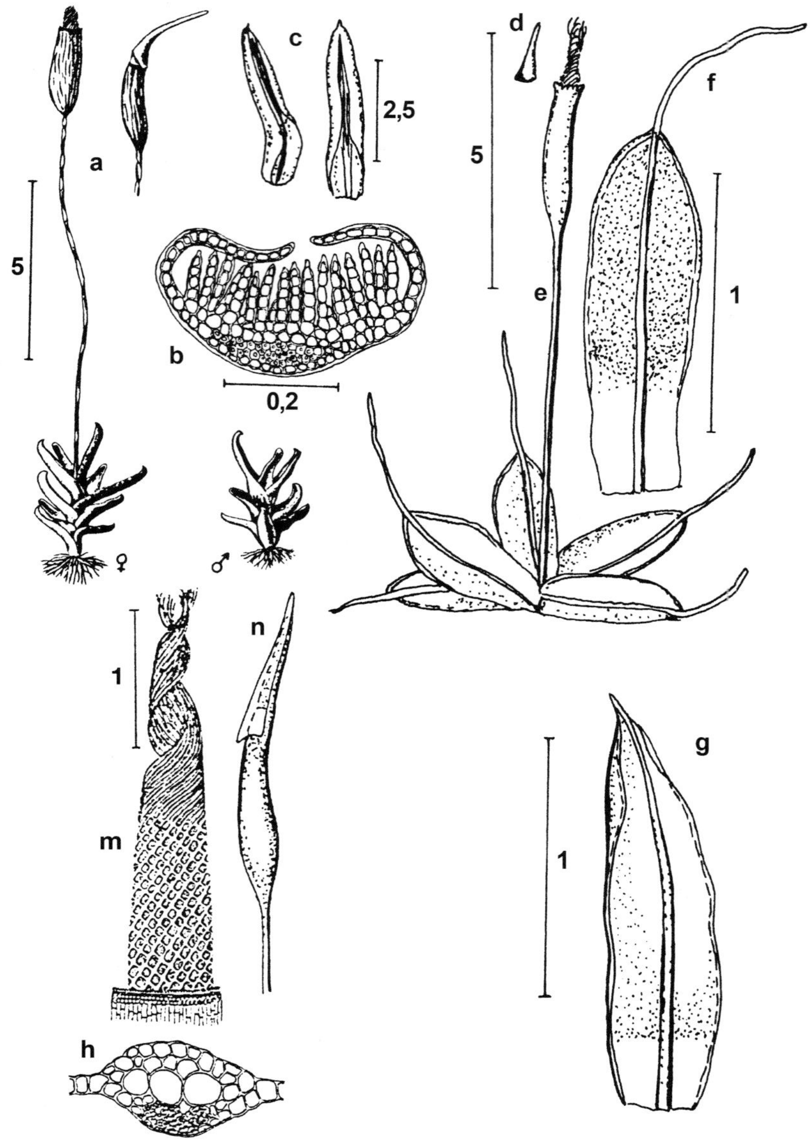

Tafel 38: Aloina ambigua: a. Habitus c.spg., b. Blatt quer (aus Limpricht), c. Blatt. ***Tortula muralis:*** d. Deckel, e. Habitus c.spg., f. Blatt. ***T. subulata:*** g. Blatt, h. Blatt quer, h., m. Peristom mit Basilarmembran, n. Sporenkapsel.

Tortula muralis

± langem, glattem Glashaar und durch Blattumrollung wulstig erscheinendem, hellerem Rand und durchscheinender Basis. (Blattzellen papillös). Einhäusig. Meist mit Sporogonen. Seta rötlich, Kapsel aufrecht (alt auch geneigt), zylindrisch, um 3 mm lang, mit gedrehtem Peristom (ohne Basalmembran!).

Verbreitung: Durch Verschleppung fast kosmopolitisch verbreitet. Eines unserer häufigsten Moose, von der Ebene bis in die alpine Stufe. Aber über 1000 m sicher nur verschleppt, da dort allein an Mauern und Schutt, z. B. in Bayern bis 1465 m und im Pitztal bis 1400 m. Von Breidler sogar noch aus 2850 und 3010 m Höhe angegeben.

Ökologie: In sonniger, trockener Lage auf Kalkgestein und vor allem auf Mauern aller Art allgemein verbreitet bis gemein. Bei Kalkstaubanflug zuweilen auch an Borke. Nährstoffliebend. An mehr schattig-feuchten Standorten durch die haarlose var. ***aestiva*** Bridel vertreten. Eines unserer häufigsten Stadtmoose. Das Vorkommen überaus zahlreicher Ökotypen (s. u.) erklärt, dass einige derselben durch Auslese resistenter Formen zur Anpassung an größte Luftverschmutzung wie auch Trockenheit gelangt sind.

T 5, L 8, F 2, R 0, K 5.

Besonderes: Als Mauermoos dient die Art unzähligen Kleinstlebewesen als Unterschlupf. Diese sind die Basis vieler Nahrungsketten. So kommt allen Mauermoosen im urbanen Raum eine hohe ökologische Bedeutung zu. Dazu ist ihr ökologischer Wert als Feinstaubfänger nicht hoch genug zu schätzen. Schließlich tragen die Blatthaare des Mauermooses zu einer erhöhten Tau- und Nebelkondensation bei und vermindern somit die ungesunde Trockenluft in den Städten. In niederschlagsreicheren Zeiten könnten in der Stadt zur Begrünung sowohl kahle Betonwände, als auch Dächer mit einer im Gemüsemixer hergestellten *Tortula muralis*-Brühe bespritzt werden. Durch vorheriges Besprühen mit einer Blumendüngerlösung lässt sich diese Prozedur noch optimieren. Bei diesem typischen „Kulturfolger“ sind von britischen Bryologen zahlreiche Chromosomenrassen (= Genotypen, hier n = 26, 27, 50 und 52) – verteilt auf etwa 150 Ökotypen – beobachtet worden. Dies erklärt das Vorkommen der Art unter den unterschiedlichsten Umweltbedingungen. Wie andere *Tortula*-Arten ähnlicher Standorte kann die Art Wasser nicht nur aus Tau, sondern selbst noch aus relativ trockener Luft (ab 30 % relativer Luftfeuchtigkeit) aufnehmen.

Ähnliche Arten: Von ähnlichen haartragenden (und dann sehr seltenen) heimischen Arten durch die angegebenen Merkmale gut getrennt. Von den Verwandten mit nur kurz (oder kaum) austretender Rippe ist die folgende Art noch am häufigsten.

Tortula subulata Hedwig var. *subulata*

(= *Syntrichia subulata*)

Stachelspitziges Drehzahnmoos

Tortula subulata

(T. 38 g – m)
Erstnachweis: Bereits durch DILLENIUS bei Gießen (1718).
Bau: Meist in kleinen, kaum 5 cm breiten Räschen aus niedrigen Rosetten von bis 5 mm Breite (mit den Sporogonen oft Grasbüschelchen ähnelnd). Blättchen feucht dunkel-, angetrocknet heller grün, spatelförmig, durch die austretende Rippe kurz bespitzt und ca. 3 – 4 mm lang. Einhäusig. Die rote Seta bis um 3 cm lang, mit zylindrischer, gerader, bis über 3 mm langer Kapsel mit kegeligem Deckel und Basilarmembran.
Verbreitung: Vor allem im Mittelgebirge ziemlich verbreitet, aber sowohl in der Ebene, wie in höheren Lagen selten (im Jura bis 900 m, in den bayerischen Alpen angeblich bis 2210 m, jedoch in Nordtirol nur bis 1500 m sicher nachgewiesen. Alle Angaben darüber sollten belegt werden).
Ökologie: Auf offenerdigem, meist beschattetem, basenreichem, aber kalkarmem, lehmigem und sandig-lehmigem Substrat, an Laubwaldböschungen, alten Mauern und auf Erde über Fels. Durch Luftverschmutzung anscheinend im Rückgang.
T 3, L 6, F 5, R 5, K 6.
Ähnliche Arten: Vegetativ ist *Encalypta streptocarpa* sehr ähnlich, aber hochstängeliger und immer mit braunem Stängelfilz. Weitere ähnliche Erd- und Gesteinsbewohner haben kleinere Blätter und sind ohne deutlich austretende Rippe. Auch sind es meist seltene Moose sonnig-trockener Lagen.

Syntrichia ruralis (HEDWIG) WEBER & MOHR subsp. *ruralis*
(= *Tortula ruralis*)

Dach-Drehzahnmoos

Syntrichia ruralis

(T. 39 d, e)

Name: Zusammengesetzt aus griechisch syn = zusammen und trichos = Haar. Das lässt sich sowohl auf die trocken pinselförmig gebündelten Blatthaare wie auf das Peristom beziehen.

Erstbeschreibung: Erstmals bereits durch DILLENIUS bei Gießen (1718) gefunden und beschrieben. Der Artname „rurale“, d. h. ländlich, auf Bauernhausdächern vorkommend, erscheint aber erstmals bei DILLENIUS 1741. Zuerst hat ihn LINNÉ (1753) übernommen (*Bryum rurale*) und dann auch HEDWIG (1801) in *Barbula ruralis*.

Bau: In oft ausgedehnten (bis über m^2-großen), in der Sonne goldbraunen (bis braungrünen), 1 – 3(– 5) cm hohen, dichten Rasen oder auch Polsterrasen. Blätter zungenförmig, bis 5 mm lang. Blatthaar oft über 1 mm lang, hyalin und gezähnt. Durch den bis gegen die Spitze umgerollten Blattrand nach oben zu verschmälert (mikroskopisch: Rippenrücken und Blattzellen dicht papillös). Die zwei großen, hyalinen Felder der Blattbasis dienen (über Wasseraufnahme und -abgabe) als Bewegungsmechanismus. Blätter trocken gedreht, anliegend, feucht meist deutlich zurückgebogen. Zweihäusig.

Syntrichia montana

Sporogone ziemlich selten. Seta bis um 3 cm und Kapsel zylindrisch, um 3 mm lang. Peristom gedreht, auf hoher Basilarmembran (T. 39a!), ein Charakteristikum der Gattung (oder Untergattung) *Syntrichia*.

Verbreitung: Verbreitet von der Ebene bis ins Hochgebirge (in Bayern bis 2650 m angegeben, in Nordtirol bis 2750 m nachgewiesen, aus den Hohen Tauern von LORENTZ & MOLENDO noch von 3465 m und aus Turkestan bis 4150 m angegeben).

Ökologie: Auf meist sonnigem, länger austrocknendem, basen- bis kalkreichem Gestein, an Felsen, Blöcken, Mauern, Hausdächern (Name) und Asphalt- bzw. Betonwegsäumen sowie in kalkhaltigen Sand- und Kalktrockenrasen. In luftfeuchter Lage auch an Borke (wo allerdings die kleinere, flachrandige S. *virescens* sowie die meist sporulierende *S. laevipila* BRIDEL häufiger sind). An sehr trockenen Plätzen zuweilen in kaum 1 cm hohen Kümmerformen, die nur mikroskopisch von ähnlichen Sippen (verbreitet ist die subsp. *calcicolens*!) unterschieden werden können. Vielfach durch Luftverschmutzung in starkem Rückgang oder schon ganz ausgerottet.

T 0, L 9, F 2, R 6, K 5.

Besonderes: Wie wohl die meisten Moose hat auch diese Art eine Mykorrhiza. Besonders ein Stielbovist (*Tulostoma brumale*) tritt häufig in Rasen dieser Art auf. Die reichlich papillösen Blätter sind nicht nur zur schnellen Wasseraufnahme, sondern auch zur schnellen Abgabe von Nutzen. Letzteres deshalb, weil damit die für die positive Photosynthese verlustreiche Phase zwischen Antrocknen und fast völliger Austrocknung verkürzt wird. Der umgerollte Blattrand wie auch die Bildung der Säulchen aus den trocken eingerollten Blättern, dienen der äußeren, kapillaren Wasserleitung.

Ähnliche Arten: Unterscheiden sich u. a. durch kleinere Zellen, meist schräg abstehende Blätter und flachen Blattrand. Außerdem durch eine glatte Rippe charakterisiert, ist ***Syntrichia montana*** NEES (= *S. intermedia* var. *intermedia* = Tortula crinita), das Berg-Dachdrehzahnmoos (T. 39 f). Bau: unterschieden durch abgerundet zungenförmige, weit herab flachrandige, aufrecht-abstehende Blätter (mit glatter Rippe und kleineren Zellen). Verbreitung: ziemlich verbreitetes Kalkgebirgsmoos. In der Ebene selten (nur verschleppt?). Bis zur oberen Bergstufe (in Süddeutschland bis 1000 m, aus den Zentralalpen noch von 2200 m und sogar bis 3650 m genannt (??)). Ökologie: an meist sonnig-trockenem Kalkgestein und auch auf Mauern und Beton. – **T 6, L 9, F 1, R 8, K 5.**

Syntrichia latifolia (BRUCH EX C. HARTMAN) HUEBENER

(= *Tortula latifolia*)

Breitblättriges Dachdrehzahnmoos

(T. 39 c).

Erstbeschreibung: Durch PHILIP BRUCH (1781 – 1847), dem verdienten Mitautor der „Bryologia europaea". Er entdeckte die Art bereits vor 1823 bei Zweibrücken für die Wissenschaft.

Bau: Gut kenntliche, frisch hellgrüne, angetrocknet blaugrüne dichte Rasen oder kleine Polster aus bis 1 cm hohen Stängeln. Die kugeligen Brutkörper zerstreut auf den spatelförmigen, nicht bespitzten, 3 – 5 mm langen, trocken gedrehten Blättern (mit der Lupe als Punkte erkennbar: T. 39 b). Die ähnliche *Encalypta streptocarpa* hat fädige Brutkörper.

Verbreitung: Ziemlich verbreitetes Tieflagenmoos, insbesondere der Flusstäler (bis etwa 500 m).

Ökologie: Vorwiegend epiphytisch, seltener auch an Betonmauern oder Gestein. Meist in Ufernähe, an Borke und Gestein. In Gebieten stärkerer Luftverschmutzung im Rückgang.

T 6, L 7, F 5, R 7, K 4.

Syntrichia latifolia

Syntrichia papillosa

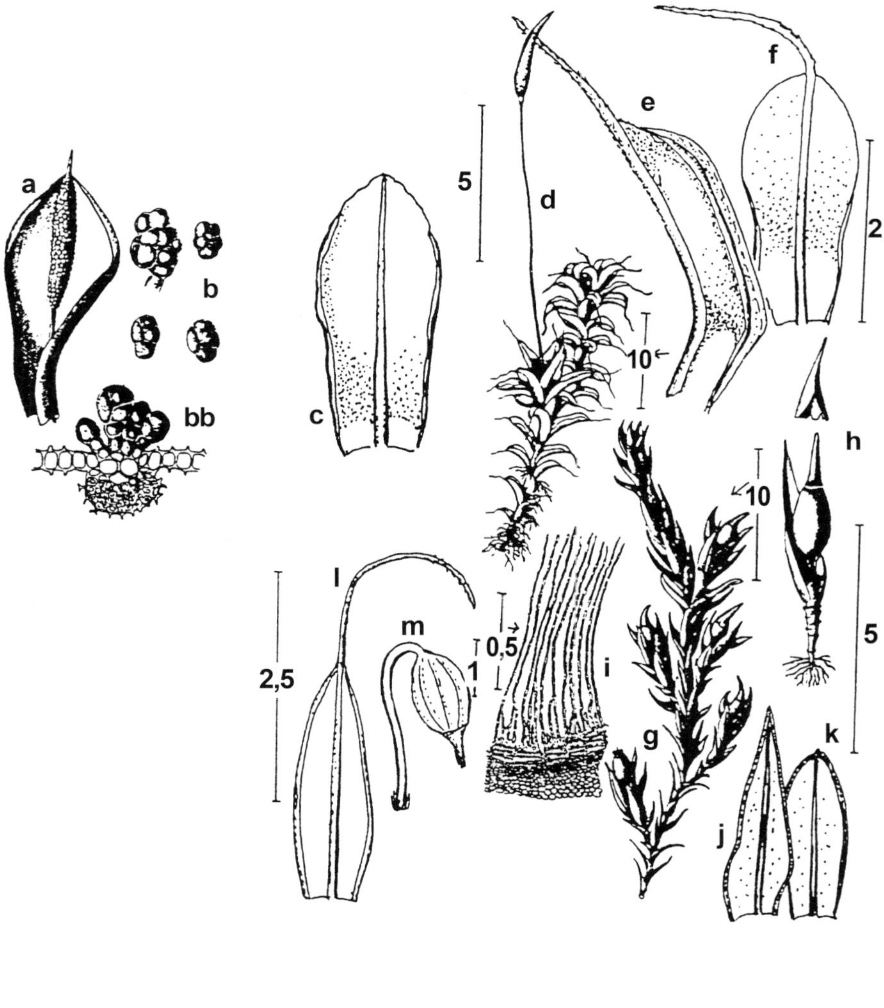

Tafel 39: ***Syntrichia papillosa:*** a. Blatt, b. Brutkörper, bb Blattrippe quer (aus Limpricht). ***S. latifolia:*** c. Blatt. ***S. ruralis:*** d. Habitus c.spg. (nach Schimper), e. Blatt seitlich. ***S. intermedia:*** f. Blatt. ***Cinclidotus fontinaloides:*** g. Habitus c.spg., h. Sporogon mit Haube und Hüllblatt, i. Peristom nah (nach Limpricht), j. Blatt. ***C. riparius:*** k. Blatt. ***Grimmia pulvinata:*** l. Blatt, m. Sporogon

Verwandte Arten: ***Syntrichia papillosa*** (WILSON) JURATZKA (= Tortula pa.), das Warzige Dachdrehzahnmoos (T. 39 a, b). Bau: Rippe als Stachel austretend. Blätter breit lanzettlich, mit eingebogenem Rand und dicker, von Brutkörpern bedeckter Rippe. Trocken nicht hellgrün, knospig zusammenneigend. Verbreitung: eine bei uns immer sterile, wohl erst im 19. Jahrhundert aus dem australischen Florenreich eingeschleppte, hemerophile (d. h. auf Siedlungsnähe beschränkte) Art. Vor 1860 durch den Botaniker ARESCHOUG erstmals um Berlin und München entdeckt. Tieflagenmoos, aber inzwischen schon bis fast 900 m Meereshöhe (an Mauern) beobachtet. In Süd- und Südwestdeutschland ziemlich verbreitet, sonst selten. Ökologie: an Borke freistehender Laubbäume, bei uns selten an Gestein, in den Südalpen jedoch auch dort häufiger. In Großbritannien mit höherer Luftverschmutzung zunehmend und im Mittelmeergebiet auch reichlich an dicht befahrenen Autostraßen. – **T 6, L 8, F 3, R 6, K 4.**
Besonderes: Gutes Beispiel eines erst in jüngerer Zeit eingeschleppten und entsprechend hemerophilen Mooses.

Cinclidotaceae – Gitterzahnmoose

Cinclidotus fontinaloides (HEDWIG) P. DE BEAUVERD
Brunnen-Gitterzahnmoos

(T. 39 g – j) – (früher Cinclidotaceae)
Name: Von griechisch kigklis, Genitiv kigklidos „Gitter" nach den sichelförmig, einseitswendigen Blättchen.
Erstbeschreibung: Erstmals bereits durch DILLENIUS bei Gießen (1718) gefunden und als *Fontinalis triangularis minor carinata, e cymis capsulifera* beschrieben.
Bau: Meist schwarzgrüne, bis über 5 cm lange, niederliegende oder auch büschelige, oft im Wasser flutende Rasen. Blätter trocken gedreht, feucht abstehend, oft etwas einseitswendig. Blätter 3 – 5 mm lang, breit-lanzettlich, unter oder in der Mitte am breitesten, spitz, mit wulstigem Saum (Rippe in die Spitze eintretend, Blattzellen papillös). Zweihäusig. Sporogone nicht selten (Frühling bis Sommer). Kapsel elliptisch, auf kurzer Seta, aus dem Hüllkelch hervorragend, mit rotbraunem, hier fädigem Peristom.
Verbreitung: Ebene bis Gebirge (in den bayerischen Alpentälern bis 1200 m, in Nordtirol selten bis ca. 1500 m).
Ökologie: An lichten bis sonnigen, meist häufiger überspülten, oft kalkreichen Standorten aus mineralischem Substrat und an Baumwurzeln. (In luftfeuchter Lage selten auch außerhalb von Gewässern). Im Bereich der Überflutungszonen der Fließgewässer, insbesondere in Kalkgebieten. Selten auch in Brunnen. Oft mit *Amblystegium riparium* und anderen *Cinclidotus*-Arten. Meidet stärkere Verschmutzung.
T 4, L 7, F 8, R 8, K 5.
Besonderes: Alle *Cinclidotus*-Arten sind poikilohydre Wassermoose, die auch längere Trockenzeiten gut überstehen. Gegen Strömungsschäden (besonders in Stromschnellen, an Wasserfällen u. ä.) sind sie durch den wulstigen, die Blattfläche rahmenartig einschließenden Blattsaum gut geschützt.
Ähnliche Arten: Die beschriebene Art kommt in den Stromtälern nicht selten neben ***Cinclidotus riparius*** (BRIDEL) ARNOTT (= C. nigricans), dem Fluss-Gitterzahnmoos (T. 39 k) vor. Bau: Sie unterscheidet sich durch glatte, ± zungenförmige, trocken straff anliegende Blätter und eine längere, 3 – 6 mm lange Seta. Verbreitung: Diese Art scheint an den großen Flüssen, besonders an Rhein und Donau, ihre (sekundäre!) Hauptverbreitung zu haben. Ökologie: ähnlich der der vorigen Art. – **T 6, L 9, F 7, R 7, K 7.**

Cinclidotus fontinaloides

Cinclidotus riparius

Cinclidotus aquaticus (Hedwig) Bruch & Schimper
Bach-Gitterzahnmoos

(T. 39 g – j)
Erstnachweis und **Erstbeschreibung:** Wird erstmals bei Dillenius 1741 als *Hypnum aquaticum nigricans, foliis angustis falcatis* aufgeführt, wegen des guten Merkmals „sichelige Blätter", eine treffende Beschreibung.
Bau: Meist schwarzgrüne, bis über 20 (bis 40) cm lange, niederliegende oder auch büschelige, meist im Wasser flutende Rasen. Eines unserer längsten Moose. Blätter aus eiförmigem Grund lineal zulaufend, etwas gebogen (falkat). Sporenkapseln mit gitterförmigem, reif vom Wasser durchspültem Peristom.
Verbreitung: Moos der unteren Lagen (ab 135 bis ca. 600 m in Südwestdeutschland und noch (selten) bis 1095 m in Bayern sowie bis 1150 m in der Schweiz).
Ökologie: An hellen Standorten, submers in kalkreichen, schnell fließenden Gewässern und an Wasserfällen.
T 8, L 9, F 9 (8), R 9, K 6.
Verwandte Arten: Eine dritte Art ist in Mitteleuropa, außer im Rhein, ebenfalls sehr selten. Es ist ***Cinclidotus danubicus*** Schiffner & Baumgartner, das Donau-Gitterzahnmoos. Bau: Es hat ebenfalls relativ längere Blätter und nimmt dadurch eine Mittelstellung zwischen *C. aquaticus* und *C. fontinaloides* ein. Durch den dicken Randwulst sind alle *Cinclidotus*-Arten (auch von anderen gewässerbewohnenden Moosen mit zweischichtigem Randsaum, wie z. B. *Schistidium rivulare*) unterschieden. Verbreitung: Tieflagenmoos (selten bis colline Stufe, bis 390 m am Hochrhein). Ökologie: in meist sonniger Lage im häufig überspülten Uferbereich kalkhaltiger, großer Flüsse an Ufersteinen und -mauern, z. B. Buhnen. Meist mit anderen *Cinclidotus*-Arten. – **T 7, L 9, F 8, R 7, K 7.**

Cinclidotus aquaticus

Grimmiaceae – Grimms Moose

Grimmia pulvinata (Hedwig) Smith var. ***pulvinata***
Gemeines Kissenmoos, Gemeine Zwergmütze

(T. 39 l, m)

Name: Von Hedwig zu Ehren von Johann Friedrich Karl Grimme (1737 – 1821), Leibarzt des Herzogs von Gotha, benannt. Grimme sammelte zusammen mit dem berühmten Bridel auch Moose.

Erstbeschreibung: Wiederum durch Dillenius (1718) von Gießen.

Bau: Grauschimmernde, 1 – 2(– 3) cm hohe, einige cm breite, konvexe oder größere, abgeflachte Polster. Pflanzen 0,5 – 2 cm lang. Blätter feucht aufrecht abstehend, trocken jedoch straff anliegend, eiförmig-lanzettlich, ± plötzlich in die oft entfärbte Spitze mit dem oft 2 mm langen, gezähnelten, hyalinen Blatthaar verjüngt. Blattlamina um 2 mm lang, am Rand umgebogen (dieser oben 2-schichtig, Basalzellen gestreckt, ca. 1 : 2 – 4, mit welliger Wand. Obere Blattzellen quadratisch, glatt, durchsichtig, oft auch wellig). Brutkörper fehlen. Einhäusig und fast immer mit Sporogonen. Seta ca. 3 – 4 mm lang, jung und feucht gekrümmt, dadurch die jungen, hellgrünen Kapseln lange im Polster verborgen. Trocken und reif aber aufrecht und längs gefurcht. Kapseln mit Peristom, eiförmig-elliptisch, mit dem lang geschnäbelten Deckel um 2 mm lang. Haube kurz, kappenförmig.

Verbreitung: Ebene bis mittlere Gebirgslagen (in Süddeutschland bis ca. 1200 m, in Nordtirol noch höher sowie im Gschnitztal noch bei 2000 m angegeben, in Kaschmir bis 3800 m).

Ökologie: Charaktermoos sonniger, trockener, basen- oder meist kalkreicher Standorte. Besonders an älterem Gemäuer, aber auch auf Beton, Asphalt und Asbestdächern, an Kalk- und

Grimmia pulvinata

Grundgebirgsgestein. Selten auch an Borke. Bei stärkerer Luftverschmutzung verschwindend, aber sonst allgemein verbreitet und meist häufig. Unsere am weitesten verbreitete *Grimmia*-Art.

T 5, L 8, F2, R 7, K 5.

Besonderes: Die „Glashaare" dienen als „Kondensationspunkte" für z. B. Taufeuchte. Sie zerstreuen außerdem das Licht: das empfindliche Chlorophyll wird vor zu starker Sonneneinstrahlung geschützt. Die Länge der Haarspitzen ist proportional der Lichteinstrahlung und der Standorttrockenheit. Wie viele poikilohydre (d. h. voll austrocknungsfähige) Arten sind alle xerophytischen Grimmien auf regelmäßige und schnelle Austrocknung angewiesen, vor allem zur Vermeidung von Atmungsverlusten. Experimente haben gezeigt, dass das Moos selbst bei nur 30% Luftfeuchtigkeit noch Wasser aus der Luft aufnehmen kann.

Ähnliche Arten: Verwechslungen sind mit kümmerlicher *Tortula muralis* möglich. Sie hat aber immer aufrechte, längere Kapseln sowie zungenförmig abgerundete, trocken gedrehte Blätter. Ähnlich ist ***Grimmia orbicularis*** Bruch ex Wilson, das Kugelkapslige Kissenmoos (T. 40 j, k). Bau: unterschieden durch ungeschnäbelte (konvexe) Deckel, kugelig-elliptische Kapseln sowie einen 1-schichtigen Blattrand. Verbreitung: viel seltener und nur in wärmsten Lagen. (In der Ebene wohl nur verschleppt?). In Süddeutschland nur bis 780 m, aber in den Alpen, wenn auch selten, noch bis 1560 m. Ökologie: fast nur auf sonnigem, trockenem Kalkgestein. Ein Gebirgsmoos der unteren, wärmsten Lagen, sozusagen einen Übergang zu dieser Art, bildet ***Grimmia pulvinata*** var. ***africana*** (Hedwig) Hooker & Wilson. Bau: Die Kapseldeckel sind nur kurzbespitzt. Ökologie: vertritt die vorige Art auf sonnigen Silikatgesteinsstandorten. – **T 7, L 9, F 1, R 8, K 5.** Weitere kalkstete und -holde Grimmien sind selten, haben z. T. eingesenkte Kapseln und sind meist auf Mittel- und Süddeutschland beschränkt.

Grimmia orbicularis

Grimmia laevigata (Bridel) Bridel
(= *G. leucophaea*)

Graues Kissenmoos

(T. 40 r)
Erstnachweis und **Erstbeschreibung:** Durch Dillenius bei Gießen (1718). Er unterschied die gut kenntliche Art bereits von *Grimmia pulvinata* (s. o.).
Bau: *Grimmia pulvinata* sehr ähnliche, grauschimmernde Polster an basenreicheren, aber kalkfreien Felsen. Dieses Moos erkennt man an den gewölbten, eiförmigen Blättern, deren entfärbte Spitze sich plötzlich in ein langes, glattes Haar verjüngt.
Verbreitung: Eine in den unteren Lagen der Silikatgebirge zerstreut vorkommende, submediterran-subozeanisch verbreitete, weltweit nachgewiesene Art (in der Ebene sehr selten). Höchstvorkommen in Nordtirol bei 1800 m, in Kaschmir sogar bis 5350 m.
Ökologie: An sonnig-trockenem, kalkarmem, aber basenreichem Silikatgestein, so an vulkanischem Gestein, wie auch Quarzit, Grauwacke-Sandstein und Tonschiefer, seltener an Mauern. Empfindlich gegen Luftverschmutzung.
T 6, L 9, F 1, R 4, K 4.
Ähnliche Arten: Ganz ähnlich ist ***Grimmia tergestina*** Tommasini, Triestiner Kissenmoos. Verbreitung: fast nur in Süddeutschland und südlicher, von der Hügelstufe bis zur Baumgrenze (in der Schweiz bis 2000 m). Ökologie: nur auf sonnig-trockenem Kalkgestein. – **T 8, L 1(– 5), F 1, R 9, K ?**

Grimmia laevigata

Grimmia trichophylla GREVILLE var. *trichophylla* (inkl. diverse Kleinarten)
Haarblättriges Kissenmoos

(T. 40 l – n)

Erstnachweis und **Erstbeschreibung:** Durch TURNER (1804) in Irland.

Bau: Von *Grimmia pulvinata* unterschieden durch meist mehr schwärzlich-grüne, lockerere Polsterrasen. Diese bis um 2 cm hoch. Blättchen in eine lineal-lanzettliche Spitze mit oft glattem Glashaar allmählich ausgezogen. (Blattrand unten schmal umgebogen, meist mit wenigzelligen, fußballähnlichen Brutkörpern). Sporogone ziemlich selten, Kapseln horizontal bis hängend.

Verbreitung: Fast weltweit beobachtet. Ebene (selten, an erratischem Gestein) bis untere Bergstufe (in Süddeutschland bis 800, maximal 960 und 1070 m, in Nordtirol noch bei 1500 und angeblich bei 1875 m, auf La Palma bis 2300 m).

Ökologie: In Mitteleuropa wohl nur auf kalkfreiem Gestein, z. B. auch auf Schichtmauern. An trockenen, halbschattigen bis sonnigen Standorten wohl die häufigste *Grimmia* der niederen Lagen der Silikatgebirge, aber auch selten in der Ebene an erratischen Blöcken u. ä. (im Süden auch öfter an Kalkfels).

T 5, L 7, F 3, R 5, K 5.

Ähnliche Arten: ***Grimmia decipiens*** (SCHULTZ) LINDBERG, das Täuschende Kissenmoos. Bau: von voriger Art unterschieden durch meist längere, mehr gezähnte Glashaare. Blätter scharf gekielt (Brutkörper fehlen, Basalzellen bis 1 : 6 gestreckt). Verbreitung: in der Ebene selten an erratischen Blöcken. An Silikatgestein von ca. 180 m bis 1250 m in den Vogesen zerstreut vorkommend. Den Alpen fast fehlend. Ökologie: in nebelhäufiger Lage an sonnig-trockenem, kalkfreiem, neutralem bis schwach saurem Silikatgestein, selten auch an vulkanischem Gestein oder Mauern. Sehr empfindlich gegen

Grimmia trichophylla

Grimmia decipiens

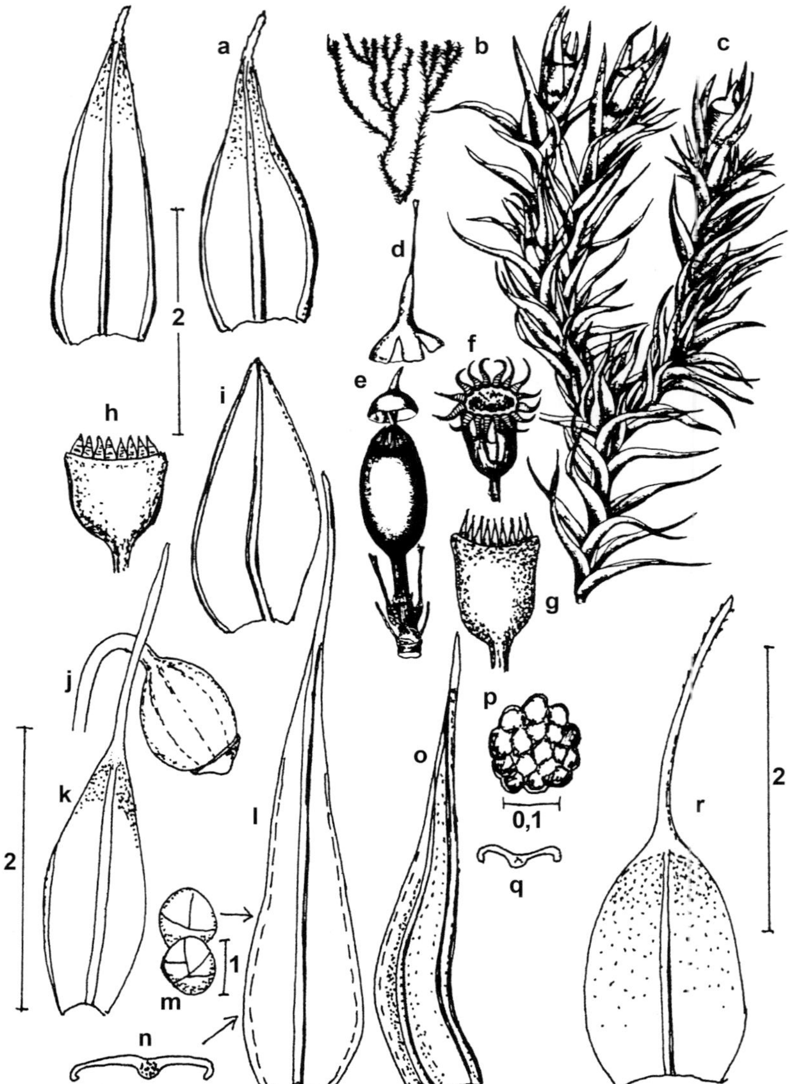

Tafel 40: Schistidium apocarpum agg.: a. Blätter, b. Habitus, c. Habitus c.spg., vergrößert, d. Haube, e. sich öffnende Kapsel, f. Kapsel trocken, g. Kapsel feucht. (b.– f. nach SCHIMPER) ***S. rivulare:*** h. Kapsel, i. Blatt. ***Grimmia orbicularis:*** j. Kapsel, k. Blatt. ***G. trichophylla:*** l. Blatt, m. Brutkörper, n. Blatt quer. ***G. hartmanii:*** o. Blatt, p. Brutkörper, q. Blatt quer. ***G. laevigata:*** r. Blatt.

Luftverschmutzung. – **T 4, L 9, F 1, R 5, K 4.** ***Grimmia elatior*** Bruch ex Balsas & De Notaris, das Hohe Kissenmoos. Bau: unsere größte, maximal bis um 4 – 5 cm hohe Art. Gegenüber voriger mit glattem Glashaar und nicht gekielten Blättern (Blattzellen weit herauf buchtig). Verbreitung: Gebirgsmoos (ab ca. 250 m, meist höher, selten über der Waldgrenze, in Bayern bis 1364 m und in den Zentralalpen bis über 2000 m). Selten bis zerstreut. Verbreitet in den Südalpen. Ökologie: ähnlich wie bei den vorigen Arten, aber auch an absonnigem Gestein, auch nahe von Wasserfällen. – **T 3, L 7, F 2, R 4, K 6.**

Grimmia hartmanii Schimper var. *hartmanii*

(= *Dryptodon hartmanii*)

Hartman's Kissenmoos

(T. 40 o, p)

Erstnachweise und **Erstbeschreibung:** 1849 von dem Schweden Carl Hartman (1824 – 1884) fälschlich als *Grimmia incurva* beschrieben, dann ihm zu Ehren von W. P. Schimper benannt. Bereits lange vorher durch den Deutsch-Schweizer Schleicher in seinen Exsikkaten als *Trichostomum nudum* ausgegeben.

Bau: In oft ausgedehnten, niedrigen Polsterrasen. Mit kurzer Haarspitze und daher oft haarlos (Lupe!) erscheinend. Charakteristisch sind im Sommer die ± zahlreichen, erst hellgrünen, später braunen, himbeerartigen, 0,25 mm großen Brutkörper (T. 40 q). Die Häufchen an den Blattspitzen sind bereits mit der Lupe gut zu erkennen. Zweihäusig. Sporogone sehr selten. Ähnliche Arten sind sehr selten und fast nur im Hochgebirge.

Verbreitung: Gebirgsmoos (selten in der Ebene (an erratischen Blöcken) bis in die subalpine Stufe, in Süddeutschland bis 1200 und 1900 m, in Nordtirol bis 1430 und in Südtirol bis 1800 m (sowie angeblich bis 2530 m) und in der Schweiz bis 2300 m angegeben).

Ökologie: Auf schattig-trockenen Blöcken der Silikatgebirge, insbesondere auf Lavagestein

Grimmia hartmanii

Grimmia torquata

ziemlich verbreitet, an erratischen Blöcken der Ebene aber selten.
T 3, L 5, F 2, R 5, K 5.
Verwandte Arten: Am ehesten mit Schattenformen von *Schistidium apocarpum* agg. zu verwechseln. Von den völlig haarlosen Arten sei die eher einer Pottiacee ähnelnde ***Grimmia torquata*** HOOKER EX DRUMMOND, Gedrehtes Kissenmoos, genannt. Bau: trocken gedrehte Blätter (und Brutkörper). Verbreitung: eine meist seltene, reine Gebirgsart (von 340 – 2600 m). Ökologie: an feuchten, absonnigen, basenreichen Felsen, z. B. neben *Amphidium mougeotii*. – **T 3, L 4, F 8, R 6, K 5.** – Die meisten der übrigen kalkmeidenden Grimmien sind in Deutschland meist selten bis sehr selten sowie nur mikroskopisch und mit guten Schlüsseln zu unterscheiden.

Schistidium apocarpum (HEDWIG) BRUCH & SCHIMPER
(= *Grimmia apocarpa*, nach BLOM ein Aggregat verschiedener Kleinarten)
Verstecktkapseliges Spalthütchen

(T. 40 a – g)
Name: durch BRIDEL gegeben, von griechisch schistos = gespalten, bezieht sich auf die mützenförmige, gelappte Kalyptra.
Erstbeschreibung der Art bereits durch DILLENIUS in seiner Flora von Gießen.
Bau: Dunkelgrüne, oft auch schwärzliche, ± lockere Polsterrasen von wenigen cm bis dm Breite. Pflanzen niederliegend oder aufsteigend bis aufrecht, je nach Feuchte zwischen 0,5 bis um 2 cm hoch, mit trocken angedrückten, feucht aufrecht-abstehenden bis zurück

Schistidium apocarpum

gebogenen Blättern. Die eiförmigen, in eine längere, lanzettliche Spitze verjüngten Blätter sind 2 – 3 mm lang und haben unten umgebogene Ränder. Zumindest die oberen Blätter mit kurzer Haarspitze, selten mit (relativ) kurzem Glashaar. Schatten- und Uferformen manchmal haarlos (Blattrand einschichtig, Blattzellen meist glatt, oben quadratisch, öfter mit etwas welliger Wand, in der Blattmitte bis 10 µm groß, basal auch gestreckt). Keine Brutkörper. Einhäusig. Meist mit Sporogonen an den Astspitzen. Diese aus den einhüllenden Kelchblättern kaum herausragend, mit sehr kurzer Seta. Kapsel länglich-elliptisch wenig über 1 mm lang, mit dunkelrotem Deckel und Peristom (Sporen meist bis 10 µm groß).

Verbreitung: Verbreitet von der Ebene bis ins Hochgebirge (in Bayern bis 2950 m, nach FAMILLER angeblich bis 3440 m sowie in Tirol (bei DALLA-TORRE) bis über 2800 m).

Ökologie: An basen- und besonders auch kalkreichem Gestein in lichter, meist absonniger, feuchterer Lage an Mauern und verschiedenem Gestein. Nur in Gebieten starker Luftverschmutzung verschwindend.

T 0, L 7, F 3, R 7, K 5.

Taxonomie: Inzwischen hat man (insbesondere durch BLOM) viele Kleinarten von *Schistidium apocarpum* wieder anerkannt und weitere neu beschrieben. Sie gelten z. T. als schwer bestimmbar.

Ähnliche Arten, aber durch Übergipfelung der Kapseln ausgezeichnet, sind z. B. ***Schistidium papillosum*** CULMANN (= Sch. strictum), das Warzige Spalthütchen. Bau: mikroskopisch unterschieden durch glasklare Papillen am Rippenrücken sowie meist kräftigeren Wuchs und braunes Peristom (Sporen 12 – 14 µm groß). Verbreitung: eine häufigere Art der Gebirge. (Ebene sehr selten). Ab der Hügelstufe, in Bayern bis 1200 m und in Tirol bis 2500 m und bis 2800 m. Ökologie: auf lichtem bis schattigerem, oft feuchtem, basischem oder kalkhaltigem Gestein. – **T 2, L 4, F 6, R 6, K 6.**

Schistidium trichodon

Schistidium trichodon (BRIDEL) POELT – Haarzähniges Spalthütchen. Bau: Die fast immer schwärzlichen Stängel wirken getrocknet drahtartig. Die fein ausgezogenen Peristomzähne sind bereits mit einer guten Lupe zu erkennen. Verbreitung: Moos der Kalkgebirge Südwestdeutschlands und der Alpen. Von (ca. 375 –) 500 m bis etwa 3000 m in Bayern. Ökologie: auf meist sonnig-trockenem, kalk-, seltener basenreichem Gestein nebelreicher Lagen. – **T 3, L 9, F 3, R 8, K 6.** Weitere Verwandte sind meist ziemlich selten und nur über die Summe der Merkmale mikroskopisch zu unterscheiden. Verwechslungen wären mit *Grimmia*- und *Racomitrium*-Arten möglich. Erstere haben meist dichten Polsterwuchs und fast immer eine gut entwickelte Seta. Beide haben oft lange Glashaare. Zumindest die unteren Blattzellen der *Racomitrien* sind durch wellige Wände charakterisiert. Brutkörper kommen nur bei gewissen *Grimmien* vor; nur *Schistidien* und *Racomitrien* können zungenförmige Blätter haben.

Schistidium rivulare (Bridel) Podpera

(= *Sch. riv.* subsp. *rivulare* = *Sch. alpicola* var. *rivularis*)

Fluss-Spalthütchen

(T. 40 h, i)
Erstnachweis und **Erstbeschreibung:** War schon Bridel aus dem Thüringer Wald bekannt und ist bereits 1801 publiziert worden.
Bau: Dieses Moos unterscheidet sich von den vorigen Arten durch (zweischichtigen) Blattrand, fehlendes Blatthaar und dadurch oft stumpfliche Blätter sowie die fast kugelige Kapsel (und um 20 µm große Sporen). Es wird steril zuweilen mit *Cinclidotus*, aber auch mit Kümmerformen von *Sch. apocarpum* (fo. *laxa*) verwechselt.
Verbreitung: Gebirgsmoos (an Flüssen der Ebene wohl nur verschleppt, von der Hügelstufe bis 1500 und noch bei 2100 m sowie in Tirol bis 2480 und 2600 m). Ziemlich verbreitet.
Ökologie: Auf schattigem bis sonnigem, meist öfter überspültem, kalkarmem, aber meist basenhaltigem Gestein in der Spritz- oder Überflutungszone von Fließgewässern und dort auch auf Beton und an Ufermauern.
T 2, L 0, F 8, R 4, K 6.

Schistidium rivulare

Racomitrium canescens (HEDWIG EX HEDWIG) BRIDEL subsp. *canescens*

(= var. *strictum*, inkl. *fo. tortuloides*)

Graues Zackenmützenmoos

Racomitrium canescens

Racomitrium ericoides

Racomitrium elongatum

(T. 41 a)
Name: Von griechisch rhakos = Lappen, Fetzen, Zacken und mitrion = kleine Mütze, wegen der gelappten Haube.
Erstbeschreibung: Durch DILLENIUS (1718) bei Gießen.
Bau: Feucht hellgrüne, trocken grauschimmernde, niederliegende Decken oder flache, aber oft (bis m^2-weit) ausgedehnte Polsterrasen. Pflanzen 1 – 5 cm lang, verzweigt, mit trocken angepressten (einer *Hedwigia* ähnlichen), feucht abstehenden, oval-lanzettlichen, rundrückigen, um 2 – 3 mm langen Blättern. Rippe vor der Spitze endend, diese in ein bis halbe Blattlänge erreichendes, (gezähntes, papillöses) Haar auslaufend (mikroskopisch: Blattzellen langgestreckt, welligwandig, dicht papillös). Keine Brutkörper, aber wohl allgemein Ausbreitung über Bruchstücke. Zweihäusig. Sporogone entsprechend ziemlich selten, auf langer Seta, Kapsel länglich-elliptisch, mit tief in fadenförmige (papillöse) Zähne gespaltenem Peristom. Deckel lang, nadelförmig verjüngt.
Verbreitung: Ebene bis Hochgebirge (in Bayern bis 2000 und in Tirol bis 3200 m (F. & K. KOPPE: dort als „fo. tortuloides")). Unser zweithöchststeigendes *Racomitrium*.
Ökologie: Charakterart trocken-sonniger, nicht zu armer Trockenrasen, an Wegsäumen und Mauern in nebel- oder tauhäufiger Lage. Früher weit verbreitet, heute durch Luftverschmutzung, „Luftdüngung" und allgemeinen Rückgang der Trockenvegetation oft selten und auch streckenweise ausgestorben. Unsere einzige auch etwas kalkverträgliche *Racomitrium*-Art (so z. B. auch auf Dolomit).
T 3, L 9, F 1, R 6, K 6.
Verwandte Arten: Kleinarten mit kurzen Seitentrieben („gefiedert") und deutlich gekielten Blättchen. So bei uns ***Racomitrium ericoides*** (BRIDEL) BRIDEL (= R. canescens var. ericoides), das Heide-Zackenmützenmoos. Bau: von dem viel häufigeren *Racomitrium elongatum* (wie normalerweise auch von *R. canescens*) unterscheidet es sich durch kürzere bis fehlende Blatthaare (dazu vor allem mikroskopisch durch längere Rippe und niedrigere, nur halb bis gleich hohe wie breite Papillen). Verbreitung: mit vorwiegend montaner Verbreitung (bis 2400 m). Ökologie: in Kalkgebieten fehlend, dafür aber oft auf vulkanischem Gestein. – **T 2, L 8, F 6, R 4, K 4.** ***Racomitrium elongatum*** EHRHART EX FRISVOLL (= R. canescens var. elongatum), das Langblättrige Zackenmützenmoos. Bau: charakteristisch sind u. a. die langen, oft horizontal abgebogenen Haarspitzen. Verbreitung: Diese Kleinart ist häufiger als die beiden anderen, vor allem in der Ebene, aber in den Zentralalpen auch noch bis 1800 m. Ökologie: fast nur an kalkfreien Standorten. Zuweilen z. T. in Mischrasen mit *Racomitrium ericoides*. – **T 3, L 8, F 1, R 4, K 6.**
Verwandte: Alle übrigen haartragenden *Racomitrien* zeichnen sich durch die meist grau- bis schwarzgrüne Färbung und das fast alleinige Vorkommen auf besonntem Silikatgestein aus.

Racomitrium lanuginosum (HEDWIG) BRIDEL var. ***lanuginosum***
(= *R. hypnoides*)
Wollhaariges Zackenmützenmoos

(T. 41 b)
Erstbeschreibung: Durch DILLENIUS 1741 in der „Historia muscorum".
Bau: In oft üppigen, ganze Quadratmeter bedeckenden und bis 5 (– 10) cm tiefen, mehr lockeren Decken oder Hochrasen. Stängel mit verkürzten Seitenästen. Blätter bis 5 mm lang, oft etwas falkat. Das Blatthaar ist je nach Luftfeuchtigkeitsgrad ± deutlich wimperig-gefiedert (und papillös: T. 41 c), einmalig unter

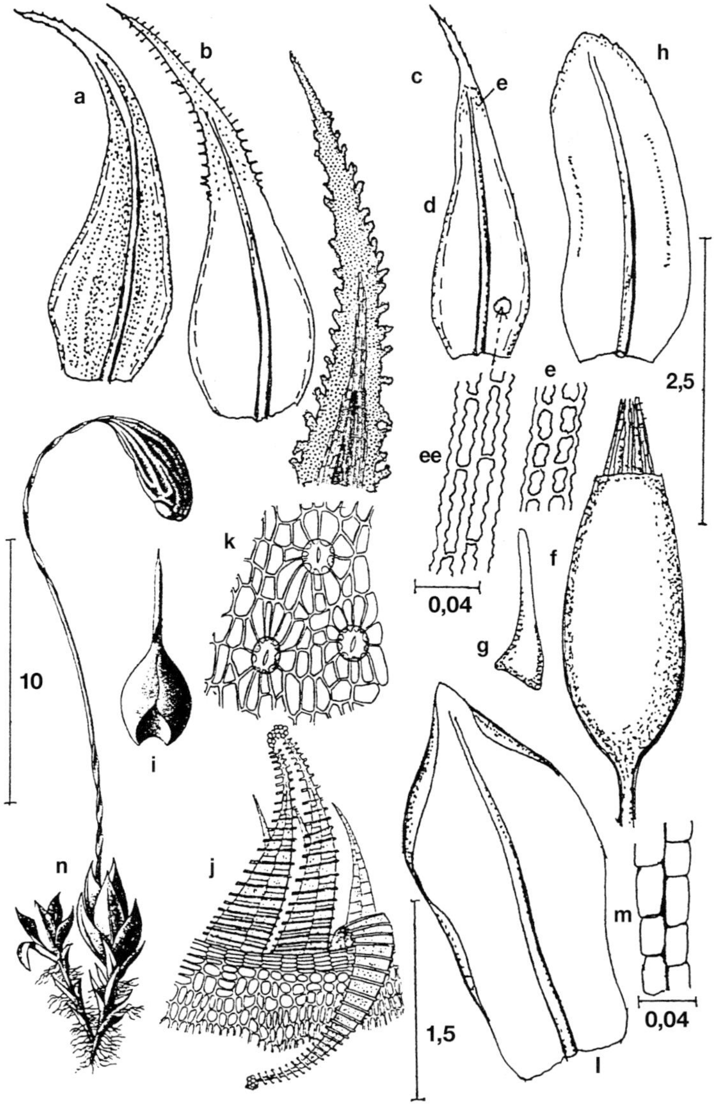

Tafel 41: Racomitrium canescens: a. Blatt. ***R. lanuginosum:*** b. Blatt, c. Blattspitze (nach LIMPRICHT). ***R. heterostichum:*** d. Blatt, e. oberste sowie ee. untere Blattzellen, f. Kapsel, g. Deckel. ***R. aciculare:*** h. Blatt. ***Funaria hygrometrica:*** i. Haube, j. Peristom, k. Stomata der Kapsel (nach LIMPRICHT), l. Blatt, m. Blattzellen der Blattmitte, n. Habitus.

Moosen. Nur selten mit Sporogonen. Deckel lang, nadelförmig verjüngt.

Verbreitung: Weltweit verbreitet. Bei uns von der Ebene bis ins Hochgebirge (in Bayern bis 2200 m, am Großglockner bei 3460 m sowie in Tirol von REISIGL & PITSCHMANN im Ötztal sogar noch bis 3730 m nachgewiesen. Damit (vgl. aber *Polytrichum piliferum* S. 231) eines unserer höchststeigenden Moose).

Ökologie: Auf meist sonnigem, trockenem, gewöhnlich kalkfreiem Silikatgestein in nebel- und tauhäufigen Lagen, an exponierten Felsen, in Blockhalden, auf Blöcken (auch auf Waldlichtungen) sowie auf Skelettböden und oft vernässtem Rohhumus in Heiden und alpinen Triften. In der Tundra, anstelle von *Sphagnum*, das dominante Moos. Wie alle Racomitrien sehr

Racomitrium lanuginosum

Racomitrium heterostichum

empfindlich gegen Luftverschmutzung und ein wichtiger Lebensraum für allerlei Kleingetier. **T 0, L 9, F 3, R 3, K 6.**

Besonderes: Die Länge der Glashaarfransen ist adäquat zur Nebelhäufigkeit. Also ein guter Nebelzeiger. Übrigens, mancher benutzt die trockenen, grauen Polster zum Spaß auch als „Perücke". Das kann zum Schaden des Mooses sein oder – im besten Fall – auch zu seiner Ausbreitung beitragen.

Verwandte Arten: ***Racomitrium heterostichum*** (HEDWIG) BRIDEL var. ***heterostichum***, das Ungleichästige Zackenmützenmoos (T. 41 d– g). Bau: immer dichtpolsterig und in allen Teilen kleiner. Die Blatthaare (an besonnten Plätzen) lang, gegenüber voriger Art ganz glatt. Öfter mit Sporogonen. Verbreitung: in der Ebene selten (an erratischen Blöcken), im Silikatmittelgebirge ziemlich verbreitet, aber meist unter 900 m und den Alpen fehlend (dort u. a. von *R. affine* WEBER & MOHR abgelöst). Ökologie: an kalkfreien, meist sonnigen Felsen und Gestein, wie auch an Mauern. – **T 5, L 8, F (2)1, R 1, K 4.** Haarlos sind die Arten des nassen, mindestens dauerfeuchten Silikatgesteins.

Racomitrium aciculare (Hedwig) Bridel

(= *Codriophorus acicularis* (Hedwig) Ochyra)

Gezähntes Zackenmützenmoos

(T. 41 h)

Erstnachweis und **Erstbeschreibung:** Durch Dillenius (1741) in der „Historia muscorum". Die Zuordnung der haarlosen, hygrophytischen Arten zu *Codriophorus* erscheint wohl begründet, dürfte aber manchen Freund der Bryologie verärgern („immer diese neuen Namen"!).

Bau: Dunkelgrüne bis schwärzliche, kleinere bis handgroße Rasen von 1 – 2 cm Tiefe und flutend bis 10 cm Länge. Blätter um 3 mm lang, aus eiförmigem Grund zungenförmig verjüngt mit schmal-zungenförmiger, grob gezähnter Spitze. Angefeuchtet sich nicht zurückkrümmend, aufrecht-abstehend bis deutlich einseitswendig, trocken dicht anliegend. Öfter mit den lang gestielten, aufrechten Kapseln. Deckel pfriemlich, gerade.

Verbreitung: Ein Gebirgsmoos. In der Ebene selten, an erratischen Blöcken oder verschleppt (z. B. an Grabsteinen). Bis in die subalpine Stufe (im Allgäu bis 1700 m, in Tirol bis 2470 m sowie in den übrigen Alpen noch bis 2890 m angegeben, in Nordamerika sogar noch über 3000 m).

Ökologie: Auf auch sonnigem, kalkfreiem, vor allem an nassem, dauerfeuchtem (besprühtem) kalkfreiem Silikatgestein an und in Bächen der Silikatgebirge, aber auch in luftfeuchten Blockhalden, an erratischen Blöcken und in Lavagebieten, sogar selten auch an Borke. Gefährdet durch Gewässerverschmutzung und -verbau sowie Trockenlegungen.

T 3, L 0, F 7, R 2, K 4.

Ähnliche Arten an Ufer- und Feuchtstandorten sind kalkhold, haben meist geneigte Kapseln (und haben nie buchtige Zellwände). Andere haarlose *Racomitrien* unterscheiden sich u. a. durch die Summe abweichender Merkmale, sind an der Spitze nicht gezähnelt und sind meist viel seltener. Sie kommen vorwiegend in den Silikatgebirgen Süddeutschlands vor.

Racomitrium aciculare

Funariaceae – Drehmoose

Funaria hygrometrica Hedwig var. ***hygrometrica***

(= inkl. var. *calvescens* (Schwaegrichen) Montagne & *F. x hybrida* Ruthe ex Limpricht)

Echtes Drehmoos

(T. 41 i – n)

Name: Von lat. funis = Seil, Strick, wegen der wie ein Seil gedrehten, trockenen Seta. Desgleichen bezieht sich auch der Artname auf die hygroskopischen Bewegungen der Seta.

Erstbeschreibung: Durch Dillenius (1718) bei Gießen.

Bau: Hellgrüne, relativ kurzlebige Herden oder auch dichte, 2 – 4 mm hohe, kurzlebige Kurzrasen von wenigen cm^2 bis vielen m^2 Ausdehnung. Aber erst durch die zuerst hellgrüne, später orangebraune Färbung der Kapseln auffällig! Einzelpflanzen rosettig. Hüllblätter des männlichen Stadiums der Pflanzen schüsselförmig ausgebreitet und zentral mit zahlreichen, dunklen Antheridien, später aber um die anschließend entwickelten Archegonien knospig zusammengeneigt. Von diesen kann nur eines befruchtet werden. Nach der Befruchtung schiebt sich die anfangs noch ganz stabförmige Sporenpflanze mitsamt der anfangs röhrigen, später aufgeblähten Haube durch die Knospenspitze. Innerhalb einiger Wochen wächst sie zur über 2 (– 5) cm langen, gelben (trocken verdrehten) Seta heran. An deren Ende entwickelt sich (durch Querteilung) aus einer Verdickung schließlich im Verlauf von 3 – 12 Monaten die Kapsel. In Kultur benötigt *Funaria* von der Sporenkeimung bis zur reifen Kapsel ca. 9 Monate. Die um 3 – 4 mm langen Blätter sind aus breitem Grund eiförmig zugespitzt, meist über der Mitte am breitesten, ganzrandig (oder schwach stumpf gezähnt) und haben eine kurz austretende Rippe. Das Zell-

Funaria hygrometrica

netz ist locker und besteht aus dünnwandigen, chlorophyllreichen, gestreckten (parenchymatischen!) Zellen (von bis zu 50 µm Breite in der Blattmitte). Einhäusig, aber durch Vormännigkeit pseudodiözisch (s. oben). Fast übers ganze Jahr werden reichlich Sporogone produziert. Die Kapsel ist schief, hochrückig, (mit reichlich (2-zelligen!) Spaltöffnungen in der Oberhaut des Halsteils), unreif hellgrün, reif hellbraun. Durch Schrumpfung entstehen Längsfalten, wodurch die Sporen herausgedrückt werden. Peristom doppelt, hell-orange, glatt (sehr schön für Mikropräparate!), Zähne in Aufsicht spiralig. Deckel abgerundet, mit aufgesetzter Warze (Spitze papillös, 16 – 22 µm). Haube erst offenglockig, zuletzt aber fast kappenförmig.

Verbreitung: Kulturfolger unbekannter Herkunft (evtl. aus dem Mittelmeergebiet), heute weltweit verbreitet (verschleppt, jedoch in unterschiedlichen Genotypen). Von der Ebene bis Hochgebirge (in Bayern bis 2252, in Tirol bis 1600, 2000 (K. Koppe) und 2750 m (Breidler), aus den übrigen Zentralalpen bis 2850 m angegeben, in Kaschmir bis 3400 m). Luftproben, auch aus größerer Höhe, enthielten häufig auch Drehmoossporen.

Ökologie: Wie *Marchantia polymorpha* und *Bryum argenteum* – und oft mit diesen vergesellschaftet – ein typisches, Nitrat, Licht und Feuchtigkeit benötigendes, dafür aber z. B. gegen Streu- und Düngersalze unempfindliches und vom pH-Wert anscheinend unabhängiges Ruderalmoos. Deshalb im Bereich menschlicher Ansiedlungen meist häufig, ein ausgesprochen hemerophiles Moos. Auf Erde, erdigem Gestein, auch Baumstümpfen (mit Vogelkot!). Besonders an Ödplätzen mit Unrat, auf Maisäckern (Überdüngungszeiger!) und auch auffällig schnell (zusammen mit *Marchantia*) auf jüngeren Brandplätzen in Kahlschlägen. Außerhalb der Siedlungsbereiche oft selten.

T 0, L 8, F 6, R 6, K 5.

Besonderes: Schulbuchmoos. Die grüne Pflanze und die frischen Blätter sind zur Demonstration lebender Zellen, zum Vorzeigen der Chloroplastenwanderung unter Lichteinfluss und der Osmose gut geeignet. Trockene Seta und das Peristom zeigen, befeuchtet, eindrucksvolle hygroskopische Bewegungen. Die Homologie des Sporophyten zur grünen Farnpflanze, d. h. ihre gemeinsame Abstammung, kann man mit Hilfe von Längsschnitten durch die grüne Kapsel, wie mit dem Vorzeigen der Stomata (deren Typ auch bei Phanerogamen vorkommt!) belegt werden. Die grüne Kapsel enthält 1,6 mal so viel Chlorophyll wie der beblätterte Gametophyt, ein Beweis für den Halbparasitencharakter des Sporophyten. Meines Wissens die einzige Geschlechtsumwandlung unter den Moosen: erst Mann, dann Frau! Neben *Marchantia* ein bei den Physiologen äußerst beliebtes Experimentierobjekt und deshalb wohl das am besten erforschte Laubmoos. Entwicklung und Biologie der Art hat P. Janzen, bereichert durch exzellente Zeichnungen, in Loeske (1914: p. 72 – 11) ausführlich dokumentiert. Seine Tochter schenkte das Manuskript dieser Arbeit dem Erstautor und dieser dem Herbarium Haussknecht zur Aufbewahrung. Peter Janzen (1851 – 1922), von Beruf Apotheker, war einer der besten Zeichner von Moosen. Viele seiner Abbildungen bereichern die Lebermooswerke Karl Müller's. Einige von Janzen's Bildern haben auch wir in dieses Buch übernommen. Berühmt sind auch die Bastardierungs- und Vererbungsversuche des Genetikers F. von Wettstein (1919, 1924 etc.), der so Möglichkeiten der plasmatischen Vererbung nachweisen konnte. Schließlich ist auch die mikroskopische Betrachtung des Peristoms dieser leicht zu erlangenden Art für Ästheten ein absolutes Vergnügen! Solche leicht erfahrbare Schönheit könnte so manchen unserer „modernen", naturfremden Bürger zu mehr Respekt und Rücksicht gegenüber unserer Umwelt hinführen, wo doch das Drehmoos wohl keiner menschlichen Ansiedlung fehlen dürfte.

Ähnliche und **Verwandte Arten:** Unsere drei weiteren *Funaria*-Arten sind sehr selten und haben, wie ihre Verwandten, aufrechte, kleinere Kapseln und ± gesägte Blätter.

Physcomitrium pyriforme (HEDWIG) BRIDEL
Birnförmiges Blasenmützenmoos

(T. 42 a – d)
Name: Von griechisch physce = Blase und mitra = Mütze, bezieht sich auf die Haube, die allerdings nur jung blasenförmig ist.
Erstbeschreibung: Durch DILLENIUS (1718) bei Gießen.
Bau: Kurzlebiges Herdenmoos. Blattrosetten bis 5 mm breit, frisch ausgebreitet. Blätter länglich-eiförmig, zugespitzt, meist unter der Mitte am breitesten, an der Spitze gezähnt (ungesäumt, Zellnetz ähnlich *Funaria*). Kurzlebig. Haube regelmäßig, unten gespalten, fast glockig. Einhäusig. Vom späten Winter bis Sommer mit Sporogonen. Seta nur 5 – 15 mm hoch. Kapsel aufrecht, kugelig-birnförmig, braun, ohne Peristom. Geöffnet mit ein wenig verengter Mündung. Deckel kegelig, Sporen stachelig-papillös, 30 – 50 µm groß.
Verbreitung: Tieflagenmoos (in Süddeutschland selten bis 700 und 740 m im Jura, in Tirol nach SAUTER bis 1150 m). Ziemlich verbreitet.
Ökologie: Pioniermoos dauerfeuchter bis nasser, nährstoffreicher, lichter bis sonniger Standorte auf Teichschlamm, in lückigen Sumpfwiesen, an nassen Wegen und auf Äckern. Ruderalmoos.
T 4, L 8, F 7, R 6, K 5.
Besonderes: Auch bei den kurzlebigen *Funariaceen* kann man (bei gleicher Überlebensstrategie) eine ähnliche Reduktionsreihe analog wie bei den *Pottiaceen* beobachten: Geneigte Kapseln mit doppeltem Peristom (vgl. das hierzu bei *Bryum* S. 317 ff. Gesagte!) hat *Funaria hygrometrica*. Bei den aufrecht-kapseligen *Entosthodon*-Arten ist das Peristom schon ± reduziert und bei *Physcomitrium* fehlt es ganz. Die sehr seltene (und in Deutschland fast ausgestorbene) *Pyramidula tetragona* hat zwar noch gestielte, aber sich nicht mehr öffnende und *Physcomitrella* schließlich hat sitzende, kleistokarpe Kapseln.
Ähnliche Arten: Von *Funaria* und *Entosthodon* durch stumpflich-höckerige Deckel sowie völlig nacktmündige Kapseln (und Sporengröße) unterschieden. Unsere beiden anderen *Physcomitrien* sind meist sehr selten, besiedeln fast nur Teichschlamm und haben ungeöffnet fast kugelige Kapseln. *Pottia*-Arten haben kleinere Zellen und oft eine austretende Rippe. Bemerkenswert wäre ***Entosthodon fascicularis*** (HEDWIG) MUELLER-Hal. (= Funaria fasc.), Hinterzahn-Moos (T. 42 e – g). Bau: Kapsel kleiner, aufrecht, Peristom reduziert (Sporen grob papillös, 24 – 25 µm groß). Blätter gezähnt. Verbreitung: in Süd- und Mitteldeutschland auf Pionierstandorten der wärmeren Tieflagen nicht selten (bis 600 m am Schwarzwald, bis 683 m in Bayern sowie in den Alpentälern noch

Physcomitrium pyriforme

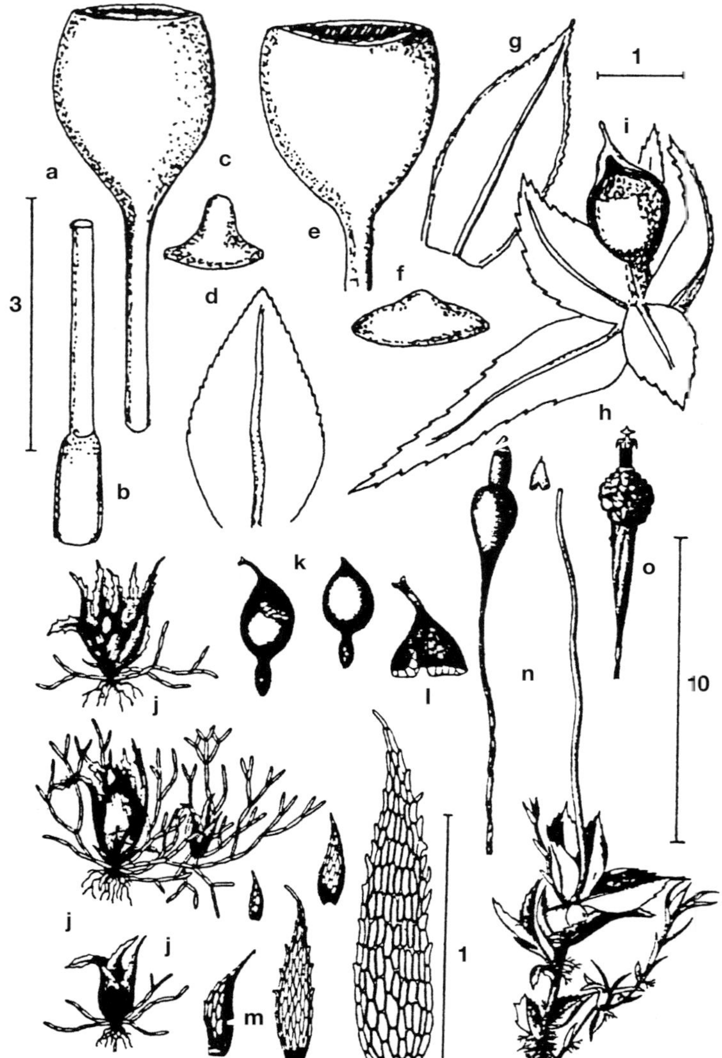

Tafel 42: ***Phycomitrium pyriforme:*** a. Sporogon, b. Sporogonfuß, c. Deckel, d. Blatt. ***Entosthodon fascicularis:*** e. Kapsel, f. Deckel, g. Blatt. ***Phys comitrella patens:*** h. Pflanze mit Sporogonen, i. Haube. ***Ephemerum serratum:*** j. Pflanze mit Protonema, verschiedene Stadien, k. Kapsel, l. Haube, m. Blatt, verschiedene Stadien (j – m aus SCHIMPER). ***Splachnum ampullaceum:*** n. Habitus, reife Pflanze mit Kapsel, o. alte Kapsel (aus LIMPRICHT).

Entosthodon fascicularis

bis um 900 m angegeben). Ökologie: lichte bis sonnige, offenerdige, länger feuchte, basenreiche Standorte auf erdigem Substrat, besonders auf Brachen, an Wegsäumen, auf Maulwurfshaufen, in Weinbergen, in lückigen, sonnigen Rasen u. ä. – **T 6, L 8, F 6, R 6, K 4.**

Physcomitrella patens (HEDWIG) BRUCH & SCHIMPER
(= *Aphanorrhegma p.*)
Blasenmützchenmoos

(T. 42 h, i)
Name: Verkleinerungsform von *Physcomitrium*.
Erstbeschreibung: Wie auch die Entdeckung durch HEDWIG 1781 im „Rosenthal" bei Leipzig.
Bau: Kurzlebiges, einhäusiges Herdenmoos. Blättchen in kleinen, ca. 2 mm breiten Rosettchen, breit-lanzettlich und oben gezähnt, Rippe nie austretend. Die kleistokarpen, kugeligen, sitzenden, von einem bis 3 mm hohem Blattschopf eingeschlossenen, hellbraunen Kapseln sind etwa 1 mm groß (Sporen um 30 µm). Bereits HEDWIG hat beobachtet, dass sie sich explosionsartig öffnen. Die weitere Ausbreitung erfolgt, meist mit der zugehörigen Erde, durch Wasservögel, wie auch mit der Schlammwanderung der Fließgewässer.
Verbreitung: Wärmeliebendes Tieflagenmoos (in Süddeutschland bis 600 m, in den wärmeren Alpentälern bis 680 m und bis 1100 m).
Ökologie: Auf offenerdigen, meist sonnigen Stellen oft ausgedehnte Herden bildend, ab Spätsommer an trockengefallenen, nährstoffreichen, schlammigen Ufern und auf vernässten Äckern. Besonders im Überschwemmungsbereich größerer Flüsse nicht selten.
T 5, L 8, F 8, R 6, K 5.
Bemerkenswert wären u. a. die *Funariaceen*-Bastarde (s. auch bei *Funaria*), so z. B. von

Physcomitrella patens

Physcomitrium-Arten, so *Ph. x amannii* GLOWACKI = *Ph. patens x Physcomitrium eurystomum* und *Ph. x hampei* (LIMPRICHT) KINDBERG = *Ph. patens x sphaericum*, die mit ihren kurzen Seten und den ± geschlossen bleibenden Kapseln als intermediäre Formen zwischen den Eltern gut zu erkennen sind. *Physcomitrella patens* scheint neuerdings für genetische Versuche Bedeutung zu gewinnen.

Ähnliche Art: *Phascum* ist habituell ähnlich, unterscheidet sich aber durch ein anderes Zellnetz.

Ephemeraceae – Tagmoose

Ephemerum serratum (HEDWIG) HAMPE var. ***serratum*** (inkl. diverse Varietäten) **Gesägtes Tagmoos, Kurzlebmoos**

(T. 42 j – m)

Name: Griechisch ephemér = kurzlebig, wegen der Kurzlebigkeit der Pflänzchen.

Erstbeschreibung: Zuerst 1770 von JOHANN CHRISTIAN DANIEL SCHREBER am ausgetrockneten Ufer der Pleiße in Leipzig erkannt und im selben Jahre beschrieben. Eine nicht nur für diese Zeit beachtliche Leistung (s. u.).

Bau: Einzelne, um 1 mm große, dunkelgrüne Pflanzen zwischen anderen Erdmoosen oder auch in lockeren, bis über 1 cm großen Herden. Der Gametophyt entwickelt sich aus Knospen, die direkt am algenartigen Vorkeim sitzen, der – eine Besonderheit – während der kurzen (mehrmonatigen) Lebensperiode erhalten bleibt. Die Geschlechtspflanze besteht allein aus den grob gesägten, rippenlosen, winzigen Hüllblättern und beiderlei Geschlechtsorganen. Die Art ist wie die meisten Kurzlebigen einhäusig und bildet deshalb fast immer auch Kapseln aus. Diese sind

Ephemerum serratum

Ephemerum serratum var. *minutissimum*

braun, kugelig, fast ohne Seta und von den ± abstehenden Hüllblättern umgeben. Die auffallend großen (bis 70 µm langen) und entsprechend an Reservestoffen reichen Sporen werden erst mit dem Zerfall der Kapsel frei. Sie können deshalb lange im Boden überdauern. Sie harren der Freilegung, um auf offenem Substrat erneut zu keimen. Die Ausbreitung erfolgt, wie bei anderen Ephemeren (= Kurzlebigen), wohl vor allem mit Erde an den Füßen von Mensch und Tier.

Verbreitung: Tieflagenmoos, meist unter 500 m. Von der Ebene bis ins untere Gebirge ziemlich verbreitet, aber leicht zu übersehen (nur aus dem Allgäu bis 1050 m angegeben).

Ökologie: Auf offenerdigen, dauerfeuchten bis vernässten, vorwiegend lehmigen oder anlehmigen, nährstoffreichen, aber meist kalkarmen, lichten bis halbschattigen Standorten auf Erde. So auf feuchten Herbstäckern, an Wegböschungen, vernässten Waldwegen, ehemaligen Maulwurfshügeln u. ä. Hauptentwicklung im Herbst und Frühjahr auf Herbstäckern, in lückigen Wiesen (besonders auf Maulwurfshaufen), an unbefestigten Wegen und Böschungen. Auch in ausgetrockneten Tümpeln und Gräben, wie bei var. *minutissimum* mit *Pseudephemerum* beobachtet. **T 5, L 7, F 6, R 5, K 4.**

Besonderes: J. C. D. Schreber (1739 – 1810), der Erstentdecker der Art, promovierte bei Linné. Er avancierte zum Medizin- und zugleich Botanikprofessor in Leipzig und Erlangen. Auch wurde er zum Vorsitzenden der angesehenen wissenschaftlichen Gesellschaft Leopoldina gewählt. Er schrieb die erste Moosmonographie („De Phasco observationes“) und entdeckte um Leipzig herum noch einige weitere Moose neu für die Wissenschaft.

Bemerkenswert ist auch die Lebensweise von *Ephemerum*. Hier überlebt das Protonema längere Zeit als grüner, algenähnlicher Filz. Nur die Gametophyten sind beblättert. In Europa neben *Micromitrium tenerum* (Bruch) Crosby, einer äußerst winzigen, sehr seltenen Verwandten, das einzige Beispiel einer solchen Lebensgeschichte.

Ähnliche Arten: Die übrigen Arten sind sehr selten (Blätter entweder mit Rippe bzw. ganzrandig). ***Ephemerum serratum*** var. ***minutissimum*** (Lindberg) Grout (= E. minutissimum). Bau: (nur mikroskopisch zu unterscheiden: im Gegensatz zur typischen Varietät sind die Sporen von einem „Schleier“ umgeben). Verbreitung: eher häufiger als der Typ, wahrscheinlich mit subozeanischer Verbreitung. Wie bei den kurzlebigen *Pottiaceen* liefern auch hier die Sporen nur schwache taxonomische Merkmale, weshalb das Taxon besser als Varietät einzustufen ist – **T 6, L 7, F 6, R 4, K 3.**

Methodisches: *Ephemerum* ist immer mit anderen kurzlebigen, größeren Erdmoosen vergesellschaftet. Man schneidet beim vermuteten Vorkommen solcher Arten, z. B. von *Pottia, Riccia, Weissia, Entosthodon* u. ä., flache Erdscheiben ab und mustert diese in Ruhe mit der Lupe oder – noch besser – zu Hause unter einer guten Standlupe. Es ist erstaunlich, was man immer noch alles an weiteren solchen „Winzlingen“ entdeckt.

Splachnaceae – Dungmoose

Splachnum ampullaceum Linnaeus ex Hedwig
Flaschenfrüchtiges Schirmmoos

(T. 42 n, o)

Name: Nach Limpricht bezeichnet der von Linné gewählte Name bei den alten Griechen nach Dioscorides ein Baummoos oder (eher!) eine Baumflechte, vielleicht eine *Sticta*.

Erstbeschreibung: Erstmalig von Dillenius 1741 in seiner „Historia muscorum“ beschrieben. Für Deutschland etwa gleichzeitig von dem Apotheker J. Chr. Timm (1734 – 1805) in Mecklenburg und von Hedwig um Halle/S. entdeckt. Nach Limpricht in Mecklenburg „an

Splachnum ampullaceum

Splachnum luteum

vielen Orten" (!), jetzt aber vom Aussterben bedroht.

Bau: Hellgrüne, *Funaria*-ähnliche flache Polsterrasen von 1 – 2 cm Höhe und wenigen bis über 10 cm Breite. Stängel aufrecht-abstehend beblättert, etwas glänzend, trocken verbogen. Blätter um 3 mm lang, breit-lanzettlich, basal verjüngt, oben ± lang und plötzlich zugespitzt, grob gezähnt, mit austretender Rippe und lockerem, (parenchymatischem) Zellnetz. (Blattzellen an der Spitze um 20 µm breit und 2 – 4 mal so lang). Ein- und zweihäusig. Meist mit Sporogonen (Sporen 7 – 9 µm). Seta auffallend rot, über 4 cm bis 10 cm lang, verbogen. Kapsel kurz zylindrisch, mit (reif) ca. 3mal so dickem, rotviolettem bis gelbem Basalteil, der Apophyse, trocken unregelmäßig geschrumpft. (Mit Zusatz von Spülmitteln lässt sich auch trockenes Material gut aufweichen). Deckel kegelig mit aufgesetzter Warze, durch eine

Splachnum sphaericum

zentrale Achse (Kolumella) bei der Öffnung empor gehoben. Peristom feucht kuppelförmig, die Kapsel verschließend, trocken aber stark zurückgekrümmt (Sporen 7 – 9 µm).
Verbreitung: Ebene bis untere Gebirgslagen (im Schwarzwald bis 1250 m, in Bayern noch bis 1000 m und in Salzburg von G. SCHWAB noch bei 1630 m beobachtet).
Ökologie: An meist sonnigen und vernässten Standorten koprophytisch auf verrottetem Rinderdung (in Nordamerika auch auf Exkrementen anderer Pflanzenfresser), selten auch auf nassem, morschem Holz. In nassen Wiesen und Weiden, Flachmooren und an Quellhängen. Ehemals in ganz Mitteleuropa zerstreut, jetzt aber vom Aussterben bedroht, verursacht durch Entwässerung und Überdüngung des ehemals extensiv bewirtschafteten Weidelandes.
T 3, L 8, F 7, R 4, K 6.
Besonderes: Koprophil („düngerliebend"), d. h. ± verrotteten Dung bewohnend. Die Sporen werden durch Dungfliegen und -käfer ausgebreitet. Diese Art ist wie die meisten *Splachnaceen* auf Tier- (besonders) Fliegenverbreitung spezialisiert. Analogie zum Ausbreitungsmodus bei den Tintenpilzen (bei Coprinus zum Teil) und Stinkmorcheln (*Phallus*). Alle diese Arten senden einen unangenehmen Geruch (nach Kot, Urin oder Käse) aus, der die potentiellen Ausbreiter anlockt. Eines der kuriosesten Moose ist das auf Nordeuropa beschränkte Gelbe Schirmmoos, ***Splachnum luteum*** HEDWIG. Die leuchtend gelbe, über 1 cm breite, schirmchenförmige Apophyse macht dieses Moos der Arktis kleinen Blumen ähnlich und dient Insekten wahrscheinlich als Ruheplatz.
Ähnliche Arten: Die Gametophyten könnten leicht mit *Funaria* verwechselt werden, die aber andere Standorte besiedelt und etwas kleiner ist. (*Bryaceen* haben rhombische Zellen). ***Splachnum sphaericum*** LINNÉ fil. ex HEDWIG (= S. ovatum = S. pedunculatum), das Kugelfrüchtige Schirmmoos. Bau: mit meist ganzrandigen Blättern (Blattzellen der Spitze nur 1 : 2, Sporen 8 – 12 µm). Seta oben gelb und Kapsel mit etwa gleich dicker Apophyse. Die übrigen, auch meist im Gebirge vorkommenden (und nur in den Alpen nicht seltenen) *Splachnaceen* unterscheiden sich durch andere Merkmalskombinationen. Verbreitung: im Gebirge die meist häufigere Art und nur sehr selten in der norddeutschen Ebene (in Bayern ab ca. 770 bis 1100 m und bis 2480 m, in Osttirol bis 1920 m und nach K. KOPPE bis 2550 m). Ökologie: ähnlich *Splachnum ampullaceum* und auch in Mooren und ebenso auf verrotteten Kuhfladen sowie Exkrementen anderer Wiederkäuer. Gefährdet. – **T 2, L 8, F 8, R 5, K 6.** – Weitere Gattungen der *Splachnaceen* kommen vorwiegend im Gebirge vor.

Schistostegaceae – Leuchtmoose

Schistostega pennata (HEDWIG) WEBER & MOHR

(= *Sch. osmundacea*)

Leuchtmoos

(T. 43 a, b)
Name: Von griechisch schistos = spalten und stege = Decke (hier im Sinne von Deckel, Bedeckung). Diese Bezeichnung als „Spaltdeckel" beruht jedoch auf einer falschen Beobachtung.
Erstbeschreibung: Als *Mnium osmundaceum* durch den Engländer DICKSON (1785). Für Deutschland 1784 von EHRHART im Harz entdeckt, aber erst 1788 unter dem Namen *Dicksonia pusilla* publiziert. Vor ihm hatte bereits HEDWIG 1787 die Art als *Gymnostomum pennatum* für die Wissenschaft beschrieben. BRIDEL hat schließlich den Vorkeim für eine smaragdgrün leuchtende Alge gehalten und 1827 als *Catopridium smaragdinum* veröffentlicht. Eine rechte Odyssee der Namengebung!

Schistostega pennata

Bau: Kurzlebig. Die bis um 5 mm hohen Pflanzen in lockeren Herden bis dichteren Kurzrasen von wenigen bis vielen cm Ausdehnung. Pflanzen matt bläulich-hellgrün, unbenetzbar. Die einem kleinen *Fissidens* ähnlichen Fiederchen sind meist geneigt und optimal zum Lichteinfall ausgerichtet. Die streng zweizeiligen, spitzelliptischen Blättchen sind nicht völlig abgeteilt und rippenlos. Der durch seine kugeligen, linsenartigen Zellen smaragdgrünes Licht reflektierende, fädig-flächige Vorkeim (Protonema) wird an tiefschattigen Plätzen ausgebildet, dort, wo beblätterte Pflanzen meist fehlen. Das erklärt auch, warum das Protonema auch als Alge (s. o.) beschrieben wurde. Vermehrung sowohl durch Brutkörper, wie auch oft durch Sporogone. Einhäusig, aber beide Geschlechter am gleichen Protonema. Die fast kugeligen, peristomlosen Kapseln auf einer bis 4 mm langen Seta.

Verbreitung: Disjunkte Verbreitung über die ganze temperate Holarktis hin unter subozeanischen Bedingungen. Nur einmal in der Ebene (bei Gdansk = Danzig). In allen niederschlagsreicheren Silikatgebirgen ziemlich verbreitet und in den Alpen noch bis 2530 m gefunden.

Ökologie: Kalkfeindliches, an dauernd grund- und luftfeuchte Standorte gebundenes, typisches „Höhlenmoos", das jedoch unter einer bestimmten Lichtintensität nur noch als Protonema vegetiert. Vorwiegend auf sandigem Boden, seltener an Sandsteinfels. Ein Wasserfilm behindert die CO_2-Aufnahme und drückt die Photosyntheserate unter das Existenzminimum. Meist in Höhlungen, besonders unter Baumwurzeln und an erodierten Erdböschungen, unter Felsen in Blockhalden (bis in die subalpine Stufe!) und in Halbhöhlen aller Art. Im besonders günstigen, westdeutschen Klima auch an ganz lichten, aber regengeschützten,

Schistostega pennata ... Vorkeim

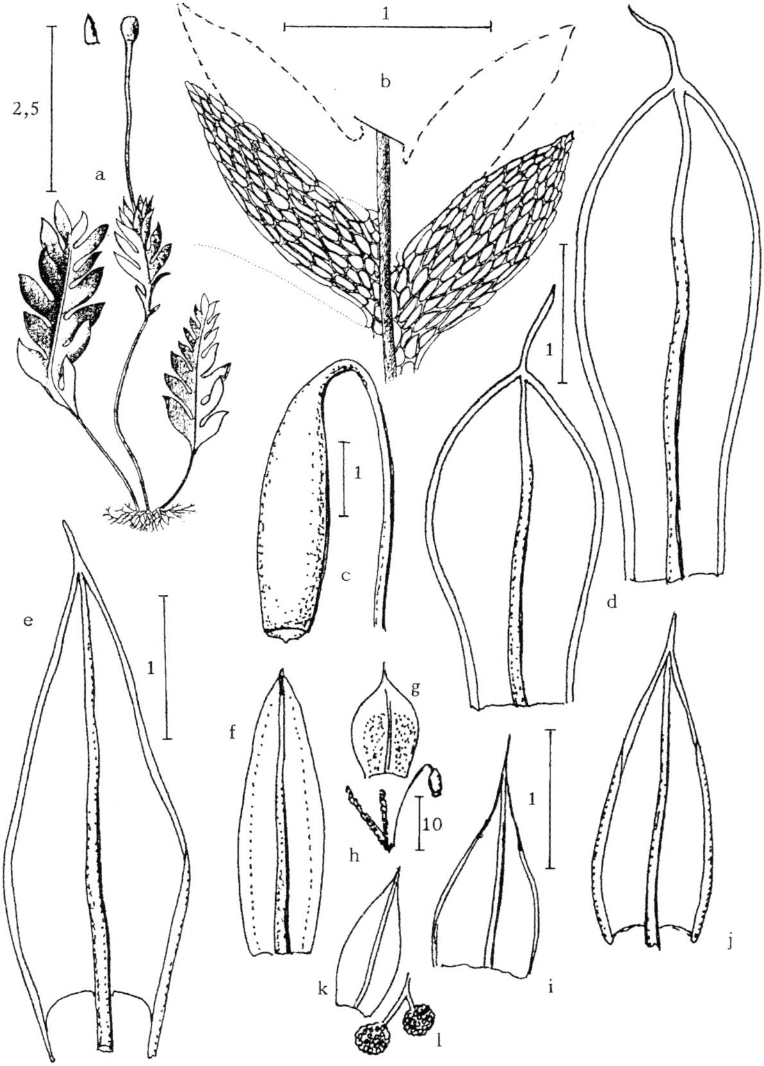

Tafel 43: Schistostega pennata: a. Habitus mit Sporogonen, b. Stängelabschnitt mit Blättern (aus LIMPRICHT). ***Bryum capillare:*** c. Kapsel, d. Blätter. ***B. pseudotriquetrum:*** e. Blatt. ***B. alpinum:*** f. Blatt. ***B. argenteum:*** g. Blatt, h. Habitus. ***B. caespiticium:*** i. Blatt. ***B. pallescens:*** j. Blatt. ***B. rubens:*** k. Blatt, l. Rhizoidknöllchen

jedoch nie direkter Sonneneinstrahlung ausgesetzten Standorten. In Bachtälern und an deren Hängen. Die Pflänzchen sind von einem wasserabstoßenden Wachsbelag überzogen und nehmen ihr Wasser (vgl. auch *Saelania* S. 261) wohl nur über Rhizoiden auf. Nach K. von der Dunk kann die Art noch bei 2 und 1% normaler Freilandbelichtung (d. h. bei 50 bzw. 20 Lux) existieren, was wahrscheinlich nur dadurch möglich ist, dass einfallendes Licht in den linsenförmigen Protonemazellen verstärkt wird! Im Gegensatz zur Fähigkeit einiger Pilze (z. B. der Hallimasch- (*Armillaria*-) Myzelien), selbst Licht zu erzeugen (man nennt das Photolumineszenz), beruht der Leuchteffekt bei *Schistostega* nur auf Reflektion, worauf der pfälzische Moosforscher Theodor Gümbel (1812 – 1858) in seiner Arbeit über den Vorkeim der Moose (1853) als erster hingewiesen hat.

T 3, L 1, F 6, R 1, K 4.

Besonderes: Wegen seines „Leuchtens" eines der bekanntesten Moose und früher als einziges Moos in Deutschland unter Schutz gestellt, ein höchst überflüssiger Verwaltungsakt. Limpricht schreibt: „Das rätselhafte Leuchten und Glühen der dunklen Felsklüfte hat das Volk vielfach mit dem Goldsegen der Berge in Verbindung gebracht". Man hielt das „Leuchten" für Hexenzauber. Wer das „schimmernde Gold" greifen wollte, hatte nur Sand in der Hand. Das unscheinbare Protonema ist im Tageslicht mit unbewaffnetem Auge nicht sichtbar! Schon in Goethe's „Faust" wird bei der Blocksbergfahrt das goldgrüne Leuchten in den Klüften der Brocken-Blockmeere beschrieben: „Herr Mammon selbst erleuchtet den Palast". Licht reflektierende Moose sind sehr selten, ein weiteres Beispiel wäre das tropische Höhlen-Lebermoos *Cyathodium*. Die Zweizeiligkeit der Blätter ist bei *Schistostega* sekundär, d. h. sie leitet sich von Vorfahren mit mehrzeiliger Beblätterung ab. (Die beblätterten Lebermoose scheinen zwar zweizeilig, entwickeln aber ursprünglich immer eine 3. Reihe, die sogenannten Unterblätter). Evolutionsbiologisch bemerkenswert ist die sehr isolierte taxonomische Stellung dieses Mooses. So weist diese Art z. B. ein unter den Musci einmaliges Sporenornament auf (Miyoshi 1969). Es scheint die einzige Art einer ganzen Ordnung zu sein. Ein schon wegen der weiten und disjunkten Verbreitung – vorwiegend in unvergletschert gebliebenen Gebieten – wohl sehr altes Moos. Seine nächste Verwandte soll ein australisches Moos (*Mittenia*) sein. Ansonsten vereinigt *Schistostega* Merkmale verschiedener Arten der *Funariales* und *Bryales*.

Ähnliche Arten: Durch die bläulich-grüne Farbe der rippenlosen, spitzblättrigen Fiederchen und das smaragdgrün reflektierende Protonema unverwechselbar. Trotzdem zuweilen mit kleinen *Fissidens*-Arten verwechselt.

Bryaceae – Birnmoose

Bryum capillare Hedwig ***var. capillare***
Haarblättriges Birnmoos, Scheuerlappen-Moos

(T. 43 c, d)

Name: Von griechisch bryon = zu (üppig) sprossen gehörig. Allerdings beschrieb Theophrast unter diesem Namen ziemlich eindeutig *Ulva lactuca*, den Meersalat, eine häufige, auch als Gemüse gesammelte Grünalge des Meeresstrandes. Später z. B. durch Dioscorides, wie „sphagnon", mit Moos gleichgesetzt. Dazu muss allerdings bemerkt werden, dass noch bis zu Anfang des 19. Jahrhunderts über die Abtrennung der Moose von Flechten, Algen und Bärlappen bei den Botanikern große Unklarheit herrschte. Waren es doch meist nicht Wissenschaftler im heutigen Sinne, sondern vor allem Ärzte und Apotheker, die „nebenbei" auch erfolgreiche Pflanzenkenner waren.

Bryum capillare

Erstbeschreibung der obigen Art 1718 durch DILLENIUS von Gießen.

Bau: Meist dunkelgrüne, innen braune, trocken etwas glänzende, dichte Kurz- oder Polsterrasen von 1 – 2 cm Höhe und meist einigen cm^2 Ausdehnung. Blätter feucht abstehend bis zurückgebogen, kaum herab laufend, ± flach, verkehrteiförmig (-spatelig), breit zugespitzt, gesäumt und plötzlich in ein glattes, kürzeres Haar verlängert. (Blattzellen rhombisch, locker, bis 25 µm breit und etwa 2 – 3 mal so lang). Die Blätter sind trocken spiralig um den Stängel gedreht (einem ausgewrungenen Scheuertuch ähnlich). Blattsaum meist bis zur Spitze reichend. Mit reichem, braunem Rhizoidenfilz und öfter mit warzigen, bräunlichen Brutfäden (wenn diese büschelig aus den Blattachseln, vgl. *B. subelegans*). Zweihäusig, aber hin und wieder mit Sporogonen, Kapsel auf langer Seta, länglich-birnförmig, hängend, mit doppeltem Peristom.

Verbreitung: Fast weltweit verbreitet. Meist häufig von der Ebene bis ins Hochgebirge (meist aber nur bis etwa 1000 m, doch in Bayern noch sicher bei 1800 m und in Tirol sogar bis 2000 m. Höhere Funde gehören z. B. zu *B. stirtonii*).

Ökologie: Ein kalk- und basenliebendes, häufiges Moos an nicht zu trockenen, oft beschatteten Mauern, Gestein u. ä., seltener an Borke und morschem Holz (hier meist durch *B. subelegans* ersetzt). Ein Ubiquist. Ziemlich resistent gegen Luftverschmutzung.

T 0, L 5, F 5, R 6, K 5.

Ähnliche Arten: Sehr formenreich. Trotzdem kann das Moos nur mit nächst verwandten Arten verwechselt werden. Diese sind – außer der folgenden – meist viel seltener, haben eine andere Blattform, Saum und Zellgröße und sind z. T. einhäusig. An ähnlichen Standorten hat z. B. auch *Tortula muralis* gedrehte und haartragende, aber nicht glänzende und nur am Grunde durchscheinende Blätter sowie gewöhnlich die zylindrischen, aufrechten Kapseln. **Bryum subelegans** KINDBERG (= B. capillare var. flaccidum = B. laevifilum), das Glattfädige Birnmoos. Bau: Blätter trocken kaum gedreht, mit Brutfadenbüscheln in den Blattachseln. Verbreitung: ähnlich verbreitet wie vorige Art, aber nur bis zur Baumgrenze (in Tirol bis ca. 1600 m). Ökologie: ein häufiges Moos an Borke und morschem Holz. – **T 5, L 5, F 5, R 6, K 5.**

Bryum pseudotriquetrum (HEDWIG) GAERTNER et al. var. *pseudotriquetrum*
Bauchiges Birnmoos

(T. 43 e)
Erstbeschreibung: 1718 durch DILLENIUS von Gießen.

Bau: Pflanzen in kleinen, nur cm-breiten bis ausgedehnten, bis 10 cm tiefen Hochrasen. An sonnigen Plätzen rot überlaufen. Kümmerfor-

Bryum pseudotriquetrum

Bryum pseudotriquetrum ... var. *bimum*

men nur um 1 cm hoch! Blätter länglich-breitlanzettlich, unter der Mitte am breitesten, herab laufend und gesäumt sowie oben flachrandig (var. *pseudotriquetrum*), trocken verbogen und anliegend. Rippe in die Spitze eintretend oder kurz austretend (mikroskopisch: Blattzellen der Blattbasis getüpfelt). Die großen Sporogone mit langer Seta und hängender Kapsel. Zweihäusig (zwittrig ist die var. ***bimum*** SCHWAEGRICHEN und deshalb nicht selten mit Sporogonen).

Verbreitung: Fast weltweit verbreitet. Früher auch bei uns häufig. Von der Ebene bis ins Hochgebirge (in Bayern bis ca. 2300 m und in Südtirol bis 2900 m angegeben).

Ökologie: An lichten bis sonnigen, nassen, nährstoffreicheren und besonders an kalkhaltigen Standorten. So an überrieselten Felsen, in Sumpfwiesen und Kalkflachmooren sowie auf vernässten Wegen (meist nur kümmerlich). In den Gebirgen oft häufig, aber in der Ebene – durch Entwässerung und Überdüngung der Wiesen – oft schon selten und vom Aussterben bedroht.

T 0, L 7, F 7, R 7 – 8, K 5.

Ähnliche und **Verwandte Arten:** Andere Birnmoose sumpfiger Standorte besitzen z. B. keinen Blattsaum und haben z. T. rote Zellwände. ***Bryum schleicheri*** DE CANDOLLE, das Schleicher'sche Birnmoos. Bau: ähnlich voriger Art, aber mit etwas hohlen, angedrückten, gelbgrünen, eiförmig gespitzten Blättern. Verbreitung: fast nur im höheren Gebirge (in Bayern bis 2600 m, in den Zentralalpen bis 3250 m). Ökologie: Charakterart in kalkarmen, aber basenreichen, kalten Quellfluren und an Bächen. – **T 2, L 9, F 8, R 6, K 7.**

Bryum schleicheri

Bryum alpinum Hudson ex Withering var. *alpinum* (inkl. var. *meridionale*)
Alpen-Birnmoos

(T. 43 f)
Erstbeschreibung: 1741 durch Dillenius in der „Historia muscorum".
Bau: Goldgrün glänzende, an sonnigen Plätzen oft prächtig kupferrot gefärbte Polster oder Polsterrasen. Mit feucht und trocken ± anliegenden, eiförmig-lanzettlichen, ungesäumten, 2 – 3 mm langen Blättern. Zweihäusig. Selten mit Sporogonen.
Verbreitung: In Europa Hauptverbreitung in den Alpen und im Süden. Gebirgsmoos. In der Ebene sehr selten, öfter in der Hügelstufe und nicht selten in höheren Lagen. In Bayern nur bis 1730 m, aber in Nordtirol noch bei 2600 m.
Ökologie: An meist sonnigen, nassen bis übersprühten Plätzen auf kalkfreiem Silikatgestein sowie selten auch auf Sandböden in Ausstichen. Im Rückgang durch Vernichtung, z. B. Verbuschung und Austrocknung der Standorte.
T 0, L 8, F 7, R 4, K 4.
Verwandte Arten: Ähnlich, aber kleiner (und trocken *Pohlia nutans* ähnlich) ist ***Bryum mildeanum*** Hudson, Milde's Birnmoos, eine seltenere Charakterart insbesondere metallhaltiger Böden der Gebirge. Ökologie: an trockeneren Plätzen als die Verwandten. – **T 3, L ?7, F 6, R 6, K 4.** ***Bryum gemmiparum*** De Notaris, Südliches Birnmoos. Bau: ausgezeichnet durch axilläre Brutknospen, gelbgrüne Färbung und abweichenden Standort. Verbreitung: häufig in Südeuropa. Selten an Nahe und Oberrhein. Ökologie: an Ufern und berieseltem Gestein, kalkhold. – **T 7, L 8, F 8, R 8, K 4.**

Bryum alpinum

Bryum mildeanum

Bryum gemmiparum

Bryum argenteum HEDWIG (inkl. fo. lanatum)
Silbermoos, Silber-Birnmoos

(T. 43 g, h)

Erstbeschreibung: 1718 durch DILLENIUS von Gießen.

Bau: In oft ausgedehnten, dichten Kurzrasen, aber auch in kleinen, um 1 cm hohen Pölsterchen. Pflanzen wurmförmig, kaum 1 mm dick, meist 3 – 10 mm lang, immer angedrückt beblättert, durch die im oberen Teil entfärbten Blätter silbrig schimmernd. Blätter winzig (unter 0,5 mm), hohl, breit-eiförmig, ohne Saum und plötzlich zugespitzt. Je nach Lichtgenuss und Trockenheit in eine kurze oder längere Haarspitze verjüngt (so mod. *lanata*, an sonnigen Felsen). Öfter mit kleinen Brutknospen. Zweihäusig, aber trotzdem an feuchteren Stellen öfter mit den zierlichen Sporogonen. Kapsel meist hängend, breit-elliptisch, bis 2 mm lang, mit rotem Deckel. Seta bis 1 cm lang.

Verbreitung: Unter gemäßigten Klimabedingungen weltweit verschleppt. Häufig von der Ebene bis ins Hochgebirge (verschleppt!, in Bayern bis fast 3000 m und in Mexiko vom Erstverfasser noch bei 3900 m beobachtet).

Ökologie: Das häufigste Stadtmoos. Nitrat- und allgemein Mineralsalzreichtum und z. T. auch Feuchte anzeigend, aber pH-neutral. An sonnigen, trockenen, wie auch an überspülten, nassen Steinen, auf Erde, Schlamm usw. In mit Herbiziden überspritzten Maisäckern, an überdüngten Felsen (an Kotplätzen), an Wegsäu-

Bryum argenteum

men, salzresistent, d. h. an allen Standorten unter starkem, menschlichem Einfluss: ein ausgesprochen hemerophytisches Ruderalmoos. **T 0, L 7, F 0, R 6, K 0.**

Besonderes: Der größte Nutzen dieses Mooses (wie auch der ähnlichen *Bryum bicolor*-Verwandtschaft) besteht darin, dass es selbst noch auf ± vergifteten Böden erosionshemmend wirkt. Es gehört zu den „Pflasterritzenmoosen" und ist u. a. zur Begrünung von Kiesdächern gut geeignet. Auch selbst im urbanen Bereich ein wichtiger Lebensraum für Kleintiere (Vogelnahrung!). Schon ein einfacher Versuch zeigt, dass die Rasen – besonders aus Dachrinnen – und auch das aus ihnen gepresste Wasser (Mikroskop!) zahlreiche kleine Gliedertiere, Bärtierchen und Infusorien beherbergen. Wie alle erdbewohnenden *Bryum*-Arten mixohydrisch, d. h. neben äußerer gibt es auch eine innere Wasserleitung.

Ähnliche Arten: Mit Ausnahme der Wasserform ist die Art von fast allen Moosen durch die im Oberteil bleichen Blätter unterschieden. Habituell ähnliche, silbrige Sprosse kommen nur bei seltenen Verwandten im Gebirge vor (*Anomobryum* und *Plagiobryum*), denen aber die Haarspitzen an den Blättern fehlen. An ähnlichen Ruderalstandorten und zusammen mit dem Silbermoos wachsen oft die Verwandten der *Bryum bicolor*-Gruppe. Sie zeichnen sich durch eiförmige, gespitzte und ungesäumte Blättchen und meist auch durch reichlich in den Blattachseln produzierte Brutknospen aus (sie sind nur mikroskopisch bestimmbar). Ihr reichliches Vorkommen zeigt Überdüngung und Versalzung an. ***Bryum caespiticium*** HEDWIG var. ***caespiticium***, das Rasige Birnmoos. (T. 43 i). Bau: die 1 – 2 mm großen Pflanzen ähneln kleinen Salatköpfen. Die breit-eiförmigen, wenig gesäumten Blättchen sind in eine Haarspitze verjüngt. Verbreitung: von der Ebene bis ins Gebirge ziemlich häufig (noch bis über 3000 m angegeben). Ökologie: besonders auf sonnig-trockenen Mauern und an trockneren, offenerdigen, oft ruderalen Plätzen. – **T 0, L 8, F 5, R 6, K 5.** ***Bryum pallescens*** SCHLEICHER EX SCHWAEGRICHEN subsp. ***pallescens*** (= B. cirrhatum), das Bleichgrüne Birnmoos (T. 43 j). Bau: etwas größer als die vorige und feucht durch Rosetten aufrecht-abstehender Blätter sowie Synözie (deshalb meist mit Sporogonen) unterschieden. Blätter 2 – 3 mm lang, breit-eiförmig, allmählich in ein kurzes Haar verjüngt und deutlich gesäumt, trocken steif, straff anliegend. Verbreitung und Ökologie ähnlich wie bei der vorigen Art. – **T o, L 7, F 4, R 7, K 5.**

Bryum rubens MITTEN –
(= *B. erythrocarpum* p. p.),
Rotfrucht-Moos

(T. 43 k)

Erstbeschreibung: Der Sammelart 1741 durch DILLENIUS in der „Historia muscorum".

Bau: In um 2 – 4 mm hohen, oft schmutziggrünen Kurzrasen, die eher an *Pohlia nutans* erinnern als an *Bryum*. Stängel locker und ± abstehend beblättert. Blätter 2 – 3 mm, breitlanzettlich, bespitzt und ungesäumt. Typisch ist für diese Art, dass neben rhizoidbürtigen auch stängelständige, himbeerartige, zinnoberrote Brutknöllchen vorkommen, die schon mit der Lupe zu erkennen sind (T. 43 l). Zweihäusig.

Verbreitung: Ziemlich verbreitet (aber leicht zu übersehen) von der Ebene bis in untere Gebirgslagen (in Südwestdeutschland vom Erstverfasser noch bis 850 m beobachtet).

Ökologie: In reinen Rasen oder oft auch zwischen anderen Ruderalmoosen wie *Pottia*. Auf offenerdigem, oft feuchterem, immer nährstoffreicherem (oft kalkfreiem) Substrat auf Erde und seltener über Gestein. Salz- bzw. nitratverträgliches Ruderalmoos, vor allem auf Äckern, Wegen u. ä.
T 6, L 8, F 5, R 0, K 5.

Bryum rubens

Eine bemerkenswerte **Verwandtschaft:** Die meist sterilen Arten der Sammelart *Bryum erythrocarpum* sind mit Hilfe der charakteristischen Rhizoid- oder Stängelknöllchen, wie auch der Farbe der Wurzelhaare (braun bis violett) gut zu erkennen. Ihre Ausbreitung erfolgt mit Erde, verschwemmt oder verschleppt durch Tiere (zoochor).

Ähnliche Arten: Auch die nahen Verwandten („erythrocarpa") wachsen meist an Ruderalstandorten.

Allgemeiner Hinweis zur Gattung: Im Gegensatz zur allgemeinen „Bryum-Phobie" vieler Bryologen sind einige, nämlich die oben beschriebenen Arten durch die angegebenen Merkmale durchaus gut zu erkennen. Zahlreiche der weiteren Arten sind zumindest jetzt meist ziemlich selten, leicht zu übersehen oder im Gelände schwer kenntlich (also typische „Wegguckmoose"!). Sie sind tatsächlich oft z. T. selbst mikroskopisch nur durch den Spezialisten oder nur mit reifen Kapseln bestimmbar. Darum bei allen *Bryen* immer gut beschriftete Belege (s. Einführung), möglichst mit reifen Sporogonen, sammeln.

Leptobryum pyriforme (Hedwig) Wilson
Seidenbirnmoos

(T. 44 a, b)

Name: Zusammengesetzt aus griechisch leptos = dünn, schlank und bryon, was sich wohl auf den zierlichen Habitus bezieht.

Erstbeschreibung: Schon 1741 durch Dillenius in der „Historia muscorum".

Bau: Sehr charakteristische hell- bis gelblichgrüne, niedrige (um 1 cm hohe), 1 cm^2 große

Leptobryum pyriforme

bis ausgedehntere, etwas glänzende, dichte Rasen. Stängel oben abstehend beblättert, unten nackt. Blätter linealisch-pfriemlich (mit austretender Rippe und linear-rhomboidischen Zellen), auch frisch auffallend verbogen, ganzrandig. Rhizoiden auffallend violett, öfter mit braunen, mehrzelligen, ellipsoidischen Brutkörpern (T. 44 c). Ein- oder zweihäusig. Kapseln nicht häufig, aber dann typisch: schräg aufrecht, birnförmig, mit kegeligem Deckel. Seta bis über 3 cm.

Verbreitung: Wohl mit Zierpflanzen weltweit verschleppt. Von der Ebene bis ins Hochgebirge nicht selten. (In Süddeutschland bis 1400 m und in Südtirol sogar noch bis 2750 m gefunden).

Ökologie: Am häufigsten in Blumentöpfen und Gewächshäusern zu finden. Hemerophytisch! Auch gern auf Schlammboden oder ± ruderal auf nassen Wegen, in Mauerfugen u. ä. Außerdem oft auf Kalk- oder Dolomitgestein, Kalktuff und Lavaschlacken. Nährstoff- und lichtliebend. Gegen Kontamination verschiedenster Art ziemlich unempfindlich.

T 0, L 0, F 6, R 7, K 5.

Ähnliche Arten: Violette Rhizoiden hat kein ähnliches Moos mit Borstblättern. *Dicranella*-Arten haben oben gezähnte Blätter, andere Kapseln und lineal-parenchymatische Zellen. *Orthodontium* unterscheidet sich u. a. durch schlanke, später aufrechte Kapseln (s. u.).

Orthodontium lineare SCHWAEGRICHEN
(= *O. germanicum* F. & K. KOPPE)

Geradzahnmoos

(T. 44 d, e)

Name: Von griechisch orthos = gerade, aufrecht und odous, odontos = Zahn, auf das Peristom bezogen.

Erstbeschreibung: Erst 1827 durch SCHWAEGRICHEN.

Bau: Die dunkelgrünen Polsterrasen ähneln steril vor allem denen von *Dicranella heteromalla*. Blätter glänzend, lineal-borstlich, ca. 2 – 3 mm lang und trocken verbogen. Das Protonema bleibt länger erhalten. Die einhäusige Art produziert ab Spätwinter meist reichlich aufrechte, dann geneigte Sporogone. Kapseln aus verjüngtem Grund zylindrisch, mit ca. 1 cm langer Seta. Zuerst auffallend hellgrün, später (lange bleibend) hellbraun.

Verbreitung: Beheimatet auf der südlichen Halbkugel, eine australisch-antarktische Art. Auf der Nordhemisphäre nur eingeschleppt. In Europa nach Norden bis Schottland. Mit subozeanischer Ausbreitungstendenz und entsprechend vor allem in Nordwest- und Westdeutschland verbreitet. Von der Ebene bis in die obere montane Stufe (bis ca. 800 m im Allgäu).

Ökologie: Auf meist beschattetem, länger feuchtem Rohhumus oder morschem Holz sowie auf saurer Eichen- und Nadelholzborke an den Baumbasen. Insbesondere in gestörten Forsten und entwässerten Mooren und auf Rohhumus außerhalb der Kalkgebiete zu finden.

T 6, L 4, F 5, R 2, K 3.

Besonderheiten: Dieses Moos ist in den subtropischen Gebieten der Südhemisphäre beheimatet. In Europa wurde es wohl mit Zierpflanzen eingeschleppt. In Westeuropa erstmals 1911 in Großbritannien gesammelt, dann in Frankreich und den Niederlanden. Für Deutschland haben es FRITZ und KARL KOPPE 1940 bei Chorin in Brandenburg erstmals nachgewiesen und als eigene Art beschrieben. Inzwischen ist das Moos an geeigneten Standorten allgemein eingebürgert und oft (besonders an gestörten Standorten) häufig. Dies ist das neben *Campylopus introflexus* und *Lunularia* (s. dort) am besten bekannte Beispiel von „Mooseinwanderung". Auch wurden hier, besonders in Großbritannien, schon „Konkurrenzschäden" gegenüber

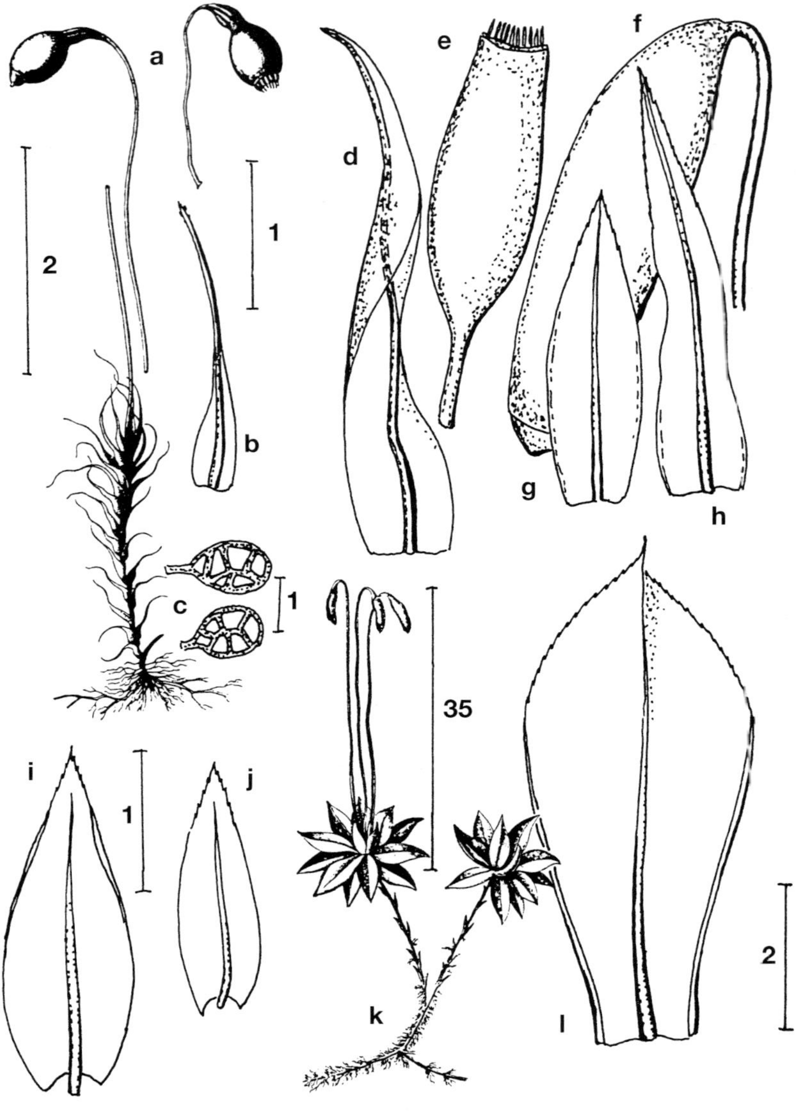

Tafel 44: Leptobryum pyriforme: a. Habitus mit Sporogon (aus Limpricht), b. Blatt, c. Rhizoidknöllchen. ***Orthodontium lineare:*** d. Blatt, e. Kapsel. ***Pohlia nutans:*** f. Kapsel, g., h. Blätter. ***P. cruda:*** i. Blatt. ***P. wahlenbergii*** var. ***wahlenbergii:*** j. Blatt. ***Rhodobryum roseum:*** k. Habitus mit Sporogon (aus Limpricht), l. Blatt.

Orthodontium lineare

heimischen Arten beobachtet: der „Eindringling“ vermindert die relative Artenvielfalt! Im Gegensatz zu *Orthodontium* ist man bei einer ganzen Reihe weiterer Arten nicht immer ganz sicher, ob sie eingeschleppt oder mindestens in Ausbreitung sind.

Ähnliche Arten: Ähnlich sind besonders *Dicranoweisia* und *Dicranella heteromalla* . Diese haben aber andere Kapseln und die erstere ist trocken kraus (außerdem besitzen beide parenchymatische Zellen).

Pohlia nutans (HEDWIG) LINDBERG
(= *Webera nutans*)

Nickendes Pohlmoos, Bohnenmoos

(T. 44 f – h)
Name: Zu Ehren von J. E. POHL (1782 – 1834), einem böhmischen Botaniker. Der jüngere Name bezieht sich auf F. WEBER (1781 – 1821), Botanikprofessor in Kiel.
Erstbeschreibung: Durch DILLENIUS (1741).

Bau: Pflanzen ausgewachsen dunkelgrün (unten wurzelfilzig), in dichten, oft größeren Kurzrasen, etwas glänzend, um 1 – 3 cm hoch. Blätter abstehend bis, je nach Licht und Trockenheit des Standortes, anliegend; ± flach, ungesäumt, oben ganzrandig bis gezähnt, ei-

Pohlia nutans

förmig bis breit-lanzettlich, trocken verbogen, ± angedrückt (Blattzellen lang-rhomboidisch). Rippe in der Blattspitze endend. Einhäusig. Oft mit Sporogonen, Seta um 1 – 2 cm lang, Kapsel länglich-birnförmig bis walzlich, zu etwa 1/3 aus der kaum verjüngten Apophyse bestehend, bis um 4 mm lang. Jung hellgrün, hängend, entleert hellbraun, bis fast aufrecht. BERNHARD KAISER entdeckte, dass die Blätter feucht nach frischen, rohen Bohnen riechen.

Verbreitung: Meist verbreitet, Ebene bis Hochgebirge (in Bayern bis 2470 m, in Tirol bis 2750 m).

Ökologie: Kalkmeidend. Auf humosem Sand, Rohhumus, morschem Holz, an Baumbasen usw. In Heiden, Wäldern und Gebüschen außerhalb der Kalkgebiete sehr verbreitet bis gemein. Über basenreichen Böden oft nur auf morschem Holz (und hier Versauerungszeiger). Auch aus der Südhemisphäre bekannt. Sehr formenreich und dann leicht für ein *Bryum* gehalten, jedoch durch schmalere Zellen, fehlende Brutkörper und Saum, sowie die Blattform (nie mit Haarspitze) meist gut zu unterscheiden. In immissionsbelasteten Gebieten oft im Traufbereich an der Stammbasis der Bäume, Auswirkung des „Sauren Regens". Im Wald am Botanischen Garten der Bronx/New York eines der ganz wenigen Moose. Um 1900 wurden dort noch um 150 Arten gezählt!

T 0, L 5, F 4, R 2, K 5.

Ähnliche Arten: Auffallend ist die mod. *saltans*, mit stabförmigen (kaum 1 mm dicken) Bruchsprossen, die beim Darüberstreichen bis über 5 cm weit fortspringen (analog bei einigen *Campylopus*- und *Dicranum*-Arten). ***Pohlia elongata*** HEDWIG, das Längerkapselige Pohlmoos, ist eine ehemals anscheinend auch außerhalb der Alpen ziemlich verbreitete, jetzt aber kaum mehr nachgewiesene Art. Da DILLENIUS diese Art schon 1718, also vor *Pohlia nutans* beschrieb, können diese Angaben auch auf Verwechslung beruhen. Bau: Sie unterscheidet sich durch eine etwas längere Kapsel, die etwa zur Hälfte zu einem Hals (Apophyse) verjüngt ist. Ökologie: **T 2, L 4, F 5, R 2, K 6.** ***Pohlia cruda*** (HEDWIG)

Pohlia cruda

LINDBERG (= Webera cruda), das Hellgrüne Pohlmoos (T. 44 i). Bau: Die Art fällt durch hellgrüne (bis bläuliche), auffallend glänzende, schwer benetzbare, eiförmig-lanzettliche (ganzrandige) Blätter mit vor der Spitze endender Rippe und rötlichem Stängel auf. Zweihäusig. Verbreitung: Gebirgsmoos, zerstreut (Ebene sehr selten, aus den Zentralalpen bis 3500 m angegeben). Ökologie: meist an kalkarmen, aber basenreicheren Standorten auf mineralischem und humusreichen Substrat an Böschungen, in Felsspalten und in erdigen Nischen. – **T 0, L 4, F 5, R 5, K 5.**

Pohlia annotina (HEDWIG) LINDBERG
(= inkl. *P. grandiflora* H. LINDBERG SENSU SHAW)

Sprossendes, Vorjähriges Pohlmoos

Erstbeschreibung: Sicherer Erstnachweis als *Bryum annotinum* durch HEDWIG 1801, möglicherweise aber schon 1782. Das „*Bryum nitidum* ...“ in DILLENIUS (1718) ist wegen des dort genannten Glanzes („nitidus“) zweifellos nicht diese Art.

Bau: Trübgrüne Pflanzen in lockeren, 5 – 10 mm hohen Herden. Blättchen länglich-lanzettlich. In den Achseln mehrere eiförmige bis längliche Brutknospen. Zweihäusig und entsprechend selten mit Sporogonen. Verwandte Arten glänzen angetrocknet oder haben nur einzelne axilläre Brutknospen.

Verbreitung: Ebene bis in mittlere Gebirgslagen, oft zerstreut (selten bis zur subalpinen Stufe, so in Südwestdeutschland bis 1450 m).

Pohlia annotina

Ökologie: Auf offenerdigen, auch sonnigen, vernässten, kalkfreien Plätzen, so besonders auf ungepflegten Waldwegen.
T ?3, L 8, F 6, R 4, K 6.
Belege aus der *P. annotina*-Verwandtschaft (Mikroskop!) sollten immer zur näheren Nachbestimmung mitgenommen werden, schon wegen der Verwechslungsmöglichkeit mit den ebenfalls durch axilläre Brutknospen ausgezeichneten Arten der *Bryum bicolor* agg.-Verwandtschaft.

Pohlia wahlenbergii (Weber & Mohr) A. Andrews var. *wahlenbergii*

(= *Mniobryum albicans*)

Weißliches Sternbirnmoos

(T. 44 j)
Erstbeschreibung: Als *Hypnum* durch Weber & Mohr 1807. Nach Limpricht bereits 1785 von Ch. Funck bei Regensburg entdeckt.
Bau: Dieses schwer benetzbare Moos mit lanzettlichen bis breit-lanzettlichen, schräg abstehenden, vorn gezähnten Blättern gehört zu einer eigenen Untergattung. Wegen seiner weißlich-grünen Färbung und der (um 5 – 10 mm hohen) roten Stängel ähnelt es sowohl *Pohlia cruda* (die sich durch ein engeres Zellnetz und anderen Standort unterschei-

det), wie auch den durch mamillöse, schärfer gespitzte Blätter unterschiedenen *Philonotis*-Arten.

Verbreitung: Im temperaten Bereich weltweit verbreitet, von der Ebene bis ins Hochgebirge (meist nur bis zur Baumgrenze, in Bayern bis 1100 und in Tirol bis 2280 m, Angaben aus Hochlagen gehören sicher zur var. *glacialis* (s. u.)).

Ökologie: Ähnlich wie bei *Philonotis* und immer an deutlich vernässten Standorten, z. B. auf wenig gestörten, begrasten Waldwegen und in Quellfluren. Im Gegensatz zu dieser Art aber basiphil und deshalb besonders in Kalkgebieten häufig. Vor allem im Gebirge weit verbreitet, aber da Sporogone selten sind, oft übersehen. In kalten Quellfluren der höheren Gebirge, besonders der Alpen (in Tirol ab 1030 bis 2600 m) wächst die subarktisch-alpine, kräftige, bis über 10 cm hohe Rasen bildende, anliegend beblätterte var. ***glacialis*** (SCHLEICHER) WARBURG.

T 0, L ?6, F 7, R 6, K 5.

Ähnlich dem Typ und oft mit voriger verwechselt wird das kleinere, mehr auf ruderale und auf Acker-Standorte beschränkte ***Pohlia melanodon*** (BRIDEL) SHAW (= Mniobryum delica-

Pohlia wahlenbergii

tulum = Webera carnea), das Rötliche Sternbirnmoos. Bau: Die Pflanzen sind im Gegensatz zu voriger Art leicht benetzbar, oft rötlich überhaucht und außerdem durch fast ungezähnte Blättchen (mit mehr lockerem Zellnetz) ausgezeichnet. Verbreitung: Tieflagenmoos (meist unter 700 m), zerstreut, aber weil auch meist steril, leicht zu übersehen. Ökologie: **T 4, L 7, F 5, R 6, K 5.**

Die meisten übrigen *Pohlia*-Arten sind gewöhnlich selten und oft auf die höheren Gebirge oder ganz auf die Alpen beschränkt.

Fig. 273.

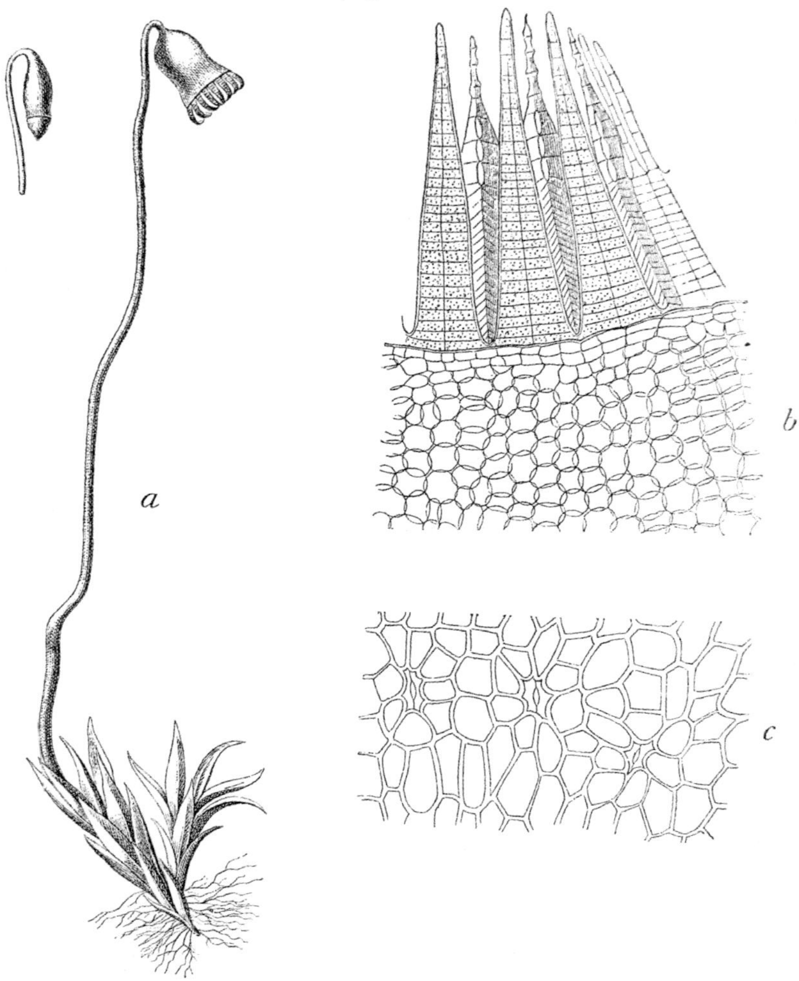

Pohlia melanodon

Plagiobryum zierii (HEDWIG) LINDBERG

(= *Zieria julacea*)

Zier's Schiefbirnmoos

Name: Zusammengesetzt aus griechisch plagios = schief und bryum. Er bezieht sich auf die – im Gegensatz zu der bei *Bryum* meist hängenden – schräg abstehenden Kapsel.
Erstbeschreibung: Durch J. J. DICKSON 1790.
Erstfund durch J. ZIER in England. Bald darauf auch von C. LUDWIG im Riesengebirge nachgewiesen.
Bau: Kätzchen- bis wurmförmige, schuppig beblätterte, an *Bryum argenteum* erinnernde silbergraue bis rötliche Stängel in dichten Räschen von 1 bis wenigen cm Breite. Blätter eiförmig-hohl, unter 1 mm lang (Rippe vor der Spitze endend, Zellen locker rhombisch). Zweihäusig. Die Kapseln sehr langhalsig, verlängert keulenförmig, auf rötlicher, S-förmig gebogener Seta waagerecht abstehend.
Verbreitung: Ein subarktisch-subalpines, im Hochgebirge ab 700 bis 2800 m nachgewiesenes, zerstreut vorkommendes Moos. Selten und nur reliktisch im Mittelgebirge (ab 300 m).
Ökologie: An schattig-feuchten bis nassen, kalkhaltigen Standorten, vorwiegend auf mineralischem Substrat, besonderes auf (kalkhaltigem) Schiefer, aber auch auf Humus, in Felsspalten und Klüften und oft nahe bei Wasserfällen, z. B. mit *Plagiopus oederianus* und *Tortella tortuosa*.
T 1, L 4, F 7, R 8, K 6.
Verwandte Arten: ***Anomobryum filiforme*** (DICKSON) SOLMS (= A. julaceum), das Scheinbirnmoos wurde erst 1801 erstmals beschrieben. Bau: Blätter bleichgrün bis silbrig, spitzeiförmig, (Zellnetz eng), Kapsel länglich-oval, langhalsig. Auch unterschieden durch die ozeanisch-mediterrane Verbreitung. Im Bau ähnlich ist ***A. concinnatum*** (SPRUCE) AMANN (mit schmäleren Blättern, Rippe in der Spitze

Plagiobryum zierii

Anomobryum concinnatum

Anomobryum filiforme

endend und Brutknospen), auch zerstreut in den Alpen und höheren Mittelgebirgen (etwa zwischen 550 und 2900 m, die typische Form in tieferen Lagen Südeuropas). Ökologie: an lichten, dauerfeuchten bis nassen, kalkfreien Felsen, seltener auch auf Mineralböden an Böschungen. – **T ?2, L 4, F 7, R 3, K 4.**

Rhodobryum roseum (HEDWIG) LIMPRICHT
Echtes Rosenmoos

(T. 44 k, l) (früher Mniaceae)
Name und **Erstbeschreibung:** Erst 1741 von DILLENIUS in der „Historia muscorum" beschrieben. Erstnachweis durch J. C. BUXBAUM.
Bau: Aus Kriechsprossen entspringende, aufrechte, meist 2 – 4 cm lange, saftgrüne, schuppig beblätterte Seitenstängel mit gipfelständiger Rosette. Als „Bäumchenrasen" dicht und ausgedehnt wachsend oder häufiger in Gruppen oder Einzelpflanzen zwischen anderen Moosen. Blätter zu 15 – 21 zusammen, länglich-spatelförmig, oben spitz zulaufend und gezähnt, ungesäumt, aber unten mit umgebogenem Rand, die ca. 5 – 8 mm lange Rippe vor der Spitze endend. Blätter trocken ± sparrig und verbogen. Zweihäusig. Sporogone entsprechend selten, in gipfelständigen Büscheln. Die Kapseln auf langer Seta, hängend, mit konischem Deckel. Peristom doppelt.
Verbreitung: Eine boreal-montane Art (in der Ebene und nahe der Waldgrenze selten). In Tirol bis 1640 und in Vorarlberg noch bei 1920 m, aus den übrigen Alpen bis 2170 m angegeben.
Ökologie: Waldbodenmoos tiefgründiger, frischerer, reicherer, meist schattigerer Standorte. Als Waldrelikt in absonnigen Trockenrasen

Rhodobryum roseum

Rhodobryum ontariense

sowie selten auf Erde über Fels. Kalkhold. Oft zusammen mit *Plagiochila asplenioides*, *Eurhynchium striatum* und *Plagiomnium undulatum*. In Mitteleuropa vor allem im Gebirge ziemlich verbreitet, doch streckenweise fehlend. Anscheinend ziemlich empfindlich gegen Luftverschmutzung. Örtlich in starkem Rückgang. Die Fähigkeit zur inneren Wasserleitung der „Stängel" ist hier genau wie bei *Mnium* s. l. sehr begrenzt: In Wasser gestellte Rasen bleiben nur frisch, wenn dies in abgeschlossenen Behältern geschieht.
T 3, L 4, F 6, R 7, K 6.
Besonderes: Eines der schönsten Laubmoose mit zahlreichen, tropischen, oft größeren Verwandten.
Ähnliche und **Verwandte Arten:** Zu achten ist auf ***Rhodobryum ontariense*** (KINDBERG) KINDBERG, das Ontario-Rosenmoos. Eine bisher selten gefundene Verwandte. Bau: Rosetten aus 18 – 52 (schmaleren) Blättern gebildet, die Rosetten trocken schopfig zusammengeneigt. Blätter mit kurz austretender Rippe. Verbreitung: ab 250 m bis unter die Waldgrenze. Z. B. in Südtirol häufiger als die obige Art. Ökologie: eine kalkstete, subkontinental-montane Art etwas trocknerer Standorte im Gebirge, insbesondere an (oft grasigen) Böschungen, auf Kalksteinhalden. Sporogone sollen häufiger vorkommen. – **T 5, L 6, F 5, R 8, K 7.** Männliche und sporulierende Pflanzen von *Plagiomnium*-Arten sind öfter recht ähnlich, unterscheiden sich aber durch ungesäumte Blätter.
Name ***Rhodobryum*** von gr. rhodos = rosen(artig).

Mniaceae – Sternmoose

Mnium hornum HEDWIG
Schwanenhals-Sternmoos

(T. 45 a – c)
Name: Von griechisch mnion = Seegras bzw. nach LIMPRICHT = Moos, oder mniarós = moosweich. Nach GENAUST ist die Ethymologie von *Mnium* allerdings nicht gesichert. Begründet wurde die Gattung *Mnium* durch DILLENIUS 1718, jedoch vereinigte LINNAEUS unter diesem Namen ganz verschiedene Gattungen, und erst HEDWIG schaffte den Rahmen für unsere heutigen Vorstellungen von *Mnium*. Der Finne KOPONEN schließlich spaltete 1968 die Gattung auf und etablierte diverse neue Gattungen.
Erstbeschreibung: Die obige Art beschreibt zuerst DILLENIUS (1741).
Bau: Dunkel-, auch braungrüne, dichte, innen braune Rasen. Stängel deutlich gebogen, 2 – 4 cm lang, bisweilen etwas einseitswendig und dicht beblättert. Blätter lanzettlich, ca. 4 – 8 mm lang, bogig zugespitzt, basal breit ansitzend, (glänzend), gesäumt (und mit Doppelzähnen). Rippe kurz vor der Spitze endend. Zellen klein. Blätter trocken verbogen, angedrückt. Schattenformen kleiner, anscheinend 2-zeilig beblättert. Männliche Pflanzen mit endständiger Rosette aus breiteren, großen Blättern. Zweihäusig, aber oft (besonders in feuchteren Lagen) mit Sporogonen. Diese mit langer Seta. Die hängende, schlanke Kapsel mit kurz gespitztem Deckel (Frühjahr).
Verbreitung: Disjunkt über die ganze temperate, nördliche Halbkugel verbreitet, aber z. B. im östlichen Europa mindestens selten. Bei uns verbreitet von der Ebene bis in mittlere, selten bis in obere Berglagen (bis ca. 1100 m in Süddeutschland, in Nordtirol in Nischen bis 1800 m).
Ökologie: Waldmoos an ausreichend frischen bis nassen, immer kalkfreien, nährstoffarmen, schattigeren Standorten auf Erde, Silikatgestein und morschem Holz. In besonders luftfeuchter Lage auch an Borke weit hinaufsteigend. In Kalkgebieten selten oder fehlend, jedoch zeigt

dort das zunehmende Vorkommen als Bewohner von Baumbasen und auf Baumstümpfen die durch „Sauren Regen" verursachte Entkalkung an. Sonst sehr häufig, besonders im westlichen Deutschland.

T 3, L 5, F 6, R 3, K 4.

Ähnliche Arten: Kalkhold ist das Gesäumte Sternmoos, ***Mnium marginatum*** (DICKSON) P. BEAUVERD (T. 45 d). Bau: Es hat herablaufende, relativ kürzere, gesäumte, meist nur 2 mm lange Blätter mit in der Spitze endender Rippe und geschnäbeltem Deckel. Verbreitung: Gebirgsmoos bis unter die Baumgrenze (in der Ebene wohl nur verschleppt, in Süddeutschland selten, bis 700 (– 1235) m, in Tirol noch höher). Höhere Angaben gehören eher zu *M. thomsonii*. Ökologie: kalkhold, an feuchteren, meist lichten, erdigen bis mild humosen Standorten in Felsnischen, auf Ufersteinen. – **T 2, L 5, F 5, R 8, K 5.** Ebenfalls kalkhold ist ***Mnium stellare*** HEDWIG (T. 45 e), das als einziges mitteleuropäisches Sternmoos ungesäumte (meist gezähnte) Blätter hat. Die Rippe endet vor der Spitze, Blätter sonst wie bei den vorigen Arten, an schattigen Standorten – wie die anderen *Mnium*-Arten – meist scheinbar zweizeilig. Verbreitung: ziemlich häufiges Gebirgsmoos (in der Ebene und über der Baumgrenze sehr selten, aber bis 2243 m (– 2400 m?) in Bayern). Ökologie: auf schattig-feuchten, neutralen bis kalkhaltigen Standorten, auf erdigem oder mild-humosem Substrat in Felsnischen und seltener auch auf morschem Holz – **T 3, L 4, F 5, R 7, K 6.** Weitere ähnliche Arten sind meist Moose der höheren Gebirge, mit anderer Merkmalskombination.

Mnium hornum

Mnium marginatum

Mnium stellare

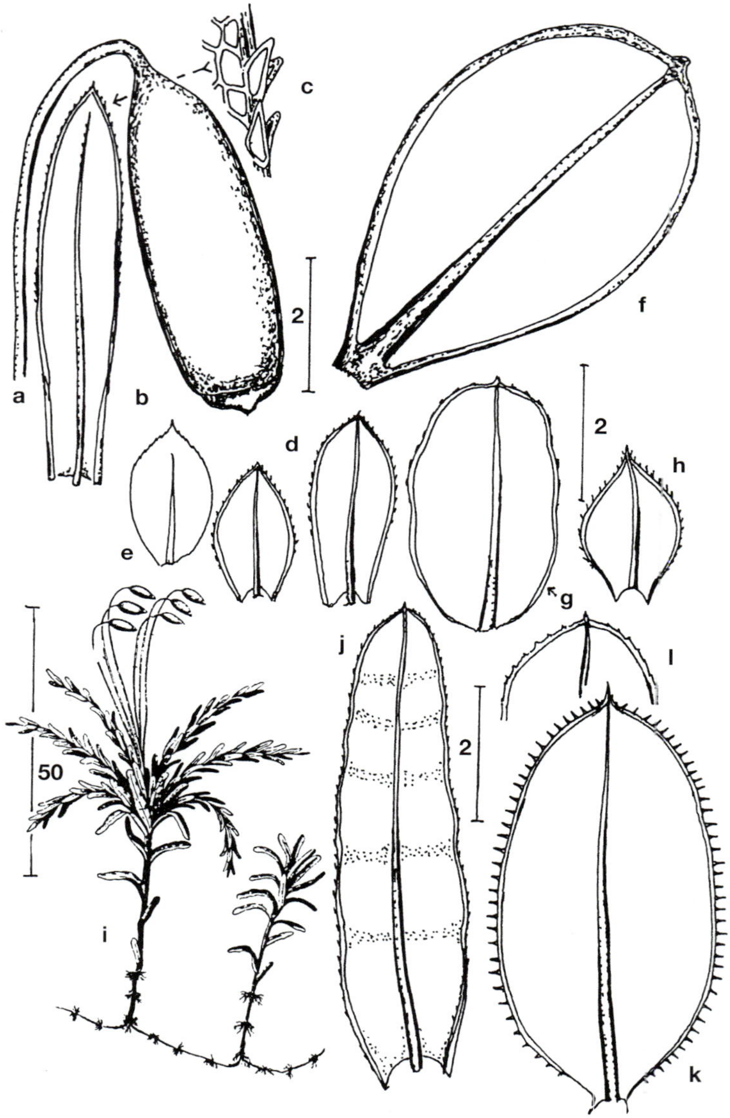

Tafel 45: ***Mnium hornum:*** a. Blatt, b. Kapsel, c. Doppelzähne am Blattrand. ***M. marginatum:*** d. Blatt. ***M. stellare:*** e. Blatt. ***Rhizomnium punctatum:*** f. Blatt. ***Plagiomnium rostratum:*** g. Blatt. ***P. cuspidatum:*** h. Blatt. ***P. undulatum:*** i. Habitus mit Sporogon (aus Limpricht), j. Blatt. ***P. affine:*** k. Blatt. ***P. affine*** fo. ***brevidens:*** l. Blattspitze.

Rhizomnium punctatum (HEDWIG) T. KOPONEN

(= *Mnium punctatum*)

Punktiertes Sternmoos

(T. 45 f)

Name: Zusammengesetzt aus griechisch rhiza = Wurzel und mnion (s. o.)wegen der immer dichthaarigen („bewurzelten") Stängel.

Erstbeschreibung: Durch DILLENIUS (1718) von Gießen.

Bau: Dunkel- bis braungrüne, meist fast aufrechte, unten (aus Rhizoiden gleicher Stärke) ± dicht wurzelfilzige, je nach Feuchtigkeit 1 – 5(– 10) cm hohe sterile Sprosse in lockeren Hochrasen. Das Protonema bleibt als brauner, das ganze Substrat bedeckender Filz lange erhalten. Männliche Pflanzen mit gipfelständiger Rosette aus abgerundeten Blättern und großer, zentraler Antheridiengruppe. Blätter ca. 5 – 8 mm lang, oben abgerundet, breit-elliptisch, basal keilförmig, flach (oder etwas hohl), gesäumt und ganzrandig, kleinzellig. Rippe in der Spitze endend (s. unten!). Blätter trocken wenig schrumpfend. Zweihäusig, aber trotzdem oft mit Sporogonen. Kapsel hängend, lang geschnäbelt, auf hoher Seta (Herbst/Winter).

Verbreitung: In Mitteleuropa häufig von der Ebene bis ins Gebirge (aber nur unter der Waldgrenze, in Süddeutschland nur bis 1380 m belegt, in Nordtirol bis 1700 m, angeblich noch bei 2300 m).

Ökologie: Waldmoos sowie in Blockhalden und in Ufernähe. Besonders auf feuchtem, morschem Holz häufig, aber auch auf feuchtem bis nassem Gestein und (besonders üppig) in Quellfluren und an Bachufern. Meist kalkmeidend. Außer an nassen Standorten schattenliebend.

T 3, L 3, F 6, R 4, K 4.

Besonderes: Wie alle Sternmoose mit Zentralstrang im Stängel, d. h. neben der üblichen äußeren Wasserleitung über den Rhizoidenfilz,

Rhizomnium punctatum

auch (wohl nur Assimilate transportierende) innere Leitung. Eine sehr große Form wird als fo. *elatum* bezeichnet.

Ähnliche Arten: Durch die Färbung und die ganzrandigen, gesäumten Blätter leicht kenntlich. Zu achten ist auf die Blattrippe. Wenn bei allen Blättern die Rippe vor der Spitze endet, zweierlei Rhizoiden (Mikro- und Makronemata) vorkommen und die üppigen Pflanzen im Sumpf (vor allem des Berglandes) wachsen, handelt es sich um seltenere Verwandte (Mikroskop!).

Plagiomnium affine (Blandow) T. Koponen

(= *Mnium affine*, inkl. fo. *brevidens*)

Gemeines Sternmoos

Plagiomnium affine

(T. 45 k)
Name: Zusammengesetzt aus griechisch plagios = quer, schief und mnion (s. o.) bzw. *Mnium*, das soll ausdrücken, dass die sterilen Stängel niederliegen.
Erstbeschreibung: Durch DILLENIUS (1718) von Gießen. Beispiel für eine Art, der ein großer nomenklatorischer Wirrwarr zu eigen ist. Erst BLANDOW (1807) hat das Taxon im heutigen Sinne eingegrenzt.
Bau: In oft ausgedehnten Decken. Sterile Zweige niederliegend bis horizontal abstehend, 5 (– 10) cm lang und ca. 1 – 1,5 cm breit, z. T. an der Spitze wurzelnd, zweizeilig beblättert. Blätter frisch- bis olivgrün, glatt, breit-elliptisch, oben breit zugespitzt, basal herablaufend, ca. 6 bis maximal 10 mm lang, gesäumt, einfach gezähnt (oder bei fo. ***brevidens*** HERZOG (T. 45 l) auch ± ganzrandig). Trocken stark schrumpfend. Blattzellen mit der Lupe gut sichtbar (bis 0,07 mm groß!). Rippe bis in die Spitze. Zweihäusig. Fertile Pflanzen und Sporogone sind relativ selten, sie zeichnen sich durch aufrechte (ebenfalls Kriechsprossen entspringende) Zweige aus. Die männlichen Pflanzen bilden oben dicht rosettig beblätterte, die weiblichen unscheinbare, schopfige, ca. 1 – 5 cm hohe Stängel. Kapsel hängend und Deckel konisch (Frühjahr).
Verbreitung: Ebene bis ins höhere Gebirge ziemlich verbreitet (über der Waldgrenze selten, in Bayern bis 1750 m und bis 2253 m, aus

Plagiomnium ellipticum

Plagiomnium cuspidatum

den übrigen Zentralalpen bis 2400 m angegeben, in Kaschmir bis 3900 m).

Ökologie: Auf meist beschatteten, langfristig feuchten, kalkarmen, aber nährstoffreicheren, humosen Standorten auf Gestein und erdigem Substrat. Die „fo. *brevidens*" (T. 45 l) an trockneren, oft sekundären Standorten, während fo. *affine* auf ursprünglichere Standorte beschränkt ist. In Wäldern, Parkrasen und an grasigen Säumen.

T 4, L 5, F 5/6, R 5, K 5.

Besonderes: Schulbuchmoos. Gebrauch wie *Plagiomnium undulatum*, aber noch besser für Zellversuche geeignet.

Ähnliche Arten: Ähnlich sind die nicht seltenen Sumpfmoose ***Plagiomnium elatum*** (BRUCH & SCHIMPER) KOPONEN (= Mnium seligeri), Hohes Sternmoos und ***Plagiomnium ellipticum*** (BRIDEL) KOPONEN (= Mnium rugicum), Rügen-Sternmoos. Erstere Art ist kalkhold, mit gezähnten, breit herab laufenden Blättern, letztere mit bräunlichem Rhizoidenbesatz am Stängel und fast ganzrandigen Blättern. Sowie ***Plagiomnium cuspidatum*** (HEDWIG) T. KOPONEN (= Mnium cuspidatum), das Spitzblättrige Sternmoos (T. 45 h). Erstbeschreibung: durch DILLENIUS (1718) von Gießen, jedoch erst durch HEDWIG (1801) eindeutig definiert. Bau: in allen Teilen kleiner. Die Blätter nur bis ca. 2 mm breit, scharf gespitzt und gezähnt. Einhäusig und öfter mit Sporogonen, mit kegeligem Deckel. Verbreitung: zerstreut von der Ebene (möglicherweise nur eingebürgert) bis in mittlere Gebirgslagen (in Bayern bis 1463 m (– ?2300 m) sowie angeblich noch bei 2145 m in der Schweiz). Ökologie: kalkhold, auf Kalk-, aber auch auf Lavagestein. Auf Gestein und morschem Holz in Wäldern, an schattigen, feuchteren Plätzen. Ruderal in Parkrasen, so in Industriegebieten in einer an starke Luftverschmutzung angepassten, immer sterilen Form. Die Normalform ist recht empfindlich. – **T 3, L 4(6), F 5, R 7(o), K 5.** ***Plagiomnium rostratum*** T. KOPONEN (= Mnium longirostre), das Geschnäbelte Sternmoos (T. 45 g).

Plagiomnium rostratum

Die Blätter sind hier bis 1 : 2 breit zu lang und deshalb schmaler, mehr abgerundet und kaum gezähnt. Kriechtriebe mit der ganzen Stängelunterseite wurzelnd und Blattzellen kleiner (nur ca. 35 µm). Deckel geschnäbelt. Ökologie: oft an ähnlichen Standorten wie obige Art. Auch im Uferbereich kalkhaltiger Gewässer auf diversem Substrat. – **T 3, L 4, F 6, R 8, K 5.**

Plagiomnium undulatum (Hedwig) T. Koponen

(= *Mnium undulatum*)

Gewelltes Sternmoos

(T. 45 i, j)

Erstbeschreibung: Durch Dillenius (1718) von Gießen.

Bau: Hellgrüne, meist 5 cm hohe, bogig gekrümmte, aus Kriechsprossen entspringende, in lockeren Hochrasen (besonders auch zwischen anderen Moosen) zusammenstehende, sterile Stängel. Fertile Stängel nackt, aufrecht, die männlichen Pflanzen mit einer gipfelständigen Rosette aus abstehenden Blättern (weibliche mit Blattschopf), zentral mit zahlreichen Antheridien. Blätter bis über 1 cm lang, gewellt, an der Spitze und basal abgerundet, lineal-parallelrandig, rundum gesäumt und einfach gezähnt mit relativ kleinem Zellnetz. Rippe bis in die Spitze. Blätter trocken kraus, schwer benetzbar. Blätter an jungen Sprossen sowie bei Kümmerformen oft nur länglich-elliptisch, kaum gewellt (Mikroskop!: Verwechslungen mit *P. affine* und *P. rostratum* sind möglich). Zweihäusig, deshalb Sporogone selten. Kapseln auf langen, zahlreichen Seten pro Pflanze, länglich, herabgekrümmt und mit langem, geschnäbeltem Deckel.

Plagiomnium undulatum

Verbreitung: Bemerkenswerterweise ein auf Eurasien beschränktes *Mnium*. In Mitteleuropa häufig bis in die Bergstufe (in Süddeutschland bis 900 m und oberhalb bis 1430 m selten, nur in Tirol bis 1600 m).

Ökologie: Auf gewöhnlich schattig-feuchtem, kalk- oder basen- und nährstoffreichem, erdigem Substrat, insbesondere am Boden reicherer Auenwälder, in Bachtälern und halbruderal (meist verschleppt) in Park- und Gartenrasen sowie an Waldweg- und Gebüschsäumen. Waldbodenmoos, aber auch auf feuchten Mahdwiesen (besonders in Parks). Nährstoffliebend. Dauerfeuchtezeiger. Schattenliebend. Oft mit *Eurhynchium striatum* und *Plagiochila asplenioides* zusammen.

T 3, L 4, F 6, R 6, K 5.

Besonderes: Schulbuchmoos. Im geschlossenen Glas für Zimmerkultur an schattig-kühlem Platz (gilt für die meisten Moose) sehr geeignet. Im Praktikum ideal, um Zellen zu zeigen und für Versuche am lebenden Objekt (Osmose, Chloroplastenwanderung usw). Eines unserer schönsten Laubmoose, üppig dem Grünen Streifenfarn ähnlich. Ein relativ „junges" Moos, da es in Amerika fehlt, also erst nach der Trennung der Kontinente entstanden sein kann!

Aulacomniaceae

Aulacomnium palustre (Hedwig) Schwaegrichen var. *palustre*
Sumpf-Streifen-Sternmoos

(T. 46 a, c – e).

Name: Von griechisch aulax = Streifen, Furche und mnion = Moos (s. o.), wegen der gestreiften, trocken gefurchten Kapseln.

Erstbeschreibung: Durch Dillenius (1718) von Gießen.

Bau: 3 – 5 cm tiefe, matt gelblichgrüne bis dunkelgrüne, innen braunfilzige, dichte Hochrasen

Tafel 46: ***Aulacomnium palustre:*** a. Habitus mit Sporogonen, b. Pseudopodium mit Brutköpfchen, bb. Brutknospe, c. Haube (alle aus Limpricht), d. Kapsel, e. Blatt. ***A. androgynum:*** f. Blatt, g. Habitus mit Pseudopodium und Brutköpfchen, h. Brutkörper. ***Bartramia pomiformis:*** i. Habitus mit Sporogonen, i. Kapsel jung, j. Kapsel trocken, k. Haube (alle aus Schimper), l. Blatt. ***B. halleriana:*** m. Blatt. ***B. ithyphylla:*** n. Blatt. ***Plagiopus oederiana:*** o. Blatt.

Aulacomnium palustre

oder auch Gruppen oder Einzelpflanzen zwischen anderen großen Moosen. Stängel dicht braunfilzig (kapillare Wasserleitung!), Blätter feucht aufrecht-abstehend, trocken verbogen, anliegend, um 5 mm lang, lanzettlich bis schmal zungenförmig, spitz bis stumpflich. Bis zur Spitze ganzrandig, dann wenig gezähnt. Rippe unter der Spitze endend. (Blattzellen mamillös, rundlich.) Stängel zuweilen an der Spitze mit sogenannten Pseudopodien aus den oberen Blattachseln, an denen sich längliche, große Brutkörper entwickeln (T. 46 b, bb). Zweihäusig. Sporogone im Sommer, aber ziemlich selten. Kapsel geneigt, längsstreifig, mit spitzem Deckel und langer Seta.

Verbreitung: Fast weltweit im temperaten bis kühlen Bereich. Früher ziemlich verbreitet von der Ebene bis ins Hochgebirge (in Bayern bis 1960 m und in Tirol bis 2600 und 2843 m). Heute vielerorts außerhalb der höheren Gebirge selten geworden.

Ökologie: Kalkmeidendes Moos, besonders in Flach- und Zwischenmooren, etwas nährstoffliebend, auch in Feuchtheiden und Nasswiesen. Früher allgemein verbreitet, heute besonders im Flachland im Rückgang und streckenweise durch Entwässerung, Düngung usw. ausgerottet.

T 2, L 7, F 7, R 3, K 6.

Besonderes: Ein prächtiges Moos. Da es gern an Standorten wächst, die öfter oberflächlich austrocknen, scheint der „Wurzelfilz" für die kapillare Wasserleitung, ähnlich wie z. B. bei *Tomenthypnum nitens* und *Bryum pseudotriquetrum*, die gern an ähnlichen Stellen wachsen, von großem Nutzen zu sein.

Ähnliche Arten: Verwechslungen sind bei genauer Betrachtung kaum möglich, da große, papillöse *Pottiaceen* wegen des fehlenden Wurzelfilzes ausscheiden und große *Bryum*-Arten wegen der glatten Zellen deutlich glänzen. Das ähnliche, arktisch-alpin verbreitete *Aulacomnium turgidum* (WAHLENBERG) SCHWAEGRICHEN hat zungenförmige Blätter. Es wurde in Mitteleuropa nur in den steirischen Hochalpen (dort bis 2860 m) gefunden. Es wächst auf ähnlichen Substraten wie die obige Art.

Aulacomnium androgynum (Hedwig) Schwaegrichen
Mannweibiges Streifen-Sternmoos

(T. 46 f, g)
Erstbeschreibung: Durch Dillenius (1718) von Gießen.
Bau: Die matt dunkel- bis hellgrünen Pölsterchen (bis Polsterrasen) sind meist um 1 cm hoch. Die Einzelstängel enden oft als 3 – 5 mm lange Brutsprosse, die ein kleines Köpfchen krönt (T. 46 g (oben), h). Feucht aufrecht abstehend, liegen die kaum 1 mm langen, breit- bis schmal-lanzettlichen, crenuliert-gezähnelten, scharf zugespitzten Blätter trocken dem Stängel dicht an. Sporogone sind in Mitteleuropa äußerst selten (aber in Nordamerika häufig!).
Verbreitung: Meist ziemlich verbreitetes Moos der Tieflagen, besonders der Ebene (in Bayern bis 583 und 710 m (Koperski), weniger hoch im Mittelgebirge).
Ökologie: Gewöhnlich auf morschem Holz oder angebrannten Baumstämmen, an feuchtem Sandstein sowie seltener auch auf Rohhumus, an saurer Borke und auf kalkfreiem Mineralboden. Störungszeiger und wohl erst sekundär stark ausgebreitet.
T 4, L 4, F 5, R 2, K 5.
Ähnliche Arten: Weniger Geübte verwechseln die Art gern mit kümmerlichem *Tetraphis*, bei dem die Brutköpfchen ebenfalls nackt stehen. Die Blätter sind dort aber eiförmig (-lanzettlich) und glatt. Sporogone sind dort häufig und haben nur vier Peristomzähne. Von *Pottiaceen* unterscheidet sich *Aulacomnium* durch die nie fehlenden Brutköpfchen und auch durch den kalkfreien Standort.

Aulacomnium androgynum

Meesiaceae – Sumpfmoose

Paludella squarrosa (HEDWIG) BRIDEL
Echtes Sumpfmoos

Name: Von lateinisch palus, paludis = Sumpf, nach dem Standort.

Erstbeschreibung: Durch LINNAEUS 1763 aus Schweden. Erstnachweis für Deutschland bei Möllen in Lüneburg (dort um 1780 durch EHRHART entdeckt). Nach F. KOPPE (1964, „Moosflora von Niedersachsen") war die Art zu dieser Zeit aus diesem Bundesland nur noch von 2 Fundorten bekannt.

Bau: In dichten, auch ausgedehnten, 5 – 10(– 15) cm tiefen Rasen. Stängel mit glattem Rhizoidenfilz, abstehend, regelmäßig hell- bis gelbgrün beblättert. Blätter zurückgekrümmt, dreieckig-eiförmig, bis 2 x 1 cm groß, mit dünner Rippe. Zweihäusig. Sporogone gekrümmt-walzlich, aber aufrecht, mit dem gewölbt-kegeligem Deckel um 4 mm lang, auf bis 6 cm langer, roter Seta. Nach LIMPRICHT außerhalb der Alpen oft reichlich mit Sporogonen.

Verbreitung: Subarktische Art der Ebene und der Hochgebirge. Auch als Glazialrelikt in Bayern (bis 1350 m) sowie in Tirol bis 2100 m, in der Steiermark bis 1600 m. Dazu im Schweizer Jura und den Südtiroler Alpen.

Ökologie: Auf meist sonniger, dauernassen, torfhaltigen Sumpfwiesen und in Kalkflachmooren. Oft mit *Tomenthypnum nitens* und *Campylium stellatum* zusammen. In den Alpen auch neben *Sphagnum*.

T 2, L 7, F 7, R 8, K 6.

Verwandte Arten: ***Meesia triquetra*** (RICHTER) AONGSTRÖM (= M. tristicha = M. trifaria), das Große Bruchmoos. Zuerst von WILLDENOW 1787 bei Spandau gesammelt. Gültig beschrie-

Paludella squarrosa

ben durch RICHTER 1840. Bau: kräftige, bis 10 (– 15) cm hohe, meist dunkelgrüne Rasen. Stängel dreikantig, am Grunde braunfilzig, sparrig beblättert. In den Achseln der oberen Blätter mit kurzen, violetten Haaren. Die Blätter dreizeilig, aus eiförmigem Grund lanzettlich, um 3 mm lang. Zweihäusig. Kapseln aufrecht bis geneigt, langhalsig. Verbreitung: von der Ebene bis zur Baumgrenze, heute selten (bis 1100 m in Bayern sowie in Tirol noch bei 2550 m). Ökologie: Sumpfmoos auf meist sonnigem, dauernassem, kalkreichem, ± torfhaltigem Substrat in Quell-, Flach- und Übergangsmooren. – **T 2, L 9, F 8, R 9, K 6.**

Bartramiaceae

Bartramia pomiformis HEDWIG var. *pomiformis*
Echtes Apfelmoos

(T. 46 i – l)
Name: Von HEDWIG 1789 zu Ehren von JOHN BARTRAM, der bereits DILLENIUS amerikanische Moose gesandt hatte, benannt.
Erstbeschreibung durch DILLENIUS (1718) von Gießen.
Bau: Hell bläulich-grüne, matte, deutlich wasserabstoßende, dichte, oft über 50 cm breite Polsterrasen bildend oder nur in kleinen Pölsterchen mit sternförmig abstehenden Blättern. Stängel im Polster braunfilzig, je nach Feuchtigkeit um 1 – 5 cm hoch. Blätter kaum 0,5 cm lang, trocken ± verbogen und schopfig anliegend (oder bei var. *elongata* mit kaum herausragender Kapsel, auch ± kraus), lineallanzettlich, aus dem eiförmig, durchscheinen-

Bartramia pomiformis

den Blattgrund allmählich verjüngt und oben gesägt. (Mikroskop: Blattzellen oben länglich-quadratisch bis quadratisch, mamillös.) Rippe in die Spitze eintretend. Einhäusig, meist mit Sporogonen. Diese auf glatter, bis 2 cm langer Seta eine um 2 mm große, jung hellgrüne und kugelige, geöffnet braune, längsfaltige, geneigte, kurzwalzliche Kapsel mit doppeltem Peristom tragend.

Verbreitung: Verbreitetes Mittelgebirgsmoos, in der Ebene und den Alpen selten, aus dem Allgäu bis 1950 m angegeben (sonst noch bis 2100 m?).

Ökologie: An kalkfreiem Gestein (seltener an erdigen Böschungen) in schattiger bis heller, ausreichend luftfeuchter Lage.

T 3, L 5, F 5, R 4, K 6.

Besonderes: Ein einprägsames Moos. Die unbenetzbaren Blätter oft mit Tauperlen besetzt. Die dünne Wachsschicht erlaubt wegen der wasserabweisenden Wirkung eine direkte CO_2-Aufnahme aus der Luft. Dies ist, wegen der geringeren Wanderungsgeschwindigkeit des CO_2 im Wasser, ein ökologischer Vorteil. Die mit Falten schrumpfende Kapsel bewirkt das Herauspressen der reifen Sporen, bei Laubmoosen ein verbreiteter Mechanismus.

Verwandte Arten: ***Bartramia ithyphylla*** BRIDEL var. ***ithyphylla***, das Straffblättrige Apfelmoos (T. 46 n). Bau: ein kleineres, meist nur um 1 cm hohes Moos. Die steifen, 0,3 – 0,4 mm langen, trocken aufrecht anliegenden Blätter

Bartramia halleriana

haben eine linealische Spreite, die basal plötzlich in eine durchscheinende, glänzende, etwa rechteckige Scheide erweitert ist. Verbreitung: ebenfalls weniger häufig, aber auch sehr zerstreut im Flachland zu finden. Hauptverbreitung in der subalpinen und alpinen Stufe (in Bayern bis 2340 m, in Tirol bis 2920 m, in den übrigen Alpen in Nischen sogar noch bis 3500 m und damit eines der höchststeigenden Moose). Ökologie: auf kalkfreiem, mineralischem Substrat an schattigen bis sonnigen, feuchten Plätzen, z. B. Böschungen, auch in Felsnischen. – **T 2, L 6, F 4/?5, R 4, K 6.** ***Bartramia halleriana*** HEDWIG (= B. norvegica) – Haller's Apfelmoos (T. 46 m). Erstnachweis durch ALBRECHT VON HALLER bei Gurnigel in den Schweizer Alpen. Erstbeschreibung: durch ihn 1768. Bau: In den oft üppigen, angeblich bis 15 cm hohen Rasen sind die auf einer kurzen, gebogenen Seta sitzenden, scheinbar seitenständigen Kapseln fast verborgen. Die um 5 mm langen Blätter verjüngen sich aus scheidiger Basis allmählich in eine kurze Pfrieme. Sie erscheinen mehr haarförmig als bei *B. pomiformis*. Hauptverbreitung in den Alpen und den höheren Mittelgebirgen (kaum unter 300 m und erst über 600 m öfter, in Bayern bis 1900 m, aber in Felsklüften, z. B. im Ötztal, noch bis 2700 m). Ökologie: auf Humus über mineralischem Substrat (auch Kalkgestein), an Felsen, wie an Waldwegböschungen. Sehr empfindlich gegen Luftverschmutzung. – **T 3, L 4, F 6, R 5, K 6.** – Besonderes: Verbreitungsschwerpunkt der *Bartramien* in den Tropen. Viele der dortigen Arten gehören zu den schönsten Moosen überhaupt. Diese Art vermittelt uns einen Abglanz der Schönheit tropischer Verwandter (TH. HERZOG). Verwandte: Die beiden übrigen, mitteleuropäischen Bartramien sind sehr selten und noch kleiner.

Plagiopus oederianus (SWARTZ) CRUM & ANDERSON var. ***oederianus***

(= *Bartramia oederi*)

Krummfußmoos

(T. 46 o)

Name: Von griechisch plagios = schief und pous = Fuß, wegen der etwas seitlichen Einfügung in die Kapsel.

Erstnachweis und **Erstbeschreibung:** als *Bryum foliis striatis acuminatis* ... durch GUNNERUS 1769 in seiner „Flora Danica". Später (1772) als *Bryum oederi* von dem selben Autor wieder zu Ehren OEDER's beschrieben.

Bau: Oberflächlich *Bartramia pomiformis* ähnlich, aber durch dunkelgrüne, schwach glänzende Polster, kleinere (mikroskopisch fast glatte) Blätter sowie den Standort leicht zu unterscheiden. Meist mit Kapseln. Einzige Art in Europa.

Verbreitung: Die praealpin verbreitete Art hat ihre Hauptverbreitung in den Alpen und höheren Mittelgebirgen bis über die Baumgrenze (sehr selten in der Ebene (auch herabgeschwemmt), selten ab (200)300 – 500 m, meist darüber. In Bayern bis 2400 m, in Tirol ab 850 bis 2730 m). Im höheren Kalkgebirge in Süd- und Südwestdeutschland ziemlich verbreitet, sonst meist selten.

Ökologie: Auf meist feucht-schattigem Substrat, guter Kalkzeiger. Das Moos kommt deshalb immer zusammen mit anderen typischen Kalkmoosen, auch an kalkreichem Silikatgestein, vor. So z. B. auch auf Schiefer, Gneis und Diabas, besonders in Klüften, z. B. mit *Tortella tortuosa, Ditrichum flexicaule* var. *longifolium* und *Orthothecium intricatum*.

T 1, L 4, F 6, R 8, K 6.

Plagiopus oederianus

Philonotis fontana (HEDWIG) BRIDEL
Gemeines Quellmoos

(T. 47 a – c)

Name: Von griechisch philos = Freund und notia = Feuchtigkeit, alle Arten sind sehr von guter Wasserversorgung abhängig.

Erstbeschreibung: Durch DILLENIUS (1718) von Gießen.

Bau: Dichte, gelblich-, hell- oder auch braungrüne, meist um 1 – 6 cm tiefe Kurz- oder Hochrasen (Kümmerformen sind kaum bis 5 mm hoch), mit im Alter braunfilzigem, oben oft rotem Stängel. Durch 2 – 5 Seitentriebe unter den Blütenständen des Vorjahres oben quirlig verzweigt. Blätter trocken anliegend, feucht aufrecht abstehend, wenig einseitswendig und nur bei weiblichen Pflanzen auch sichelig, nicht spiralig angeordnet. Blätter um 2 mm lang, aus breit-eiförmigem Grund zugespitzt bis eiförmig-lanzettlich, mit unten umgebogenem (doppelzähnigem) Rand und deutlichen Längsfalten. Beblätterung steriler und weiblicher Pflanzen auffallend verschieden. Stängelblätter gerade und auch sichelig. Hüllblätter der endständigen, weiblichen „Blüten" breit-herzförmig. Zweihäusig, trotzdem Sporogone im Sommer nicht selten. Mit bis um 5 cm langer Seta und merkwürdiger, um 3 mm breiter, ± waagerechter, aufgeblasen-kugeliger Kapsel.

Verbreitung: Über die ganze, temperate Holarktis. Ebene bis Hochgebirge (aus Bayern bis 2373 m, in Tirol bis 2900 m (F. KOPPE) und 2988 m sowie aus den übrigen Zentralalpen bis 3100 m angegeben, jedoch in der alpinen Stufe meist durch *Philonotis seriata* ersetzt).

Ökologie: Charaktermoos meist sonniger bis lichter, kalkfreier, kalter Quellfluren (mit *Montia* u. ä.) in lichter bis sonniger Lage. Früher allgemein verbreitet, heute nur noch in den Silikatgebirgen häufig, aber im Flachland durch Entwässerung, Quellfassung und Düngung oft auf weite Strecken hin ausgerottet. In den Silikatgebirgen oft nur noch in Kümmer- und Trockenformen (mod. *aristata*) auf zeitweise vernässten Waldwegen erhalten.

T 0, L 8, F 7, R 2, K 5.

Besonderes: Ein auffälliges und deshalb relativ bekanntes Moos. Da die Photosynthese bei diesem stenothermen Typ schon bei wenig über 0 °C beginnt, ist die Art an den Quellstandorten fast allen heimischen Kormophyten überlegen. Die Blätter sind wie bei *Bartramia pomiformis* schwer benetzbar.

Ähnliche Arten: Verwechslungen sind (nur in der hochmontanen bis alpinen Stufe) bei typischer Ausbildung am ehesten mit der folgenden Art: ***Philonotis seriata*** MITTEN, dem Reihenblättrigen Quellmoos (T. 47 f), möglich. Bau: leicht zu unterscheiden durch die in steilen Spiralen (reihig) übereinander stehenden,

Philonotis fontana

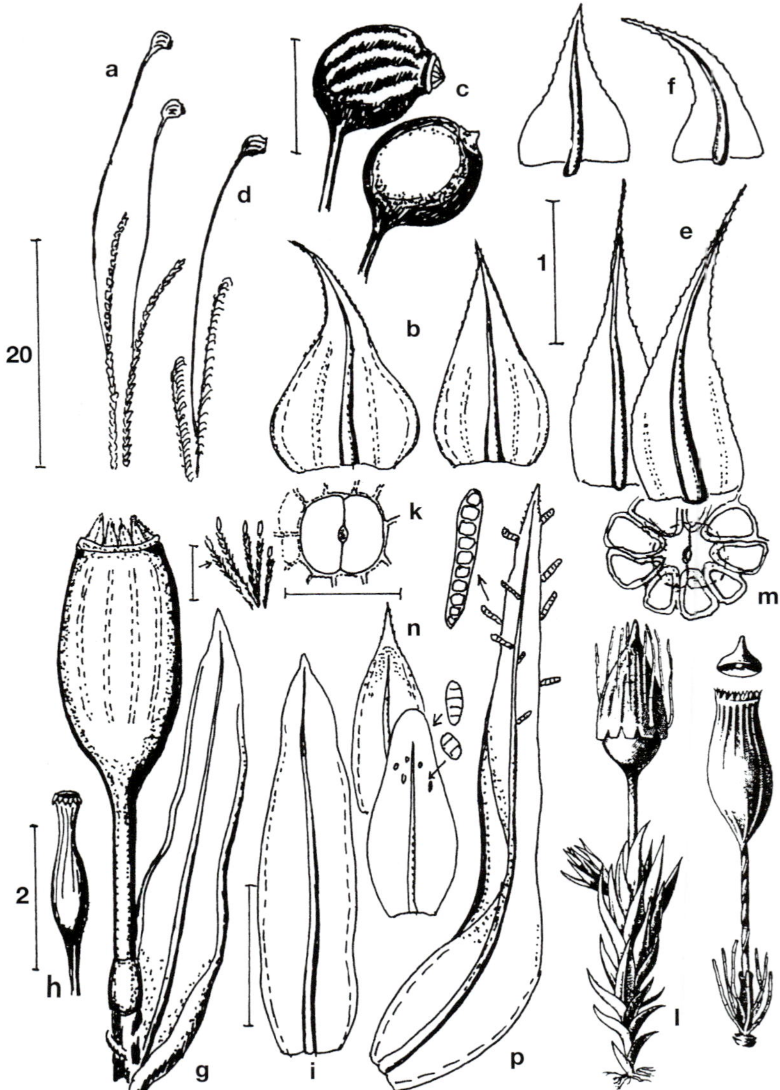

Tafel 47: ***Philonotis fontana:*** a. Habitus mit Sporogonen, b. Blatt, Sporogon ent- und bedeckelt. ***P. calcarea:*** d. Habitus mit Sporogonen, e. Blatt. ***P. seriata:*** f. Blatt. ***Orthotrichum affine:*** g. Sporophyt, feucht, mit Hüllblättern, h. trockene, entleerte Kapsel, i. Blatt, k. Stomium (phaneropor). ***O. anomalum:*** l. Habitus mit Sporogon mit Haube und entdeckelt (aus LIMPRICHT), m. Stomium (kryptopor). ***O. diaphanum:*** n. Blatt. ***O. obtusifolium:*** o. Blatt mit Brutkörpern, vergrößert. ***O. lyellii:*** p. Blatt (dsgl.).

Philonotis seriata

deutlich einseitswendigen, breitrippigen, kaum 2 mm langen Blätter (am besten mit typischer *P. fontana* vergleichen!). Verbreitung: Hochgebirgsmoos (erst ab 500 und 700 m. Obergrenze bis 2235 und 2600 m (SCHWAB, persönliche Mitteilung)). Ökologie: an ähnlichen Orten wie vorige Art. Oft gemeinsam mit *Bryum schleicheri* und *Dicranella palustris*. – **T 1, L 8/9, F 7, R 2, K 6.** – An stark besonnten Plätzen können schwarze Formen (Lichtschutz?) auftreten.

Philonotis calcarea (BRUCH & SCHIMPER) SCHIMPER
Kalk-Quellmoos

(T. 47 d, e)
Erstbeschreibung: Durch BRUCH & SCHIMPER (1842), zuerst gesammelt von BRUCH bei Zweibrücken und Biedenkopf.
Bau: Von allen *Philonoten* die kräftigste Art, mit bis 3 mm langen, einseitswendigen, fast sicheligen, sehr dickrippigen (bis um 0,3 mm breiten) Blättern. In meist üppigen, über 5 cm hohen und oft ausgedehnten Rasen besiedelt sie ausschließlich kalkhaltige Standorte und ist im Kalkgebirge fast das einzige *Philonotis*. Bestimmungsprobleme treten nur auf, wenn die Art an kalkhaltigen Quellen im Silikatgebiet auftritt und keine anderen Kalkzeiger vorhanden sind. Gegenüber *Philonotis seriata* unterscheidet sie sich durch fast glatten Rippenrücken, von *Philonotis fontana* vor allem durch die breite Rippe.
Verbreitung: Ebene bis ins Hochgebirge (in Bayern noch bis 1500 und 1900 m, in Tirol noch bis 1000 m und noch bis 2150 und 2370 m (K. KOPPE) sowie aus der Steiermark bis 2100 m angegeben).
Ökologie: Auf oft sonnigen, nassen und kalkreichen Plätzen in Kalkquell- und Kalkflach-

Philonotis calcarea

mooren (im *Caricetum davallianae*), auf Kalktuff und auf von kalkreichem Wasser überspültem Gestein in Bächen.
T 2, L 8, F 7, R 8, K 5.
Verwandte Arten: Die übrigen, fast immer kleineren *Philonotis*-Arten haben meist nur bis 1,2 mm lange Blätter und sind schwer bestimmbar. Sie sollten immer belegt werden. Sie wachsen z. B. auf nassen Wegen, Felsen und anderen ± vernässten, meist kalkarmen Standorten.

Orthotrichaceae

Orthotrichum affine SCHRADER EX BRIDEL var. *affine*
(= inkl. var. *fastigiatum* (BRIDEL) HUEBENER)

Verwandtes Goldhaarmoos

(T. 47 g – k)
Name: Zusammengesetzt aus griechisch orthos = gerade und thrix = Haar, wegen der meist behaarten Haube.
Erstbeschreibung: Durch DILLENIUS in seiner „Historia Muscorum" (1741). Dort unterschied er bereits vier verschiedene *Orthotrichum*-Arten (davon eine zu *Ulota* gehörig).
Bau: Pflanzen dunkel- bis schwärzlich-grün, in kleinen bis mehrere cm breiten, 0,5 – 2 cm hohen Polsterrasen. Blätter um 3 mm lang, trocken anliegend, feucht ± aufrecht abstehend,

Orthotrichum affine

breit-lanzettlich bis lanzettlich, aus eiförmigem Grund zugespitzt mit umgebogenem Rand (und 6 – 10 µm breiten, quadratischen Zellen). Einhäusig. Meist mit Sporogonen. Oft noch vorjährige Sporogone vorhanden. Die 3 – 4 mm langen Kapseln frisch, zylindrisch mit kurzem Hals, trocken unter der Mündung zusammengezogen, längsfaltig. (Spaltöffnungen zerstreut, auch in der unreifen Kapselhaut: phaneropor!). Peristomzähne trocken z. T. zurückgekrümmt (papillös und mit feinen Linien). Haube grünlich, fast oder ganz kahl, glockenförmig. Seta nur bis 1,5 mm lang, die Kapsel deshalb nur zu 1/3 aus den Blättern herausschauend.

Verbreitung: Ebene bis mittlere, selten obere Gebirgslagen (in Bayern bis 1300 m und bis 1550 m in Tirol sowie bis 1730 m aus der Schweiz angegeben). Unser häufigstes epiphytisches *Orthotrichum*.

Ökologie: Vor allem an Feld- und Straßenbäumen mit reicherer Borke, besonders an Pappeln, Weiden, Obstbäumen und Eschen, insbesondere in Gewässernähe. Die Art war besonders im Flachland sehr zurückgegangen und in den Industriegebieten infolge Luftverschmutzung oft ganz ausgerottet oder nur noch an Mörtelmauern, auf Beton u. ä. in geschützter Lage vorhanden. Oft ausschließlich in der kleineren „var. *fastigiatum*“ vertreten. Inzwischen wieder auf dem Vormarsch.

T 4, L 8 – 9, F 3 – 4, R 6, K 5.

Besonderes: Als Bioindikator für Luftverschmutzung brauchbar. Besonders epiphytische, typisch poikilohydre Moose sind dafür genauso wie Flechten verwendbar.

Viele andere *Orthotrichum*-Arten mussten inzwischen der Luftverschmutzung weichen. So verschwanden nach Einführung der Steinkohlefeuerung 1860 in Westfalen innerhalb von 3 Jahrzehnten viele *Orthotrichum*-Arten fast ganz. Heute sind dort fast alle Arten sehr

Orthotrichum speciosum

Orthotrichum striatum

gefährdet und einige der ehemals bekannten 18 Arten sind inzwischen verschollen.

Ähnliche Arten: ***Orthotrichum speciosum*** NEES (= O. elegans = O. killiasii), das Ansehnliche Goldhaarmoos. Bau: mit stark behaarter Haube und ca. 2 mm langer Seta. Ökologie: wie vorige, aber viel empfindlicher und kommt heute nur in industriefernen Gebirgen noch öfter vor. – **T 3, L 6 – 7, F 4 – 5, R ?4 – 5, K 6.**

Orthotrichum striatum HEDWIG (= O. leiocarpum), das Glattfrüchtige Goldhaarmoos. Bau: ebenfalls phaneropor. Die eingesenkten bis wenig herausgehobenen Kapseln sind hier entleert weißlich und auch trocken glatt. Verbreitung: seltener als die vorige Art, mehr im Gebirge und noch viel höher gefunden (bis über 2000 m). Ökologie: Epiphyt an Laubholz luftfeuchter Lagen. – **T 3, L 8, F 5, R ?6, K 4.**

Orthotrichum anomalum HEDWIG

(= inkl. var. *saxatile*)

Stein-Goldhaarmoos

(T. 47 l, m)

Erstbeschreibung: 1787 durch FRIEDRICH EHRHART.

Bau: Dunkelgrüne, 0,5 – 2 cm hohe, um 1 – 3 cm breite Polster oder Polsterrasen. Blätter trocken straff anliegend, feucht schnell aufrecht-abstehend bis spreizend, um 2 mm lang, eiförmig-lanzettlich, mit schmal zungenförmiger, breit zugespitzter bis stumpflicher Spitze und umgebogenem Rand. (Blattzellen um 8 – 10 µm groß). Einhäusig und meist mit Sporogonen. Kapseln länglich-elliptisch bis kurz zylindrisch, mit kurzem Hals (eingesenkten Stomata, fein längsstreifigem, trocken bis abge-

Orthotrichum anomalum

Orthotrichum cupulatum

spreiztem Peristom), reif auf mindestens 2 mm langer Seta emporgehoben. Haube goldfarben, schwach behaart. (Sporen 10 – 14 µm groß).

Verbreitung: Ebene bis Hochgebirge, in unteren Lagen verbreitet (in Bayern bis fast 1700 m, in Kärnten bis 2270 m und in Südtirol bis 2300 m (Sella-Gruppe)).

Ökologie: Auf meist sonnigem Kalk- oder kalkhaltigem Gestein, an Mauern. An nebel- und tauhäufigeren Standorten öfter die häufigste *Orthotrichum*-Art. In Gebieten starker Luftverschmutzung selten bis ausgerottet. In Kalkgebieten, wie auch manche anderen Kalkgesteinsmoose, z. B. *Grimmia pulvinata*, sehr selten auch an Borke.

T 3, L 9, F 2, R 8, K 5.

Ähnliche und **Verwandte Arten:** *Encalypta*-Arten haben ebenfalls länger gestielte, z. T. peristomlose Kapseln, aber ganz kahle, deutlich geschnäbelte, 2 – 3 mm lange, glatte Hauben und relativ breitere Blätter. ***Orthotrichum cupulatum*** HOFFMANN ex BRIDEL var. ***cupulatum***, Becherförmiges Goldhaarmoos. Bau: unterscheidet sich von voriger Art durch immer kurze, zylindrische, eingesenkte Kapseln, oft kahle Haube und glatte, gelbe Peristomzähne. Verbreitung: im Kalkgebirge zerstreut, bis 2000 m, angeblich noch bei 2400 m (Ebene selten). Ökologie: wie die vorige Art an sonnigem Kalkgestein sowie zuweilen auch auf Mauern. – **T 3, L 9, F 2, R 8, K 5** (die var. ***riparium*** HUEBENER ist ein öfter untergetauchtes Ufermoos mit ± stumpflichen Blättern). Ansonsten haben die epiphytischen Arten normalerweise eingesenkte Kapseln (z. B. *O. affine*). ***Orthotrichum rupestre*** SCHLEICHER EX SCHWAEGRICHEN var. ***rupestre***, Felsen-Goldhaarmoos. Bau: die kräftigen Pflanzen haben um 4 mm lange Blätter und nicht oder wenig herausragende Kapseln mit aufrechten bis abstehenden (papillösen) Peristomzähnen. (Die Sporen bis 20 µm groß, also kleiner als bei den vorigen!). Haube dicht

Orthotrichum rupestre

behaart. Wird öfter mit *O. affine* verwechselt. Verbreitung: ein kalkmeidendes Gesteinsmoos. In West- und Mitteldeutschland heute sehr selten, wird es nach Süden zu immer häufiger in den Mittelgebirgen und Alpen, so in Südtirol. In Norddeutschland selten an erratischen Blöcken. In Bayern bis 1723 m, in Tirol von 1000 bis 2200 m, übrige Zentralalpen noch bis 3100 m. Ökologie: an trockenem, meist sonnigem, basenreichem Silikatgestein nebelreicher Plätze. Vor allem im Mittelmeergebiet auch an Borke. – **T 2, L 8, F ?3, R 6, K 4.**

Orthotrichum diaphanum BRIDEL
Haartragendes Goldhaarmoos

(T. 47 n)

Erstbeschreibung: Durch J. F. GMELIN, in seiner „Systema Naturae" (1791).

Bau: In ein bis wenige cm breiten, kaum über 0,5 cm hohen Polstern oder auch in ausgedehnten, niedrigen Rasen. Dadurch, dass die lanzettlichen Blätter in einer entfärbten, gezähnelten Spitze enden, innerhalb der Verwandtschaft ein einmaliger Typ. Einhäusig. Sporogone sind meist vorhanden (und auch mehrzellige Brutkörper), optimale Ausbreitung! Die glockenförmige Haube erscheint kahl.

Verbreitung: Eine wärmeliebende, zirkumpolar verbreitete, in niederen Lagen oft häufige Art. In Bayern aber selten noch bis 1500 m. In Südtirol an Mauern noch bis 1700 m beobachtet!

Ökologie: Eine gegen Schwefeldioxid u. ä. ziemlich resistente Art an Mauern und Beton (so besonders von Mist-Depots) sowie z. B. auf Eternitdächern. Nitrophytisches Moos und entsprechend Kulturfolger. In Gegenden mit ausreichender Luftreinheit auch an reicherer Laubholzborke verbreitet.

T 6, L 8, F 2, R 6, K 5.

Ähnliche Arten: Wegen der Glashaarspitzen oft für eine *Grimmiacee* oder *Pottiacee* gehalten, aber da meist mit Sporogonen, durch die Glockenhauben leicht zu unterscheiden.

Orthotrichum diaphanum

Orthotrichum lyellii HOOKER & TAYLOR *var. lyellii*

(= *Stroemia l.*)

Lyell'sches Goldhaarmoos

(T. 47 p).

Erstbeschreibung: Erst 1818 aus Großbritannien. Für unser Gebiet (nach 1820) erstmals durch MOUGEOT & NESTLER (aus den Vogesen) nachgewiesen.

Bau: Gut entwickelt, eine unserer größten epiphytischen Arten, 2 – 3 cm, selten bis um 5 cm lang. Blätter lineal-lanzettlich, 3 – 4(– 5) mm lang, trocken anliegend und angefeuchtet sofort zurückgebogen und nachher abstehend-rekurv. Von trocken ähnlichem *Leucodon* ist das Moos an dem oft reichen, rotbraunen Brutfädenbesatz der lanzettlichen, glatten Blätter zumindest mit der Lupe leicht zu unterscheiden. Die einzellreihigen blattbürtigen Brutkörper wurden von den Autoren zuerst als Alge, *Conferva orthotrichii*, beschrieben!

Verbreitung: Eine subozeanisch-submediterrane Art. Von der Ebene bis unter die Baumgrenze. In Südwest- und Süddeutschland ist die Art vor allem im Gebirge noch heute häufig (selten bis 1200 m (an Trockenmauern!) und bis 1350 m), fehlt jedoch meist in den Alpen (außer an deren Südrand, so in Südtirol). Früher allgemein verbreitet, ist sie inzwischen auf weiten Strecken, besonders der Ebene und in Industriegebieten, jetzt oft sehr selten oder völlig verschwunden, jedoch auch wieder auf dem Vormarsch. In Süddeutschland noch häufig.

Orthotrichum lyellii

Ökologie: An lichten bis sonnigen, luftfeuchteren, nebelhäufigen Standorten, vorwiegend an Waldsäumen, wie auch an Alleebäumen, an Laubholzborke, seltener an Nadelholz. Ausnahmsweise auch an Sandsteinfels, Mauern und Beton beobachtet.

T 4, L 7, F 4, R 5, K 4.

Ähnliche und **Verwandte Arten:** Viel empfindlicher ist eine weitere, ebenfalls zweihäusige (und deshalb meist sterile), durch die Blattform leicht kenntliche Art. Auch meist an Laubholzborke, seltener auch an Mauern wachsend.

Ebenfalls durch reichliche Brutkörperbildung ausgezeichnet: ***Orthotrichum obtusifolium*** BRIDEL, Stumpfblättriges Goldhaarmoos (T. 47 o). Bau: (Brutkörper rundlich bis länglich, aus der Blattfläche). Dieses Moos ist durch die unter 2 mm langen, eiförmigen, stumpflichen (trocken schuppig anliegenden), fast flachrandigen Blätter (Blattzellen mit einer Papille!) fast unverwechselbar (zwei ähnliche Arten sind in Deutschland sehr selten). Verbreitung: Ebene bis unter die Baumgrenze (selten bis 1650 m in Bayern). Ökologie: vorzugsweise an Straßenbäumen, an Apfelbäumen und Holunder sowie in weniger luftreinen Lagen nur an Mauern. – **T 2, L 7, F 4 (?5), R 8, K 6.** Die übrigen, kleineren und z. T. sehr seltenen *Orthotrichum*-Arten sollten zurückhaltend gesammelt und mit geeigneter Fachliteratur bestimmt werden.

Orthotrichum obtusifolium

Ulota crispa (HEDWIG) BRIDEL
(= *U. crispula*)

Gemeines Krausblattmoos

(T. 48 a – j)

Name: Abgeleitet von griech. oulos = kraus bzw. oulotes = Krausheit, wegen der trocken krausen Blätter.

Erstbeschreibung: Durch DILLENIUS in seiner „Flora von Gießen" (1718).

Bau: Meist 1 – 2 cm breite, selten größere, um 0,5 – 1,5 cm hohe, gelbgrüne Polster. Blätter feucht ± abstehend, trocken kraus, etwas glänzend, 3(– 5) mm lang, aus eiförmigem Grund schmal-lanzettlich, allmählich zugespitzt. (Basal randlich mit durchscheinendem Band langgestreckter Zellen). (Blattzellen papillös, rundlich, dickwandig, 10 – 14 µm groß). Keine Brutkörper, einhäusig, meist mit Sporogonen. Haube dicht behaart, glockig. Kapsel auf 3 – 5 mm langer Seta emporgehoben, elliptisch, allmählich in einen langen Hals verjüngt, jung und feucht glatt, später längsfurchig, schlank, unter der Mündung etwas eingeschnürt, hellbraun, um 2 – 3(– 4) mm lang. Das bräunliche Peristom trocken zurückgebogen (Sporen 20 – 25 µm, sich zuweilen in der Kapsel schon teilend und dann bis 50 µm groß!).

Verbreitung: Ebene bis zur Baumgrenze (selten darüber, in Bayern bis fast 1700 m sowie in den Südalpen, wo die Art selten ist, noch bei 2150 m).

Ökologie: In genügend luftfeuchter Lage besonders in Laubwäldern auf glatter, reicherer Borke (besonders Esche, Ahorn, Weide und Pappel). Früher allgemein verbreitet, heute u. a. durch Luftverschmutzung außerhalb Süd- und Südwestdeutschlands streckenweise sehr selten oder ausgerottet, aber rückkehrend!

T 3, L 4, F 6, R 4, K 5.

Ähnliche und **Verwandte Arten:** Von *Orthotrichum* durch die langhalsigen, immer emporgehobenen Kapseln (mikroskopisch durch das typische Zellband am Blattgrund) sowie immer dichthaarige Haube und trocken durch Krausblättrigkeit unterschieden. (Krausblättrige *Orthotrichen* sind kleiner und meist sehr selten). Oft häufiger ist ***Ulota bruchii*** HORNSCHUCH EX BRIDEL (= U. crispa var. norvegica), Bruchs Kraushaarmoos, von der Ebene bis 1300 m in Bayern und 1700 m in Tirol. Bau: reif mit schlanken, bis 5 mm langen Kapseln und auch trocken allmählich verjüngter Mündung (und 10 – 14 µm großen Zellen). Ökologie: an ähnlichen, etwas feuchteren Standorten, besonders in Gewässernähe. – **T 3, L 4, F 4, R 4, K 4.** Die wenigen übrigen deutschen Arten sind selten oder sehr selten. In den Mittelgebirgen ist ***Ulota hutchinsiae*** HAMMAR (= U. americana), das Blockhalden- oder Amerikanische Haarmoos, der einzige Gesteinsbewohner. Bau: ohne krause Blätter. Vorkommen: sie ist in Deutschland meist vom Aussterben bedroht oder schon verschwunden. Noch öfter z. B. in Südtirol. Ökologie: eine Silikatgesteins-Gebirgsart, vor allem in bewaldeten Blockhalden. – **T 3, L 5, F 4, R 3, K 4.** ***Zygodon***, Jochzahnmoose. Bau: die Arten zeichnen sich durch hellgrüne, trocken straff anliegende (schwach einseitswendige), papillöse, spitz-lanzettliche, ca. 1(– 2) mm lange Blätter, glatte (eiförmige), gestielte Kapseln und kappenförmige, kahle Hauben aus. Da die Sporogone bei uns sehr selten sind, kann man die Gattung erst nach einiger Übung im Gelände von ähnlichen *Pottiaceen* oder kümmerlichem *Orthotrichum* unterscheiden (charakteristisch sind die länglichen, 4 – 5-zelligen Brutkörper). ***Zygodon viridissimus*** (DICKSON) BRIDEL subsp. ***rupestris*** (SCHIMPER EX LORENTZ) KINDBERG (= Z. baumgartneri), das Gemeine Jochzahnmoos (T. 48 l – n), ist die relativ häufigste Art. Bau: (Die Brutkörper besitzen hier nur Querwände, bei der subozeanischen subsp. ***viridissimus*** sind sie außerdem längsgeteilt (T. 48 o)). Vorkommen: zumindest in Westdeutschland zerstreut. Vorwiegend in unteren Lagen. Im Gebirge nur bis maximal 1300 m. Ökologie: in niederschlagsreicheren oder zumindest sehr luftfeuchten

Bereichen auf basen- oder kalkreichen Substraten, an Borke und zuweilen auch an Gestein. – **T 4, L 4, F 6, R 7, K 3.** Alle übrigen *Zygodon*-Arten sind selten bis sehr selten und durch die obigen Merkmale abzutrennen. Immer (rücksichtsvoll) Belege entnehmen.

Ulota crispa

Zygodon viridissimus ssp. *rupestris*

Zygodon viridissimus, Habitus und entleerte Sporogonkapsel

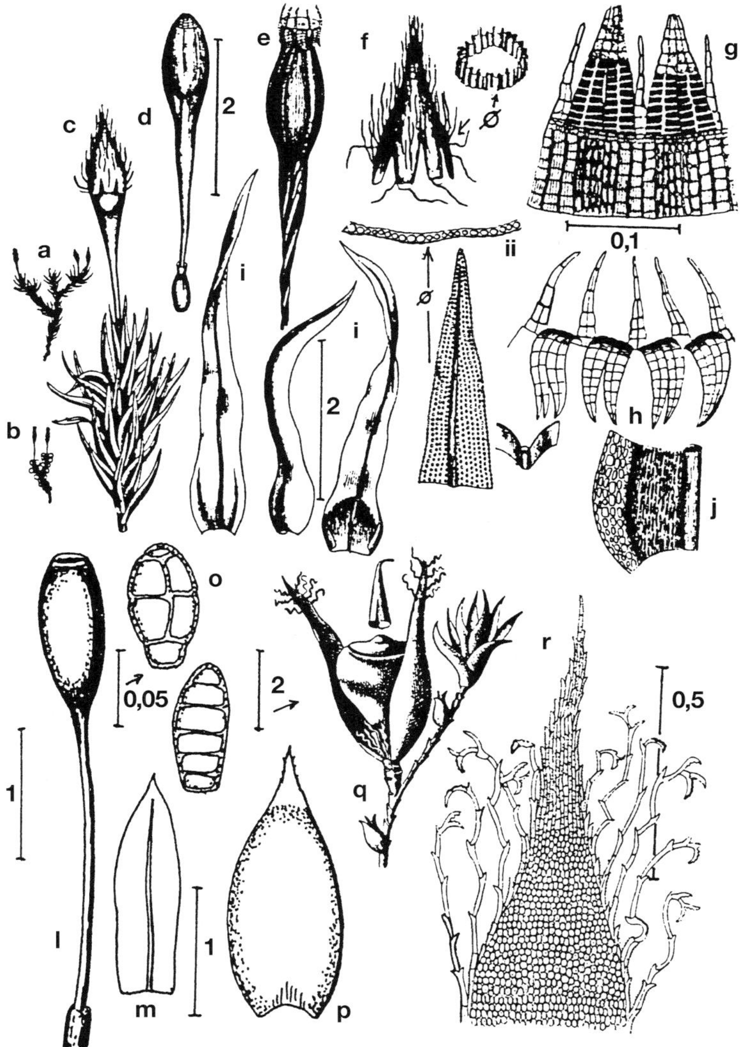

Tafel 48: ***Ulota crispa:*** a. Habitus c.spg, feucht, b. dsgl. trocken, c. Pflanzen mit unreifem Sporogon und Haube, d. Sporogon entdeckelt, feucht, e. dsgl. trocken, f. Haube und Querschnitt, g. Peristom feucht, h. dsgl. trocken, i. Blatt, ii. Blattspitze und Querschnitt, j. Blattrandbasis. ***Zygodon viridissimus*** subsp. ***rupestris:*** l. Sporophyt, m. Blatt, n. Brutkörper. ***Z. viridissimus*** subsp. ***vir.:*** o. Brutkörper. ***Hedwigia ciliata:*** p. Blatt, q. Sporogon mit Hüllblättern, r. Hüllblattspitze, vergrößert (a. – j. aus Schimper, p. – r. aus Limpricht).

Hedwigiaceae

Hedwigia ciliata (Hedwig) Ehrhart ex P. Beauverd var. *ciliata*

(= *H. albicans*)

Hedwigs Moos

Name: Gegeben von Fr. Ehrhart 1781 zu Ehren des Begründers der wissenschaftlichen Nomenklatur der Laubmoose, Johannes Hedwig (1730 – 1799), zuletzt Professor der Botanik in Leipzig.
Erstbeschreibung: Durch Dillenius in seiner „Flora von Gießen" (1718).
Bau: Unregelmäßig gabelig verzweigte, niederliegende, um 0,5 – 1(– 3) cm hohe, ± ausgedehnte, lockere Rasen oder Decken bildend. Blätter bis 2 mm lang, etwas hohl, trocken gelblich- oder graugrün, anliegend (mit ± gerader Spitze), feucht jedoch (auch einseitswendig) abspreizend, hellgrün. Die eiförmig-zugespitzten bis eiförmig-lanzettlichen Blätter sind rippenlos und enden an lichten Standorten immer in eine scharf gezähnte Haarspitze. Schattenformen fehlt diese oft (jedoch fehlen Moose mit ähnlichem Zellnetz in Mitteleuropa). Typen mit fast zur Hälfte entfärbten Blättern werden als var. **leucophaea** Bruch & Schimper unterschieden und sollten belegt werden. (Mikro-

Hedwigia ciliata

skop: die unregelmäßig dickwandigen Zellen haben verzweigte Papillen, sind oben rundlich, gegen die Basis aber linealisch und getüpfelt). Einhäusig und im Frühjahr oft mit Sporogonen. Kapsel kugelig, fast sitzend, oft lange von den oben lang gewimperten Hüllblättern verborgen und deshalb leicht zu übersehen. Deckel kegelig. Das Peristom fehlt.

Verbreitung: Weltweit verbreitet. In der Ebene selten, aber oft im Gebirge, verbreitet bis über die Baumgrenze (in Süddeutschland bis 1365 m, in Nordtirol bis 2300 m und in Südtirol bis 2400 m).

Ökologie: Kalkmeidendes Silikatgesteins-Moos trockener, oft sonniger Standorte an Felsen und Felsblöcken, aber auch in schattigeren Blockhalden. Sehr selten auch an Borke. In den Silikatgebirgen verbreitet, im Flachland fast nur an erratischen Blöcken. Durch Luftverschmutzung, so besonders in West- und Norddeutschland, oft in starkem Rückgang oder schon ausgerottet.

T 0, L 9, F 2, R 2, K 5.

Ähnliche Arten: Neuerdings wird eine zweite Art unterschieden, ***Hedwigia stellata*** HEDENAES. Sie zeichnet sich besonders durch horizontal abstehende Haarspitzen und das vorwiegende Vorkommen an extrem sonnig-trockenen Standorten aus. Alle alten Belege wären deshalb zu überprüfen. Verbreitung: ein Gebirgsmoos tieferer Lagen. – Ökologie: **T 5, L 9, F 2, R 2, K 6.** Weitere Verwechslungen wären im Gelände (besonders in alpinen Lagen) mit dem habituell oft sehr ähnlichen *Racomitrium canescens* möglich. Dort sind aber die (seltenen) Sporogone langgestielt und die Blätter besitzen eine Rippe (gute Lupe!).

Fontinalaceae

Fontinalis antipyretica HEDWIG ***subsp. antipyretica*** var. ***antipyretica*** (inkl. fo. alpestris etc.), Gemeines Bach- oder Brunnenmoos

(T. 49 a, c, d)

Name: Abgeleitet von lateinisch fons = die Quelle, fontinalis = Quellen betreffend.

Erstbeschreibung: Durch DILLENIUS in seiner „Flora von Gießen" (1718) als *Fontinalis triangularis major complicata, o foliorum alis capsulifera.*

Bau: Dunkelgrüne, ± glänzende, unregelmäßig verzweigte, meist über 10 cm (maximal angeblich bis 80 cm!) lange, im Wasser flutende (bei Austrocknung niederliegende oder hängende), kantig dreizeilig beblätterte, 3 – 10 mm breite Stängel. Blätter bis über 5 mm lang, trocken wenig verformt, feucht schuppig anliegend bis etwas spreizend, rippenlos, zumindest die Stängelblätter scharf gekielt-gefaltet, von lanzettlichem Umriss. Astblätter mindestens rinnig. Zweihäusig. Sporogone im Frühjahr und Sommer, aber ziemlich selten und meist nur an periodisch trockenliegenden Steinen und Ufern. Kapsel mit sehr kurzer Seta, ± in den Hüllblättern verborgen. Das doppelte „Gitter"-Peristom ist prächtig rot.

Verbreitung: Ebene bis obere montane Stufe (in Bayern bis 860 m und in Tirol (fo. *alpestris*) bis 1700 m).

Ökologie: Vor allem in reicheren, möglichst sauberen, kühleren Fließgewässern, aber auch an sonnigen Standorten submers oder zumindest zeitweise überspült oder lange trockenliegend. Seltener auch in klaren Seen und Teichen (oder Brunnen). Angewachsen an Gestein und Baumwurzeln. Empfindlich gegenüber zu starkem Druckfluss (Gg. PHILIPPI, persönliche Mitteilung). Öfter noch in großer Tiefe, so z. B. im Gemündener Maar (Vulkaneifel) von THIENEMANN 1910 noch aus 22 m Tiefe geholt.

Fontinalis antipyretica

Eine sehr formenreiche Art. In stehenden und langsam fließenden Gewässern meist in der var. **gigantea** (SULLIVAN) SULLIVAN (= var. *robusta*) (T. 49 b): beblätterte Stängel dicker, Blätter gefaltet nur 2 – 3mal so lang. Auch in verschmutzteren Gewässern noch lange ausdauernd, aber sehr empfindlich gegen Phenole und zu raschen Durchfluss. Viel schmalere (gegen var. **antipyretica**) nur bis 3,5 mm lange Blätter hat die var. **gracilis** (LINDBERG) SCHIMPER (= inkl. subsp. *gothica* und var. *seriata*), die bevorzugt in schnell fließenden, sauberen Gebirgsflüssen vorzukommen scheint. Die Art ist in Mitteleuropa allgemein verbreitet, aber im Gebirge viel häufiger. Aus den größeren Flüssen ist sie im Mittel- und Unterlauf wegen der z. T. enormen chemischen Verschmutzung zeitweise oft ganz verschwunden. Die besondere Empfindlichkeit gegen Phenole hat FRAHM überprüft. Normale Verschmutzung, so z. B. auch Nährstoffüberlastung, scheint die Art gut zu überstehen.

T 0, L 8, F 9, R 0, K 5.

Besonderes: Bemerkenswert ist der frühere abergläubische Gebrauch als Schutz gegen Feuersbrunst („antipyretica"!). Zu diesem Zwecke hängte man das Moos an Häusern und Scheunen auf. Unter allen mitteleuropäischen Moosen sicher die längste Art, wenn man von *Sphagnum* absieht, dessen Stängel aber, außer im obersten dem Licht ausgesetzten Teil, abgestorben ist. Das prächtige Moos sollte in keinem Schulbuch fehlen. Wie die folgende Art auch als Aquarienpflanze sowie als Bioindikator geeignet (s. o.). Unverwechselbar, jedoch äußerst formenreich und deshalb unter vielen Namen beschrieben, die inzwischen als Synonyme wieder eingezogen sind.

Ähnliche Arten: Regelmäßig locker schräg abstehende, jedoch kaum 3 mm lange, hohle, lanzettliche, stumpfe Blätter hat die besonders schöne, nachfolgende Art.

Fontinalis squamosa HEDWIG *var. squamosa*

(= inkl. fo. *latifolia* GRAVET)

Schuppiges Bachmoos

(T. 49 e, f).

Erstbeschreibung: Durch DILLENIUS in seiner „Historia Muscorum" (1741).

Bau: Die meist schwärzlichgrünen, um 5 – 15 cm langen Sprosse sind durch die länglich-lanzettlichen, stumpflichen, rinnig-hohlen, aber nicht gekielten Blätter gut gekennzeichnet. Zweihäusig und sehr selten mit Sporogonen (Reliktmoos).

Verbreitung: Ein subozeanisches Gebirgsmoos. Untere bis in mittlere Lagen (in Südwestdeutschland ab 170 bis 730 m, in Nordtirol noch bis 1725 und 1780 m).

Ökologie: In klaren, kalkfreien, aber schwach basischen, oft schnell fließenden Bergbächen meist submers im Silikatgebirge auf Gestein und an Baumwurzeln. Bei Verschmutzung von anderen Wassermoosen, auch *F. antipyretica*, verdrängt.

T 4, L 8, F 9, R 6, K 4.

Ähnliche Arten: ***Fontinalis hypnoides*** HARTMAN var. ***hypnoides***, das Schlafmoosähnliche Bachmoos (T. 49 g). Bau: hat grüne, ebenfalls ungekielte, um 3,5 mm lange Blätter und ist zierlicher. Verbreitung: seltenes Tieflagenmoos (meist in der Ebene), sehr selten im Gebirge. Ökologie: in stehenden bis langsam fließenden, nährstoffarmen Gewässern. – **T ?3, L ?8, F 9, R ?5, K 7.**

Fontinalis squamosa

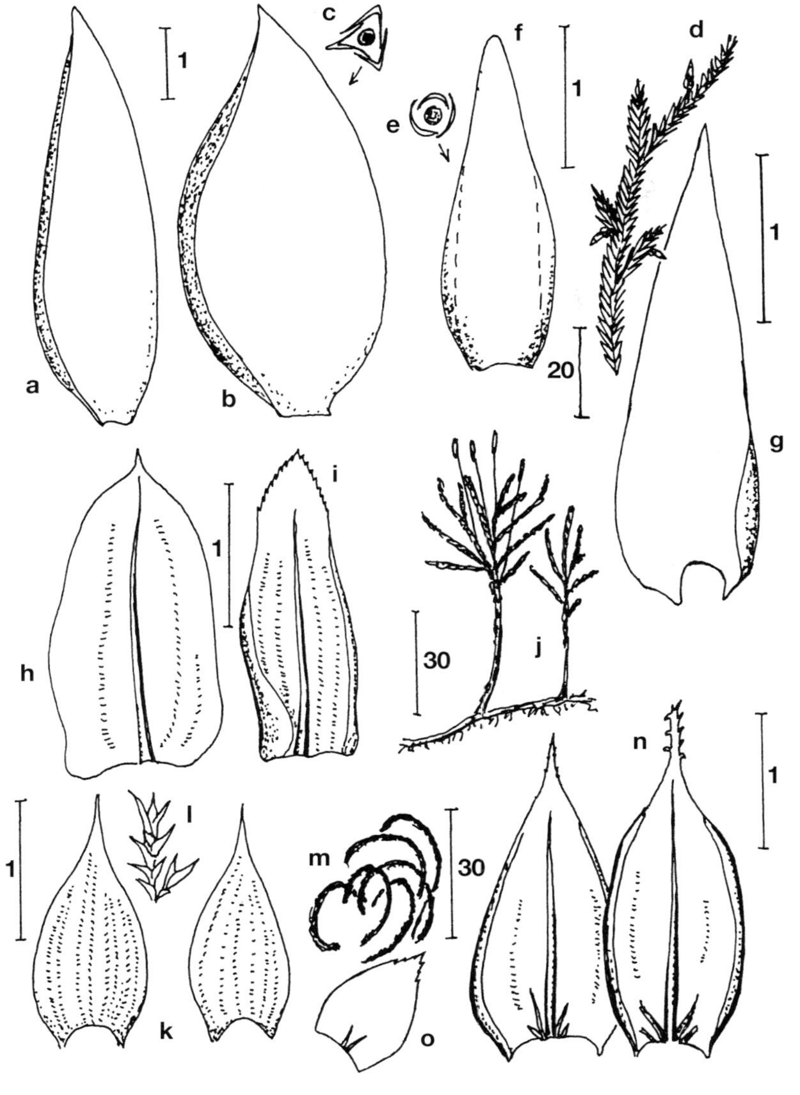

Tafel 49: Fontinalis antipyretica: a. Blatt. ***F. a.*** var. ***gigantea:*** b. Blatt, c. beblätterte Stängel quer, d. Habitus. ***F. squamosa:*** e. beblätterter Stängel quer, f. Blatt. ***F. hypnoides:*** g. Blatt. ***Climacium dendroides:*** h. Stängelblatt, i. Astblatt, j. Habitus c. spg. ***Leucodon sciuroides:*** k. Blätter, l. Brutsprosse, m. Habitus. ***Antitrichia curtipendula:*** n. Blätter. ***Pterogonium gracile:*** o. Blatt.

Climaciaceae

Climacium dendroides (HEDWIG) WEBER & MOHR, Leitermoos, Palmenmoos, Falsches Bäumchenmoos

(T. 49 h – j).

Name: Von lateinisch climax = Leiter, was sich auf die quer leiterförmig durchbrochenen Peristomzähne bezieht.

Erstbeschreibungen: Durch HEINRICH BERNHARD RUPP in seiner 2. (postum erschienenen) Auflage der „Flora von Jena" sowie 1741 durch DILLENIUS als *Hypnum dendroides sericeum* in der „Historia Muscorum".

Bau: Dunkel- bis hellgrün beblätterte, dunkelstängelige, oben allseitig büschelig bezweigte, 2 – 5(– 8) cm hohe „Bäumchen". Sie entspringen als aufrechte Seitensprosse, Kriechsprossen. Zwischen den Astblättern mit dichtem, grünem Paraphyllienfilz. Blätter feucht locker, trocken dicht schuppig anliegend, länglich-eiförmig, um 2 mm lang, mit stumpflicher Spitze und längsfaltig. Rippe vor der Spitze endend. Zweihäusig. Sporogone selten, im Winter zu mehreren aus der „Krone der Bäumchen". Seta lang, verbogen und Kapsel aufrecht, zylindrisch. Dominant mit vegetativer Ausbreitung: durch reichliche Ausläuferbildung, wie auch mit Mahdgut.

Verbreitung: Über die ganze, temperate Nordhemisphäre. In Mitteleuropa von der Ebene

Climacium dendroides

bis ins Hochgebirge allgemein verbreitet (in Bayern bis 2275 m, in Tirol bis 2470 m und in Kärnten bis 2600 m).
Ökologie: In feuchten (bis nassen) Wiesen und Laubwäldern, oft in Parkwiesen und an grasigen Waldwegsäumen. Seltener auch auf Gestein und Mauern feuchter Lagen. Nährstoffliebend, z. T. Kulturfolger, d. h. angepasst an öfter kurzgeschnittene Rasen (Verschleppung mit Rasenschnitt). Oft zusammen mit *Calliergonella, Plagiomnium undulatum* und *Rhytidiadelphus squarrosus*. Ursprünglich wahrscheinlich in Erlenbrüchen und Bacheschen-Wäldern beheimatet.
T 3, L 7, F 6, R 5, K 5.
Besonderes: Eines der attraktivsten Laubmoose. Früher gern für „Mooslandschaften" gepresst. Eine vorwiegend tropische Wuchsform. Schulbuchmoos.
Ähnliche Arten: Die typische Form ist unverwechselbar (bei *Thamnobryum* sind die Äste in einer Ebene angeordnet). Junge Triebe und Kümmerformen können jedoch kurzästig oder auch unbeastet sein, sind aber durch die typischen Blätter eindeutig.

Leucodontaceae

Leucodon sciuroides (Hedwig) Schwaegrichen var. *sciuroides*

Gemeines Weißzahnmoos, Eichhörnchenschwanzmoos

(T. 49 k – m).
Name: Abgeleitet von griechisch leucos = weiß und dous = Zahn, wegen der weißlichen Peristomzähne.
Erstbeschreibung: Durch Dillenius 1741 als *Hypnum arboreum sciuroides* in der „Historia Muscorum".
Bau: Zweige spitzlich, aus Kriechsprossen aufsteigend bis aufrecht, meist ± aufgebogen (deutscher Name!) und ca. 1 – 2 cm lang. Blätter feucht ± abstehend, auch einseitswendig, längsfaltig, flügel- und rippenlos, trocken dicht anliegend, schwach glänzend. Sie sind knapp 2 mm lang und eiförmig-lanzettlich (Blattzellen glatt, verdickt. Basalzellen innen gestreckt, zum Rand hin rundlich). Zweige unter der Spitze öfter dicht mit Brutblättchen besetzt und dann von struppigem Aussehen. Zweihäusig. Sporogone nur in Süddeutschland und Südeuropa öfter, sonst fast nicht mehr. Kapsel zylindrisch, mit Peristom, auf langer Seta.
Verbreitung: Ebene bis mittlere Gebirgslagen (in Bayern bis 1150 m, in Tirol noch selten bis 1900 m und in der Steiermark bis 2400 m). Heute nur im Süden noch verbreitet, nach alten Floren überall häufig!
Ökologie: Üblicherweise in nebelhäufigerer, aber sonst sonnig-trockener Lage an reicherer Laubholzborke, besonders in Kalkgebieten. Dort – bei nicht stärker verschmutzter Luft – ein typisches Moos der Alleebäume und Waldränder. Außer in Südwest- und Süddeutschland durch Luftverschmutzung jedoch ausgerottet, also ein Zeiger für relativ saubere Luft! Am Rande der Verschmutzungsgebiete und in besonders warmer Lage oft auf Gestein, besonders auf Kalk (so z. B. auf Steinen in Trockenrasen), auf vulkanischem Gestein und an Mauern.
T 5, L 8, F 4, R 6, K 5.
Ähnliche Arten: Die var. ***morensis*** (Schwaegrichen) De Notaris (= L. morensis) unterscheidet sich durch wesentlich kräftigeren Wuchs, die sekundären Stängel 5 cm und länger und Blätter 3,6 mm lang, kaum einseitswendig. Verbreitung: ein ozeanisch-submediterranes Taxon. Früher in den Niederlanden. In Italien nach Norden bis in die Südalpen. Ökologie: mehr wärmeliebend. – **T 8, L 8, F ?4, R 6, K 3.**

Leucodon sciuroides

Antitrichia curtipendula (HEDWIG) BRIDEL fo. *Curtipendula*
Gegenhaarmoos

(T. 49 n)

Name: Zusammengesetzt aus griechisch anti und thrix = Haar, wegen der zurückgekrümmten Zähne der Haarspitze.

Erstbeschreibung: Bereits 1718 durch DILLENIUS aus der Umgebung von Gießen, wo die Art inzwischen womöglich ausgestorben ist. 1741 benannte er sie *Hypnum dentatum curtipendulum*. *Hypnum curtipendulum* heißt sie dann auch bei LINNÉ und HEDWIG.

Bau: Meist in mindestens handgroßen, aber auch qm-Größe erreichenden dunkelgrünen, trocken auch goldgrünen, etwas glänzenden Decken aus wenig verzweigten, meist 5 – 10 cm langen Stängeln. Blättchen ca. 2 mm lang, glatt, aus breitem Grund lanzettlich und an der Spitze mit (z. T. schon mit guter Lupe erkennbaren) rückwärts gebogenen Zähnchen (Name!) sowie einer „Springbrunnen-Rippe" (Abb.!). Weil zweihäusig, ziemlich selten mit Sporogonen. Seta verborgen und relativ kurz.

Verbreitung: Auch auf der Südhalbkugel. Früher allgemein, auch in der Ebene, verbreitet und im Mittelalter sogar noch aus größeren Städten, wie Aachen belegt (H. KNÖRZER, persönliche Mitteilung). Im Gebirge bis 1500 m in Bayern, in Tirol bis 1600 m sowie noch selten bis 2340 m angegeben. In Kenya am Kilimandscharo noch bei 4000 m gesammelt.

Ökologie: Außer an reicher Laubholzborke in luftfeuchten Schluchten vor allem in lichten (meist südexponierten), aber nebelreichen Blockmeeren oder auf Blöcken aus basenreicherem Gestein (Kalk, Basalt, Granit u. ä.). An optimalen Standorten „Moosgehänge“ bildend, so noch jetzt in Kanada auf Vancouver-Island in bis 1 m breiten und fast 0.5 m dicken „Ballen“ an den Bäumen! Meist in Südexposition. Noch um die Jahrhundertwende wurde es an alten Bäumen in norddeutschen Dörfern gefunden. Inzwischen ist das Moos in der Ebene fast völlig ausgerottet und z. B. im Rheinland kommt es nur noch in abgelegeneren Gegenden der Eifel vor. In süd- und südwestdeutschen Gebirgen ist es bis jetzt nicht selten, allerdings, wie weiter im Norden meist, vorwiegend auf Gestein beschränkt! Bester Indikator für Luftreinheit: Die Art zeigt – ähnlich wie die Bartflechten (*Usnea*) – höchste Luftreinheit an.

T 3, L 6, F 4, R 6, K 4.

Ähnliche und **Verwandte Arten:** Das ähnliche *Leucodon* hat faltige, ungerippte Blätter.

Antitrichia californica Sullivan, Mittelmeer-Gegenhaarmoos. Bau: unterschieden durch eine einfache Rippe und fehlende Längsfurchen im Blatt. Sekundäre Stängel kürzer, öfter zugespitzt bis flagellenartig verlängert, habituell eher Leucodon ähnelnd. Verbreitung: mediterran-montan, ein schönes Beispiel für die abgewandelte Wegnersche Kontinentalverschiebungstheorie (Areal: westliches Nordamerika und Südeuropa-Westasien-Nordafrika). Ökologie: Moos trockener, auch sonniger, nebelreicher Kalkfelsen oder auf mindestens basenreichem Gestein oder an Laubholz-Borke lichter, wohl nebel- und taureicher Standorte südlicher Gebirge. Nach Norden bis Südtirol (selten, bis 1270 m). – **T 9, L 5, F 4, R 7, K 5.**

Antitrichia curtipendula

Antitrichia californica

Pterogonium gracile (HEDWIG) SMITH var. ***gracile*** (= P. ornithopodioides) **Geflügeltes Eichhörnchenschwanzmoos**

(T. 49 o).

Name: Von griechisch pteron = Flügel und gonios = erzeugend, was sich auf die Lage der „Blüten“ beziehen soll.

Erstbeschreibung: Durch DILLENIUS 1741 in der „Historia Muscorum“ als *Hypnum gracile ornithopodioides*.

Bau: Oft in bis fast qm-Größe ausgedehnten braunen bis braungrünen Rasen aus etwa 2 cm hohen, strauchförmig angeordneten Ästen. Diese wenig gebogen, trocken anliegend beblättert, an der Spitze abgestutzt. Blättchen feucht ± abstehend, oben grob gezähnt, mit sehr kurzer Rippe oder Doppelrippe. Zweihäusig und darum Sporogone äußerst selten.

Verbreitung: Gesamtverbreitung disjunkt wie *Antitrichia californica* (s. dort). Eine typisch ozeanisch-mediterran verbreitete Art. Besonders in den wärmsten Flusstälern Westdeutschlands und dort nicht selten. Moos der unteren Gebirgslagen (selten noch bis 650 m, aus Südtirol bis 975 m angegeben (MILDE)). Fehlt der Ebene und dem östlichen Deutschland. Eines der häufigsten Charaktermoose der mediterranen Gebirge (auf Teneriffa bis 1750 m; in Tansania bis 2750 m).

Ökologie: Es wächst an sonnigen bis lichten Plätzen, bei uns fast nur auf kalkfreiem Gestein, seltener auch an Baumwurzeln und wurde bei

Pterogonium gracile

uns nur früher an Baumstämmen sowie mit Kapseln (selten) beobachtet.

T 5, L 6, F 4, R 5, K 4.

Ähnliche Arten: Bei uns an Gestein öfter mit *Leucodon* verwechselt, das sich aber durch ungezähnte, faltige Blättchen und zugespitzte Astspitzen unterscheidet. Auch *Pterigynandrum* hat ganzrandige Blättchen, kommt aber fast ausschließlich außerhalb des Verbreitungsgebietes von *Pterogonium* vor.

Neckeraceae

Alleniella complanata (HEDWIG) OLSSON, ENROTH & D. QUANDT
(= *Neckera c.* HEDWIG)

Glattes (oder Abgeflachtes) Neckermoos

(T. 50 a, b)

Name: Zu Alleniella keine Erklärung.Neckera von HEDWIG zu Ehren von NOEL JOSEPHE DE NECKER (1730 – 1793), kurpfälzischer Botaniker in Mannheim und Verfasser botanischer Werke, die auch Moose einschließen.

Erstbeschreibung: Bereits 1718 durch DILLENIUS aus der Umgebung von Gießen.

Bau: Meist hellgrüne, schwach glänzende, treppenartige, oft horizontal abstehende, sehr flache, bis dm^2 große Decken bildend. Die Seitenzweige sind abgeflacht, oft schön gefiedert und 5 – 8(– 10) cm lang. Oft mit reichlich fadenförmigen Flagellen, z. T. die ganze Pflanze ± in Flagellen aufgelöst, so besonders an ungünstigen Standorten. Blätter deutlich asymmetrisch, glatt und bespitzt, bis über 1 mm lang, rippenlos und ± ganzrandig. Zweihäusig. Vorherrschend mit vegetativer Ausbreitung. Sporogone selten, gerade aufrecht, auf langer, glatter Seta.

Verbreitung: Ebene bis in mittlere Gebirgslagen (in Bayern bis 800 und 1600 m, in Tirol noch bis 1700 m und in den übrigen Zentralalpen noch bis 2300 m (wohl nur von geschützten Standorten) angegeben).

Ökologie: An lichten bis ziemlich schattigen, nicht zu trockenen Plätzen auf kalk- oder mindestens basenreichem Gestein, auf Mauern und an Felsen. Oft zumindest basal an Borke und Baumwurzeln in basen- oder kalkreichen Gebieten, z. B. Auwäldern. In nebelhäufiger Lage selten auch als „Hängemoos". Durch Luftverschmutzung im Rückgang bis verschwunden. Oft nur noch an geschützten Mauern und Felsen. In Mitteleuropa besonders in Kalkgebieten weit verbreitet, z. B. mit *Anomodon attenuatus, A. viticulosus* und *Frullania dilatata*.

T 3, L 4, F 4, R 7, K 5.

Ähnliche und **Verwandte Arten:** Vgl. bei *Homalia* und *Neckera crispa*. *Plagiothecium* kann auch ähnlich aussehen, glänzt aber meist weniger, ist (meist) weniger verflacht und hat öfter Sporogone. Vor allem bevorzugt *Plagiothecium* basenarme, kalkfreie Standorte. Abgerundete, glatte Blätter hat ***Alleniella besseri*** (Lobarz.) S. Olsson, Enroth & D. Quandt (= Neckera besseri= Omalia b. = Homalia b.). (T. 50 d). Wegen der fehlenden Rippe, wie des Vorkommens von Brutästen keine *Homalia*. Bau: sehr ähnlich wie bei A. *complanata*, aber diese hat bespitzte

Alleniella complanata

Alleniella besseri

Blätter. Kümmerformen von *Homalia* zeigen zumindest eine schwache Rippe. Verbreitung: eine sehr seltene, subkontinental-montane Art an Gestein (oder Borke) in Mittel- und Süddeutschland. (Ab 300 m bis 1370 m in Süddeutschland, in Tirol von 500 – 1600 m, in den Südalpen bis 1900 m). In Südtirol ziemlich verbreitet, auch epiphytisch (hier bis 1900 m). Ökologie: kalkhold, an schattig-feuchtem Gestein, auch epiphytisch. Sporogone äußerst selten, jedoch reichliche Brutastvermehrung. – **T 3, L 4, F 5, R 9, K 7.**

Neckera crispa Hedwig
Gewelltes oder Krausblättriges Neckermoos

(T. 50 i, j)

Erstbeschreibung: Schon 1718 durch Dillenius aus der Umgebung von Gießen.

Bau: Frischgrüne, an sonnigen Plätzen bis goldbraune, etwas glänzende, dichte, aus unregelmäßig fiederig verzweigten Seitensprossen gebildete Decken oder flache Polster. Seitensprosse meist über 5(– 10) cm lang, ± geschwollen, abgeflacht, mehrzeilig, mit kahlem Stängel. Blätter länglich-elliptisch, breit zugespitzt, deutlich querwellig, bis um 3 mm lang, rippenlos. Zweihäusig. Sporogone in Süddeutschland ziemlich verbreitet, sonst selten. Seta lang.

Verbreitung: Gebirgsmoos, meist nur unter der Baumgrenze (Ebene selten, z. B. auf Rügen). In Süddeutschland bis 1100 m (in Höhlen bis 1650 m) und so auch in der Schweiz bis 2500 m.

Ökologie: Auf meist schattigen, trockneren, aber luftfeuchteren Standorten (als vorige Art). An basenreichem Silikat- und besonders an Kalkgestein. Unter günstigsten Bedingungen, in luftfeuchter, emissionsfreier Lage, auch noch

Neckera crispa

an Borke und mit Sporogonen. Besonders in den Kalkalpen und im Jura noch Massenwuchs bildend. Meist mit *Porella platyphylla, Anomodon viticulosus* und *Tortella tortuosa*. Durch Luftverschmutzung außerhalb Südwest- und Süddeutschlands in starkem Rückgang, nur noch an Felsen oder verschwunden.

T 3, L 3, F 4, R 7(?8), K 5.

Ähnliche und **Verwandte Arten:** ***Neckera pennata*** HEDWIG, das Gefiederte Neckermoos (T. 50 g, h). Bau: sieht genauso aus, ist aber durch in die Hüllblätter eingesenkte Sporogone, Einhäusigkeit und mehr allmählich zugespitzte Blätter unterschieden. Verbreitung: subboreal/subkontinental. Früher ein weit verbreitetes Borkenmoos, ist aber heute wegen seiner besonderen Empfindlichkeit gegen Luftverschmutzung sogar schon in den Alpen (in Bayern noch bis 1300 m) selten geworden. Ökologie: an lichter, besonders reicherer Laubholzborke, in luftfeuchten, gewöhnlich nebelhäufigen Laubwäldern. – **T 4, L 5, F 5, R 6, K 6.** Vom Anfänger werden diese beiden Arten eventuell mit *Plagiothecium undulatum* verwechselt, eine Rohhumus besiedelnde, kalkmeidende Art mit ungezähnten Blättern.

Ebenfalls sehr zurückgegangen ist die ebenfalls epiphytische ***Neckera pumila*** HEDWIG (= inkl. var. pilifera = var. philippeana), das Niedrige Neckermoos, (T. 50 e, f). Bau: sie ähnelt habituell eher *N. complanata* und hat wie diese auch Flagellen. Dagegen sind die Blätter schwachwellig, öfter länger zugespitzt, oben deutlich gezähnelt und (gegenüber *N. pennata*) unter 2 mm lang sowie die Zweige nur 1 bis maximal 4 cm lang. Zweihäusig. Mit ziemlich kurzer Seta. Verbreitung: Ebene bis untere Gebirgslagen früher zerstreut (in Süddeutschland bis 1000 m, in Kärnten bis 1050 m sowie allein aus der Schweiz bis 1900 m angegeben). Ökologie: ähnlich voriger Art. – **T 3, L 5, F 5, R ?5, K 4.**

Besonderes: Wie viele Moose entfalten auch die *Neckera*-Arten erst in den Tropen ihren vollen Artenreichtum und bereichern besonders die Bergnebelwälder mit ihrer Pracht. Sie wachsen dort, wie schon in Makaronesien (und selten im Mittelmeergebiet), nicht selten in der Wuchsform der „Hängemoose". ***Neckera***

menziesii Drummond (= Neckeradelphus menziesii = Metaneckera m.), das Menzies'sche Neckermoos (T. 50 m). Bau: habituell *N. crispa* täuschend ähnlich, jedoch hat sie Paraphyllien, stumpfliche Blätter und eine deutliche Rippe. Verbreitung: ein sehr seltenes, submediterran-subkontinental-montanes Reliktmoos der Mittelgebirge in Süd- und Mitteldeutschland (bei uns ab 200 – 830 m, in Österreich bis 1450 m). Öfter in Südeuropa (bis 2200 m). Ökologie: an schattig-trockenen, mindestens basenreichen Felsen. In Kalifornien jedoch meist an Borke. – **T 8, L 4, F 4, R 6, K 7.**

Neckera pumila

Neckera menziesii

Leptodon smithii (Hedwig) Weber & Mohr var. *smithii*
Dünnzahn- oder Schneckenmoos

Name: Von griechisch leptos = dünn und odous, odontos = Zahn, wegen der dünnen Peristomzähne

Erstbeschreibung: Durch zwei berühmte Bryologen, den Italiener Pietro A. Micheli 1728 – hat das Moos bei Pisa entdeckt – sowie den Schotten James Jacobus Dickson, der 1789 die durch Smith für England entdeckte Art publizierte. Für unser Gebiet hat O. Sendtner dieses Moos 1844 erstmals zwischen „Boimont“ und Hocheppan in Südtirol nachgewiesen.

Bau: Feucht einfach bis doppelt fiederig, ausgebreitet, mit abgeflachten Zweigen und so einem *Thuidium* (oder einer *Neckera besseri*) ähnlich. Trocken unverwechselbar mit schneckenförmig eingerollten Zweigen. Blätter asymmetrisch, mit dünner Rippe, oben abgerundet. Stängelblätter 1,2 x 0,6 mm, Astblätter kleiner.

Leptodon smithii

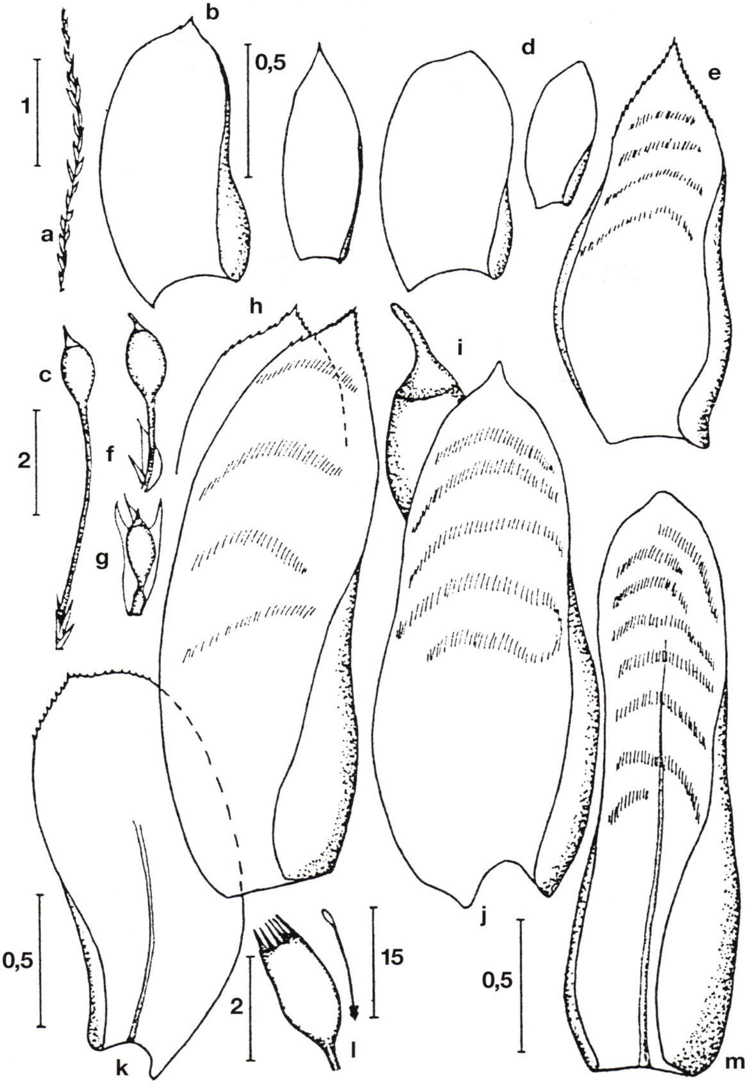

Tafel 50: ***Neckera complanata:*** a. Flagelle, b. Stängel- und Astblatt, c. Sporogon. ***N. besseri:*** d. Blatt. ***N. pumila:*** e. Blatt, f. Sporogon. ***N. pennata:*** g. Sporogon, h. Stängelblatt. ***N. crispa:*** i. Sporogon, j. Blatt. ***Homalia trichomanoides:*** k. Blatt, l. Sporenkapsel und Sporogon. ***Metaneckera menziesii:*** m. Blatt

Zweihäusig, im Frühling reifend, aber nur selten mit Sporogonen. Seta nur 2 mm lang. Die kappenförmige Haube langhaarig.
Verbreitung: Ozeanisch-mediterran und als alte Art disjunkt fast weltweit verbreitet. Moos der unteren Lagen, vor allem im westlichen Bereich (Niederlande und Frankreich in Küstennähe, sonst collin, bis 710 m in Jugoslawien sowie auf den Kanaren bis über 1000 m und in Höhlungen auf Kreta noch bis 1450 m).
Ökologie: Auf lichtem bis schattigem, luftfeuchtem, wohl basenreicherem (bis kalkhaltigem) Substrat, insbesondere in nebelhäufiger Lage an Laubholzborke, sonst auch an trockenwarmen Felsen.
T 8, L 6, F 4, R 6, K 3.

Homalia trichomanoides (Hedwig) Schimper var. ***trichomanoides*** Farnähnliches Flachmoos

(T. 50 k, l)
Name: Von griechisch homalos = flach, gleich, wegen der abgeplatteten Zweige.
Erstbeschreibung: Durch Dillenius 1741 in der „Historia Muscorum“ als *Hypnum pennatum trichomanoides*, der Artname geht also auf ihn zurück.
Bau: Dunkelgrüne, ± glänzende, dichte, wenig oder nicht verzweigte, meist 1 cm, selten bis 2 cm lange Seitenzweige bildende, abgeflachte

Homalia trichomanoides

Rasen von einigen bis ca. 30 cm Durchmesser. Die Zweige sind meist gewölbt, 2 (– 3) mm breit und (ähnlich einem Lebermoos) stark abgeflacht. Die Blätter stehen in 2 Doppelreihen, haben eine dünne Rippe, sind breit-elliptisch, gezähnelt und deutlich asymmetrisch. Sie erscheinen unter der Lupe ± abgerundet. Flagellen fehlen. Einhäusig und entsprechend (im Winter) meist häufig mit Sporogonen. Kapsel aufrecht, auf langer Seta.

Verbreitung: Moos der Ebene bis Bergstufe (über 600 m meist schon selten und in Bayern und Nordtirol nur bis etwa 1250 m, nur in den übrigen Zentralalpen noch bis 1400 m). In Mitteleuropa besonders in Kalkgebieten und Auen weit verbreitet. Eine weitere Art in Südeuropa.

Ökologie: Waldmoos auf meist beschatteten, grundfeuchten (bis nassen), oder zumindest luftfeuchten Plätzen, besonders an Borkenbasen und Baumwurzeln in Kalkgebieten und über basenreichem Grund (oft in Auwäldern). Häufig auch an Gesteinsbrocken und Felsen. Luft- und Grundfeuchtigkeitszeiger. Verschwindet wie andere Basenzeiger (wegen Auswaschung des Substrats) in Gebieten stärkerer Luftverschmutzung.

T 3, L 4, F 5, F 6, R 7, K 5.

Ähnliche Arten: Von beblätterten Lebermoosen durch 4-zeilige Blätter sowie durch die häufig vorhandenen Sporogone unterschieden. Sehr ähnlich, aber oft kleiner (und ziemlich selten sowie an trockeneren Standorten) ist *Neckera besseri* (siehe oben).

Thamnobryaceae

Thamnobryum alopecurum (HEDWIG) NIEUWLAND EX GANGULEE *var. alopecurum*

(= *Thamnium* al.)

Bäumchenmoos, Echtes Bäumchenmoos

(T. 51 a – c)

Name: Zusammengesetzt aus *Thamnium* (dieser ältere Name gehört schon einer Alge!) und *bryon* = Moos. *Thamnium*, der in der „Bryologia europaea" gewählte Name, ist der Diminutiv von griechisch thamnos = Strauch, was sich auf den bäumchenartigen (!) Wuchs bezieht.

Erstbeschreibung: Bereits 1718 durch DILLENIUS aus der Umgebung von Gießen. Er entdeckte das Moos im Schiffenberger Wald und an der Fürstenquelle.

Bau: Dunkel- bis schwarzgrüne, in einer Ebene verzweigte, aufrechte oder (an senkrechten Wänden) bis horizontal abstehende, 2 – 10 cm hohe „Bäumchen", die, rasig angeordnet, ± nackten Kriechsprossen entspringen. Diese „Bäumchen" stellen Sekundärstängel dar, deren obere, reiche Verzweigung abgeflacht, d. h. in einer Ebene erfolgte. Die Astblätter sind eiförmig-lanzettlich, feucht abstehend, trocken anliegend, Rippe bis in die Spitze. Stängelblätter herzförmig, 2 – 3 mm lang, oben grob gezähnt. (Blattzellen quadratisch). Zweihäusig, doch im Winter und Frühjahr öfter auch mit Sporogonen. Seten ± lang und ± zahlreich der „Bäumchen"-Oberseite entspringend.

Verbreitung: Subozeanisch-submediterranes, in Mitteleuropa vor allem in den unteren Gebirgslagen unter subozeanischem Klima weit verbreitetes Moos. Von der Ebene (selten) bis mittlere Gebirgslagen (in Bayern bis 1320 m, in den Alpentälern kaum bis ca. 1000 m).

Ökologie: An nassem, oft übersprühtem, basenreichem Gestein, besonders an Bächen und Wasserfällen. Auch an Kalkgestein in luftfeuchter Lage, besonders im Schluchtwald und in schattigen Blockhalden. Außerdem auch Charakterart auf feuchten, reichen (besonders kalk-

haltigen) Aueböden, vor allem im Überschwemmungsbereich. Sehr schattenverträglich.
T 4, L 4, F 7, R 7, K 4.

Besonderes: Gut entwickelt, ist es ein prachtvolles Moos. Wenige, meist sehr seltene Verwandte in West- und Südeuropa. Jetzt noch

Thamnobryum alopecurum

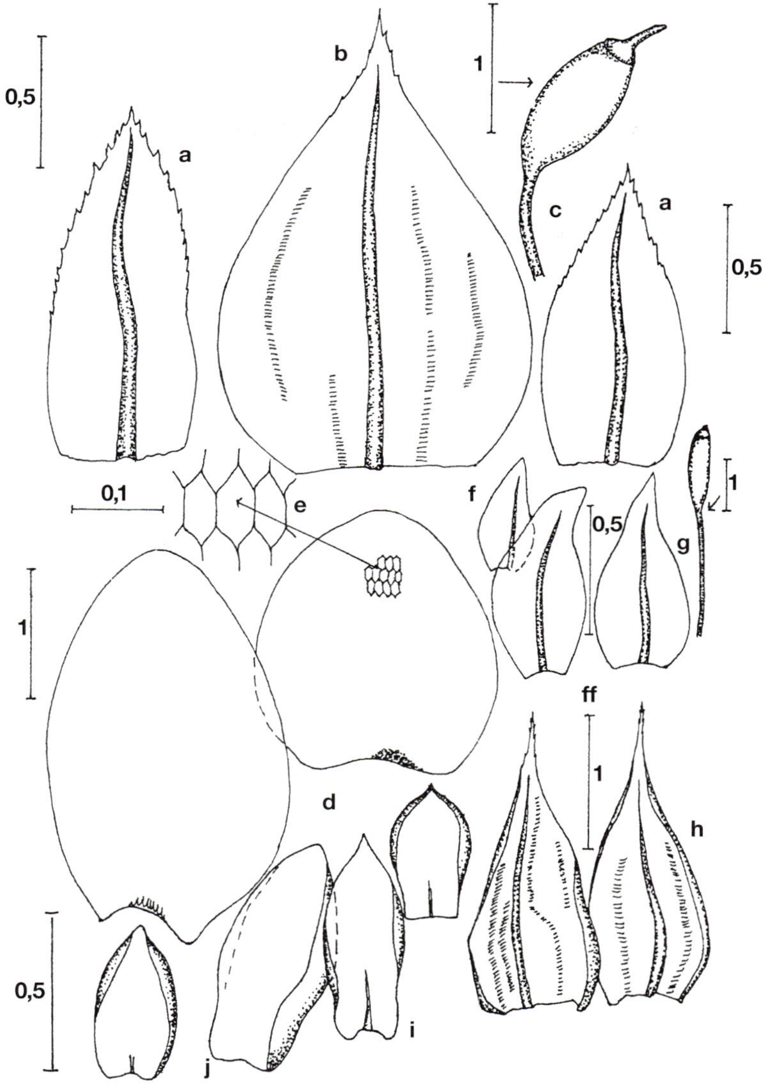

Tafel 51: ***Thamnobryum alopecurum:*** a. Ast-, b. Stängelblatt, c. Kap sel. ***Hookeria lucens:*** d. Blatt, e. Zellnetz. ***Leskea polycarpa:*** f. Ast-, ff. Stän gelblatt, g. Sporogon. ***Ptychodium plicatum:*** h. Blatt. ***Pterigynandrum fili forme:*** i. Stängel- und Astblatt. ***Pterigynandrum filiforme*** var. ***major:*** j. Stängel- und Astblatt

eine zweite Art bei uns. Hauptverbreitung der „Bäumchenform" in den Tropen!
Ähnliche Arten: Vgl. *Climacium*, das parallele Reduktion der Verzweigung zeigen kann. Trocken-Hungermorphosen sind schließlich nur noch 1 – 2 cm lang. Von anderen Bäumchenmoosen vor allem durch die in einer Ebene angeordneten, ± abgeflachten Äste, Blattform (und Zellnetz) zu unterscheiden.

Hookeriaceae

Hookeria lucens (HEDWIG) SMITH
(= *Pterygophyllum* lu.)

Flügelblattmoos

(T. 51 d, e)
Name: Zu Ehren von Sir WILLIAM JACKSON HOOKER, Direktor des Botanischen Gartens zu Kew, einem berühmten Botaniker seiner Zeit.
Erstbeschreibung: Durch DILLENIUS 1718 aus der Umgebung von Gießen.
Bau: Frisch- bis goldgrüne, glänzende, dichte, saftige, aus abgeflachten, kaum verzweigten, (1 –) 2 – 5 cm großen Pflanzen bestehende Rasen von dm^2 bis m^2 Größe. Blätter um 3 mm lang, abgerundet breit-eiförmig, flach, rippenlos, ganzrandig und wegen des weiten, mit der Lupe gut sichtbaren Zellnetzes durchscheinend, trocken nur wenig schrumpfend. Einhäusig und vom Herbst bis zum Frühjahr öfter mit Sporogonen. Mit längerer, glatter Seta.
Verbreitung: Nordisch-subozeanisches, in Süddeutschland und den Alpen nicht seltenes Gebirgsmoos bis in mittlere Lagen (Ebene sehr selten, wie auch über 1000 m, in Südwest-

Hookeria lucens

Distichophyllum carinatum

deutschland bis 1380 m, in Nordtirol nur bis 1100 m).
Ökologie: An schattigen, dauerfeuchten bis nassen bzw. quelligen, nährstoffreicheren Standorten (auch mild-humosen Standorten über Kalk) in Wäldern, besonders Erlenbrüchen des Hügel- und Berglandes auf Erde und über Fels. Auch in Höhlungen. Am häufigsten in den westlichen Mittelgebirgen und am Alpenrand, Ebene sehr selten. Insgesamt mit reliktischer Verbreitung, jedoch an geeigneten Pionierstandorten auch neu eingebürgert. Üblicherweise mit *Pellia* und anderen nässeliebenden Moosen vergesellschaftet.
T 3, L 2, F 7, R 6, K 3.
Besonderes: Auch eines der schönsten heimischen Moose. Die Familie hat ihre Hauptverbreitung in den Tropen. Entsprechend kommen einige Arten nur im milden Klima Westeuropas vor. Das Moos hat die größten (bis 0,1 x 0,15 mm) Blattzellen unter den heimischen Laubmoosen. Gefährdet und im Rückgang.
Ähnliche Arten: Die sehr charakteristische Art könnte evtl. für ein beblättertes Lebermoos gehalten werden. Von diesen aber durch mehrzeilige Blätter, größere Blattzellen und ausdauernde Sporogone unterschieden. *Plagiothecium* hat spitze Blätter, *Homalia* ist kleiner und hat gezähnte, weder großzellige, noch durchscheinende Blätter und wächst an anderen Standorten.
Verwandte Arten: Der zweite Vertreter dieser Familie ist in Mitteleuropa ***Distichophyllum carinatum***, das Blasige Zweizeilmoos. Erst 1908 haben zwei berühmte englische Bryologen, DIXON & NICHOLSON, diese Art einer zugleich für Europa neuen Gattung nachgewiesen und 1909 beschrieben. Nach der Entdeckung am Wolfgangsee wurde dieses Relikt auch in Japan nachgewiesen. J. FUTSCHIG hat das Moos 1952, ebenso wie K. KOPPE 1956, auch im Allgäu gefunden. Aus der Schweiz ist die Art durch URMI (1984) bekannt geworden. Bau: blasige Pflanzen, eher vom Habitus einer *Jungermaniale*. Blätter elliptisch-lanzettlich, mit Rippe. Verbreitung: von etwa 100, meist auf die Südhemisphäre beschränkten Arten die einzige in Europa. Sehr seltenes Tertiärrelikt in den Alpen Mitteleuropas. Höhenverbreitung zwischen 600 bis 1050 m. Ökologie: auf vernässtem Schrattenkalk und Grünsandstein in Bachschluchten. Z. B. mit *Trichocolea* und *Hookeria* vergesellschaftet. Vom Aussterben bedroht.

Theliaceae

Myurella julacea (SCHWAEGRICHEN) SCHIMPER
Mausschwänzchenmoos

Name: Diminutiv von lateinisch myurus = Mäuseschwanz, wegen des Aussehens.
Entdeckung und **Erstbeschreibung:** 1784 durch den Franzosen A. VILLARS aus der Dauphinée, jedoch gültig beschrieben erst 1804 durch CH. F. SCHWAEGRICHEN, der die Art am Großglockner fand.
Bau: Silberweiße, feucht grünliche, an *Bryum argenteum* erinnernde, nur bis 0,5 mm dicke und um 5 – 10 mm lange, dicht anliegend beblätterte Stängel in 2 – 3 (– 6) cm hohen (innen ockerfarbenen) Kissen oder die Stängel zwischen anderen Moosen. (Mit axillären Brutkörpern). Blätter hohl, um 1 mm lang, stumpflich, rippenlos. Zweihäusig. Sporogone sehr selten. Kapsel aufrecht, zylindrisch, auf langer Seta.
Verbreitung: Subarktisch-praealpin verbreitetes Alpenmoos mit Reliktstandorten im Kalk-Mittelgebirge (bei 300 – 600 m), aber meist höher und in Bayern bis fast 3000 m und in Tirol bis 3300 m gefunden.
Ökologie: An schattigen, feuchteren Plätzen auf kalkhaltigem Humus über Gestein, auch in Felsnischen. Z. B. auf Dolomit und Kalkgestein.

Myurella julacea

Selten verschleppt an Mauern. Oft zusammen mit *Distichium capillaceum* und *Plagiopus*.
T 2, L 4, F 6, R 8, K 6.
Verwandte Arten: Zwei weitere Arten sind sehr seltene Alpenmoose. Verwechslungen sind mit *Anomobryum*, *Bryum argenteum* und *Plagiobryum* möglich. Diese unterscheiden sich aber bereits durch die gerippten Blätter.

Fabroniaceae

Fabronia ciliaris (Bridel) Bridel
Gewimpertes Fabroni-Moos

Name: Durch Raddi zu Ehren des Münzdirektors Fabroni in Florenz.
Erstbeschreibung: 1807 durch J. Ch. Schleicher, von ihm im Wallis entdeckt.
Bau: Lockere, etwas glänzende, grüne, 1 – 2 mm hohe, oft dm^2 große Decken. Blätter 0,7 mm lang, ei-lanzettlich, in einen feinen, die halbe Blattlänge erreichenden Pfriemen auslaufend, feucht abstehend, trocken anliegend, ein „Fadenmoos". Der Rand mit einzelligen, ± abstehenden Zähnen. Einhäusig, deshalb im Frühling oft mit Sporogonen und dann gut kenntlich. Kapseln ca. 1 mm, topfförmig, mit Hals, um 1 mm. Die Seta 4 – 7 mm lang.
Verbreitung: Diese submediterran-montane Art kommt auch auf der Südhalbkugel vor und ist ein Moos wärmster Gebirgslagen im südlichen Bereich, nach Norden selten bis in

Fabronia ciliaris

Fabronia pusilla

österreichische Alpentäler und bereits häufig in Südtirol ab 450 m und z. B. in Osttirol bis 1070 m (in Mexiko sogar bis 2780 m).
Ökologie: An trockenem, beschattetem bis sonnigem, kalkfreiem Silikatgestein, weniger auch epiphytisch an Laubholz in nebelreicherer Lage.
T 8, L 7, F 2, R 3, K 7.
Verwandte Arten: ***Fabronia pusilla*** RADDI, das Kleine Fabronimoos, ist unsere zweite Art. Von F. RADDI in Florenz entdeckt und 1808 publiziert. Bau: wenig kleiner als vorige, durch die entfärbten Blattspitzen trocken graugrün. Blattrand mit 2 – 3-zelligen, vorwärts gerichteten Zilien. Regelmäßig mit Sporogonen. Verbreitung: im Mediterrangebiet weit verbreitet, von der Küste bis in Hochlagen, und meist nicht selten. Auch Vorkommen in Deutschland festgestellt. Ökologie: vorwiegend an Borke von Laubbäumen, aber auch an Zypressen, besonders an Alleebäumen. Zuweilen an Grundgebirgsgestein. In der Ägäis auch in Kalkfelshöhlungen. – **T 7, L 8, F 3, R ?5, K 5.**

Leskeaceae

Leskea polycarpa HEDWIG
Vielkapseliges Leske-Moos

(T. 51 f, g)
Name: 1782 von HEDWIG zu Ehren von PROF. NATHANEL GOTTFRIED LESKE zu Leipzig (1751 – 1786) geschaffen, allerdings beinhaltete die Gattung seinerzeit keine einzige der heute dahin gestellten Arten.
Erstbeschreibung: Bereits 1718 durch DILLENIUS. Er sammelte die Art an Eichen bei Gießen.
Bau: Meist dichte, kleinere bis ausgedehnte, matt hell- bis dunkelgrüne Decken aus wurzelnden, angedrückten bis aufrechten, je nach Feuchtigkeit fast einfachen (unverzweigten) bis regelmäßig gefiederten, 1 – 2 cm langen Zweigen. Blätter trocken anliegend, wenig geschrumpft, feucht abstehend bis deutlich einseitswendig. Blätter ganzrandig, unter 1 mm lang, eiförmig, lanzettlich zugespitzt (seltener auch stumpflich), mit bis zur Spitze reichender Rippe. Einhäusig und meist auch mit zahlreichen Sporogonen. Die zylindrischen um 2 – 3 mm langen (aufrechten oder ± gekrümmten) Kapseln mit doppeltem Peristom und konischem Deckel, auf rötlicher, um 1 cm langer Seta.
Verbreitung: Tieflagenmoos, in Flusstälern bis in die untere Bergstufe, so in Bayern bis ca. 700 m, und auch in Nordtirol nur im Inntal (bis 700 m). Im Bereich größerer Flüsse wie Bäche ziemlich verbreitet.
Ökologie: Vor allem im Überschwemmungsbereich, besonders von kalkreichen Fließgewässern. Oft an Borke, meist von Weiden und Pappeln, aber zeitweise auch untergetaucht, auf Ufergestein oder in luftfeuchter Lage an nicht zu trockenen Mauern und Beton, deshalb habituell recht variabel und auch starker Luft- und Gewässerverschmutzung wenig weichend.
T 5, L 7, F 4, R 7, K 5.
Besonderes: Bemerkenswert scheint, dass die Art sowohl auf relativ trockener Borke und Gestein wie auch länger im Fließwasser untergetaucht (amphibisch) leben kann.
Ähnliche Arten: Durch das Vorkommen, den Blattbau und die meist vorhandenen, typischen Sporogone leicht von ähnlichen Arten zu unterscheiden. Kümmerformen ähneln *Pseudoleskeella* (s. dort). Jedoch kann *Anomodon attenuatus*, das an gleichen Standorten wachsen kann, sehr ähnlich sein. Auch mit manchen zweihäusigen *Lescuraea*-Arten der höheren Gebirge könnte das Moos verwechselt werden. Diese sind aber durch ein ganz anderes Vorkommen ausgeschlossen (s. u.).

Leskea polycarpa

Ptychodium plicatum (Weber & Mohr) Schimper (= Lescuraea plicata)

Faltblattmoos

(T. 51 h)

Name: Von griechisch ptychodes = Falte, wegen der längsfaltigen Blätter.

Erstbeschreibung: Durch Ch. Schleicher 1807, von ihm im Wallis entdeckt.

Bau: In ausgedehnten Rasen, habituell *Homalothecium lutescens* meist täuschend ähnlich. Stängel wenig und unregelmäßig fiederig. Trocken angedrückt, sind die über 2 mm langen, lanzettlich-ovalen, längsfaltigen Blättchen feucht meist deutlich einseitswendig sowie aufrecht abstehend. Schabt man die Blätter vorsichtig ab, erkennt man den durch Paraphyllien filzigen Stängel, womit die Art klar unterschieden ist! Zweihäusig und selten mit Sporogonen. Die Kapsel auf langer, roter Seta.

Verbreitung: Eine subarktisch-alpin verbreitete Art. Entsprechend nur im höheren Gebirge, dort aber auf Kalk nicht selten. Tiefvorkommen z. B. im Schwäbischen Jura bei 600 – 1000 m. In Bayern und Tirol (ab 750 m) meist darüber bis ca. 2500 bzw. 2800 m. In der Schweiz bis 2700 m.

Ökologie: Oft in Kalktrockenrasen und auf meist sonnigen Felsblöcken, auch auf kalkhaltigem Silikatgestein (Basalt, Grauwacke, Flysch).

Ptychodium plicatum

Wie die habituell sehr ähnlichen Trockenrasen-Arten *Homalothecium lutescens* und *Rhytidium* ein typisches Apermoos und deshalb oft auch mit *Thuidium abietinum* (s. dort).
T 2, L 8, F 4, R 8, K 6.

Ähnliche Arten: Besonders *Homalothecium lutescens* (siehe oben) ist ähnlich. *Rhytidium* unterscheidet sich durch außerdem querwellige Blätter.

Lescuraea mutabilis (Bridel) Lindberg ex Hagen

(= *L. striata*)

Echtes Streifenmoos

(T. 52 b)
Name: Von W. P. Schimper 1851 seinem Freunde Leo Lesquereux, dem Erforscher der Schweizer und Nordamerikanischen Mooswelt, gewidmet.
Erstbeschreibung: Durch Bridel 1801. Zuerst von Ch. F. Ludwig im Riesengebirge und von J. K. F. Grimm auf dem Inselsberg im Thüringer Wald gefunden.
Bau: In lockeren, lichtgrünen, glänzenden Decken, die man für ein zierlicheres, dem *Brachythecium populeum* ähnliches Moos oder auch für ein *Hypnum* halten könnte. Es unterscheidet sich aber u. a. durch: die Rippe reicht bis in die Spitze, die Blätter sind gerade und schwach zweifaltig (die rhombischen, verdickten Blattzellen mit endständiger Papille). Zweihäusig, doch Mai bis Juni nicht selten mit Sporogonen. Auch die Kapseln sind anders: zylindrisch und aufrecht mit kegelig-stumpflichem Deckel. Seta purpurn, bis 1 cm lang und glatt.
Verbreitung: Gebirgsmoos, ab ca. 900 und 1000 m, bis in die Krummholzstufe (im Mittel-

Lescuraea mutabilis

Lescuraea saxicola

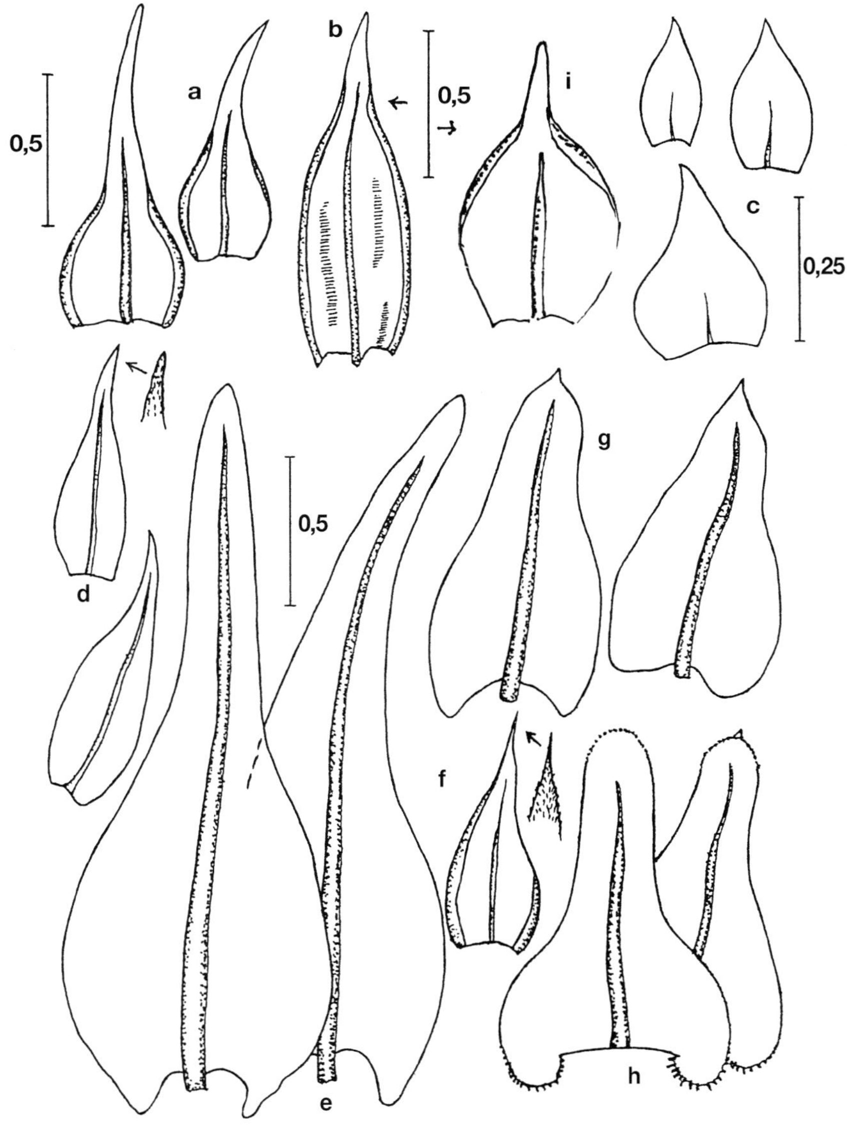

Tafel 52: Pseudoleskeella nervosa: a. Blatt. ***P. catenulata:*** c. Stängel-(breit) und Astblatt. ***Lescuraea mutabilis:*** b. Blatt. ***Pseudoleskea incurvata:*** i. Blatt. ***Anomodon longifolius:*** d. Blatt mit Blattspitze. ***A. viticulosus:*** e. Blatt. ***A. rostratus:*** f. Blatt mit Blattspitze. ***A. attenuatus:*** g. Blatt. ***A. rugelii:*** h. Blatt

gebirge sehr selten, in den Bayerischen Alpen bis 1800 m, in Nordtirol bis 2000 m und in den übrigen Zentralalpen selten noch bis 2400 m). **Ökologie:** An lichten bis sonnigen, luftfeuchten und nebelhäufigen Standorten an Laubholzborke, besonders an *Sorbus* und *Alnus viridis* sowie an deren Wurzeln, ausnahmsweise an Silikatgestein.
T 2, L 8, F 5, R 3, K 7.
Verwandte Arten: ***Lescuraea saxicola*** (SCHIMPER) MILDE (= L. mutabilis var. decipiens & var. saxicola). Bau: unsere zweite Art gleicht der vorigen, aber unterschieden durch: Decken gelbgrün bis goldglänzend, Äste gekrümmt, am Ende hakenförmig sowie die Blätter schwach 4-faltig. Verbreitung: ein in den deutschen Alpen seltenes, in den österreichischen Alpen häufigeres, bis 3400 m (G. SCHWAB, persönliche Mitteilung) aufsteigendes, subarktisch-subalpines Moos, d. h. in den Alpen die (nach *Hypnum vaucheri*) dritthöchst steigende Pleurokarpe. Ökologie: auf sonnigen, kalkfreien Silikatfelsblöcken in nebelhäufiger Lage. – **T 2, L 9, F 4, R 2, K 6.**

Pseudoleskea incurvata (HEDWIG) LOESKE
(= *Lescuraea atrovirens*)
Eingekrümmtes Streifenmoos

(T. 52 i)
Name: Zusammengesetzt aus lateinisch pseudo = falsch und *Leskea*. Einer *Leskea* (entfernt) ähnlich.
Erstbeschreibung: Durch J. J. DICKSON (1890) als *Hypnum atrovirens* und *filamentosum* aus Großbritannien. Für unser Gebiet von CH. LUDWIG im Riesengebirge entdeckt.

Pseudoleskea incurvata

Bau: In oft ausgedehnten, angetrocknet glanzlosen dunkel- bis bräunlich-grünen Decken. Der Stängel bis regelmäßig fiederig, reichlich mit kleinen Paraphyllien besetzt, bis um 5 cm lang. Die Blätter mit kräftiger Rippe, trocken angedrückt, meist deutlich sichelig (schief) und nicht längsfaltig. Astblätter bis fast 1 mm. (Blattzellen gleichförmig, meist quadratisch, ± papillös). Zweihäusig und nur wenig Sporogone. Reife im Mai. Kapsel auf etwa 1 cm langer, braunroter Seta, geneigt bis horizontal. Trocken eingekrümmt (Name!). Deckel kegelig.
Verbreitung: Gebirgsmoos. Selten unter 600 m und in den Mittelgebirgen. In den Alpen ziemlich verbreitet (so in Bayern bis 2200 m und in Nordtirol ab 990 bis 2800 m, sonst noch bei 2870 m).
Ökologie: Auf lichten bis sonnigen Kalkblöcken und auf anderem kalk- oder zumindest basenreichem Gestein (Basalt, reichere Schiefer etc.). In nebelhäufigeren Lagen und besonders in Blockhalden, selten auch an Baumbasen.
T 2, L 8, F 4, R 7, K 6.
Ähnliche Arten: Weitere *Pseudoleskea*-Arten sind nur mit einiger Übung mikroskopisch zu bestimmen, selten und fast ganz auf das Hochgebirge beschränkt. Im Gelände öfters mit *Pterigynandrum filiforme* var. *majus* verwechselt, dieses hat aber u. a. rippenlose Blätter.

Pterigynandrum filiforme HEDWIG var. ***filiforme*** (inkl. var. ***montanense Wheldon***)
Zwirnmoos

(T. 51 i) (früher Entodontaceae)
Name: Zusammengesetzt aus griechisch pteryx, pterygos = Flügel und gyne = Weib und andros (Genitiv) = Mann. Das bezieht sich auf die scheinbar achselständigen „Blüten“ beider Geschlechter.
Erstbeschreibung: Durch den Apotheker JOACHIM CHRISTIAN TIMM (1788) aus Mecklenburg.
Bau: Angedrückte, grau- oder gelblich-grüne, reich, aber unregelmäßig verzweigte, dünne Decken aus dünn wurmförmigen, oft etwas gebogenen, um 1 – 2 cm langen, trocken kaum 1/3 mm dicken, gespitzten Zweigen (ein „Fadenmoos“). Blätter eiförmig, sehr klein, hohl (am Rücken durch vorspringende Zellend-Papillen rau!), trocken und oft auch feucht fast schuppig anliegend, breit gespitzt (oben fein gezähnelt, mit kurzer oder doppelter Rippe. Blattzellen länglich, in den Blattflügeln quadratisch). Zuweilen mit länglichen, mehrzelligen Brutkörpern. Zweihäusig. Sporogone selten, außer in den Alpen. Kapsel kurz zylindrisch, aufrecht, Deckel geschnäbelt, Seta rötlich.
Verbreitung: Gebirgsmoos. In der oberen Bergstufe im südlichen Deutschland häufig, weiter unten und in der Ebene selten oder verschwunden (meist erst über 500 m, in Bayern bis 1300 m und noch von 1870 m angegeben, in Nordtirol bis 2350 m (– 2643 m) und aus den übrigen Alpen bis 2870 m angegeben, aber ab der Krummholzregion meist nur die var. *majus*).
Ökologie: Auf meist lichtem, neutralem bis schwach saurem Substrat in luftfeuchter Lage, vorwiegend an glatter Laubholzborke, besonders *Fagus*, aber auch an *Abies*. Besonders in Schlucht- und Hangwäldern sowie selten auch auf basenreichem Gestein (besonders Basalt).
T 2, L 6, F 5, R 5, K 6.
Verwandte Arten: Auf reicherem, besonders vulkanischem Gestein kommt meist das kräftigere ***Pterigynandrum filiforme*** var. ***majus*** (DE NOTARIS) DE NOTARIS (= var. decipiens) (T. 51 j) vor, möglicherweise nur eine Modifikation. Bau: trockene Stängel um 0,5 (– 1) mm dick, einer *Lescuraea* ähnlich, aber Blätter hohl, ohne lange Rippe. Blätter bis 1 mm lang. Verbreitung: in Bayern bis 2900 m und in Tirol bis 2100 m und

Pterigynandrum filiforme var. *majus*

Pterigynandrum filiforme

2808 m. Ökologie: neben *Pseudoleskea*-Arten, selten auch an Borke. – **T 3, L 8, F 6, R 4, K 6.**
Ähnliche Arten: Die hohlen, breit gespitzten, charakteristisch papillösen, kaum nervigen Blätter unterscheiden die Art mikroskopisch von allen anderen ähnlichen Moosen. Am ehesten mit dünnstängeligem *Hypnum cupressiforme* zu verwechseln, das sich aber fast immer durch einseitswendig abspreizende (bis gekrümmte) lange Blattspitzen auszeichnet. *Pterogonium* unterscheidet sich von der var. *majus* u. a. durch gestutzte, vom Substrat ± abstehende, büschelige Zweige, feucht abstehende Blätter sowie die Verbreitung (s. dort). *Myurella* ist kalkhold. Andere Ähnliche haben gerippte Blätter.

Pseudoleskeella catenulata (Schrader) Kindberg (excl. var. *acuminata*)
Kettenmoos

(T. 52 b)
Name: Diminutiv von *Pseudoleskea*. Ähnelt einer zierlichen Form von *Pseudoleskea*.
Erstnachweis und **Erstbeschreibung:** Durch Bridel (1798). Von ihm in der Schweiz (angeblich an Baumstämmen) gesammelt.
Bau: In schwärzlichen, braunen bis braungrünen, dem Substrat dicht anliegenden Decken von etwa Handgröße oder auch größer. Unregelmäßig verzweigt. Zweige trocken unter 1 mm dick. Blättchen breit-eiförmig, zugespitzt, meist glatt. Trocken anliegend, feucht aber

Pseudoleskeella catenulata

abstehend. (Rippe etwa bis halbe Blattlänge). Zweihäusig und äußerst selten mit Sporogonen und auch Brutkörper fehlen. Ausbreitung mittels der fadenförmigen, federleichten Stängelteile durch den Wind und z. B. durch Weidevieh.
Verbreitung: Gebirgsmoos (in Bayern bis 2000 m und angegeben bis 2600 m, in Tirol bis 1750 m sowie angegeben bis über 3000 m (letztere, wie die meisten Angaben über 2000 m möglicherweise auf Belege von *P. sibirica* (H. ARNELL) WILSON & NORRIS bezogen)). In Süd- und Südwest-Deutschland sowie in den Kalkalpen ziemlich verbreitet, jedoch im übrigen Deutschland ist die dealpine Art ziemlich bis sehr selten und z. T. vom Aussterben bedroht.
Ökologie: Auf meist sonnigem Kalkgestein, insbesondere auf Blöcken in Trockenrasen, aber auch an beschatteten Felsen in lichten Laubwäldern. Zuweilen auf Kalkmauern oder sogar Dächern (wo sie in Süddeutschland fast immer durch *P. tectorum* vertreten wird).
T 3, L 8, F 4, R 8, K 6.

Besonderes: Alle, besonders die zwei ersteren *Pseudoleskeella*-Arten scheinen gegenüber Luftverschmutzung sehr empfindlich zu sein, besonders *P. nervosa*. Sie kommt heute fast nur noch im südlichen Bergland Deutschlands vor.
Ähnliche Arten: ***Pseudoleskeella nervosa*** (BRIDEL) NYHOLM (= Leskeella nervosa), das Nervige Klein-Leskemoos (T. 52 a). Bau: recht ähnlich der vorigen Art, unterscheidet sich aber durch lanzettliche Blätter mit bis in die Spitze reichender Rippe. Aufrechte, durch die gipfelständigen Brutblätter struppige Brutsprosse sind häufig und lassen die Art höchstens mit *Platygyrium* (s. dort) verwechseln. Dieses ist aber kräftiger, glänzend und hat keine Blattrippe. Verbreitung: selten in der Ebene, vor allem im höheren Bergland Süddeutschlands und der Alpen ziemlich häufig ab ca. 600 –1930 m (– über 2000 m?). Ökologie: vorwiegend an Borke, auf lichten bis schattigen, kalkreichen oder zumindest basenreichen Plätzen in luftfeuchter, nebelhäufiger Lage an Laubholzborke, wie auch an Gestein. –

Pseudoleskeella nervosa

T 4, L 7, F 5, R 6, K 6. *Pseudoleskeella tectorum* (BRIDEL) KINDBERG EX BROTHERUS (= Leskeella tectorum), Dach-Leskemoos: Bau: unterscheidet sich von den vorigen nur mikroskopisch durch die sehr kurze bis fehlende Rippe und dünnwandige Zellen, bzw. fehlende Brutsprosse und in Tieflagen (so verschleppt im Oberrheingebiet und Südtirol) durch ihr Vorkommen an Mauern und Dächern. Im Hochgebirge (bis ca. 1600 m beobachtet), dem zweiten Areal. Mit ähnlicher Ökologie wie *P. catenulata*, sehr selten an Borke. – **T 3(?o), L 8, F 2, R 7, K 7.**

Thuidiaceae

Anomodon attenuatus (HEDWIG) HUEBENER
Verdünntästiges Trugzahnmoos

(T. 52 g)
Name: Von griechisch anomos = gesetzeswidrig und odus = Zahn, die Bezeichnung passt nur zu *A. viticulosus* und dessen Verwandtschaft (s. dort).
Erstbeschreibung: Durch DILLENIUS (1718) von Gießen.
Bau: Matt frisch- bis (antrocknend) hellgrüne, ± angedrückte, bis 2 cm hohe, meist über dm^2 große Decken. Zweige horizontal bis aufsteigend, unregelmäßig verzweigt, um 2 cm lang, mit z. T. verjüngten, flagellenartigen, meist etwas abgeflachten Zweigen. Blätter trocken anliegend, feucht schräg abstehend. Blätter um 1(– 2) mm lang, stängelumfassend, elliptisch-lanzettlich oder aus breit-eiförmigem Grund ± plötzlich zungenförmig verjüngt. Die breite Spitze mit aufgesetztem Spitzchen. Rippe vor der Spitze endend (Blattzellen oben undurchsichtig, basal durchscheinend). Zweihäusig. Sporogone selten, im Winter (zuerst von SCHREBER bei Leipzig gefunden). Kapsel aufrecht, zylindrisch, auf langer Seta.
Verbreitung: Eine subkontinentale (in England sehr seltene und gefährdete) Art. Ebene selten bis sehr selten. Gebirgsmoos der unteren Lagen (im Allgäu bis 900 m und in Tirol bis 1400 und angeblich sogar bis 1900 m). In den Kalkgebieten weit verbreitet und oft häufig, außerhalb an Mauern und ähnlichen Standorten als Kalkzeiger.
Ökologie: Auf basen- und kalkreichen, lichteren und trockeneren Standorten in Laubwäldern. Auf kalk- und basenhaltigem Gestein und besonders an Baumbasen an Borke, seltener auf Erde. In Gebieten mit stärkerer Luftverschmutzung teilweise ausgerottet und nie mit Sporogonen.
T 5, L 5, F 5, R 7, K 7.
Ähnliche Arten: Die typische Form ist auch im Gelände einfach zu erkennen. Habituell sind Kümmerformen trockenerer und wassernaher Standorte (üppige Hygromorphosen!) schwer zuzuordnen (jedoch mikroskopisch leicht bestimmbar). ***Anomodon longifolius*** (BRIDEL) HARTMAN, Langblättriges Trugzahnmoos, (T. 52 d). Bau: es ähnelt einem zierlichen *A. attenuatus*, unterscheidet sich aber von diesem durch lanzettliche, lang zugespitzte, unter 1 mm lange Blätter mit bis in die Spitze reichender Rippe (eine ähnliche Blattform hat die vorwiegend epiphytische *Pseudoleskeella nervosa*. Diese hat jedoch glatte Blätter und meist die typischen, aufrechten Brutsprosse). Verbreitung: früher kam es oft auf Borke bis ins Flachland vor, ist dort aber durch Luftverschmutzung meist ausgerottet. Gebirgsmoos bis in mittlere Lagen (in Tirol bis 1300 und angeblich noch bis 1900 m). Ökologie: an luftfeuchten Plätzen, wächst heute meist auf Gestein in Kalkgebieten bzw. auf kalkhaltigem Silikatfels, weniger auch an Laubbäumen. – **T 3, L 4, F 5, R 8, K 6.** Bisher nur aus Eurasien bekannt, konnte es der Erstverfasser 1981 auch einmal für die nordöstliche USA nachweisen. ***Anomodon rostratus*** (HEDWIG) SCHIMPER (T. 52 f), Geschnäbeltes

Trugzahnmoos. Bau: ähnlich voriger Art, jedoch läuft das Blatt in eine kurze, helle Haarspitze aus. Vorkommen: eine subpontisch (= schwerpunktmäßig in Südosteuropa) verbreitete, in ganz Europa sehr seltene Art. Sie kommt bei uns im südlichen Bayern vor. Ökologie: – **T 8, L 5, F 5, R 7, K 7.**

Anomodon attenuatus

Anomodon longifolius

Anomodon viticulosus (Hedwig) Hooker & Taylor
Rankendes Trugzahnmoos

(T. 52 e)
Erstbeschreibung: Durch Dillenius (1718) von Gießen.
Bau: Die vom Substrat abstehenden, kaum verzweigten (deshalb oft für ein akrokarpes Moos gehaltenen), gelb- bis frischgrünen, bis 3 mm dicken, oft über 5 cm langen Sekundärsprosse entspringen Kriechsprossen und bilden dichte, bis quadratmetergroße Hochrasen. Blätter trocken verbogen anliegend, feucht abstehend und um 2(– 3) mm lang, aus eiförmigem Grund allmählich verjüngt und stumpflich zugespitzt. Trockenformen haben verkürzte oft zungenförmig abgerundete Blätter und werden deshalb fälschlich für *A. rugelii* gehalten. Zweihäusig und Sporogone selten. Diese mit aufrechter Kapsel auf langer Seta.
Verbreitung: Gebirgsmoos der unteren Lagen. In der Ebene selten, darüber ab Hügelstufe ziemlich verbreitet bis um 600 m (in Nordtirol bis 1650 m, in Osttirol angeblich bis um 2000 m).
Ökologie: Kalkhold. An trocken-schattigen Plätzen auf Gestein, an Borkenbasen und in luftfeuchter Lage auch an Stämmen. Auch an Mauern und Beton. Mit Sicherheit mit Mykorrhiza-Pilzen vergesellschaftet. In SO_2-belasteten Gebieten nur noch an Gestein.

Anomodon viticulosus

Anomodon rugelii

T 3, L 4, F 4, R 8, K 5.
Verwandte Arten: *Anomodon rugelii* (MUELLER.HAL.) KEISSLER (= Anomobryum apiculatus), Bespitztes Trugzahnmoos (T. 52 h). Bau: unterscheidet sich durch relativ kurze, basal stängelumfassende, (mikroskopisch an den Blattohren stachlig-papillöse und nur längs der Rippe durchscheinende) Blätter. Verbreitung: eine seltene subkontinentale Gebirgsart. Einmal bei 210 m, in Bayern ab 300 bis 1450 m. Ökologie: auf basenreichem, besonders vulkanischem Gestein und an Borkenbasen. Blockhaldemoos. – **T 3, L 3, F 4, R 7, K 7.**

Thuidium tamariscinum (HEDWIG) BRUCH & SCHIMPER
Tamariskenmoos, Tamariskenblättriges Thuja-Moos

(T. 53 d)
Name: Diminutiv von *Thuja*, dem Gattungsnamen des Lebensbaumes. Bezieht sich auf die dessen Zweigen ähnliche Gestalt.
Erstbeschreibung: Durch DILLENIUS 1718 in seiner „Flora von Gießen".
Bau: Matt frisch- bis dunkelgrünes Moos, oft in ausgedehnten bis über 1 m^2 breiten Decken, mit regelmäßig und zierlich (2 –) 3fach gefiederten flachen, im Habitus Lebensbaumzweigen ähnelnden, um 5 – 10 (selten bis 20) cm langen Zweigen (Blattzellen rundlich, papillös, Astblätter in einspitzigen, glatten Zellen endend). Stängel braun, von Paraphyllien dicht filzig. Zweihäusig. Sporogone im Winter, ziemlich selten, nur im höheren Gebirge öfter. Kapsel zylindrisch, gekrümmt, auf 3 – 4 cm langer, glatter Seta.

Thuidium tamariscinum

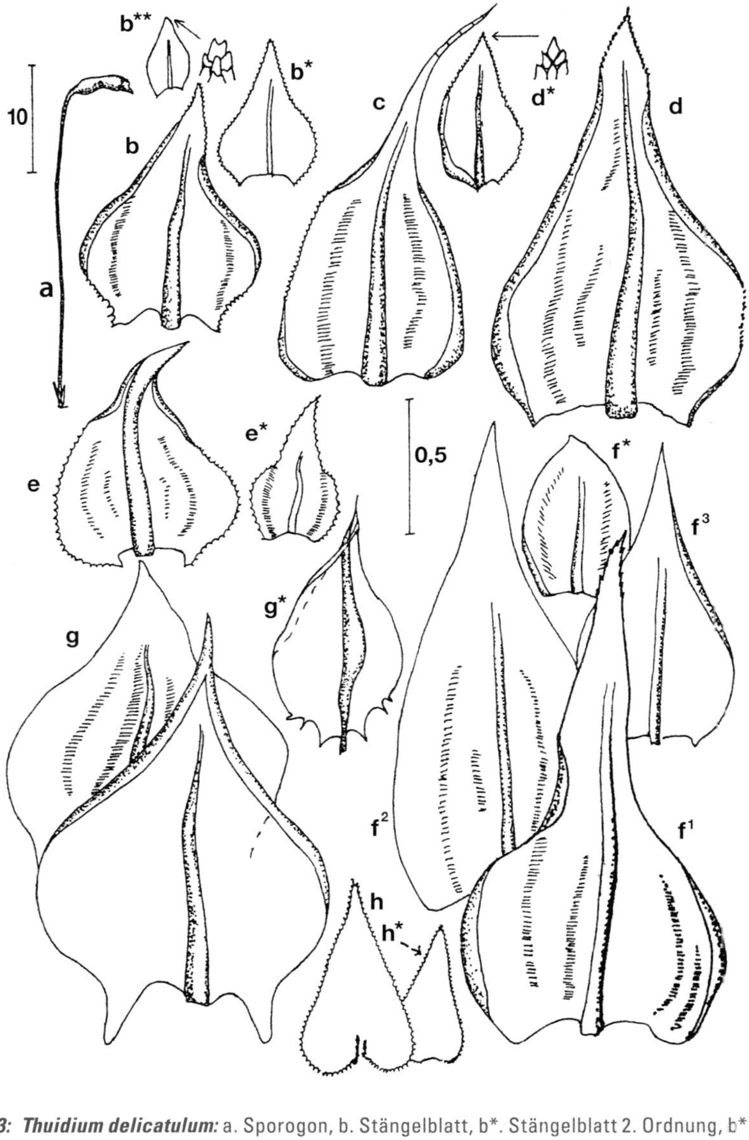

Tafel 53: ***Thuidium delicatulum:*** a. Sporogon, b. Stängelblatt, b*. Stängelblatt 2. Ordnung, b**. Astblatt mit Spitze. ***T. philibertii:*** c. Stängelblatt. ***T. tamariscinum:*** d. Stängelblatt, d*. Astblatt mit Spitze. ***T. recognitum:*** e. Stängelblatt, e*. Astblatt. ***T. abietinum:*** f1 – 3. Stängelblätter 1. – 3. Ordnung, f*. Astblatt. ***Helodium blandowii:*** g. Stängelblätter, g*. Astblatt. ***Heterocladium heteropterum:*** h. Stängelblatt, h*. Astblatt.

Verbreitung: Subozeanisches, auch bipolar verbreitetes Moos. Von der Ebene bis in untere Gebirgslagen zumindest früher ziemlich häufig, aber selten über 800 m (in Bayern bis 1400 m, in Nordtirol angeblich bis 2000 m (MOLENDO)). Höchste sichere Angabe vom Schlern/Südtirol bei 1300 m (B. DÜLL-WUNDER).
Ökologie: Auf humosem, meist reicherem, aber oft kalkfreiem Substrat. Öfter in Quellsümpfen, z. B. neben *Trichocolea*. In schattigen, dauerfeuchten Wäldern oft in ausgedehnten Decken, Erde, Gestein und auch morsches Holz überziehend. Im Gebirge in Gewässernähe öfter auch an Borke aufsteigend. Heute infolge Entwässerung oder auch stärkerer Luftverschmutzung besonders in den west- und norddeutschen Ebenen z. T. ziemlich selten geworden. Nach Untersuchungen von S. WINKLER et al. ist die Wachstumsproduktivität der Art direkt abhängig vom Gedeihen des vergesellschafteten Pilzes. Diese Symbiose erhöht den Massenzuwachs der Art um ein Mehrfaches! Pilzfreie Kulturen wuchsen nur kümmerlich. An *Thuidium* kann man eine bemerkenswerte Konkurrenzstrategie beobachten. Die bis fingerlangen, jährlich neu entwickelten Zweige können sich ähnlich wie die „Etagen" bei *Hylocomium splendens* über Falllaub und andere Moose hinweg schieben und diese überwuchern. Schüttelt man Decken dieses Mooses über einem Papierbogen aus, wird man eine Vielzahl von Gliederfüßlern, wie auch Schnecken beobachten. Ihre Exkremente bringen eine zusätzliche Bereicherung des Substrates.
T 4, L 4, F 7, R 4, K 4.
Besonderes: Abgesehen von der bemerkenswerten Ökologie eines unserer prächtigsten Laubmoose. Schulbuchmoos. Früher, wie auch ihre Verwandten, sehr beliebt für die Anfertigung sogenannter „Mooslandschaften", da die Zweige, gepresst Nadelbäumen ähneln. Leider, wie alle gepressten Pflanzen, nicht lichtecht.
Ähnliche Arten: Die anderen echten (mit 2 – 3 spitzigen Endzellen der Astblätter ausgestatteten) *Thuidien* wachsen an lichteren, meist trockneren (wenn auch grundfeuchten), basen- oder auch kalkreichen Standorten und sind besonders in Kalkgebieten verbreitet. Sie sind gewöhnlich nicht dreifach gefiedert.

Thuidium delicatulum (HEDWIG) SCHIMPER var. ***delicatulum***
(= *T. erectum*)

Zartes oder Aufrechtes Thujamoos

(T. 53 a, b).
Erstbeschreibung: Durch DILLENIUS 1741 in der „Historia muscorum" nach einem Beleg aus Amerika (!). Erst durch A. W. ROTH 1798 bei Oldenburg für Europa erstmals von *T. recognitum* unterschieden.
Bau: In weniger ausgedehnten oder kleinen, gewöhnlich mehr gelbgrünen Decken. Zweige gewöhnlich nur doppelt gefiedert, nur um 3 – 5 cm lang. Die Spitze der breiten Stängelblätter trocken ± anliegend (die Rippe vor der Spitze endend, der Blattrand umgebogen). Ebenfalls selten mit Sporogonen.
Verbreitung: Ebene bis mittlere Gebirgslagen (über 800 m selten, in Bayern bis 1350 m (angeblich noch bis 2115 m), in Tirol sicher bis 1700 m). Oft nur zerstreut.
Ökologie: Auf oft sonnig-trockenem, aber länger grundfeuchtem, basen- bis kalkreichem erdigem Substrat in lückigen Magerwiesen, wie auch auf Kalkstein-Waldwegen sowie in ± offenen Blockhalden.
T 4, L 7, F 4, R 7, K 5.
Ähnliche Arten: Beim meist selteneren ***Thuidium recognitum*** (HEDWIG) LINDBERG (excl. var.), dem Echten Thujamoos (T. 53 e), sind die Stän-

Thuidium delicatulum

Thuidium recognitum

Thuidium philibertii

gelblätter trocken zurückgebogen (ihr Rand flach und die Rippe tritt kurz aus). Verbreitung: Gebirgsmoos der unteren Lagen. LIMPRICHT hält diese Art noch für häufiger als *T. delicatulum* und *T. tamariscinum*. In der Ebene wie auch über 700 m selten. Ansonsten nur in den Alpentälern (– 1140 m). Ökologie: auf schattigem kalk- und basenreichem Silikatgestein besonders in Blockhalden. In Süddeutschland auch in Kalkflachmooren. Anscheinend, wie alle kalkholden Thuidien, empfindlicher gegen Luftverschmutzung. – **T 3, L 5, F 6, R 6, K 4.**

Thuidium philibertii LIMPRICHT (= T. pseudotamarisci), Philibert's Thujamoos (T. 53 c). Bau: die Stängelblätter enden in ein (3- bis) mehrzelliges Haar und sind trocken zurückgebogen. Verbreitung: ähnlich wie *T. delicatulum*, aber oft häufiger. In den Tiroler Alpentälern bis 1550 m. Ökologie: besiedelt mehr feuchte Standorte, so in Bachschluchten auf wechselnassen Böden u. ä. Eine Modifikation sehr feuchter Standorte – eine Hygromorphose – ist das 3-fach gefiederte *T. pseudotamarisci*. – **T 3, F 6, L 4, R 7, K 4.** Verwechslungen wären bei uns höchstens mit *Hylocomien* möglich, die aber braunrote Stängel haben und wegen der fehlenden Papillen trocken glänzen.

Thuidium abietinum (HEDWIG) SCHIMPER var. *abietinum*

(= *Abietinella abietina*)

Tännchenmoos

(T. 53 f)

Artname: Von Abies = Tanne.

Erstbeschreibung: Durch DILLENIUS 1718.

Bau: In matt-gelbgrünen (im Schatten frischgrünen), oft ausgedehnten Decken aus einfach gefiederten, um 2 – 4 cm langen, niederliegenden bis fast aufrechten Zweigen. Stängel filzig, Stängelblätter ± abstehend, breit-eiförmig, allmählich in eine Spitze ausgezogen, mit langer Rippe. Astblätter viel kleiner, eiförmig, trocken anliegend. (Paraphyllien unregelmäßig verzweigt, papillös). Zweihäusig. Sporogone äußerst selten, aber auch keine besonderen Brutorgane bekannt. Anscheinend, wie z. B. das oft mit ihm vergesellschaftete *Rhytidium*, nur als ganze Pflanze bzw. Bruchstück ausgebreitet (von Wirbeltieren oder trocken mit dem Wind).

Verbreitung: Über die ganze Holarktis, wie auch auf der Südhalbkugel im temperaten Bereich. Ebene (meist selten) bis alpine Stufe (in Bayern bis 2100 m und in Tirol bis 2660 m, damit nach *Heterocladium dimorphum* die zweithöchst steigende Thuidiacee),

Ökologie: Kalk- oder zumindest basenliebende Art lichter bis sonniger, länger austrocknender, aber tau- und nebelhäufiger Standorte. Auf reicheren, trockneren Böden, früher in Trockenrasen und auf Blößen weit verbreitet und oft häufig. Oft mit *Entodon concinnus* und *Homalothecium lutescens*. Sehr selten epiphytisch

Thuidium abietinum

an Sträuchern. Inzwischen, wohl besonders durch großflächige Versauerung der Böden in den Industriezentren und ihrer unmittelbaren Nachbarschaft, wie auch in der norddeutschen Ebene, oft schon ausgerottet. Hauptproduktion „taufrisch" am Morgen und wohl besonders im Winter, wenn die Trockenrasen und Mauerstandorte am ehesten abtauen und ständig nachfließendes Schmelzwasser die Pflanzen feucht hält. Man sollte Moose dieses ökologischen Typs „Apermoose" nennen.
T 0, L 8, F 2, R 7, K 5.
Ähnliche Arten: Zuweilen mit *Cratoneuron filicinum* verwechselt. Dieses Feuchtmoos hat u. a. glatte Zellen und immer deutlich einseitswendige Blätter. Im Hochgebirge sind Verwechslungen mit *Pseudoleskea* möglich und in Gewässernähe mit üppiger (meist fruchtender) *Leskea*. Alle anderen *Thuidien* sind immer doppelt gefiedert. Zu *Heterocladium* s. unten. ***Helodium blandowii*** (WEBER & MOHR) WARNSTORF (= Thuidium lanatum), das Sumpf-Tamariskenmoos (T. 53 g). Bau: habituell sehr ähnlich, aber unterschieden durch längere Blattzellen und glatte Paraphyllien sowie Einhäusigkeit. Vorkommen: eine subarktische Tieflandsart, d. h. vorwiegend aus der Ebene bekannt. In Mitteleuropa durch den enormen Rückgang der Feuchtstandorte sehr selten geworden. Ökologie: ein kalkliebendes Sumpfmoos. – **T 2, L 8, F 8, R 9, K 6.**

Heterocladium heteropterum SCHIMPER var. ***heteropterum*** (inkl. var. ***flaccidum Schimper***) Ungleichzweigiges Wechselzweigmoos

(T. 53 h)
Name: Von griechisch heteros = verschieden und klados = Ast, wegen der unterschiedlich beblätterten Hauptstängel und Seitenzweige.
Erstbeschreibung: Durch WILHELM PHILIPP SCHIMPER (1852), der das Moos im Schwarzwald aufnahm. Vor ihm hatte jedoch BRUCH die Art (als *Pterogonium heteropterum* schon in SCHWÄGRICHEN 1827 genannt) dort gesammelt sowie MOUGEOT in den Vogesen
Bau: In flachen, etwa 5 cm breiten bis handgroßen Decken. Die dunkelgrünen Pflanzen sind viel zierlicher als *Thuidium*, unregelmäßig bis fast regelmäßig gefiedert, die Blättchen kaum 1 mm lang, trocken gleichartig locker anliegend und feucht schräg abstehend (kaum Paraphyllien, papillös und kurzrippig). Zweihäusig und Sporogone nur sehr selten im atlantischen Bereich. Oft häufiger als die typische Form ist die var. ***flaccidum*** SCHIMPER, ein sehr zierliches, einem kleinen *Amblystegium* ähnliches Moos weniger feuchter, meist tiefschattiger Standorte, auf dessen Verbreitung zu achten wäre.
Verbreitung: Ein subozeanisches, in der Ebene sehr seltenes Gebirgsmoos . Nicht selten von der Hügel- bis zur Laubwaldstufe (nur selten über 1000 m, in Süddeutschland bis 1400 m und in Nordtirol bis 1280 m (angeblich noch bis weit über 2000 m)).
Ökologie: Kalkmeidend. An besprühtem oder zumindest dauernassem, schattigem Silikatgestein, besonders in Bachnähe und an überrieseltem Gestein.
T 3, L 3, F 7, R 3, K 4.
Ähnliche Arten: ***Heterocladium dimorphum*** (BRIDEL) SCHIMPER (= H. squarrosulum), das Zweigestaltige Wechselzweigmoos. Bau: es unterscheidet sich u. a. – außer durch den Standort – durch die trocken dicht anliegend beblätterten Äste und die sparrig abstehenden Stängelblätter. Verbreitung: ein nordisches Moos mit Hauptverbreitung in den Silikatgesteins-Alpen. Meist über 800 m. (Mit Vorkommen bis maximal 2870 m in der Schweiz unsere höchststeigende Thuidiacee, wie auch eines der höchsten Vorkommen einer Pleurokarpen).

Heterocladium heteropterum

Heterocladium dimorphum

Sonst selten bis ziemlich selten. Ökologie: kalkmeidend. Auf lichten bis sonnigen, winterfeuchten, erdigen Blößen, länger trockener, im Winter ausapernder Standorte. – **T 2, L 8, F 4, R 4, K 6.**

Verwechselt werden diese Arten zuweilen mit Kümmerformen und kleinem *Anomodon*, das aber basen- bis kalkreiche Standorte besiedelt, auch sind dessen Blätter deutlich gerippt.

Cratoneuraceae

Cratoneuron filicinum (HEDWIG) SPRUCE var. *filicinum*
Farnähnliches Starknervmoos

(T. 54 h)

Name: Zusammengesetzt aus griechisch kratos = Stärke und neuron = Nerv, wegen der kräftigen Blattrippe.

Erstbeschreibung: Durch DILLENIUS 1718 von Sumpfwiesen um Gießen.

Bau: Formenreich (s. u.). Kleine Räschen bis ausgedehnte, niedrige Decken oft regelmäßig, einfach gefiederter, ca. 3 – 5(– 10) cm langer, niederliegender bis fast aufrechter Zweige, von (je nach Belichtung) hellgrüner bis goldbrauner Färbung (sehr selten in Kalkquellen auch inkrustiert). Als Hygrophyt ausgesprochen variabel, im Extrem auch völlig unverzweigt (auch dann durch das lockere, relativ kurzzellige, glatte Zellnetz mit den großzelligen, verdickten Blattflügeln zu erkennen). Stängel oft mit reichlich braunen Rhizoiden (aber meist ohne die gezähnten Paraphyllien). Stängelblätter bis 1,5 mm lang, im Umriss ± dreieckig, herablaufend, mit kräftiger, bis in die Spitze reichender bis austretender Rippe. Die Astblätter kleiner,

Cratoneuron filicinum

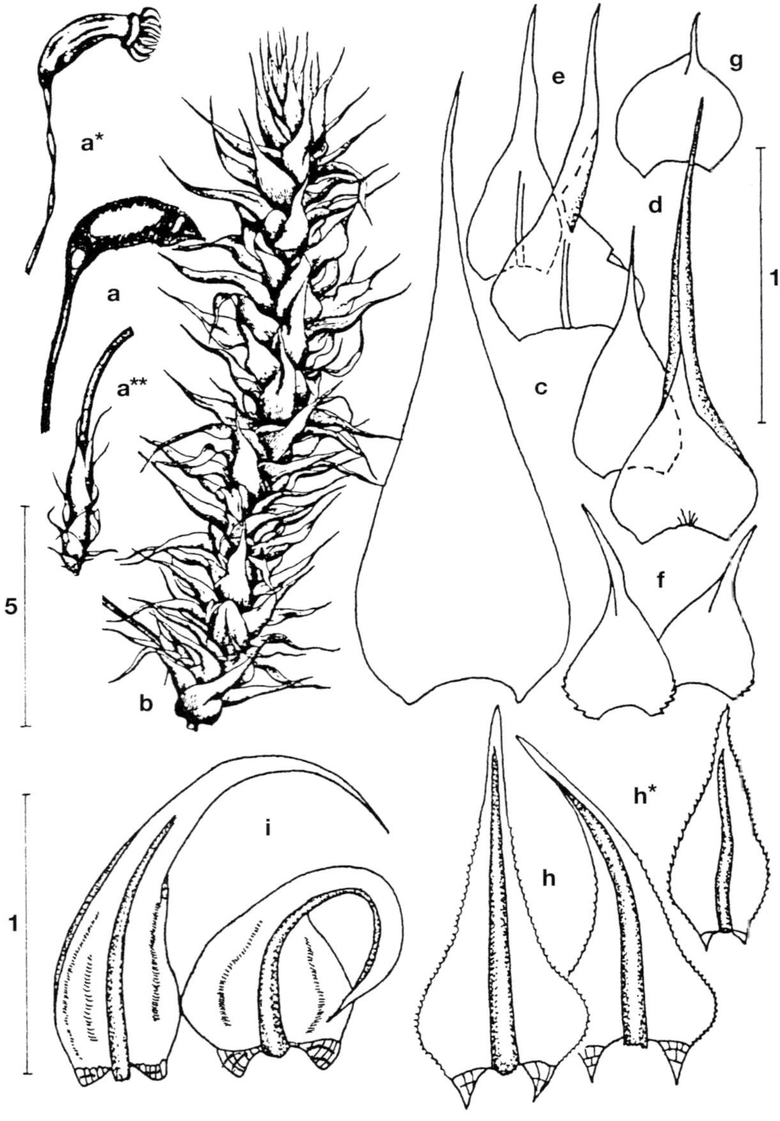

Tafel 54: Campylium stellatum var. ***st.:*** a. ungeöffnete, a* entleerte, tro ckene Kapsel, a** Hüllkelch, b. Habitus (aus Schimper), c. Blatt. ***C. stellatum*** var. ***protensum:*** d. Blatt. ***C. chrysophyllum:*** e. Blatt. ***C. calcareum:*** f. Blatt. ***C. halleri:*** g. Blatt. ***Cratoneuron filicinum:*** h. Stängel-, h* Astblatt. ***Palustriella commutata:*** i. Blätter, verschiedene Formen.

eiförmig-lanzettlich, fast immer deutlich einseitswendig (bis sichelig: Rand meist gezähnelt), zweihäusig, aber Sporogone nicht selten. Kapsel länglich-elliptisch, schräg aufrecht, Deckel kegelig. Seta lang.
Verbreitung: Weltweit im temperaten Bereich. Verbreitet von der Ebene bis ins Hochgebirge (bis 2100 m in Bayern und am Kilimandscharo bis 3900 m, aus Steiermark bis 2566 m angegeben, aber Angaben über 2000 m wären immer auf *Callialaria* zu prüfen!).
Ökologie: Feuchtmoos kalkhaltiger oder zumindest basenreicher, (schattiger) lichter bis sonniger Standorte. Vor allem auf nassen Wegen, an erdigen Böschungen und auch auf nassem Gestein, so z. B. im Uferbereich. In Gebieten mit kalkhaltigen Böden allgemein verbreitet, sonst zerstreut (verschleppt).
T 0, L 7, F 7(6), R 7, K 5.
Ähnliche Arten: Leicht zu verwechseln ist die Art mit Formen des kalkmeidenden *Eurhynchium praelongum*, das aber nie einseitswendige Astblätter hat, ebenso wie das nie glänzende *Thuidium abietinum*. Spritzwasserformen (var. **atrovirens** (BRIDEL) OCHYRA = var. fallax) können für *Hygroamblystegium tenax* oder ähnliches gehalten werden, jedoch fehlen dort die Blattflügel und die Blätter sind höchstens an der Spitze gezähnelt.

Palustriella commutata (HEDWIG) OCHYRA var. *commutata*

(= *Cratoneuron commutatum* var. *commutatum*)

Abänderndes Starknerv- oder Sumpf-Moos

(T. 54 i)
Name: Diminutiv von lateinisch palustria d. h. „im Sumpf wachsend".
Erstbeschreibung: Wie auch schon die var. *falcatum*, durch DILLENIUS in der „Historia muscorum" (1741). War ihm z. B. von Disselhorst, einem englischen Ort, bekannt.
Bau: Diese Art ist einer der wichtigsten Kalktuffbildner und dann stets inkrustiert. Es ist meist kräftiger und lässt sich durch die deutlich faltigen Stängelblätter, (engeres Zellnetz) und den meist gut entwickelten, mit der Lupe erkennbaren Paraphyllienfilz vom selten kalkinkrustierten *Cratoneuron filicinum* unterscheiden. Wie alle Hygrophyten ist die Art sehr variabel. Man unterscheidet mehrere, habituell z. T. total abweichende Formen, so z. B. die var. ***falcata*** (BRIDEL) OCHYRA in kalkärmeren Sümpfen und var. ***fluctuans*** (SCHIMPER) OCHYRA in Fließgewässern.
Verbreitung: Gebirgsmoos bis zur Baumgrenze (darüber und in der Ebene selten, in Bayern bis 1800 m, in Tirol noch selten bis 2600 und 3500 m (LÜTZ, persönliche Mitteilung!) gefunden. Ein maximaler Höhennachweis einer Pleurokarpen).
Ökologie: Auf sonnigen bis schattigen, überrieselten, dauernassen oder auch dauernd überfluteten Standorten auf Gestein und Erde, so z. B. in Kalkflachmooren. Einer der wichtigsten Kalktuffbildner. Er entzieht dem im Wasser gelösten Kalziumhydrogenkarbonat ($Ca(HCO_3)_2$) Kohlendioxid für die Photosynthese, wodurch an den Pflanzen kristallines Kalziumkarbonat ($Ca(CO_3)$) ausgefällt wird (Mikroskop!). Dadurch können auch in unserem Klima in 100 Jahren bis 10 m hohe Kalktufffelsen entstehen, wie am Nohner Wasserfall in der Eifel. In den Kalkgebirgen ist *P. commutata* ziemlich verbreitet und außerordentlich variabel. Oft zusammen mit *Eucladium* (vgl. dort) und *Didymodon tophaceus*.
T 0, L 8, F 8, R 8, K 5.
Verwandte Arten: ***Palustriella decipiens*** (DE NOTARIS) OCHYRA (= Cratoneuron decipiens), das Täuschende Starknervmoos. Bau: es hat sehr breite, tieffaltige Stängelblätter (und auf den langen Zellen deutliche Papillen).

Palustriella commutata

Palustriella commutata

Verbreitung: ein in Tieflagen sehr seltenes, ab ca. 800 m öfter vorkommendes, relativ seltenes subarktisch-subalpines Gebirgsmoos (so in Bayern und Tirol bis 2000 m). Ökologie: in kalkreichen Quellmooren, z. B. mit typischer *Lophozia bantriensis*. – **T 1, L 8, F 7, R 7, K 6.**

Ähnliche Arten: Unterschiede zu *Cratoneuron filicinum* siehe oben. In Kalkmooren kann *Palustriella* mit täuschend ähnlichem *Drepanocladus* und *Scorpidium* verwechselt werden. Diesen fehlen aber die Paraphyllien und die Blätter sind glatt (nicht faltig).

Amblystegiaceae

Campylium chrysophyllum (Bridel) Lange

(= *Chrysophypnum chr.*)

Echtes Goldschlafmoos

(T. 54 e)

Name: Von griechisch kampylos = gekrümmt, was sich sowohl auf die Kapsel bezieht, wie auf die Blätter beziehen kann. Der schönere Limpricht'sche Name *Chrysohypnum* leitet sich von griechisch chrysos = schön und *Hypnum* ab.

Erstbeschreibung: Durch Bridel 1801. Wurde dem Autor der Art zuerst durch Belege bekannt, die W. de Lachenal (1736 – 1800), Botanikprofessor in Basel, in der Schweiz gesammelt hatte.

Bau: Meist goldbraune, glänzende, einige cm^2 große, lockere Decken aus meist unregelmäßig verzweigten (1 –)2 – 3 (– 10?) cm langen, feucht und trocken sparrig beblätterten Stängeln (oder auch einzeln zwischen anderen Astmoosen). Die mod. **tenellum** ist viel zierlicher, ähnlich *C. calcareum*. Stängelblätter oft sichelig, bis 1,5 mm lang, charakteristisch herzförmig/dreieckig, plötzlich in die lange, rinnige Spitze verjüngt (mit dünner, etwa die Hälfte des Blattes einnehmender Rippe, ohne Flügel, meist ganzrandig, Blattzellen linealisch). Zweihäusig. Sporogone sehr selten. Kapsel meist geneigt und gekrümmt auf langer, rötlicher, glatter Seta. Ausbreitung der sparrigen Stängel durch Wirbeltiere und durch den Wind.

Verbreitung: Gebirgsmoos (selten im Flachland, in Bayern bis 900 und angegeben bis 2150 m, in Nordtirol bis 1450 und ca. 2300 m (K. Koppe)). Im Hügel- und Bergland auf Kalk nicht selten.

Campylium chrysophyllum

Campylidium calcareum

Ökologie: Charakteristisch für besonnte Kalktrockenrasen und dort ein Apermoos (vgl. bei *Thuidium abietinum*), zuweilen auch an (oft erst nachträglich) beschatteten Plätzen. Im Bereich der Industriegebiete oft ausgerottet, wohl vor allem durch Vergrasung (Düngung durch Staubanflug) und Rückgang der Schafweide.
T2, L9, F2, R8, K6
Besonderes: Ein kleines Moos, das durch seine Engzelligkeit glänzt und dazu auch trocken seine Form behält. Ähnlich wie die oft assoziierten Trockenrasenmoose *Homalothecium lutescens*, *Rhytidium*, *Hypnum cupressiforme* var. *lacunosum* und *Entodon concinnus*. Allen gemeinsam ist die an sonnigen Standorten goldbraune Färbung.
Ähnliche Arten: ***Campylidium calcareum*** Ochyra (= Campylium c.), das Kalk-Go., (T. 54 f). Bau: von voriger durch zierlichen Wuchs, häufige Sporogone und schattigen Standort ist das einem *Amblystegium* sehr ähnliche Moos gut zu unterscheiden. Stängel 1 – 1,5 cm lang. Die kaum 1 mm langen Blätter sind dreieckig-lanzettlich, (gegen den Grund gezähnelt, haben kleine Blattflügel und eine undeutliche Rippe). Die einhäusige Art entwickelt häufig Sporogone. Kapseln bis 2 mm und die rötliche Seta 2 cm lang. Verbreitung: nicht seltenes Gebirgsmoos (Ebene selten, in Bayern bis 1500 m und in Tirol bis 1900 m). Ökologie: besonders auf kalk- und basenreichen Steinen in Gebüschen, lichteren Wäldern und seltener an grasigen Böschungen wachsend. Schwermetallresistent. – **T5, L4, F4, R8, K5.**

Campylium halleri (Hedwig) Lindberg

(= *Campylophyllum halleri*)

Hallers Goldschlafmoos

(T. 54 g)
Erstbeschreibung: Durch Albrecht von Haller (1708 – 1777) in seiner „Schweizer Flora" (1768). Deshalb wurde diese Art ihm zu Ehren von O. Swartz 1781 benannt und dieser Name von Hedwig übernommen.

Campylium halleri

Bau: Durch die sparrig-zurückgekrümmten Spitzen der knapp 1 mm langen, breiten, plötzlich verjüngten Stängelblätter bestens charakterisiert. In meist bräunlichen, oft handgroßen, auch kreisförmigen, graugrünen, trocken bräunlichen Decken überzieht es, dem Substrat fest verhaftet, das Gestein.
Verbreitung: Hochgebirgsmoos (vereinzelt bis 350 und 600 m herab (verschleppt?)). In Bayern bis 2271 m sowie im Dachstein und in Nordtirol bis 2500 m. Nur in den Kalkalpen häufig, im Mittelgebirge selten oder nur verschleppt (so an feuchten Mauern).
Ökologie: An lichten bis halbschattigen, meist kalkreichen, luft- bis grundfeuchten Standorten auf Kalk und kalkhaltigem Silikatgestein, z. B. neben *Orthothecium rufescens*.
T 2, L 7, F 6, R 9, K 6.

Campylium stellatum var. *protensum* (BRIDEL) BRYHN
(= *Chrysohypnum pr.*)

Verlängertes Goldschlafmoos

(T. 54 d)
Erstbeschreibung: Durch BRIDEL 1801 und HEDWIG, von Ersterem 1796 in der Schweiz entdeckt.
Bau: In Größe und Tracht zwischen *C. chrysophyllum* und *C. stellatum*. Die Blätter um 2 mm lang, aus breit-eiförmigem Grund plötzlich lang zugespitzt, ganzrandig, ungerippt und mit scharf abgesetzten Blattflügeln. Astblätter ähnlich, aber oft etwas einseitswendig. Zweihäusig und sehr selten mit Sporogonen. Ausbreitung wohl ähnlich wie bei voriger Art.
Verbreitung: In der Ebene seltenes, im Gebirge häufigeres Moos (in Bayern bis 1750 m und in Tirol sogar bis 2400 m).
Ökologie: Kalkstet. An lichten (bis sonnigen), grundfeuchten Standorten auf Erde und Gestein, besonders an Wegrändern und feuchten Böschungen in Kalkgebieten, seltener in weniger feuchten Wiesen. Oft an Wegen mit *Cratoneuron filicinum*, *Hypnum lindbergii* und *Didymodon fallax*. Z. T. verschleppt.
T 3, L 8, F 6, R 9, K 6.
Ähnliche Arten: ***Campylium stellatum*** (HEDWIG) C. E. O. JENSEN var. ***stellatum*** (= Chryso-

Campylium stellatum

hypnum st.), das Sternartige Goldschlafmoos (T. 54 a – c). Bau: im Gegensatz zu den vorigen sind diese Blättchen bis 3,5 mm lang, allmählich in eine lange Spitze ausgezogen (und die Blattflügel nicht deutlich abgesetzt). Verbreitung: bipolar. Früher allgemein verbreitet, von der Ebene bis ins Hochgebirge (in Bayern bis 2111 m, in Tirol noch bis 2730 m, auch eine sehr hochsteigende Pleurokarpe). Ökologie: diese Sippe wächst in oft sonnigen, meist kalkhaltigen Sümpfen, auf Nasswiesen und in Bruchwäldern. Z. B. mit *Bryum pseudotriquetrum*, *Scorpidium cossonii* und *Fissidens adianthoides*. Inzwischen durch „Kultivierung" meist stark zurückgegangen. – **T 2, L 8, F 7, R 7, K 6.** Ähnliche, viel seltenere Arten haben eine Blattrippe, sind aber ebenfalls Sumpfmoose.

Amblystegium serpens (Hedwig) Schimper var. *serpens*
Kriechendes Stumpfdeckelmoos

(T. 55 b)

Name: Von griechisch amblys = stumpf und stege = Deckel, wegen des meist stumpfen Deckels.

Erstbeschreibung: Durch Dillenius 1718, von Gießen.

Bau: Formenreich. Bildet flache, meist kaum 5 cm breite, ± dunkelgrüne Decken aus zierlichen, kaum 1 mm dicken, über 1 bis 3(– 5) cm langen, unregelmäßig verzweigten Stängeln („Fadenmoos"). Lanzettlich an älteren Stängeln auch eiförmig-lanzettlich. Stängelblätter bis um 1 mm lang (ganzrandig, Rippe 1/2 bis 2/3 der Blattlänge, Blattzellen basal meist quadratisch, nach oben verlängert). Blätter trocken anliegend, feucht aufrecht abstehend. Die var. *juratzkanum* (Schimper) Rau & Hervey (= A. jur.) – wahrscheinlich nur eine Hygromorphose (also eine an Feuchtstandorten auftretende Modifikation) – unterscheidet sich durch feucht sparrig abstehende, trocken nicht anliegende Blätter. Einhäusig, meist mit Sporogonen. Kapsel kurz-zylindrisch, gekrümmt, bis fast 3 mm lang, mit kegeligem Deckel und weißlicher Kappe. Seta glatt, bis 3 cm lang.

Verbreitung: Fast weltweit. Häufig vor allem in unteren Lagen (in Bayern bis 850 (– 1700) m, in Tirol bis 1400 m, darüber wohl nur verschleppt,

Amblystegium serpens

Amblystegium serpens

so bei St. Anton bis 2050 m. In der Schweiz bis 2130 m).
Ökologie: Vor allem im Bereich menschlicher Siedlungen sowie in gestörten bzw. eutrophierten Wäldern verbreitet, wohl Kulturfolger. Auf verschiedenstem, meist aber kalk- oder basenreichem Substrat, an Borke und morschem Holz in meist feucht-schattiger Lage sowie gern an Mauern, nahe Gewässern (auch in den Städten!).
T ?0, L 5, F 4, R 6, K 5.

Ähnliche Arten: Das unscheinbare Moos kann leicht für ein zierliches *Brachythecium* gehalten werden, jedoch unterscheiden sich die *Amblystegien* durch mehr lockeres Zellnetz, immer glatte Seten (und höchstens schwach gezähnte, glatte Blätter ohne abgesetzte Blattflügel). Kleine *Hypnum*-Arten sind dagegen rippenlos und haben Blattflügel, ihre Blätter sind meist deutlich einseitswendig. Kleine *Leskeaceen* sind z. T. papillös und – wenn Brutsprosse fehlen – oft nur mikroskopisch zu unterscheiden.

Amblystegium subtile (Hedwig) Schimper
(= Amblystegiella subtilis = Platydictya subtilis)
Feines Kleinstumpfdeckelmoos

(T. 55 c)
Erstbeschreibung: Als *Hypnum minimum* durch Albrecht von Haller (1708 – 1777) in seiner „Schweizer Flora“ (1768). *Leskea subtilis* nennt sie danach Hedwig (1793).

Bau: Eines der zierlichsten Astmoose, in grünen, dicht verwebten, wenige cm bis handgroßen Decken dem Substrat anliegend. Ein typisches „Fadenmoos“. Die trockenen, kaum 0,5 mm dicken Stängel mit anliegenden Blättern, feucht abste-

Amblystegium subtile

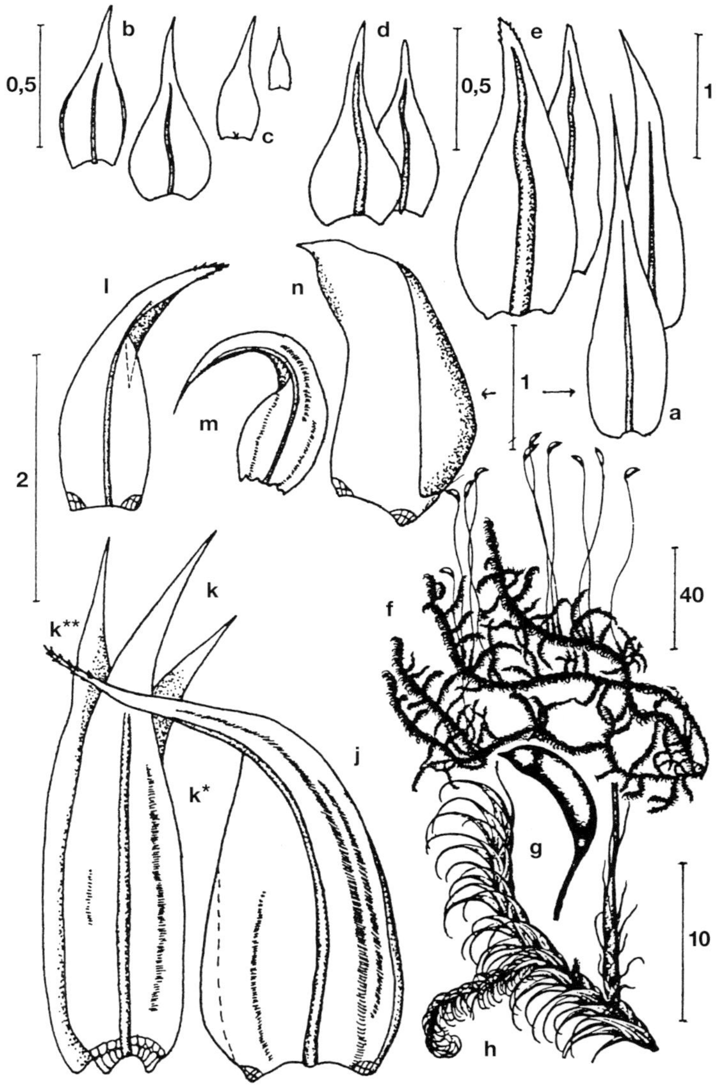

Tafel 55: ***Amblystegium riparium:*** a. Blatt. ***A. serpens:*** b. Blatt. ***A. subtile:*** c. Blatt. ***A. varium:*** d. Blatt. ***Hygroamblystegium tenax:*** e. Blatt. ***Sanionia uncinata:*** f. Habitus mit Sporogonen, g. Kapsel, h. Zweig nah mit Hüll blättern, j. Blatt. ***Drepanocladus aduncus:*** Blätter: k., k.x Landform, k** Wasserform. ***Warnstorfia fluitans:*** l. Blatt. ***Scorpidium revolvens:*** m. Blatt. ***S. scorpioides:*** n. Blatt. (f. – h. nach Schimper)

hend, etwas einseitswendig. Die bis um 0,5 mm langen Blätter aus schmal-lanzettlicher Basis pfriemenförmig, rippenlos (jedoch Perichaetialblätter mit halber Rippe). Einhäusig, oft mit Sporogonen. Kapsel zylindrisch, fast aufrecht, ca. 1,5 mm lang, auf bis 1 cm langer Seta.

Verbreitung: Eine subkontinentale, deshalb in Großbritannien fehlende Art. Früher in der Ebene zerstreut. In den südwest- und süddeutschen Gebirgen und den Alpen noch ziemlich häufig, sonst meist selten geworden. In Bayern bis 1500 m und aus Tirol bis 1900 m angegeben. Meist nicht über der Waldgrenze.

Ökologie: An (meist glatter) Borke der Laubbäume in Gebieten über Kalk- oder mindest basenreichem Gestein. Selten auf Gestein, so in belasteten Gebieten nur noch an Kalkgestein, aber steril. Sehr empfindlich gegen Luftverschmutzung.

T 4, L 7, F 5, R 6, K 7.

Verwandte Arten: ***Amblystegium confervoides*** (BRIDEL) SCHIMPER (= Platydictya conf. (BRIDEL) CRUM), Algenähnliches Kleinstumpfdeckelmoos. Bau: unterschieden durch mindestens geneigte Kapsel (und ganzrandige, rippenlose Perichaetialblätter). Verbreitung: Gebirgsmoos (ab 180 bis ca. 1200 m in Süddeutschland und bis 2340 m in Tirol). Ökologie: in Laubwäldern auf kleineren Kalksteinen, selten an Kalkblöcken oder -felsen. Oft mit *Homomallium* oder *Campylidium calcareum*. – **T 3, L 5, F 4, R 8, K 6.** Die ähnliche Kümmerform von *A. serpens* (mod. *tenue*) unterscheidet sich außer durch eine schwache Rippe durch geneigte Kapseln.

Leptodictyum riparium (HEDWIG) WARNSTORF

(= *Amblystegium riparium*)

Ufermoos

Leptodictyum riparium

(T. 55 a)
Erstbeschreibung: Durch LINNÉ 1753.
Bau: Ähnelt am ehesten einer Schattenform von *Brachythecium rutabulum*. Die Stängel sind meist fast zweireihig beblättert und bis über 6 mm breit. Blätter lineal-lanzettlich, ganzrandig, bis 3 mm lang und die Rippe geht über 2/3 der Blätter. Seta glatt, mit typischer *Amblystegium*-Kapsel. Einhäusig. Oft mit Sporogonen.
Verbreitung: Ziemlich häufiges Tieflagenmoos (in Bayern bis 660 und selten bis 1170 m, in Nordtirol bis 1500 m).
Ökologie: An feuchten bis nassen Standorten ziemlich häufig, besonders an und in Brunnen, an Ufergestein (Verschmutzungszeiger!): hemerophytisch, basiphytisch und nitrophytisch. Auf feuchtem, morschem Holz, oft submers. Sehr variabel. Gegen Luftverschmutzung unempfindlich. In luftfeuchter Lage auch außerhalb von Gewässern.
T 0, L 0, F 7(6), R 5, K 5.
Besonderes: In Nordamerika auf der Schale von Süßwassermuscheln beobachtet. Auch an Lichtquellen in Höhlen.

Hygroamblystegium tenax (HEDWIG) JENNINGS
(= *H. irriguum* = *Amblystegium fallax*)
Wasser-Stumpfdeckelmoos

(T. 55 e)
Name: Von griechisch hygrós = feucht, nass und vgl. *Amblystegium*.
Erstbeschreibung: Durch HEDWIG 1801 sowie BRIDEL 1801. Von Pastor J. CH. STARKE in Schlesien sowie etwa gleichzeitig von BRIDEL in der Schweiz entdeckt.
Bau: Einem kräftigen *Amblystegium serpens* recht ähnlich. In dunkelgrünen, unregelmäßig verzweigten Decken mit feucht aufrecht-ab-

Hygroamblystegium tenax

Hygroamblystegium tenax

stehenden und trocken nur locker anliegenden Blättern. Diese ca. 1,5 mm lang, lanzettlich, mit gezähnelter, z. T. stumpflicher Spitze und dicker, oben oft geknieter, vor oder in der Spitze endender Rippe. (Mit kurzzelligem Zellnetz). Sporogone wohl ziemlich selten.

Verbreitung: Seltener in der Ebene bis zerstreut in mittleren Gebirgslagen (gewöhnlich unter 1000 m, in Süddeutschland bis 610 m (aber wohl nicht über 1000 m, wie auch angegeben)).

Ökologie: Charaktermoos an basenreicherem Gestein und Baumwurzeln. An und in ± kalkhaltigen, nicht zu schmutzigen Fließgewässern, oft lange untergetaucht lebendes Moos. Meist mit *Platyhypnidium riparioides*.

T 0, L 0, F 8, R 6, K 5.

Ähnliche und **Verwandte Arten:** Sehr ähnlich ist *Cratoneuron filicinum* var. *atrovirens*, das sich nur mikroskopisch (!) u. a. durch Vorkommen von Blattflügeln unterscheidet. ***Hygroamblystegium fluviatile*** (HEDWIG) LOESKE, das Fluss-Stumpfdeckelmoos. Bereits durch O. SWARTZ 1799 erstmalig beschrieben. Bau: u. a. unterschieden durch trocken angedrückte Blätter, stumpfliche, dicke, kurz austretende Rippe (und mehr langzellig). Verbreitung: auch auf der Südhalbkugel. Gebirgsmoos bis in mittlere Lagen (Ebene selten, in Süddeutschland bis 1400 m am Feldberg, in Tirol noch bis 1580 m angegeben). Ökologie: in kalkarmen Fließgewässern. – **T 3, L 0, F 9, R 5, K 4.**

Sanionia uncinata (HEDWIG) LOESKE
(= *Drepanocladus u.*)
Hakiges Sichelmoos, Krallenmoos

(T. 55 f – j)
Name: Zu Ehren des ostpreußischen Botanikers und Bryologen K. G. SANIO.
Erstbeschreibung: Durch HEDWIG 1797, von ihm bei Zschopau im Erzgebirge entdeckt.
Bau: Meist 5 – 20 cm große, *Hypnum cupressiforme* ähnliche, oft blass- bis gelblichgrüne, flache Decken aus gefiederten Zweigen. Stängel um die Sprossanlagen mit Paraphyllien. Blätter bis kreisförmig gekrümmt, meist über 3 mm lang, aus eiförmigem Grund lineal-lanzettlich, schwach faltig und deshalb die bis in die Spitze reichende Rippe oft schwer erkennbar. Undeutlich gesägt. Vor allem im höheren Gebirge sehr variabel und in z. T. ganz zierlichen, *Ctenidium*-ähnlichen Formen (mod. *plumosum* und *plumulosum*) auch an Borke. Einhäusig und deshalb oft mit Sporogonen. Kapseln kurz zylindrisch, gekrümmt, Deckel konisch. Seta lang, glatt.
Verbreitung: Insgesamt fast weltweit verbreitet (leicht kenntliche Art!). Von der Ebene bis ins Hochgebirge (in Bayern bis 1670 m, nach FAMILLER bis 2954 m, in Tirol bis 2430 und 3000/3200 m (F. & K. KOPPE)). Deshalb eines der höchststeigenden Astmoose!
Ökologie: Meist auf schattigen, kalkfreien Felsblöcken (besonders auf Lavagestein) und feuchterem, morschem Holz in Bergwäldern und dort ziemlich verbreitet. In meist (bis viel) kleinerem *Hypnum* sehr ähnlichen Formen (s. o.) an Borke in Bruchwäldern, feuchten Bergwäldern und im Krummholz. In den Wäldern der Ebene seltener. Auch auf feuchter Erde und in sauren Sümpfen. Besonders auf Gestein anscheinend ziemlich unempfindlich, auch gegen starke Luftverschmutzung (im Ruhrgebiet auch auf Hochofenschlacke!).
T 0, L 0, F 7, R 3, K 6.
Ähnliche Arten: Von oben *Hypnum cupressiforme* oft täuschend ähnlich, jedoch seitlich durch die auffällig kreisförmig gebogenen Blätter (und durch die Rippe) unterschieden. Von allen Drepanocladen (s. l.) durch die Paraphyllien und von den meisten durch faltige Blätter und den Standort (nur selten im Sumpf wachsend!) unterschieden. *Cratoneuron agg.* ist kalkliebend

Sanionia uncinata

und hat kürzere, oder papillöse Zellen bzw. einen dichteren Paraphyllienfilz. ***Drepanocladus aduncus*** (HEDWIG) WARNSTORF var. ***aduncus*** (inkl. var. *polycarpus* (VOIT) ROTH), das Gekrümmte Sichelmoos (T. 55 k). Name: zusammengesetzt aus griechisch drepané = Sichel und klados = Zweig. Die *fo. kneiffii* war schon DILLENIUS (1718) von Gießen bekannt. Bau: Rasen braun- bis gelbgrün. Stängel nackt, bis über 5 cm lang, unregelmäßig fiederig. Blätter gerade bis schwach sichelig, aus eiförmigem Grund fein zugespitzt, um 3 mm lang, ganzrandig, mit großen, durchscheinenden Blattflügeln. Zweihäusig. Seta bis 5 cm lang. Sehr formenreich, im Gelände oft schwer erkennbar. Verbreitung: fast weltweit. Bis in untere Gebirgslagen meist zerstreut (in Bayern bis um 1100 m und in Tirol angeblich bis 2000 m). Ökologie: an oft sonnigen, dauernassen bis zeitweise überschwemmten, nährstoffreichen, oft kalkhaltigen Standorten. – **T o, L 8, F 8, R 7, K 5.**

Warnstorfia fluitans (HEDWIG) LOESKE var. ***fluitans***

(= *Drepanocladus fl.*)

Flutendes Sichelmoos

(T. 55 l)

Name: Zu Ehren von CARL WARNSTORF (1837 – 1921), dem hervorragenden *Sphagnum*-Kenner und Bryologen, u. a. Autor der vorzüglichen Moosflora von Brandenburg.

Erstbeschreibung: Durch DILLENIUS 1741 nach einem Beleg aus Nordamerika. Erst von SCHREBER 1771 auch bei Leipzig nachgewiesen.

Bau: Die gelb- bis braungrünen, glänzenden, laschen, bis über 20 cm langen Pflanzen wachsen oft untergetaucht. Unregelmäßig bis fiederig beastet. Die schmal lanzettlichen Blätter sind 2,5 – 3,5 mm lang, meist wenig sichelig, glatt und gezähnelt, die dünne Rippe endet vor der Spitze, die Blattflügel oft an der Rippe. Einhäusig und öfter mit Sporogonen.

Warnstorfia fluitans

Verbreitung: Fast weltweit. Früher verbreitet, jetzt z. T. selten, von der Ebene bis ins Hochgebirge (in Bayern bis 1800 m, in Tirol noch höher, jedoch in Hochlagen von *W. exannulata* abgelöst).
Ökologie: Auf auch besonnten oligotrophen Mooren, insbesondere in Gräben und Tümpeln, auch submers.
T 0(2), L 0, F 8, R 1, K 6.
Verwandte Arten: ***Warnstorfia exannulata*** (Schimper) Loeske (= Drepanocladus ex.), Ringloses Sichelmoos. Unterschieden durch hell- bis gelbgrüne bis rotbraune Färbung und meist sichelige Blätter mit kräftiger, bis blattlanger Rippe. Verbreitung: von der Ebene bis ins Hochgebirge (in Bayern bis 1820 m und in Tirol noch bis 2600 m). Ökologie: ähnlich, aber selten im Wasser. – **T 2, L 9, F 8, R 2, K 6.** Die übrigen Arten der Gattung *Drepanocladus* im weiteren Sinne sind in Mitteleuropa meist selten geworden und durch die oben angegebenen Merkmale unterschieden.

Scorpidium scorpioides (Hedwig) Limpricht
Echtes Skorpionmoos

(T. 55 n).
Name: Gebildet aus griechisch skorpios = Skorpion, wegen der sichelförmig (wie ein Skorpionsschwanz) gebogenen Blätter.
Erstbeschreibung: Durch Dillenius 1741 in der „Historia Muscorum". War ihm von Bishop's Castle in England, sogar mit Sporogonen, bekannt.

Scorpidium scorpioides

Bau: In oft ausgedehnten, glänzend-braunen (selten braungrünen), einem *Drepanocladus* sehr ähnlichen Decken. Die vom Stängel abgebogenen, wenig gekrümmten, aus eiförmigem Grund gespitzten Blätter sind um 3 mm lang, einmal längs gefaltet und haben höchstens eine Doppelrippe. Zweihäusig, Sporogone selten.
Verbreitung: Von der Ebene bis ins höhere Gebirge (in Süddeutschland bis 1300 m, in Tirol bis um 1500 m und aus der Schweiz bis 2000 m angegeben). Heute nur noch im Alpenbereich häufiger, sonst durch „Kultivierung" oft ausgerottet.
Ökologie: Ein Charaktermoos der offenen Kalkflachmoore und -wiesen, z. B. auch mit *Meesia triquetra* vergesellschaftet.
T 2, L 9, F 8, R 9, K 6.
Verwandte Arten: ***Scorpidium cossoni*** (SCHIMPER) HEDENAES (= Drepanocladus cossonii = D. revolvens var. intermedius etc.), Kalk-Sichelmoos (T. 55 m). Bau: habituell *Palustriella commutata* besonders ähnlich, jedoch ohne Paraphyllien und Blätter glatt, immer kreisförmig gekrümmt, ± ganzrandig, mindestens 2 mm lang (Basalzellen reich getüpfelt, mit hyaliner Stängelrinde). Verbreitung: Ebene bis mittlere Gebirgslagen (in Süddeutschland bis 1000 m, in Tirol sowie in der Schweiz bis 2200 m). Besonders im Alpenbereich noch ziemlich verbreitet, sonst oft gefährdet. Ökologie: auf offenen, oft sonnigen Flachmooren, Quellsümpfen, an Ufern und auch submers in zeitweise mit Wasser gefüllten Senken. Oft mit *Fissidens adianthoides* und *Tomenthypnum nitens*. – **T 0, L 9, F 7(8), R 9, K 6.** Von anderen *Drepanocladus*-Verwandten durch obige Merkmale gut unterschieden.

Hygrohypnum luridum (HEDWIG) JENNINGS var. ***luridum***
(= *H. palustre*)

Sumpf-Wasserschlafmoos

(T. 56 a)
Name: Aus griechisch hygros = feucht, nass und *Hypnum*.
Erstbeschreibung: Durch DILLENIUS 1741 und von ihm am Themseufer bei Battersea entdeckt.
Bau: Meist bräunlichgrüne oder auch olivgrüne, dem Substrat dicht anliegende, dünne Decken unregelmäßig verzweigter, bis einige cm langer Zweige. Blätter ca. 1 x 0,5 mm groß, etwas hohl, anliegend schwach bis deutlich sichelig, eiförmig-lanzettlich bis breit-elliptisch, zugespitzt, kaum 1 mm lang, (Blattspitze stumpflich, Blattflügel deutlich, Rippe 3/4 des Blattes bis fast fehlend). Je nach Licht und Feuchtigkeit sehr variabel. Wasserformen sind groß und kräftig, (so die var. ***subsphaericarpon*** (BRIDEL) C. JENSEN) und haben bis 1,5 mm lange, sichelige Blätter, immer mit deutlicher Rippe (T. 56 b). Schattenformen sind winzig und fast rippenlos (fo. *enerve*). Einhäusig, aber Sporogone nicht häufig. Kapsel geneigt, eiförmig, bis kurz elliptisch, auf glatter Seta mit fast geschnäbeltem Deckel.
Verbreitung: Gebirgsmoos (in der Ebene selten, desgleichen über der Waldgrenze und dort meist in Nischen und Höhlungen), in Bayern bis auf 1730 m, in Tirol bis 1500! und (zu prüfen) bis um 2500 m (K. KOPPE).
Ökologie: Auf reicherem Gestein an feuchteren Standorten meist verbreitet, in Laubwäldern, wie auch besonders an Kalkgestein in Bachnähe, an überrieselten oder dauerfeuchten Felsen. Verschleppt zuweilen an Bachbrücken und feuchten Mörtelmauern.
T 3, L 4, F 6, R 7, K 6.
Ähnliche Arten: Verwechslungen sind mit Formen von *Rhynchostegium murale* (vgl. dort) möglich, das aber vor allem gerade und häufig viel stumpfere Blätter sowie lang geschnäbelte Kapseldeckel hat. Ähnliches *Hypnum* hat scharf zugespitzte, ± rippenlose Blätter. Verwandte: Alle anderen mitteleuropäischen *Hygrohypnen*

Hygrohypnum luridum

Hygrohypnum ochraceum

sind kalkmeidende, oft über weite Strecken fehlende oder überhaupt seltene Gebirgsmoose. Lediglich **Hygrohypnum ochraceum** (WILSON) LOESKE, das Rostgelbe Wasserschlafmoos (T. 56 c) ist in Silikatgebieten etwas häufiger. Bau: es bildet kräftige, grüne bis braun-grüne, trocken glänzende Decken an überspültem Gestein klarer Bäche. Blätter eiförmig-lanzettlich, 2 mm lang, ± einseitswendig, mit langer, kräftiger Rippe und hyalinen, dünnwandigen Blattflügeln aus blasigen Zellen. Zweihäusig und sehr selten mit Sporogonen. Verbreitung: Moos der mittleren Gebirgslagen (ab 90 bis 350 m noch selten, häufiger über 600 bis 1000 m in Süddeutschland; in den Zentralalpen angeblich noch bei 2350 m (K. KOPPE)). Ökologie: auf lichtem bis schattigen, meist überspültem, kalkfreiem Silikatgestein, Sand und selten auch an Holz an und in Fließgewässern. – **T 2, L o, F 9, R 2, K 6.** Vom ähnlichen *Brachythecium plumosum* (oft am gleichen Standort) durch stumpfliche bis stumpfe Blätter, Blattflügel und glatte Seta zu unterscheiden. *Platyhypnidium riparioides* ist kräftiger, hat gerade, eiförmige, deutlich gezähnte Blätter und geschnäbelten Deckel.

Calliergon cordifolium (HEDWIG) KINDBERG
Herzblättriges Schönmoos

(T. 56 d)

Name: Abgeleitet von griechisch kalliergos = schön gearbeitet (ein hübsches Moos).

Erstbeschreibung: Durch HEDWIG 1797. Wurde schon 1788 von J. CH. STARKE bei Groß-Schirnau in Schlesien gesammelt und an HEDWIG geschickt, der es aber erst später als eigene Art erkannte.

Bau: Meist frischgrüne, üppige, etwas schlaffe Decken oder Hochrasen aus unregelmäßig, kaum oder wenig fiederig verzweigten Ästen um 10 cm Länge und 3 – 4 mm Breite. Stängel durch an der Spitze anliegende Blätter in eine stumpfe, oft etwas kapuzenförmige Spitze endend, darunter die Blätter meist schräg abstehend. Blätter ganzrandig, um 2 mm lang, eiförmig (bis schmal eiförmig = fo. *angustifolia*), mit deutlichen, hyalinen (aber unscharf begrenzten) Blattflügeln. Einhäusig, öfter mit Sporogonen. Kapsel elliptisch-hochrückig, horizontal, mit kegeligem Deckel und langer, glatter Seta.

Verbreitung: Tieflagenmoos und selten bis zu unteren Gebirgslagen (in Bayern nur bis 1320 m und in Tirol bis 1100 m angegeben). Zumindest früher ziemlich verbreitet.

Ökologie: Kalkmeidendes, aber eutrophes Sumpfmoos in sonnigen bis halbschattigen, kalkfreien Flachmooren, besonders in Sumpfgräben mit klarem Wasser, Bruchwäldern u. ä. Öfter neben *Plagiomnium ellipticum*. Durch Rekultivierung, Verschmutzung der Gewässer und Entwässerung vielfach im Rückgang.

T 4, L 7, F 8, R 4, K 6.

Ähnliche Arten: Verwechslungen sind vor allem mit **Calliergon giganteum** (SCHIMPER) KINDBERG, dem Riesen-Schönmoos, (T. 56 f) möglich. Bau: mit fiederigem, bis 20 cm langem Stängel. Die Blätter sind hier bis 3 mm lang, abgerundet dreieckig mit in der Spitze endender Rippe und scharf abgesetzten Blattflügeln. Verbreitung: von der Ebene bis in mittlere Gebirgslagen (selten über der Baumgrenze, in Bayern bis 1800 m, angeblich sogar bis 2000 m). Ökologie: ein kalkstetes Sumpfmoos, eine Charakterart der Kalkflachmoore und deshalb vielerorts vom Aussterben bedroht. – **T 3, L 8, F 8, R 8, K 5.** **Calliergon stramineum** (BRIDEL) KINDBERG, das Strohgelbe Schönmoos (T. 56 e). Bau: goldfarbene, glänzende, unverzweigte, meist um 5 cm lange, 1 – 2 mm breite Stängel zwischen Torfmoosen, seltener auch in dichten Rasen. Blätter knapp 2 mm lang, etwas hohl, locker anliegend, schmal eiförmig, oben abgerundet (Rippe 2/3 des Blattes). Die Blattspitzen oft mit Rhizoiden: vegetative Vermehrung! Verbreitung: von der Ebene

Calliergon cordifolium

bis ins Hochgebirge (bis 1740 m in Bayern, in Tirol bis 2600 m). Ökologie: nicht nur kalk-, sondern auch nährstofffeindlich. Eine häufige Charakterart meist offener *Sphagnum*-Moore (vgl. oben) – und kalter Quellfluren. – **T 2, L 8, F 8(7), R 2, K 6.** Verwandte: Die übrigen *Calliergon*-Arten sind selten bis sehr selten und meist vom Aussterben bedroht. *Calliergonella* unterscheidet sich von beiden durch spitz auslaufende Zweige und rippenlose Blätter.

Hygrohypnum ochraceum

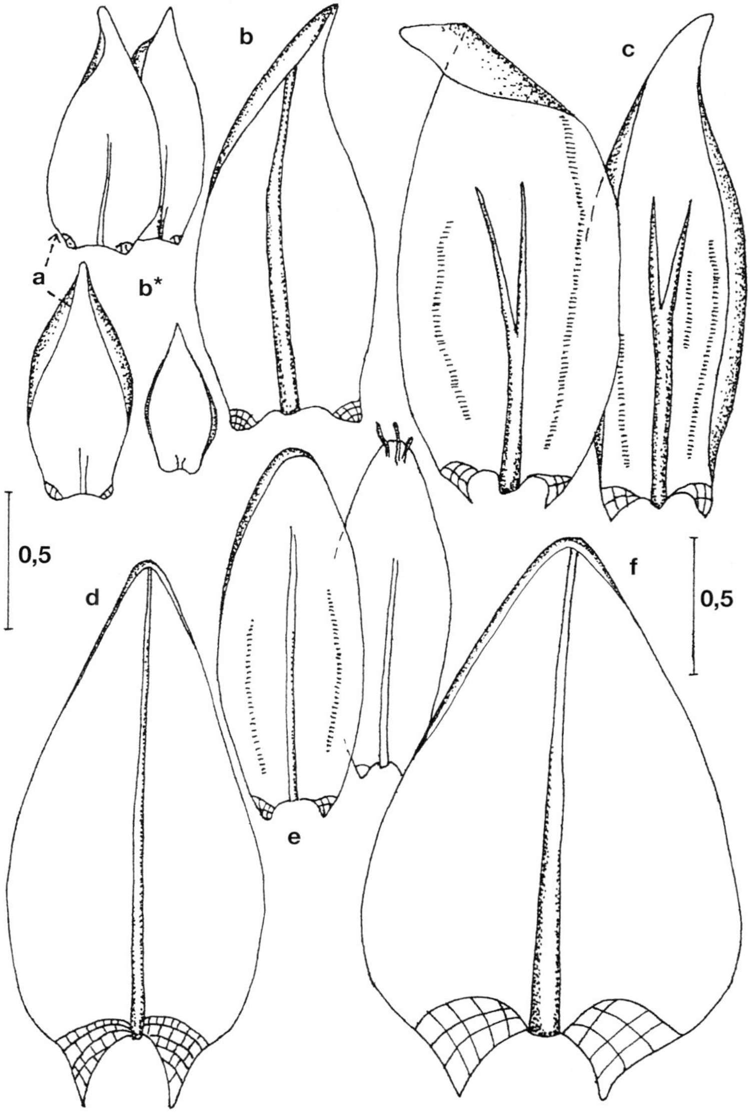

Tafel 56: Hygrohypnum luridum var. ***subsphaericarpon:*** b . Blatt. ***H. luridum*** var. ***lur.*** fo. ***lur.:*** a. Blätter. mod. ***enerve:*** b* Blatt. ***H. ochraceum:*** c. Blatt. ***Calliergon cordifolium:*** d. Blatt. ***C. stramineum:*** e. Blatt. ***C. giganteum:*** f. Blatt

Calliergonella cuspidata (HEDWIG) LOESKE

(= *Acrocladium cuspidatum*)

Spießmoos

(T. 57 a) (früher Lembophyllaceae)
Name: Diminutiv von *Calliergon*, wegen der Ähnlichkeit (und nur z. T. kleiner als diese).
Erstbeschreibung: Durch DILLENIUS 1718 von Gießen.
Bau: Zweige niederliegend oder auch aufrecht, dicht bei dicht stehend, hell- bis goldbraun (im Schatten dunkelgrün), sehr variabel, in einzelnen Pflanzen zwischen anderen Feuchtmoosen oder auch viele qm breite, reine Hochrasen bildend. Zweige deutlich fiederig, 5 – 8 cm lang, durch vor allem am Hauptzweigende dicht anliegende (ab etwa 1 cm unterhalb locker abstehende) Blätter fast nadelspitz zulaufend. Schattenformen auch ohne die typische Zweigspitze. Submerse Pflanzen flatterig und habituell völlig untypisch. Trockenformen und Jugendformen kaum 2 cm lang, kaum verzweigt und dann Ursache für die seltsamsten Verwechslungen. Immer sind aber die um 3 mm langen, fast zungenförmigen, ungerippten Blätter mit den hellen Blattflügeln sehr charakteristisch. Zweihäusig, Sporogone im Frühjahr, ziemlich selten. Kapsel zylindrisch, gekrümmt, horizontal. Seta über 4 cm lang und Deckel kegelig.
Verbreitung: Auch auf der Südhemisphäre (aber wohl nur verschleppt). Häufig von der Ebene bis ins Hochgebirge (bis 1853 m in Bayern, in Osttirol angeblich noch bis 2400 m).
Ökologie: Feuchtigkeitszeiger reicher (auch eutrophierter!) bis kalkiger Standorte. An sonnigen bis schattigen, wie an häufig feuchten, luftfeuchten bis überschwemmten Standorten in Feucht- und Nasswiesen, Bruchwäldern, auf nassen Wegen, in feuchten Parkwiesen und sogar auf morschem Holz, Mauern oder in wech-

Calliergonella cuspidata

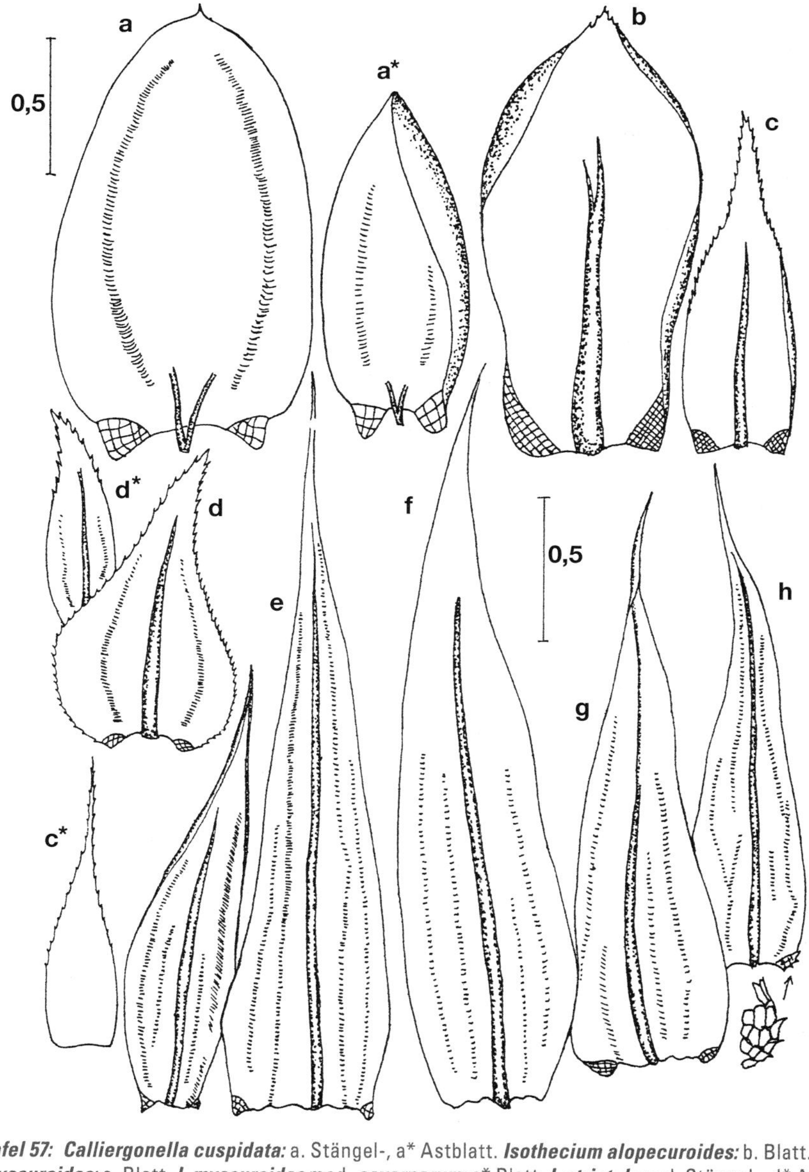

Tafel 57: Calliergonella cuspidata: a. Stängel-, a* Astblatt. ***Isothecium alopecuroides:*** b. Blatt. ***I. myosuroides:*** c. Blatt. ***I. myosuroides*** mod. ***cavernarum:*** c* Blatt. ***I. striatulum:*** d. Stängel-, d* Astblatt. ***Homalothecium lutescens:*** g. Blatt. ***H. sericeum:*** h. Blatt mit Blattöhrchen, vergrößert. ***Tomentypnum nitens:*** e. Blatt. ***Brachythecium salebrosum:*** f. Blatt

selfeuchten Trockenrasen. Eines der häufigsten Moose in Mitteleuropa, von der Ebene bis ins Hochgebirge. Nur den nährstoffarmen, trockenen Bereichen fehlend.

T 3, L 8, F 7(8), R 7, K 5.

Besonderes: Schulbuchmoos. In Feuchtgebieten ein typischer Eutrophierungszeiger. Gut geeignet für die Kultur im feuchten Gartenrasen oder in einem geschlossenen, kühl und absonnig aufgestellten Glasgefäß.

Ähnliche Arten: In der meist typischen, kräftigen Ausbildung eines der am leichtesten kenntlichen Moose. Bei dem zuweilen ähnlichen, aber vorwiegend viel trockenere und vor allem arme Standorte besiedelnden *Pleurozium* liegen alle Blätter an (was hier sehr selten ist). Von *Calliergon* (s. dort) und allen anderen ähnlichen Arten durch die abgerundeten Blätter sowie durch die fehlende Rippe geschieden.

Brachytheciaceae

Isothecium alopecuroides (DUBOIS) ISOVIITA var. *alopecuroides*

(= *I. myurum* = *I. viviparum*)

Fuchsschwanz-Moos, Fuchsschwanz-Gleichbüchsenmoos

Isothecium alopecuroides

(T. 57 b)
(früher zu den Lembophyllaceae)
Name: Aus griechisch isos = gleich und theka = Büchse, wegen der Kapselform, alopex = Fuchs.
Erstbeschreibung: Durch DILLENIUS 1741. Schon nach ihm sowohl in England wie in Deutschland verbreitet.
Bau: Lockere, kleinere bis ausgedehnte, meist graugrüne, trocken kaum verformte, etwas glänzende, *Brachythecium rutabulum* entfernt ähnliche Decken. Stängel niederliegend, unregelmäßig verzweigt, üppig auch fast bäumchenförmig, mit geraden oder etwas gebogenen, allmählich spitzlich auslaufenden, um 2 – 5 cm langen Sekundärstängeln. Blätter hohl und besonders trocken angedrückt. Die Stängel dadurch einem Fuchsschwanz ähnelnd. Blätter bis 2 mm lang, eiförmig bis breit-eiförmig, zugespitzt (im unteren Teil ± parallelrandig, Blattflügel aus quadratischen Zellen, unscharf abgesetzt, sonstige Blattzellen schmal rhomboidisch, zur Spitze wieder verkürzt, Rippe 1/2 bis 2/3 des Blattes). Zweihäusig, aber bei geringer Luftverschmutzung oft mit Sporogonen, Kapsel aufrecht, elliptisch oder kurz zylindrisch, mit geschnäbeltem Deckel und langer, rötlicher, glatter Seta.
Verbreitung: Eine subkontinentale Art. Ebene bis ins höhere Gebirge (in Bayern bis 1590 m, in Tirol bis 1700 m, aber bis 2300 m aus der Schweiz angegeben).
Ökologie: In Wäldern an lichten, seltener auch tiefschattigen, reicheren, kalkhaltigen oder basenreichen, frischen bis ziemlich trockenen Standorten auf Gestein und besonders an Borkenbasen, seltener auf Erde oder morschem Holz. In den Mittelgebirgen verbreitet, im Westen und in der Ebene oft in starkem Rückgang. Diese und die folgende Art wachsen manchmal nebeneinander, meist schließen sie sich jedoch aus. Bei geeignetem pH-Wert sind sie weit verbreitet, aber besonders *I. alopecuroides* ist in Gebieten stärkerer Luftverschmutzung oft schon selten, ausgerottet oder zumindest nur noch steril zu finden.
T 4, L 5, F 4, R 6, K 6.
Ähnliche Arten: Verwechslung ist wegen der ± wurmförmigen Zweige am ehesten mit kräftigen Formen von *I. myosuroides* (vgl. unten), aber auch mit anderen *Brachytheciaceen* oder üppigen Formen von *Rhynchostegium murale* möglich, dieses hat aber zumindest stumpfliche, ganzrandige Blätter. Andere *Brachytheciaceen* haben oft eine raue Seta und meist eine geneigte Kapsel. Die Blätter sind z. T. längsfaltig. Das hellgrüne *Scleropodium purum* ist gefiedert und u. a. viel kräftiger. Bei *Leucodon* sind die Blätter länglich-lanzettlich, rippenlos und faltig.

Isothecium myosuroides BRIDEL *subsp. myosuroides*
(= *Pseudisothecium myosuroides*)

Mäuseschwanzähnliches Gleichbüchsenmoos

(T. 57 c)
Erstbeschreibung: Durch DILLENIUS 1741: von Tottenham und bei Eltam in England angeben.
Bau: Die Pflanzen sind grün und zierlicher. Die abgeflacht-büscheligen Sekundärsprosse bilden oft ausgedehnte „Bäumchenrasen". Weniger gut entwickelt gleichen sie manchmal Formen von *Hypnum cupressiforme*: Blätter feiner zugespitzt, etwas einseitswendig und bis 1,5 mm lang, rippenlos. Im Gegensatz zu voriger Art sind die Blätter kaum hohl, schmaler, aus eiförmigem Grund länger zugespitzt und oben unregelmäßig grob gezähnt. (Oberhalb der Blattflügel sind die Zellen bald lang gestreckt). Sporogone sind seltener als bei *I. alopecuroides* und nur in immissionsfreien Gebieten.
Verbreitung: Eine subozeanisch (-submediterrane) Art. Von der Ebene bis ins Mittelgebirge (in Bayern bis 1365 m und in den Vogesen selten bis 1250 m).
Ökologie: Die kalkmeidende Art wächst an lichtem bis schattigem, länger trockenem Sili-

katgestein. In feuchtschattiger Lage vor allem bei höherer Luftfeuchtigkeit auch in größeren Decken an Borke (so auch selten über Kalkböden). In Höhlungen als mod. cavernarum sowie im Lorbeerwald auch als „Hängemoos".
T 4, L 4, F 6, R 4, K 4.
Ähnliche Arten: ***Plasteurhynchium striatulum*** (Spruce) M. Fleisch. (= ***Isothecium striatulum*** = Eurhynchium striatulum), das Kalk-Gleichmützenmoos (T. 57 d), wächst an Kalkgestein. Bau: habituell *I. myosuroides* zum Verwechseln ähnlich, hat aber länglich-dreieckige, schwach längsfaltige Blätter. Verbreitung: ein submediterran-subozeanisches Gebirgsmoos mit Nordgrenze in den Kalkmittelgebirgen. Im Süden häufiger, aber vorzüglich in den unteren Lagen (ab 170 m bis 875 m und selten bis 1200 m, in Nordtirol bis 930 m und 1450 m (K. Koppe)). Z. T. gefährdet durch Luftverschmutzung. Ökologie: an schattig-trockenen, aber luftfeuchten Standorten, vor allem in Nordexposition, an Kalkfelsen, wie auf Geröll, selten auf nur basenreichem Gestein und an Baumwurzeln, in Hochlagen zuweilen in Höhlen. – **T 5, L 3, F 4, R 8, K 4.**

Isothecium myosuroides

Plasteurhynchium striatulum

Homalothecium sericeum (HEDWIG) SCHIMPER var. *sericeum*

(= *Camptothecium ser.*)

Echtes Seidenmoos, Löckchenmoos, Seidiges Geradbüchsenmoos

(T. 57 h)

Name: Aus griechisch homalos = gerade und theka = Kapsel (s. dort).

Erstbeschreibung: Durch DILLENIUS 1718 von Gießen.

Bau: In kleineren bis ausgedehnten, oft über 20 cm breiten, goldgrünen, glänzenden Kriechrasen. Aus dem kriechenden, fest wurzelnden Hauptstängel entspringen 5 – 10 mm hohe, trocken wurmförmige, oft gekrümmte Ästchen. Blätter feucht aufrecht abstehend, längsfaltig, mit bis in die Spitze eintretender Rippe, um 2 mm lang, länglich-lanzettlich, gleichmäßig in eine feine Spitze ausgezogen (oben und unten, besonders typisch an den abgerundeten Blattohren, fein abstehend gezähnelt!, Flügelzellen quadratisch, verdickt, übrige Blattzellen wurmförmig-linealisch: 1 : 15). Zweihäusig, Sporogone ziemlich selten. Kapseln hier aufrecht zylindrisch, alt oft etwas gebogen. Deckel geschnäbelt, Seta rötlich, papillös.

Verbreitung: Von der Ebene bis zur Waldgrenze (oberhalb 800 m selten, so in Bayern bis 1820 m und in Tirol bis 1700 m). Meist häufig.

Ökologie: Charaktermoos älterer, sonniger (aber oft taufeuchter) Kalkstein- und Mörtelmauern, aber auch an Kalkgestein, -felsen, basischem Gestein. Öfter auch an trockenschattigen Standorten, dann aber habituell oft sehr abweichend und nur durch die gezähnten Blattöhrchen und die wurzelnden Kriechsprossen von *H. lutescens* zu unterscheiden. Beson-

Homalothecium sericeum

ders in Kalkgebieten auch (oft als Kümmerform) an Laubholzborke. In Städten das Mauermoos und erst stärkster Luftverschmutzung weichend. Je nach Standort Erstbesiedlung nach 10 – 20 Jahren. Schützenswert!

T 3, L 7, F 2, R 7, K 5.

Besonderes: Eine Zierde aller Mauern, insbesondere an Ruinen, Park- und Gartenmauern. Durch falsche Reinheitsliebe, gerade auch der Denkmalsschützer, oft gefährdet. Es gibt keinerlei Beweise dafür, dass Mauern durch solches Moos in trockener Lage geschädigt würden. Ihre unnötige Entfernung bedeutet eine bedauernswerte Verarmung dieser Biotope, denn solche Rasen dienen immer auch unzähligen Kleinlebewesen als Lebensraum. Für die Nahrungsketten muss die Bedeutung dieser Kleintiere hoch eingeschätzt werden. Dazu sind Mauermoose in der Stadt die besten Feinstaubfänger.

Ähnliche Arten: Bei uns nur *Homalothecium lutescens*, das aber nie gekrümmte Ästchen aufweist.

Homalothecium lutescens (Hedwig) Robinson var. ***lutescens***

(= *Camptothecium lutescens*)

Goldgelbes Seidenmoos bzw. Krummbüchsenmoos

(T. 57 g)

Erstbeschreibung: Durch Dillenius 1741. Er entdeckte das Moos auf den Kreidehügeln Englands.

Bau: In oft ausgedehnten, dem Substrat locker aufliegenden Decken. Stängel niederliegend, nie mit eingekrümmten Ästchen. Trocken gelbgrün (Name!), glänzend. Die anliegen-

Homalothecium lutescens

Homalothecium lutescens

den, längsfaltigen, ca. 2 – 3(– 4) mm langen, schmal-lanzettlichen Blätter mit gedrehter Spitze. Zweihäusig, aber pseudomonözisch, d. h. männliche Pflanzen (wenn vorhanden) im gleichen Rasen. Wegen der raren Männchen trotzdem selten mit den (Ende des Winters reifenden) Sporogonen. Kapseln gekrümmt, auf glatter Seta (bei der selteneren var. ***fallax*** (PHILIBERT) DUELL ± gerade).

Verbreitung: Ebene bis Hochgebirge (in Bayern bis 1100 m und in Nordtirol bis 1210 m, höhere, von 1500 und gar über 2000 m hohe Angaben zweifelhaft (cf. zu *Brachythecium glareosum* var.)). Auf basen- und kalkreichen Böden ziemlich verbreitet.

Ökologie: An trockenen, meist sonnigen Kalkschutthängen und in Trockenrasen, oft mit *Thuidium abietinum*, aber auch z. B. über basenreichem Gestein. An solchen Standorten wächst es auch öfter an Borke, insbesondere von Sträuchern. Dazu ebenso auf (kalkhaltigen) Mauern und anderen Sekundärstandorten. Hemerophytisch, aber empfindlich gegen stärkere Luftverschmutzung.

T 4, L 9, Fs 2, Fa 3, R 7, K 5.

Ähnliche Arten: *H. sericeum* ist dem Substrat fest verhaftet und hat krumme Beastung. *Brachythecium salebrosum* (einhäusig, s. dort) und seine Verwandten haben plötzlich in eine feine Spitze verjüngte, weniger tieffaltige Blätter.

Tomentypnum nitens (HEDWIG) LOESKE var. ***nitens***
(= *Camptothecium nitens*)

Sumpf-Krummbüchsenmoos

(T. 57 e; ohne Farbbild.)
Name: Gebildet aus lateinisch tomentellus = filzig und (gekürzt) *Hypnum*, bezogen auf den filzigen Stängel.
Erstbeschreibung: Durch DILLENIUS 1718 von Gießen.
Bau: Ein sehr schönes, kaum verwechselbares, *Homalothecium lutescens* ähnelndes Moos. Mit ± aufrechten Zweigen in Grüppchen zwischen anderen Moosen, wie auch in größeren, bis über 10 cm tiefen Beständen. Die gelbgrünen bis gelblichen Blättchen sind 3 – 4 mm lang, schmal lanzettlich, tieffaltig und stehen feucht am Stängel spitzwinklig aufrecht (trocken anliegend). Auffallend ist der in den unteren Stängelteilen reichlich ausgebildete braunrote Rhizoidenfilz. Sporogone sind bei dieser zweihäusigen Art ebenfalls selten. Seta glatt und Kapseln gekrümmt.
Verbreitung: Von der Ebene bis ins höhere Gebirge (in Bayern sicher bis 1000 m und in Nordtirol bis 1800 m, nach BREIDLER im Lungau bis 2640 m).
Ökologie: Charakterart von meist besonnten Kalk-Sumpfwiesen und -Nasswiesen sowie solchen Quellmooren. Dort z. B. mit *Campylium stellatum, Fissidens adianthoides* und *Scorpidium*. Seltener in nassen Erlenbrüchen. Nur noch im weiteren Alpenbereich ziemlich verbreitet. Im übrigen Deutschland inzwischen meist selten oder auch vom Aussterben bedroht. Als Moos auch wechselfeuchter Standorte vermittels des dichten Stängelfilzes mit ausgezeichneter kapillarer Wasserleitung, wie z. B. auch bei *Aulacomnium palustre*.
T 2, L 8, F 8, R 8, K 6.

Tomentypnum nitens

Brachythecium rutabulum (HEDWIG) SCHIMPER var. *rutabulum*
Krückenförmiges Kurzbüchsenmoos

(T. 58 a – f)
Name: Von griechisch brachys = kurz und theka = Behälter, Kapsel.
Erstbeschreibung: Durch DILLENIUS 1718, vom Holz bei Gießen.
Bau: Grüne, gelb- oder auch dunkelgrüne, kräftige, oft ausgedehnte (bis 5 cm tiefe) Bäumchenrasen aus unregelmäßig verzweigten Sekundärstängeln. Blätter frisch aufrecht abstehend (bis angedrückt), etwas hohl, um 2(– 3) mm lang, glatt (oder schwach faltig), eiförmig oder auch dreieckig-eiförmig, ± plötzlich kurz gespitzt, kaum herablaufend. (Blätter gezähnelt, ohne deutliche Blattflügel), Rippe 1/2 bis 2/3 der Blattlänge. Stängel- und Astblätter bei der Normalform nur wenig verschieden. Sehr formenreich. Einhäusig, häufig mit Sporogonen. Kapsel geneigt, dunkelbraun (um 3 mm groß), elliptisch, meist hochrückig und gekrümmt. Deckel kegelig und Seta ganz rau.
Verbreitung: Fast weltweit (verschleppt). Von der Ebene bis ins höhere Gebirge meist häufig (in Bayern bis fast 1500 m angegeben, in Tirol und sonst angeblich noch bei 2500 m).
Ökologie: In siedlungsnahen Bereichen oft sehr häufig und Kulturfolger, besonders auf eutrophierten Standorten (nährstoff- und besonders nitratliebend, aber wohl pH-neutral?). Vor allem an feucht-schattigen Stellen in meist gestörten Wäldern, besonders auf morschem Holz, Gestein, an Borke und selbst auf Müll. In Parks, Gebüschen und überdüngten Wiesen und

Brachythecium rutabulum

Brachythecium rivulare

Rasenflächen ein hemerophytischer Ubiquist, unempfindlich gegen Luftverschmutzung.
Hier einmal wieder ein Plädoyer für den Schutz unserer Umwelt:
Viele Gartenliebhaber kennen das Moos allein als den Feind ihrer geschorenen Gartenrasen, als den ständigen Begleiter der „Grünen Wüste“. Die Chemiekonzerne haben wieder einmal nach dem Motto „Hauptsache Profit“, marktgerecht reagiert. Sie verkaufen zum Rasendünger auch gleich spezielle „Mooskiller“. Der Dünger belastet unnötigerweise unser Grundwasser und die Herbizide schädigen nicht nur die unerwünschten Moose, sondern damit auch den Lebensraum zahlreicher Kleinsttiere, wie auch diese selbst. Dadurch fehlen diese natürlich in der örtlichen Nahrungskette, z. B. als wichtiges Vogelfutter. Ironischerweise hat erst die unbiologische Rasenhaltung den Moosen nicht nur über die „Kurzhaltung“ (d. h. zu häufiges Mähen) ihrer phanerogamen Konkurrenten, sondern vor allem auch durch überreiche Düngung und regelmäßige Befeuchtung geradezu ideale Bedingungen geschaffen. In einer normalen (2 – 3-schürigen) Mahdwiese können Moose kaum gedeihen. Alle reden vom Klimawandel: auch wenigeres Rasenmähen kann zur Einsparung von Energie beitragen; zum Wohle derer, die diese Welt nach uns ertragen müssen.
T 0, L 5, F 4, R ?0, K 5.
Ähnliche und **Verwandte Arten:** Verwechslungen mit anderen Moosen sind häufig. Trotzdem ist mit den angegebenen Merkmalen eine sichere Erkennung auch ohne Sporogone möglich. *B. salebrosum* und Verwandte haben deutlich längsfaltige Blätter (und glatte Seten). Schatten- und Feucht-Formen von *B. albicans* sind durch weit heraufreichende quadratische Zellen der Blattecken unterschieden. ***Brachythecium rivulare*** SCHIMPER, das Bach-Kurzbüchsenmoos (T. 58 g). Bau: neben der oft gold- oder hellgrün glänzenden Färbung und den meist an-

Brachythecium plumosum

gedrückten Blättern sind besonders die breit herablaufenden Blattflügel (aus wasserhellen, blasigen Zellen) charakteristisch. Ansonsten sehr variabel. Seta rau. Außerdem zweihäusig und deshalb selten mit Sporogonen. Verbreitung: fast weltweit. Bei uns von der Ebene (dort seltener) bis in höchste Lagen (in Bayern bis 1700 m und in Tirol bis 2400 m). Oft gemein. Ökologie: an mindest basenreichen, sonnigen bis schattigen Standorten, auf Gestein und Baumwurzeln. An den meisten Fließgewässern der Gebirge, aber auch in luftfeuchten Kalk- und Lava-Blockhalden. Weniger häufig z. B. auch in nassen Wiesen (besonders in der Ebene). – **T 3, L 0, F 7 (8), R 5, K 6.** Das ebenfalls an Fließgewässern häufige ***Rhynchostegium riparioides*** hat breiter zugespitzte, nicht breit herablaufende Blätter, ist einhäusig und hat glatte Seten. ***Brachythecium plumosum*** (HEDWIG) SCHIMPER, das Feder-Krummbüchsenmoos (T. 59 d). Bau: mit oft kleineren sowie einseitswendigen Blättern sowie Rippe etwas über die Blatthälfte und Seten oben papillös. Verbreitung: fast weltweit, subozeanisch. In der Ebene selten, häufiger im Gebirge (in Bayern bis 1430 m, aber in Kärnten noch bis 2600 m). Ökologie: ebenfalls an allerdings kalkfreiem Gestein von Fließgewässern, wie auch in luftfeuchter Lage an Borke verbreitet. – **T 3, L 4, F 7(8), R 5, K 4.**

Brachythecium velutinum (HEDWIG) SCHIMPER var. ***velutinum***
Samt-Kurzbüchsenmoos

Brachythecium velutinum

(T. 59 a)
Erstbeschreibung: Durch DILLENIUS 1718, am „Hangestein" (inzwischen vernichtet!) bei Gießen.
Bau: Dünne, ± kleinere bis zu 10 cm breite, gelb- oder auch reingrüne, samtartige, kaum 1 cm tiefe, dichte, unregelmäßig bis fast fiederig verzweigte Decken. Zweige aufsteigend bis fast aufrecht, aufrecht-abstehend bis (an trockenen Standorten) angedrückt beblättert. Blätter lanzettlich, deutlich gezähnt, gut 1 mm lang (mit bis zur Mitte reichender, als kurzer Stachel am Blattrücken austretender Rippe), meist deutlich einseitswendig (und deshalb zuweilen *Ctenidium* ähnelnd). Einhäusig und meist mit Sporogonen. Kapsel fast horizontal, kaum über 2 mm lang, entleert etwas gekrümmt. Mit kegeligem Deckel und warziger Seta (glatte Seta: var. ***salicinum*** (BRUCH & SCHIMPER) AMANN: sehr selten).
Verbreitung: Von der Ebene bis ins höhere Gebirge (in Bayern bis um 1600 m und in Tirol noch bis 1930 m, in den übrigen Alpen angeblich höher).
Ökologie: Vorkommen ähnlich wie bei *B. rutabulum*, auf Erde, Gestein und z. B. an Borkenbasen. aber wohl mehr schattenbedürftig und trockenheitsverträglicher sowie fast nur an kalkfreien Standorten. In den stark verschmutzten Stadtbereichen oft noch eines der letzten Astmoose. Auf Gestein, an morschem Holz, Borke und auf Erde in ganz Mitteleuropa meist gemein. Unempfindlich gegen Luftverschmutzung.
T3, L 5, F 4, R 6, K 5.
Ähnliche Arten: Auch einem kleinen *Hypnum* ähnlich, aber durch die meist raue Seta und gerippte Blätter zu unterscheiden. ***Brachythecium populeum*** (HEDWIG) SCHIMPER var. ***populeum***, Pappel-Krummbüchsenmoos (T. 59 c). Bau: manchmal etwas größer, aber habituell zuweilen täuschend ähnlich der obigen, jedoch Blätter trocken anliegend, aus eiförmigem Grund ± länglich-lanzettlich, mit bis in die Spitze reichender (oder kurz austretender) Rippe. (Stängel auch wurmförmig). Seta nur oben papillös, Deckel konisch, mit langer Spitze. Im Gegensatz dazu hat das ähnliche, aber ziemlich seltene

Brachythecium populeum

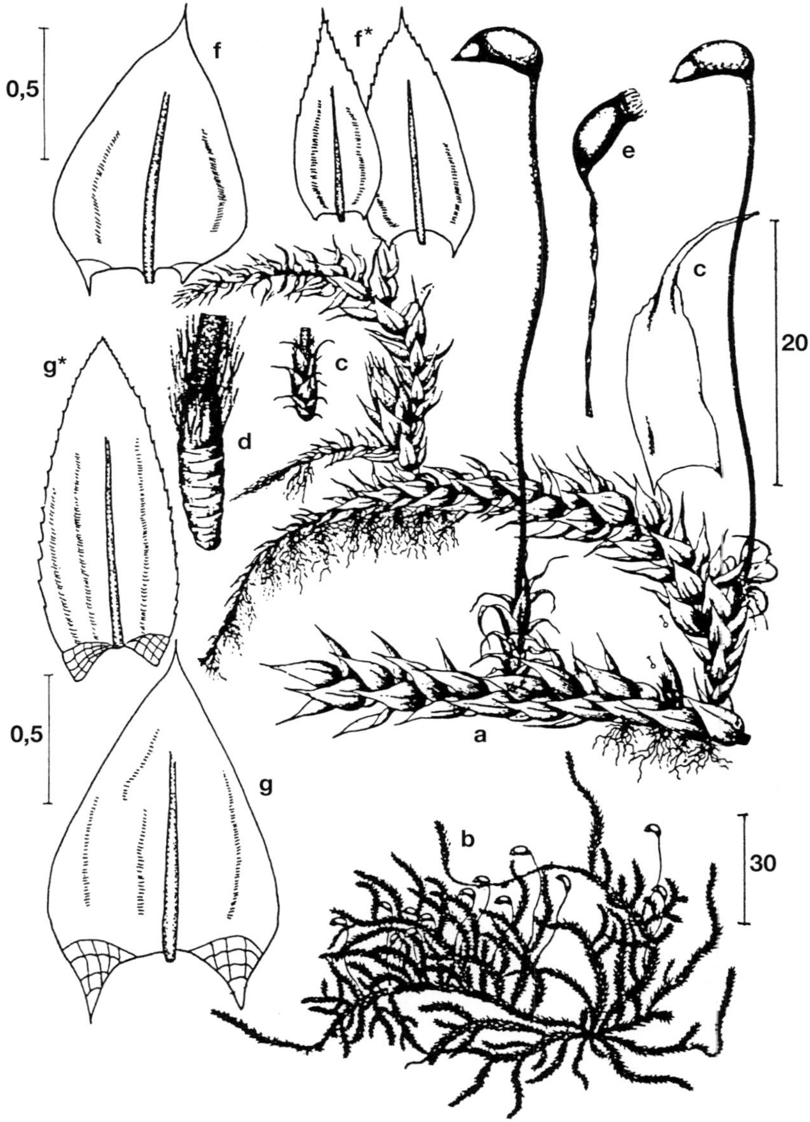

Tafel 58: ***Brachythecium rutabulum:*** a., b. Habitus mit Sporogonen, c. Hüllblätter, d. Sporogonfuß, vergrößert, e. Sporogone entdeckelt (alle aus SCHIMPER), f. Stängel-, f* Astblätter. ***B. rivulare:*** g. Stängel-, g* Astblätter

Cirrophyllum flotowianum (HUBENER)OCHYRA(= Eurhynchium flotowianum) breit gespitzte, etwas längsfaltige Blätter (T. 59 g). Verbreitung: von der Ebene (hier oft verschleppt) bis ins Gebirge (in Südeutschland bis 1200 und 1300 m, in Tirol bis 1230 m und angeblich noch bis 2350 m). Ökologie: meist an beschattetem Gestein und auch an Mauern, Beton und seltener an Baumbasen. Kalkhold. Wenig empfindlich gegen Luftverschmutzung. – **T 3, L 4, F 3, R 6, K 5.**

Brachythecium salebrosum (WEBER & MOHR) SCHIMPER var. *salebrosum*
Geröll-Kurzbüchsenmoos

(T. 57 f)
Erstbeschreibung: Durch DILLENIUS 1718 von Gießen.
Bau: Kräftige, oft gelbgrüne, *B. rutabulum* oder auch *Homalothecium lutescens* habituell sehr ähnliche, aber immer wurzelnde Decken. Blättchen deutlich längsfaltig, aus eiförmigem Grunde in eine lanzettliche, längere Spitze verjüngt, gezähnelt, um 2 – 3 mm lang und oft etwas einseitswendig. Seta glatt und Kapsel geneigt.
Verbreitung: Allgemein verbreitet von der Ebene bis in untere Gebirgslagen (in Bayern bis 1300 m und sonst in den Alpen bis um 1700 m angegeben).
Ökologie: Wächst in sonniger bis schattiger, meist trockener Lage, auf kalk- oder zumindest

Brachythecium salebrosum

Brachythecium glareosum

Brachythecium albicans

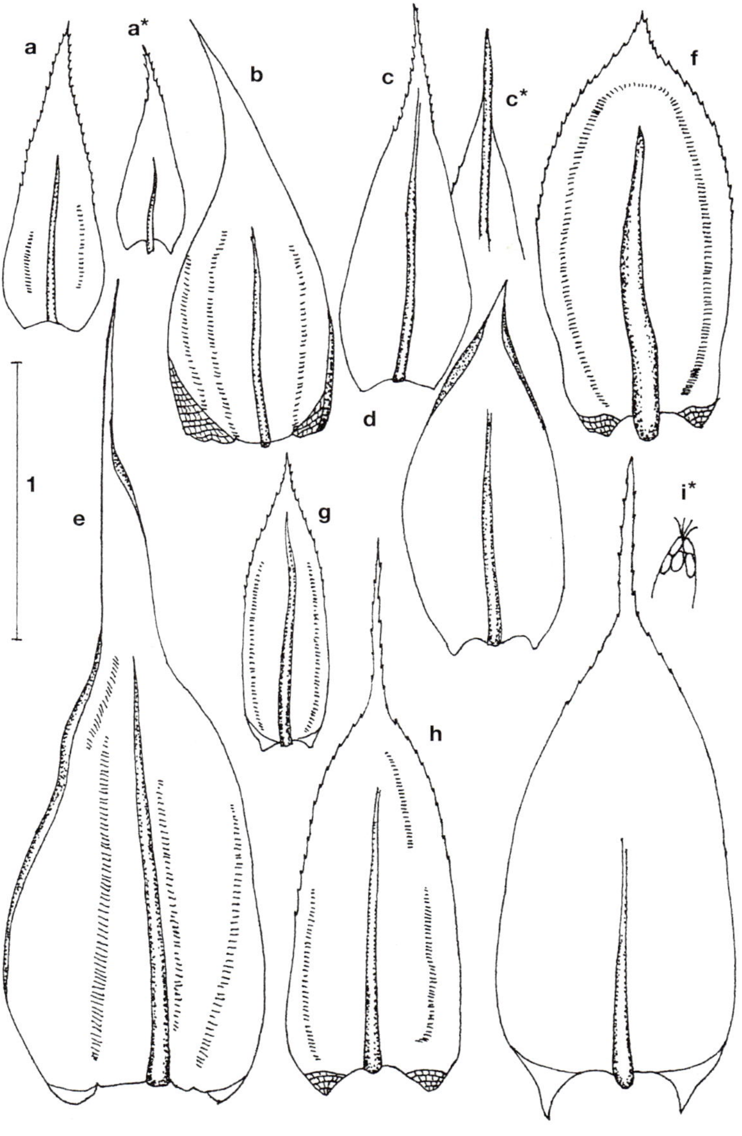

Tafel 59: Brachythecium velutinum: a. Stängel-, a* Astblatt. ***B. albicans:*** b. Blatt. ***B. populeum:*** c. Blatt, c* Blattspitze der fo. excurrens. ***B. plumosum:*** d. Blatt. ***B. glareosum:*** e. Blatt. ***Eurhynchium crassinervium:*** f. Blatt. ***E. flotowianum:*** g. Blatt. ***Cirriphyllum tommasinii:*** h. Blatt. ***C. piliferum:*** i. Blatt, i* Zweigspitze.

basenreichen Gesteinen, auf Erde und morschem Holz. Vor allem an Sekundärstandorten: hemerophytischer Ubiquist, auch noch bei starker Luftverschmutzung.
T 4, L 0, F 4, R 5, K 6.
Ähnliche Arten: Sehr ähnlich ist ***Brachythecium glareosum*** (SPRUCE) SCHIMPER var. ***glareosum***, das Kalk-Krummbüchsenmoos (T. 59 e). Bau: kräftiger als die vorige Art (die Zweige deutlich geschwollen), die Blätter um 3 mm lang und im oberen Drittel plötzlich zu einer haarförmig, auslaufenden Spitze verjüngt. Sporogone sind selten. Verbreitung: im Kalkgebirge nicht selten, jedoch in der Ebene (bis 1510 m in Nordtirol, nach FAMILLER noch bei 2420 m und in DALLA TORRE bis 2730 m angegeben). Ökologie: vorzüglich auf trockenerem Kalkgestein und Kalkboden, seltener auch auf anderem basischen Gestein oder Mauern. Besonders auf trockeneren, bewaldeten Blockhalden. Ähnlich scheint *Cirriphyllum tommasinii* zu sein, ist jedoch u. a. durch hohle, glatte Blätter unterschieden (vgl. dort). Andere heimische, meist seltene Arten scheiden durch die Summe der obigen Merkmale aus. ***Brachythecium albicans*** (HEDWIG) SCHIMPER, das Weißgrüne Krummbüchsenmoos (T. 59 b). Bau: es bildet trocken weißgrüne, aus wurmförmigen, kaum verzweigten (seltener fiederigen), z. T. fast aufrechten Ästen bestehende, oft ausgedehnte, meist locker aufliegende Decken oder Rasen. Blätter eiförmig, fein gespitzt, kaum faltig (die quadratischen Zellen der Blattbasis reichen bis zur Blattmitte). Sporogone sind selten. Verbreitung: von der Ebene bis in untere (selten höhere) Gebirgslagen (meist kaum über 1100 m, in den Alpen sicher bis 1600 m und 1650 m). Ökologie: außerhalb der Kalkgebiete oft verbreitet. Besonders auf sonnig-trockenen Sandplätzen und an wenig bewachsenen Wegsäumen sowie in trockenen Gartenrasen. – **T 3, L 9, F 2, R 0, K 5.**

Scleropodium purum (HEDWIG) LIMPRICHT var. ***purum***

(= Pseudoscleropodium pu.)

Grünstängelmoos, Falsches Raustielmoos

(T. 60 a)
Name: Zusammengesetzt aus griechisch skleros = rau und pous = Fuß, wegen der rauen Seta mancher Arten.
Entdeckung und **Erstbeschreibung:** Durch DILLENIUS 1718 im Schiffenberger Walde bei Gießen.
Bau: Feucht frisch- bis gelblichgrüne (selten dunkelgrüne), einfach gefiederte, 5 - 10(- 12) cm lange, grünstängelige Pflanzen in dichten, locker aufliegenden Decken oder zwischen anderen Moosen. Blätter hohl, 3 - 4 mm lang, breit elliptisch, etwas faltig, schuppig anliegend, mit kurzer, abstehender Spitze und dünner Rippe. Zweihäusig, Sporogone mit glatter Seta, im Herbst und Winter, heutzutage äußerst selten.
Verbreitung: Heute (sicher erst durch Verschleppung) fast weltweit unter temperatem Klima. Ebene bis mittlere Gebirgslagen (in Süddeutschland über 800 m kaum noch nachgewiesen, aber auf den Vogesen noch bis 1200 m und in Tirol bis 1460 m gefunden (verschleppt!)). Höhere Angaben sicher falsch.
Ökologie: Auf Waldboden in lichten Kiefernforsten, an grasigen Rainen, in wechselfeuchten Parkwiesen usw., meist an sekundären Standorten auf nicht zu armen Böden. Besonders außerhalb der Kalkgebiete oft auf Straßenböschungen u. ä. beschränkt . Schwacher Säurezeiger. Empfindlich gegen starke Luftverschmutzung, aber sonst ziemlich toxitolerant. Durch Düngeranflug und Anreicherung der Luft mit Stickoxiden besonders in Wäldern der Ebene in Ausbreitung und dort Magerzeiger, z. B. *Pleurozium*, verdrängend. Andererseits ein sehr guter Wasserspeicher und weniger Rohhumus bildend als *Pleurozium*.

Scleropodium purum

Scleropodium touretii

Tafel 60: ***Scleropodium purum:*** a. Blatt. ***Rhynchostegium murale:*** b. Sporogon mit Deckel, bb. Blatt. ***R. confertum:*** c. Blätter. ***R. rotundifolium:*** d. Blätter. ***R. megapolitanum:*** e. Blatt. ***Platyhypnidium riparioides:*** f. Blatt. ***P. r.*** fo. ***atlantica:*** g. Blatt.

T 4, L 6, F 4, R 5, K 5.
Besonderes: Im feuchten (nicht nassen) Zustand sehr gut zur Demonstration der äußeren Wasserleitung geeignet: ein Wassertropfen, an die Stängelbasis gegeben, steigt wegen der hohlschuppigen Beblätterung blitzschnell zum Gipfel! Schulbuchmoos.
Ähnliche Arten: Von großen *Brachythecien* durch die (meist) regelmäßige Fiederästigkeit und dicht anliegende Blätter, von *Pleurozium* durch grünen Stängel und Blattspitze unterschieden. Andere (kleinere!), nicht gefiederte *Scleropodien* sind in Mitteleuropa sehr selten. Beim ähnlichen *Cirriphyllum piliferum* sind die Blattspitzen plötzlich in deutliche, pinselförmig abstehende Blatthaare verjüngt.
Verwandte Arten: ***Scleropodium touretii*** (Bridel) L. Koch fo. ***touretii*** (= S. illecebrum = Cirriphyllum illecebrum). Bau: unterschieden durch derber gerippte, elliptisch-lanzettliche Blätter und in kleineren Decken aus unregelmäßig verzweigten oder unverzweigten Stängeln. Verbreitung: sehr selten in den Tieflagen Mittel- und Südwestdeutschlands sowie z. B. in Südtirol. Häufig im Mittelmeerraum, bis ins Hochgebirge. Eine ozeanisch-mediterrane Art. Ökologie: an offenen, sonnig-trockenen Böschungen, kalkhold. – **T 7, L 8, F 3, R ?6, K 4.**

Cirriphyllum piliferum (Hedwig) Grot
Haartragendes Haar- oder Spitzblattmoos

(T. 59 i)
Name: Aus lateinisch cirrus = Haar und griechisch phyllon = Blatt.
Erstbeschreibung: Durch Schreber 1771, der das Moos im Wald bei Connewitz (bei Leipzig) entdeckte.
Bau: Meist frischgrüne und regelmäßig gefiederte, habituell besonders *Scleropodium purum* oder *Brachythecium rutabulum* ähnliche, 5 – 10(– 12) cm lange Zweige. Zwischen anderen großen Moosen oder in auch breiteren, flachen Decken. Blätter bis 3 mm lang, hohl, dicht anliegend, aus eiförmiger Spitze plötzlich in ein Haar ausgezogen. Blatthaare an der Sprossspitze charakteristisch pinselförmig spreizend. Zweihäusig, Sporogone selten, im Herbst und Winter. Seta rau. Der Deckel lang geschnäbelt.
Verbreitung: In Mitteleuropa auf reicheren Böden und besonders in Kalkgebieten außer in Norddeutschland weit verbreitet. Von der Ebene bis zur Waldgrenze (selten bis 1700 m), darüber meist vom ähnlichen, aber unregelmäßig verzweigten, subarktisch-subalpinen ***Cirriphyllum cirrosum*** (Schwaegrichen) Grout abgelöst (in Bayern selten ab 600 m, meist über 1000 und bis 1800 m, bis 2600 m in den Zentralalpen).
Ökologie: Erdmoos auf frischen, reichen, oft kalkhaltigen Waldböden, unter Hecken, an Waldsäumen und grasigen Rainen sowie in Parkwiesen. Oft zusammen mit *Plagiomnium undulatum*, *Lophocolea bidentata* und anderen großen Moosen.
T 3, L 7, F 5, R 6, K 6.
Ähnliche und **Verwandte Arten:** Von *Brachythecium* meist durch ± regelmäßige Fiederästigkeit sowie immer durch den „Haarpinsel" unterschieden. *Scleropodium* hat nie ein Blatthaar. ***Cirriphyllum tommasinii*** (Boulay) Grout (= C. tenuinerve = C. vaucheri), Zartnerviges oder Kalk-Haarblattmoos (T. 59 h). Bau: die nur um 2 mm langen, eiförmigen Blätter sind hohl, nicht faltig und zu einem Blatthaar von 1/4 Blattlänge zusammengezogen (Rippe ca. 1/2 Blattlamina). Leicht mit dem habituell ähnlichen *Brachythecium glareosum* zu verwechseln (s. dort). Es wächst aber als Bäumchenrasen statt in Decken, die aufrechten sekundären Stängel sind büschelig. Verbreitung: ein reines Gebirgsmoos (selten ab 100 m, höher häufiger (in Bayern) bis 1420 m, aber in den Alpentälern nur bis etwa 1250 m!). Ökologie: fast immer auf Kalk- oder Lavablöcken, meist in Wäldern.

Cirriphyllum piliferum

Cirriphyllum cirrosum

Cirriphyllum tommasinii

Cirriphyllum crassinervium (TAYLOR)LOESKE & FLEISCH. (= Eurhynchium crassinervium), das Dicknervige Schönschnabelmoos (T. 59 f) unterscheidet sich von den echten *Cirriphyllen* durch eine kräftige Rippe und kürzer bespitzte, hohle Blätter. Feucht riechen die Decken aus zylindrischen Zweigen nach frisch geschnittenen Gurken. Es wächst besonders auf trockenerem, schattigem Kalkgestein und auf Mauern. Blätter um 2 mm lang, plötzlich verjüngt (mit basal sehr dicker Rippe!). In Kalkgebieten ziemlich verbreitet, sonst an Mauern und Steinen nicht zu trockener Lagen. In der Ebene selten. Als subozeanisch-submediterrane Art nur in unteren Gebirgslagen, bzw. in den Alpen allein in den Flusstälern (bis ca. 750 m). – **T 5, L 4, F 5, R 8, K 4.**

Rhynchostegium murale (HEDWIG) SCHIMPER
Mauer-Schnabeldeckelmoos

(T. 60 b)
Name: Von griechisch rhynchos = Schnabel und stegos = Deckel.
Erstbeschreibung: Durch DILLENIUS 1741. Er entdeckte die Art an Mauern über Hamstead.
Bau: Meist angedrückte, schwach glänzende, frisch- bis bräunlichgrüne, unregelmäßig verzweigte, stumpfästige Decken mittlerer Größe. Blätter wenig über 1 mm lang, breit gespitzt bis abgerundet-eiförmig, hohl (oben kaum gezähnelt), mit dünner Rippe von meist 1/2 bis 2/3 Blattlänge, bei Kümmerformen ± fehlend. (Blattzellen der Blattmitte länglich-rhombisch, ca. 4 – 8 µm breit, Blattzellen der Blattflügel erweitert). Stängel dicht beblättert, Blätter angedrückt (selten aufrecht abstehend). Formenreich. Einhäusig. Meist mit Sporogonen, Sporenkapseln geneigt bis horizontal, ellip-

Rhynchostegium murale

Rhynchostegium confertum

tisch, gebogen. Wie bei allen *Rhynchostegien* der Deckel geschnäbelt und die Seta (um 1 cm lang) glatt.

Verbreitung: Ebene bis Hochgebirge (in Bayern in Höhlungen noch bis über 2000 m, ebenso in Tirol die „fo. subalpinum" in einer Höhlung noch bei 2180 m, in der Schweiz bis 2300 m). Meist häufig, aber in der Ebene fast nur an Sekundärstandorten. Temperat. Europa – Nordafrika.

Ökologie: Kalkhold und meist an frischen (bis feuchten), lichten bis schattigeren Standorten, auf Kalkgestein, an Beton und auf Mauern (besonders an Fließgewässern). Wahrscheinlich durch die dicht anliegenden Schuppenblätter auch gegen stärkere Emissionsbelastungen widerstandsfähig.

T 3, L 5, F 5, R 7, K 5.

Besonderes: Wie auch viele andere *Brachytheciaceen* fehlt die Art in Nordamerika. Es sind Sippen, die sich erst nach der Trennung der Kontinente entwickelt haben.

Verwandte Arten: ***Rhynchostegium confertum*** (DICKSON) SCHIMPER, das Dichte Schnabeldeckenmoos (T. 60 c). Bau: es ähnelt *R. murale*, hat aber kaum hohle, eiförmig-lanzettliche, immer spitze und weit herab gezähnelte Blätter (mit kräftiger, über die Blattmitte reichender Rippe). Verbreitung: eine mediterran-ozeanische Art. Ein in Westdeutschland ziemlich verbreitetetes, aber meist übersehenes Tieflagenmoos (bis kaum 900 m). In Mitteleuropa ziemlich einheitlich gestaltet, aber im Mittelmeergebiet sehr variabel. Deshalb vermutlich erst eingeschleppt. Ökologie: auf schattigem bis lichtem, feuchterem (bis besprühtem), zumindest basischem Gestein, Baumwurzeln und an Mauern. Ökologie: – **T 5, L 4, F 6, R 6, K 4.** ***Rhynchostegium megapolitanum*** (F. WEBER & MOHR) SCHIMPER (T. 60 e), das Mecklenburger Schnabeldeckelmoos ist in Mitteleuropa ziemlich selten, nicht jedoch im Mittelmeergebiet. Eine Trockenrasen-Art, die *Brachythecium rutabulum* ähnelt.

Rhynchostegiella tenella (DICKSON) LIMPRICHT var. *tenella*

(= *R. algiriana*)

Zierliches Kleinschnabelmoos

Name: Diminutiv von *Rhynchostegium*, auch mit geschnäbeltem Deckel, aber zierlicher als diese.

Erstbeschreibung: 1798 durch BRIDEL. Entdeckt wurde die Art durch den französischen Botaniker R. L. DESFONTAINES, Verfasser der wohl ersten nordafrikanischen Flora, 1795 in Algier.

Bau: Zarte, grüne, haftende, unregelmäßig verzweigte, wenige cm breite Decken, die Kümmerformen von *Brachythecium populeum* oder von *Homalothecium sericeum* ähneln. Blätter lineal-lanzettlich, fein gespitzt und zart gerippt, ± ganzrandig, aufrecht abstehend, 1 – 1,5 mm lang. Einhäusig, oft mit Sporogonen. Kapseln geneigt, ca. 1 mm, mit geschnäbeltem Deckel, auf gekrümmter, glatter, um 1 cm langer Seta.

Verbreitung: Submediterran-subozeanisches Tieflagenmoos (in der Ebene nur verschleppt, an Gemäuer). Vor allem collin verbreitet und nur selten bis in die untere Bergstufe. Nur im Jura bis 600 (– 775) m. In Osttirol und der Schweiz bis 1100 m).

Ökologie: Schattenmoos, meist auf ziemlich trockenem Kalkgestein, auch in Höhlungen und besonders an Kalkmörtelmauern, z. B. alter Ruinen. Wohl empfindlich gegen Luftverschmutzung.

T 5, L 4, F 3, R 8, K 4.

Ähnlich ist besonders auch das ebenfalls auf Steinen wachsende, aber rippenlose *Homomallium incurvatum*. Weitere *Rhynchostegiellen* sind sehr selten, haben warzige Seten und sind Feuchtmoose.

Rhynchostegiella tenella

Platyhypnidium riparioides (Hedwig) Dickson

(= *Rhynchostegium riparioides* = *R. rusciforme*)

Bach-Schnabeldeckel- oder Mäusedornblatt-Moos

(T. 60 f, g).

Name: Zusammengesetzt aus griechisch plats = breit und hypnon (angeblich ein Baummoos) ähnlich.

Erstbeschreibung: Durch Dillenius 1741, von ihm um Waldbrunn bei Gießen entdeckt.

Bau: Meist dunkelgrün. Habituell *Brachythecium rutabulum* ähnlich, aber nur an Standorten in oder an Gewässern. Die kräftigen Zweige meist etwas abgeflacht, z. T. vom starken Fließwasser zerstört, etwa 3 – 5 cm (submers auch bis über 10 cm) lang. Formen in Wasserfällen haben rundliche Zweige und dicht anliegende Blättchen. Sie ähneln *Brachythecium rivulare*. Solche „cataractarum-Formen“ sollten (mikroskopisch!) auf das bisher übersehene *Rhynchostegium alopecuroides* überprüft werden! Blättchen breit-eiförmig, breit gespitzt, feucht aufrecht abstehend (Blattspitze kurzzellig, Rippe als Rückenstachel austretend!). Einhäu-

Platyhypnidium riparioides

Platyhypnidium riparioides

sig und oft mit Sporogonen. Dann wegen der glatten Seta und dem geschnäbelten Deckel unverwechselbar.
Verbreitung: In der Ebene meist selten, sonst ziemlich häufig bis gegen die Baumgrenze (um 1200 m in Süddeutschland selten werdend, höchste Fundorte in Tirol bis 1450 m, in Bayern angeblich bis 2015 m).
Ökologie: Wächst nur an nassen, besprühten oder zumindest zeitweilig überfluteten, basen- (bis kalk-)reichen Standorten, besonders an Gestein und Baumwurzeln der Fließgewässer. An sonnigen bis schattigen Plätzen. Eutrophierungszeiger und auch Kalktuffbildner.
T 3, L 0, F 8, R 6, K 5.
Ähnliche Arten: Ähnlichkeiten und Unterschiede siehe oben. Da diese Gattung eine Mittelstellung zwischen den *Brachytheciaceen* und den *Amblystegiaceen* einnimmt, ist ihre Familienzugehörigkeit umstritten.

Eurhynchium striatum (Hedwig) Schimper
(= *E. magnusii*)
Echtes Gestreiftes Schönschnabelmoos

(T. 61 a)
Name: Von griechisch eu = schön und rhynchion = Diminutiv von rhynchos = Schnabel abgeleitet.
Erstbeschreibung: Durch Dillenius 1741. In Deutschland schon Schreber von Leipzig bekannt.

Eurhynchium striatum

Bau: Kräftige, bis über 5 cm tiefe, bis über m^2-große, frisch- bis gelblich-grüne Bäumchenrasen. Weniger gut entwickelte Pflanzen ähneln *Brachythecium rutabulum*. Die aufrechten oder aufsteigenden Äste bäumchenartig verzweigt, mit stumpflichen Seitenästen. Blätter um 2 mm lang, meist ziemlich abstehend, trocken wenig verbogen. Stängelblätter herzförmig-dreieckig, allmählich konkav zugespitzt, längsfaltig und nicht hohl. Astblätter etwas kleiner und schmaler. Zweihäusig und pseudomonözisch. Sporogone nicht häufig. Seta glatt, lang. Alle Arten der Gattung immer mit geneigter Kapsel und der Deckel geschnäbelt.

Verbreitung: Subozeanische Art. Allgemein verbreitet von der Ebene bis mittlere Gebirgslagen (in Südwestdeutschland bis 1200 m, in den Alpen weniger hoch bzw. oft von *E. angustirete* vertreten).

Ökologie: Auf meist schattigen, nicht zu trockenen Standorten ein deckendes Waldbodenmoos nährstoffreicherer Laubwälder. Auf frischen und oft anlehmigen Böden, seltener auf morsches Holz übergehend oder auch auf Steinen, an Mauern und an Borkenbasen. Nur in Gebieten starker Luftverschmutzung (dort auch selten mit Sporogonen) infolge von Entwässerungen und bei Aufforstung mit Nadelholz zurückgehend. Als Massenvorkommen aber auch Störungszeiger.

T 6, L 5, F 5, R 6, K 4.

Verwandte Arten: ***Eurhynchium angustirete*** (BROTHERUS) T. KOPONEN (= E. striatum subsp. zetterstedtii), das Kurzblättrige Gestreifte Schönschnabelmoos (T. 61 b). Bau: sehr ähnlich (eher eine Subspezies). Die Blätter sind hier relativ breiter (etwa bis 1 : 1,5 gegen 1,5 – 2,0 bei *E. striatum*!), nur um 1,5 mm lang sowie konvex zugespitzt. Verbreitung: ein subkontinental verbreitetes Moos. In ganz Nordwestdeutschland ist nur *E. striatum* häufiger, d. h. in der Ebene selten, sonst oft zerstreut, ein Ge-

Eurhynchium angustirete

birgsmoos. Bayerische und übrige Alpen bis um 1400 m. Dort meist das dominierende Taxon. Ökologie: wie bei obiger, aber meist an etwas trockneren Standorten, oft über Kalk- und Lavagestein. In Süddeutschland kommen beide Arten oft in unmittelbarer Nachbarschaft vor. – **T 4, L 5, F 4, R 7, K 7.** ***Eurhynchiastrum pulchellum*** var. ***pulchellum*** (Hedw.)Ignatov & Huttunen(= Eurhynchium p. var. p.), das Struppige Schönschnabelmoos (T. 61 c). Bau: es ähnelt habituell am ehesten *Brachythecium velutinum*, hat aber meist nur bis 2 cm lange Stängel und stumpfliche, gerade Astblätter. Sporogone wie oben, kleiner. Vorkommen: im Alpenbereich in mittleren Lagen zerstreut (in Tirol bis 1600 m), sonst meist sehr selten. Ökologie: kalkhold. Auf frischen, meist schattigen Plätzen – **T 4, L 6, F 4, R 6, K 6.** –***Eurhynchiastrum puchellum*** var. ***diversifolium*** (HUEBENER)OCHYRA & ZARNOWIEC (= EURHYNCHIUM P. VAR. D.) ist ein zierlicheres, subarktisch-subalpines Taxon, ein Hochalpenmoos (in Bayern zwischen 1740 – 2200 m, in Nordtirol bis 2800 m (G. SCHWAB, persönliche Mitteilung) und aus der Schweiz sogar bis 2870 m angegeben). Ökologie: wächst an trockneren, lichten bis sonnigen Plätzen – **T 2, L 8, F 3, R 6, K 6.** – Ebenfalls kleiner ist die Tieflagenform, var. ***praecox*** (HEDWIG) DIXON. In Bayern bis 420 m, sonst bis um 600 m und in Nordtirol angeblich bis 1300 m.

Ähnliche Arten: Die großen *Eurhynchien* können nur mit *Hylocomium brevirostre* (vgl. dort, Blätter aber ohne Rippe und Stängel mit Paraphyllien) sowie den großen *Brachythecien* verwechselt werden. Letztere haben aber raue Seten (und nie geschnäbelte Deckel). Bei den Arten mit deutlich längsfaltigen Blättern sind die Stängelblätter aus eiförmigem Grund ± lang zugespitzt (was erst recht für *Homalothecium* gilt). Die *Rhynchostegien* und übrigen *Eurhynchien* sind alle kleiner und haben meist keine längsfaltigen Blätter.

Eurhynchium praelongum (HEDWIG) SCHIMPER var. ***praelongum***

(= *Oxyrrhynchium praelongum* = *Kindbergia praelonga*, inkl. var. *stokesii*)

Langgestrecktes Schönschnabelmoos

(T. 61 d, e)

Erstbeschreibung: Durch DILLENIUS 1718, von Gießen.

Bau: Meist flache, oft auf viele dm² ausgedehnte, frischgrüne Decken aus oft regelmäßig einfach gefiederten (mod. *stokesii*), um 3 – 4 cm langen Zweigen. Astblätter deutlich kleiner, breit-lanzettlich, aufrecht abstehend. Die Stängelblätter hingegen breit dreieckig-herzförmig, plötzlich in eine fast gleichlange, etwas rinnige Spitze ausgezogen, bis 1,5 mm lang und sparrig abstehend bis zurückgebogen und ca. 1 mm breit. Alle Blätter deutlich gezähnt. Bei zunehmend schlechteren Standortbedingungen werden die Seitenzweige mehr und mehr reduziert, bis schließlich nur noch die sparrig beblätterten, habituell einem *Campylium* ähnlichen (aber Blätter reich gezähnt) Hauptzweige entwickelt werden. Zweihäusig, deshalb ziemlich selten mit Sporogonen. Seta rau.

Verbreitung: Auch auf der Südhalbkugel. Außerhalb der Kalkgebiete oft häufig. Von der Ebene bis in mittlere Gebirgslagen (in Süddeutschland und den Vogesen bis etwa 1000 m, höhere Angaben aus den Alpen beruhen sicher auf Verwechslungen mit dem habituell ähnlichen *Brachythecium starkei*).

Ökologie: Kalkmeidend. Auch auf stark eutrophierten Böden (z. B. im Stadtbereich an schattigeren Standorten) überdauernd. Charaktermoos feuchter Laubwälder. Besonders in Gewässernähe oft ausgedehnte, durch die regelmäßigen Fiederzweige prächtige Decken bildend. Meist auf Erde, aber auch auf feuchtem

Eurhynchium praelongum

Gestein, morschem Holz und an Borkenbasen. In Rasen und Parkanlagen der Städte häufig, anscheinend auch gegen starke Luftverschmutzung unempfindlich.

T 4, L 6, F 6, R 5, K 5.

Ähnliche Arten: Verwechslungen sind vor allem mit den oft ähnlichen, aber zumindest kalkholden *Cratoneuron*-Arten möglich. Diese unterscheiden sich u. a. durch meist deutlich einseitswendige Astblätter sowie häufigeres Vorkommen von Paraphyllien (vgl. dort). Kümmerformen immer steril. Sie könnten mit kleinen *Brachythecien* verwechselt werden, diese sind aber einhäusig und haben deshalb meist Sporogone (mit kegelförmigem Deckel). Sparrige Stängelblätter sind selten (so z. B. bei *Brachythecium reflexum* und den *Campylium*-Arten mit ± ganzrandigen Blättern). ***Eurhynchium hians*** (Hedwig) Sande Lacoste var. ***hians*** (= Oxyrrhynchium swartzii), das Klaffende oder Ruderal-Schönschnabelmoos (T. 61 h, i). Bau: im Gegensatz zu *E. praelongum* mit breiteiförmigen, schräg abstehenden Stängelblättern. Schattenpflanzen sind oft ganz locker, fast zweizeilig beblättert. Trüb- und oft gelbgrün. Die Größe variiert von zierlichen (1 – 2 cm langen), bis zu *Brachythecium rutabulum* ähnlichen Formen (var. ***rigidum*** (Boulay) Duell (T. 61 g), einem Auwaldmoos), von dem es sich durch die breit zugespitzten Blattenden unterscheidet. Ökologie: eines unserer häufigsten „Ruderalmoose". Es ist kalkhold und nährstoffliebend und kommt an frischen bis trockneren Standorten in Wiesen, Auwäldern, Parks, an Wegen, auf „Ödland" überall in Mitteleuropa (bis um 1000 – 1400 m) vor. – **T 4, L 7, F 5, R 7, K 5.** ***Eurhynchium schleicheri*** (Hedwig f.) Juratzka (= Oxyrrhynchium schl.), Schleichersches Schönschnabelmoos (T. 61 f). Bau: habituell wie *E. hians*, (besonders der var. *rigidum*), aber trocken glänzend und mit gedrehten Astblattspitzen sowie einem mindestens teilweise unterirdischen Haupttrieb. Verbreitung: ein submediterranes, wärmeliebendes Tieflagenmoos (so in Süddeutschland nur selten bis in die obere Bergstufe: bis 1000 m sowie angeblich noch bei 1200 m im Allgäu und in Tirol bis 1260 m).

Ökologie: in Kalkgebieten ist es auf Laubwaldböden und an erdigen Mauern nicht selten. – **T 5, L 5, F ?4, R 8, K 4.**

Eurhynchium hians

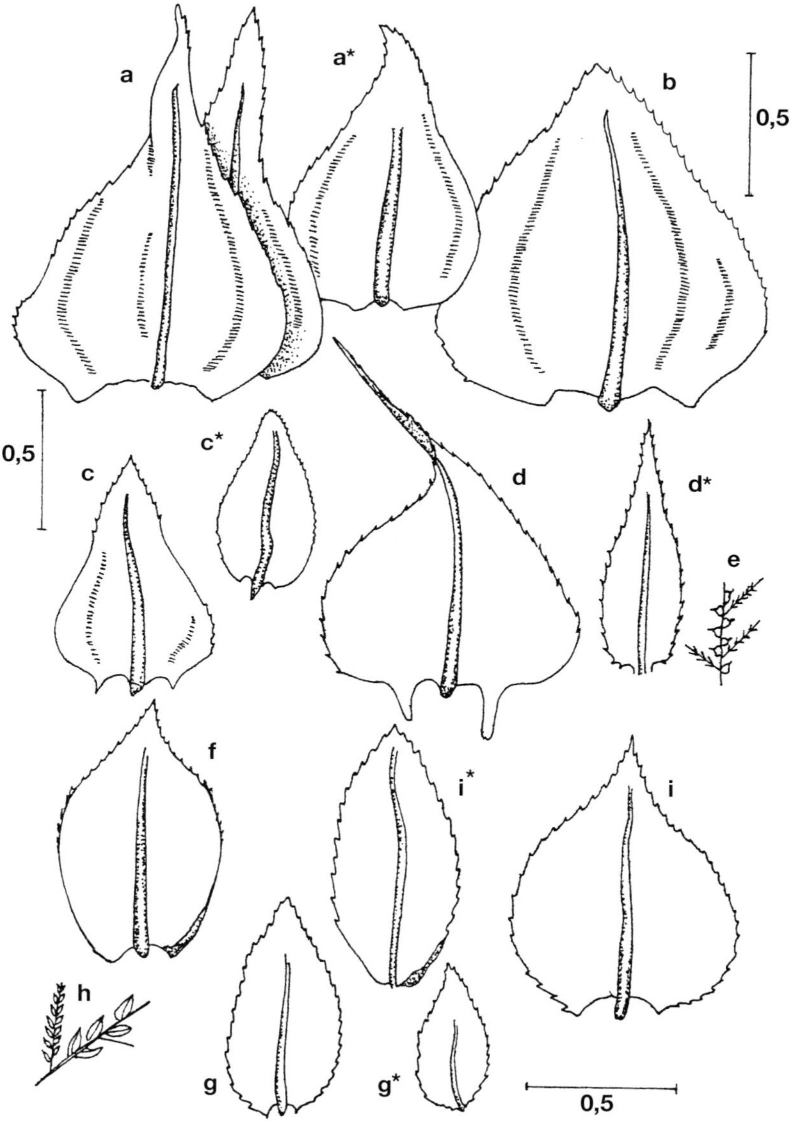

Tafel 61: ***Eurhynchium striatum:*** a. Stängel-, a* Astblatt. ***E. angustirete:*** b. Stän gelblatt. ***E. pulchellum:*** c. Stängel-, c* Astblatt. ***E. praelongum:*** d. Stängel-, d* Astblatt, e. Habitus. ***E. schleicheri:*** f. Stängelblatt. ***E. hians:*** g. Stängel-, g* Astblatt, h. Habitus. ***E. hians*** var. ***rigidum:*** i. Stängel-, i* Astblatt.

Entodontaceae

Entodon concinnus (DE NOTARIUS) PARIS
(= *E. orthocarpus*)
Aufrechtkapseliges Zwischenzahnmoos

(T. 62 c)

Name: Von griechisch entós = innen und odón = Zahn, bezieht sich auf das Peristom.

Erstbeschreibung: Durch DE NOTARIUS 1836. Zuerst von BACHELOT DE PYLAIE bei Paris entdeckt.

Bau: Meist in größeren, goldfarbenen bis braunen (nur im Schatten grünen) Decken oder auch untergemischt unter andere Astmoose. Zweige einfach gefiedert, 3 – 5 cm lang, etwas abgeflacht, niederliegend oder schräg-dachziegelartig dicht stehend. Stängel grünlich, habituell *Pleurozium* oder *Scleropodium* ähnlich, mit trocken und feucht anliegenden Blättern und trocken gespitzten Astenden. Blätter kaum 2 mm lang, etwas hohl, breit-eiförmig, eiförmig zugespitzt (rippenlos), aber ± stumpflich. Zweihäusig, Sporogone äußerst selten. Seta glatt, Kapsel aufrecht.

Verbreitung: Gebirgsmoos, in Bayern und Tirol bis um 2450 m, aus der Schweiz noch bis 2600 m angegeben. In der Ebene selten, wohl nur verschleppt.

Ökologie: Kalkholde, basenliebende Art an lichten bis sonnigen, nicht zu trockenen Plätzen auf Erde und Gestein in Trocken- und besonders in Halbtrockenrasen. In den Kalkgebieten verbreitet bis häufig, sonst nur verschleppt auf Mauern u. ä. Inzwischen im Norden und Nordwesten wegen Luftverschmutzung, Nutzungsänderung der Trockenrasen u. ä. ziemlich selten bis verschwunden. Mit *Thuidium abietinum* (vgl.

Entodon concinnus

Entodon schleicheri

dort) oft in den typischen Apermoos-Gesellschaften. Wie *Scleropodium* mit guter kapillarer Wasserleitung.
T 3, L 9, F 3(?4), R 8, K 4.
Ähnliche Arten: *Pleurozium* ist kalkmeidend und hat sowohl einen roten Blattgrund als auch einen roten Stängel. Bei *Scleropodium* sind die Blätter gerippt, schwach faltig und kurz gespitzt. ***Entodon schleicheri*** (SCHIMPER) DEMETER, Schleichersches Zwischenzahnmoos (T. 62 a, b). Bau: in oft größeren hell- bis dunkelgrünen, einem großen *Hypnum* ähnlichen (aber Blätter und Kapsel ± gerade) Decken. Die Sekundär-Stängel deutlich abgeflacht. Die Blätter sind gerade, plötzlich scharf gespitzt, gut 2 mm lang. Einhäusig und oft mit Sporogonen (die äußeren Peristombasen, gegen *E. cladorrhizans* (HEDWIG) K. MUELLER.Hal., das in Deutschland fehlt, feinpapillös). Verbreitung: eine ostsubmediterrane Art. Fast nur in den Gebirgen des südlichen Deutschlands und der Alpen. Oft in den Südalpen. Sonst selten. So ab ca. 200 m, meist über 500 m und bis 900 m in Bayern, in Tirol bis 850 m. Ökologie: auf Kalkblöcken oder vulkanischem Gestein (selten auf feuchtem Beton) an schattig-trockenen, luftfeuchten Standorten über kalk- und basenreichem Vulkangestein, besonders in Blockhalden. Im Gegensatz zu *E. cladorrhizans* sehr selten an Borke. – **T 5, L 5, F 5, R ?5, K 7.**

Orthothecium rufescens (Schwaegrichen) Schimper
Rötliches Gradbüchsenmoos

(T. 62 d) (jetzt zu den *Hypnaceen*! gestellt).
Name: Von griechisch ortho = gerade und theka = Kapsel.
Erstbeschreibung: Durch den Engländer J. Dickson 1793, nachdem es schon von Albrecht Haller aus der Schweiz bekannt war.
Bau: Eines unserer schönsten Moose. Die meist kupferroten, aber an schattigen Plätzen auch dunkelgrünen und nur rot angelaufenen Decken aus bis über 5 cm langen und um 3 mm breiten, feucht aufrecht beblätterten Zweigen. Die lanzettlichen, fein zugespitzten, 2 – 4 mm langen, deutlich längsfaltigen Blätter haben weder Blattflügel noch Rippe. (Blattzellen sehr eng). Zweihäusig, Seta glatt, Sporogone nicht selten, mit aufrechter Kapsel (Name!).
Verbreitung: Gebirgsmoos (als Glazialrelikt in der unteren Bergstufe, so schon ab 400 m, in Bayern bis 2324 m, in Tirol ab 780 bis über 2600 m (F. Koppe)).
Ökologie: An meist hellen bis sonnigen Standorten auf dauerfeuchtem bis überrieseltem Kalkgestein, z. B. nahe an Wasserfällen. Im Jura selten, aber in den Alpen verbreitet. In den übrigen deutschen Gebirgen sehr selten.
T 2, L 8, F 7, R 8, K 6.
Ähnliche Arten: ***Orthothecium intricatum*** (C. Hartman) Schimper, das Gewirrte Gradbüchsenmoos (T. 62 e). Bau: kleiner, aus 2 – 4 cm langen Stängeln bestehend, durch nicht faltige, unter 2 mm lange Blätter unterschieden. Verbreitung: dealpin. Häufiger, auch in den süddeutschen Kalk-Mittelgebirgen, aber nur vereinzelt in West- und Mitteldeutschland. In den Alpen in Bayern und Tirol bis 2300 bzw. 2400 m/2800 m, so auch aus der Schweiz angegeben. Ökologie: an feucht-schattigen Standorten auf Kalkstein, besonders in Höhlungen. Z. B. mit *Pedinophyllum*. – **T 1, L 3, F 6, R 8, K 6.** Von *Hypnum* durch die geraden Blätter und die

Orthothecium rufescens

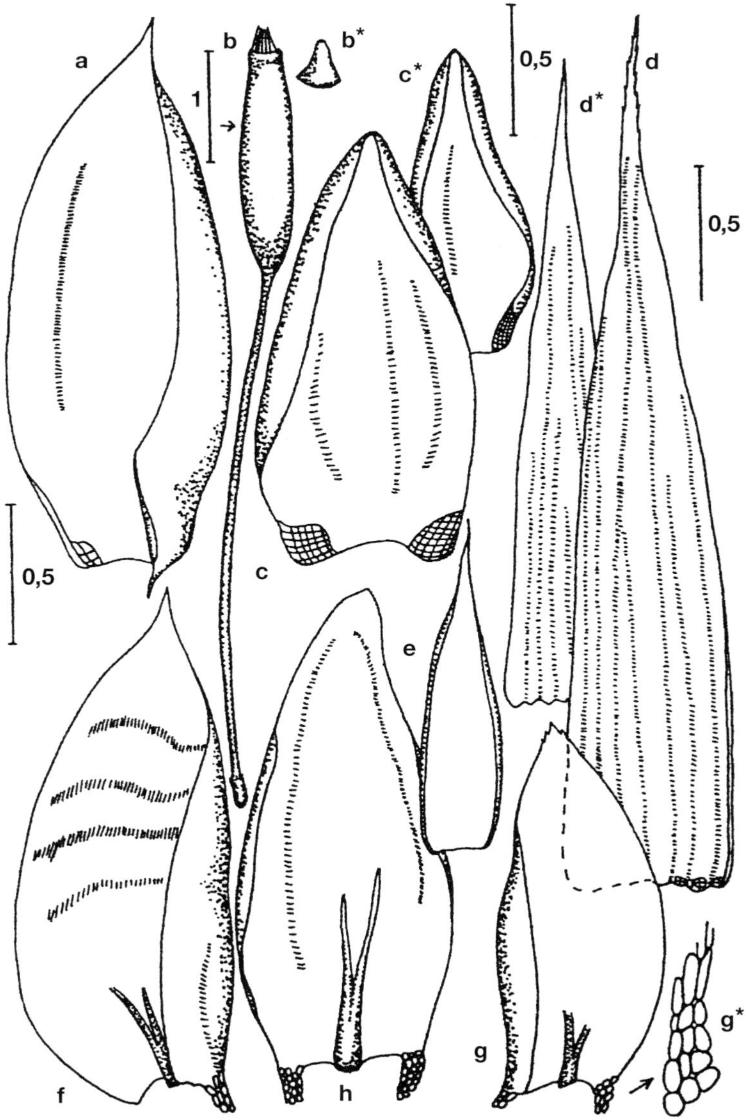

Tafel 62: ***Entodon schleicheri:*** a. Stängelblatt, b. Sporogon, b* Deckel. ***E. concinnus:*** c. Stängel-, c* Astblatt. ***Orthothecium rufescens:*** d. Stängel-, d* Astblatt. ***O. intricatum:*** e. Stängelblatt. ***Plagiothecium denticulatum*** var. ***undulatum:*** f. Blatt. ***P. denticulatum*** var. ***dent.:*** g. Blatt, g* Blattband. ***P. denticulatum*** var. ***obtusifolium:*** h. Blatt.

Orthothecium intricatum

oft rot-bräunliche Farbe (und fehlende Blattflügel) zu unterscheiden. Weitere Arten sind sehr seltene Alpenmoose, so z. B. das *Homalothecium lutescens* habituell recht ähnliche *Orthothecium chryseon* (SCHWAEGRICHEN) SCHIMPER. – Ökologie: **T 1, L 8, F ?5, R 6, K 7.**

Plagiotheciaceae

Plagiothecium denticulatum (HEDWIG) SCHIMPER var. ***denticulatum***
Gezähneltes Schiefbüchsenmoos

(T. 62 g)
Name: Von griechisch plagios = schief und theka = Kapsel.
Erstbeschreibung: 1718 durch DILLENIUS von Gießen.
Bau: Etwas glänzende, hell- bis dunkler grüne, niederliegende, abgeflacht-angedrückte, 1 – 2 cm lange Äste in kleineren bis über 10 cm breiten Decken. Pflanzen auch feucht mit ± anliegenden, etwas gewölbten Blättern, trocken kaum geschrumpft. Blätter unter 2 mm lang, ungleichseitig, eiförmig-lanzettlich, bogig breit zugespitzt. Blattspitze oft etwas gezähnelt (Name!), meist mit scharfer Spitze, nicht zum Substrat gekrümmt. (Blattbasen mit herablaufenden „Bändern“ aus blasigen Zellen,

Plagiothecium denticulatum

mit Doppelrippe und ohne Blattflügel, Blattzellen um 10 µm breit). Einhäusig und öfter mit Sporogonen als die Verwandten. Kapsel kurz zylindrisch, gebogen, geneigt. Bei allen Arten mit konischem Deckel und Seta immer glatt.

Verbreitung: Fast weltweit. Ziemlich häufig von der Ebene bis in die Hochalpen (dort ziemlich variabel, in Bayern bis 2210 m, im Ötztal bis 2600 m und im Sellrain bei 2740 m angegeben).

Ökologie: An nährstoffreichen, frischen bis feuchten (selten nassen), kalkfreien, meist schattigen Standorten. Vor allem auf Waldboden, an Waldwegböschungen, auf Rohhumus der Nadelwälder, auf morschen Baumstümpfen und an Baumbasen und -wurzeln sowie Gestein. Vor allem im Bereich der Siedlungen und den umliegenden Wäldern Eutrophierungszeiger. Wenig empfindlich gegen Luftverschmutzung. Nitrophytisch.

T ?0, L 5, F 4(5), R 5, K 5.

Verwandte Varietäten: Die var. ***obtusifolium*** (TURNER) MOORE (= P. obtusifolium = P. donianum) (T. 62 g). Bau: Blätter flach, mit abgerundeten Blattspitzen. Verbreitung: subarktisch-subalpin. In Nordtirol ab 1680 bis 2480 m. Ökologie: nur in vernässten bis quelligen, alpinen Matten. – **T 1, L 9, F 7, R ?4, K 6.** Eventuell nur eine durch den kalten Standort gehemmte Modifikation? Die var. ***undulatum*** RUTHE EX GEH. (= P. ruthei) (T. 62 f) unterscheidet sich vom Typ durch deutlich gewellte Blätter und kräftigeren Wuchs. Verbreitung: besonders in der Ebene nicht selten. Ökologie: ein Moos basenreicherer Quellmoore und nasser Erlenbrüche. – **T 5, L 0, F 7, R ?3, K 6.**

Ähnliche und **Verwandte Arten:** ***Plagiothecium laetum*** SCHIMPER var. ***laetum*** (T. 63 c), Glänzendes Schiefbüchsenmoos. Bau: die bis etwa handgroßen Decken charakteristisch plattgedrückt. Blätter gerade, nur um 1 mm lang (Blattbänder lang und schmalzellig. Blattzellen meist nur 6 – 7 µm breit). Mit ± aufrechten, symmetrischen Kapseln. Verbreitung: allgemein verbreitet, vor allem im Bergland. In Bayern bis gegen 1600 m und in Tirol bis 2250 m.

Plagiothecium laetum

Plagiothecium curvifolium

Plagiothecium cavifolium

Ökologie: auf meist schattig-trockenem, nährstoffarmem, kalkfreiem Substrat, vor allem an Baumbasen in Wäldern. Empfindlicher gegen Luftverschmutzung. – **T 3, L 4, F 4, R 2, K 6.** Die var. ***secundum*** (Lindb.) Frisvoll (= var. *curvifolium* = P. curvifolium) (T. 63 a, b). Ökologie: ein häufiges Bodenmoos besonders in armen Nadelwäldern. Oft neben *Hypnum jutlandicum* und *Dicranum scoparium*, sonst meist auf morschem Holz. Unterschieden durch gebogene, zum Boden weisende Blattspitzen. Blätter auffallend gekrümmt. Kapseln geneigt. Vor allem in der Ebene. Im Gebirge seltener, aber noch bis maximal 2500 m in Tirol. – **T 3, L 5, F 4, R 2(?1), K 4.** Zu vergleichen wären *Pseudotaxiphyllum* und *Taxiphyllum*. Von *Brachythecien* ist *Plagiothecium* durch die abgeflachten Stängel, glatte Seta und fehlende Rippe unterschieden, von *Hypnen* durch herablaufende Blattbänder und fehlende Blattflügel. ***Plagiothecium cavifolium*** (Bridel) Iwatsuki (= P. roeseanum) (T. 63 e), Hohlblättriges Schiefbüchsenmoos. Bau: diese Art hat eiförmig-zugespitzte, auffallend hohle Blätter, fast runde, kaum abgeflachte Zweige und sieht deshalb mehr einem *Brachythecium* oder *Rhynchostegium murale* ähnlich (Blattzellen um 10 µm breit, Blattbänder langzellig). Verbreitung: in Mitteleuropa ziemlich verbreitet, aber in der Ebene seltener. In Bayern und in Tirol bis 2540 m und nach Schwab (persönliche Mitteilung) im Ötztal/Tirol noch bei über 2800 m. Ökologie: das einzige neutrophile *Plagiothecium*. Es kommt darum auch noch auf oberflächlich entkalkten Waldböden vor, besonders an mäßig feuchten bis trockneren, erdigen Böschungen. Empfindlich gegen stärkere Luftverschmutzung. Auch hier ermöglichen die schuppig-anliegenden Blätter kapillare Wasserleitung. – **T 2, L 4, F 5(?4), R 6, K 6.**

Plagiothecium succulentum (WILSON) LINDBERG
(= *P. sylvaticum agg.*)
Saftiges Schiefbüchsen-Moos

(T. 63 f)
Erstbeschreibung: Durch den englischen Botaniker F. WILSON 1855.
Bau: Diese Art scheint die häufigste der kräftigeren (und trocken schrumpfenden *Plagiothecien* (= „P. sylvaticum") zu sein. In kleineren bis ausgedehnten, dunkelgrünen (oder gelblichen) Decken. Die mäßig abgeflachten, feucht geschwollenen („saftigen") Zweige sind bis 3 cm lang und bis 5 mm breit sowie feucht locker beblättert. Die um 2 mm langen, eiförmigen, breit zugespitzten Blätter mit Doppelrippe (Blattzellen ca. 18 µm breit und 1 : 5 – 6mal so lang, sie gleichen denen von *P. nemorale*. (Blattbänder aus breit herablaufenden, langgestreckten Zellen)). Zweihäusig und deshalb Sporogone ziemlich selten, mit trocken glatter Kapsel.
Verbreitung: Ebene bis Hochgebirge (in Bayern bis 1100 m, aber aus den übrigen Alpen noch bis 2365 m angegeben). Örtlich nicht selten, in Mitteleuropa allgemein verbreitet.
Ökologie: Ein Charaktermoos zwar kalkfreier, aber reicherer, feuchterer bis nasser, nicht sonniger Standorte an Waldhängen. Auf Erde und in Kalkgebieten fast nur auf Humus und an Borkenbasen.
T 2, L ?5, F 6, R 2, K 4.
Ähnliche und **Verwandte Arten:** Kaum zu trennen ist ***Plagiothecium nemorale*** (MITTEN) JAEGER, das Hain-Schiefbüchsenmoos, das an ähnlichen Standorten vorkommt und sich wohl allein durch kürzere Zellen (weniger als 1 : 6) unterscheidet. – **T 3, L 4, F 6, R ?5, K 5.** Die beschriebenen *Plagiothecium*-Arten unterscheiden sich durch die angegebenen Merkmale von den übrigen, weniger wichtigen und selteneren bis seltenen Arten. Unterschiede gegenüber anderen Gattungen vgl. oben.

Plagiothecium succulentum

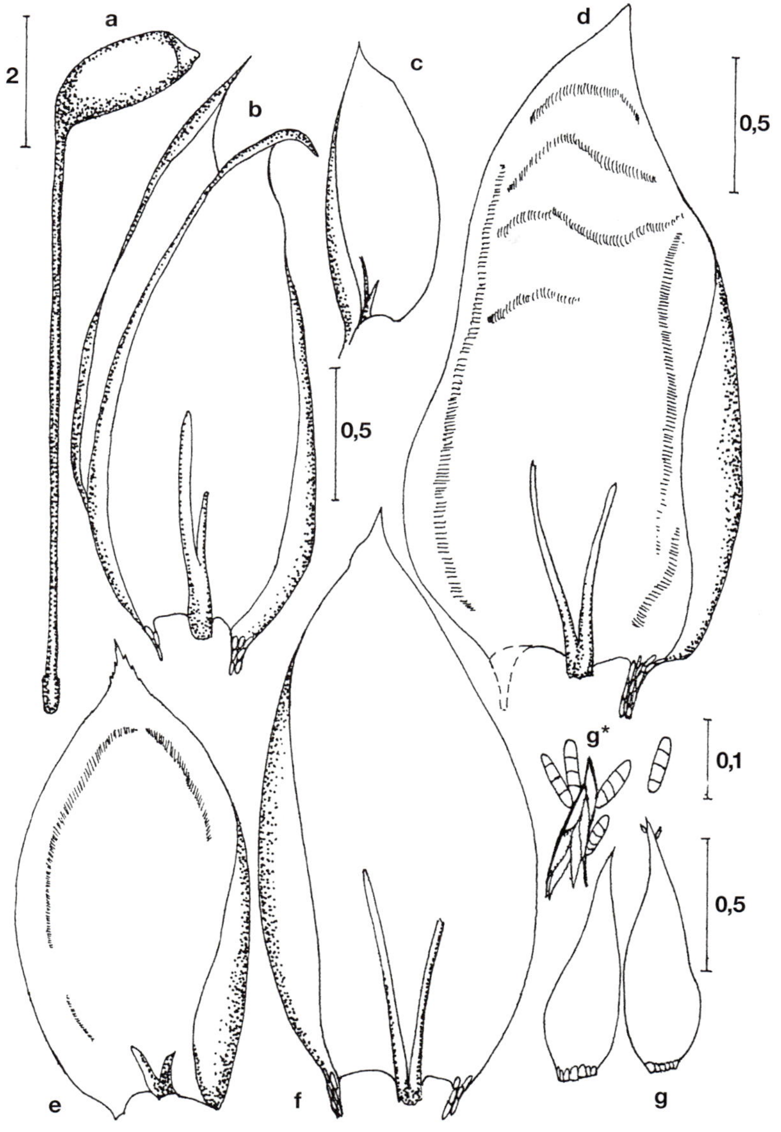

Tafel 63: Plagiothecium laetum var. ***curvifolium:*** a. Sporogon, b. Blatt. ***P. laetum*** var. ***laetum.:*** c Blatt. ***P. undulatum:*** d. Blatt, ***P. cavifolium:*** e. Blatt. ***P. succulentum:*** f. Blatt. ***P. latebricolum:*** g. Blatt, g.x Blattspitze mit Brutkörpern.

Plagiothecium undulatum (HEDWIG) SCHIMPER
Wellenblättriges oder Gewelltes Schiefbüchsenmoos

(T. 63 d)
Erstbeschreibung: Durch DILLENIUS 1741.
Bau: Hell- bis gelblich-grüne, bis über 5 cm lange und um 6 mm breite, abgeflachte Zweige in ausgedehnten, oft bis m^2-großen, üppigen Decken. Blätter bis 3 mm lang, querwellig, trocken wenig verändert, länglich-eiförmig, meist zugespitzt. Blattbänder nur schmal herablaufend. Zweihäusig und Sporogone sehr selten.
Verbreitung: Nordisch-ozeanische Art. Ebene (möglicherweise mit Fichtenaufforstung verschleppt) bis mittlere Gebirgslagen, etwa bis zur Nadelwaldgrenze (in Bayern selten noch bis 1300 und 1560 m und in Tirol nur bis 1790 m).

Plagiothecium undulatum

Ökologie: Kalkmeidend, auf lichten bis schattigeren Plätzen, meist über feuchtem Rohhumus in Nadelwäldern. Auch öfter auf erdbedeckten Silikatfelsen, morschem Holz, öfter mit *Sphagnum*, *Bazzania trilobata* und ähnlichen Arten. Mit Nadelholzpflanzungen auch in die Ebene verschleppt und dort z. T. in Ausbreitung. Möglicherweise durch den „Sauren Regen" gefördert. Insgesamt aber etwas empfindlich gegen starke Luftverschmutzung. Rohhumuszeiger. In allen niederschlagsreicheren Silikatgebirgen weit verbreitet. Sonst meist selten bzw. nur auf morschem Holz oder stark versauerten Auflagen im Kalkgebirge.

T 3, L 4, F 6, R 1, K 4.

Ähnliche Arten: Ähnlich ist besonders die jedoch kalkholde, dazu zuweilen epiphytische *Neckera crispa*. Sie ist meist bräunlichgrün und hat oben gezähnte, locker stehende, nicht herab laufende Blätter.

Pseudotaxiphyllum elegans (Bridel) Iwatsuki

(= *Isopterygium elegans*)

Zierliches Schiefbüchsenmoos

(T. 64 a)

Name: Aus griechisch pseudo = falsch und taxiphyllum (= eibenblättrig) zusammengesetzt.

Erstbeschreibung: 1818 durch W. J. Hooker. Erstfunde an der Nordwestküste Nordamerikas.

Bau: Frisch- bis gelblichgrüne, etwas glänzende, dichte, meist stark abgeflachte (wie geplättet aussehende) Decken von wenigen cm bis dm Breite, vom Aussehen eines kleinen *Plagiothecium* und sehr ähnlich *P. laetum*, aber durch die meist vorhandenen, fadenförmigen, über 1 mm langen Büschel achselständiger (nur mit schuppenförmigen Blättern besetzten) Brutästchen bereits mit der Lupe eindeutig kenntlich.

Pseudotaxiphyllum elegans

Zweige 5 – 10 mm lang, meist flach und abstehend beblättert. Blätter eiförmig-lanzettlich, um 1 mm lang, in eine längere Spitze ausgezogen, nicht herablaufend (Blattzellen linealisch, nur um 6 µm breit, Blattspitzen immer mit einigen feinen, etwas abgebogenen Zähnchen!). Mancherorts können die Brutästchen so üppig entwickelt sein, dass sie die Blätter verdecken und den Räschen das Aussehen von Algenhäufchen geben (mod. *nana*). Im Gegensatz dazu erinnert die mod. *schimperi* eher an *Plagiothecium laetum*. Zweihäusig, Sporogone in Mitteleuropa äußerst selten (dagegen häufig in Kanada). Kapsel eiförmig, geneigt. Seta glatt.

Verbreitung: (bipolar), Hauptverbreitung in den niederen Lagen im subozeanischen Klimaeinflussgebiet, besonders West- und Nordwestdeutschlands. In mittleren Gebirgslagen meist unter 900 m (in Bayern und Tirol ausnahmsweise bis um 1500 m).

Ökologie: Kalkmeidend, dafür auf armen Waldböden oft in ausgedehnten Decken an ausgehagerten Böschungen und auf morschem Holz sowie nährstoffarmem, meist trocknerem Silikatgestein. In Wäldern oft eines der häufigsten Astmoose. Meist zusammen mit *Dicranella heteromalla*, ebenfalls ein Zeiger ähnlicher Magerstandorte. Störungszeiger. Die Art ist auch sehr schattenverträglich und kommt deshalb auch noch in tiefschattigen Höhlungen, z. B. mit *Schistostega* und *Calypogeia*, vor. In Gebieten mit starker Luftverschmutzung anscheinend in Ausbreitung, durch Absterben anderer Arten freigewordene Standorte besiedelnd.

T 4, L 4, F 5, R 1, K 4.

Ähnliche Arten: Verwechslungen vor allem mit kümmerlichen Formen von *Plagiothecium laetum* möglich. Die beiden folgenden Arten zeichnen sich durch den Geruch nach frisch geschnittenen Gurken aus. ***Plagiothecium latebricolum*** SCHIMPER (T. 63 g), das Erlen-Schiefbüchsenmoos. Bau: sehr ähnlich, aber mit ganzrandigen, etwas herablaufenden und schwach gekrümmt abstehenden Blättern (öfter länglichen Brutkörpöern an den kurzen Blattspitzen). Verbreitung: Tieflagenmoos (kaum über 500 m). Vor allem in Nord- und Westdeutschland, sonst selten. Ökologie: Hauptvorkommen in Erlenbrüchen,

Plagiothecium latebricolum

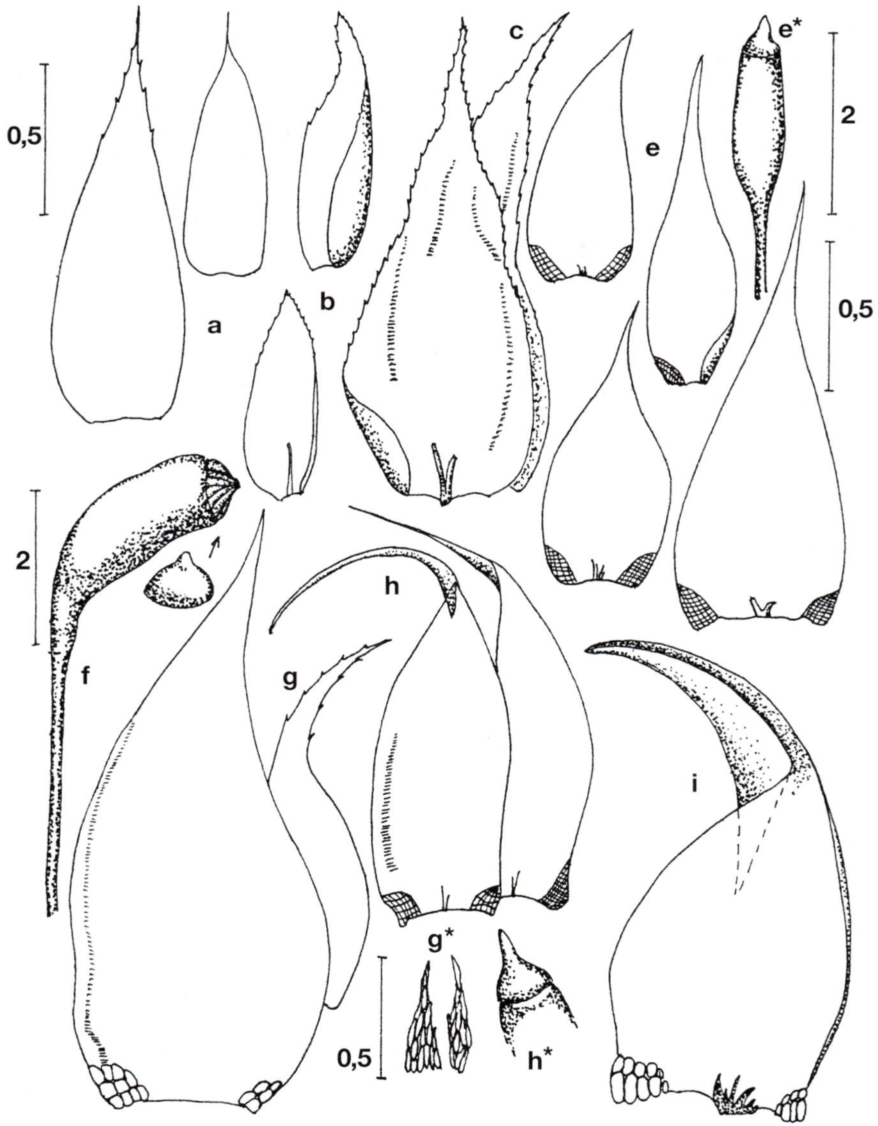

Tafel 64: Pseudotaxiphyllum elegans: a. Blätter. ***Taxiphyllum wissgrillii:*** b. Blatt. ***Herzogiella seligeri:*** c. Blätter. ***Platygyrium repens:*** d. Blatt. ***Pylaisia polyantha:*** e. Blatt, e* Kapsel. ***Hypnum jutlandicum:*** f. Sporogon und Deckel, g. Stängel- und Astblatt, g*: Pseudoparaphyllien. ***H. cupressiforme:*** h. Blatt, h* Deckel. ***H. lindbergii:*** i. Blatt.

Taxiphyllum wissgrillii

besonders an Erlenbasen und auf feuchtem, morschem Holz. – **T 3, L 3, F 5(6), R 3, K 4.**
Taxiphyllum wissgrillii (GAROVAGLI.) WIJK & MARGADANT (= Isopterygium depressum), das Eibenblättrige Gurkenmoos (T. 64 b). Bau: Sekundärstängel mehr abgeplattet als bei voriger Art, etwa 1 cm lang (oder seltener auch länger). Die ebenfalls stark abgeflachten, hellgrünen Decken glänzen und sind oft hellgrün gescheckt (gegenüber *Pseudotaxiphyllum*: Blattspitzen gezähnelt, breiter, kurzzellig, oft etwas papillös). Verbreitung: öfter in Kalkgebieten, ansonsten nur zerstreut. In Norddeutschland meist fehlend. In unteren, selten mittleren Gebirgslagen (meist unter 1000 m, nur in Bayern bis 1900 m angegeben). Ökologie: auf feuchtschattigem kalk- oder mindest basenreichem Substrat, auch in Höhlen. In Auwäldern auch oft an Baumbasen. – **T 4, L 3, F 6, R 8, K 4.**

Herzogiella seligeri (Bridel) Iwatsuki

(= *Sharpiella seligeri* = *Dolichotheca seligeri nom. illeg.*)

Stumpen-Moos

(T. 64 c)

Name: Zu Ehren von Theodor Herzog, einem bedeutenden Förderer der Bryologie.

Erstbeschreibung: Durch Albrecht von Haller 1768, später u. a. durch Pollich (1777) nachgewiesen.

Bau: Blätter unten breit-lanzettlich, etwas gekrümmt, nach oben verjüngt (und scharf gezähnt, mit gabeliger oder fehlender Rippe), um 1 mm lang. Die kleinen, meist nicht über 5 cm breiten Räschen im Erscheinungsbild zwischen *Hypnum* und *Plagiothecium* vermittelnd, am ähnlichsten einem kräftigen *Brachythecium velutinum*, aber u. a. durch glatte Seta und größere, nur schwach geneigte, hellbraune Kapseln unterschieden. Einhäusig und oft mit Sporogonen.

Verbreitung: Ebene bis mittlere Gebirgslagen ziemlich allgemein verbreitet (ab Nadelwaldstufe (ab ca. 900 m) selten, noch bis 1650 m in Bayern und in Tirol bis 1200 und 1700 m).

Ökologie: Auf meist schattigerem, grund- und luftfeuchtem, morschem Holz (Baumstümpfen!) in Wäldern. Selten auch an feuchtem Sandstein. Kalkmeidend.

T 4, L 5, F 5, R 4, K 6.

Verwandte Arten: ***Herzogiella striatella*** (Bridel) Iwatsuki (= Sharpiella striatella = Dolichotheca striatella), Streifenfrüchtiges Stumpenmoos. Bau: zierlicher, mit blasigen Blattflügelzellen und breit herablaufenden Blättern. Verbreitung: eine außerhalb der Alpen sehr seltene, subarktisch-subalpine Art. Meist über 800 m (in Bayern bis 2000 m und in Nordtirol ab ca. 1500 bis 2450 m). Ökologie: an feuchteren Plätzen, auch an Wänden von Torflöchern und in Felsspalten. – **T 2, L 6, F 6, R 1, K 6.**

Herzogiella seligeri

Hypnaceae

Pylaisia polyantha (Hedwig) Schimper var. *polyantha*

(= *P. suecica* = *Pylaisiella polyantha*)

Vielfruchtmoos

(T. 64 e)

Name: Zu Ehren von de Pylaie, einem französischen Botaniker.

Erstbeschreibung: Durch Dillenius 1718 von Gießen.

Bau: Glänzende, grüne oder oft gelblichgrüne Kriechrasen (Stängel mit Rhizoiden) von wenigen cm^2 bis dm^2 Ausdehnung, in der Tracht von *Hypnum cupressiforme* var. *filiforme* bzw. am ähnlichsten einer zierlichen Form von *Homalothecium sericeum*. Die um 3 mm langen Ästchen sind aufrecht oder aufsteigend, mit trocken ± anliegenden, feucht aufrecht abstehenden, ± geraden, aus elliptischem Grund lang und schmal lanzettlich zugespitzten, ganzrandigen, bis 2 mm langen Blättern (die quadratischen Blätterflügelzellen 12 – 14 µm breit, Blättergrundzellen nicht getüpfelt). Einhäusig und deshalb (besonders in Süd- und Südwestdeutschland) häufig mit Sporogonen. Kapsel aufrecht, länglich-elliptisch, Deckel spitz-konisch. Seta glatt und braun.

Verbreitung: Ebene bis mittlere Gebirgslagen (schon nahe der Waldgrenze selten, in Süddeutschland bis 820 m, in Tirol vereinzelt bis 1600 m).

Ökologie: Vorwiegend an Feld-Laubbäumen mit reicherer Borke, so besonders an Kernobst in Obstgärten, an Alleebäumen (besonders an Esche) in lichter Lage. Zuweilen auch an kalkhaltigem Gestein und Mauern. Meist zusammen mit diversen *Orthotrichum*-Arten, besonders *O. obtusifolium* und oft mit *Leucodon*. Wie diese empfindlich gegen Luftverschmut-

Pylaisia polyantha

zung und deshalb besonders im Flachland – obwohl früher häufig! – auf weiten Strecken schon ausgerottet. Nur noch in Süd- und Südwestdeutschland allgemein verbreitet. Ehemals Kulturfolger.
T 3, L 8, F ?5, R 7, K 5.
Ähnliche Arten: Kümmerliches *Homalothecium sericeum* hat nur sehr selten Sporogone (gezähnelte Blattbasis und eine Rippe). Geradblättrige Formen und Verwandte von *Hypnum cupressiforme* (dort aber u a. getüpfelte Basalzellen und die Blätter meist deutlich gezähnelt, Kapsel meist geneigt) sind oft nur mikroskopisch zu unterscheiden. Nahe verwandt ist die fast gleiche nachfolgende Art.

Platygyrium repens (Bridel) Schimper
Kriechendes Breitringmoos

(T. 64 d)
Name: Von griechisch platys = breit und gyros = Ring.
Erstbeschreibung: Durch N. J. de Necker, kurpfälzischer Botaniker in Mannheim. Seine botanischen Werke schließen auch die Moose ein.
Bau: Braungrüne bis rotbraune, kleinere bis über 10 cm breite Decken aus dem Substrat angedrückten Stängeln mit anliegenden Blättern. Fast immer mit bis 2 mm hohen, aufrechten, blattachselständigen, von winzigen Brutblättchen struppigen Brutsprossen. (Blattflügel, Basalzellen nicht getüpfelt). Blätter ähnlich *Pylaisia*, aber etwas kleiner und weniger fein zugespitzt. Zweihäusig und Sporogone deshalb ziemlich selten. Mit geschnäbeltem Deckel, etwas kleiner als bei *Pylaisia*.
Verbreitung: Eine subkontinentale Art, die nur im subozeanischen Bereich und in den Hochlagen selten ist. Von der Ebene bis in untere

Platygyrium repens

Gebirgslagen (darüber selten, aber bis in die subalpine Stufe, so in Bayern noch bis 1625 m und in Tirol bis 1930 m).
Ökologie: An meist absonnigen, aber lichteren, luftfeuchten, wohl kalkarmen Plätzen. Vor allem in luftfeuchteren Lagen, besonders auch in Laubwäldern. An saurer Borke und nicht selten in ausgedehnten Rasen auf morschen Stämmen oder auch an Zäunen. Sicher durch Stickoxide und deren Verbindungen gefördert und darum allgemein in Ausbreitung. Selten auf Gestein (z. B. Basalt und Porphyr).
T 5, L 6, F 4, R 6, K 6.
Ähnliche Arten: Meist für kümmerliches *Hypnum cupressiforme* gehalten, aber an der mehr oder weniger bräunlichen Färbung oft schon von weitem kenntlich.

Hypnum cupressiforme HEDWIG var. *cupressiforme*
Zypressenförmiges oder Echtes Schlafmoos

(T. 64 h)
Name: Von griechisch hypnos = Schlaf, wegen des niederliegenden Wuchses.
Erstbeschreibung: Durch DILLENIUS 1718 von Gießen. Bis einschließlich 1741 hat er die Art unter 6 verschiedenen Phrasen beschrieben. Bei ihm wurden auch noch alle anderen niederliegenden und entsprechend seitenfrüchtigen (= pleurokarpen) Moose zu *Hypnum* gestellt. Diese Gattung wurde aber bereits durch LINNÉ enger begrenzt.
Bau: In der typischen Form glänzende, auch trocken kaum veränderte, meist dunkelgrüne, dem Substrat verhaftete, kleinere bis dm^2-große Decken. Zweige bis um 5 cm lang, bis 3 mm breit, durch herab gebogene, ± sichelige Blätter dicht beblättert, unregelmäßig gefiedert. Blätter kaum 2 mm lang, aus breit, länglich-ellipti-

Hypnum cupressiforme

Hypnum cupressiforme var. *filiforme*

schem Grund lanzettlich und in eine ziemlich feine, abgebogene, ganzrandige bis gezähnelte Spitze ausgezogen (Blattzellen linealisch, um 5 µm breit, in der Blattspitze über 50 bis ca. 100 µm lang, Blattflügel aus kaum verdickten, quadratischen Zellen, Basalzellen oft getüpfelt). Sehr vielgestaltiges Moos. Zweihäusig, aber trotzdem oft mit Sporogonen. Kapsel ± geneigt, Deckel konisch, mit aufgesetztem, kurzem Schnabel. Seta in der ganzen näheren Verwandtschaft lang und glatt.

Verbreitung: Im temperaten Bereich weltweit. In Mitteleuropa wohl das häufigste Astmoos, von der Ebene bis in die Nadelwaldstufe (bis um 1500 m in Bayern und in Tirol noch bis 1800 m). Höhere Angaben wohl zur var. *subjulaceum* bzw. zu Verwandten.

Ökologie: Auf Borke, morschem Holz und Gestein, aber auch auf Erde und Mauern usw. in lichter bis schattiger, trocknerer bis luftfeuchter Lage. Trotzdem in den Industriegebieten über den Rückgang der Sporogon-Produktion durch Luftverschmutzung schon selten geworden. Ausgesprochen euryökes, d. h. ökologisch anspruchsloses Wald-Moos. Mit beginnender Luftverschmutzung offensichtlich zuerst sehr gefördert und dabei weniger konkurrenzstarke Arten durch „Überwachsen" beseitigend. Bei stärkerer Luftverschmutzung nur noch steril und selbst geschädigt. Nur nach reichen oder längeren Niederschlägen zur Wasseraufnahme und -speicherung befähigt.

T0, L5, F4, R4, K5.

Besonderes: Bemerkenswert scheint der Gattungs-Name zu sein. Es wird behauptet, dass die Menschen des Mittelalters die Art (eher wohl alle größeren Astmoose!) als Schlafmittel benutzt haben („signatura rerum"). Wahrscheinlicher ist, dass solche Moose gern für Matratzenfüllungen und auch direkt als Schlaflager verwendet wurden, wie subfossile Funde, z. B. aus Norddeutschland, zeigen.

Hypnum cupressiforme var. *lacunosum*

Varietäten: Zierliche, einfache Formen an Borke und Gestein werden als var. ***filiforme*** BRIDEL bezeichnet. Dieser Typ sporuliert nur selten und ist wohl nur eine Hungermorphose. Die var. ***lacunosum*** BRIDEL (= var. elatum = H. lacunosum, inkl. var. tectorum), das Trockenrasen-Schlafmoos. Bau: eine meist kräftigere (und dann *Rhytidium* sehr ähnliche), braunglänzende, hohlblättrige Form (Blattzellen um 7 µm breit!). Verbreitung: im Areal der Art ziemlich verbreitet, aber selten mit Sporogonen. Ökologie: an trocken-sonnigen Standorten, besonders in Trockenrasen und auf Mauern, dort und auf Dächern oft abgelöst durch die zierlichere mod. *tectorum*. – **T4, L8, F2, R7, K5.** Die var. ***subjulaceum*** MOLENDO (= var. imbricatum) ist ein geradblättriger Typ. Bau: wegen der nicht sicheligen Blätter leicht zu übersehen. Verbreitung: ein Moos vorwiegend der höheren Gebirge (meist erst über 500 m, in Bayern 2600 m und nach ANDO sogar bis 3000 m und damit eines der höchststeigenden *Hypnen*). Ökologie: auf lichten bis sonnigen, meist trockneren, exponierten Standorten auf verschiedener Unterlage. – **T2, L7, F5, R?4, K7.**

Ähnliche und **Verwandte Arten:** ***Hypnum andoi*** A. J. E. SMITH (= H. mamillatum (BRIDEL) LOESKE), das Warzendeckel-Sch. Bau: habituell ähnlich, aber durch ungeschnäbelte Kapseldeckel, stattdessen mit einer Warze (Blattzellen nur bis 40 µm lang) unterschieden. Verbreitung: eine seltenere, oft übersehende Art. Ökologie: an Silikatgestein und Borke. – **T ?o, L 4, F 5, R ?o, K 5.** ***Hypnum jutlandicum*** HOLMEN & WARNCKE (= H. cupressiforme var. ericetorum), das Heide-Schlafmoos (T. 64 f, g). Bau: in oft meterweiten, dunkelgrünen bis goldig glänzenden Decken. Die mehr abgeflachten, regelmäßig gefiederten Zweige haben grüne Stängel (und schwach gezähnte, lanzettliche Pseudoparaphyllien). Verbreitung: im subozeanischen Bereich ein ziemlich häufiges Tieflagenmoos (bis 800 m in Süddeutschland und noch bis 1700 m in Tirol). Ökologie: auf meist trocknerem, kalkfreiem, humosem Substrat, auf Silikat-Skelettböden, dürrem, magerem Heideboden, in Nadel- und Eichenwäldern. Auch auf morschem Holz. Frühestens bei geringer Luftverschmutzung mit Sporogonen. – **T 3, L 7, F 2, R 3, K 4.**

Hypnum jutlandicum

Hypnum lindbergii Mitten
(= *Calliergonella lindbergii* (Mitten) Hedenaes)

Gekrümmtes Schlafmoos

(T. 64 i)

Erstbeschreibung: Durch den englischen Bryologen W. Mitten 1864, zu Ehren von S. O. Lindberg (1835-1889)

Bau: Hellgrüne, meist kleinere, niedergedrückte Decken. Stängel rötlich, unregelmäßig oder kaum verzweigt, hakenförmig beblättert. Blätter 2 – 2,4 mm lang, sichelig, mit aufgeblasenen, wasserhellen Blattflügeln und oft stumpflicher, abwärts gerichteter Spitze.

Verbreitung: Vor allem im Gebirge, in der Ebene selten (in Bayern bis 1800 m, in Tirol bis 2200 und angeblich bis 2780 m).

Ökologie: Auf lichten bis sonnigen, zumindest zeitweise vernässten Waldwegen und in Sümpfen. Kalkhold. Öfter mit *Pellia endiviifolia, Calliergonella cuspidata* und *Cratoneuron filicinum*. **T 3, L 8, F 7, R 6, K 6.**

Ähnlich ist ***Hypnum pratense*** Spruce (= Breidleria pratensis (Spruce) Loeske), Wiesen-Schlafmoos: Bau: unterschieden durch mehr verflachte Beblätterung (einem *Plagiothecium* ähnlich), trocken wellig (und Blattflügel weniger auffällig). Verbreitung: außerhalb der Alpen durch Entwässerungen sehr selten geworden. In Bayern bis 1810 m. Ökologie: nur in Sümpfen, Sumpfwiesen und Quellmooren. Kalkhold. – **T 2, L 8, F 7, R 8, K 7.**

Hypnum lindbergii

Hypnum sauteri SCHIMPER

(= *H. recurvatum agg.*)

Sauter's Schlafmoos

Erstbeschreibung: Durch W. P. SCHIMPER 1850. Entdeckt durch den bekannten Alpenbryologen A. SAUTER 1848 bei Reichenhall.

Bau: Zarte, fest haftende, eher einem *Amblystegium serpens* ähnliche, aber braun- bis goldgrüne Decken (kleinste Art der Gattung). Stängel

Hypnum sauteri

Hypnum sauteri

um 1 – 2 cm lang, mit fädlichen Zweigen. Blätter sichelig, nur 0,5 mm lang, sehr dicht stehend (Rippe fehlend, Paraphyllien spärlich). Einhäusig. Sporogone im Juli-August. Seta bis 10 mm, rötlich. Kapsel horizontal, bis 1 mm lang.

Verbreitung: Subarktisch-subalpines Alpenmoos (in Bayern selten schon ab 390 und 500 und 560 m; meist über 1000 m bis 2140 m, aber auch unter der Waldgrenze. In Tirol ab 700 und 730 m bis 1600 und bis 2000 m aufsteigend).

Ökologie: Auf lichtem, feuchtem Kalkgestein vor allem an den Wänden von Blöcken und Felsen in Hangwäldern.

T 2, L 5, F 5, R 9, K 7.

Verwandte Arten: ***Hypnum recurvatum*** (LINDBERG & ARNELL) KINDBERG (= H. fastigiatum), Zurückgekrümmtes Schlafmoos. Bau: unterschieden durch etwas größere Stängel, bis maximal 4 cm, (mehr Paraphyllien). Blätter 0,6 – 0,9 mm lang (z. T. mit Doppelrippe). Seta 15 mm und Kapsel bis 2 mm lang. Verbreitung: ähnlich wie bei voriger Art, aber in Bayern erst ab 800 – 2600 m, in der Schweiz ein Höchstvorkommen bei 2960 m. Ökologie: auf exponiertem, sonnig-warmem bis schattigem, trocknerem bis feuchtem Kalk und kalkreichem Gestein. – **T ?2, L 7, F 4, R 8, K 7.** Die übrigen *Hypnen* sind meist kleiner, oft auch Bewohner von morschem Holz oder Borke, selten und/oder für den Anfänger schwer bestimmbar.

Ctenidium molluscum (HEDWIG) MITTEN var. *molluscum*
Straußenfedern- oder Kamm-Moos

(T. 65 c, d)

Name: Diminutiv von griechisch ktenios = Kamm (ein Kämmchen!).

Erstbeschreibung: Durch DILLENIUS 1741, nach ihm zuerst von BOBARTUS in England gesammelt.

Bau: Gold- bis braungrüne, (im Schatten hellgrüne), glänzende, weiche Decken von wenigen cm^2 bis dm^2 Größe aus niederliegenden bis dicht stehend aufrechten, einfach gefiederten, im Umriss schmal dreieckigen, oben zusammengezogenen Zweigen von 2 – 3 cm Länge mit bis 5 mm lan-

Ctenidium molluscum

gen, eng stehenden Ästen. (Blätter gezähnelt, mit Blattflügeln und als Papillen vorspringenden Zellecken am Rücken, Rippe kurz, doppelt). Die Stängelblätter um 1 mm lang, rundum scharf gesägt, aus dreieckiger Basis herablaufend und in eine lange Spitze ausgezogen, nicht faltig, die winzigen Astblätter aus eiförmiger Basis schmal lanzettlich, sichelig. Zweihäusig, Sporogone im Gebirge nicht selten. Kapsel 1,5 mm, geneigt, elliptisch, etwas hochrückig. Deckel konisch, mit aufgesetzter Spitze. Seta 10 – 15 mm lang, purpurn, glatt. Charakterisiert vor allem durch die im Umriss einer Straußenfeder ähnlichen Zweige. Sehr variabel. Stark abgewandelte Formen können jedoch auch völlig anders aussehen.

Verbreitung: Gebirgsmoos (in der Ebene meist selten, in Bayern bis 1680 m und in Tirol bis 2100 m. Noch angegeben von 2300 m bzw. 2530 m).

Ökologie: Die typische Varietät ist ein Kalkgesteinsmoos und besonders in schattig-feuchter Lage auch auf kalkhaltigem Silikatgestein allgemein verbreitet. Die Größe ist je nach Standort sehr variabel, an sonnigen und sehr schattigen Standorten gibt es zierliche Kümmerformen. Im Kalkgebirge auch auf steinigen Böden und in Sumpfwiesen, an Borkenbasen und selbst auf morsches Holz übergehend.

T 4, L 5, F 4, R 8, K 5.

Ähnliche Arten: Zu Verwechslungen führen vor allem üppige Formen von *Brachythecium velutinum*. Hier sind die Blätter nur wenig gebogen (und haben eine Rippe), die Seta ist rau. Das ähnliche *Ptilium* ist größer, hellgrün und ebenfalls kalkmeidend. Zu achten ist auf ***Ctenidium molluscum*** var. ***robustum*** (MOLENDO) BOULAY (= var. procerum) (T. 65 e). Bau: Zweige frisch bis dunkelgrün und um 2 – 3 x so groß. Verbreitung: zerstreut in den Gebirgen (in Bayern bis 2000 m). Ökologie: basenliebend (und kalkhold). An nassem bis besprühtem Gestein im Silikatgebirge (in wechselfeuchten Kalkflachmooren und -wiesen wächst nur die var. *molluscum*!). Schon wegen der andersartigen Färbung nicht leicht als *Ctenidium* zu erkennen, sie ähnelt mehr einem *Hypnum*. – **T 2, L 3, F 8, R 6, K 3.**

Verwandte Arten: ***Ctenidium procerrimum*** (MOLENDO) LINDBERG (= Pseudostereodon proc.), das Üppige Kammmoos. Erst 1865 von MOLENDO am Pasterzen-Wasserfall in Kärnten entdeckt. Bau: größer als *C. molluscum* und ebenfalls einem regelmäßig gefiederten *Hypnum* mehr ähnlich. Dazu Stängelblätter ganzrandig oder nur an der Spitze gezähnelt. Verbreitung: ein arktisch-alpines, seltenes Moos

Ctenidium procerrimum

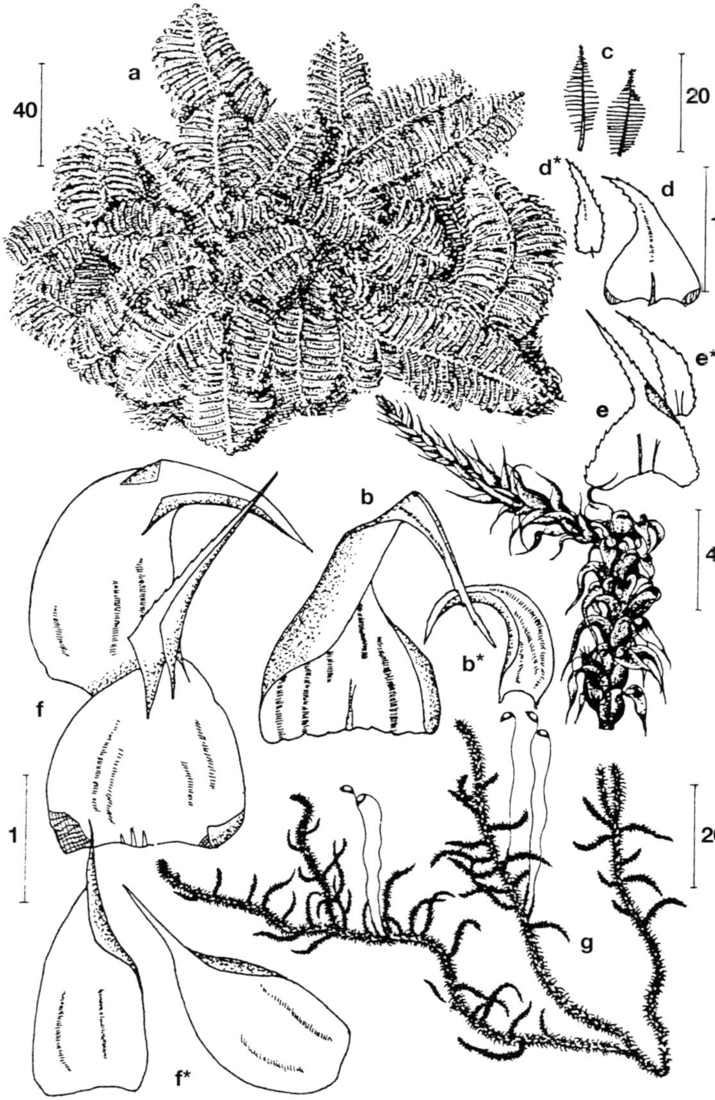

Tafel 65: Ptilium crista-castrensis: a. Habitus (Geheeb in Herzog), b. Stängel-, b* Astblatt. ***Ctenidium molluscum:*** c. Habitus, d. Stängel-, d* Astblatt. ***C. molluscum*** var. ***robustum:*** e. Stängel-, e* Astblatt. ***Rhytidiadelphus squarrosus:*** f. Stängel-, f* Astblätter, g. Habitus mit Sporogonen und Zweig (aus Schimper).

der Kalkalpen (selten bei 850 – 1600 m, öfter ab 2050 – 2200 m, Höchstfund bei 2960 m und damit bei uns wohl die höchststeigende Pleurokarpe; in Tirol von 1000 m bis 2700 m).

Ökologie: an besonnten bis halbschattigen, feuchten, meist kalkreichen Standorten, z. B. mit *Entodon concinnus, Hypnum bambergeri* und *Rhytidium*. – **T 2, L 6, F 6, R 8, K 4.**

Ptilium crista-castrensis (Hedwig) De Notarius
Federmoos

(T. 65 a, b)

Name: Von griechisch ptilon = Feder, wegen der Form der Sekundärstängel.

Erstbeschreibung: Durch Linné 1801 (übernommen von Hedwig 1801). **Erstnachweis** dagegen bereits 1787 durch J. Chr. Timm aus Mecklenburg.

Bau: Kleinere bis meterweit ausgedehnte, frischgrüne Decken aus um 5 – 10 (– 15) cm langen, einfach und dicht gefiederten, im Umriss breit elliptisch-lanzettlichen Zweigen. Blätter sichelig, faltig. Die Stängelblätter aus breitem Grund eiförmig-lanzettlich, lang zugespitzt, 2 – 3 mm lang (und ± ganzrandig), die Astblätter aus breit-lanzettlicher Basis gespitzt. Zweihäusig. Sporogone werden ziemlich selten und fast nur in feuchten Lagen der Gebirge entwickelt. Seta lang, glatt. Kapsel ± horizontal, kurz zylindrisch, mit gewölbtem, gespitztem Deckel.

Verbreitung: Im norddeutschen Flachland zerstreut und möglicherweise mit der Nadelholzkultur erst eingeschleppt. Auffallend selten in Westdeutschland, häufig in den höheren Silikatgebirgen, sowie im Alpenbereich bis zur Krummholzregion (in Bayern bis 1800 m, in Tirol vereinzelt bis 2100 m und in den übrigen Alpen bis 2445 m angegeben. In Yunnan noch bis 4000 m).

Ökologie: Auf feucht-schattigem, meist dauerfeuchtem Rohhumus und kalkfreien Mineralböden, so in Gebirgsnadelwäldern und -forsten. Auch öfter über Humus auf Felsen, in Blockhalden und auf morschem Holz. Kalkmeidend und deshalb im Kalkgebirge nur auf dicker Humusauflage. Anscheinend sehr empfindlich gegen Luftverschmutzung.

T 3, L 4, F 6, R 3, K 6.

Ptilium crista-castrensis

Besonderes: Eines unserer schönsten, leicht kenntlichen Laubmoose. Früher gern zum Kleben von „Mooslandschaften“ verwendet.

Ähnliche Arten: Kümmerformen könnten evtl. für das (kalkholde!) *Ctenidium* gehalten werden (s. o.).

Rhytidium rugosum (Hedwig) Kindberg
Runzelmoos, Bärentatzen- oder Hasenpfoten-Moos

(T. 66 c) – (früher als ***Rhytidiaceae***)
Name: Von griechisch rhytides = Runzeln, Falten. Wegen der Blattstruktur!
Erstbeschreibung: Durch Dillenius 1718. Von ihm am Hardberg und am Weddenberge bei Gießen gefunden.
Bau: Hellbraune bis goldfarbene (im Schatten grüne), trocken matte, kräftige Decken von wenigen cm bis zu meterweiter Ausdehnung aus niederliegenden oder dicht stehenden, fast aufrechten, um 3 – 5 cm langen, unregelmäßig fiederigen bis fast einfachen Zweigen. Blätter dicht stehend, einseitswendig, eiförmig-lanzettlich zugespitzt, etwas hohl und wellig-faltig („verknautscht“), ca. 3 – 4 mm lang (Rippe bis über die Mitte, Blattzellen getüpfelt, eng, am Rücken mit Papille). Zweihäusig, Sporogone äußerst selten (Limpricht (vor 1900) gibt aus seinem Florengebiet nur von 8 Orten Sporogone an). Seta glatt, Kapsel geneigt, Deckel kurz geschnäbelt.
Verbreitung: In der norddeutschen Ebene fehlend oder ausgestorben. In den Mittelgebirgen im nördlichen Teil z. T. verschwunden. Dann aber oft noch häufig bis in die höchsten Lagen der Alpen (dort die fo. *borealis*), so in Bayern und Vorarlberg bis 2600 m. In Tirol noch bei 2530 m und (nach F. & K. Koppe) bis 3000/3200 m. Damit eines der höchststeigenden pleurokarpen Moose.
Ökologie: Auf offenen, meist sonnigen, trockenen (aber nebelhäufigen) Standorten. Neben *Thuidium abietinum* und *Entodon concinnus* eines der ganz typischen „Apermoose“. Beson-

Rhytidium rugosum

ders in südexponierten, kalk- oder basenreichen Trockenrasen. Regelmäßig bis längerfristig austrocknend, aber sicher wie die dortigen Flechten die nächtliche Tau- und Nebelfeuchte gut nutzend. Wie bei den obigen Moosen erfolgt die Verbreitung wohl fast ausschließlich als ganzer Stängel. Auch in lichten Kiefern- und Eichenwäldern in sonniger Lage. Im Industriegebiet (besonders in Nordrhein-Westfalen) oft schon seit der Jahrhundertwende durch Luftverschmutzung ausgerottet. Hält sich, da weniger stark kalkabhängig als *Thuidium abietinum* noch länger als dieses, wird aber dafür oft von der habituell sehr ähnlichen (aber deutlich glänzenden) var. *lacunosum* von *Hypnum cupressiforme* verdrängt. In der Eifel oft im Rückgang.
T 0, L 9, F 3, R 7, K 5.
Ähnliche Arten: Verwechslungen sind vor allem mit der eben genannten Varietät möglich (dort aber glatte Blattzellen und Doppelrippe). Entfernt ähnlich ist auch *Ptychodium plicatum*, das aber nie den typischen „Hasenpfoten-Habitus" zeigt und eher *Homalothecium lutescens* ähnelt. Unter unseren Moosen eines der am leichtesten erkennbaren, das sich selbst ein Anfänger schnell merken wird.

Rhytidiadelphus squarrosus (HEDWIG) WARNSTORF
Sparriger Runzelbruder, Sparriges Kranzmoos

(T. 65 f, g) (früher *Hylocomiaceae*)
Name: Von griechisch rhytides = Runzeln, Falten und adelphos = Bruder, *Rhytidium* verwandt.
Erstbeschreibung: Durch DILLENIUS 1741, nach LIMPRICHT „zweifelsohne schon von Gießen aus Wiesen bekannt". Dann von SCHREBER 1771 für die Flora von Leipzig sicher nachgewiesen.
Bau: Sehr kräftiges, hellgrünes, schwach glänzendes, bis über 10 cm tiefe und über quadratmetergroße Rasen bildendes Moos, das ganze Mahdwiesen „verfilzen" kann. Die (besonders im Grasland) gern senkrecht, dicht bei dicht wachsenden, aufrechten Zweige entspringen lang hinkriechenden (bis aufsteigenden) Stän-

Rhytidiadelphus squarrosus

geln und sind mit abwärts abgebogenen, um 3 mm langen, breit eiförmigen, lang gespitzten, kaum längsfaltigen Blättern besetzt. Deutliche Seitenzweige werden nur bei Schattenformen entwickelt. Zweihäusig, ziemlich selten mit Sporogonen. Seta lang, Kapsel horizontal, dick eiförmig, mit spitzkegeligem Deckel.

Verbreitung: Von der Ebene bis zur Baumgrenze meist häufig (in Bayern bis 1610 m, von FAMILLER bis 2100 m angegeben, in Tirol sicher bis 1900 m und bei 2450 m (K. KOPPE, verschleppt?)).

Ökologie: Auf sonnigen, seltener schattigen Plätzen, Zeiger für Dauerfeuchtigkeit, in frischen bis vernässten Wiesen und besonders in gedüngten, halbschattigen Parkrasen. Einen schönen „Winteraspekt" bildend. Nährstoffliebend, aber ± kalkmeidend. Auch am Boden feuchter Wälder, aber meist Eutrophierungs- und Störungszeiger. Weiträumig verschleppt (Kulturfolger). Allgemein verbreitet, aber in zu jungen Parkrasen oder bei sehr starker Luftverschmutzung in den Städten fehlend, mit Einführung besserer Filteranlagen z. B. im Stadtgebiet Duisburg wieder aufgetreten und häufig geworden. In Forsten zeigen Rasen dieses Mooses an, dass hier ehemals Wiesenland war. Im „gepflegten Rasen" werden große Moose sehr unökologisch als „Wiesenunkraut" bekämpft. Kleine Arten werden geduldet (oder nur übersehen?). Vergleiche dazu das bei *Brachythecium rutabulum* Gesagte!

T 3, L 6, F 6, R 5(?0), K 5.

Besonderes: Eines unserer schönsten und größten, dazu leicht kenntlichen Moose: Schulbuchmoos. Im lichten, kühlen und feuchten, geschlossenen Glas einfach zu kultivieren. Auch für feuchte „Moosgärten" sehr geeignet. Zuweilen zu erstaunlich hohen Preisen als Schmuck gehandelt („Kranzmoos"). Seltsamerweise gleichzeitig eines der gefürchtetsten Gartenrasenmoose.

Verwandte Arten: ***Rhytidiadelphus subpinnatus*** (LINDBERG) T. KOPONEN (= R. squarrosus

Rhytidiadelphus subpinnatus

subsp. calvescens),Fiederzweigiger Runzelbruder. Bau: besser nur eine Unterart. Vom Typ nur durch die anliegenden Astblätter, einfach gefiederte Stängel und die Verbreitung unterschieden. Verbreitung: Hochgebirgsmoos (im rheinischen Bergland selten schon bei 230 m, in Süddeutschland ab 500 m, aber häufiger erst in der subalpinen Stufe, so bei 1350 – 1600 m, in Tirol zwischen 750, 1000 und 2260 m). Ökologie: auf meist sonnigen, dauerfeuchten, kalkarmen, aber nährstoffreicheren Standorten auf erdigem Substrat und Skelettböden, insbesondere in Magerrasen, wie auch im Krummholz. – **T 2, L 8, F 6, R 5, K 6.** ***Rhytidiadelphus loreus*** (HEDWIG) WARNSTORF, Schöner Runzelbruder (T. 66 b). Bau: ein prächtiges, schon DILLENIUS (1718) von Gießen bekanntes Moos. Die bräunlich-grünen Decken zeichnen sich durch fiederig verzweigte, gegenüber *R. squarrosus* nur wenig abstehend-gekrümmte, feiner zugespitzte, längsfaltige, an den Astspitzen etwas einseitswendige Blätter aus. Die Zweige sind niederliegend oder aufsteigend, die Pflanzen im Ganzen zarter beblättert und deshalb keinesfalls mit dem grobblättrigen *R. triquetrus* zu verwechseln. Verbreitung: subozeanisch. Außerhalb der Kalkgebiete in den Mittelgebirgen, aber nur z. T. in den Alpen, ziemlich verbreitet. In der norddeutschen Ebene selten. Bis zur Baumgrenze, in Bayern bis 1565 m und in Tirol bis 1600 m, angeblich noch bis 2115 m (FAMILLER) bzw. bis 2115 m. Ökologie: dieses kalkmeidende, ± ozeanisch verbreitete Moos kommt vorzugsweise auf lichten bis schattigeren, feuchten Waldböden vor, es wächst in Silikat-Blockhalden oder seltener auch auf Humus und morschem Holz in Kalkgebirgen. – **T 3, L 4, F 6, R 3, K 4.**

Ähnliche Arten: sind höchstens z. B. größere *Campylium*-Arten. Jedoch haben selbst Kümmerformen der *Rhytidiadelphus*-Arten immer noch größere, zurück gekrümmte (deutlich gezähnelte) Blätter.

Rhytidiadelphus loreus

Rhytidiadelphus triquetrus (HEDWIG) WARNSTORF
Großer oder Dreieckblättriger Runzelbruder

(T. 66 a).

Erstbeschreibung: Durch DILLENIUS 1718, aus den Wäldern um Gießen.

Bau: Unser wohl auffälligstes heimisches Astmoos. Die meist hellgrünen Zweige sind viel gröber als bei den vorigen und auch nur abstehend beblättert. Die meist unregelmäßig fiederig verzweigten Stängel können bis 30 cm lang werden. Die eiförmig-lanzettlichen Blätter sind kaum längsfaltig, stängelumfassend und 3 – 5 mm lang.

Verbreitung: Von der Ebene (hier oft selten) bis ins Hochgebirge. In Mittel-, Südwest- und Westdeutschland weit verbreitet und oft häufig (in Bayern bis über 2000 m, in Tirol bis 1970 und 2300 m (K. KOPPE), in Yunnan noch bis 4575 m Meereshöhe).

Ökologie: Auf lichteren, selten sonnigen, trockneren, meist kalk- oder mindest basen-, wie auch humusreichen Standorten. An grasigen Böschungen, in Hecken, an Waldsäumen und am Boden, in Mesobrometen und lichten Wäldern. In Westdeutschland nördlich der Eifel und im ganzen Flachland, weil empfindlich gegen stärkere Luftverschmutzung, auf weiten Strecken ausgerottet oder nur noch auf Kalk vorkommend. Ebenfalls zweihäusig und entsprechend sehr selten mit Sporogonen.

T 3, L 7, F 4, R 6, K 5.

Rhytidiadelphus triquetrus

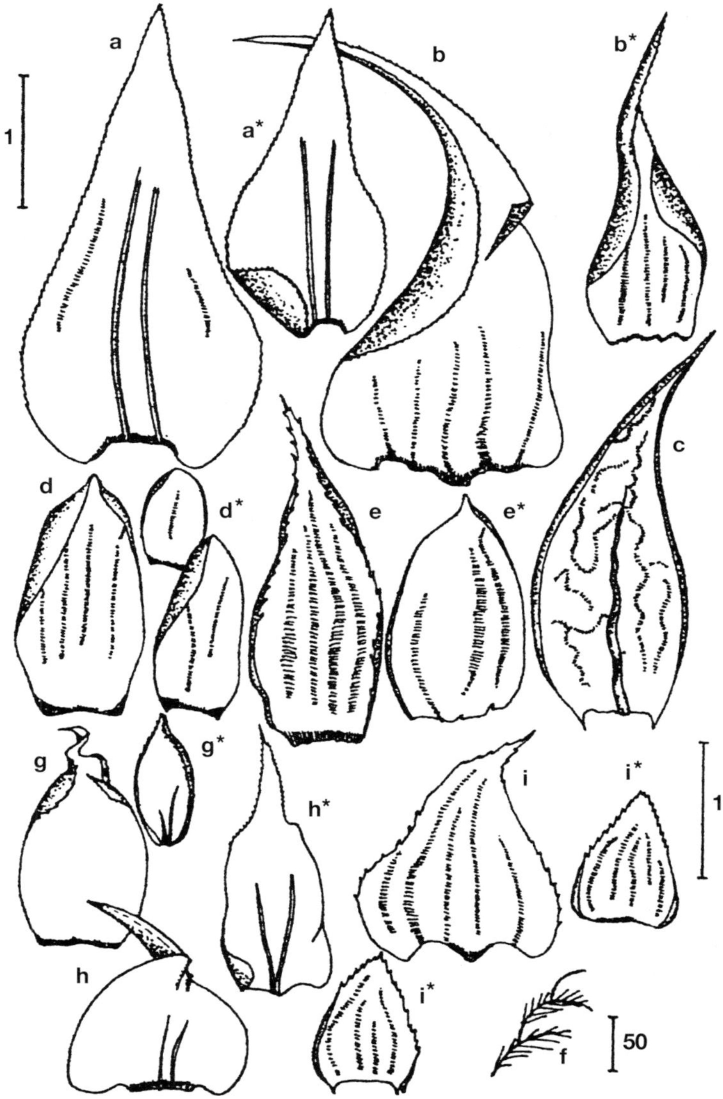

Tafel 66: Rhytidiadelphus triquetrus: a. Stängel-, a* Astblatt. ***R. loreus:*** b. Stängel-, b* Astblatt. ***Rhytidium rugosum:*** c. Blatt. ***Pleurozium schreberi:*** d. Stängel-, d* Astblätter. ***Hylocomium pyrenaicum:*** e. Stängel-, e* Astblatt. ***H. splendens:*** f. Habitus, g. Stängel-, g* Astblatt. ***H. brevirostre:*** h. Stängel-, h* Astblatt. ***H. umbratum:*** i. Stängel-, i* Astblätter.

Pleurozium schreberi (Bridel) Mitten
(= *Entodon schreberi*)
Rotstängelmoos, Schrebers Rotstängelmoos

(T. 66 d) (früher zu den *Brachytheciaceae* und andere Familien gestellt)
Name: Von griechisch pleurón = Rippe, Körperseite und ózos = Zweig, ein nachvollziehbarer Bezug ist nicht erkennbar.
Erstbeschreibung: Durch Dillenius 1741, danach wieder durch Schreber bei Leipzig.
Bau: Meist dunkelgrüne, einfach gefiederte, kräftige, ca. 4 – 7 (– 10) cm lange Pflanzen. Zumindest die alten Stängel kräftig dunkelrot gefärbt. Oft ausgedehnte dichte Decken (Filze) bildend. Blätter um 2 mm lang, eiförmig (rippenlos), stumpflich, basal rot, schwach faltig, locker anliegend. Zweihäusig, Sporogone sehr selten (Winter, Herbst), mit langer, glatter Seta.
Verbreitung: Auch auf der Südhalbkugel. Außerhalb der Kalkgebiete häufig von der Ebene bis ins Hochgebirge (in Bayern bis 2420 m und in Tirol noch bei 2350 und bis 2808 m angegeben (Verwechslung mit *Hylocomium pyrenaicum*?)).
Ökologie: Auf oft sonnigem bis lichtem, länger trockenem Rohhumus, besonders in wechselfeuchten Nadelwäldern und -forsten (dort oft auf weiten Strecken dominierend), sowie in Heiden und Blockhalden. Kalkfeindlich. Empfindlich gegen stärkere Luftverschmutzung. Sonst außerhalb der Kalkgebirge sehr häufig. In durch Stickoxide und andere Stickstoffverbindungen belasteten Bereichen allmählich durch *Scleropodium purum* verdrängt.
T 3, L 6, F 4, R 2, K 5.
Besonderes: Fördert in Forsten die Rohhumusbildung und wirkt so negativ auf die Bodenstruktur. Andererseits wirkt es wasserspeichernd und erosionshemmend. Vor allem ist es aber auch Lebensraum für zahlreiche Kleintiere. Früher wurde die Art als großes Astmoos auch

Pleurozium schreberi

als Verpackungsmaterial und zum Stopfen der Ritzen, besonders in den Holzbauten, genutzt. Zur Vorführung der äußeren Wasserleitung gut verwendbar. Schulbuchmoos.
Ähnliche Arten: *Scleropodium purum* hat grüne (bis bräunliche) Stängel, andere Blattspitzen, eine dünne Rippe und besiedelt neutrale, nährstoffreichere Standorte. Das sehr ähnliche *Hylocomium pyrenaicum* kommt nur im höheren Gebirge vor und unterscheidet sich durch einen filzigen Stängel und faltige Blätter. *Entodon* hat grüne Stängel und ist kalkhold.

Hylocomium splendens (Hedwig) Schimper var. *splendens*
(= *H. proliferum*)

Etagenmoos, Glänzendes Hainmoos

(T. 66 f, g)
Name: Von griechisch hyle = Wald und komeo = lieben, wegen des Vorkommens.
Erstbeschreibung: Durch Dillenius 1718, aus den Wäldern um Gießen.
Bau: Grün bis gelbgrün beblättert, rotstängelige, schwach glänzende Pflanzen, je nach Feuchtigkeit 2 – 10 (und mehr) cm hoch. Jährlich eine (meist) doppelt gefiederte, abgeflachte „Etage" von breit eiförmigem Umriss und etwa 5 cm Länge aus dem Rücken der vorjährigen Fieder entwickelnd (jung ein bogenförmiger, beblätterter, einfacher Spross (T. 66 f)). Pflanzen trocken wenig verändert. Blätter unter 2 mm, ±

Hylocomium splendens

eiförmig, wenig hohl, locker angedrückt, mit Doppelrippe, glatt. Stängelblätter plötzlich verjüngt. Zweihäusig. Sporogone mit langer Seta, nur im Gebirge noch häufiger(im Frühjahr).

Verbreitung: Von der Ebene (hier oft selten) und bis Hochgebirge oft häufig (in Süddeutschland bis über die Baumgrenze, bis 1400 m und in Tirol bis 2530 m (höhere Angaben zur „fo. *alaskana*" gehörend)).

Ökologie: In Reinbeständen besonders am Boden von Nadelwäldern (oft viele m^2 deckend), an feucht-schattigen Böschungen, über Felsen, meist auf Humus. Schwach neutrophil, deshalb besonders auf mildem Humus in Kalkgebieten häufig. In der Ebene und in Industriegebieten infolge Luftverschmutzung (pH-Änderung!) oft in starkem Rückgang oder schon fehlend. Sonst sehr verbreitet, auch gern in Mischrasen mit anderen großen Astmoosen.

T 3, L 6, F 4, R 5, K 6.

Besonderes: Die jährliche Etagenbildung ist eine vorzügliche Anpassung an den Laubfall: die Pflanzen „durchwachsen" das lockere Laub. Schulbuchmoos.

Ähnliche Arten: Der Paraphyllienbesatz der Stängel lässt auch einfach gefiederte Kümmerformen leicht von *Pleurozium* unterscheiden. *Thuidium* ist mattgrün oder gelbgrün (papillös) und die Blätter sind kräftig gerippt. Alle sonst ähnlichen Moose sind nur einfach gefiedert. ***Hylocomium umbratum*** (HEDWIG) SCHIMPER (= Hylocomiastrum umbratum), das Schatten-Hainmoos (T. 66 i). Bau: mit dreieckigen, tieffaltigen Stängel- und Astblättern sowie meist nur einfach gefiederten Trieben. Verbreitung: Moos der höheren Gebirge (selten ab 500 – 700 m, meist höher und bis 2300 m. Ökologie: wächst meist auf reichem Humus über Silikatgestein in feuchten Blockhalden und Gebirgswäldern. – **T 2, L 4, F 6, R 3, K 6.** ***Hylocomium pyrenaicum*** (SPRUCE) LINDBERG (= Hylocomiastrum pyr.), das Pyrenäen-Hainmoos (T. 65 e). Bau: oft *Pleurozium* täuschend ähnlich, unterscheidet sich aber (s. o.) sicher durch den dichten Stängelfilz aus Paraphyllien. Verbreitung: eine subarktisch-subalpine, fast ausschließlich im Alpenraum (und in den höchsten Mittelgebirgen Süddeutschlands) kaum unter 800 m und in Bayern bis 2243 m sowie in Tirol ab 1300 – 2530 m vorkommend. Ökologie: es bevorzugt lichtere, reichere, steinige Standorte und kommt auch auf Rohhumus über Kalk vor. – **T 2, L 8, F 6, R ?5, K 6.**

Hylocomium umbratum

Hylocomium brevirostre (Bridel) Schimper

(= *Loeskeobryum brevirostre*)

Kurzschnäbeliges Hainmoos

(T. 66 h)

Erstbeschreibung: Durch Ehrhart 1787, entdeckt im Harz.

Bau: Gut entwickelten Decken von *Eurhynchium striatum* außerordentlich ähnlich. Die einfach, aber unregelmäßig gefiederten, 5 – 10 cm langen Zweige mit rotbraunem Stängel zeichnen sich durch sparrige (bis zurück gekrümmte), stark längsfaltige, aus eiförmiger bis dreieckiger Fläche plötzlich in eine lange Spitze verjüngte Blätter (mit Doppelrippe) aus. Die Astblätter sind schmaler und stehen schräg aufrecht ab. Zweihäusig, aber öfter mit Sporogonen. Seta glatt, bis 2,5 cm. Deckel dick geschnäbelt.

Verbreitung: Subozeanisch-submediterran. Von der Ebene bis in untere Gebirgslagen zerstreut (in Südwestdeutschland bis 780 m und in Bayern 630 m und bis 780 m, in den Zentralalpen wohl nur in den warmen Tälern, kaum über 800 – 900 m).

Ökologie: Auf schattig-trockenem, kalk- oder zumindest basenreichem Gestein in luftfeuchter Lage. Charaktermoos lichter, kalk- und basenreicher Blockhalden, wie an steinigen Böschungen in Laubwäldern der Mittelgebirge, jedoch den Alpen fehlend. Sehr empfindlich gegen Luftverschmutzung und deshalb z. B. in Nordrhein-Westfalen und der norddeutschen Ebene fast verschwunden, obwohl das Moos z. B. in Schleswig-Holstein im Mittelalter noch für Matratzenfüllungen verwandt wurde.

T 5, L 5, F 5, R 6, K 4.

Ähnliche Arten: Oft für *Eurhynchium striatum* oder auch *Rhytidiadelphus loreus* gehalten.

Hylocomium brevirostre

Verwendete und weiterführende Literatur

Ando, H. & A. Matsuo. 1984. Applied Bryology. Advances in Bryology 2: 133 – 224. Vaduz.

Arnell, S. 1956. Illustrated Moos Flora of Fennoscandia I. Hepaticae. Lund, Schweden.

Berg, C. 1989. Die Moosflora der DDR – Bibliographie 1945 –1987. Wiss. Beiträge Univ. Halle-Wittenberg, Sekt. Biowiss. 30: 1 – 200.

Bertsch, K. 1949. Moosflora (Württembergs). 193 S. Verl. E. Ulmer Stuttgart.

Bertsch, K. 1959. Moosflora von Südwestdeutschland. 234 S. Verl. E. Ulmer Stuttgart.

Boecker, M. 1993. Untersuchungen zur Moosflora (Bryophyta) des Naturschutzgebietes „Ahrschleife bei Altenahr". Beiträge Landespflege Rheinland-Pfalz 16: 195 – 251. Landesamt für Umweltschutz etc. Oppenheim.

Bresinsky, A. 1991. Bryophyta, Moose: 648 – 661 in: Strasburger, E. (Begründer), Lehrbuch der Botanik für Hochschulen. 33. Aufl. Stuttgart: G. Fischer.

Buchloh, G. 1951. Symmetrie und Verzweigung der Lebermoose. Ein Beitrag zur Kenntnis ihrer Wuchsformen. Sitzungsber. Heidelberger Akad. Wiss., Math.-Nat. Kl. 4: 211 – 270. Heidelberg.

Crum, H. 1991. A Focus on Peatlands and Peat Mosses. Ann Arbor.

Dierssen, K. 2001. Distribution, ecological amplitude and phytosociological characterization of European bryophytes. Bryopht. Biblioth. 56: 1 – 289, Berlin-Stuttgart.

Dillenius, J. J. 1718. Catalogus plantarum sponte circa Gissam nascentium. Francoforti a. M. (= Frankfurt a. M.). – (= Flora von Gießen; ed. 2 mit Appendix 1719; Laubmoose: 214 – 230).

Dillenius, J. J. 1741. Historia Muscorum. Oxoni (Oxford): Sheldon Theatre. (Reprint 1811, Edinburgh).

Düll, R. 1968 –1976. Moosflora von Südwestdeutschland. Allgemeiner Teil. Lebermoose. Laubmoose bis Bryum. Mitt. Bad. Landesver. Naturkunde & Naturschutz. N. F. 10: 1 – 4. Freiburg/Br.

Düll, R. 1968a. Zur Vermehrung und Ausbreitung der südwestdeutschen Moose. Herzogia 1: 3 – 11. Lehre.

Düll, R. 1969. Übersicht zur Bryogeographie Südwestdeutschlands unter besonderer Berücksichtigung der Arealtypen. Herzogia 1: 215 – 320. Lehre.

Düll, R. 1974. Neuere Untersuchungen über Moose als abgestufte ökologische Indikatoren für die SO2-Immissionen im Industriegebiet zwischen Rhein und Ruhr bei Duisburg. 23 S. Mitt. VDI-Kommission Reinhaltung der Luft (Düsseldorf) 11.

Düll, R. 1980. Die Moose (Bryophyta) des Rheinlandes (Nordrhein-Westfalen, Bundesrepublik Deutschland), unter Berücksichtigung der selteneren Arten des benachbarten Westfalen und von Rheinland-Pfalz. 365 S. Bonn: Naturhistorischer Verein (= Decheniana, Beiheft 24).

Düll, R. 1983. Distribution of the European and Macaronesian Liverworts (Hepaticophytina). Bryol. Beiträge (Duisburg) 2: 1 –114.

Düll, R. 1984. Distribution of the European and Macaronesian Mosses (Bryophytina). Part I. Bryol. Beiträge (Rheurdt) 4: 1 – 113.

Düll, R. 1985. Distribution of the European and Macaronesian Mosses (Bryophytina). Part II. Bryol. Beiträge (Rheurdt) 5: 1 – 232.

Düll, R. 1987. Rote Liste der in Nordrhein-Westfalen gefährdeten Moose (Bryophyta). 2., völlig neu überarbeitete Fassung (Stand 1986): 83 –124 in: Rote Liste der in Nordrhein-Westfalen gefährdeten Pflanzen und Tiere, 2. Fassung (= Schriftenreihe Landesanstalt Ökologie NRW 4). Recklinghausen.

Düll, R. 1991. Zeigerwerte von Laub- und Lebermoosen: 175 – 214 in: Ellenberg, H. et al., Zeigerwerte von Pflanzen in Mitteleuropa. Göttingen: Goltze (= Scripta Geobotanica 18). Vgl. auch Düll 2010.

Düll, R. 1994 & 1994a. Deutschlands Moose. Die Verbreitung der deutschen Moose in der BRD und in der DDR, ihre Höhenverbreitung, ihre Arealtypen sowie Angaben zum Rückgang. Zahlreiche Arealkarten. Teil 2: Grimmiales-Orthotrichales. 211 S. & 3: Laubmoose: Orthotrichales: Hedwigiaceae-Hypnobryales. 256 S. IDH-Verlag Bad Münstereifel.

Düll, R. 1997. Exkursionstaschenbuch der Moose. 280 S. IDH-Verlag Bad Münstereifel.

Düll, R. 2006. Provisorischer Katalog der Leber- und Laubmoose Südtirols (Provinz Bozen/Italien). Grederiana (Innsbruck) Vol. 6: 69 – 114.

Duell, R. 2014. A survey of the Bryophytes known from the Aegean Islands.

Übersicht der Moose (Bryophyta) der Aegaeis (Verbreitung, Standortökologie). Reichlich illustriert und mit Bestimmungshilfen. Weissdorn-Verlag Jena .

Düll, R. & I. Düll 1977. Zur Bryogeographie und -ökologie des Burgholzes bei Wuppertal (MB 4708/4 – Rheinland) und seiner näheren Umgebung. Jahresber. Naturwiss. Ver. Wuppertal 30: 21 – 31.

Düll, R. & F. Koppe 1978. „Rote Liste" der Moose (Bryophyta) Nordrhein-Westfalens. Decheniana. (Bonn) 131: 61 – 86. – (zweite Fassung siehe Düll, R. 1987).

Düll, R., F. Koppe & R. May 1996. Punktkartenflora der Moose (Bryophyta) Nordrhein-Westfalens (BR Deutschland). 218 S. IDH-Verlag Bad Münstereifel.

DÜLL, R. & L. MEINUNGER. 1989. Deutschlands Moose. Die Verbreitung der deutschen Moose in der BRD und in der DDR, ihre Höhenverbreitung, ihre Arealtypen sowie Angaben zum Rückgang. Mit 98 Arealkarten. 1. Teil. 368 S. Bad Münstereifel: IDH-Verlag.

DÜLL-HERMANNS, I. 1973. Pflanzensoziologisch-ökologische Untersuchungen an Moos- und Flechtengemeinschaften im Naturschutzgebiet „Felsenmeer" am Königstuhl bei Heidelberg. Veröff. Landesstelle Naturschutz Landschaftspflege Baden-Württemberg 40: 9 – 50.

DÜLL-WUNDER, B. 2008. Die Moosvorkommen am Schlern (Südtirol, Italien) (bearb. im Rahmen des Projekts „Habitat Schlern / Sciliar"). Grederiana (Bozen) Vol. 8: 95 – 124

DURING, H. J. 1979. Life strategies of bryophytes: a preliminary review. Lindbergia 5: 2 – 18.

EGGERS, J. 2005. Ergänzungsband zu J. P. FRAHM & J. EGGERS „Lexikon deutschsprachiger Bryologen". Limprichtia n. 27 Bonn. 245 S.

FRAHM, J.P. 2001. Biologie der Moose. Spektrum Verlag.

FRAHM, J.P. 2006. Moose. Eine Einführung. Weissdorn Verlag.

FRAHM, J. P. & J. EGGERS 2001 (Neubearbeitung). Lexikon deutschsprachiger Bryologen. Limprichtia 1995 als Lexikon deutscher Bryologen. Bonn). 672 S.

FRAHM, J.-P. & W. FREY 1992. Moosflora. 3. Aufl. 525 S. Stuttgart: Ulmer (= UTB 1250). – (1. Aufl. 1983, 2. Aufl. 1987).

FUCHS, L. 1543. New Kreuterbuch. Nachdruck: Das Kräuterbuch von 1543. Kolorierte Gesamtausgabe. Inkl. Register 960 S. Mit einer Einleitung von KLAUS DOBAT. LEONHART FUCHS. Arzt und Pionier der modernen Botanik. 23 S. Verl. Taschen (Köln London Madrid New York Paris Tokio).

GAMS, H. 1950. Kleine Kryptogamenflora von Mitteleuropa. Bd. I. Moos- und Farnpflanzen. 3. Aufl. G. Fischer Verlag Stuttgart.

GAMS, H. 1957. Kleine Kryptogamenflora. Bd. IV. Moos- und Farnpflanzen. 4. Aufl. G. Fischer Verlag Stuttgart.

GENAUST, H. 1996. Etymologisches Wörterbuch der botanischen Pflanzennamen. 701 S. 3. vollständige Aufl.

GOEBEL, K. 1930. Organographie der Pflanzen. Bryophyten-Pteridophyten. 3., umgearb. Aufl. Jena.

GRADSTEIN, S. R. & H. M. H. VAN MELICK 1996. De Nederlandse Levermossen & Hauwmossen. (illustr.). 366 S. (Eindhoven. Niederlande).

GREBE, C. 1917. Studien zur Biologie und Geographie der Laubmoose. Hedwigia 59: 1 – 208. – (Jg. 1918).

GREVEN, H. C. 1995. Grimmia Hedw. (Grimmiaceae, Musci) in Europe. 160 S. Leiden, Backhuys Publishers.

GROLLE, R. 1983. Nomina generica hepaticarum; references, types and synonymies (and new taxonomy). Acta Bot. Fennica (Helsinki) 121: 1 – 62.

GROLLE, R & D. LONG 2000. An annoted check-list of the Hepaticae and Anthocerotae of Europe and Macaronesia. J. Bryol. 22: 103 – 140.

GROUT, A. J. 1893. Mosses with handlens and microscope. Ashton, Maryland (USA).

GÜMBEL, T. 1853. Der Vorkeim. Beitrag zur Entwicklungsgeschichte der Moospflanze. Acta Leopoldina 24: 575 – 670.

HEDWIG, J. 1801. Species muscorum frondosorum descriptae et tabu-lis aeneis coloratis illustratae. Opus posthumum editum a Friederico Schwaegrichen. 360 S. Lipsiae (= Leipzig). – (Reprint 1960, Lehre: Cramer; dazu Supplementum I–IV 1811 – 1841).

HERZOG, T. 1926. Geographie der Moose. 439 S. Jena. G. Fischer Verlag.

HERZOG, T. 1929. Bestimmungstabellen der einheimischen Lebermoosfamilien und -Gattungen. 6 S. + 3 Falttafeln. Jena: G. Fischer Verlag.

HERZOG, T. 1929. Bestimmungstabellen der einheimischen Laubmoosfamilien. 8 S. + 2 Faltblätter. Jena: G. Fischer Verlag. – (2. Aufl. 1953).

HÖLZER, A. 2010. Die Torfmoose Südwestdeutschlands und der Nachbargebiete mit Farbphotos von Kurt und Helga Rasbach. WeissdornVerlag Jena. 247 S.

IGNATOV, S. & N. B. KURBATOVA 1990. A review of deepwater bryophytes with new records from USSR. Hikobia 10: 393 – 401.

JANZEN, P. Die Entwicklung und Biologie von Funaria hygrometrica. In: LOESKE, L. 1914 – 29. Die Laubmoose Europas. II. Funariaceae: 72 – 111. Berlin.

JANZEN, P. (Zeichnungen) in MÜLLER-FRIB., K. 1951–1957.

KOPERSKI, M., M. SAUER, W. BRAUN UND S. GRADSTEIN 2000. Referenzliste der Moose Deutschlands. Schriftenreihe für Vegetationskunde. Heft 34. 519 S. – Bundesamt für Naturschutz, Bonn-Bad-Godesberg.

KUTZELNIGG, H., W. OSTENDORP & R. DÜLL 1992. Moosbibliographie Zentraleuropas. 413 S. IDH-Verlag Bad Münstereifel-Ohlerath.

LEBLANC, F. & D. N. RAO. 1966. Réaction de quelques lichens et mousses épiphytiques à l'anhydride sulfureux dans la région de Sudbury. Bryologist 69: 338 – 345.

LIMPRICHT, K. G. 1885 –1904. Die Laubmoose Deutschlands, Oesterreichs und der Schweiz. 2. Aufl. 3 Teilbände (= „Abtheilungen"): 836 S. + 853 S. + 864 S. Leipzig: Kummer (= Dr. L. Rabenhorst's Kryptogamenflora von Deutschland, Österreich und der Schweiz 4; 2. Aufl.).

LINNÉ, K. V. 1753. Species Plantarum. Vol. II. 1200 S. Holmiae (= Stockholm). (Bryophyta p. 1106 – 1140; Reprint, London)

LONGTON, R. E. 1980. Physiological ecology of mosses.: 77 – 113 in: TAYLOR, R. J. & LEVITON, A. E. (Eds.), The mosses of North America. San Francisco: Pacific Div. Amer. Assoc. Adv. Sci..

LONGTON, R. E. & R. M. SCHUSTER. 1983. Reproductive biology: 386 – 462 in: SCHUSTER, R. M. (Ed.), New manual of bryology 1. Nichinan: Hattori Bot. Lab.

LUDWIG, G. 1986. Sphagnum-Schlüssel nach Lupenmerkmalen. Bonn, im Selbstverlag.

LUDWIG, G. et al. 1996. Rote Liste gefährdeter Pflanzen Deutschlands. Rote Liste der Moose (Anthocerophyta et Bryophyta). Schriftenreihe für Vegetationskunde. Heft 28. Bundesamt für Naturschutz Bonn-Bad Godesberg: 189 – 306.

LÜTH, M., (Hrsg.) 2006. Bildatlas der Moose Deutschlands. Fasc. 1 – 7 (2010). Eigenverlag. Freiburg/Br. www.milueth.de

MÄGDEFRAU, K. 1931. Untersuchungen über die Wasserdampfaufnahme der Pflanzen. Z. Bot. (Jena) 24: 417 – 450.

MÄGDEFRAU, K. 1935. Untersuchungen über die Wasserversorgung des Gametophyten und Sporophyten der Laubmoose. Z. Bot. (Jena) 29: 337 –375.

MÄGDEFRAU, K. 1938. Der Wasserhaushalt der Moose. Annales Bryologici 10: 141 – 150.

MÄGDEFRAU, K. 1969. Die Lebensformen der Laubmoose. Vegetatio, Acta Geobot. (The Hague) 16: 285 – 297.

MAIER, E. & P. GEISSLER 2003. Moose der nivalen Stufe – oder von Höhenrekorden bei Moosen. Meylania 13.

MALCOM, B. & N. MALCOM 2000. Mosses and other Bryophytes. An illustrated glossary. Micro-Optics Press, Box 320, Nelson, New Zealand.

MARSTALLER, R. 1993. Synsystematische Übersicht über die Moosgesellschaften Zentraleuropas. Herzogia 9: 513 – 541.

MASCHKE, J. 1981. Moose als Bioindikatoren von Schwermetall-Immissionen. Eine Übersicht der bereits untersuchten lokalen und regionalen Gebiete. 492 S. Vaduz: Cramer (= Bryophytorum Bibliotheca 22).

MEINUNGER, L. & W. SCHRÖDER 2007. Verbreitungsatlas der Moose Deutschlands. Hrsg. von O. Dürhammer (Pentling) für die Regensburgische Botanische Gesellschaft. Bd. 1 – 3. Regensburg.

MELNICHUK, B. M. 1970. Opreditelj Listwennich Mchow Srednei Polosü i jug Jewropeiskoi Chasti SSSR (Laubmoose des mittleren und südlichen europäischen Teils der UdSSR). Kiew.

MÜLLER, C.-HAL. 1853. Deutschlands Moose oder Anleitung zur Kenntnis der Laubmoose Deutschlands, der Schweiz, der Niederlande und Dänemarks, für Anfänger sowohl wie für Forscher bearbeitet. VIII + 512 S. Halle: Schwetschke.

MÜLLER, K.-FRIB. 1906 – 1916. Die Lebermoose Deutschlands, Österreichs und der Schweiz mit Berücksichtigung der übrigen Länder Europas. 2. Aufl. VII + 870 S.; VII + 947 S. Leipzig: Kummer (= Rabenhorsts Kryptogamen-Flora von Deutschlanc, Österreich und der Schweiz 6 / 1 + 6 / 2).

MÜLLER-FRIB., K. 1951 – 1957. Die Lebermoose Europas. Eine Gesamtdarstellung der europäischen Arten. 3. Aufl. XII + 1365 S. (Rabenhorsts Kryptogamen-Flora von Deutschland, Oesterreich und der Schweiz VI, Abt. 1 u. 2. Leipzig: Akad. Verlags-Ges.-Reprint 1990, Königstein: Koeltz) 4 etc.

MUHLE, K. 1984. Moose als Bioindikatoren: 65 – 89 in: W. SCHULTZE-MOTEL (Ed.), Advances in Bryology 2. Vaduz: Cramer.

NEBEL & G. PHILIPPI, (Hrsg.) 2000 – 2005. Die Moose Baden-Württembergs. Band 1 – 3. Verl. E. Ulmer Stuttgart.

NEES VON ESENBECK, C. G., F. HORNSCHUCH & J. STURM 1823. Bryologia germanica, oder Beschreibung der in Deutschland und in der Schweiz wachsenden Laubmoose. 2 Bände. (Bd. 1: CLII + 373 S.; Bd. 2, Teil 1: 182 S., Teil 2: 208 S., Teil 3: 43 Tafeln). Nürnberg: Sturm (Bd. 1), Leipzig: Fleischer.

NYHOLM, E. 1954 – 1969. Illustrated Moss Flora of Fennoscandia II. Musci. Lund.

PARIHAR, N.S. 1965. An introduction to Embryophyta. I. Bryophyta. 5. ed. 376 p. Allahabad (India): Central Book Depot. – Reprint 1984; 502 Zitate.

PAUL, H., MÖNKEMEYER, W. & V. SCHIFFNER 1931. Bryophyta (Sphagnales – Bryales – Hepaticae). 2. Aufl., 252 S. in: PASCHER, A. (Hrsg.), Die Süßwasserflora Mitteleuropas 14. Jena: G. Fischer.

PROCTOR, M. C. F. 1981. Physiological ecology of bryophytes: 79 –166 in: W. SCHULTZE-MOTEL (Ed.), Advances in Bryology 1. Vaduz: Cramer.

REMY, W. 1982. Forebears of the terrestrial plants, gametophytes 380 million years old. Ber. Deutsche Forschungsgem. 1982 (3): 12 – 13.

RICHARDSON, D. H. S. 1981. The biology of mosses. 220 S. Oxford u. a.: Blackwell.

RUPP (RUPPIUS), H. B. 1718. Flora Jenensis, (Flora von Jena) sive enumeratio plantarum tam sponte circa Jenam et in locis vicinis nascentium. ed. 1. 376 S. Frankfurt, Leipzig.

SCHIMPER, W. P. 1860 Synopsis muscorum europaeorum, praemissa introductione de elementis bryologicis tractante. ed. 1. CLIX + 728 S. Stuttgart: Schweizerbart. – (ed. 2. s. SCHIMPER, W. P. 1876) Abbildungen in: A. J. GROUT. 1893. Mosses with handlens and microscope. Ashton, Maryland (USA).

SCHUMACKER, R. & J. VANA. 2000. Identification keys to the Liverworts and Hornworts of Europe and Macaronesia (distribution and status). Documents de la Station scientifique des Hautes-Fagnes n. 31, 160 S. Robertville, Belgique.

SCHUSTER, R. M. 1983. New manual of bryology. 2 vols. 1295 p. Nichinan: Hattori Botanical Laboratori.

SHLYAKOV, P. I. 1976 –1982. Pechenochnije Mchi sewera SSSR (Lebermoose der nördlichen UdSSR). 5 Bde. Leningrad.

SMITH, A.J.L. 1990. The liverworts of Britain and Ireland. Cambridge University Press. Cambridge etc. – 362 p.

SMITH, A. J. L. 2004. The Moss Flora of Britain and Ireland. 2. ed., 1012 S. Publ. by The Press Syndicate of Cambridge. UK. Cambridge & New York, USA.

SOLGA, A. 2004. Untersuchungen zur Eignung von Moosen als Bioindikatoren atmoshärischer Stickstoffeinträge. Dissertation Rhein. Friedrich-Wilhelms-Univ. Bonn 2003. 179 S., mit Anhang.

SUKOPP, H. 1973. Die Großstadt als Gegenstand ökologischer Forschung. Schriften Ver. Verbreitung Naturwiss. Kenntnisse Wien 113: 90 – 140.

TAODA, H. 1973. Bryometer, an instrument for measuring the phytotoxic air pollution. Hikobia (Hiroshima) 6: 224 – 228.

UFFENBACH in DANZIUM, J., überarbeitet durch PETER UFFENBACH 1610. Kräuterbuch des uralten und in aller Welte berühmtesten Griechischen Scribenten PEDACII DIOSCORIDI aus Anazarbaei/S. Griechenland. 616 S. + Register. Franckfurt am Main. – reprint Verl. Konrad Kölbl. Grünwald bei München.

WATSON, E. 1968. British Mosses and Liverworts, Cambridge University Press, 2nd ed.

WATSON, E. V. 1971. The structure and life of Bryophytes. Third ed. 211 S. London: Hutchinson University Library.

WEIN, K. 1931. H. B. RUPP als Bryologe. Mitt. Thüring. Bot. Ver. (Weimar) N. F. 40: 42 – 58.

WERNER, J. 1998. Einige Bemerkungen zu den Zeigerwerten für Moose. Herzogia, 13: 101 – 106.

WEYER, K. VAN DE, B. ZANDER & U. WOHLFAHRT 1990. Auswertung der untersuchten Fließgewässer: 22 – 25, in Deutsche Gesellschaft für Limnologie (Hrsg.): Arbeitsgruppe „Ökologische Bewertung von Fließgewässern". – Essen, 29. & 30.04.1989.

WIRTH, V., R. DÜLL & S. CASPARI. 2018. Farbatlas Flechten und Moose. Verl. Eugen Ulmer. Stuttgart.

ZANTEN, B. O. VAN 1978. Experimental studies on transoceanic long-range dispersal of moss spores in the Southern Hemisphere: 715 – 733 in: SUIRE, C. (Ed.), Congrès International de Bryologie Bordeaux 1977. Vaduz: Cramer (= Bryophytorum Bibliotheca 13). – (auch in J. Hattori Bot. Lab. 44: 455 – 482).

Internetquellen

www.moose-deutschland.de (zuletzt besucht am 18.2.2020)

Bildnachweis

H. Bellmann: 111, 114, 129, 368 oben, 417, 430, 445 oben, 586
C. Buch: 266
J. L. Chavoutier: 166, 172, 353, 435, 436, 489
M. Lüth: 139, 141, 142, 150, 151, 152, 154, 158, 164 oben, 169, 175, 177, 182, 183, 186, 189, 194, 196, 197, 199, 203, 207, 209, 211, 215, 216, 221, 225, 231, 235, 250, 260 oben, 262 unten, 295, 299, 300, 302, 304, 309, 312, 334, 337, 338, 340, 341 oben, 343, 357 oben, 362, 369, 385 unten, 386, 393, 407, 411 unten, 422, 429, 493 oben, 526, 540, 542, 558, 577 unten, 592, 596, 599, 607 oben
G. Rebing: 118, 232, 257, 290, 328 unten, 377, 399 unten, 433, 450, 455, 464, 468 unten, 482, 516, 517
F. Schumm: 375
G. Schwab: 113, 122, 128, 130, 134, 135, 148, 149, 153, 155, 188, 191, 193, 206, 239 unten, 269 oben, 292, 298, 331, 341 unten, 343, 357 unten, 360 oben, 366, 368 unten, 372 unten, 374 unten, 378, 394, 409, 411 oben, 413, 415, 424, 456, 492, 501, 504 unten, 508 oben, 545 unten, 560, 589, 620
V. Wirth: 121, 127, 131, 136, 145, 161, 164 unten, 165, 174, 181, 201, 205, 214, 223, 229 oben, 237, 239 oben, 242, 243, 248, 262 oben, 272, 273, 274, 279, 283, 296, 315, 317, 328 oben, 329, 344, 348, 351, 379, 395, 399 oben, 404, 445 unten, 452, 454, 463, 465, 471, 472, 486, 490, 503, 512 unten, 530 unten, 541, 566 unten, 584, 590 unten, 612, 616, 618

Alle weiteren Bilder und alle Tafelbilder stammen von Ruprecht Düll.

Register

Ruprecht Düll (†)
Barbara Düll-Wunder

Die Moose Mitteleuropas

Bestimmung und Beschreibung der wichtigsten Arten

Bestimmungsschlüssel

Quelle & Meyer Verlag Wiebelsheim

Dr. Barbara Düll-Wunder
Funkenstr. 13
53902 Bad Münstereifel
barbara.duellwunder@gmail.com

Umschlagabbildungen: Ruprecht Düll
Printed in Europe/Imprimé en Europe

Inhaltsverzeichnis

Vorwort zum Buch

Dieses Buch hat – soweit uns bekannt – weltweit nur ein einziges Werk (allerdings nur mit Einschränkung) als „Vorgänger". Gemeint ist A. J. Grout's „Mosses with hand-lens and microscope" (1903), hervorgegangen aus seinem Buch „Mosses with a hand-lens". Eine für die damalige Zeit lobenswerte Einführung in die Welt der Laubmoose. Fast ausschließlich illustriert mit den vorzüglichen Bildern aus W. P. Schimper's „Synopsis muscorum" (1860). Seine beschreibenden Texte sind zwar für eine erste Einordnung hilfreich, ansonsten kann auf den Gebrauch eines Mikroskops, was Grout auch einräumt, kaum verzichtet werden. Weitere Angaben, so zur Standortökologie, Verbreitung etc. fehlen.
Der entscheidende Anstoß für die Erarbeitung des „Exkursionstaschenbuchs" (erster Titel dieses Buches) war ein Treffen mit E. Vernon Watson, dem Autor einer vorzüglichen Einführung in die Welt der britischen Moose (2nd ed. 1968). Er war an einer deutschsprachigen Übersetzung sehr interessiert. Leider zeigten zwei große deutsche Botanik-Verlage auf Anfrage kein Interesse („es gibt genügend deutsche Moosbücher"). Dies motivierte den Erstautor, ein Moosbuch zur Lupenbestimmung selbst zu erarbeiten – das „Exkursionstaschenbuch der Moose", welches seine ersten fünf Auflagen im IDH-Verlag, Bad Münstereifel erfuhr. Im Jahr 2008 übernahm der Quelle & Meyer Verlag, Wiebelsheim das Moosbuch unter Abänderung des Titels.

Zum Inhalt des Buches. Im Allgemeinen Teil der jetzt 3. Auflage helfen dem Leser auch wieder eine Fülle wichtiger methodischer Hinweise bei der Beschäftigung mit Moosen. Hinzu kommen Kapitel über unbedingt Wissenswertes über die Moose überhaupt, Informationen, die man in vergleichbaren Werken gewöhnlich vermisst.

Im Speziellen Teil wird eine Auswahl der wichtigsten mitteleuropäischen Moose nach Lupen-, wie auch nach Standortsmerkmalen gebracht. Sie werden so charakterisiert, dass eine Erkennung dieser Arten im Allgemeinen auch ohne Mikroskop möglich ist. Anmerkungen zur Herkunft der wissenschaftlichen Namen, zur Entdeckung und Erstbeschreibung, zum etwaigen Nutzen und zu bemerkenswerten ökologischen Einpassungen der Arten werden gegeben. Die ausführlichen Angaben zur Standortökologie, zum ökologischen Zeigerwert, zur Empfindlichkeit gegenüber Luftverschmutzung sowie auch zur Höhen- und Flächenverbreitung sind ebenfalls umfangreicher als in den meisten gängigen Werken. Neu sind u. a. die Angaben zur Höhenverbreitung und dazu wurden die Standortsbeschreibungen, wie auch die Bestimmungsschlüssel, völlig neu bearbeitet.

In der 2. Auflage wurden zahlreiche weitere Arten – es sind 69 – ausführlicher behandelt, d. h. als „Hauptarten" beschrieben. Diese erscheinen auch in der 3. Auflage. Von z. Zt. insgesamt ca. 1000 aus Deutschland bekannten Moosen wurden 282 Arten (davon 88 Lebermoose und 194 Laubmoose) ausführlich behandelt. Ebenso findet der Benutzer eine ganze Reihe „Nebenarten", insgesamt also etwa die Hälfte der deutschen Moose. Alle übrigen deutschen Moose sind entweder im Allgemeinen selten bis sehr selten und höchstens im höheren Gebirge häufiger bzw. im Gelände (und oft auch mikroskopisch) nicht sicher zu erkennen. Zur genaueren Verbreitung vgl. „Deutschlands Moose" (Bd. 1.: Düll & Meinunger 1989 und Bd. 2. & 3.: Düll 1994) und natürlich den Verbreitungsatlas von L. Meinunger & W. Schröder sowie die Bildtafeln von M. Lüth.
Durch das freundliche Entgegenkommen des Quelle & Meyer Verlages können die meisten Arten illustriert werden. Die Fotos wurden in der 3. Auflage verbessert und auch deutlich größer abgebildet. Ein ganz besonderes Dankeschön geht hier an Prof. Dr. Volkmar Wirth, der seine Fotos großzügig zur Verfügung stellte und auch bei der Suche weiterer Fotos sehr behilflich war. Auch Gottfried Schwab und Dr. Günter Rebing haben mit Fotos geholfen, ebenso Dr. Leica Chavoutier, Corinna Buch und Michael Lüth. Herr Hecker stellte Fotos aus dem Bellmann-Archiv zur Verfügung. Auch ihnen sei herzlich gedankt. Ein besonderer Dank der Zweitautorin geht an Prof. Dr. W. Meyer für ein aufmerksames Korrekturlesen.

Die Nomenklatur wurde weitgehend auch in der 3. Auflage der „Checkliste der Moose Deutschlands" angepasst. Zur Erleichterung wurden die verworfenen Namen jeweils als Synonym angeführt. Wir alle wünschen, dass dieses neu gestaltete Buch den Moosen und der Mooskunde nicht nur viele neue Freunde schaffen, sondern auch Argumente für die Erhaltung unserer Mitwelt liefern wird. Moose und ihre Lebensweise zu kennen bedeutet auch mehr Wahrnehmung und damit mehr Freude an unserer Mitwelt. Schon lange vor unserer Zeit hat Francis Bacon eine solche Sicht unserer Welt in seinem „Advancement of learning" 1605 besonders schön formuliert:

„Denn alle Kenntnis und alles Erstaunen ist schon von sich aus ein Vergnügen".

In der 3. Auflage wurden die abgebildeten Tafeln korrigiert und die im Text vorkommenden Zeichnungen (alle aus Karl Müller (1951 – 1957)) beschriftet.

Ein herzlicher Dank der Zweitautorin geht an ihre Mutter, Irene Düll, die sie bei der Beschaffung und Durchsicht der Fotos und beim Korrekturlesen maßgeblich unterstützt hat.

Barbara Düll-Wunder

Bestimmungsschlüssel nach Lupenmerkmalen für die im speziellen Teil behandelten Moose

Wichtiger Hinweis für die Bestimmung:
Es wurde soweit wie möglich versucht, andere, hier nicht beschriebene Moose bei der Bestimmung auszuschließen. Zum Teil werden sie vereinzelt im Bestimmungsschlüssel im Zusammenhang mit anderen Arten genannt, aber nicht selber verschlüsselt. Man erkennt dies an dem Zusatz „nur hier". Die genannten Merkmale beziehen sich vorwiegend auf frische Pflanzen. Auf jeden Fall sollte die Bestimmung anhand der ausführlichen Beschreibung im Speziellen Teil und der Abbildungen überprüft werden. Sehr wichtig ist insbesondere bei der Lupenerkennung die Berücksichtigung der Standortmerkmale, wie auch – bei seltenen oder nur lokal vorkommenden Arten – die Verbreitung des Mooses.

Bestimmungsschlüssel: Übersicht

Bryopsida

1. Pflanze laubig bis bandförmig (= thallos), nicht oder undeutlich beblättert, meist niederliegend, auch im Querschnitt grün. Oft gabelig verzweigt und meist der Unterlage anliegend, seltener kreisförmig. Habituell ähnliche Flechten sind unterseits oder zumindest im Querschnitt (gebrochen) weiß. .... **I. Thallose Lebermoose** (inkl. Horn-Lebermoose) *S. 7 in diesem Schlüssel*

1.* Pflanze deutlich beblättert, niederliegend bis aufrecht. Sporensäcke bzw. -behälter reif nie im Mooskörper verborgen.......... 2.

2. Blätter kurzzellig, immer einschichtig, rippenlos (Ausnahme Diplophyllum albicans), breit angewachsen, einfach oder geteilt, oft abgerundet. Pflanzen (2 mm –)5 – 20 (– 50) mm groß. Stängel einfach oder gabelig, selten fiederig verzweigt, 2-, 3- oder (scheinbar) 5-zeilig beblättert. Wenn 3-zeilig, Blätter unterschiedlich groß (anisophyll). Sporogone kurzlebig, aus einer sich klappig öffnenden Kapsel und einer durchsichtigen, dünnen Seta bestehend, oft lange in einer Hülle (Perianth) verborgen. Vorwiegend an dauerfeuchten bis nassen Standorten. .... **II. Beblätterte Lebermoose . (Jungermaniales)** *S. 14 in diesem Schlüssel*

2.* Blätter kurz- oder langzellig, oft mit deutlicher Rippe, manchmal doppel-zellschichtig. Blätter mit verjüngtem Grund ansitzend, immer einfach, nie anisophyll, meist (bis lang) gespitzt oder auch in ein Blatthaar endend. Stängel einfach, gabelig oder fiederig verzweigt, winzig bis um 5 cm groß oder auch länger (bis um 50 cm). Sporogone ausdauernd, auf festen Stielen (Seten) bis sitzend, meist mit Deckel. Auch oft an trockeneren, auch sonnigen Standorten. .... **III. Laubmoose (Bryatae)** .... *S. 21 in diesem Schlüssel*

I. Thallose Lebermoose (inkl. Horn-Lebermoose)

I.A. Sporogone ausdauernd, ungestielt, grasartig dünn, zylindrisch, einer verdickten Basis entspringend. Die Kapseln sind 1 (– 2) mm dick und bis 2 (maximal 7) cm lang. Grün, von der Spitze her reifend (schwarz werdend) und 2-klappig spreizend. Die Sporogonepidermis mit Spaltöffnungen (wie bei den meisten Laubmoosen). Sporenreife ab Spätsommer. In Mitteleuropa immer gemischtgeschlechtig. Geschlechtsorgane verborgen, in den Thallus eingesenkt. Thalli ± kreisförmig, mit zerteiltem Rand, denen gewisser ungegliederter Lebermoose ähnelnd, jedoch nie bandförmig. Bewohner grundfeuchter bis nasser Standorte. .... **Anthocerophyta** (Horn-Lebermoose) .... I.A. *S. 8 in diesem Schlüssel*

I.B. Mit auffallenden, ausdauernden, meist gestielten sporangienartigen Bildungen, die jedoch die eigentlichen Sporenbehälter verbergen. Diese sind nur um 1 mm groß (oder kleiner), sackförmig und ungestielt. Sie sind – wie die Geschlechtsorgane – in den Thallus eingesenkt. Aus den Trägern der Archegonien entwickeln sich nach der Befruchtung „Sporogonstände". Thalli ± fleischig, meist durch Luftkammern deutlich wabenartig gefeldert. Die zellenähnlichen Felder haben in der Mitte meist einen hellen Punkt (die Atemöffnung). Die Thallus-Unterseite ± von häutigen, weißlichen, rotvioletten bis schwärzlichen Bauchschuppen besetzt. Die Hafthaare sind z. T. Zäpfchenrhizoide und diese nur mikroskopisch erkennbar. (Farbe und Größe – wenn nicht anders angegeben – auf frische Pflanzen bezogen; trockenes Material kann mit verdünnten Detergenzien (z. B. Geschirrspülmittel) aufgeweicht werden).

I.B.1. **Marchantiales** (Gegliederte (gekammerte) thallose Lebermoose) .... I.B.1. *S. 9 in diesem Schlüssel*

I.B.1*. Thallus weder gekammert noch zellenartig gefeldert. Ohne Zäpfchenrhizoide und Bauchschuppen. Thalli oft relativ dünn (bis einzellschichtig) und oft zart gebaut. Von kaum 1 cm bis über 5 cm Größe. Sporogon wie bei den *Jungermaniales* (s. o.), meist auch lange in einem Hüllkelch verborgen (vgl. *Riccia*). Vorwiegend an ausreichend feuchten, dauerfeuchten oder nassen Standorten.

I.B.2. **Metzgeriales** (= Anakrogynae, ungegliederte thallose Lebermoose) .... I.B.2. *S. 11 in diesem Schlüssel*

I.A. Horn-Lebermoose – *Anthocerotae / Anthocerophyta*

1. Thallus frischgrün, zerschlitzt, mit Schleimhöhlen und durch die darin lebenden *Nostoc*-Kolonien dunkel punktiert. Sporen schwarzbraun. Kalkmeidend und wohl überdüngungsfeindlich. .... **Anthoceros** .... (Echte Horn-Lebermoose) S. 110

2. Thalli dicklich, 1 – 2 cm breit, mit ± glatter Oberfläche und meist kurzlebig. Sporogone 1 – 3 cm lang. Auf Wegen, Böschungen und auch Äckern. Die mehrjährige, früher als Art gesehene, nässeliebende *Anthoceros husnotii*-Ausbildung kann bis 7 cm große Thalli und bis 7 cm lange Sporenkapseln entwickeln. Vor allem im westlichen, niederschlagsreicheren Klima. Selten. .... **Anthoceros** .... **punctatus** S. 110

2*. Thalli unter 1 cm breit, mit lamellenförmigen Auswüchsen auf der Oberfläche, heller grün und dünner als der vorige Typ. Oft nur für eine Form der vorigen gehalten, jedoch u. a. kurzlebig und ein typisches Ackermoos, meist mit Riccien. Ziemlich verbreitet. ..**Anthoceros agrestis** (= A. crispulus) S. 110

1*. Thallus dunkelgrün, etwas fleischig, mit abgerundeten Lappen und ohne Schleimhöhlen und deshalb nicht punktiert. Sporen goldgelb. Kalkhold. Auf Äckern, inzwischen oft ziemlich selten. Eher noch auf Waldwegen o. Ä. In Mitteleuropa nur das gemischtgeschlechtige ... . **Phaeoceros carolinianus** S. 113 (Der vorigen Art ähnlich ist eine 3. Gattung. Sie ist bei uns durch **Notothylas orbicularis** (S. 113) vertreten. Eine sehr seltene Art nährstoffreicher, lehmig-toniger Äcker. Der kaum 5 mm breite Thallus wird von liegenden, den Lagerrand kaum überragenden, wurstförmigen, eingehüllten Sporogonen belegt).

I.B.1. Gegliederte (gekammerte) thallose Lebermoose – *Marchantiales*

1. Deutlich gefeldert. Meist (3 –) 5 – 10 mm breit und (1 –) 2 – 5 cm lang. Archegonien und Sporenbehälter sind in besonderen Ausstülpungen der Thalli untergebracht (verborgen!). Diese „Sporogonstände" sind meist gestielt; die Sporogonhüllen öffnen sich nach unten. Im Gegensatz dazu sind die männlichen Sexualorgane punktförmig auf der Oberseite besonderer Antheridienstände untergebracht. Diese scheibenförmigen Gebilde können dem Thallus aufsitzen oder auch gestielt sein. *Marchantia* und Verwandte. An trocken-sonnigen wie auch an nassen Standorten. 1* nach 9*.

2. Thalli (1 –) 2 bis über 5 cm groß; auf der Fläche fast immer mit 2 (– 3) mm breiten Brutbehältern. Ohne süßlich-aromatischen Geruch. Nährstoffliebende Arten feuchter bis nasser, oft ruderaler Standorte. Zweihäusig.

3. Brutbehälter mondförmig. Lager hell- bis gelblichgrün, schwach glänzend, randlich oft ausgebleicht. Meist unter 5 cm groß. Bei uns immer steril. Vor allem in unteren Lagen. An Parkwegen, auf Gartenbeeten und in Gewächshäusern. Besonders in Westdeutschland auch an Ufern von Fließgewässern. .... **Lunularia cruciata** S. 119

3*. Brutbehälter becherförmig, mit gezähntem Rand. Thalli dunkelgrün, oft in ausgedehnten Decken. Öfter mit gestielten Geschlechts- bzw. Sporogonständen. Weibliche sternförmig und männliche scheibenförmig. Allgemein verbreitet. An ähnlichen Standorten wie vorige Art, aber auch auf überdüngten Äckern und feuchten Brandplätzen (hier mit *Funaria hygrometrica*). .... **Marchantia** ...... **polymorpha** subsp. **ruderalis** S. 123 (ähnlich, aber ohne Brutbecher und hell blaugrün ist die kürzer gelappte, vor allem alpin verbreitete subsp. *montivagans* (= var. alpestris)).

2*. Thalli ohne Brutkörperbehälter. Unterseits oft rotviolett bis schwärzlich.

4. Sporogonbehälter muschelförmig-zweiklappig, am Ende der linealischen, auch gegabelten, oberseits dunkelgrünen, am Rande schwärzlichen Thalli. Diese 3 – 4 mm breit und meist nicht über 2 cm lang. Seltener Xerophyt wärmster Lagen. Kalkmeidend. Auf Erde, an Mauern und vor allem in Nischen. .... **Targionia hypophylla** S. 115

4*. Sporogonbehälter immer gestielt. (Thalli unterseits grünlich (so 5 & 5*) oder meist rot oder rotbraun (5**).)

5. Thalli bandförmig, bis maximal 2 cm breit und um 10 cm lang, auch ausgedehnte Bestände bildend. Beiderseits frischgrün. Angenehm süßlich-aromatisch duftend. Atemöffnungen winzig, nicht emporgehoben. Männliche Gametangienstände dunkler, ca. 5 mm breit, den Thalli aufsitzend. Weibliche stumpf-kegelförmig, ca. 3 mm hoch, auf bis 5 cm langen Stielen. Im Bergland verbreitet, sonst selten. An meist nassen Standorten, an überrieselten Felsen, Fließgewässerufern und ähnlichen Plätzen, aber z. B. auch in Blockhalden und eingeschleppt in Gewächshäusern.... **Conocephalum conicum** S. 118

5*. Ähnlich, aber duftlos, dunkelgrün und gewöhnlich durch einen schwarzen Mittelstreif der Thalli sowie tonnenförmige Atemöffnungen ausgezeichnet. Ein häufigeres Sumpfmoos..... **Marchantia polymorpha** subsp. .... **polymorpha** S. 126

5**. Kleinere, oft nur bis 5 mm breite, meist viel seltenere Moose. Sporogonstände – außer bei *Athalamya* – am Thallusende. Atemöffnungen nur mit starker Lupe sichtbar.

6. Thalli trocken oder zerrieben stark nach Kiefernharz (Terpentin) duftend, nur 2 – 3 mm breit, unterseits rotviolett. Habituell einer Targionia ähnliches Moos. Antheridienstände scheibenförmig, sitzend. Weibliche Gametangien- (Sporogon-)stände am Stielgrund bärtig. Auf basen- oder kalkreicher Erde sonniger Trockenrasen. In wärmsten Lagen des Hügel- und Berglandes. Meist selten. .... **Mannia fragrans** S. 117

6*. Thalli nicht auffallend duftend, breiter.

7. Thalli unterseits rotviolett, bis 10 mm breit, ohne hervorragende Bauchschuppen. Oft mit den halbkugeligen bis quadratischen, nicht tief gelappten Sporangienköpfen. Antheridienstände kurz gestielt oder sitzend (gemischtgeschlechtig).
8. Auch mit *Conocephalum* leicht zu verwechseln, aber kleiner. Thalli unterseits und oft auch am Rande rotviolett, mit tonnenförmigen Atemöffnungen. Männliche Gametangienstände auf kurzen, weibliche auf 5 –10 cm langen Stielen. Sporangienköpfe halbkugelig bis quadratisch, um 3 – 5 mm breit, am Grunde kahl. Träger mit zwei Rhizoidrinnen. Ein feuchtigkeitabhängiges, kalkstetes und entsprechend mindestens in den höheren Kalkgebirgen (Alpen) verbreitetes Moos. Zuweilen an feuchten Mauern eingeschleppt. .... **Preissia quadrata** S. 127
8*. Ähnlich der vorigen, aber Atemöffnungen linsenförmig aufgewölbt und Sporensackstände auf kürzerem, am Grunde bärtigem Stiel mit nur einer Rhizoidrinne. Antheridienstände auf der Thallusmitte sitzend. Mehr wärmeertragend, an trockeneren, basischen bis kalkhaltigen Gebirgsstandorten. Auf Erde oder erdigen Felsen. Bei uns meist selten. .... **Reboulia hemisphaerica** S. 116
7*. Thalli bis um 5 mm breit, unterseits nicht rotviolett, aber am Rande oft weißlich. Bauchschuppen wasserhell. Weibliche Köpfchen 3- – 5-teilig. Träger mit einer oder ohne Rhizoidrinne. Antheridien in der mittigen Thallusrinne eingesenkt.
9. Thallus glatt, gelb- bis olivgrün, randlich bleich oder auch purpurn. Bauchschuppen großzellig, den Rand überragend. Die weiblichen Gametangienträger aus der Thallusmitte entspringend, basal schuppig, ohne Rhizoidrinne. Zweihäusig. Selten in Trockenrasen des Hügel- und Berglandes (bis 2700 m). .... **Athalamya hyalina** S. 121
9*. Thallus blaugrün, Atemräume mit aufgewölbten Atemöffnungen. Bauchschuppen den Rand nicht überragend. Träger des weiblichen Köpfchens mit einer Rhizoidrinne am Thallusende. Gemischtgeschlechtig. Auf feuchtem Humus der alpinen Kalkgebirge relativ häufig. Tiefstvorkommen bei 650 m, aber meist erst ab 1500 m. .... **Sauteria alpina** S. 123
1*. Felderung meist unscheinbar, kaum mit der Lupe zu erkennen, desgleichen die Atemöffnungen. Thalli kleiner oder zumindest schmaler. Sporogone im liegenden, fleischigen Thallus verborgen, meist einhäusig.
10. Landbewohner, auch auf Schlamm. Thallus ohne Atemöffnungen, kahl oder mit randlicher Behaarung.
11. Nur 0,5 (– 1) cm breite, meist nur um 1 (– 2) mm dicke, kurz lineale, keilförmige bis breit obovate, selten über 10 mm lange, kahle oder am Rande behaarte Thalli. Meist kurzlebig sowie gemischtgeschlechtig und meist mit Sporogonen (s. aber 13*). Landbewohnende Riccia-Arten an meist helleren bis sonnigeren, erdigen Plätzen. Oft nährstoff- oder kalkliebend. .... **Riccia** S. 130
12. Thalli graugrün glitzernd, bis über 1 cm breit, durch Kammerung oberseits durch Einbruch der Atemhöhlen wabig, halbkreis- bis kreisförmig. Auf Schlamm trockenfallender Ufer, Teiche und Gräben. Nährstoffliebend. Oft in großen Herden. Zumindest in den größeren Stromtälern verbreitet. .. **Riccia cavernosa** .... (= R. crystallina agg.) S. 130
12*. Thalli nicht gekammert, oberseits ± glatt. Meist an trockeneren Standorten.
13. Thalli kurzlebig, kahl, blaugrün, ungeflügelt, gabelig und auch halbe Rosetten bildend. Diese dann 6 – 15 mm lang und bis 8 mm breit. Ihre Äste bis 1 mm breit, länglich, vorn eiförmig und mittig mit flacher Rinne, meist nur doppelt so breit wie hoch, mit scharfem Rand. Auf verschiedensten offenerdigen Plätzen, besonders an Sekundärstandorten, wie auch auf Wegen und überdüngten Äckern. Unsere häufigste und am weitesten verbreitete Art, in den Alpen bis über 2000 m. .... **Riccia sorocarpa** .... (vgl. dort auch *R. glauca*) S. 133
13*. Thalli ausdauernd, samtig blaugrau, am Rande geflügelt, herzförmig, mit rundlichen Lappen, um 1 cm breit, mit überstehenden,

weißlichen Bauchschuppen. Dazu kommen auch Borstenhaare vor. Öfter in dichten Beständen. Zweihäusig. In Trockenrasen wärmster Lagen, meist auf Silikatgestein oder Sand. Bei uns z. B. im südlichen Rheingebiet, aber auch im Thüringer Trockengebiet, im Südharz und noch in Brandenburg, aber immer selten. Häufiger z. B. in den Tälern der Südalpen. ... **Riccia ciliifera** S. 135

11*. Meist größer als ähnliche Riccien, dunkelgrün, etwa 1,0 x 0,5 cm groß, Thalli einfach oder gegabelt-keilförmig. Bauchschuppen weißlich, lang-dreieckig, den Vorderrand überragend (die ähnliche *Riccia ciliifera* ist u. a. durch ihre samtige Oberfläche zu unterscheiden). Ausgezeichnet durch deutlich sternförmige Atemöffnungen. Getrenntgeschlechtig. Eine seltene Art der Trockenrasen wärmster Lagen (z. B. in Südtirol). Wohl kalkmeidend. ..**Oxymitra incrassata** S. 128

10*. Wasser- und Schlammbewohner mit Luftkammern (Querschnitt!) und deshalb deutlicher gefeldert, kahl.

14. Thalli bandförmig und/oder gegabelt, kaum 1 mm breit, aber bis um 1 – 2 cm lang. Untergetaucht. Auch in nährstoffarmen Gewässern tieferer Lagen. Zerstreut.
.... **Riccia fluitans agg.** S. 131
.... (vgl. auch *R. rhenana*) S. 133

14*. Auf dem Wasser schwimmende, einfach- oder gegabelt-herzförmige, bis 10 mm breite Thalli. Unterseits mit einem dichten Besatz langer, heller, gezähnter, bandförmiger (nervenloser), im Wasser herabhängender, bis 1 cm langer Bauchschuppen. Nährstoffliebende Art stehender Gewässer wärmerer Lagen. Als einziges Moos mit Wasserlinsen auf dem Wasser schwimmend.
.... **Ricciocarpus natans** S. 129

Alle wasserbewohnenden Arten bilden auch (kleinere!) Landformen.

I.B.2. Ungegliederte thallose Lebermoose – *Metzgeriales* (= Anakrogynae)

1. Thallus bleich, sonst ähnlich *Aneura*. Ein Pilzparasit, verborgen unter Deckenmoosen in Wäldern wie zwischen Torfmoos in Mooren und an anmoorigen Plätzen. Kalkmeidend. Anscheinend sehr selten, aber vielleicht nur oft übersehen.
.... **Cryptothallus mirabilis** S. 144

1*. Thallus hell- bis dunkelgrün. Nicht unter/zwischen Moosen verborgen.

2. Thallusrand blattartig eingeschnitten (einer kleinen *Lophocolea* ähnlich). Um 1 – 2 cm lang und 2 – 3 mm breit. Die genannten Arten mit violettem Rhizoidenfilz und gemischtgeschlechtig, ab Spätsommer meist mit Sporenkapseln (und nur so sicher bestimmbar). Immer auf dauerfeuchten, offenen Standorten. ... **Fossombronia** S. 151 ff.

3. Nur in Torfmooren und auf Torfböden. Kalkfeindlich. (Mikroskop: Sporen gefeldert, mit schmalem Saum).
.... **Fossombronia foveolata** S. 153

3*. Auf oft anlehmiger Erde lichter bis sonniger Standorte, besonders auf Äckern und vernässten Wegen sowie an Böschungen u. Ä. ziemlich verbreitet, aber selten über 1000 m. **Fossombronia wondraczekii** S. 151
.... (*F. pusilla* ist nur mikroskopisch zu .... unterscheiden, aber auch viel seltener)

2*. Thallusrand nicht aus blattähnlichen Lappen oder mit anderer Merkmalskombination.

4. Thallus in gelbgrünen, zarten, ca. 5 – 10 mm breiten Rosetten. Fast ganz von zahlreichen, blasig-birnförmigen Perianthien überdeckt. Die schwarz- oder rotbraunen Sporen(-tetraden) treten erst nach der Zerstörung der Hüllen aus. Kurzlebig. Zweihäusig, aber in Mischrasen. Vorwiegend auf Löss, an grundfeuchten Böschungen und auf Äckern, dort meist neben *Riccien*. Selten. Nach Norden bis zum Main und nahe Duisburg.
.... **Sphaerocarpus** S. 114

4*. Thallus meist größer, nie fast ganz von den Perianthien verdeckt. Oft ausdauernd.

5. Thalli 1 – 2 cm groß, ± kreisförmig, gelbgrün, ± kraus, mit gelapptem Rand, durchscheinend, mit dunklen Punkten. Oft mit um 2 mm hohen „Brutflaschen" (goldgelbe Brutkörper) und auch Brutschuppen. Auf kalkfreien, nährstoffreicheren, vernässten Böden (vgl. *Anthoceros*). .... **Blasia pusilla** S. 150

5*. Thalli laubig-bandförmig, nicht oder gabelig geteilt, (0,3) bis um 1 cm breit, oft länger und derber, nie mit dunklen Punkten oder Brutflaschen. Auf verschiedensten Substraten.

6. Thallus mit z. T. undeutlicher, aber oft bauchseitig vorgewölbter Mittelrippe. Oft in ausgedehnten Decken. (6* nach 11*)

7. Kräftigere Moose. Thalli etwa 5 – 10 mm breit und bis über 5 cm lang. Immer an feuchten bis nassen Standorten.

8. Thalli etwas fleischig, aber mit durchscheinendem Rand, bis um 10 mm breit und etwa (1 –) 2 – 3 (– 5) cm lang, grün oder rotbraun überlaufen. Thallusrandzellen meist schon mit der Lupe erkennbar. Perichaetien dem Thallus aufsitzend. Antheridien längs der Rippe im Thallus versenkt (punktförmig). Kapsel kugelig, reif auf einem bis über 5 cm langen, glasklaren Stiel aus der Thallusmitte. Oft an schattigen, immer aber an dauerfeuchten bis nassen Standorten. .... **Pellia** S. 145 ff.

9. Thalli grün, an sonnigen Standorten bräunlich überlaufen. Gemischtgeschlechtig. Sporogone im Frühjahr häufig, aus der Achsel einer taschenartigen Schuppe (Perichaetiumrest!) entspringend. Kalkmeidend. .... **Pellia epiphylla** S. 145

9*. Ähnlich, aber angenehm duftend, mit geschlossener Hülle und zweihäusig, vor allem im Bergland, aber höchstens zerstreut. .... **Pellia neesiana** S. 147

9**. Thalli immer dunkelgrün, öfter am Rand mit geweihartigen Brutsprösschen oder ganz in solche zerteilt (mod. *furcicera*), nicht zu verwechseln mit ähnlicher *Riccardia*. Das Perichaetium bildet eine geschlossene Hülle. Zweihäusig. ..... **Pellia endiviifolia** S. 147

8*. Thalli meist nur bis 5 mm breit, einschichtig und leuchtend grün (nie bräunlich). Ansonsten einer *Pellia* am ähnlichsten. Von dieser auch unterschieden durch längliche Kapseln und das Perichaetium, das von einem Kranz zerschlitzter Hüllblätter umgeben ist. Sporen klein. Meist seltene Arten.

10. Thallus hellgrün, meist nicht gegabelt, 4 – 5 mm breit und 2 – 4 cm lang, mit welligem Rand. Getrenntgeschlechtig. Vor allem in Torfmooren, neben *Sphagnen*. Früher häufiger in Norddeutschland, heute selten, sehr selten im Süden. .. **Pallavicinia lyellii** S. 148

10*. Thallus gelb- bis tiefgrün, gegabelt. Ähnelt *Pellia endiviifolia*, aber nie mit Brutästen und mehrschichtigem Lager sowie frisch sehr unangenehm riechend. Mit haarförmigen Unterblättern und männliche Pflanzen auf der Mittelrippe dicht kleinschuppig. Ein- oder zweihäusig. An vernässten bis nassen Plätzen, z. B. auch an Wegböschungen. Im Flachland und in unteren Gebirgslagen meist sehr selten, aber häufiger in den Kalkalpen. Kalkstet. ...... **Moerckia hibernica** S. 149 (Die kalkmeidende, immer zweihäusige *Moerckia blyttii* zeichnet sich durch wellige, aufgebogene Thallusränder aus. Dazu ist die Oberseite der Thalli längs der Rippe immer mit zahlreichen krausen Blättchen besetzt. Selten in Quellsümpfen der höheren Mittelgebirge und der Alpen.)

7*. Thalli meist unter 1 mm (selten bis fast 2 mm) breit. Meist zierliche, sterile Moose.

11. Thalli kahl oder am Rand etwas kurzhaarig, saft- bis gelbgrün, z. T. mit sich randlich abschnürenden Brutsprossen. Meist unter 1 mm breit, in 1 cm bis handtellergroßen sehr flachen Decken. Mit borstiger Haube (Kalyptra). Auf basenreicher, oft kalkhaltiger Unterlage auf Gestein oder Borke, niemals im Sumpf und selten auf Erde. .... **Metzgeria** S. 136 ff.

12. Thalli völlig flach, mit ± länglichen Brutsprossen (fo. *ulvula*) oder ohne. Winzig und unverzweigt oder gabelig und bis fast 1 mm breit und über 10 mm lang. Einzeln oder in Decken. Getrenntgeschlechtig, selten mit Sporogonen. Weit verbreitet in Wäldern, auf

nährstoffreicherem Gestein und Laubholzborke, kalkhold. . . **Metzgeria furcata** S. 136

12*. Thalli mit meist deutlich umgebogenem Rand.

13. Thalli bis 2 mm breit und 2 – 3 cm lang, am Rande kurzhaarig. Gemischtgeschlechtig. An nassem, basenreichem Gestein und feuchtschattigen Böschungen, auch auf Kalk. Im Gebirge ziemlich verbreitet, aber in der Ebene fast fehlend. . . . . **Metzgeria conjugata** . . . . (inkl. *M. simplex*) S. 138

13*. Thalli ähnlich *M. furcata*, aber mit bis auf die Rippe verschmälerten, vom Substrat abstehenden Brutästen, an deren Ende die breit eiförmigen Brutkörper sitzen. An Laubholz- und Tannenborke. Gebirgsart. Nach Norden bis in die Eifel. . . . . **Metzgeria consanguinea** S. 140
Im Gelände täuschend ähnlich ist *Metzgeria fruticulosa*. Diese hat eine weitere Verbreitung und kam zumindest früher auch in der nordwestdeutschen Ebene öfter vor. Sie unterscheidet sich vor allem dadurch, dass sich die abgestorbene Pflanze blau färbt.

11*. Thallus dicht kurzhaarig und deshalb graugrün (trocken auch grau), ohne Brutsprosse, bis 1,5 mm breit und 2 – 3 cm lang, oft in großen Rasen und Polstern. Den anderen *Metzgerien* nur wenig ähnlich. Sporogone unbekannt. Nur im Gebirge und kalkhold. An Kalkfelsen und basen- bzw. kalkreicher Laubholzborke in luftfeuchter Lage. Meist über anderen Moosen. In den Kalkgebirgen ziemlich verbreitet, sonst selten und in der Ebene fehlend. . . . . **Apometzgeria pubescens** S. 140

6.* Thallus ohne Mittelrippe, meist kleiner. Perianth und Sporogon randständig.

14. Thallus dunkelgrün, fettglänzend, oft ungeteilt, fleischig/flachrinnig, 2 – 10 mm breit und bis ca. 2 cm lang. Getrenntgeschlechtig. Kalkhold. An meist hellen, nassen bis quelligen Standorten, oft zwischen Laubmoosen. Kalkhold und auch auf Tuff. Im Bergland verbreitet und noch bis 2500 m. Seltener in der Ebene. . . . . **Aneura pinguis** S. 143

14*. Thallus meist dunkelgrün bis bräunlich, seltener auch hellgrün, zierlich und dünn, mit unter 1 mm (selten bis 2 mm) breiten, 5 – 10 (– 30) mm langen, meist linealischen Lappen, meist verzweigt, gabelig oder auch fiederig. Völlig kahl. Zuweilen auch ausgedehntere Decken bildend. An nassen oder zumindest luftfeuchten Standorten. Meist kalkmeidend und nie an Borke. . . . . **Riccardia** S. 141 ff.
(Nur *Pellia endiviifolia* mod. *furcigera* könnte zu Verwechslungen führen, ist aber auf kalkhaltige Böden beschränkt).

15. Thallus am Rand durchscheinend. Auch bräunlich, trocken schwarz. Regelmäßig doppelt oder 3-fach gefiedert. Die Lappen kaum 0,5 mm breit, 5 bis über 20 mm lang. Gemischtgeschlechtig. An vernässten Standorten, auf Wegen, aber auch an überrieselten Felsen und in Quellmooren. Nährstoffliebend. Im Bergland zerstreut und selten in der Ebene. . . . . . . **Riccardia multifida** S. 141

15*. Thallus bis zum Rand mehrschichtig und deshalb nicht durchscheinend, höchstens undeutlich fiederig.

16. Thalli saftgrün, unregelmäßig gefiedert, die Thalli bis 3 cm lang, mit bis 2 mm breiten Lappen. Submers auf Bachgestein. Landformen auf vernässter Erde, z. B. Wegen, sind zarter und von Kümmerformen der vorigen Art schwer zu unterscheiden. Sehr zerstreut bis selten. . . . . **Riccardia chamaedryfolia** . . . . S. 142

16*. Thalli handförmig geteilt, meist unter 1 cm lang. Öfter mit Brutkörpern. Auf Rohhumus und kalkmeidend.

17. Thallus hellgrün, dem Substrat anliegend, mit zungenförmigen, an der Spitze eingekerbten Lappen. Gemischtgeschlechtig. Öfter mit Perichaetien. Auf feuchtem Torf und morschem Holz zerstreut. . . . . **Riccardia latifrons** S. 142

17*. Thallus dunkelgrün, vom Substrat abstehend, mit linealischen, nur 0,2 – 0,3 mm breiten Lappen. Auf morschem Holz, besonders Nadelholzstümpfen. Höhere Mit-

telgebirge und Alpen ziemlich häufig, aber nördlich der Mittelgebirge fehlend.
.... **Riccardia palmata** S. 142

II. Beblätterte Lebermoose – *Jungermaniales* (*Acrogynae*)

1. Seitenblätter nicht ganz voneinander getrennt. Sporogone hinter dem Thallusscheitel angelegt. Vgl. bei I.B.2.
.... **Fossombronia** S. 151 ff.

1*. Seitenblätter völlig voneinander getrennt. Sporogone endständig (akrogyn).

2. Blätter gefranst bis tief zerteilt oder ganz in haarförmige Zipfel aufgeteilt.

3. Pflanzen 1–3 mm breit, zierlich bis kräftig (dann bis über 2 – 3 cm lang), oft braungrün bis braunrot. Blattlappen gefranzt. Kalkmeidend. An armen trockeneren Standorten.
.... **Ptilidium** S. 238

3*. Blätter ± völlig in haarförmige Zipfel zerteilt, nie rötlich. An feuchten bis nassen Standorten.

4. Pflanzen nur wenige mm lang, meist unter 0,5 mm breit, unregelmäßig verzweigt. (Blattzipfel 1-zellreihig). Kalkfeindlich. Nie in Sümpfen. .... **Blepharostoma** S. 154
.... (vgl. auch *Kurzia*).

4*. Pflanzen kräftig, bis um 5 cm lang (auch in ausgedehnten Decken), fiederig, filzig erscheinend. Basiphytisch. An dauernassen Standorten. **Trichocolea tomentella** S. 155

2*. Blätter ungeteilt bis gelappt, nie wie vorige.

5. Blätter ± längs inseriert, ober- oder unterschlächtig. Ungeteilt oder 2-lappig bzw. – 21* – bis mehrlappig (5* nach 47*).

6. Blätter ungeteilt (nur bei *Calypogeia* und *Nardia geoscyphus* kommen ± kurz 2-lappige Blätter vor), nicht gefaltet, d. h. ohne Unter- oder Oberlappen oder Ähnlichem. Breit elliptisch/eiförmig bis kreisförmig (6* nach 17*).

7. Blätter oberschlächtig, Stängel meist um 1 cm lang und 2 – 3 mm breit. Vorwiegend auf nackter Erde. Kalkmeidend. Unterblatt meist 2-lappig. Öfter mit gelblichen Brutkörperhäufchen an der Stängelspitze. Kalkmeidend. An frischen, meist schattigen, kalkfreien Standorten auf Erde, Humus und morschem Holz. ..... **Calypogeia** S. 163 ff.

8. Seitenblätter kurz zweizipfelig oder mit kleiner Einkerbung an der Blattspitze. Unterblätter bis 3/4 geteilt. Vorwiegend in den unteren Lagen und meist auf Erde.

9. Oberflächlich einer *Lophocolea* ähnlich. Eine westliche Art und in Westdeutschland nicht selten. .... **Calypogeia arguta** S. 166

9*. Habituell ähnlich ist die folgende Art, aber oft heller grün. In unteren Lagen oft verbreitet, aber im höheren Gebirge meist ganz fehlend. .... **Calypogeia fissa** S. 163 (Ähnlich ist *C. sphagnicola*, ein selteneres Moormoos: S. 165.)

8*. Seitenblätter immer abgerundet und Unterblätter nicht oder wenig eingeschnitten.

10. Unterblätter fast kreisrund. Vorwiegend auf morschem Holz. Vor allem im Bergland. Ziemlich selten. **Calypogeia neesiana** S. 166 (Ähnlich ist die ebenfalls seltenere *C. integristipula*; ihre Unterblätter nehmen eine Mittelstellung zwischen dieser und der folgenden Art ein.)

10*. Unterblätter bis 1/2 eingeschnitten.

11. Pflanze oder zumindest die Kapselstiele mit bläulichem Schimmer (mit blauen Ölkörpern). Seitenblätter breiter als lang. Unterblätter etwa stängelbreit. Vor allem im höheren Gebirge. In tieferen Lagen meist selten. .... **Calypogeia azurea** S. 163
.... (= C. trichomanes p.p.)

11*. Pflanze grün, nie bläulich. Seitenblätter so breit wie lang, aber Unterblätter mindestens doppelt so breit wie der Stängel. Unsere häufigste *Calypogeia*. Meist auf Erde, aber auch auf Rohhumus u. Ä.
.... **Calypogeia muelleriana** S. 165 (Ähnlich aber kaum 5 mm lang und nur auf morschem Holz in Bergwäldern ist die seltene *C. suecica*.)

7*. Blatter meist deutlich unterschlächtig (wenn nicht eindeutig vgl. aber 5* nach 47*).

12. Mit kleinen, geteilten Unterblättern. Blätter ganzrandig. Feucht- und Wassermoose von ca. 1 cm Länge...... **Chiloscyphus** S. 225 ff.

Ähnlich ist die feucht stark duftende *Lophocolea heterophylla*.

13. Nur untergetaucht und am Ufer von Gewässern findet sich an kalkarmen Steinen und Baumwurzeln die grüne .... **Chiloscyphus polyanthos** S. 225

13*. An ähnlichen, aber basen- bis kalkreichen Standorten, wie auch auf Böden feuchter Auwälder und an Kalkgestein wächst die an Land bleichgrüne .... **Chiloscyphus pallescens** S. 227

12*. Ohne deutliche Unterblätter.

14. Mit (meist) auffällig gewölbten, gezähnten, asymmetrischen, auf dem Stängel deutlich herablaufenden (breiteiförmigen) Blättern. Pflanzen mindestens 2, oft bis über 5 cm lang. Sehr selten mit Perianthien. Öfter auch in größeren Decken. Am Boden reicherer, frischer Laubwälder ziemlich verbreitet. ....**Plagiochila asplenioides** S. 232 – Als **Plagiochila porelloides** bestimmt man höchstens 1 – 2 cm lange, meist ganzrandige Pflanzen mit oft nicht gewölbten Blättern. Auf basen- und kalkhaltigem Gestein (oder selten auch auf Borke). Weiter verbreitet als die obige Art (S. 234).

14*. Blätter flach, immer ganzrandig. Nur um oder unter 1 cm große Pflanzen, nur selten auf Erde und fast nur im Gebirge.

15. Oliv- oder braungrüne, niederliegende Pflanzen. Seitenblätter nicht deutlich herablaufend, elliptisch bis abgerundet-rechteckig und die Endblättchen zusammengeneigt (wie betende Hände). Perianthien frei.

16. An feuchtschattigem Kalk- oder kalkhaltigem Gestein der Gebirge. Zerstreut. Fehlt im Flachland. Gemischtgeschlechtig und mit abgeflachtem Perianth (im Zweifelsfall mit Kümmerformen von *Plagiochila* vergleichen). **Pedinophyllum interruptum** S. 234

16*. An kalkfreiem Gestein, Rohhumus und morschem Holz. Stängel 1 – 2 cm lang. Getrenntgeschlechtig. Perianth walzlich und oben kantig. Sehr zerstreut im Gebirge und selten in der Ebene. .... **Jamesoniella autumnalis** S. 189

15*. Pflanzen nicht oliv- oder bräunlich grün. Blätter (außer bei 18.) nie abgerundet-rechteckig, sondern abgerundet-herzförmig, kreisförmig oder breitelliptisch. Perianth zur Hälfte aus den Blättern herausragend und oben meist faltig (bei Arten der Untergattung Plectocolea ganz eingesenkt). Hygrophytisch. Zweihäusig. ...... **Jungermannia** S. 181 ff.

17. Kalkmeidende Arten.

18. Meist mit den am Stängelende sitzenden, glatten, walzlichen, oben gestutzten Perianthien. Seitenblätter waagerecht abstehend, dicht gestellt. Meist auf feuchtem, morschem Holz, seltener an feuchtem Sandstein. Kalkmeidend. Im höheren Gebirge ziemlich verbreitet, sonst selten. .... **Jungermannia leiantha** S. 181

18*. Perianthien länglich-elliptisch bis birnförmig, an der Spitze gefaltet. Seitenblätter oft fast quer gestellt, abgerundet herzförmig, kreisförmig oder breitelliptisch. Nicht auf morschem Holz und kaum auf Sandstein.

19. Seitenblätter kreisrund, halb stängelumfassend.

20. Zumindest die Blätter unter dem Perianth mit deutlichem, aus verstärkten Zellen gebildetem Saum. Die grünen bis rötlich-braunen, niederliegenden, kaum 5 mm langen Stängel mit zahlreichen kleinblättrigen Trieben (Blätter kaum 0,5 mm). Getrenntgeschlechtig, aber öfter mit Perianthien. Auf offenerdigen, vernässten Plätzen auf Waldwegen, an Böschungen etc. Sehr vielgestaltig, in den unteren Lagen der Silikatgebirge wie in der Ebene, ziemlich verbreitet. .... **Jungermannia gracillima** S. 183

20*. Seitenblätter immer ungesäumt, bis 1 mm groß. Stängel 1 – 2 cm lang, unterseits mit auch rötlichem Rhizoidenfilz, grün bis dunkelgrün. Im Frühjahr oft reichlich sporulierend. Vor allem an quelligen Orten und überrieseltem Gestein. Nur in den höheren Silikatgebirgen häufiger und der Ebene fehlend. . .**Jungermannia sphaerocarpa** S. 184 (Die ähnliche *Jungermannia* obovata ist frisch am Karottengeruch zu unterscheiden S. 184).

19*. Seitenblätter abgerundet-3-eckig-herzförmig. Stängel meist nur um 5 mm lang. Mittelgebirgsmoos auf feuchtem bis vernässtem Gestein, seltener auf Erde. .... **Jungermannia pumila** S. 183 (Ähnlich ist die kalkstete *Jungermannia atrovirens*, diese ist aber gemischtgeschlechtig (stets mit Perianthien!) und seltener.)

17*. Calciphytisch. Getrenntgeschlechtig. Blattschnitt und Größe wie bei Jungermannia pumila. Stängel hell- bis dunkelgrün, meist nur bis 10(– 15) mm lang. Auf feuchtschattigem bis vernässtem, kalkhaltigem Substrat. Alpen und Mittelgebirge nicht selten, nördlich fehlend. Oft mit *Mesoptychia collaris*. .... **Jungermannia atrovirens** S. 182

6*. Seitenblätter ± tief geteilt, unter- oder oberschlächtig.

21. Seitenblätter zweilappig (seltener quer inseriert). (21* nach 33*)

22. Seitenblätter mit fast immer ungleichen Lappen. (22* nach 23*)

23. Seitenblätter scharf gefaltet oder stark gekrümmt, dadurch nur anscheinend einfach, meist mit ungleich großen Ober- oder Unterlappen. (23* nach 32*)

24. Seitenblätter oberschlächtig, mit unterseits verborgenem, kleinerem oder sackförmigem Unterlappen, meist (außer bei *Radula* und *Cololejeunea*) mit Unterblättern. Gewöhnlich an Felsen oder Borke. (24* nach 29*)

25. Blätter ohne Unterblätter, mit angedrückten, spitzen, kleinen Unterlappen. Pflanzen dem Substrat anliegend, 1 – 2 cm lang, gelbgrün. Oft mit endständigem, plattem Perianth. Blattrand oft mit Brutkörpern. ...... **Radula** S. 235 f.

25*. Blätter (außer bei der winzigen *Cololejeunea*) mit Unterblättern.

26. Kräftige, meist über 2 (bis über 5) cm lange, mindestens 5 mm breite, ± regelmäßig gefiederte, dunkel- bis braungrüne Pflanzen in ± ausgedehnten Decken. Unterlappen nicht angedrückt, aber abgerundet. Perianthien selten. .... **Porella** S. 240 ff.

26*. Pflanzen zierlicher, meist kleiner, kaum über 1 mm breit. Kleinere Rasen (dann dem Substrat angedrückt) bis lockere, größere Decken bildend. Unterseitige Blattlappen als kleine Taschen oder in Sackform. Unterblätter fast immer 2-lappig.

27. Pflanzen dunkelgrün bis rotbraun oder schwärzlich. Oft über 5 mm (bis 5 cm) lang, ± gefiedert. Unterseits mit Wassersäcken (oder freiem Läppchen). Wie *Porella* meist an auch zeitweise austrocknenden Substraten. .... **Frullania** S. 242 ff.

27*. Pflanzen hellgrün, meist zierlicher, oft unter 5 mm lang, mit kleinen, am Unterrand angewachsenen Wassertaschen. Mindestens Feuchtluftpflanzen: *Lejeuneaceae*.

28. Meist an feuchten bis nassen Felsen, aber auch an Borke in luftfeuchter Lage. Pflanzen bis 5 mm, maximal bis 10 mm groß und öfter in ausgedehnten (bis handgroßen) Decken. .... **Lejeunea** S. 148 ff.

28*. Desgleichen, aber mit bloßem Auge kaum erkennbare, winzige Pflanzen.

29. Um 2 mm lang. Nie mit Perianthien. Fast nur an glatter Borke luftfeuchter Lagen, auch über anderen Moosen, insbesondere in Bachtälern. Nur in West- und Süddeutschland. .... **Microlejeunea ulicina** S. 249

29*. Perianthien häufig. Mattgrün (papillös!), meist auf *Neckera crispa* oder *Thamnobryum* auf ± dauerfeuchtem, schattigem Gestein. Kleine grüne Häufchen bildend oder als Einzelpflanzen. (Gegenüber *Lejeunea*: Seitenblätter zugespitzt). Mit blasigen Unterblatttaschen (und ohne Unterblätter). Kalkgebirgsmoos. Selten auch auf kalkhaltigem Gestein. .... **Cololejeunea** S. 250

24*. Seitenblätter unterschlächtig, seltener ± quer inseriert. Blattlappen ziemlich ungleich.

30. Blattlappen lanzettlich, stark gekrümmt und bauchig. Blätter bis 1 mm lang. Lichtformen rotbraun. Auf glattem, morschem Holz, selten an feuchtem Sandstein. .... **Nowellia curvifolia** S. 174

30*. Blattlappen weder stark gekrümmt, noch scharf gefaltet. Blätter mit großem Haupt- und einem kleineren Nebenlappen sowie ohne Unterblätter. Brutkörper der Lappen-

spitzen rotbraun. An dauerfeuchten Standorten. Kalkmeidend.
...... **Tritomaria** S. 206 ff. (30** nach 31*.)

31. Pflanzen meist 2 – 3 (– 4) cm lang und 3 – 5 mm breit, frischgrün, oft in größeren, bis handgroßen Decken. Lappen bespitzt (habituell oft sehr ähnlich *Barbilophozia hatcheri* (s. dort), die aber ± symmetrisch gelappt ist!). Meist an Felsen reicheren Gesteins nicht selten. In den Alpen bis über 3000 m steigend. In Ebenen selten.
.... **Tritomaria quinquedentata** S. 206

31*. Winzige, braungrüne, meist kaum 5(– 10) mm lange Pflanzen in kleinen Rasen. Blattspitzen immer reichlich mit Brutkörpern. (Ähnliche *Lophozien* haben symmetrische Blätter.) An nährstoffarmem Gestein, morschem Holz oder selten auf Erde. Im Gebirge ziemlich verbreitet.
.... **Tritomaria exsecta** agg. S. 207
(*T. exectiformis* ist häufiger und kommt auch in der Ebene vor, ist jedoch nur mikroskopisch zu unterscheiden.)

30**. Seitenblätter meist scharf gefaltet. Von den zwei ungleichen Lappen erscheint der obere als (oft) kleineres, „aufgelegtes Blatt" (von oben scheinbar 4-zeilig beblättert). Unterblätter fehlen. Oft mit Brutkörperhaufen an den Lappenenden.

32. Blattlappen etwa so lang wie breit, meist eckig. Brutkörper gelb oder rotbraun. Um (0,5 –) 1 – 2 (– 5) cm große Erd- und Felsmoose sowie an morschem Holz. Zuweilen calciphytisch. .... **Scapania** S. 220 ff.
An Kalk wachsen **Scapania aspera** (und **Scapania aequiloba**), an Silikatgestein **Scapania nemorea** und **Scapania compacta** (S. 224) und in Bächen **Scapania undulata** (S. 223). Auch an dauerfeuchte Standorte gebunden sind die kleinen **Scapania curta**-Verwandten. Die Bestimmung der letzteren, wie der übrigen, meist seltenen Arten sollte man den Spezialisten überlassen. Gute Belege – möglichst mit Perianthien – wären dann gewünscht.

32*. Blätter mit ± schmalen, zungenförmigen, (längeren als breiten), spitzen oder abgerundeten, größeren Unter- und ähnlichen, aber kürzeren, Oberlappen. Brutkörper gelb. Kalkmeidend. Nie an morschem Holz.
.... **Diplophyllum** S. 218 ff.
(Ähnliches *Fissidens* hat immer eine echte, kräftige Rippe.)

23*. Seitenblätter flach bis rechtwinklig (nicht scharf) geknickt, mit ungleichen Lappen.
.... **Tritomaria** (vgl. S. 206)

22*. Seitenblätter meist mit ± gleichgroßen Lappen, unterschlächtig (bis quer inseriert), weniger scharf gefaltet. Z. T. mit unscheinbaren Unterblättern. 2- bis 4-lappig (wenn lang gewimpert oder fein zerteilt siehe 2.).

33. Blätter flach oder ± schwach gekielt, spitzlappig. Blattlappen einwärts gebogen oder gerade (oder ein Lappen bauchig). (33* nach 42**.)

34. Größere (außer 35.), meist über 0,5 – 3 cm lange, gelbgrüne Pflanzen mit zweiteiligen Unterblättern und aufgeweicht typischem, „stickigem" Geruch. . **Lophocolea** S. 227 ff.

35. Mit randständigen Brutkörpern, kleiner (selten über 5 mm) und kalkhold (alle übrigen Lophocoleen sind kalkmeidend und deutlich größer!). An Gestein, auf Erde und seltener an Borke. .... **Lophocolea minor** S. 231

35*. Meist ohne Brutkörper (selten bei fo. *gemmifera*) und mit z. T. abgerundeten Blättern, oft mit Perianthien. Thalli um 1 cm lang (oder länger). Vor allem und sehr häufig auf morschem Holz.
.... **Lophocolea heterophylla** S. 230

35**. Nie mit Brutkörpern. Bleichgrüne bis gelbliche, ca. 2 – 5 cm lange Pflanzen und nur die hellgrüne var. *rivularis* (= L. cuspidata) mit Perianthien. Besonders an Böschungen, oft zwischen anderen Moosen. Sehr verbreitet bis in mittlere Gebirgslagen.
.... **Lophocolea bidentata** S. 227

34*. Meist nicht über 5 mm lange, grüne oder auch rötliche Pflanzen ohne (oder mit sehr unscheinbaren) Unterblättern.

36. Seitenblätter auf der Stängeloberseite längs, unterseits aber quer angewachsen, oval, sehr kurz eingeschnitten, mit umgebogenem Hinterrand.
.... **Anastrepta orcadensis** S. 191

36*. Seitenblätter tiefer eingeschnitten, deutlich 2-lappig. Lappen meist spitz (wenn stumpflich siehe 26* und 33*).

37. Gewöhnlich mit Brutkörperhaufen an den Blattspitzen. Kalkmeidend. .... **Lophozia** S. 202 ff.

38. Blattlappen meist deutlich gezähnt. Pflanzen blaugrün. ..... **Lophozia incisa** S. 205

38*. Seitenblätter mit ganzrandigen Lappen, nie blaugrün.

39. Brutkörper gelb. .... **Lophozia ventricosa** S. 202

39*. Brutkörper rotbraun. Perianthien oval.

40. Gerieben nach Harz duftend. Perianthien reichlich, mit wimperig gezähnter Mündung. Ebene bis Gebirge. In Trockenrasen: „Heidemoos“. .... **Lophozia bicrenata** S. 203

40*. Duftlos. Perianthienmündung nur gezähnt. Meist ziemlich verbreitete, jedoch ± feuchtigkeitsabhängige Arten. Ebene bis Gebirge, zerstreut: **Lophoziopsis excisa** S. 204, dsgl. **Lophozia sudetica** s. S. 205, hauptsächlich in den höheren Gebirgen und sonst selten. Die Blätter seicht ausgerandet., dsgl. **Lophoziopsis longidens** s. S. 205, Blattlappen lanzettlich bis 1/2 so lang wie das Blatt.

37*. Brutkörperhaufen an den Blattenden fehlend. Lappen auch stumpflich (oder abgerundet).

41. Kalkstete Moose ohne Brutkörper. Frisch z. T. würzig duftend. **Mesoptychia collaris** .... (= Lophozia collaris) S. 201

41*. Wie die *Lophozia*-Verwandten, aber meist viel zierlicher (Stängel meist kaum über 3 mm), mit oft einwärts gebogenen Blattzipfeln. Blätter längs oder bis fast quer angewachsen, immer weit unter 1 mm lang. Brutkörper selten oder fehlend.

42. Durch Wachsausscheidung graue Überzüge bildend auf nackter Erde in Schneetälchen der Alpen über 2000 m. Die winzigen Pflanzen sind dachziegelig beblättert, mit gleichgroßen Unterblättern, niederliegend. Gemischtgeschlechtig. Ohne Brutkörper. Bodenvag. .... **Anthelia juratzkana** S. 179 (Viel seltener, in 1 – 3 mm hohen oder höheren, blassgrünen Polsterrasen sowie in Felsnischen vorkommend ist **Anthelia julacea.** S. 179)

42*. Meist hellgrüne, nie graue und nie in Schneetälchen vorkommende Arten. An feuchtschattigen, kalkfreien Standorten oder wenn besonnt auf nassen Plätzen. Brutkörper selten. Pflanzen oft mit dem typisch 3-kantigen Perianth. Kümmerformen können *Cephaloziella*-Arten ähneln, haben aber ± größere Zellen. Fast immer kalkmeidend. . ... **Cephalozia** S. 168 ff.

42**. Ähnlich ist *Cephaloziella*, aber meist dunkelgrün und noch kleiner, nur 2 – 3 mm lang. Auch an besonnten, lange trockenen Plätzen und dann schwärzlich. Blätter unter 0,5 mm lang. Rasen wie aus winzigen Perlen bestehend, oft auch zwischen *Grimmia*-Arten u. Ä. Perianthien selten (wenn mit, dann die selteneren, nur mikroskopisch bestimmbaren Verwandten). Meist auf Erde an sonnigen Plätzen, so an Böschungen und in Trockenrasen. Verbreitet, aber leicht zu übersehen. Kalkresistente Arten sind sehr selten. .... **Cephaloziella** S. 177. Häufiger ist fast nur **Cephaloziella divaricata**. Meist ohne Perianthien, jedoch mit kümmerlichen Unterblättern. In luftfeuchter Lage zuweilen auch an Borke.

33*. Blätter stumpflappig (vgl. auch *Marsupella*, aber dort, wenn tieflappig, Lappen spitz!). Kalkmeidend. Pflanzen bis 1 cm groß, grün bis schwärzlich, sich allein seitlich verzweigend! Perianthien birnförmig und leicht abbrechend (dadurch vegetative Vermehrung!). Auf feuchtem Moorboden und in luftfeuchter Lage auch an anderen kalkfreien, feuchteren Standorten, z. B. an Felsen und Borke. Ähnliche *Lophozia obtusa* ist sehr selten und kräftiger gebaut. .... **Gymnocolea inflata** S. 199 (*Cladopodiella fluitans* ist täuschend ähnlich, unterscheidet sich aber durch reichliche bauchabwärts gerichtete (= ventrale) Verzweigung. Außerdem ist sie eine ziemlich seltene, allein auf sehr nasse, oligotrophe Moore und deren Schlenken beschränkte Art. Hauptverbreitung in der Ebene. Im höheren Gebirge selten. S. 172 (Bei stumpflichen Blattlappen vgl. auch *Lophocolea heterophylla* (35*.) und wenn auf Kalk *Mesoptychia* (41.).)

21*. Blätter mehrlappig oder zumindest mit grob gezähnter Spitze, unter- oder oberschlächtig.

43. Pflanzen unterschlächtig (bis fast quer) beblättert, tief 3- bis 4-lappig, 1 – 3 cm (oder länger, selten kleiner) groß. Lappen etwa gleichgroß. Oft mit Unterblättern. Brutkörper, wenn vorhanden, rotbraun. Kümmerformen sind 2-lappig... **Barbilophozia** S. 194 ff.

44. Lappen nicht bespitzt und Unterblätter meist fehlend. Braungrüne, ziemlich häufige Art, auch an öfter austrocknenden Standorten. .... **Barbilophozia barbata** S. 194

44*. Lappen mit Unterblättern und meist deutlich (durch 1 – 2 lange Zellen) bespitzt und kräftiger als vorige, fast nur im höheren Gebirge. ...... **Barbilophozia hatcheri** S. 197 (Kräftiger, gewellt, mit kleineren Seitenlappen und noch seltener ist **Barbilophozia lycopodioides**.)

44**. Ähnlich kleineren Formen der vorigen, aber meist mit aufrechten, stabförmigen Brutsprossen.
.... **Barbilophozia attenuata**. S. 196

43*. Pflanzen oberschlächtig, mit ± tief eingekerbten Blattspitzen und mit Unterblättern. Blätter oft abwärts gebogen.

45. Meist gelbgrüne, zierliche bis winzige, selten bis 2 mm breite, ± deutlich gefiederte Pflanzen mit gelappten Unterblättern.

46. Pflanze 1 – 2 mm breit. Blätter bis zu 1/3 tief gelappt. Häufiges Waldmoos.
.... **Lepidozia reptans**. S. 160 (Unsere zweite Art, *Lepidozia pinnata*, ist ein äußerst seltenes atlantisches Moos.)

46*. Winzige, unter 0,5 mm breite, kaum 1 cm lange Einzelpflanzen zwischen *Sphagnen* oder in Rasen auf feuchtem Rohhumus oder Torf und an feuchtem Sandstein. Ziemlich selten. Blätter über die Hälfte in zwei Zellen breite Läppchen zerteilt. ....**Kurzia** S. 157 f.

45*. Pflanzen oft viel größer (wenn kleiner, ohne gelappte Unterblätter), gabelig verzweigt. .... **Bazzania** S. 161 ff.

47. Meist große, dunkelgrüne, kräftige (bis über 5 cm lange und 2 – 4 mm breite), gabelig verzweigte Pflanzen in ± ausgedehnten Decken. Vorwiegend auf humosem Waldboden, insbesondere in Nadelwäldern (z. T. mit Aufforstungen verschleppt), wie auch an trocken-schattigen Silikatfelsen. Zerstreut bis verbreitet. ...**Bazzania trilobata** S. 161

47*. Kleinere, höchstens 2 mm breite, seltenere Moose. Vorwiegend an Silikatgestein und Borke. In der Ebene fehlend. Blätter fast dreieckig, etwas eingebogen. Stängel bis um 2 (– 3) cm lang. **Bazzania tricrenata** S. 162. (**Bazzania flaccida** ist noch zierlicher (Stängel kaum 1 cm) und hat mehr zungenförmige, relativ längere Blätter.)

5*. Blätter schräg bis ± quer inseriert (selten schwach unterschlächtig; vgl. auch *Jungermannia sphaerocarpa*!). Alle kalkmeidend.

48. Blätter abgerundet kreisförmig (vgl. aber *Nardia geoscypha*). Mit lanzettlichen, abstehenden Unterblättern. Pflanzen oft über 1 cm groß. (48* nach 49*).

49. Pflanzen durchscheinend hellgrün, bzw. an sonnigen Standorten rötlich, Stängel (0,5 –) 1 – 2 cm lang, selten länger. Blätter ± kreisrund, ohne Brutkörper. Hüllkelche mit den Hüllblättern verwachsen, eingesenkt. Vorwiegend auf feuchtem (auch humusreichem) Mineralboden. .... **Nardia** (vgl. auch ....*Jungermannia gracillima*) S. 187 ff.

50. Oft in größeren, ausgedehnten Rasen. Kräftigere Stängel aufrecht, bis 2 (– 4) cm hoch. Seitenblätter meist kreisrund. Getrenntgeschlechtig, aber öfter reich sporulierend. In den Alpen (– 2640 m) und im Mittelgebirge (bis ins Vorland) an dauerfeuchten, offenen Plätzen verbreitet, besonders an Wegen und deren Böschungen... **Nardia scalaris** S. 187

50*. Etwas kleiner – Stängel bis 1 cm – und u. a. durch ± tief ausgerandete, kaum quer stehende Seitenblätter sowie Gemischtgeschlechtigkeit unterschieden. Eine auch in der Ebene nicht seltene Art. Dazu in den Alpen bis 2500 m. **Nardia geoscyphus** S. 187

49*. Pflanzen trüb dunkelgrün, bräunlich, meist kräftiger. Blätter abgerundet 4-eckig (oder 3-eckig), oft mit Brutkörpern an der Spitze. Perianth frei. Auf feuchtem bis nassem Rohhumus, morschem Holz, Torf oder zwischen *Sphagnum*. Ähnlich und an den gleichen Standorten kommt *Odontoschisma sphagni* vor (*O. denudatum* hingegen neben *Mylia taylori*, vor allem in höheren Lagen). .... **Mylia** S. 211

48*. Blätter wenigstens schwach gelappt, ohne Unterblätter. Vorwiegend in den höheren Gebirgen und immer an Silikatgestein (auch in der Ebene und auf Erde nur *Marsupella funckii*).

51. Triebe ± wurmförmig, mit dicht stehenden bis angepressten Blättern. Stängel aufrecht in dichten Polsterrasen. Nie mit Brutkörpern. Die Archegonien von einer mehrschichtigen Hülle umgeben, einem Marsupium. (51* nach 54*).

52. Dunkelgrüne, an sonnigen Plätzen schwärzliche Moose. Kalkmeidende Silikatmoose. Oft längere Austrocknung ertragend. Blätter locker bis dichter inseriert. (Zellnetz mit knotigen Eckverdickungen. Je Zelle meist zwei große, wurstförmige Ölkörper.) Blätter schräg abstehend, ± gekielt. Die unten behandelten, weniger seltenen Arten getrenntgeschlechtig. .... **Marsupella** S. 215 ff.

53. Blätter wenig eingeschnitten (emarginat), mit z. T. stumpflichen Lappen. Polsterrasen 0,5 – 2 (– 5) cm hoch. Mittelgebirge und Alpen zerstreut. Sehr selten in der Ebene. .... **Marsupella emarginata** S. 215
An Fließgewässern kommt auf überspültem Felsgestein die kräftigere (sie soll bis 10 cm lange Stängel entwickeln!), viel seltenere var. **aquatica** vor. In den Mittelgebirgen (meist über 500 m) nach Norden bis ins Sauerland und die Rhön. Auch in den Alpen.

53*. Weiter verbreitet und auch in der Ebene (früher) zerstreut ist .... **Marsupella funckii**. S. 216
Sie wächst öfter in ausgedehnten Rasen, ihre Stängel werden aber höchstens 1 cm lang. Die feucht sparrig abstehenden Blätter bis zur Hälfte eingeschnitten, mit spitzen Lappen. An Silikatgestein, wie auch öfter auf sandig-kiesigem Boden, so auf naturnahen Wegen. Die meisten übrigen Arten sind auf höhere Gebirge beschränkt und auch für Bryologen oft schwer bestimmbar. Alle Vorkommen (aber zurückhaltend!) zu belegen!

52*. Nie schwarze, zumindest feucht meist graugrüne oder bräunliche Pflanzen, aber sonst ähnlich voriger Art. Jedoch Stängel keulenförmig, mit dicht anliegender, geschlossener Beblätterung. In 2 bis 50 mm hohen Polsterrasen. Meist an sonnigem Silikatgestein der oberen Bergstufe der Mittelgebirge. In den Alpen meist nur subalpin. Im höheren Mittelgebirge selten, aber zerstreut in den Alpen.. ..... **Gymnomitrion** S. 214 f.

54. Mit zylindrischen, bis 3 cm langen, feucht lichtgrünen Trieben und bis 1/3 tief eingeschnittenen Blättern. In den Hochlagen der höheren Mittelgebirge und in den Alpen (dort bis 3400 m). ...... **Gymnomitrion concinnatum** S. 214

54*. Mit seitlich zusammengepressten (bandförmigen), 1 – 3 (– 4) cm langen Trieben. Blätter schwach ausgerandet, ganzrandig. Alpenmoos und dort bis 3739 m gefunden (und damit unser höchststeigendes Lebermoos!). Bei uns selten und allein in Bayern. .... **Gymnomitrion corallioides** S. 214

51*. Stängel dunkelgrün bis rotbraun, regelmäßig locker beblättert, 5 – 10 mm lang. Oft in größeren, bis über handgroßen Decken. Blätter 2-lappig, kahnförmig, unter 1 mm groß. Lappen durch rotbraune Brutkörperbildung zuweilen gezähnt. An Silikatgestein in offenen bis sonnigen Blockhalden in den Silikatgebirgen, bis in die alpine Stufe. .... **Anastrophyllum minutum** S. 192

III. Laubmoose (*Musci / Bryophyta*)

1. Bestimmungsschlüssel für Laubmoose mit Sporenkapseln

1. Sporogone fast immer am Gipfel aufrechter Hauptstängel, seltener auch unterhalb dieser entspringend, d. h. übergipfelt, so z. B. bei *Sphagnum* (S. 252 ff.), *Fissidens* p.p. (S. 294 ff.), *Octodiceras* (S. 302), *Racomitrium* (S. 398 ff.), gewissen *Schistidium*-Arten (S. 394 ff.), *Bartramia* (S. 457 ff.) und den *Orthotrichaceen* (S. 464 ff.). Kapseln gestielt oder ungestielt, mit oder ohne Öffnungsmechanismus. Vorwiegend mit einfachem Peristom. Die beblätterten Stängel fast immer aufrecht wachsend (vgl. aber *Anomodon* S. 515 ff.). Blätter meist mit deutlicher Rippe. Polster, Rasen oder Herden bildend. .... **A. Akrokarpe** – Aufrechte, gipfelfrüchtige Laubmoose. *S. 21 in diesem Schlüssel*

1*. Sporogone seitenständig oder am Gipfel kurzer Seitenäste (so bei *Sphagnum*, vgl. S. 252 ff.). Hauptstängel niederliegend und ± reich verzweigt. Seitenzweige aufrecht oder dem Substrat angedrückt. Spiralig beblättert, Triebe stielrund oder abgeflacht (jedoch nie echt zweizeilig). Blattrippe oft fehlend. Kapsel meist auf längerer Seta emporgehoben, oft geneigt, aber nie hängend oder ohne Öffnungsmechanismus (kleistokarp). Meist mit doppeltem und nur selten ohne Peristom .... **B. Pleurokarpe** – Niederliegende, seitenfrüchtige Laubmoose. *S. 32 in diesem Schlüssel*

A. Für aufrechte (akrokarpe) Laubmoose

1. Kapsel <u>ohne</u> Öffnungsmechanismus, reif unregelmäßig aufplatzend und zerfallend, meist sehr kurz gestielt und öfter (lange) in den Hüllblättern verborgen. Immer kurzlebige Arten an offenerdigen (Pionier-)Standorten. Meist nährstoffliebend und oft in Herden. **Kleistokarpe**. (1*. nach 8*)

2. Die um 3 – 4 mm lange, etwa 1 cm lang gestielte Kapsel platzt seitlich auf. Pflanze blattlos. .... **Buxbaumia viridis** S. 275

2*. Pflanzen beblättert. Seta ± fehlend oder vorhanden.

3. Seta vorhanden.

4. Seta gerade, ± in den Blättern verborgen. Ca. 5 mm großes Herdenmoos in Weinbergen und an Wegsäumen. Kalkhold. Kapseln größer als bei *P. intermedia*. .... **Pottia bryoides (nur hier)**

4*. Seta gekrümmt, mit winziger, oft dem Substrat anliegender Kapsel. Erdige Böschungen und in Trockenrasen, auf Löss und in Kalkgebieten. .. **Microbryum curvicollum** S. 365

3*. Seta ± fehlend oder sehr kurz. Kapseln oft in den einhüllenden Blättern verborgen. Blätter lanzettlich bis lineal. Gewöhnlich an offenerdigen Pionierstandorten.

5. Pflanzen knospig.

6. Blätter trocken straff. Hell- bis bleichgrün, bis um 5 mm groß, Hüllblätter mit kurzer Granne, später etwas spreizend und dadurch die Kapsel z. T. sichtbar. Kalkhold. Häufig. .... **Phascum cuspidatum** S. 363

6*. Kaum 2 mm groß, ohne Granne, bräunlichgrün, Kapsel immer eingeschlossen. Basiphytisch. Zerstreut. .... **Acaulon muticum** S. 365

5*. Pflanzen nicht knospig.

7. Pflanzen bis 3 – 4 mm breit. Blätter matt grün, trocken kraus, zu wenigen. Kalkhold, auch in Trockenrasen. .... **Weissia longifolia** S. 353

7*. Blätter glänzend, trocken nicht kraus. Kalkmeidend.

8. Pflanzen in Herden, 2 mm oder kleiner. An dauerfeuchten, kalkarmen Pionierstandorten, vor allem der Tieflagen.

9. Blätter ± spreizend, rosettig, grob gesägt, rippenlos bis 2 mm. Kapseln ± sitzend. Protonemamoos (oft nur die Kapselhülle aus dem dunkelgrünen, algenartigen Vorkeim emporragend). .... **Ephemerum serratum** agg. S. 410

9*. Nicht rosettig, Blätter aufrecht abstehend, oben fein gesägt, gerippt. Kapseln übergipfelt, kurz gestielt. .... **Pseudephemerum nitidum** S. 343

8*. Pflanzen meist dichtrasig (ähnlich steriler *Dicranella heteromalla*), etwas schopfig, 3 – 5 mm hoch. Blätter aus scheidigem Blattgrund borstlich. Kapseln endständig, kurz gestielt. Auf trockenfallenden Magerstandorten, besonders an Waldwegböschungen. .... **Pleuridium** S. 340

1*. Kapsel mit Öffnungsmechanismus. Meist langlebige Arten. **Stegokarpe**.

10. Kapsel bis 2 mm groß, feucht elliptisch. Bei Trockenheit durch vier breite, klaffende Längsspalten geöffnet und dann von kugeligem Umriss. Durch eine kurze (falsche) Seta wenig über die Hüllblätter emporgehoben. Nur an kalkfreiem Silikatgestein. Pölsterchen oft schwärzlich. . . **Andreaea** S. 268 ff.

10*. Die Kapsel öffnet sich an der Spitze, niemals durch Längsspalten.

11. Kapseln meist um 3 mm hoch, mit kegeliger, düsenartiger Öffnung.

12. Blattlos, mit rauer, bis 1 cm langer Seta. Die 3 – 5 mm große, dicke Kapsel öffnet sich an der kegelig verjüngten Spitze (vgl. *Buxbaumia viridis* S. 275). Das Peristom ist zu einer Röhre verwachsen. Kalkmeidend und nie an Gestein oder Borke. .... **Buxbaumia aphylla** S. 273

12*. Von begrannten Hüllblättern umgebene, sitzende, hellbraune Kapsel. .... **Diphyscium** S. 271 f.

11*. Kapsel anders, mit weiter Öffnung und zur Reife abfallendem Deckel (nur bei *Hymenostylium* an einem Stielchen bleibend). Meist mit Peristom (Zahnkranz der Öffnung).

12. Kapselmündung ohne (oder nur mit verkümmerten) Peristomzähnen. (12* nach 21**)

13. Blätter rippenlos. (13* nach 14*)

14. Spiralig beblätterte Moose.

15. Kräftige, aufrechte, spiralig beblätterte Moose, einige in bis über 10 cm tiefen (lebenden) Rasen. Blätter etwas hohl, ohne Rippe, durch Grün- und Wasserzellen unter der Lupe mit netziger Struktur. Grün (trocken weißlich), braun oder dunkelrot. Kalkmeidend und nässeliebend. Kapsel auf kurzer, falscher Seta (= Pseudopodium), erst kugelig, nach dem Abwerfen des linsenförmigen Deckels länglich, 1 – 2 mm groß, auf den büschelig angeordneten Seitenästen an der Spitze der Pflanze, wenig emporgehoben. .... **Sphagnum** S. 252

15*. Kaum 2 cm hohe, spiralig beblätterte Stängel, meist niederliegend, in trocken graugrünen Decken. Blätter meist in ein Glashaar endend. Kapsel seitlich, zwischen den gefransten Hüllblättern ± verborgen. Auf trockenem, meist besonntem Silikatgestein. In der Ebene selten. . . **Hedwigia ciliata** S. 478 (Habituell ähnlich ist *Braunia alopecura*, aber immer ohne Glashaar sowie mit länglicher Kapsel auf kurzer Seta. Nur in den Südalpen, selten.)

14*. Pflanzen (meist) 2-zeilig beblättert, in Herden, nur 5 mm hoch, bläulichgrün. Kapsel winzig, fast kugelig. In kaum 3 mm hohen Räschen, besonders in Höhlungen. Auf kalkfreier, feuchter Erde im Bergland. .... **Schistostega pennata** S. 416

13*. Blätter mit Rippe. Mit anderer Merkmalskombination.

16. Die Kapseln von Blättern umhüllt. Seta verkümmert. Felsmoose der Gebirge.

17. Blätter schmal linealisch, feucht abgebogen, glänzend. Die (sehr seltenen) Kapseln kurz gestielt. Polsterrasen oder Polster bis über 5 cm groß, an dauerfeuchtem bis überrieseltem, basenreichem Felsgestein. In den Silikatgebirgen verbreitet. .... **Amphidium mougeotii** S. 329

17*. Blätter lanzettlich, mit gezähntem Glashaar. Kalkhold. Sehr selten in kontinentalen Trockenrasen und auf Löss. .... **Pterygoneurum subsessile** S. 371 (Wenn die Blätter schmal-lanzettlich und mit kurzem, glattem Glashaar sowie auf trockenbesonntem Silikatgestein der Hügelstufe: *Schistidium flaccidum*. Die ähnliche *Grimmia anodon* dagegen vor allem im höheren Kalkgebirge.)

16*. Kapseln deutlich gestielt (Seta mindestens dreimal länger als die Kapsel). Kalyptra kahl.

18. Pflanzen kaum 2 mm hoch, Blätter lineallanzettlich. Leicht zu übersehendes kalkhol-

des Gebirgsmoos. Nur an vollschattigem Gestein sowie Höhlenmoos.
.... **Seligeria donniana** (nur hier)

18*. Etwas größere, meist 3 – 5 mm hohe, kurzlebige Herdenmoose. Blätter breiter. An offenen, meist sonnigen Plätzen.

19. Haube kappenförmig. Blätter breitlanzettlich, matt, kleinzellig und mit kurzer oder als Haar austretender Rippe. Kapseln krugförmig oder kurz zylindrisch. Deckel kurz geschnäbelt.

20. Blätter flach, oft mit umgebogenem Rand (kleinzellig). Auf grundfeuchten Standorten verbreitet......**Pottia truncata**, S. 367 und
.................**Pottia intermedia** S. 369

20*. Ähnlich, aber Blätter hohl und in ein glattes Haar endend. Rippe oberseits von Lamellen bedeckt. Kalkholde, kaum 5 mm hohe Herdenmoose auf Erde trockener Standorte. .... **Pterygoneurum ovatum** S. 371

19*. Kapseln ähnlich, aber mit zumindest anfangs glockiger, später aufreißender Haube. Blätter flach, lanzettlich, glänzend-durchscheinend oder, wenn matt, basal wasserhell.

21. Haube nicht geschnäbelt und Kapsel ± kurz zylindrisch. Deckel bespitzt. Blätter glänzend durchscheinend, flachrandig, mit lockerem Zellnetz. Kalkmeidend. Meist auf Schlamm oder zumindest dauerfeuchten Böden. . .**Physcomitrium pyriforme** S. 407

21*. Ähnlich der vorigen, aber zu unterscheiden durch kümmerliches Peristom und abgerundeten Deckel. An gleichen Standorten, aber seltener. . .**Enthostodon fascicularis** S. 407

21**. Haube geschnäbelt, auch die vollreife, zylindrische Kapsel ganz einhüllend. Seta rot. Blätter kleinzellig, mattgrün. Langlebig. An erdigen, sonnigen Felsen, auf Mauern, in Felsspalten und Trockenrasen. Kalkhold.
.... **Encalyptaceae** S. 346
(Die habituell ähnliche, aber kalkmeidende, seltenere *Encalypta ciliata* (S. 349) ist unterschieden durch eine am Unterrand gefranste Haube, gelbe Seta und Peristom.)

12*. Kapselmündung mit Peristomzähnen.

22. Kapsel aufrecht-zylindrisch, mit nur vier Peristomzähnen, 2 – 3 mm lang, auf glatter Seta. Blätter glatt, breitlanzettlich oder eiförmig. Kalkmeidend, meist auf feuchtem, morschem Holz. **Tetraphis pellucida** S. 292

22*. Kapsel mit mehr als 4 Peristomzähnen, oft nicht aufrecht, lang-zylindrisch.

23. Kapsel mit Abschlussmembran, befestigt auf dem Ende von 32 oder 64 abgerundeten, glatten, unbeweglichen Peristomzähnen. Kapsel auch unreif meist länglich (Ausnahme *Pogonatum nanum*), Seta meist lang, derb. Blätter ausgebreitet zumindest oben gezähnt, immer mit schmaler bis breiter Rippe. Diese mit ± zahlreichen Lamellen. Kalkmeidend............**Polytrichaceae** S. 275

24. Blätter ± durchscheinend, nicht scheidig, glänzend. Rasen hell- oder gelblich-grün. Trocken kraus. Kapsel ± zylindrisch, stielrund. Haube kahl, kappenförmig. An offenerdigen Standorten auf feuchten bis vernässten, ± anlehmigen Böden.

25. Blätter flach, z. T. gewellt. Kapsel schlank zylindrisch, glänzend, etwas gekrümmt, maximal 10 mm lang. Rasen 0,5 – 7 cm hoch. Blätter meist mindestens 5 mm lang, mit relativ schmaler Rippe und geraden Lamellen. Trocken kraus. Deckel geschnäbelt.
.... **Atrichum** S. 275 ff.

25*. Blätter glänzend dunkelgrün, oben rinnig, fast stumpflich. Die relativ schmale Rippe mit wellenförmigen, gezähnten Lamellen. Haube mit wenigen Haaren. Kapsel kurz zylindrisch. Besonders auf und an feuchteren Wegen. Vorwiegend im Gebirge.
.... **Oligotrichum hercynicum** S. 278

25**. Mit stielrunden Kapseln, aber Hauben behaart und Blätter nie durchscheinend. Siehe *Pogonatum* S. 280 ff.

24*. Blätter nicht durchscheinend mit wasserheller Scheide, flach und nie gewellt. Rippe viel breiter als hoch, durch die zahlreichen Lamellen nie heller grün. Hauben ± glockig, nie kahl. Männliche Pflanzen am Gipfel mit schüsselförmigen Antheridienbehältern.

26. Kapsel kurz zylindrisch bis fast kugelig, nie kantig. Haube weißlich behaart. Pflanzen oft

in Herden, mit ausdauerndem, dunkelgrünem Protonema. Blätter dunkel- oder graugrün, trocken verbogen bis kraus. Pflanzen oft nur rosettig, meist bis 1 cm groß und dunkelgrün (*P. aloides* und *P. nanum*) oder mit bis zu 5 cm großen Stängeln und bläulichgrün (*P. urnigerum*), sowie trocken nur verbogen. Pionier- und Erdmoose oft trockener Standorte, besonders an Waldböschungen.
.... **Pogonatum** S. 280 ff.

26*. Kapsel reif (außer bei *Polytrichastrum alpinum*) kantig. Haube meist gelblich behaart. Pflanzen selten unter 2 cm, oft über 10 cm hoch. Meist in dichten Hochrasen. Blätter immer dunkelgrün, trocken meist anliegend, oben verbogen. Blattrippe kurz oder auch als Haar austretend. Kapsel mit kurzem Hals. An ziemlich trockenen bis nassen Plätzen. Humose Standorte bevorzugend.
.... **Polytrichum** S. 285

23*. Kapsel mit 16 oder 32 freien, oft papillosen, meist spitzen Zähnen – ausnahmsweise gitterförmig (nur bei *Cinclidotus* S. 384 und *Fontinalis* S. 479) oder mit Abschlussmembran (*Weissia* p.p. S. 353). Peristom selten verkümmert (z. B. bei *Coscinodon* und *Weissia controversa* S. 354). Seta meist über dreimal länger als die Kapsel. Bei Echten Laubmoosen sind Lamellen tragende Blätter selten und höchstens 3 mm lang (vgl. *Pterygoneurum* u. Ä. S. 371). Echte stegokarpe Laubmoose **Bryales** p. p.

27. Blätter in ein chlorophyllfreies „Glashaar" auslaufend oder wenigstens mit Glashaarspitze (vgl. auch *Polytrichum piliferum*). Nicht weißliche Haarspitzen zeichnen die *Bryum*-Arten aus (s. dort, S. 420 ff.). (27* nach 28*)

28. Stängel unverzweigt, aufrecht. Polster (oder Polsterrasen) bildend. (28* nach 31*)

29. Schwärzliche, trocken durch ± lange Haare graue bis weißliche Polster und Polsterrasen an – meist besonntem – Gestein aller Art (kalkmeidend bis kalkstet).

30. Blätter (1 –) 2 – 5 mm, nie abgerundet, meist glatt, glänzend und dunkelgrün. Trocken selten gedreht. Kapseln meist elliptisch, meist mit kurzer (auch gekrümmter) Seta. Haube kappenförmig. Peristom gerade. Stängel gewöhnlich dicht stehend. Blätter lanzettlich bis lineal-lanzettlich.
.... **Grimmia** S. 387 ff.

30*. Ähnlich, aber durch glockige Haube, gitterförmiges Peristom (z. T. fast sitzende Kapseln) sowie längsfaltige, meist unter 2 mm lange Blätter zu unterscheiden, ist das im Silikatgebirge nicht seltene
.... **Coscinodon cribrosus** (nur hier).

29*. Trocken grau- bis braungrüne, frisch nie dunkelgrüne Polster und Polsterrasen an basen- bis kalkreichem Gestein.

31. Kleinere Polster, Blätter lanzettlich, in eine kurze Glasspitze verjüngt. Glashaar oft erst mit der Lupe sichtbar. Mit Brutkörpern und häufig mit Sporogonen. Hauben glockig. An Borke oder Mauern häufig.
.... **Orthotrichum diaphanum** S. 470

31*. Oft langhaarige Polster und Polsterrasen. Blatthaar meist einer abgerundeten Blattspitze entspringend. Blätter kaum glänzend, locker stehend, trocken gedreht, feucht ± abstehend (bis zurückgekrümmt). Kapseln auf langer Seta, zylindrisch, mit gedrehtem Peristom, auf einer Basalmembran. An sonnigen Plätzen verbreitet auf Gestein sowie öfters auch an Borke und auch auf Erde.
.. **Syntrichia ruralis** und Verwandte S. 379
(Wenn ohne Basalmembran und nur an Gestein siehe **Tortula** S. 375 f.)

28*. Stängel ± verzweigt, (mikroskopisch durch gewellte Zellwände ausgezeichnet). Gelb- bis schwarzgrüne Decken oder – dann *Grimmia* ähnliche – Polsterrasen. Haube gelappt. Kapseln länglich, immer gerade und auf langer Seta, mit fadenförmigen Peristomzähnen. Kalkmeidend. Gewöhnlich auf besonntem Gestein, die gelb- bzw. hellgrünen Arten aber oft auch auf Erde; *Racomitrium canescens* auch neutrophytisch.
.... **Racomitrium**. S. 398 ff.

27*. Blätter weder in ein Glashaar auslaufend noch mit Glashaarspitze, höchstens mit austretender Rippe oder oben in eine lange (nie weiße) Pfrieme ausgezogen.

32. Pflanzen zweizeilig, in Rasen oder Herden, von 1 – 2 mm bis um 5 cm Größe. Kapseln und Peristom ähnlich dem der *Dicranaceen*. Bodenvag, auf Erde wie Gestein. Auch untergetaucht. .... **Fissidens** S. 294 ff. (Wenn ohne Rippe, vgl. auch *Schistostega* und beblätterte Lebermoose.)

32*. Ähnlich aber zumindest zeitweise submers. Kapseln kurzstielig. Peristom gestutzt. Blätter lineal-lanzettlich, an 2 – 3 cm langen Zweigen. Basiphytisches Wassermoos. An Flussufern und (zumindest früher) in Brunnen. .... **Octodiceras fontanum** S. 302

32**. Pflanzen spiralig beblättert, oft rosettig, z. T. viel größer. Blätter mit Rippe.

33. Blätter linealisch, aus einer schmal gesäumten, dicken Rippe bestehend. Feucht grüne, trocken weißliche Polster oder Polsterrasen bildend, vor allem in Wäldern. Sehr selten mit Sporogonen. ... **Leucobryum** S. 344 ff.

33*. Pflanzen trocken nie weißlich. Oft auch auf Kalkböden.

34. Hauben glockig.

35. Hauben immer glatt und kahl, viel länger als die Kapseln und lang geschnäbelt. In Trockenrasen und an Gestein. Meist kalkhold. .... **Encalypta** S. 346

35*. Hauben wenig länger als breit, glatt oder faltig, meist behaart, kurzglockig. .... **Orthotrichaceae**. S. 464 ff.

36. Hauben glatt oder faltig, undeutlich bis dicht behaart, so lang wie die Kapseln oder kürzer als diese. Blätter lanzettlich (selten mit Blatthaar: Orthotrichum diaphanum oder abgerundet: Orthotrichum obtusifolium). In kleinen Pölsterchen oder Polsterrasen an Borke und Gestein, besonders in nebelhäufigen Lagen. ..... **Orthotrichum** S. 464 ff.

37. Kapseln sehr kurz gestielt, wenig aus den Hüllblättern herausragend. Seta verborgen. Z. B. unsere häufigste Art an Borke, *Orthotrichum affine* sowie an Kalkgestein öfter *Orthotrichum cupulatum*, beide mit ± fast kahler Haube. Dicht behaarte Hauben und auch reif glatte Kapseln hat das außer im Alpenbereich selten gewordene Borkenmoos .... **Orthotrichum striatum** S. 467

37*. Kapseln gestielt und reif emporgehoben, an Gestein verbreitet, kalkhold, mit kaum behaarter Haube: **Orthotrichum anomalum** (S. 467). Meist selten geworden, mit stark behaarter Haube, sind das Silikatfelsmoos **Orthotrichum rupestre** (S. 469) (zuweilen auch an Borke) sowie das Borkenmoos **Orthotrichum speciosum** S. 467. (*Orthotrichum lyellii* und *Orthotrichum obtusifolium* haben immer reichlich Brutkörper, aber nur selten Kapseln (S. 471 und S. 472)).

36*. Dicht behaarte Hauben von Kapsellänge haben unsere beiden häufigeren, durch trocken krause Blätter ausgezeichneten Borkenbewohner der Gattung . **Ulota** S. 473 ff. (*Ulota phyllantha*, ein atlantisches Moos an Borke und Gestein, vor allem der Küsten, zeichnet sich durch auffällige, braune Brutkörper an den Blattspitzen aus – dafür fehlen hier Sporogone. Eine seltene Art auf Silikatgestein der Mittelgebirge ist **Ulota hutchinsiae** S. 473, ihre Blätter sind trocken nur verbogen.)

34*. Hauben kappenförmig, kahl, selten gewimpert.

38. In und an Gewässern, besonders an Ufergestein. Dunkel- bis schwarzgrüne, meist kräftigere Polster oder Polsterrasen.

39. Meist dunkelgrüne Polsterrasen mit 5 (maximal 10 cm) langen Stängeln. Blätter eiförmig-lanzettlich (bis oval), mit ± deutlichem Saum. Kapsel eingesenkt, ± kugelig, mit lanzettlichem, roten Peristom. Seta um 1 mm. Kalkmeidend. . .**Schistidium rivulare** S. 397 (Wie vorige, aber Kapseln länglich (bis 1 : 2), oft mit rotem Deckel und meist wenigstens an der Spitze der Stängel mit kurzem Glashaar. Auch an trockeneren Mauern, nicht kalkmeidend. Formen von **Schistidium apocarpum** S. 394).

39*. Gewöhnlich polsterig, aber meist nicht über 2 cm hoch. Blätter stumpflich bis abgerundet, trocken anliegend, (Zellnetz mit gewellten Zellwänden). Die langgestielten Kapseln nicht selten. Peristom fädlich. **Racomitrium aciculare** mit zungenförmigen, an der Spitze gezähnelten und *Racomitrium*

aquaticum mit allmählich verjüngten Blättern. Kalkmeidend, in den Silikatgebirgen zerstreut, auch an überrieseltem Fels. Erstere auch selten in der Ebene.
.... **Racomitrium aciculare** S. 404

39**. Polsterige bis gabelig verzweigte, mindestens kalkholde Pflanzen. Blätter lanzettlich bis elliptisch-lanzettlich. Pflanzen mindestens 1 cm (bis über 5 cm) groß. Blätter mit dickem, deutlichem Randwulst, trocken straff anliegend bis stark verdreht. Kapseln mit fädlichem oder Gitterperistom, eingesenkt oder auf einer Seta emporgehoben. An Ufergestein, in Brunnen u. Ä. weit verbreitet. .... **Cinclidotus** S. 384 ff.

40. Blätter linealisch-lanzettlich, etwas sichelförmig. Pflanzen bis über 20 cm lang, gabelig verzweigt, meist flutend. Seltene Gebirgsart. .... **Cinclidotus aquaticus** S. 386

40*. Blätter gerade, lanzettlich zugespitzt, papillös, trocken stark schrumpfend bis kraus. Kapseln eingesenkt. Auch an Bächen und nassem Fels. Ebene bis Mittelgebirge.
.... **Cinclidotus fontinaloides** S. 384

40**. Blätter gerade, abgerundet (bespitzt), glatt und trocken anliegend. Seta 3 – 6 mm. Vorwiegend an größeren Flüssen. Häufig in Rhein und Mosel.
.... **Cinclidotus riparius** S. 384

38*. Gewöhnlich nicht in oder direkt am Ufer von Gewässern (vgl. aber unter Pleurokarpe).

41. Seta gebogen. (41* nach 47*)

42. Kapsel birnförmig, ca. 3 mm lang. Grün auf kurvig gebogener, oft bis um 5 cm langer Seta an der auch sonst noch völlig grünen Pflanze. .... **Funaria hygrometrica** S. 405

42*. Kapsel an relativ kurzer, gekrümmter Seta, nie birnförmig. Meist (außer *Seligeria*) mindestens um 1 cm hoch.

43. Kapsel kugelig (geöffnet verlängert), aus den 2 bis über 5 cm langen Stängeln seitlich herausragend. Blätter unbenetzbar, borstlich verjüngt. Kalkmeidendes Gebirgsfelsmoos. .... **Bartramia halleriana** S. 459

43*. Kapsel (an meist unter 5 mm langer Seta) ± elliptisch und hochrückig, kaum über 3 mm lang, meist kleiner.

44. Nur 1 – 2 (– 3) mm große Pflanzen. Blätter meist unter 1 mm, mit dünner Rippe und ohne Blatthaar. In Herden an basen- oder kalkreichem Gestein der Gebirge. Selten bis zerstreut. *Seligeria campylopoda* und *Seligeria recurvata* (nur hier).

44*. Blätter meist 2 mm oder länger. Mit anderen Merkmalskombinationen.

45. Pflanzen schwarz-, dunkel- oder graugrün. Blätter in ein Glashaar endend, dadurch trocken auch weißlich oder mit Grauschimmer. Kapsel mit der Mündung ± abwärts zeigend .

46. Blätter ohne Haar um 2 (selten bis 4) mm lang, lanzettlich, mit dünner Rippe. Haube kahl. Gesteinsmoose. .....**Grimmia** S. 387

46*. Blätter mit dicker (fast blattbreiter) Rippe, ohne Haar 3 – 4 mm lang. Haube bewimpert. Pflanzen mit Brutpflanzen. An sonnig-trockenen, kalkfreien Standorten: meist auf Rohhumus, seltener morschem Holz, (nur) nördlich der Alpen eingeschleppt, z. T. verbreitet aber nur mikroskopisch zu unterscheiden: **Campylopus introflexus** sowie an trockenem Fels der Südalpen nicht selten: .
.... **Campylopus pilifer** S. 317

45*. Blätter lineal-lanzettlich, pfriemlich auslaufend, ohne Glashaar, mit dicker, 2/3 der Blattbreite einnehmender Rippe, oft ± einseitswendig, 3 – 4 (– 5) mm lang. Kapseln wie vor. Immer kalkmeidend. Kräftige, dichte Moosrasen.

47. Haube bewimpert. Pflanzen meist schwarz- bis dunkelgrün, mit schlanken Brutpflanzen, -knospen oder Bruchblättern. Ziemlich trockenresistent. Meist auf Rohhumus oder humosem Sand. Weit, auch in der Ebene, verbreitete Arten. ... **Campylopus** S. 315 ff.

47*. Haube kahl. Ähnlich *Campylopus*, aber Blätter in eine ziemlich glatte Pfrieme endend und fast immer mit den sich von unten her lösenden Bruchblättern (sie zeigen sich u. a., wenn man das feuchte Moos über die Hand zieht). Vor allem auf feuchtem, morschem Holz in Bergwäldern.

...... **Dicranodontium denudatum** S. 318 (*Paraleucobryum* ähnelt steril den beiden vorigen Moosen, hat aber eine gerade Seta und ist habituell eher *Dicranum scoparium* sehr ähnlich, jedoch trocken (grau-)grün und gegenüber diesem mit feineren Blättern. An Gestein und Borke.)

41*. Seta gerade. Kapsel aufrecht bis hängend, länglich-elliptisch bis zylindrisch, meist viel kürzer als die lange, gerade Seta. Haube kappenförmig.

48. Kapsel aufrecht, mit gut entwickeltem, einfachem Peristom, auf mehrfach längerer, gerader Seta. (48* nach 72*)

49. Kapsel mit deutlich dickerem Hals (2- – 3-mal so breit wie diese), relativ kurz, aber oft 5 – 10 cm langer Seta. Blätter durchscheinend, etwas hohl, oben gesägt, eiförmig-lanzettlich. In Sümpfen und feuchten Wiesen auf meist verrottetem Dung. Heute in der Ebene meist fehlend.
.... **Splachnum** S. 412 ff.

49*. Kapsel aufrecht, schlank zylindrisch, ohne besondere Halsbildung. Pflanzen nie auf verrottetem Dung. (Wenn kugelig, vgl. Bartramiaceae S. 457)

50. Blätter zweizeilig.

51. Blätter scheidig, dadurch mit kleinem, übergebogenem Blatt. Auf feuchter Erde in Herden. .... **Fissidens**, z. B.
.... **Fissidens bryoides** S. 298

51*. Blätter borstlich, basal weißscheidig. Räschen habituell steriler *Dicranella heteromalla* ähnelnd. Calciphytisch, vor allem im Kalkgebirge, aber auch auf Kalkmörtel.
.... **Distichium capillaceum** S. 338

50*. Blätter spiralig.

52. Kapsel um 5 mm, Peristom gedreht.

53. Blätter lineal-lanzettlich, feucht wellig oder an der Spitze kahnförmig. Oft brüchig. Polsterrasen mit feucht verbogenen, trocken krausen, 3 – 10 mm langen Blättern. Die wasserhelle Basis am Blattrand hochziehend, scharf abgesetzt. In der Ebene sehr selten (meist an Mauern). Kalkmoose.
.... **Tortella** S. 350

(In Südtirol wächst außerdem die ähnliche *Tortella nitida*, eine südliche Art mit oft unscharf abgesetztem Basissaum und flachen, brüchigen, breitspitzigen Blättern.)

53*. Blätter ± zungenförmig, breit zugespitzt bis abgerundet. Rippe in der Spitze endend oder kurz austretend (einige Arten mit austretendem Blatthaar).

54. Die Peristomzähne einer Basilarmembran aufsitzend. Blätter 3 – 5 mm lang. Z. T. kräftige, bis um 5 cm hohe Stängel entwickelnd. Auf Erde, Gestein oder Borke.
.... **Syntrichia** S. 379 ff.

54*. Peristom (außer bei *Tortula subulata*) ohne Basilarmembran. Oft nur aus einer Rosette bestehende, kaum 5 mm hohe Moose. Nur ausnahmsweise an Borke. .**Tortula** S. 375 f.

52*. Kapsel mit Peristom gewöhnlich ± gerade aufrecht.

55. Haube geschnäbelt, glockenförmig, kahl. Kapseln um 3 mm. Auf Erde oder Gestein, außer *E. ciliata* calcipytisch.
.... **Encalypta** S. 346 ff.

55*. Haube kappenförmig.

56. Meist kalkmeidende (außer *Ditrichum flexicaule*) Silikatgesteinsmoose, vorwiegend im Gebirge (Ausnahme *Dicranoweisia cirrata*). Kapseln 3 mm lang oder kürzer. (56* nach 59*)

57. Blätter in ein Glashaar verjüngt, trocken anliegend. Kapseln kaum länger als 1:3. Kalkmeidend.

58. Kapsel meist um 3 mm lang, ± zylindrisch. Pflanzen oft grau- bis schwärzlich-grün, ± verzweigt (gabelig oder mit kurzen Fiederästen). Oft in über 5 cm großen, ausgedehnten Rasen, aber auch polsterförmig. Blätter trocken verbogen, ± flach (Blattzellen mit buchtigen Wänden). An sehr trocken-sonnigen Standorten. Meist Gesteinsmoose, aber auch in Trockenrasen. ... **Racomitrium** S. 398 ff.

58*. Ein bis mehrere cm große, grau schimmernde Polster an basenreichem, sonnigem Silikatgestein in wärmster Lage. Blätter etwas hohl. .... **Grimmia laevigata** S. 389

57*. Blätter ohne Glashaar.

59. Blätter ± glänzend, nicht brüchig, Blätter (1,5–) 2 – 4 mm lang, flach (basal durchscheinend), lineal-lanzettlich bis pfriemlich, trocken kraus. Kapseln elliptisch bis kurz zylindrisch. Kapsel 1,5 bis ca. 3 mm lang. (59* nach 62*)
60. Blätter aus flachem, lanzettlichem Grund linealisch verjüngt, oben gezähnt. Polster oder Polsterrasen an Gestein. Kapseln elliptisch, 1,5 – 2 mm lang. Peristomzähne lanzettlich. Seta 7 – 10 mm lang.
61. Blätter 3 – 4 mm lang (mit verstärktem Rand). Peristomzähne lanzettlich, gestreift. Kapsel trocken gefurcht, mit sich ablösendem Ring.
.... **Cynodontium polycarpum** S. 326
61*. Ähnlich, aber Blätter nur bis 3 mm lang, Rand einschichtig, Kapsel und Peristom glatt, kümmerlich, ohne Ring. Im niederen Silikatgebirge, vor allem in warmen Flusstälern Westdeutschlands ziemlich verbreitet.
.... **Cynodontium bruntonii**
.... (= Oreoweisia br.) S. 328
60*. Blätter wie vorige, aber noch mehr verjüngt, glattrandig, 2 – 3 mm lang. Kapseln trocken glatt, (1 –) 1,5 mm und Seta (2 –) 3 – 4 mm. Peristomzähne kümmerlich. An Borke und Gestein.
62. Mit glatten, 2 (– 3) mm langen Blättern (mit Brutkörpern). Kapseln schlank elliptisch, 1,5 mm lang. Polster an Borke, weniger an Silikatgestein. Auch in der Ebene vorkommend. ..... **Dicranoweissia cirrata** S. 319
62*. Kapseln elliptisch, Blätter 3 – 4 mm lang (ohne Brutkörper). Polster vorwiegend an Silikatgestein. Häufiger im höheren Gebirge, besonders in den Alpen.
.... **Dicranoweissia crispula** S. 320
59*. Blätter pfriemlich auslaufend, ± einseitswendig, trocken meist verbogen. Rasen um 3 mm hoch oder höher. Peristom mit gerade-aufrechten Zähnen. Kalkmeidende Erdmoose.................. **Ditrichum** S. 334 (Nur **Ditrichum flexicaule** ist kalkstet und auch an Gestein. Allseits sparrig abstehende Blätter hat das winzige, kaum 2 mm hohe Herdenmoos **Ditrichum cylindricum** (= Trichodon cylindricus) .... S. 337
56*. Kalkholde bis -stete Arten. Feucht mattgrün. Meist auf Erde sowie auch an Beton oder Mörtelmauern.
63. Blätter linealisch, rinnig. Kapsel nur 1 (– 2) mm lang, Peristom kümmerlich bis fehlend.................. **Weissia** S. 353 f.
63*. Blätter nicht rinnig.
64. Blätter meist pfriemlich bis schmal-lanzettlich. Einzelpflanzen unter 5 mm breit. (64* nach 66*)
65. Blätter meist pfriemlich endend, trocken verdreht bis fast kraus. Peristomzähne gerade oder gedreht. An Gestein und auf Erde.
.... **Didymodon** S. 356 ff.
65*. Blätter schmal-lanzettlich bis lineal-lanzettlich, allmählich bis breit zugespitzt.
66. Matt gelb- oder hellgrün. Kurzrasen bis 0,5, selten bis 2 cm Höhe. Peristom gedreht.
67. Auf Erde, besonders an Wegen.
.... **Barbula** S. 359 ff.
67*. Eine ehemalige, ebenso gefärbte *Barbula* und mit der vorigen öfter vergesellschaftet, ist das ruderal inzwischen ziemlich häufige **Pseudocrossidium hornschuchianum** (S. 359). Die Art unterscheidet sich durch spitzwinklig aufrecht-abstehende, im Umriss spitzdreieckige Blätter mit kurz austretender Rippe und bis zur Spitze umgerolltem Rand.
66*. Oft matt bläulichgrüne, seltener hellgrüne, 1 – 2 cm hohe Polster oder Polsterrasen. Alte Stängelteile und Blätter (innen im Rasen) oft rostrot. Kapsel meist länglich-elliptisch, bis um 3 mm lang. Peristom gerade oder wenig gedreht. Blätter meist unter 3 mm lang, breitlanzettlich zugespitzt. Oft an feuchtem Gestein, seltener auf Erde und Borke.
.... **Bryoerythrophyllum** S. 362 f.
64*. Blätter lanzettlich bis breitlanzettlich oder zungenförmig, ± breit zugespitzt, meist an sonnigen Standorten.
68. Kleine Moose, mit Sporogonen um 1 cm hoch, in Herden auf offenerdigen Plätzen.
69. Blätter in kleinen Rosetten, ± durchscheinend, Rand nicht oder wenig umgebogen. Kapsel länglich-eiförmig, mit verkümmertem

Peristom. Kurzlebig. Auf ± feuchter, basenreicher Erde, oft ruderal.

70. Deckel ± abgerundet. Blattrand gezähnt. Zellnetz locker.
.... **Enthostodon fascicularis** S. 407

70*. Deckel gespitzt bis kurz geschnäbelt. Kapsel ± gestreckt. Blätter ganzrandig. Zellnetz dichter. ....**Pottia intermedia** S. 369

69*. Peristom gut entwickelt. Blätter bis 3 mm lang. Kalkhold. Vorwiegend auf Erde.

71. Blattrand breit eingebogen, die durch Wucherungen (= Lamellen) bedeckte Rippe verdeckend, glänzend. Die 2 – 3 mm breiten Rosetten in Herden. Sie ähneln einer winzigen *Aloe*. Auf lehmiger und toniger Erde sonniger Standorte. .... **Aloina** S. 373 ff.

71*. Blattrand flach oder umgebogen bzw. umgerollt.

68*. Meist in dichten Kurzrasen.

72. Ähnlich 70*, aber größer und nur auf Kalkböden. Blätter lanzettlich, mit umgerolltem Rand, stachelspitzig. Gut entwickelte, lanzettliche Peristomzähne. Kurzlebiges Erdmoos. .... **Pottia lanceolata** S. 369

72*. Meist kleiner und langlebig. Peristom mit fädlichen Zähnen. In gelbgrünen, dichten Rasen auf Erde und kalkhaltigem Gestein.
.... **Barbula** S. 359 f.

48*. Kapsel fast aufrecht bis hängend. Seta oft viel länger als die Kapsel.

73. Kapsel fast aufrecht bis geneigt. (73* nach 90*)

74. Kapsel etwas geneigt und asymmetrisch, jung ± kugelig, entleert kugelig-elliptisch, Peristom doppelt. Deckel kegelig.

75. Blätter hell- bis ± blaugrün, unbenetzbar.

76. Blätter öfter etwas einseitswendig. Kleinere oder größere dichte Rasen. Stängel rot, (0,5 –) 1 – 5 cm hoch. In Sümpfen und an vernässten, offenerdigen Plätzen, meist auf Erde, aber auch an überrieseltem, zumindest dauerfeuchtem Gestein.
.... **Philonotis** S. 460 ff.

76*. Blätter immer gerade, frisch an der Stängelspitze sternförmig. Polsterrasen von meist über 1 bis 5 cm Höhe an Gestein (oder an Böschungen). An kalkfreien, ± schattig-feuchten Standorten. Nie an vernässten Plätzen. In der Ebene selten.
.... **Bartramia pomiformis** und
...... **Bartramia ithyphylla** S. 457 und 458

75*. Feucht Blätter dunkelgrün, etwas glänzend. Pflanzen in Polstern. Sonst ähnlich *Bartramia pomiformis*. Kalkstetes Gesteinsmoos der Gebirge Mittel- und Süddeutschlands, sonst sehr selten.
.... **Plagiopus oederianus** S. 459

74*. Kapsel schräg aufwärts gerichtet bis waagerecht, 2 bis um 5 mm lang, immer länger als breit. Blätter meist ohne Wachsüberzug, benetzbar. Deckel z. T. geschnäbelt.

77. Kapsel etwas geneigt bis waagerecht. Peristom doppelt. Deckel kegelig.

78. Kapsel schlank keulenförmig, ± waagerecht, auf gekrümmter Seta. Blätter breit eiförmig, hohl, feucht wie trocken anliegend. Dadurch die bis fast 2 mm dicken Stängel wurmförmig, silbrig-grün. Zellnetz locker. An feuchtem Gestein fast nur der höheren Gebirge und Alpen. Kalkstet. **Plagiobryum zierii** S. 439

(Ähnliche Arten haben eiförmig-lanzettliche Blätter und abweichende Kapseln, so *Anomobryum* (S. 439), eine kalkmeidende Gebirgsart überrieselter Substrate. *Bryum argenteum* (S. 427) und das grüne *Bryum bicolor* sind Ruderalmoose, sie haben außerdem hängende Kapseln. Vgl. dazu auch bei *Pohlia*, s. u.)

78*. Blätter schmal lanzettlich bis fast kreisförmig, weder angedrückt beblättert (außer **Pohlia nutans** mod. **saltans**), noch borstlich auslaufend. .... Vgl. **Pohlia** S. 433 ff.

77*. Kapseldeckel geschnäbelt.

79. Kapsel ± zylindrisch. Deckel kurz geschnäbelt.

80. Benetzbare, matt gelb- bis braungrüne, am Stängel filzige, mamillöse Moose mit braunem Wurzelfilz. Blätter gerade. Z. T. mit Bruttrieben (mit endständigen Brutkörpergruppen). .... **Aulacomnium** S. 452

80*. Kapsel lang zylindrisch, unreif auffallend hellgrün, reif hellbraun. Blätter aus lanzettlichem Grund borstlich bis lineal zugespitzt.

Pflanzen bis um 1 cm groß, in *Dicranella heteromalla* ähnlichen, dichten Rasen (aber mit prosenchymatischen Zellen). Auf feuchtem morschem Holz und Rohhumus. In der Ebene und dem niederen Bergland verbreitet. .... **Orthodontium lineare** S. 431

79*. Kapseln meist hochrückig, nur bis 2 – 3 mal länger als breit. Deckel oft lang geschnäbelt. Zellnetz parenchymatisch oder isodiametrisch.

81. Blätter 2-zeilig. Mindestens kalkhold.

82. Blätter ± lanzettlich, geflügelt, d. h. mit kleinerem, aufliegendem Lappen (Dorsalflügel). 2 – 3 bis 20 mm hohe Erd- oder Gesteinsmoose (auch an Ufern). .... **Fissidens taxifolius** etc. S. 296

82*. Blätter weißscheidig, borstlich auslaufend. Kalkholdes Moos auf Erde und Gestein feuchter Standorte im höheren Gebirge (sonst nur verschleppt an Mauern). Oft mit Sporogonen. **Distichium inclinatum** S. 339 (Das ähnliche *D. capillaceum* hat überreif auch manchmal geneigte, aber zylindrische, nie hochrückige Kapseln.)

81*. Blätter spiralig, gerade bis stark einseitswendig.

83. Blätter mit einer meist nur bis ein Drittel der Blattbreite einnehmenden Rippe (selten mehr). (83* nach 88*)

84. Blätter sparrig abstehend. Größere, hellgrüne, 1 bis mehrere cm tiefe Rasen in Sumpfwiesen, an quelligen Orten. Meist seltene Arten.

85. Blätter schmal dreieckig, sparrig abstehend. In kalkfreien Sümpfen. Fast nur noch im Bergland, aber in höheren Gebirgen noch ziemlich verbreitet. .... **Dicranella palustris** S. 325 (**Dicranella schreberiana** var. **robusta** ist ähnlich, aber nur bis 1 cm hoch und nie an quelligen Standorten.)

85*. Blätter in drei Zeilen, lanzettlich. Seta sehr lang. Jetzt nur noch selten im Alpenvorland und den Alpen. ...**Meesia triquetra** S. 456

85**. Blätter breit dreieckig. In Nasswiesen und Quellmooren. Ziemlich selten in Nordostdeutschland, selten in den Alpen. .... **Paludella squarrosa** S. 456

84*. Blätter aufrecht abstehend bis ± stark einseitswendig.

86. Blätter deutlich bis stark einseitswendig (seltener anders, s. 87* SG. *Anisothecium*), trocken kaum verbogen, seltener kraus, feucht und trocken grün. Kaum über 0,5 bis um 1 cm hohe Pflanzen. (86* nach 89*)

87. Niedrige, bis um 1 cm hohe Rasen oder Herden auf trockeneren bis grundfeuchten, kalkarmen Böden, z. T. auch auf morschem Holz, Rohhumus oder Fels. Blätter und Kapsel um 3 mm lang oder kürzer, kaum länger als 1:3. .... **Dicranella**, z. B. **D. heteromalla** S. 322

87*. Moose feuchter Standorte, meist kaum 5 mm hoch, braun- oder dunkelgrün. Blätter schwach einseitswendig, aufrecht oder sparrig abstehend. Kurzlebige, hell- bis braungrüne Pioniermoose auf feuchter, nährstoffreicherer Erde, oft mit rotem Stängel, in ± lockeren Herden. Blätter lineal-lanzettlich, unter 1 mm lang. .... (SG. *Anisothecium* (hierzu **Dicranella varia** und **D. schreberiana** (S. 323; kalkhold), **D. rufescens** und **D. staphylina** (oft ruderal) S. 325.)

87**. Im Bau ähnlich, aber gewöhnlich über 2 cm groß, Blätter oft bis 5 mm lang und Kapseln schlanker, mindestens 3 mm lang. Rippe dünn (nur bei *Dicranum fulvum* ausnahmsweise 1/3 der Blattbreite erreichend). Blätter aus elliptisch-lanzettlichem Grund in eine borstliche bis linealische Spitze auslaufend.

88. Trocken nicht oder kaum verformt, mit glatten Blättern (*Dicranum scoparium* etc.) oder Blätter querwellig, **Dicranum polysetum** etc. (S. 308). Außer *Dicranum muhlenbeckii* kalkmeidend. Oft auf Rohhumus sowie auf Erde über und an Fels, an Borke usw. .... **Dicranum scoparium** etc. S. 304

88*. Immer borstlich verjüngte Blätter haben die nicht glänzenden, dunkelgrünen, trocken krausen Arten **Dicranum flagellare**, **Dicranum montanum** und **Dicranum viride**; **Dicranum tauricum** hat steife, aber wie die vorige, brüchige Blätter. ....S. 311 f.

83*. Rippe über die Hälfte der Blattbreite.

89. Blätter grün, trocken graugrün, einseitswendig. *Dicranum scoparium* sehr ähnlich.

Jedoch u. a. in dichten Polsterrasen, an trockenerem Gestein und Borke. Vorwiegend im Gebirge. .....**Paraleucobryum** S. 313 f.

89*. Pflanzen trocken in weißlich-grünen, oft über 5 cm tiefen und über 10 cm breiten Polstern oder flachen Polsterrasen. Blätter nicht durchscheinend, vorn kahnförmig, linealisch verjüngt, kaum gekrümmt. Feuchtigkeitsliebende Moose, meist auf Rohhumus, am Boden oder auf Silikatgestein in Wäldern. .... **Leucobryum** S. 344 ff.

86*. Blätter aufrecht abstehend, nie einseitswendig, unter 1 cm lang, spiralig, lanzettlich bis lineal-lanzettlich, feucht glänzend. Trocken verbogen bis kraus. Kapsel kropfig, trocken längs gefurcht (vgl. auch *Dicranella*).

90. Blätter um 2 mm lang, gerade, schmal-lanzettlich (an der Spitze oft gezähnelt). Deckel kegelig. Seta rot. Sehr häufig, auf allen Unterlagen. Im Kalkgebirge seltener. .... **Ceratodon purpureus** S. 332 f.

90*. Blätter etwas länger, feucht verbogen, aus eiförmigem Grund lineal-lanzettlich. Deckel geschnäbelt. (Polsterrasen etwas *Tortella tortuosa* ähnelnd, aber kalkmeidend.) Silikatgesteinsmoos. In der Ebene sehr selten. .... **Cynodontium polycarpum var.** .... **strumiferum** S. 327

73*. Kapsel am Gipfel der Seta ± (zumindest grün) hängend, mit doppeltem Peristom.

91. Blätter borstlich auslaufend, feucht aufrecht abstehend. Pflanzen bis um 1 cm groß, in *Dicranella heteromalla* ähnlichen Rasen. Kapsel kurz birnförmig. Violette Rhizoiden und Brutkörper. An nährstoff- und kalkreichen, feuchten Standorten, in Blumentöpfen. .... **Leptobryum pyriforme** S. 429

91*. Blätter nie borstlich auslaufend bzw. borstlich verjüngt.

92. Blätter immer ungesäumt, weder mit austretender Rippe noch mit Blatthaar. (92* nach 96**)

93. Pflanzen z. B. *Polytrichastrum formosum* vegetativ habituell sehr ähnlich (ohne Lamellen auf der Rippe), dunkelgrün, in 5 – 8 cm tiefen Rasen. Blätter zweischichtig, schmallanzettlich, mit gut entwickelter, wasserheller Scheide, oben eingebogen und ± grob gezähnt. Rippe nie austretend. (Zellnetz parenchymatisch.) Mit kurzen Kapseln. Meist an schattig-feuchten Plätzen. Gebirgsarten, insbesondere der Alpen.................. .... **Timmia** (nur hier)

93*. Kapseln meist zylindrisch. Blätter ± flachrandig. Moose mit anderer Kombination der Merkmale, oft unter 1 cm, selten über 2 cm groß.

94. Seten zu mehreren. Blätter elliptisch-lanzettlich, zumindest oben einfach gezähnt. Gestielte Rosetten mit bis über 5 mm großen Blättern. Rippe vor der Spitze endend oder kurz austretend. Sporogone selten. (Zellnetz locker prosenchymatisch.) Feuchte bevorzugende Waldmoose, meist auf reicheren Böden der Gebirge. .**Rhodobryum** S. 441 f. (Bei *Mniaceen* kommen z. T. auch mehrere Seten vor, jedoch sind die Zellen dort parenchymatisch oder isodiametrisch.)

94*. Nur eine Seta je Stängel. Blätter ± lanzettlich, höchstens oben undeutlich gezähnt.

95. Kapsel zu 1/3 bis zur Hälfte aus dem verjüngten Hals (Apophyse) bestehend, kurz birnförmig bis ± zylindrisch. .... **Pohlia** .... (besonders die Untergattung. .... *Mniobryum*) S. 436/437 ff.

95*. Kapsel ohne deutlichen Hals, ± zylindrisch.

96. Kapsel 3 – 4 mm lang. Blätter meist breitlanzettlich und unter 3 mm lang, grün bis dunkelgrün. Kalkmeidend, auf armen Substraten verbreitet und oft mit Sporogonen. .... **Pohlia nutans** S. 433

96*. Wenn mit bläulichgrünen Blättern, engzellig und trocken glänzend. Gebirgsmoos höherer Lagen, sonst sehr selten. .... **Pohlia cruda** S. 434

96**. Mit axillären Brutknospen .... **Pohlia annotina** agg. S. 435 .... und **Anomobryum** S. 439

92*. Blätter oft ± deutlich gesäumt, meist eiförmig-lanzettlich oder spatelförmig, nicht oder schwach gezähnt. Häufig mit austretender Rippe oder Blatthaar (Zellen prosenchymatisch). Pflanzen zuweilen rot überlaufen. Stängel oft knospenförmig oder stielrund, nie zweizeilig beblättert. Oft über 1 cm, zuweilen auch bis über 5 cm hohe Arten. Seten immer einzeln. . . . . **Bryum** S. 420 ff.

Typisch für nasse bis sumpfige Plätze:

Kräftige, bis über 5 cm große Arten: **Bryum pseudotriquetrum**, **B. schleicheri** (Hochgebirge) S. 422 f.

Mittelgroße, meist nicht über 2 cm große Arten mit anliegenden Blättern: **Bryum alpinum**, **B. mildeanum** und **B. gemmiparum** (an Ufern): S. 425

Kleinere, unter 1 cm hohe Rasen und Polsterrasen an trockeneren, offenerdigen Plätzen (meist ruderal): **Bryum argenteum**, **B. bicolor**, **B. caespiticeum**, **B. pallescens**: S. 427 f.

92**. Rippe höchstens undeutlich austretend, Blätter nie in ein Blatthaar endend oder rot überlaufen. Zuweilen zweizeilig. Zellnetz quadratisch bis rechteckig. Blätter elliptisch-lanzettlich bis fast kreisförmig. An trockeneren bis nassen Plätzen.

97. Blätter ungesäumt, meist gezähnt, mit vor der Spitze endender Rippe, oval, um 2 mm lang, spiralig (oder im Schatten zweizeilig) an 1 – 2 cm langen Stängeln. Kalkhold, aber auch auf Humus. . . **Mnium stellare** S. 444

97*. Blätter deutlich (durch langgestreckte Randzellen) gesäumt. (Zellnetz locker.) Kleinere bis kräftige Pflanzen.

98. Pflanzen braungrün, Blätter ganzrandig, breit elliptisch, in meist nur 1 – 2 cm breiten Rosetten. Stängel braun-filzig. Feuchtmoose. . . . . **Rhizomnium** S. 447

98*. Pflanzen licht- bis dunkelgrün.

99. Pflanzen dunkelgrün. Blätter deutlich gezähnt (mit Doppelzähnen), lanzettlich, bis 7 mm lang, meist spiralig an geneigten, 1 – 3 cm langen Trieben. Sterile Triebe waagerecht. Nur die männlichen Pflanzen aufrecht, mit gipfelständigen, sternförmig-rosettigen Blättern. Waldmoose. . . . . **Mnium** S. 443 ff.

99*. Pflanzen meist lichtgrün. Blätter meist deutlich (einfach) gezähnt, breitelliptisch oder breitlanzettlich, wenn gewellt, auch zungenförmig, um 5 mm lang oder länger. Zellen oft auffallend groß (bis 0,07 mm lang), mit der Lupe gut sichtbar. Die sterilen Triebe horizontal ausgerichtet, ± 2-zeilig beblättert. Feuchtmoose auf Erde (auch über Fels) in Wäldern, Wiesen und Sümpfen. . . . . **Plagiomnium** S. 448 ff.

B. Schlüssel für niederliegende (pleurokarpe) Laubmoose

1. Kapseln eingesenkt oder die Seta nur wenig aus den Hüllblättern herausragend. Pflanzen spiralig beblättert. (1* nach 5*)
2. Pflanzen mit 3-zeiliger Beblätterung, reich gabelig verzweigt, kräftig, mindestens 5 – 10 cm lang, aber auch viel länger. Blätter ohne Rippe, gefaltet oder hohl. Kapseln sitzend, eingesenkt, ziemlich selten. Untergetaucht und zeitweise überspült am Ufer von Gewässern. . . . . **Fontinalis** S. 479 ff.

2*. Pflanzen nie 3-zeilig beblättert und oft kleiner.

3. Pflanzen abgeflacht (aber nie echt zweizeilig!), ± verzweigt, wenige cm bis über 10 cm groß. Blätter deutlich gewellt, ohne Rippe. Haube kappenförmig. Fast nur an Borke und jetzt wohl nur noch im Gebirge (sehr selten). . . . . **Neckera pennata** S. 492 (Zierlicher und die kurze Seta aus den Hüllblättern herausragend: **Neckera pumila** S. 492)

3*. Pflanzen spiralig beblättert, nicht verflacht.

4. Meist kleinere Polster oder Polsterrasen an Borke und Gestein. Haube glockig, ± behaart. Blätter mit Rippe, trocken meist anliegend. Haube zuweilen auch (fast) kahl. Kapseln eingesenkt bis deutlich gestielt. . . . . **Orthotrichum** S. 464 ff.

4*. Blätter mit oder ohne Rippe.

5. Hellgrüne, trocken graugrüne Polsterrasen an meist sonnigen Felsen und Felsblöcken. Blätter hohl, rippenlos, aber meist mit Glashaar. Hüllblätter gefranst. Im Silikatgebirge verbreitet, aber in der Ebene inzwischen selten. . . . . **Hedwigia** S. 478 f.

(Habituell ähnlich ist *Braunia* aber immer ohne Glashaar sowie mit länglicher Kapsel auf kurzer Seta. Nur in den Südalpen, selten.)

5*. Habituell ähnlich, aber mit kräftiger Rippe und ohne Glashaar. Stängel vom Substrat gebogen abstehend (ähnliches *Orthotrichum affine* hat vom Substrat aufrecht abstehende Stängel!). Meist mit Kapseln. Vorwiegend an Borke der unteren, wärmeren Lagen. Selten an Gestein. (nur hier) **Cryphaea heteromalla**

1*. Seta lang gestielt.

6. Stängel, Zweige und die etwas glänzenden Moosdecken abgeflacht beblättert (6* nach 15*).

7. Zweige 1 – 2 cm lang, etwa 3 mm breit. Blätter 4-zeilig (dachrinnenförmig), zungenförmig, mit undeutlicher Rippe, oben abgerundet, aber mit undeutlichem Spitzchen. Zellnetz undeutlich. Kapseln häufig, aufrecht. Kalkhold. Waldmoos feuchterer Lagen. Besonders an Baumbasen entlang von Fließgewässern, wie auch an Gestein. Ziemlich verbreitet.
.... **Homalia trichomanoides** S. 496

7*. Ähnlich vorigem, aber kräftiger, Blätter unbespitzt und Zweige über 5 mm breit, rippenlos und Zellnetz locker (Lupe!). Seta kurz, Kapsel horizontal. Basiphytisch. Auf feuchten bis nassen Böden. In der Ebene sehr selten. .... **Hookeria lucens** S. 500

7**. Pflanzen anders. Blätter 6- oder mehrzeilig, ± spitz zulaufend, meist ohne Rippe (außer bei 8, 13* und *Neckera menziesii*).

8. (2 –) 3 bis über 5 cm hohe, in einer Ebene verzweigte, braungrüne Bäumchen auf 1 – 5 cm langen, schwärzlichen, beschuppten Stielen. Blätter mit Rippe und oben gezähnt. Seten büschelig. Kapsel geneigt. Kalkhold. An Ufergestein und anderen sehr luftfeuchten Standorten in Wäldern.
.... **Thamnobryum alopecurum** S. 497

8*. Nicht bäumchenförmig, meist in ± dichten, dem Substrat angedrückten Decken. Seten einzeln.

9. Zweige 5 – 10 (– um 20 mm) lang, glänzend frisch- bis hellgrün, abgeflacht, in kleinen Decken. Deckel geschnäbelt, aber selten mit Sporogonen.

10. Grün, frisch nach Gurken riechend, meist an Gestein, kalkhold. (Blätter breit gespitzt, an der Spitze gezähnt, kurzzellig.) Fehlt in Norddeutschland.
.... **Taxiphyllum wissgrillii** S. 598

10*. Pflanzen ohne Gurkengeruch, fast immer mit zahlreichen, stabförmigen Brutsprösschen aus den Blattachseln, zuweilen ganz davon bedeckt. Blätter allmählich verjüngt.
.... **Pseudotaxiphyllum elegans** S. 595

10**. Weder mit auffälligen Brutsprösschen, noch mit Gurkengeruch. Sonst ähnlich, aber Zweige kaum 10 mm lang (Blätter ganzrandig, mit wenigzelligen Brutkörpern). Kalkmeidend. Auf morschem Holz und an Baumbasen feuchter Lagen, besonders an Erlen in Erlenbrüchen. Vor allem in der Ebene Nord- und Westdeutschlands, sonst selten oder fehlend.
.... **Plagiothecium latebricolum** S. 596

9*. Meist viel kräftiger und gewöhnlich über 1 cm lang.

11. Kräftigere, meist 3, oft bis 10 cm große und dann ± fiederige Pflanzen mit meist gespitzten, (außer bei der sehr seltenen *Neckera menziesii* S. 492) rippenlosen, glatten oder querwelligen Blättern. Kapsel aufrecht, ± selten, meist gestielt. Kalkhold. An Borke und Gestein in den Gebirgen. In der Ebene jetzt meist selten. . . **Neckeraceae** S. 489 ff.

11*. Moose anders, selten an Borke. Blätter ± ganzrandig. Öfter auch mit Kapseln.

12. Kräftiges, dunkelgrünes, an *Hypnum cupressiforme* erinnerndes, aber durch ± gerade Blätter und aufrechte Kapseln (häufig!) unterschiedenes Moos auf Blockhalden im Kalkgebirge und auf vulkanischem Gestein (selten auf feuchtem Beton). Stängel um 5 cm lang. Blätter ohne Rippe. In Mittel- und Westdeutschland sehr selten.
.... **Entodon schleicheri** S. 585

12*. Meist kleiner, oft hellgrün, an anderen Standorten und kalkmeidend.

13. Vorwiegend auf Waldboden, kalkmeidend. Blätter oft asymmetrisch. Rippe fehlend oder kurz, gabelig.

14. Blätter wellig, Pflanzen mit Stängel 2 – 3 (– 5) cm lang, in oft ausgedehnten Decken. Auf Rohhumus, vor allem in Nadelwäldern und -forsten (verschleppt). Ziemlich verbreitet. Im Silikatgebirge oft häufig.
.... **Plagiothecium undulatum** S. 594
(Ähnlich, aber kleiner und zudem ein Sumpfmoos nährstoffreicherer Standorte ist **Plagiothecium denticulatum** var. **undulatum** (= P. ruthei) S. 589.)

14*. Blätter glatt und Stängel meist nur um 1 cm lang, auch trocken kaum verbogen. Kalkmeidende, ziemlich verbreitete (nur mikroskopisch sicher zu bestimmende) Wald- und Gebüschmoose. Ziemlich häufig, mit (geneigter) Kapsel sind **Plagiothecium denticulatum** S. 588 und **Plagiothecium laetum** var. **secundum** S. 591. Oder Kapsel aufrecht bei **Plagiothecium laetum** S. 589 und **Plagiothecium cavifolium** S. 591. Letztere mit halbhohlen Blättern, Stängel kaum abgeflacht. Eine basiphytische Art (auch auf Humus über Kalk), vor allem im Bergland.

13*. Meist an (und auf Steinen) in und an Gewässern. Blätter symmetrisch, mit deutlicher Rippe. Kapsel geneigt. Formenreich. Nährstoffliebend.

15. Blätter ganzrandig, schmal-lanzettlich, allmählich zugespitzt, zuweilen 2-zeilig erscheinend. Deckel kegelig. An feuchtem bis nassem Gestein und morschem Holz, auch außerhalb der Gewässer. Vor allem in der Ebene. .... **Leptodictyum riparium** S. 538
(Wenn auf überspültem Gestein (und Wurzeln) vorkommend und Blätter kleiner und stumpflich, mit ± verdickter Rippe vgl. *Hygroamblystegium* (S. 539) und *Cratoneuron filicinum* var. *fallax*.)

15*. Blätter oben gezähnt, elliptisch-breitlanzettlich. Stängel wenig abgeflacht. Deckel geschnäbelt. Kalkholdes Ufer- und Fließgewässermoos, vor allem im Gebirge. Auch an überrieseltem Fels (Tuffbildner).
.... **Platyhypnidium riparioides** S. 576

6*. Stängel und Zweige nicht deutlich abgeflacht beblättert.

16. Kapsel aufrecht, kurz bis lang zylindrisch. (16* nach 43*)

17. Pölsterchen oder Polsterrasen (nur 18 zuweilen auch in Decken). An Borke oder Gestein. (17* nach 19*)

18. Grau- bis schwärzlich-grün, meist mit Glashaaren (und immer mit buchtigen Wänden, zumindest bei den basalen Zellen). Haube kahl. In Polsterrasen oder Decken. Kalkmeidend, lichtliebend. Meist an Gestein. Seltener auf Sand- und Skelettboden (oder Rohhumus). **Racomitrium** S. 398 ff.
(Schattenformen und feuchtigkeitsliebende Arten haben kein Glashaar, z. B. *Racomitrium aciculare* (S. 404); vgl. dazu auch **Cinclidotus** S. 384.)

18*. Ohne Glashaare.

19. Haube wenig bis dicht behaart, glockig. Meist rundliche, kleine Polster (oder Polsterrasen).

20. Seltener bis über 10 cm breite Polster, meist dunkel- oder braungrün. Blätter feucht gerade, trocken anliegend. Bei wenigen (sehr seltenen) Arten trocken kraus. Kapsel elliptisch, mit abgerundeter, seltener etwas verjüngter Basis, sitzend, seltener gestielt. Haube glockig, meist schwach behaart.
.... **Orthotrichum** S. 464 ff.

20*. Meist um ein, selten bis 5 cm große, dunkle grüne Polster. Blätter feucht verbogen, trocken ± kraus. Kapsel gestielt, ± in den Stiel verjüngt, mit dicht behaarter Glockenhaube. An meist glatter Laubholzborke luftfeuchter Lagen. (*Ulota hutchinsiae* hat trocken straffe Blätter, ist ± selten und wächst an lichtem Silikatgestein).
...... **Ulota bruchii** und **U. crispa** S. 473 f.

19*. Haube kappenförmig, kahl. Kleinere, frischgrüne Polsterrasen mit trocken anliegenden (etwas einseitswenigen), spitzen, kaum 2 mm langen Blättern (reichlich Brutkörper). Sporogone bei uns meist fehlend. Kalkhold. An Borke und feuchtem Gestein (Mauern). ... **Zygodon viridissimus** S. 473

17*. Astmoose. In Decken oder Bäumchenrasen, zumindest trocken glänzend, kaum schrumpfend. Pflanzen oft ± reich verzweigt.

21. Blätter feucht und trocken ± angedrückt. (21* nach 27*)
22. Pflanzen 2 – 5 cm hoch, mit bäumchenartigen (aus Kriechstängeln entspringenden), aufrechten Seitenzweigen (einer kleinen Palme ähnlich). Sporogone selten, aber zu vielen. Seta glatt. In feuchten Wiesen und Wäldern auf Erde an feuchten Wegrändern. Seltener auch auf erdigen Mauern.
.... **Climacium dendroides** (vgl. auch .... *Thamnobryum* S. 497) S. 484
22*. Moose nicht bäumchenförmig.
23. Blätter meist mit deutlicher Rippe. Deckel (außer bei 25*) kegelig. (23* nach 25*)
24. Seta warzig. Meist kräftige Astmoose. Blätter ± längsfaltig. Blätter schmal-lanzettlich, allmählich in eine lange Spitze ausgezogen, auch trocken wenig abstehend, oft goldbraun. Kalkhold. Lichtliebend und trockenresistent. Auf Erde und Gestein (auch Mauern), seltener an Borke. . .**Homalothecium** S. 555
24*. Seta glatt. Blätter auch feucht ± angedrückt, eiförmig-lanzettlich. Stängel stielrund, wurmförmig. Meist kräftige Moose.
25. Blätter glatt, hohl, eiförmig oder eiförmig-lanzettlich. Deckel kegelig.
26. Blätter 2 – 3 mm lang, kurz gespitzt, wenig gesägt. Pflanzen bis um 5 cm lang, mit schräg abstehenden Zweigen, diese (1 –) 2 – 3 mm dick. Häufig mit Kapseln. Meist in größeren, grünen Bäumchenrasen. Basiphytisch. An Gestein und Baumbasen in Wäldern, seltener auf Erde. Besonders in Kalkgebieten.
.... **Isothecium alopecuroides** S. 552
26*. Pflanzen ähnlich, aber in allen Teilen zierlicher, mit langspitzigen, grob gezähnten Blättern. Seltener mit Kapseln. Kalkmeidend. Ziemlich verbreitet an Gestein und Borke.
.... **Isothecium myosuroides** S. 553
25*. Blätter schwach faltig, sonst sehr ähnlich der vorigen, aber außerdem unterschieden durch geschnäbelte Deckel und alleiniges Vorkommen im Kalkgebirge.
.... **Plasteurhynchium striatulum** .... (= *Eurhynchium str.*) S. 554
23*. Blätter ohne oder mit undeutlicher Rippe. Blätter auch feucht angedrückt.
27. Zierlichere Moose, Zweige ± fadenförmig und meist unter 1 mm dick. Blätter eiförmig, 1 mm lang oder kleiner, hohl. Gewöhnlich an Gestein und Borke.
28. Feucht grün und trocken graugrün. Stängel um 1 cm lang. Fast nur epiphytisch, der Borke dicht anliegend. Jetzt fast nur im höheren Gebirge. .**Pterigynandrum filiforme** S. 511
28*. Stängel blaugrün, trocken silberweiß, meist kürzer. Blätter breit dreieckig-oval, um 0,6 mm. Auf erdigem Gestein. Nur im höheren Kalkgebirge bzw. den Alpen. Selten tiefer. .... **Myurella julacea** S. 502
27*. Pflanzen kräftiger, (1 –) 2 – 3 mm dick, glänzend, Decken lockerer. Blätter um 1,2 mm lang. Vorwiegend auf Silikatgestein, besonders auf Blöcken. Vor allem in den höheren Gebirgen Süddeutschlands und den Alpen. Blätter eiförmig, ganzrandig, einer *Pseudoleskea* (und auch *Pterogonium*, s. unten, Nr. 30.) ähnlich, aber Blätter hohl und rippenlos. .... **Pterigynandrum filiforme** .... var. **majus** S. 511
21*. Blätter feucht schräg aufrecht (oder mehr) abstehend, aber trocken angedrückt und Stängel wurmförmig (21** nach 42*).
29. Blätter mit ± deutlicher Rippe (29* nach 39*).
30. Blätter nur mit Doppelrippe, etwas hohl, spitz eiförmig und oben gezähnt. Stängel um 1 (– 2) cm lang, die fingerförmig inserierten Zweige trocken gekrümmt, stumpflich, ± glänzend. Basiphytisch. Meist an trockenen Felsen, seltener an Baumwurzeln. Wärmeliebende Art der Tieflagen, fast nur in Westdeutschland. . .**Pterogonium gracile** S. 488
30*. Mit Hauptrippe und basal entspringenden („Springbrunnen"-artigen) Rippen. Stängel 3 – 5 cm lang oder länger, trocken Blätter angedrückt. Ein kräftiges, fiederig verzweigtes oft ausgedehnte Decken bildendes Moos mit geraden, trocken etwas struppigen Trieben. Stängel feucht rot durchscheinend. An der Blattspitze mit einem kurzen Haar mit zurückgebogenen Zähnen. Blätter mit umgebogenem Blattrand. In nebelreicher Südlage,

besonders in Blockmeeren. Heute fast nur noch im Gebirge, aber auch dort – außer in den Alpen – nur siedlungsfern und nur noch selten an Borke.
.... **Antitrichia curtipendula** S. 486
(**Antitrichia californica** ist eine südliche Art, die sich durch eine einfache Rippe unterscheidet. Nach Norden vereinzelt bis in die Südalpen.)

30**. Mit einfacher Rippe.

31. Moose mit Paraphyllien und entsprechend ± filzigem Stängel (Blätter abschaben! Paraphyllien haben auch einige rippenlose Pleurokarpe, z. B. das 33. etwas ähnliche *Hylocomium pyrenaicum*). Fast nur im höheren Gebirge und vor allem in der subalpinen und alpinen Region, auf Gestein offener Triften (*Lescuraea mutabilis* an Borke). (31* nach 32*)

32. Blätter längsfaltig, elliptisch-lanzettlich, gerade und lang gespitzt. (32* nach 34*)

33. Gelb- bis braungrün, etwas glänzend. Habituell *Homalothecium lutescens* sehr ähnlich. Blätter um 2 mm lang. Unregelmäßig oder unverzweigte, meist kräftige, bis um 5 cm lange Stängel. Meist steril. Im höheren Kalkgebirge. ..... **Ptychodium plicatum** S. 506
(Ebenfalls habituell ähnlich ist das rippenlose, ebenfalls tieffaltige, alpine **Orthothecium chryseum**.)

33*. Dunkelgrüne, an besonnten Standorten meist braungrüne Pflanzen in oft über handgroßen Decken, mit ca. 1,2 – 1,5 (– 2) mm langen Blättern.

34. In bis über handgroßen, dem Substrat angedrückten Decken aus ± fiedrigen Zweigen. Auf Borke im höheren Gebirge, besonders im Krummholz. **Lescuraea mutabilis** S. 507

34*. Sehr ähnlich der vorigen, aber u. a. unterschieden durch aufsteigende Beastung und Vorkommen auf sonnigen Silikatgesteins-Blöcken. Selten in Bayern, aber verbreitet in den Zentralalpen.
.... **Lescuraea saxicola** S. 510

32*. Blätter eiförmig, breit gespitzt, etwas einseitswendig. Auf meist sonnigem Kalk- bzw. kalk- oder basenreichem Gestein, vor allem Felsblöcken. Nur in den Alpen und im höheren Mittelgebirge. Der häufigste Vertreter der Gattung. . **Pseudoleskea incurvata** S. 510

31*. Stängel kahl und glatt. Trocken matt-grün, bräunlich bis schwärzlich, nicht glänzend, wenig verzweigt.

35. Zierliche, fädliche (mit unter 1 mm dicken Stängeln), unregelmäßig verzweigte, deckenbildende, dem Substrat angedrückte Moose auf Borke und Gestein. Blätter winzig, um 0,7 mm lang, gerade. (35* nach 37*)

36. Blätter ganz glatt. Pflanze feucht grün, trocken durch die Haarspitzen der grob gezähnten Blätter graugrün, glänzend. Stängel in kleinen Decken. Kapseln ca. 1 mm hoch, z. T. häufig, topfförmig, auf 3 mm langer Seta. Kalkmeidende, nur südlich der Alpen und an deren Fuß häufigere (sonst sehr seltene) Borken- und Felsmoose. .. **Fabronia** S. 503

36*. Blätter warzig, ganzrandig. Trockene Pflanzen dunkel- bis schwarzgrün, kaum glänzend. Kalkhold und meist an hellen, vorwiegend auch sonnigen Standorten. Meist ohne die (nie topfförmigen) Kapseln.

37. Decken nie mit Brutsprossen. Blätter breiteiförmig, ± in eine Spitze ausgezogen. An meist besonntem Kalkgestein oder an Mauern und Dächern.

38. Rippe bis Blattmitte (Zellen länglich, derbwandig). Meist viel zierlicher als *Pseudoleskea* (s. dort). Kaum an Mauern. Fehlt in der Ebene. **Pseudoleskeella catenulata** S. 513

38*. Habituell ähnlich, aber nur mikroskopisch sicher zu unterscheiden (Zellen isodiametrisch, dünnwandig und Rippe z. T. fehlend). Im Tiefland ökologisch gut charakterisiert: auf Dächern und an Mauern, so z. B. im Oberrheingebiet und in Südtirol. Beheimatet in den Hochalpen und hier an gleichen Standorten wie die vorige.
.... **Pseudoleskeella tectorum** S. 515

37*. Decken häufig mit den aufrechten Brutsprossen (*Platygyrium* ist rippenlos!). Sonst den vorigen Arten sehr ähnlich, unterscheidet sich aber auch durch die eiförmig-lanzettlichen Blätter mit langer Rippe. Vorwiegend an Borke, aber in den Alpen auch oft

an Gestein. In den höheren Gebirgen, vor allem in den Alpen, verbreitet. Sonst selten und ausgestorben.
.... **Pseudoleskeella nervosa** S. 514

35*. Kräftige, bis über 2 cm lange Moose mit 1 – 1,5 (–2) mm dicken Stängeln.

39. Moose trocken glanzlos (mikroskopisch glatt oder schwach papillös). (39* nach 41**)

40. Moose trocken matt bis schwach glänzend, meist olivgrüne, wenn gut entwickelt, fiederig verzweigte, 1 – 2 cm große Pflanzen mit etwas einseitswendigen, nur um 0,7 mm langen Blättern. Oft reichlich mit Sporogonen. Basiphytisch. Vor allem in Flusstälern an Borke und Ufergestein (auch zeitweise submers), seltener außerhalb. Ebene bis untere Gebirgslagen. **Leskea polycarpa** S. 505

40*. Moose trocken völlig glanzlos, dunkel-, gelb- oder hellgrün. (Mikroskopisch dicht papillös!). An basen- bis kalkreichen Standorten, an Gestein, wie an Borke (selten auf Erde). Vorwiegend an schattig-trockenen Plätzen. Zumindest im Kalkgebirge sehr verbreitet. Selten mit Kapseln.
.... **Anomodon** S. 515 f.

41. Mittelgroß und ähnlich 40 ± fiederig verzweigt, aber Blätter ca. 1,2 mm lang, breit zugespitzt (mit aufgesetztem Spitzchen). Besonders in Kalkgebieten.
.... **Anomodon attenuatus** S. 515
(Kümmerlichen Formen dieser Art gleicht *Haplohymenium triste*, eine sehr seltene Art der Südalpen. Sie ist ziemlich brüchig, hat zungenförmige, trocken angedrückte Blätter (und der Blattrand ist crenuliert).)

41*. Eine zierliche Kümmerform der vorigen ähnliche Art, aber mit lanzettlichen, fein zugespitzten, nur ca. 1 mm langen Blättern. Vorwiegend an schattigem, mindest kalkhaltigem Gestein (selten an Borke).
.... **Anomodon longifolius** S. 515

41**. Blätter aus eiförmigem Grund schmal zungenförmig und 2 – 2,5 mm lang. Ein robustes Moos in dichten, oft über 5 cm hohen Rasen mit dicht stehenden, aufrechten Ästen und deshalb eine akrokarpe Art vortäuschend.
.... **Anomodon viticulosus** S. 517
(**Anomodon rugelii** (ähnlich der vorigen, aber mit doppelschichtiger Lamina) und **Anomodon rostratus** (ähnlich 41*, aber mit Haarspitze) sind sehr seltene Gebirgsarten; nur hier.)

39*. Blätter nicht papillös, glatt, trocken glänzend.

29*. Blätter ohne Rippe (vgl. auch oben *Pseudoleskeella tectorum*).

42. Stängel unter 1 mm dick, unregelmäßig verzweigt, in kleinen grünen Decken. Kapseln oft häufig, ca. 1 mm hoch, schlank, aufrecht. Seta ca. 6 mm. Kalkhold. Nur noch in Süd- und Südwestdeutschland verbreitet, sonst selten. Meist an Borke.
.... **Amblystegium subtile** S. 536
(Ganz ähnlich, aber mit geneigten Kapseln ist das Kalkgesteinsmoos **Amblystegium confervoides** S. 538)

42*. Zweige dunkelgrün, trocken (1 –) 2 bis über 3 cm lang. Zweige aufwärts gekrümmt, spitzlich, bis 2 mm dick. Blätter längsfaltig, ganzrandig, länglich-lanzettlich. Öfter mit den struppigen „Brutblattzweigen“. Kapseln selten. An Laubholzborke, kalkreichem oder basischem Gestein. In Süddeutschland auch häufig an Alleebäumen. In Norddeutschland inzwischen insgesamt selten. Kalkhold.
.... **Leucodon sciuroides** S. 485
(*Leucodon* habituell ähnliches *Pterogonium* unterscheidet sich bereits durch gestutzte Astenden und büscheligen Wuchs. Wie hier sind auch bei *Cryphaea heteromalla* die Blätter hohl und nicht faltig. Die Zweige trocken grau, gekrümmt vom Substrat abstehend. Blätter spitzlich, mit Rippe. Kapseln sitzend. An Laubbäumen (selten Gestein) in tieferen Lagen, zuweilen an Mauern. Selten.)

21**. Blätter auch trocken nicht anliegend.

43. Blätter nicht faltig, bürstenartig abstehend bis angedrückt. An Borke oder morschem Holz, selten an Gestein. Kapseln zylindrisch aufrecht. Ziemlich verbreitete Arten, besonders an Borke.

44. Grünes bis oft goldgrünes, Formen von *Hypnum cupressiforme* oder einem kümmerlichen *Homalothecium* ähnliches Borkenmoos.

Oft an Apfelbäumen und Weiden (selten auch Kalkgestein), mit geraden, 1 – 1,5 mm langen, bürstenartig abstehenden Blättern. Brutsprosse fehlen, aber Sporogone häufig. .... **Pylaisia polyantha** S. 600

44*. Gewöhnlich braune oder braungrüne, dem Substrat angedrückte Decken mit meist zahlreichen, aufrechten, struppigen Brutsprösschen. Sporogone selten. An morschem Holz und saurer Borke, besonders Eichen und Buchen, aber auch an Weiden. Selten an Silikatgestein. .... **Platygyrium repens** S. 601

43*. Blätter faltig. Bräunlichgrüne bis rötliche, metallisch glänzende Kalkgebirgspflanzen auf feuchtem Kalkgestein. Vor allem im höheren Gebirge und den Alpen. Den Tieflagen fehlend. Blätter ohne Blattflügel (das kleinere *Orthothecium intricatum* hat keine längsfaltigen Blätter), um 3 mm lang. Sporogone selten. ... **Orthothecium rufescens** S. 586

16*. Kapsel geneigt bis waagerecht, oft gekrümmt. Immer auf langer Seta.

45. Seta warzig. Blätter gewöhnlich mit deutlicher Rippe. Meist kräftige Astmoose. (45* nach 51*)

46. Deckel kegelig. (46* nach 53*)

47. Blätter ± längsfaltig (schwach bei 46*). Unregelmäßig beastete, meist kräftigere, bis über 10 cm lange, reich verzweigte (über 1 mm dicke) Moose. (47* nach 49*)

48. Blätter schmal-lanzettlich, allmählich in eine lange Spitze ausgezogen, tief längsfaltig, trocken auch wenig abstehend, oft goldbraun. (Kapsel bei var. *fallax* ± aufrecht). Kalkhold. Lichtliebend und trockenresistent. Auf Erde und Gestein (auch Mauern), seltener an Borke. .... **Homalothecium lutescens** S. 556

48*. Blätter nur schwach längsfaltig, eiförmig-lanzettlich bis schmal lanzettlich, oft deutlich hohl. Grüne bis goldgrüne, weit verbreitete Moose. Blätter wenig oder nicht gezähnt, fein gespitzt. Stammblätter eiförmig-lanzettlich, bis über 3 mm lang.

49. Blätter nicht herablaufend. Oft mit Kapseln und vorwiegend auf Erde, Gestein und morschem Holz, seltener auf Borke. Häufiges Moos nährstoffreicher Standorte, besonders der Ruderalvegetation (auch in Mahdwiesen). ... **Brachythecium rutabulum** S. 559

49*. Blätter am Stängel deutlich herablaufend (Blattflügel aus scharf abgegrenzten wasserhellen Zellen). Meist steril. Im Fließwasserbereich verbreitet und in Sumpfwiesen. .... **Brachythecium rivulare** S. 561

47*. Blätter nicht faltig.

50. Seta meist warzig. Kleinere Moose mit glatten, oft kaum 1 mm langen, kaum langspitzigen Blättern. An ziemlich trockenen, schattigen Plätzen.

51. Goldgrün, mit etwas gekrümmten, abstehenden Blättern. Vorwiegend auf nicht zu nährstoffarmer Erde, häufig in Wäldern. Seta rau. .... **Brachythecium velutinum** S. 562

51*. Wie vorige, aber Seta glatt. Seltene südliche Sippe. ..... **Brachythecium velutinum** .... var. **salicinum** S. 563

50*. Seta nur oben rau.

52*. Ähnlich, aber meist braungrün, mit trocken straff anliegend Blättern (Rippe oft bis Spitze). Ein basiphytisches Gesteinsmoos trockener Lagen. .... **Brachythecium populeum** S. 563

52*. Kalkmeidendes Feuchtmoos, meist an Bachgestein, aber in luftfeuchter Lage auch z. B. an Borke vorkommend. Blätter wenig größer, 1,5 mm, etwas hohl und wie bei *Brachythecium velutinum* etwas einseitswendig. Rippe bis etwa zur Mitte. Seta nur oben rau. .... **Brachythecium plumosum** S. 562

45*. Seta glatt. Blätter auch feucht ± angedrückt, eiförmig-lanzettlich. Stängel stielrund, wurmförmig. Meist (außer *Brachythecium albicans*) kräftige Moose.

53. Blätter meist mit deutlicher bis kräftiger Rippe. (53* nach 54*)

54. Unregelmäßig beastet. Blätter gut gerippt, fein zugespitzt, deutlich bis stark längsfaltig. (54* nach 57*)

55. Kräftige Moose, mit 2 (– 3) mm dicken Stängeln. Blätter (2 –) 3 – 4 mm. Seta glatt.

56. Sumpfmoos mit braunem Stängelfilz. Blätter schmal-lanzettlich, allmählich in eine

lange Spitze ausgezogen, bis 4 mm lang, tief längsfaltig, trocken auch wenig abstehend. Aufrecht stehende Stängel in dichten Rasen oder zwischen anderen Moosen.
.... **Tomenthypnum** S. 558

56*. Auf Erde und Gestein, nie in Sümpfen. Blätter plötzlich in ein hyalines Haar verjüngt, maximal 4 mm lang. Außer mit *Cirriphyllum tommasinii* auch mit bleichem *Brachythecium rutabulum* zu verwechseln. Auf feuchtschattigem, meist kalkhaltigem Substrat. Zerstreut.
.... **Brachythecium glareosum** S. 568

55*. Blätter allmählich in eine dünne Spitze ausgezogen, kleiner, nur bis 3 mm lang. Stängel 1 – 2 mm dick.

57. Blätter bis 3 mm, z. T. etwas gekrümmt. Basiphytisch, bodenvag, trockenresistenter. Mehr ruderal verbreitet.
.... **Brachythecium salebrosum** S. 565

57*. Blätter etwas hohl und wenig faltig, Haarspitze kurz. Zweige wurmförmig, meist niederliegend, dichtrasig, meist um 2 cm lang, trocken gelbgrün. Oft in größeren Decken. Kalkmeidendes, meist steriles Moos sonnigtrockener Plätze. So besonders an sandigen Wegsäumen und in Heiden verbreitet. Auch auf Mauern.
.... **Brachythecium albicans** S. 568

54* Stängel grün, einfach und regelmäßig fiederig, bis über 5 cm lang. Blätter ± hohl und glatt bis kaum faltig, ± ganzrandig, ohne Haarspitze sowie die Rippe schwach entwickelt. Kapseln sehr selten. Häufiges, dem Substrat locker aufliegendes Deckenmoos. Neutrophytisch. Auf humosen Böden, an grasigen Böschungen usw. An Sekundärstandorten.
.... **Scleropodium purum** S. 568

53*. Habituell ähnlich **Scleropodium**, aber unterschieden durch einen rotbraun durchscheinenden Stängel und rippenlose, abgerundete Blätter ist **Pleurozium** S. 618.

46*. Deckel geschnäbelt.

58. Deckel lang geschnäbelt. Blätter mit Rippe. (58* nach 67*)

59. Blätter mit (z. T. schwacher) Rippe. Winzige Moose mit lineal-lanzettlichen, in eine feine Spitze verlängerten, kaum angedrückten, nur etwa 0,7 mm langen, ± ganzrandigen Blättern. Kapsel geneigt, kurz oval (ca. 1 mm) auf 6 – 7 mm langer, glatter Seta. An Kalkgestein, besonders auch Kalkmörtel trockener Mauernischen, seltener auf Erde. Vor allem in Süddeutschland.
.... **Rhynchostegiella tenella** S. 575
(Leicht mit Kümmerformen von *Homalothecium sericeum* (S. 555) zu verwechseln.)

59*. Blätter nie alle lineal-lanzettlich, größer, gezähnt.

60. Blätter feucht ± anliegend. Größere, oft kräftige Moose. Pflanzen mit ± hohlen, bis 2 mm langen, glatten Blättern, auch feucht anliegend. Kapseln ± waagerecht. (60* nach 63*)

61. Blätter plötzlich in ein langes Haar verjüngt. Seta rau. Stängelgipfel mit mehreren pinselförmigen, spreizenden Haaren.
.... **Cirriphyllum** S. 571 ff.

62. Einfach gefiedert. Habituell *Scleropodium purum* ähnlich. Nährstoffliebend. Nicht selten an Wegböschungen, in Parkwiesen u. Ä. .... **Cirriphyllum piliferum** S. 571

62*. Büschelig verzweigt ist hingegen das für beschattete Kalkblockhalden typische Gebirgsmoos **Cirriphyllum tommasinii**. S. 571 (Wenn kaum verzweigte Moose unter 1 mm dicke, wurmförmige Stängel haben, wären auch *Myurella* (fast nur im Hochgebirge; S. 502) und *Pterigynandrum* (S. 511) zu vergleichen.)

61*. Mittelgroße, um 1 – 2 cm lange, niederliegende, haftende Moose. Mit viel kleineren und bis 2 mm langen, spitzen bis abgerundeten Blättern.

63. Blätter eiförmig, meist abgerundet, Rippe manchmal fehlend (dann mit *Hygrohypnum* (S. 544) vergleichen). Stängel grün, ± abgeflacht-wurmförmig, 1 – 2 cm lang, wenig verzweigt, dem Substrat angedrückt. Seta glatt. Häufig. An feuchtem Kalkgestein sowie Mauern verbreitet.
.... **Rhynchostegium murale** S. 573

63*. Blätter eiförmig bis breitlanzettlich, spitz, wenig hohl. Pflanzen z. T. braungrün, in meist bis zu handtellergroßen Decken. Basiphytisch. In Westdeutschland nicht selten. Gesteinsmoos, besonders an Mauern und Bachsteinen.
...... **Rhynchostegium confertum** S. 575

60*. Blätter aufrecht abstehend. Seta meist warzig-rau (außer 66*).

64. Wenigstens die Stängelblätter ± faltig, um 2 mm lang. Pflanzen in ± deutlichen Bäumchenrasen oder Decken. Kräftige, 1 – 5 cm lange, ± fiederige Pflanzen in größeren Beständen auf reicheren, feuchteren Waldböden..... **Eurhynchium striatum** agg. S. 578 (Sehr ähnlich, aber ohne Rippe und meist auf Gestein in Blockhalden, in der Ebene sehr selten. ...**Hylocomium brevirostre** S. 621)

64*. Blätter glatt. Stängelblätter bis 1,5 mm. Astblätter oft nur 0,5 mm lang.

65. Zweige ± deutlich fiederig, mit glatten, dreieckigen Stängelblättern. Astblätter viel kleiner, lanzettlich.

66. Stängel um 3 – 4 cm lang. Stängelblätter um 1,5 mm, feinspitzig. Kalkmeidend, auf feuchten Böden. Meist häufig, aber den Alpen wohl fehlend.
.... **Eurhynchium praelongum** S. 580

66*. Kleiner und zierlich. Stängelblätter um 1 mm lang. Astblätter mit stumpflicher Spitze. Seta glatt. Nur im Gebirge öfter. Formenreich.
..... **Eurhynchiastrum pulchellum** S. 580

65*. Stängel- und Astblätter gleich. Unregelmäßig verzweigt. Kräftigere, 2 – 3 cm lange Stängel. Stängelblätter um 1 mm lang.

67. Matt schmutziggrüne Moose. Astblätter mit gerader Spitze. Nährstoffliebend. Vor allem an lichten, ruderalen Plätzen.
.... **Eurhynchium hians** S. 581 (Ähnlich, aber in allen Teilen kleiner ist **Eurhynchium pumilum**, eine wärmeliebende Art, vor allem auf Löß- und Kalkböden (nur hier)).

67*. Grüne, schwachglänzende, ähnliche Moose. Astblätter mit gedrehter Spitze. Calciphytisch. . **Eurhynchium schleicheri** S. 581

58*. Deckel kurz geschnäbelt. Blätter nicht deutlich hohl, schräg oder aufrecht abstehend.

68. Blätter ohne Rippe. Blätter nicht faltig. (68* nach 71*)

69. Blätter ± sichelig, auch länger und lang zugespitzt.

70. Meist kräftige, 2 – 3 mm breite und bis über 5 cm lange, oft etwas gefiederte Moose. Stängel nie rotbraun. An Borke, morschem Holz und Gestein oder auf Erde (dazu vgl. *Hypnum cupressiforme*, *Hypnum jutlandicum* und *Hypnum lindbergii*). **Hypnum** S. 602 ff.

70*. Zierliche, kaum 1 cm lange Stängel und mit unter 0,5 mm langen Blättern haben Kalkgesteinsarten wie **Hypnum recurvatum** und **Hypnum sauteri** mit stark sicheligen sowie *Homomallium incurvatum* mit kaum gekrümmten Blättern. .... S. 607

69*. Stängel nur bis um 1 cm lang, lockerer beblättert, kaum verflacht. Blätter eiförmig zugespitzt, etwas hohl, mit kurzer, unscheinbarer Rippe. Auf reicheren Waldböden oft in ausgedehnten Beständen, besonders an Böschungen. Vor allem im Bergland.
.... **Plagiothecium cavifolium** S. 591

69**. Blätter gerade (vgl. aber auch *Hypnum cupressiforme* S. 602).

71. Pflanzen doppelt gefiedert, trocken etwas glänzend, mit rotbraunem Stängel. Zweige oft über 5 cm lang, Etagen bildend. Blätter anliegend. Auf Humus in Wäldern.
.... **Hylocomium splendens** S. 619

71*. Blätter trocken und feucht ± schräg abstehend, selten ± hohl, immer lanzettlich, fein zugespitzt.

68*. Wenigstens die Stängelblätter ± faltig, Pflanzen ± büschelig verzweigt, in ± deutlichen Bäumchenrasen oder Decken. Meist auf Gestein in Blockhalden, in der Ebene sehr selten.
.... **Hylocomium brevirostre** S. 621 (Ähnlich, (aber mit gerippten Stängelblättern,) ist **Eurhynchium striatum** S. 578.)

Weitere, gewöhnlich nur sterile Arten sind im folgenden Bestimmungsschlüssel für Laubmoose ohne Sporogone verarbeitet.

2. Bestimmungsschlüssel für Laubmoose ohne Sporenkapseln

A. Für aufrechte (akrokarpe) Laubmoose

(zur Unterscheidung der pleurokarpen Moose vgl. S. 21 im Heft, S. 68 im Buch den „Bestimmungsschlüssel für Laubmoose mit Sporenkapseln“)

1. Trocken weißliche, aber feucht hellgrüne, sonst auch braune, gelbliche oder rote Polster oder -rasen. Pflanzen kräftig, meist über 5 cm lang und über 1 cm breit (Blätter mit chlorophyllhaltigen Grünzellen und mit Wasserzellen mit Poren). Immer kalkmeidend. Auf vernässten, rohhumusreichen Böden.

2. Pflanzen einfach oder gabelig verzweigt, in kleineren bis über 30 cm breiten, dichten Polstern oder auch als Polsterrasen in Wäldern, Heiden oder Mooren. Blätter mit sehr breiter (Wasserzellen enthaltender) Rippe und schmaler, durchscheinender, ± kapuzenförmiger Lamina, mindestens 3 – 5 mm lang, schmal-lanzettlich verjüngt. Pflanzen grün bzw. weißlich-grün. Auf feuchtem Rohhumus, Torf, an Silikatgestein oder auch an Baumbasen. .... **Leucobryum** S. 344 ff.

2*. Pflanzen an offenen Plätzen oft rot überlaufen, bräunlich oder gelbgrün. Im Schatten feucht grün, trocken weißlich bzw. farbig. Stängel mit kurzen bis sehr kurzen Kopfästen (oft edelweißähnliche Köpfchen bildend) und dünneren, verkürzten, büscheligen Seitenästen. Blätter unter 2 mm lang, hohl, durchscheinend, rippenlos, die Grünzellen ein deutliches Netzwerk bildend. Auf Feuchtstandorten in nassen Wäldern, auf Rohhumus und besonders in Mooren (auch submers), seltener über Rohhumus auf Gestein. .... **Sphagnum** S. 252 ff.

1*. Pflanzen mit anderer Merkmalskombination. Nie mit besonderen Wasserzellen.

3. Blätter echt und streng zweizeilig. (3* nach 7*)

4. Blätter ohne Rippe, spitz, nicht bis zum Stängel eingeschnitten. Hell matt-bläulichgrüne, nur um 3 mm hohe Rasen. Im Tiefschatten oft mit smaragdgrün reflektierendem Vorkeim. Kalkmeidend. Fehlt in der Ebene. In Höhlungen, unter Baumwurzeln und an anderen feuchten, geschützten Standorten in Wäldern und Blockhalden. .... **Schistostega pennata** S. 416 (Echt zweizeilig sind auch die beblätterten Lebermoose (siehe S. 61), diese haben aber nie einfache und zugleich spitze Blätter.)

4*. Blätter mit deutlicher Rippe.

5. Blätter (bis 3-mal so lang wie breit) mit Rippe und aufliegendem kleinen Lappen (Flügel) von 1/3 – 2/3 der Blattlänge. Meist 2 bis über 20 mm große, gelblich- bis dunkelgrüne Rasen auf Erde oder Gestein (meist zumindest basiphytisch), auch submers. .... **Fissidens** S. 294 ff.

5* Ähnlich ist ein Wassermoos mit linealischen Blättern und nur 1/3 so langen Flügellappen. .... **Octodiceras** S. 302

5**. Blätter nie mit solchen Flügellappen.

6. Blätter borstlich, mit weißer Blattscheide (Blatt abtrennen!). ..... **Distichium** S. 338

6*. Blätter breiter, lanzettlich bis länglich-lanzettlich, gezähnt, meist gesäumt, 2 – 5 mm lange Schattenform von .... **Mnium** spec. S. 443 ff.

6**. Blätter elliptisch oder elliptisch-lanzettlich, gesäumt. Feuchtmoose.

7. Pflanzen braungrün. Blätter ± abgerundet, ganzrandig. .... **Rhizomnium** S. 447

7*. Pflanzen frisch- bis dunkelgrün. Blätter meist zugespitzt, ± deutlich gezähnt. Stängel oft nackt. .... **Plagiomnium** S. 448 ff.

3*. Blätter spiralig 3- bis vielzeilig. Stängel bzw. Zweige rundum bis abgeflacht, höchstens scheinbar 2-zeilig beblättert.

8. Pflanzen 3-zeilig beblättert. Kalkstet.

9. Sumpfmoos in 1 – 3 cm hohen Rasen. Stängel frischgrün, sparrig beblättert, aufrecht. Sehr selten. .... **Meesia triquetra** S. 456

9*. Feuchtmoos tiefschattiger Kalkfelsen. Pflanzen in Herden, nur wenige mm hoch. Selten im Mittelgebirge, zerstreut in den Alpen. *Seligeria trifaria* agg. (nur hier).

8*. Stängel rundum mehrzeilig beblättert. Blätter nie echt zweizeilig.

10. Blattrippe mit oberseitigen (mit der Lupe als feine Längsstreifung sichtbaren) Lamellen. (10* nach 20*)
11. Winzige, etwa 2 – 4 mm breite Rosetten. Kalkholde Herdenmoose offenerdiger Plätze. Rippe kaum verbreitert, mit niedrigen Lamellen oder Zellfäden.
12. Kaum über 2 mm breite Rosetten. Blätter schalenförmig, mit Glashaar, oben mit wenigen, niedrigen Lamellen. Meist mit Kapseln. An sonnig-trockenen Standorten. .... **Pterygoneurum** S. 371 f.
12*. Blätter mit eingebogenem Rand, die 2 – 4 mm breiten Rosetten dunkelgrün, glänzend, einer kleinen *Aloe* ähnlich. Auf der oben breiteren Rippe dicht mit aufrechten Zellfäden besetzt (Querschnitt!). Z. T. steril. Trockenere bis feuchtere Standorte. .... **Aloina** S. 373 ff.
11*. Moose immer viel größer, mindestens 3 – 5 mm, meist aber 1 cm oder viel höher. Rippe z. T. die ganze Blattbreite einnehmend. Blätter feucht ± abstehend bis schräg aufrecht. Kalkmeidend.
13. Blätter glänzend dunkelgrün, oben rinnig, fast stumpflich. Die Rippe mit wellenförmigen Lamellen und der Blattrand feucht oben eingebogen. Blätter trocken verbogen. Pflanzen in bis fast 5 mm breiten Rosetten, in niedrigen Rasen oder Herden, meist kaum 1 cm hoch. Besonders auf und an feuchteren Wegen. Vorwiegend im Gebirge. In der Ebene selten. .. **Oligotrichum hercynicum** S. 278
13*. Ähnlich, aber u. a. durch gerade Lamellen unterschieden, ist **Polytrichum sexangulare** (S. 279), ein Charaktermoos alpiner Quellfluren.
13**. Mit anderer Merkmalskombination (immer mit geraden Lamellen).
14. Blätter mit durchscheinender, flachrandiger, oft welliger Lamina, mit gezähntem Rand. Rippe ± dünn (höchstens 1/3 der Blattbreite), mit wenige Zellen hohen Lamellen-Streifen. Blätter trocken ± kraus. ... **Atrichum** S. 275 Wellige Blätter hat das sehr häufige **Atrichum undulatum.** Glattblättrig sind die kleineren und seltenen Arten **A. angustatum** und **A. tenellum**. .... S. 278 ff.
14*. Blätter derb, fleischig, nicht durchscheinend, mit Scheidenteil. Rippe fast die ganze Blattbreite einnehmend, es verbleibt nur ein schmaler Lamina-Rand.
15. Blätter feucht flach, nicht glänzend, gezähnelt, Rippe höchstens kurz austretend. (15* nach 18**)
16. Rosetten niedrig, matt dunkelgrün, meist kaum 1 cm hoch. In Herden oder lockeren Rasen. Mit lang ausdauerndem dunkelgrünem Vorkeim-Teppich. Nur auf offenerdigen, wenig feuchten Magerstandorten, besonders an Waldböschungen. .... **Pogonatum aloides** und .... **Pogonatum nanum** S. 280/282 f.
16*. Meist kräftige, gewöhnlich über (1 –) 2 cm (bis über 10 cm) hohe Moose. Besonders in Wäldern (vgl. aber 21).
17. Blätter feucht graugrün, z. T. gabelig verzweigt, ca. 1 – 5 cm hoch. Auf anlehmigen Mineralböden offener Standorte, z. B. auf Wegen. Im Silikatgebirge verbreitet, seltener in der Ebene. **Pogonatum urnigerum** S. 282
17*. Blätter feucht matt dunkelgrün, außer als Jugendform mindestens 2, häufig bis 10 cm und höher. Nie gabelig verzweigt. Besonders auf Rohhumus, auch über Gestein und auf morschem Holz.
18. Stängel unten etwas filzig. Habitus „mehr grob". (Lamellenendzellen abgerundet.) Oft bis 10 cm hohes, häufiges Waldmoos feuchter bis ziemlich trockener Lagen. .... **Polytrichum formosum** S. 286
18*. Stängel auch unten kahl. Bis über 30 cm hohe Rasen von „graziler Erscheinung". Mit schmaleren, waagerecht abstehenden bis zurück gebogenen, um 1 cm langen Blättern. In Sümpfen, Flachmooren und Nasswiesen. Oft noch ziemlich verbreitet. .... **Polytrichum commune** agg. S. 287
18**. Von ähnlicher Erscheinung (aber Lamellenendzellen abgerundet), Blätter etwas kürzer. Mit walzlichen Kapseln. An feuchten Waldböschungen und in Blockhalden. Die Art ist in den höheren Mittelgebirgen selten,

aber ziemlich verbreitet in den Alpen. . . . . .
. . . . **Polytrichum alpinum** S. 283

15*. Blätter glänzend (blau-)grün, durch die auch feucht relativ breit eingebogenen Blattspreitenränder anscheinend ganzrandig. Rippe als gezähnter, roter Stachel oder weißes Haar austretend.

19. Rippe als langes, meist weißes Glashaar aus der stumpflichen Blattspitze austretend. An sonnigen Plätzen auf Mineralböden, z. B. in Sandheiden. **Polytrichum piliferum** S. 289

19*. Rippe als gezähnter, roter Stachel austretend. Blätter allmählich verjüngt.

20. Blätter spreizend, um 1 cm lang. An sonnigen Plätzen auf Mineralböden.
. . . . **Polytrichum juniperinum** S. 290
Beide vorgenannten Arten sind außerhalb der Kalkgebiete ziemlich häufig.

20*. Ähnlich der vorigen, aber ausgezeichnet durch Stängelfilz und kürzere, um 5 mm lange, spitzwinklig inserierte Blätter. Seltener. Nur in Mooren, besonders auf trockenfallendem, sowie auf alpinem Humus . . . .
. . . . **Polytrichum strictum** S. 291

10*. Blattrippe oberseits ohne Lamellen (nicht gestreift). Akro- und pleurokarpe Moose. Pflanzen spiralig mehrzeilig beblättert.

21. Pflanzen vegetativ habituell in *Polytrichrum formosum* ähnlichen Beständen. Blätter auch scheidig, grob gezähnt, aber ohne Lamellen auf der Rippe. Gebirgsarten, insbesondere der Alpen. Meist an schattig-feuchten Plätzen. . . . . **Timmia** (nur hier + 93)

21*. Moose gewöhnlich von ganz anderer Erscheinung als die vorigen Arten.

22. Moose mit auffälligen Brutorganen und (bereits mit der Lupe erkennbaren) Brutkörpern. (22* nach 36*)

23. Am Ende aufrechter Triebe mit sitzenden oder gestielten Brutköpfchen bzw. Brutbechern. (23* nach 27*)

24. Blätter mit winzigen Glashaarspitzen. Stängelspitzen mit rotbraunen Brutkörperhäufchen (Lupe!) aus maulbeerartigen Brutkörpern. Auf Silikatfelsblöcken, besonders vulkanischem Gestein in Bergwäldern.
. . . . **Grimmia hartmanii** S. 393

24*. Blätter ohne Glashaarspitzen. Brutköpfchen an 0,5 – 1 cm langen Trieben mit gelbgrünen oder grünlichen Brutkörpern.

25. Akrokarpe Moose. Brutkörper an der Spitze aufrechter Stängel.

26. Zumindest an den Stängelspitzen matt (Blattzellen mamillös!), hellgrün, angetrocknet oft gelbgrün. Blätter ± lanzettlich. In dichten Rasen oder Polstern. Auf morschem Holz, seltener an Silikatgestein usw.
. . . . **Aulacomnium androgynum** S. 455
(Das meist über 2 cm hohe, viel kräftigere Sumpfmoos *Aulacomnium palustre* entwickelt teilweise seitliche Brutzweige.)

26*. Pflanzen ähnlich, aber dunkelgrün, schwach glänzend. Die bis 1 cm hohen, lockeren Rasen innen oft bräunlich. Blätter eiförmig zugespitzt. Oft mit Brutbechern aus schüsselförmig angeordneten Blättern, seltener nur Brutköpfchen. Auf ähnlichen Substraten, aber nie auf Sumpfboden.
. . . . **Tetraphis pellucida** S. 292

25*. Astmoose: bräunlichgrüne, kleinere Arten. Die gerade-aufrechten kleinen Brutsprosse, an deren Ende winzige Brutblättchen sitzen, entspringen dem Rücken der niederliegenden Zweige.

27. Blätter etwas glänzend. Habituell einem kleinen *Hypnum cupressiforme* ähnlich. An saurer Borke, seltener an Silikatgestein, ziemlich verbreitet. . . . **Platygyrium** S. 601

27*. Glanzloses Moos. Habituell einem *Amblystegium* ähnelnd. Jetzt wohl nur noch im Gebirge und dort in höheren Lagen nicht selten, an Borke und auch an Kalkstein.
. . . . **Pseudoleskeella nervosa** S. 514

23*. Brutkörper nicht zu endständigen Köpfchen angehäuft.

28. Ein- bis mehrzellige Brutkörper (wenn vielzellige Blatt- oder Stängelteile, s. 28* nach 32*).

29. Niedrige (kaum 1 – 2 cm hohe) herdenbildende, in Rasen oder Polsterrasen wachsende Erdbewohner, seltener. (29* nach 30*)

30. Auch oder nur mit unterirdischen Brutknöllchen (Rhizoidgemmen). Kaum über 1 cm hohe Moose, fast nur auf Erde.

31. Blätter lineal bis pfriemlich. Knöllchen winzig, wie die Rhizoiden lila. *Dicranella heteromalla*-ähnliche Rasen bildend. .... **Leptobryum** S. 429

31*. Blätter breitlanzettlich. Mit himbeerartigen, bis über 0,2 mm großen, roten Brutkörpern (Lupe!), sowohl in den Blattachseln der bis um 1 cm hohen Pflanzen, wie an den Rhizoiden. Blätter breit-lanzettlich, grün bis braungrün. Auf feuchten Wegen und anderen ruderalen Standorten. .... **Bryum rubens** S. 428 (Weitere Verwandte (*Bryum erythrocarpum* agg.) entwickeln nur Rhizoidgemmen.)

30*. Brutorgane nur an oberirdischen Organen. Mit anderen und anders inserierten, kleinen Brutkörpern. Moose mit Büscheln von Brutfäden oder fädigen Brutsprossen auch in den Blattachseln. Moose verschiedener Substrate. An Borke und auf Rohhumus **Bryum subelegans** S. 422, nur auf dauerfeuchter Erde z. T. bei **Pohlia annotina** agg. S. 435, an morschem Holz **Dicranum flagellare** (S. 312), auf magerem Waldboden **Pseudotaxiphyllum elegans** (S. 595) sowie an (meist) kalkhaltigem Gestein und auf Erde **Encalypta streptocarpa** (S. 346).

29*. Nicht erdbewohnende Arten. Meist Brutkörper wenigzellig, an den Blättern gebildet. Moose in meist kleinen Polstern oder Polsterrasen, an Borke, seltener an Gestein.

32. Die kleinen Brutkörper sind mindestens mit der Lupe gut sichtbar.

33. Ein bis über 3 cm große, rasig wachsende (trocken *Leucodon* ähnliche) Pflanzen. An den bis um 5 mm langen Blättern wenigzellige, aber gut sichtbare, längliche Brutkörper. Die Blätter wirken durch den Brutfädenbesatz oft wie rostig behaart. An Borke ziemlich verbreitet, aber in der Ebene meist selten. .... **Orthotrichum lyellii** S. 471

33*. Pflanzen feucht in kleinen Rosetten (2 – 4 mm breit). Polster an freistehenden Laubbäumen (selten auch Gestein). Blätter mit eingebogenem Rand, kurzer Haarspitze und auf der Rippe der bis um 5 mm langen Blätter ein reicher Besatz kugeliger Brutkörper, der dort eine schwammige Masse bildet. .... **Syntrichia papillosa** S. 384. Auf der Blattfläche zerstreute Brutkörper hat hingegen die breitblättrige .... **Syntrichia latifolia** S. 381.

32*. Blätter ohne auffällige Brutorgane, bzw. mit nur mikroskopisch sichtbaren ein- oder wenigzelligen Brutkörpern ausgestattet sind z. B. **Dicranoweissia cirrata** S. 319, **Didymodon rigidulus** S. 358, **Grimmia trichophylla** S. 390, sowie einige Arten der Gattung **Orthotrichum** S. 464 und alle **Zygodon**-Arten S. 473.

28*. Moose mit vegetativer Ausbreitung durch abfallende Stängel- und Blattteile.

34. Mit axillären Brutknospen oder -knöllchen (vgl. auch 23*).

35. Mit axillären, winzigen, ± kugeligen Brutknospen. Aus den Blattachseln ± anliegender Blätter der bis über 0,5 cm hohen Stängel hervorquellend. So bei **Anomobryum concinnatum** S. 439 (auch an nassem Gestein), **Bryum bicolor** agg., **Bryum gemmiparum** und **Bryum argenteum** fo. S. 428/425/427 (sowie *Pohlia bulbifera und Pohlia filum*).

35*. Pflanzen mit in den Blattachseln gebildeten, herausfallenden, kurzblättrigen schlanken Brutknospen (besser -zweigen). Fast immer auf Rohhumus und morschem Holz. Vgl. **Campylopus flexuosus** und **Campylopus introflexus** S. 315/316, **Dicranum scoparium** S. 304, **Leucobryum** S. 344 ff. sowie auch **Pohlia nutans** mod. **saltans** S. 434 und **Pohlia annotina** agg. S. 435 sowie **Pseudotaxiphyllum elegans** S. 595. Deren „mod. *nana*" könnte man auch für eine Akrokarpe halten.

34*. Pflanzen mit brüchigen Blättern oder Blattspitzen und abbrechenden Brutblättern.

36. Leicht abfallende Brutblätter haben die dickrippigen, einseitswendig beblätterten, kalkmeidenden, 0,5 bis mehrere cm hohen, Rohhumus, morsches Holz und Silikatgestein bewohnenden Moose **Dicranodontium denudatum** S. 318, **Campylopus fragilis**

und **C. pyriformis** S. 316 sowie **Dicranum montanum** S. 312.

36*. Durch leicht ab- und zerbrechende Blätter bzw. Blattspitzen sind u. a. **Dicranum tauricum, D. viride** und **D. montanum** S. 311/312 f., **Tortella fragilis** (vgl. Smith) S. 352 sowie **Oxystegus tenuirostris** S. 353 und nicht selten auch **Tortella tortuosa** (fo. *fragilifolia*) ausgezeichnet (S. 350).

22*. Gewöhnlich ganz ohne Brutkörperbildungen.

37. Blätter wenigstens feucht abstehend, selten auch zurückgebogen. Glashaare fehlend. (37* nach 47*)

38. Die Stängelblätter auch trocken abstehend bis zurückgebogen.

39. Bis über 2 cm hohe, basi- bis calciphytische, seltene Sumpfmoose: Siehe **Paludella** (mit fast dreieckigen Blättern, S. 456) und **Meesia triquetra** (Blätter lanzettlich, S. 456).

39*. Bis kaum 3 mm hohe, winzige, einzeln bis in lockeren Räschen wachsende Erdmoose mit (rau) borstlichen, trocken wenig verbogenen Blättern. Sporogone selten. Feuchteliebendes Ruderalmoos.
.... **Ditrichum cylindricum**
.... (= Trichodon c.) S. 337

38*. Die Stängelblätter nur feucht sparrig abstehend bis zurückgebogen.

40. Moose in Polstern oder Rasen (Blätter glatt oder papillös) (40* nach 45*).

41. Kräftige Moose in (1 –) 2 cm bis um 5 cm tiefen Rasen oder Polstern. Blätter fast immer undurchsichtig. An nassen Standorten (41* nach 44*).

42. Kalkmeidende Arten, fast nur im Gebirge.

43. Ein oft üppiges Sumpfmoos in 2 cm bis über 5 cm tiefen, glänzend-hellgrünen Rasen. Blätter lanzettlich. In kalten Quellmooren und Sümpfen der Silikatgebirge. Selten in der Ebene. .... **Dicranella palustris** S. 325

43*. Polstermoos aus 2 – 3 mm breiten, dunkelgrünen (abgestorben gelbbraunen) Pflanzen mit feucht glänzenden, gekrümmten (ganzrandigen, fein-papillösen) Blättern. Oft mehr als handgroße (auch ausgedehnte), 2 – 10 cm tiefe Polster an dauerfeuchten, oft überrieselten, basenreichen Silikatfelsen bildend. In den Silikatgebirgen ziemlich verbreitet.
.... **Amphidium mougeotii** S. 329

42*. Calciphytisch. Blätter nicht glänzend.

44. Blätter lineal-lanzettlich. Habituell, wie auch seine rein alpinen Verwandten, *Amphidium* ähnlich, aber in hellgrünen Polstern und nur mikroskopisch sicher zu erkennen. Eine seltene, kalkholde Art der höheren Mittelgebirge und Alpen.
.... **Anoectangium aestivum** S. 331

44*. Blätter eiförmig-lanzettlich bis zungenförmig, trüb grün. In viel kleineren Kurzrasen oder Polsterrasen. An meist nassen Standorten, auch auf Erde. *Didymodon tophaceus* und *D. spadiceus*: vergl Hinweis S. 358

41*. Moose an trockenen bis feuchten Plätzen. Wenn kalkmeidend nicht an nassem Gestein. Weniger kräftige, um 1 cm hohe polsterige Arten mit 3 – 5 mm langen Blättern.

45. Erd- und Mauermoose, meist mit Kapseln. Blätter ± spitz. An trockenen Plätzen.

46. Stachelspitzige, 6 – 7 mm lange Blätter hat das kalkholde Waldbodenmoos
.... **Tortula subulata** S. 378

46*. Durch kaum bespitzte, oben dickrippige, nur 2 mm lange, trocken gedrehte Blätter ist *Tortula atrovirens*, ein Mauermoos der westdeutschen Weinbaugebiete, ausgezeichnet. (nur hier)

45*. Blätter z. T. stumpflich. Feuchtmoos.
.... **Didymodon tophaceus** (nur hier)

40*. Herdenmoose oder auch als Kurzrasen. Selten über 10 mm hoch, ziemlich verbreitet.

47. Blätter spitz (selten stumpflich) und ± kalkholde Arten an offenerdigen Standorten, so z. B. auf Wegen.

48. Auf feuchten, erdigen, auch kalkarmen, oft ruderalen Plätzen. Blätter glatt, lineallanzettlich (das ähnliche *Ditrichum cylindricum* hat Borstblätter) und trocken kraus.
.... **Dicranella schreberiana** S. 323
(Etwas ähnlich ist auch *Dichodontium*. Seine Arten haben aber breitere, kräftig gezähnte (mamillose) Blätter und wachsen fast nur an

überrieseltem Ufergestein. In süddeutschen Gebirgen verbreitet, sonst selten.)

48*. Längerfristig trockene, kalkhaltige Standorte besiedeln die **Didymodon**-Arten (S. 356). Blätter grün bis bräunlich, feucht abstehend bis kurvig und lanzettlich-spitz (papillös), trocken angedrückt. Bei **Didymodon vinealis** var. **flaccida** sind die abstehenden Blätter kraus. S. 356.

47*. Blätter zungenförmig, feucht hell- bis dunkelgrün, trocken bräunlich, in niedrigen, 3 – 4 mm breiten Rosetten. An offenen, kalkfreien Böschungen (besonders in Laubwäldern), öfter mit *Pogonatum aloides*. In der Ebene sehr selten.
.... **Diphyscium foliosum** S. 271

37*. Blätter feucht nicht sparrig abstehend, auch anliegend.

50. Blätter feucht immer (außer z. T. bei 69 – 69**) ± schräg abstehend bis höchstens trocken anliegend (50* nach 79*)

51. Blätter meist gerade (51* nach 72**).

52. Blätter in ein kurzes bis längeres Glashaar auslaufend. (52* nach 54**; vgl. auch 80*)

53. Feucht dunkelgrüne Büschel bis ausgedehnte Rasen. Blätter lineal-borstlich, steif aufrecht. Auf Sanddünen, in steinigen Trockenrasen (seltener auf morschem Holz). In Nord- und Westdeutschland inzwischen ziemlich verbreitet.
.... **Campylopus introflexus** S. 316
(In den Südalpen ist (die nur mikroskopisch über Blattquerschnitte zu unterscheidende) **Campylopus pilifer** ziemlich verbreitet. In Norddeutschland kommt sehr selten das sehr kurzhaarige *Campylopus brevipilus* vor.)

53*. Pflanzen auch anders gefärbt. Blätter nicht lineal-borstlich. Nie auf Rohhumus.

54. Blätter meist mit längerem Glashaar, flach, ein- oder umgerollt, (1 –) 2 – 5 mm lang. Trocken an sonnigen Plätzen gewöhnlich grauhaarige Polster mit anliegenden Blättern bildend. Feucht dunkler grün bis schwärzlich, ± glänzend. .... **Grimmia** S. 387 ff.

54*. Ähnlich, aber durch längsfaltige, meist unter 2 mm lange Blätter zu unterscheiden. Im Silikatgebirge nicht selten.
.... **Coscinodon cribrosus** (nur hier)

54**. In ein bis um 2 cm hohen, feucht dunkelgrünen Polsterrasen oder polsterig. Trocken schwarzgrün bis schwärzlich, mit anliegenden Blättern. Glashaare meist kurz, z. T. nur an den Blättern der Zweigspitzen bzw. Perichaetien oder auch fehlend.
.... **Schistidium** S. 394 ff.

52*. Blätter ohne Glashaar oder wasserhelle Spitze (vgl. aber 82*).

55. Blätter lang pfriemlich auslaufend. Immer aufrechte Moose. Trocken anliegend, verbogen oder kraus. (55* nach 58**)

56. Blätter gerade bis wenig einseitswendig, trocken kaum verbogen, feucht und trocken grün (z. T. mit Zähnen in der Blattspitze). Meist auf Erde.

57. Wenige mm bis um 5 cm hohe Moose mit bis über 1 cm langen Blättern und wellenförmig verbogenem (flexuosem) Stängel. Kalkstetes Moos in Trockenrasen, wie an feuchten und schattigen Felsen. In den Kalkgebirgen verbreitet (ähnlich *Distichium* S. 338).
.... **Ditrichum flexicaule** agg. S. 334

57*. Kalkmeidende, meist kaum bis 5 mm hohe Arten, auch im Flachland (z. B. **Ditrichum pusillum**, wie im Gebirge. Dort z. B. **Ditrichum heteromallum** S. 335 ziemlich verbreitet. Öfter mit zylindrischen Bruttrieben).

56*. Blätter feucht kaum einseitswendig, aber trocken kraus, in meist kleineren, 1 – 2 cm hohen Polstern an Borke, wie auch an morschem Holz oder Silikatgestein.

58. Polster etwas glänzend (Blätter glatt, mit Brutkörpern). Häufiges Borken- (und selteneres Silikatgesteins-) Moos (in den Alpen ist die ähnliche (ohne Brutkörper und glatte Blätter) *D. crispula* an Silikatgestein verbreitet, seltener an Borke).
.... **Dicranoweisia cirrata** S. 319

58*. Polster matt hellgrün und oft dicht mit stäbchenförmigen Brutblättern (fo. *pulvinata*) besetzt. Verbreitet an morschem Holz und saurer Borke.
.... **Dicranum montanum** S. 312

58**. Habituell ähnlich sind zwei *Bryaceen* (mit rhombischen Zellen). Einmal ein mit violetten Rhizoiden und auf Kalktuff, nassen Wegen, Schlamm und besonders an vulkanischem Gestein sowie auch in Blumentöpfen wachsendes Moos, **Leptobryum pyriforme** (S. 429), wie auch eine weitere, auf morsches Holz, Rohhumus und Baumbasen beschränkte Art, **Orthodontium lineare** (S. 431).

55*. Blätter nie zum größeren Teil borstenförmig.

59. Blätter lanzettlich bis lineal-lanzettlich (59* nach 85*).

60. Blätter mit einer Rippe, die etwa 2/3 der Blattbreite einnimmt (noch breitere Rippen kommen bei *Leucobryum* (s. u.) und den *Polytrichum*-Arten vor), lineal-lanzettlich, oft ± einseitswendig. In dichten Rasen oder Polstern. Kalkmeidend. (60* nach 63*)

61. Dunkelgrüne bis schwärzliche, meist reichlich braunfilzige Moose. Blätter pfriemlich auslaufend. Häufig mit schlanken Brutknospen oder in Büscheln inserierten Bruchblättern. Vorzüglich auf Rohhumus und morschem Holz in Wäldern und Heiden. .... **Campylopus** S. 315

62. Mit gelbgrünen, unten aufgeblasenen Brutblättern. Typisches Heidemoos. .... **Campylopus pyriformis** S. 316

62*. Gipfelständige Brutblattbüschel hat die meist Silikatfels besiedelnde, seltenere ....**Campylopus fragilis** S. 316.

62**. Spreizende Brutsprösschen zeichnen das kleine und seltene *Campylopus subulatus* aus, das man am ehesten auf steinigen Wegen Westdeutschlands findet. Das häufige **Campylopus flexuosus** entwickelt hingegen schlanke Brutsprösssсhen. .... S. 315

61*. Nur mit (vom unteren Stängel abfallenden) Brutblättern, sonst einem *Campylopus* sehr ähnlich. Kein Bodenmoos und ohne Wurzelfilz. Vor allem im Gebirge und vorzüglich auf morschem Holz feuchter Lagen. ...... **Dicranodontium denudatum** S. 318

61**. Nie in schwarzgrünen, dichten Rasen. Selten mit Brutsprösschen. Auch an Gestein (und Borke).

63. Grüne, trocken graugrüne Polster. Blätter kaum verbogen, einseitswendig, in eine borstliche Spitze auslaufend. *Dicranum scoparium* sehr ähnelnd, jedoch u. a. auch mit schmaleren Blättern. Auf Felsblöcken und Borke im Silikatgebirge ziemlich verbreitet. Trockenresistent. ...... **Paraleucobryum longifolium** S. 313

63*. Pflanzen trocken in weißlich-grünen, oft über 5 cm tiefen und über 10 cm breiten Polstern oder flachen Polsterrasen. Blätter nicht durchscheinend, vorn kahnförmig, linealisch verjüngt, meist gerade, vorwiegend aus der Rippe bestehend. Kalkmeidend. Feuchtigkeitsliebende Moose, meist auf Rohhumus, am Boden oder auf feuchtem Silikatgestein in Wäldern. .... **Leucobryum** S. 344 ff.

60*. Blätter mit dünner Rippe (mit weniger als 1/3 der Blattbreite).

64. Polster oder Polsterrasen, 1 – 5 cm hoch. (64* nach 68**)

65. Niedrige bis üppige Bestände von (1 –) 2 – 5 cm Höhe, mit bis um 5 mm langen, trocken ± krausen Blättern. Auf Gestein oder Erde. (65* nach 67**)

66. Hell mattgrüne bis bläulichgrüne, schwer benetzbare Polster mit flachen, linealischen, zugespitzten Blättern. An kalkfreiem Silikatgestein (seltener auf Erde) in Wäldern (z. T. noch in der alpinen Stufe). In der Ebene selten. .... **Bartramia** S. 457

66*. Bestände hell- oder dunkelgrün. In den Kalkgebirgen oft verbreitet.

67. Habituell sehr ähnlich, aber dunkelgrün und glänzend. Kalkgebirgsmoos, besonders der Alpen. ...... **Plagiopus oederianus** S. 459

67*. Hellgrüne (selten etwas bräunliche) Polster und Polsterrasen. Blätter um 3 – 5 mm, lanzettlich bis lineal-lanzettlich und fein zugespitzt, mit wasserhellem Grund. Blätter bei *Tortella tortuosa* querwellig, sonst glatt. Auf kalkhaltigem Gestein oder Erde im Gebirge. In der Ebene fast nur verschleppt. .... **Tortella** S. 350 ff.

67**. Ähnlich der vorigen, aber lockere, leicht zerfallende Rasen aus 1 – 2 cm langen, gelb- bis graugrünen Stängeln. Blätter feucht sternförmig abstehend, nie wellig (mikroskopisch durch gezähnte Blattspitze unterschieden).

Basiphytisch. In lückigen Trockenrasen. Südliche Art der Hügelstufe der Stromtäler. .... **Pleurochaete squarrosa** S. 352 (Vgl. auch das basiphytische, brüchig flachblättrige Silikatgebirgsmoos *Oxystegus* S. 353.)

65*. Polster u. Ä. kleiner und niedriger, meist um 1 – 2 cm tief. Blätter nur bis um 3 mm lang, trocken anliegend oder kraus, dunkel-, seltener auch gelbgrün. Meist an luftfeuchten bzw. nebelreichen, aber zeitweise trockeneren Standorten, an Fels sowie auch an Borke.

68. An Borke, seltener auch Gestein. Blätter feucht meist dunkelgrün, gerade, trocken (meist) straff anliegend, zuweilen stumpflich. .... **Orthotrichum** S. 464 ff.

68*. Wie vor, aber Stängel (gelb)grün, kaum 3 mm hoch, Polster auch tiefer. Blätter etwas gebogen, immer spitz (und mit länglichen Brutkörpern). .... **Zygodon** S. 473

68**. Ähnlich *Orthotrichum*, aber Blätter trocken kraus, ± glänzend. Fast nur an Waldgehölzen mit glatter Borke. (*Ulota hutchinsiae* ist ein seltenes Gesteinsmoos mit trocken anliegenden Blättern.) ..... **Ulota** S. 473 ff.

64*. Meist ziemlich niedrige, oft weniger als 5 mm hohe, seltener bis 2 cm tiefe Polsterrasen- oder Kurzrasen-Moose auf unterschiedlichen Substraten.

69. Kalkmeidende Arten.

70. Pflanzen frisch und trocken glänzend, Blätter um 2 mm lang, lanzettlich, mit umgebogenem Rand (glatt, Zellen dünnwandig). Rasen grün oder – an sonnigen Plätzen – auch rotbraun. Trocken verbogen bis kraus. .... **Ceratodon purpureus** S. 332

70*. Pflanzen nie glänzend, matt hellgrün bis braungrün, meist mit gestielten Brutköpfchen. Blätter lanzettlich, trocken anliegend (meist papillös). Auf morschem Holz, seltener auf Erde und kalkfreiem Gestein. .... **Aulacomnium androgynum** S. 455

69*. Mindest kalkholde Moose.

71. Hellgrüne, bis über 1 cm tiefe Polsterrasen (mit zitronenförmigen Brutkörpern) an nassem Kalkgestein der höheren Gebirge. .... **Barbula crocea** S. 359

71*. Auf trockenen Substraten, z. T. bis in die Ebene.

72. Ein bis über 2 cm tiefe, oft etwas bläulich-hellgrüne, dichte Rasen (meist nicht auf Erde), mit innen rot verfärbten, alten Blättern. Meist an schattigen Mauern und Kalkgestein, aber auch z. B. an Auwald-Borke. .... **Bryoerythrophyllum** S. 362

72*. Kleine Erdmoose in hell- oder gelbgrünen Rasen oder Polsterrasen. Besonders an Wegen, Böschungen und in Trockenrasen, aber auch an kalkhaltigem Gestein (z. T. auch an Borke). Blätter feucht abstehend, trocken straff anliegend bis gedreht oder etwas kraus. .... **Barbula** agg. S. 359 ff. (Wenn die Blätter schmal-dreieckig, spitz und am Rand umgerollt vgl. **Pseudocrossidium** S. 359 f.)

72**. Gewöhnlich dunkel- oder bräunlichgrün. Blätter feucht oft ± gekrümmt (bis zurückgebogen), trocken anliegend, verbogen bis kraus. .... **Didymodon** S. 356 ff. (*Didymodon tophaceus* wächst auch auf feuchter Erde oder Kalktuff.)

51*. Blätter meist gebogen bis stark einseitswenig.

73. Blätter aus lanzettlichem Grund borstlich bis lineal zugespitzt, mit einer meist nur bis ein Drittel der Blattbreite einnehmenden Rippe. (73* nach 74*)

74. Niedrige, bis um 1 cm hohe Rasen oder Herden auf dem Boden. *Dicranella heteromalla* auch auf morschem Holz oder Fels. Blätter um 3 mm lang oder kürzer, kaum länger als 1:3. **Dicranella** (Nur *Dicranella palustris* S. 325 wächst in (kalkfreien) Sümpfen und ist eine viel üppigere Art.) S. 322 ff. (74* nach 75*) (Habituell ähnlich *Dicranella heteromalla*, aber Blätter zweizeilig: siehe beim Kalkmoos **Distichium** S. 338.)

75. Blätter schwach bis deutlich einseitswendig, trocken nicht kraus, z. T. im ganzen oberen Teil gezähnt, ca. 3 – 5 mm lang. Die dichten Rasen meist nicht über 5 mm hoch. (75* nach 77*)

76. Blätter scheidig und auch an trockeneren und schattigen Plätzen, auf Rohhumus kalk-

freier Erde wächst häufig **Dicranella heteromalla** S. 322.
(In den höheren Mittelgebirgen und Alpen ist die steril kaum zu unterscheidende *D. subulata* verbreitet S. 323).

76*. Blätter nicht scheidig.

77. Kurzlebige, braungrüne Pionier-Moose. Blätter oft nur schwach einseitswendig, unter 1 mm lang. Moose trockenerer bis feuchter Standorte. Pflanzen in oft kaum 1 cm hohen Rasen oder ± lockeren Herden, braun- oder dunkelgrün. Ziemlich häufig. Nicht seltene Besiedler offenerdiger, heller, grundfeuchter, lehmiger bis toniger Plätze. **Dicranella varia** (früher *Anisothecium*) und Verwandte: S. 325

78. Blätter lineal-lanzettlich, nur Spitze gezähnt. Auf feuchter, nährstoffreicherer Erde. Oft mit rotem Stängel, öfter mit Sporogonen. Kalkhold ist **Dicranella varia** sowie kalkmeidend **Dicranella rufescens** S. 325
(Steril ähnlich, aber Blätter relativ kurz, ab der Mitte gezähnt. Nässezeiger. **Pseudephemerum** S. 343.)

78*. Blätter borstlich auslaufend. Steril habituell *Dicranella heteromalla* ähnlich, aber meist schon mit den basal erweiterten Hüllblättern. Kalkmeidend. Besiedler feuchterer Erdblößen, auch Torf. **Pleuridium** (S. 340 f.)

77*. Meist langlebige, dunkelgrüne, kräftigere Moose mit borstlichen, (1 –) 2 mm langen höchstens an der Spitze gezähnelten Blättern, auf kalkarmen Böden.
.... **Ditrichum** S. 334
(Wenn mit ± geschlängeltem Stängel und auf Kalksubstraten, besonders im Bergland: **Ditrichum flexicaule** (S. 334)

75*. Blätter nur schräg aufrecht, fast immer steril. Auf Äckern, ruderalen Flächen und Gewässerufern verbreitet ist die bodenvage **Dicranella staphylina** S. 325.

74*. Wuchs ähnlich *Dicranella*, aber gewöhnlich viel größer, über 2 cm groß, Blätter oft bis 5 mm lang. Rippe nur ausnahmsweise (so bei *Dicranum fulvum*) 1/3 der Blattbreite erreichend. Blätter aus elliptisch-lanzettlichem Grund in eine borstliche bis linealische Spitze auslaufend. Trocken unverformt bis kraus. Außer *Dicranum muhlenbeckii* kalkmeidend. Oft auf Rohhumus sowie auf Erde über und an Fels, an Borke usf. **Dicranum** S. 304 ff.
(Immer borstlich verjüngte Blätter haben die nicht glänzenden, trocken krausen *Dicranum flagellare, Dicranum montanum* und *Dicranum viride*.)

73*. Blätter lanzettlich, selten unter 1 mm, oft aber deutlich länger. Moose dauerfeuchter bis sumpfiger Standorte.

79. Häufig mit rotem Stängel. Pflanzen matt hell- oder bläulichgrün, 0,5 bis um 5 cm hoch. Blätter höchstens 3 mm lang. Unterhalb der „Blüten"stände oft mehrere wirtelig angeordnete, ± spreizende, kurze Seitentriebe. Meist kalkmeidend (nur *Philonotis calcarea* ist kalkhold). .... **Philonotis** S. 460 ff.

79*. Blätter um 5 mm lang, glänzend. Pflanzen meist über 2 cm hoch.
.... **Dicranum bonjeanii** S. 310

50*. Blätter feucht oder mindestens trocken anliegend.

80. Blätter auch feucht angedrückt anliegend. Stängel wurmförmig, 1 – 2 mm dick. Ohne Glashaar.

81. Stängel silbrig-grün. Blätter breit eiförmig.

82. An feuchtem Gestein höherer Gebirge. Kalkstet ist **Plagiobryum zierii** (S. 439), das ähnliche **Anomobryum** (S. 439) jedoch kalkmeidend (und auch auf Erde).

82*. Ein häufiges, nährstoffliebendes Ruderalmoos auf Erde und Gestein, selbst in Pflasterritzen, ist .... **Bryum argenteum** S. 427

81*. Stängel dunkelgrün. Moose offenerdiger Standorte. Mit eiförmig-lanzettlichen Blättern: **Bryum bicolor** S. 428. Neben wurmförmigen Trieben meist auch mit normalen, elliptisch-lanzettlichen Blättern: vgl. **Ditrichum** (S. 334 ff.) und **Pohlia** (S. 433 ff.).

80*. Blätter nur trocken anliegend, verbogen oder selten auch gedreht. Moose mit Glashaar oder in eine längere Haarspitze endend (vgl. auch 52).

83. Hellgrüne kalkholde, herdenbildende Erdmoose mit kaum über 3 mm breiten Rosetten. Rippe oberseits mit Lamellen.

.... **Pterygoneurum** S. 371 f.
83*. Polster- oder Polsterrasenmoose.
84. Pflanzen trocken matt, im Schatten z. T. ohne Glashaar, grau- bis schwarzgrün. Blätter mit Rippe, ± flach. In Polstern oder dem Substrat anliegenden Decken. Lichtliebende Moose an trockenen, fast immer kalkfreien Standorten auf Gestein, nur die Sippen von *Racomitrium canescens* agg. wachsen meist auf Erde. (Arten an nassem Gestein und feuchtschattigen Stellen sind immer dunkel- bis schwarzgrün und haben stumpfliche Blätter ohne Glashaar.) Fast alle *Racomitrium*-Arten sind nur mikroskopisch sicher zu unterscheiden. ... **Racomitrium** S. 398 ff.
84*. Moose in grünen bis schwärzlichen Polstern oder Polsterrasen. Blätter 2 – 3 mm lang. Fast ausschließlich auf Gestein.
85. Blätter lanzettlich, allmählich in ein ± kurzes Glashaar auslaufend (an Schatten- und Feuchtstandorten oft fehlend). Pflanzen mit trocken straff anliegenden Blättern. Meist kalkhold. Keine Polster bildend.
.... **Schistidium** S. 394 f.
85*. Dichte Polster (seltener auch Polsterrasen) auf Silikat- und Kalkgestein. (Nur *Grimmia pulvinata* kann im Kalkgebirge ausnahmsweise auch an Borke wachsen.) **Grimmia** S. 387 ff.
59*. Blätter (breitlanzettlich) elliptisch-lanzettlich bis fast kreisförmig, ± rosettig angeordnet.
86. Blätter durchscheinend, z. T. gesäumt (vgl. aber auch **Tortula** S. 375 f.). Feuchtigkeitsliebende Arten. (86* nach 90*)
87. Blätter (2) bis über 3 mm lang. Rosetten über 0,5, meist über 1 cm breit. Immer langlebige Moose und Blätter nie in ein Haar auslaufend. Meist in Wäldern und Wiesen, auch in Sümpfen.
88. Blätter spatelförmig, breit zugespitzt, gezähnt und ungesäumt. Die 1 – 2 cm breiten, gestielten Rosetten oft in größeren Rasen. Nährstoffliebendes Moos feuchterer, meist schattiger Standorte. **Rhodobryum** S. 441 f.
88*. Blätter breitlanzettlich bis elliptisch, gesäumt, Pflanze meist um 1, selten bis 2 cm breit (nur die Stängel mit den männlichen Geschlechtsorganen als Rosette endend). Vgl. **Mnium** S. 443 ff. und **Plagiomnium** S. 448 ff. (gezähnt) sowie **Rhizomnium** (ganzrandig) S. 447.
87*. Pflanzen und Blätter meist kleiner. Rosetten kaum über 0,5 cm breit. Blätter öfter ohne Saum. Meist nährstoffliebende, oft kurzlebige und ± ruderale Arten.
89. Moose mit breitlanzettlichen bis eiförmigen oder spatelförmigen, zugespitzten, z. T. haarförmig verlängerten Blättern. Rosetten oft knospig, ältere Pflanzen auch ± gestielt. Blätter oft ± deutlich gesäumt. Oft ausdauernd und auch an weniger feuchten (selten nassen) Standorten. .... **Bryum** S. 420 ff. (*Pohlia*-Arten können als Jungpflanzen rosettig sein, haben aber relativ längere, nie gesäumte und nie in ein Haar auslaufende Blätter.)
89*. Immer kurzlebige Arten, stickstoff- und mineralreicher Standorte.
90. Blätter ± spatelförmig, kaum über 2 mm lang, aber sonst ähnlich wie vorige, höchstens mit kurzer haarförmiger Spitze. Falls mit Saum, ist dieser mit der Lupe nicht sichtbar. Rosetten nie gestielt. Kurzlebige Tiefland-Arten auf längerfristig feuchten, offenerdigen Standorten: **Funariaceae** S. 405 ff. (Vgl. **Funaria hygrometrica**, **Entosthodon fascicularis** und **Physcomitrium pyriforme.**)
90*. Auf verrottetem Dung (auch Tierleichen) an oft vernässten Standorten (jetzt in der Ebene ± fehlend). Blätter oft größer. **Splachnum** (und verwandte Splachnaceen) S. 412 ff.
86*. Blätter kleinzellig, dadurch fast immer undurchsichtig, stattdessen trübgrün, nie in ein Haar auslaufend. Selten (außer bei **Cinclidotus** und **Tortula**) ohne deutlichen Saum. Rippen ± dünn (außer bei *Tortula atrovirens* (nur hier) und z. T. bei *Aloina*: S. 373).
91. Fast immer kalkholde Arten. Blätter spitz bis stumpflich, z. T. mit kurz austretender Rippe. Erdbodenmoose. (91* nach 96*)
92. Meist in Herden. Kleinzellige, meist trockenresistente, niedrige akrokarpe Moose mit höchstens 3 mm breiten Rosetten.

93. Blattrand breit eingebogen, Blätter stumpflich, trocken eingekrümmt. Rosetten *Aloe*-artig, ± glänzend: vgl. **Aloina** S. 373 ff.
93*. Blattrand meist flach oder ± weit herauf umgebogen bis umgerollt. Rippe kurz (stachelspitzig) austretend. Andere Pottiaceen, wie **Pottia** S. 367 f., **Barbula unguiculata** S. 359 und **Phascum** S. 363 f. Vgl. auch **Tortula**, diese aber oft mit Glashaar. . . . . S. 375 f.
92*. Oft in dichten Polstern oder Polsterrasen mit trocken ± gedrehten Blättern.
94. Blätter meist um 3 mm (seltener länger). Blätter breitlanzettlich oder zungenförmig, oben eiförmig bis abgerundet. Vorwiegend in niedrigen, meist über 3 bis 5 mm breiten Rosetten. Blätter gewöhnlich mit deutlicher, wasserheller Basis. Meist auf Gestein oder Borke.
95. Blätter ± flachrandig, 3 – 4 mm, breit zugespitzt (z. T. mit stachelspitzig austretender Rippe), oft etwas wellig und trocken graugrün. Gesteinsmoose. (Nur *Encalypta ciliata* ist kalkmeidend.) . . . . . **Encalypta** S. 346 ff.
95*. Blätter zumindest unten meist mit deutlich umgebogenem Rand, Blätter trocken gedreht, um 3 mm lang. Stängel nackt. Polster oder Polsterrasen. Meist auf Gestein und Borke. Vgl. **Syntrichia** (S. 379), z. B. Blätter 3 - 5 mm, frisch gelb- bis hellgrün, trocken blaugrün. Rippe nicht austretend. An Borke oder Gestein, meist in Fließwassernähe. Vor allem in Tieflagen.
. . . . **Syntrichia latifolia** S. 381
94*. Blätter mit kurz austretender Rippe. Vorzüglich auf Gestein oder auch Erde. Frisch grün. Oft kleiner und niedriger, **Tortula** S. 375
96. Blätter etwa 2 - 3 mm, Blattrand undeutlich gesäumt. An schattigen Mauern und Kalkgestein. Nicht selten (mit *Barbula unguiculata* vergleichen).
. . . . **Tortula muralis** var. **aestiva** S. 377
96*. Blätter oft um 5 mm, mit ± lanzettlicher Spitze und gesäumt (mit Lupe kaum sichtbar). An Waldböschungen, vor allem auf Erde, seltener über Gestein.
. . . . **Tortula subulata** S. 378
91*. Polster und Polsterrasen. Stängel meist viel kürzer, Blätter trocken nicht gedreht und nie weißlichgrün (vgl. aber *Bryum argenteum* S. 427). Oft kalkmeidend.
97. Dunkel- bis schwärzlichgrüne, seltener bräunliche, (0,5 –) 1 – 2 cm hohe Gesteinsmoose. Blätter trocken fast immer (s. aber 104*) straff anliegend. (97* nach 103*)
98. An zumindest zeitweise nassen Standorten.
99. Fast nur im Uferbereich von Fließgewässern.
100. Kalkmeidend und ohne mit der Lupe erkennbarem Saum, Blätter breitlanzettlich, trocken ± straff anliegend. Vgl. **Orthotrichum cupulatum** var. **riparium** S. 469, **Racomitrium aciculare** S. 404 oder **Schistidium rivulare** S. 397.
100*. Kalkhold, mit deutlichem, wulstigem Saum, Blätter breitlanzettlich bis zungenförmig, anliegend (nur bei *Cinclidotus fontinaloides* verbogen). . . **Cinclidotus** S. 384 ff.
99*. Auf meist überrieseltem Kalktuff. Hell- bis bläulichgrüne Polster mit starren, lineal-lanzettlichen, lang zugespitzten Blättern. Vor allem im Kalkgebirge und dort nicht selten. (Mikroskopisch mit wasserheller Basis und Zähnchen an deren Ansatz.)
. . . . **Eucladium verticillatum** S. 355
(Oft mit *Didymodon tophaceus*: in bräunlich oder dunkelgrünen Polstern.)
98*. Auf trockenem, oft kalkfreiem Gestein.
101. Moose absolut kalkmeidend. Trocken straff anliegend.
102. Rotbraune bis schwärzliche Polster. Blätter kaum 1 mm, ± lanzettlich bis breit lanzettlich, mit oder ohne Rippe (so die häufigere **Andreaea rupestris**). An kalkfreiem, meist sonnigem Gestein, fast nur im Gebirge, vor allem in den Alpen. . . . **Andreaea** S. 268 ff.
102*. Blätter ± lanzettlich, etwas länger. (Oft mit Glasspitzchen: Lupe!)
103. Dunkelgrün oder schwärzlich und auch in Tieflagen. Kaum ruderal. Schattenformen von **Racomitrium heterostichum** agg. S. 403
103*. Auch heller grün. Oft auf Mauern.
. . . . **Schistidium apocarpum** S. 394

97*. An Borke und Gestein. . **Orthotrichum** S. 464 ff.

101*. Moose mindestens z. T. kalkhold.

104. Nie schwarzgrün. Häufig grüne bis dunkelgrüne Polster und Polsterrasen von 0,5 bis über 3 cm Tiefe. Blätter meist 1 – 3 mm lang, ganzrandig, trocken verbogen bis selten auch kraus, lineal-lanzettlich. Auf verschiedenen Substraten, aber kaum auf Erde. Häufig kalkmeidende Gesteinsmoose.

105. In offenen, trockenen Silikatgesteins-Blockhalden Süddeutschlands und der Südalpen. Inzwischen meist selten (Blätter mikroskopisch mit hyalinem Randzellband an der Basis). . . . . **Ulota hutchinsiae** S. 473

105*. Mehr oder weniger hellgrün, an Borke und zuweilen auch auf Kalkgestein und Mauern. Zerstreut. . . . . **Zygodon** S. 473 und . . . . **Orthotrichum obtusifolium** S. 472

104*. Blätter trocken kraus, glatt oder mamillös (nur mikroskopisch und mit Kapsel sicher zu bestimmen: s. dort). Silikatgesteinsmoose.

106. Blätter mamillös, Blattspitze gezähnelt. An trockenerem bis schattig-feuchtem Gestein der Silikat-Mittelgebirge und Alpen. In der Ebene sehr selten (wenn Blätter abstehend, fast glatt und kaum 2 mm lang, vgl. **Amphidium** S. 329 ff.). . . . . **Cynodontium** S. 326 f.

106*. Mit etwas kürzeren Blättern (und sonst nur durch die glatten Kapseln) unterschieden. Jedoch nur auf sonnig-trockenem Fels der wärmeren Lagen der Hügelstufe Westdeutschlands und dort oft ziemlich verbreitet. . . . . **Cynodontium bruntonii** S. 328 (Habituell sind auch kleinere, schrumpfblättrige, schwach glänzende **Dicranum**-Arten, wie z. B. **Dicranum montanum** S. 312 und **Dicranoweisia** S. 319 ff. ähnlich. Diese kommen jedoch auch an morschem Holz und in der Ebene vor.)

106**. Trocken schwach glänzende Borkenmoose. Pflanzen grün oder hellgrün (seltener bräunlich). Ein bis selten über 3 cm breite und tiefe Pölsterchen an Waldbäumen feuchterer Lagen, vor allem im Mittelgebirge. . . . . **Ulota bruchii** und **Ulota crispa** (weitere Arten sind sehr selten) S. 473 ff.

B. Für niederliegende (pleurokarpe) Laubmoose

1. Pflanzen 3-zeilig beblättert. Kräftige Wassermoose von oft 10 cm (bis um 1 m) Länge. Verzweigt, niederliegend (am Ufer) oder flutend. Blätter ohne Rippe, dem Stängel anliegend, mit gekieltem (oder abgerundetem) Rücken. . . . . **Fontinalis** S. 479 ff.

1*. Vielzeilig beblättert

2. Stängel und Zweige ± stark und deutlich abgeflacht bzw. zusammengedrückt, glänzend. Meist glänzend und trocken nicht schrumpfend (2* nach 17**).

3. Stängel niedergedrückt, mit ± abwärts gebogenen Blattspitzen. Rippenlos.

4. Zierliche bis kräftige Moose. Pflanzen glänzend. Nie mit Brutsprossen. Auf verschiedensten Substraten. . . . . **Hypnum** S. 602 ff.

4*. Pflanzen dem Substrat angedrückt, ähnlich, aber immer bräunlich, fast geradblättrig. Zweige um 1 mm breit, meist mit den aufrechten Brutsprossen. Kalkmeidend. An morschem Holz und saurer Borke (selten an Silikatgestein). Verbreitet. . . . . **Platygyrium repens** S. 601

3*. Blätter gerade. Schatten- und oft Feuchtmoose. Stängel und Zweige stark abgeplattet. Oberflächlich betrachtet zweizeilig erscheinend (3** nach 16**).

5. Blätter oft nur schwach, aber deutlich gerippt. Kalkhold.

6. Zweige und Stängel abgeplattet, in ± angedrückten Rasen oder Decken. Blätter mit Rippe. Kräftigeres Moos mit filzigem Stängel und gespitzten, gewellten Blättern. Seltenes Mittelgebirgsmoos meist schattiger Felsen. Blätter gerippt, ± fiederig verzweigt. Zweige meist 2 – 5 cm lang. . . . . **Neckera menziesii** S. 492/493

6*. Stängel glatt.

7. Zweige ganz abgeplattet, aber dachrinnenförmig, etwa scharfkantig. Gesteins- und Borkenmoose. Pflanzen 1 – 2 cm lang, etwa 3 mm breit, in flachen, glänzenden Decken. Blätter 4-zeilig angeordnet, zungenförmig, oben abgerundet, aber kurz bespitzt. Zellnetz undeutlich. Waldmoos feuchterer La-

gen. Besonders an Baumbasen entlang von Fließgewässern wie auch an Gestein. Ziemlich verbreitet.
.... **Homalia trichomanoides** S. 496

7*. Bäumchenrasen. (2 –) 3 bis über 5 cm hohe, in einer Ebene verzweigte (Etagen bildende), braungrüne „Bäumchenkronen" auf 1 – 5 cm langen, schwärzlichen, beschuppten Stielen. Blätter nicht abgerundet, oben gezähnt. An Ufergestein und anderen sehr luftfeuchten Standorten in Wäldern.
.... **Thamnobryum alopecurum** S. 497

5*. Rippenlos oder Rippe nur kurz-gabelig. Nie bäumchenförmig, meist als ± dichte, dem Substrat angedrückte, vielzeilige Deckenmoose. Mit oder ohne besondere Brutorgane.

8. Vorwiegend kräftigere Moose. Blätter (1 –) 2 bis ca. 5 mm lang. Auf basen- oder kalkreichem Gestein oder Borke. (8* nach 9*)

9. Stängel deutlich gefiedert. An länger trockenen, aber genügend luftfeuchten Plätzen. (9* nach 12*)

10. Blätter spitz oder stumpflich, nie abgerundet.

11. Gewöhnlich 3, aber oft bis 10 cm große und dann ± fiederige Pflanzen, mit 2 – 4 mm breiten Zweigen. Mit gespitzten, glatten oder gewellten Blättern. Nie direkt an Ufergestein. In der Ebene selten.
.... **Alleniella complanata** etc. S. 489

11*. Kräftiges, um 5 cm langes, verzweigtes, dunkelgrünes, an *Hypnum cupressiforme* erinnerndes, aber bereits durch ± gerade Blätter und den Standort unterschiedenes Moos. Auf Kalk und basenreichem Gestein feuchter Blockhalden, besonders im Kalkgebirge (selten auf feuchtem Beton). Verbreitet auf der Alb und in den Südalpen, aber in Mittel- und Westdeutschland sehr selten.
.... **Entodon schleicheri** S. 585

10*. Blätter abgerundet und 2 – 3 mm lang.

12. Stängel auch trocken ganz abgeplattet. Oft mit fädlichen Brutsprossen (wie sie auch die bespitzt-blättrige *A. complanata* entwickelt). An schattig-trockenen Felsen und in luftfeuchter Lage auch an Borke. Selten im östlichen Deutschland. Ziemlich häufig südlich der Alpen, so in Südtirol.
.... **Alleniella besseri** S. 490

12*. Stängel trocken schneckenförmig eingerollt und (nur) dann ein sehr charakteristisches Moos. Eine atlantisch-mediterrane Art, die nach Norden bis zu den Niederlanden und Großbritannien sowie bis in die Südalpen vorkommt. Standorte wie bei voriger.
.... **Leptodon** S. 494

9*. Stängel nicht gefiedert, feuchteliebend. Auf nasser Erde oder überrieseltem, erdigem Fels. Ähnlich *Homalia*, aber kräftiger, Blätter abgerundet und Zweige über 5 mm breit und Zellnetz locker, durchscheinend (Lupe!). Basiphytisch. An schattigen Plätzen, fast nur im Gebirge. In der Ebene sehr selten.
.... **Hookeria lucens** S. 500

8*. Pflanzen anders, oft nur aus Seitenzweigen bestehend (nie fiederig). Blätter ± spitz zulaufend, Rippe höchstens schwach entwickelt. **Plagiothecium** s. l. S. 588

13. Die den kriechenden Stängeln entspringenden Zweige nur 5 – 10 (bis um 20 mm) lang.

14. Die glänzenden, frisch- bis hellgrünen, platt abgeflachten Zweige in kleinen Decken, feucht nach Gurken riechend. Meist an Gestein, kalkhold. (Blätter breit gespitzt, an der Spitze gezähnt, kurzzellig.) Fehlt in Norddeutschland. **Taxiphyllum wissgrillii** S. 598

14*. Wie vorige, aber ohne Gurkengeruch und immer kalkmeidend. (Blattspitze langzellig.)

15. Mit allmählich verjüngten Blättern. Fast immer in den Blattachseln mit zahlreichen, stabförmigen Brutsprösschen, zuweilen ganz davon bedeckt (fo. *nana*) (Blätter oben fein gezähnt). Charakterart nährstoffarmer, länger trockener Waldböschungen. Oft häufig. .... **Pseudotaxiphyllum elegans** (=Isopterygium el.) S. 595

15*. Weder mit auffälligen Brutsprösschen, noch mit Gurkengeruch. Sonst ähnlich, aber Zweige kaum 10 mm lang (Blätter ganzrandig, mit wenigzelligen Brutkörpern). Auf morschem Holz und an Baumbasen feuchter Lagen, besonders in Erlenbrüchen. Vor allem

in der Ebene Nord- und Westdeutschlands, sonst selten oder fehlend.
...... **Plagiothecium latebricolum** S. 596

13*. Meist viel kräftiger und die Zweige gewöhnlich über 1 cm lang. Blätter oft asymmetrisch, herablaufend, ± ganzrandig. Rippe öfter kurz, gabelig. Zuweilen mit einzellreihigen Brutfäden. Kalkmeidend. Vorwiegend auf Waldboden, besonders auf Rohhumus sowie auch an Baumbasen und morschem Holz. .... **Plagiothecium** S. 588

16. Blätter wellig, Pflanzen hellgrün, Zweige 2 – 3 (– 5) cm lang, in oft ausgedehnten Decken. Auf Rohhumus, vor allem in Nadelwäldern und -forsten (verschleppt). Ziemlich verbreitet. Im Silikatgebirge oft häufig.
.... **Plagiothecium undulatum** S. 594

16*. Ähnlich, aber kleiner und zudem ein Sumpfmoos nährstoffreicherer Standorte ist **Plagiothecium denticulatum** var. **undulatum** (= P. ruthei) .... S. 589

16**. Blätter glatt und Zweige meist nur um 1 cm lang, auch trocken kaum verbogen. Kalkmeidende, ziemlich verbreitete (nur mikroskopisch sicher zu bestimmende) Wald- und Gebüschmoose. Ziemlich häufig mit (geneigter) Kapsel sind **Plagiothecium denticulatum** S. 588 und **Plagiothecium laetum** var. **secundum** S. 591. Oder Kapsel aufrecht bei **Plagiothecium laetum** und **Plagiothecium cavifolium** S. 591. Letztere mit hohlen Blättern, Stängel kaum abgeflacht. Eine basiphytische Art (auch auf Humus über Kalk).

3**. Zweige nur ± zusammengedrückt, nie „dachrinnenförmig". Moose ohne erkennbare Brutorgane. Blätter symmetrisch, nie kurz bespitzt. Formenreich. Blattrippe bis über die Mitte. Nie bäumchenförmig. Öfter an Ufer- und Bachgestein. Nährstoffliebend.

17. Blätter ganzrandig, schmal-lanzettlich, allmählich zugespitzt, zuweilen 2-zeilig erscheinend. Zweige meist nur bis 2 cm lang. An feuchtem bis nassem Gestein und morschem Holz, auch außerhalb der Gewässer. Vor allem in der Ebene.
.... **Leptodictyum riparium** S. 538

17*. Blätter oben gezähnt, elliptisch-breitlanzettlich, breit zugespitzt. Pflanzen unregelmäßig verzweigt, noch kräftiger, mindestens mehrere cm lang, wenn submers im Wasser oft über 20 cm große Moose. Stängel wenig abgeflacht (bei fo. *atlantica* sogar zylindrisch). Kalkholdes Ufer- und Fließgewässermoos, vor allem im Gebirge. Auch an überrieseltem Fels (Tuffbildner). In der Ebene oft selten.
.... **Platyhypnidium riparioides** S. 576

17**. Vgl. z. B. auch **Plagiothecium cavifolium** S. 591 und **Rhynchostegium** ...... S. 573 f.

2*. Beblätterung der Zweige und Stängel nicht abgeflacht, rundum abstehend oder deutlich einseitswendig oder auch anliegend beblättert.

18. Mit gut erkennbaren Brutorganen (wenn Zweige abgeplattet s. oben, 4* & 15).

19. Alle Zweige dem Substrat ± anliegend, abgeflacht. Pflanzen hellgrün, glänzend. Blätter 1 – 2 mm lang. Kalkmeidend. Die Decken auf offenen Waldböden.
... Vgl. **Pseudotaxiphyllum elegans** S. 595

19*. Pflanzen oft bräunlich bis schwärzlichgrün, mit 2 – 3 mm hohen, durch Brutblätter struppigen, aufrechten Brutästen. Blätter trocken ± anliegend, feucht schräg abstehend, wenig einseitswendig.

20. Zierliches, unregelmäßig verzweigtes, nicht glänzendes Moos. Blätter gerade, mit Rippe. In dichten Decken an Borke und Kalkgestein der Gebirge. In der Ebene heute fehlend.
.... **Pseudoleskeella nervosa** S. 514

20*. Trocken aufwärts gekrümmte, bis 3 cm lange Zweige. In lockeren Rasen an Borke freistehender Laubbäume und kalk- sowie basenreichem Gestein. Blätter längsfaltig, ohne Rippe. Öfter mit kurzen, struppigen Brutzweigen. .. **Leucodon sciuroides** S. 485

18*. Gewöhnlich ohne Brutorgane.

21. Blätter ± abstehend (21* nach 39**).

22. Zumindest die Stängelblätter feucht und trocken sparrig abstehend (22* nach 26*).

23. Alle Blätter (auch trocken) abstehend.

24. Blätter ± dreieckig und lang zugespitzt, ganz oder fast ganzrandig, mit oder ohne

Rippe. Erdmoose, seltener auf Gestein. Kalkhold. .... **Campylium** S. 531 ff.

25. Zierliche, feucht kaum 1 mm breite Zweige und etwa 1 mm lange Blätter. **Campylidium calcareum** und das Alpenmoos **Campylium halleri**. .... S. 532
(Ähnlich der ersteren ist feuchtes **Ambystegium serpens** var. **juratzkanum** S. 534, aber mit mehr gezähnten, lanzettlichen Blättern. Seitenastloses **Eurhynchium praelongum** S. 580 wird durch gezähnte Stängelblätter unterschieden; beide haben Blätter mit Rippe.)

25*. Kräftiger entwickelt (Blätter bis 1,5 mm) ist das Trockenrasenmoos **Campylium chrysophyllum** (S. 531) und noch größer die Varietäten des Feuchtmooses **Campylium stellatum** (Blätter um 2 mm). ...... S. 533

24*. Kräftigere, oft ausgedehnte Rasen oder deckenbildende Moose mit aufrechten, dichtrasig stehenden, bis über 10 cm hohen Ästen oder auch liegenden und dann unregelmäßig fiederigen, bis über 20 cm langen Zweigen. Rippe fehlend. Auf Erde, Humus oder über Gestein.
.... **Rhytidiadelphus** S. 613 ff.

23*. Nur die Stängelblätter ± sparrig abstehend. Niederliegende, 2 – 5 cm lange, ± regelmäßig einfach gefiederte Astmoose.

26. Stängelblätter um 1 mm, glatt, mit Rippe. Auf feuchterer Erde (oder Gestein) verbreitet (eine ähnliche Gebirgsart ist *Brachythecium starkei*).
.... **Eurhynchium praelongum** S. 580

26*. Kräftige, habituell *Eurhynchium striatum* ähnliches, fast nur im Bergland vorkommendes Moos mit tieffaltigen, aber rippenlosen Blättern. .. **Hylocomium brevirostre** S. 621

22*. Blätter feucht ± schräg aufwärts abstehend (bis horizontal) oder auch abwärts gebogen (falkat).

27. Blätter aufrecht abstehend (27* nach 31*).

28. Bäumchenrasen bildende Moose mit gerippten, breit zugespitzten Blättern, kräftige Waldbodenpflanzen mit länglich- bis breit dreieckigen Blättern.
.... **Eurhynchium striatum** agg. S. 578
(Bäumchenrasen bilden auch andere **Eurhynchium**- sowie **Isothecium**-Arten S. 552 ff.)

28*. Unregelmäßig verzweigte, z. T. nur undeutlich beastete, deckenbildende Moose. (28** nach 29**)

29. Ohne Rippe. Pflanzen gerötet, glänzend. Im höheren Mittelgebirge und Kalkalpen, sonst sehr selten.

30. Zweige gerade. Kupferrotes (selten dunkelgrünes), glänzendes, aus über 3 cm langen Zweigen zusammengesetzte Decken bildendes Moos mit lineal-lanzettlichen, um 3 mm langen, längsfaltigen Blattern (ohne Blattflügel). Auf vernässtem Kalkgestein, fast nur in den Alpen. **Orthothecium rufescens** S. 586

30*. Viel kleiner und nur mit bis 2 mm langen, faltenlosen Blättern ist **Orthothecium intricatum** S. 586. Es kommt an feucht-schattigen Felsen zerstreut auch in den Kalkmittelgebirgen vor.

29*. Mit Rippe. Zierliche, dem Substrat angedrückte Arten mit kaum 3 cm erreichenden Stängeln. Blätter lanzettlich bis breit-lanzettlich, nicht faltig. Ziemlich häufige Arten auf Erde oder Gestein. Rasen dunkelgrün und Blätter ganz gerade (Rippe bis in die Spitze). **Brachythecium populeum** (S. 563) sowie Rasen heller grün und Astblätter etwas einseitswendig, mit kürzerer Rippe.
.... **Brachythecium velutinum** S. 562
(Weitere zierliche *Brachythecium*-Arten sind selten und haben meist dreieckige Stängelblätter.)

29**. In schmutziggrünen Decken an Ruderalplätzen, auf Wegen und Brachland. Nährstoffzeiger. Häufig.
.... **Eurhynchium hians** S. 581
(*Eurhynchium speciosum* unterscheidet sich durch Einhäusigkeit sowie trocken durch Goldglanz. Es kommt vor allem in feuchten Auen vor. **Eurhynchium schleicheri** S. 581 ist hingegen ein Kalkmoos (unterschieden durch gedrehte Astblattspitzen).)

28**. Hauptzweige regelmäßig gefiedert. Stängelblätter breiter. Pflanzen schwach glänzend.

31. Stängel 2 – 3 (– 4) cm lang, durch um 1 mm breite oder schmalere Seitenzweige gefiedert. Blätter glatt, spitz, gezähnt, mit Rippe. Stängelblätter sparrig, flach. Kalkmeidende Feucht-Moose.
.... **Eurhynchium praelongum** S. 580
31*. Stängel 1 – 2 cm lang, Astblätter kleiner, stumpflich! Beim habituell z. T. etwas ähnlichen **Eurhynchiastrum pulchellum**: Ein basiphytisches Gebirgsmoos. Oft selten (S. 580).
27*. Blätter einseitswendig, schwach sichelig bis kreisförmig gekrümmt.
32. Stängel undeutlich gefiedert oder unregelmäßig verzweigt. (32* nach 35**)
33. Zweige ± deutlich abgeflacht. Seitenzweige oft 2 mm breit, aber auch viel schmaler. Blätter mit ± herabgebogener Spitze. Blätter immer ohne Rippe, kaum 2 mm lang oder kleiner. Pflanze ± glänzend. Auf unterschiedlichen Substraten....... **Hypnum** S. 602 ff.
33*. Blätter mit Rippe. Meist kräftige Moose.
34. An trockeneren Standorten. Blätter längs- und querfaltig. Blätter etwas einseitswendig, mit dünner Rippe. Meist goldbraune bis gelbgrüne, Hasenpfoten ähnliche, um 3 mm dicke, bis um 5 cm lange, oft unverzweigte Stängel. Basiphytisch, oft auch in Kalktrockenrasen und Kiefernwäldern. Im Bergland verbreitet, sonst meist fehlend. Fast nie mit Kapseln. ..... **Rhytidium rugosum** S. 612
34* Feuchtmoose, z. T. auch submers. Nur in Sümpfen, Mooren und Nasswiesen. Blätter meist über 2 mm, mit großen Blattflügeln.
35. Sumpfmoose. Blätter glatt (längsfaltige Arten selten), immer spitz und mit Rippe, gewöhnlich bis kreisförmig sichelig (bei Wasserformen aber auch gerade). Pflanzen oft glänzend. Stängel nackt. Kalkstete bis kalkmeidende Arten...... **Drepanocladus** agg.
.... (inkl. **Warnstorfia & Scorpidium**
.... **cossonii**) S. 542 ff.
35*. Ohne Rippe. Blätter bis 3 mm lang. Seltene Kalksumpf-Art.
.... **Scorpidium scorpioides** S. 543
35**. Auf kalkhaltigem, feuchtem Gestein (**Hygrohypnum luridum**) bzw. in und am Ufer von Fließgewässern und in Quellsümpfen. Blätter einseitswendig bis sichelförmig gekrümmt, eiförmig-bespitzt bis kreisförmig, oft mit stumpflicher Spitze. Gewöhnlich mit Rippe. In der Ebene meist selten.
.... **Hygrohypnum** S. 544
(Anmerkung: Kümmerformen der nachfolgenden fiederigen Moose können ebenfalls nur unregelmäßig beastet sein.)
32*. Hauptzweige als gut ausgebildete, einfache „Fiedern“.
36. Moose immer mit Rippe und Paraphyllien. (36* nach 38*)
37. Blätter glatt, 1 (– 2) mm lang. Moose nasser bis sumpfiger (mindestens feuchter) Standorte. Z. T. auch submers. Nie an Borke, immer mit Rippe, Stängelblätter glatt. Pflanze glanzlos. Stängel mit Paraphyllien. Auf feuchten bis nassen, meist kalkhaltigen Substraten (auch Kalktuff).
.... **Cratoneuron filicinum** S. 527
37*. Zumindest die Stammblätter längsfaltig.
38. Oft kräftigere Moose, trocken z. T. glänzend. Immer reichlich mit Paraphyllien. Sumpfmoose und Kalktuffbildner.
.... **Palustriella** S. 529
38*. Kräftige, ± glänzende, *Hypnum cupressiforme* ähnliche bis sehr zierliche Moose. Blätter fast kreisförmig, meist über 3 mm lang. Meist auf morschem Holz und Borke und kalkfreiem Gestein feuchter Wälder, vor allem im Gebirge (dort auch in Sümpfen).
.... **Sanionia uncinata** S. 541
36*. Blätter ohne oder nur mit Doppelrippe. Diese im Umriss verkehrt-eiförmig, zugespitzt. Stängel durch nur 1 mm breite oder schmalere Seitenzweige ganz dicht fiederig. Astblätter stark gekrümmt.
39. Die Fiedern meist nur um 2 cm lang, Decken und angedrückte Überzüge bildend. Im Licht gewachsen oft goldgrün. Blätter fast glatt. Auf Kalksubstrat (var. **molluscum**) oder auf nassem, mindest basischem Gestein (var. **robustum**). Der norddeutschen Ebene meist fehlend. .. **Ctenidium molluscum** S. 608 ff. (Zuweilen mit *Brachythecium velutinum* verwechselt (s. S. 562)).

39* Nur in den Hochalpen kommt zudem die seltene Kalkart **Ctenidium procerrimum** vor. Es sind braungrüne, glänzende, eher an ein kräftiges *Hypnum* erinnernde Decken aus bis zu 10 cm langen Fiedern. Kapseln unbekannt. . . . . S. 609

39**. Fiedern 2 bis über 5 cm lang, in dichten, hellgrünen Rasen aufrecht beieinander stehend (!). Die Blätter stark faltig. Rohhumusbesiedler. Fast nur in Nadelwäldern und auf Silikat-Blockhalden. Öfter in großen, prächtigen Beständen, hellgrün. Heimat im höheren Mittelgebirge wie in den Alpen. Sonst wohl nur verschleppt.
. . . . **Ptilium crista-castrensis** S. 611

21*. Blätter feucht oder mindestens trocken wenigstens zum Teil anliegend.

40. Blätter immer, d. h. feucht und trocken dem Stängel oder den Zweigen angedrückt. (40* nach 60*)

41. Blätter lang zugespitzt (jedoch ohne Glashaarspitze), zumindest Stängelblätter mit kurzer Haarspitze.

42. Blätter ± hohl, außer *Cirriphyllum piliferum* unregelmäßig beastet. (42* nach 47*)

43. Pflanzen wenigstens trocken glänzend. Blätter mit Rippe, in ein hyalines Haar verjüngt oder mindestens langspitzig, ± hohl. Meist über 3 cm lange, häufigere, auch kalkholde Deckenmoose (43* nach 46*).

44. Regelmäßig und dicht gefiedert. Blätter hohl, nicht faltig. Habituell *Scleropodium purum* ähnlich. **Cirriphyllum piliferum** S. 571. Mehr dem folgenden ähnlich, ist das für beschattete Kalkblockhalden typische Gebirgsmoos **Cirriphyllum tommasinii** S. 571.

44*. Blätter kurz oder plötzlich, seltener allmählich zugespitzt, ± faltig und unregelmäßig beastet sind ähnlich kräftige **Brachythecium**-Arten (s. S. 559 ff.). So z. B. das gelb- bis dunkelgrüne **Brachythecium rutabulum**, ein häufiges Ruderalmoos, aber auch an nährstoffreichen, trockeneren Plätzen in Wäldern. Ähnlich ist **Brachythecium rivulare**, oft hellgrün, unterschieden durch breit herablaufende Blätter. Auch sehr formenreich: anliegend bis fast sparrig beblättert. Meist steril! An nassen Standorten aller Art, besonders an Ufern. Nur in der Ebene seltener.
(Ebenfalls öfter findet sich *B. plumosum* an Flussufern und benachbarter Borke. Die typische Ausbildung ist an den deutlich einseitswendigen Blättern zu erkennen. Sonst ähnlich der vorigen.)

44**. Bei kleineren *Brachythecium*-Arten mit um nur 1 mm langen Blättern sind diese weder langspitzig noch faltig.

41*. Blätter, spitzlich bis abgerundet, glatt. Kräftige Moose. Äste meist um 2 mm dick.

45. Blätter stumpflich. Nur in Sümpfen. Blätter eiförmig bis länglich-eiförmig stumpflich, nicht faltig und fest angedrückt, mit dünner Rippe. Meist 3 bis über 10 cm lange, hellgrüne Astmoose. An nassen kalkfreien Standorten in Sümpfen und Mooren (außer *C. giganteum*). . . . . **Calliergon** S. 546
(Stumpfliche Blätter hat z. T. auch **Rhynchostegium murale** S. 573.)

45*. Habituell etwas *Brachythecium rutabulum* ähnelnd, frisch mit Gurkengeruch. Blätter eiförmig, hohl, kurz bespitzt und mit dicker Rippe. Wärmeliebende, kalkholde Art schattiger, ± feuchter Plätze in Wäldern. In der Ebene meist selten.
. . . . **Cirriphyllum crassinervium** S. 573

43*. Blätter rippenlos sowie weder fein zugespitzt, noch faltig. Meist zierliche Moose.

46. Trocken graugrünes, glänzendes, meist sehr zierliches, der Borke anliegendes, fadenförmiges (Zweige stielrund), ± verzweigtes Moos der Bergwälder. Wenn an (kalkfreiem!) Gestein, kräftiger (= var. *majus*) und den folgenden ähnlich, Blätter eiförmig, hohl.
. . . . **Pterigynandrum filiforme** S. 511
(Die var. **majus** ist viel kräftiger und ähnelt den *Lescuraea*- und *Pseudoleskea*-Arten, diese unterscheiden sich aber durch eine deutliche Rippe und feucht spreizende Blätter.)

46*. Ähnlich der vorigen, aber trocken silberweiß. Nur im höheren Kalkgebirge auf Gestein und Erde vorkommend. . . . . **Myurella** S. 502

42*. Blätter nicht hohl, linealisch-lanzettlich, allmählich zugespitzt.

47. Moose unregelmäßig beastet (47* nach 50*).
48. Dünne Decken zierlich-fadenförmiger, unregelmäßig verzweigter Moose mit kaum 1 mm dicken Zweigen und unter 1 mm langen, fein gezähnten Blättern.
49. Glanzlos dunkelgrüne, kalkmeidende, auch verzweigte Moose mit rings gezähnten Blättern. Zweige etwas abgeplattet. Paraphyllien kaum zu finden. An feuchten bis nassen, oft tiefschattigen Standorten der Silikatgebirge verbreitet.
..... **Heterocladium heteropterum** S. 525
49*. Habituell ähnlich, aber durch feucht abstehende, breit herzförmige Stängelblätter und angedrückte Blätter der stielrunden Äste unterschieden. Dazu anderes Vorkommen: an lichten, im Winter ausapernden Standorten der höheren Mittelgebirge und Alpen.
.... **Heterocladium dimorphum** S. 525
(Das ähnliche, aber auf kalkreiche Standorte (oder Borke) beschränkte *Anomodon longifolius* (S. 515) hat eine gut ausgebildete Rippe.)
48*. Meist kräftige, oft bräunliche, glänzende, um 5 cm lange Moose mit 3 – 5 mm langen, gerippten, ± tieffaltigen Blättern.
50. Stängel zwischen den Blättern ohne Paraphyllienfilz.
51. Kleineres (um 3 cm langes) Kalkgesteinsmoos, die Blätter unter 3 mm. Einem *Isothecium myosuroides* ganz ähnlich (dort glatte Blätter!), aber im Gegensatz dazu ein Kalkgesteinsmoos.
..... **Plasteurhynchium striatulum** S. 554
51*. Sumpfmoos ähnlich *Homalothecium lutescens*, aber außerdem mit dunkelbraunem Wurzelfilz der Stängel. Blätter um 5 mm. Früher verbreitet.
.... **Tomenthypnum nitens** S. 558
50*. Kräftiges, *Homalothecium lutescens* ähnliches, kaum glänzendes Moos, aber u. a. mit filzigem Stängel. Blätter mit Rippe. In Kalktrockenrasen höherer Gebirge (selten auf der Alb, häufiger in den Kalkalpen).
.... (vgl. auch *Lescuraea*)
.... **Ptychodium plicatum** S. 506
47*. Zweige fiederig beastet.
52. Zweige einfach fiederig beastet (52* nach 57*).
53. Pflanzen mattgrün, seltener bräunlich. Kräftige, immer regelmäßig dicht gefiederte Pflanzen. Blätter trocken anliegend. Stängel filzig. Kalkhold. In Trockenrasen, auf Mauerkronen, an Wegsäumen.
.... **Thuidium abietinum** S. 524
53*. Pflanzen ± glänzend, Stängel kahl, z. T. bis 10 cm erreichend. Blätter auch feucht ± angedrückt, ± hohl, trocken wenig verändert.
54. Blätter der Zweigspitze so angedrückt, dass diese spießförmig erscheinen. Darunter ± abstehend beblättert. Blätter stumpfspitzig, ohne Rippe. Pflanzen meist kleiner, an sonnigen Plätzen z. T. bräunlich. Häufiges, nährstoffliebendes Moos in Sümpfen und auf anderen feuchten Plätzen, besonders Wegen. .. **Calliergonella cuspidata** S. 550
54*. Alle Teile gleichartig beblättert, Zweigspitzen stumpflich. Nicht in Sümpfen, z. T. in Trockenrasen.
55. Blätter mit Rippe, hellgrüne Moose.
56. Blätter plötzlich in ein kleines Haar verjüngt. Die Haare der Zweigspitze pinselförmig. Habitus ähnlich folgender Art, aber immer lichtgrün. ± Kalkhold. In feuchteren Wäldern und Wiesen und deren Säumen.
.... **Cirriphyllum piliferum** S. 571
56*. Blätter plötzlich zugespitzt, ohne Haar (schwach faltig). Stängel grün. Basi- und ± neutrophil. Meist bodendeckend in trockeneren (besonders Nadel-) Wäldern, grasigen Säumen in Wiesen und Rasen.
.... **Scleropodium purum** S. 568
55*. Blätter ohne Rippe, stumpflich.
57. Stängel goldbraun bis schmutziggrün beblättert. An trockeneren Standorten.
58. Häufiges Moos auf kalkfreien Mager-Standorten. Pflanze dunkel- oder braungrün. Stängel rotbraun durchscheinend, glänzend. In Heiden, Magerrasen und armen Nadelforsten gemein. **Pleurozium schreberi** S. 618
58*. Habituell sehr ähnlich, aber ein Hochgebirgs-Moos (Schwarzwaldgipfel und Alpen) mit filzigem Stängel (Blätter abschaben!).
.... **Hylocomium pyrenaicum** S. 620

58**. In kalk- (oder zumindest basen-) reichen, lichten Trockenrasen sowie oft an Wegsäumen und zuweilen auf Mauerkronen. Pflanzen meist goldbraun (im Schatten grün). Vor allem im Gebirge.
.... **Entodon concinnus** S. 584

57*. Pflanzen hellgrün, meist über 5 cm lang, Blätter mit Rippe. Zweigenden stumpflich. In Kalksümpfen oder -tümpeln (zeitweise untergetaucht). Meist ziemlich selten.
.... **Calliergon giganteum** S. 546

52*. Zweige mit 2- – 3-fach gefiedertem, meist über 3 cm langem, ± filzigem Stängel.

59. Pflanzen etwas glänzend (Blattzellen glatt), mit rötlichem, etwas filzigem Stängel. Zweige oft deutliche, horizontale Ebenen bildend, die auf dem Rücken des vorderen Teiles der vorjährigen Fiedern entspringen. Blätter rippenlos. Neutrophiles, feuchtigkeitsliebendes Waldboden- und Blockhaldenmoos sowie an grasigen Böschungen. Im Gebirge häufig, aber in der Ebene oft selten. .... **Hylocomium splendens** S. 619 (Nur im höheren Mittelgebirge und Alpen sowie nur 1- – 2-fach gefiedert: *H. umbratum* S. 620.)

59*. Pflanzen matt hell- bis gelbgrün (Blattzellen papillös) mit nicht rötlichem, dicht filzigem Stängel. Blätter mit Rippe. In trockeneren Wiesen, an Wegsäumen, auf Waldboden und in Blockhalden. Z. T. kalkhold.
.... **Thuidium** S. 519 ff.

40*. Blätter nur trocken anliegend, feucht ± abstehend.

60. Zumindest die Stängelblätter mit kurzer Glashaarspitze. (60* nach 63*)

61. Fast immer mit Glashaar, dieses z. T. bis halb so lang wie die Blätter. Pflanzen z. T. besonders *Racomitrium canescens* (S. 398) ähnlich, aber hell- bis graugrün und Blätter hohl, rippenlos. An sonnigem Silikatgestein.
.... **Hedwigia** S. 478 (Habituell sehr ähnlich, aber ohne Glashaar, ist eine sehr seltene, nur in den Südalpen vorkommende Art, *Braunia alopecura* (nur hier).)

61*. Pflanzen grün bis dunkelgrün, deutlich verzweigt. Mit Rippe.

62. Pflanzen 3 – 6 mm lang, doppelt gefiedert, nur Stammblätter der Stängelenden mit kurzer Haarspitze. **Thuidium philibertii** S. 523

62*. Sehr seltene, unter 2 cm lange Arten mit hyalinen Blattspitzen.

63. Blätter dunkelgrün, ganzrandig, (papillös) unter 2 cm lang. Nur in Südbayern.
.... **Anomodon rostratus** S. 515

63*. Pflanzen kaum 1 cm lang, trocken graugrün. Blätter grob gezähnt, mit haarförmiger Spitze. Südliche Art. .. Vgl. **Fabronia** S. 503

60*. Pflanzen ebenfalls mit trocken angedrückten Blättern, aber nie in eine Glashaarspitze auslaufend und auch sonst anders.

64. Unregelmäßig verzweigte, z. T. nur undeutlich beastete Moose, in Rasen, Decken und Filzen. Seitenzweige gegenüber dem kriechenden Hauptstängel überbetont. Mit oder ohne Rippe (64* nach 75*).

65. Dünne Decken zierlich-fadenförmiger, unregelmäßig verzweigter Moose. Stängel mit kaum über 1 cm langen, meist um 1 mm dicken Zweigen und unter 1 mm langen, fein gezähnten, gerippten oder rippenlosen elliptisch-lanzettlichen bis lanzettlichen Blättern. (65* nach 67*)

66. Pflanzen glanzlos (papillös), bräunlich-grün. An Borke, Kalkgestein oder Mauern. Vor allem im Gebirge, an lange trockenen Standorten. .... **Pseudoleskea** S. 510 f.

66*. Pflanzen grün, trocken etwas glänzend. (Blätter glattzellig.)

67. An Borke und Gestein an nährstoffreicheren und mehr feuchten Standorten. Oft weit verbreitet. .... **Amblystegium** S. 534 ff.

67*. Einer zwergigen Ausgabe von *Eurhynchium hians* gleichend. Kalkhold und trockenresistenter. Auf Gestein und Erde, besonders Löß. Vor allem in wärmeren Lagen Westdeutschlands. .. **Eurhynchium pumilum** (nur hier)

65*. Pflanzen immer kräftiger. Blätter 1 – 2,5 (– 3) mm.

68. Trocken glanzlose (papillöse), nie faltige Moose. An Gestein, weniger an Borke. Immer mit Rippe (68* nach 69**).

69. Trocken grüne, gelbgrüne bis bräunliche Moose trocken-schattiger Plätze. In der Ebene meist selten oder fehlend. Kalkhold. .... **Anomodon** S. 515 f. (69* nach 71*)

70. Zweige senkrecht vom Substrat abstehend (Hauptstängel kriechend), rasig, meist 2 – 3 cm groß. Blätter bis fast 3 mm, plötzlich lang ausgezogen, stumpflich. An trocken-schattigem, meist kalkhaltigem Gestein und an Borke. .... **Anomodon viticulosus** S. 517 (**Anomodon rugelii** hat zungenförmige, auch feucht – außer entlang der Rippe – undurchsichtige, kürzere Blätter. Eine seltene Art der Mittelgebirge und Alpen. Oft auf vulkanischem Gestein (S. 519)).

70*. Kleinere und niederliegende Moose. Blätter bis 1,5 mm, spitz bis gespitzt.

71. Zweige öfter gefiedert und Blättchen 1 (– 1,5) mm, bespitzt. Im Bergland nicht selten. ....**Anomodon attenuatus** S. 515

71*. Zierliche Moose mit um 1 mm dicken Zweigen und 1 mm langen, lanzettlich zugespitzten Blättchen. Schattige Felsen und Höhlungen. Oft selten. .... **Anomodon longifolius** S. 515

69*. Hochgebirgsmoos. Im Mittelgebirge selten. Trocken matt dunkelgrüne bis bräunliche, oft größere Decken auf Gestein im höheren Gebirge. Blätter eiförmig, breit gespitzt, ca. 1 – 1,5 mm lang, etwas einseitswendig. Auf meist sonnigem kalk- oder basenreichem Gestein. Nur in den Alpen und im höheren Mittelgebirge. Die einzige häufigere Art der Gattung ist .... **Pseudoleskea incurvata** S. 510. (Alle anderen *Pseudoleskea*-Arten sind kalkmeidend und oft selten (Mikroskop!).)

69**. Tieflagenmoos, selten in höheren Lagen. Gewöhnlich olivgrüne, wenn gut entwickelt, fiederig verzweigte, 1 – 2 cm große, dem Substrat angedrückte Zweige mit etwas einseitswendigen, nur um 0,7 (– 1) mm langen, spitzen Blättern. Meist in Ufernähe, an Gestein und Borke (auch zeitweise submers). .... **Leskea polycarpa** S. 505

68*. Zumindest trocken etwas glänzende Moose. Gesteins- und Borkenmoose (mikroskopisch glatt oder schwach papillös).

72. Blätter breit-eiförmig (oben gezähnt), glatt, etwas hohl, nur mit Doppelrippe. Zweige gekrümmt, stumpflich, in Büscheln. In warmen Stromtälern und Lagen Westdeutschlands nicht selten. Vor allem an Gestein. .... **Pterogonium gracile** S. 488

72*. Blätter lanzettlich, lang gespitzt, faltig, mit oder ohne Rippe.

73. Blätter ohne Rippe, bis 2,5 mm lang. Zweige dunkelgrün bis schwärzlich, gekrümmt, spitzlich, bis 2 mm dick, trocken gegen das Substrat gebogen und 2 – 3 cm lang, oft ausgedehnte Rasen an sonnigem (Kalk-)Fels oder Borke bildend. Öfter mit struppigen Brutblattzweigen. Kalkhold. An Borke und Gestein lichter bis sonniger Standorte. .... **Leucodon sciuroides** S. 485

73*. Blätter mit Rippe.

74. *Leucodon* habituell ähnlich, aber unterschieden durch nicht längsfaltige Blätter ist die ziemlich seltene, aber meist sporulierende, trocken graugrüne *Cryphaea heteromalla*. Eine wärmeliebende Art der Tieflagen. Sie wächst meist an Laubholzborke, selten Gestein.

74*. Trocken goldgrüne bis bräunliche, weit verbreitete, meist kräftige, um 5 cm lange Moose mit um 3 mm langen, gerippten, tieffaltigen Blättern. Stängel zwischen den Blättern ohne Paraphyllienfilz. Häufige, trockenheitsresistente Trockenrasen- und Mauermoose. Zuweilen an Borke. .... **Homalothecium** S. 555

74**. Dunkelgrüne, an besonnten Standorten meist braungrüne Pflanzen in oft über handgroßen Decken, mit 1,2 – 2 mm langen, längsfaltigen Blättern. Stängel mit Paraphyllien. Nur im höheren Gebirge und vor allem in der subalpinen und alpinen Region.

75. Blätter um 1,5 mm lang. Pflanzen in bis über handgroßen, dem Substrat angedrückten Decken aus ± fiedrigen Zweigen. Auf Borke im höheren Gebirge, besonders im Krummholz. .... **Lescuraea mutabilis** S. 507

(Verwechslungen sind mit *Anomodon attenuatus* (S. 515) möglich.)

75*. Sehr ähnlich der vorigen. Unterschieden u. a. durch aufsteigende Beastung und Vorkommen auf sonnigen Silikatgesteins-Blöcken. Selten in Bayern, aber verbreitet in den Zentralalpen ist **Lescuraea saxicola**. S. 510

64*. Gleich- bzw. regelmäßig beastete (wenigstens mit dem Hauptstamm niederliegende), nicht gefiederte Moose.

76. Moose bäumchenförmig, 2 bis über 5 cm hoch. Blätter mit Rippe. Moose mit Fiederzweigen, vgl. oben unter 47*.

77. Seitenzweige 2. Ordnung in einer Ebene angeordnet (Pflanze wedelartig), abgeflacht. Die Stämmchen dem Kriechstängel entspringend, in lockeren Beständen. An feuchtem bis nassem, kalkhaltigem Gestein. Seltener am Boden von Auwäldern.
.... **Thamnobryum alopecurum** S. 497

77*. Seitenzweige in verschiedenen Ebenen, d. h. in verschiedene Richtungen weisend. Nicht abgeflacht beblättert, einer winzigen Palme ähnlich. Meist auf feuchter Erde in Wiesen, an grasigen Wegsäumen und seltener in vernässten Laubgehölzen. Zuweilen auf Erde über Gestein (Mauerkronen).
.... **Climacium dendroides** S. 484

76*. Die geneigten oder aufrechten, ± bäumchenförmig verzweigten, aufrechten Zweige in dichteren, sogenannten „Bäumchenrasen“. ....Siehe bei **Eurhynchium** (S. 578 ff.)
.... und **Isothecium** (S. 552 ff.).

ANMERKUNG: Auf S. 55 im Buch wurde bereits darauf hingewiesen: Sollte man das Moos nicht sicher bestimmen können, so führt der Vergleich der Abbildungen doch noch zu einem glücklichen Ende. Auch die Nachschau in den Artenlisten der entsprechenden Moos-Biotope (s. S. 38 ff.) kann schließlich zum Ziel führen. In jedem Falle sollte auch die ausführliche, insbesondere die ökologische und die Verbreitung betreffende, Beschreibung gründlich studiert werden. Dies gilt besonders dann, wenn man eine „seltene“ Art bestimmt zu haben glaubt. Kurzlebige und deshalb meist nur mit Kapseln vorkommende (und bestimmbare) Arten wurden im Schlüssel der vegetativen (Gametophyten-) Merkmale z. T. weggelassen. Umgekehrt erscheinen sehr selten sporulierende Arten nicht im Sporophytenschlüssel.

Eine Reihe von Laubmoosen (ausgenommen kurzlebige Arten), die ohne Sporogone bzw. Brutorgane nicht oder nur unsicher mit der Lupe, d. h. bestenfalls mikroskopisch unterschieden werden können, sind entsprechend gekennzeichnet.

Schließlich und endlich ist ein gut sortiertes Vergleichsherbar (wenigstens als Präparatesammlung) für die Bestätigung einer Bestimmung in jedem Falle nützlich und auf Dauer unverzichtbar. Es sollte, wenn möglich, bei Laubmoosen immer auch Sporogone oder wenigstens die typischen Brutorgane enthalten, bei den Lebermoosen auch die Perianthien oder Sporangienträger.

Natürlich muss „Bestimmen“ wie jede Methode erlernt werden. Der ideale Weg ist „learning by doing“. In unserem Falle besteht die beste Methode darin, sicher bestimmte Arten selbst nachzubestimmen. Hierbei erlernt und übt man wichtige Fachbezeichnungen und bemerkt, wenn man nicht sicher das Ziel (den richtigen Namen) erreicht, wo man einen Fehler gemacht hat (z. B. die Rippe übersehen).